공공(公共) 건설공사
공사 단계별 KEY-POINT
알면 성공한다

차례

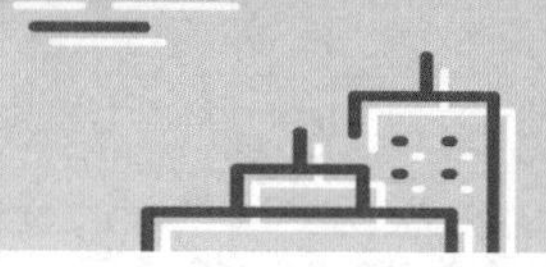

Ⅳ 공사단계별 종합계획 수립을 위한 KEY－POINT 201

알면
성공한다

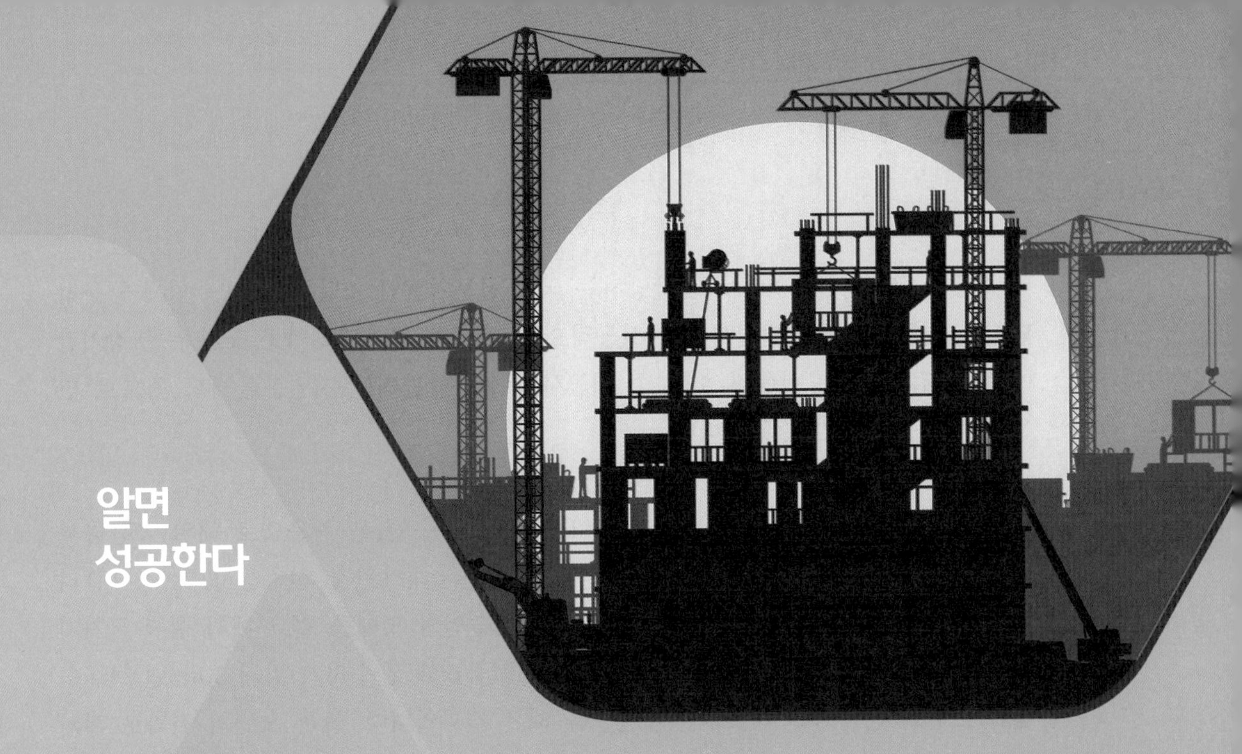

I 발간 배경

♧ 국내 종합적인 시설사업업무를 담당하는 국가 전문기관인 조달청에 30년 넘게 근무하면서, 정부·공공기관 건설사업을 성공적으로 완수한 공사관리업무 노하우를 장기간에 걸쳐 검토·정리·실행해 오던 중 시공사/건설사업관리단 지인분들께서 책으로 만들어 보라는 권유가 있었습니다.

♧ 『공사단계별 KEY-POINT를 통한 MASTER-PLAN 수립』은 처음으로 해외 공관공사(주중한국대사관 및 주중한국북경문화원, 주중한국대사관저 신축공사)의 공사관리업무를 수행하면서 대한민국의 명예와, 국내 기술인의 명예를 걸고 해외 현지 국가기관·시공사들을 대하면서 한치의 실수도 없이 성공리에 완수하기 위해 2003년부터 수많은 고민을 시작하여 근 20년간 연구를 해온 결과입니다. 물론 노력의 결과로 해외공관 공사를 비롯하여 수많은 공공(公共) 건설공사를 성공리에 완수하여 지금도 보람과 자부심을 많이 느끼고 있습니다.

♧ 그동안 조달청 공사관리과 내부 직원들 교육용으로 활용하면서 언젠가는 종합적으로 시방서, 법령, 행정처리 사항을 한눈에 볼 수 있도록 재정리하여 시중에 배포하겠다고 다짐한 적이 있었고, 공직 생활을 퇴임한 지금 국내 건설발전을 위하고 건설업무를 수행하시는 건설사와 건설사업관리단, 기술직 공무원과 공공기관에 계신 건설인 분들의 전문성 강화에 미약하나마 도움을 드리고, 특히, 건설에 입문한 기술인들을 비롯한 모든 건설인들이 쉽고 정확하고, 즐겁게 일하면서 이 사회에서 존경받는 문화 형성에 조금이라도 도움을 드리고자 편찬하였습니다.

♧ 이 책은 정부·공공공사의 청사 및 연구시설 등 공공 건설사업 위주로 작성한 책이며, 심도있는 전문기술 서적이라기보다는 현장 기술인들이 잘 검토하지 않아 실수하기 쉬운 내용과 검토·확인을 하지 않으면 어려운 난관에 봉착할 수 있는 주의사항과 참고사항 등을 건설현장 경험을 바탕으로 정리한 일종의 업무수행 참고서입니다.

또한, 국가기관/소관 부처별로 방대하게 산재되어 있는 법령 중 반드시 알아야 하는 법령을 공사단계별로 체계적으로 정리하였으며, 아울러, 공사단계별, 행정업무 사안별로 관리자들이 검토해야 하는 주요 사항을 정리하여 건설 현장에서 즉시 활용에 도움이 되는 실무형 참고서입니다.

♧ 현장 경험과 기술력이 풍부한 기술인일지라도, 의외로 많은 분들이 건설행정과 법령을 잘 몰라서 중요사항에 대한 검토를 소홀히 하거나 시기를 놓쳐 공사 중 또는 준공 때에 큰 문제점으로 비약하는 상황들을 많아 보아왔습니다.

이런 상황을 미연에 방지하기 위해, 착공부터 준공까지 건설현장을 효과적으로 관리한 제 나름의 건설현장의 행정과 관리 노하우를 조심스럽게 공개하고자 합니다.

♧ 25년간 각종 건설사업을 공사관리를 해오며 때로는 실수도 하고, 또한, 진퇴양난의 난관에 부딪혀 많은 고민도 하였지만, 이를 통해 공사관리자들의 체계적인 단계별 검토·확인 및 앞서가는 행정이야말로 원활한 공사추진은 물론 우수한 시공품질 확보와 적정한 예산집행 등 사업 성공을 가져다주는 핵심이라는 것을 확신하게 되었습니다.

♧ 『공공(公共) 건설공사의 공사단계별 KEY-POINT』를 기반으로 건설사업 전반에 대한 종합계획(Master Plan)을 수립하면서 현장 총괄관리자로서 업무를 수행한 결과, 총사업비 약 2조원, 부지면적 200만평, 200여 개 동을 신축한 사업 등 수 많은 정부·공공기관 건설사업을 어떠한 감사 지적도 없이 성공리에 완수할 수 있었고, 이를 통해 수요기관 분들에게는 기쁨을 드리고, 건설사업관리자 및 시공사분들과는 웃으며 헤어질 수 있었습니다.

♧ 앞으로도 건설에 처음 입문한 건설관리자들도 보다 쉽게 이해할 수 있도록 보완하고, 또한 건설 현장에서 많이 도움이 되는 전문적인 지식을 지속적으로 보완해 나갈 생각이며, 또한, 앞으로 건설현장에서 기술인들이 똑같은 실수를 범하지 않도록 독자분들의 도움을 받아 실패담 및 극복담을 추가로 지속적으로 등재하고 싶습니다.

♧ 독자분들 중에서 이 책에서 보완할 사항, 수정이 필요한 사항과 건설 현장에서 겪은 애로사항 및 난관을 극복한 사례 등에 대한 자료를 보내주시면 취합하여 국내 건설발전을 위해 우리 건설인들에게 전파하겠습니다.

또한, 보내주신 실패담과 극복담은 향후 별권으로 발간할 예정이며, 자료를 보내주시는 분의 명예를 소중히 간직하기 위해 (사전 협의 후) 소속과 성함도 등재해 드리고 싶습니다.

아울러, 이 책의 내용에 대해 자세한 설명이나, 기타 궁금한 사항이 있어 연락을 주시면 정심성의를 다해 답변드리겠습니다.

* 저의 E-Mail 주소는 '135858ppp@naver.com'입니다.

☆ 참고로, 본 책에 명기한 법(규정)은 현행법(규정)을 명기하였지만, 향후 변동 소지가 있을 수 있어 '이 책을 구입하신 분들은 구입 영수증과 함께 상기 메일로 구입하신 분의 E-메일을 주소를 보내주시면' 변경된 법령(규정) 부분만 따로 정리하여 향후 3년간 정기적(2회/년)으로 취합하여 별도 메일로 송부해 드리겠습니다.

* 최소한 2년 뒤에는 업데이트 예정

☆ 본 지침서가 건설현장의 모든 문제에 대한 해답이 될 수는 없지만, 정부·공공공사의 공사추진 방법과 건설행정을 이해하시는 데 분명히 도움이 될 것으로 기대합니다.

독자분들이 『공공(公共) 건설공사 공사단계별 KEY-POINT(알면 성공한다)』를 통해 앞서가는 건설행정을 추진하시어 원활한 공사추진은 물론 부실시공을 예방하여 성공리에 사업을 완수함에 도움이 되어 어디에서든 존경받는 건설인이 되시기를 소망합니다.

《 저와 인연(因緣)이 되어 주셔서 감사드립니다.》

필자가 30년 넘게 근무한 조달청 시설사업국 (간략) 소개

♧ 조달청 시설사업국은 시설사업 발주 경험이 없거나, 기술분야 전문 인력이 없거나, 공사관리 경험이 없는 수요기관을 대신해서 정부시설 공사에 대해 "시설공사 맞춤형 서비스*"를 실시하고 있음

* 맞춤형서비스 : 정부시설공사에 대해 기획, 설계, 발주, 시공·사후관리 업무를 수요기관의 요청에 따라 "기획+설계+발주(계약)"까지 또는 "기획+설계+발주+시공·사후관리" 업무를 수행

정부시설공사 기획 및 설계용역 발주/관리와 관급자재 선정/관리, 국내 및 해외 정부시설공사 공사관리 업무를 수행하며,

또한, 정부시설공사 계약방법 결정 및 계약, 국내 및 해외 정부시설공사 공사관리업무와 총사업비 대상공사(국고 보조 시설사업 포함) 설계 적정성 검토, 실시설계 단가의 적정성 검토, 계약금액(물가변동) 조정과 실시설계 단가의 적정성 검토 및 설계변경 타당성과 경제성 사전 검토 및 설계변경 단가의 적정성 등을 검토함

♧ 참고로 필자가 가장 오래 근무한 조달청 공사관리과는 정부시설 공사(국고보조 공공공사 포함) 공사관리업무 전문 국가기관이며, 수요기관 에서 조달청에 시설공사 맞춤형서비스 중 공사관리업무 대행을 요청시 공사관리 업무를 대행하며, 40년 넘게 수행 중

* 조달청 공사관리과는 1978년부터 지금까지 중요 국내·외 정부시설 공사에 대해 년간 약 2~3조 공사관리업무를 수행하고 있으며, 원활하고 성공적인 건설사업 완수에 수많은 노하우를 가지고 있음

* 조달청 공사관리과 소속 직원은 『건설공사 업무수행지침, 제12조제11항』및 『건설기술진흥법 시행령, 제56조(발주청의 업무범위)』에 명시된 업무를 수행하는 "공사관리관" 에 해당되며, 공사관리관은 '검토' 업무를 수행함

* (조달청 공사관리 법적 근거) 조달사업에 관한 법률 제3조(조달사업의 범위) 및 시행령 27조(조달업무의 지원 및 대행)에 의거 조달청장은 수요기관의 장으로부터 요청이 있는 경우에는 시설공사와 관련한 설계용역, 시공관리, 사후관리, 공사원가검토 등의 업무를 대행할 수 있음

※ 앞으로 표기되는 발주기관은 조달청에 시설공사 맞춤형서비스 의뢰 시 수요기관과 조달청 공사관리과(공사관리관)를 의미함

알면
성공한다

Ⅱ 공사단계별 KEY-POINT

왜 알아야 하는가

1. 공사단계별 KEY POINT의 필요성
2. 우리는 착공 이후 무엇을 검토해야 하는가?

1 '공사단계별 KEY- POINT'의 필요성

♧ 국내의 건설사업환경은 다소 촉박한 설계기간, 시공상세도 상당 부족, 발주기관의 설계반영 요구사항 대비 부족한 예산, 설계 및 착공 간의 시점 차에 따른 여건 변화(법령, 발주기관 정원 및 건물운영 방침 변경…) 등 국내 건설사업의 실제 여건으로 인해 당초 설계서에 100% 의존하는 것은 결코 바람직하지 않으며, 기능과 미관이 우수한 건축물을 완성하기 위해서는 반드시 건설현장에서 보다 세부적으로 검토·확인하는 절차가 필요합니다.

♧ 하도급자, 원도급자, 건설사업관리자 및 발주기관 상호 간의 원활한 의사소통 체계를 구축하고 각 주체의 업무 범위와 책임, 일정계획과 관리를 구체화함으로써 돌아가는 시계처럼 정확하게 공사가 추진되도록 이끌어가는 업무수행 방침을 반드시 사전에 수립함이 필요합니다.

♧ 공사단계별, 공종별, 층별, 실별, 기능별로 하나씩 설계서를 재검토, 협의/정리하면서 설계도서 오류 및 개선사항 등에 대해 반드시 적기에 검토·협의하는 소요 행정절차 수립이 필요합니다.

☞ **그래서, 건설현장에서 빈번히 발생하는 실수와 과오를 억제하고, 또한 우수한 기능과 품질을 확보하기 위해 '공사단계별 KEY- POINT'를 아셔야 하며, 또 이를 통해 건설현장을 관리하시면 너무나 쉽게 관리할 수가 있기 때문입니다. 앞으로 이 책을 기본으로 독자분들만의 노하우를 지속적으로 업데이트(Up-Date)해 나가시길 소망해 봅니다.**

☆ 우리는 건설현장에서 간헐적으로 '선무당'을 만납니다. 조금 아는 것을 많이 아는 것처럼 과신하여 "나를 따르라" 하는 관리자, 법령을 잘못 이해하여 엉뚱한 방향을 제시하는 관리자 등이 그 예입니다. 이런 '선무당'들을 만났을 때, 이 책을 설득자료로 활용하였으면 하는 바람입니다.

2 우리는 착공 이후 무엇을 검토해야 하는가?

1) 건축물이 추구하는 본연의 기능이 유지되도록 최우선적으로 설계서를 재검토하여야 합니다.

♧ 공공건축물이 추구하는 목적과 용도에 부합되지 않는 건축물은 결국 어떠한 의미도 부여할 수는 없다고 생각합니다.

그리고 공사 중 안전사고가 발생하여 인명에 피해를 주고, 준공 이후 건축물 유지관리가 어렵고, 빈번히 하자가 발생하게 되어 결국 부실시공으로 판명된다면 우리 건설인들이 그동안 건설현장에서 고생한 보람은 찾을 수가 없고, 건설인들의 자부심이 추락할 수밖에 없습니다.

♧ 그래서, 우리 건설관리자들은 상기 내용을 주의깊게 검토하여야 하며, 또한, 공공건축물이 필요로 하는 기능에 대해 설계서를 하나하나 검토·협의하면서 공사지침을 확정하여 작업자들이 실수를 범하지 않고, 작업혼선이 없이 일사분란하게 작업을 할 수 있도록 관리하는 것이 우리들의 역할이라 생각합니다.

각 공종별 건축물이 요구하는 기능, 수요기관의 건물 운영상 부합되는 기능, 쾌적한 근무환경을 위한 기능 등에 대해 실입주자 입장에서 다시 한번 설계서를 검토해 보시길 소망하며, 설계서를 검토해 보면 많은 개선사항을 발견할 수 있으며, 이는 결국 독자분들의 기술력 향상에 정말 많은 도움이 될뿐더러 건설인의 자부심을 지키고 해당 사업으로 만난 소중한 인연이 준공 때 웃으며 헤어질 수 있습니다.

♧ 건설현장의 우리 건설관리자들은 설계자가 실수한 부분, 수요기관에서 설계서에 미처 반영하지 못한 부분 등을 해결하는 최후의 보루이자 해결사이기 때문이며,

우리 건설인들은 서로의 협력을 통해 늘 무(無)에서 유(有)를 창출하는 멋진 사람들이고, 또한 우리는 종합예술인이기 때문입니다.

2) 건축물은 기능을 유지하고, 아름다움을 표출하는 종합예술입니다.

♧ 설계서를 검토해야 하는 두 번째 이유를 환경디자인과 인테리어공사 몇 가지를 예시로 설명드리고자 합니다.

제가 공사관리 업무를 수행한 사업의 대부분이 국가보안등급 대상의 시설물들이라 많은 자료와 사진이 없어 안타깝지만,

건축물의 아름다움을 추구하는 환경디자인과 인테리어공사가 왜 중요한지?, 왜 공사단계별 설계서를 검토해야 하는지?. 설계서 개선/변경은 왜 타이밍이 필요한지? 등을 느낄 수 있다고 생각되는 참고용 사진과 자료를 몇 장 소개해 드리니 업무에 조금이라도 참고가 되시길 소망하며, 또 독자분들이 생각하는 시간을 가져보시길 소망합니다.

♧ 제가 건설현장에서 만난 건설인 중 대부분이 환경디자인과 인테리어 공사, 색상, 시공상세(디테일), 자재 나누기(Shop-Drawing)에 대해 많은 관심을 가지고 업무를 수행하기보다는 설계서 대로, 그리고 국내 건설환경이 다소 촉박한 공기로 공정관리와 품질관리에만 급급하게 관리하셨던 것으로 기억됩니다.

♧ 잘 지어진 공공 건축물은 지역의 자부심이 되고 필요로 하는 기능을 더욱더 편리하게 사용하고, 신바람 나는 근무환경을 만들어 냅니다.

국민의 세금으로 만들어지는 공공시설 건축물들이 건축문화와 도시문화, 지역문화를 선도할 의무가 있고, 우리 건설인들은 이제 무작정 설계서 대로 시공이 아닌 설계보다 개선된 건축물이 완성되도록 우리 건설관리자들은 더욱더 많은 관심을 가지고 연구하고 실행해야 한다고 생각합니다.

♧ 기업의 브랜드가 몇십억 몇백억 하듯이 이제 건축물도 사업특성에 맞는 설계절차 추진과 함께 환경디자이너/인테리어디자이너와 협업을 강화하고 디자인 개선 절차를 체계적으로 담아내는 사업수행지침을 강화하는 등 공공건축물의 수준 향상을 위해 꾸준히 노력할 필요가 있다고 생각합니다.

♧ 그래서 우리 건설관리자들은 설계 시 미처 검토하지 못했던 설계서를 개선하기 위해 공사가 시작되는 시점에서 주변과 건축물 전체를 바라보는 시각에서 다시 한번 환경디자인/인테리어 전문가를 통해 종합적인 시각으로 디자인과 마감 상세(디테일)를 검토·보완하고, 종합적인 색채계획을 통해 마감 재료나 색채의 조화를 꾀하고, 각종 사인물이나 부대 시설물 등에 대한 꼼꼼한 디자인을 통해 전체가 체계적으로 조화롭게 시공될 수 있도록 우리 관리자들은 많은 노력이 필요합니다.

♧ 과거 제가 관리한 공공건축물 신축공사에서 환경디자인과 인테리어 설계 전문가와 함께 업무를 수행한 적이 많았는데 결과는 수요기관과 설계한 설계자, 건설현장의 관계자들까지 대만족이었습니다. 정말 많이 배웠고, 왜 전문가인지 가슴 깊이 알게 되었습니다.

그리고, 언젠가 대형현장에서 수요기관장께 환경디자이너와 인테리어 전문가와 함께 협의하면서 공사를 수행함이 필요하고, 별도의 추가예산이 필요함을 건의한 적이 있었는데 그 당시 기관장님께서 이를 이해하시고 추가예산 배정과 설계개선을 위한 설계변경을 동의해 주셨고, 결국 그 사업은 대성공이었다고 기억됩니다.

☆ 독자분들도 설계서를 개선하는 환경디자인 및 인테리어공사에 대해 많은 관심을 가져주시길 소망합니다.

☞ **환경디자인 관련 상세한 내용은 『류인철의 환경디자인 이야기』등 전문서적을 참고하시면 많은 도움이 되실 것으로 생각됩니다.**

☆ 아울러, 직장 동료가 과거에 찍은 건설현장의 추억 사진들을 독자분들과 공유하고 싶다고 보내준 자료가 있어 건설현장의 좋은 추억을 회상하시는 시간을 가져보시길 소망합니다.

1 디자인과 색상, 마감 형태가 건물의 품격을 상향시킵니다.

정문(GATE)에서 기관의 위상을 느낄 수 있음

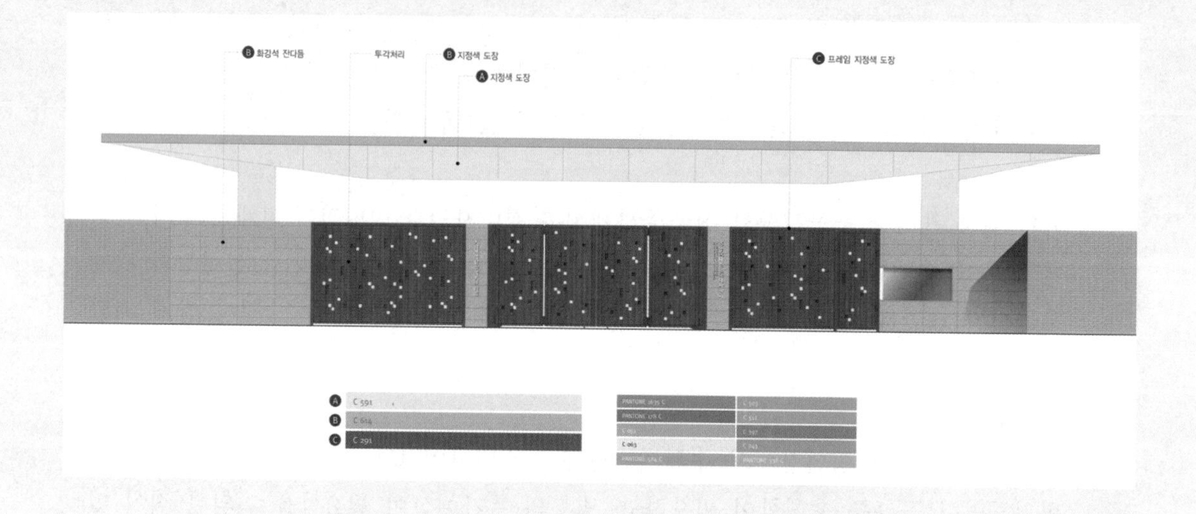

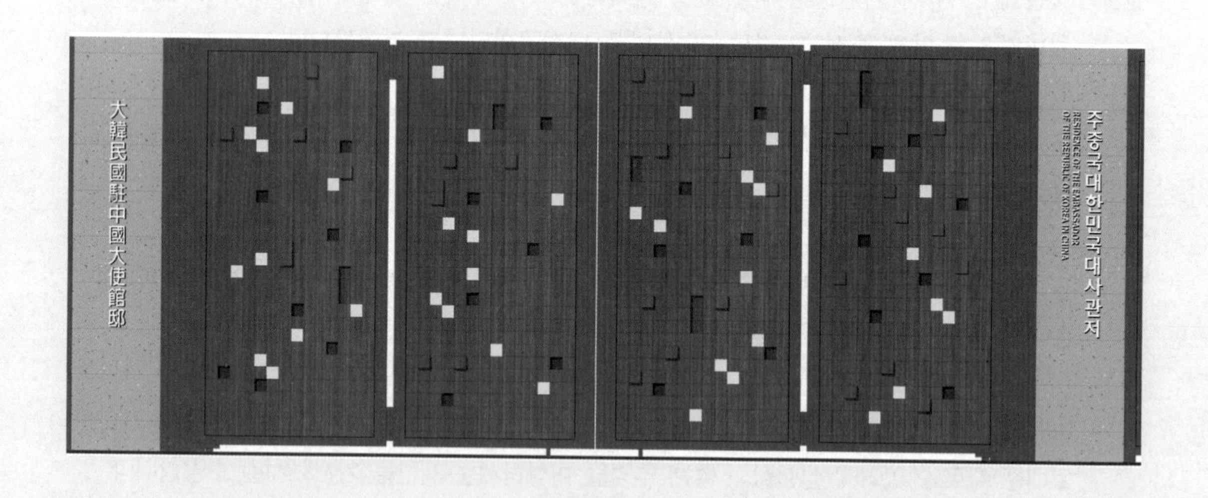

▦ 해외공관 관저 정문 (철재 후레임 + 목재 마감, 자동 슬라이딩 GATE)

(실물이 아니라 아쉽지만, 지나가던 행인들이 디자인이 예쁘다고 칭찬을 하면서 사진을 찍어가는 정문)

색상의 중요성

《한국전통의 오방색 및 기관별 상징적인 색상 적용 사례 예시》

▦ 해외 한국 문화원

* 우리 민족 문화의 뿌리는 '음양오행(陰陽五行)'이라 해도 과언이 아닙니다. 말과 글, 음식, 주거, 의복, 음악 등 모든 것이 음양오행과 관련되어 있으며, 음양오행에서 나온 다섯가지 색(오방색)은 나쁜 기운을 물리치고 복을 바라는 마음으로 사용해 왔습니다.
* 지구를 구성하고 있는 근본적인 다섯가지 물질인 "물(水), 불(火), 흙(土), 나무(木), 쇠(金)"을 통해 각각의 상징색인 "黑, 赤, 黃, 靑, 白"이 생성되었다고 합니다.
* 국가보안상 많은 자료가 없어 등재하지 못해 아쉽지만 우리나라 전통 오방색을 이해하시는 데 도움이 되시길 소망합니다.

■ 평범하게 보일 수 있는 부분에 색상과 디자인 등을 추가하여 이미지 개선

자주 이용하는 계단실의 발걸음을 가볍게, 자전거 보관소를 재미있게, 지하층 E/V홀에 포인트 색상(밝은 조명)으로 위치를 쉽게 알 수 있게 ~

▦(기관별 상징적인 색상 반영) 환경디자인 색채계획을 통해 농촌진흥청의 상징적인 색상인 녹색으로 변경하여 반영

■ 환경디자인 색채계획을 통해 연구기능 건물을 상징하는 'BLACK& WHITE'로 색상 변경 (창호 주변 백판넬도 BLACK색의 스판드럴을 활용하여 색상을 통일화)

건물 입면과 매스(MASS)만으로도 아름다움을 표현한 사례(예시)

▦ 디자인이 단순한 것처럼 보이지만 조그만 메스(MASS)의 변화로 아름다움을 표출

▦ 해양(바다)과 연관된 외형(배 형상) 이미지를 최대한 부각시킨 입면과 마감 재료 변경 선택 (설계 개선사항을 LIST와 순서를 정하여 낙찰 차액 등으로 반영)

- (당초 설계) 케노피 마감 : AL시트 판넬 → (설계변경) 아연 징크판넬

▶ (사유) 바다 근처 지역의 특수성으로 염해에 대한 내구성을 고려하고, 색상의 복원력 등을 감안하여 아연 징크 판넬로 변경 및 경관조명 추가

기타, 해안가 주변 건물 설계변경 사례 (예시)

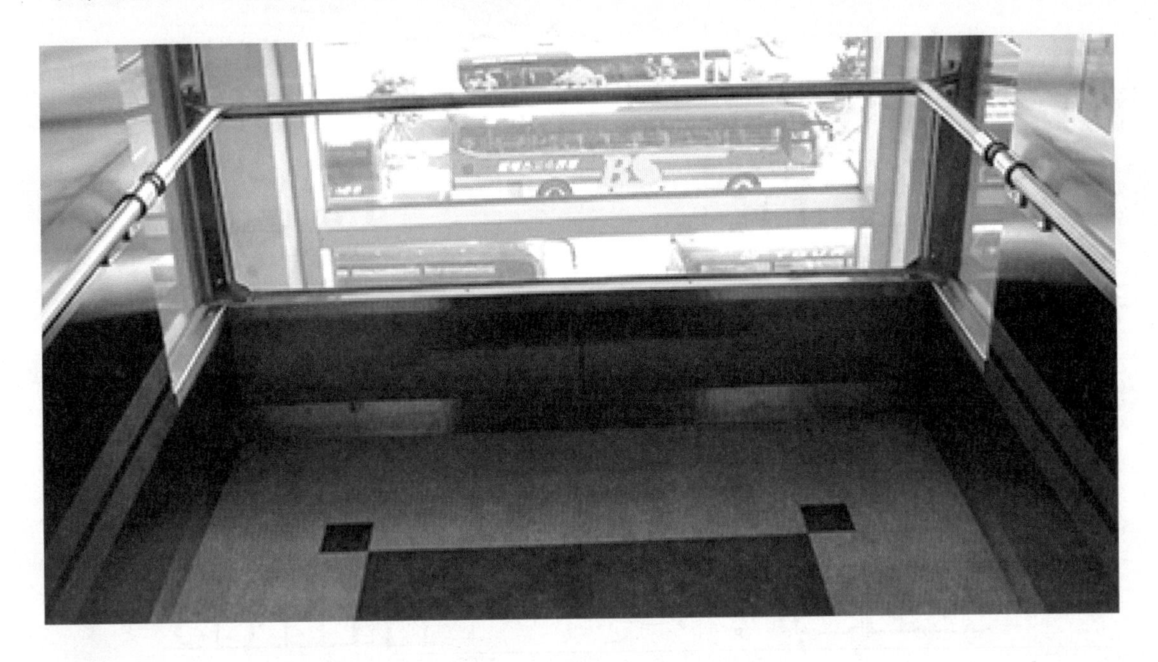

▦ (당초 설계) 밀폐형 엘리베이터 → (설계변경) 개방형 엘리베이터

▶ 엘리베이터 안에서 크루즈 여객선 선착장과 멀리 바다가 보이는 장점을 살리기 위해 구조체 공사 전 설계변경
※ 중규모 신축사업이었고, 예산사정으로 돌출하여 시공하지는 못한 부분은 아쉽지만 구조체 설계를 일부만 변경하여 최소 비용으로 증액하여 변경

건물 입면과 매스(MASS)만으로도 아름다움을 표현한 사례(예시)

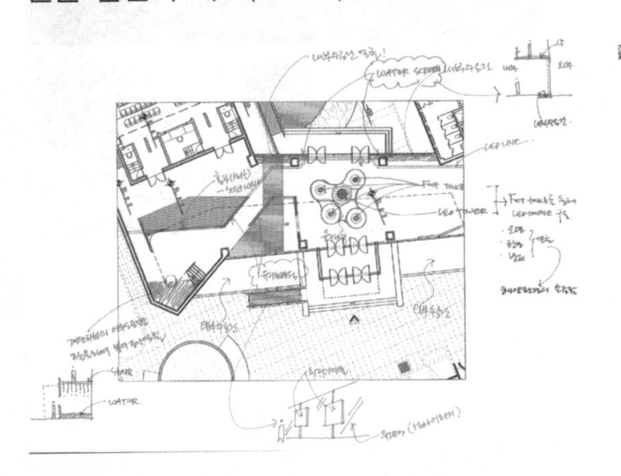

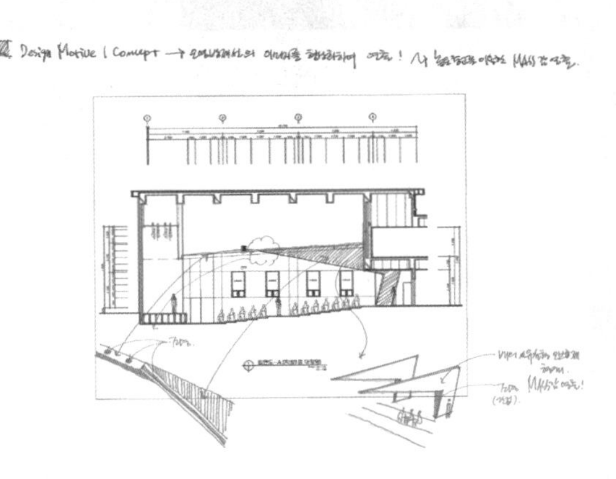

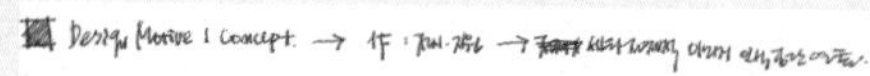

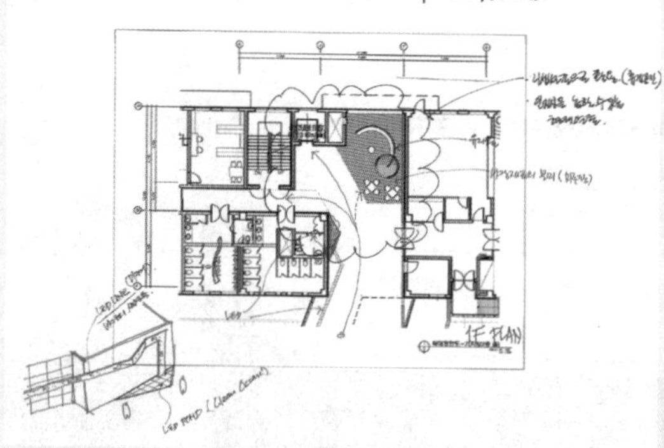
Design Motive | Concept → 1F
1F PLAN

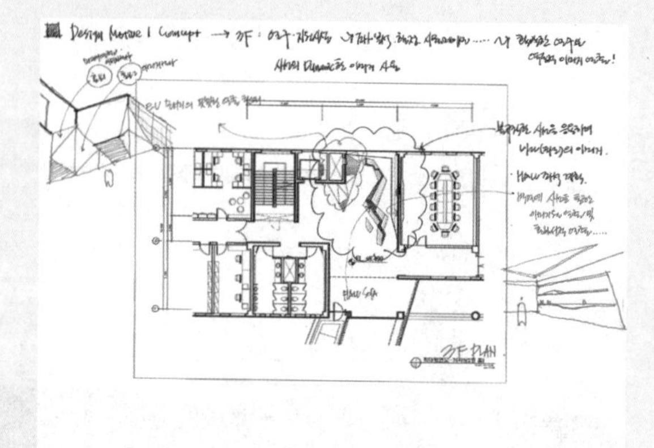
Design Motive | Concept → 2F
2F PLAN

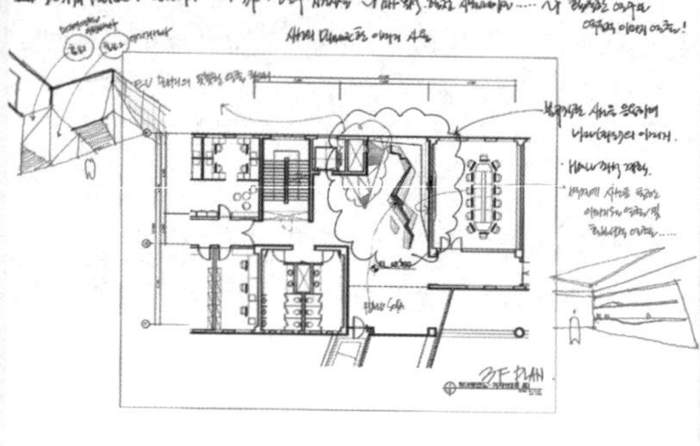
Design Motive | Concept → 2F
2F PLAN

Design Motive | Concept → 4F
4F PLAN

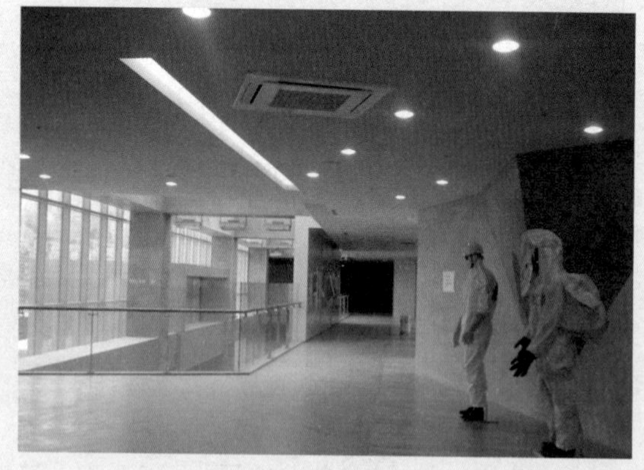

작은 비용으로 평범하게 보일 수 있는 부분에 색상과 그래픽, 디자인 등을 추가하여 이미지 개선 및 관람객 동선을 고려한 마감 형태 변화, 무대로 향하는 객석 전체의 시야가 확보되도록 계단식 강당으로 변경 등 개선

2 다중이용시설 및 중요실들이 건물의 품격을 좌우하고, 소속된 직장의 자부심을 느끼게 합니다.

□ 우리 건설관리인들이 반드시 검토(건물 운영계획과 설계서와의 일치 여부, 디자인, 디테일, 자재 나누기, 색상 등) 하여야 하는 로비 등 다중이용시설 개선(안) 사례 (예시)

01

NITY

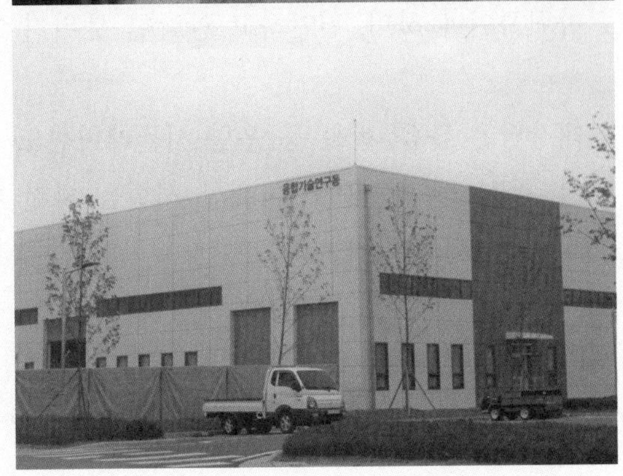

＊다중이용시설은 반드시 설계서를 재검토 후 입주 이후 운영계획(안)과 디자인, 디테일, 색상을 수요기관과 협의(수요기관장께 보고)함이 필요

- 구조체 공사 전 설계도면 세부 내용을 검토·확인하고, '입주 이후 건물 운영계획을 확정'한 후 그에 따라 구조체(창호 개구부) 규격, 벽면, 기둥 구조체 규격 및 필요성을 검토함이 필요하고,

  마감 재료와 방법, 출입문(쌍문, 외문, 미닫이, 여닫이 등), 가구 배치 (책상, 회의용 테이블, 쇼파, 책장 등), 내부 화장실 위생도기 등 사용 계획, 전기·전자기구 배치 등을 검토, 확정한 후 그에 따라 전기, 통신, 설비 등 각종 배관 등의 공사를 시행함이 원활한 시공과 우수한 품질을 확보하는 데 반드시 필요함

＊(예시) (모든 실이 동일하지만) 특히 기관장 실의 책상 배치에 따라 조명기구, 컴퓨터, 전화기, TV 등 위치와 배관/배선을 확정 후 시공 하여야 노출 배관 및 재시공을 방지할 수 있음.

* 다중이용시설은 모두 인테리어 공사 구간으로 자재 선택, 색상(포인트 색상 포함), 디테일, 자재 나누기, 출입문 형태와 마감자재(손잡이 포함), 동선, 유지관리(유지보수, 청소 등) 등에 대한 심도 있는 검토가 필요합니다.

- 국내 건물은 스카이라인(SKY-LINE)도 중요하지만 무엇보다 건물 내부마감의 품격을 1층 현관 로비에서 대부분 느낀다고 생각됨

- 내부 식당과 민원실은 무엇보다 동선이 중요하며, 홍보용 공간임을 감안하여 적절한 대책을 마련하여야 하며, 편안하고 안락한 분위기 연출을 위해 심도 있는 검토가 필요

- 대강당은 흡음, 반사 등 음향 시뮬레이션도 중요하며, 천정 내부에 CAT- WALK 등 설비, 전기, 통신 등 유지보수를 위한 시설을 사전 마련하여야 하고, 청소기 사용을 위한 전기콘센트 등을 적절히 배치하여야 함

- E/V홀 마감의 자재 선택, E/V 버튼, 승강기 위치 표시 등에 대한 검토와 E/V 내부(바닥. 벽, 천정) 디자인과 마감재 선택(에칭, 밀러, 헤어라인 등)에 있어 신중한 검토가 필요

- 화장실은 대부분 모두가 자주 이용하는 공간이므로 동선이 혼잡하지 않도록 배치하고, 수전과 악세사리, 소변기, 양변기 자재 선택, 벽부형 페이퍼 타올(손 건조기) 위치(매립형 검토), 양변기 내부 휴지걸이 종류 및 위치, 조명, 타일 자재 색상(나누기) 등에 있어 신중한 검토가 필요

  -양변기마다 급수와 배수구 위치가 다르므로 연관공사(구조체, 조적공사) 시공 전 검토함이 필요하며, 타일도 자재별로 1~2mm 차이가 있어 바닥과 벽의 줄눈이 일치화되기 위해서는 바닥/벽 타일을 동시에 검토함이 필요

- 기타 휴게실 등은 실질적인 활용계획에 적절하고 안락한 공간이 창출토록 신중한 검토가 필요

* 메인 건물의 자재 나누기(Shop-Drawing)가 너무나 중요한 것과 마찬가지로 저장고 등 외벽 판넬 건물의 자재 나누기를 결코 소홀히 하여서는 아니 되며, 구조체 공사시기에 AL 그릴 치수 등을 확인하여 외벽선을 일치화시키는 등 별도 디자인(색상) 계획도 필요

3 기타 참고사항

경비실의 품격도 중요

반드시 채워야만 아름다운 것은 아님

▦ 언덕(Mounding) 위에 소나무 식재로 한국의 기상을 연출, 물 위에 떠 있는 느낌의 건물, 그리고 수(水) 공간의 아름다움

* 수(水)공간은 유지관리의 편리성을 위해 콘크리트 바닥에 방수+보호몰탈+흑자갈 (약 30cm)+물 깊이(약 30cm)로 마감(바람에 물소리가 들리게) 하고, 벽천을 만들어 물이 흘러내리는 생동감을 연출
* 자연스러운 수(水)공간을 건설현장에서 다양하게 연출해 보시기 바랍니다.

각종 사인물의 품격도 중요

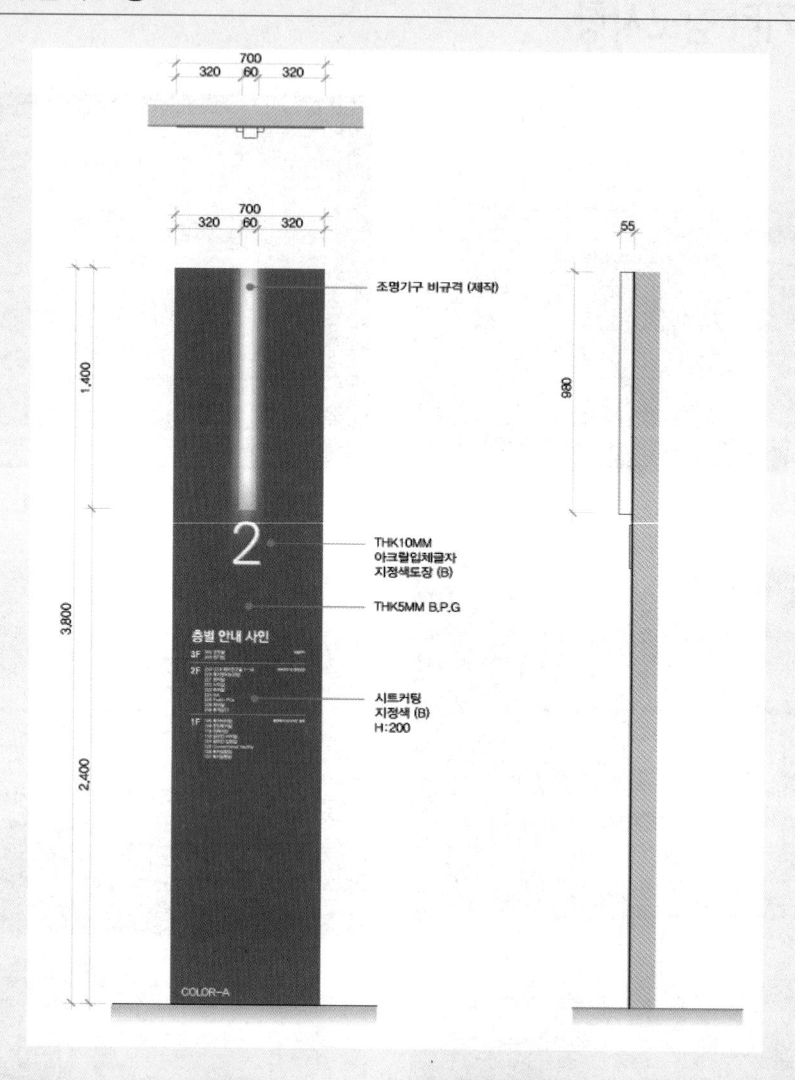

(많은 자료가 없어 아쉽지만) 사인물 디자인 대상을 받은 사인

*환경디자인 및 인테이어와 관련된 기본적인 사진들만 등재하였지만, 상기 내용을 참고하시어 외부 입면, 마감, 색상, 그리고 다중 이용시설과 중요실의 새로운 디자인 창출을 위해 건설 현장에서 생각하는 시간을 가져보시길 소망합니다.

우리 건설인들이
동고동락한
과거 건설현장의
추억의 사진

딱딱한 말들
날카로운 말들

나무들

공사감독관

<감독사무실 앞 개구리>

건물의 숨겨진 무기

공사중인 건물
환기구 입니
여기에 나중에 캡을 씌
공사를 마무리합니

하지만 이곳에 아무도 모르는
집을 지키는 무기
숨겨져 있었으니

골리앗

<굴삭기>

오늘 작업은
굳은 땅을 파는 일

"아!! 그런데, 이건
골리앗이 필요해~"

거대한 골리앗이 나타나
땅을 파는동안
우리는 조용히 지켜보다가

그가 다 파놓은
구덩이에 조심히 들어가
귀여운 삽과 괭이로
깔짝깔짝 다듬기만
했습니다

여름

아이고 시원하다

<잡초>
공사장의
나무들

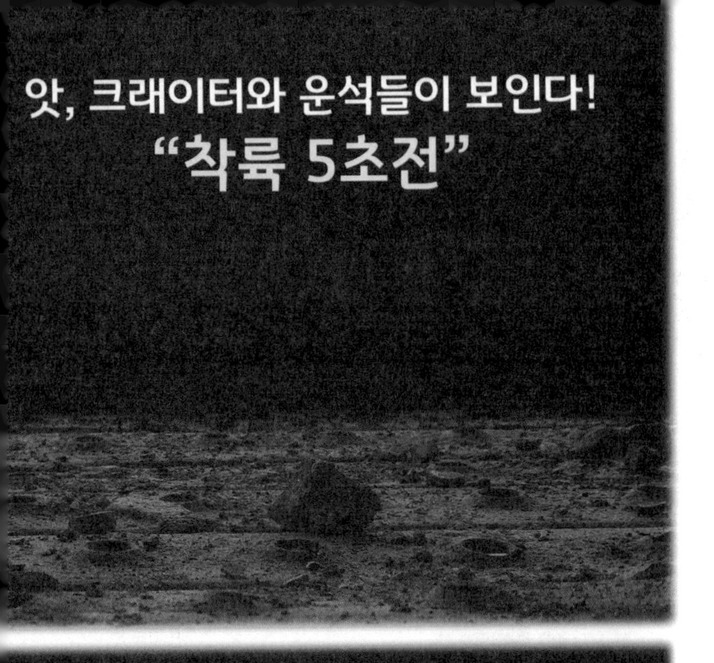

앗, 크래이터와 운석들이 보인다!
"착륙 5초전"

"드디어 달표면을 걷다!!"

공사장에 우주선이 착륙하다

공사장의 작업을 위해
임시로 설치한 비계와 발판입니다
그럼 여기서
달표면을 체험해 봅시다

강아지 산책

싸울 준비
<총,칼,표창, 투구>

찰흙인형을 만들어 봅시다!

순서는 철사로 뼈대를 만들고
찰흙이 잘 붙게 철사 위에 노끈을 감고
그 위에 찰흙을 붙이면 됩니다

그럼 뼈대를 만들어 봅시다
뼈대의 역할을 하는 철사를
인형 모양으로 조립합니다

다음은 조립한 철사에
노끈을 감아줘야 하는데

오늘 사용한 철사는
찰흙이 철사에 잘 붙도록
철사에 울퉁불퉁 마디들이 있어서
노끈은 필요 없습니다

"노끈은 생략!!"

그럼 찰흙을 붙여 봅시다

조립한 철사에
회색빛 찰흙을 붙여 나갑니다

철사가 망가지지 않게 조심해서
구석구석 빠짐없이
적당한 두께로 붙이면

거의 완성이 되었습니다

이제 찰흙이 굳기를 기다렸다가
색도 칠하고 옷도 입히면 됩니다

강력한 바리케이드

<흙막이공사>

지하에 건물을 지으려면
땅을 뺏어야 함

우선 슬슬 땅을 파고
흙이 들어오지 못하게
강력한 바리케이드로
출입을 통제하고

힘;겹게 막는 동안
잽싸게
지하공사를 완성시킨다

하늘길

<비계공사>

크레인

하늘에서 내 앞으로
물건이 배송되다

알갱이들
<창호공사>

여기는
알카트라즈
살아서 나갈수 없는
죽음의 수용소
높은 감시탑
콘크리트 장벽
탈출하려는자의
이중빗장
번쩍
공사장에 버려진 시체
<공사장 한켠의 공시체

빛
하나가 되는 과정
<용접작업>

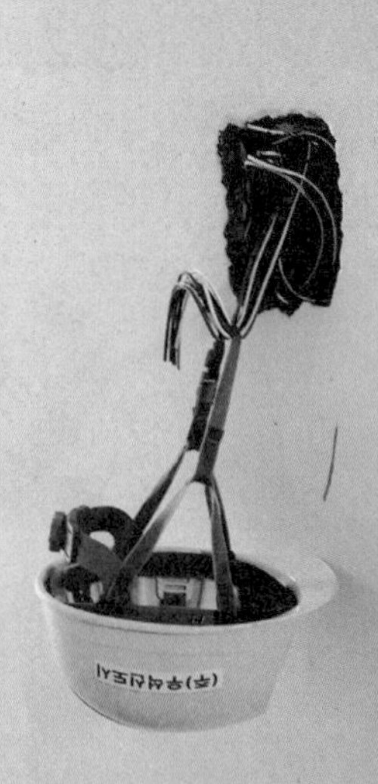

철근작업

발걸음 가벼운
퇴근길

알면
성공한다

Ⅲ 공사 착공단계 KEY-POINT

1. 건설인 우리 모두는 이것을 기억하셔야 합니다.
2. '착공계' 제출서류 법령 및 검토사항
3. 건설현장은 협력과 화합, 팀워크가 무엇보다 중요
4. 착수회의 실시
5. 각종 소요 행정처리 방안 협의

1 건설인 우리 모두는 이것을 기억하셔야 합니다

♧ 우린 서로 다른 경험을 가지고 있어 서로 다름을 인정하고, 서로가 부족한 부분을 채워 준다는 생각, 하나 배웠다는 생각, 억지 없이 쉽게 물러나는 용기로 원만한 협의는 물론 최적의 방안이 선택되도록 역량을 합쳐야 합니다.

* 건설공사는 약 300여 가지 전문공정으로 이루어져 있고 이를 모두 완벽하게 아는 사람은 제 경험상 없었다고 기억됨
* 상대방에게 본인의 의견을 전달하여 설득되지 않으면 설득자료 부족과 '독백'이라는 생각도 필요

♧ 그래서, 서로의 행정에 처음부터 맞는 사람은 없다는 것을 가정하에 하나하나 세부적으로 협의·정리하고 서면으로 업무를 처리(기록유지)하여 논란과 오해의 소지가 없도록 추진하여야 합니다.

♧ 우리 건설인들은 서로의 협력을 통해 늘 무(無)에서 유(有)를 창출하는 멋진 사람들이라는 자부심을 가져야 하며, 미래의 건설 발전을 위해 건설에 입문한 신규직원/후배들을 정성스럽게 지도·교육하여야 합니다.

♧ 안전사고는 기업이윤과도 직접 연관이 있고, 평가 점수/입찰점수에 반영됨을 잊지 말아야 하며, 특히 추락사고, 구조물 붕괴사고가 가장 많고, 인명피해가 가장 큰 것으로 통계가 나와 있듯이 철저한 안전관리와 안전사고 예방에 조금이라도 소홀함이 없어야 합니다.

♧ 우리 건설인 모두는 준공 때 웃고 헤어져야 합니다. 우수한 품질로 수요기관은 만족하고, 시공사는 불필요한 공사비 낭비 없이 기업의 이윤을 창출하고, 건설사업관리자는 건설인의 자부심을 지키는 등 서로서로 끝까지 최선을 다하여야 합니다.

☆ 서로의 기술력과 행정력을 합쳐 성공리에 사업을 완수하여 서로 많이 배웠고, 서로 존경한다는 말을 들으면서 준공 때 웃고 헤어지시길 소망합니다.

2 '착공계' 제출서류 법령 및 검토사항

Key-Point

♧ 착공 당시 검토해야 법령이 어디에?, 무슨 내용이 있는지?, 잘 모르는 건설관리인들이 의외로 많았다고 기억됩니다.

♧ 정부 공공공사에서 착공 당시 검토해야 하는 건설관련 법령들이 많고, 해당 법령 소관 기관별로 광범위하게 산재되어 있습니다.

☞ 검토·숙지해야 하는 법령들이 어떤 법이 있는지? 어떤 법을 찾아봐야 하는지?, 여러분들이 검색하는 시간 단축에 도움을 드리고, 또한, 최소한 검토해야 하는 법령들을 정리하였습니다.

☞ 또한, 원활한 공사추진을 위해 최소한 숙지하여 검토·확인하여야 하는 사항과 현장 경험상 주의(참고)할 사항을 정리하였습니다.

☆ 첨부된 법령은 공공공사 사업관리를 이해하고 관리하는 데 필수적인 사항으로 반드시 검토하시고, 꼭 한번은 읽어보시길 소망합니다.

☆ 본 자료를 사전 검토·확인 후 반드시 앞서가는 행정을 추진하시기 바라며, 특히, 안전관리계획, 안전관리비 사용/정산, 공동도급 사항은 현장에서 빈번히 문제점이 발생하고 있어 발주자(수요기관)의 업무, 건설사업관리자의 업무, 시공사의 업무는 반드시 숙지하여 철저히 이행하셔야만 원활한 공사추진은 물론 어떠한 감사 수감에도 문제가 없음을 기억해 주시길 소망합니다.

☆ 아울러, 안전사고 예방을 위해 산업안전관리공단 누리집 '건설안전' 부분에 관련 규정 및 사고사례 등이 명기되어 있으니, 건설 현장에서 해당 공사(공종) 착수 전 안전사고 예방 관련 사항을 꼭 읽어보시길 소망합니다.

1 현장대리인 적격 여부

1) 현장소장과 현장대리인

경력증명서 확인 및 면접을 통해 공공공사 경험과 준공까지 업무를 수행한 경력, 표창 이력 등을 확인하여 성실하고 책임감이 강한 사람을 선발함이 성공적인 사업 완수의 첫 단추를 끼우는 가장 중요한 사항이라 철저한 검증이 필요합니다.

※ (현장 경험상) 현장대리인과 현장소장이 동일인이면 좋겠지만, 반드시 일치할 필요는 없다고 생각하고 있으며, 대형공사일수록 건설현장 총괄관리 능력이 있는 현장소장과 기술자격증을 보유한 현장대리인을 별도 운영하고 있는 게 현실임을 인정할 필요가 있다고 생각됩니다.

- 기술력이 정말 뛰어나고, 정말 성실하고 책임감 있게 업무를 수행하는 현장소장님/건설사업관리단장님들을 비롯한 관계자분들을 운 좋게 정말 많이 만난 것 같습니다. 그래서 두 분들이 다소 부족한 행정처리를 많이 도와드리려고 노력했고, 저의 앞서가는 행정과 두 분의 기술력으로 우수한 품질관리 등이 합쳐 준공 때 웃으며 헤어질 수 있었으며, 지금도 저를 기억하시는 그리고, 저의 인생에 좋은 인연으로 수시로 기억되는 많은 분들에게 이 지면으로 그리움을 전합니다.

- 공공기관의 공사를 관리한 경험이 있는 사람이 절대 유리하다고 생각하고 있으며, 경력은 많으나 준공처리를 해본 경험이 적은 현장소장/현장대리인은 책임감 등 부족으로 수요기관에서부터 교체를 요구하는 경우가 빈번히 발생하였던 것으로 기억됩니다.

  - 현장소장/현장대리인께서는 국가·공공기관의 공사는 법령, 공사품질, 안전, 각종 행정절차 등에 결코 소홀히 하시면 안 된다는 것을 기억하여 주시기 바랍니다.

- 현장소장/현장대리인에 대해 약 3개월 정도 지켜보면 적정성 여부를 판단할 수 있다고 생각되며, 국가정책 공공시설사업의 관리자로서 부적정하다고 판단 시에는 반드시 최대한 조기에 교체함이 원활한 공사추진을 위해 필요하다고 생각하고 있습니다.

- 현장소장/현장대리인과 건설사업관리단장 면접 시 "당 사업은 실수할 수 없는 국가 중책사업이라 3개월 동안 업무 수행하는 것을 지켜보면서 책임과 성실함이 부족하다고 판단 시 교체하여도 무방합니까?"하고 약조를 받은 이후 선발에 동의하였습니다.

  ⇒ 3개월 동안 업무 수행내용을 지켜보니 정말 성실하고 책임감 있게 업무를 잘하려고 노력하는 분들이 거의 대부분이었다고 기억됩니다.

부적정 현장대리인의 경우 현장대리인 교체 요구

- 관련규정 : 건설산업기본법 제40조 ③
- 내용 : 발주자는 건설공사 현장에 배치된 건설기술자가 신체 허약 등의 이유로 업무를 수행할 능력이 없다고 인정하는 경우에는 수급인에게 건설기술자를 교체할 것을 요청할 수 있다.

2) 기타, 시공사 직원

(공무 담당자) 시공 경험은 물론 관계법령과 행정력, 보고서 작성 능력 등을 겸비한 자를 선발함이 원활한 공사수행을 위해 절실히 필요하며, 최소 2명(대형공사 3명) 이상을 배치함이 필요합니다.

※ 공무의 역할 : 각종 실정보고서 작성, 기성대가, 설계변경, 하도급자관리, 공정관리, 각종 회의록 및 보고서 작성 등

- 현장공무가 소요행정 처리 지연 등 앞서가는 행정을 못해 공사중단 등 정말 많은 난관에 봉착한 경험이 있어 현장의 공무 선발은 정말 중요하다고 판단하고 있습니다.

회사의 기업 경영(자금)상의 문제로 월급 지연, 미지급으로 공무가 PC의 모든 자료를 삭제, 임의 수정한 후 퇴사하여 소요 행정업무 처리를 너무나 힘들게 한 경험이 있어 공무가 수행한 각종 자료는 별도로 반드시 외장하드에 정기적으로 백업하여 보관함이 필요하다고 판단하고 있습니다.

(안전관리자) 반드시 안전관리 업무만 전담토록 업무를 배정하고, 수시 확인함이 필요

(공사팀장/공종별 시공관리직원 등) 무엇보다 성실하고, 하도급자, 작업 인부들을 통솔할 수 있는 능력을 겸비한 직원이 필요

- 간헐적으로 시공사에서 건축 분야 외 기계/토목/조경 공사 등의 담당 직원을 원도급자의 직원이 아닌 하도급자의 직원을 현장에 배치하는 경우가 있어, 반드시 경력증명서 확인이 필요합니다.
(업무수행/추진, 방침결정, 책임감 등의 관점에서 상당한 애로 발생)

▦ 관련규정

- 건설산업기본법 제40조(건설기술인의 배치), 동법 시행령 제35조(건설기술인의 현장배치 기준 등), 【별표 5(공사예정금액의 규모별 건설 기술인 배치기준)】

- 전기공사업법 제16조, 동법 시행령 제12조 【별표 4(전기공사의 시공관리 구분)】, 【별표 1 (전기공사의 종류)】, 【별표 4-2(전기기술자의 등급 및 인정기준)】

- 정보통신공사업법 제33조(정보통신기술자의 배치), 동법 시행령 제34조(정보통신기술자의 현장배치기준 등), 제40조(정보통신기술인의 자격기준 등), 【별표 6(정보통신기술자의 자격)】

- 소방시설공사업법 시행령 제3조(소방기술자의 배치기준 및 배치기간) 【별표 2(소방기술자의 배치기준 및 배치기간)】

▣ 배치기준

① 건축공사 현장대리인

공사예정금액	건설기술자 배치기준
700억원 이상	기술사
500억원 이상	기술사 또는 기능장, 특급 5년이상
300억원 이상	기술사 또는 기능장, 기사 직무분야 10년, 특급 3년 이상
100억원 이상	기술사 또는 기능장, 기사 직무분야 5년 이상, 특급, 고급 3년 이상, 산업기사 7년 이상
30억원 이상	기사 이상 직무분야 3년, 산업기사 이상 직무분야 5년, 고급이상, 중급 3년 이상
30억원 미만	산업기사 이상 직무분야 3년, 중급, 초급 3년 이상
전문공사 5억 미만	전문공사업 등록기준 중 기술능력에 해당하는 자로 직무분야 3년 이상

② 소방공사 현장대리인

소방기술자의 배치기준	소방시설공사 현장의 기준
1. 총리령으로 정하는 특급 기술자인 소방기술자(기계 분야 및 전기분야)	가. 연면적 20만 제곱미터 이상인 특정소방대상물의 공사 현장 나. 지하층을 포함한 층수가 40층 이상인 특정소방대상물의 공사 현장
2. 총리령으로 정하는 고급 기술자 이상의 소방기술자(기계 분야 및 전기분야)	가. 연면적 3만 제곱미터 이상 20만 제곱미터 미만인 특정소방대상물(아파트는 제외한다)의 공사 현장 나. 지하층을 포함한 층수가 16층 이상 40층 미만인 특정소방대상물의 공사 현장
3. 총리령으로 정하는 중급 기술자 이상의 소방기술자(기계 분야 및 전기분야)	가. 물분무등소화설비(호스릴 방식의 소화설비는 제외한다) 또는 제연설비가 설치되는 특정소방대상물의 공사현장 나. 연면적 5천 제곱미터 이상 3만 제곱미터 미만인 특정소방대상물(아파트는 제외한다)의 공사 현장 다. 연면적 1만제곱미터 이상 20만 제곱미터 미만인 아파트의 공사 현장
4. 총리령으로 정하는 초급 기술자 이상의 소방기술자(기계 분야 및 전기분야)	가. 연면적 1천 제곱미터 이상 5천 제곱미터 미만인 특정소방대상물(아파트는 제외한다)의 공사 현장 나. 연면적 1천제곱미터 이상 1만 제곱미터 미만인 아파트의 공사 현장 다. 지하구(地下溝)의 공사 현장
5. 법 제28조에 따라 자격수첩을 발급받은 소방기술자	연면적 1천제곱미터 미만인 특정소방대상물의 공사 현장

③ 통신공사 현장대리인

구 분	기술자 등급	비 고
도급공사 5억이상인 공사	중급기술자	
도급공사 5억미만의 공사	초급기술자	

④ 전기공사 현장대리인

전기공사기술자의 구분	전기공사의 규모별 시공관리 구분
1. 특급 전기공사기술자 또는 고급 전기공사기술자	• 시행령 별표 1에 따른 모든 전기공사
2. 중급 전기공사기술자	• 별표 1에 따른 전기공사 중 사용전압이 100,000볼트 이하인 전기공사
3. 초급 전기공사기술자	• 별표 1에 따른 전기공사 중 사용전압이 1,000볼트 이하인 전기공사

2 안전관리계획서 적격 여부

□ 안전관리에 대한 공통적인 참고 및 주의사항

1) 안전관리 사항은 '인명사고, 책임문제, 각종 감사 수감'와 깊은 연관이 있으며, 너무나 중대한 관리자의 업무로 관련 법령과 중대재해처벌법은 반드시 숙지하고 하나하나씩 확인하는 절차를 수행함이 필요합니다.

2) 안전관리계획서에 '안전점검계획에 따른 안전관리비 사용계획서'가 누락 또는 소홀히 작성하는 경향이 있어 철저한 검토·확인이 필요합니다.

※ 공사종류 및 규모별 점검계획 횟수에 따른 비용계상 확인

3) 안전관리 '종합보고서 제출' 대상 사항을 사전에 검토/정리하고, 해당사항 발생 시마다 정리(기록, 유지, 보관)하면서 업무를 수행함이 원활한 준공처리에 절대적으로 필요합니다.

4) 안전관리비 사용계획 및 사용 내역(정산)은 모든 감사의 필수 대상임을 반드시 기억함이 필요합니다.

5) '목적 외 사용금액에 대한 감액'에 대한 행정처리 철저 이행이 필요합니다.

- 관련규정 :「건설업 산업안전보건관리비 계상 및 사용기준」 제 8조 (목적 외 사용금액의 감액 등)
- 내용 : 발주자는 수급인이 법 제30조제2항에 위반하여 다른 목적으로 사용하거나 사용하지 않은 안전관리비에 대하여 이를 계약금액에서 감액 조정하거나 반환을 요구할 수 있음

6) '안전관리비 사용내역에 대한 확인' 철저 이행이 필요합니다.

- 관련기준:「건설업 산업안전보건관리비 계상 및 사용기준」제9조(확인)
- 공사 착수 후 6개월마다 1회 이상 발주자 또는 감리원의 확인을 받아야 한다. 6개월 이내 종료되는 경우 종료 시 확인받아야 함

7) '공사진척도에 따른 안전관리비 사용기준' 준수 여부 확인이 필요합니다.

- 관련기준: 건설업 산업안전보건관리비 계상 및 사용기준 별표3

- 사용기준

공정율	50% 이상, 70%미만	70% 이상, 90%미만	90%이상
사용기준	50퍼센트 이상	70퍼센트 이상	90% 이상

※ 공정율은 기성공정율을 기준으로 한다.

- 건설현장에서 안전관리비 사용계획을 검토해 보면 안전관리자 인건비를 최대(40% 이하)로 배정하는 경향이 많고, 안전시설물 설치 등 안전관리에 절실히 필요한 사항이 상당 누락되는 경향이 많았다고 기억됩니다.,

  또한, 시공사, 건설사업관리자들께서 의외로 심도있는 검토·확인이 하지 않는 경향이 많았던 것 같고, 과거 주변에서 안전관리비 사용계획 및 사용내역(증빙자료) 미흡으로 감사에서 많은 지적이 있었고, 해당금액 환수 여부 등 논란이 발생한 경우를 간혹 보았습니다.

  * 허위 서류(안전시설물 취급업체가 아닌 업체의 영수증, 허위 간이영수증 등)을 의외로 많이 발견

  그래서, 월간공정회의록에 익월 안전관리계획과 금월 안전관리비 사용내역과 증빙자료를 첨부하여 회의(협의)하고, 기성청구 시에는 사용내역/증빙자료 제출 및 철저한 검증을 실시하였고, 첨부(수집)된 자료를 통해 안전관리 종합보고서 작성도 쉽게 할 수 있었습니다.

- 안전관리자 중 책임자는 반드시 월간공정회의에 참석하여 금월 안전관리계획과 협조를 요청하는 사항을 발표하게 하고, 전월 지적사항 조치내용 및 검토결과를 보고토록 조치함이 필요

8) 시공사의 본사의 조직 중에 안전전담부서①가 구성되어 있고, 현장에 정기적인 안전관리 업무를 수행한 경우 본사 안전전담부서의 안전담당직원 인건비·출장비②를 안전관리비로 계상, 사용할 수 있음. (건설업 산업안전보건관리비 계상 및 사용기준 제7조 참조)

① 안전전담부서 : 안전만을 전담으로 하는 별도 조직
② 본사 안전전담부서의 안전담당직원 인건비·출장비 : 계상된 안전관리비의 5%를 초과할 수 없음

※시공사 본사에서 안전관리비를 사용하는 경우 1년간(1.1~12.31) 본사 안전관리비 실행예산과 사용금액은 전년도 미사용 금액을 합하여 5억원을 초과할 수 없음

• 안전관리계획을 검토해 보면 공사단계별/계절별/구간별 구체적인 내용이 상당 부족하였다고 기억됩니다. 착공 초기부터 종합적이고, 치밀한 계획을 수립하면 원활한 공사추진의 지름길임을 기억하시기 바랍니다.

- 건설기술진흥법 시행령, 건설공사 안전관리 업무수행지침 '[별표1] 건설공사별 정기안전점검 실시시기'에 명시된 정기점검 외 안전 취약 시기인 '해빙기, 동절기, 우기(태풍기)' 등 정기점검을 추가 실시함이 효율적인 안전관리에 절대적으로 유리
- 비산먼지 억제, 고소작업, 폭발·위험물질 취급 등 공사단계별로 안전점검을 실시함이 필요
- 국내도 지진에 안전지대가 아님을 감안하여 지진에 대비한 '위기 대응 절차서' 마련 및 내진설계 기준에 따른 시공 적정성 여부 검토·확인 절차 수립과 철저한 이행/확인이 필요

* 지진 발생(경보) 시 행동요령, 피난 대피처 등 사전 검토 및 내진용 철근 배근의 적정성 검토·확인, 내진용 자재의 설계 반영 여부 등

9) 중대재해처벌법과 깊은 연관이 있어 대형 안전사고 위험이 우려되는 유해위험방지계획서는 적정성 여부와 이행 확인에 대한 기록·관리·유지 등 반드시 철저한 검토·확인이 필요

• 간혹, 월간공정회의 시 수요기관의 담당자분께서, 그리고 CM단장께서 '품질관리 잘하시고, 안전관리 잘하시기 바랍니다'라고 말씀하시는 경우가 있는데 아무런 의미가 없어 많이 아쉬웠다고 기억됩니다.

- 무엇을 잘 관리하라고 하는 것인지?, 구체적으로 의견을 제시함이 필요하고, "무엇이 위험하다고 보이는 데 한번 더 확인을 부탁합니다" 라고 말씀하시는 분들은 정말 현장 안전관리에 도움이 되고 존경스러웠다고 기억됩니다.

☆ 안전관리 위반으로 현장 건설인들이 사정기관으로부터 조사받는 일은 더 이상 발생하지 않기를 소망합니다.

☆ 안전관리 법령(규정)이 너무도 중요하니 꼭 읽어보시길 소망합니다.

▣ 관련규정

건설기술진흥법 제62조(건설공사의 안전관리), 동법 시행령 제98조(안전관리계획의 수립), 제99조(안전관리계획의 수립 기준), 제100조(안전점검의 시기·방법 등), 제101조(안전점검 종합보고서의 작성 및 보존 등), 동법 시행규칙 건설공사 안전관리업무수행지침 제2장 건설공사 참여자(발주기관, 건설사업관리자, 시공사 등) 안전관리업무, 제3장 건설공사 안전점검, [별표1] 정기안전점검 실시시기 등 각 별표

산업안전보건법 제31조(안전·보건교육), 동법 시행령 제3장, 제40조

건설공사 사업관리방식 검토기준 및 업무수행 지침 제 65조 (안전관리) 및 제3장 건설사업관리업무

▣ 수립 기준

제62조(건설공사의 안전관리) ① 건설사업자와 주택건설등록업자는 대통령령으로 정하는 건설공사를 시행하는 경우 안전점검 및 안전관리조직 등 건설공사의 안전관리계획(이하 "안전관리계획"이라 한다)을 수립하고, 착공 전에 이를 발주자에게 제출하여 승인을 받아야 한다. 이 경우 발주청이 아닌 발주자는 미리 안전관리계획의 사본을 인·허가기관의 장에게 제출하여 승인을 받아야 한다. 〈개정 2018. 12. 31., 2019. 4. 30., 2020. 6. 9.〉

② 제1항에 따라 안전관리계획을 제출받은 발주청 또는 인·허가기관의 장은 안전관리계획의 내용을 검토하여 그 결과를 건설사업자와 주택건설등록업자에게 통보하여야 한다. 〈개정 2018. 12. 31., 2019. 4. 30.〉

③ 발주청 또는 인·허가기관의 장은 제1항에 따라 제출받아 승인한 안전관리계획서 사본과 제2항에 따른 검토결과를 국토교통부장관에게 제출하여야 한다. 〈신설 2018. 12. 31.〉

④ 건설사업자와 주택건설등록업자는 안전관리계획에 따라 안전점검을 하여야 한다. 이 경우 대통령령으로 정하는 안전점검에 대해서는 발주자(발주청이 아닌 경우에는 인·허가기관의 장을 말한다)가 대통령령으로 정하는 바에 따라 안전점검을 수행할 기관을 지정하여 그 업무를 수행하여야 한다. 〈신설 2018. 12. 31., 2019. 4. 30.〉

⑤ 건설사업자와 주택건설등록업자는 제4항에 따라 실시한 안전점검 결과를 국토교통부장

관에게 제출하여야 한다. 〈신설 2018. 12. 31., 2019. 4. 30.〉

⑥ 안전관리계획의 수립 기준, 제출·승인의 방법 및 절차, 안전점검의 시기·방법 및 안전점검 대가(代價) 등에 필요한 사항은 대통령령으로 정한다. 〈개정 2018. 8. 14., 2018. 12. 31., 2020. 6. 9.〉

⑦ 건설사업자나 주택건설등록업자는 안전관리계획을 수립하였던 건설공사를 준공하였을 때에는 대통령령으로 정하는 방법 및 절차에 따라 안전점검에 관한 종합보고서(이하 "종합보고서"라 한다)를 작성하여 발주청(발주자가 발주청이 아닌 경우에는 인·허가기관의 장을 말한다)에게 제출하여야 한다. 〈개정 2018. 12. 31., 2019. 4. 30.〉

⑧ 제7항에 따라 종합보고서를 받은 발주청 또는 인·허가기관의 장은 대통령령으로 정하는 바에 따라 종합보고서를 국토교통부장관에게 제출하여야 한다. 〈개정 2018. 12. 31.〉

⑨ 국토교통부장관, 발주청 및 인·허가기관의 장은 제7항 및 제8항에 따라 받은 종합보고서를 대통령령으로 정하는 바에 따라 보존·관리하여야 한다. 〈개정 2018. 12. 31.〉

⑩ 국토교통부장관은 건설공사의 안전을 확보하기 위하여 제3항에 따라 제출받은 안전관리계획서 및 계획서 검토결과와 제5항에 따라 제출받은 안전점검결과의 적정성을 대통령령으로 정하는 바에 따라 검토할 수 있으며, 적정성 검토결과 필요한 경우 대통령령으로 정하는 바에 따라 발주청 또는 인·허가기관의 장으로 하여금 건설사업자 및 주택건설등록업자에게 시정명령 등 필요한 조치를 하도록 요청할 수 있다. 〈신설 2018. 12. 31., 2019. 4. 30.〉

⑪ 건설사업자 또는 주택건설등록업자는 동바리, 거푸집, 비계 등 가설구조물 설치를 위한 공사를 할 때 대통령령으로 정하는 바에 따라 가설구조물의 구조적 안전성을 확인하기에 적합한 분야의 「국가기술자격법」에 따른 기술사(이하 "관계전문가"라 한다)에게 확인을 받아야 한다. 〈신설 2015. 1. 6., 2018. 12. 31., 2019. 4. 30.〉

⑫ 관계전문가는 가설구조물이 안전에 지장이 없도록 가설구조물의 구조적 안전성을 확인하여야 한다. 〈신설 2015. 1. 6., 2018. 12. 31.〉

⑬ 국토교통부장관은 건설공사의 안전을 확보하기 위하여 건설공사에 참여하는 다음 각

호의 자(이하 "건설공사 참여자"라 한다)가 갖추어야 하는 안전관리체계와 수행하여야 하는 안전관리 업무 등을 정하여 고시하여야 한다. 〈신설 2015. 5. 18., 2018. 12. 31., 2019. 4. 30., 2021. 3. 16.〉

1. 발주자(발주청이 아닌 경우에는 인·허가기관의 장을 말한다)
2. 건설엔지니어링사업자
3. 건설사업자 및 주택건설등록업자

⑭ 국토교통부장관은 건설공사의 안전을 확보하기 위하여 건설공사 참여자의 안전관리 수준을 대통령령으로 정하는 절차 및 기준에 따라 평가하고 그 결과를 공개할 수 있다. 〈신설 2015. 5. 18., 2018. 12. 31.〉

⑮ 국토교통부장관은 건설사고 통계 등 건설안전에 필요한 자료를 효율적으로 관리하고 공동활용을 촉진하기 위하여 건설공사 안전관리 종합정보망(이하 "정보망"이라 한다)을 구축·운영할 수 있다. 〈신설 2015. 5. 18., 2018. 12. 31.〉

⑯ 국토교통부장관은 건설공사 참여자의 안전관리 수준을 평가하고, 정보망을 구축·운영하기 위하여 건설공사 참여자, 관련 협회, 중앙행정기관 또는 지방자치단체의 장에게 필요한 자료를 요청할 수 있다. 이 경우 요청을 받은 자는 특별한 사유가 없으면 그 요청에 따라야 한다. 〈신설 2015. 5. 18., 2018. 12. 31.〉

⑰ 정보망의 구축 및 운영 등에 필요한 사항은 대통령령으로 정한다. 〈신설 2015. 5. 18., 2018. 12. 31.〉

⑱ 발주청은 대통령령으로 정하는 방법과 절차에 따라 설계의 안전성을 검토하고 그 결과를 국토교통부장관에게 제출하여야 한다. 〈신설 2018. 12. 31.〉

시행령 제99조(안전관리계획의 수립 기준) ① 법 제62조제6항에 따른 안전관리계획의 수립 기준에는 다음 각 호의 사항이 포함되어야 한다. 〈개정 2016. 1. 12., 2019. 6. 25.〉

1. 건설공사의 개요 및 안전관리조직
2. 공정별 안전점검계획(계측장비 및 폐쇄회로 텔레비전 등 안전 모니터링 장비의 설치 및 운용계획이 포함되어야 한다)

3. 공사장 주변의 안전관리 대책(건설공사 중 발파·진동·소음이나 지하수 차단 등으로 인한 주변지역의 피해방지대책과 굴착공사로 인한 위험징후 감지를 위한 계측계획을 포함한다)
4. 통행안전시설의 설치 및 교통소통에 관한 계획
5. 안전관리비 집행계획
6. 안전교육 및 비상시 긴급조치계획
7. 공종별 안전관리계획(대상 시설물별 건설공법 및 시공절차를 포함한다)

② 제1항 각 호에 따른 안전관리계획의 수립기준에 관한 세부적인 내용은 국토교통부령으로 정한다.

▣ 수립대상

시행령 제98조(안전관리계획의 수립) ① 법 제62조제1항에 따른 안전관리계획(이하 "안전관리계획"이라 한다)을 수립해야 하는 건설공사는 다음 각 호와 같다.
이 경우 원자력시설공사는 제외하며, 해당 건설공사가 「산업안전보건법」 제42조에 따른 유해위험방지계획을 수립해야 하는 건설공사에 해당하는 경우에는 해당 계획과 안전관리계획을 통합하여 작성할 수 있다. 〈개정 2016. 1. 12., 2016. 5. 17., 2016. 8. 11., 2018. 1. 16., 2019. 12. 24., 2021. 1. 5.〉

1. 「시설물의 안전 및 유지관리에 관한 특별법」 제7조제1호 및 제2호에 따른 1종시설물 및 2종시설물의 건설공사(같은 법 제2조제11호에 따른 유지관리를 위한 건설공사는 제외한다)
2. 지하 10미터 이상을 굴착하는 건설공사. 이 경우 굴착 깊이 산정 시 집수정(물저장고), 엘리베이터 피트 및 정화조 등의 굴착 부분은 제외하며, 토지에 높낮이 차가 있는 경우 굴착 깊이의 산정방법은 「건축법 시행령」 제119조제2항을 따른다.
3. 폭발물을 사용하는 건설공사로서 20미터 안에 시설물이 있거나 100미터 안에 사육하는 가축이 있어 해당 건설공사로 인한 영향을 받을 것이 예상되는 건설공사
4. 10층 이상 16층 미만인 건축물의 건설공사

4의2. 다음 각 목의 리모델링 또는 해체공사
   가. 10층 이상인 건축물의 리모델링 또는 해체공사
   나. 「주택법」 제2조제25호다목에 따른 수직증축형 리모델링

5. 「건설기계관리법」 제3조에 따라 등록된 다음 각 목의 어느 하나에 해당하는 건설기계가 사용되는 건설공사

가. 천공기(높이가 10미터 이상인 것만 해당한다)

나. 항타 및 항발기

다. 타워크레인

5의2. 제101조의2제1항 각 호의 가설구조물을 사용하는 건설공사

6. 제1호부터 제4호까지, 제4호의2, 제5호 및 제5호의2의 건설공사 외의 건설공사로서 다음 각 목의 어느 하나에 해당하는 공사

가. 발주자가 안전관리가 특히 필요하다고 인정하는 건설공사

나. 해당 지방자치단체의 조례로 정하는 건설공사 중에서 인·허가 기관의 장이 안전관리가 특히 필요하다고 인정하는 건설공사

② 건설사업자와 주택건설등록업자는 법 제62조제1항에 따라 안전관리계획을 수립하여 발주청 또는 인·허가기관의 장에게 제출하는 경우에는 미리 공사감독자 또는 건설사업관리기술인의 검토·확인을 받아야 하며, 건설공사를 착공하기 전에 발주청 또는 인·허가기관의 장에게 제출해야 한다. 안전관리계획의 내용을 변경하는 경우에도 또한 같다. 〈개정 2015. 7. 6., 2016. 1. 12., 2018. 12. 11., 2020. 1. 7.〉

③ 법 제62조제1항에 따라 안전관리계획을 제출받은 발주청 또는 인·허가기관의 장은 안전관리계획의 내용을 검토하여 안전관리계획을 제출받은 날부터 20일 이내에 건설사업자 또는 주택건설등록업자에게 그 결과를 통보해야 한다. 〈개정 2016. 1. 12., 2017. 12. 29., 2019. 6. 25., 2020. 1. 7.〉

④ 발주청 또는 인·허가기관의 장이 제3항에 따라 안전관리계획의 내용을 심사하는 경우에는 제100조제2항에 따른 건설안전점검기관에 검토를 의뢰하여야 한다. 다만, 「시설물의 안전 및 유지관리에 관한 특별법」 제7조제1호 및 제2호에 따른 1종시설물 및 2종시설물의 건설공사의 경우에는 국토안전관리원에 안전관리계획의 검토를 의뢰하여야 한다. 〈개정 2016. 1. 12., 2017. 12. 29., 2018. 1. 16., 2020. 12. 1.〉

⑤ 발주청 또는 인·허가기관의 장은 제3항에 따른 안전관리계획의 검토 결과를 다음 각 호의 구분에 따라 판정한 후 제1호 및 제2호의 경우에는 승인서(제2호의 경우에는 보완이 필요한 사유를 포함해야 한다)를 건설사업자 또는 주택건설등록업자에게 발급해야 한다. 〈개정 2016. 1. 12., 2019. 6. 25., 2020. 1. 7.〉

1. 적정 : 안전에 필요한 조치가 구체적이고 명료하게 계획되어 건설공사의 시공상 안전성

이 충분히 확보되어 있다고 인정될 때
2. 조건부 적정: 안전성 확보에 치명적인 영향을 미치지는 아니하지만 일부 보완이 필요하다고 인정될 때
3. 부적정: 시공 시 안전사고가 발생할 우려가 있거나 계획에 근본적인 결함이 있다고 인정될 때

⑥ 발주청 또는 인·허가기관의 장은 건설사업자 또는 주택건설등록업자가 제출한 안전관리계획서가 제5항제3호에 따른 부적정 판정을 받은 경우에는 안전관리계획의 변경 등 필요한 조치를 해야 한다. 〈개정 2016. 1. 12., 2020. 1. 7.〉

⑦ 발주청 또는 인·허가기관의 장은 법 제62조제3항에 따른 안전관리계획서 사본 및 검토결과를 제3항에 따라 건설사업자 또는 주택건설등록업자에게 통보한 날부터 7일 이내에 국토교통부장관에게 제출해야 한다. 〈신설 2019. 6. 25., 2020. 1. 7.〉

⑧ 국토교통부장관은 법 제62조제3항에 따라 제출받은 안전관리계획서 및 계획서 검토결과가 다음 각 호의 어느 하나에 해당하여 건설안전에 위험을 발생시킬 우려가 있다고 인정되는 경우에는 법 제62조제10항에 따라 안전관리계획서 및 계획서 검토결과의 적정성을 검토할 수 있다. 〈신설 2019. 6. 25., 2020. 1. 7.〉

1. 건설사업자 또는 주택건설등록업자가 안전관리계획을 성실하게 수립하지 않았다고 인정되는 경우
2. 발주청 또는 인·허가기관의 장이 안전관리계획서를 성실하게 검토하지 않았다고 인정되는 경우
3. 그 밖에 안전사고가 자주 발생하는 공종이 포함된 건설공사의 안전관리계획서 및 계획서 검토결과 등 국토교통부장관이 정하여 고시하는 사항에 해당하는 경우

⑨ 법 제62조제10항에 따라 시정명령 등 필요한 조치를 하도록 요청받은 발주청 및 인·허가기관의 장은 건설사업자 및 주택건설등록업자에게 안전관리계획서 및 계획서 검토결과에 대한 수정이나 보완을 명해야 하며, 수정이나 보완조치가 완료된 경우에는 7일 이내에 국토교통부장관에게 제출해야 한다. 〈신설 2019. 6. 25., 2020. 1. 7.〉

⑩ 제8항 및 제9항에 따른 안전관리계획서 및 계획서 검토결과의 적정성 검토와 그에 필요한 조치 등에 관한 세부적인 절차 및 방법은 국토교통부장관이 정하여 고시한다. 〈신

설 2019. 6. 25.〉

▣ 안전점검 시기와 방법 등

시행령 제100조(안전점검의 시기·방법 등) ① 건설사업자와 주택건설등록업자는 건설공사의 공사기간 동안 매일 자체안전점검을 하고, 제2항에 따른 기관에 의뢰하여 다음 각 호의 기준에 따라 정기안전점검 및 정밀안전점검 등을 해야 한다. 〈개정 2020. 1. 7.〉

1. 건설공사의 종류 및 규모 등을 고려하여 국토교통부장관이 정하여 고시하는 시기와 횟수에 따라 정기안전점검을 할 것
2. 정기안전점검 결과 건설공사의 물리적·기능적 결함 등이 발견되어 보수·보강 등의 조치를 위하여 필요한 경우에는 정밀안전점검을 할 것
3. 제98조제1항제1호에 해당하는 건설공사에 대해서는 그 건설공사를 준공(임시사용을 포함한다)하기 직전에 제1호에 따른 정기안전점검 수준 이상의 안전점검을 할 것
4. 제98조제1항 각 호의 어느 하나에 해당하는 건설공사가 시행 도중에 중단되어 1년 이상 방치된 시설물이 있는 경우에는 그 공사를 다시 시작하기 전에 그 시설물에 대하여 제1호에 따른 정기안전점검 수준의 안전점검을 할 것

② 제1항 각 호의 구분에 따른 정기안전점검 및 정밀안전점검 등을 건설사업자나 주택건설등록업자로부터 의뢰받아 실시할 수 있는 기관(이하 "건설안전점검기관"이라 한다)은 다음 각 호의 기관으로 한다. 다만, 그 기관이 해당 건설공사의 발주자인 경우에는 정기안전점검만을 할 수 있다. 〈개정 2018. 1. 16., 2020. 1. 7., 2020. 12. 1.〉

1. 「시설물의 안전 및 유지관리에 관한 특별법」 제28조에 따라 등록한 안전진단전문기관
2. 국토안전관리원

③ 건설사업자와 주택건설등록업자는 국토교통부장관이 정하여 고시하는 절차에 따라 발주자(발주자가 발주청이 아닌 경우에는 인·허가기관의 장을 말한다)가 지정하는 건설안전점검기관에 정기안전점검 또는 정밀안전점검 등의 실시를 의뢰해야 한다. 이 경우 그 건설공사를 발주·설계·시공·감리 또는 건설사업관리를 수행하는 자의 계열회사인 건설안전점검기관에 의뢰해서는 안 된다.
〈개정 2019. 6. 25., 2020. 1. 7.〉

④ 안전점검을 한 건설안전점검기관은 안전점검 실시 결과를 안전점검 완료 후 30일 이내

에 발주자, 해당 인·허가기관의 장(발주자가 발주청이 아닌 경우만 해당한다), 건설사업자 또는 주택건설등록업자에게 통보해야 한다. 이 경우 점검 결과를 통보받은 발주자나 인·허가 기관의 장은 건설사업자 또는 주택건설등록업자에게 보수·보강 등 필요한 조치를 요청할 수 있다. 〈개정 2019. 6. 25., 2020. 1. 7.〉

⑤ 제4항에 따라 안전점검 결과를 통보받은 건설사업자 또는 주택건설등록업자는 통보받은 날부터 15일 이내에 안전점검 결과를 국토교통부장관에게 제출해야 한다. 〈신설 2019. 6. 25., 2020. 1. 7.〉

⑥ 제1항 각 호에 따라 정기안전점검 및 정밀안전점검 등을 할 수 있는 사람(이하 "안전점검책임기술인"이라 한다)은 별표 1에 따른 해당 분야의 특급기술인으로서 「시설물의 안전 및 유지관리에 관한 특별법 시행령」 제9조에 따라 국토교통부장관이 인정하는 해당 기술 분야의 안전점검교육 또는 정밀안전진단교육을 이수한 사람으로 한다. 이 경우 안전점검책임기술인은 타워크레인에 대한 정기안전점검을 할 때에는 국토교통부령으로 정하는 자격요건을 갖춘 사람으로 하여금 자신의 감독하에 안전점검을 하게 해야 하고, 그 밖에 안전점검을 할 때 필요한 경우에는 「시설물의 안전 및 유지관리에 관한 특별법 시행령」 별표 11의 기술인력의 구분란에 규정된 자격요건을 갖춘 사람으로 하여금 자신의 감독하에 안전점검을 하게 할 수 있다.
〈개정 2018. 1. 16., 2018. 12. 11., 2019. 6. 25., 2020. 12. 8.〉

⑦ 제1항에 따른 정기안전점검 및 정밀안전점검의 실시에 관한 세부 사항은 국토교통부령으로 정한다. 〈개정 2019. 6. 25.〉

⑧ 법 제62조제6항에 따른 안전점검의 대가는 다음 각 호의 비용을 합한 금액으로 한다. 〈개정 2019. 6. 25.〉

1. 직접인건비: 안전점검 업무를 수행하는 인원의 급료·수당 등
2. 직접경비: 안전점검 업무를 수행하는 데에 필요한 여비, 차량운행비 등
3. 간접비: 직접인건비 및 직접경비에 포함되지 아니하는 각종 경비
4. 기술료
5. 그 밖에 각종 조사·시험비 등 안전점검에 필요한 비용

⑨ 제8항에 따른 안전점검 대가의 세부 산출기준은 건설공사의 종류 및 규모 등을 고려하

여 국토교통부장관이 정하여 고시한다. 〈개정 2019. 6. 25.〉

* 〔별표 1〕정기안전점검 실시 시기 참조

※매일 자체점검, 정기안전점검, 정밀안전점검 등 안전점검 내용, 지적사항 이행 여부 등에 대해 철저한 기록·관리·유지가 필요

▣ 건설공사 참여자 안전관리 업무 (중요내용)

시행령 제60조의2(발주청의 업무범위) ① 법 제39조의4제1항에서 "대통령령으로 정하는 발주청의 업무"란 다음 각 호의 업무를 말한다.

1. 공사의 시행에 따른 업무연락 및 문제점 파악
2. 용지 보상 지원 및 민원 해결
3. 법 제55조 및 제62조에 따른 품질관리 및 안전관리에 관한 지도
4. 제59조제3항제9호에 따라 확인한 설계 변경에 관한 사항의 검토
5. 예비준공검사

② 발주청 소속 직원의 업무수행에 필요한 사항은 국토교통부장관이 따로 정할 수 있다.
[본조신설 2020. 12. 8.]
건설공사 안전관리 업무수행 지침 (제2장, 제3장)

제2장 건설공사 참여자 안전관리업무

제1절 발주자의 안전관리 업무

제4조(사업관리 단계) ① 발주자는 사업 전 단계에 대하여 이 지침에서 제시한 건설공사 안전관리 참여자의 업무가 제대로 이행되고 있는지를 총괄하여야 한다.

② 발주자는 사업계획단계에서 해당 건설공사에서 중점적으로 관리해야 할 위험요소 및 저감대책을 관련 전문가의 자문, 유사 건설공사의 안전관리문서 검토, 종합정보망에서 제공하는 건설공사 위험요소 프로파일 확인 등을 통해 사전에 발굴해야 한다.

제5조(설계발주 단계) ① 발주청은 설계 발주단계에서 건설안전을 고려한 설계가 될 수 있

도록제4조에 따라 발굴한 해당 건설공사의 위험요소 및 저감대책을 바탕으로 설계서(과업지시서)의 설계조건을 작성하여야 하며, 필요한 경우 외부 전문가의 도움을 받아 설계조건을 작성할 수 있다.

② 발주청은 설계자로 하여금 다음 각 호의 내용이 포함된 문서를 제출하도록 설계성과 납품 품목에 명시하여야 한다.

1. 별지 제1호 서식에 따라 작성된 설계안전검토보고서
2. 설계에서 잔존하여 시공단계에서 반드시 고려해야 하는 위험요소, 위험성, 저감대책에 관한 사항

제6조(설계시행 단계) ① 설계 시행단계에서 발주청은 관리원에 시공 과정의 안전성 확보를 고려하여 설계가 적정하게 이루어졌는지의 여부를 검토하게 하여야 한다.

② 발주청은 법 제62조제18항 및 영 제75조의2제5항에 따라 제1항에 따른 검토결과를 국토교통부장관에게 제출할 때 종합정보망에 업로드 해야 한다.

③ 발주청의 설계 안전성 검토 절차는 다음 각 호와 같다.

1. 설계안전검토보고서는 설계도면과 시방서, 내역서, 구조 및 수리 계산서가 완료된 시점에서 제출하는 것을 원칙으로 하나 시기는 발주청이 별도로 정할 수 있다.
2. 설계 안정성 검토(검토결과인 설계안전검토보고서를 포함한다)를 의뢰받은 관리원은 의뢰받은 날로부터 20일 이내에 발주청에게 검토 결과를 통보하여야 한다.
3. 발주청은 제2호에 따른 검토결과를 참고하여제13조에 따라 제출받은 설계안전검토보고서를 심사한 후 승인 여부를 설계자에게 통보하여야 한다.
4. 발주청은 제3호에 따른 심사과정에서 시공과정의 안전성을 확보하기 위하여 설계 내용에 개선이 필요하다고 인정하는 경우에는 설계자로 하여금 설계도서의 보완·변경 등 필요한 조치를 하여야 한다.
5. 발주청이 관리원에 설계의 안전성 검토를 의뢰하는 경우에는 검토비용을 부담하여야 한다.

제7조(설계완료 단계) 발주청은 최종 설계성과 납품 품목으로 다음 각 호의 내용이 포함된 문서가 있는지를 확인하고, 시공자에게 전달하기 위해 관련 문서를 정리하여야 한다.

1. 제5조제2항 각 호의 내용이 포함된 문서
2. 설계에 가정된 각종 시공법과 절차에 관한 사항

제8조(공사발주 및 착공 이전 단계) ① 발주청은 설계에서 도출된 위험요소, 위험성, 저감대책을 반영하여 시공자가 안전관리계획서를 작성하도록 제7조 각 호의 정보를 제공하여야 한다.

② 발주자(발주자가 발주청이 아닌 경우 인·허가기관의 장을 의미한다)는 영 제98조에 따라 안전관리계획을 검토하고 시공자에게 그 결과를 제출받은 날부터 20일 이내에 통보하여야 한다.

③ 발주자는 시공자가 안전관리계획서를 작성하거나 변경하는 경우 건설공사 감독자 또는 건설사업관리기술인으로 하여금 안전관리계획서의 적정성을 검토하고, 그 결과를 서면으로 보고하게 하여야 한다. 또한 발주자는 건설공사 감독자 또는 건설사업관리기술인이 서면으로 보고한 안전관리계획서의 지적사항에 대해 확인하고, 필요시 시공자에게 시정·보완토록 하여야 한다.

④ 발주자(발주자가 발주청이 아닌 경우 인·허가기관의 장을 의미한다)는 영 제98조 제7항에 따른 안전관리계획서 사본 및 검토결과와 제9항에 따른 적정성 검토 결과에 대한 수정이나 보완조치를 국토교통부장관에게 제출하여야 하고, 이때 종합정보망에 업로드 하여야 한다.

⑤ 발주자는 본 지침 제3장, 법 제63조, 규칙 제60조에 따라 안전관리비를 공사금액에 계상하여야 한다.

제9조(공사시행 단계) ① 발주자는 법 제62조,영 제99조에 따른 안전관리계획을 시공자가 제대로 이행하는지 여부를 확인하여야 한다. 다만, 해당 건설공사에 감독권한 대행 등 건설사업관리를 시행하는 경우에는 건설사업관리기술인으로 하여금 안전관리계획의 이행여부를 확인하여 보고하도록 할 수 있다.

② 발주자(발주청이 아닌 경우에는 인·하가기관의 장을 의미한다)는 영 제100조의2에 따라 안전점검 수행기관을 지정·관리하여야 하며, 이를 위한 방법 및 절차는 지침 제3장 제1절을 따른다.

③ 발주자는 안전관리비가 사용기준에 맞게 사용되었는지 확인하여야 한다. 다만, 해당 건설공사에 감독권한 대행 등 건설사업관리를 시행하는 경우에는 건설사업관리기술인으로 하여금 안전관리 활동실적에 따른 정산자료의 적정성을 검토하여 보고하도록 할 수 있다.

④ 발주청은 시공자, 건설사업관리기술인과 함께 제1항 및 제2항에 따른 안전관리계획 이행여부, 안전관리비 집행실태 등을 확인하고 공종별 위험요소와 그 저감대책을 발굴 및 보완하는 등 안전관리 실태를 확인하기 위한 회의를 정기적으로 개최하여야 한다. 다만, 구체적인 회의 방법 및 시기는 발주청이 시공자 및 건설사업관리기술인과 협의하여 별도로 정할 수 있다.

제10조(공사완료 단계) ① 발주자는 향후 유사 건설공사의 안전관리와 유지관리에 유용한 정보제공을 위해 해당 건설공사가 준공되면 안전관리 참여자가 작성한 안전관리문서를 취합하여 시설물안전법 제9조에 따라 설계도서의 일부로 보관하여야 한다.

② 발주자는 준공 시 시공자로부터 다음 각 호의 안전관련 문서를 제출 받아 국토교통부장관(또는 관리원)에게 제출하여야 한다. 이때 종합정보망을 통하여 온라인으로 제출할 수 있다.

1. 설계단계에서 넘겨받거나 시공단계에서 검토한 위험요소, 위험성, 저감대책에 관한 사항
2. 건설사고가 발생한 현장의 경우 사고 개요, 원인, 재발방지대책 등이 포함된 사고조사보고서
3. 시공단계에서 도출되어 유지관리단계에서 반드시 고려해야 하는 위험요소, 위험성, 저감대책에 관한 사항

제4절 건설사업관리기술인의 안전관리 업무

제16조(일반사항)건설사업관리기술인은 국토교통부장관이 고시한 「건설공사 사업관리방식 검토기준 및 업무수행지침」에 따라 안전관리 업무를 수행하여야 한다.

제17조(설계의 안전성 검토 대상 공사) ① 영 제75조의2에 따라 설계의 안전성 검토를 시행해야하는 공사의 경우, 건설사업관리기술인은 안전관리계획서 상에 설계단계에서 넘

겨받거나 시공단계에서 검토한 위험요소, 위험성, 저감대책에 관한 사항들이 반영되어 있는지 검토·확인하여야 하며, 보완해야 할 사항이 있는 경우에는 시공자로 하여금 이를 보완토록 해야 한다.

② 건설사업관리기술인은 향후 유사 건설공사의 안전관리와 유지관리에 유용한 정보제공을 위해 해당 건설공사가 준공되면, 시공자가 작성한제10조제2항 각 호의 사항들에 대한 안전관리문서의 적정성을 검토한 후, 발주자에게 제출하여야 한다.

▣ 종합보고서의 제출

- 관련규정 : 건설기술진흥법 시행령 제101조(안전점검 종합보고서의 작성 및 보존 등)
- 제출시기 : 준공 후 3개월 이내
- 제출자 : 발주청 또는 인·허가기관의 장
- 제출처 : 국토교통부 장관

시행령 제101조(안전점검에 관한 종합보고서의 작성 및 보존 등) ①법 제62조제7항에 따른 안전점검에 관한 종합보고서(이하 "종합보고서"라 한다)에는 제100조제1항 각 호의 기준에 따라 실시한 안전점검의 내용 및 그 조치사항을 포함해야 한다. 〈개정 2019. 6. 25.〉

② 법 제62조제7항에 따라 종합보고서를 제출받은 발주청 또는 인·허가기관의 장은 해당 건설공사의 준공 후 3개월 이내에 종합보고서 (「시설물의 안전 및 유지관리에 관한 특별법」 제7조제1호 및 제2호에 따른 1종시설물 및 2종시설물에 대한 종합보고서로 한정한다)를 국토교통부장관에게 제출해야 한다. 〈개정 2018. 1. 16., 2019. 6. 25.〉
③ 법 제62조제9항에 따라 국토교통부장관, 발주청 및 인·허가기관의 장은 제출받은 종합보고서를 다음 각 호의 구분에 따라 보존해야 한다. 〈개정 2018. 1. 16., 2019. 6. 25.〉

1. 국토교통부장관 : 「시설물의 안전 및 유지관리에 관한 특별법」 제7조제1호 및 제2호에 따른 1종 시설물 및 2종 시설물에 대한 종합 보고서를 시설물의 존속기간까지 보존할 것
2. 발주청 및 인·허가기관의 장 : 제1호에 따른 종합보고서 외의 종합보고서를 해당 건설공사의 하자담보책임기간 만료일까지 보존할 것

④ 관리주체는 시설물의 안전 및 유지·관리를 위하여 필요한 경우에는 국토교통부장관에

게 종합보고서의 열람이나 그 사본의 발급을 요청할 수 있다. 이 경우 요청을 받은 국토교통부장관은 특별한 사유가 없으면 이에 따라야 한다.

⑤ 국토교통부장관은 종합보고서의 작성 및 보존·관리에 관한 세부 지침을 따로 정할 수 있다.

▣ 안전보건 교육 기준

- 관련규정 : 산업안전보건법 제31조(안전·보건교육), 동법 시행령 제3장, 제40조
- 교육시기 : 근로자의 채용할 때와 작업내용을 변경할 때, 유해하거나 위험한 작업에 근로자를 사용할 때(특별교육)

제3장 안전보건교육

제40조(안전보건교육기관의 등록 및 취소) ① 법 제33조 제1항전단에 따라법 제29조 제1항부터 제3항까지의 규정에 따른 안전보건교육에 대한 안전보건교육기관(이하 "근로자 안전보건교육기관"이라 한다)으로 등록하려는 자는 법인 또는 산업 안전·보건 관련 학과가 있는「고등교육법」 제2조에 따른 학교로서별표 10에 따른 인력·시설 및 장비 등을 갖추어야 한다.

② 법 제33조 제1항전단에 따라법 제31조 제1항본문에 따른 안전보건교육에 대한 안전보건교육기관으로 등록하려는 자는 법인 또는 산업 안전·보건 관련 학과가 있는「고등교육법」 제2조에 따른 학교로서별표 11에 따른 인력·시설 및 장비를 갖추어야 한다.

③ 법 제33조 제1항전단에 따라법 제32조 제1항각 호 외의 부분 본문에 따른 안전보건교육에 대한 안전보건교육기관(이하 "직무교육기관"이라 한다)으로 등록할 수 있는 자는 다음 각 호의 어느 하나에 해당하는 자로 한다.

1. 「한국산업안전보건공단법」에 따른 한국산업안전보건공단(이하 "공단"이라 한다)
2. 다음 각 목의 어느 하나에 해당하는 기관으로서별표 12에 따른 인력·시설 및 장비를 갖춘 기관
   가. 산업 안전·보건 관련 학과가 있는「고등교육법」 제2조에 따른 학교
   나. 비영리법인

④ 법 제33조 제1항후단에서 “대통령령으로 정하는 중요한 사항”이란 다음 각 호의 사항을 말한다.

1. 교육기관의 명칭(상호)
2. 교육기관의 소재지
3. 대표자의 성명

⑤ 제1항부터 제3항까지의 규정에 따른 안전보건교육기관에 관하여법 제33조 제4항에 따라 준용되는법 제21조 제4항 제5호에서 “대통령령으로 정하는 사유에 해당하는 경우”란 다음 각 호의 경우를 말한다.

1. 교육 관련 서류를 거짓으로 작성한 경우
2. 정당한 사유 없이 교육 실시를 거부한 경우
3. 교육을 실시하지 않고 수수료를 받은 경우
4. 법 제29조 제1항부터 제3항까지,제31조 제1항본문 또는제32조 제1항각 호 외의 부분 본문에 따른 교육의 내용 및 방법을 위반한 경우

▦ 안전관리 결과보고서의 검토

- 관련규정 : 건설공사 사업관리방식 검토기준 및 업무수행 지침 제 65조 (안전관리) 및 제 3장 건설사업관리업무

제65조(안전관리) ① 건설사업관리기술인은 건설공사의 안전시공 추진을 위해서 안전조직을 갖추도록 하여야 하고 안전조직은 현장규모와 작업내용에 따라 구성하며 동시에 산업안전보건법의 해당규정(「산업안전보건법」 제15조 안전보건관리책임자 선임, 제16조 관리감독자 지정, 제17조 안전관리자 배치, 제18조 보건관리자 배치, 제19조 안전보건관리담당자 선임 및 제75조 안전·보건에 관한 노사협의체 운영)에 명시된 업무도 수행되도록 조직편성을 한다.

② 건설사업관리기술인은 시공자가 영 제98조와 제99조에 따라 작성한 건설공사 안전관리계획서를 공사 착공 전에 제출받아 적정성을 검토하고 이행확인 및 평가 등 사고예방을 위한 제반 안전관리 업무를 검토한 후 공사감독자에게 보고하여야 한다.

③ 공사감독자는 건설사업관리기술인 중 안전관리담당자를 지정하고 안전관리담당자로 지정된 건설사업관리기술인은 다음 각 호의 작업현장에 수시로 입회하여 시공자의 안전관리자를 지도·감독하도록 하여야 하며 공사전반에 대한 안전관리계획의 사전검토, 실시확인 및 평가, 자료의 기록유지 등 사고예방을 위한 제반 안전관리 업무에 대하여 확인을 하도록 하여야 한다.

1. 추락 또는 낙하 위험이 있는 작업
2. 발파, 중량물 취급, 화재 및 감전 위험작업
3. 크레인 등 건설장비를 활용하는 위험작업
4. 그 밖의 안전에 취약한 공종 작업

④ 건설사업관리기술인은 시공자 중 안전보건관리책임자(현장대리인)와 안전관리자 및 보건관리자(법정자격자)를 지정하게 하여 현장의 전반적인 안전·보건문제를 책임지고 추진하도록 하여야 한다.

⑤ 건설사업관리기술인은 시공자로 하여금 근로기준법, 산업안전보건법, 산업재해보상보험법, 시설물의 안전 및 유지관리에 관한 특별법과 그 밖의 관계법규를 준수하도록 하여야 한다.

⑥ 건설사업관리기술인은 산업재해 예방을 위한 제반 안전관리 지도에 적극적인 노력을 경주하도록 함과 동시에 안전관계법규를 이행하도록 하기 위하여 다음 각 호와 같은 업무를 수행하여야 한다.

1. 시공자의 안전조직 편성 및 임무의 법상 구비조건 충족 및 실질적인 활동 가능성 검토
2. 안전관리자에 대한 임무수행 능력 보유 및 권한 부여 검토
3. 시공계획과 연계된 안전계획의 수립 및 그 내용의 실효성 검토
4. 유해·위험방지계획(수립 대상에 한함) 내용 및 실천 가능성 검토(산업안전보건법 제48조제3항, 제4항)
5. 안전점검 및 안전교육 계획의 수립 여부와 내용의 적정성 검토 (법 제62조, 산업안전보건법 제31조, 제32조)
6. 안전관리 예산편성 및 집행계획의 적정성 검토
7. 현장 안전관리 규정의 비치 및 그 내용의 적정성 검토
8. 산업안전보건관리비의 타 용도 사용내역 검토

⑦ 건설사업관리기술인은 시공자가 법 제62조제1항에 따른 안전관리계획이 성실하게 수행되는지 다음 각 호의 내용을 확인하여야 한다.

1. 안전관리계획의 이행 및 여건 변동시 계획변경 여부 확인
2. 안전보건 협의회 구성 및 운영상태 확인
3. 안전점검계획 수립 및 실시 여부 확인(일일, 주간, 우기 및 해빙기, 하절기, 동절기 등 자체안전점검, 법에 의한 안전점검, 안전진단 등)
4. 안전교육계획의 실시 확인 (사내 안전교육, 직무교육)
5. 위험장소 및 작업에 대한 안전조치 이행 여부 확인(제3항 각 호의 작업 등)
6. 안전표지 부착 및 이행여부 확인
7. 안전통로 확보, 자재의 적치 및 정리정돈 등이 성실하게 수행되는지 확인
8. 사고조사 및 원인 분석, 각종 통계자료 유지
9. 월간 안전관리비 및 산업안전보건관리비 사용실적 확인
10. 근로자에 대한 건설업 기초 안전·보건 교육의 이수 확인
11. 석면안전관리법 제30조에 의한 석면해체 제거작업을 수반하는 공사에 대하여 적정 건설사업관리기술인 지정 및 업무수행
12. 근로자 건강검진 실시 확인

⑧ 건설사업관리기술인은 안전에 관한 업무를 수행하기 위하여 시공자에게 다음 각 호의 자료를 기록·유지토록 하고 이행상태를 점검한다.

1. 안전업무 일지(일일보고)
2. 안전점검 실시(안전업무일지에 포함 가능)
3. 안전교육(안전업무일지에 포함가능)
4. 각종 사고보고
5. 월간 안전 통계(무재해, 사고)
6. 안전관리비 및 산업안전보건관리비 사용실적 (월별 점검·확인)

⑨ 건설사업관리기술인은 건설공사 안전관리계획 내용에 따라 안전조치·점검 등 이행을 하였는지의 여부를 확인하고 미이행시 시공자로 하여금 안전조치·점검 등을 선행한 후 시공하게 한다.

⑩ 건설사업관리기술인은 시공자가 영 제100조에 따른 자체 안전점검을 매일 실시하였는

지의 여부를 확인하여야 하며, 건설안전점검전문기관에 의뢰하여야 하는 정기·정밀 안전점검을 할 때에는 입회하여 적정한 점검이 이루어지는지를 지도하고 그 결과를 공사감독자에게 보고하여야 한다.

⑪ 건설사업관리기술인은 영 제100조에 따라 시행한 정기·정밀 안전점검 결과를 시공자로부터 제출받아 검토하여 공사감독자에게 보고하고 발주청의 지시에 따라 시공자에게 필요한 조치를 하게 한다.

⑫ 건설사업관리기술인은 시공회사의 안전관리책임자와 안전관리자 등에게 교육시키고 이들로 하여금 현장 근무자에게 다음 각 호의 내용과 자료가 포함된 안전교육을 실시토록 지도·감독하여야 한다.

1. 산업재해에 관한 통계 및 정보
2. 작업자의 자질에 관한 사항
3. 안전관리조직에 관한 사항
4. 안전제도, 기준 및 절차에 관한 사항
5. 생산공정에 관한 사항
6. 산업안전보건법 등 관계법규에 관한 사항
7. 작업환경관리 및 안전작업 방법
8. 현장안전 개선방법
9. 안전관리 기법
10. 이상발견 및 사고발생시 처리방법
11. 안전점검 지도 요령과 사고조사 분석요령

⑬ 건설사업관리기술인은 공사가 중지(차수별 준공에 따라 공사가 중단된 경우를 포함한다)되는 건설현장에 대해서는 안전관리담당자로 지정된 건설사업관리기술인을 입회하도록 하여 공사중지(준공)일로부터 5일 이내에 시공자로 하여금 영 제100조제1항에 따른 자체 안전점검을 실시하도록 하고, 점검결과를 발주청에 보고한 후 취약한 부분에 대해서는 시공자에게 필요한 안전조치를 하게 하여야 한다.

⑭ 안전관리담당자로 지정된 건설사업관리기술인은 현장에서 사고가 발생하였을 경우에는 시공자에게 즉시 필요한 응급조치를 취하도록 하고 공사감독자에게 즉시 보고하여야 하며, 제3항부터 제13항까지, 제15항의 업무에 고의 또는 중대한 과실이 없는 때에는 사고

에 대한 책임을 지지 아니한다.

⑮ 건설사업관리기술인은 다음 각 호의 건설기계에 대하여 시공자가 「건설기계관리법」 제4조, 제13조, 제17조를 위반한 건설기계를 건설현장에 반입·사용하지 못하도록 반입·사용현장을 수시로 입회하는 등 지도·감독 하여야 하고, 해당 행위를 인지한 때에는 공사감독자에게 보고하여야 한다.

1. 천공기
2. 항타 및 항발기
3. 타워크레인
4. 기중기 등 그 밖에 발주청이 필요하다고 인정하여 계약에서 정한 건설기계

3 안전관리자 적격 여부

▣ 관련규정 : 산업안전보건법 제17조(안전관리자), 동법 시행령 16조(안전관리자의 선임 등), 별표 1~6

▣ 배치기준

구 분	안전관리자 수	안전관리자 자격
공사금액 50억 이상, 50억 ~800억, 800억~1,500억 등 공사금액별, 토목공사 별로 구분	공사금액별 안전관리자 수 지정	별표1 ~ 6 참고

▣ 안전관리업무 위탁

- 대통령령으로 정하는 종류 및 규모에 해당하는 사업의 사업주는 고용노동부장관이 지정하는 안전관리 업무를 전문적으로 수행하는 기관(이하 "안전관리전문기관"이라 한다)에 안전관리자의 업무를 위탁할 수 있다.

▣ 안전관리자 신고

- 사업주는 안전관리자를 선임하거나 안전관리자의 업무를 안전관리전문기관에 위탁한 경우에는 고용노동부령으로 정하는 바에 따라 선임하거나 위탁한 날부터 14일 이내에 고용노동부장관에게 증명할 수 있는 서류를 제출하여야 한다.

참고

▶ 둘 이상의 사업장에 안전관리자를 공동으로 둘 수 있다. 단, 공사비 120억원(토목공사 150억) 이상의 건설공사로서,

1. 같은 시·군·구(자치구를 말한다) 지역에 소재하는 경우
2. 사업장 간의 경계를 기준으로 15km 이내에 소재하는 경우

4 안전보건관리비 및 안전관리비 기준

▣ 「산업안전보건법」상 '산업안전보건관리비'와 용어의 유사성으로 그간「건설기술진흥법」상 '안전관리비'*를 누락하는 사례가 빈번히 발생

* '산업안전보건관리비'는 근로자의 보건·안전을 주요 목표로 하고 '안전관리비'는 당해공사의 구조물 또는 주변 구조물 등의 안전을 목표

〈안전관리비와 산업안전보건관리비 비교〉

구분	안전관리비	산업안전보건관리비
목적	시설물의 안전	근로자의 보건 안전
관련규정	건설공사 안전관리 업무수행 지침	건설업 산업안전보건관리비 계상 및 사용기준
소관부처	국토교통부	고용노동부

※ 건설 현장의 안전사고 및 안전관리의 중요성이 부각 됨에 따라, 시설 공사의 계약과정에서도 '안전관리비'를 반영하고 있음

▣ (안전관리비 계상 대상공사) 안전관리계획 수립 대상공사* 및 통행 안전·소통 비용 등(발주기관 요구) 반영에 따라 안전관리비 계상이 필요한 공사

* 1종시설물(특별한 안전관리 시설물), 2종시설물(재난발생 위험이 높은 시설물), 지하굴착 공사, 폭발물 사용 공사, 10층 이상 건설공사 등

▣ 건설기술진흥법 관련 규정

▷ 관련규정 : 「건설기술진흥법」제63조(안전관리비용)

① 건설공사의 발주자는 건설공사 계약을 체결할 때에 건설공사의 안전관리에 필요한 비용(이하 "안전관리비"라 한다)을 국토교통부령으로 정하는 바에 따라 공사금액에 계상하여야 한다.

② 건설공사의 규모 및 종류에 따른 안전관리비의 사용방법 등에 관한 기준은 국토교통부령으로 정한다.

▷ 관련규정:「건설기술진흥법 시행규칙」제60조(안전관리비)

① 법 제63조제1항에 따른 건설공사의 안전관리에 필요한 비용(이하 "안전관리비"라 한다)에는 다음 각 호의 비용이 포함되어야 한다. 〈개정 2016. 3. 7., 2020. 3. 18., 2020. 12. 14.〉

1. 안전관리계획의 작성 및 검토 비용 또는 소규모안전관리계획의 작성 비용
2. 영 제100조제1항제1호 및 제3호에 따른 안전점검 비용
3. 발파·굴착 등의 건설공사로 인한 주변 건축물 등의 피해방지대책 비용
4. 공사장 주변의 통행안전관리대책 비용
5. 계측장비, 폐쇄회로 텔레비전 등 안전 모니터링 장치의 설치·운용 비용
6. 법 제62조제11항에 따른 가설구조물의 구조적 안전성 확인에 필요한 비용
7. 「전파법」 제2조제1항제5호 및 제5호의2에 따른 무선설비 및 무선통신을 이용한 건설공사 현장의 안전관리체계 구축·운용 비용

② 건설공사의 발주자는 법 제63조제1항에 따라 안전관리비를 공사 금액에 계상하는 경우에는 다음 각 호의 기준에 따라야 한다.
〈개정 2016. 3. 7., 2016. 7. 4., 2020. 3. 18.〉

1. 제1항제1호의 비용: 작성 대상과 공사의 난이도 등을 고려하여 「엔지니어링산업 진흥법」 제31조에 따른 엔지니어링사업 대가기준을 적용하여 계상
2. 제1항제2호의 비용: 영 제100조제8항에 따른 안전점검 대가의 세부 산출기준을 적용하여 계상
3. 제1항제3호의 비용: 건설공사로 인하여 불가피하게 발생할 수 있는 공사장 주변 건축물 등의 피해를 최소화하기 위한 사전보강, 보수, 임시이전 등에 필요한 비용을 계상
4. 제1항제4호의 비용: 공사시행 중의 통행안전 및 교통소통을 위한 시설의 설치비용 및 신호수(信號手)의 배치비용에 관해서는 토목、건축 등 관련 분야의 설계기준 및 인건비기준을 적용하여 계상
5. 제1항제5호의 비용: 영 제99조제1항제2호의 공정별 안전점검 계획에 따라 계측장비, 폐쇄회로 텔레비전 등 안전 모니터링 장치의 설치 및 운용에 필요한 비용을 계상
6. 제1항제6호의 비용: 법 제62조제11항에 따라 가설구조물의 구조적 안전성을 확보하기 위하여 같은 항에 따른 관계전문가의 확인에 필요한 비용을 계상
7. 제1항제7호의 비용: 건설공사 현장의 안전관리체계 구축·운용에 사용되는 무선설비의 구입·대여·유지 등에 필요한 비용과 무선통신의 구축·사용 등에 필요한 비용을 계상

③ 건설공사의 발주자는 다음 각 호의 어느 하나에 해당하는 사유로 인하여 추가로 발생하는 안전관리비에 대해서는 제2항 각 호의 기준에 따라 안전관리비를 증액 계상하여야 한다. 다만, 발주자의 요구 또는 귀책 사유로 인한 경우로 한정한다. 〈신설 2016. 7. 4.〉

1. 공사기간의 연장
2. 설계변경 등으로 인한 건설공사 내용의 추가
3. 안전점검의 추가편성 등 안전관리계획의 변경
4. 그 밖에 발주자가 안전관리비의 증액이 필요하다고 인정하는 사유

④ 건설사업자 또는 주택건설등록업자는 안전관리비를 해당 목적에만 사용해야 하며, 발주자 또는 건설사업관리용역사업자가 확인한 안전관리 활동실적에 따라 정산해야 한다. 〈개정 2016. 7. 4., 2020. 3. 18.〉

⑤ 안전관리비의 계상 및 사용에 관한 세부사항은 국토교통부장관이 정하여 고시한다. 〈개정 2016. 7. 4.〉

▣ 건설공사 안전관리 업무수행 지침

(시행 2021. 9.17) (국토교통부 고시 제2021-1087호, 2021.9.16., 일부개정)

▷관련규정: 제51조(적용절차)

① 건설공사의 발주자는 건설공사 계약을 체결할 때에 「예정가격작성기준」(계약예규)에 따라 건설공사의 안전관리에 필요한 안전관리비를 공사원가계산서에 안전관리비 항목으로 계상하여야 하며, 비용을 확정하기 어려운 주변 건축물 등의 피해방지대책 비용 및 통행안전관리대책 비용 등은 발주자 또는 건설사업관리기술인이 확인한 안전관리 활동 실적에 따라 정산할 수 있도록 계상한다. 다만 공사 중 설계변경 등에 의해 안전관리비를 변경·추가할 필요가 있는 경우에는 건설사업자 또는 주택건설등록업자가 안전관리비 내역을 작성하여 건설사업관리기술인의 검토、확인 후 발주자의 승인 후 비용 계상을 하여야 한다.

② 발주자와 계약을 체결하기 위해 입찰에 참가하는 건설사업자 또는 주택건설등록업자는 입찰금액 산정 시 발주자가 제1항에 따라 공사원가계산서에 계상한 안전관리비를 조정 없이 반영하여야 한다.

③ 발주자는 제1항에 따라 계상한 안전관리비와 관련하여 다음 각 호의 사항을 입찰공고 등에 명시하여 입찰에 참가하고자 하는 자가 미리 열람할 수 있도록 하여야 한다.

1. 공사원가계산서에 계상된 안전관리비
2. 입찰참가자가 입찰금액 산정 시 안전관리비는 제1호에 따른 금액을 조정 없이 반영하여야 한다는 사항
3. 안전관리비는 규칙 제60조에 따라 사후정산을 하게 된다는 사항

▷ 관련규정 : 제2조(정의) 이 지침에서 사용되는 용어의 뜻은 다음과 같다. (기타 생략)

10. "안전관리비"란 「건설기술 진흥법 시행규칙」(이하 "규칙"이라 한다) 제60조제1항에 따른 안전관리에 필요한 비용을 말한다.

▷ 관련규정 : 제47조(건설공사 안전점검 비용)

① 규칙 제60조제2항제2호에 따른 안전점검 비용 계상에 적용하는 요율은 별표 8과 같다. 다만, 공사의 특성 및 난이도에 따라 10%의 범위에서 가산할 수 있다.

② 규칙 제60조제1항제2호에 따른 건설공사 안전점검 비용의 계상은 공사비 요율에 의한 방식을 적용한다.

③ 영 제100조제1항제2호에 따른 정밀안전점검 비용은 「엔지니어링사업대가의 기준」을 적용하여 산출한 금액으로 한다.

④ 영 제100조제1항제3호에 따른 안전점검(초기점검) 비용 계상 시에는 향후의 유지관리, 점검·진단을 하기 위한 기초자료로서 구조물 전체에 대한 외관 조사망도 작성 및 구조안전성평가의 기준이 되는 초기치를 구하는 데 필요한 추가항목에 대한 비용을 별도 계상하여야 한다.

⑤ 별표 8의 안전점검대가요율에 포함되지 않는 건설공사의 안전점검비용은 「엔지니어링사업대가의 기준」을 적용하여 산출한 금액으로 한다.

⑥ 공사비 요율에 의한 방식으로 안전점검대가 요율 계상 시 시설물 규격이 최소규격보다 작은 경우 또는 두 기준규격의 중간인 경우에는 다음 보간식을 이용하여 해당 안전점검대가 요율을 계상한다. 이때 사용되는 두 기준점은 가장 인접한 두 점을 사용하여야 하며, 원점 등을 사용하여서는 안 된다. (법령에서 명시한 계산식 별도 참고 필요)

⑦ 공사비 요율에 의한 방식으로 안전점검대가 요율 계상 시 시설물 규격이 최대규격보다 큰 경우에는 다음 보간식을 이용하여 해당 안전점검대가 요율을 계상한다. (법령에서 명시한 계산식 별도 참고 필요)

⑧ 제27조제1항제3호 및 별표 3의 추가조사에 소요되는 비용은 「엔지니어링사업대가의 기준」을 적용하여 산출한 금액으로 한다. 추가조사 항목에 대한 기준은 시설물안전법 제21조에 따라 고시한 「시설물의 안전 및 유지관리 실시 등에 관한 지침」 별표 26을 적용한다.

▷관련규정 : 제49조(공사장 주변의 통행안전관리대책 비용)

규칙 제60조제2항제4호에 따른 공사장 주변의 통행안전관리대책 비용 계상은 별표 7에 따라 공사시행 중의 통행안전 및 교통소통을 위한 시설의 설치 및 유지관리 비용으로 토목·건축 등 관련 분야의 설계기준을 적용한다.

▷관련규정 : 제50조(공사시행 중 구조적 안전성 확보 비용)

공사시행중의 구조적 안전성 확보를 위하여 규칙 제60조제1항제5호와 제6호에 따라 계상되어야 하는 계측장비, 폐쇄회로 텔레비전 등의 설치·운영 비용과 가설구조물의 구조적 안전성 확인을 위해 필요한 비의 계상은 「엔지니어링사업대가의 기준」을 적용하여 산출한 금액으로 한다.

[별표 7] 안전관리비 계상 및 사용기준

항 목	내역
1. 안전관리계획의 작성 및 검토 비용	가. 안전관리계획 작성 비용 1) 안전관리계획서 작성 비용(공법 변경에 의한 재작성 비용 포함) 2) 안전점검 공정표 작성 비용 3) 안전관리에 필요한 시공 상세도면 작성 비용 4) 안전성계산서 작성 비용 (거푸집 및 동바리 등) ※ 기 작성된 시공 상세도면 및 안전성계산서 작성 비용은 제외한다. 나. 안전관리계획 검토 비용 1) 안전관리계획서 검토 비용 2) 대상시설물별 세부안전관리계획서 검토 비용 - 시공상세도면 검토 비용 - 안전성계산서 검토 비용 ※ 기 작성된 시공 상세도면 및 안전성계산서 작성 비용은 제외한다.
2. 영 제100조 제1항제1호 및 제3호에 따른 안전점검 비용	가. 정기안전점검 비용 영 제100조제1항제1호에 따라 본 지침 별표1의 건설공사별 정기안전점검 실시시기에 발주자의 승인을 얻어 건설안전점검기관에 의뢰하여 실시하는 안전점검에 소요되는 비용 나. 초기점검 비용 영 제98조제1항제1호에 해당하는 건설공사에 대하여 해당 건설공사를 준공(임시사용을 포함)하기 직전에 실시하는 영 제100조제1항제3호에 따른 안전점검에 소요되는 비용 ※ 초기점검의 추가조사 비용은 본 지침 [별표8] 안전점검 비용요율에 따라 계상되는 비용과 별도로 비용계상을 하여야 한다.
3. 발파·굴착 등의 건설공사로 인한 주변 건축물 등의 피해방지대책 비용	가. 지하매설물 보호조치 비용 1) 관매달기 공사 비용 2) 지하매설물 보호 및 복구 공사 비용 3) 지하매설물 이설 및 임시이전 공사 비용 4) 지하매설물 보호조치 방안 수립을 위한 조사 비용 ※ 공사비에 기 반영되어 있는 경우에는 계상을 하지 않는다. 나. 발파·진동·소음으로 인한 주변지역 피해방지 대책 비용 1) 대책 수립을 위해 필요한 계측기 설치, 분석 및 유지관리 비용 2) 주변 건축물 및 지반 등의 사전보강, 보수, 임시이전 비용 및 비용 산정을 위한 조사비용

항 목	내역
	3) 암파쇄방호시설(계획절토고가 10m 이상인 구간) 설치, 유지관리 및 철거 비용 4) 임시방호시설(계획절토고가 10m 미만인 구간) 설치, 유지관리 및 철거 비용 ※ 공사비에 기 반영되어 있는 경우에는 계상을 하지 않는다.
3. 발파·굴착 등의 건설공사로 인한 주변 건축물 등의 피해방지대책 비용	다. 지하수 차단 등으로 인한 주변지역 피해방지 대책 비용 1) 대책 수립을 위해 필요한 계측기의 설치, 분석 및 유지관리 비용 2) 주변 건축물 및 지반 등의 사전보강, 보수, 임시이전 비용 및 비용 산정을 위한 조사비용 3) 급격한 배수 방지 비용 ※ 공사비에 기 반영되어 있는 경우에는 계상을 하지 않는다. 라. 기타 발주자가 안전관리에 필요하다고 판단되는 비용
4. 공사장 주변의 통행안전 및 교통소통을 위한 안전시설의 설치 및 유지관리 비용	가. 공사시행 중의 통행안전 및 교통소통을 위한 안전시설의 설치 및 유지관리 비용 1) PE드럼, PE휀스, PE방호벽, 방호울타리 등 2) 경관등, 차선규제봉, 시선유도봉, 표지병, 점멸등, 차량 유도등 등 3) 주의 표지판, 규제 표지판, 지시 표지판, 휴대용 표지판 등 4) 라바콘, 차선분리대 등 5) 기타 발주자가 필요하다고 인정하는 안전시설 6) 현장에서 사토장까지의 교통안전, 주변시설 안전대책시설의 설치 및 유지관리 비용 7) 기타 발주자가 필요하다고 인정하는 안전시설 ※ 공사기간 중 공사장 외부에 임시적으로 설치하는 안전시설만 인정된다. 나. 안전관리계획에 따라 공사장 내부의 주요 지점별 건설기계· 장비의 전담유도원 배치 비용 다. 기타 발주자가 안전관리에 필요하다고 판단되는 비용
5. 공사시행 중 구조적 안전성 확보 비용	가. 계측장비의 설치 및 운영 비용 나. 폐쇄회로 텔레비전의 설치 및 운영 비용 다. 가설구조물 안전성 확보를 위해 관계전문가에게 확인받는 데 필요한 비용 라. 「전파법」제2조제1항제5호 및 제5호의2에 따른 건설공사 현장의 안전관리체계 구축·운용에 사용되는 무선설비의 구입·대여· 유지에 필요한 비용과 무선통신의 구축·사용 등에 필요한 비용

[별표 8] 안전점검 대가 요율

건설공사 종류		규 격	전체 요율(%)	정기안전점검 요율(%)	초기점검 요율(%)
교량		100m	0.66	0.44	0.22
		300m	0.29	0.20	0.09
		500m	0.20	0.14	0.06
		1,000m	0.11	0.08	0.03
		2,000m	0.08	0.06	0.02
		4,000m	0.05	0.04	0.01
		8,000m	0.03	0.021	0.009
터널		300m	0.37	0.26	0.11
		500m	0.30	0.21	0.09
		1,000m	0.18	0.10	0.08
		2,000m	0.11	0.07	0.04
		4,000m	0.08	0.05	0.03
댐		–	0.15	0.11	0.04
하천	수 문	–	4.86	2.78	2.08
	제 방	1,000m	0.45	0.28	0.17
		2,000m	0.27	0.15	0.12
		4,000m	0.18	0.10	0.08
	부속시설(통문,호안포함)	–	4.86	2.78	2.08
하 구 둑		–	0.17	0.10	0.07
수도	취수시설	–	0.33	0.22	0.11
	취수가압펌프장	–	0.36	0.23	0.13
	정수장, 배수지	–	0.08	0.05	0.03
	상수도 관로	–	0.08	0.05	0.03
공공하수처리시설		–	0.08	0.05	0.03
항만	계류시설	1만톤급	0.12	0.08	0.04
		5만톤급	0.10	0.06	0.04
		20만톤급	0.06	0.04	0.02
	갑문시설	–	0.17	0.12	0.05
건 축 물		5,000㎡	0.52	0.35	0.17
		10,000㎡	0.34	0.24	0.10
		30,000㎡	0.16	0.11	0.05
		50,000㎡	0.13	0.09	0.04
		100,000㎡	0.11	0.08	0.03
옹 벽		100m	3.63	2.06	1.57
		200m	2.59	1.47	1.12
		500m	1.91	1.08	0.83
절토사면		200m	0.99	0.56	0.43
		400m	0.71	0.40	0.31
		800m	0.45	0.26	0.19

※ 1. 정기안전점검 대가 요율은 별표 1. 건설공사별 정기안전점검 실시시기의 각 차수별 점검비용과 영 제101조제1항에 따른 종합보고서의 작성비용을 포함한다.
2. 영 제98조제1항 및 [별표 1]에 따라 실시하는 정기안전점검 중 위의 표에서 나타내지 않은 경우에는 시공자가 안전점검 비용을 제47조제5항에 따라 산출하여 건설사업관리기술자의 확인·검토를 득한 후 발주자의 승인을 받아 계상한다.

▣ 건설업 산업안전보건관리비 계상 및 사용기준

(시행 2022.6.2.) (고용노동부 제2022-43호, 2022.6.2., 일부개정)

▷관련규정 : 건설업 산업안전보건관리비 계상 및 사용기준 제4조(계상기준) 및 별표1

제4조(계상기준) ①건설공사발주자(이하 "발주자"라 한다)와 건설공사의 시공을 주도하여 총괄·관리하는자(이하 "자기공사자"라 한다)는 안전보건관리비를 다음 각호와 같이 계상하여야 한다. 다만, 발주자가 재료를 제공하거나 물품이 완제품의 형태로 제작 또는 납품되어 설치되는 경우에 해당 재료비 또는 완제품의 가액을 대상액에 포함시킬 경우의 안전보건관리비는 해당 재료비 또는 완제품의 가액을 포함시키지 않은 대상액을 기준으로 계상한 안전보건관리비의 1.2배를 초과할 수 없다.

1. 대상액이 5억원 미만 또는 50억원 이상일 경우에는 대상액에 별표 1에서 정한 비율을 곱한 금액
2. 대상액이 5억원 이상 50억원 미만일 때에는 대상액에 별표 1에서 정한 비율을 곱한 금액에 기초액을 합한 금액

② 별표 1의 공사의 종류는 별표 5의 건설공사의 종류 예시표에 따른다. 다만, 하나의 사업장 내에 건설공사 종류가 둘 이상인 경우(분리발주한 경우를 제외한다)에는 공사금액이 가장 큰 공사 종류를 적용한다.

③ 발주자 또는 자기공사자는 설계변경 등으로 대상액의 변동이 있는 경우에 지체없이 별표 1의3에 따라 안전보건관리비를 조정 계상하여야 한다.

▣ 안전관리비 사용기준

▷관련규정 : 건설업 산업안전보건관리비 계상 및 사용기준 제7조(사용기준)

- 안전관리자 등의 인건비 및 각종 업무 수당 등
- 안전시설비 등, 개인보호구 및 안전장구 구입비 등
- 사업장의 안전진단비, 안전보건교육비 및 행사비 등
- 근로자의 건강진단비, 기술지도비
- 본사 사용비(안전만을 전담하는 별도 조직을 갖춘 경우)

제7조(사용기준) ① 수급인 또는 자기공사자는 안전보건관리비를 다음 각 호의 항목별 사

용기준에 따라 건설사업장에서 근무하는 근로자의 산업재해 및 건강장해 예방을 위한 목적으로만 사용하여야 한다.

1. 안전관리자 등의 인건비 및 각종 업무 수당 등
   가. 전담 안전·보건관리자의 인건비, 업무수행 출장비(지방고용노동관서에 선임 보고한 날 이후 발생한 비용에 한정한다) 및 건설용리프트의 운전자 인건비. 다만, 유해·위험방지계획서 대상으로 공사금액이 50억원 이상 120억원 미만(「건설산업기본법 시행령」 별표 1에 따른 토목공사업에 속하는 공사의 경우 150억원 미만)인 공사현장에 선임된 안전관리자가 겸직하는 경우 해당 안전관리자 인건비의 50퍼센트를 초과하지 않는 범위 내에서 사용 가능
   나. 공사장 내에서 양중기·건설기계 등의 움직임으로 인한 위험으로부터 주변 작업자를 보호하기 위한 유도자 또는 신호자의 인건비나 비계 설치 또는 해체, 고소작업대 작업 시 낙하물 위험 예방을 위한 하부통제, 화기작업 시 화재감시 등 공사현장의 특성에 따라 근로자 보호만을 목적으로 배치된 유도자 및 신호자 또는 감시자의 인건비
   다. 별표 1의2에 해당하는 작업을 직접 지휘·감독하는 직·조·반장 등 관리감독자의 직위에 있는 자가 영 제15조제1항에서 정하는 업무를 수행하는 경우에 지급하는 업무수당(월 급여액의 10퍼센트 이내)

2. 안전시설비 등 : 법·영·규칙 및 고시에서 규정하거나 그에 준하여 필요로 하는 각종 안전표지·경보 및 유도시설, 감시 시설, 방호장치, 안전·보건시설 및 그 설치비용(시설의 설치·보수·해체 시 발생하는 인건비 등 경비를 포함한다)

3. 개인보호구 및 안전장구 구입비 등 : 각종 개인 보호장구의 구입·수리·관리 등에 소요되는 비용, 안전보건 관계자 식별용 의복 및 제1호의 안전·보건관리자 및 안전보건보조원 전용 업무용 기기에 소요되는 비용(근로자가 작업에 필요한 안전화·안전대·안전모를 직접 구입·사용하는 경우 지급하는 보상금을 포함한다)

4. 사업장의 안전·보건진단비 등 : 법·영·규칙 및 고시에서 규정하거나 자율적으로 외부전문가 또는 전문기관을 활용하여 실시하는 각종 진단, 검사, 심사, 시험, 자문, 작업환경측정, 유해·위험방지 계획서의 작성·심사·확인에 소요되는 비용, 자체적으로 실시하기 위한 작업환경 측정장비 등의 구입·수리·관리 등에 소요되는 비용과 전담 안전·보건관리자용 안전순찰차량의 유류비·수리비·보험료 등의 비용

5. 안전보건교육비 및 행사비 등: 법·영·규칙 및 고시에서 규정하거나 그에 준하여 필요로 하는 각종 안전보건교육에 소요되는 비용(현장 내 교육장 설치비용을 포함한다), 안전보건관계자의 교육비, 자료 수집비 및 안전기원제·안전보건행사에 소요되는 비용(기초안전 보건교육에 소요되는 교육비·출장비·수당을 포함한다. 단, 수당은 교육에 소요되는 시간의 임금을 초과할 수 없다)

6. 근로자의 건강관리비 등: 법·영·규칙 및 고시에서 규정하거나 그에 준하여 필요로 하는 각종 근로자의 건강관리에 소요되는 비용(중대재해 목격에 따른 심리치료 비용을 포함한다) 및 작업의 특성에 따라 근로자 건강보호를 위해 소요되는 비용

7. 기술지도비: 재해예방전문지도기관에 지급하는 기술지도 비용

8. 본사 사용비: 안전만을 전담으로 하는 별도 조직(이하 "안전전담 부서"라 한다)을 갖춘 건설업체의 본사에서 사용하는 제1호부터 제7호까지의 사용항목과 본사 안전전담부서의 안전전담직원 인건비·업무수행 출장비(계상된 안전보건관리비의 5퍼센트를 초과할 수 없다)

② 제1항에도 불구하고 사용하고자 하는 항목이 다음 각호의 어느 하나에 해당하거나 별표 2의 사용불가 내역에 해당하는 경우에는 사용할 수 없다.

1. 공사 도급내역서 상에 반영되어 있는 경우
2. 다른 법령에서 의무사항으로 규정하고 있는 경우. 다만,「화재예방, 소방시설, 설치·유지 및 안전관리에 관한 법률」에 따른 소화기 구매에 소요되는 비용은 사용할 수 있다
3. 작업방법 변경, 시설 설치 등이 근로자의 안전·보건을 일부 향상시킬 수 있는 경우라도 시공이나 작업을 용이하게 하기 위한 목적이 포함된 경우
4. 환경관리, 민원 또는 수방대비 등 다른 목적이 포함된 경우
5. 근로자의 근무여건 개선, 복리·후생 증진, 사기진작 등의 목적이 포함된 경우

③ 수급인 또는 자기공사자는 별표 3에서 정하는 기준에 따라 안전보건관리비를 사용하되, 발주자 또는 감리원은 해당 공사의 특성 등을 고려하여 사용기준을 달리 정할 수 있다.

④ 제1항제8호에 따른 안전전담부서는 영 제17조에 따른 안전관리자의 자격을 갖춘 사람(영 별표4 제8호와 제9호에 해당하는 사람을 제외한다) 1명 이상을 포함하여 3명 이상

의 안전전담직원으로 구성된 안전만을 전담하는 과 또는 팀 이상의 별도 조직을 말하며, 본사에서 안전보건 관리비를 사용하는 경우 1년간(1.1. 12.31) 본사 안전보건관리비 실행예산과 사용금액은 전년도 미사용금액을 합하여 5억원을 초과할 수 없다.

⑤ 수급인 또는 자기공사자는 사업의 일부를 타인에게 도급한 경우 그의 관계수급인이 제1항의 기준에 따라 사용한 비용을 산업안전보건관리비 범위에서 적정하게 지급할 수 있다.

[별표 2]

안전관리비의 항목별 사용 불가내역

항 목	사용 불가 내역
1. 안전관리자 등의 인건비 및 각종 업무 수당 등 (제7조제1항제1호 관련)	가. 안전·보건관리자의 인건비 등 1) 안전·보건관리자의 업무를 전담하지 않는 경우(영 별표3 제46호에 따라 유해·위험방지계획서 제출 대상 건설공사에 배치하는 안전관리자가 다른 업무와 겸직하는 경우의 인건비는 제외한다) 2) 지방고용노동관서에 선임 신고하지 아니한 경우 3) 영 제17조의 자격을 갖추지 아니한 경우 ※ 선임의무가 없는 경우에도 실제 선임·신고한 경우에는 사용할 수 있음(법상 의무 선임자 수를 초과하여 선임·신고한 경우, 도급인이 선임하였으나 하도급 업체에서 추가 선임·신고한 경우, 재해예방 전문기관의 기술지도를 받고 있으면서 추가 선임·신고한 경우를 포함한다) 나. 유도자 또는 신호자의 인건비 1) 시공, 민원, 교통, 환경관리 등 다른 목적을 포함하는 등 아래 세목의 인건비 가) 공사 도급내역서에 유도자 또는 신호자 인건비가 반영된 경우 나) 타워크레인 등 양중기를 사용할 경우 유도·신호업무만을 전담하지 않은 경우 다) 원활한 공사수행을 위하여 사업장 주변 교통정리, 민원 및 환경 관리 등의 목적이 포함되어 있는 경우 ※ 도로 확·포장 공사 등에서 차량의 원활한 흐름을 위한 유도자 또는 신호자, 공사현장 진·출입로 등에서 차량의 원활한 흐름 또는 교통 통제를 위한 교통정리 신호수 등 다. 안전·보건보조원의 인건비

항 목	사용 불가 내역
	1) 전담 안전·보건관리자가 선임되지 아니한 현장의 경우 2) 보조원이 안전·보건관리업무 외의 업무를 겸임하는 경우 3) 경비원, 청소원, 폐자재 처리원 등 산업안전·보건과 무관하거나 사무보조원(안전보건관리자의 사무를 보조하는 경우를 포함한다)의 인건비
2. 안전시설비 등(제7조제 1항 제2호 관련)	원활한 공사수행을 위해 공사현장에 설치하는 시설물, 장치, 자재, 안내·주의·경고 표지 등과 공사 수행 도구·시설이 안전장치와 일체형인 경우 등에 해당하는 경우 그에 소요되는 구입·수리 및 설치·해체 비용 등 가. 원활한 공사수행을 위한 가설시설, 장치, 도구, 자재 등 1) 외부인 출입금지, 공사장 경계표시를 위한 가설울타리 2) 각종 비계, 작업발판, 가설계단·통로, 사다리 등 ※ 안전발판, 안전통로, 안전계단 등과 같이 명칭에 관계 없이 공사수행에 필요한 가시설들은 사용 불가 - 다만, 비계·통로·계단에 추가 설치하는 추락방지용 안전난간, 사다리 전도방지장치, 틀비계에 별도로 설치하는 안전난간·사다리, 통로의 낙하물방호선반 등은 사용 가능함 3) 절토부 및 성토부 등의 토사유실 방지를 위한 설비 4) 작업장 간 상호 연락, 작업 상황 파악 등 통신수단으로 활용되는 통신시설·설비 5) 공사 목적물의 품질 확보 또는 건설장비 자체의 운행 감시, 공사 진척상황 확인, 방범 등의 목적을 가진 CCTV 등 감시용 장비 ※ 다만 근로자의 재해예방을 위한 목적으로만 사용하는 CCTV에 소요되는 비용은 사용 가능함 나. 소음·환경관련 민원예방, 교통통제 등을 위한 각종 시설물, 표지 1) 건설현장 소음방지를 위한 방음시설, 분진망 등 먼지·분진 비산 방지시설 등 2) 도로 확·포장공사, 관로공사, 도심지 공사 등에서 공사차량 외의 차량유도, 안내·주의·경고 등을 목적으로 하는 교통안전시설물

항 목	사용 불가 내역
	※ 공사안내·경고 표지판, 차량유도등·점멸등, 라바콘, 현장경계휀스, PE드럼 등 다. 기계·기구 등과 일체형 안전장치의 구입비용 ※ 기성제품에 부착된 안전장치 고장 시 수리 및 교체비용은 사용 가능 1) 기성제품에 부착된 안전장치 ※ 톱날과 일체식으로 제작된 목재가공용 둥근톱의 톱날접촉예방장치, 플러그와 접지 시설이 일체식으로 제작된 접지형플러그 등 2) 공사수행용 시설과 일체형인 안전시설 라. 동일 시공업체 소속의 타 현장에서 사용한 안전시설물을 전용하여 사용할 때의 자재비(운반비는 안전 관리비로 사용할 수 있다)
3. 개인보호구 및 안전장구 구입비 등 (제7조제1항제3호 관련)	근로자 재해나 건강장해 예방 목적이 아닌 근로자 식별, 복리·후생적 근무여건 개선·향상, 사기 진작, 원활한 공사수행을 목적으로 하는 다음 장구의 구입·수리·관리 등에 소요되는 비용 가. 안전·보건관리자가 선임되지 않은 현장에서 안전·보건업무를 담당하는 현장관계자용 무전기, 카메라, 컴퓨터, 프린터 등 업무용 기기 나. 근로자 보호 목적으로 보기 어려운 피복, 장구, 용품 등 1) 작업복, 방한복, 방한장갑, 면장갑, 코팅장갑 등 ※ 다만, 근로자의 건강장해 예방을 위해 사용하는 미세먼지 마스크, 쿨토시, 아이스조끼, 핫팩, 발열조끼 등은 사용 가능함 2) 감리원이나 외부에서 방문하는 인사에게 지급하는 보호구
4. 사업장의 안전진단비 (제7조제1항제4호 관련)	다른 법 적용사항이거나 건축물 등의 구조안전, 품질관리 등을 목적으로 하는 등의 다음과 같은 점검 등에 소요되는 비용 가. 「건설기술진흥법」, 「건설기계관리법」 등 다른 법령에 따른 가설구조물 등의 구조검토, 안전점검 및 검사, 차량계 건설기계의 신규등록·정기·구조변경·수시·확인검사 등 나. 「전기사업법」에 따른 전기안전대행 등

항 목	사용 불가 내역
	다. 「환경법」에 따른 외부 환경 소음 및 분진 측정 등 라. 민원 처리 목적의 소음 및 분진 측정 등 소요비용 마. 매설물 탐지, 계측, 지하수 개발, 지질조사, 구조안전검토 비용 등 공사수행 또는 건축물 등의 안전 등을 주된 목적으로 하는 경우 바. 공사도급내역서에 포함된 진단비용 사. 안전순찰차량(자전거, 오토바이를 포함한다) 구입·임차 비용 ※ 안전·보건관리자를 선임·신고하지 않은 사업장에서 사용하는 안전순찰차량의 유류비, 수리비, 보험료 또한 사용할 수 없음
5. 안전보건 교육비 및 행사비 등 (제7조제1항제5호 관련)	산업안전보건법령에 따른 안전보건교육, 안전의식 고취를 위한 행사와 무관한 다음과 같은 항목에 소요되는 비용 가. 해당 현장과 별개 지역의 장소에 설치하는 교육장의 설치·해체·운영비용 ※ 다만, 교육장소 부족, 교육환경 열악 등의 부득이한 사유로 해당 현장 내에 교육장 설치 등이 곤란하여 현장 인근지역의 교육장 설치 등에 소요되는 비용은 사용 가능 나. 교육장 대지 구입비용 다. 교육장 운영과 관련이 없는 태극기, 회사기, 전화기, 냉장고 등 비품 구입비 라. 안전관리 활동 기여도와 관계없이 지급하는 다음과 같은 포상금(품) 1) 일정 인원에 대한 할당 또는 순번제 방식으로 지급하는 경우 2) 단순히 근로자가 일정 기간 사고를 당하지 아니하였다는 이유로 지급하는 경우 3) 무재해 달성만을 이유로 전 근로자에게 일률적으로 지급하는 경우 4) 안전관리 활동 기여도와 무관하게 관리사원 등 특정 근로자, 직원에게만 지급하는 경우 마. 근로자 재해예방 등과 직접 관련이 없는 안전정보 교류 및 자료 수집 등에 소요되는 비용 1) 신문 구독 비용

<table>
<tr><th>항 목</th><th>사용 불가 내역</th></tr>
<tr><td></td><td>※ 다만, 안전보건 등 산업재해 예방에 관한 전문적, 기술적 정보를 60% 이상 제공하는 간행물 구독에 소요되는 비용은 사용 가능

2) 안전관리 활동을 홍보하기 위한 광고비용

3) 정보교류를 위한 모임의 참가회비가 적립의 성격을 가지는 경우

바. 사회통념에 맞지 않는 안전보건 행사비, 안전기원제 행사비

1) 현장 외부에서 진행하는 안전기원제

2) 사회통념상 과도하게 지급되는 의식 행사비(기도비용 등을 말한다)

3) 준공식 등 무재해 기원과 관계없는 행사

4) 산업안전보건의식 고취와 무관한 회식비

사. 「산업안전보건법」에 따른 안전보건교육 강사 자격을 갖추지 않은 자가 실시한 산업안전보건 교육비용</td></tr>
<tr><td>6. 근로자의 건강관리비 등 (제7조제1항제6호 관련)</td><td>근무여건 개선, 복리·후생 증진 등의 목적을 가지는 다음과 같은 항목에 소요되는 비용

가. 복리후생 등 목적의 시설·기구·약품 등

1) 간식·중식 등 휴식 시간에 사용하는 휴게시설, 탈의실, 이동식 화장실, 세면·샤워시설

※ 분진·유해물질사용·석면해체제거 작업장에 설치하는 탈의실, 세면·샤워시설 설치비용은 사용 가능

2) 근로자를 위한 급수시설, 정수기·제빙기, 자외선 차단용품(로션, 토시 등을 말한다)

※ 작업장 방역 및 소독비, 방충비 및 근로자 탈수방지를 위한 소금정제 비, 6~10월에 사용하는 제빙기 임대비용은 사용 가능

3) 혹서·혹한기에 근로자 건강 증진을 위한 보양식·보약 구입비용

※ 작업 중 혹한·혹서 등으로부터 근로자를 보호하기 위한 간이 휴게시설 설치·해체·유지비용은 사용 가능</td></tr>
</table>

항 목	사용 불가 내역
	4) 체력단련을 위한 시설 및 운동 기구 등 5) 병·의원 등에 지불하는 진료비, 암 검사비, 국민건강보험 제공비용 등 ※ 다만, 해열제, 소화제 등 구급약품 및 구급용구 등의 구입비용은 사용 가능 나. 파상풍, 독감 등 예방을 위한 접종 및 약품(신종플루 예방접종 비용을 포함한다) 다. 기숙사 또는 현장사무실 내의 휴게시설 설치·해체·유지비, 기숙사 방역 및 소독·방충비용 라. 다른 법에 따라 의무적으로 실시해야하는 건강검진 비용 등
7. 건설재해 예방 기술지도비	–
8. 본사사용비 (제7조제1항제6호 관련)	가. 본사에 제7조제4항의 기준에 따른 안전보건관리만을 전담하는 부서가 조직되어 있지 않은 경우 나. 전담부서에 소속된 직원이 안전보건관리 외의 다른 업무를 병행하는 경우

▣ 안전보건 교육 기준

▷ 관련규정 : 산업안전보건법 제31조(안전·보건교육), 동법 시행령 제3장, 제40조

- 교육시기 : 근로자의 채용할 때와 작업내용을 변경할 때, 유해하거나 위험한 작업에 근로자를 사용할 때(특별교육)

제3장 안전보건교육

제40조(안전보건교육기관의 등록 및 취소) ① 법 제33조 제1항전단에 따라법 제29조 제1항부터 제3항까지의 규정에 따른 안전보건교육에 대한 안전보건교육기관(이하 "근로자 안전보건교육기관"이라 한다)으로 등록하려는 자는 법인 또는 산업 안전·보건 관련 학과가 있는「고등교육법」 제2조에 따른 학교로서별표 10에 따른 인력·시설 및 장비 등을 갖추어야 한다.

② 법 제33조 제1항전단에 따라법 제31조 제1항본문에 따른 안전보건교육에 대한 안전보건교육기관으로 등록하려는 자는 법인 또는 산업 안전·보건 관련 학과가 있는 「고등교육법」 제2조에 따른 학교로서별표 11에 따른 인력·시설 및 장비를 갖추어야 한다.

③ 법 제33조 제1항전단에 따라법 제32조 제1항각 호 외의 부분 본문에 따른 안전보건교육에 대한 안전보건교육기관(이하 "직무교육기관"이라 한다)으로 등록할 수 있는 자는 다음 각 호의 어느 하나에 해당하는 자로 한다.

1. 「한국산업안전보건공단법」에 따른 한국산업안전보건공단(이하 "공단"이라 한다)
2. 다음 각 목의 어느 하나에 해당하는 기관으로서 별표 12에 따른 인력·시설 및 장비를 갖춘 기관
   가. 산업 안전·보건 관련 학과가 있는 「고등교육법」 제2조에 따른 학교
   나. 비영리법인

④ 법 제33조 제1항후단에서 "대통령령으로 정하는 중요한 사항"이란 다음 각 호의 사항을 말한다.

1. 교육기관의 명칭(상호)
2. 교육기관의 소재지
3. 대표자의 성명

⑤ 제1항부터 제3항까지의 규정에 따른 안전보건교육기관에 관하여 법 제33조 제4항에 따라 준용되는법 제21조 제4항 제5호에서 "대통령령으로 정하는 사유에 해당하는 경우"란 다음 각 호의 경우를 말한다.

1. 교육 관련 서류를 거짓으로 작성한 경우
2. 정당한 사유 없이 교육 실시를 거부한 경우
3. 교육을 실시하지 않고 수수료를 받은 경우
4. 법 제29조 제1항부터 제3항까지,제31조 제1항본문 또는제32조 제1항 각 호 외의 부분 본문에 따른 교육의 내용 및 방법을 위반한 경우

▣ 안전관리 결과보고서의 검토

▷관련규정 : 건설공사 사업관리방식 검토기준 및 업무수행 지침 제 65조 (안전관리) 및 제3장

건설사업관리업무

제65조(안전관리) ① 건설사업관리기술인은 건설공사의 안전시공 추진을 위해서 안전조직을 갖추도록 하여야 하고 안전조직은 현장규모와 작업내용에 따라 구성하며 동시에 산업안전보건법의 해당규정(「산업안전보건법」 제15조 안전보건관리책임자 선임, 제16조 관리감독자 지정, 제17조 안전관리자 배치, 제18조 보건관리자 배치, 제19조 안전보건관리담당자 선임 및 제75조 안전·보건에 관한 노사협의체 운영)에 명시된 업무도 수행되도록 조직편성을 한다.

② 건설사업관리기술인은 시공자가 영 제98조와 제99조에 따라 작성한 건설공사 안전관리계획서를 공사 착공 전에 제출받아 적정성을 검토하고 이행확인 및 평가 등 사고예방을 위한 제반 안전관리 업무를 검토한 후 공사 감독자에게 보고하여야 한다.

③ 공사감독자는 건설사업관리기술인 중 안전관리담당자를 지정하고 안전 관리담당자로 지정된 건설사업관리기술인은 다음 각 호의 작업 현장에 수시로 입회하여 시공자의 안전관리자를 지도·감독하도록 하여야 하며 공사전반에 대한 안전관리계획의 사전검토, 실시확인 및 평가, 자료의 기록유지 등 사고예방을 위한 제반 안전관리 업무에 대하여 확인을 하도록 하여야 한다.

1. 추락 또는 낙하 위험이 있는 작업
2. 발파, 중량물 취급, 화재 및 감전 위험작업
3. 크레인 등 건설장비를 활용하는 위험작업
4. 그 밖의 안전에 취약한 공종 작업

④ 건설사업관리기술인은 시공자 중 안전보건관리책임자(현장대리인)와 안전 관리자 및 보건관리자(법정자격자)를 지정하게 하여 현장의 전반적인 안전·보건문제를 책임지고 추진하도록 하여야 한다.

⑤ 건설사업관리기술인은 시공자로 하여금 근로기준법, 산업안전보건법, 산업재해보상보험법, 시설물의 안전 및 유지관리에 관한 특별법과 그 밖의 관계법규를 준수하도록 하여야 한다.

⑥ 건설사업관리기술인은 산업재해 예방을 위한 제반 안전관리 지도에 적극적인 노력을 경

주하도록 함과 동시에 안전관계법규를 이행하도록 하기 위하여 다음 각 호와 같은 업무를 수행하여야 한다.

1. 시공자의 안전조직 편성 및 임무의 법상 구비조건 충족 및 실질적인 활동 가능성 검토
2. 안전관리자에 대한 임무수행 능력 보유 및 권한 부여 검토
3. 시공계획과 연계된 안전계획의 수립 및 그 내용의 실효성 검토
4. 유해·위험방지계획(수립 대상에 한함) 내용 및 실천 가능성 검토(산업 안전보건법 제48조제3항, 제4항)
5. 안전점검 및 안전교육 계획의 수립 여부와 내용의 적정성 검토 (법 제62조, 산업안전보건법 제31조, 제32조)
6. 안전관리 예산편성 및 집행계획의 적정성 검토
7. 현장 안전관리 규정의 비치 및 그 내용의 적정성 검토
8. 산업안전보건관리비의 타 용도 사용내역 검토

⑦ 건설사업관리기술인은 시공자가 법 제62조제1항에 따른 안전관리계획이 성실하게 수행되는지 다음 각 호의 내용을 확인하여야 한다.

1. 안전관리계획의 이행 및 여건 변동시 계획변경 여부 확인
2. 안전보건 협의회 구성 및 운영상태 확인
3. 안전점검계획 수립 및 실시 여부 확인(일일, 주간, 우기 및 해빙기, 하절기, 동절기 등 자체안전점검, 법에 의한 안전점검, 안전진단 등)
4. 안전교육계획의 실시 확인 (사내 안전교육, 직무교육)
5. 위험장소 및 작업에 대한 안전조치 이행 여부 확인(제3항 각 호의 작업 등)
6. 안전표지 부착 및 이행여부 확인
7. 안전통로 확보, 자재의 적치 및 정리정돈 등이 성실하게 수행되는지 확인
8. 사고조사 및 원인 분석, 각종 통계자료 유지
9. 월간 안전관리비 및 산업안전보건관리비 사용실적 확인
10. 근로자에 대한 건설업 기초 안전·보건 교육의 이수 확인
11. 석면안전관리법 제30조에 의한 석면해체 제거작업을 수반하는 공사에 대하여 적정 건설사업관리기술인 지정 및 업무수행
12. 근로자 건강검진 실시 확인

⑧ 건설사업관리기술인은 안전에 관한 업무를 수행하기 위하여 시공자에게 다음 각 호의 자료를 기록·유지토록 하고 이행상태를 점검한다.

1. 안전업무 일지(일일보고)
2. 안전점검 실시(안전업무일지에 포함 가능)
3. 안전교육(안전업무일지에 포함 가능)
4. 각종 사고보고
5. 월간 안전 통계(무재해, 사고)
6. 안전관리비 및 산업안전보건관리비 사용실적(월별 점검·확인)

⑨ 건설사업관리기술인은 건설공사 안전관리계획 내용에 따라 안전조치·점검 등 이행을 하였는지의 여부를 확인하고 미이행 시 시공자로 하여금 안전조치·점검 등을 선행한 후 시공하게 한다.

⑩ 건설사업관리기술인은 시공자가 영 제100조에 따른 자체 안전점검을 매일 실시하였는지의 여부를 확인하여야 하며, 건설안전점검전문기관에 의뢰하여야 하는 정기·정밀 안전점검을 할 때에는 입회하여 적정한 점검이 이루어지는지를 지도하고 그 결과를 공사감독자에게 보고하여야 한다.

⑪ 건설사업관리기술인은 영 제100조에 따라 시행한 정기·정밀 안전점검 결과를 시공자로부터 제출받아 검토하여 공사감독자에게 보고하고 발주청의 지시에 따라 시공자에게 필요한 조치를 하게 한다.

⑫ 건설사업관리기술인은 시공회사의 안전관리책임자와 안전관리자 등에게 교육시키고 이들로 하여금 현장 근무자에게 다음 각 호의 내용과 자료가 포함된 안전교육을 실시토록 지도·감독하여야 한다.

1. 산업재해에 관한 통계 및 정보
2. 작업자의 자질에 관한 사항
3. 안전관리조직에 관한 사항
4. 안전제도, 기준 및 절차에 관한 사항
5. 생산공정에 관한 사항
6. 산업안전보건법 등 관계법규에 관한 사항
7. 작업환경관리 및 안전작업 방법
8. 현장안전 개선방법
9. 안전관리 기법

10. 이상발견 및 사고발생시 처리방법
11. 안전점검 지도 요령과 사고조사 분석요령

⑬ 건설사업관리기술인은 공사가 중지(차수별 준공에 따라 공사가 중단된 경우를 포함한다)되는 건설현장에 대해서는 안전관리담당자로 지정된 건설사업관리기술인을 입회하도록 하여 공사중지(준공)일로부터 5일 이내에 시공자로 하여금 영 제100조제1항에 따른 자체 안전점검을 실시하도록 하고, 점검결과를 발주청에 보고한 후 취약한 부분에 대해서는 시공자에게 필요한 안전조치를 하게 하여야 한다.

⑭ 안전관리담당자로 지정된 건설사업관리기술인은 현장에서 사고가 발생하였을 경우에는 시공자에게 즉시 필요한 응급조치를 취하도록 하고 공사감독자에게 즉시 보고하여야 하며, 제3항부터 제13항까지, 제15항의 업무에 고의 또는 중대한 과실이 없는 때에는 사고에 대한 책임을 지지 아니한다.

⑮ 건설사업관리기술인은 다음 각 호의 건설기계에 대하여 시공자가 「건설기계관리법」 제4조, 제13조, 제17조를 위반한 건설기계를 건설현장에 반입·사용하지 못하도록 반입·사용현장을 수시로 입회하는 등 지도·감독하여야 하고, 해당 행위를 인지한 때에는 공사감독자에게 보고하여야 한다.

1. 천공기
2. 항타 및 항발기
3. 타워크레인
4. 기중기 등 그 밖에 발주청이 필요하다고 인정하여 계약에서 정한 건설기계

5 유해위험방지계획서 적격 여부

▣ 관련규정 : 산업안전보건법 제42조(유해위험방지계획서의 제출 등), 제43조(위해위험방지계획서 이행의 확인 등), 동법 시행령 제42조의2(유해위험방지계획서의 제출대상)

▣ 수립대상(대통령령으로 정하는 크기 높이 등에 해당하는 건설공사)

1. 다음 각 목의 어느 하나에 해당하는 건축물 또는 시설 등의 건설·개조 또는 해체(이하 "건설등"이라 한다) 공사

   가. 지상높이가 31미터 이상인 건축물 또는 인공구조물
   나. 연면적 3만제곱미터 이상인 건축물
   다. 연면적 5천제곱미터 이상인 시설로서 다음의 어느 하나에 해당하는 시설

      1) 문화 및 집회시설(전시장 및 동물원·식물원은 제외한다)
      2) 판매시설, 운수시설(고속철도의 역사 및 집배송시설은 제외한다)
      3) 종교시설
      4) 의료시설 중 종합병원
      5) 숙박시설 중 관광숙박시설
      6) 지하도상가
      7) 냉동·냉장 창고시설

2. 연면적 5천제곱미터 이상인 냉동·냉장 창고시설의 설비공사 및 단열공사

3. 최대 지간(支間)길이(다리의 기둥과 기둥의 중심사이의 거리)가 50미터 이상인 다리의 건설 등 공사

4. 터널의 건설 등 공사

5. 다목적댐, 발전용댐, 저수용량 2천만톤 이상의 용수 전용 댐 및 지방상수도 전용 댐의 건설 등 공사

6. 깊이 10미터 이상인 굴착공사

6 품질관리자 및 품질실험실 적격 여부

□ 품질관리에 대한 공통적인 참고 및 주의사항

1) 품질관리자는 품질관리 업무를 충실히 이행할 수 있도록 품질관리 업무 외 겸직을 하여서는 아니 됩니다.

* 품질관리자의 인건비는 품질관리활동비 및 시험비로 별도 계상되므로 겸직 금지

2) 부적정한 품질시험계획은 보완하여야 합니다.
   - 관련규정 : 건설기술진흥법시행령 제90조 ②
   - 내용 : 품질관리계획 또는 품질시험계획을 제출받아 내용을 검토하여 보완하여야 할 사항이 있는 경우에는 보완하도록 하여야 함

3) 현장 시방서와 내역서를 비교 검토하여 품질시험 종류 및 횟수가 누락되지 않도록 하여야 하며, 현장설명서/입찰안내서를 검토하여 도급자 품질시험 의무사항 여부와 설계변경으로 인한 증액 대상인지 반드시 검토·확인 후 실시하여야 합니다.

4) 도급내역서에 반영된 품질시험비가 예산 배정상 한계가 있음을 감안하여, 시방서, 내역서에 반영된 품질시험 항목 중 KS규격, 육안검사가 가능한 부분은 관련 서류(인증서, 품질시험서 등)로 대체가 가능하며, 품질시험 항목 조정 필요성을 반드시 검토하여 품질시험 항목을 선정함이 필요합니다.

5) 관리 기술자가 책임질 수 없는 부분은 과감히 전문가 (시험연구소)에게 반드시 의뢰함이 필요합니다.
   - 철골용접 등 구조적으로 안전성 확보 여부, 가스배관 누기 여부 등 대형사고 위험이 우려될 시 철골공사 비파괴 검사, 가스배관 기밀성/압력 전수검사 등은 반드시 품질시험을 실시함이 필요
   - 또한, 시방서, 내역서에 반영된 품질시험항목 중 대형사고의 위험이 우려되는 시험항목이 누락되었을 경우 반드시 협의하고, 검토하는 절차를 거치고 필요시 실정보고, 설계변경 등을 통해 내역에 반영하여 추진함이 필요

* 가스 누기검사 등 해당 전문업체 자체적으로 시행하는 품질을 검사하는 시험이 있어 품질시험 범위를 사전 협의함이 필요하고, 부득이 시험비용이 과다 소요될 경우에는 시험비용에 대해 협의함이 필요

* 철골 비파괴시험 등 중요 품질시험은 제작업체 자체적으로 실시한 시험결과를 인정하여서는 아니되며, 철골 제작업체와 무관한 별도의 시험기관(비파괴시험연구소)을 선정하여야 함

5) 품질관리 시험과 기성대가 지급은 연관성이 있음을 기억하여야 합니다.
- 품질관리 시험이 완료되지 않는 공사(부분)에 대해 현장 반입/설치만으로 100% 기성처리 하는 것은 향후 논란이 발생할 수 있음
- 도급자 부도 등 경영상의 문제가 발생하여 반입한 후 자재/장비를 해당업체가 다시 가져갈 수도 있어 현장반입 후 설치하지 않고 품질시험/시운전 테스트를 완성하지 않는 공종(물품)을 100% 기성처리하여서는 아니 됨
- 또한, 예를 들어 철골공사의 현장용접 부분 비파괴 검사, 볼트 유압테스트 등을 실시하지 않은 부분은 향후 재시공, 철거 등의 문제가 발생할 수 있어 기성검사 요청 전 품질시험을 사전 실시토록 수행함이 필요하고, 또한, 품질시험을 이행하지 않는 공종(공사)는 100% 기성대가를 지급하여서는 아니 됨

* 도급자의 경영상태, 하도급대가 적정 시기 지급 등을 수시로 파악하는 것도 필요하며, 부도 등이 우려될 경우 반입 자재/장비에 대해 직불제도 등을 통해 지급하는 방안도 검토가 필요하며, 향후 재산권에 대한 논란의 소지를 없애는 회의록(각서) 등 별도의 행정처리 방안을 검토할 필요가 있음

- 파일항타 공법 변경 등 공사비 증액이 상당 필요하다고 판단될 시 처음부터 전문가(해당분야의 전문 교수/구조기술사 등)에 검토·확인 등 기술자문을 의뢰하고, 현장에서 실질적인 시험 시공(항타)을 실시하여 결과를 조속히 확인함이 설계변경함으로 인한 논란·오해 소지를 없애고, 또한 원활한 공사추진의 지름길입니다.

* 과거 시공사와 건설사업관리단에서 자체적으로 장시간 검토하여 공사중단 위기에서 실정보고하였지만 검토서류를 승인하기에는 공사비가 과다 증액되고, 또한, 향후 감사 측면에서도 불리하여 즉시 기술자문위원회를 구성·개최하여 설계변경에 대해 수요기관에서도 쉽게 이해할 수 있었고, 즉시 동의를 해주셔서 중단없이 공사를 추진하였음

* 산악지역, 해안가 주변은 파일항타 공법을 "오우거(AUGER) 또는 오우거+케이싱"으로는 호박돌, 큰 자갈 등으로 파일항타가 불가하고, 해수로 공벽을 유지할 수 없어 T4공법으로 변경하는 사례가 거의 대부분입니다.

- 수요기관에서 '품질시험을 안했다고 기성대금을 지급할 수 없다'는 방침을 해당공사 공사관리관으로부터 보고를 받은 적이 있었습니다.

토공사 부분이었고, 품질시험 실시시기를 확인한 결과 시방서에 추가 되메우기 이후 품질시험을 실시토록 명시되어 있어, '추가 되메우기 이후 최종 단계에서 품질시험을 실시하면 된다는 의견을 통보하였으나, '현 시점에서 품질시험을 하지 말라는 규정이 어디에 있느냐'고 답변이 돌아왔었다.

⇒ 기성대가를 가지고 시공사를 길들이려고 하는 것은 정말 곤란하다. 부득이한 경우 해당 부분을 제외하고 기성처리하면 되고, 논란 부분으로 기성을 전액 줄 수 없다는 하는 논리는 하도급자의 대가, 작업자들의 인건비 수령 지연으로 더 큰 문제를 야기할 수 있다.

⇒ 국내 품질시험 기준에 품질시험 실시시기만 규정되어 있지, 어떤 시기에 품질시험을 하지 말라는 규정은 전 세계 어디에도 없다.

⇒ 품질시험 기준은 시방서를 꼭 참고하셔야 하며, 시방서에 명시되어 있지 않을 경우 관련 전문업체들을 통해 조사/확인하면 금방 알 수 있다.

- 결국 향후 발생할 우려와 책임문제를 거론하며 수요기관 담당자분을 설득했지만, '설 명절' 전 전 기성대가 지급 부분이었고, 설 명절 이전 조기에 기성대가를 지급하는 것이 반드시 필요한 행정이라 정말 참을 수 없을 만큼 너무나 아쉬웠던 기억이 납니다.

☆ 건설현장에서 '갑, 을' 관계는 없습니다. 서로 대등한 계약관계로 서로 많은 소통을 통해 규정에 명시된 대로 정공법으로 관리해 나가시길 소망합니다.

* 「국가계약법」 제5조(계약의 원칙) ① 계약은 상호 대등한 입장에서 당사자의 합의에 따라 체결되어야 하며, 당사자는 계약의 내용을 신의성실의 원칙에 따라 이를 이행하여야 한다.

☆ 예산증액의 설계변경은 수요기관 입장에서는 추가예산 확보 문제로 상당 부담되는 사항임에 틀림없고, 그래서 증액 설계변경은 논란과 오해 소지가 뒤따르는 것은 당연합니다. 하지만 100년 대개 시설물로 남기 위해 투명하고 공정하고, 신속하게 설계변경을 추진하여야 하며, 안전이 우려되는 부분을 예산확보 애로로 기술자가 책임질 수 없는 부분까지 책임지는 일은 없기를 소망합니다.

☆ 필요시 예산 범위내에 설계 VE를 통해 설계서를 조정하더라도 현장근교 시설공사의 공법사례 조사 등 철저한 조사와 검토를 통해 충실한 설명자료를 마련하셔야 하며, 무엇보다 기술자의 양심과 기술력을 속이지 말아야 하며, 안전이 최우선임을 꼭 기억하시길 소망합니다.

▣ 관련규정 : 건설기술진흥법제55조(건설공사의 품질관리) ②, 시행규칙 제50조 (품질관리자의 배치 등) ④

제55조(건설공사의 품질관리) ①건설사업자와 주택건설등록업자는 대통령령으로 정하는 건설공사에 대하여는 그 종류에 따라 품질 및 공정 관리 등 건설공사의 품질관리계획(이하 "품질관리계획"이라 한다) 또는 시험 시설 및 인력의 확보 등 건설공사의 품질시험계획(이하 "품질시험계획"이라 한다)을 수립하고, 이를 발주자에게 제출하여 승인을 받아야 한다. 이 경우 발주청이 아닌 발주자는 미리 품질관리계획 또는 품질시험계획의 사본을 인·허가기관의 장에게 제출하여야 한다. 〈개정 2019. 4. 30.〉

② 건설사업자와 주택건설등록업자는 품질관리계획 또는 품질시험계획에 따라 품질시험 및 검사를 하여야 한다. 이 경우 건설사업자나 주택건설등록업자에게 고용되어 품질관리 업무를 수행하는 건설기술인은 품질관리계획 또는 품질시험계획에 따라 그 업무를 수행하여야 한다. 〈개정 2018. 8. 14., 2019. 4. 30.〉

③ 발주청, 인·허가기관의 장 및 대통령령으로 정하는 기관의 장은 품질관리계획을 수립하여야 하는 건설공사에 대하여 건설사업자와 주택건설등록업자가 제2항에 따라 품질관리계획에 따른 품질관리를 적절하게 하는지를 확인할 수 있다. 〈개정 2019. 4. 30.〉

④ 질관리계획 또는 품질시험계획의 수립 기준·승인 절차, 제3항에 따른 품질관리의 확인 방법·절차와 그 밖에 확인에 필요한 사항은 대통령령으로 정한다.

제50조(품질시험 및 검사의 실시) ①법 제55조제2항 또는 법 제60조제1항에 따라 품질시험 및 검사(이하 "품질검사"라 한다)를 하거나 대행하는 자는 별지 제42호서식의 품질검사 대장에 품질검사의 결과를 적되, 전자적 처리가 불가능한 특별한 사유가 없으면 전자적 처리가 가능한 방법으로 작성·관리하여야 한다.

② 건설공사현장에서 하는 것이 적절한 품질검사는 건설공사 현장에서 하여야 하며, 구조물의 안전에 중요한 영향을 미치는 시험종목의 품질시험을 할 때에는 발주자가 확인하여야 한다.

③ 삭제 〈2020. 12. 14.〉

④ 영 제91조제3항에 따른 건설공사 품질관리를 위한 시설 및 건설기술인 배치기준은 별표 5와 같다. 〈개정 2019. 2. 25.〉

⑤ 건설사업자 또는 주택건설등록업자는 발주청이나 인·허가기관의 장의 승인을 받아 공종이 유사하고 공사현장이 인접한 건설공사를 통합하여 품질관리를 할 수 있다. 〈개정 2020. 3. 18.〉

⑥ 영 제92조제2항에 따른 건설사업자 또는 주택건설등록업자가 품질관리 업무를 적정하게 수행하고 있는지에 대한 확인은 제52조제2항에 따라 국토교통부장관이 고시하는 적정성 확인 기준 및 요령에 따른다. 〈개정 2020. 3. 18.〉

▣ 건설기술 진흥법 시행규칙 [별표 5] 〈개정 2021. 9. 17.〉

건설공사 품질관리를 위한 시설 및 건설기술인 배치기준
(제50조제4항 관련)

대상공사 구분	공사규모	시험·검사 장비	시험실 규모	건설기술인
특급 품질관리 대상 공사	영 제89조제1항제1호 및 제2호에 따라 품질관리 계획을 수립해야 하는 건설공사로서 총공사비가 1,000억원 이상인 건설공사 또는 연면적 5만m^2 이상인 다중이용 건축물의 건설공사	영 제91조제1항에 따른 품질검사를 실시하는 데에 필요한 시험·검사	50m^2 이상	가. 특급기술인 1명 이상 나. 중급기술인 이상인 사람 1명 이상 다. 초급기술인 이상인 사람 1명 이상
고급 품질관리 대상 공사	영 제89조제1항제1호 및 제2호에 따라 품질관리계획을 수립해야 하는 건설공사로서 특급품질관리 대상 공사가 아닌 건설공사	영 제91조 제1항에 따른 품질검사를 실시하는 데에 필요한 시험·검사 장비	50m^2 이상	가. 고급기술인 이상인 사람 1명 이상 나. 중급기술인 이상인 사람 1명 이상 다. 초급기술인 이상인 사람 1명 이상
중급 품질관리 대상 공사	총공사비가 100억원 이상인 건설공사 또는 연면적 5,000m^2 이상인 다중이용 건축물의 건설공사로서 특급 및 고급품질관리 대상 공사가 아닌 건설공사	영 제91조 제1항에 따른 품질검사를 실시하는 데에 필요한 시험·검사 장비	20m^2 이상	가. 중급기술인 이상인 사람 1명 이상 나. 초급기술인 이상인 사람 1명 이상
초급 품질관리 대상 공사	영 제89조제2항에 따라 품질시험계획을 수립해야 하는 건설공사로서 중급품질관리 대상 공사가 아닌 건설공사	영 제91조 제1항에 따른 품질검사를 실시하는 데에 필요한 시험·검사 장비	20m^2 이상	초급기술인 이상인 사람 1명 이상

비고

1. 건설공사 품질관리를 위해 배치할 수 있는 건설기술인은 법 제21조제1항에 따른 신고를 마치고 품질관리 업무를 수행하는 사람으로 한정하며, 해당 건설기술인의 등급은 영 별표 1에 따라 산정된 등급에 따른다.
2. 발주청 또는 인·허가기관의 장이 특히 필요하다고 인정하는 경우에는 공사의 종류·규모 및 현지 실정과 법 제60조제1항에 따른 국립·공립 시험기관 또는 건설엔지니어링사업자의 시험·검사대행의 정도 등을 고려하여 시험실 규모 또는 품질관리 인력을 조정할 수 있다.

7 품질시험계획서 적격 여부

▣ 관련규정 : 건설기술진흥법제55조(건설공사의 품질관리), 시행령 제89조(품질관리계획등의 수립대상공사), 제90조(품질시험의 검사)

▣ 수립대상
- 총공사비 5억 이상 토목공사
- 연면적 660m² 이상의 건축물의 건축공사
- 총공사비 2억 이상의 전문공사

▣ 수립절차
- 관련기준 : 건설기술진흥법 시행령 제90조
- 공사감독자 또는 건설사업관리기술자 사전 검토、확인
- 발주처 제출/승인

▣ 작성기준
- 관련기준 : 「건설공사품질관리업무지침」 제7조, 별표1

▣ 착공 전 품질관리계획 승인 후 공사착공
- 관련규정 : 건설기술진흥법 시행령 제90조 ①
- 건설공사를 착공(건설공사현장의 부지 정리 및 가설사무소의 설치 등의 공사준비는 착공으로 보지 아니한다. 이하 제98조제2항에서 같다)하기 전에 발주자의 승인을 받아야 하며, 품질관리계획 또는 품질시험계획의 내용을 변경하는 경우에도 또한 같다.

8 공동도급 운영관리 적격 여부

1) 공동도급 관련 사항(법령)에 무관심한 사람들이 너무나 많았던 것으로 기억되어 꼭 한번은 읽어보시길 희망하면서 상세히 정리하였습니다.

2) 착공 초기 공동도급사 간의 이견 분쟁으로 공사가 지연되는 사례가 빈번히 발생되고 있어 "공동도급사 대표이사(전무 등 책임자)들과 합동회의"를 반드시 실시함이 필요합니다.
   - 공동도급을 하게 된 경위 조사 및 원활한 공사추진과 협력을 당부
   - 공동도급사 간 이견은 반드시 수요기관을 포함한 회의 테이블에서 논의하자고 약속
   - 공동도급사간 분쟁으로 공사가 지연되고, 공사추진에 막대한 지장을 초래할 경우 '공동도급사간 이견 분쟁은 공동도급사들 자체적으로 법정에서 다투고, 국가 정책사업의 중요성으로 시정조치 이후 불응 시 즉시 계약해제·계약해지 등 법적 기준을 검토 후 착공 초기부터 바로 조치하겠다"고 주지/교육함이 필요

* 공동도급 중 회사 간에 공동도급을 지속해왔던 공동도급은 원만히 공사를 수행하였지만, 지역업체 참여 의무(40% 등) 입찰로 부득이, 졸속으로 공동도급을 하게 된 경우는 대부분 공동도급사간 분쟁으로 힘들게 공사를 수행한 것 같습니다.

그래서, 공동도급을 하게 된 경위를 조사하여 그에 맞게 수시로 확인하고 관리함이 필요합니다.
이권 다툼으로 하도급업체 선정, 장비 사용, 인부고용 등 사사건건 분쟁이 발생하는 것도 현실에서 일어나는 일이라 직시하시고, 이를 시공사에게 위임만하고 방관할 경우에 공사는 끝없이 지연되고, 결국 수요기관 예산 불용 등 돌아올 수 없는 강을 건너는 것임을 결코 잊어서는 아니 되며, 반드시 착공초기부터 관리하고 바로 잡아야 합니다.

낙찰되면 시공사가 해당공사의 주인인 것처럼 법과 상식을 무시하고 마음대로 운영해도 되는 것임을 착각하는 공공공사를 처음하는 시공사도 존재하기에 수시 보고체계 수립 및 월간공정회의 시 공동도급사 참여 등을 통해 지휘감독·관리하여야 함을 기억하시기 바랍니다.

☆ 공동도급사의 이견 분쟁을 시공사에서도 즉시 보고하지 않고, 수요기관 담당자/건설사업관리자 분들도 주관사에게만 위임하고 상당 무관심하게 대처하여 결국 문제가 발생, 공사중단이 발생한 이후 대처하려는 경향을 주변에서 많이 본 것 같습니다.

저도 건설현장 경험 중 가장 어려웠던 부분이 공동도급사간 이견 분쟁 해결이었습니다. 밤늦게 12시까지 장시간 마라톤 회의도 하면서 서로 조금씩 양보하도록 설득도 해보았지만, 문제점을 조금만 더 빨리 보고받았으면 하는 아쉬움이 너무나 컸다는 기억이 남아있고,

결국 문제가 있는 업체를 대상으로 기성대가 가압류, 강제 계약해지, 경영상의 문제로 자의적인 공동도급 탈퇴(부정당업체 제재 대상 아님) 등의 행정조치를 통해 어렵게 해결한 바 있습니다.

☆ 하기에 공동도급에 관한 법령을 상당 방대하게 정리하였습니다. 사유는 많은 관리 건설인들이 너무나 모른다고 생각하고 있고, 너무나 중요하기 때문에 꼭 한번은 읽어보셔야 하기에 정리하였습니다.

너무 방대하여 읽어보시는데 지루하더라도 어떠한 내용이 있는지 꼭 읽어보시길 소망합니다.

▣ 관련규정 : 지방자치단체를 당사자로 하는 계약에 관한 법률 제29조(공동계약), 동법 시행령 88조(공동계약), 지방자치단체 입찰 및 계약 집행기준[시행 2022. 1. 11.] [행정안전부예규 제197호, 2022. 1. 7. 일부개정.]

제88조(공동계약) ① 지방자치단체의 장 또는 계약담당자는 법 제29조제1항에 따른 공동계약을 체결하려는 경우에는 공동수급체의 구성원으로 하여금 공동으로 이행하게 하거나 분담하여 이행하게 할 수 있다. 이 경우 공동도급의 유형, 공동수급체 구성원 상호간의 시공상 책임한계 등 공동계약에 필요한 세부사항은 행정안전부장관이 정한다. 〈개정 2013. 11. 20., 2014. 11. 19., 2017. 7. 26.〉

② 지방자치단체의 장 또는 계약담당자가 입찰에 의하여 계약을 체결하려는 경우에는 계약의 목적과 성질상 공동계약으로 하는 것이 부적절하다고 인정되는 경우를 제외하고는 가능하면 공동계약으로 할 수 있다.

③ 공동수급체의 구성원은 공동으로 계약을 이행하는 데 필요한 면허·허가·신고·등록 등의 자격요건을 모두 갖추어야 한다. 다만, 분담하여 이행하는 경우에는 분담부분을 이행하는 데 필요한 면허·허가·신고·등록 등의 자격요건을 갖추어야 한다. 〈개정 2013. 11. 20.〉

④ 공동수급체의 구성원은 동일한 입찰에 대하여 공동수급체를 중복으로 구성하여 참가해서는 아니 된다. 〈신설 2013. 11. 20.〉

⑤ 법 제29조제2항 본문에 따른 공동계약의 경우 공동수급체의 구성원 중 해당 지역의 업체와 그 외 지역의 업체 간에는 「독점규제 및 공정거래에 관한 법률」 제14조 및 제14조의2에 따른 상호출자제한기업 집단과 그 계열회사 관계가 아니어야 한다. 〈개정 2013. 11. 20., 2015. 8. 19.〉

⑥ 행정안전부장관은 지역경제 활성화 등을 위하여 필요하면 법 제29조제2항 본문에 따른 공동계약에 의하는 경우 해당 지역 업체가 참여하는 비율을 정할 수 있다. 〈신설 2013. 11. 20., 2014. 11. 19., 2017. 7. 26.〉

⑦ 지방자치단체의 장 또는 계약담당자는 지식기반사업 중 여러 분야의 전문성이 필요한 복합사업에 입찰참가자가 공동으로 참가하려는 경우에는 특별한 사유가 없으면 이를 허용하여야 한다. 〈개정 2013. 11. 20.〉 [전문개정 2010. 7. 26.]

▣ 지방자치단체 입찰 및 계약 집행기준

제7장 공동계약 운영요령

순　　서

제1절 통 칙

1. 목 적

이 요령은 시행령 제88조에 따른 공동계약의 체결방법과 그 밖에 필요한 사항을 정함을 목적으로 한다.

2. 용어의 정의

가. 공동계약 : 공사·제조·그밖의 계약에 있어서 발주기관(지방자치단체와 그 계약사무를 위탁받은기관을말함)과 공동수급체가체결하는 계약을 말한다.

나. 공동수급체 : 구성원을 2인 이상으로 하여 수급인이 해당계약을 공동으로 수행하기 위하여 잠정적으로 결성한 실체를 말한다.

다. 공동수급체 대표자 : 공동수급체의 구성원 중에서 대표자로 선정된 자를 말한다.

라. 공동수급협정서 : 공동계약에 있어서 공동수급체 구성원 상호간의 권리·의무 등 공동계약의 수행에 관한 중요사항을 정한 계약서(별첨 표준양식)를 말한다.

3. 공동도급의 유형

가. 공동이행방식 : 계약이행에 필요한 자금·인력 등을 공동수급체의 구성원이 공동으로 출자하거나 파견하여 계약을 수행하고 이에 따른 이익·손실을 각 구성원의 출자 비율에 따라 배당하거나 분담하는 공동 계약을 말한다.

나. 분담이행방식 : 계약이행을 공동수급체의 구성원별로 분담하여 수행하는 공동계약을 말한다.

다. 주계약자 관리방식 : 「건설산업기본법」에 따른 건설공사를 시행하기 위한 공동수급체의 구성원 중 주계약자가 계약의 수행에 관하여 종합적인 계획·관리 및 조정을 하는 공동계약을 말한다. 이 경우 종합건설업자와 전문건설업자가 공동으로 도급받은 경우에는 종합건설업자가 주계약자가 된다.

라. 혼합방식 : 계약담당자는 공동이행방식과 분담이행방식을 혼합하지 아니하면 입찰진행이 곤란하거나 계약목적 달성이 사실상 곤란한 경우 공동이행방식과 분담이행방식을 혼합하여 공동수급체를 구성하게 할 수 있다.

제2절 공동수급체의 구성과 적용범위

1. 공동수급체의 구성

가. 자격요건

1) 공동수급체의 구성원은 공동으로 계약을 이행하는 데 필요한 면허·허가·신고·등록 등의 자격요건을 모두 갖추어야 한다. 다만, 분담하여 이행하는 경우에는 분담부분을 이행하는 데 필요한 면허·허가·등록·신고 등의 자격요건을 갖추어야 한다.

2) 시행령 제20조 제1항에 따른 제한입찰에 있어서 시공능력평가액, 실적, 기술보유상황 등은 아래와 같은 기준으로 입찰참가 여부를 결정한다.

가) 시공능력평가액 : 시공능력평가액은 공동수급체 구성원 각각의 시공능력평가액에 시공비율을곱하여합산한 시공능력평가액을 기준으로한다.

(1) 상호시장 진출에 따른 시공능력평가액 발표 전까지 시공능력평가액은 다음과 같이 산정한다.(이하 이 장에서 같다)

종합건설사업자 시공능력 평가액 = 종합건설사업자가 전문공사
입찰 참가하는 종합공사 업종의 시공능력평가액×2/3

전문건설사업자 시공능력 평가액 = 전문건설사업자가 종합공사
입찰 참가하는 전문공사 업종의 시공능력평가액 합산

나) 시공실적

(1) 공동이행방식 : 공동수급체 구성원 중 어느 하나의 구성원이라도 발주기관이 제한한 실적이상을 보유한 경우

(2) 분담이행방식 : 발주기관이 제시한 실적기준을 해당분야 시공에 참여하려는 어느 하나의 구성원이 실적을 보유한 경우(각각 보유한 경우 포함)

(3) 혼합방식(공동+분담이행방식) : 발주기관이 제시한 실적기준을 공동수급체 구성원 중 해당분야 시공에 참여하는 어느 하나의 구성원이 보유한 경우

다) 기술보유상황 : 공동수급체 구성원 중 해당분야 시공에 참여하는 구성원의 시공에 필요한 기술을 보유한 경우(시공에 참여하는 구성원이 각각 보유한 기술을 합산하여 요건을 충족하는 경우 포함)

나. 구성원 수

1) 계약담당자는 5인 이하의 범위에서 입찰참가자가 공동수급체를 자유롭게 구성하게 해야 하며, 계약의 특성상 부득이 구성원 수를 5인 미만으로 제한할 필요가 있는 경우에는 이를 입찰공고에 명시해야 한다. 다만, 추정가격이 5백억원 이상인 초대형 공사는 10인 이내로 구성하게 할 수 있고, 엔지니어링사업은 해당 용역의 부문·분야 수를 고려하여 구성원 수를 조정할 수 있다.

2) 구성원별 계약 참여 최소지분율은 5% 이상으로 해야 한다. 다만, 공사의 특성 및 규모를 고려하여 계약담당공무원이 필요하다고 인정할 경우에는 공동계약의 유형별 구성원 수와 구성원별 계약참여 최소지분율을 각각 20% 범위내에서 가감할 수 있으며, 분담이행방식과 서로 다른 법령에 따라 업종 간 공동수급체를 구성하는 경우에는 이를 적용하지 아니한다.

다. 공동수급체 구성의 제한

1) 계약담당자는 공동수급체의 구성원이 동일한 입찰·계약 등에 대하여 공동수급체를 중복적으로 결성하여 참가하게 해서는 아니 된다.

2) 법 제29조 제2항(지역의무공동도급)에 따라 공동수급체를 구성하는 경우 해당 지역업체와 그외 지역업체 간에는 「독점규제 및 공정거래에 관한 법률」에 따른 계열

회사(상호출자제한기업집단 소속 계열회사를 말한다)가 아니어야 하며, 공사의 경우에만 지역의무 공동도급으로 발주할 수 있다.

3) 계약담당자는 공동수급체를 입찰 전에 구성하게 해야 하며 입찰 후에 구성하는 것을 허용해서는 아니 된다. 또한, 면허(등록)가 필요한 공동도급에 대하여는 면허(등록) 미보유자와 공동수급체를 구성하게 해서는 아니된다.

4) 계약담당자는 혼합방식의 경우 특별한 사유가 없는 한 공동이행방식으로 참여한 구성원이 분담이행방식으로 참여할 수 없도록 해야 한다.

> 예시1 : A, B, C 3개 업체가 공동수급체를 구성
> - 공동이행 : A+B, 분담이행 : C ⇒ 참여 가능
>
> 예시2 : A, B 2개 업체가 공동수급체를 구성
> - 공동이행 : A+B, 분담이행 : A ⇒ 참여 불가능

5) "4)"에서 "특별한 사유"란 다음 각 호의 어느 하나에 해당하는 경우를 말한다.

가) 추정가격 300억원 이상의 일괄·대안·기술제안입찰공사와 종합평가 낙찰자 결정기준 대상공사

나) 그밖에 계약목적 달성을 위하여 다수의 업종 참여가 불가피한 경우로서 중복참여를 제한할 경우 사실상 공동수급체 구성이 곤란한 경우

2. 공동수급체 대표자의 선임

가. 계약담당자는 공동수급체의 구성원으로 하여금 상호 협의하여 공동수급체 대표자를 선임하게 하되, 시행령 제36조에 따라 입찰공고 등에서 요구한 자격을 가장 우수하게 갖추고 출자비율·분담내용의 비중이 큰 업체를 우선적으로 선임하게 해야 한다.

나. 선임된 공동수급체 대표자는 발주기관과 제3자에 대하여 공동수급체를 대표한다.

다. 계약담당자는 시행령 제42조의3 제1항 제1호에 따른 종합평가 낙찰자 결정기준 대

상공사 입찰의 경우 공동수급체 대표자의 출자비율·분담내용이 100분의 50이상이 되도록 해야 한다.

3. 공동수급협정서의 작성과 제출

가. 공동수급협정서 작성

계약담당자는 공동수급체의 구성원으로 하여금 입찰공고 내용에 명시된 공동계약의 이행방식에 따라 [별첨1]부터 [별첨3]까지의 공동 수급표준협정서를 기준으로 공동수급협정서를 작성하게 해야 한다.

나. 공동수급협정서 제출

계약담당자는 공동수급체 대표자로 하여금 공동수급협정서를 시행 규칙 제38조에 따른 입찰참가신청서류 제출 시 함께 제출토록 하여 이를 보관해야 한다.

제3절 공동도급에 따른 입찰과 계약 절차

1. 입찰공고

가. 계약담당자는 시행령 제88조 제2항에 따라 계약이행 규모가 소규모이거나 동일현장에 2인 이상의 수급인을 투입하기 곤란하거나 긴급한 이행이 필요한 경우 등 계약의 목적·성질상 공동계약에 의함이 곤란하다고 인정되는 경우를 제외하고는 가능한 한 공동계약이 가능하다는 뜻을 입찰공고에 명시해야 한다.

나. 계약담당자는 법 제29조 제2항 및 시행령 제88조 제1항에 따른 공동계약의 이행방식과 공동수급체 구성원의 자격제한 사항을 입찰공고에 명시해야 한다.

다. 계약담당자는 법 제29조 제2항에 따라 공동계약을 체결하려는 경우에는 해당 시·도에 소재한 지역업체의 최소 시공참여비율을 40%로 입찰공고에 명시해야 한다.

라. "다"에도 불구하고 지방자치단체의 장은 지역경제 활성화를 위하여 필요하다고 인정되는 경우에는 지역업체 최소 시공참여비율을 49% 이하의 범위에서 정하여 입찰공고에 명시할 수 있다.

마. "다"와 "라"에도 불구하고 다음 각 호의 어느 하나에 해당하는 경우에는 지역의무공동도급으로 발주할 수 없다.

1) 해당 공사의 지역업체 최소 시공참여비율 이상에 해당하는 시공능력평가액을 갖춘 지역업체가 입찰공고일 전일 기준 10인 미만인 경우

2) 40% 이상 지역업체로 제한할경우 입찰참가자격에 필요한 면허·등록 등 자격을 갖춘 지역업체가 입찰공고일전일기준 10인미만에해당하는경우

3) 지방자치단체의 장은 1), 2)에도 불구하고 지역여건 등을 고려하여 지역업체 최소 시공참여비율을 조정할 수 있다.

4) 그밖에 지역업체의 시공비율로 제한할 경우 시공상 품질이 떨어질 우려가 있거나 원활한 공동수급체 구성이 어려운 경우

2. 현장설명

가. 공동수급체 대표자는 단독으로 현장설명과 입찰에 참가할 수 있다.

나. 공동수급체 구성원 전원의 연명으로 특정인에게 현장설명과 입찰 참가를 위임한 경우 그 대리인은 단독으로 현장설명이나 입찰에 참가할 수 있다.

3. 계약의 체결

가. 계약담당자는 공동계약 체결 시 공동수급체의 구성원 전원이 계약서에 연명으로 기명·날인하게 해야 한다.

4. 보증금 등

가. 보증금 등의 납부

1) 계약담당자는 각종 보증금의 납부는 공동수급체의 구성원이 공동 수급협정서에서 정한 구성원의 출자비율·분담내용에 따라 분할 납부하게 해야 한다. 다만, 공동이행방식에 따른 공동계약일 경우에는 공동수급체 대표자나 공동수급체 구성원 중 1인으로 하여금 일괄 납부하게 할 수 있다.

나. 보증금 등의 반환

1) 계약담당자는 보증금 등을 반환하는 경우에는 납부한 자에게 각각 반환해야 한다. 다만 공동수급체 구성원의 합의가 있는 경우는 그 합의된 내용에 따라 직접 반환해야 한다.

5. 공동수급체의 책임

가. 계약이행과 하자보수 책임

계약담당자는 공동수급체의 구성원으로 하여금 발주기관에 대한 계약의 시공·제조·용역 의무 이행과 하자보수에 대하여 다음과 같이 책임을 지도록 해야 한다.

1) 공동이행방식에 따른 경우에는 공동수급체의 구성원이 계약상의 의무이행에 대해 연대하여 책임을 진다.

2) 분담이행방식에 따른 경우에는 공동수급체의 구성원이 각자 자신이 분담한 부분만 책임을 진다.

나. 법 제31조는 입찰참가자격의 제한사유를 야기한 자에 대하여 적용하며, 출자비율·분담내용과 다르게 시공한 경우에는 해당 구성원에 대하여 적용한다.

6. 시공관리

가. 현장대리인의 선임

1) 공동이행방식의 경우에는 구성원간에 협의하여 선임한다.

2) 분담이행방식의 경우에는 자신의 분담부분에 대하여 각자 선임한다.

7. 대가의 지급

가. 대가 신청방법

1) 계약담당자는 선금·대가 등을 지급함에 있어서는 공동수급체의 구성원별로 구분 기재된 신청서를 공동수급체 대표자가 제출하도록 해야 한다.

2) 공동수급체 대표자가 파산, 해산, 부도 등의 부득이한 사유로 신청서를 제출할 수 없는 경우에는 공동수급체의 다른 구성원 모두의 연명으로 이를 제출하게 할 수 있다.

나. 선금과 대가 지급방법

1) 계약담당자는 선금의 지급 신청이 있을 경우 신청된 금액을 공동수급체의 구성원 각자에게 지급해야 한다. 다만, 주계약자 관리방식에서 선금을 구성원 각자에게 지급할 수 없는 불가피한 사유가 있는 경우에는 공동수급체 대표자(주계약자)에게

일괄 지급할 수 있다.

2) 준공대가·기성대가는 공동수급체의 구성원 각자에게 이행내용에 따라 지급해야 한다. 이 경우 준공대가 지급 시에는 구성원별 총 지급 금액이 준공당시 공동수급체 구성원의 출자비율·분담내용과 일치해야 한다.

8. 공동계약 내용의 변경

가. 출자비율 또는 분담내용의 변경

1) 계약담당자는 공동계약을 체결한 후 공동수급체 구성원의 출자비율·분담내용을 원칙적으로 변경하게 할 수 없다.

2) "1)"에도 불구하고 계약담당자는 시행령 제73조부터 제75조까지의 계약내용 변경이나 파산, 해산, 부도, 법정관리, 워크아웃(기업구조조정촉진법에 따라 채권단이 구조조정 대상으로 결정하여 구조조정 중인 업체), 중도탈퇴의 사유로 인하여 당초 협정서의 내용대로 계약이행이 곤란한 구성원이 발생하여 공동수급체 구성원의 연명으로 출자비율·분담내용의 변경을 요청한 경우에는 출자비율·분담내용을 변경하게 할 수 있다.

3) 계약담당자는 공동수급체 구성원의 출자비율·분담내용의 변경을 승인함에 있어 구성원 각각의 출자비율·분담내용 전부를 다른 구성원에게 이전하게 해서는 아니 된다.

나. 구성원의 변경

1) 계약담당자는 공동수급체의 구성원을 추가하게 할 수 없다.

2) "1)"에도 불구하고 계약담당자는 계약내용의 변경이나 공동수급체의 구성원 중 일부구성원의 파산, 해산, 부도, 법정관리, 워크아웃(기업구조조정촉진법에 따라 채권단이 구조 조정 대상으로 결정하여 구조조정 중인 업체), 중도탈퇴의 사유로 인하여 잔존구성원만으로는 면허, 시공능력 및 실적 등 계약이행에 필요한 요건을 갖추지 못할 경우로서 공동수급체 구성원의 연명으로 구성원의 추가를 요청한 경우에는 구성원을 추가할 수 있다.

제4절 공동수급체 구성원의 제재

1. 계약이행의 확인

가. 계약담당자는 공동수급체의 구성원으로 하여금 출자비율·분담내용에 따라 실제 계약이행에 참여하게 해야 한다.

나. 계약담당자는 공동수급체 구성원으로 하여금 착공(착수)시까지 구성원별 출자비율·분담내용에 따른 다음 내용이 포함된 공동계약이행 계획서(이하 "계약이행계획서"라 한다)를 제출하게 하여 승인을 받도록 해야 한다.

1) 구성원별 이행부분과 내역서(공동이행 방식의 경우에는 전체 이행 부분과 내역서)

2) 구성원별 투입 인원·장비 등의 목록과 투입 시기

3) 그 밖의 발주기관이 요구하는 사항

다. 계약담당자는 공동수급체구성원이 연명으로 출자비율·분담내용을 준수하는 범위 안에서 "나"에 따른 계약이행계획서의 변경에 대한 승인을 요청하는 때에는 계약의 적정한 이행을 위하여 필요하다고 인정되는 경우에 한하여 이를 승인할 수 있다.

2. 입찰참가자격의 제한

가. 지방자치단체의 장은 공동수급체의 구성원 중 다음 각 호의 어느 하나에 해당하는 경우에는 법 제31조에 따라 입찰참가자격 제한조치를 해야 한다.

1) 정당한 이유 없이 계약이행계획서에 따라 실제 계약이행에 참여하지 아니하는 구성원(단순히 자본참여만 한 경우 등을 포함)

2) 출자비율·분담내용과 다르게 계약을 이행하는 구성원

[별첨1]

공동수급표준협정서 (공동이행방식)

제1조 (목적) 이 협정서는 공동수급체의 구성원이 재정, 경영, 기술능력, 인원 및 기자재를 동원하여 아래의 공사, 물품 또는 용역에 대한 계획, 입찰, 시공 등을 위하여 출자비율에 따라 공동 연대하여 계약을 이행할 것을 약속하는 협약을 정함에 있다.

1. 계약건명:
2. 계약금액:
3. 발주기관명:

제2조 (공동수급체) 공동수급체의 명칭, 사업소의 소재지, 대표자는 다음과 같다.

1. 명　　　칭: ○○○
2. 주사무소소재지:
3. 대 표 자 성 명:

제3조 (공동수급체의 구성원) ① 공동수급체의 구성원은 다음과 같다.

1. ○○○회사(대표자:　　　　소재지 :　　　　　)
2. ○○○회사(대표자:　　　　소재지 :　　　　　)

② 공동수급체 대표자는 ○○○로 한다.
③ 공동수급체 대표자는 발주기관과 제3자에 대하여 공동수급체를 대표하며, 공동수급체의 재산관리와 대금청구 등의 권한을 가진다.

제4조 (효력기간) 이 협정서는 당사자간의 기명(서명)·날인과 동시에 발효하며, 해당 계약의 이행으로 종결된다. 다만, 발주기관이나 제3자에 대하여 해당 계약과 관련한 권리·의무 관계가 남아있는 한 이 협정서의 효력은 존속된다.

제5조 (의무) 공동수급체의 구성원은 제1조에서 정한 목적을 수행하기 위하여 성실, 근면 및 신의를 바탕으로 하여 필요한 모든 지식과 기술을 활용할 것을 약속한다.

제6조 (책임) 공동수급체의 구성원은 발주기관에 대한 계약의 의무이행에 대하여 연대하여 책임을 진다.

제7조 (하도급) 공동수급체 구성원 중 일부 구성원이 하도급계약을 체결하려는 경우에는 다른 구성원의 동의를 받아야 한다.

제8조 (거래계좌) 행정안전부 예규「지방자치단체 입찰 및 계약 집행기준」제7장 공동계약 운영요령 제3절 7. 대가의 지급에 정한 바에 따라 선금, 기성대가 등은 다음 계좌로 지급받는다.

1. ○○○회사(공동수급체대표자) : ○○은행, 계좌번호○○○○, 예금주○○○
2. ○○○회사 : ○○은행, 계좌번호○○○, 예금주○○○

제9조 (구성원의 출자비율) ① 각 구성원의 출자비율은 다음과 같이 정한다.

1. ○○○ :   %
2. ○○○ :   %

② 제1항의 출자비율은 다음 각 호의 어느 하나에 해당하는 경우에 변경할 수 있다. 다만, 출자 비율을 변경함에 있어 일부 구성원의 출자지분 전부를 다른 구성원에게 이전할 수 없다.

1. 발주기관과의 계약내용 변경에 따라 계약금액이 증감되었을 경우

2. 공동수급체의 구성원 중 파산, 해산, 부도 등의 사유로 인하여 당초 협정서의 내용대로 계약이행이 곤란한 구성원이 발생하여 공동수급체의 구성원 연명으로 출자비율의 변경을 요청한 경우

③ 현금 이외의 출자는 시가를 참작, 구성원이 협의 평가하는 것으로 한다.

제10조 (손익의 배분) 계약을 이행한 후 이익·손실이 발생한 경우에는 제9조에서 정한 비율에 따라 배당하거나 분담한다.

제10조의2 (비용의 분담) ① 본 계약이행을 위하여 발생한 하도급대금, 재료비, 노무비, 경비 등에 대하여 출자비율에 따라 각 구성원이 분담한다.

② 공동수급체 구성원은 각 구성원이 분담할 비용의 납부시기, 납부방법 등을 상호 협의하여 별도로 정할 수 있다.

③ 공동수급체 구성원이 제1항에 따른 비용을 미납할 경우에 출자비율을 고려하여 산정한 미납금에 상응하는 기성대가는 공동수급체 구성원 공동명의의 계좌에 보관하며, 납부를 완료하는 경우에는 해당 기성대가를 구성원에게 지급한다.

④ 분담금을 3회 이상 미납한 경우 나머지 구성원은 발주기관의 동의를 얻어 해당 구성원을 탈퇴시킬 수 있다. 다만, 탈퇴시킬 수 있는 미납 횟수에 대해서는 분담금 납부주기 등에 따라 발주기관의 동의를 얻어 다르게 정할 수 있다.

제11조 (권리·의무의 양도제한) 구성원은 이 협정서에 따른 권리의무를 3자에게 양도할 수 없다.

제12조 (중도탈퇴에 대한 조치) ① 공동수급체의 구성원은 다음 각 호의 어느 하나에 해당하는 경우 외에는 입찰과 해당계약의 이행을 완료하는 날까지 탈퇴할 수 없다. 다만, 제3호에 해당하는 경우에는 다른 구성원이 반드시 탈퇴 조치를 해야 한다.

1. 발주기관과 구성원 전원이 동의하는 경우

2. 파산, 해산, 부도 그밖의 정당한 이유없이 해당 계약을 이행하지 아니하거나 제10조의2에 따른 비용을 미납하여 공동수급체의 다른 구성원이 발주기관의 동의를 얻어 탈퇴조치를 하는 경우

3. 공동수급체의 구성원 중 파산, 해산, 부도 그밖의 정당한 이유없이 해당 계약을 이행하지 아니하여 시행령 제92조 제2항 제2호 가목에 따라 입찰참가자격 제한조치를 받은 경우

② 제1항에 따라 구성원 중 일부가 탈퇴한 경우에는 잔존구성원이 공동 연대하여 해당 계약을 이행한다. 다만, 잔존구성원만으로 면허, 실적, 시공능력평가액 등 잔여계약이

행에 필요한 요건을 갖추지 못할 경우에는 잔존구성원이 발주기관의 승인을 얻어 새로운 구성원을 추가하는 등의 방법으로 해당요건을 충족해야 한다.

③ 제2항 본문의 경우 출자비율은 탈퇴자의 출자비율을 잔존구성원의 출자비율에 따라 분할하여 제9조의 비율에 가산한다. 다만, 잔존구성원이 2인 이상으로써 잔존구성원이 모두 동의한 경우에는 자율적으로 출자비율을 조정할 수 있다.

④ 탈퇴하는 자의 출자금은 계약이행 완료 후 제10조의 손실을 공제한 잔액을 반환한다.

제13조 (하자담보책임) 공동수급체가 해산한 후 해당공사에 관하여 하자가 발생한 경우에는 연대하여 책임을 진다.

제14조 (운영위원회) ① 공동수급체는 공동수급체의 구성원을 위원으로 하는 운영위원회를 설치하여 계약이행에 관한 제반사항을 협의한다.

② 이 협정서에 정하지 아니한 사항은 운영위원회에서 정한다.

위와 같이 공동수급협정을 체결하고 그 증거로서 협정서 ○통을 작성하여 공동수급체의 구성원이 기명날인하여 각자 보관한다.

20 년 월 일

○○○ (인)

○○○ (인)

[별첨2]

공동수급표준협정서 (분담이행방식)

제1조 (목적) 이 협정서는 공동수급체의 구성원이 재정, 경영, 기술능력, 인원 및 기자재를 동원하여 아래의 공사, 물품 또는 용역에 대한 계획, 시공 등을 위하여 분담내용에 따라 공동으로 계약을 이행할 것을 약속하는 협약을 정함에 있다.

1. 계약건명:
2. 계약금액:
3. 발주기관명:

제2조 (공동수급체) 공동수급체의 명칭, 사업소의 소재지, 대표자는 다음과 같다.

1. 명 칭: ○○○
2. 주사무소소재지:
3. 대 표 자 성 명:

제3조 (공동수급체의 구성원) ① 공동수급체의 구성원은 다음과 같다.

1. ○○○회사(대표자: 소재지:)
2. ○○○회사(대표자: 소재지:)

② 공동수급체 대표자는 ○○○로 한다.

③ 공동수급체 대표자는 발주기관과 제3자에 대하여 공동수급체를 대표하며, 공동수급체 재산의 관리와 대금청구 등의 권한을 가진다.

제4조 (효력기간) 이 협정서는 당사자간의 기명(서명)·날인과 동시에 발효하며, 해당 계약의 이행으로 종결된다. 다만, 발주기관이나 제3자에 대하여 해당 계약과 관련한 권리·의무 관계가 남아있는 한 이 협정서의 효력은 존속된다.

제5조 (의무) 공동수급체의 구성원은 제1조에서 정한 목적을 수행하기 위하여 성실, 근면 및 신의를 바탕으로 하여 필요한 모든 지식과 기술을 활용할 것을 약속한다.

제6조 (책임) 공동수급체의 구성원은 발주기관에 대한 계약의 의무이행에 대하여 분담내용에 따라 각자 책임을 진다.

제7조 (하도급) 공동수급체의 각 구성원은 자기 책임하에 분담부분의 일부를 하도급할 수 있다.

제8조 (거래계좌) 행정안전부 예규「지방자치단체 입찰 및 계약 집행기준」제7장 공동계약 운영요령 제3절 7. 대가의 지급에 정한 바에 따른 선금, 기성대가 등은 다음 계좌로 지급받는다.

1. ○○○회사(공동수급체대표자) : ○○은행, 계좌번호○○○○, 예금주○○○
2. ○○○회사 : ○○은행, 계좌번호○○○, 예금주○○○

제9조 (구성원의 분담내용) ① 각 구성원의 분담내용은 다음과 같이 정한다.

[예시]

1. 종합건설공사의 경우
   가) ○○○건설회사 : 토목공사
   나) ○○○건설회사 : 건축공사

2. 환경설비설치공사의 경우
   가) ○○○건설회사 : 설비설치공사
   나) ○○○제조회사 : 설비제작

② 제1항의 분담내용은 다음 각 호의 어느 하나에 해당하는 경우에 변경할 수 있다. 다만, 분담내용을 변경함에 있어 일부 구성원의 분담내용 전부를 다른 구성원에게 이전할 수 없다.

1. 발주기관과의 계약내용 변경에 따라 계약금액이 증감되었을 경우

2. 공동수급체의 구성원 중 파산, 해산, 부도 등의 사유로 인하여 당초 협정서의 내용대로 계약이행이 곤란한 구성원이 발생하여 공동수급체의 구성원 연명으로 분담내용의 변경을 요청할 경우

제10조 (공동비용의 분담) 이 계약이행을 위하여 발생한 공동의 경비 등에 대하여 분담내용의 금액비율에 따라 각 구성원이 분담한다.

제11조 (구성원 상호간의 책임) ① 구성원이 분담이행과 관련하여 제3자에게 끼친 손해는 해당 구성원이 분담한다.

② 구성원이 다른 구성원에게 손해를 끼친 경우에는 상호 협의하여 처리하되, 협의가 성립되지 아니하는 경우에는 운영위원회의 결정에 따른다.

제12조 (권리·의무의 양도제한) 구성원은 이 협정서에 따른 권리의무를 제3자에게 양도할 수 없다.

제13조 (중도탈퇴에 대한 조치) ① 공동수급체의 구성원은 다음 각 호의 어느 하나에 해당하는 경우 외에는 입찰과 해당계약의 이행을 완료하는 날까지 탈퇴할 수 없다.

1. 발주기관과 구성원 전원이 동의하는 경우

2. 파산, 해산, 부도 그밖의 정당한 이유 없이 해당 계약을 이행하지 아니하여 공동수급체의 다른 구성원이 발주기관의 동의를 얻어 탈퇴조치를 하는경우

② 구성원 중 일부가 파산, 해산, 또는 부도 등으로 계약을 이행할 수 없는 경우에는 잔존구성원이 이를 이행한다. 다만, 잔존구성원만으로는 면허, 실적, 시공능력평가액 등 잔여계약 이행에 필요한 요건을 갖추지 못할 경우에는 발주기관의 승인을 얻어 새로운 구성원을 추가하는 등의 방법으로 해당요건을 충족해야 한다.

③ 제2항 본문의 경우 제11조 제2항을 준용한다.

제14조 (하자담보책임) 공동수급체가 해산한 후 해당공사에 관하여 하자가 발생한 경우에는 분담내용에 따라 그 책임을 진다.

제15조 (운영위원회) ① 공동수급체는 공동수급체의 구성원을 위원으로 하는 운영위원회를 설치하여 계약이행에 관한 제반사항을 협의한다.

② 이 협정서에 정하지 아니한 사항은 운영위원회에서 정한다.

위와 같이 공동수급협정을 체결하고 그 증거로서 협정서 ◯통을 작성하여 공동수급체의 구성원이 기명날인하여 각자 보관한다.

20 년 월 일

○○○ (인)
○○○ (인)

[별첨3]

공동수급표준협정서 (혼합방식, 분담+공동)

제1조 (목적) 이 협정서는 공동수급체의 구성원이 재정, 경영, 기술능력, 인원 및 기자재를 동원하여 아래의 공사, 물품 또는 용역에 대한 계획, 시공 등을 위하여 분담내용에 따라 공동으로 계약을 이행하되, 공동이행은 해당 구성원의 출자비율에 따라 공동 연대하여 계약을 이행할 것을 약속하는 협약을 정함에 있다.

1. 계약건명:
2. 계약금액:
3. 발주기관명:

제2조 (공동수급체) 공동수급체의 명칭, 사업소의 소재지, 대표자는 다음과 같다.

1. 명　　　칭: ○○○
2. 주사무소 소재지:
3. 대 표 자 성 명:

제3조 (공동수급체 구성원) ① 공동수급체의 구성원은 다음과 같다.

1. ○○○회사(대표자:　　　　　소재지:　　　　)
2. ○○○회사(대표자:　　　　　소재지:　　　　)

② 공동수급체 대표자는 ○○○로 한다.

③ 공동수급체 대표자는 발주기관과 제3자에 대하여 공동수급체를 대표하며, 공동수급체 재산의 관리와 대금청구 등의 권한을 가진다.

제4조 (효력기간) 이 협정서는 당사자간의 기명(서명)·날인과 동시에 발효하며, 해당 계약의 이행으로 종결된다. 다만, 발주기관이나 제3자에 대하여 해당 계약과 관련한 권리·의무 관계가 남아있는 한 이 협정서의 효력은 존속된다.

제5조 (의무) 공동수급체 구성원은 제1조에서 정한 목적을 수행하기 위하여 성실, 근면 및

신의를 바탕으로 하여 필요한 모든 지식과 기술을 활용할 것을 약속한다.

제6조 (책임) 공동수급체 구성원은 발주기관에 대한 계약의 의무 이행에 대하여 분담내용에 따라 각자 책임을 지되, 공동이행은 해당 구성원간에 연대하여 책임을 진다.

제7조 (하도급) 공동수급체 구성원은 자기 책임 하에 분담부분의 일부를 하도급 할 수 있다. 다만, 공동이행 부분을 하도급하려는 경우에는 다른 구성원의 동의를 받아야 한다.

제8조 (거래계좌) 선금, 기성대가 등은 행정안전부 예규「지방자치단체 입찰 및 계약 집행기준」 제7장 공동계약 운영요령 중 제3절 7. 대가의 지급에 정한 바에 따라 다음 계좌로 지급받는다.

1. ○○○회사(공동수급체대표자) : ○○은행, 계좌번호○○○○, 예금주○○○
2. ○○○회사 : ○○은행, 계좌번호○○○, 예금주○○○

제9조 (구성원의 출자비율 등) ① 각 구성원의 출자비율과 분담내용은 다음과 같이 정한다.

[예시] 토목·건축각40%,조경10%,통신5%,소방5%인공사에토목·건축과통신·소방부분에대하여 각각50:50으로 공동수급체를 구성한 경우

업종 \ 구성원	합 계	A 사	B 사	C 사	D 사	E 사
합 계	100%	40%	40%	10%	5%	5%
토 목	40%	20%(50%)	20%(50%)			
건 축	40%	20%(50%)	20%(50%)			
조 경	10%			10%(100%)		
통 신	5%				2.5%(50%)	2.5%(50%)
소 방	5%				2.5%(50%)	2.5%(50%)

※ 각 구성원의 출자비율 등은 전체 금액에 대한 지분율을 표시하되, ( )는 해당 업종(공종·부분)별로 지분율을 각각 표시한다.

② 제1항의 분담내용과 출자비율은 다음 각 호의 어느 하나에 해당하는 경우에 변경할 수 있다. 다만, 분담내용과 출자비율을 변경함에 있어서 공동수급체 일부 구성원의 분담내용이나 출자비율 전부를 다른 구성원에게 이전할 수 없다.

1. 발주기관과의 계약내용 변경에 따라 계약금액이 증감되었을 경우
2. 공동수급체 구성원 중 파산·해산·부도 등의 사유로 인하여 당초 협정서의 내용대로 계약이행이 곤란한 구성원이 발생하여 공동수급체 구성원 연명으로 분담내용이나 출자비율의 변경을 요청할 경우

③ 현금 이외의 출자는 시가를 참작하여 구성원이 협의 평가하는 것으로 한다.

제10조 (공동경비의 분담 등) 이 계약의 이행에 따른 공동경비 등은 출자비율과 분담내용의 금액비율에 따라 각 구성원이 분담한다. 다만, 공동 이행의 손익 발생은 해당 구성원 간에 제9조에서 정한 비율에 따라 배당하거나 분담한다.

제11조 (구성원 상호간의 책임) ① 공동수급체 구성원이 분담이행과 관련하여 제3자에게 끼친 손해는 해당 구성원이 분담한다.

② 공동수급체 구성원이 다른 구성원에게 손해를 끼친 경우에는 상호 협의하여 처리하되, 협의가 성립되지 아니하는 경우에는 운영위원회의 결정에 따른다.

제12조 (권리·의무의 양도제한) 공동수급체 구성원은 이 협정서에 따른 권리·의무를 제3자에게 양도할 수 없다.

제13조 (중도탈퇴에 대한 조치) ① 공동수급체 구성원은 다음 각 호의 어느 하나에 해당하는 경우 외에는 입찰·계약의 이행을 완료하는 날까지 탈퇴할 수 없다.

1. 발주기관과 구성원 전원이 동의한 경우
2. 파산·해산·부도 그밖에 정당한 이유 없이 당해 계약을 이행하지 아니하여 공동수급체의 다른 구성원이 발주기관의 동의를 얻어 탈퇴조치를 하는 경우

② 제1항에 따라 공동수급체 구성원 중 일부가 파산·해산·부도 등으로 계약을 이행할 수 없는 경우에는 잔존구성원이 이를 이행하며, 공동이행의 경우는 해당 잔존구성원이 공동 연대하여 계약을 이행한다. 다만, 잔존구성원만으로 면허, 실적, 시공능력평

가액 등 잔여계약 이행에 필요한 요건을 갖추지 못할 경우에는 발주기관의 승인을 얻어 새로운 구성원을 추가하는 등의 방법으로 해당요건을 충족해야 한다.

③ 제2항 본문의 경우 제11조 제2항을 준용한다. 다만, 공동이행의 경우 탈퇴자의 출자비율은 제9조의 비율에 따라 배분하고, 탈퇴자의 출자금은 계약이행 완료 후에 제10조의 손실을 공제한 잔액을 반환한다.

제14조 (하자담보책임) 공동수급체가 해산한 후 해당공사에 대하여 하자가 발생한 경우에는 분담내용에 따라 그 책임을 진다. 다만, 공동이행 부분은 해당 구성원 간에 연대하여 책임을 진다.

제15조 (운영위원회) ① 공동수급체는 공동수급체 구성원을 위원으로 하는 운영위원회를 설치하여 계약이행에 관한 제반사항을 협의한다.

② 이 협정서에 정하지 아니한 사항은 운영위원회에서 정한다.

위와 같이 공동수급 협정을 체결하고 그 증거로서 협정서 ○통을 작성하여 공동수급체 구성원이 기명날인하여 각자 보관한다.

20 년 월 일

○○○ (인)
○○○ (인)

제8장 주계약자 공동도급 운영요령

순　서

제1절 통 칙

1. 목 적

이 요령은 법 제29조, 시행령 제42조와 제88조 등에 따라 주계약자 공동도급의 낙찰자 결정기준과 세부적인 운영기준을 정함을 목적으로 한다.

2. 적용대상

추정가격 2억원 이상 100억원 미만인 종합공사로서 발주기관이 주계약자관리방식으로 발주할 필요성이 있다고 판단되는 공사

※ 종합 건설공사와 다른 법령에 따른 전기·정보통신·소방 등의 업종이 복합된 공사는 주계약자 관리방식으로 발주할 수 없다.

3. 용어의 정의

가. 주계약자 관리방식:「건설산업기본법」에 따른 건설공사를 시행하기 위한 공동수급체의 구성원 중 주계약자가 계약의 수행에 관하여 종합적인 계획·관리 및 조정을 하는 공동계약을 말한다.

나. 주(主)계약자:주계약자 관리방식에 따른 공동수급체의 구성원 중에서 공동계약의 수행에 관하여 종합적인 계획·관리 및 조정을 하는 자로서 공동수급체 대표자가 된다.

다. 부(副)계약자 : 주계약자 관리방식에 따른 공동수급체의 구성원 중에서 주계약자를 제외한 나머지 구성원을 말한다.

라. 심사항목 : 적격심사에서 각 심사분야의 평가항목을 말하며 공사수행능력 분야의 시공경험, 경영상태, 신인도 등을 말한다.

마. 시공비율 : 공동수급체 각각의 구성원이 시공할 비율을 말하며 시공경험, 경영상태 등의 평가시 각 구성원을 평가하는 데 활용된다.

4. 타 공동도급제도와 비교

구 분	공동이행방식	분담이행방식	주계약자관리방식
①구성 방식	ㅇ출자비율로 구성	ㅇ분담내용으로 구성 (면허분담 가능)	ㅇ주계약자는 종합조정·관리 및 분담시공 ㅇ부계약자는 분담내용에 따라 시공

구 분	공동이행방식	분담이행방식	주계약자관리방식
②대표자	ㅇ공동수급체 총괄관리	ㅇ공동수급체 총괄관리	ㅇ주계약자가 총괄관리
③하자 책임	ㅇ구성원 연대책임	ㅇ구성원 각자 책임	ㅇ구성원 각자 책임(원칙) *다만, 하자구분이 곤란한 경우 관련 구성원 연대책임
④하도급	ㅇ구성원 전원동의시 하도급 가능	ㅇ구성원 각자 책임하에 하도급 가능	ㅇ부계약자 중 전문건설업자 또는 전문공종을 시공하는 종합건설사업자는 직접시공 의무
⑤실적 인정	ㅇ금액–출자비율로 산정 ㅇ규모–실제 시공부분	ㅇ구성원별분담시공부분	ㅇ주계약자–"세부기준"〈별표1〉Ⅰ.4.나.2)마)에 따라 실적 인정 ㅇ부계약자–분담시공부분

제2절 주요내용 (생략) 및 제3절 낙찰자 결정기준 (생략)

〈별첨 1〉

공동수급표준협정서(주계약자관리방식)

제1조 (목적) 이 협정서는 공동수급체의 구성원이 재정, 경영, 기술능력, 인원 및 기자재를 동원하여 아래의 공사, 물품 또는 용역에 대한 계획, 입찰, 시공 등을 위하여 주계약자가 전체사업의 수행에 관하여 계획·관리 및 조정을 하면서 공동으로 계약을 이행할 것을 약속하는 협약을 정함에 있다.

1. 계약건명:
2. 계약금액:
3. 발주기관명:

제2조 (공동수급체) 공동수급체의 명칭, 사업소의 소재지, 주계약자는 다음과 같다.

1. 명 칭:○○○
2. 주 사 무 소 소 재 지:
3. 주계약자 대표자 성명:

제3조 (공동수급체의 구성원) ① 공동수급체의 구성원은 다음과 같다.

1. ○○○회사(대표자:)
2. ○○○회사(대표자:)

② 주계약자는 ○○○로 한다.
③ 주계약자는 발주기관과 제3자에 대하여 공동수급체를 대표하며, 공동수급체의 재산관리와 대금청구 등의 권한을 가진다.

제4조 (효력기간) 이 협정서는 당사자간의 기명(서명)·날인과 동시에 발효하며, 해당 계약의 이행으로 종결된다. 다만, 발주기관이나 제3자에 대하여 해당 계약과 관련한 권리·의무 관계가 남아있는 한 이 협정서의 효력은 존속된다.

제5조 (의무) 공동수급체의 구성원은 제1조에서 정한 목적을 수행하기 위하여 성실, 근면 및 신의를 바탕으로 하여 필요한 모든 지식과 기술을 활용할 것을 약속하며, 주계약

자가 전체사업의 수행에 관하여 계획·관리 및 조정을 하면서 공동으로 계약을 이행한다.

제6조 (책임) 공동수급체의 구성원은 발주기관에 대한 계약의 의무 이행에 대하여 분담시공 부분에 따라 각자 책임을 진다.

제7조 (계약이행) 공동수급체 구성원 중 부계약자로서 전문건설업체 또는 전문공종을 시공하는 종합건설업체인 경우는 자신이 분담한 부분을 직접 시공해야 한다. (단, 「건설산업기본법 시행령」 제31조의2에 따라 하도급 제한의 예외 가능)

제8조 (거래계좌) 행정안전부 예규 「지방자치단체 입찰 및 계약 집행기준」 제8장 주계약자 공동도급 운영요령 제2절 3. 마. 대가의 지급에 정한 바에 따라 선금, 기성대가, 준공대가 등은 다음 계좌로 지급 받는다.

1. ○○○회사(주계약자) : ○○은행, 계좌번호○○○, 예금주○○○
2. ○○○회사(부계약자) : ○○은행, 계좌번호○○○, 예금주○○○

제9조 (구성원의 분담내용) ① 각 구성원의 분담내용은 다음과 같이 정한다.

[예시] 종합공사의 경우
1. ○○○건설회사 : 토목공종 (　　원)
2. △△△건설회사 : 조경식재 공종 (　　원)
3. ◇◇◇건설회사 : 철근콘크리트 공종 (　　원)

② 제1항의 분담내용은 다음 각 호의 어느 하나에 해당하는 경우에 변경할 수 있다. 다만, 분담내용을 변경하는 경우 공동수급체 일부 구성원의 분담내용 전부를 다른 구성원에게 이전할 수 없다.

1. 발주기관과의 계약내용 변경에 따라 계약금액이 증감되었을 경우

2. 공동수급체의 구성원 중 계약이행 능력이 부족하여 계약을 계획대로 이행하기 곤란한 경우, 파산, 해산, 부도 등의 사유로 인하여 당초 협정서의 내용대로 계약이행이 곤란한 구성원이 발생하여 공동수급체의 구성원 연명으로 분담내용의 변경을 요청할 경우

3. 공동수급체 구성원이 정당한 이유 없이 2회 이상 계약을 이행하지 아니하거나 지체하여 이행하는 경우 또는 주계약자의 계획·관리 및 조정 등에 협조하지 않아 계약이행이 곤란하다고 판단되는 경우

제10조 (공동경비의 분담 등) ① 공동수급체 구성원은 계약이행을 위하여 발생한 공동경비(안전관리비·품질관리비·보험료·보증수수료 등)에 대하여 구성원의 시공비율에 따라 분담하는 것을 원칙으로 한다. 다만, 공동경비의 전체를 주계약자가 부담하는 경우에는 다음에서 정하는 금액을 (기성, 준공)대가 수령시 주계약자에게 지급한다.

1) ○○○ 회사(부계약자) : 원
2) ○○○ 회사(부계약자) : 원

② 공동수급체 구성원은 주계약자의 계획·관리·조정 업무에 대한 대가와 지급시기, 지급방법 등을 상호 협의하여 별도로 정할 수 있다.

제11조 (구성원 상호간의 책임) ① 공동수급체 구성원이 시공과정에서 제3자에게 손해를 끼친 경우에는 시공을 분담한 해당 구성원이 책임을 진다.

② 공동수급체의 구성원이 다른 구성원에게 손해를 끼친 경우에는 상호 협의하여 처리하되, 협의가 성립되지 아니하는 경우에는 운영위원회의 결정에 따른다.

제12조 (구상권의 행사) 주계약자는 부계약자의 책임 있는 사유에 대해 이 협정서에 따라 연대 책임을 이행한 경우 해당 책임분에 대하여 다른 구성원에게 구상권을 행사할 수 있다.

제13조 (권리·의무의 양도제한) 공동수급체의 구성원은 이 협정서에 따른 권리의무를 제3자에게 양도할 수 없다.

제14조 (중도탈퇴에 대한 조치) ①공동수급체의 구성원은 다음 각 호의 어느 하나에 해당하는 경우 외에는 입찰과 해당계약의 이행을 완료하는 날까지 탈퇴할 수 없다.

1. 발주기관과 구성원 전원이 동의하는 경우

2. 파산, 해산, 부도 그밖의 정당한 이유 없이 해당 계약을 이행하지 아니하여 공동수급체의 다른 구성원이 발주기관의 동의를 얻어 탈퇴조치를 하는 경우

3. 공동수급체 구성원 중 부계약자가 정당한 이유 없이 주계약자의 지시에 불응하는 경우, 계약을 이행하지 아니하거나 지체하여 이행하는 경우 또는 주계약자의 계획·관리 및 조정 등에 협조하지 않아 계약이행이 곤란하다고 판단되는 경우로서 주계약자가 계약담당자에게 탈퇴를 요청하는 경우(이 경우 계약담당자는 사실관계를 확인하여 특별한 사유가 없는 한 탈퇴시켜야 한다.)

② 구성원 중 일부가 탈퇴한 경우 발주기관은 주계약자에게 탈퇴한 구성원의 출자비율을 재배분하며, 재배분하여 합산된 잔여계약금액이 주계약자의 시공능력 평가액에 초과하는 경우 잔여구성원의 연명으로 요청을 받아 발주기관이 구성원을 추가할 수 있다.

③ 주계약자는 구성원이 계약이행능력이 부족하여 계약을 당초 계획대로 이행하기 곤란하다고 판단되는 경우에는 공동수급체 구성원의 연명으로 공사감독관을 거쳐 계약담당자에게 분담비율의 변경을 요청할 수 있다.

④ 계약담당자는 제3항에 따라 분담비율 변경의 이유가 명확한 경우에 분담비율을 변경할 수 있으며, 이 경우 공동수급체 구성원의 분담내용의 변경을 승인함에 있어 구성원 각각의 분담내용의 전부를 다른 구성원에게 이전하게 해서는 아니 된다.

⑤ 주계약자는 계약서, 설계서, 설계설명서, 예정공정표, 품질보증계획·품질시험계획, 안전 및 환경관리계획, 도급내역서 등에 따라 품질과 시공의 상태를 확인하고, 적정하지 못하다고 판단되면 재시공 조치를 할 수 있다.

⑥ 공동수급체의 구성원 중 일부가 파산, 해산 또는 부도 등으로 계약을 이행할 수 없는 경우로서 제3항에 따라 분담비율을 변경할 수 없는 경우에는 보증기관이 해당 구성원의 분담부분을 이행한다. 다만, 보증이행이 불가능한 경우에는 주계약자가 이를 이행한다.

⑦ 주계약자가 탈퇴한 경우에는 공동수급체 연명으로 발주기관의 계약담당자에게 요청하여 새로운 주계약자를 선정해야 한다.

제15조 (하자담보책임) ① 공동수급체가 해산한 후 해당 계약에 관하여 하자가 발생한 경우에는 분담 시공한 내용에 따라 그 책임을 지며, 각 구성원은 신의성실의 원칙에 따라 성실하게 하자담보 책임을 이행해야 한다.

② 구성원(주계약자를 포함한다) 간에 하자책임 구분이 곤란한 경우에는 해당 하자의 관련 구성원이 연대하여 하자담보 책임을 이행한다.

③ 해당구성원이 하자 담보책임을 이행하지 않은 경우(부도, 파산 등으로 이행할 수 없는 경우를 포함한다)에는 해당구성원의 보증기관이 하자담보 책임을 진다.

제16조 (운영위원회) ① 공동수급체는 공동수급체의 구성원을 위원으로 하는 운영위원회를 설치하여 계약이행에 관한 제반사항을 협의한다.

② 이 협정서에 정하지 아니한 사항은 운영위원회에서 정한다.

위와 같이 공동수급협정을 체결하고 그 증거로서 협정서 ○통을 작성하여 공동수급구성원이 기명날인하여 각자 보관한다.

20 년 월 일

주 계 약 자 ○○○ (인)

부 계 약 자 ○○○ (인)

〈별첨 2〉

각 서

우리 회사는 주계약자 관리방식에 따른 공동수급체 구성원으로서 계약을 이행함에 있어서 우리 회사가 분담한 부분에 대하여 직접 시공하겠으며 만일 발주기관의 사전 승인 없이 우리 회사가 분담한 부분을 다른 회사에 일부 또는 전부를 하도급 하는 경우에는 어떠한 조치도 하등의 이의를 제기하지 않겠기에 각서를 제출합니다.

20 년 월 일

회 사 명 :

대 표 자 : (인)

발주기관 장 귀하

3 건설현장은 협력과 화합, 팀워크가 무엇보다 중요

Key-Point

♧ 발주기관(수요기관, 공사관리기관) 담당자, 건설사업관리자, 시공사 간 상호 신뢰 구축과 신뢰를 바탕으로 한 협력과 화합은 성공적인 사업완수를 위해 반드시, 절대적으로 필요함을 기억하시기 바랍니다.

♧ 건설사업관리자 및 시공사의 건설인들은 공동도급으로 서로 다른 회사 소속으로 참여하지만, 건설사업단장님과 현장소장님의 진두지휘에 맞게 처신하셔야 하며, 이견이 있을 경우 항상 여러 명이 함께 회의테이블에서 논의하는 방식을 선택하시기 바라며, 사전 검토, 협의, 확인에 대한 업무수행절차서 등을 협의 후 확정함이 필요합니다.

- 건설사업관리단장과 현장소장(현장대리인)은 법적으로 최종 책임을 지는 사람이고 실질적으로 현장을 지도·감독하는 총괄지휘자임을 기억하시기 바랍니다.

- 건설사업관리단장과 현장소장의 역할이 매우 중요하여 최소한 책임의식이 강하고 기술력과 행정력을 겸비한 사람으로 세밀한 선발이 필요하며, 공동도급사 감리원, 시공사 직원 역시 해당분야에 대한 책임성과 기술력, 타 공종과의 협력성이 충만한 사람을 선발함이 필요

♧ 상기 내용에 부합되지 않은 사람이 발견되면 원활한 사업추진을 위해 반드시 현장에서 조기에 퇴출시켜야 함을 기억하시기 바랍니다.

♧ 수요기관 담당자분들 중 처음으로 또는 몇 년 만에 신축 공사관리 업무를 수행하는 직원들도 만나게 되지만, 항상 중요사항은 반드시 문서로 처리하여야 향후 오해와 논란이 없으며, 잘 모른다고 판단 하시지 마시고, 적법하고 투명하게 '정공법"으로 상호 신뢰를 가질 수 있도록 업무를 수행하셔야 합니다.

☆ 정말 존경심을 갖게 하는 수요기관 직원들도 많이 만난 것 같다. 이것이 인연이 아닐까?, 이 인연들은 평생 가는 것 같다. 오히려 앞서가는 행정으로 예상되는 문제점을 사전에 알려주고, 해결토록 도와주는 사람도 상당 많았다고 기억됨

4 착수회의 실시

Key-Point

♧ 착수회의 전 사전 검토, 작성사항을 철저히 준비하여 설명함이 필요

ㅇ 건설사업관리자/시공사는 현장조직 구성계획, 사업추진계획 등 착수 회의 때 발표할 자료 준비, 발주기관은 특별히 당부할 사항 준비

ㅇ 가설사무실 등 평면계획 및 가설 Lay-Out 작성, 검토/협의 준비
(세부내용은 가설공사 부분에 별도 정리되어 있음)

♧ 착수회의 실시 (가능한 착공 이후 가능한 빠른 시간내 실시)

ㅇ 착수회의는 발주기관(공사관리기관)/감리단/시공사가 참석하며, 사업 수행의 첫 단추를 끼우는 중요한 회의임

ㅇ 착수회의 때 각 기관/업체별 건설사업에 임하는 자세와 역활, 공사수행 및 건설사업관리 세부수행계획, 공사추진 및 각종 제출서류와 행정처리에 대한 주의사항 등을 현장여건에 맞게 자료를 작성/배포 후 발표(설명)

ㅇ 발주기관의 당부사항/협조 요청사항 등을 발표/협의

- 기타 예산배정 사항 등 도급자/건설사업관리자가 반드시 숙지해야 하는 기본적인 사항을 설명

ㅇ 가설사무실 등 가설공사 Lay-Out 협의 및 기공식/안전기원제 일정 등 협의

☆ 발주기관을 비롯한 공사관계자들과 신뢰 구축 및 앞으로의 현장관리 방향을 공유, 원활한 공사추진과 우수한 품질확보를 위한 다짐을 통해 공사관계자들과의 화합의 장으로 실시함이 필요합니다.

* (경험 한가지 및 수요기관 담당자분들께 당부드리는 글)

○ 언젠가 착공회의 때 어느 수요기관에서 "업체와의 유대, 부실시공 시 수사기관에 수사 의뢰함"을 피력하였고, 그당시 열과 성의를 다할 의욕이 상실되어 많이 아쉬웠다는 말씀을 드립니다.

○ 또한, 착공하자 마자 오히려 그 수요기관의 사람들이 현장소장에게 부실하고 부적격한 온갖 하도급업체를 추천하는 등 공사추진에 상당한 애로가 발생되어 이를 직접 수요기관장에게 보고드렸고, 수요기관장께서 전 직원에게 '공사에 관여하지 않겠다는 각서'를 받아 그 이후 원만히 공사를 수행한 경험이 있습니다.

○ 착공 초기 공사관계자들이 의욕을 상실시키는 언행은 삼가 주시길 소망하며, 시공사에서 선정하는 하도급업체/자재·장비업체 선정에 어느 누구도 관여하여서는 아니 됨을 기억해 주시길 소망합니다.

5 각종 소요 행정처리 방안 협의

Key-Point

♧ 건설현장에서 법령에 없는 행정처리 사항으로 논란이 빈번히 발생한다. 보고서(문서) 문구, 검토서류 미흡, 행정처리 지연 등으로 공사추진에 지장을 초래하여 서로 얼굴을 붉히는 경우를 많이 본 것 같습니다.

♧ 그래서, 시행착오를 없애기 위해 묵시적인 동의보다는 행정처리에 대한 전반적인 사항에 대해 사전 약속함이 필요하고, 또, 사전 검토/확인 하면 원활한 공사추진에 도움되는 몇 가지 사항을 정리하였습니다.

- 신속한 행정처리를 위한 사전 협의·약속

- 각종 행정서류 양식 협의·확정

- 예산 배정내용·집행계획 검토·협의

- 관급자재 LIST 작성 및 관급자재 수급계획서 작성

- 중요 인허가 사항 사전 검토·정리

- 각종 인증서 사전 검토·정리

- 각종 외산(실험) 장비 등 주요장비 사전 검토

- 건설사업관리용역 착수서류 및 시공업체 대관 신고사항

☆ 상기 내용은 사전 검토하고, 정리하는 데 다소 시간이 소요되지만, 다 정리하고 나면(착공 초기 조금만 부지런하게 일을 하시면) 정말 원활한 공사추진의 지름길임을 기억하여 주시길 소망합니다.

1 신속한 행정처리를 위한 사전 협의·약속

1) 각종 행정사항은 발주기관/건설사업관리단/시공사 상호업무 이해력를 도모하고, 일사분란한 보고체계 구축과 원활한 행정처리를 위해 서로 알고 있는 묵시적인 내용까지도 상세하게 하나하나 정리하여 사전 약속함이 필요합니다.

ㅇ 건설현장에서 기본적으로 발생하는 행정처리 사항에 대해서도 전반적인 사항을 정리/검토하여 사전 약속함이 필요

ㅇ 오류와 논란이 발생 시 법적 분쟁까지도 검토해야 하는 관급자재 및 사업의 특수성(외산 자재, 장비 등)으로 인한 중요 자재/장비는 특히 충분한 검토/협의가 필요

* 시공도(Shop-Drawing) 검토·승인절차, 발주 및 검수 방법 등

ㅇ 시공(완성) 이후 논란의 소지가 염려되는 색체와 디자인 결정이 필요한 마감공사, 자재/가구 등 샘플 시공 등에 대해서도 검토·승인 절차를 비롯하여 사전 충분한 검토·협의가 필요

2) 건설현장에서 작업인부, 하도급자, 시공사에서 임의적인 판단으로 시공하는 사례가 많았다고 기억됩니다.

ㅇ 상세도면이 없어서, 작업 편의를 위해서, 공사비를 절감하기 위해서 임의적으로 시공하는 사례가 빈번히 발생하지만, 대부분 부실시공 조장, 재시공 사항으로 판정되어 결국 공사 지연은 물론 기업이윤에 막대한 손실이 발생하게 되는 것을 우리 관리자들은 예방하여야 함

☞ 상기 내용에 대해 건설 현장에서 실시한 시행한 예시를 참고로 공개, 정리하였으니, 업데이트(Up-Date)하여 활용하시기 바랍니다.

* (참고) 각 공종별/공사단계별 감독(업무) 지시서 (예시문) 1부.

▣ 수신 : ○○건설회사 현장대리인(인)

참조 : 수요기관 ooo (인)

문서번호 : 000건설사업관리단 2022-00호(2000. 00. 00)

제목 : 공사 전반에 관한 업무지시

내용 : 원활한 공사수행 및 행정업무 처리를 위해 아래 사항을 지시하니 철저히 이행하시기 바랍니다.

1. 소요행정 절차 준수

① "하도급 승인요청서, 시공계획 승인요청서, 자재 승인요청서"

ㅇ 시공사에서는 기술검토 후 문서 승인(시행)까지 행정처리 기간이 다소 필요함을 감안하여 시공사는 최소 10일 전(공휴일 제외)에 승인요청서를 작성하여 제출 바람 (기준은 30일 이내)

* 자재승인서는 원활한 자재 수급을 고려하여, 2개 업체를 선정하는 방안으로 검토/작성 요망

ㅇ 공종별 감리자는 시공사의 문서를 접수 후 가능한 24시간 이내에 기술검토서를 작성하여 주시길 바라며, 단, 검토 시간이 상당 필요 할 경우 사전 협의 요망하며, 최대 7일 이상 경과 시 공사추진에 애로가 발생할 소지가 있어 7일 이상(공휴일 포함) 경과는 절대 불가함을 숙지 바람

* (하도급 승인요청서) 저가 하도급이 아닐 경우 10일 이내 제출, 저가 하도급일 경우 14일 이내 제출, 또한, 저가하도급 일 경우 심사가 필요하고 변경될 소지가 있음을 감안, 저가 하도급 대상자와 계약 체결 및 승인 전 공사 투입은 절대 불가함을 숙지 바람

* 82% 미만 하도급공사는 하도급계약 적정성 여부 심의대상임

* (시공계획 승인요청서) 설계도서에 명확히 명시되어 있고, 일반적인 건축공사 사항은 10일 이내 제출하고, 특수한 분야는 수요기관에 의견조회 및 필요시 사전 설명회 등이 필요함을 감안 최소 14일 이내에 제출할 것

* (자재 승인요청서) 설계도서에 명확히 명시되어 있는 KS규격품은 7일 이내 제출, 특수분야는 14일 이내 제출, 색상/디자인 선정이 필요한 제품은 30일 이내에 제출할 것

② "설계변경 절차"

ㅇ 시공사는 설계변경 사항을 반드시 건설사업관리단, 수요기관의 승인 절차가 필요함을 숙지 바람

ㅇ 설계도서의 문제점, 품질개선 등으로 인한 변경 시 시공사/감리단/수요기관이 합동으로 협의하며, 시공사 실정보고서(1개월 전), 감리 기술검토서(20일 전) 검토의견서를 문서 시행 (시공사 → 감리단 → 수요기관의 동의(승인) 여부 문서 회신 후 시행)

ㅇ 수요기관 자체적으로 사업지침 변경 시
(수요기관 → 감리단 → 시공사로 공사지침 변경문서 시행)
- 가능한 사전 협의(회의)를 시행함이 필요, 소요예산 등 타공종과의 연계성은 반드시 검토가 필요하여, 시공사와 건설사업관리단의 검토(각 공종별 문제점 여부 확인) 후 시행하여 주시기 바라며,
- 수요기관 담당자분께서 현장에서 공사 중 즉각적인 변경이 필요시에는 반드시 작업지시서를 시행하여 주시기 바람

* 시급한 사정으로 수요기관 자체 책임으로 보고/승인된 "변경작업 지시서"도 설계변경 원인행위 행정으로 간주, 변경 계약처리 가능

ㅇ 설계변경 처리 기준은 관련법령을 철저히 검토 후 반드시 적법하게 소요행정 절차를 시행하기 바라며, 설계변경 절차, 관련법령에 대한 세부적인 사항은 별도 협의할 예정임

③ "일일보고, 주간공정보고, 월간공정보고서" 및 중대한 현안 사항

ㅇ일일보고 : 매일 9시 전 제출

ㅇ주간공정보고 : 월요일 아침 9시까지 제출

ㅇ월간공정보고서 : 문서 시행 전 감리단 및 수요기관의 사전 검토가 필요함을 감안하여 2~3일전 사전 보고서(안) 제출하고, 최종보고서는 매월 말 기점으로 5일 이내에 보고할 것

ㅇ"중대 현안사항"은 반드시 즉시 유선으로 보고하고, 익일 관련사항 조사내용 및 선조치 내용, 향후 추진계획 등을 검토하여 최대 24시간 이내에 보고할 것

2. 하도급관리 철저

① "공사 현황판(알림이)" 철저 제작 및 설치

ㅇ하도급자/하수급인들이 공사 진행내용(공사개요, 담당자, 기성대가 지급 내용 등)을 쉽게 알 수 있도록 '공사 현황판'을 현장 출입구 잘 보이는 곳에 설치할 것

* 공사현황판은 각 기관별로 제작/설치방법에 다소 차이가 있어 별도협의 필요

ㅇ소요설치비는 안전관리비(안전표시판 설치비)로 계상

ㅇ설치 위치 등 설치계획서는 별도 보고/승인 후 시행

② "하도급자 교육" 및 "하도급계약 철저"

ㅇ본 공사가 국가 중요 시설사업으로 불성실한 시공, 현장 내 보안에 위배되는 부적절한 행위를 하지 않도록 사전 철저 교육 요망

ㅇ하도급 관계법령에 의거 철저 계약이행 및 하도급 승인요청서 제출 기한을 반드시 준수할 것

ㅇ특수한 사항 등은 반드시 하도급계약서에 추가 조건으로 반영하여 계약 요망

③ "하도급대금 지급 확인제도(공사계약일반조건 43조2)" 철저 준수

ㅇ시공사는 대가를 지급받은 경우, 15일 이내에 하수급인 및 자재/장비 업자에게 해당 분 (어음 절대 불가) 하도급대금을 현금으로 지급할 것

ㅇ매월 하도급대금 지급 여부 확인하기 위한 서류를 감리단에 제출하여야 하며, 감리단은 제출서류 허위 여부를 확인 후 수요기관으로 제출서류와 검토의견서를 제출할 것

ㅇ하도급대금 지급 지연으로 인한 불이익이 발생되지 않도록 업무를 수행

* '하도급관련 관련법령' 및 '하도급대금 지급확인제도' 참조

3. 품질관리 철저

① "재시공 사례가 발생되지 않도록 각별한 주의 요망"

ㅇ설계도서 철저 숙지, 공사내용 하도급사와 사전 협의(하도급사에게 주의사항 교육), 불확실한 부분은 필요시 감리단/발주기관과 협의 등을 통해 재시공이 결코 발생되지 않도록 철저히 품질 관리할 것

ㅇ특수설비, 농토목분야 등은 감리단, 시공사가 전문지식이 미흡함을 인식하고, 공사 시행 전 사전 철저 검토 및 반드시 수요기관 담당 자에게 수시로 기술자문을 구하는 방식으로 업무를 수행할 것

② "품질시험 철저 이행, 적기 이행" 준수

ㅇ품질시험 및 시험성적서가 필요한 내용은 반드시 철저히 품질시험을 이행하고, 중요한 품질시험은 국가공인 품질시험연구소에 의뢰하여 검증받을 것

ㅇ품질시험이 필요할 경우 공사진행에 지장이 없도록 사전 철저히 준비하고, 조속히 이행할 것

ㅇ도급내용, 시방서에 없더라도 중요성을 감안 시 품질시험이 필요한 경우 소요비용이 필요할 경우 해당 사항은 반드시 실정보고할 것

* 철골 구조체 비파과 시험, 가스배관 용접 전수검사, 기타 안전 및 건물 운영상 반드시 확인이 필요한 사항 등

③ 입찰안내서 내용 중 이력관리가 필요한 부분 철저 검토/작성

ㅇ입찰안내서(현장설명서) 철저 숙지 및 관련내용(업무수행 계획, 수행 내용) 주 1회 이상 보고 할 것

④ 각 공종별 감리단 검측 철저 및 검측요청서 철저 작성 시행

ㅇ감리단의 검측이 필요한 매몰지역은 철저히 검측 요청서를 작성하여 감리단의 검측, 검측결과서를 발주기관에 제출할 것

* 중요사항은 수요기관의 확인을 득한 후 후속 작업 진행 요망함

⑤ 임의판단 시공은 절대 불가

ㅇ치밀하지 못한 순간적이고, 임의적인 판단으로 공사를 수행시 돌이킬수 없는 과오를 범할 수 있음을 간과하여서는 아니 됨

ㅇ본 공사의 설계도서가 서로 상이하거나, 상세도면 누락으로 확정적인 지침이 없을 경우 임의적으로 판단하여 (작업지시) 시공하는 사례는 없어야 함

⇒ 공사금액 증감이 없더라도 타 공종과의 연계성 등 충분한 기술검토 후 최종 수요기관의 승인을 받고 시행하시기 바람

※ 권한과 책임은 항상 공유함을 염두, 하도급자들 철저한 교육 필요

4. 안전관리 철저

① 안전관리 책임자께서는 최선을 다해 안전관리 해주시길 당부드리며, 우리 관리자 모두가 안전관리 담당자임을 기억하시고 건설현장에서 안전관리에 많은 관심을 가져주시길 당부 드림

② 공사내역에 반영된 안전관리비는 안전관리 용도에 맞게 사용하되, 안전관리 인건비에만 치중하는 것보다 절실히 필요한 안전시설물 설치 등에 많은 비용을 사용 요망

③ 용접공사 등 화기를 사용하는 작업은 반드시 주변에 화재가 우려 되는 자재를 제거(현장 정리정돈)하여 주시고, 작업 전 사전 건설 사업관리단과 협의/현장 확인 후 작업에 착수 바람

* 동절기 난방기구, 현장제작 화로 등의 활용도 사전 승인요청 요망

④ 안전모 철저 착용, 고소작업자는 안전걸이 철저 착용

ㅇ 위반 시 해당 하도급사 대표 소환, 재교육 예정, 적정한 경고(벌금 부과 등) 처리 방안에 대해 시공사에서 정하고, 우수한 작업자에게 포상하는 방안도 검토 요망

⑤ 작업장 내 금연, 별도 흡연장소 구축, 재떨이 철저 비치

ㅇ 작업자 내 금연자 적발 시 즉시 경고 조치(벌점/벌점부과 등) 및 2회 이상 적발 시 현장 퇴출 조치(하도급자, 작업자 교육 철저)

⑥ 신호수가 배치되어야 작업 반드시 철저 배치

ㅇ 인명사고와 직결되는 사항으로 신호수가 휴식 시 공사를 중단할 것

5. 신바람 나는 현장분위기 조성에 협력 및 노력 당부

① 공사/수행 중 상호 신뢰할 수 있도록 각 사가 노력하시길 바라며, 원리원칙과 기준으로 업무수행 바람.

② 공사 중 공사관계자간 상호 논란이 발생될 경우 원만히 해결될 수 있도록 서로 노력하여 주시길 당부드리며, 혹시 논란이 발생 시에도 과격한 언행을 삼가고, 반드시 회의 테이블에서 협의하고, 필요시 수요기관 담당자께서 참석한 자리에서 투명·공정하게 협의할 수 있도록 협조하여 주시기 바랍니다.

6. 앞서가는 행정으로 원활한 공사수행 협조 당부

① 현재 여건에서 앞서가는 행정처리가 필요한 부분을 연구/조사하여 앞서가는 행정, 후속 원만한 공사수행이 되도록 협조 바람

② 앞서가는 행정을 위하고, 소요행정 처리를 위한 작성 중인 문서 및 발송할 문서를 반드시 사전 협의, 매주 보고/제출 바람

- 문서 시행 전 소요 행정 처리 방침은 수시로 협의 요망

7. 기타 현장의 특수성을 반영하여 별도 사전 정리/협의, 확정

끝.

2000. ○○. ○○

발송자 : 공사감독관 또는 건설사업관리단장 ○○○ (인)

* 상기 내용을 건설현장에서 Up – Date 하여 활용하시기 바랍니다.

2 각종 행정서류 양식 협의·확정

♧『건설공사 사업관리방식 검토기준 및 업무수행 지침』에 따라 작성

[시행 2020. 12. 16.] [국토교통부고시 제2020-987호, 2020. 12. 16., 일부개정]

* 【별표 1~3】 및 【별지 1~60】참조

1) 관련법령을 기준으로 작성하되, 추가로 필요한 사항을 검토/정리

* 각종 회의록(수시, 주간, 월간회의록), 업무지시서, 관급자재 발주·공장 검수·납품일정 계획/집행현황, 수요기관 확보예산 및 집행현황 등

2) 공사 중 시공사/감리단 제출서류 정리/확정

○ 해당공사의 공종별 시방서/감리단 과업지시서에 명기된 제출하여야 하는 서류 목록을 정리하고, 소요 행정 이행 방법을 협의/확정

○ 제출해야 하는 서류목록을 정리 후 불필요한 부분 삭제, 추가로 필요한 부분 추가반영(반드시 회의록 작성, 삭제 사유, 추가 사유, 합의 내용 정리 필요), 각 단계별 제출서류 작성/제출 여부 점검

○ 제출서류에 대한 소요 행정 이행 방법을 협의/확정 필요

(예 : 품질시험은 현장실험실 시험, 공인 품질시험연구소 의뢰 품목 구분 및 시험 횟수, 시험 의뢰 시기 협의/정리)

○ 건설사업관리단에서 반드시 이행해야 하는 검측 대상목록, 검측시기, 방법 등 협의/확정, 중요부분 발주기관(공사관리기관) 입회여부 사전 협의/확정

3) 기타 현장 특수조건으로 반영된 내용 등을 체크리스트 작성, 수시 확인 필요

3 예산 배정내용과 집행계획 검토·협의

1) 차수별 예산 배정내용에 대해 소진 가능 여부를 확인함이 필요합니다.

ㅇ 금년도 배정 예산, 이월가능 예산 여부, 관급자재 조기 발주 가능 품목 여부, 선급금 지급/정산 시 년도말 소진 가능 여부 검토 필요

ㅇ 예산 집행계획서는 공사 진행에 따라 수시 변동이 발생하지만, 착공 초기 월별 예산 소진계획을 작성하고, 수시로 점검함이 필요

tip

* 수요기관의 예산 사고이월, 년도별 집행계획금액 미집행, 시공사/감리단의 기성대금 미지급/지연 등 예산 집행에 대한 문제가 빈번히 발생한다. 이를 사전 차단하기 위해 예산 배정내용 및 집행계획 검토·확인 필요

* \ 시공사/감리단 선급금 및 기성청구 계획(예 : 3개월 단위, 설/추석 기성 등) 각종 대관 수수료 집행계획, 관급자재 구매계약, 차수변경 등 현장 집행계획을 예산배정/집행계획과 사전 비교, 협의 등을 거쳐 사전에 정리함이 원활한 공사추진을 위해 반드시 필요

* 붙임 : 예산 집행내역 (예산 배정내용 및 집행계획 포함) 양식(예시) 1부.

2) (공사 중) 예산 검토, 수시 확인함이 필요합니다.

ㅇ 각종 설계변경 사항에 대해 예산범위 확인 및 자율조정항목 대상 여부, 예산 추가확보 여부, 차수별 4대 보험 및 안전관리비 등 정산항목의 정산금액 확인 등 사안이 발생 시마다 종합적인 예산집행 계획과 집행 내용을 체계적으로 정리함이 필요

ㅇ 관급자재 발주, 계약 이후 입찰 차액을 지속적으로 정리함이 필요

ㅇ 물가변동으로 E/S를 받은 대상이 설계변경이 발생한 경우 반드시 준공정산 시 정산함이 필요

* 한꺼번에 정산 시 상당 기간이 소요됨을 감안하여 반드시 설계변경 시마다 대상을 정리하고 하나하나씩 정산함이 필요

*붙임

수요기관 예산배정서 및 집행내역(예시)

(00 건립공사)

(단위 : 원)

예산	구분	배정예산 (배정기간)	당초	변경	변경사유	기성금액	E/S금액	집행금액	낙찰차액	잔액	비고
총 예산	총 배정예산	설계비									
		감리비									
		맞춤형 조달수수료									
		시설비									
		시설 부대비									
		기타									
도급	총차		1차 (　)								
			2차 (　)								
			3차 (　)								
	1차		1차 (　)								
			2차 (　)								
			3차 (　)								

예산	구분	배정예산 (배정기간)	당초	변경	변경사유	기성금액	E/S금액	집행금액	낙찰차액	잔액	비고
도급	2차	설계비	1차 ( )								
		감리비	2차 ( )								
		맞춤형 조달수수료	3차 ( )								
도급	3차	시설비	1차 ( )								
		시설 부대비	2차 ( )								
		기타	3차 ( )								
관급	총 배정예산										
관급 자재 품명			(발주금액)	(낙찰금액)							
기타 대관 수수료 등											
부대 공사비 등											

4 관급자재 리스트(LIST) 및 수급계획서 작성

1) 많은 건설인들이 관급자재를 발주하면 금방(1개월 내에) 행정처리가 완료되는 것으로 착각하는 분들이 정말 많았던 것 같습니다.

또한, 관급자재 발주에 있어 심도 있게 검토하지 않아 아쉬웠던 기억과 문제점을 해결하는 데 많은 애로를 겪은 경험이 기억에 남아있습니다.

그래서 반드시 관급자재 발주, 수급에 대한 면밀한 검토가 필요합니다.

2) 관급자재 발주 및 수급 시기 철저히 검토, 준수함이 필요합니다.

ㅇ 착공 초기 공사단계별로 발주 시기 및 제작/납품/설치기간을 검토하는 Master-Plan(관급자재별 LIST 포함)을 작성함이 필요

* 발주시기에 앞서 발주내용 검토, 발주서 작성에 상당 시간이 소요 됨을 감안하여 발주내용 검토 기간도 Master-Plan에 포함함이 필요
* 시공사의 발주요청서에 불필요한 공사(예: 비계설치공사 등)가 포함되지 않도록 검토함이 필요

ㅇ 관급자재 지정내용(우수제품, MAS 품목, 일반품목 등) 및 계약방법(지명, 2단계 경쟁, 일반경쟁 등) 예산배정 내용, 우수제품 인증기간 등을 종합적으로 검토함이 필요

3) 관급자재 목록을 하나하나 정리하여 발주(수급)계획과 수급(납품) 현황을 정말 상세하게 정리하여야 하며, 주간·월간공정회의 시 진행사항을 검토·확인함이 필요합니다.

ㅇ 관급자재 발주시기, 발주 후 입찰/계약까지 행정처리 소요기간을 사전 철저히 검토·확인함이 필요

ㅇ 관급자재 중 시공상세도를 추가로 작성, 검토·승인하여야 하는 품목이 대다수임을 감안하고, 시공상세도 미흡으로 향후 논란의 소지가 많이 발생함을 감안하여 발주 전 제작·시공방법 및 각종 사양(재질, 두께, 마감 방법, 색상 등)에 대해 상세하게 검토·협의함이 필요

ㅇ 해당 관급자재 발주, 공장제작, 공장검수, 납품(반입/시운전) 시기 등을 예정공정표와 비교·검토 후 소요 시기에 지연이 없도록 반드시 다소 여유 있는 발주 등 앞서가는 행정이 필요

4) 설계/발주 시 해당규정 변동 여부 등 적절·적법성 검토가 필요합니다.

ㅇ 설계당시와 공사 시행 시의 규정은 변경 소지가 있을 수 있음을 간과하여서는 아니 되며, 소급 적용되지 않는 규정이더라도, 추가로 예산 확보가 가능하면 현행법으로 설계변경하여 시행함이 장기적으로 건물 운영상 효율적임

5) 관급자재 발주 이후 낙찰차액 정리 및 사용계획을 검토함이 필요합니다.

ㅇ 설계변경 대상 순서에 맞게 활용하는 방안을 검토함이 필요

6) 관급자재 반입 및 보관에 대한 방안을 사전 검토, 확정함이 필요합니다.

ㅇ 관급자재 중 건물 내부로 반입되는 각종 장비류는 구조체와 연관성이 있어 반입에 대한 문제점 여부를 사전 검토함이 필요

① 완제품 반입 가능 여부 및 현장조립 여부 검토

② 반입 시 개구부/장비 반입구 규격 부족 여부
- 필요시 개구부 구조체/출입문 규격 사전 확대 조치

③ 반입경로 확인 시 문제점 여부 검토
- 공정순서 조정 필요성 검토
- 기계실/발전기실 등 진입 시 계단을 통해 반입 시 각종 장비류는 중량임을 감안하여, 원활한 반입을 위해 반입용 삼발이를 설치할 수 있는 훅크(HOOK)를 구조체(보)에 사전 설치 등

④ E/V(엘리베이터) 등 준공 전 사전 사용이 필요한 장비 등은 인정서 획득 등 소요 행정절차 검토, 사용 시기를 고려하여 예정공정표와 비교/검토 후 공정순서 조정 여부 검토

7) 관급자재 중 '우수제품 관급자재' 경우 우수제품 인증기간을 사전 검토 하고 이에 대한 소요 행정과 추진 방법을 사전 검토·협의하여야 합니다.

ㅇ 우수제품의 인증 기간이 만료된 우수제품을 계약하여서는 아니 되며, 재선정하여야 하는 것이 기준임

ㅇ 예산배정 내용(미발주 시 예산불용 여부), 공정상 해당 관급자재 투입 시점, 제작/반입 일정 등을 종합적으로 검토 후 재선정 등의 행정처리 방법을 결정하여야 함

ㅇ 인증기간 만료된 우수 관급자재는 관련법령에 따라 재심의를 통해 별도 선정할 수 있음

ㅇ 재선정 시 설계서와의 연관성(기능 확보성, 연관부분 재설계 필요성 등)을 심도있게 검토하여야 함

ㅇ 또한, 현장 공사진행 사항과 무관하게 우수제품 인증 만료기간에 맞추어 해당 관급을 상당기간 조기에 발주 시에는 설계변경으로 인한 변동에 대처가 곤란하여 논란의 소지가 발생할 수 있고, 또한, 조기 발주로 공장제작 완료 후 현장 소요 시점까지 보관 등의 경제적 부담 주체와 제품 하자발생 시 책임 문제 등에 대해 논란이 발생할 수 있음을 결코 간과하여서는 아니 됨

ㅇ 그래서, 착공 초기에 우수제품 관급자재는 인정기간을 검토하여야 하며, 우수제품 업체와 상기 내용에 대해 충분한 협의 후 합리적인 방안을 강구하여야 함

8) 상기 내용을 선 검토 후 우선적으로 '파일, 철근, 레미콘 등' 착공 초기에 투입되는 자재부터 발주 및 수급 계획을 수립하여야 합니다.

9) 해당 관급자재 반입/보관 방법에 대해 선 검토하여야 하며, 반입/보관을 계획하는 장소가 공사추진에 지장과 도난 등의 우려가 없는지? 여부를 검토함이 필요합니다.

※ 관련 참고 법령

▣ 관련규정:「조달청 시설공사 맞춤형서비스 관급자재 선정운영기준」

▣ 관급자재 선정기준

제13조(관급자재 대상품목 선정) ① 심의회는 제9조부터 제12조에 따라 제출된 심의안, 검토서 등과 공사품질, 유지관리 등을 검토하여 해당공사의 관급자재 대상품목을 선정한다.

② 심의회는 제1항에 따라 선정된 관급자재 대상품목 중 제12조제1항에 따라 수요기관의 장이 제출한 설계반영품목을 다음 각 호 중에서 선정한다(배정비율 산정 기준일 전일까지 등록 완료된 제품에 한함)

1. 수요기관 요청 제품

2. 우수제품(내부정보화시스템(EDI)의 우수제품 선정현황에 규격서가 등록된 제품)

3. 혁신제품(혁신장터에 등록된 제품)

4. 벤처나라제품(벤처나라에 등록된 제품)

* 관급자재 선정기준

- 관급자재로 선정하는 것이 효율적이라고 판단하여 수요기관이 요청하는 품목 또는 심의회에서 결정된 품목
- 직접구매 대상품목으로서 추정가격이 4천만원 이상인 품목
- 우수제품 이외의 일반품목(시멘트, 철근 등)으로서 추정가격이 3천만원 이상에 해당하여 관급자재로 분리하는 것이 효율적인 품목
- 우수제품 중 「중소기업제품 구매촉진 및 판로지원에 관한 법률 시행령」제11조

* 「중소기업제품 구매촉진 및 판로지원에 관한 법률 시행령」제11조

제11조(공사용 자재의 직접구매 증대 등) ① 법 제12조제3항 본문에서 "대통령령으로 정하는 규모 이상의 공사"란 「건설산업기본법 시행령」 별표 1에 따른 종합공사를 시공하는 업종에 해당하는 공사인 경우에는 공사 추정가격이 40억원 이상인 공사를 말하고, 같은 법 시행령 별표1 에 따른 전문공사를 시공하는 업종에 해당하는 공사, 「전기공사업법」에 따른 전기 공사, 「정보통신공사업법」에 따른 정보통신공사 또는 「소방 시설공사업법」에 따른 소방시설공사 등인 경우에는 공사 추정가격이 3억원 이상인 공사를 말한다. 〈개정 2017. 9. 19., 2020. 2. 18.〉

② 공공기관의 장이 제1항에 따른 공사를 발주하는 경우 법 제12조 제 2항에 따라 중소벤처기업부장관이 선정하여 고시한 품목(이하 "직접 구매 대상 품목"이라 한다)의 구매는 다음 각 호의 구분에 따른다. 〈개정 2017. 9. 19., 2020. 2. 18.〉

1. 다음 각 목의 어느 하나에 해당하는 경우: 직접구매 대상품목을 해당 공사의 관급자재(官給資材)로 설계에 반영하여 직접 구매하 여야 한다. 다만, 가목에 해당하는 경우로서 직접구매 대상품목을 구성하는 세부 품목의 추정가격이 5백만원 미만인 경우에는 해당 세부품목에 한정 하여 직접구매를 하지 않을 수 있다.

   가. 직접구매 대상품목(나목에 해당하는 품목은 제외한다)의 추정 가격이 4천만원 이상인 경우

   나. 다음의 어느 하나에 해당하는 직접구매 대상품목으로서 추정 가격이 1천만원 이상인 경우

      1) 국민의 재산과 신체의 안전, 에너지이용의 합리화, 기술개발 촉진 및 환경보전 등과 관련된 법령에 따라 우선구매를 하여야 하는 품목

      2) 특별한 성능·규격·표시 등이 필요하다고 판단되어 중소벤처 기업부장관이 관계 중앙행정기관의 장과 협의하여 지정한 품목

2. 제1호 각 목의 어느 하나에 해당하지 아니하는 경우: 직접구매 대상 품목을 직접 구매할 수 있다.

③ 공공기관의 장은 법 제12조제3항 단서에 따라 직접구매를 이행할 수 없는 사유가 있는 경우에는 입찰공고 시 그 사유를 공표하여야 한다.

④ 제1항부터 제3항까지에서 규정한 사항 외에 공사용 자재의 직접구매에 관하여 필요한 세부사항은 중소벤처기업부장관이 정하여 고시한다. 〈신설 2017. 9. 19.〉

▣ 관급자재 발주계획서 검토

▷ 관련근거 : 관급자재 운영기준 제16조(관급자재 선정 후 업무절차 등)

▷ 관급자재 심의결과 확인, 특정업체 우수제품 지정기간 확인, 예정공정표 확인 및 발주계획서 확인

▣ 관급자재 및 장비 공장검수 실시 및 검수보고서 작성 및 주요자재(관급) 검사 및 수불부 작성

▷ 관련근거 : 건설공사 사업관리방식 검토기준 및 업무수행지침 제87조(사용자재의 적정성 검토) 및 제88조 (사용자재의 검수·관리)

붙임1)

관급자재(특수설비/장비 포함) 수급계획 및 수급현황서 (11월 현재)

(00 건립공사)

품명	계약 방법	지정 업체명	협의 및 검토	발주서 작성	구매요청 (시공사, CM, → 수요기관)	발주 및 계약	자재, 시공도면 승인	제작기간	공장검수	자재/장비 납품 및 설치	시운전	비고
CCTV (보안용 카메라)	지역 입찰			작성중	금주 발주	조달청 계약 (총액:40일)	기 승인	40일 소요		'21.01.30 ~ '21.03.30	'21.04.30	관급
	우수 업체 지정	㈜ ○○산업	설계변경 사항으로 발주서 검토 중	4월 예정	'21.3.20 예정	소속기관 검토 (30일)	'21.06 예정	3개월 소요				"
	일반 경쟁					조달청 계약 (총액:40일)						"
	MAS		완료	완료	완료	조달청 계약 (MAS:10일)	기 승인 ('21.6.13)		'21.11.30			"
	온실 설비											특수 설비
	수입 장비											특수 설비

5 중요 인허가 사항 사전 검토·정리

1) 간헐적으로 예산상의 문제 등으로 건축인허가 설계도서와 착공 당시 설계도서가 서로 다른 부분이 있을 수 있어 일치 여부를 확인하고 불일치 시 건축 인허가 변경 절차를 이행하여야 합니다.

2) 공사지침 변경(설계변경) 시 해당 인허가 사항과 부합 여부를 반드시 검토하여야 합니다.

3) 인허가 시 이행조건을 공사관계자 모두에게 공지하여야 하여 이를 준수토록 수시 관리하여야 합니다.

4) 현장 내 토석채취, 임목벌채를 임의로 시행하지 않도록 관리하여야 하며, 비산먼지, 소음, 진동 저감 대책을 철저히 수립·이행하여야 합니다.

5) 매장문화재가 발견된 경우 신고 및 조사 등 문화재 발굴 조치가 완료되기 전 공사이행을 철저히 중단하여야 합니다.

6) 인허가 사항 중 설계변경으로 인허가 사항과 달리 공사를 시행할 경우 행정처리를 사전 조사·협의 후 정리함이 필요합니다.

* 설계변경으로 건축면적 증가 범위 내(10% 이내 연면적 변경 등)의 경우 인허가 승인사항이 아닌 신고로 대체 가능하나, 해당 인허가기관과 협의 필요

▣ 건축물의 착공신고

▷ 관련규정 : 건축법 제21조(착공신고 등)

▷ 건축법 제11조·제14조 또는 제20조제1항에 따라 허가를 받거나 신고를 한 건축물의 공사를 착수하려는 건축주는 국토교통부령으로 정하는 바에 따라 허가권자에게 공사계획을 신고하여야 한다.

▣ 가설건축물 축조신고 및 사용신고

▷ 관련근거 : 건축법 제20조(가설건축물)

▷ 도시·군계획시설 및 도시·군계획시설예정지에서 가설건축물을 건축하려는 자는 특별자치시장·특별자치도지사 또는 시장·군수·구청장의 허가를 받아야 한다.

▣ 도로점용 허가

▷ 관련근거 : 도로법 제61조(도로의 점용허가)

▷ 건축행위로 인하여 도로를 점용하려는 자는 도로관리청의 허가를 받아야 한다.

▣ 토석채취허가 등 개발행위의 허가

▷ 관련근거 : 국토의 계획 및 이용에 관한 법률 제56조(개발행위의 허가)
산지관리법 제25조(토석채취허가 등)

▷ 개발행위 등을 하려는 자는 특별시장·광역시장·특별자치시장·특별 자치도지사·도지사·시장 또는 군수의 허가를 받아야 한다.

▣ 산지전용허가 및 신고(임목벌채, 건축행위)

▷ 관련근거 : 산지관리법 제14조(산지전용허가), 제15조(산지전용신고)

▷ 산지전용을 하려는 자는 산림청장, 시장·군수에게 허가/신고를 받아야 한다.

■ 지하수 개발·이용 허가·신고

▷ 관련근거 : 지하수법 제7조(지하수개발·이용의 허가), 제8조(지하수 개발·이용의 신고), 시행령 제13조(지하수 개발·이용의 신고)

▷ 지하수를 개발이용하려는 자는 시장, 군수(구청장)에게 허가/신고를 받아야 한다.

■ 폐기물배출자 신고(건설폐기물처리계획 신고)

▷ 관련근거 : 폐기물관리법 제17조(사업장폐기물배출자의 의무 등) ②항

▷ 사업장폐기물의 종류와 발생량 등을 환경부령으로 정하는 바에 따라 특별자치도지사, 시장·군수·구청장에게 신고하여야 한다.

▷ 올바로 시스템을 활용하여 배출현황을 관리하여야 한다.

■ 비산먼지발생사업장 신고

▷ 관련근거 : 대기환경보전법 제43조(비산먼지의 규제)

▷ 비산배출되는 먼지을 발생시키는 사업을 하려는 자는 환경부령으로 정하는 바에 따라 특별자치도지사, 시장·군수·구청장에게 신고하여야 함

▷ 비산먼지의 발생을 억제하기 위한 시설을 설치하거나 필요한 조치를 하여야 한다.

■ 특정공사 사전신고(소음/진동)

▷ 관련근거 : 소음진동관리법 제22조(특정공사의 사전신고 등)
소음진동관리법 시행규칙 제21조(특정공사의 사전신고 등)

▷ 생활소음진동이 발생하는 공사로서 연면적 1000m² 이상의 건축물은 바에 따라 득별

자치도지사, 시장·군수·구청장에게 신고하여야 한다.

▷ 공사로 발생하는 소음 진동을 줄이기 위한 저감대책 수립 시행할 것.

▣ 하천부지점용허가(토지)

▷ 관련근거 : 하천법 제33조(하천의 점용허가 등) 1항

▷ 하천의 토지의 점용 및 공작물의 신축개축변경시 하천관리청의 허가를 받아야 한다.

▣ 매장문화재 지표조사 실시

▷ 관련근거 : 매장문화재보호 및 조사에 관한 법률 제6조(매장문화재의 지표조사 등), 시행령 제4조(지표조사의 대상 사업 등)

▷ 사업면적 3만m^2 이상의 건축행위 시 지표조사 실시

▣ 교통영향평가

▷ 관련근거 : 도시교통정비 촉진법 제15조(교통영향평가의 실시대상 지역 및 사업), 도시교통정비 촉진법 시행령 제13조의2, 별표1

▷ 도시교통정비지역 또는 도시교통정비지역의 교통권역에서 다음 각 호의 사업을 하려는 자는 교통영향평가를 실시하여야 한다.

1. 도시의 개발
2. 산업입지와 산업단지의 조성
3. 에너지 개발
4. 항만의 건설
5. 도로의 건설
6. 철도(도시철도를 포함한다)의 건설
7. 공항의 건설
8. 관광단지의 개발

9. 특정지역의 개발
10. 체육시설의 설치
11. 「건축법」에 따른 건축물 중 대통령령으로 정하는 건축물의 건축, 대수선, 리모델링 및 용도변경
12. 그 밖에 교통에 영향을 미치는 사업으로서 대통령령으로 정하는 사업

▣ 교통영향평가 대상사업의 구체적인 종류, 범위 및 협의 요청시기

▷ 관련근거 : 도시교통정비 촉진법 제15조, 도시교통정비 촉진법 시행령 제13조의2, 별표1

▷ 도시교통정비 촉진법 시행령 별표1 교통영향평가 대상사업의 범위 및 교통영향평가서의 제출·심의 시기 참조

▣ 사전재해영향성평가

▷ 관련근거 : 자연재해대책법 제5조(재해영향평가등의 협의대상), 자연재해대책법 시행령(협의대상 및 협의방법 등) 제6조, 별표1

▷ 사전재해영향성 평가 대상

1. 국토·지역 계획 및 도시의 개발
2. 산업 및 유통 단지 조성
3. 에너지 개발
4. 교통시설의 건설
5. 하천의 이용 및 개발
6. 수자원 및 해양 개발
7. 산지 개발 및 골재 채취
8. 관광단지 개발 및 체육시설 조성
9. 그 밖에 자연재해에 영향을 미치는 계획 및 사업으로서 대통령령으로 정하는 계획 및 사업

6 각종 인증서 사전 검토·정리

1) 착공 초기 상기 '인증서 획득' 관련 사항은 반드시 사전 정리함이 필요합니다.

ㅇ 예비인증 획득내용과 설계도서가 상이한 경우가 간혹 발생하므로 일치 여부를 반드시 확인하여야 함

2) 각종 설계변경 시마다 해당사항과의 연계성을 검토함이 필요합니다.

ㅇ 설계변경 시 각종 인증서 해당 사항을 검토하지 않고 설계변경하여, 준공 시점에 각종 인증서 획득을 위해 불필요한 재시공, 책임 문제 논란 등 불필요한 행정처리가 수반되는 경우가 간헐적으로 발생 됨을 잊지 말아야 함

3) 원활한 본인증 취득을 위해 컨설팅업체를 선정할 경우 공사 초기단계부터 선정하는 것이 절대적으로 유리합니다.

4) 각 인증별 평가기준을 확인하고 시공 단계별로 본인증 신청 시 제출할 자료(시험 성적서 및 자재구매 자료 등)를 정리하여야 합니다.

5) 계약내용에 본인증 취득 대행이 포함되어 있을 경우 준공 일정을 고려 하여 본인증 신청시기 등을 발주청과 협의하여 처리하여야 합니다.

- 본인증 취득은 공사완료 또는 사용승인 후 신청하며, 신청 접수일로부터 2개월 정도의 처리기한이 소요되므로 향후 준공처리에 분쟁이 없도록 조치하여야 함

■ 녹색건축인증

▷ 제도개요 : 설계와 시공, 유지관리 등 전 과정에 걸쳐 에너지 절약 및 환경오염 저감에 기여한 건축물에 대한 친환경 건축물 인증을 부여하는 제도

▷ 관련근거 : 녹색건축물 조성 지원법 제16조(녹색건축의 인증), 각 지자체 조례(녹색건축물 조성 지원 조례)

▷ 인증기관 : 한국토지주택공사연구원, 한국감정원, 한국생산성본부, 크레비즈인증원, 한국시설안전공단, 한국환경공단, 한국토지주택공사, 한국환경산업기술원, 한국에너지기술원, 한국환경건축연구원, 한국그린빌딩협의회

▷ 연면적의 합계가 3,000㎡ 이상인 공공건축물은 우수(그린2)등급 이상을 취득하여야 하나 지자체별로 등급기준이 상이하므로 관련 조례를 반드시 확인하여야 한다. (서울시의 경우 그린 1등급 이상)

▷ 녹색건축인증 기준 해설서(한국환경산업기술원)를 참조하여, 평가 방법 및 제출서류 등을 확인한 후 인증을 신청하여야 한다.

▷ 녹색건축인증의 평가항목은 토지이용에서부터 실내환경까지 광범위 하므로 설계변경 사항 발생 시 반드시 기존 점수 이상을 획득 가능 여부를 확인한 후 설계변경을 진행하여야 한다.

* 에너지절약계획서 취득점수, 신재생에너지 활용비율, 화장실의 손건조기, 친환경인증제품 등의 변경이 있을 경우 반드시 기존 획득 점수의 변경 여부를 확인하여야 한다.

■ 건축물 에너지효율 등급 인증

▷ 제도개요 : 에너지 절약적인 건축물에 등급을 부여하는 제도로 에너지성능 및 주거 환경의 질 등과 같은 건물의 가치를 인정하기 위한 제도

▷ 관련근거 : 녹색건축물 조성지원법 제17조(건축물에너지 효율등급 인증 및 제로에너지 건축물 인증)

▷ 인증기관 : 한국감정원, 한국건물에너지기술원, 한국건설기술연구원, 한국교육녹색환경연구원, 한국생산성본부인증원, 한국시설안전공단, 한국에너지기술연구원, 한국토지주택공사, 한국환경건축연구원

▷ 연면적의 합계가 3,000m² 이상인 건축물(동별 기준)은 1등급 이상을 취득하여야 한다.

▷ 한국에너지공단의 '건축물 에너지소요량 평가프로그램(ECO2-OD)'을 활용하여 설계 데이터를 입력하면 등급산정의 기준이 되는 1차 에너지 소요량을 확인할 수 있다.

▷ 입면 형태의 변경, 단열재·창호·고효율인증 기자재 등의 변경이 있을 경우 획득 점수의 변경여부를 반드시 확인하여야 한다.

▣ BF(장애물 없는 생활환경) 인증

▷ 제도 개요 : 어린이·노인·장애인·임산부뿐만 아니라 일시적 장애인 등이 개별시설물·지역을 접근·이용·이동함에 있어 불편을 느끼지 않도록 계획·설계·시공·관리 여부를 공신력 있는 기관이 평가하여 인증하는 제도

▷ 관련근거 : 장애인·노인·임산부 등의 편의증진 보장에 관한 법률 제10조의2, 장애물없는 생활환경 인증에 관한 규칙, 장애물 없는 생활환경 인증제도 시행지침

▷ 인증기관 : 한국장애인개발원

▷ 문화 및 집회시설, 병원, 학교, 도서관 등 장애인등 편의법 시행령 별표 2의2의 시설은 의무적으로 BF인증을 취득하여야 한다.

▷ 자체 평가서상의 평가 기준을 확인하고, 예비인증 시 받은 평가 점수를 획득할 수 있도록 시공에 반영하여야 한다.
  * 평가항목 중 한 항목이라도 최소 설치기준 미달 시 인증 취득 안 됨

▣ 초고속 정보통신 인증

▷ 제도개요 : 구내정보통신 설비의 고도화 촉진시키고 관련 서비스를 활성화하기 위해 일

정기준 이상의 구내정보통신 설비를 갖춘 건물에 대해 인증을 부여하는 제도

▷ 관련근거 : 초고속 정보통신건물인증 업무처리지침
(과학기술정보통신부)

▷ 인증기관 : 초고속 정보통신 인증심사센터(한국정보통신진흥협회)

▷ 공동주택 중 20세대 이상, 업무시설 중 연면적 3,300㎡이상 시설은 의무적으로 인증을 취득하여야 한다.

▷ 해당 등급 요건을 모두 충족하여야 인증을 취득할 수 있다.

▷ 본인증 시 현장에서 구내배선 성능시험을 실시하므로 사전에 설계 성능을 확보했는지 자체 시험을 통해 확인하여야 한다.

▣ 지능형 건축물 인증

▷ 제도개요 : 건물의 용도, 규모와 기능에 적합한 각종 시스템을 도입 하여 쾌적하고 안전하며 친환경적으로 지속가능한 공간을 제공할 수 있는 건물의 건설을 유지·촉진하기 위한 제도

▷ 관련근거 : 건축법 제65조의2(지능형 건축물의 인증)

▷ 인증기관 : 한국감정원, 한국환경건축연구원, IBS KOREA

▷ 인증취득은 의무사항은 아니며 발주청의 지침으로 반영 가능하다.

▷ 인증받은 건축물은 조경설치 면적의 85%, 용적률 및 건축물 높이의 115% 범위에서 완화 적용할 수 있다.

▣ 임시소방시설 관련

▷ 관련근거 : 화재예방, 소방시설 설치·유지 및 안전관리에 관한 법률 제10조2(특정소방

대상물의 공사현장에 설치하는 임시소방시설의 유지·관리 등), 제9조의2(소방시설의 내진설계기준), 제49조(벌칙), 제50조 (벌칙), 동법 시행령 제5조 (특정소방시설물), 별표 2, 시행령 제15조 (특정 소방대상물의 규모 등에 따라 갖추어야 하는 소방시설), 별표 5

▷ 법 제9조의2(소방시설의 내진설계기준) 「지진、화산재해대책법」 제14조 제1항 각 호의 시설 중 대통령령으로 정하는 특정소방대상물에 대통령령 으로 정하는 소방시설을 설치하려는 자는 지진이 발생할 경우 소방시설이 정상적으로 작동될 수 있도록 소방청장이 정하는 내진 설계 기준에 맞게 소방시설을 설치하여야 한다. 〈개정 2014. 11. 19., 2015. 7. 24., 2017. 7. 26.〉 [본조신설 2011. 8. 4.]

* 특정소방대상물: 시행령 제5조 및 별표2

▷ 임시소방시설을 설치하여야 하는 공사의 종류와 규모

▣ 화재예방, 소방시설 설치·유지 및 안전관리에 관한 법률 시행령
[별표 5의2] 〈개정 2018. 6. 26.〉

▷ 시행령 제15조의5(임시소방시설의 종류 및 설치기준 등)

법 제10조의2제1항에서 "인화성(引火性) 물품을 취급하는 작업 등 대통령령으로 정하는 작업"이란 다음 각 호의 어느 하나에 해당하는 작업을 말한다. 〈개정 2017. 7. 26., 2018. 6. 26.〉

1. 인화성·가연성·폭발성 물질을 취급하거나 가연성 가스를 발생 시키는 작업

2. 용접·용단 등 불꽃을 발생시키거나 화기(火氣)를 취급하는 작업

3. 전열기구, 가열전선 등 열을 발생시키는 기구를 취급하는 작업

4. 소방청장이 정하여 고시하는 폭발성 부유분진을 발생시킬 수 있는 작업

5. 그 밖에 제1호부터 제4호까지와 비슷한 작업으로 소방청장이 정하여 고시하는 작업

② 법 제10조의2제1항에 따라 공사 현장에 설치하여야 하는 설치 및 철거가 쉬운 화재대비시설(이하 "임시소방시설"이라 한다)의 종류와 임시소방 시설을 설치하여야 하는 공사의 종류 및 규모는 별표 5의2 제1호 및 제2호와 같다.

③ 법 제10조의2제2항에 따른 임시소방시설과 기능과 성능이 유사한 소방시설은 별표 5의2 제3호와 같다.

[별표5의 2] 임시소방시설의 종류와 설치기준 등(제15조의5제2항·제3항 관련)

1. 임시소방시설의 종류
   가. 소화기

   나. 간이소화장치 : 물을 방사(放射)하여 화재를 진화할 수 있는 장치로서 소방청장이 정하는 성능을 갖추고 있을 것

   다. 비상경보장치 : 화재가 발생한 경우 주변에 있는 작업자에게 화재 사실을 알릴 수 있는 장치로서 소방청장이 정하는 성능을 갖추고 있을 것

   라. 간이피난유도선 : 화재가 발생한 경우 피난구 방향을 안내할 수 있는 장치로서 소방청장이 정하는 성능을 갖추고 있을 것

2. 임시소방시설을 설치하여야 하는 공사의 종류와 규모
   가. 소화기 : 제12조제1항에 따라 건축허가등을 할 때 소방본부장 또는 소방서장의 동의를 받아야 하는 특정소방대상물의 건축、대수선、용도변경 또는 설치 등을 위한 공사 중 제15조의5제1항 각 호에 따른 작업을 하는 현장(이하 "작업현장"이라 한다)에 설치한다.

   나. 간이소화장치 : 다음의 어느 하나에 해당하는 공사의 작업현장에 설치한다.

      1) 연면적 3천m^2 이상
      2) 지하층, 무창층 또는 4층 이상의 층. 이 경우 해당 층의 바닥면적이 600m^2 이상인 경우만 해당한다.

다. 비상경보장치 : 다음의 어느 하나에 해당하는 공사의 작업현장에 설치한다.

1) 연면적 400m² 이상
2) 지하층 또는 무창층. 이 경우 해당 층의 바닥면적이 150m² 이상인 경우만 해당한다.

라. 간이피난유도선 : 바닥면적이 150m² 이상인 지하층 또는 무창층의 작업현장에 설치한다.

3. 임시소방시설과 기능 및 성능이 유사한 소방시설로서 임시소방시설을 설치한 것으로 보는 소방시설

가. 간이소화장치를 설치한 것으로 보는 소방시설 : 옥내소화전 또는 소방청장이 정하여 고시하는 기준에 맞는 소화기

나. 비상경보장치를 설치한 것으로 보는 소방시설 : 비상방송설비 또는 자동화재탐지설비

다. 간이피난유도선을 설치한 것으로 보는 소방시설: 피난유도선, 피난구유도등, 통로유도등 또는 비상조명등

• 임시소방시설이 누락되었을 경우 설계변경 조치하여야 하며, '임시 소방시설물의 설치·유지관리 주체와 준공 후 잔존가치 처리방안'에 대해 발주청, CM단, 시공사가 미리 협의하여 향후 분쟁이 없도록 조치하여야 합니다.

• 임시소방시설의 사용은 누구나 가능하며, 공종과 상관없이 유지관리에 적극 협조하고 건설사업관리단에서는 상시 점검을 통해 미비점을 보완할 수 있도록 하여야 합니다.

7 건설인 우리 모두는 이것을 기억하셔야 합니다

1) 각종 외산 실험실 장비 등 중요 장비로 인해 현장에서 기능 확보 여부 논란 문제, 제작 착오, 발주 지연, 대금지급 방안 등으로 많은 문제점이 발생하고 또 감사에서도 많은 지적이 따를 수 있음을 반드시 기억함이 필요합니다.

ㅇ 절대 이권 개입이 있어서 아니되고, 기능 및 내구성 확보, 예산 절감 등의 방안으로 추진하여야 하며, 반드시 권한과 책임을 분명히 구분하고, 투명·공정한 구매방식과 철저한 기술검토가 필요

2) 각종 외산 실험실 장비 등 중요 장비에 대해서는 설계자, 시공사, 감리자는 잘 모른다는 가정하에 외산 장비를 실제 운영 중인(운영한) 수요기관의 담당자가 직접 설계에 참여하고, 발주 및 시공상세도 승인 등 반드시 전반적인 업무를 총괄하여 관리함이 필요합니다.

ㅇ 설계시 설계자도 수요기관의 담당자 또는 외산장비 취급업체를 통해서 설계하지만, 설계범위는 극히 제한적인 것이 현실임

ㅇ 외산 각종 실험장비 등의 성공적인 완수를 위해서는 반드시 수요기관 담당자에게 정기적으로 그리고 수시로 관리토록 업무를 배정함이 필요

ㅇ 수요기관 담당자의 업무 과중으로 각종 외산 실험실 장비 구매/설치 업무에 결코 소홀함이 있어서는 아니 됨을 정말 강조하고 싶음

2) 외산 장비 등 중요장비 구매에 있어 참고사항을 몇 가지 정리하였습니다.

① 제품 장비 사양 및 구입처 선택 시 다수의 장비를 비교검토(장단점을 검토)하고, 그 결과를 반드시 내부 결재 득한 후 선정함이 필요

② 발주에 앞서 반드시 시공상세도면을 작성/제출하게 하고, 철저한 검토/협의는 물론 수요기관 담당자(기관장)의 승인 절차를 반드시 거쳐야 함

③ 제작 소요기간, 검수방법*, 대금 지급방법** 현장 납품시기, 시운전 등 일련의 과정에 대해 Master- Plan을 수립하여야 함

ㅇ 국내 장비의 공장검수 및 외산제품 현지 검수방법, 검수자 명단 등 사전 검토 필요

○ 선급금, 기성대금, 납품(완성)대금 지급방안 사전 협의 필요
- 외산 장비는 고가로 신용장 개설 등 상당 비용이 소요되어 납품업체에서 부담하는 것은 불가하며, 구매대금 횡령 등의 방지를 위한 안전장치를 마련 후 시행함이 필요 (안전장치 별첨 참고)

○ 외산 장비(시스템)를 계약시 한화 및 현지화(달러, 위안화)로 계약함이 필요하고, 환율 변동 추세를 검토하여 고정환율 또는 변동환율 적용 여부를 결정한 후 계약하여야 함

○ 외산장비(시스템) 중 국내 자재로 대처가 필요한 품목을 철저히 조사, 검토/협의하여 소요 예산을 절감하는 방안으로 발주하여야 함

○ 현장에서 설치.조립하는 장비(시스템)는 계약내용에 현장 설치기준 적합 여부를 확인하고 기술관리할 기술자 현지 출장 비용을 반영하여야 하며, 현지 출장비용은 계약금액 범위 내에서 하루당 정산하는 것으로 계약하여야 함

○ 시운전 결과 기능 확보가 불가 시 이에 대한 처리방안을 계약서에 반드시 포함시켜야 하며, 기능 확보는 장비(시스템)에서 책임지고 완료하는 것으로 계약서에 명시하여야 함

* 기능 확보의 범위로 인해 논란의 소지가 발생할 수 있어 기능 확보 범위를 결정할 때 일방적인 추정치보다 충분한 검토/협의를 거쳐 가능한 기능을 선정하는 등 문제가 없는 방안으로 검토되어야 함

○ 준공 이후 원활한 유지관리를 위해 소모품, A/S용 자재는 계약내역에 포함하여 계약함이 필요하고, 유지관리지침서를 별도로 상세하게 작성하여 제출하게 하고, 철저히 검토하여야 함

○ 원도급사에서 정기예금으로 몇 개월간 국내은행에 예치한 금액에 대한 이자는 정산 시 반드시 환수하여야 함

* 발주계획 검토 및 시공상세도 검토, 제작, 검수 등 현장 반입까지 상당기간 (최소 6개월 이상) 소요됨을 결코 잊지 말아야 함

□ 참고《외산 장비 구매 시 실질적으로 검토한 내용 (예시)》

계약내역에 P/S로 반영된 '수입물품/시스템'구매 절차 검토서
(00은행 지점장 000(010-0000-0000, 032-000-0000, 면담/협의 결과)
1. "00연구시설" 원도급사와 하도급사(국내 A업체)간에 하도급계약

2. 수입상(국내 A업체)과 수출상(B국의 해외업체) 계약
- 수출상 : 환어음 발행인, 지급인 : 환어음 수취인

3. 원도급사의 정기예금통장 개설 및 담보 ⇒ LC개설(국내 A업체 명의)
- LC개설비용은 국내 A업체(약 100,000,000원)에서 시행

4. 우리은행 신용장 개설, 선급급 지급(농진청), 근질권설정 발급
- 권질권설정은 은행에서 담보, 수입물품외에 유용금지, 공장제작/검수, 현장반입까지, 현장반입 확인 후 해제

5. 우리은행에서 B국의 매입은행으로 신용장 개설내용 통지

6. 매입은행에서 수출상(B국의 해외업체)에게 신용장 개설내용 통지

7. 물품제작/검수, 선적(선적 전 B국 현지 출장하여 검수)

8. 선적과 동시에 수출상(B국의 해외업체) 매입은행에 통지
- 매입은행에서 B국의 해외업체에게 수출대금 지급

9. 매입은행에서 우리은행으로 선적내용 통지

10. 우리은행 수입상(국내 A업체)으로 선적내용 통지

11. 우리은행에서 상환은행으로 대금 지급

12. B국 매입은행에서 한국 상환은행으로 지급 요청
* 상환은행은 국내 A업체에서 발행한 환어음(약속어음)을 매입은행과 교환
* 붙임 : PS관련 LC(신용장) 개설 검토서 1부.

P.S관련 업무처리 절차 협의LC(신용장) 검토서			
현 장 명	○○건설사업		
내 용	P.S (수입물품) LC(신용장) 개설 등 대금 지급 방법 검토/협의	회의일시	2000년 ○월 ○○일

1. LC(신용장) 흐름도

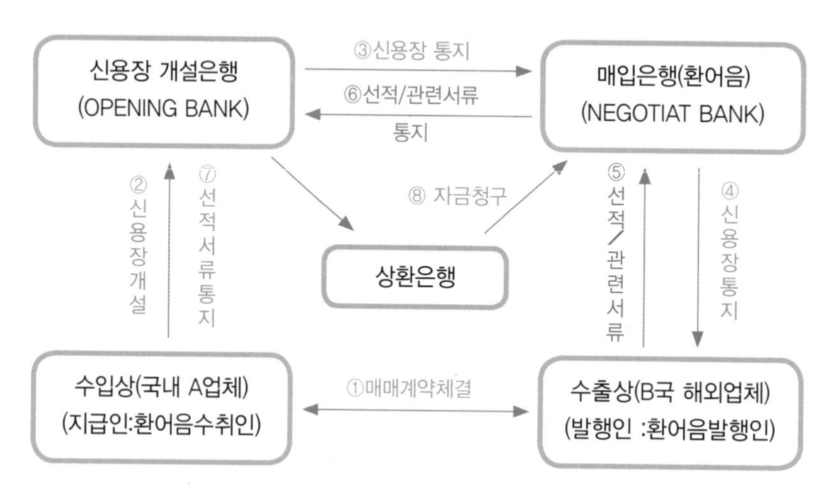

2. 외산 자재/장비 수입절차

매매계약(국내 A업체와 B국 해외업체 계약체결)

▼

신용장 개설(국내 A업체신용장 개설의뢰-신용장 통지 상환은행 or 매입은행 발송)

▼

신용장 도착통지(매입은행은 B국 해외업체에게 신용장 도착 통지)

▼

외산재 제작 완료 후(B국 해외업체 ⇨ 화물선적 및 관련서류 ⇨ 매입은행 ⇨ 개설은행 통보)

▼

어음인수(개설은행 ⇨ 내도한 선적서류 ⇨ 국내 A업체 통보)

선적서류 인도 후 거래 완료(내도한 선적서류 국내 A업체에 교부 ⇨ 확정일(결재일) 지정 ⇨ 지정한 일자에 결재 후 종료)

3. LC담보용 예금의 근질권 설정 방법

계약자(원도급자) 정기예금 가입 후 ⇨ 근질권설정계약 및 연대보증입보(정기예금 가입 금액 범위 내) ⇨ 제출서류(이사회 회의록, 정관사본, 사업자등록증사본, 법인인감증명서, 법인등기부등본, 명판, 인감도장, 대표이사 신분증, 주주명부, 신용조사 의뢰서 등)

4. 담보예금의 LC대금으로 이동 및 보증사항

계약자(원도급자) 정기예금(질권설정) ⇨ 수입업체(아산엔텍) 신용장 개설 ⇨ B국 해외업체 자재 선적하고 매입은행(일본) 서류 통보 ⇨ [정기예금 9개월] [240일]

우리은행 선적서류 확인 후 상환은행 통지 ⇨ 상환은행 서류 확인 후 외자비 지급 ⇨ 매입은행 ⇨ B국 해외 제조업체 ⇨ 국내 A업체 인수 의사 표시 후 ⇨ 선하증권(B/L) 수령 ⇨ 유산스(Usance) 발생 [30일]

국내 A업체(통관서류+자재검수서류) 제출 ⇨ 원도급자 기성청구(관세+부가세) ⇨ 수요기관 기성지급 ⇨ 원도급자 기성수불 및 국내 A업체 기성지급 ⇨ 국내 A업체 기성수불 후 ⇨ 보세창고 외산재 반출 ⇨ 외산재현장반입 ⇨ 외산재 반입 확인(발주기관, CM단, 원도급자) ⇨ 원도급자(우리은행 정기예금을 LC결재자금으로 사용하라고 승인하면 해지 후 결재) -- [유산스 이자 1개월 이내]

5. LC(신용장) 선수금에 보증(근질권 설정) 건

위 3항의 정기예금의 기간 설정 및 유산스 발생으로 외산재를 현장 반입한 상태에서 장비 확인 이후에 LC 비용의 결재가 가능하고, 수입사에서 직접적인 금액 전용은 불가능함

☞ 상기 내용에 따라 발주하고 하도급계약을 진행함에 합의함

⊙ 참고《설계시공일괄입찰(턴키)공사의 현장에서 시행한 내용 예시)》

P.S(Povisional Sum, 미확정 설계금액/잠정금액) 소요 행정

▨ 업무절차

◈ PS로 반영된 외산 장비(시스템)에 대해 "최종 설계도서(도면, 시방서, 내역서) 및 계약조건 등"은 발주기관에서 최종 확정하여 설계변경을 실시하여야 함

ㅇ 외산장비를 당초 설계에 반영하였으나, 원가계산이 불가하여 PS로 발주

- 수요기관에서 해당업체와 당초설계 금액 대비 협상(협의/조정)을 통해 금액을 확정하여 조달청에 설계변경 의뢰

- 확정된 설계(도면, 시방서, 내역) 내용에 따라 「국가를 당사자로 하는계약에관한법률 시행령 제73조(사후 원가검토조건부 계약)」에 따라 "국가공인 사후원가 검증기관"을 통해 사후정산 조건으로 설계변경을 실시

- 외산장비 가공/제작도면 승인 및 자재공장검수, 반입/설치검사, 시운전, 인수인계 등은 건설사업관리자의 업무이며, 외산자재의 특수성과 운영경험을 고려 해당장비 운영 수요기관 담당자와 공동으로 수행함이 필요.

◈ 공장검사 및 현장반입 검사/검수 등의 업무는 건설사업관리자 및 수요기관 담당자가 수행하여야 하며, 종합시운전 결과에 따라 인수인계도 전문업체/시공사/건설사업관리자/수요기관 합동으로 시행함이 필요하며, 단 정산조건 등 계약내용 이행 여부 확인을 위한 증빙서류를 접수하고, 검토·확인하여야 함

- 외산장비는 실질적으로 운영한 경험이 있거나, 앞으로 외산장비를 운영할 수요기관 담당자가 직접 전반적인 사항을 검토함이 필요

＊ 수요기관 담당자 외 시공사, 건설사업관리자는 잘 모르는 것이 현실임

업무수행 내용 설명

① 당초 설계에 반영된 외산자재에 대해 조달청 건축설비과*에서 정확한 원가계산(가격 확인)이 어려워 잠정금액(Provisional Sum)으로 발주 요구

⇒ 수요기관 동의 : PS로 발주, 사후정산 방안으로 확정

* 조달청 건축설비과 : 시설공사의 원가계산(입찰 전 예정가격 기초금액/조사금액 작성) 부서

② PS(Provisional Sum, 미확정 설계금액, 잠정금액) 부분의 구매방안에 대해 아래와 같이 검토하여 검토자료를 수요기관에 설명(문서 통보)

ㅇ 해당 수요기관 방문조사/협의한 결과 및 조달청 해외물자과와 협의한 결과

- 구매방안 검토내용 : "1안) : 조달청 해외물자과 구매의뢰, 2안) : 도급자 책임 으로 구매, 3안) : (관세 8% 절감을 위해) 수요기관 명의로 자체 구매"
- 상기 관련내용 검토 후 수요기관 자체 내부결재를 통해(추진 방향을 투명·공정하게 절차 이행과 승인을 득한 후) 추진함이 필요함을 권유

③ 조달사업에 관한 법률 시행규칙 제5조(수요물자 중 외국산제품 등의 구매 절차)에 따라 통상적으로 외산장비는 조달청 해외물자과과를 통해 발주 하나, 최종 수요기관으로부터 시험목적에 부합되는 장비 구매를 위해 경쟁 입찰이 아닌 설계변경 요청 문서(00제품 선정, 도면, 시방서, 내역서 등 확정 내용)를 접수 후 설계변경/계약금액조정(변경계약)을 추진

④ (상기 수요기관 발주지침/설계변경 요청 문서를 근거로) 수입자재/장비 가격을 분석하여 설계변경 한다는 것은 현실적으로 단가 계상 등 기술 검토가 불가(최초 발주 시 조달청 건축설비과 의견과 동일)

⑤ 외산 자재/장비의 특수성으로 인해 관련법령 및 조달청 해외물자과에 자문한 의견에 따라 「국가를 당사자로 하는 계약에 관한 법률 시행령 제73조(사후 원가검토조건부 계약)」에 따라 설계 변경 계약/계약금액 조정토록 업무를 추진

⑥ (상기 관련 법률에 따라) 계약의 이행(수입, 설치, 검수) 완료된 후에 관련 규정에 의거 국가공인 원가계산 검증기관에 의뢰키로 지침을 설정/계약상대자와 합의함

⑦ 국가예산을 줄이기 위해 PS품목 중 국산자재로 대체가 가능한 부분은 국산으로 대체토록 업무추진을 지시/계약상대자와 합의하였으며, 최종 설계변경 시 일부품목은 국내 자재/장비로 설계변경함이 필요하여 조치

⑧ 아울러, 막대한 국가예산이 투입됨에 따라 위험 부담(부도, 도주/횡령 등)을 차단하기 위해 해당은행 지점장까지 소환하여 신용장 개설 비용 지급 시 안전행정처리 여부 등 통상적인 방법이 아닌 최대한 안전한 방법(외산장비 현장반입 확인까지 대급지급 불가)으로 은행에서 업무 처리토록 조치

⑨ ○○ 수입업체의 자사 명의로 신용장 개설을 요구하였지만, 국내 금융 결재원 역할을 하는 '상환은행'을 통하여 외자대금을 지급하는 안전한 방법으로 지침을 결정하여 업무 추진토록 조치 및 계약상대자와 합의

⑨ 당시 환율변동 추세를 지속적으로 검토/분석/확인하여 '변동환율'로 계약을 체결토록 수요기관과 협의 후 기준을 설정하여 국가예산 낭비를 원천적으로 차단하는 방안을 선택

⑩ 참고로, PS 외산장비 선택과 설계/단가 조정 협의는 수요기관에서 시행 하고, 수입업체와 지속적으로 협의하여 장비 사양 규격 등 설계서 확정, 견적(단가) 조정/확정하영 하며, 수요기관에서 협의 과정에서 당초 설계 금액 대비 상당한 금액을 절감하는 방안으로 협상함이 필요

⑪ PS 외산장비 설계서 확정, 설계변경으로 인한 계약내용 변경 후 자재 반입, 검수 등의 과정에 대해 붙임 경위서와 같이 이행되었으며, 준공 시점에 당초 계약조건에 따라 국가 공인 사후원가검증기관에 원가계산을 의뢰하여 준공정산 처리함이 필요.

⑫ 외산 장비·시스템 등 특수설비는 제작도면 승인 및 공장검수, 현장 반입 검사, 종합시운전 등은 특수장비·시스템임을 감안하여 반드시 수요기관 해당업무 담당자의 승인을 받도록 건설사업관리자에게 업무 지시하고, 시행 여부를 수시로 확인하고, 종합 시운전 이후 최종 수요기관의 인수·인계서를 받아 준공 처리함이 필요

☆ 고가의 특수한 실험실 PS 외산 장비/시스템으로 설계변경을 추진하는 업무는 지극히 드문 사항이고, 법령, 규정, 지침 어디에도 나와 있지 않은 사안이었지만 상기와 같이 같이 검토, 수행하여 수요기관의 실험 목적에 부합되는 장비·시스템을 구축하기 위해 그 당시 최선의 방안을 선택하였다고 생각됩니다.

8 건설사업관리용역 착수서류 및 시공업체 대관 신고사항

1) 건설사업관리용역 착수서류 등

▣ 용역 착수계, 사업자등록증, 사용인감계 및 인감증명서, 법인등기부등본, 용역관련 등록증사본,

▣ 책임건설사업관리기술자 선임계, 건설사업관리단 조직표 및 사업관리자별 담당업무, 손해배상보증납부서, 감리원 배치표 및 건설사업관리 산출내역서, 건설사업관리 과업수행계획서, 보안각서

▣ 건설사업관리 절차서, 사업총괄공정표, 종합예산계획서, 공동계약이행계획서 및 공동수급표준협정서(공동도급일 경우), 계약서(계약서, 과업내용서, 용역 일반조건, 특수조건 포함), 참여기술자 경력확인서 및 재직증명원/지정신고서, PMIS 운영계획서(PMIS 계약반영 시) 등

tip

* 건설사업관리원 배치계획표는 현장여건/공종순서에 적합한 배치계획여부를 검토하여야 하며, 산출내역서 산정식(계상 오류가 간헐적으로 발견됨)의 적합 여부는 향후 물가변동, 설계변경의 기초(근거) 서류임을 감안하여 반드시 철저히 확인하여야 합니다.
  - (계약예규) 용역계약일반조건 제45조, 건설공사 사업관리방식 검토기준 및 업무수행지침(국토부고시, 제80조)

* PQ 대상용역의 경우에는 PQ심사 시 제출된 건설사업관리원이 배치되었는지 여부를 반드시 확인해야 하며, 착수 후 부득이 교체가 필요시에는 기술자격, 학·경력 등을 종합적으로 검토하고, PQ 용역심사 점수 기준에 부합되는 자로 교체하여야 합니다.

* 건설사업관리용역이 장기계속으로 발주된 경우 산출내역서 상의 각종 계상비율이 총차 내역서 및 각 차수별 내역서와 동일하여야 하며, 손해배상 증권의 경우 부가가치세가 포함되지 않도록 하여야 합니다.

2) 건설회사 착공계 제출 전 시공사 대관신고 사항 등

▣ 착공계는 건축허가 후/사업승인 후 관할청에 제출하며, 지자체별 요구 서류가 일부 상이하여 사전 협의함이 필요

▣ 대관신고 사항은 대부분 7일전에 신고하여도 되나, 유해위험방지 계획서는 1개월 정도 소요됨을 감안하여, 사전 철저한 준비가 필요

ㅇ 비산먼지 발생신고 (착공 7일전)

ㅇ 폐기물배출자 신고(베출 3일전)

ㅇ 특정공사 사전 신고(착공 7일전)

ㅇ 기타 현장의 오수처리 등 사항 등은 관할청의 여건을 조사/협의함이 필요

▣ 공사 착공서류

ㅇ 착공계, 예정공정표, 공사비 산출내역서, 현장기술자 지정 신고서, 품질보증계획서(또는 품질시험계획서), 공사도급계약서 사본, 착공 전 사진, 현장기술자 경력증명서 및 자격증 사본, 안전관리계획서, 노무 및 장비투입계획서 등으로 이루어짐

ㅇ 예정공정표는 물가변동의 기본(근거) 서류임을 감안하여 철저히 작성하고 착공계 문서와 별개로 예정공정표에 별도로 날인(대표이사 또는 현장대리인)하여야 하며, 총차와 차수별 구분해서 작성함이 필요

ㅇ 가설건축물 축조
- 관할 시·군·구에 신청하고, 관할동사무소에 면허세 납부 등의 절차가 있음을 감안 관할청에 문의 후 실시함이 필요
- 구비서류는 가설건물 축조신고서, 도면(위치도, 배치도, 지적도 등)
- 가설건축물이 건축허가도면에 표시되어 있는 경우 가설사무실 축조 신고 생략도 가능할 수 있으며, 가설건축물 존치기간 연장신고서를 제출함이 필요

알면
성공한다

Ⅳ 공사단계별 종합계획 수립을 위한 KEY-POINT

1. 착공 초기 ~ 토공사 기간 KEY – POINT
2. 토공사 기간 KEY – POINT
3. 토공사 기간 (토목공사) KEY – POINT
4. 구조체공사 기간 KEY – POINT
5. 조적공사 ~ 마감공사 기간 KEY – POINT
6. 설비·소방공사 KEY – POINT
7. 전기·통신공사 KEY – POINT
8. 건축 마감공사 KEY – POINT
9. 토목·조경공사 KEY – POINT
10. 마감공사 기간 중 준비 및 확인 사항

1 착공 초기 ~ 토공사 기간 KEY - POINT

tip

* 지금부터 '착공 초기 ~ 토공사 기간의 단계'에서 관리자들이 검토하고, 확인해야 하는 사항에 대해 정리하였습니다.

* 착공 초기부터 토공사 기간에 관리자들이 무엇을 검토해야 하는가? 라는 질문에 대한 저의 답변입니다.

ㅇ 각종 인프라시설 및 주변 현황조사

ㅇ 가설공사 LAY - OUT 협의 · 확정

ㅇ 우선 수급이 필요한 관급자재부터 발주계획 검토 · 발주

ㅇ 설계사무소의 '현장 설계설명회' 개최

ㅇ 사토장/토취장 위치 검토 · 선정

ㅇ 전문하도급 공사 '시공계획 설명회' 개최

ㅇ (착공단계) 설계도서 검토결과 소요 행정처리

ㅇ 공통 가설공사 참고사항

* 상기 내용을 참고하시어 하나하나 검토/정리하시면 준공 때까지 정말 쉽게 공사관리할 수 있다고 자신있게 말씀드릴 수 있으며, 시공단계의 첫 단추로 정말 중요한 사항임을 말씀드립니다.

1 각종 인프라 시설 및 주변 현황조사

▣ 착공 초기 주변 인프라시설 검토 없이 설계도면에 따라 건물을 배치계획을 수립하고, 심도있게 가설계획을 검토하지 않는 경향이 대부분으로 기억됩니다.

▣ '각종 인프라시설 경로' 및 '각종 지장물 현황' 조사 미흡으로 공사 중 중단 사례 등 어려운 난간에 봉착하는 사례가 빈번히 발생됨을 결코 간과하여서는 아니 되며, 반드시 철저한 검토가 필요합니다.

* 각종 인프라시설 : 가스, 수도, 전기, 통신, 배수로, 주변 경계담장 등

* * 각종 지장물 : 무덤, 전주, 농지, 민가, 배수로/농로, 폐기물 등

☆ 건설관리자 누군가가 검토만 하였어도 쉽게 해결할 수 있고, 원활한 추진이 가능한데 미처 검토하지 않을 시 난관에 봉착할 수 있는 사항 위주로 정리하였으니, 꼭 읽어보시고 검토·확인하시길 소망합니다.

1) 기존의 각종 인프라시설(지하매설물)* 경로 및 각종 지장물 현황**을 재조사/재확인, 현 설계내용과의 연계성/부합성 검토가 필요합니다.

▶ 기존 인프라시설 활용을 위한 인입경로 적정성 및 인프라시설 인입 예정 경로와 설계내용(단지 내 우·오수 배관/외부 연결 경로, 시상수, 전기, 통신, 가스관로 등의 인입 배관 경로)과의 적절성과 경제성, 각종 배관의 시공성/간섭성 여부 재검토 필요

① 각종 인프라시설 인입 경로가 단지 내 먼거리 시공으로 경제성이 떨어지고, 주변 경계담장으로 터파기 시 휴식각 확보 불가 등으로 OPEN-CUT공법이 아닌 별도 흙막이 시설이 추가로 필요할 경우 건물 배치 위치를 이동하는 것을 검토하여야 함

* 건물배치 이동은 신고사항이며, 인프라시설 인입 경로 변경에 대해 해당관청과 재협의 등을 꺼려하여서는 아니 됨

② 설계도서 검토결과 인프라시설 인입 경로와 단지 내 각종 관로가 겹치고, 구배 확보가 불

가능 시에는 1차적으로 매설깊이 조정, 2차 우회방안 강구 등을 검토함이 필요

* 단지 내 우.오수 배관의 구배 확보는 한번만 검토하면 해결 가능하며, 배관이 겹치는 부분도 우회 방안을 금방 해결할 수 있음

③ 관지 내 관로 터파기는 유지관리/보수 및 시공성을 고려하여 부분적으로 묶어서 터파기 공사를 단일화로 시공함이 공사기간 단축과 예산절감 효과에서 유리함

* 부지 전체 배치도를 가지고, 토목, 설비, 전기, 통신 등의 설계자가 각자 따로 설계하는 경향이 많아 서로 상충되는 설계도 많이 발견하고, 또한, 터파기 공사도 공종별로 이중으로 산정되어 있는 경향이 많아 터파기 단일화로 예산을 절감할 수 있는 사항도 많이 발견됨

④ 전기, 통신, 시상수, 가스관로가 건물 지하로 인입되는 경우 지하층 옹벽에 매립된 Sleeve를 타고 지하층으로 우수가 유입될 수 있음을 감안하여, 누수유입차단 Sleeve 시공 및 코킹부분 품질관리 방안에 대해 사전 검토가 필요

* 대규모 배관이 지하층 건물 내부로 유입 시 누수 차단과 코킹을 잘 시공하여도 세월이 지나면 지하층 내부로 토사와 함께 건물 내부로 유입할 수 있고, 이로 인해 지하 공동구/PIT층에 토사(모래)등이 유입 등 대형 하자가 발생할 수 할 있다. 토사 제거작업도 어렵지만 하자 방지대책은 외부 배관과 건물 내부 배관을 분리하는 방안이 최선임

⇒ 대규모 배관/관로가 지하층 건물 내부로 유입 시 건물 외벽 근처에 별도의 대형 맨홀(유입된 우수 배출용 배관 별도설치)을 설치함이 유지관리, 우수(흙 등) 유입방지에 절대적으로 유리

⑤ 단지 내 각종 배관공사와 조경공사, 울타리(담장)공사, CCTV, 가로등 공사와의 연계성도 검토함이 필요

* 유지관리 보수, 배관 포설이후 조경공사 시 파손 방지 등을 위해 반드시 검토 필요

▶ 부지 내 무덤, 전주, 농지, 민가, 배수로/농로, 폐기물 등 각종 지장물 처리는 공정관리에 절대적으로 영향을 미치며, 소요 행정 처리에 상당 기간이 소요됨을 감안하여, 조기에 심도 있는 검토가 필요

① 각종 지장물 소요 행정처리 규정과 소요시간을 검토하여 공사순서를 조정하여야 하며, 적법하게 처리하여야 함

* 각종 지장물은 설계당시, 부지 매입 시 조치하지만, 간헐적으로 미조치된 경우도 있어 관할관청, 주변 민가, 소유지와 충분한 협의를 통해 사전 양해를 구함이 필요

② 터파기 공사 중 발견되는 각종 지장물(기존건물 구조체 등 폐기물)이 발견되는 경우도 많아 지장물 처리 전 사전 실정보고 및 물량정산(계약내용 변경) 등 행정처리 방법을 사전에 반드시 협의 후 조치하여야 함

* 사전에 실정보고 없이 조치 후 설계변경으로 계약금액 증액 요구는 설계변경 대상으로 증액받을 수가 없다. 그리고, 불법적으로 매립하는 것 또한 더 큰 법적 책임 문제가 대두됨

③ 당 현장 공사로 인한 농지 배수로(농작물 급수) 차단 문제, 당 현장 토공사 기간 우수 시 흙탕물로 주변 농지 피해 발생 여부, 주변 농민 이동 경로 확보 가능 여부 등에 대해서도 검토하고, 민원이 발생하지 않도록 사전 충분한 협의가 필요함

* 만약 농지 배수로(농작물 급수)가 차단된다면 설계변경을 통해서라도 반드시 해결하여야 하며, 공사 중 임시 주변 농민(차량) 이동 경로를 안전사고에 문제가 없도록 배려하고, 조치하여야 함
* 주변 하천/농수로가 당 현장의 토사로 인해 적체되지 않도록, 또한, 현장의 토사 흙탕물이 주변 농가에 피해를 주지 않도록 침전지를 여러 군데 적절히 설치하는 방안을 검토하여야 하며, 현장 배수로 끝단에는 우수 정화용 '오탁방지설비'를 설치하여 흙탕물이 아닌 정화된 물이 현장 외부로 흘러나가지 않도록 조치함이 필요

▶ 집중 호우시 당 현장 지역 주변 하천의 최대 홍수위를 검토함이 필요

① 50년 주기 또는 100년 주기 등 설계 시에 최대 홍수위를 검토하여 설계에 반영하지만, 토공사 기간부터 홍수위 부족으로 당 현장으로 우수가 범람하지 않도록 사전 검토, 조치함이 필요

* 피해 발생 시 자연재해 여부에 대한 논란과 피해 금액이 상당 발생함을 감안하여, 사전 모래주머니 언덕 형성 또는 선 공사 시행 등으로 사전 예방함이 필요

② 설계 당시 검토한 최대 홍수위가 부족하여 주변 하천에서 부지내로 역류, 우수배관 역류로 건물 내부로 역류가 우려될 경우 설계서를 조정하는 설계변경을 반드시 검토함이 필요

* 하천 주변의 공사에서 부지/건물로 역류하는 현상으로 막대한 피해가 발생하는 사례가 빈번히 발

생함을 간과하여서는 아니됨

* 도급자가 검토한 결과를 가지고 설계변경을 요청한 실정보고한 사항에 대해 승인되지 않아 발생한 피해는 자연재해로 보상을 받을 수 있으나, 보고되지 않는 피해는 법적 분쟁이 발생할 소지가 많다.

▶ 산악지역에 접한 부지는 산불방지대책, 산불로 인한 현장 피해 방지대책, 폭우 시 배수로 막힘 예방 등에 대해 검토함이 필요

태풍 피해 전 산마루 측구(배수로)

태풍/폭우 시 토석 및 잡목 유입

○ 본공사 범위에 속하지 않는, 부지 외부에 산악지역에 설치된 산마루 측구의 막힘으로 부지 내부 피해 발생
- 태풍에 동반된 집중호우로 계곡부 급류 발생, 다량의 토석과 잡목 유입에 따라 배수로가 막혀 계곡수가 현장 내 우수 과다 유입, 일부 기시공분 토공사/보강토옹벽 유실, 일부 붕괴

⇒ 산악지역과 연계된 부지는 산불 예방대책과 집중호우 시 우수 유입 방지대책을 사전에 철저히 검토하여야 하며, 필요시 관할 산림청과 협의 후 조치함이 필요

* 산불피해 방지대책으로는 공사 작업 구간과 가설도로 등을 통해 원천적으로 분리함이 유리하며, 산불초소를 운영하면 가장 좋으며, 최소한 주변 산악지역을 정기적으로 돌아가면서 점검함이 필요

2) 공사 중 분진·소음·진동 등 민원발생 소지 여부 사전 검토가 필요합니다.

○ 공사 중 진동 등으로 주변 건물 피해가 우려되거나, 주변 건물/담장이 부실한 상태일 경우 사전 대책을 철저히 수립함이 필요
- 주변 건물 비디오 촬영(촬영일자를 알 수 있도록 신문의 날짜 촬영)
- 주변 건물 외벽에 크렉게이지 등 계측기를 설치 필요성 검토하여 향후 논란의 소지를 예방하도록 조치하여야 함

* '계측기 설치'의 설계내용이 미흡 시 추가설치 필요성을 검토/실정보고하고 설계변경을 통해 향후 민

원의 논란의 소지가 없도록 반드시 설치함이 필요

ㅇ 파일 항타공법, 발파공법 등 소음, 진동이 심히 우려되는 작업은 작업시간을 사전 검토/조정하고, 주변 주민들에게 작업시간 및 소음 정도를 사전 공지/협의, 이해를 구함이 필요

- 설계된 파일 항타공법의 적정성, 무진동 항타공법으로 변경 필요성검토 필요

* 설계자가 예산 부족으로 파일항타 공법을 당해 현장에 적정하지 않는 저가 공법을 선택하는 사례가 정말 많았다고 기억됨

- 발파공법은 소음/진동 축소를 위해 1개소 장약량 축소 및 간격 축소 조정 등을 통해 소음 축소방안을 검토함이 필요

ㅇ 가설울타리 중 주변 건물(민가, 상가 등) 방향의 구간별 방음벽 설치 여부 사전 검토 필요

- 울타리 전체를 완벽한 방음벽으로 시공하면 좋겠지만, 경제성을 고려 소음으로 인해 피해가 우려되는 부분은 반드시 방음벽으로 설치함이 필요 (시뮬레이션을 통해 부분적 방음벽으로 조정함이 필요)

* 소음이 우려되는 부분은 가설울타리 방음벽 외 이동식 방음벽을 적극 활용하여 소음을 축소화하는 방안으로 검토함이 필요

3) 정확한 경계측량 재실시가 필요합니다.

ㅇ 경계측량 실수는 시공 부위 철거 등 심각한 문제가 발생할 수 있어 반드시 공사대지 경계가 인접 대지를 침범 여부를 확인함이 필요

* 설계 당시 각종 지장물로 인해 구간별로 정밀 측량 불가로 측량 오류가 간헐적으로 발견됨을 간과하여서는 아니 됨

ㅇ 측량으로 인한 책임문제, 논란의 소지를 없애기 위해서는 측량기기 성능검사 규정에 의한 GPS 이용 1급 장비 활용하여 정밀한 측량 필요

ㅇ TBM(가수준점)을 준공까지 보존 가능한 곳에 2개소 이상 설치 필요

■ 확인측량

▷ 관련근거 : 건설공사 업무수행지침 제52조(공사착수단계 현장관리)

⑦ 착공 즉시 시공자로 하여금 다음 각 호의 사항과 같이 발주설계도면과 실제 현장의 이상 유무를 확인하기 위하여 확인 측량을 실시토록 하여야 한다.

⑧ 건설사업관리기술인은 현지 확인측량결과 설계내용과 현저히 상이할 때는 공사감독자에게 측량결과를 보고한 후 지시를 받아 실제 시공에 착수하게 하여야 하며, 그렇지 아니한 경우에는 원지반을 원상태로 보존하게 하여야 한다. 단, 중간점(IP) 등 중심선 측량 및 가수준점(TBM) 표고 확인측량을 제외하고 공사추진 상 필요시에는 시공구간의 확인, 측량야장 및 측량결과 도면만을 확인, 제출한 후 우선 시공하게 할 수 있다.

⑨ 건설사업관리기술인은 확인측량을 공동 확인 후에는 시공자에게 다음 각 호의 서류를 작성·제출토록 하고, 확인측량 도면의 표지에 측량을 실시한 현장대리인, 실시설계 용역회사의 책임자(입회한 경우), 책임건설사업관리기술인이 서명·날인하고 검토의견서를 첨부하여 공사감독자에게 보고하여야 한다. 단, 제8항 단서규정에 의할 경우는 다음의 제3호 및 제4호의 서류를 생략할 수 있다.

1. 건설사업관리기술인의 검토의견서
2. 확인측량 결과 도면 (종·횡단도, 평면도, 구조물도 등)
3. 산출내역서
4. 공사비 증감 대비표
5. 그 밖에 참고사항

⑩ 건축공사 현장의 건설사업관리기술인은 필요한 경우 「공간정보의 구축 및 관리 등에 관한 법률」에 따라 확인 측량된 대지 경계선내의 공사용 부지에 시공자로 하여금 전체동의 건축물을 배치하도록 하여 도로에 의한 사선제한, 대지경계선에 의한 높이제한, 인동간격에 의한 높이제한 등 건축물 배치와 관련된 규정에 적합한지 여부를 확인하고, 건축물 배치도면을 작성하게 하여 제9항에서 정한 서류와 함께 공사감독자에게 보고하여야 한다.

* 벤치마크(BM)의 위치에 대한 변화 여부를 수시 확인하여야 한다.

○ 측량기준점의 위치(좌표) 확인
- 설계도면과 실제 현장의 이상 유무 확인 측량을 반드시 실시함이 필요
- 기준점은 공사 시 유실 방지를 위하여 인조점을 설치하고, 인조점과 기준점과의 관계를 도면화하여 비치함이 필요

4) 현 설계내용의 일조권 검토가 필요합니다.

○ 공사 중 또는 준공 이후 주변 민가, 건물 등에 일조권 피해 여부를 검토·확인함이 필요

○ '온실' 등 일조권의 영향이 있는 건물은 반드시 확인함이 필요
* 일조권 침해 문제는 철거까지 검토해야 할 사항으로 심도 있는 검토·확인이 필요

5) 설계 지내력·기초공법 확인 및 주변 지내력·기초공법 비교·검토가 필요합니다.

○ 지내력 관련으로 기초공사 공법이 변경될 경우 상당기간 공사중지 및 상당 비용이 발생됨을 감안하여, 현재 설계내용과 현장주변 공사의 기초공법을 조기에 비교, 검토함이 필요

* 설계서와 주변 지내력/기초공법을 비교검토(공사 중 기초공법 변경여부, 기초공사 시 애로사항 등을 조사)하여 사전 공사추진/소요 행정 대책을 준비함이 원활한 공사추진에 반드시 필요

○ 가능한 시험터파기/시험항타를 조기에 실시하여 지하수 유무, 토질의 종류 등을 최대한 착공과 동시에 검토함이 필요

* 각종 인프라 시설이 주변 대지경계선 담장 측면으로 인입하도록 설계, 인프라시설 터파기 시 휴식각 확보 불가
⇒ OPEN-CUT 공법으로 시공 시 주변담장 붕괴 우려, 휴식각 확보를 위한 흙막이공사 추가 시 공사비 과다 소요, 터파기 휴식각(안전정) 확보를 위해 ☞ 건물 배치계획을 약 1M 이동

* 각종 지장물인 무덤, 전주, 농지, 민가, 배수로/농로, 폐기물 등이 현장에 존재(발견)
⇒ 시공사/건설사업관리단은 수요기관에 서면으로 관련 내용을 통보
⇒ 관련 사진 등 조사내용, 공사추진의 애로사항과 공사지연 불가피성 등을 정리하고 문서로 기록에 남겨 향후 공사기간 연장의 사유/원인행위 행정을 마련하여 후속 조치

⇒ 조치계획에 대해 법적 논란의 소지가 있을 수 있음을 감안하여 유관기관의 관련 규정, 서면 회신내용(문서)에 따라 조치

* 전기/통신/우·오수 배관 경로 중첩 및 부분적으로 구배 확보 불가
  ⇒ 각종 관로 인입경로(깊이 조정)으로 터파기 단일화 및 우·오수 배관 경로(규격) 조정 등을 통해 구배 확보 (중첩 터파기 공사 단일화로 예산 절감)

* 단지 내 건물 중 온실의 건물이 타 건물로 인해 일조량 미확보 (설계도서 사전 검토 부실)
  ⇒ 사전 건물 위치 이동방안 검토 및 일정구간 이동
  ⇒ 불가피하게 일조량 확보가 도저히 불가한 일부 구간에 반사경 및 조명기구 추가로 일조량 추가확보 방안 마련

* 현장의 특수한 여건으로 민원이 우려되거나, 공사추진에 걸림돌이 될 소지가 있는 부분은 사전에 철저히 검토하여야 하며, 수요기관, 건설사업관리단과 구두 협의가 아닌, 반드시 회의록 작성/문서처리 등 공사추진 방침을 결정하는 원인 행위를 실시함이 필요합니다.

문제점을 보고/협의한 사항에 대해 예산확보 애로 등으로 차선책 강구 및 문제가 발생 시 조치 절차/방법 등을 사전 협의함이 필요하며,

보고한 사항에 대해 문제가 발생 시 이에 대해 면책이 가능하나, 보고가 안 되고 임의적 판단으로 시행한 사항이 문제가 발생 시 이에 대한 책임은 시공사, 건설사업관리단에게도 있음을 기억하시기 바랍니다.

2 가설공사 LAY - OUT 협의·확정

1) 가설공사 운영계획은 공사기간 준수, 안전시공, 불필요한 공사비 투입 억제, 공사품질관리 등 공사 전반적인 사항과 막대한 연관성이 있습니다.

2) 공사 각 단계별로 가설공사 LAY - OUT을 수립함이 필요합니다.
(가설 출입 GATE, 가설도로, 조립·작업장, 자재하치장, 자재 보관소 등)

3) 가설공사 LAY - OUT 주요 검토사항

① 가설 출입 GATE

o 가능한 2개소 이상 설치하여 작업인부와 차량출입 동선을 분리함이 안전관리에 효과적이며, 최소한 토공사 단계만이라도 토사 운반용 출입구를 타 진입 차량, 작업자 출입구와 분리함이 작업 능률, 안전성, 현장관리 측면에서 절대적으로 유리

o 작업인부 출입구를 출입통제장치를 마련하여 이를 통해 출입 시간이 항시 기록(점검)되고, 안전모 착용도 통제할 수 있도록 경비실을 운영 함이 효과적

* 출입통제 장치는 안전관리는 물론, 작업자의 근무 기간으로 인한 인건비/공사비 관련 민원 억제 효과가 있음

② 가설도로

o 양방향 통행이 가능하고, 각종 차량(장비)들의 진출입이 용이하고, 자재 하차에 지장이 없어야 하며,

o 파일 항타 장비 및 콘크리트 타설 장비(펌프카, 레미콘 운반 차량) 안착 이후 작업이 용이하고, 각종 장비(하이드로크레인) 등을 가동 중 작업자가 안전하게 이동할 수 있고, 주변(산불 방지, 차량소음으로 민원 방지 등)에 피해가 없는 구간으로 검토/선정함이 필요

o 우기, 폭설 이후 단시간 내에 공사 재계가 가능토록 계획하고, 사전 조치함이 필요
- 우기, 폭설 이후 토질이 심한 점토질(벌층)으로 장기간 공사가 불가능할 경우, 공정순서 조정(보조기층 선시공)을 검토하여야 함
- 공정순서 조정이 불가피할 경우 설계변경을 통해서라도 연약지반 치환공사를 시행 후 공사를 추진함이 필요(계약상대자의 책임 없는 사유로 설계변경 대상임)

* 심한 점토질(벌층) 지반은 우기/폭설이후 작업차량, 장비 진입이 불가한 것이 사실이다. 소규모 구간이라면 시공사에서 별도 조치하겠지만, 대형공사의 경우 너무나 방대한 비용이 소요된다.

이를 두고, 수요기관과 건설사업관리단에서 무책임하게 시공사에서 알아서 조치하라고만 해서는 아니 되며, 중단없는 공사추진 대책을 심도 있게 다방면으로 검토하고, 적절한 설계 변경 조치를 하여야 한다. 설계변경의 불가피한 사유를 정리하고 설계변경 범위를 최소화 방안으로 검토하여 설계변경 조치함이 적법하고 타당하다.

③ 가설 작업장, 임시 자재 적치장, 토사적치장

ㅇ착공 초기 단계만 검토할 것이 아니라, 공사단계별(구조체 공사, 외부 마감공사, 내부 마감공사 단계 등)로 구분하여 종합적으로 계획하고, 운영함이 원활한 공사추진을 위해 절대적으로 필요

ㅇ가설작업장 운영에 있어 효과적인 방볍
- 철근 가공은 공장 가공하여 반입, 설치
- 보 거푸집 설치는 지상 선조립 후 양중하여 설치
- 철골 등은 지상에서 구간별로 블록화로 선 조립 후 양중 설치 등

ㅇ임시 자재 적치장은 공사단계별로 구분하여 계획, 운영함이 공정 관리(공기 단축)에 절대적으로 유리

ㅇ토사 적치장은 되메우기가 용이한 장소(터파기 주변)를 선정함이 효과적, 부득이할 경우 공정 진행에 차질이 없는 장소를 선정

ㅇ임시자재 적치장을 계획 없이 순간적으로 적치할 경우, 후속 공정의 공사추진에 많은 걸림돌로 공정관리에 치명적임

* 공정이 지연된 현장을 조사하면 현장 정리 미흡과 자재 적치장 확보/관리 미흡이 대부분임

ㅇ터파기 주변 토사적치장 배치 가능 여부 사전 철저 검토 필요
- 부지가 협소하고, 파일공사 등으로 터파기 주변에 토사 적치가 불가능한 여건이 흔히 발생

- 토사 적치장, 되메우기 토사 이동으로 인해 하도급업체가 추가 공사비를 요구하는 사례 빈번히 발생
- 가설계획(토사 적치장) 변경 구두 보고만으로 설계변경으로 인한 증액은 불가
- 토사 적치장을 외부 반출 후 반입할 여건 또는 현장부지 내 이동 이지만 이동거리가 멀 경우 사전 "현설계내용과 실질적으로 시행해야 하는 내용을 비교/정리하여 반드시 실정보고(시공사 → 건설사업관리단 → 수요기관)하여 공사지침(설계변경으로 인한 증액)을 확정 후 시행하여야 함

④ 가스 및 유류 저장고 등

○ 관련법규/규정에 적합한 시공계획 여부를 반드시 확인함이 필요
(안전사고 발생 시 책임 문제가 반드시 따름)
- (고압가스) 고압가스 안전관리법 및 시행규칙 별표 8(고압가스 저장·사용의 시설·기술·검사기준)
- (유류저장고) 위험물안전관리법 제5조(위험물의 저장 및 취급의 제한) 및 시행규칙 별표 6~11(옥내/옥외 등 저장소의 위치·구조 및 설비의 기준)

○ 대형사고 위험이 있음을 감안하여, 철저한 안전/보안시설을 설치함이 필요

⑤ 가설사무실

○ 가능한 준공기한 마지막 단계에서 철거하여도 공사에 지장이 없는 장소를 선정, 출입 통제 관리가 유리한 지역을 선정함이 필요

○ 가능한 태풍, 폭설에 영향이 적은 장소가 유리

○ 시공사, 건설사업관리자, 발주기관 사무실, 회의실, 상황실, 화장실, 문서고/도면보관고(장기·대형공사), 식당, 창고, 안전교육장(실내), 품질시험실 등 평면계획(안)을 작성하여 사전 검토/협의함이 필요

○ 협력업체(전기, 통신, 소방, 하도급사 등) 사무실 배치계획을 반드시 사전 마련(배치)계획을 검토함이 필요
- 공사 투입 시점에 따라 반·출입이 용이한 컨테이너형 사무실이 유리
- 협력업체 사무실을 가설 Lay-Out 확정 시 검토하지 않으면 공사추진에 많은 지장과 공정관리에 치명적인 오류가 발생

ㅇ조립식 가설사무실은 반드시 약 3M 간격으로 철골형 사각 기둥을 설치하고, 연결부위는 겹침으로 조립하여 설치함이 필요

* (태풍 시 가설사무실 전복 및 1, 2층 분리 피해의 원인) 사각형 기둥 없이(판넬로만 연결) 시공, 코너부위에 긴결철물 없이 시공

ㅇ협소한 공사부지일 경우 "지열공사와의 연관성"을 반드시 검토하여야 하며, 필요시 지열천공공사 이후 가설사무실을 설치하는 방안을 검토함이 필요
⇒ 이 경우 현장주변 공사부지 대체(임대) 가능 여부. 주변건물 내 임대로 가설사무실 운영 등을 설계변경을 통해 시행함이 필요(계약상대자의 책임 없는 사유로 설계변경 대상임)

ㅇ발주기관 가설사무실 내 상황실, 회의실, 화장실, 문서고/도면 보관고 등은 공사규모에 따른 참석인원과 원활한 업무수행에 무리가 없도록 설치

⑥ 품질시험실

ㅇ품질시험실 규모는 법적 기준을 반드시 검토 필요

* 건설기술 진흥법 시행규칙 [별표 5] <개정 2021. 9. 17.>

ㅇ규모도 중요하지만, 품질시험 장비 배치, 이에 대한 운영체계를 마련하고, 이를 서류화(행정처리)함이 필요

⑦ 작업인부들의 위한 공간

ㅇ작업인부 휴게공간, 가설화장실, 흡연 장소를 반드시 공사단계별로 구분하여 설치, 운영함이 필요

ㅇ작업인부들을 위한 공간을 안전관리 및 안전관리비 사용과 연계 하여 검토하고 문서로 행정처리 함이 필요

ㅇ참고사항
- 건설현장 대부분 작업인부들을 위한 휴게공간 설치에 상당히 배려하는 현장도 많지만, 인색하게 운영하고 있는 현장도 있음
- 작업 효율성, 공사품질 확보, 현장 청결유지, 흡연으로 인한 화재 예방 등을 위해 작업

인부들 복리후생 관리는 절대적으로 필요

- 작업 인부들을 위한 현장부지 내 컨테이너(냉·난방 기구 설치) 휴게실은 안전관리비로 사용 가능함

• 무재해 현장, 공사추진이 지연되지 않는 현장, 청결한 현장 모두 작업인부들을 위한 편의 제공, 공간 할애 등 많은 배려가 있었다고 기억됩니다.

⑧ 가설 식당

ㅇ가능한 주변 식당을 운영함이 효율적이나, 대형공사일 경우 또는 주변에 식당이 없을 시 가설식당을 운영함이 효율적이지만, 철저한 관리가 필요

ㅇ가설식당에서 작업자들의 식대비 미지급으로 민원발생이 빈번히 발생함을 감안하여 반드시 지급여부 확인 체계를 수립하고, 이에 대한 소요 행정 처리방안을 철저히 마련, 운영함이 필요

⑨ 폐기물/재활용 분리수거함 등 가설사무실 운영상 필요한 시설

ㅇ공사 규모와 운영의 편리성을 고려하여 다양한 사설을 검토하고, 배치계획을 검토함이 필요

ㅇ많은 현장이 분리수거함 관리·운영에 소홀히 하고 있다고 생각한다. 이로 인해 부대적으로 소요되는 간접비가 상당히 허비되고 있고, 또한, 품질관리와 안전관리에 영향이 미치고 있어, 철저한 관리·운영이 필요하고, 매우 중요한 사항임을 인식함이 필요

4) 가설계획 중 주변 여건을 고려한 가설계획 검토가 필요합니다.

ㅇ도심지 내의 부지는 소음, 비산먼지 등 민원방지 대책도 중요하지만, 보행자 안전사고 대비, 도난방지대책, 작업자 출입통제 부분에 철저한 대비책을 사전 검토하여야 함

* 건설 현장에 도난 사고가 상당히 많이 발생함을 감안하여, 사전 철저한 대비가 필요

ㅇ산악지역, 도심지 외곽지역은 현장 주변 가설숙소, 가설식당 가능 여부, 작업자 식사 배달

가능 여부, 현장 내 가설식당 설치 가능 여부 등을 사전 조사·검토하여야 함
- 가설사무실 내 식당/가설숙소를 설치할 경우 오폐수 방류수 PPM 하수도법 기준을 관할청에 확인 후 가설정화조(공공맨홀 연결)를 설치함이 필요
- 상수도 보호구역은 민원발생 소지 및 주변 환경 악영향을 고려하여 철저한 검토가 필요
- 산악, 도서, 시골(오지)일 경우 작업자 숙소/식당을 축조함에 상당 시간 소요(작업자 투입 지연)됨을 감안하여, 착공 초기 즉시 검토함이 필요

ㅇ 농경지 주변은 농작물 급수 및 배수관계, 일조권 관계를 고려하고, 농민/농작용 차량/장비들의 이동 동선에 문제가 없도록 가설계획을 검토하여야 함

- 각종 가설물도 점검시기, 점검 대상, 점검항목에 대한 체크리스트를 작성하여 주기적인 점검이 필요하며, 특히 동절기, 해빙기, 우기철에는 수시로 점검하여 점검결과를 기록유지하는 등 철저한 관리가 안전사고 예방을 위해 반드시 필요함을 기억하여 주시기 바랍니다.

- 가설공사 LAY-OUT이 공정관리, 품질관리, 안전관리, 기업이윤 창출 등 너무나 중요한 계획임을 기억하여 주시기 바랍니다.

※ 가설공사 표준시방서

1. 일반사항
   ㅇ 국가건설기준센타(http://www.kcsc.re.kr)의 "21 00 00"에 따른다.

2. 관련 시방서
   ① 현장가설시설물은 "21 20 05"에 따른다.
   ② 건설지원장비는 "21 20 10"에 따른다.
   ③ 가설 흙막이공사는 "21 30 00 및 21 30 01"에 따른다.

*가설시설물 설치계획 주요 법령

▣ 안전관리

▷ 관련근거 : 건설기술 진흥법 제62조(건설공사의 안전관리)

▷ 건설업자 또는 주택건설등록업자는 동바리, 거푸집, 비계 등 가설 구조물 설치를 위한 공사를 할 때 대통령령으로 정하는 바에 따라 가설 구조물의 구조적 안전성을 확인하기에 적합한 분야의 「국가기술자격법」에 따른 기술사(이하 "관계전문가"라 한다)에게 확인을 받아야 한다.

▣ 구조 안정성을 확인받아야 하는 가설구조물

▷ 관련근거 : 건설기술진흥법 시행령 제101조의2(가설구조물의 구조적 안전성 확인)

① 법 제62조제11항에 따라 건설사업자 또는 주택건설등록업자가 같은 항에 따른 관계전문가(이하 "관계전문가"라 한다)로부터 구조적 안전성을 확인받아야 하는 가설구조물은 다음 각 호와 같다. 〈개정 2019. 6. 25., 2020. 1. 7., 2020. 5. 26.〉

1. 높이가 31미터 이상인 비계

1의2. 브라켓(bracket) 비계

2. 작업발판 일체형 거푸집 또는 높이가 5미터 이상인 거푸집 및 동바리

3. 터널의 지보공(支保工) 또는 높이가 2미터 이상인 흙막이 지보공

4. 동력을 이용하여 움직이는 가설구조물

4의2. 높이 10미터 이상에서 외부작업을 하기 위하여 작업발판 및 안전시설물을 일체화하여 설치하는 가설구조물

4의3. 공사현장에서 제작하여 조립·설치하는 복합형 가설구조물

5. 그 밖에 발주자 또는 인·허가기관의 장이 필요하다고 인정하는 가설구조물 1. 높이가 31미터 이상인 비계

② 관계전문가는 「기술사법」에 따라 등록되어 있는 기술사로서 다음 각 호의 요건을 갖추어야 한다. 〈개정 2020. 5. 26.〉

1. 「기술사법 시행령」 별표 2의2에 따른 건축구조, 토목구조, 토질 및 기초와 건설기계 직무 범위 중 공사감독자 또는 건설사업관리기술인이 해당 가설구조물의 구조적 안전성을 확인하기에 적합하다고 인정하는 직무 범위의 기술사일 것
2. 해당 가설구조물을 설치하기 위한 공사의 건설사업자나 주택건설등록업자에게 고용되지 않은 기술사일 것

③ 건설사업자 또는 주택건설등록업자는 제1항 각 호의 가설구조물을 시공하기 전에 다음 각 호의 서류를 공사감독자 또는 건설사업관리기술인에게 제출해야 한다. 〈개정 2018. 12. 11., 2020. 1. 7.〉

1. 법 제48조제4항제2호에 따른 시공상세도면
2. 관계전문가가 서명 또는 기명날인한 구조계산서

▣ 가설시설물 설치계획서 작성

▷ 관련근거 : 건설공사 사업관리방식 검토기준 및 업무수행지침 제54조

▷ 건설사업관리기술자는 공사착공과 동시에 시공자에게 다음 각 호의 가시설물의 면적, 위치 등을 표시한 가설시설물 설치계획서를 작성하여 제출하도록 하여야 한다.
1. 공사용 도로
2. 가설사무소, 작업장, 창고, 숙소, 식당
3. 콘크리트 타워 및 리프트 설치
4. 자재 야적장
5. 공사용 전력, 용수, 전화
6. 플랜트 및 크랏샤장
7. 폐수방류시설 등의 공해방지시설

▣ 가시설물의 구조검토

▷ 관련근거 : 건설공사 사업관리방식 검토기준 및 업무수행지침 제61조 (시공계획검토), 가설공사 설계기준 21 10 00(가설시설물)

▷ 공사 시행 전 시공자로 하여금 가설울타리, 비계, 동바리, 거푸집 등 가시설에 대한 설치계획, 구조적 안전성을 검토하도록 하고, 시공 중 철저히 관리하여야 한다.

▷ 건설공사 중에 가설구조물의 붕괴 등 재해발생 위험이 높다고 판단 되는 가설구조물에 대해 전문가의 의견을 들어 가설공사 설계변경이 필요할 경우 그 검토의견서를 첨부하여 발주청에 보고하여야 한다.

▷ 가설울타리 설치
- 가설울타리는 1.8m 이상으로 야간에도 잘 보이도록 발광시설 설치
- 강풍에 대한 대책 강구(구조검토)

▣ 비계설치 시 주의사항

▷ 관련근거 : 가설공사 표준시방서 4장(비계 및 발판), KOSHA GUIDE C-20-2011 강관비계설치 및 사용안전 지침
- 비계 하부 다짐을 철저히 하고 깔판을 평탄하게 설치
- 벽과의 이음 상· 하 5M 이내
- 코너 및 상단 보강 방법 확인

▷ 비계의 허용 적재하중을 확인하고 표시함이 필요

* 비계설치 계획도를 사전 검토하여 종합적인 설치계획, 운영계획을 사전 수립함이 공사추진에 상당한 효과가 있음.

3 우선 필요한 관급자재부터 검토 및 발주

▣ 참고사항

ㅇ 관급자재 관련으로 앞에서 정리하여 언급한 'Ⅲ. 공사 착공단계 KEY-POINT'의 '5. 각종 소요 행정 처리방안 협의' 중 '4. 관급자재 LIST 작성 및 관급자재 수급행계획서 작성' 내용을 다시 한번 꼭 읽어 보시기 바랍니다.

1) 상기 내용을 선 검토 후 우선적으로 '파일, 철근, 레미콘 등' 착공 초기에 투입되는 자재부터 발주 및 수급 계획을 수립하여야 합니다.

2) 간헐적으로 관급자재라도 철근, 파일, 레미콘 가격 급등 등으로 수급에 상당한 애로가 발생할 소지가 있음을 감안하여, 소요 시기 대비 조기에 발주함이 필요합니다.

3) 공정순서에 맞게 분할납품 받은 것이 원칙이지만, 수급 상황을 고려하여 현장에 다소 장기간 보관하더라도 공사추진에 지장이 없도록 수급계획을 수립하고, 발주함이 필요합니다.

4) 관급자재 수급 지연으로 공사추진에 막대한 지장이 발생할 경우 '사급' 으로 처리하는 방안도 검토함이 필요합니다.

* 사급으로 처리 시 시장 거래가격과 실거래가격을 비교 검토 후 실거래가격의 증빙자료를 첨부하여 설계변경 조치 필요

5) 입찰일 기준으로 단일 제품의 가격증감률이 15% 이상 발생 시 단품 S/L (슬라이딩) 제도를 통해 법적으로 D/S(De-Escalation, 감액 조치) 및 E/S(Escalation, 증액 조치)의 행정조치를 하여야 합니다.

* 간헐적으로 수요기관에서 예산부족으로 증액조치가 불가하다는 의견을 피력하는 경우도 있으나, 설득과 협상의 문제가 아니라 법적으로 반드시 증액 조치하여야 하며, 조기에 조치함이 원할한 공사추진의 지름길임

4 설계사무소의 '현장 설계설명회' 개최

▣ 설계 의도/기본개념(Concept)을 모르면서 공사관리하는 건설인들이 너무 많았다고 기억됩니다.

ㅇ 배치도의 선을 중요시하는 설계개념과 달리 비정형 원형으로 공간 조정 요청, 설계개념과 전혀 맞지 않는 디자인 및 자재 변경 요청 등

ㅇ 수요기관 기관장(간부)께서 개인적인 취향으로 부분적으로 변경을 요청하는 경우 등

☞ 설계개념은 반드시 숙지하셔야 하며, 설계자의 설계 의도와 개념을 최대한 준수하는 방향으로 공사를 추진하여야 하며,

☞ 설계개념과 달리 공사 수행이 불가피할 시 반드시 설계자와 협의 후 조치하는 것이 건설관리인의 의무라는 인식을 가져야 합니다.

* 설계 의도/개념을 이해하지 않고 건설현장을 관리하는 자가 '진정한 건설인' 일까요?

▣ 설계자는 본인이 설계한 내용대로 공사가 잘 수행되도록 현장 기술인들에게 주요 설계내용/주의사항에 대한 설명회에 협조하셔야 합니다.

* 설계설명회를 하지 않는 건축사, 주요 공사 추진사항에 대해 현장을 방문하여 확인하지 않는 등 설계도서 납품 이후 해당사업에 관심이 없는 건축사가 진정한 '종합 예술인' 일까요?

▣ 현장 기술인 전 공종 모두는 설계설명회 이전에 설계도서를 전반적으로 검토하셔야 하며, 설계설명회 시 궁금한 사항, 설계 오류라 생각하는 사항 등에 대해 질의할 준비를 하셔야 합니다.

* 중요사항 위주로 설계도서 간 상호 일치 여부, 구조적으로 시공이 곤란하거나 우려되는 사항, 건물 운영측면과 유지보수 관점에서 보완 및 재검토가 필요하다고 판단되는 사항 등 전반적으로 검토

▣ 설계상의 문제점이 발견 시 설계자와의 협의 범위와 협조체계를 사전 협의함이 필요합니다.

1) '설계설명회' 전 설계자에게 질의할 사항 사전 검토, 준비

《준비자 : 시공사, 건설사업관리자, 발주기관(담당자, 각 분야별/실별 관리자)》

ㅇ 설계도서(설계도면, 시방서, 내역서 등), 입찰안내서, 현장설명서 등 계약조건 상호 간 불일치한 내용

ㅇ 구조적으로 안전 시공이 어렵고, 안전이 우려되는 부분

ㅇ 설계서 내용으로 시공이 어렵다고 판단되는 사항

ㅇ 내·외부 마감자재의 중 내구성, 미관성, 유지관리 측면에서 우려되는 자재

ㅇ 표준 및 통상적인 설계기준과 달리 설계하여 설계 오류라고 판단되는 사항

ㅇ 기타, 현장 경험상 궁금한 사항 등

2) 설계사무소에서 설명을 요청할 주요 사항

ㅇ 건축(배치, 건물 등) 설계 의도/기본개념(Concept) 설명 및 공사 중 준수하고 주의해야 할 사항

ㅇ 구조설계내용(건축, 토목), 시공 중 주의해야 할 사항

ㅇ 토목, 조경공사 설계개념 등

ㅇ 설비공사 및 특수설비공사 설계개념 및 주요 시스템 등

ㅇ 전기/통신공사 설계개념 및 주요 시스템 등

ㅇ 시설물(건물) 유지관리, 보수 측면을 고려하여 특별히 설계한 내용

ㅇ 설계 시 예산 부족으로 미반영(등급 하향 조정)한 아쉬운 부분 등

ㅇ 기타, 현장 경험상 궁금한 사항 등

3) (상기 설명회와 별개로) 구조적으로 안전성 확보가 반드시 필요한 공종, 특수공법/신공법의 설계설명회는 별도 추진함이 필요합니다.

ㅇ 설계자는 안전사고를 미연에 방지하고, 설계기능 확보를 위해 반드시 건설현장관리 기술인들에게 반드시 설명하여야 함이 필요

ㅇ (현장 기술인) 중요구조물, 특수공법, 신기술 공법은 현장관리 기술인 마다 경험 유무와 기술력 차이가 있어 반드시 철저히 숙지하여야 함

* 특수공법, 신공법 공사를 해당분야 전문업체, 작업인부에게 모든 걸 위임하고, 공사관리를 소홀 시 중대한 과오가 빈번히 발생하고, 중대한 책임 문제가 발생할 수 있음
* 특수공법, 신공법 공사 중 안전사고 발생, 부실시공 발생은 설계자, 현장관리 기술인 모두의 책임 이며, 문제 발생이후 설계 책임이니, 시공책임이니 법적으로 논란하는 것은 초보자들이 하는 행위 이고, 이런 건설문화는 이제 반드시 근절되도록 업무를 추진하여야 함

4) 시설물(건물) 운영, 유지관리 측면에서 설계에 추가로 반영이 필요하다고 판단되는 중요사항을 검토, 협의함이 필요합니다.

ㅇ 현장관리 기술인들의 현장경험을 통해 실질적으로 입주 이후 건물 활용/운영, 유지보수 관점에서 검토하고 설계의도와 수요기관의 의견을 재확인함이 필요
- 건물 내외부 유지관리/보수를 위해 추가반영이 필요한 사항

* (예시) 홀/로비 층고 높이로 인한 전등기구 교체 등 유지관리 방안 및 이동식 사다리차 등 추가반영 필요성, 강당 천정 내부 점검 및 유지보수를 위한 CAT-WALK 추가반영 필요성, 각종 수도시설 추가 설치/배치 필요성 등 검토

- 외산 및 국산 자재 중 준공 이후 긴급을 요하는 유지보수용 자재에 대해 내역에 추가반영 및 보관 자재 창고 추가확보 필요성 검토
- 대형 별도전력 확보가 필요한 공용실 음료 자판기 설치/운영계획 및 자판기 설치 시 소요 전력 추가확보(배관공사 추가 등) 필요성
- 설계시에 미반영된 운전기사, 청소부 대기실/휴게실, 동호인실 등 구조체 공사와 연관된 각종 미반영 실 추가반영 필요성 검토

☞ 설계설명회 시 설계변경을 제안한 사항 중 몇 가지 소개해 드리니, 참고하시기 바랍니다.

① 현장경험 한가지) 설계도서를 검토하다 바다 보이는 해안가에 위치한 00건물 신축공사에서 E/V가 구조체로 밀폐된 E/V로 설계되어 있었음

⇒ 자연적인 환경을 극대화하지 못한 설계의 아쉬움으로 E/V를 탔을 때 외부(바다)를 보면서 승·하강할 수 있도록 전망용(개방용) E/V설치를 제안하였고, 수요기관에서 동의 및 설계사무소에서 적극 동의해 구조체 변경설계를 도와주셔 전망용 E/V 설치로 설계변경 조치함 (준공 시 수요기관 대만족)

* 도급공사 낙찰차액, 일부 VE를 통해 소요예산 확보

(당초 설계) 밀폐형 엘리베이터 → (설계변경) 개방형 엘리베이터

▶ 엘리베이터 안에서 실질적으로 크루즈 여객선 선착장과 멀리 바다가 보이는 장점을 살리기 위해 구조체 공사 전 설계변경

※ 중규모 신축사업이었고, 예산사정으로 돌출하여 시공하지는 못한 부분은 아쉽지만, 구조체 설계를 일부만 변경하여 최소 비용으로 증액하여 변경

② (현장경험 한가지) ○○공사에서 연꽃이 피는 천연 대형 연못이 부지 내에 있었고, 연못을 바라보는 장소에 기성 제품의 파고라가 설계되어 있었음

⇒ 국내 어디에도 찾기 어려운 천혜(天惠)의 자연적인 환경을 극대화하지 못한 설계의 아쉬움으로 천연 연못과 어울리는 한국 전통의 정자(창덕궁의 애련정 형태로 재현)로 변경하

는 것을 제안하였고, 수요기관에서 적극 동의 하여, 설계변경 조치하여 설치함 (준공 시 수요기관 대만족)

참고

애련(愛蓮)'은 연꽃(蓮)을 사랑한다(愛)'는 뜻이며, 숙종은 애련정에 대해 쓴 글인 《애련정기(愛蓮亭記)》에 "연꽃은 더러운 곳에 있으면서도 변하지 않고, 우뚝 서서 치우치지 아니하며 지조가 굳고 맑고 깨끗하여 군자의 덕을 지녔기 때문에, 이러한 연꽃을 사랑하여 정자의 이름을 애련정이라고 지었다."고 이름의 뜻을 적었다.

* 한국 전통문화를 사랑하고 또, 건설현장에 생각하는 시간을 가져보시길 바라는 마음과 한국 전통문화를 접목하시길 바라는 마음에서 문화재청의 사진과 실질적으로 건설현장에 반영한 사진을 올려봅니다.

문화재청에 등록된 애련정 사진

건설현장에서 재현 시공한 사진

* 건설현장에서 재현한 확대 사진이 없어 아쉽지만, 국내 전통한옥(한옥마을)이 많은 전주지역, 그리고, 대형 천연 연못에는 기성품 파고라보다는 우리나라 전통 정자가 분명 어울리지 않을까요?

③ (현장경험 한가지) 설계도면에 긴급을 요하는 유지보수 자재(부품, 특수하게 제작하고, 특수한 색상이 반영된 자재 등)에 대해 미설계되어 있었음

⇒ 상기 유지보수 자재를 추가로 내역에 반영하는 설계변경을 하였고, 설계사무소의 도움을 받아 PIT층 구조체를 일부 변경하고, 출입문을 추가 설치하여 유지보수 자재 창고를 추가 설치함(수요기관 대만족)

5) 상기 내용에 대해 검토 후 설계자와 일정 협의 후 설계설명회 실시함이 필요합니다.

6) 설계설명회 이후 소요 행정조치 사항

○ 설계설명회 때 모든 궁금증을 해소하는 토론을 실시하면 좋겠지만 한번의 설계설명회로 모든 걸 해소할 수는 없어, 설계설명회 이후 서면, 유선으로 설계자와 공사현장과의 협의하고 소통하는 유대관계 구축

○ 설계 시 예산부족으로 미 반영(하향 등급 조정)한 아쉬운 부분에 대해 입찰 이후 낙찰차액 등 예산 여건을 고려하여, 설계변경 반영 여부와 설계변경 반영 순위를 정함이 필요
- 설계변경은 공정 순서상 당장 변경지침을 정함이 필요한 설계변경이 있고, 나중에 설계변경을 추진하여도 무방함 설계변경이 있음

* 예시) : 홀/로비/복도 바닥 마감재를 당초 석재(30t) 마감으로 설계 이후 예산 부족으로 디럭스 타일(3t)로 조정하여 설계완성(납품)
⇒ 석재로 마감 변경 시 바닥마감 레벨차이 해소를 위해 콘크리트 구조체 단차이 조정(부분적으로 구조 재설계) 필요
* 예시) 바닥 마감재 디럭스타일(3t)을 고급 사양의 데코타일(3t)로 변경은 마감공사 시점에서 변경하여도 무방함
⇒ 예산확보(도급공사 및 관급자재 발주 이후 낙찰 차액 등)에 따른 설계변경 순서를 검토·협의하고, '설계변경 대상 및 순위 리스트(List)' 작성

○ 반드시 문서로 처리해야 할 사항은 문서로 근거 서류 확보 필요
- (설계사무소) 설계설명회 시 협의 결과 '구조적으로 안전사고 위험이 우려되는 사항, 구조적으로 보완설계가 필요하다거나, 재검토 의견서가 필요하다고 판단되는 사항' 등 향후 책임 문제로 논란이 우려되는 사항

* 현장의 설계도서 보완요구에 적극적으로 협조하는 설계사무소도 많지만, 간헐적으로 검토 기간이 장기간 소요되는 경우도 있어 구조적인 사항은 반드시 검토기한을 정하여 설계사무소에 문서로 시행함이 조속한 검토와 확인에 유리

- (수요기관) 우선 시급한 토공사, 구조체 공사와 연관이 있는 시설물 /건물 운영방침 관련 사항

* (예시) 접지공사에서 '구조체 접지'만 설계 → '구조체 접지+전산장비 접지'로 변경은 터파기 단

계에서 실시하여야 함

- 원활한 공사수행과 우수한 품질확보를 위해 시공사 및 CM단에서 질의가 필요하다고 판단되는 사항 등

ㅇ기타사항 : '7. (착공단계) 설계도서 검토결과 소요 행정 처리' 참고

☆ 건설현장에서 심도있고 성의 있는 설계설명회를 개최해 보시면 공사 수행에 정말 많이 도움이 된다고 자신 있게 말씀드립니다.

☆ 우리 건설인 모두가 잘하려고 하는 노력과 상호 협력 등 적절한 하모니가 잘 어우러질 때 예술성, 공공성, 안전성 등 가치 있는 결과물을 만들어 낼 수 있고, 이를 통해 건설인 우리 모두의 자부심을 회복할 수 있음을 기억해 주시기 바랍니다.

5 사토장/토취장 위치 검토·선정

1) 사토장, 토취장은 설계당시 조사한 여건과 착공 시점의 여건이 서로 다를 수 있어 위치 재조사 및 설계내용과 비교·검토를 조기에 시행함이 필요합니다.

2) 사토장/토취장은 현장 인근으로 선정하되, "토석정보공유시스템" 활용 및 현장 주변(민가, 공사장 등)도 조사함이 필요합니다.

3) 설계당시 예산부족으로 사토장/토취장 운반거리를 10KM 이내로 축소하여 반영하는 사례가 많이 발견되고 있어, 설계도서 검수 시 반드시 확인도 필요하지만, 착공 초기에 재검토함이 필요합니다.

ㅇ 공사 착공과 동시에 설계/계약된 사토장/토취장 거리가 부족하여 설계변경하는 사례가 빈번히 발생

ㅇ 착공초기부터 설계변경으로 예산이 상당금액 증액이 필요하여 설계 책임문제, 추가예산 확보 문제 등의 사업추진에 상당한 애로가 발생

4) 토취장 선정 시 검토사항

ㅇ 토량 배분계획과 관련해서 토량뿐만 아니라 노상재, 뒤채움재 등 해당 공사에 적합한 재료를 얻을 수 있는 장소를 선정함이 유리

ㅇ 운반로는 단순히 운반 거리뿐만 아니라 연도 상황, 교통량 및 보도 등을 고려하고 포장 폭과 노면 상황 등을 종합적으로 고려하여야 함

ㅇ 토취장 지역에 땅깎기 비탈면이 발생할 경우에는 필요에 따라 비탈면 보호공 및 조경계획 등을 사전 협의하고 수립하여야 함

5) 사토장 선정 시 검토사항

ㅇ 사토장은 장소에 따라 법적 규제를 받기 때문에 관련 공공기관과 충분히 협의하고, 해제 절차를 수립하여야 함

ㅇ 사토장은 강우에 의하여 토사 유출 또는 붕괴 위험이 있기 때문에 사전에 배수 및 기존 수로의 교체, 옹벽에 의한 토류공 및 비탈면 보호 계획, 계획적인 매립과 배수경사 등의 확보

계획과 필요시 침전지 등의 설치계획도 검토하여야 함

6) 사토장/토취장 위치변경

ㅇ 실질적인 거리/운반 가능속도, 운반차량 등에 따라 경제적인 방법으로 재산출 후 계약내용과 비교·검토 후 실정보고(변경계약 처리 대상임)

주의사항

▶ 간헐적으로 내역서에 운반거리 20km로 공사금액(재+노+경)이 20,000원/m^3(A)인데, 사토장 조사결과 10km 이내가 있어 이를 설계변경하기 위해 품셈기준에 따라 운반거리 10km 공사비 산정 결과 22,000원 /m^3(B)으로 계상되는 경우가 있음

⇒ (설계변경 계약방법) : 'Y' 값으로 설계변경함이 합리적 방안임

- 20km 운반거리를 품셈기준에 따라 재산정 금액 : C
- A/C = X%,
- B×X% = Y

▶ 사토장/토취장은 선정/협상(상·하차, 운반) 조건에 따라 공사비가 상당 차이가 있음을 감안 예산 절감을 위한 노력이 필요

6 전문하도급 공사 '시공계획 설명회' 개최

1) 우선적으로 투입되는 "토목공사 시공계획서 설명회"부터 개최

ㅇ 원도급자로부터 하도급 계약한 하도급업체에서 시공계획서를 작성하여 설명회를 개최

* 하도급 시공계획서 설명회 내용
- 하도급 공사내용(내역), 예정공정표, 공정계획에 따른 인력·자재·장비투입계획, 안전사고 예방대책 등
- 하도급업체에서 해당 공종에 대한 설계도서를 검토한 결과서

* 설계도서 상의 오류 또는 문제점이라 판단되는 사항, 성능/미관/내구성을 향상을 위해 설계내용 개선·수정이 필요하다고 판단되는 사항 등을 검토

⇒ 시공사/건설사업관리단은 상기 계획서 내용 중 수정/보완이 필요한 부분을 지적·협의하고, 실질적인 시공 시 반영하여 시행토록 조치 및 설계변경이 필요한 부분은 기술검토/협의를 거쳐 수요기관과 공사지침 변경에 대해 협의하는 행정절차를 진행하여야 함

* 설계상의 문제점은 설계사무소(구조기술사)와 재협의하는 등 반드시 발주기관과 문서로 협의/시행하여야만 향후 책임 문제가 없음

2) 기타 전문 하도급 및 특수공법/신공법 하도급 공사 중 구조적으로 안전성 확보가 필요한 공종은 반드시 해당공사 착수 2개월 전 시공계획 설명회를 개최함이 필요 (대부분 최소 1개월 전 하도급 시공계획설명회 개최)

ㅇ 구조적으로 안전성 확보가 절대적으로 필요한 공종은 해당공사 착공 전 및 공사 중 2~3회 정도 전문가의 기술검토, 안전진단을 받는 방안으로 업무를 추진함이 필요

ㅇ 대형공사의 하도급은 건물별, 구획별 전문하도급업체를 2~3개 업체로 나누어 발주함이 절대적으로 필요

ㅇ 시공상세도 작성이 필요한 부분은 향후 논란이 없고, 작업자가 쉽게 이해할 수 있도록 철저히 작성하여야 하며, 철저한 검토·확인이 필요

ㅇ 설계 시방서와 부합 여부 및 타 공종과의 연관성을 고려한 시공계획서 작성 여부를 검토함이 필요

ㅇ 공정지연 원인의 상당 부분이 하도급업체의 자재, 장비, 인력수급에서 발생됨을 감안하여 시공계획 설명회 이전, 하도급 발주 현장설명서에 철저한 조건을 반영함이 필요

* (예시) 하도급업체에서 콘크리트 거푸집 반입 물량 부족으로 시공계획

⇒ 1개 구간 거푸집 설치, 콘크리트 타설, 양생기간 준수 이후 거푸집 철거, 수리/보수 이후에 타 시공구간 작업 시 공정 지연 상당 발생

☞ 자재가 없어, 작업인력이 없어, 작업장비를 못 구해 작업을 못하는 경우가 빈번히 발생하고 있음을 감안하여, 인력·자재·장비투입계획과 안전사고 예방대책을 철저히 검토하여야 함

▣ 시공계획서의 검토

▷ 관련근거 : 건설공사 업무수행지침 제91조(시공계획검토)

▷ 시공자로부터 공사시방서의 기준(공사종류별, 시기별)에 의하여 시공계획서를 진행단계별 해당공사 시공 30일 전에 제출받아 이를 검토·확인

▷ 시공계획서를 접수 후 7일 내에 승인하여야 하며, 보완이 필요한 경우 그 내용과 사유를 문서로써 통보하여야 한다.

▣ 시공상세도의 검토

▷ 관련근거 : 건설공사 업무수행지침 제91조(시공계획검토) 제2항

- 시공자로부터 각종구조물 시공상세도 및 암발파작업 시공상세도를 사전에 제출받아 다음 각호의 사항을 고려하여 시공자가 제출한 날로부터 7일 이내에 검토·확인하고 승인한 후 시공토록 하여야 한다. 또한 주요구조물의 시공상세도를 검토 시 필요할 경우 설계자의 의견을 고려해야 하며 승인된 시공상세도는 준공 시 발주청에 보고해야 한다.
- 특히 주요구조부의 시공상세도 검토 시 설계자의 의견을 구한다.
- 시공상세도 작성항목이 누락되지 않도록 시공상세도 작성 계획을 시공계획서에 포함하여 작성한다.

▣ 시공계획서 및 시공상세도 승인 전 공사 착수 금지

▷ 관련근거 : 건설공사 업무수행지침 제91조(시공계획검토) 제5항

- 시공상세도(Shop Drawing) 검토·확인 때까지 구조물 시공을 허용하지 말아야 하고, 시공상세도는 접수일로부터 7일 이내에 검토·확인하여 서면으로 승인하고, 부득이하게 7일 이내에 검토·확인이 불가능할 경우 사유 등을 명시하여 서면으로 통보하여야 한다.

7 (착공단계) 설계도서 검토결과 소요 행정처리

1) 전체 배정예산으로 예산 집행계획에 대한 "Master - Plan" 협의/작성

ㅇ각종 설계변경 요구사항 대비 예산이 부족 시 공사추진에 지장이 없도록 설계변경 우선순위를 정한 후 공정순서에 따라 추진함이 필요

ㅇ각종 정산사항 정리, 관급자재 발주금액과 계약금액 차액 정리, 물가변동으로 인한 계약금액 조정 이후 설계변경으로 감액할 대상 정리

ㅇ확보예산 중 자율조정항목(공사비의 10%)으로 활용 가능 대상 검토 및 VE를 통해 감액이 가능한 공종을 검토함이 필요

2) 총사업비 대상일 경우 수요기관에서 기획재정부(또는 본부, 상부기관)와 예산 협의할 자료를 작성하여야 하고, 현장관계자 모두가 협조함이 필요

ㅇ자료작성은 기술직이 아닌 행정직 모두가 이해가 쉽도록 용어해설 등 이해가 쉽도록 작성하여야 함.

* 추가예산 배정이 쉬운 것은 아니지만 100년 동안 건물 사용을 생각하면 많은 노력이 필요

3) 우선적으로 공사지침 변경 결정이 필요한 부분부터 문서로 원인행위 실시

ㅇ사전 실정보고(물량 및 단가 확정)를 통해 승인, 확정하고, 향후 다른 설계변경내용과 취합하여 변경계약을 추진함이 필요

ㅇ설계변경계약은 차수별로 가능하면 한번만 시행하고, 준공 때 계약금액 범위 내에서 준공정산(변경계약)함이 행정업무를 간소화하는 방안임

ㅇ장기계속공사가 아닐 경우, 1차 변경계약 이후 추가로 변경이 필요한 부분은 준공정산으로 변경 처리함이 필요

ㅇ준공정산은 계약금액 범위 내에서 정산하여야 하며, 공사금액 증액이 필요시에는 반드시 변경계약이 필요

• 많은 건설 기술인들이 설계변경계약은 일이 너무 많다고 생각하고, 또한, 감사 수감 사항으로 두려워하고, 귀찮아하는 경향이 많았다고 기억됩니다. 하지만, 하기에 정리한 내용으로 변경계약하면 정말 어렵지 않으며, 완벽한 설계도 없지만, 예산이 넉넉하지 않기 때문에 안전하고 우수한 품질의 시설물(건축물) 완성을 위해 우리 건설기술인들의 역량이 필요함을 꼭 기억해 주시기 바랍니다.

4) (참고) 설계변경 계약업무 간소화 방안 및 절차(Process)

○ 실정보고/기술검토/변경지침 결정보고/승인 절차 시 각 항목별 "설계변경사유서(당초 설계내용, 변경 설계내용, 변경 사유, 증감액(제경비포함), 물량산출서, 단가조사서(근거서류 포함) 및 단가 협의서, 변경도면" 등을 일괄 정리(Setting)

⇒ 설계변경계약 시 상기 내용을 붙임서류 순번에 따라 첨부하는 방식으로 업무수행시 행정업무 효율성 극대화(상당 시간 단축) 가능

⇒ 기성물량/단가 확정 시 개산급으로 기성처리 가능
(개산급 기성은 단가가 확정시에만 지급 가능)

주의사항

▶ 설계변경계약 시 변경계약에 필요한 서류 대부분을 다시 작성/정리 하는 현장이 거의 대부분으로 상당부분 이중업무를 하고 있고, 변경 계약까지의 소요 시간이 상당히 소요됨을 간과하여서는 아니 됨

▶ 실정보고 내용과 달리 일부 변경사항은 회의록을 활용하여 원인 행위(지침 확정)를 반드시 추가로 하여야 함

▶ 착공초기부터 하나하나 목록으로 정리하면서 첨부서류를 준비하면 예산집행계획 수립, 하도급계약, 기성처리 등에 상당한 이점이 있음

5) 설계변경 절차(Process)

: "V(장). 중요 행정처리 시 참고 및 주의사항" 참조

8 공통 가설공사 참고사항

1. 주요 공통가설 시설

주요내용	관련사진
ㅇ가설 울타리 – 종류 : EGI휀스, RPP방음벽, Steel 방음벽	
ㅇ세륜기 – 수조방식, Roll타입, Grating타입, Road타입	
ㅇ타워크레인 – T형 크레인, Luffing Jib형 크레인	
ㅇ인화물용 리프트 – 와이어로프식, 랙 및 피니언식	

주요내용	관련사진
○ 가설 Gate	
○ 근로자 휴게시설	
○ 가설전기	
○ 건설폐기물 보관시설	

* 가설공사는 작용하는 하중과 풍압, 온도영향(비계 등) 등에 대한 구조적인 안전성과 기능성, 작업자의 작업 및 방호성능 확보를 최우선적으로 검토하여야 하며, 초고층공사 가설공사는 전문시방서를 참고하여야 함

2. 품질관리를 위한 주요 검토·확인 사항

ㅇ가설출입문, 가설사무실, 작업공간, 자재 하치장 및 보관소 등 가급적 이동이 없는 위치를 검토하여 선정하여야 함

ㅇ가설시설물 및 장비는 존치기간 동안 수시로 점검하고 보수해야 하며, 특히 타워크레인 등 건설장비는 안전에 큰 영향을 미치므로 정기적 및 수시로 점검하여야 함

ㅇ주변 건물/민가 방향 구간별 방음벽 설치 여부 사전 검토해야 하며, 소음으로 인한 피해가 우려되는 부분은 반드시 방음벽을 설치하여야 함

* 소음 발생으로 민원이 우려되는 작업을 시행 시 추가로 이동식 방음벽(부직포 이용, 또는 기성품)을 적극 활용함이 유리

ㅇ가설휀스는 풍하중에 대한 검토가 필요함(방풍형 울타리 설치)
- 일반형일 경우 태풍 시 일부 구간(EGI 휀스, 3~5장당 1개소) 통풍을 위해 철거 대책을 사전에 수립함이 필요

ㅇ가설휀스 외부 면에는 해당 건설사업/발주청의 홍보물 설치를 적극 검토함이 필요

ㅇ타워크레인은 반입 전 육안검사 및 비파괴검사를 시행하여야 하며, 타워크레인 해체 시기는 잔여 중량물의 존재 여부를 파악하여 결정하여야 함 (안전관리비 사용 가능)
- 노후 타워크레인이 많이 사용되고 있어 적정 강성 확인 필요

ㅇ공사용 리프트 기초는 대부분 되메우기 구간에 설치되는 경우가 많으므로 지반 다짐을 충분히 하여 침하에 대비하여야 함
(필요시 주변 골조와 철근 이음으로 보강 필요)

ㅇ공사용 리프트 안전장치의 작동 여부를 정기적으로 확인하고, 근로자가 임의로 해체하거나 사용을 중지해서는 안 되도록 관리하여야 함

ㅇ가설울타리 설치 유의사항
- 미관을 고려하되 풍하중에 대한 충분한 강성을 발휘하도록 구조계산을 통해 견고하게 설치하여야 함
- 가설방음벽은 전후의 소음도 차이가 최소 7dB 이상 확보하여야 함

- 휀스 높이는 1.8m 이상으로 설치해야 하며, 50m 이내 주거, 상가건물이 있는 곳의 경우에는 3m 이상 설치하여야 함
- 휀스의 하단 틈은 걸레받이를 붙이거나 콘크리트(또는 모르타르)를 쳐서 메워야 함

○ 가설 Gate 설치 유의사항
- 도로에 설치되어 있는 전주, 가로등, 가로수 등이 출입에 지장을 주지 않는 곳으로 정하여야 함
- 전면 도로 폭에 의한 진입 각도를 확인한 후 폭을 결정(최소 4.5m)하여야 함
- 통행 차량의 적재높이를 고려 출입문의 높이를 결정하여야 함
  (특수화물에 대해서는 별도의 출입문 설치보다는 크레인 이용이 경제적)
- 효율적인 인원 출력관리를 위한 별도 출입문을 설치하여 관리함이 효율적임
- 출입문 주변 물청소가 가능한 시설을 설치하여야 함

○ 가설전기 설치 유의사항
- 사용 예정 장비의 부하량을 고려하여 용량 산정하여야 함
- 가설케이블은 작업에 지장이 없도록 외각 울타리를 이용하여 포설함이 효율적임 (타워크레인은 단독 케이블 포설 필요)
- 가설 분전반 배치는 전 공종 모두가 협의하여 결정함이 필요
- 가설 분전반은 수시로 안전상태를 확인하며, 정기적인 관리대장을 마련하여 점검내용을 기록·관리하여야 함

○ 세륜기 설치 유의사항
- 철저한 위치검토를 통해 추후 위치가 변경되지 않도록 확인하여야 함
- 세륜기 운영시 적정 침전제를 사용하며, 발생 오니는 건설폐기물관리법에 따라 적정하게 처리해야 함

○ 타워크레인 설치 유의사항
- 구조계산서에 따라 기초를 시공하여야 하며, 텔레스코핑 작업 전 균형 유지, 작업 중 일체의 타 작동을 금지하여야 함

○ 인화물용 리프트 설치 유의사항
- 권과방지 장치/리미트 스위치 등 안전장치 정상 작동 여부를 확인

ㅇ양중 장비 및 펌프카, 파일 항타기 등 각종 장비 안착 위치

- 타워크레인, 하이드로크레인 등 양중장비 안착/설치계획안과 이에 대한 안전관리 방안을 사전 철저히 검토하여야 함
- 양중장비(타워크레인, 하이드로크레인 등) 운영에 대한 안전관리 방안 사전 대책 수립 필요
- 파일 항타기는 전도 대비 안전대책을 강구 후 설치하여야 함

주의사항

▶ 가설물에 대한 점검 시기 검토·확정, 점검 이후 기록유지 등을 철저히이행함이 안전사고 예방에 반드시 필요

- 가시설물 점검 대상, 점검항목을에 대한 체크리스트 작성하여 주기적 점검 및 특히 동절기, 해빙기, 우기철에는 수시 점검 필요

2 토공사 기간 KEY - POINT

Key-Point

♧ 지금부터 '토공사 기간의 단계'에서 관리자들이 검토하고, 확인해야 하는 사항에 대해 정리하였습니다.

♧ 토공사 기간에 관리자들이 무엇을 검토해야 하는가? 라는 질문에 대한 저의 답변입니다.

∘구조체 공사와 연관이 있는 평면도 검토·협의

∘구조체 공사와 연관이 있는 입면도 검토·협의

∘부대토목·조경공사 개선(안) 검토·협의

∘토공사와 연관된 기계·소방·전기·통신공사 검토·협의

♧ 토공사 기간에는 앞으로 시공할 구조체 공사에 대한 설계서를 사전 검토하고,

구조물 공사에 대한 설계서 오류 여부 및 설계 당시 미처 검토하지 못했던 세부적인 건물 운영계획과 현 설계의 부합 여부, 기능 및 미관 개선사항, 유지관리 측면을 고려한 현 설계의 적정성 등을 공사단계별, 건물(시설)별, 시설별, 층별 하나하나 검토/정리하시면,

우수한 품질의 건물(시설물)을 준공함은 물론 공사 중 혼란 없이 정말 쉽게 공사 관리할 수 있다고 자신 있게 말씀드릴 수 있습니다.

1 건설인 우리 모두는 이것을 기억하셔야 합니다

▣ 구조체 공사 완성이후 건물운영 방안을 검토 시 설계변경이 불가한 사항이 있고, 또한 구조체 철저, 재시공 등 공사비가 과다 소요됨을 기억하시기 바랍니다.

▣ 설계당시와 착공 단계에서의 건물운영 방안이(소요실, 조직 구성원, 소요장비 등) 많은 변동이 있을 수가 있음을 기억하시기 바랍니다.

1) 각종 실 규격, 배치인원, 소요가구 종류/수량, 추가로 필요한 실 여부 등을 검토함이 필요합니다.

ㅇ 수요기관(각 해당과)에서 검토/작성(수요기관의 마스터플랜 검토 과제)

ㅇ 특히 창고/보관고, 청소부 대기실/기사대기실/동호인실 등이 누락되는 사례가 많이 발생하고 있음.

ㅇ 기관장실 내부 배치가구(책상, 회의테이블, 쇼파) 전화기 설치 여부, TV 설치위치 등 기관실 실 내부 활용방안은 사전 철저한 검토·협의가 필요, 준공 시점에서 수정·변경할 경우 상당한 애로 발생

ㅇ 기관장용 화장실(바닥 레벨, 마감재, 출입문 형태 등)에 대해서는 사전 철저한 검토/협의가 필요, 준공 시점에서 변경할 경우 상당한 애로 발생

ㅇ 대형공사 시 준공 이후 유지보수 자재 창고가 없어 곤란한 사례가 자주 발생함을 감안하여, 사전 검토함이 필요

* 누수/곰팡이 우려가 없는 PIT층 일부 공간을 활용하여 문/시건장치를 통해 공간을 확보하는 방안도 있음

2) 각 실별 전기 콘센트 위치/수량, 통신(전화, 내·외부망 LAN, TV 등) 관련 소요 내용 검토가 필요합니다.

ㅇ 수요기관(각 해당과)과 합동으로 재검토/작성
ㅇ 구조체공사와 동시에 시공하는 전기/통신 각종배관(콘센트, 직통·FAX 전화기, 교환기, 교

환전화기 회선, 인터넷 포트, 자판기 설치 등) 위치, 수량 배치 적정성 검토 필요

○ 천정 배관이 아닌 구조체 매립형 플로아박스는 위치/높이 등을 반드시 사전 검토함이 필요

○ 바닥에 OA플로아 설치 시, 전기·통신 배관/배선 경로 검토하여 중복/겹치는 구간의 높이 등 문제점 여부를 확인하여 필요시 OA플로아 높이 조정, 구조체 조정 등을 검토함이 필요

3) PS실, EPS실, 공조실 실크기, 설치/배치계획 적정성 검토가 필요합니다.
(시공사/ 건설사업관리자의 마스터플랜 수립/검토 과제)

○ PS실의 실크기가 부족할 경우 건물전체 운영에 막대한 지장을 초래하고, 실크기 부족으로 계단실, 복도에 배수관을 시공해야 하는 등 미관상 치명적인 부분이 발생할 소지가 있음

○ PS실이 부족한 경우도 많지만, 반면에 PS실 세부 상세도면(Shop-Drawing)을 실질적으로 검토·작성해보면 30% 정도의 여유공간 확보가 가능한 경우가 많아 향후 배관 증설을 고려하여 각종 배관/판넬 위치를 조정, 시공함이 필요

* 증설을 고려하여 PS실에 공배관을 사전 시공하는 사례도 많음

○ 공조실이 불필요하게 크게 설계되는 사례가 다수 발견되며, 공조실이 지상층에 위치 시 흡기/배기구 크기로 외벽 마감재 나누기 선과 불일치되는 경향이 많아 외부 미관에 치명적인 경우가 많음
⇒ 외벽 마감재 나누기 선과 일치 등 미관상 문제가 없고, 흡기/배기 기능에 문제가 없도록 검토·확인함이 필요하며, 공조실이 불필요하게 클 경우 평면 조정 방안을 검토함이 필요

○ EPS실의 실크기가 부족할 경우 각종 전기판넬 점검, 유지관리/보수가 불가능할 소지도 발생할 수 있음
⇒ EPS실은 세부상세도면(shop-drawing)을 작성 후 점검문 개폐 등 유지관리 및 설치 시 공간상의 문제 여부를 반드시 확인함이 필요

* EPS실은 바닥 마감을 소홀히 하는 설계가 많이 발견되나, 반드시 먼지 발생 등으로 EPS실 장비 기능에 문제가 없도록 바닥 마감재(예 “ 에폭시 라이닝 3mm 등)를 반드시 반영함이 필요

4) 건물내부 지하 주차장 운영방안 검토가 필요합니다.

ㅇ주차 및 통행로와 기둥과의 연관성(원활한 주차장 운영을 위해 필요시 구조체를 조정하는 방안 검토 필요), 천정마감 높이와 각종 배관, 조도와의 연관성, Car-Stopper 설계반영/필요성 여부, 충돌방지대 설치 후 차량 주차 폭의 적정성, 승하차 시 차량문 개폐의 용이성 등을 검토함이 필요

* 현재 대형 승용차가 많아 가능한 주차폭을 2.5m(법 : 주차폭 2.3m)로 변경하는 방안을 검토하고, 기관장 차 등 주요 차량 및 소형 경차 주차공간은 별도 마련하는 것으로 검토함이 필요

ㅇ자연 및 강재 환기시설의 적정성, 내부 결로수 발생 시 대책(방수방법 포함), 각종 배관의 동해 방지 여부 등을 사전 검토함이 필요

* 지하주차장 환기덕트의 위치가 설계 계산식과 달리 최종 준공 시 환기 기능에 부합되지 않는 위치에 선정되고, 환기덕트 용량이 부족한 설계가 간헐적으로 발견됨
* 지하 주차장의 환기를 별도 환기설비를 통해 운영 시 운영비용이 상당 소요됨을 감안하여, 썬큰 등 지상으로의 open형 구간을 설계함이 유리

ㅇ주차장과 내부 진입 공간은 주차장에서 쉽게 발견할 수 있고, 경쾌하게 진입할 수 있도록 밝은 조도 확보 및 밝은 인테리어 마감으로 조정하는 방안을 검토함이 필요

ㅇ보행자 안전 동선을 위해 마감 색상을 달리하는 방안과, 주차장 기둥에 사인물(번호 표식 등)을 설치하는 등 바닥, 벽, 천정과의 색상 조화에 현재 설계의 부합성을 검토하여야 함

ㅇ지하주차장 진출입로 우수처리를 위헤 우수 흐름/처리의 적정성 및 우천과 폭설에 대비한 진출입 입구 지붕 설치 필요성을 검토함이 필요

5) 소방시설(감지기 및 소화전함)의 배치 및 설치계획 검토가 필요합니다.

ㅇ각 실별 소방시설(스프링쿨러, 청정소화설비 등) 적정성 여부 검토 및 스프링클러로 설계된 실에 화재 시 장비파손 여부 검토 필요

ㅇ각 구간별 소방설비의 소화반경 적정성 검토 필요

* 설계서에 명시된 소화반경은 적법하나, 소화전 설치가 불가능한 경우도 간헐적으로 많이 발견됨

○ 콘크리트 구조체에 소화전함을 매립 시 벽체 구조물 두께 확보 여부 및 내력벽 구조성능 확보 여부 검토 필요

* 내력벽에 소화전함을 매립하는 설계 중 내력벽 두께가 200mm인데 소화전함 두께(150mm, 200mm)로 내력벽 기능을 못하는 경우가 설계가 간헐적으로 많이 발견됨

○ 층간 방화구획에 대해 최종 마감까지를 검토 후 오픈 구간이 있을 시 대책을 사전 협의 후 조치함이 필요

* 커튼월 창호 부분과 PS실의 층간 방화구획은 반드시 관련 법령 및 마감 처리 방안을 반드시 검토함이 필요
* 관련법령 : 건축물의 피난·방화구조 등의 기준에 관한 규칙(약칭 : 건축물방화구조규칙) [시행 2022. 4. 29. 국토교통부령 제1123호] ≫ 제14조(방화구획의 설치기준)

주의사항

▶ 현관 출입구에서 진입과 동시에 홀, 로비 벽면에 소화전함이 위치 하는 설계를 많이 발견함

⇒ 홀, 로비 인테리어 마감과 달리한 스텐레스(SST) 소화전 개폐문은 미관에 치명적임

⇒ 인테리어 공간의 소화전함은 벽면 마감과 동일한 마감재료로 Built-In 마감함이 미관상, 건물품격 향상에 절대적으로 유리함

⇒ 소화전함 두께로 인해 벽체에 Built-In 마감 이후 벽체 마감의 일직선화를 위해 구조체 공사부터 반드시 검토하여야 함

6) 터파기, 지중 구조물, 가로등(보안등), CCTV, 조경수목 상호 연관성 검토가 필요합니다.

○ 상기 사항 배치도를 크로스 체크(Cross Check) 한번만 시행하여도 지중구조물, 우·오수 배관, 조경식재 공사에서 걸림돌/문제점을 쉽게 검토할 수 있고, 쉽게 조정도 가능함

○ 가로등의 위치, 조도관계, CCTV 투시거리·각도·회전반경·위치, 조경수목과의 연관성을 검토해 보면 많은 조정 사항이 발견됨

참고

◈ 지중구조물, 오·오수 배관가로등/CCTV, 조경수목 위치가 하부지반 암반선 배치 여부를 검토함이 필요

⇒ 암반선에 배치될 경우 소요 공사비를 고려 위치를 조정함이 필요

◈ 가로등은 조도가 미치는 영향을 분석함이 필요

⇒ 농식물 재배와 연관된 부분, 조류, 동물사육장과 연관된 부분을 검토 후 배치 및 조도를 조정함이 필요

◈ CCTV 사각지대 여부 재검토/확인 및 조경수목과의 연관성, 향후 조경수목 성장 후 투시 여부 등을 사전 검토함이 필요

⇒ 위치이동, 높이 조절, 추가설치, 고정형에서 회전형으로의 변경 등을 사전 검토함이 필요

2 구조체공사와 연관이 있는 입면도 검토·협의

1) 설계된 천정고 확보 여부 재검토가 필요합니다.

ㅇ가능한 "BIM"으로 설계함이 설계상의 오류가 거의 미 발생하나, 설계 가정 중에 변동 등을 고려하여 현장에서 반드시 재확인함이 필요

ㅇ"천정고 내부 큰 보를 기준(큰보와 작은보 중첩구간)으로 전기·통신 트레이+설비닥트/소방배관 등 각종 배관+조명기구 설치공간 등"을 실질적인 시공 단면도(shop-drawing)를 작성하게 하여 검토함이 필요

ㅇ특히, 화장실 내부 PS실에서 복도로 연결되는 주변, 인테리어공사가 반영된 중요실, 특수한 장비가 설치되는 특수실 등을 중점으로 재확인 필요

ㅇ반드시 건축 및 설비, 전기, 통신업체 합동으로 동별, 실별, 층별로 주간 단위로 단계별로 검토함이 필요

주의사항

▶ '천정고 확보 여부 및 자재/장비반입구, 해당출입구 규격 및 위치 재확인' 사항은 현장에서 간헐적으로 불성실하게 검토하는 공종이 있어 문제가 자주 발생하고 있음

▶ 향후 불성실한 검토로 문제가 발생 시 재시공, 보완시공에 상당한 공사비가 소요됨을 감안하여, 검토결과에 대해 책임을 지도록 사전 주지/교육함이 필요하고, 공종별 각 검토내용과 최종 합동 검토결과서를 회의록 작성 또는 문서로 시행함이 필요

2) 각종 자재/장비반입구, 출입구 규격 및 위치 재확인이 필요합니다.

ㅇ해당 자재/장비업체를 비롯하여 관급자재업체와도 반입/설치에 대해 반드시 협의가 필요함

* 반입할 대형 자재, 장비에 대한 규격(폭, 높이)과 반입구(출입문)과의 규격을 검토 후 문제점 여부를 검토하고, 완제품 반입 여부 및 분리하여 반입/조립 가능 여부 등도 검토함이 필요

ㅇ특히 계단으로 통과해야 하는 중량 자재/장비는 필요시 도르래를 설치할 수 있는 훅크(Huk)를 구조체(보)에 사전 설치함이 절대적으로 유리하며, 이를 사전 설계자(구조기술사)

와 협의함이 필요

ㅇ 회의실 등 일부 출입문은 쌍문으로 설치함이 가구/장비 반입에 애로가 없고 미관상 유리하여 사전 구조체 규격을 검토함이 필요

3) 구조체 공사와 창호의 적정성 검토가 필요합니다.

ㅇ 창호의 배치, 크기, 창호 디자인 등을 검토함이 필요
- 채광을 위한 복도/계단실 창호 배치 필요성 여부를 검토함이 필요하며, 장방향 건물은 가능한 복도 양 끝단에 창호(커튼월)를 설치함이 조도 확보 및 미관상 절대적으로 유리
- 사무실 내부에서 외부를 바라볼 때 창호의 수평바(BAR)가 눈높이에서 시야가 방해되는지? 여부를 검토 후, 규격 또는 형태를 가능하면 조정하여 설치함이 근무환경에 절대적으로 유리

ㅇ 중요실(기관장실, 대회의실, 강당, 홀 로비, 방풍실)은 미관/인테리어 공간임을 감안하여 건물 운영방침(마감공사)과 평면도와 내부 출입문(편개/양개), 재질(목재/금속재 등), 규격 등 구조체와 연관된 부분을 사전 검토함이 필요

* 출입문 규격 및 형태(미닫이, 여닫이)에 따라 구조체 변동이 필요

ㅇ 공조실/TPS실은 소음 문제를 고려 방음문, 이중문 설치 가능 여부를 사전 검토함이 필요

ㅇ 외벽창호 입면만 중시하여 실 내부 창문 활용이 어려운 설계, 반대로 사무실 위주로 창호 배치 시 사무실 구획의 칸막이와 벽면이 외부에서 보이는 설계가 간헐적으로 발견됨
- 건물 입면상의 창호 디자인/형태와 창호 활용의 적정성 등을 구조체 공사와 연계하여 검토하고, 필요시 조정함이 필요
- 가능한 창문 수직바(BAR)에 칸막이벽이 걸리는 것이 미관상(외부에서 칸막이벽이 보이지 않음), 운영상(타 부서 소음방지) 유리
- 간헐적으로 수요기관에서 실배치 조정/변경을 요구할 시 소방/전등 기구 배치 관계를 비롯해 건물전체 입면을 반드시 검토함이 필요

ㅇ 외부 커튼월 창호의 경우 실 내부의 천정고 투시여부 및 마감처리 방법, 커텐박스 설치, 백판넬 설치방법 등을 사전 검토함이 필요
- 대부분 천정 속이 안보이도록 설계하나, 한번은 검토함이 필요. 건물 외부에서 건물 내부 커텐박스가 보일 경우 미관상 치명적으로 불리

- 커텐박스 설치에 대한 검토 없이, 입면을 중시하여 천정속이 안보이도록 커튼박스를 크게 설계하는 등 다소 불합리한 설계가 간헐적으로 발견되며, 이를 사전 구조체와 연계하여 조정함이 필요

○ 외벽의 AL그릴 창호가 외벽마감 선과 일체화가 되지 않고, 불필요하게 크거나 반대로 성능확보가 안 되도록 작게 설계된 사례도 간헐적으로 발견됨
- AL 그릴창 급기/배기 등 용량/성능확보 가능 여부를 검토하고, 규격 조정을 통해 외벽 마감선과 일직선화 함이 입면상 절대적으로 유리

○ 보안/방범이 절대적으로 필요한 특수창호(경찰서, 보안시설 등) 등의 설계 적정성 검토 필요
- 보안을 위해 손이 닿지 않는 곳에 방범용 환기그릴창을 설치하고, 파손이 어렵고, 내구성이 우수한 스텐환봉 설치 여부 등을 구조체와 연계하여 검토함이 필요

○ 곡면 창호는 크기에 따라 제작시간이 상당 소요됨을 감안하여 조기 발주 및 철저히 Shop-Drawing을 검토/작성 후 발주함이 필요

주의사항

▶ 준공시점에 간헐적으로 수요기관에서 창호를 추가로 만들어 달라는 요구가 있어, 현장관리자들은 창호 배치에 대한 기술검토가 필요하며, 무엇보다 사전에 수요기관(해당부서)과 창호 추가설치 필요 장소 등을 반드시 협의하는 절차를 수행함이 필요

⇒ 준공시점에 창호 추가설치는 구조검토, 예산 이중 낭비, 기타 설비/전기/소방 관련법에 의거 추가 창호 설치는 불가능한 경우가 많음

▶ 2층 이상 외벽에 면한 외부 휴게실의 출입문은 일반적인 창호보다 시스템 창호로 설치함이 가격은 다소 고가이나, 누수방지, 냉·난방 효율, 소음차단 효과, 미관상 측면에서 절대적으로 유리

▶ AL 그릴창 규격은 조정이 가능한 경우가 대부분으로 구조체 공사이전 확정함이 반드시 필요

4) 구조체 공사와 연관된 마감자재 선정의 적정성 및 디자인과 디테일의 적정성 검토가 필요합니다.

○ 구조체공사와 연관이 있는 마감자재 두께 변경은 구조체 공사 이후에는 마감자재 변경이 거의 불가능 한 경우가 대부분임

- OA(악세스) 후로아 추가, 로비/엘리베이터 홀의 마감(디럭스타일3mm → 석재 30mm) 변경 등
- 인테리어공간 건식벽 추가, 마감재(미장+페인트 → 석재) 변경 등
- 홀/로비 전면에 배치되는 소화전함을 내부 마감재료와 일치화하기 위해 소화전함을 Built-In 마감처리 시 내부 옹벽의 치수를 사전 조정함이 필요

  * 두께가 달라질 수 있는 자재는 사전 변경 여부를 협의함이 필요하며, 마감자재 중 설계자가 예산 부족으로 자재 등급을 하향 조정한 내용을 사전 파악함이 필요

○ 구조체 공사 이후에는 설계상의 상세도면 부족으로, 구조도면과 상세도면과 상이, 또한 디자인을 개선하고 싶어도 못 하는 부분이 너무나 많이 발생하는 것이 현실임
- 구조체공사 하도급업체 선정과 동시에 인테리어업체(또는 환경디자인업체)를 선정하여 전문가와 함께 검토함이 가장 효율적이나, 최소한 환경디자인 전문가/인테리어 전문가의 사전 검토, 기술자문을 구함이 절대적으로 필요

○ 건물 외벽의 마감처리가 애로가 있을 시 설계사무소에 의뢰하여 반드시 추가 상세도면(설계의도/개념)를 제출할 수 있도록 조치함이 필요

참고

◈ 실시설계 납품 당시 인테리어부분 설계는 상당히 부족한 부분이 많고 재검토, 재설계하는 사례가 많이 발생하는 것이 현실이며, 실질적으로 많은 부분이 건물 특성, 설계개념에 부합되지 않아 많은 변경이 필요하고 환경디자인 업체, 인테리어업체에서 별도로 상세도면 작성 등 심도 있는 검토가 필요
  * 인테리어업체의 검토결과를 종합적으로 수요기관과 합동으로 검토/협의함이 필요

◈ 공종별 현 설계내용을 시공사/건설사업관리자가 건물운영 주체자로서 상세히 검토 후 수요기관과 협의(설명)하는 절차가 필요하며,수요기관에서는 각 과별로 설계내용을 반드시 재확인함이 필요

◈ Embeded Plate, 각종 슬리브, 보/난간 철근, 풀박스 등 구조체 공사 전 사전 매립하여야 하는 사항들을 철저히 검토함이 필요
  * 구조체공사 완료 이후 보완시공 시에는 시 구조적으로 재검토가 필요하며, 보완작업 애로와 추가 공사비가 과다 소요

3 부대토목·조경공사 설계개선(안) 검토·협의

1) 부대토목 공사의 안전성, 시공성, 미관성 검토가 필요합니다.

ㅇ 대지 경계 밖의 주변 야산에서 대지 내로 진입하는 우수, 낙석처리 계획의 적정성을 반드시 검토함이 필요

- 공사 중 우수처리, 산불피해방지, 산악지역으로부터 외부인 출입통제 방안 등을 검토함이 필요
- 주변의 야산으로부터 낙엽/잡목/돌 등이 배수로에 막힐 위험 여부를 검토함이 필요
- 단지 외부로 흘러가는 우수, 현장의 표면수가 하부 민가에 미치는 영향을 검토함이 필요

* 민가에 접한 최하단 방류지점에는 오탁방지시설을 설치하여 사전 민원발생 억제에 대비함이 절대적으로 필요(설계변경 사항임)

ㅇ 주차장에서의 장애인 동선이 상당히 먼 거리에 휠체어 통로가 배치되는 사례가 간헐적으로 발견됨. 이를 준공단계에서 수정 시공하기에는 많은 어려움이 있어 사전 검토, 조정함이 필요

ㅇ 건물의 각종 장비 반입구가 외벽에 면하여 설계되고, 준공 이후 장비 반입구를 이용하여 장비 교체 등이 이루어지나, 준공 이후 유지/보수 차량 진입 가능 여부를 검토함이 필요

* 장비반입구 진입로가 조경수목, 잔디 포장, 보차도용이 아닌 인도용 포장으로 설계된 사례를 간헐적으로 발견됨

ㅇ 보도블록 포장에 있어 대부분 보도블록 폭만 설계되고, 현장에서 설계도면대로 경계석을 설치하고 보도블록 깔기를 시행하나, 보도블록에 대해 SHOP-DRAWING을 반드시 검토·작성하고 토목공사 구조체와의 연관성을 검토함이 필요

- 보도블록 쪽판 발생 여부 확인이 가능하며, 미세한 조정을 통해 보도블록 온장(반장)을 시공할 수 있어 자재 손실(Ross)을 줄일 수 있고, 설치기간도 단축됨

* 보도블록 SHOP-DRAWING을 검토·작성 시 가능한 온 장 시공을 위해 꼭 치수를 검토/확인하여 조정함이 필요하고, 또한 다양한 문양을 검토함이 필요 (현장경험상 단일색상 및 정형화된 문양보다 이질 색상의 포인트 보도블록을 뿌리는 형식(비정형화)이 오히려 미관상 유리하다고 판단하고 있음)

ㅇ인도용 보도블록과 자전거도로를 서로 연계하여 검토함이 필요하며, 자전거도로와의 구획 및 색상을 별도로 지정함이 필요

ㅇ단지 내 옹벽은 별도 페인트칠 등의 마감보다 가급적 문양거푸집을 사용 시 미관상, 내구성, 유지관리 측면에서 유리함

ㅇ농림지역(논/밭)에 접하여 시공하는 경계석은 주변보다 최소 20cm 높게 시공하고, 논/밭의 물이 원활히 배수토록 시공함이 필요

2) 토목(토목구조물)공사와 조경공사와의 연관성 검토가 필요합니다.

ㅇ토목구조물과 조경시설물, 조경수목과의 연관성을 검토해 보면 조정할 사항이 빈번히 발견됨
- 예산 부족으로 다소 빈약한 조경설계 및 식재 위치가 남, 북으로 잘못 배치한 설계, 현장 여건에 맞지 않는 설계, 유지관리가 어려운 설계, 미관상 개선이 필요한 설계 등 전반적으로 재검토가 필요함

* 사계절의 느낌을 생각하면서 미관이 우수한 조경설계로 검토함이 필요

ㅇ조경시설물은 가능한 내구성은 물론 유지관리가 용이한 방안으로 설계함이 필요
- 특히 수공간(연못 등)은 바닥에 돌마감+조경용 자갈+물+추가시설(분수 등)로 형성함이 유지관리/청소에 절대적으로 유리
- 벽천은 겨울철 활용이 어려움을 감안하여 벽천에 음·양각, 부조 설치 등 겨울철에도 미관상 문제가 없도록 설치함이 필요

ㅇ현장경험상 조경공간은 마당개념으로 접근함이 효율적이며, 건물과 조화되는 대형수목 마당, 계절별 운치를 느낄 수 있는 수목 마당, 소형 화초 마당, 자갈마당, 잔디마당, 수공간, 산책(벤치) 공간 등을 검토함이 필요

ㅇ외부 주차장과 연관이 있는 조경공간은 폭 확장보다 가능한 높게 성장되는 수목을 선정하여 수목으로 인한 주차 방해가 없도록 시공함이 필요
- 외부 주차장과 조경공간은 미세한 조정으로도 기능/미관에 상당한 영향이 있음을 감안 배치도를 반드시 한번은 검토함이 필요

4 토공사와 연관된 기계·소방·전기·통신공사 검토·협의

1) 건물 외부에서 지하층 내부로 인입되는 각종 슬리브 공사 검토가 필요합니다.

○ 각종 슬리브(가스, 시수, 전기, 통신 등의 인입, 관통, 배관 등)의 위치, 규격 및 설치 방법, 배관 경로 등 검토 필요
- 토목 관로 및 구조물과의 연관성 문제 여부, 토목공사 마감 높이(Level), 우·오수 배수와 맨홀위치 연결 방법, 공동구 교차 시 배관 높이(Level), 공동구 환기의 적정성 등

○ 슬리브(Sleeve)는 외경을 검토하고, 원천적으로 누수가 발생되지 않는 슬리브로 설치하여야 하며, 반드시 시공사항을 확인하여야 함

주의사항

▶ 시중에 판매 중인 슬리브 종류가 다양하여 신중한 검토와 선택이 필요

▶ 지하층 내부로 인입되는 각종 슬리브 주변으로 누수가 발생할 경우 하자보수비가 상당 발생됨(도로, 조경구간 등 철거/재시공 등)을 감안하여 신중한 자재 선택과 견고하게 철저히 시공함이 필요

2) 지하공동구 내부 각종 배관 설치도면 적정성 검토가 필요합니다.

○ 시공도면(Shop- drawing) 작성하여 설치 시 공간적인 문제점 여부 및 유지관리 용이성을 검토하여 필요시 레벨, 층고, 폭 조정 필요

○ 설치작업과 유지관리의 용이성, 배관 구배 등을 고려하여 Shop- Drawing을 작성하되, 가능한 천정과 양끝 벽면에 2단으로 설치하는 방안으로 검토 시 설치 및 유지관리 공간확보 가능

○ 지하공동구 내 환기구를 별도 마련하여야 하며, 결로수 등 내부 유입수의 처리계획을 반드시 검토하되, 가능한 자연배수 처리되도록 시공함이 안전성, 유지관리성 등 측면에서 장기적으로 절대적으로 유리

5) 지하저수조 OVER FLOW에 대비한 방출 레벨 등 검토가 필요합니다.

ㅇ 재시공, 보완시공이 상당히 어려움을 감안하여 OVER FLOW 대비하는 방안을 사전 검토함이 필요

ㅇ 또한, OVER FLOW 시 자연배수 등 지하저수조실 자체적으로 해결할 수 있는 배수(드레인) 대책을 마련하여야 함

3 '토공사 기간(토목공사)' KEY – POINT

Key-Point

♧ '토공사 기간(토목공사)' 수행 중 현장관리자들이 검토를 소홀히 하는 경향이 있는 사항과 반드시 확인이 필요한 사항, 공사 중 참고사항, 관련 법령, 표준시방서 목록 등에 대해 정리하였습니다.

♧ 현장 관리자들이 '토목공사 중 소홀히 하기 쉬운 부분과 알아두면 공사수행 중 도움이 된다고 생각하는 사항, 기본적으로 알아야 하는 사항은 무엇인가? 라는 질문에 대한 저의 답변입니다.

- ◦ 토공사(발파 및 흙막이공사 포함) 중요 검토·확인 사항
- ◦ 기초 및 지정공사(파일공사 포함) 중요 검토·확인 사항
- ◦ 벌목 등 건설폐기물 처리 시 중요 검토·확인 사항
- ◦ 농토목공사 중요 검토·확인 사항

♧ 토공사/토목공사의 범위가 너무나 방대하여 정부·공공 건설공사 중 청사 등 건축물 신축사업에 필요한 사항만 정리하였지만, 동내용을 참고하시어, 기타 대형 토공사(토목공사) 마스터플랜을 수립하는 데 조금이라도 도움이 되었으면 하는 바램입니다.

♧ 토공사/토목공사는 설계서와 현장여건의 상이, 설계서 오류, 안전사고 위험 등으로 설계변경 시 상당 금액이 추가 소요됨을 감안하여, 최대한 조기에 종합 검토하여 철저한 계획을 사전 수립하고, 또한, 공사관계자 모두 합동으로 심도 있고 주의 깊게 하나하나 검토·확인해 나간다면 쉽게 공사 관리할 수 있다고 자신 있게 말씀드릴 수 있습니다.

1 토공사 (발파 및 흙막이공사 포함) 중요 검토·확인 사항

1. 관련 사진

주요내용	관련사진
○ 벌개제근 및 표토제거[폐기물 처리 포함] – 보존 및 이식 수목 분류 – 폐기물 관련 법령에 따른 성상 분류 – 올바로시스템(www.olbaro.or.kr)을 통한 관리 ※ 재활용 골재는 폐기물에서 제외	 
○ 땅깎기(절토)[암발파 포함] – 땅깎기(토사층) → 암깎기(리핑암) → 암발파(풍화암) – 설계와 현장여건 상이 시 ·암판정위원회를 통한 지층경계선 확정	
○ 터파기 – 토질, 지하매설물 현황 조사 – 지상지장물 현황 파악 후 이설 – 토사 외부 반출 시 세륜시설 설치 – 굴착 및 배수시설 설치 – 필요시 흙막이(차수벽) 실시	
○ 흙쌓기 – 시방기준에 맞는 재료 선정 – 외부토 반입시 토석정보시스템 활용 토취장 선정 및 축중계·세륜시설 설치 – 토사 쌓기 – 다짐(노체 : 300mm, 90%, 노상 : 200mm, 95%) – 다짐 시험(평판재하, 콘관입시험등)	

주요내용	관련사진
○ 되메우기 및 뒤채움공사 - 시방기준에 맞는 재료 선정 - 포설 및 다짐(보통쌓기 : 200㎜, 90%) - 다짐 시험(평판재하, 콘 관입시험등)	
○ 사토 및 잔토처리 - 외부토 반출시 토석정보시스템 활용 사토장 선정 및 축중계·세륜시설 설치 - 사토장 재해방지시설 설치 - 굴착토사 현장 내·외 운반	
○ 흙막이공 - 지하수 대책의 적부, 굴착깊이, 경제성, 지반 및 현장조건 등 고려 공법선정 - 현장 시험터파기를 통한 설계서와 상이 여부 파악(상이 시 공법 변경) - 흙막이 및 차수벽 설치	

2. 품질관리를 위한 주요 검토·확인 사항

1) 터파기 및 흙막이(차수벽), 파일 천공공사, 보강토 옹벽공사에 대해 지반조사, 구조검토 등 설계내용과 비교검토를 조기에 시행함이 필요합니다.

○ 토공사 및 흙막이(차수벽), 파일천공 공사는 철저한 시험터파기, 천공으로 토질 확인, 시항타 시 관입길이 검토·확인, 재하시험을 조기에 시행함이 필요

- 터파기 시 경사진 암반선이 발견되어 터파기 공법을 변경하는 사례 및 차수용 흙막이공사가 미설계되어 차수벽을 추가하는 사례가 빈번하게 발생함

- 산악지역, 해안가 주변은 파일항타 공법을 "오우거(AUGER) 또는 오우거+케이싱"으로는 호박돌, 큰 자갈 등으로 파일항타가 불가하여 T4공법으로 변경하는 사례가 많음

ㅇ 예산부족으로 적합하지 않은 공법 선택, 지질조사 오류(지질조사 시기, 우기/건기 차이)로 대형 안전사고의 위험과 최악의 경우 재설계/공사 중단도 사례도 많고, 또한 예산확보 문제에 대해 상당 시간이 소요될 소지가 다분함

* 설계변경 시 상당 금액(몇 억~몇 십억) 추가 예산이 소요되어 착공 초기에 철저히 검토·검증 절차를 시행함이 필요

ㅇ 여러 단을 시공하는 '다단식 보강토 옹벽'은 반드시 전체사면 안정해석 유·무를 재확인함이 필요하며, 시공 전 구조기술 자문을 득함이 필요

- 보강토 옹벽 구조검토는 각 단별로 구조 검토하는 것이 아니라 전체 단에 대해 종합적으로 구조 검토함이 규정에 적법하고 안전함

주의사항

◈ 지하수위는 계절에 따라 차이가 있고, 지질조사 부위와 기타 부위 지질이 다를 수 있어 설계 지질조사 보고서를 100% 믿어서는 안 되며, 철저한 시험터파기, 천공으로 토질을 재확인함이 반드시 필요

◈ 파일항타 시 진동에 의해 차수벽이 파괴될 수 있어 파일 시공 후 차수벽을 시공함이 필요

⇒ 시험터파기, 파일 시험천공 시 문제점이 발견될 경우 반드시 합동 (수요기관, 설계자, 감리단, 시공사, 별도 선임한 기술자문위원)으로 현장 상황을 재확인함이 필요

⇒ 현재 설계공법도 시행하고, 또한, 다른 공법이면서, 저렴한 공법들을 추가로 시행하는 등 단 한번의 확인/협의로 행정절차가 종결되도록 업무를 추진함이 필요

⇒ 현장 확인 후 설계자는 대체공법 등을 제안토록 조치하고 기술자문위원에게도 문제점에 대한 조치의견/대책에 대해 의견서를 접수하여 수요기관으로 문서발송, 설계변경 절차를 진행함이 필요

2) 터파기 이후 기초깊이가 동결선 이하인지 확인함이 필요합니다.

ㅇ 특히 가로등, 보안등, 국기게양대, 휀스 기초 등 소홀하기 쉬운 구조물의 터파기 기초가 동결선 이하인지 반드시 확인함이 필요

3) 바닥면의 토질 상태 확인이 필요합니다.

ㅇ기초 안착 가능 여부, 설계 지내력 확보 가능 여부 등을 사전 확인 필요

ㅇ바닥면의 토질 상태가 설계지내력 확보가 불가능한 점토질(뻘) 또는 주변 저수지/하천 등으로부터 물 이동이 발생되는 경우 토질 치환 등 별도의 대책을 마련/시행 후 기초를 안착하여야 함

ㅇ터파기 이후 바닥면이 연약지반일 경우 히빙(Heaving)에 대비한 기초여부를 검토함이 필요

ㅇ터파기 시행 전 출수(出水)가 예상될 경우 가배수로(펌핑) 계획을 수립하고, 이에 따라 터파기 구간을 확정함이 필요

4) 흙막이 공법과 터파기와의 연관성, 시공계획서(구조계산서) 등 사전 확인이 필요합니다.

ㅇ흙막이와 굴착방법 연관성, 터파기 기간 배수계획 확인

ㅇ흙막이 계측 등 붕괴 발생 대비 안전대책 및 점검 방법 확인

ㅇ주변 지반의 침하, 변형 방지를 위한 Boiling 대책, Heaving 대책, 피압수 대책 등을 검토

* 흙막이 공사 시 지하수 깊이, 토질 상태, 현재 공법의 적정 설계 여부, 공사 중 안전사고 위험 요소, 소음으로 인한 민원 발생 소지 여부 등을 반드시 확인함이 필요
* 지반굴착으로 인한 굴착면의 토압 및 수압으로 인한 변형 및 붕괴 방지를 위해 변형과 부식이 없는 적정 자재 반입 여부, 계측계획의 적정성, 파일 이음부 보강용접의 적절성, 자격·면허·기능을 가진 작업자 배치 여부 등을 철저히 검토함이 필요

ㅇ흙막이공사 시행 전 최악의 경우인 붕괴(흙막이가 밀려 나올 경우)를 대비한 비상 대책(토사 되메우기 등)을 사전 검토, 수립함이 필요하며, 계측을 통해 정기적으로 수시 확인함이 필요

5) 되메우기 부분 사전 조치내용 확인이 필요합니다.

ㅇ구조체 부위 방수공사 철저 이행 여부 반드시 확인 필요
- 되메우기 전 지하 외벽방수를 철저히 시공하여 터파기, 되메우기를 재이행하지 않도록 철저히 검사·확인함이 필요

* 되메우기 전 방수층 보호재 설계반영 여부 등을 검토하고 필요시 설계변경으로 반영함이 필요하며, 되메우기 시 방수층이 파손되는 일이 없도록 주의 깊게 시공하고, 철저히 관리하여야 함

ㅇ 되메우기 시 양질의 성토 흙 외 오염물질(쓰레기 등)이 함께 성토되지 않도록 시공하여야 하며, 되메우기용 흙 및 되메우기 사진, 검측 사진 등을 철저히 관리함이 필요

* 공사비(임금) 협상용, 또는 악의성으로 불법으로 폐기물을 매립하였다는 작업인부(가설식당 운영자)들의 민원이 많이 발생됨을 결코 간과하여서는 아니 됨

6) 잔토 처리 계획서를 사전 수립함이 필요합니다.

ㅇ 잔토처리를 위한 차량 진·출입구 계획, 반출 토량, 반출 시기, 잔토 처리 장소 등

ㅇ 이중으로 토사를 이동하는 비용이 발생하지 않도록 사토와 잔토 처리 계획을 철저히 수립하여야 함

* 잔토가 계약내용에 따라 적법하게 처리하는지 여부를 반드시 확인하여야 함

7) 발파 작약량, 간격, 발파방법 선택에 있어 발파범위, 주변 민원 발생 최소화 방지를 고려하여 선택하여야 합니다.

ㅇ 발파 진동을 억제하는 방법으로 저비중, 저폭속 폭약을 사용 시 진동치의 크기를 감소시키며, 전파하는 진동을 차단하는 방법으로 흡음벽, 방음벽, 트랜치 등을 통해 공간을 구획하는 방법이 효과적임

ㅇ 주변 민원이 심각하게 우려되는 지역은 상기 진동억제 방법 외 발파 간격은 촘촘히 하면서 작약량을 축소화하고, 분할발파 하는 방안도 검토함이 필요

ㅇ 발파 이후 암 절리면 처리가 무엇보다 중요하며, 절리면 부스러기 제거 및 평탄화를 위한 콘크리트 타설 계획이 반드시 필요

ㅇ 발파 전, 사전 공지, 주변 작업 금지, 주변 시설/자재 등 피해 방지대책 등 안전관리계획을 수립하는 것이 무엇보다 중요함

* (참고) 생활소음·진동의 규제기준(제20조제3항), 소음·진동관리법 시행규칙 [별표 8]의 '공사장의

진동 규제기준은 주간의 경우 특정공사 사전신고 대상 기계·장비를 사용하는 작업시간이 1일 2시간 이하일 때는 +10dB을, 2시간 초과 4시간 이하일 때는 +5dB을 규제기준치에 보정한다.'의 기준을 고려하여 시뮬레이션을 통해 발파 방법을 선정함이 필요

8) 품질관리를 위한 주요 검토·확인 사항

ㅇ토공사 공통사항

- 착공 시 현황측량을 통해 설계도서와 현장 여건의 상이 여부를 반드시 보고토록 지시하여야 하며, 이를 확인하여야 함
- 토공사의 품질시험계획을 수립토록 지시하고, 적기에 품질시험을 실시하도록 조치하고, 확인하여야 함
- 각 공정 시공 전 타 공정과 중첩되는 부분을 파악하여 시공 시기, 계획고, 노선 등 시공순서 및 공법변경 사항을 사전에 검토/협의, 확정하여야 한다.
- 후속 공정을 위한 작업로 및 작업공간(자재 적치, 장비작업 위치 등)을 고려하여 토공 계획을 수립 이후 작업에 착수하여야 함
- 법면 절개 및 성토에 의한 사면부에 대하여 보호공 계획을 수립하여야 함
- 습윤부(지하수 유출구간)는 초기 육안 검사를 할 수 있도록 투명한 재질로 사면보호를 하여야 함

ㅇ벌개제근 및 표토제거

- 벌개제근 및 표토제거를 통해 발생된 부산물(폐기물)은 보관소를 설치하여 성상에 따라 반드시 분류한다.
- 벌개제근 작업으로 제거된 물질은 외부 반출, 위탁 처리하나, 반드시 친환경 재활용방안(길어깨 보호용, 화단 등)을 검토한다.
- 보존 및 이식 수목을 분류 후 표식하여 손상을 방지하여야 함
- 사용 중인 교량, 암거 및 기타 배수시설 철거 시 대체 시설을 설치 후 철거하여야 함

ㅇ땅깎기(절토)[암발파 포함]

- 설계와 상이한 지층경계선 발생 및 땅깎기, 암깎기, 암발파 작업 중 또는 각 작업 완료 후 관련 자료를 검토, 확인하여야 함
- 땅깎기(절토)의 지정된 부분을 초과하여 여굴이 발생한 경우 시공사 부담으로 승인된 재료(골재, Con'c 등)로 보강하여야 함
- 땅깎기에서 발생한 재료는 현장 토질시험에 의거 사용가능 여부를 판단 후 최대한 재활용(성토재, 쇄석골재 등) 방안을 검토하여야 함
  * 재활용을 통해 상당 공사비(예산)을 절감하는 현장이 많음

- 수급자의 지층경계선 확인 요청 시 다음 순서에 따라 검토하여야 함
  ① 제출자료 및 육안으로 확인
  ② 유압식 리퍼에 의한 시험시공
  ③ 전문기술자의 검토의견서 및 암판정위원회 공동조사 결과에 따라 지층경계선을 확정
- 발파 작업에 대해 인근 주민 설명회를 실시하여 최대한 민원을 억제하기 위해 노력하여야 하며, 민원이 우려되는 지역은 발파 간격을 촘촘히 하면서 작약량을 축소화하는 방안을 선택하고 이동식 방음벽을 설치하여 발파하는 것이 효과적임
- 발파 전 발파영향권 내 모든 시설물의 균열상태를 사진/동영상으로 보관함이 향후 민원 대처 및 발파 작업 피드백에 유리함
- 작업장 인근에 화약, 뇌관 보관(폭우, 낙뢰 등 대비) 장소를 사전 확보하여야 한다.
- 발파는 인근지역의 인부/장비 작업시간을 배제 후 실시하며 발파 후 5분 이내는 출입을 금지한다.
- 전색 시 정전기 방지 복장 착용하여 안전사고를 예방함이 필요.
- 발파지역 상부에 구조물을 시공시에는 반드시 발파 이후 암 절리면에 부스러기 제거 및 평탄화를 위한 콘크리트 타설 계획이 필요

* 발파 전, 사전 공지, 주변 작업 금지, 주변 시설/자재 등 피해 방지대책 등 안전관리계획을 수립후 시행함이 무엇보다 중요

○ 터파기
- 토사 외부 반출 시 진출입로에 축중계와 세륜시설 반드시 설치하고, 불법으로 무단 방출(주변 농경지에 매립 등 불법 행위) 및 주변 도로 등에 오염이 되지 않도록 철저히 관리하여야 함
- 터파기 전 지상 지장물 현황조사를 지시하여야 하며, 지장물 발견 시 관련자료 철저히 작성, 첨부하여 수요기관에 보고하는 등 설계변경 절차에 따라 문서(원인) 행위를 철저히 이행하여야 함
- 토질 여건 변동 시에는 위치 및 토질별 사면 안식각을 적용하여야 함

⇒ 토사(1:1.2~1:1.5), 리핑암(1:1.0~1:1.2), 풍화암(1:0.5~1:1.0)
- 터파기 중 설계에 미반영 된 지하수위 발견 시 즉시 작업 중지 후 흙막이(차수벽) 선정 후 시공이 필요하며, 별도의 기술자문위원회를 구성하여 자문을 구하는 등 투명하게 업무처리를 하여야 한다.

○ 흙쌓기
- 쌓기에 사용할 재료는 상기 시방기준에 맞는 재료를 시험(함수비, 입도, 밀도, 액성/소성 한계, 75μm체 통과량) 하여야 함

- 다짐은 시방서에 명시된 다짐의 판정기준에 따라 확인하여야 한다.
- 토사 외부 반입 시에도 진출입로에 축중기와 세륜시설 반드시 설치하고, 적법하게 운영되도록 관리하여야 함
- 토석정보시스템(www.tocycie.com)을 활용한 토취장/사토장 선정
⇒ 현장 인근(사유지, 공사현장 등) 최근거리 지역도 조사 필요

※ 토석정부 및 관할 시·도를 통해서도 토취장/사토장 선정에 있어 애로(현장근교 토취장/사토장이 없고, 장거리 운반 필요)가 있을 경우 주변 민가 등도 반드시 검토함이 필요

○ 되메우기 및 뒤채움 공사
- 되메우기 및 뒤채움 시 구조물이 파손되지 않도록 다짐장비 조합 등을 검토하며, 필요시 장비 조합을 통해 변경함이 필요
- 되메우기/뒤채움재는 압축성이 적고, 물의 침투에 의해 강도가 저하되지 않고, 다지기가 쉽고, 동상에 영향을 받지 않는 재료로 선정한다.
- 되메우기/뒤채움 시기는 토사 반입 방법, 다짐 방법, 구조체 강도 등을 고려하여 구조물에 손상이 없도록 시방기준에 따라 층다짐(200mm, 90%)을 하면서 실시하여야 함

○ 사토 및 잔토 처리
- 잔토 중 되메우기용 토사는 되메우기 작업이 쉬운 곳을 임시 적치될 수 있도록 위치를 선정하되, 심도 있게 검토하여야 함

* 시공사와 하도급자가 합의 하에 임의로 위치를 선정한 후 이동 거리로 증가로 인한 설계변경을 통한 증액 요구 사례가 발생하고, 설계변경 타당성에 대한 논란이 간헐적으로 발생되고 있어 현장여건을 충분히 검토 후 선정하여야 함

- 사토는 지정된 장소에 처분하고 재해방지시설을 설치하여야 함
- 운반용 트럭의 작업장 진· 출입시는 교통정리원의 지시를 따르도록 하여 보행자 및 통행 차량에 불편을 주지 않도록 하여야 함

○ 가설 흙막이공
- 시공 안전대책을 수립하여 안전에 만전을 기하여야 하며, 필요한 장소에 안전표지판, 차단기, 조명 및 경고 신호 등을 설치하여야 함
- 주요 시설물에 대해서는 관계법령에 따라 작업내용을 사전 통보받아 굴착작업 시에 건설사업관리자는 반드시 입회하여야 함
- 지하 지장물 및 기타 시설물은 반드시 발주기관 담당자와 협의 후 조사하여야 하고, 이

상 없을 시 굴착공사를 시행하여야 함

- 굴착공사로 인한 인접 구조물의 안전성 확보를 위해 계측관리 계획을 사전 협의하고, 인접 구조물의 건물의 벽, 지붕, 바닥, 담 등의 강성, 안정성, 균열상태, 노후 정도 등을 상세히 계측 및 기록(사진 촬영) 관리하여야 함
- 가설흙막이 공사는 사전 주변 시설물 및 지반 조건 등을 고려하여 공법을 선정하고, 계측장비를 반드시 설치하여 주기적으로 변위를 확인하고, 이상 발생 시 안전 보강조치를 즉시 시행하여야 함
- 지하수가 유출될 때에는 흙막이판의 배면에 부직포를 대고, 지반이 연약할 경우에는 소일시멘트 등으로 뒷채움하는 등 안전성 확보에 유의하여야 함

주의사항

▶ 토공사는 지하공사 계획, 사전 지반조사(지하수위), 연약지반개량공법, 터파기 공법, 토공 계획(다짐, 압성토, 토취장/사토장, 토사 운반, 토사 동상방치대책 등)에 대한 계획의 적정성을 검토·확인함이 필요

▶ 흙막이공사는 반드시 『지하안전관리에 관한 특별법』(국토교통부 고시 제1104, 2022.1.28.)을 확인하여야 하며, 설계된 공법의 적정성, 계측관리계획의 적정성과 수직도(H-Pile), 흙막이 가시설에 작용하는 수평력, 벽체의 안전조건, 지하외벽 합벽처리(도심지) 계획의 적정성을 검토·확인함이 필요

▶ 집중 호우시 해당 현장 지역 하천의 최대 홍수위를 검토하여 우선 토공사 기간부터 홍수위 부족으로 당 현장으로 우수가 범람하지 않도록 사전 검토 및 철저 조치

▶ 주변 하천이 현장의 토사로 적체되지 않도록 조치하고, 또한, 현장의 토사로 인한 흙탕물이 주변 농가에 피해를 주지 않도록 침전지를 여러 군데 적절히 설치하고, 농림 및 민가 지역일 경우 현장 배수로 끝단에는 우수 정화용 '오탁방지설비'를 설치하여 흙탕물이 아닌 정화된 물이 현장 외부로 흘러나가도록 철저 조치

▶ 현장 상부 산악지역에서 우천 시 현장으로 흘러들어 올 수 있는 각종 부유물(나무가지 등)로 인해 배수가 막힘이 없도록 현장 상부의 토사 흐름을 검토하고, 산마루 측구 등을 추가 설치하는 등 사전 철저 조치

▶ 토공사 기간에는 작업차량으로 인한 사업장 외부 도로에 오염이 발생하지 않도록 세륜기 설치 운영 및 토사 반출/반입용 덤프트럭 덮게 설치 운행 등에 있어 철저히 관리

▶ 토공사 기간이 장기화 또는 우기철에 작업을 할 경우에는 토공사용 가설 작업도로에 잡석/자갈 또는 부직포 등을 포설하여 비가 온 뒤에도 바로 작업이 가능하도록 사전 철저 조치

※ 지반공사(토공사) 표준시방서

1. 일반사항

ㅇ 국가건설기준센타(http://www.kcsc.re.kr)의 "11 10 05"에 따른다.

2. 관련 시방서

① 벌개제근 및 표토제거(폐기물 포함)는 "11 20 05"에 따른다.
② 땅깍기(절토) 공사(암발파포함)는 "11 20 10"에 따른다.
③ 터파기 공사는 "11 20 15"에 따른다.
④ 흙쌓기(성토) 공사는 "11 20 20"에 따른다.
⑤ 되메우기 및 뒤채움공사는 "11 20 25"에 따른다.
⑥ 사토 및 잔토처리는 "11 20 30"에 따른다.
⑦ 가설 흙막이공는 "21 30 00 및 21 30 01"에 따른다.

▣ 흙쌓기

▷관련근거 : 도로설계기준 (44 30 00 도로토공 - 4.3 흙쌓기)

▷(노체) 1층의 다짐완료 두께가 0.3m 이하이어야 하며, 각 층마다 흙의 다짐시험(KS F 2312)의 A 또는 B 방법에 의하여 정하여진 최대건조밀도의 90% 이상의 밀도가 되도록 균일하게 다져야 한다.

▷(노상) 1층의 다짐 완료 후 두께가 0.2m 이하이어야 하며, 각 층마다 흙의 다짐시험(KS F 2312) C, D 또는 E 방법에 의하여 정하여진 최대건조밀도의 95% 이상의 밀도가 되도록 균일하게 다져야 한다.

▷노상 다짐규정은 최소 관리규정이므로 모든 부위가 소정의 다짐도를 만족시켜야 하며, 균일한 지지력과 강성을 갖도록 얇고 균일하게 포설하여 다져야 한다.

▣ 비탈면 보호

▷관련근거 : 도로설계기준 (44 30 00 도로토공 - 4.5 비탈면보호)

▷비탈면 보호공은 식생공과 구조물공으로 대별되고, 식생을 우선적으로 검토하고, 식생만으로 부적합하나 불충분한 경우는 구조 부재에 의한 보호공을 선정하여야 한다.

▷동일 비탈면내에서도 지반의 종류, 용출수상태 등의 조건이 다른 경우에는 부위별로 적합한 보호공을 선정하여야 한다.

▷기타 상세 비탈면 보호공은 「건설공사비탈면설계기준」에 따른다.

▣ 구조물 뒤채움

▷관련근거 : 도로설계기준 (44 30 00 도로토공 - 4.7 구조물 뒤채움)

▷구조물 뒤채움은 타 공종보다 조기에 시공함으로써 작업용 차량통행 및 자연다짐을 유도하여 잔류침하를 최소화할 수 있도록 작업계획을 수립하여야 한다.

▷뒤채움 시공은 인접한 토공부와 20.0m 이상 동시에 다짐을 실시하여 균질한 다짐이 될 수 있게 하는 것이 바람직하다.

▷구조물보다 흙쌓기를 선 시공하는 경우는 대형장비의 작업이 가능하도록 구조물 부위 10m 이상 구간의 흙쌓기를 유보하고 뒤채움과 병행 시공하여야 한다.

▣ 배수시설의 구비조건

▷유량을 통과시키기 위하여 충분한 통수단면을 확보하고, 친환경적인 구조물로 지형여건에 맞는 시설 규모와 계획을 수립하여야 한다.

▣ 하천(홍수) 설계빈도

▷하천을 횡단하거나 하천구역을 일부라도 점유하게 되는 구조물은 해당 하천의 하천기

본계획이 수립된 경우 계획빈도를 따르며, 미수립된 경우는 하천 관련기관과 협의 결정하거나 「하천설계기준」에 따라 적용

▣ 교량

▷고성토부 또는 연약지반 상에 계획된 교대는 측방유동토압의 증가와 횡방향 지반반력의 저하로 인한 수평이동의 영향 검토 필요

▷기존 시설에 근접하여 시공하여야 할 경우에는 기존 시설물과 인근 지반의 안전성에 대해 검토 필요

▣ 암거

▷콘크리트 및 철근 등 사용재료는 「도로교설계기준」과 「도로암거표준도」에 적용된 사용재료 규격에 따른다.

▣ 옹벽의 안정조건

▷옹벽은 전도, 활동, 지지력 및 절개지 지형에 따른 사면 안정에 대하여 안전하게 설계되어야 한다. 다음에 규정된 안정에 대한 계산은 사용하중에 준하여야 한다. 다만, 세부내용은 「구조물기초설계기준 해설」 "옹벽의 안정조건"을 참조한다.

▣ 문화재 발견 시 조치

▷관련근거 : 문화재보호법 제12조

▷건설공사로 인하여 문화재가 훼손, 멸실 또는 수몰(水沒)될 우려가 있거나 그 밖에 문화재의 역사문화환경 보호를 위하여 필요한 때에는 그 건설공사의 시행자는 문화재청장의 지시에 따라 필요한 조치를 하여야 한다. 이 경우 그 조치에 필요한 경비는 그 건설공사의 시행자가 부담한다.

▣ 소나무재선충병 이동제한

▷관련근거 : 소나무재선충병 방제특별법 제10조 2

▷소나무재선충병으로 피해를 받고 있는 산림을 보호하기 위해 공사착공 전 소나무재선충병 지역인지 확인하고 해당 지자체장으로부터 생산확인표를 발급받아야 한다.

▣ 화약류관리보안책임자

▷관련근거 : 총포·도검·화약류 등의 안전관리에 관한 법률 제31조, 동 시행령 제58조

▷화약류관리 보안책임자는 법 제31조 제1항의 규정에 의하여 화약류관리에 관한 다음 각 호의 감독업무를 수행하여야 한다.

1. 저장소의 위치·구조 및 설비가 법 제25조 제1항의 규정에 의한 허가를 받지 아니하고 변경되는 일이 없도록 할 것

2. 화약류 저장상의 취급 또는 저장소의 위치·구조 및 설비가 제29조 내지 제44조의 기준에 적합하고 또한 적합하게 유지되도록 할 것

3. 저장소가 인근의 화재 그 밖의 사정으로 위험상태에 있거나, 화약류의 안전도에 이상이 있는 때에는 응급조치를 지휘할 것

4. 화약류취급 및 저장량등에 관한 제16조 내지 제24조 및 제45조의 규정이 적합하게 지켜질 수 있도록 지도·감독할 것

5. 제57조 제3호 내지 제7호의 규정은 화약류의 관리에 관한 감독 업무에 관하여 이를 준용한다.

▣ 화약류의 보관

▷관련근거 : 총포·도검·화약류 등의 안전관리에 관한 법률 제24~26조, 동 시행령 제28~제29조, 동 시행규칙 제38조

▷2급 저장소는 일시적인 토목공사를 하거나 그 밖의 일정한 기간의 공사를 하는 사람이 그 공사에 사용하기 위하여 화약류를 저장하고자 하는 때에 한하여 이를 설치할 수 있다.

▣ 화약류의 운반

▷관련근거 : 총포·도검·화약류 등의 안전관리에 관한 법률 제24~제26조, 동 시행령 제28~제29조, 동 시행규칙 제38조

▷화약류를 운반하려는 사람은 행정자치부령으로 정하는 바에 따라 발송지를 관할하는 경찰서장에게 신고하여야 한다.

▷운반신고를 받은 경찰서장은 행정자치부령으로 정하는 바에 따라 화약류운반신고증명서를 발급하여야 한다.

▷화약류를 운반하는 사람은 발급받은 화약류운반신고증명서를 지니고 있어야 한다.

▣ 시험발파 수립 및 결과 보고

▷관련근거 : 건설공사사업관리방식 검토 기준 및 업무수행지침 제136조

▷공사감독자는 시공자로부터 시험발파계획서를 사전에 제출받아 다음 각 호의 사항을 고려하여 검토·확인하고 발파하도록 하여야 한다.

1. 관계규정 저촉 여부
2. 안전성 확보 여부
3. 계측계획 적정성 여부
4. 그 밖에 시험발파를 위하여 필요한 사항

▣ 발파계획서 검토

▷관련근거 : 건설공사사업관리방식 검토 기준 및 업무수행지침 제77조

▷건설사업관리기술자는 시공자가 제출하는 다음 각 호의 서류를 접수하여야 하며 접수된 서류에 하자가 있을 경우에는 접수일로부터 3일 이내에 시공자에게 문서로 보완을 지시하여야 한다.

▦ 도로설계기준 (44 30 00 도로토공 □ 2.2.5 토취장 계획)

① 본선 부근에 후보지를 선정하여 운반거리를 짧게 한다.

② 다른 사업과 연계하여 「토석정보공유시스템」 등을 이용하여 효과적인 토취장 계획을 수립한다.

③ 토량 배분 계획과 관련해서 토량뿐만 아니라 노상재, 뒤채움재, 운반로가설재, 교통성 확보 등 공사에 필요한 재료를 얻을 수 있는 장소를 선정한다.

④ 문화재 보호법 등의 법적 규제를 받는 곳에서는 관련기관과 협의를 한다.

⑤ 토지 이용 계획에 대하여 소유자와 충분한 협의 및 사용 동의서를 작성한다.

⑥ 땅깎기에 의한 비탈면이 발생될 때에는 비탈면 경사와 보호공 등을 검토하여 반영한다.

⑦ 토취장은 시공할 때 토량변화율 등의 변경에 따라 채취 가능 토량이 변경되는 경우가 있으므로 토량에 여유가 있도록 설계한다.

⑧ 배수에 대해서는 현재의 배수계통 및 주변 배수의 상황 등을 조사하여 추후에 분쟁이 발생치 않도록 설계한다.

⑨ 운반로는 단순히 운반거리 뿐만 아니라 연도 상황, 교통량 및 보도 등을 고려하고 포장 폭과 노면 상황 등을 고려하여 종합적으로 판단하도록 한다.

⑩ 토취장 지역에 땅깎기 비탈면이 발생할 경우 필요에 따라 비탈면 보호공 및 조경계획을 수립하여야 한다.

▦ 도로설계기준 (44 30 00 도로토공 □ 2.2.6 사토장 계획)

① 사토장은 운반작업 및 잔토처리 등을 고려하여 가능한 한 과업구간 인근으로 선정하되 우선적으로 「토석정보공유시스템」을 이용하여 토공의 효율성을 증대시킨다.

② 사토장은 장소에 따라 법적 규제를 받기 때문에 관련 공공기관과 충분히 협의하고, 해제 절차를 수립한다.

③ 사토장은 강우에 의하여 토사 유출 또는 붕괴 위험이 있기 때문에 사전에 배수 및 기존 수로의 교체, 옹벽에 의한 토류공 및 비탈면 보호 계획, 계획적인 매립과 배수 경사 등의 확보, 필요할 때 이토의 침전지 등의 계획을 수립한다.

④ 흙 운반로는 운반거리·연도상황·교통량 및 보도 등을 고려하고, 폭·포장의 상황·개량상황 등을 고려하여 종합적으로 판단한다.

⑤ 사토장은 토량변화율, 토질 및 암질의 변화에 의한 땅깎기 및 흙쌓기량, 사토량의 변화, 차량 소통을 위하여 반입되는 모래, 자갈 등의 토량을 고려하여 여유 있게 설계한다.

▦ 도로설계기준 (44 30 00 도로토공 □ 4.7 구조물 뒷채움)

① 땅깎기 비탈면의 경사는 「건설공사비탈면설계기준」을 따르되, 다음과 같은 경우에는 비탈면 안정 대책을 검토하여 설계에 반영한다.

1. 지반이 두꺼운 붕적층 또는 퇴적층으로 구성되어 불안정한 상태를 나타내는 구간
2. 붕괴 이력이 있고, 비탈면 붕괴 발생 가능성이 있는 구간
3. 지하수위가 높고 용출수가 많은 구간
4. 갈라진 틈이 있고, 지반의 활동 가능성이 있는 구간
5. 액상화 발생이 예측되는 지반
6. 비탈면 부근에 기존 구조물이 위치하는 구간
7. 기타 땅깎기 비탈면의 불안정 요인이 있는 것으로 판단되는 구간

② 땅깎기 비탈면의 불안정 요인이 없고, 소규모일 때는 다음의 표준경사를 적용할 수 있다.

▦ 도로설계기준 (44 30 00 도로토공 □ 4.2 땅깎기)

① 땅깎기 비탈면의 경사는 「건설공사비탈면설계기준」을 따르되, 다음과 같은 경우에는 비탈면 안정 대책을 검토하여 설계에 반영한다.

1. 지반이 두꺼운 붕적층 또는 퇴적층으로 구성되어 불안정한 상태를 나타내는 구간
2. 붕괴 이력이 있고, 비탈면 붕괴 발생 가능성이 있는 구간
3. 지하수위가 높고 용출수가 많은 구간
4. 갈라진 틈이 있고, 지반의 활동 가능성이 있는 구간
5. 액상화 발생이 예측되는 지반

6. 비탈면 부근에 기존 구조물이 위치하는 구간
7. 기타 땅깎기 비탈면의 불안정 요인이 있는 것으로 판단되는 구간

② 땅깎기 비탈면의 불안정 요인이 없고, 소규모 일 때는 다음의 표준경사를 적용할 수 있다.

▦ 도로설계기준 (44 30 00 도로토공 □ 4.2 땅깎기 표 4.2-2)

암반구분	암반 파쇄 상태 NX 시추할 때(BX)		굴착 난이도	경사	비고
	TCR(%)	RQD(%)			
풍화암 또는 연·경암으로 파쇄가 극심한 경우	20% 이하 (5% 이하)	10% 이하 (0%)	리핑암	1:1.0 ~ 1:1.2	* 최하단 기준 매 20m마다 3m 소단설치 * 발파암과 리핑암 사이에는 소단을 설치하지 않음 * 소단 사이에 토사와 리핑 구분선이 발생할 때는 많은 쪽 비탈면 경사를 적용
강한 풍화암으로 파쇄가 거의 없는 경우와 대부분의 연·경암	20~40% (10~30%)	10~25% (0~10%)	발파암 (연암)	1:0.8 ~ 1:1.0	
	40~60% (30~50%)	25~50% (10~40%)	발파암 (보통암)	1:0.7	
	60% 이상 (50% 이상)	50% 이상 (40% 이상)	발파암 (경암)	1:0.5	

▦ 도로설계기준 (44 30 00 도로토공 □ 4.2 땅깎기 표 4.2-2)

① 노체

1. 토사를 이용하여 노체를 시공하고자 하는 경우 다음과 같은 재료 규정에 적합한 재료를 사용하여야 한다.

가. 최대치수 : 300.0mm 이하
나. 다짐도 : 90% 이상
다. 다짐 후 건조밀도 : 14.71kN/m^3
라. 시공 함수비 : 다짐곡선 90% 밀도의 습윤측 함수비
마. 수정 CBR : 2.5% 이상

2. 1층의 다짐완료 두께가 0.3m 이하이어야 하며, 각 층마다 흙의 다짐시험 (KS F 2312)의 A 또는 B 방법에 의하여 정하여진 최대건조밀도의 90% 이상의 밀도가 되도록 균일하게 다져야 한다.

3. 밀도에 의한 다짐관리가 부적합하다고 판단될 경우, 평판재하시험(KS F 2310)을 통하여 다짐관리를 하여야 한다.

② 노상

1. 노상은 흙쌓기 최상부 1m 부분으로서, 포장과 함께 교통하중을 지지하는 역할을 하므로 다음과 같은 재료 규정에 적합한 재료를 우선적으로 사용하여야 한다.

가. 최대치수 : 100.0mm 이하
나. 4.75mm체 통과량 : 25% 이상
다. 75㎛체 통과량 : 25% 이하
라. 소성지수 : 10% 이하
마. 다짐도 : 95% 이상
바. 시공함수비 : 최적함수비의 ±2%
사. 수정CBR : 10% 이상

2. 1층의 다짐 완료 후 두께가 0.2m 이하이어야 하며, 각 층마다 흙의 다짐시험 (KS F 2312) C, D 또는 E 방법에 의하여 정하여진 최대건조밀도의 95% 이상의 밀도가 되도록 균일하게 다져야 한다.

3. 노상 다짐규정은 최소 관리규정이므로 모든 부위가 소정의 다짐도를 만족시켜야 하며, 균일한 지지력과 강성을 갖도록 얇고 균일하게 포설하여 다져야 한다.

③ 비탈면 경사 및 소단

1. 흙쌓기 비탈면의 경사는 지형·지반조건·흙쌓기 재료·기초지반의 경사 등을 고려하여 구간별 비탈면 안정분석을 실시하여 결정하는 것을 기준으로 하며, 흙쌓기 부위가 소규모이고 양질 재료를 사용할 경우에는 표준경사를 적용할 수 있다.

2. 흙쌓기 비탈면의 경사는 흙쌓기 재료의 종류, 비탈면 높이에 따라서 〈표 4.5〉의 표준경사를 적용할 수 있다. 표준경사와 다른 경우 또는 높이가 10m를 초과하는 경우는 별도의 비탈면 안정해석을 통하여 경사를 결정한다.

▦ 도로설계기준 (44 30 00 도로토공 □ 4.3 흙쌓기- 표 4.3-1)

흙쌓기 재료	비탈면 높이 (m)	비탈면 상·하부에 고정 시설물이 없는 경우 (도로, 철도 등)	비탈면 상·하부에 고정 시설물이 있는 경우 (주택, 건물 등)
입도분포가 좋은 양질의 모래, 모래자갈, 암괴, 암버럭	0~5	1:1.5	1:1.5
	5~10	1:1.8	1:1.8~1:2.0
	10 초과	별도 검토	별도 검토
입도분포가 나쁜 모래, 점토질 사질토, 점성토	0~5	1:1.8	1:1.8
	5~10	1:1.8~1:2.0	1:2.0
	10 초과	별도 검토	별도 검토

▦ 도로설계기준 (44 30 00 도로토공 □ 4.5 비탈면 보호)

① 비탈면 보호공은 지형, 지반상태, 기후조건, 설치목적, 미관, 경제성, 시공성, 유지보수 등을 고려하여 선정하여야 한다.

② 비탈면 보호공은 땅깎기 구간과 흙쌓기 구간으로 구분하여 깎기와 쌓기비탈면 보호 및 보강이 될 수 있도록 보호공 별로 현장조건에 적합한 공법으로 설계한다.

③ 비탈면 보호공은 식생공과 구조물공으로 대별되고, 식생을 우선적으로 검토하고, 식생만으로 부적합하나 불충분한 경우는 구조 부재에 의한 보호공을 선정하여야 한다.

④ 땅깎기 비탈면은 시간이 경과함에 따라 지반이 풍화 및 이완되어 강도가 저하하는 경향이 있으므로 유지보수를 고려하여 비탈면 보호공을 선정하여야 한다.

⑤ 동일 비탈면내에서도 지반의 종류, 용출수상태 등의 조건이 다른 경우에는 부위별로 적합한 보호공을 선정하여야 한다.

⑥ 용출수가 발생되는 비탈면에는 필터층, 맹암거 등을 설치하여 용출수를 배수 처리하고 그 상태에 적합한 보호공을 선정하여야 한다.

⑦ 비탈면 보호공은 시공 중 지반의 상태를 확인한 후에 최종 결정하며, 시공면적이 넓을 경우에는 시험시공을 실시하도록 설계도서에 명기하여야 한다.

⑧ 기타 상세 비탈면 보호공은 「건설공사비탈면설계기준」에 따른다.

▩ 도로설계기준 (44 30 00 도로토공 □ 4.7 구조물 뒷채움)

① 구조물 뒤채움은 타 공종보다 조기에 시공함으로써 작업용 차량통행 및 자연다짐을 유도하여 잔류침하를 최소화할 수 있도록 작업계획을 수립하여야 한다.

② 뒤채움 시공은 인접한 토공부와 20.0m 이상 동시에 다짐을 실시하여 균질한 다짐이 될 수 있게 하는 것이 바람직하다.

③ 암거의 경우 뒤채움은 기초 저면에서 암거 상단 또는 노상 저면까지 실시하고, 교대 및 옹벽은 기초 저면에서 노상 저면까지 적용하여야 한다.

④ 터널 갱구의 옹벽 배면 뒤채움은 상재하중에 의한 부등침하 우려가 없으므로 옹벽의 하단에 맹암거를 설치하고, 배면에 드레인 보드를 설치하여 유도 배수시키고, 뒤채움재는 양질의 토사를 사용하는 것이 바람직하다.

⑤ 뒤채움에 접하는 후면 비탈면은 뒤채움 재료의 중량이 구조물에 미치는 쐐기형의 집중하중 작용을 막기 위하여 계단식으로 층따기를 하여야 한다.

⑥ 구조물보다 흙쌓기를 선 시공하는 경우는 대형장비의 작업이 가능 하도록 구조물 부위 10m 이상 구간의 흙쌓기를 유보하고 뒤채움과 병행 시공하여야 한다.

⑦ 계곡부 수로 암거의 기초 또는 뒤채움 부위의 전석은 제거하고, 승인된 뒤채움 재료로 치환한 후 층다짐하여 복류수에 의한 토립자 유실을 예방하여야 하며, 유입수에 대한 배수대책을 강구하여야 한다.

▩ 발파 관련 법령

1) 총포·도검·화약류 등의 안전관리에 관한 법률 제31조(화약류제조보안책임자 및 화약류관리보안책임자의 의무 등)

① 화약류제조보안책임자는 화약류의 제조 작업에 관한 사항을 주관 하고, 화약류 관리보안책임자는 화약류의 취급(제조는 제외한다) 전반에 관한 사항을 주관하며, 각각 대통령령으로 정하는 안전상의 감독업무를 성실히 수행하여야 한다.

② 화약류를 취급하는 사람은 화약류제조보안책임자 및 화약류관리 보안책임자의 안전상의 지시 감독에 따라야 한다. [전문개정 2015.1.6.]

2) 총포·도검·화약류 등의 안전관리에 관한 법률 시행령 제58조(화약류관리보안책임자의 감독업무)

① 화약류관리보안책임자는 법 제31조제1항의 규정에 의하여 화약류 관리에 관한 다음 각호의 감독업무를 수행하여야 한다. 〈개정 1996.6.20.〉

1. 저장소의 위치·구조 및 설비가 법 제25조제1항의 규정에 의한 허가를 받지 아니하고 변경되는 일이 없도록 할 것
2. 화약류 저장상의 취급 또는 저장소의 위치·구조 및 설비가 제29조 내지 제44조의 기준에 적합하고 또한 적합하게 유지되도록 할 것
3. 저장소가 인근의 화재 그밖의 사정으로 위험상태에 있거나, 화약류의 안전도에 이상이 있는 때에는 응급조치를 지휘할 것
4. 화약류취급 및 저장량 등에 관한 제16조 내지 제24조 및 제45조의 규정이 적합하게 지켜질 수 있도록 지도·감독할 것
5. 제57조제3호 내지 제7호의 규정은 화약류의 관리에 관한 감독업무에 관하여 이를 준용한다.

② 삭제 〈2008.1.22.〉

③ 누구든지 제57조 및 제1항의 규정에 의한 화약류제조보안책임자 및 화약류 관리보안책임자의 감독업무의 수행을 방해하여서는 아니 된다.

3) 총포·도검·화약류 등의 안전관리에 관한 법률 제24조(화약류의 저장)

① 화약류는 제25조에 따른 화약류저장소에 저장하여야 하며, 대통령령으로 정하는 저장방법, 저장량, 그 밖에 재해예방에 필요한 기술상의 기준에 따라야 한다. 다만, 대통령령으로 정하는 수량 이하의 화약류의 경우에는 그러하지 아니하다.

② 화약류의 제조업자와 판매업자는 자가(自家) 전용(專用)의 화약류저장소를 설치하여야 한다. [전문개정 2015.1.6.]

4) 총포·도검·화약류 등의 안전관리에 관한 법률 제25조(화약류저장소 설치허가)

① 화약류저장소를 설치하려는 자는 대통령령으로 정하는 화약류저장소의 종류별 구분에

따라 그 설치하려는 곳을 관할하는 지방경찰청장 또는 경찰서장의 허가를 받아야 한다. 화약류저장소의 위치·구조·설비를 변경하려는 경우에도 또한 같다.

② 지방경찰청장 또는 경찰서장은 제1항에 따른 허가신청을 받은 경우에 그 저장소의 구조·위치 및 설비가 대통령령으로 정하는 기준에 적합하지 아니할 때에는 화약류저장소의 설치를 허가하여서는 아니 된다.

③ 화약류저장소 설치허가를 받으려는 자의 결격사유에 관하여는 제5조를 준용한다.

④ 지방경찰청장 또는 경찰서장은 제45조제2항에 따라 화약류저장소의 설치허가가 취소된 후 6개월 이내에 그 장소에 화약류저장소를 설치하려는 자에 대해서는 제1항에 따른 허가를 하여서는 아니 된다.

⑤ 화약류저장소의 설치허가를 받은 자(이하 "화약류저장소설치자"라 한다)는 화약류저장소를 다른 자에게 관리 위탁하거나 빌려주어서는 아니 된다. [전문개정 2015.1.6.]

5) 총포·도검·화약류 등의 안전관리에 관한 법률 제26조(화약류의 운반)

① 화약류를 운반하려는 사람은 행정자치부령으로 정하는 바에 따라 발송지를 관할하는 경찰서장에게 신고하여야 한다. 다만, 대통령령으로 정하는 수량 이하의 화약류를 운반하는 경우에는 그러하지 아니하다.

② 제1항에 따른 운반신고를 받은 경찰서장은 행정자치부령으로 정하는 바에 따라 화약류 운반신고증명서를 발급하여야 한다.

③ 화약류를 운반하는 사람은 제2항에 따라 발급받은 화약류운반신고 증명서를 지니고 있어야 한다.

④ 화약류를 운반할 때에는 그 적재방법, 운반방법, 운반경로, 운반표지 등에 관하여 대통령령으로 정하는 기술상의 기준과 제2항에 따른 화약류운반신고증명서에 적힌 지시에 따라야 한다. 다만, 철도·선박·항공기로 운반하는 경우에는 그러하지 아니하다. [전문개정 2015.1.6.]

6) 총포·도검·화약류 등의 안전관리에 관한 법률 시행령 제28조 (화약류저장소의 종류)

① 법 제25조제1항의 규정에 의한 화약류저장소의 종별 구분은 다음과 같이 하되, 제1호·제2호·제4호 내지 제8호의 저장소는 지방경찰청장의 허가를, 제3호 및 제9호의 저장소는 경찰서장의 허가를 받아 설치한다. 〈개정 1991.7.30., 1996.6.20.〉

1. 1급저장소	2. 2급저장소	3. 3급저장소
4. 수중저장소	5. 실탄저장소	6. 꽃불류저장소
7. 장난감용 꽃불류저장소	8. 도화선저장소	9. 간이저장소

② 2급저장소는 일시적인 토목공사를 하거나 그 밖의 일정한 기간의 공사를 하는 사람이 그 공사에 사용하기 위하여 화약류를 저장하고자 하는 때에 한하여 이를 설치할 수 있다.

③ 화약류저장소에 저장할 수 있는 화약류는 제1항의 종별 구분에 따라 별표 7에 의한다.

7) 총포·도검·화약류 등의 안전관리에 관한 법률 시행규칙 제38조 (운반신고)

① 법 제26조제1항에 따라 화약류운반신고를 하려는 사람은 별지 제20호서식의 화약류운반신고서를 특별한 사정이 없는 한 운반개시 1시간 전까지 발송지를 관할하는 경찰서장에게 제출하여야 한다. 〈개정 1989.3.14., 2014.10.28.〉

② 삭제 〈1989.3.14.〉

③ 경찰서장은 제1항의 규정에 의한 신고서를 접수한 때에는 그 운반의 일시· 통로·방법 및 화약류의 성능과 적재방법 등을 검토하고 재해의 방지 또는 공공의 안전유지를 위하여 필요하다고 인정할 때에는 법 제47조의 규정에 의한 조치를 하여야 한다.

8) 건설공사 사업관리방식 검토기준 및 업무수행지침 제91조(시공계획검토)

⑧ 건설사업관리기술인은 시공자로부터 시험발파계획서를 사전에 제출받아 다음 각 호의 사항을 고려하여 검토·확인하고 발파하도록 하여야 한다.

1. 관계규정 저촉여부
2. 안전성 확보여부
3. 계측계획 적정성여부
4. 그 밖에 시험 발파를 위하여 필요한 사항

9) 건설공사 사업관리방식 검토기준 및 업무수행지침 제77조(일반행정업무)

① 건설사업관리기술자는 시공자가 제출하는 다음 각 호의 서류를 접수하여야 하며 접수된 서류에 하자가 있을 경우에는 접수일로부터 3일 이내에 시공자에게 문서로 보완을 지시하여야 한다.

1. 지급자재 수급요청서 및 대체사용 신청서
2. 주요기자재 공급원 승인요청서
3. 각종 시험성적표
4. 설계변경 여건보고
5. 준공기한 연기신청서
6. 기성·준공검사원
7. 하도급 통지 및 승인요청서
8. 안전관리 추진실적 보고서(안전관리 활동, 안전관리비 및 산업안전보건관리비 사용실적 등)
9. 확인측량 결과보고서
10. 물량 확정보고서 및 물가 변동지수 조정율 계산서
11. 품질관리계획서 또는 품질시험계획서
12. 그 밖에 시공과 관련된 필요한 서류 및 도표(천후표, 온도표, 수위표, 조위표 등)
13. 발파계획서
14. 원가계산에 의한 예정가격작성준칙에 대한 공사원가계산서상의 건설공사 관련 보험료 및 건설근로자퇴직공제부금비 납부내역과 관련 증빙자료
15. 일용근로자 근로내용확인신고서

2 기초 및 지정공사(파일공사 포함) 중요 검토·확인 사항

1. 시공순서도

주요내용	관련사진
○ 장비셋팅 – 파일 장비를 세팅하기 위해서는 6M*30M 공간이 필요 – 장비의 침하 및 전도를 대비해 장비 하부에는 철판이나 복공판깔기를 하고 작업 실시	
○ 시항타 및 파일길이 산정 – 본항타 이전 시항타를 시행하여 실제 항타할 파일 길이 산정 – 시항타 위치는 시공도 표시 – 시항타 후 파일길이 산정 – 설계 지질조사와 현장 지질상태 상이 여부 확인	
○ 파일 꽃심기 – 터파기가 완료되면 저면을 다진 후 고정핀에 붉은색 천을 묶어 표시 – 도면과 파일 위치가 맞는지 확인	
○ 파일발주, 반입 적재 – 시공계획에 의거 적당량 파일이 반입 될 수 있도록 발주 및 관리 – 파일 하역 및 운반은 운반 장비를 이용하며, 반드시 2점 지지, 운반 도중 제품에 충격이 가지 않도록, 안전에 유의 – 파일의 저장장소는 가능한 지반 견고하고 평평한 곳에 2단 이하로 종류별 저장	

<table>
<tr><th>주요내용</th><th>관련사진</th></tr>
<tr><td>ㅇ 천공 및 이음파일 관리
- 파일 꽂은 높이가 낮아서 오거링 시 슬라임에 덮힐 수 있으므로 주변 파일 위치에는 철근 등으로 1M 이상 표시
- 지지층확인은 굴착속도, 굴착저항 등과 토질주상도 비교 검토
- 15M 이상시 이음파일 사용하고, 용접이음 및 볼트 체결방식 검토</td><td> </td></tr>
<tr><td>ㅇ 두부정리
- 두부정리 시 충격으로 인한 파일의 종균열을 방지하기 위해 버림레벨 10cm 올라온 지점에 그라인더로 15㎜~25㎜까지 커팅
- 두부 정리한 파일 잔재는 일정한 장소에 야적 후 일정량이 되면 바로 반출</td><td></td></tr>
<tr><td>ㅇ 재하시험
- 재하시험을 동당 1회 실시
- 재하시험 종류 : 동재하, 정재하 시험 : 현장 여건에 따라 협의 후 실시
- 위치별 재하 시험용 파일은 감독과 협의하여 결정</td><td></td></tr>
</table>

2. 품질관리를 위한 주요 검토·확인 사항

ㅇ 기초 및 지정공사 공통사항

- 기초 및 지정공사는 설계서마다 다양한 공법을 선택하고 있어 사전 도면 및 시방서를 철저히 검토하여야 하며, 착공 전 재료, 공법, 품질, 안전관리 등을 구체적으로 기술한 시공계획서를 검토하여야 함

- 착공 시 현황측량을 통해 설계도서와 현장 여건의 상이 여부를 반드시 보고토록 지시하여야 하며, 이를 확인하여야 함
- 설계도서와 지반이 상이한 경우 공법 및 설계변경 등에 대하여 협의하여 검토하여야 함
- 지반시공에 관한 자료는 보링조사 및 지반조사서를 참조하여야 함
- 각 공정간 간섭공정에 대한 검토사항에 따라 시공순서 및 공법변경 사항을 검토하여야 함
- 기초공사는 무엇보다 전단파괴 및 부력에 대책의 적정성을 최우선적으로 검토·확인하여야 하며, 시공 중 품질확보 방안(타설 및 양생 등)에 대한 계획을 검토·확인하여야 함

○ 말뚝박기/파일공사에 대한 설계도서 및 시공계획서 철저 검토 필요
- 일일 항타 갯소에 따른 공정계획, 파일항타 순서(장비이동 고려), 파일 선단지지력, 주위마찰저항력, 침하량, 상단 철근가공조립방법, 이음처리방법, 폐기물처리방법, 시공기록 유지관리 등에 대해 철저히 계획을 수립하고, 하고 확인하여야 함

○ 반입자재 제품/재령검사, 밖기 배치도, 말뚝중심, 세우기, 말뚝머리 처리방법, 슬라임(Slime) 처리 등에 대한 품질관리 계획을 철저히 검토하고, 확인하여야 함

○ 시항타 관련 시험 천공
- 시항타는 본항타와 관련한 '시공지반 조건에 적합한 파일 선단부 선정 등을 위해 파일 배치 상황을 고려하여 위치와 본수를 선정함

○ PHC 말뚝 운반 및 취급
- 말뚝 적재 및 하역은 반드시 2지점에서 지지하며, 적재 시 2단 이하로 쌓아야 함
- 말뚝 보관은 규격별로 보관하며, 2단 쌓기 후 고임목을 설치하여 파일의 이동을 방지하여야 함
- 운반이나 말뚝박기 중 손상된 파일은 장외로 반출하여야 함
- 말뚝의 운반 및 취급은 공사시방서 규정에 따라 과응력이나 손상을 주지 않도록 적당한 위치에 받침대를 선정하여야 함
- 말뚝은 특수 양생을 시행한 경우 예외는 제작 후 14일 이내 운반 및 이동을 금지하여야 함

○ 말뚝 설치
- 말뚝기초는 무엇보다 지지력과 부(주변) 마찰력 확보에 대한 적정성을 우선적으로 검토·확인하고, 시항타 위치의 적정성을 검토·확인하여야 함
- 말뚝의 연직도는 1/100 이내로 하고, 말뚝박기 후 평면상의 위치가 설계도면 위치로부터 D/4(D는 말뚝의 바깥지름)와 100mm 중 큰값 이상으로 벗어나지 않아야 함
- 규준틀을 설치하고, 말뚝 설치 후 검측은 직교하는 2방향으로부터 실시하여야 함

- 항타 시 말뚝 두부를 보호하기 위해 쿠션을 사용하여야 함
- 말뚝 관입량 체크를 위한 눈금을 1m 간격으로 표시하여 기록·관리하여야 하며, 시공한 말뚝에 대해서는 항타 기록을 작성하여 관리·확인하여야 함
- 허용오차 이내 수직 시공이 되지 않는 경우에는 보강 파일을 시공하여야 함
- 말뚝박기 시 주변 말뚝이 솟아올랐는지를 측정하여 올라온 경우에는 원래의 위치가 되도록 다시 박아야 함
- 건설사업관리자는 '소정의 위치까지 타입(또는 매설) 되지 않을 때, 소정의 지지력을 얻을 수 없을 때, 시공 도중 경사 또는 파손이 예상되는 경우' 에는 시공사(하도급사)에게 보고토록 하여야 하며, 이를 검토·확인하여야 함

○ 이음

- 작업 전 용접공의 용접 능력 시험(Test)를 실시하여 합격 후 작업에 투입하여야 함
- 말뚝의 현장 이음은 아크용접 이음으로 시행하고, 용접 이음부는 비파괴검사를 실시하여야 함
- 용접부 육안검사 시 유해한 결함이나, 갈라짐, 용접 불량 발생 시 제거하고 재용접을 하여야 함
- 말뚝 이음 시 상·하 말뚝의 축선은 동일한 직선상에 위치하여야 함
- 말뚝의 현장 용접 이음에 있어서는 용접조건, 용접작업, 검사결과를 기록하여야 함

○ 말뚝머리 정리

- 말뚝머리 정리 시 말뚝 자르기 위치에 레벨기를 설치하여 표시 후 커터를 사용하여 자르도록 관리·확인하여야 함
- 말뚝상단 철근 노출 길이 300mm 유지하여야 함
- 강관말뚝의 경우 절단하여 발생되는 스크랩(scrap)은 깨끗이 절단하여 지정장소에 운반 정리하여야 한다. 이 경우 말뚝 잔여 길이가 5m 이상일 경우에는 이를 가공하여 말뚝이음 시 재사용 할 수 있음

○ 말뚝 재하시험(정재하 시험 등)

- 시험목적, 지반조건, 사용 말뚝에 작용하는 하중조건, 말뚝 시공법 등을 고려하여 최대 시험하중의 적정성을 검토하여야 함
- 계측기구는 시험의 목적에 적합한 정도를 가지고, 검·교정을 마친 것을 사용하여야 함
- 시험 관리자는 실시계획서에 기초하여 담당자를 배치하고 안전하게 시험의 목적이 달성되도록 시험 전반을 관리하여야 함
- 측정담당자는 소정의 측정항목을 설정한 시기에 측정하여야 하며, 시험 상태가 파악되도록 주요한 데이터를 정리하고 도시하여야 함

▣ 말뚝재하시험 실시

▷ 관련근거 : KS F 2445, KS F 2591, 표준시방서(KCS 11 50 40)

▷ 정재하 시험

- 시험말뚝과 반력말뚝의 중심 간격 또는 시험말뚝과 지반앵커의 중심 간격, 혹은 시험말뚝중심과 받침대의 간격은 시험말뚝 최대직경의 3배 혹은 1.5 m 이상을 원칙으로 한다.

- 재하방법

하중단계수	8단계 이상
사이클 수	1사이클 혹은 4사이클 이상
재하속도	하중증가 시 : $\frac{\text{계획최대하중}}{\text{하중 단계수}}$ min
	하중감소 시 : 하중 증가 시의 2배 정도
각 하중단계의 하중유지시간	신규하중단계 30 min 이상의 일정시간
	이력 내 하중단계 2 min 이상의 일정시간
	0하중단계 15 min 이상의 일정시간

- 측정항목은 시간, 시험하중, 말뚝머리의 변위량, 선단 및 중간부의 변위량, 말뚝의 변형량, 말뚝머리의 수평변위량, 반력장치의 변위량으로 한다.
- 시험 기준 : 파일 250개당 1회 이상, 구조물별 1회 이상
- 말뚝재하시험을 실시하는 방법으로는 정재하 시험방법 또는 동재하시험방법 중 하나를 선택적으로 고려할 수 있다.
- 중요 구조물일 때에는 시험 횟수를 별도로 산정한다.

▷ 동재하 시험

- 동재하시험의 목적은 말뚝의 지지력 측정과 품질확인 및 항타관리 기준을 수립하는 것으로 현장에서 올바른 측정이 이루어져야 하며 정확하게 계측된 데이터에 기초하여 올바른 분석을 수행하여야 한다.
- 콘크리트 말뚝인 경우 사용되는 가속도계는 최소한 9.81 N 레벨 및 1,000 Hz범위 내에서 선형을 보이는 것이 요구되며 강관말뚝인 경우에는 최소한 19.62 Ng 및 2,000

Hz범위 내에서 선형을 확보할 수 있는 성능을 가져야 한다.
- 변형률계는 전체 변형가능 범위에서 선형 결과가 있어야 한다.
  말뚝에 설치하는 힘 또는 변형률계의 고유 주파수는 2,000Hz 이상이어야 한다.
- 분석파형의 선택 : 분석 파형의 선정기준은 비례성이 양호하고 지지력을 충분히 발현 시키도록 변위가 발생한 것을 선택하여야 하며 말뚝 두부의 압축력, 말뚝에 작용하는 최대 인장 응력, 최대 항타 에너지 등을 참조하여 선택한다.
- 시험을 수행하기 전에 시험 목적에 적합한 시험계획서를 준비하여 제출하고 현장 여건을 고려한 시험 시행이 필요하다.
- 시험 기준 : 파일수의 1% 이상 실시, 시험결과에 의거 시공기준 설정

▣ 파일이음 방법에 따른 검사

▷ 관련근거 : 건축공사 표준시방서 파일공사, KS B 0885,
현장시방서(현장용접 이음부 검사)

▷ 시험 기준 : 용접식 자분탐사(1회/20개당), 고력볼트식 육안검사

주의사항

▶ 동재하 시험결과에 의거 본항타를 시행
▶ 초기 동재하시험 실시 후 7일 이상 경과 후 재 동재하를 시행
▶ 파일 항타 시 파일 위치 및 수직도 확인 철저
▶ 시멘트 페이스트 충전 여부 확인 철저
▶ 최종 관입량 체크는 모든 파일에 실시하고 기록지를 보관한다.
▶ 정재하 시험 파일을 사전에 결정하여 필요시 서비스 파일을 시공하고, 시험에 필요한 파일을 파일 정산 시 반영
▶ 장비조립 및 세우기 시 안전관리 철저
▶ 장비에 의한 낙하 및 협착 위협에 대한 관리 철저
▶ 연약지반 이동 중 장비 전도 위험에 대한 관리 철저
▶ 굴착작업 중 비산먼지 등 환경관리 철저

※ 지반공사(기초/지정/파일공사) 표준시방서

1. 1. 일반사항

ㅇ 국가건설기준센타(http://www.kcsc.re.kr)의 "11 10 05, 11 10 10, 11 10 15"에 따른다.

2. 관련 시방서

① 얕은 기초는 “11 50 05”에 따른다.
② 기성말뚝 공사는 “11 50 15”에 따른다.
③ 말뚝재하시험는 “표준시방서 11 50 40”에 따른다.
④ 기타 (케이슨기초 등 특수기초) “11 50 25, 11 50 30, 11 50 31”에 따른다.

3 벌목 등 건설폐기물 처리 시 중요 검토·확인 사항

1) 관련법령에 의거 반드시 적법하게 폐기물을 처리하여야 합니다.

ㅇ 100ton 이상 폐기물은 관련 법령에 따라 성상분류(폐토사, 폐Con'c, 혼합폐기물 등)하여 분리 발주하여야 함

ㅇ 폐기물 반출은 올바로시스템(www.allbaro.or.kr)를 통해서 관리하여야 함

ㅇ 폐기물 반출 시 필요한 경우 현장 내 계근대를 설치 중량 확인 후 반출하여야 함

ㅇ 발주 당시 폐기물처리 내역과, 실질적으로 철거(터파기) 이후 폐기물의 내용이 상이할 수가 있어 반드시 폐기물 내용을 확인하여야 하며, 필요시 설계변경, 별도 발주(100ton 이상)를 통해 적법하게 처리하여야 함

2) 간헐적으로 폐기물 외의 중량물을 적재한 후 폐기물 중량을 측정하는 사례가 있어, 폐기물 처리 전 적재 중량을 산정 시 적정 적재 및 적정 산정 여부를 반드시 확인하여야 합니다.

* 폐기물 중량 측정에 대해 간헐적으로 부적정하게 측정하는 경향이 있어 반드시 중량 확인 시 입회하여 적재 전, 후 비교를 통해 확인하여야 함

ㅇ (현장경험) 공사 중 발생되는 폐기물은 당초 폐기처리량 대비 추가로 발생될 소지가 다분하며, 추가 발생 사유가 공사 중 계약상대자의 책임 있는 사유로 추가 폐기물이 발생한 경우, 이에 대한 책임/처리문제로 논란이 있을 수 있으나, 이는 계약상대자별(건축, 전기, 통신, 소방 등) 공사금액 비율을 감안하여, 일정 비율로 부담토록 하는 등 원만하게 처리함이 필요(공사현장에서 통상적으로 시행하는 방법)

* 폐기물 분리수거함을 현장에 비치하여 분리수거 이후 폐기물만 폐기 처리함이 반드시 필요하며, 공사현장 하루일과 이후 현장 정리/정돈, 청소 등을 작업종료 후 즉시 시행토록 함이 절대적으로 유리

쨊건설폐기물의 처리 및 재활용 관련 업무지침(폐기물종류)

종 류		세 부 내 용
건설폐재류	폐콘크리트	ㅇ폐벽돌, 폐블록, 폐기와 등이 혼합된 것 제외
	폐아스팔트 콘크리트	ㅇ우레탄 등 탄성포장 및 페인트포장재 제외
	폐벽돌	ㅇ내화벽돌은 제외
	폐블록	ㅇ인도에 설치된 보도블록 또는 도로에 설치된 경계블록 등
	폐기와	ㅇ가옥 지붕에 설치된 기와 등
	건설 폐토석	ㅇ토양환경보전법에 적용을 받는 오염 토양은 제외 ㅇ건설폐기물과 혼합되어 발생되는 것 중 분리·선별된 흙·모래·자갈 ㅇ건설공사에 포함된 철도부지 내 철로부설 자갈·흙·모래는 건설폐토석으로 분류함
건설오니		ㅇ연약지반 안정화 공사 과정에서 발생하는 벤토나이트 혼합물, 슬라임 ㅇ건설공사 중 발생하는 준설토(하수, 해저준설토) ㅇ토사와 오니가 섞여 토사상태로 배출되는 것은 건설폐토석으로 분류 ㅇ건설오니가 지하수와 함께 폐수처리장에 유입되어 침전, 탈수 처리된 오니상태로 배출된 경우에도 건설오니로 분류 ㅇ건설현장의 세륜시설에서 침전된 폐기물 중 함수율이 높아 슬러지 상태인 경우에는 건설오니에 해당되며, 토사상태인 것은 건설폐토석으로 분류
폐금속류		ㅇ철근, 금속자재 등 금속 성분의 폐기물
폐유리		ㅇ건설현장에서 발생한 창유리 등
폐타일 및 폐도자기		ㅇ구조물 해체 시 발생하는 타일마감재 또는 도기류 등
폐보드류		ㅇ석고를 주원료로 한 석고보드, 인테리어 내외수장재, 마감재(보드형태) ㅇ석면이 함유된 슬레이트, 텍스 등은 제외
폐판넬		ㅇ콘크리트 판넬, 그라스울, 우레탄, 메탈, 목재 또는 금속재로 압착된 샌드위치 판넬 포함
폐목재		ㅇ거푸집, 가설재, 나무창틀, 나무바닥재(방부제, 기름 오염된 것제외) ㅇ임목폐기물이 5톤 이상인 경우 제외함
그 밖의 폐기물		ㅇ건설공사로 인하여 발생되는 폐기물 중 생활폐기물과 지정폐기물을 제외한 폐기물로서 폐타이어, 폐고무 등
폐합성수지		ㅇ장판, 스티로폼, 비닐
폐섬유		ㅇ유리섬유, 암면, 보온덮개 등(단 석면함유물질 제외)

<table>
<tr><th>종 류</th><th>세 부 내 용</th></tr>
<tr><td>폐벽지</td><td>ㅇ폐종이류, 벽지류 등</td></tr>
<tr><td>혼합건설
폐기물</td><td>
<table>
<tr><th>종류</th><th>불연성폐콘크리트,</th><th>가연성</th><th>기타</th></tr>
<tr><td></td><td>폐아스팔트콘크리트,
폐벽돌, 폐블록, 폐기와,
폐타일 및 폐도자기, 건설오니,
폐금속류, 폐유리</td><td>폐목재, 폐합성수지,
폐섬유, 폐벽지
폐보드류, 폐판넬</td><td>폐보드류,
폐판넬</td></tr>
</table>
① 불연성에 가연성과 기타가 혼합된 상태로 불연성을 제외한 건설폐기물의 함유량이 중량기준으로 5퍼센트 이하일 것

② 불연성을 제외한 가연성과 기타가 혼합된 상태로 가연성의 함유량이 중량기준으로 5퍼센트 이하일 것

〈'①'의 경우 〉
건설폐재류 (95%) | 가연성 폐기물+기타 (5%)

〈'②'의 경우 〉
기타폐기물 (95%) + 가연성 폐기물 (5%)
</td></tr>
</table>

건설폐기물의 종류별 분류체계

<table>
<tr><th>분류</th><th>분류번호</th><th colspan="2">종류</th></tr>
<tr><td rowspan="4">가연성</td><td>40-02-06</td><td colspan="2">폐목재(나무의 뿌리·가지 등 임목폐기물이
5톤 이상인 경우는 제외한다)</td></tr>
<tr><td>40-02-07</td><td colspan="2">폐합성수지(장판, 스티로폼, 비닐)</td></tr>
<tr><td>40-02-08</td><td colspan="2">폐섬유(보온덮개 등. 단, 석면함유물질 제외)</td></tr>
<tr><td>40-02-09</td><td colspan="2">폐벽지(폐종이류, 벽지류 등)</td></tr>
<tr><td rowspan="10">불연성</td><td>40-01-01</td><td rowspan="6">건설
폐재류</td><td>폐콘크리트</td></tr>
<tr><td>40-01-02</td><td>폐아스팔트콘크리트</td></tr>
<tr><td>40-01-03</td><td>폐벽돌</td></tr>
<tr><td>40-01-04</td><td>폐블록</td></tr>
<tr><td>40-01-05</td><td>폐기와</td></tr>
<tr><td>40-04-13</td><td>건설폐토석</td></tr>
<tr><td>40-03-10</td><td colspan="2">건설오니</td></tr>
<tr><td>40-03-11</td><td colspan="2">폐금속류</td></tr>
<tr><td>40-03-12</td><td colspan="2">폐유리</td></tr>
<tr><td>40-04-10</td><td colspan="2">폐타일 및 폐도자기</td></tr>
<tr><td rowspan="3">가연성·
불연성 혼합</td><td>40-04-11</td><td colspan="2">폐보드류</td></tr>
<tr><td>40-04-12</td><td colspan="2">폐판넬</td></tr>
<tr><td>40-04-14</td><td colspan="2">혼합건설폐기물</td></tr>
<tr><td>기타</td><td>40-90-90</td><td colspan="2">건설공사로 인하여 발생되는 그 밖의 폐기물
(생활폐기물과 지정폐기물은 제외한다)</td></tr>
</table>

4 농토목공사 중요 검토·확인 사항

1) "농토목 시험포 조성 및 숙전화"는 농업연구를 위한 각종 시험포(논, 밭)를 조성하는 것으로서 시험포의 숙전화가 사업의 성패를 좌우합니다.

2) 기존 원형지에서 양질의 토양을 확보하기 위하여 표토 및 심토 채취 방법 사전 결정이 필요합니다.

3) 현장여건에 적합한 세부 공정표를 작성이 필요, 기존의 표토 수집/운반, 심토 수집/운반, 심토 되메우기, 표토 되메우기 등이 공정순서, 공사추진에 중요한 C.P 공정임을 감안하여 반드시 현장여건에 적합한 세부적이고 치밀한 공정표를 작성함이 필요합니다.

4) 숙전화는 논/밭 작물의 재배가 가능하도록 토질조건을 맞추는 작업입니다.

5) 토양 숙전화의 균질화를 위한 시비 살포방법 통일화가 필요합니다.

ㅇ 토양균질화는 숙전화의 가장 중요한 요소로서 시비살포 방법의 일원화를 통한 토양 균질화 확보

6) 각 시험포장의 숙전화 단계별 특수성을 검토함이 필요합니다.

ㅇ 숙전화는 총 6단계로서 기존 원형지의 표토 및 심토 채취 후 되돌리기 까지 2단계, 겨울녹비 시험재배 2단계, 여름녹비 시험재배 2단계로 구성하고, 각 녹비 작물 재배 후 시비 처방을 4회 정도 실시함

참고

◈ 농토목공사를 단순 농사용 토목공사로 오인하고 공사비 산정 시 막대한 손실이 발생되며, 토양 성능이 반드시 확보되어야 하는 사항임을 감안하여 농토목공사에 대한 세부 방침, 공사 범위, 소요 공사기간 등을 철저히 분석하여 입찰에 참가함이 필요하며, 철저한 시공관리가 필요함을 결코 간과하여서는 아니 됨

◈ 농토목공사관련 세부운영지침을 마련하고 연구하는 국가전문기관은 농촌진흥청으로 필요시 자문을 득하고, 농업생산기반시설 설계기준은 국가건설기준센타(http://www.kcsc.re.kr)의 "67 00 00"에 따른다.

4 '구조체공사 기간' KEY-POINT

Key-Point

♧ 구조체 공사 이전 사전 검토할 사항과 구조체 공사기간의 '건축공사' 주요공종 중 중요 검토·확인 사항 및 참고사항, 관련 법령, 표준시방서 목록 등에 대해 정리하였습니다.

♧ 현장 관리자들이 '구조체 공사에서 소홀히 하는 경향이 있는 부분과 알아두면 공사수행 중 도움이 된다고 생각하는 사항, 기본적으로 알아야 하는 사항은 무엇인가? 라는 질문에 대한 저의 답변입니다.

ㅇ구조체공사 전 중요 검토·확인 사항

ㅇ설계서에 명시된 각 실 규격과 운영계획 재검토·협의

ㅇ철근공사 중요 검토·확인 사항

ㅇ거푸집 및 동바리공사 중요 검토·확인 사항

ㅇ강구조물 공사 중요 검토·확인 사항

♧ 건축물 신축공사에서 구조체 공사는 마감공사 품질에 직접적인 영향이 있는 가장 중요한 공종으로 반드시 설계도면, 시방서, 내역서, 일위대가, 산출근거서 등을 꼭 확인하셔야 하며, 구조체 공사의 기술적인 범위가 방대하여 필요한 사항은 전문기술 서적을 참고하여 주시기 바랍니다.

♧ 구조물 공사 시행 중 안전사고가 빈번히 발생하고 있어 무엇보다 안전에 유의하고, 양생기간을 준수하는 등 무사고, 우수한 품질확보 계획을 반드시 수립하고 철저히 관리하여야 합니다.

♧ 구조물 공사는 자재. 장비. 인력 투입계획에 따른 철저한 공정관리가 필요한 공종으로 공정관리 계획을 계절별로 실효성 있게 수립하고, 철저히 관리하시길 소망해 봅니다.

1 구조체공사 전 중요 검토·확인 사항

1) 구조체 공사에서 전문 하도급업체 선정 지연 시 전체 공기에 치명적임을 기억하시기 바랍니다.

ㅇ 도급자 중 기업이윤에만 몰두하여 하도급업체 선정 시 저가 하도급 계약을 위해 유찰을 여러 번 하는 등 구조체공사 착수 시점이 지연되는 사례가 너무나 많이 발생함
- 착수 시점에 문제가 없도록 사전 주지하는 것이 매우 중요하지만, 그래도 지속적으로 지연 시에는 이에 대해 구조체공사 지연, 전체공사 지연, 이에 대한 원인행위(지체상금 부과의 근거 서류, 책임소재 규명)는 반드시 정리(회의록 작성, 문서 시행)함이 필요

ㅇ 구조체 공사 착수 지연으로 동절기/우기철에 착수 시에는 공사 불능일이 예상외로 많이 발생되어 하도급업체를 선정하고도 실제 시공이 불가능하여 공정관리에 치명적인 과오를 범하는 것임을 간과하여서는 아니 됨

ㅇ 공기지연은 결국, 돌관작업 필요하고 공사품질 저해 요인으로 작용
- 시공사 공사비 부담금에 과중
- 양생기간 미준수로 하자 발생
- 작업순서 혼돈으로 전 공종 마무리 없이 지속적인 펀칭 작업이 필요

ㅇ 저가 하도급업체는 중간 부도, 공사 중 타절 요구, 자재/작업인부 투입 축소 등 많은 문제점이 있을 수 있다는 것을 염두하고, 구조체업체는 반드시 견실한 업체로 선정함이 필요
- 구조체 공사 지연의 사유로 예비용 거푸집 자재 미확보, 철근/거푸집 가공 조립장 소규모(별도 미확보), 작업인부 부족, 품질관리 미흡으로 재시공 등임을 감안하여, 철저한 계획 수립과 철저한 관리가 필요
- 1개 구역 거푸집 설치/타절, 해체이후 다음 구역 시공 시 공사기간은 당초 예상보다 상당 연장 필요 (자재투입/반입, 인력 투입/출력 계획을 제출토록 하고, 이를 검토/확인함이 필요)

* 거푸집 지상조립 후 인양설치 및 철근 공장가공/반입 후 설치 시 공정관리 및 품질관리에 절대적으로 효율적임

2) 동절기(12월~ 2월)/우기(6월 ~ 8월) 대비한 실효성 있는 공정관리가 필요합니다.

ㅇ 동절기/우기철 이전 최소 2개월 전에는 동절기 시에는 어떤 일을 추진할 것이냐, 공정순서를 조정 시 추가로 어떤 일을 할 수 있는지 등 동절기/우기 대비 공사추진계획을 철저히 검

토하여야 함

ㅇ 건축 공종 외 상호 협조공정과 선행공정으로 필요한 타공종(설비, 전기, 통신, 소방 등)과 긴밀한 협의, 협조로 부위별 공정순서 조정을 통해 동절기/우기철 최대한 중단없는 공사추진 방안 마련 필요

ㅇ 동절기/우기철 가능한 많은 공사를 수행하는 것은 결국 공사 간접비를 축소하게 됨을 결코 간과하여서는 아니 됨

(동절기) : 각 단계별 검토 필요

- 동절기 이전 기초공사 완료
- 동절기 이전 지하 1층 Slab(1층 바닥) 공사 완료
- 동절기 이전 구조체 공사 완료
- 동절기 이전 창호/유리공사 완료
- 동절기 이전 습식공사 완료 등 검토 필요

(우기) : 각 단계별 검토 필요

- 우기철 이전 기초공사, 되메우기 공사 완료
- 우기철 이전 지하 1층 Slab(1층 바닥) 공사 완료
- 우기철 이전 구조체 공사 완료
- 우기철 이전 창호/유리공사 완료
- 우기철 이전 단지 관로공사 및 경계석 설치 완료
- 우기철 이전 보조기층, 기층공사 완료
- 우기철 이전 포장공사 완료

ㅇ 동절기 대비 안전점검, 해빙기 대비 안전점검, 우기(태풍기) 대비 안전점검은 공정관리/품질관리의 기본임을 잊지 말아야 함

ㅇ 기타 구조물공사에서 추락방지 안점점검, 타워크레인 안전점검, 폭염대비 안전점검 등 작업자의 안전과 효율성을 염두하고 작업계획을 수립하고 관리하여야 함

* 언젠가 대형현장에서 동절기 대비 공정간 상호 협조하여 중단없는 공사를 추진토록 검토해 달라고 요청하면서 많은 부분에 대해 공정순서 조정, 인력 조기 투입 등을 심도있게 검토하라고 전달한 바 있었습니다.

하지만, 결국 최종 제출된 검토서는 동절기에 공사금액 약 2천만원 공사추진계획이 제출되었습니다. 동절기 기간 2천만원 공사를 위해 투입/소요되어야 할 건설사업관리단의 주재비 등 감리비용은 2억 이상 소요되어, 예산 활용 측면에서 불합리하여 감리용역을 동절기 기간 중단(동절기 기간 철수) 조치하고 비상주 감리인원이 필요시 관리하는 것으로 전환하였습니다.

시공사 및 건설사업관리단은 기성실적이 거의 없어 직원들 월급(간접비)이 소요되어 아쉽고, 임대로 구매/설치된 가설공사 역시 기간 연장으로 부대비용이 추가되는 등 결국 손실이 발생하지만 더 큰 국가예산을 낭비할 수는 없었습니다.

* 1년 뒤, 또 한번 동절기 대비 공정간 상호 협조하여 중단 없는 공사를 추진토록 검토해 달라고 요청한 적이 있었는데 시공사/건설사업관리단 전 공종 모두가 심도 있는 검토를 통해 중단 없이 효율적으로 동절기 공사 추진계획을 수립하고 추진하면서 우리 모두가 웃을 수가 있었습니다.

2 설계서에 명시된 각 실 규격과 운영계획 재검토·협의

≪마감공사 품질확보, 색상 선정, 자재 색상 등 자재 발주 전 종합적으로 검토 후 설계변경 여부 등 사전 수요기관과 협의 후 확정함이 필요≫

1) 설계 당시 및 공사 중 검토내용과 준공 시점의 각 실의 소요 면적/근무인원 및 시설물 운영방침은 다를 수가 있습니다.

ㅇ마지막까지 건물 운영 측면에 최대한 부합하기 위해 반드시 재검토하여 조정함이 필요
- 최선책 : 구조체 공사 이전 조정
- 차선책 : 구조체 공사 기간 중 조정
- 최후 조정 모색 가능 시점 : 마감공사 이전 조정

ㅇ마감공사 이후 입주 시점에서 문제점을 거론하는 것은 정말 돌아올 수 없는 길을 선택하는 것과 마찬가지라 수요기관에서는 각 과별, 각 실별 소요 내용을 반드시 재검토, 협의/조정함이 필요

2) (설계서에 명시된) 해당 실 규격, 실 배치인원, 소요가구 종류/수량 및 배치계획, 추가로 필요한 실 여부, 마감자재 적정성 등을 재검토/협의, 확정함이 필요합니다.

ㅇ바닥 구조체에 매립되는 전기/통신 시스템 박스(풀박스)는 시공 이후 이동이 불가함을 감안하여, 설치 위치를 철저히 검토하여야 함
- 각 실이 O.A 후로아 일 경우 시스템 박스(풀박스)는 위치이동이 용이함을 감안, 수시 변경이 예상되는 실은 악세스·O.A후로아를 시공함이 절대적으로 유리
- 악세스·O.A후로아 바닥 마감이라도 향후 증설을 대비 일정공간 여유가 있도록 배관/포설함이 필요

ㅇ전기/통신 시스템박스에 연결되는 "Port 숫자, 공 배관"도 향후 증원을 대비하여 검토하여야 함

ㅇ건물 운영상, 실 사용상 필요한 전원을 철저히 검토하여 매립형으로 배관을 시공함이 절대적으로 필요, 벽부형은 벽체 매립형으로 시공토록 계획함이 필요

ㅇ기시공된 철근콘크리트(철골조) 구조체 중 내력벽 변경은 불가하나, 비내력벽(조적벽, 경량칸막이벽)은 부득이 실 변경이 절실히 필요시 조정 가능

- 설비, 소방 관련법규 및 자동제어와의 연관성, 입면(외부에서 칸막이 벽체 노출 여부) 등을 반드시 검토/확인함이 필요

ㅇ단, 기존 구조체에 매립된 각종 배관 재시공은 불가하며, 추가공사로 천정을 통한 배관 또는 벽면 노출 배관이 필요

* 미관/사용상 불리, 추가 예산 소요는 불가피한 사항으로 감수함이 필요

3) 각 실별 전기콘센트 위치/수량, 통신(전화, 내·외부망 LAN, TV등) 관련 소요내용 재검토, 자판기, 민원인용 전화기 등 건물 운영상의 필요한 모든 전원을 검토함이 필요합니다.

ㅇ각 실별 운영계획 및 유동성을 함께 철저히 검토함이 필요

ㅇ전원/전화/통신/수도 등은 최소한 마감공사 이전 재검토/시행함이 필요하며, 특히 수도는 옥상층 및 내/외부용 수도시설을 건물 운영계획에 따라 원천적으로 재검토함이 필요

ㅇ마감공사 이후 시공 시 노출 배관, 추가시공 불가, 추가 예산 과다 소요 등의 문제가 발생

ㅇ각종 인프라시설 관련 소요 행정은 반드시 조기에 신청/확정, 적기에 시공되도록 수요기관에서 협조토록 문서로 신청하여야 하며, 중대한 문제점이 발생할 소지가 다분하여 책임소재를 명확히 정함이 필요

4) 실 규격, 마감자재 변경 등 조정이 불가한 부분도 있습니다.

ㅇ기시공된 구조물 철거가 필요할 경우 구조 재계산 및 철거 비용 등 소요 공사비가 과다하게 발생되어 국가예산 낭비에 대한 책임 문제가 있을 수 있어 구조물 변경 없이 시행하는 방안을 강구 함이 필요

ㅇ또한, 준공기한 내에 완성할 수는 없지만, 작은 추가 예산 투입과 일부 재시공 등으로 건물 운영상 부합되는 방향으로 조정할 수 있다면 계약변경(준공기한 연장, 설계변경)을 통해 보완 시공함이 웃고 헤어지는 지름길임

ㅇ마감공사 단계에서 내부 칸막이를 위치 이동하는 것도 때로는 불가능한 경우가 대부분으로 전체 시스템 조정, 소방배관, 설비배관 재조정 등 단순한 조정이 아니라 엄청난 재시공일 수 있음을 결코 간과하여서는 아니 됨

ㅇ 이런 말은 삼가하셔야 합니다. (선무당이 사람 잡는다)
- '칸막이 하나 옮기는 데', '창문하나 신설하는 데', '배수구 하나 추가하여 배관하는 데', '장비 위치이동 하는 데', 실 위치 한 곳 변경하는 데 뭔 놈의 구조검토, 추가공사비, 공사기간 연장. . , 그냥 빨리 해

* 수요기관 각 부서별로 건물 운영상의 문제점 여부를 검토 후 방침 결정을 간절히 요구해도, 무반응/무관심, 일 안하는 수요기관 직원을 경험한 적이 있습니다.

그리고, 결국 준공시점에서 건물 운영상 반드시 필요한 사항이라며, 설계 오류, 현장관계자들의 검토 부족, 관리부실을 지적하면서 현장관계자 모두 잘하려는 의욕과 사기를 떨어뜨리면서 무상으로 재시공을 요구하였고, 시공사가 무상시공을 하지 않으니 온갖 부적절한 언행을 하였던 수요기관 직원이 기억납니다.

그동안 합동회의 때 검토를 요구한 사항, 문서로 검토를 요구한 사항 모두를 정리하여 보여주고, 결국 준공시점에서 할 수 있는 사항만 설계변경 조치하고, 불가한 사항은 수용하지 않았습니다.

☞ 설계변경도 타이밍이 있습니다. 건물 운영계획, 추가 장비 구입계획 등은 공사관계자들이 알 수가 없습니다. 그래서 공사추진은 수요기관 담당자, 각 부서별 담당자와 함께 수행하는 것임을 꼭 기억해 주시기 바랍니다.

☆ 상기와 같이 수요기관의 해당부서 담당자는 공사 중 건물 운영계획에 대해 전혀 검토하지 않았고, 현장관리자들에게 아무것도 물어보지 않은 증거를 가지고 오히려 화를 낼 경우 이 내용을 보여주고, 필요시 문서로 하면서 물러설 자리를 마련해 주시기 바랍니다.

☆ 이 글을 읽는 수요기관의 관리자께서는 건물 운영계획에 대해 설계 시, 그리고 공사 중, 마감공사 단계까지 각 부서별로 건물 운영계획에 대해 상세하고 철저히 검토하셔야 하며, 설계변경을 통한 변경시공도 할 수 있는 시기가 정해져 있음을 꼭 기억해 주시길 소망합니다.

☆ 또한, 시공사/건설사업관리단에서 수요기관에서 검토를 요청하는 사항에 대해 적기에 철저히 검토하여 주시길 소망해 봅니다.

3 콘크리트 공사 중요 검토·확인 사항

1. 시공순서도

주요내용	관련사진
ㅇ 타설 전 확인사항 – 철근, 거푸집 등이 설계서 대로 배치되어 있는지 확인하고 거푸집 청소상태 확인 – 운반 및 타설설비 등이 시공계획서와 일치하는가 확인 – 타설 장비의 상태 및 타설 인원 확인(계획된 장비의 투입여부 및 장비의 가동상태를 확인한다.)	
ㅇ 타설 – 콘크리트는 낮은곳에서부터 기둥과 벽, 보, 바닥판의 순서로 부어나간다. – 이어치기는 가능한 적은 부분이 되게 하고 이음단면은 수평 또는 수직으로 한다. – 보는 양단에서 중앙으로 타설한다. – 계단은 하부에서 상부로 올라가면서 타설한다.	
ㅇ 다지기 – 봉형 진동기는 수직으로 사용한다. – 진동기는 철근 또는 매립물에 직접 접촉해서는 안 된다. – 진동시간은 콘크리트 표면에 페이스트가 얇게 뜰 때까지 한다. – 다짐간격은 인접 진동부위의 진동효과가 중첩되도록 하고 50cm 이내로 한다. – 거푸집이 배부르지 않도록 무리한 진동은 피하고 구멍이 남지 않도록 서서히 뽑는다.	
ㅇ 양생 및 보양 – 양생기간 동안 직사광선이나 바람에 의해 수분이 증발하지 않도록 보호 – 일정기간 동안(일평균기온 15°C 이상일 경우 5일) 습윤 양생 – 콘트리트 경화 중 충격/진동/하중 방지	

2. 품질관리를 위한 주요 검토·확인 사항

○ 여러 동을 시공할 경우 팀을 2~3개 또는 하도급업체를 2~3개 업체로 선정하여 시공함이 절대적으로 필요

- 2~3개 업체 투입은 서로 잘하려는 경쟁심을 유발하는 장점과 리스크 관리에 절대적으로 유리

○ 펌프카 타설 안착위치, 차량이동 경로(회전반경), 타설물량, 타설시간, 종료시간 등 타설계획을 철저히 수립함이 필요

- 펌프카의 붐(Boom)의 회전반경을 고려하되, 가능한 2곳에서 하중이 편중되지 않도록 동시 타설하고, 대형 펌프카를 이용하면서 레미콘 차량 2대가 동시에 펌프카에 레미콘을 부을 수 있도록 함이 작업시간을 단축하는 지름길임
- 특히, 대형 보/기둥, 원형슬라브 등을 타설 시 한꺼번에 한쪽으로 과하중이 걸리지 않도록 타설하고, 동바리 시공의 견고성을 확인하고, 하부 동바리에는 안전사고(붕괴) 대비 무전기를 가진 안전관리자가 배치되어야 함

○ 방수 및 고정처리가 절실히 필요한 부위(관통관, 앵커, 물막이 등)는 타설 전 반드시 철저히 확인하여야 함

* 건축 시공사(철근콘크리트 하도급사)와 설비, 전기, 통신, 소방업체간 감정싸움이 있을 경우 콘크리트 타설 중 콘크리트를 배관에 흘려보내 배관을 막는 악의적 작업자(시공사)가 있음을 간과하여서는 아니 됨
* 상호 긴밀한 협조체계 유지(매월 1회, 주1회 등 협의체회의를 구성하여 서로 의견을 교환하는 소통·협조)가 필요하며, 콘크리트타설 시 전공종의 담당자는 콘크리트 타설 현장에서 관리하여야 함

○ 타설 및 거푸집 해체이후 콘크리트면이 극히 일부 홀 형식의 미 타설 구간 등이 있을 경우 반드시 그라우팅 몰탈로 충진하여야 함

* 일반 시멘트 몰탈로 충진 시 석재앙카/트러스 고정긴결 철물이 빠질 위험이 많음을 결코 간과하여서는 아니되며, 건물 외벽의 석재탈락 등은 대형사고 위험이 있어 관리 기술인들은 최소한 인명사고/부실시공으로 과중한 책임을 지지 않도록 책임 있게 시공토록 관리하여야 함
* 지하 외벽으로부터 내부로 관통하는 각종 슬리브는 누수 방지용 설치 여부와 설치의 견고성을 반드시 확인하여야 함

ㅇ 콘크리트 타설 전 시공상태 확인 사항

- 바닥철근 결속선 및 철근 변형 여부, 간격재, 버팀대 변형 여부를 확인하여야 함
- 슬라브 단차 부위(화장실, 발코니, 현관) 등 처리는 설계도면 및 마감 자재를 최종 수요기관과 협의하고 바닥 레벨을 확인하여야 함
- 단열재, 벽체·천장의 결로 보완재 등 매립 자재의 시공 여부, 적정위치, 정밀 고정 여부를 확인하여야 함
- 슬래브 평탄성 확보를 위한 콘크리트 타설 높이에 기준점 표시 여부(수평면 가이드레일 설치) 확인하여야 함
- 하부층 제물치장면 등 보양 상태를 확인하여야 함
- 타 공종(기계, 전기) 시공완료 여부를 확인하여야 함
- 타설 인원, 진동기(예비 진동기 포함) 준비상태를 확인하여야 함

ㅇ 레미콘 반입 시 확인 사항

- 배관 피복용 모르타르는 별도의 차량으로 운반하여야 함
- 첫차 반입 시 당일 배합보고서 제출 여부를 확인하여야 함
- 레미콘 송장(규격, 출발, 도착시간)을 확인하여야 함
- 슬럼프, 공기량, 온도, 염화물, 압축강도 시험을 실시하여야 함

ㅇ 콘크리트 타설 시 확인 사항

- 타설 시 철근 및 매설물의 배치나 거푸집이 변형 손상되지 않도록 주의하여야 함
- 콘크리트 타설의 1층 높이는 다짐 능력을 고려하여 결정하여야 함- 이어치는 부분은 반드시 레이턴스 제거 등 청소 상태 확인 후 시공하여야 함
- 벽체는 1.5m 이하로 나누어 타설하고, 충전이 불리한 부위(창틀 주위, 복도 난간, 발코니 턱 등)는 하부층 목망치 두드림 또는 진동기 다짐을 철저히 하고 반드시 콘크리트의 충전 여부를 확인하여야 함
- 타설 속도에 대비 진동기 대수가 부족함이 없도록 펌프카 1대당 2대의 진동기를 배치하여 타설 속도에 따라 탄력적으로 사용함이 필요

* 다짐기(진동기)의 가동대수는 타설량 및 타설속도에 준하여 산정 및 운용하고 재료분리가 발생하지 않도록 과도한 다짐도 지양함이 필요.

ㅇ 진동기 사용요령

- 봉형 진동기는 수직으로 사용하고 시멘트 페이스트가 떠오르고 기포가 나오지 않을 때까지 다짐하여야 함
- 다짐 간격은 50cm 이하로 하고 다짐 작업의 1개층 두께는 60cm 정도가 적합함

- 2개층 이상으로 나누어 부어 넣을 경우 하부 콘크리트와 일체화를 위해 중복깊이 0.1m 이상 관입 되도록 하여 먼저 타설한 면과 새로 타설하는 면의 재료분리에 의한 시공이음이 없도록 다짐하여야 함
- 수직부재의 다짐 시 진동기를 빨리 인발할 경우 물곰보가 발생되므로 천천히 뽑아 올려야 함

▣ 참고 : (부득이 발생한) 콘크리트 균열관리 요령 (현장 적용 예시)

○ 0.1mm 초과 균열 또는 진행 균열은 반드시 "균열관리 대장"을 작성하여 기록·관리하여야 함

○ 0.1mm 초과 균열 또는 진행 균열은 반드시 "균열관리 대장"을 작성하여 기록·관리하여야 함

○ 콘크리트 균열 조사 : 거푸집 해체 후 10일 이내 실시
- 조사자 : 해당공종 시공사 담당자 및 건설사업관리자
- 준비물 : 균열 관리대장(5차 조사 기록용), 구조물 도면, 균열폭 측정기(Crack Scale, 크렉경), 균열 길이 측정(줄자), 진행성 균열 측정(크렉게이지, 기록관리 도구(카메라, 유성 필기도구, 석필 등)
- 균열 표시방법 : 균열 발생 부위의 가장 균열폭이 큰 위치에 "▲" 표시하고, 균열의 양 끝에 "▮" 표시하고 길이를 측정/기록
- 균열번호와 균열조사 날짜를 균열 부위 우측 상부에 표시
- 균열 진행여부를 판단하기 위해 크렉 게이지를 설치
- 균열관리도 작성 : 균열발생 위치와 형상을 표기하고 일련번호 부여, 균열의 특성(관통 여부 등) 기록

○ 조사한 균열내용을 '균열 관리대장'에 기록하고 사진 촬영 실시
- 균열 관리대장 : 시설물(동) 명, 층/실, 구조부위(기초, 옹벽, 기둥, 보, 슬라브) 위치별 고유번호 등 표기
- 균열 기록관리/유지(2~5차) : 최초 조사 시 기록한 일련번호와 날짜, 균열 폭, 균열 길이 등을 기록

회수	조사일자	균열 폭	균열 길이	비고
1	거푸집 해체 후 10일 이내			비 진행형, 1차 표면처리
2	1차 후 1주일 경과 시			진행형, 조치내용
3	2차 후 1주일 경과 시			
4	3차 후 1주일 경과 시			
5	4차 후 1주일 경과 시			

* 5차까지 조사(1차 판정) 이후 균열 2차 판정 대상 확인 및 6차~ 9차 균열조사(2차 판정) 실시

ㅇ비 진행성 균열 (1차 판정 : 30일 기준)

- 0.1mm 이하 : 건설사업관리단 확인 후 보수 여부 판단
- 0.1mm 초과 ~ 0.3mm 이하
  - •마감 부분으로 균열 거동이 미약 시 : 표면처리(폴리머 시멘트페이스트, 퍼티형/경질형 에폭시수지 등)
  - •외기에 접하거나 방수 필요부 : 방수 후 표면처리
- 0.3mm 초과 ~ 0.6mm 이하 : 구조기술사 검토 및 보강공법 시행
- 0.6mm 초과 : 구조전문가 기술자문위원회 개최(구조기술사 참석) 및 재시공 또는 보강공법 모색 및 보강공사 시행
- 균열이 거동하는 경우 및 진행성 균열 : 주입공법(연질형 에폭시 수지 등), 충전공법(유연성 에폭시수지 등)

ㅇ균열 2차 판정(60일 기준) 및 진행성 관통균열 균열

- 안전진단 전문가 검토(구조기술사 포함)
- 보강 가능 여부 검토/판단 및 보강 방법 제시
  (주입공법 : 연질형 에폭시 수지
- 재시공 필요성 검토는 해당 전문가들의 기술자문위원회 개최(구조기술사 참석) 후 결정

▣ 품질시험(압축강도, 슬럼프, 염화물, 공기량 시험)

▷ 관련근거 : 건축공사 표준시방서/KSF, 압축강도시험, 슬럼프시험, 염화물시험, 공기량 시험

▷ 콘크리트 압축강도시험 : 1회/150m^3

- 450m^3를 1로트로 하여 150m^3당 1회의 비율로 한다.
  (1로트 3조 공시체 9개 - KS F 4009)
- 이후 타설량에 따라 150m^3 마다 1회, 배합이 변경될 때마다 실시
- 콘크리트 공시체 제작기준 : 1조 3개 100×200 (KS F 2403)
- 현장별 여건에 따라 추가 제작 가능함 (7일 강도는 1조 3개 제작 등)

▷ 콘크리트 슬럼프시험, 염화물, 공기량시험 : 각 1회/150m^3

▣ 콘크리트 타설 및 다짐, 양생

▷ 관련근거 : 표준시방서-공통편-구조재료공사-콘크리트공사-일반콘크리트(14 20 10)

▷ 타설시간 : 콘크리트의 비빔 시작부터 타설 종료까지의 시간 한도는 외 기온이 25℃ 이하인 경우에는 2.5시간, 25℃ 초과인 경우에는 2.0시간으로 한다.

다만, 콘크리트 온도를 낮추거나 또는 응결을 지연시키는 등의 특별한 대책을 강구하는 경우에는 책임기술자의 검토 및 확인 후 담당원의 승인을 얻어 이 시간한도를 변경할 수 있다.

▣ 한중 및 서중콘크리트 관리기준 준수

▷ 관련근거 : 표준시방서-공통편-구조재료공사-콘크리트공사-한중콘크리트(14 20 40), 서중콘크리트(14 20 41)

▷ 하루 평균기온이 평균 4℃ 이하일 때 '한중콘크리트 관리기준'에 의거 관리

▷ 하루 평균기온이 25℃ 초과일 때 '서중콘크리트 관리계획'에 의거 관리

▣ 레미콘·아스콘 점검

▷ 관련근거 : 「건설공사 품질관리 업무지침-국토교통부 고시 제2022-30호, 2022.1.18. 개정」제31조~제37조

▷ (사전점검) 수요자는 레미콘 총 설계량이 1천세제곱미터 이상이거나 아스콘의 총 설계량이 2천톤 이상인 건설공사에 대하여 자재공급원 승인요청을 하려면 공사감독자와 합동으로 사전점검을 실시하고 그 결과를 공급원 승인권자에게 보고하여야 한다

▷ (정기점검) 수요자는 발주청이 발주한 공사 중 레미콘 총 설계량이 3천세제곱미터 이상이거나 아스콘 총 설계량이 5천톤 이상인 건설공사에 대하여 자재공급원을 정기 점검하여야 한다.

주의사항

▶ 콘크리트공사는 재료와 배합, 시공 중 품질관리(품질시험), 재료분리 및 Cold Joint, 균열, 표면결함(Bleeding 현상 등) 방지대책, 보양 계획 등을 사전 검토·확인하여야 함

▶ 펌프카(Pump Car)의 용량(타설 길이), 안착 위치 및 대수, 이동 동선 확보 등에 계획을 사전 검토·확인하여야 함

▶ 매스(Mass) 콘크리트(기초)는 수화열에 의한 균열 방지대책(섬유보강 및 자동 쿨링, 보온 등)을 사전 마련 후 타설하도록 조치하여야 함

▶ 서중 및 한중 콘크리트타설 시 사전에 타설계획을 수립하고 승인 후 시행토록 지도하여야 함

▶ 레미콘·아스콘 품질관리지침에 의한 정기 공정점검 실시 여부를 확인하여야 함
- 관련 근거 : 건설공사 품질관리 업무지침 제31조~37조
- 사전점검, 정기 점검(반기별 1회), 특별 점검 실시

※ 콘크리트공사 표준시방서

1. 1. 일반사항

ㅇ 국가건설기준센타(http://www.kcsc.re.kr)의 "41 34 01 ~ 41 30 06 및 14 20 01"에 따른다.

2. 관련 시방서

① 섬유보강 콘크리트공사는 "14 20 22"에 따른다.
② 한중 콘크리트공사는 "14 20 40"에 따른다.
③ 서중 콘크리트공사는 "14 20 41"에 따른다.
④ 매스 콘크리트공사는 "14 20 42"에 따른다.
⑤ 프리캐스트 콘크리트공사는 "14 20 52"에 따른다.
⑥ 프리스트레스트 콘크리트공사는 "14 20 53"에 따른다.

4 철근공사 중요 검토·확인 사항

1. 시공순서도

주요내용	관련사진
ㅇ 시공상세도(shop drawing) 작성 - 골조 공사 1개월 전 작성 - 벽, 슬래브, 기둥, 보 등 주요 구조부에 대한 철근가공 및 조립도면 - 슬리브 매립부위, 개구부 주위, 각종 매립물로 인한 단면 결손부분 등 균열발생 예상부위 보강 방법 - 스터럽, 띠철근의 위치·형상 및 견본 승인 - 정착·이음의 위치 및 길이, 간격재·폭 고정근 배치 및 피복두께	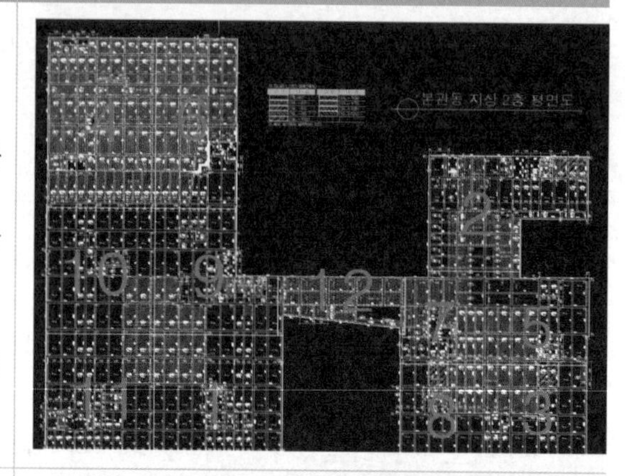
ㅇ 최적길이 자재 신청 - 규격별, 길이별 자재 신청 - 구조계산서와 설계도면의 일치여부 확인(SD400, SD500 등)	
ㅇ 철근 공장가공 또는 현장가공	
ㅇ 철근 배근 및 배근 검사	

2. 품질관리를 위한 주요 검토·확인 사항

○ 사전 검토사항
- 구조도면 일반사항 숙지(공종담당자, CM단)
- 가공상세도(이음·정착 길이, 스터럽 등) 작성 상태
- 철근 규격·위치, 배근 간격 또는 단면 변화 부위 시공계획
- 피복두께 유지계획, 각 부위별 스터럽·폭 고정근 시공계획
- 철근의 설치 시 수평, 수직도 확보 계획
- 각종 개구부, 박스 및 배관 매립 부위 보강 계획
- 피복두께 유지계획, 각 부위별 스터럽·폭 고정근 시공계획
- 거푸집 박리제 오염방지 및 노출 철근 보양 계획

○ 특히, 내진설계 부위는 별도 리스트 관리를 통해 내진설계 기준에 맞는 철근배근 시행 여부를 반드시 확인하여야 하며, 작업자가 혼선 및 재시공사례가 없도록 사전 철저히 교육(주지) 이후 시행함이 필요

○ 정착길이, 이음길이, 기둥과 보의 교차지점의 띠철근 위치, 큰보와 작은보 교차점의 늑근 등 중요 설계사항은 반드시 확인함이 필요

○ 철근 가공은 철근 배근 Shop- Drawing을 작성하고 가능한 공장제작을 통해 현장반입 후 부위별로 철근 배근함이 품질관리, 공기단축, 공사비 절감에 오히려 유리

○ 타설구간이 다르고 연결되는 구조물에 시공하는 다웰바 형식의 '삽입철근' 시공부위 사전 조사, 대장 정리 필요
- 캔틸레바 부분, 돌출 현관출입구, 난간대 등 물막이 턱 등
- 미시공 시 추가 공사비가 과다 소요, 공사품질확보 애로 발생

○ 공종 간 협의 사항
- 철근작업 완료 후 전기·설비공사의 소요시간을 사전 협의하여 야간작업을 지양
- 전기, 기계, 통신, 소방 기타 매입물 선 설치 검토
- 전기박스나 설비배관 등 매립물 위치 검사
- 슬리브 주변은 보강근을 시공 및 개구부는 전체를 시방서 규정으로 보강

○ 철근은 하부에 빗물이 닿지 않도록 별도 받침목 설치 및 천막 등으로 보양 조치하고 수시로 환기 건조하여 녹이 발생하지 않도록 관리

ㅇ 철근은 도면에 따라 바르게 배근하고 콘크리트 타설 완료 시까지 움직이지 않도록 견고하게 조립
  - 스페이서 및 세퍼레이터 등을 기준에 따라 배치하여 철근과 거푸집 및 철근 간의 간격 등을 정확히 유지
  - 철근 배근 시 순 간격을 유지하며, 엇갈리게 겹침 이음을 할 수 있도록 사전에 계획한 후 가공

ㅇ 철근 보강근을 적절히 사용함이 필요
  - 설계서에 명시된 개구부(창틀)주변 사대근을 비롯해 각종 설비/전기/통신배관 밀집 지역 철근 보강 등

  * 견고한 구조체 시공을 위해 보강근 활용·시공을 잘하는 현장소장님은 존경심을 갖게 함

ㅇ 철근콘크리트 슬라브 공사의 각종 설비·전기·통신배관공사는 각 배관의 이격거리를 최소 25mm(굵은 자갈 크기)이상 이격되도록 유지하여야 콘크리트가 밀실하게 채워지고 구조적 안정성에 절대적으로 필요

  * 설비/소방/전기/통신배관 작업의 편리성을 위해 많은 시공사들이 다발식으로 배관을 하려는 경향이 있어 사전 철저한 협의·교육이 필요

ㅇ 각종 설비·전기·통신배관 공사를 쉽게하기 위해 철근 배근이 밀집하지 않는 보, E/V 옹벽으로 배관하는 것은 구조적으로 치명적임을 결코 간과하여서는 아니 됨

  * 배관 경로가 부득이한 경우 풀박스를 이용함이 효과적임

ㅇ 타설 부위 이음철근 수량 및 이음 길이를 확인하고 장기간 노출 시 녹 발생 방지를 위해 철근 덮개(비닐 또는 PE배관 파이프)로 보양 조치를 하여야 함

ㅇ 지하 주차장 보·기둥 접합 부위, 캔틸래버 보 등 철근의 과다 시공 부위는 콘크리트 타설 대책을 사전에 강구하여야 함

ㅇ 슬래브 배근 시 작업 통로 및 발판 설치로 철근 변형이나 유효높이가 미확보되지 않도록 조치·확인하여야 함

ㅇ 사용 전 KS인증을 받은 규격품 확인이 필요하며, 고임대 및 간격재는 콘크리트제(바닥) 및

플라스틱제(벽, 슬라브)를 사용함이 필요

* 사급 철근 중 KS 비규격 제품인 재생 철근이 반입되는 경우도 있어 철근에 표시된 'K', 마크, 제조회사 마크 등을 확인함이 필요

○ 철근배근 후 장시간 노출 시에는 부식 방지대책(보양캡 시공 등)을 사전 검토하여야 함

> **※ 철근공사 표준시방서**
>
> 1. 1. 일반사항
>
> ○ 국가건설기준센타(http://www.kcsc.re.kr)의 "14 20 01" 및 "14 20 11"에 따른다.
>
> 2. 관련 시방서
>
> ① 일반콘크리트공사는 "14 20 10"에 따른다.
> ② 거푸집 및 동바리는 "14 20 12"에 따른다.
> ③ 데크플레이트 및 바닥슬래브는 "14 31 70"에 따른다.

내진설계 참고 자료

▒ 내진능력 산정기준

○ 설계최대지반가속도=2/3×S(스펙트럼가속도)×중요도계수×지반증폭계수 (예 : 0.141)

○ 진도(MMI)=3×Log(설계최대지반가속도)+1.5 (예 : 7.92)

○ Richte 규모=2/3×진도(MMI)+1.0 (예 : 2/3×7.92+1.0=6.28)
《GUTENBERG & RICHTER(1956, 미국서부식)의 진도 산정식 적용》

▒ 국내 내진설계의 목적 및 통상적인 방식

○ 국내 일반적인 내진설계기준(KBC2016)은 중간규모 지진에 대해 "인명안전" 성능 확보가

목적임

* 규모로 환산 시 5.0~6.0이하 (진도 환산 시 6~8.0이하)

○ 원자력발전소 등은 대규모 지진에 대해 "건물의 붕괴방지"가 목적임

○ 통상적으로 국내 내진설계는 설계최대지반가속도를 적용하여 6.0, 진도 Ⅶ~Ⅷ이상의 값에 저항하도록 내진설계 함
- 현행 내진설계 리히터규모가 명확한 수치로 명기되어 있는 현행 법규나 기준은 없으나, 마련 중에 있음
- 시설물의 용도 및 규모별 중요도와 중요도 계수에 따라 지진하중 산정 시 시설물별로 적용하는 '지진재현주기'가 다르며, '중요도'가 올라갈수록 지진재현주기와 '최대지진 값'이 커지며, 결국 각 시설물별로 적용하는 '최대지진 값'에 따라 내진설계기준의 리히터규모 값이 산출

* 작은규모 지진(225년 재현주기 지진), 중간규모 지진(2,400년 재현주기 지진의 2/3), 대규모 지진(2,400년 재현주기 지진)

▦ 규모와 진도와의 관계 ≪미국 동부지역 경험식(Nuuttli & Hermann, 1978) 인용≫

○ 규모 6.0(진도 약 7.0), 규모 7.0(진도 약 9.0), 규모 8.0(진도 약 10.5)

* (참고) 내진설계 기준이 국가건설센터 건설기준코드에 각 구조물 별 '설계기준'에 명시되어 있음

5 거푸집 및 동바리공사 중요 검토·확인 사항

1. 시공순서도

주요내용	관련사진
ㅇ시공상세도 및 구조검토 확인 - 거푸집 및 동바리 시공도면 작성 및 공사감독자 승인 - 일정기준 이상 시 구조분야 전문자격을 갖춘 기술자의 구조계산서 제출	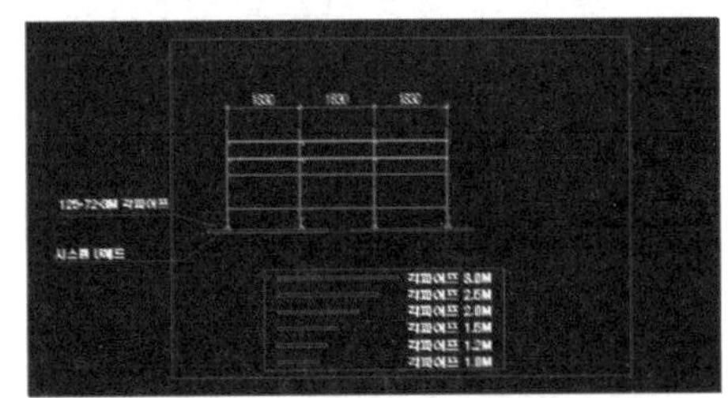
ㅇ현장에 반입된 거푸집, 동바리 자재의 적정성 확인 - 최초 반입되는 거푸집 자재는 신재 사용이 원칙 - 동바리는 ks제품 사용이 원칙	
ㅇ거푸집 및 동바리 설치 - 조립과정에서 동바리의 간격 등 조립도와 일치하는지 확인. - 설치된 형틀의 치수와 옹벽 및 기둥의 수직도 확인. - 개구부 및 관통구의 위치, 개수, 설치와 보강상태 확인. - 연계공종의 매립되는 철물, 인서트, Sleeve의 위치 및 설치의 적정성 확인 - 거푸집의 틈새 확인(콘크리트 물이 흘러나올 우려). - 콘크리트의 측압 및 적재하중에 대비 COLUMN BAND와 지주(SUPPORT) 등의 보강 확인	  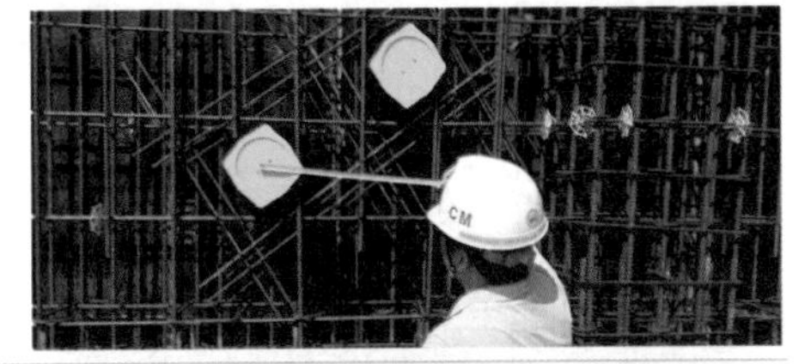
ㅇ콘크리트 타설 전 확인 - 청소구를 만들어 타설 직전 각종 이물질 제거 확인. - 거푸집 설치 완료 후 전체 Level의 상태 확인	

2. 품질관리를 위한 주요 검토·확인 사항

○ 먹매김 : 최하단부의 먹메김은 철저한 검사가 필요

- 먹메김 작업의 검사를 하도급자, 작업인부에게만 의존해서는 안되며, 특히 기둥, 대지경계 부위 등 중요 부분은 원도급사, 건설사업관리단에서 이중삼중으로 철저히 확인하여야 함

○ 거푸집 자재는 2~3벌 여유분 반입계획 여부를 반드시 확인하여야 함

- "설치하고, 타설하고, 철거 후 졸속 일부맘 면갈이하여 다시 사용" 저가로 하도급한 하도급사가 주로 하는 방법으로 공사 지연, 부실시공의 전형적인 사항임을 간과하여서는 아니 됨
- 거푸집은 사전 (보, 옹벽) 지상조립 후 인양을 통해 해당부위에 설치하는 방안이 공사기간 단축, 품질향상에 절대적으로 유리함
- 시공이 간편한 기성의 거푸집 자재와 거푸집 철거가 불필요한 자재 들이 많이 개발되어 있음을 참고함이 필요
- 거푸집 시공 시 반드시 청소구멍을 설치하여 물청소 이후 이물질을 제거할 수 있도록 하여야 함

○ 동바리 설치계획 및 구조적 검토를 사전에 실시함이 필요

- 동바리 설치계획 시 반드시 작업자가 쉽게 이동이 가능하도록 이동 통로를 고려하여야 작성하여야 함
- 특히, 캔틸레버 부위의 폭이 1,2m 보다 넓고, 층고 4.5~5m 이상인 부분은 작업시/콘크리트타설시 쏠림현상이 발생할 수 있음을 감안하여, 시스템 동바리를 설치함이 절대적으로 필요
- 동바리(시스템동바리)는 반드시 구조계산서에 따라 설치함이 필요

○ 거푸집 존치일수 및 콘크리트 강도시험 시험일자 등 기준을 사전 협의하고, 확정함이 필요

- 건물의 수명은 거푸집 존치기간과 절대적으로 비례하고 콘크리트가 양생도 되기 전 상부에 하중을 받을 시 이미 콘크리트는 멍이 든 상태로 3년만 지나도 창틀이 벌어지는 등 하자가 많이 발생함을 결코 간과하여서는 아니 됨

○ 각종 설비·전기·통신배관 공사의 달대시공 등을 위한 인서트 설치계획은 반드시 Shop-Drawing을 제출받아 검토·확인하여야 함

- 인서트 미설치 이후 (힐티)앙카로 시공 시 만에하나 콘크리트가 밀실하지 않은 부분에 시공하여 대형하자(설비배관, 전기통신 배관 라인 전체 탈락, 붕괴)가 발생된 사례가 많음을 간과하여서는 아니 됨

○ 동바리의 침하 및 거푸집의 터짐 등의 긴급 상황에 대한 대처방안을 사전에 준비하고, 시공 중에 재조정 할 수 있는 방법을 강구하여야 함

○ 거푸집 동바리 조립 시 조립도 작성 및 동바리, 멍에 등 부재의 재질, 단면규격, 설치 간격 및 이음 방법 등을 명시하여야 함

○ 동바리의 침하 방지를 위해 하중을 견딜 수 있는 받침대를 사용하고, 동바리 상하부 고정 강재와의 접속부에는 전용철물을 사용토록 조치하여야 함

○ Column Band는 측압을 고려하여 간격을 결정하여야 함
- 통상 600mm 이하로 설치하고 맨 하단 Column Band는 바닥으로부터 150mm 이내에 설치한다.

○ 보 거푸집 설치 시 옆판, 밑판을 분리하여 옆판의 거푸집 해체가 가능하도록 조립하며, 이음부의 Cement Paste가 누출되지 않고, 슬라브 거푸집 설치 시 면목과 수절목 시공이 누락되지 않도록 조치·확인하 여야 함

○ 계단 거푸집 설치시 경사 지주와 상.하부 고정시 미끌림이 없도록 유의하고 경사부 지주는 비스듬히 설치하지 않고 수직도가 유지(쐐기목 사용 등) 되도록 조치·확인하여야 함

▣ 동바리 구조검토 실시

▷ 관련근거 : 표준시방서 "21 50 05"(거푸집 및 동바리공사 일반사항)
▷ 구조물 동바리는 구조 검토서를 제출토록 시공사를 지도하여 검토하여 승인 후 시공토록 한다.

▣ 거푸집 널 해체(존치 기간)

▷ 관련근거 : 표준시방서 "14 20 12"(거푸집 및 동바리의 해체)
▷ 수직거푸집(확대기초, 보, 기둥 등의 측면)은 콘크리트 압축강도가 5MPa이상 발현될 때까지 존치한다.
▷ 수평거푸집은 콘크리트 압축강도가 14MPa 이상 발현될 때까지 존치한다.

주의사항

▶ 거푸집의 붕괴 원인 대부분이 '거푸집 재료의 불량, 거푸집 및 동바리 설치 불량, 구조기술사의 구조검토 없이 경험치로 설치, 수직도 불량, 보강재 미설치, 연결부 결속 불량, 가새 및 수평재 연결 미흡, 콘크리트 타설 시 순서 미준수(한곳에 집중 타설)로 편심하중 발생 등으로 이에 대한 품질관리 계획을 검토·확인하여야 함

▶ 거푸집 및 동바리 설치공사는 기상악화 시 반드시 중지하여야 하며, 또한, 기상악화 시에는 사전 대비책을 별도 조치하여 기시공된 부위가 붕괴/파손되지 않도록 조치하여야 함

▶ 현재 거푸집에 대한 많은 연구 성과로 현장 특성에 맞는 '시공성과 경제성'이 우수한 다양한 거푸집이 생산되고 있어 거푸집 선택에 있어 심도 있는 검토가 필요
- RCS(Rail Climbing System), (원형) 종이거푸집, 갱폼(Gang Form), 자동 상승용 거푸집, 작업발판 일체형 거푸집, 비탈형 거푸집 등

▶ 비정형 장스판 구조물 용도의 시스템 동바리, 터널 폼, 데크플레이트(Deck Plate) 등 다양한 제품을 현장 특성에 맞게 적용/검토 필요

▶ 동바리의 구조검토 확인
- 동바리는 상부 콘크리트 하중 및 작업하중, 거푸집 하중을 고려한구조검토 실시(구조기술자 자격 확인)

▶ 높이 4.2m 이상 재사용 가설재(동바리) 사용 금지
- (현황) 높이 4.2m이상 6.0m까지의 강관동바리는 성능검증제품이 없어 그간 고용노동부에서 "재사용 가설기자재 자율등록제도"에 따른 자율검증 제품을 사용하였으나,
- (변경) 고용노동부 산업안전과-3198 "재사용 가설기자재(동바리) 자율 등록제 폐지 통보 및 단속철저" 방침에 따라 높이 4.2m이상 강관동바리 사용불가 ⇨ 4.2m 이상은 시스템 동바리 적용

▶ 거푸집 조기 탈형을 목적으로 압축강도 시험을 실시하는 경우에는 현장과 동일한 조건으로 양생한 몰드를 사용하여야 함

※ 거푸집 및 동바리공사 표준시방서

1. 일반사항

ㅇ 국가건설기준센타(http://www.kcsc.re.kr)의 "14 20 12 및 21 50 05"에 따른다.

2. 관련 시방서

① 초고층·고주탑 공사용 거푸집 및 동바리는 "21 50 10"에 따른다.
② 노출콘크리트용 거푸집 및 동바리는 "21 50 15"에 따른다.
③ 기타 콘크리트용 거푸집 및 동바리는 "21 50 20"에 따른다.
④ 조적공사용 거푸집블록은 "41 34 08"에 따른다.

6 강구조물 공사 중요 검토·확인 사항

1. 시공순서도

주요내용	관련사진
ㅇ 설계도서검토 - 강재의 재질, 치수, 형상 확인 - 관련 시방서 확인	-
ㅇ 발주 - 발주, 공장제작, 현장반입, 설치 기간 확보 - 특수 Size, 형상유무 확인	-
ㅇ Shop Drawing 작성 - 설계도 및 시방서에 준하여 작성 - 제작, 운반, 양중 및 설치의 용이성 고려 - 철골세우기용 부속철물 반영 - 접합위치, 방법, 치수등의 확인 - 후속마감 작업[전기, 설비]과의 관련성 고려	-
ㅇ 공장 제작 - 원척도/마킹-절단/천공-조립-용접-검사-도장 - 공장가공은 완성품에 가깝게 현장작업최소화 - 공장제작과정의 품질관리 시스템 확인 - 용접사 기량 Test - 용접 전 검사 및 제품관리	
ㅇ 운 반 - 공장제작 완료후 비파괴 시험실시 ※ 비파괴시험 연구소는 별도 선임필요 - 철골의 절 나누기, 부재Size, 형상 사전검토 - 현장주변의 진입도로 상황 고려	

주요내용	관련사진
ㅇ 현장설치 - 양중계획, 야적장소 사전검토 - 공구분할에 따른 설치순서 결정 - 정밀도 관리 및 품질검사 계획 - 준비-Anchor Bolt 매립-주각 Setting - 세우기-Plumbing-접합-검사-도장 - 현장 상황에 적합한 세우기 공법 선정 - 계절/기후에 따른 기간 및 Cycle 산정 - 노출 철골의 방청 시방 확인 - 중량, 고소작업에 따른 추락, 낙하 등의 재해 예방 ※현장설치 Flow Chart - 앵커볼트 설치 ☞ 앵커볼트 검측 ☞ padding 설치 ☞ 철골부재 현장 입고 ☞ 치수 검사 ☞ 하역 - Column 설치 ☞ Girder 설치 ☞ Beam 설치 ☞ Bolt 반입검사 ☞ 부재 접합부Bolting ☞ Plumbing 및 Span 검사 ☞ 임팩 ☞ 용접기량시험 후 용접 ☞ 비파괴 검사 ☞ Grouting	   
ㅇ 도장 및 검사 - 도장(내화피복 등) - 각종 검사(도장 두께 등)	

▒ 품질관리를 위한 주요 검토·확인 사항

ㅇ 강구조물은 건설기술진흥법 제58조(철강구조물공장의 인증) 및 시행령 제96조(공장인증의 대상·기준 및 절차)의 규정에 따라 인증된 해당 제작능력 등급에 적합한 강구조물 제작공장에서 제작한 것으로서 품질이 보증된 것을 사용하여야 함

ㅇ 철골공사 등 강구조물 공사 중 가새(Bracing) 설치는 반드시 적기에 설치함이 필요하며, 가새 작업 지연으로 강풍 등으로 강구조물 붕괴, 탈락 등의 대형 안전사고가 발생함을 간과하여서는 아니 됨

* 기둥이나 보의 횡좌굴을 방지할 목적으로 축에 직교하는 방향으로 사선으로 설치하는 부재를 가새(bracing)라 하며, 가새는 보나 기둥의 휨강성에 의한 수평력을 가새의 축강성으로 지지하고, 완공 후에도 구조적 안정성(내진성능 향상) 확보를 위해 철저한 관리가 필요

ㅇ 철골 Shop- Drawing은 철저한 검토·확인이 필요
- 설계도서와 비교·검토, 구조 재검토, 치수기준(안, 바깥) 통일, 좌굴/횡력에 대비한 보강재 반영여부, 공장제작과 현장제작/조립 범위, 긴결방법(볼트, 용접), 긴결부분 품질시험계획(비파괴시험 계획), 앵커볼트 규격/갯소 적정여부, 자재(시트) 검사계획, 제작기간, 공장검수일정, 현장반입, 설치기간, 조립순서 등 전반적인 시공계획을 철저히 검토·확인하여야 함
- (필러플레이트, Filler Plate) 두께가 다른 철골부재를 상부덧판 사이에 끼우고 볼트 접합하는 경우 두께를 조정하기 위해 삽입하는 강판으로 사전에 철골 Shop-Drawing에 포함되어야 함
- 볼트 접합부위는 가능한 TS(고장력, 하이텐션) 볼트를 사용함이 불량부분 수정이 쉽고 품질관리, 시공성에도 유리함
- (비과괴 시험검사) 철골전문업체와 별개로 '비파괴 시험연구소'에 의뢰하여 시험방법에 대해 협의 후 확정하여야 함

  * '용접시험검사비'는 방법에 따라 상당한 차이가 있어 충분한 협의가 필요

- 중대한 구조체 공사임을 감안하여 용접봉 검사 및 용접 작업자 테스트 등 검사계획 철저 수립 및 품질관리에 최선을 다함이 필요

  ※ (용접기량 테스트) 용접공 이력서 접수 → 기량우수자 선발 → 기량 테스트 용접(3G VERTICAL CO2 용접실시) → 시험편 외관검사 → 비파괴검사(용접 완료 후 1시간 후에 U/T 검사) ☞ 최종합격자 선정

○ 앵커볼트의 설치

- 구조체공사용 앵커볼트는 경미한 구조물은 §19mm 이상 반영 여부, 중요 구조물은 §22mm 이상 여부를 확인하여야 함
- 앵커볼트로는 구조용 혹은 세우기용 앵커볼트가 사용되어야 하고, 고정매입 공법을 원칙으로 정함이 필요
- 앵커볼트는 매립 이후 수정하지 않도록 기존의 벤치마크(Bench Mark) 외 2개소를 추가 설치하여 레벨 검사를 실시하여야 하며, 콘크리트 타설 시 앙카볼트가 이동되지 않도록 견고하게 설치하여야 함
- 앵커볼트 설치 시 베이스플레이트 위치의 콘크리트는 설계도면 레벨보다 -30mm~-50mm 낮게 타설하여야 함
- 구조용 앵커볼트를 사용하는 경우 앵커볼트 간의 중심선은 기둥 중심선으로부터 3㎜ 이상 벗어나지 않아야 함
- 앵커볼트 주변에 철근 배근이 필요할 경우 베이스플레이트에 접촉되지 않도록 시공함이 필요하며, 베이스플레이트 하부(기둥 밑)에는 무수축 몰탈 그라우팅 여부를 반드시 확인하여야 함

＊앵커볼트 시방서 관련 참고사항

○ 앵커볼트는 콘크리트에 매입되는 경우를 제외하고 더블 너트 조임으로 하여야 함

○ 앵커볼트에 전단력을 부담시키는 경우에는 워셔두께를 검토한 후 별도의 구조계산 근거에 따라 상세도를 작성하여야 함

가. 앵커볼트 구멍지름

(d : 공칭지름)

구멍지름(mm)
d + 5.0

나. 앵커볼트 매입길이(Ld)-Hook 설치

앵커볼트 재질	콘크리트설계 기준강도(Mpa)	매입길이(Ld)
SR 24(SS400)	18 ≤ fck<21	45db 이상
	21 ≤ fck< 27	35db 이상

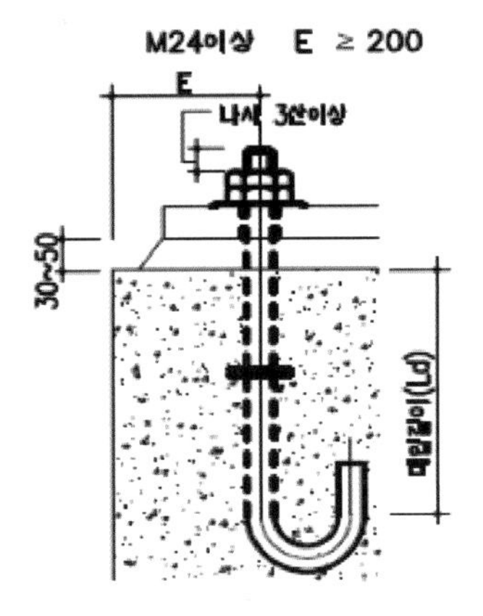

ㅇ철골 자재 운반 및 보관
- 부재의 운반, 보관 및 취급 시에는 부재의 휨, 긁힘 및 과대응력이 발생하지 않도록 하여야 하며, 휘거나 손상을 입을 수 있는 돌출된 부분은 별도 보호 조치하여야 함
- 부재는 현장 조립할 순서를 고려하여 적치하여야 함
- 부재의 보관 중에는 보관대에서의 전도, 타 부재와의 접촉 등에 따른 손상위험이 없도록 충분한 보호조치를 하여야 함

ㅇ철골 부재의 현장조립 및 작업준비 사항
- 크레인과 접근 장비의 확고한 지지 대책과 유지계획을 수립
- 현장으로의 접근로와 현장 내에서의 도로계획을 수립
- 다른 공정과 협력작업을 위한 사전 조율된 작업절차를 수립
- 부재 낙하 방지 및 작업원의 추락 방지 등 안전대책을 수립
- 강재 작업 시 허용 가능한 최대 가설 및 적재하중을 검토

ㅇ공사용 가설물 준비 및 안전장치 설치
- 자재의 설치, 본 접합 등을 위해 각 작업마다 필요한 비계, 통로, 자재 보관, 안전, 양생 설비를 설치하여야 함
- 또한, 구조형식, 설치순서, 지상조립 방법 등에 의해 가설물 설치계획이 다르므로 시공계획에 가장 적합하도록 설치하여야 함

ㅇ비계, 안전통로의 확인
- 사다리, 안전로프, 안전블록 등은 주로 비계공의 승강, 수평 이동을 위해 필요하며 강부재 형상, 치수, 추락 방지에 대한 적합성을 확인하여야 함
- 비계의 안전을 확보하기 위해 가설 안전설비의 부착 및 고정방법을 확인하고, 설치/작업 순서를 확인한 후 안전설비를 설치하여야 함

ㅇ크레인의 안전
- 설치용 크레인은 설치 지반의 내력과 크레인 최대하중을 확인하고 전도 방지대책을 수립하여야 함
- 크레인의 설치 위치를 확인하고, 크레인의 회전범위 내에서는 작업을 금지하여야 함

ㅇ현장조립
- 1개 절마다 기둥, 보의 세우기 순서를 작업의 효율성, 안전성 등을 고려하여 사전 결정하여야 함
- 강구조 세우기 공사 중에는 불안정한 구조가 되지 않도록 조립순서를 결정해야 하고, 특

히 하루 작업 완료 후에는 안정된 형태가 될 수 있도록 시공계획을 세워야 함
- 구조상 필요한 작은 보, 수직가새, 공장건물의 수평가새, 트러스의 제1레티스 등은 세우기와 동시에 설치함이 필요
- 강 콘크리트조의 경우 철근콘크리트와 일체가 되어 내력을 발휘하기 때문에 강재만으로는 불안정한 경우가 발생할 수 있으므로, 보강 와이어, 레티스 등을 이용하여 적절하게 보강하여야 함
- 기둥 세우기에 따라 가로재, 가새 등을 가볼트 조임한 후 모서리와 주요 위치에 설치된, 수직·수평 기준점에서 피아노선, 다림추, 계측기 등을 이용하여 변형을 측정하고, 일정 구획마다 변형 바로잡기를 완료한 후 본 볼트를 조임하여야 함
- 본 볼트 조임은 볼트군 내의 각 볼트가 유효하게 적용할 수 있는 순서로 해야하며, 표준볼트 장력의 80% 정도로 조임한 후 2단계 조임에서 표준볼트 장력으로 조임하여야 함

ㅇ 볼트의 현장 반입검사
- 볼트의 현장조임 전에 볼트의 현장반입검사를 실시해야 한다. 반입검사는 납품된 볼트 중에 볼트직경별로 각 5개의 샘플을 대상으로 축력계에 의한 조임축력 시험에 의함
- 볼트의 현장 보관상태가 양호하고 기간이 짧을 때에는 볼트 제조 회사가 발행한 검사성적서로 반입검사를 대신할 수 있음
- 본조임은 고장력볼트용 전동렌치를 사용하고, 볼트 및 와셔가 회전하지 않음을 확인하며 조임한다. 본조임 후에 축력계로 볼트축력을 측정하여야 함

※ 축력 TEST 예시
- 5EA 결과값의 평균이 기준값 안에 들어와야 통과

시편	기준값	평균값	합격여부
M20	172~207	201	합격
M22	212~256	225	합격
M24	247~298	281	합격

○ 볼트 현장 시공
- 볼트 조임 작업 전에 마찰 접합면의 흙, 먼지 또는 유해한 도료, 유류, 녹, 밀스케일 등 마찰력을 저감시키는 불순물을 제거해야 함
- 마찰 내력을 저감시킬 수 있는 틈이 있는 경우에는 끼움판을 삽입하여야 함
- 접합 부재 간의 접촉면이 밀착되게 하고, 뒤틀림 및 구부림 등은 반드시 교정하여야 함
- 1군의 볼트 조임은 중앙부에서 가장자리의 순으로 조임하여야 함
- 현장 조임은 1차 조임, 마킹, 2차 조임(본조임), 육안검사의 순으로 함
- 1차 조임은 토크렌치 또는 임팩트렌치 등을 이용하여 접합 부재가 충분히 밀착되도록 하여야 함
- 본 조임은 고장력볼트 전용 전동렌치를 이용하여 조임하여야 함
- 눈이 오거나 우천 시에는 작업을 피해야 하고, 접합면이 결빙 시에는 작업을 중지하여야 함

○ 현장용접
- 현장용접은 가능한 최소화하되, 현장용접에 대한 검사계획을 수립하여 공정·품질관리에 문제가 없도록 관리하여야 함
- 용접봉에 대한 검사를 반드시 실시하고, 해당부위 용접에 맞게 혼돈 사용하지 않도록 관리하여야 함
- 용접에 앞서 개선에 대한 청소를 실시하여 반드시 불순물 제거 여부를 확인하여야 함
- 용접순서 및 방향은 가능한 한 용접에 의한 변형이 적고, 잔류응력이 적게 발생되도록 하고 용접이 교차하는 부분이나 안 되는 부분이 없도록 용접순서에 대하여 특별히 고려함이 필요
- 현장조건이 0℃ 이하 혹은 습도가 높은 경우에는 반드시 예열을 실시하여야 함
- 공사현장 용접은 용접변형 및 세우기 정도의 영향을 고려하여 시공순서를 정함이 필요
- 공사현장 용접은 특기사항이 없는 한 피복아크용접, 가스실트아크용접 등을 이용하여야 함

* 참고(엔드탭과 뒷댐철판 용접)

- 엔드탭의 재질은 모재와 동등한 것 이상으로 하고, 형상은 같은 두께, 같은 비벌링의 것을 이용하며, 길이는 아래표와 같음

단, 미리 "용접부가 시험에 의해 용접끝에 결함이 생기지 않는다"는 것이 확인된 재질 및 형상의 것을 이용하는 경우에는 제외됨

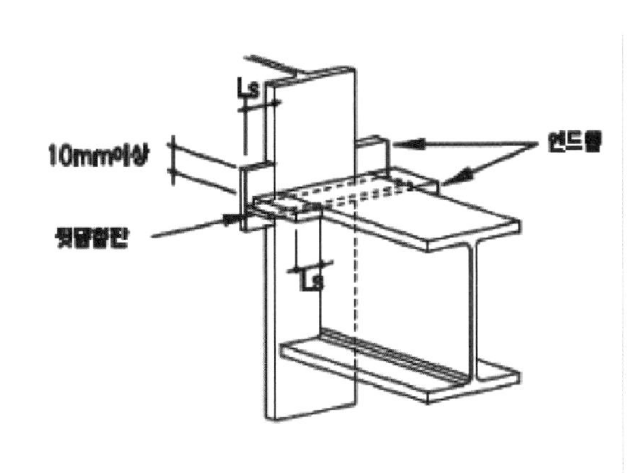

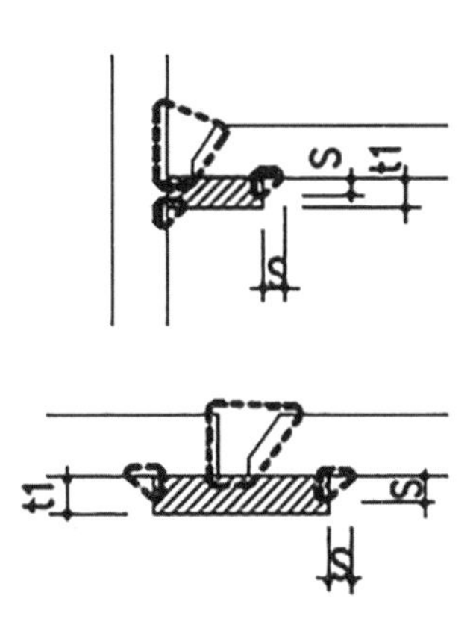

엔드탭의 길이		뒷댐철판의 두께	
용접공법	Ls	용접공법	t1
손용접	35 이상	손용접	6 이상
반자동용접	38 이상	반자동용접	9 이상
자동용접	70 이상	자동용접	12 이상

* 뒷댐재 설치를 위한 모살용접의 크기는 4~6mm로 함

※ 용접불량

종 류	내 용
용입부족 (imcomplete penetration)	용융금속의 두께가 모재두께보다 적게 용입이 된 상태
균열(crack)	용접부에 금이 가는 현상
언더컷(under cut)	용접부 부근의 모재가 용접열에 의해 움푹 패인 현상
언더필(under fill)	용접이 덜 채워진 현상
아크 스트라이크 (arc strike)	용접봉을 모재에 대고 Arc를 발생시킴으로 인해 모재 표면이 움푹패인 현상
기공(porosity)	이물질이나 수분등으로 인해 용접부 내부에 가스가 발생 되어 외부를 빠져나오지 못하고 내부에서 기포를 형성한 상태
블로홀(blow hole)	이물질이나 수분등으로 인해 발생된 가스가 용접비드 표면으로 빠져나오면서 발생된 작은 구멍
스패터(spatter)	용접 시 조그마한 금속 알갱이가 튀겨나와 모재에 묻어 있는 현상
오버랩(over lap)	용접개선 절단면을 지나 모재 상부까지 용접된 현상

○ 엠베드 플레이트(Embedded Plate)
- 철근콘크리트 구조체와 철골이 만나는 지점에 설치하는 엠베드 플레이트(Embedded Plate)는 사전에 정확한 측량 여부를 반드시 확인하여야 하며, 콘크리트 타설 시 고정함이 절대적으로 유리함

＊ 타설 이후 수정은 소요경비와 구조의 안전성 등에 심각한 문제 발생

○ 데크플레이트의 반입, 보관, 양중 및 적치
- 데크플레이트는 긴 부재로 사용 되어지는 경우가 많은데 긴 부재의 양중 시에는 반드시 2점 이상 걸기로 하여 양중 시 데크플레이트의 변형을 최소화하여야 함
- 강재 보 위에 적치하는 경우 과도한 중량이 작용하지 않도록 분산 배치하여야 함
- 콘크리트 시공 전 콘크리트에 매립되는 배수구, 통신전선관 및 전력구 등 각종 부대시설에 대한 시공상세도면을 검토하여야 함
- 거푸집의 이음부와 접합부는 모르타르가 새지 않도록 완전히 봉합해야 하며 콘크리트 타설 시 움직이지 않도록 탄탄히 결속해야 한다. 콘크리트 타설에 따른 거푸집(데크플레이트) 및 동바리의 처짐의 영향은 미리 예측하여 사전에 보강 조치하여야 함

○ 내화피복 시공
- 강재면에 들뜬 녹, 기름, 먼지 등이 부착되어 있는 경우에는 이를 제거하여 내화피복재의 부착성을 좋게 함
- 상대습도가 70%를 초과하는 조건에서는 내화피복재의 내부에 있는 강재에 지속적으로 부식이 진행되므로 습도에 유의해야 함
- 내화 뿜칠 작업의 경우는 낙진이 건물 밖으로 떨어지지 않도록 방진막을 설치해야 하며, 분진의 비산에 대비하여 작업장을 시트로 막고, 마스크 착용 등 적절한 대책을 마련하여야 함
- 뿜칠작업 중이거나 양생기간 중에는 진동 및 충격이 발생하지 않도록 관리하여야 함
- 또한, 낙하된 분진 등은 깨끗이 청소하며 분진 등이 배관에 닿아 배관의 방청도장 공사에 지장을 주지 않도록 보양 조치 후 시공 하여야 하며, 다른 제작물에 묻은 것은 제거하여야 함

공장인증 제도개요 및 인증 현황

▣ 제도개요

○ 목적 : 철강구조물 제작공장의 제작능력에 따른 등급화를 통해 철강구조물의 품질을 확보하기 위함

○ 대상 : 건설현장에 철강구조물을 제작·납품하는 공장

○ 분야·등급 : 교량·건축 분야별로 4개 등급

○ 인증 : 공장규모, 기술인력, 제작 및 시험설비, 품질관리실태 등으로 구성된 점검항목의 필수점수 및 판정기준 점수 이상 획득한 경우 공장인증

○ 등급별 제작능력 기준(시행규칙 별표 10)

등급	교 량 분 야	건 축 분 야
1급	- 모든 교량	- 모든 건축물
2급	- 일반교량 - 교각과 교각사이의최대거리가 100미터 미만인 특수교량	- 용접작업에 사용되는 주요부재의 판두께(t) • SS400급 강재 : t≤50㎜ • SM490급 강재 : t≤50㎜ - 26층 미만(지하층 포함)인 건축물의 주요구조부
3급	- 교각과 교각사이의 최대거리가 50미터 이하 인도전용 육교 (특수 육교 제외)	- 용접작업에 사용되는 주요부재의 판두께(t) • SS400급 강재 : t≤30㎜ • SM490급 강재 : t≤25㎜ - 16층미만(지하층 포함)인 건축물의 주요구조부(최대경간 30m이하)
4급	- 교각과 교각사이의 최대거리가 30미터 이하 인도전용 육교 (특수 육교 제외)	- 용접작업에 사용되는 주요부재의 판두께(t) • SS400급 강재 : t≤16㎜ • SM490급 강재 : t≤16㎜ - 처마높이 20m이하(최대 경간 30m이하)

▣ 강재 종류 및 규격 확인

▷강재의 종류 및 규격을 설계도서 및 시방서에 의거 확인한다.

▣ 철골 공장검사 및 Mill Sheet 확인

▷철골공장 선정 시 공장점검, 그 결과 따라 승인
▷철골 원자재의 Mill Sheet 제출받아 적정성 확인

▣ 부위별 이음 종류 및 방법 준수

▷용접 : 시방에 따른 부위별 용접방법을 준수 여부 확인, 용접 후 검사 실시
▷고장력볼트 접합

- 사용볼트의 종류 및 접합방법 준수 여부 확인, 사용 볼트 종류에 따른 검사 실시

▣ 인양계획 적정성 검토

▷부재 인양 전 적재요령 및 인양계획서를 제출토록 지도하여 승인 후 시공하도록 지도한다.

- 운반 부재의 중량 및 인양장비 허용 중량을 확인.

▣ 기능공 자격 확인

▷용접기능공은 관련 자격을 보유
▷비파괴시험사 자격
- 시험사 : 관련자격을 보유하고 1년 이상 경력 보유
- 책임시험사 : 기사 이상 보유하고 5년 이상 경력 보유

▷철골조립공 : 2년 이상 경력 보유

▣ 용접 부위 검사

▷ 관련근거 : 현장 시방서(용접의 검사)

▷ 용접검사 기준

- 완전용입 용접 : 100%, 부분 및 모살용접 : 10%

▣ 고력볼트 검사

▷ 관련근거 : 현장 시방서(볼트 조임 후 검사)

▷ 볼트 시험기준

종 류	시험빈도	합격기준
토크관리법	10%	평균토크의 ±10%이내
너트조임법	100%	1차조임후 너트회전량이 120°±30°의 범위
T/S 볼트	100%	핀테일의 정상파단

주의사항

▶ 철골재 현장 반입 시 강재의 종류와 규격을 철저히 확인하여야 함

▶ 현장 내 용접 이음은 최소화 (공장 용접 후 현장 반입)

▶ 용접 및 철골 작업자의 자격보유 여부 확인 철저

- 작업자 사전등록, 매일 작업자 교체 여부 확인

▶ 비파괴 시험연구소는 철골 하도급업체와 무관한 연구소를 선정하여, 원천적으로 시험필요 갯소, 시험방법(시험 비용) 등 시험계획을 재협의 후 실시하여야 함

▶ 철골 세우기 작업 및 수정작업 계획을 사전 검토함이 필요, 철골보 등 보강재 설치계획, 용접작업 시 화재예방 대책, 내화피복 계획, 슬라브 콘크리트와 철골기둥 사이 층간방화구획 계획(방화몰탈 사춤), 강풍 시 전도방지 대책 등을 사전 검도·확인하여야 함

※ 강구조 공사 표준시방서

1. 일반사항

ㅇ 국가건설기준센타(http://www.kcsc.re.kr)의 "14 31 05"에 따른다.

2. 관련 시방서

① 제작은 "14 31 10"에 따른다.
② 용접공사는 "14 31 20"에 따른다.
③ 볼트접합 및 핀 연결공사는 "14 31 25"에 따른다.
④ 조립 및 설치공사는 "14 31 30"에 따른다.
⑤ 도장공사는 "14 31 40"에 따른다.
⑥ 용융아연도금공사는 "14 31 45"에 따른다.
⑦ 내화피복공사는 "14 31 50"에 따른다.
⑧ 데크플레이트 및 바닥슬래브공사는 "14 31 70"에 따른다.

5 '조적공사~마감공사 기간' KEY-POINT

Key-Point

♧ 조적공사 ~ 마감공사 착수 전까지 검토할 사항과 주요공종 중 중요 검토·확인 사항 및 참고사항, 관련 법령, 표준시방서 목록 등에 대해 정리하였습니다.

♧ 현장 관리자들이 '조적공사~마감공사 전'까지 소홀히 하는 경향이 있는 부분과 알아두면 공사 수행 중 도움이 된다고 생각하는 사항, 기본적으로 알아야 하는 사항은 무엇인가? 라는 질문에 대한 저의 답변입니다.

o 마감공사 전 준비사항 및 공사지침 확정 대상 검토·협의
(인테리어 및 환경디자인 관련 자료는 별첨으로 포함)

o 설비·소방·전기·통신공사와의 연관성 검토·협의

o 조적공사 중요 검토·확인 사항

o 미장공사 중요 검토·확인 사항

o 방수공사 중요 검토·확인 사항

o 단열공사 중요 검토·확인 사항

o 건축물 외벽 열교차단 단열공사 참고사항

♧ 마감공사 착수 이후 마감공사 디테일을 검토하고, 마감자재를 선정하고, 인테리어와 환경디자인 계획을 검토하는 것은 많은 제약으로 설계변경의 한계가 있어 이미 늦었다는 것을 꼭 기억하여 주시기 바랍니다.

♧ 개인적으로 마감공사를 이해하면서 구조물공사, 조적공사 등을 시행 하는 기술인이 진정한 기술인이라 생각하며, 마감공사의 원활한 수행과 우수한 품질확보를 위해 반드시 조적공사~마감공사 착수 전까지 최선을 다해 검토하고 관리하시길 소망해 봅니다.

1 마감공사 전 준비사항 및 공사지침 확정 대상 검토·협의

◈ '왜 마감공사를 마감공사 단계가 아닌 조적공사 ~ 마감공사 착수 전까지 준비하고, 검토해야 하는지?' 에 대한 답변은 앞에서 언급한 "Ⅱ. "공사단계별 KEY-POINT" 왜 알아야 하는가?"를 다시 한번 읽어보시기 바라며, 마감공사 전 환경디자인 및 인테리어공사에 대해 많은 관심을 가져보시길 소망합니다.

* 마감공사 착수 이후 환경디자인과 인테리어공사를 검토하는 것은 정말 초보 관리자라고 생각합니다.

* 대기업 회사의 로고가 수백억 가치를 한다고 합니다. 건설현장에서 관리자분들이 검토하여 설계개선하는 것도 그만한 가치를 한다는 자부심을 가져 주시길 소망합니다.

◈ 구조체 공사에서 미처 생각하지 못했던, 그리고, 구조체 공사를 완료하고 보니 품질·기능 미관 개선을 위한 설계변경 사항을 발견할 수 있고, 이에 대해 관리자들은 끝까지 건축물 품격을 위해 최선을 다하셔야 하며, 공종 간 적극적으로 협조하여야 합니다.

1) 마감공사 준비를 위한 현장정돈 방안 및 마감자재 적치/보관(자재창고) 계획을 사전에 검토하고, 확인함이 필요합니다.

ㅇ 현장정리정돈 없이는 결코 원활한 공사수행은 불가하며, 결코 각 단계·공종별 작업을 마무리 할 수 없어, 준공시점에 엄청난 인력투입과 작업 애로에 직면할 수 있음

* 공정이 지연된 현장을 확인해 보면 현장 정리, 정돈이 부실하고, 또 후속 작업을 위한 사전 준비를 소홀히 한 현장이 대부분임

ㅇ 마감자재 반입 후 적치/보관 장소(자재 창고) 등을 대한 계획도 철저히 수립함이 필요

* 용접작업이 예상되는 구간에 인화물질 적치 및 후속 작업이 바로 이어지는 위치에 자재 임시 적치 등 계획성이 없는 자재관리는 공정·품질·안전관리에 치명적임을 간과하여서는 아니 됨

2) 내부 마감공사를 위한 가설공사(비계설치 등) 계획을 사전 검토·확정함이 필요합니다.

ㅇ가설공사에 따라 공종 순서가 조정됨을 감안 철저히 검토하여야 하며, 가능한 가설공사를 인해 많은 공종의 작업이 중단되는 것은 다른 방안을 강구함이 필요

ㅇ마감공사를 위한 가설공사도 안전과 직결됨을 감안 철저한 구조검토를 통해 확정하고, 중량물 적재 등 안전 주의사항을 작업자에게 공지토록 조치하고, 철저히 관리하여야 함

3) 각 현장별 특수성에 따라 각종 장비 시운전 및 반입/설치를 위한 사전 조치가 필요한 사항을 검토하여 목록(List)을 작성함이 필요합니다.

ㅇ각종 장비 반입/시운전으로 인해 조적공사 ~ 마감공사 전까지 두 번(이중) 일을 하지 않기 위해 상호 연관성을 검토·확인하고, 발주, 제작, 공장검수 등 전반적인 일정을 고려하여 필요시 작업 일정을 조정하여야 함

ㅇ가능한 각종 장비 반입/설치 전 기설치된 시설물이 파손이 없도록 보양계획을 수립하여야 하며, 장비반입 업체에게도 파손 시 책임문제 등 주의를 주시시킴이 필요

* 장비업체에게 현장의 기 시공상태, 보양시설 등의 내용을 확인시킨 후 '파손시 책임이 있다'는 말 한마디로 장비업체는 별도의 관리자를 두어 관리하게 되어 결코 파손이 발생하지 않음

4) 인테리어 및 환경디자인 하도급업체를 조기에 선정하여, 현 설계의 개선대책을 추가 검토 및 수요기관과 협의, 확정을 위한 절차를 정리하여 추진함이 필요합니다.

* 디자인과 미관을 중시하는 수요기관에서는 환경디자인 업체를 별도 발주를 통해서 시행하는 경우도 많음

5) 마감공사 관련 공사지침 확정이 필요한 내용을 검토하고 목록(List)을 작성 후 하나하나 검토하고, 협의 후 결정함이 필요합니다.

ㅇ마감자재 색상 선정, 페인트 색상 선정, 디테일 확정 등 자재발주를 위한 모든 지침을 사전에 확정하는 개념으로 추진함이 필요

7) 마감공사 디자인, 디테일, 색상 개선(안)을 검토·협의 시 참고사항

ㅇ자재선정, 색상 결정, Shop-Drawing의 중요성을 인식함이 필요

- 우리나라 건물은 1층 현관, 홀, 로비에서 건물의 등급과 품질을 판단되는 경향이 있어 자재선정, 색상, 디자인, 자재 나누기, 포인트 등 하나하나 Shop-Drawing을 작성하여 검토/협의함이 필요
- 외벽 마감인 돌/판넬 등, 내부마감인 돌/타일/판넬 등 조각으로 시공되는 부분, 내부에 시공되는 타일 등은 "나누기"에 따라 미관상 많은 차이가 발생되며, 다양한 "나누기(Shop-Drawing) 및 포인트" 등을 작성하는 데 장시간 검토/협의함이 필요
- 결과적으로 디자인/색상은 연구, 조사, 고민, Shop-Drawing을 많이 그릴수록 우수한 작품이 나온다는 것을 반드시 기억함이 필요

ㅇ 마감공사 상세도 검토는 기술력 향상에도 절대적으로 많은 도움이 됨을 기억함이 필요

* 철근 배근도 등 구조체 공사도 중요하지만, 마감공사를 이해하고 해석하지 못한다면 종합예술을 다루는 진정한 건설인이라 말할 수 없다고 생각합니다.

ㅇ 환경디자인 및 색상 선정은 설계 Concept과 부합하는 방안으로 추진하되, 개별 실별 또는 부분적으로 검토하는 것이 아니라 시설물 전체를 종합적으로 검토하여야 우수한 품질이 완성됨

* 작업시간에 촉박해 부분적으로 자재 및 색상, 디자인을 선정 시 절대적으로 우수한 품질, 색상을 확보할 수 없으며, 저급의 건물을 준공하는 것임을 결코 잊어서는 아니 됩니다.

ㅇ 설계기본개념을 이해하여야 종합적인 색상개념이 검토되며, 색상이 일률적일 필요는 없으나, 변화와 포인트는 주되 개념은 유사한 색상으로 통일성을 유지하는 것이 건물의 품격은 상향할 소지가 많음

ㅇ 대규모 공간은 색상이 화려하지 않아도 대형 매스로서의 우아함이 표출되나, 중·소규모 공간은 색상 지정에 따라 상당한 느낌 변화가 있음

ㅇ 색상은 가능하면 전문가에 의뢰하고, 필요시 일부 조정함이 필요하며, 지정된 색상과 해당 자재를 비교 검토하여 선정하여야 함

* 수요기관의 기관장의 색상 선호도에 따라 결정하려는 경향이 간헐적으로 있으나, 이때 설계개념과 환경디자인/인테리어 개념을 잘 설명하시기 바랍니다.

ㅇ 수요기관에서 추가예산이 없다고 하더라도 개선하는 것을 포기하여서는 아니 되며, 내구

성이 좋고, 미관이 우수한 것을 제안하면 추가 예산이 확보된다는 생각으로 추진함이 필요

* 품질향상을 위한 우수한 제안을 하면 수요기관에서는 추가예산을 마련해 준다는 것이 저의 신념이며, 또 이렇게 현장에서 강조했고, 결과도 추가예산을 활용하여 개선한 경험이 많았습니다.

8) 인테리어업체를 통해 마감공사/인테리어공사 추진·개선(안))에 대해 최종 설명회를 개최하고, 공사 지침을 확정함이 필요합니다.
(향후 논란의 소지, 재시공을 사전 방지할 수 있음)

ㅇ마감자재 샘플 및 색상표를 보드에 붙여 만들고, 세부디자인(안) 및 중요 부분은 실내투시도를 작성하여 설명회를 실시함이 효과적임

ㅇ이질 재료가 만나는 부위의 상세도면이 상당 누락되는 경우가 있어 사전 검토함이 필요

ㅇ코너부위, 원형부분 마감상세에 따라 구조체 공사도 일부 변경이 필요할 수 있어 사전 검토가 필요한 사항이나, 이미 구조체 공사를 완료한 경우에는 구조체 변경 없이 충돌의 피해, 내구성 등을 고려함이 필요

2 설비·소방·전기·통신공사와의 연관성 검토·협의

1) 조적 ~ 마감공사 전까지의 단계는 건축공종과 타공종이 많은 부분이 복잡하게 연계되어 있음을 감안하여, 수시로(최소한 1주일 간격) 상호 작업내용 등 공정계획을 협의함이 필요합니다.

ㅇ 공정간 공사순서에 따라 많은 하자발생 및 재시공 사례가 빈번히 발생됨을 감안, 각 층별, 각 실별 작업내용을 상호 공유 및 협의 조정을 통해 철저히 이행하고 관리하여야 함

ㅇ 간헐적으로 현장에서 공종 간에 말다툼이 발생할 수 있는 기간이나, 협의체 회의(협의체 오찬/만찬) 등을 통해 끝까지 웃는 얼굴로 상호 협조하는 체계가 유지되도록 서로 노력함이 필요

2) 특수장비, 특수시설에 대한 발주, 제작, 반입시기, 보관(장금장치), 설치 등에 대한 공정/품질관리 방안을 보다 상세히 검토·작성하여 부분적 철거 등 재시공 사례가 발생되지 않도록 철저히 계획하고 관리함이 필요합니다.

3) 소방검사, 전기수전 등 인허가 취득을 조기에 할 수 있는 방안으로 공정관리함이 원활한 준공의 지름길임을 간과하여서는 아니 됩니다.

ㅇ 각종 인허가를 미취득 시 준공처리가 불가하고, 인허가 미취득 시 지체상금 부과 대상임을 감안하여, 인허가 획득에 적극 협조하여야 함

ㅇ 간헐적으로 심하게 다투는 현장, 상호 이해 못해 양보하지 않는 현장은 지체상금 등 책임문제가 발생할 수 있음을 감안하여 반드시 서면으로 공정회의를 실시하고, 책임감이 없는 업체는 법적으로 책임을 지도록 서면(문서)으로 관리하여야 함

3 조적공사 중요 검토·확인 사항

1. 시공순서도

주요내용	관련사진
○먹매김 – 방수턱, 신축줄눈, 석고판 마감선 – 개구부, 배관, 각종함 위치 – 창호설치 부위는 반드시 벽체 및 천정슬라브에 먹줄표시	
○연결철물시공 – 이질재와 만나는 부위에 연결철물 시공 – 조적 교차부위 및 문틀주위 보강철물 시공	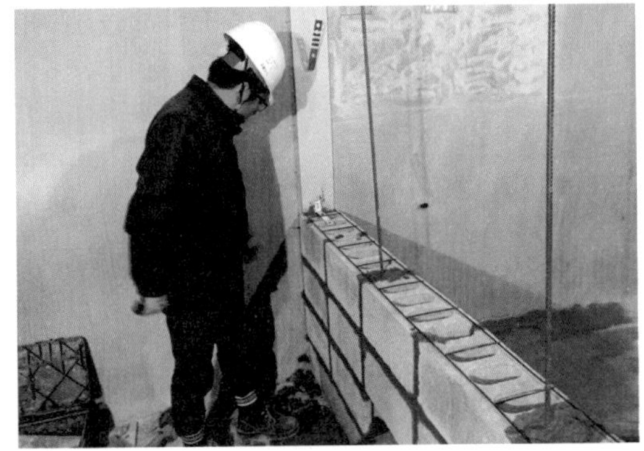
○벽돌쌓기 – 벽돌쌓기 전 벽돌은 충분히 물축임 (단, 쌓기 직전 물을 축이지는 않음) – 쌓기몰탈 배합비는 1:3, 줄눈용 1:1 반죽 후 2시간 이내 사용 – 1일 쌓기 높이는 1.2m(18켜)를 표준으로 하고, 최대 1.5m(22켜) 이하 시공	
○청소 및 정리 – 쌓은 후 12시간 동안은 하중을 받지 않도록 관리, 3일 동안은 집중하중을 받지 않도록 관리 – 물에 접하는 부위는 습식공법 시공 시 백화현상이 발생하므로 백화가 발생치 않도록 관리	

2. 품질관리를 위한 주요 검토·확인 사항

○ 자재 나누기(Shop- Drawing) 및 타 공종과의 연관성 검토

- 규격품(온장)을 시공하면 좋지만, 현장 실측을 통해 규격품(온장)을 절단하여 사용이 필요한 경우를 대비하여 최대한 반장 이상 시공이 가능토록 사전 자재 나누기(Shop-Drawing)를 작성함이 필요

＊조적공사 이후 페인트 마감 또는 별도의 마감이 없는 치장쌓기의 경우 반장 이하 쌓기 부분이 노출 시 미관에 치명적임

- 시공성 향상 및 향후 미장공사 하자(크렉)발생 억제 등 조적공사와 연계된 설비/전기/통신배관 공사와의 연관성을 사전 검토 후 작업순서를 검토하고, 조정하여야 함
- 설비/전기/통신배관이 통과하는 부위는 메탈라스 추가시공 등 크렉 방지대책을 사전 검토하여야 함

○ 하자발생이 우려되는 사항과 대책

- 조적벽 상단부 슬라브와 접하는 부위 크렉
  : 슬라브 접합 부위에 몰탈을 충진하였으나, 건축수축이 발생하여 틈이 벌어져 소음전달 및 해충의 이동 통로 우려

⇒ 일정기간 경과(건축, 수축) 이후 몰탈을 재충진, 또는 우레탄폼 충진하여야 함

- 외부벽돌 및 줄눈의 백화현상
  : 줄눈몰탈의 시멘트의 산화칼슘(CaO)이 물과 공기중의 탄산가스(CO_2)에 의한 화학반응, 벽돌의 황산나트륨과 몰탈의 소석회가 화학반응을 일으켜 나타나는 현상

⇒ 상하 통풍구 및 배구수 설치 철저, 벽돌과 벽돌 사이 몰탈 충진을 철저히 하고, 양생이 안된 상태에서 비가 올 경우 비닐 등으로 덮어 수분 침투를 방지함

- 벽돌면 균열 발생
  : 벽돌 및 몰탈 자체의 강도 부족과 신축성 부족, 벽돌벽의 부분적 시공결함, 이질재와의 접합부 몰탈 바름 시 들뜸

⇒ 벽돌자재 철저 품질관리, 깨진 벽돌 시공불가 조치, 몰탈 배합비 철저 관리, 몰탈 비빔 후 1시간 이내 사용(가능한 30분 이내에 사용) 하여야 함

- 콘크리트 블록 설계, 계획적 측면에서 발생하는 균열
  : 블록의 건조수축에 의한 균열 발생으로 콘크리트와 블록의 신축율 차이에 따른 균열, 마감층의 몰탈 건조수축에 의한 균열, 수직도, 수평도 불량

⇒ 콘크리트와 블록이 접하는 부분(벽체와 기둥접합부위 등)에 신축줄눈 설치(T10 압출법 보온판 설치), 수평/수직실에 맞추어 시공, 하루 쌓기 높이(1.2~1.5M) 준수, 블록 6m간

격 이내 T 10mm의 죠인트를 설치하여야 함
- 전선관 주위 조적공사 하자
  : 배관 부위 매 3단마다 긴결 철선을 매립하면서 쌓기를 하여 배관하고, 벽돌면과 같은 두께로 밀실하게 충전하고, 전기기구류 수직 정밀 시공 후 메탈라스를 부착 이후 미장을 실시하여야 함

ㅇ 벽돌 쌓기 전 모르타르의 수분 부족으로 부착 및 강도 발현에 문제가 없도록 충분히 물축임을 실시하여야 함
  (단, 쌓기 직전에는 물을 축이지 않아야 함)

ㅇ 몰탈 배합비, 줄눈 몰탈 시공 여부 등을 반드시 확인하여야 함
- 쌓기몰탈 배합비는 1:3, 줄눈용 1:1, 반죽 후 2시간 이내에 사용하여야 함
- 쌓은 후 12시간 동안은 하중을 받지 않도록 관리, 3일 동안은 집중하중을 받지 않도록 관리하여야 함

ㅇ 시멘트 벽돌쌓기 시공 시 주의사항
- 벽체 앙카철물 : T1.2mm이상 'L'형 사용
- 일일 쌓기 높이 : 1.2(18켜)~1.5M(22켜) 이하
- 배관 주위 연결철물 설치 : #8선 3단마다 설치
- 옹벽 및 기둥 접합부위 앵커철물 : #8선 7단마다 설치
- 공간 쌓기 : 벽돌의 세로 7단, 가로 90cm 이내마다 긴결 철선을 시공
- 인방설치 : 개구부 +400mm 이상 크게 시공, 개구부 폭 1.2M 이상 시 높이 20cm, 양단부 20cm 이상 길게 시공

ㅇ 습기 제거를 위해 통·배수구는 상단과 하단에 각각 좌우로 간격 600mm 이내 간격으로 설치

ㅇ 치장벽돌 쌓기 시공 시 주의사항
- 쌓기용 몰탈 배합비는 1:3, 치장줄눈용 몰탈 배합비는 1:1 함
- 외벽면의 벽돌조적공사는 내부 지지벽과 공간을 두고 보강철물로 내·외부벽을 연결하는 공법으로 시공
- 보강철물은 제품에 대한 인증서를 제출토록 하고, 이를 확인
- 벽돌의 조적은 마구리에 몰탈을 붙여서 쌓고, 수평/수직 줄눈이 밀실하게 몰탈로 사춤
- 풍압이 시속 10km를 넘을 경우에는 바람막이를 설치 후 시공
- 앵커철물은 T2.0 이상 아연도금철판 사용, 배수구/통기구는 PVC제품으로 @600mm 간격으로 시공

ㅇ 공간벽 쌓기일 경우
- 쌓기 시 시공하는 몰탈 중 일부 탈락하는 몰탈에 대해 청소 방안을 사전 대비하고, 청소 주체(해당 작업자 등)를 사전 확정하여야 함
- 외부 지하층에 면한 공간벽은 결로수를 대비한 대책을 사전 검토하여야 함

ㅇ 보강철물 및 공간쌓기 시 연결철물의 설치방법, 위치 및 종류, 크기, 간격, 방청처리 여부 등에 대해 사전 철저한 검토가 필요
- 사전에 시방서를 철저히 확인한다.(시방서에 미표기 시 표준시방서 확인 필요)
- 소화전함 주위에도 크랙 방지를 위해 보강철물(메탈라스 등)을 반드시 시공하여야 함
- 외벽에 단열재 외부에 'L'형 고정철물을 콘크리트 타정용 건(GUN) 혹은 시멘트용 피스, 못 등을 사용하여 벽체에 고정하며, 설치간격은 구조에 따라 400mm ~ 800mm 간격으로 설치하여야 함

ㅇ 조적벽체와 만나는 이질 부위(콘크리트 구조벽체, 기둥 등)에 대한 시공계획(조인트비드 반영 여부 등)을 반드시 확인하여야 함

ㅇ 개구부 보강방법 사전 철저한 검토를 하여야 함
- 시공순서, 보강 방법에 대해 사전 협의 및 승인 절차를 거치도록 관리하여야 함
- 인방설치 기준(걸침길이 등 시방서 참고)을 확인하고, 제작 시 오류가 없도록 관리하여야 함

ㅇ 외벽과 만나는 부위 신축조인트 설치
- 벽돌벽이 콘크리트 벽과 접하는 부위에는 외기의 찬공기를 차단하여 결로를 방지하고, 외벽과 벽돌벽의 신축이 발생되고, 신축률이 다름을 감안하여, 크렉방지용 압출법 보온판 10mm로 신축조인트를 세로로 설치하여야 함
- 조적벽 상단부 슬라브와 접하는 부위 일정 기간 경과(건축, 수축) 이후 몰탈을 재충진, 또는 우레탄폼을 충진하여야 함
- 전선관 주위 조적 시에는 매 3단마다 긴결철선을 매립하면서 쌓기, 전기기구류 수직 정밀 시공 후 메탈라스를 부착 후 미장하여야 함

ㅇ 보강블록일 경우 보강근의 철근배근, 위치, 몰탈채움 부분 시공여부 등을 반드시 확인함이 필요하며, 특히 최상부에 보강근 부착상태를 철저히 확인하여야 함

ㅇ 블록공사 시공시 주의 사항
- 몰탈배합비 : 쌓기용(1:3), 치장줄눈용(1 : 1)

- 일일 쌓기 높이 : 1.2~1.5M 이하
- 블록매쉬 시공 : 매 3단마다 한켜 이상 시공
- 보강철근 시공 : @800mm 간격, 이음은 40d 이상 겹침 시공.
- 신축줄눈 시공 : 연속벽이 6.0M이상 시 시공
- 줄눈시공 : 가로, 세로 1cm 기준으로 시공

ㅇ 일일 쌓기높이, 시공부위, 수평/수직 이상 여부 등에 대한 관리대장을 만들어 기록 유지 관리하여야 함

주의사항

▶ 운반 도중 파손(깨어진) 벽돌을 사용 후 상부에 미장 시 반드시 크랙이 발생하며, 벽돌/블럭 운반 시 파손이 없도록 철저히 관리하고, 파손(깨어진) 자재는 발견 시 반드시 철거 등 조치 후 미장 작업을 실시함이 필요

▶ 조적 단부(외기 면할 때) 단열재 설치 여부 확인 철저

▶ 조적공사 시 사춤 철저(균열방지 및 차음)

▶ 보강블럭 시공 시 보강근 정착 여부 확인 철저

▶ 지하층 외벽에 면한 부위 시공 시 결로수 방지용 환기구 설치 및 강재 환기설비 필요성 여부 검토

※ 지반공사(기초/지정/파일공사) 표준시방서

1. 1. 일반사항

ㅇ 국가건설기준센타(http://www.kcsc.re.kr)의 "41 34 01"에 따른다.

2. 관련 시방서

① 벽돌공사는 "41 34 02"에 따른다.
② 블록공사는 "41 34 05"에 따른다.
③ 단순조적 블록공사는 "41 34 06"에 따른다.
④ 보강블록공사는 "41 34 07"에 따른다.

■ 벽돌압축강도 시험실시

▷ 관련근거 : KS F 4004, 건축공사 표준시방서 "41 34 01"

▷ 10만매당 1회 이상 실시

▷ 시험체는 8.4에 규정한 1차 초기의 실내 양생이 끝난 후 7일간 보존한 전체 모양 그대로, 또는 벽돌의 길이를 잘라낸 것으로 한다.

■ 블록 압축강도 시험실시

▷ 관련근거 : KS F 4002, 건축공사 표준시방서 "41 34 01"

▷ 10,000매당 1회 이상 실시

▷ 블록은 사용상 유해한 이상 형상, 모서리 깨짐 등이 있어서는 안 되며, 이 판정 규준은 담당원과 협의하여 결정한다.

▷ 블록 치수

<table>
<tr><th rowspan="2">형상</th><th colspan="3">치 수(mm)</th><th colspan="2">허 용 치(mm)</th><th rowspan="2">비고</th></tr>
<tr><th>길이</th><th>높이</th><th>두께</th><th>길이 및 두께</th><th>높이</th></tr>
<tr><td>기본블록</td><td>390</td><td>190
190
100</td><td>150</td><td colspan="2">±2</td><td></td></tr>
<tr><td>이형블록</td><td colspan="6">가로근용 블록, 모서리 블록과 기본 블록과 동일한 크기인 것의 치수 및 허용차는 기본 블록에 준한다.
다만, 그 외의 경우 당사자 사이의 협의에 따른다.</td></tr>
</table>

■ 줄눈간격 준수 및 사춤 확인

▷ 관련근거 : 건축공사 표준시방서 "41 34 02"

▷ 줄눈간격 : 가로 및 세로줄눈의 너비는 도면 또는 공사시방서에 정한 바가 없을 때에는 10mm를 표준으로 한다.

▷ 사춤 확인 : 사춤 모르타르, 그라우트의 연도는 사춤하는 공동부 크기, 사춤 높이, 블록의 흡수성, 사춤 방법 등을 고려하여 공동부를 빈틈없이 충전한다.

▣ 개구부 상부 인방설치

▷ 관련근거 : 건축공사 표준시방서 "41 34 02"

▷ 인방블록은 그라우트가 철근을 충분히 피복할 수 있는 모양으로 하고, 미리 견본품을 제출, 승인후 시공토록 한다.

▷ 인방보는 양끝을 벽체에 블록에 200mm 이상 걸치고, 또한 위에서 오는 하중을 전달할 충분한 길이로 한다.

▣ 보강블럭 공사시 보강철근 시공기준

▷ 관련근거 : 건축공사 표준시방서 "41 34 07"

▷ 벽 세로근 : 원칙적으로 기초 및 테두리보에서 위층 테두리보까지 잇지 않고 배근하여 그 정착길이는 철근 직경(d)의 40배 이상으로 하며, 상단의 테두리보 등에 적정 연결철물로 세로근을 연결한다.

▷ 벽 가로근 : 가로근은 배근 상세도에 따라 가공하되 그 단부는 180°의 갈구리로 구부려 배근하며, 철근의 피복두께는 20mm 이상으로 하며, 세로근과의 교차부는 모두 결속선으로 결속한다.

4 미장공사 중요 검토·확인 사항

1. 시공순서도

주요내용	관련사진
ㅇ 바탕처리 - 바탕체 시공 후 충분한 방치 - 곰보, 이어치기부, 균열부 방수, 보수 - 철선, 요철 등 표면결함 및 이물질 제거 - 작업 1일전 물축이기(습윤상태 유지)	
ㅇ 작업준비 및 몰탈비빔 - 채광, 통풍, 조명, 환기 및 급배수 학보 - 작업발판, 고소작업 추락방지시설 확보 - 배합비 준수 및 반죽 후 60분 내 사용 - 재료가 충분히 섞이도록 균질하게 배합	
ㅇ 초벌시공 및 고름질 - 접착강화용 접착제 풀칠 - 개구부 주위 메탈라스 시공 - 초벌 후 쇠빗긁기 고름질 - 코너비드, 조인트 비드 등 설치	
ㅇ 재벌,정벌 - 초벌 후 2주 이상 양생 및 재벌 후 24시간 후 정벌 - 가능한 여러 번 나누어, 균등하게 미장 - 1회의 바름 두께는 6mm 이하	
ㅇ 보양 및 양생 - 미장면 훼손 방지 보양조치 - 조기 급격건조 방지, 습윤양생 조치 - 동절기 시공시 난방기 등으로 보온조치 - 보양기간은 최소 3일 유지	

2. 품질관리를 위한 주요 검토·확인 사항

ㅇ 시공관리 공통사항
- 미장공사의 시공관리가 전체 공정관리에 많은 영향이 있고, 후속 공종(페인트공사 등 마감공사)의 품질확보에 절대적인 영향이 있어 철저한 관리가 필요
- 반입되는 모래, 사급 시멘트는 반입경로와 품질시험을 반드시 실시하여야 하며, 대량 반입된 시멘트는 보관장소를 '시멘트 보관 창고' 기준에 맞게 설치하고, 사급/관급자재 수불대장을 기록·관리하여야 함
- 미장공사 관리대장*을 별도 작성하여 시공 품질관리를 하는 것이 품질 및 공정관리에 절대적으로 유리

* 미장공사 시공부위, 부위별 배합비/두께, 미장공사 사전 바탕정리 여부, 초벌/재벌/정벌 작업시간·양생기간 등 정리

ㅇ 시공 전 확인 사항
- 작업장소의 채광, 통풍, 조명, 환기 및 급배수 확보 여부를 확인
- 작업발판, 고소작업 시 추락방지 시설의 확보 여부를 확인
- 시공부위, 부위별 배합비/두께, 사전 바탕정리 여부, 초벌/재벌/정벌 작업시간·양생기간 등의 세부 계획을 검토하고 작성
- 바탕정리, 재료배합, 미장 두께/횟수 등에 대한 시방서 조건을 미장업체(작업자)와 사전 협의하고 주지시켜야 함

* 바탕면 조적공사의 벽돌/블록이 이미 깨져, 크렉이 발생된 상태와 바탕면에 먼지 등 이물질이 존재한 상태에서 아무리 미장공사를 철저히 하여도 미장 크렉은 발생됨

- 동절기 시공 시 시공기간의 온도 확인 및 난방 등 보온 조치상태를 확인하여야 함

ㅇ 시공 중 확인 사항
- 초벌 후 충분한 양생기간(2주 이상)을 확보
- 접착(증강)제는 접착력을 향상과 DRY OUT현상을 방지하나 과다할 경우 시멘트겔 흡착을 저해하므로 희석량과 도포량 확인 필요
- 작업자의 안전관리 기준 준수 확인

▷ 작업발판 폭은 40센티 이상으로 틈이 없도록 설치

▷이동식 기계의 바퀴는 구름방지장치를 부착

▷높이 2m 미만 말비계도 반드시 안전모 착용 후 작업

▷바탕작업의 전동그라인더 및 전동햄머 등의 사용 시에는 보안경, 방진마스크 등의 장비를 사용

o 마감 품질(평활도, 정밀도) 확보
- 벽체 상부 미장 마감선(천장기준선)을 체크하여 천장 설치 후 틈새 발생을 방지
- 마감 두께 기준선을 먹줄치기 등으로 벽체에 표기
- 창호틀에 대한 미장 마감 면과의 적합성을 확인
- 바탕체 매입 배관부의 밀실 충전 및 라스 등을 보강조치
- 모르타르가 컨트롤박스 등으로 들어가지 않도록 사전에 조치
- 코너, 걸레받이, 이질재 접합부 등은 마감 품질 향상을 위해 용도별 적합한 비드를 추가 설치

o 균열 방지 및 양생관리
- 바탕면은 충분히 방치 후 시공
  (콘크리트 타설 후 30일, 조적공사 이후 13일)
- 습윤상태 유지를 위해 1일 전 먼지 등 청소 및 물뿌리기를 시행
- 조적조에 설비 배관 등의 매입 시 주변을 밀실하게 충전
- 초벌 시 들뜸을 방지하기 위해 쇠빗으로 긁어주고, 초벌 이후 최대한 양생기간(2주 이상)을 확보하여 균열을 방지
- 시공 중 및 시공 후 다량의 통풍으로 인해 급격히 건조(동해)되지 않도록 개구부 일정 밀폐 등 적정하게 보양
- 미장공사는 초벌/재벌 이후 최대한 양생기간을 확보함이 크랙 방지에 절대적으로 유리하며, 초벌 이후 완전히 굳은 상태(수축 균열이 발생) 이후 재벌/정벌 시 미장 크랙을 억제할 수 있음
- 미장은 절대적으로 양생기간이 필요하기에 미장 관리대장을 통해 미장 순서와 양생기간을 확인하면서 시공토록 관리하여야 함

* 30년 동안 미장작업하면서 크렉 한번 발생시키지 않았다는 미장 기술자 분의 노하우
  - 각 단계별 미장바름 이후 몰탈면이 굳어갈 시점 물기를 골고루 퍼트리며, 수평을 유지하게 하는 문지르기 작업(예: 스티로폴, 약 300*300mm)을 손에 끼워 미장면 문지르기)을 최소한 2~3회 실시
  - 들뜸/크렉 방지를 위해 문지르기 작업을 많이 할수록 절대적으로 유리

* 언젠가 현장에서 미장공사 반장님께 미장공사 주의사항을 말씀드리고, 철저한 시공을 당부한 적이 있었다. 그 때 그분이 "걱정하지 마라고 하면서 본인이 시공한 현장은 단 한 건도 크렉으로 인한 하자가 없었다"고 강조했다. 그래서 궁금해서 확인을 해보니 오전에 작업한 부위는 점심을 드신 후 문지르기 하셨고, 오후에 작업한 부위는 저녁 드시고 문지르기 하셨다", 정말 미장 크렉이 한 건도 발생하지 않았고, 지금도 미장 장인이신 그분이 생각납니다.

* 그 반장님을 만나기 전에는 저는 미장공사가 어떠한 공종보다 제일 어렵게 생각하였습니다. 얼굴 화장의 기초가 잘못되면 전체가 엉망되듯이 미장 이후 페인트칠을 하려는 데 크렉이 발견되고, 페인트 칠한 이후 크렉이 발생하고, 준공기한, 수요기관 입주 날짜는 촉박하고, 진퇴양란의 느낌이 이런 경우라 생각됩니다. 부디 미장공사 관리를 정말 철저히 잘 하시길 소망합니다.

* 건설현장의 하자 중 미장부분 하자가 가장 많이 발생하고 있습니다. 작업자도 국내 인력이 부족하여 외국인들이 작업을 하는 추세로 변하고 있어 미장 하자 방지를 위한 대책이 절실하다고 생각합니다. 그래서 미장공사 품셈 개정도 필요한 사항이라 생각되어 관계되신 많은 분들의 관심을 구합니다.

○ 시공 후 확인 사항
  - 동절기 시공 부위는 양생기간의 온도를 확인하고, 난방 등 보온 조치 여부를 확인하여야 함
  - 마감상태 점검(평활도, 들뜸, 균열여부) 및 확인하여야 함
  - 양생기간은 충분히 확보하며 습윤상태 및 훼손 방지를 위한 보양 상태를 확인하여야 함

주의사항

▶ 양생기간 없이 초벌, 재벌 등 미장공사를 진행 시 일정기간 이후(도장공사 이후) 크랙이 발생하기 시작, 이로 인한 이중/삼중 보수 비용이 발생함을 감안하여 '미장공사 관리대장'을 통해 미장공사 각 단계별 양생기간을 철저히 준수하여야 함

▶ 양질의 재료를 사용하여 배합을 정확하게, 혼합은 충분하게 하여야 함

▶ 바탕면의 적당한 물축임과 면을 거칠게 함이 필요

▶ 1회 바름두께는 바닥을 제외하고 6mm 표준으로 함

▶ 초벌 후 재벌까지의 작업기간을 최대한 확보하여야 함

▶ 급격한 건조를 피하고, 시공 중이거나 경화 중에는 진동을 피함이 필요

※ 미장공사 표준시방서

1. 1. 일반사항

ㅇ 국가건설기준센타(http://www.kcsc.re.kr)의 "41 46 01"에 따른다.

2. 관련 시방서

① 인조석바름 및 테라조바름 공사는 "41 46 05"에 따른다.
② 석고플라스터 바름 공사는 "41 46 06"에 따른다.
③ 회반죽 바름 공사는 "41 46 08"에 따른다.
④ 외바탕 흙바름 공사는 "41 46 09"에 따른다.
⑤ 합성수지플라스터 바름 공사는 "41 46 10"에 따른다.
⑥ 합성고분자 바닥바름 공사는 "41 46 11"에 따른다.
⑦ 셀프레벨링재 바름공사는 "41 46 12"에 따른다.
⑧ 바닥 강화재 바름공사는 "41 46 13"에 따른다.

▣ 배합 후 2시간 이내 사용

▷1회 비빔량은 2시간 이내 사용할 수 있는 양으로 한다.

▣ 초벌 후 14일 이상 경화 후 재벌 시공

▷초벌바름 또는 라스먹임은 2주일 이상 방치한다.

▷온도변화에 따른 기상조건이나 바탕 종류 등에 따라서는 현장 확인 후 방치기간을 조정할 수 있다.

▣ 균열이 예상되는 곳은 메탈라스 시공 확인

▷창열, 개구부 코너 등 균열이 예상되는 곳에 시멘트 모르타르 바름일 때는 메탈라스 붙여대기 등을 한다.

5 방수공사 중요 검토·확인 사항

1. 시공순서도

주요내용	관련사진	
○ 바탕청소 및 준비 – 요철면, 레이턴스 및 시멘트 등 불순물 제거 – 돌출부위는 그라인더로 면고르기를 실시한 후 청소 – 균열부위 보수작업 실시 ※ 바탕면 구배 기준 준수(지붕 1/50)	 그라라인더 작업  물청소	 진공청소 작업 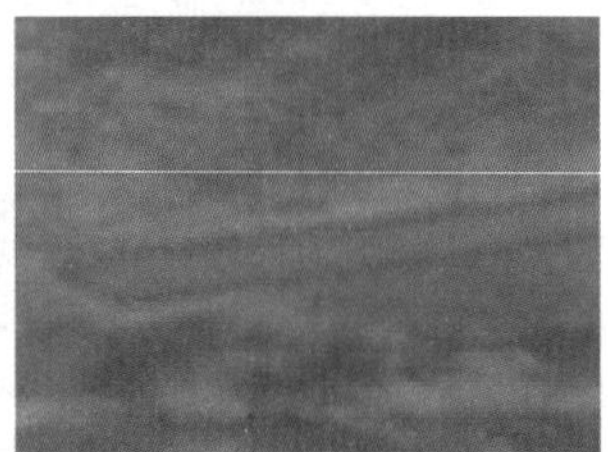 균열부위 보수작업실시
○ 하도 작업(프라이머) – 바탕이 완전히 건조된 것을 확인 후 도장실시(함수율 측정기 사용) – 노출우레탄 방수시 에어포켓 제거용 에어벤트(탈기반)를 사용 – 배관 및 코너보강, 균열부위 유리섬유 보강 등 표면작업(먼지 제거) 후 로울러를 이용 프라이머를 도포	 함수률 측정기  배관 및 코너 보강	 들뜸방지용 탈기반 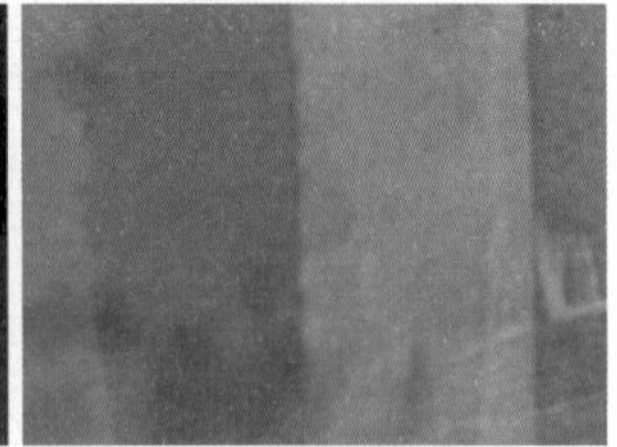 균열부위 유리섬유보강
○ 중도 작업 – 하도 작업 후 건조 상태를 확인한 후 돌출부 및 배관 파이프 주변을 선시공 – 도포 두께가 일정하게 유지될 수 있도록 톱니 모양의 3mm용 스퀴저(Squeezer)를 이용 작업 ※ 평면도포는 절대로 롤라나 붓으로 사용 불가(두께 확보 어려움)	 스퀴저 사용	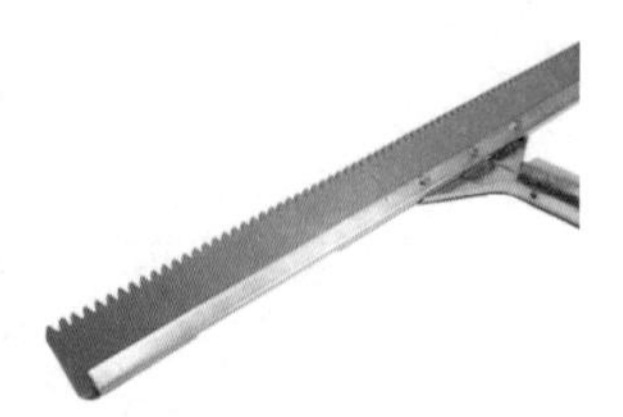 스퀴저(톱니 3mm용)

<table>
<tr><th>주요내용</th><th>관련사진</th></tr>
<tr><td>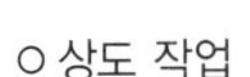
ㅇ상도 작업
- 중도가 완전히 건조한 후 상도작업 실시
- 상도작업은 중도작업 방향과 다른 방향으로 시공(종, 횡방향)
- 방수층이 들뜨거나 파손된 경우 즉시 보수

※ 바탕면 구배 기준 준수(지붕 1/50)</td><td>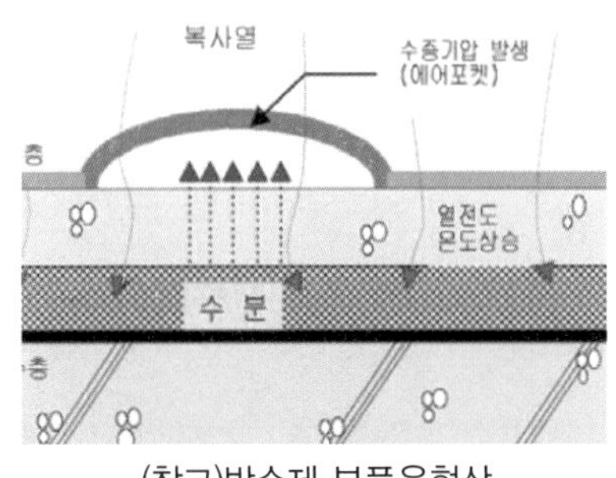

(참고)방수제 부풀음현상
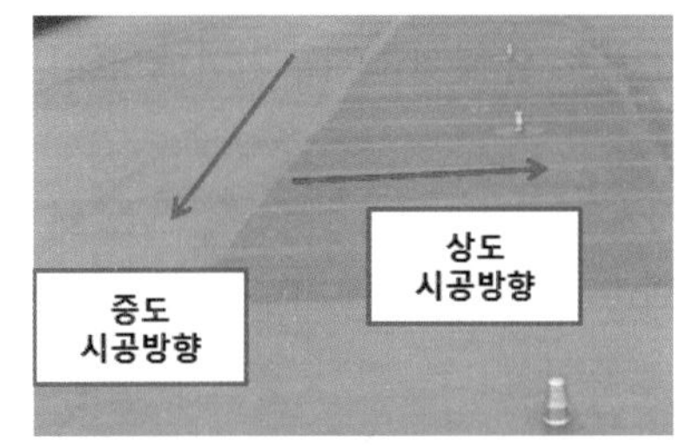

그라라인더 작업</td></tr>
<tr><td>ㅇ보양 및 품질검사
- 시공 후 경화전에 비를 맞거나 습기가 생기면 도막에 이상이 생기므로 보양철저
- 작업구간 당 2개소 이상 도장 두께 측정
- 담수시험(72시간 이내) 반드시 실시</td><td>
도장 두께 확인

도장 두께 측정기</td></tr>
</table>

2. 품질관리를 위한 주요 검토·확인 사항

ㅇ 설계도서 확인 후 공법 및 시공방법, 방수 누락 부위 확인이 필요
- 방수구획 도면을 별도로 작성하여 누락 부분이 없도록 관리함이 필요
- 지하층 방수공법 적정 여부는 지하수위를 고려하여 검토함이 필요
- 옥상층 파라펫트 물·기 홈(콘크리트 타설 높이)과의 연관성을 감안하여 방수 높이와 공법을 선택함이 필요

ㅇ 방수공사 시작 전 공사관계자 모두 참석하는 시공설명회를 반드시 실시
- 당 현장 적용공법의 구체적인 실행계획을 공사참여자 간 공유
- 작업일정에 따른 기계/전기/통신공사 등 공종간 인터페이스 조정 필요사항 협의
- 사용 자재 및 시공계획 등의 적정성 검토
- 안전 및 품질관리 계획의 적정성 확인

○ 모든 방수에서 방수 바탕면 '하지정리'가 가장 중요
- 바탕면 청소는 1차 빗자루+2차 톱밥(습윤)+진공 청소기로 이물질과 먼지를 완전 제거함이 필요
- 도막방수는 바탕면이 건조되지 않으면 거의 100% 탈락됨을 감안하여 반드시 건조시켜야 함

* 바닥면의 건조 여부를 쉽게 확인하는 방법은 바닥에 2~5군데 사각형 비닐(300×300 정도), 가장자리 4면에 청테이프를 붙여 누기를 차단)을 붙이고, 1일 경과 후면 비닐면의 습기 여부를 확인할 수 있음

- 액체방수 등은 기존 바탕면과 밀착이 잘 되도록 사전 바탕처리(스크레치, 물뿌리기 등)함이 필요하고 적당한 통풍으로 급속히 건조되지 않도록 조치함이 필요

○ 방수 공법은 각 제조사마다 차이가 있어 시방서 기준을 철저히 준수하여야 하며, 재료반입량부터 배합, 각 단계별 시공과정과 상태를 반드시 검사하여야 함 (아무리 잘 지은 건물도 물이 새면 부실시공으로 평가됨)

○ 자재 선정시 샘플시공을 통해 선정자재가 모체와 접착상태를 확인하고, 도막두께 유지상태를 확인 후 자재를 선정

○ 시공을 위한 배합시 제조업체에서 제시한 경화재 및 신너 등의 배합 비율을 준수
- 특히 날씨에 따른 제조업체의 시방을 준수하여 하자 발생을 저감하는 방안을 모색함이 필요

○ 균열 및 배관 주위 등 취약 부분 시공관리 철저
- 균열 부위 및 배관 주위 바탕처리 상태 확인 철저
- 절연테이프 및 보강포 시공기준 준수 여부 확인 철저
- 방수 단계별 중점 관리 여부 확인

○ 시공이 완료되면 보양과 누수 검사를 어떻게 할 것인가를 사전계획하고, 철저히 이행 확인
- 방수공사 구간 출입을 원천적으로 통제
- 누수검사는 최소 24시간 '담수시험'을 실시하고, 방수작업 완료 후 72시간 이내) 반드시 실시

ㅇ방수공사 시작 전 요철면, 레이턴스 및 시멘트 등 불순물을 그라인더로 면 고르기를 실시하고 균열 부위를 보수한 이후 물청소를 실시함이 필요

ㅇ하도작업 전 바탕면은 7일 이상 건조, 함수율(6%이하) 확인한 후 시공하되, 공정상 완전 건조가 불가할 때 탈기반을 설치하여 부푸름을 방지

ㅇ하도작업은 배관 및 코너보강, 균열부위 유리섬유보강 등 표면작업(먼지제거) 후 로울러를 이용 프라이머를 도포
※ 특히 저온(5℃이하)시의 방수공사는 동해가 발생하므로 지양한다.

ㅇ중도작업 시에는 반드시 톱니 모양의 3mm용 스퀴저(Squeezer)를 이용 작업한다. [평면도포는 절대로 롤라나 붓으로 사용 불가, 두께 확보 어려움]

ㅇ상도작업은 중도가 완전히 건조한 후 실시하고, 중도작업 방향과 다른 방향으로 시공(종, 횡 방향)한다. 단, 방수층이 들뜨거나 파손된 경우 즉시 보수하여야 함 [※ 바탕면 구배 기준 준수(지붕 1/50)]

ㅇ보강시공 부위는 시공관리를 특히 유의하여 철저히 관리하여야 함
- 접합부 및 이음부 절연테이프 및 두께 2mm, 폭 100mm 이상 보강
- 치켜올림부, 오목모서리, 블록모서리, 수직부 등 유리섬유보강포 시공
- 균열면 보수는 에폭시수지 주입
- 바탕면 보수 시 에폭시모르타르로 보수
- 접착력 확보를 위해 바탕면의 미세 분말 제거(청소기 사용)

ㅇ하도, 중도, 상도 단계별 바탕 함수율(6%) 기준을 준수하고, 단계별 도막두께 기준을 철저히 준수하여야 함
- 도막방수공사에서 평탄면 3mm, 벽은 2mm 이상을 확보할 수 있도록 방수재 소요량 산정하여 현장에 반입하고, 도막두께는 도장 완료 후 작업구간 당 2개소 이상, 도막두께 측정기로 측정하여야 함

ㅇ시공이 완료된 이후 방수층이 경화 전에 비를 맞거나 습기가 생기면 도막에 이상이 생기므로 철저히 보양하여야 함

▦ 참고 (중요 누수 부위 해결방안 예시)

○ 누수 대부분이 옥상방수, 치장벽돌 벽면, 창틀주변, 증축연결부, 관통 배관 주위에서 발생

○ 옥상방수/구배, 옥탑벽체, 드레인 부분 누수 대안

	누수 원인	해결 제안
1-1	옥상슬라브시공 불량으로 인한 물고임(Detail 부족 ,시공관리 및 기능공의 숙련도 상이) 옥상슬라브경사 시공방법 개선	당초 : 거푸집수평+콘크리트로 경사 시공 변경 : 슬라브거푸집에서 경사를 주어 경사 슬라브 시공 (구조 도면상의 치수기입)

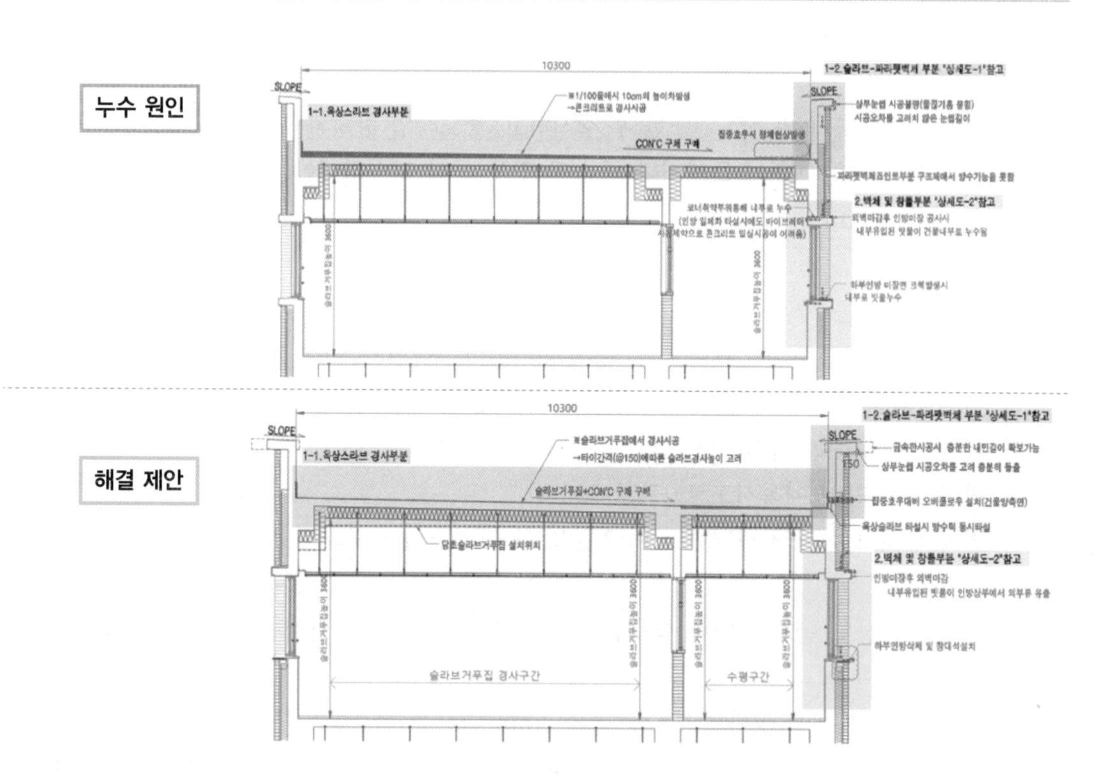

	누수 원인	해결 제안
1–2	슬라브–파라펫벽체 죠인트부분크렉	슬라브–파라펫벽체시공시옥상 슬라브 콘크리트 타설시 방수턱 동시 타설

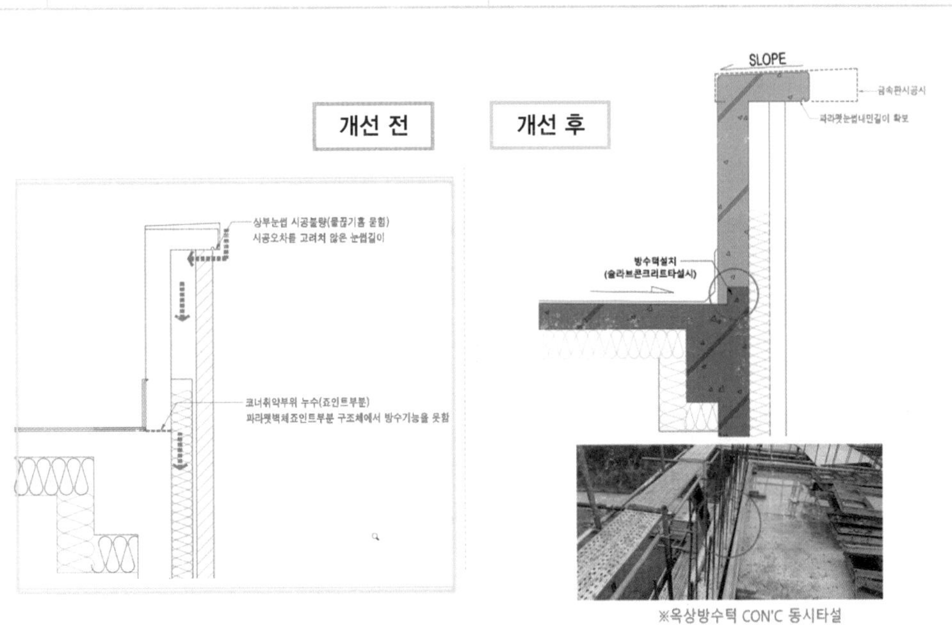

※옥상방수턱 CON'C 동시타설

	누수 원인	해결 제안
1–3	옥상슬라브+옥탑 벽체부분 외벽마감 후, 옥상방수 시공에 따른 공간벽 사이 물고임	옥상슬라브 + 옥탑벽체 죠인트 부분 선방수–>외벽마감–>옥상방수

해결 제안

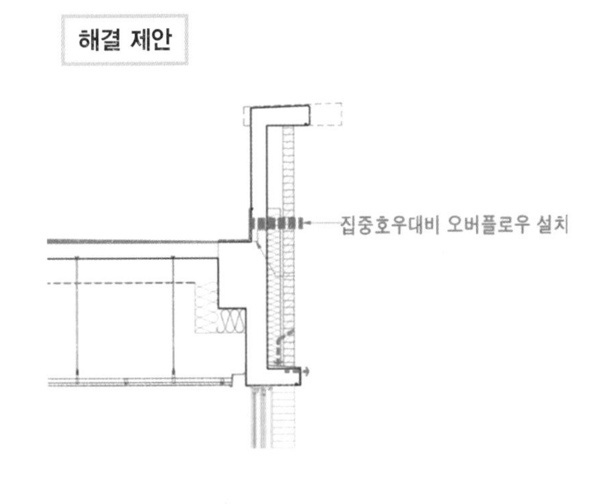

ㅇ벽체 및 창틀 주변 누수해결 제안

	누수 원인	해결 제안
2-1	창호 외벽마감후 시공시창호주변 사춤/방수 미흡으로 누수 발생	창호선시공→창호주위 충분한사춤/방수 →외벽마감으로 공정변경시, 누수방지 및 내.외부 마감 동시진행으로 공정에 유연성 발생

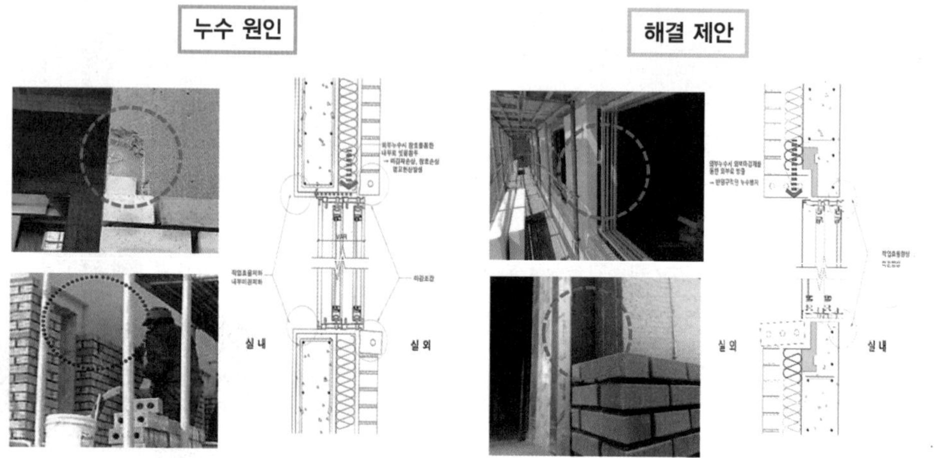

	누수 원인	해결 제안
2-2	상인방골조와 벽체의 죠인트부분방수 및 마감불량, 물고임으로 인한 누수	* 상인방 선미장공법 적용 당초:상인방골조→외벽마감→창틀설치→상인방미장마감 변경:상인방골조→창틀설치→상인방미장마감→외벽마감 (외벽마감재를 통해 내부로 유입된빗물이 인방에 고여있지 않고 외부로 방출되어 영구적인 방수 가능)

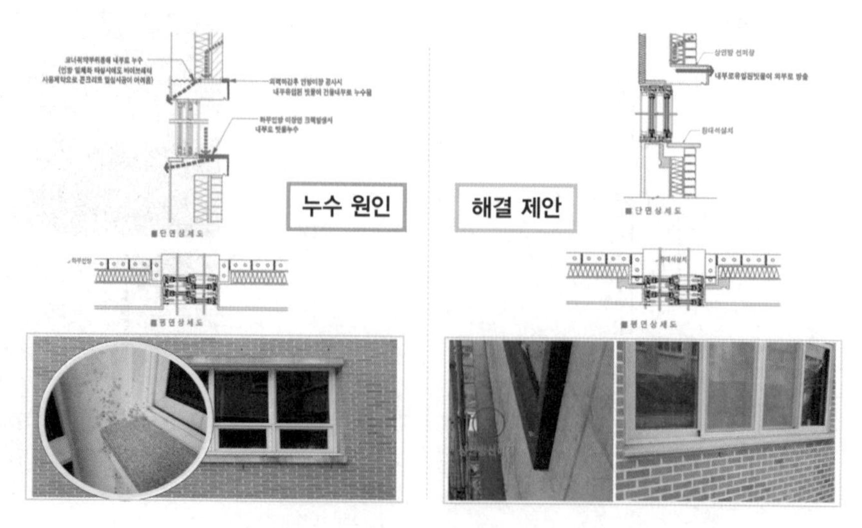

	누수 원인	해결 제안
2-3	치장벽돌을 통한 빗물의 내부 침투	- 파라펫 눈썹부분 골조공사 시 외벽마감재보다 충분한 내민길이 확보 - 벽면에 노출되는 빗물양 최소화로 외벽보호

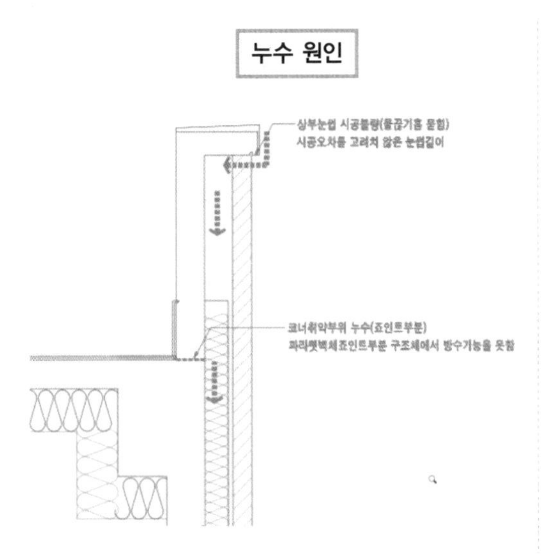

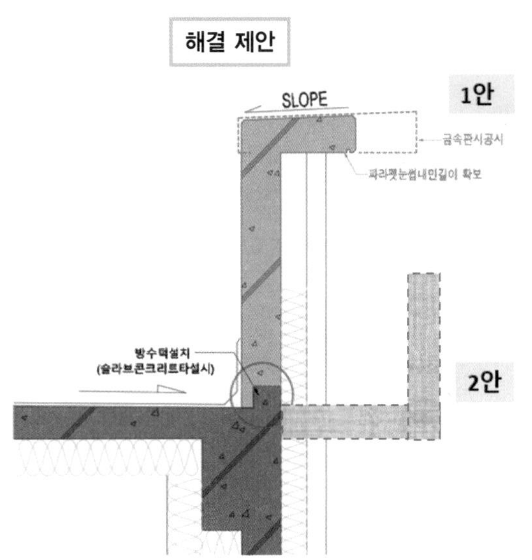

주의사항

▶ 방수재 선정 시 해당부위(내·외부, 바탕면, 보행 및 이용자), 유지관리방법, 하자발생 시 하자보수 방법 등을 고려하여 선정함이 필요

- 햇빛 등 외기에 많은 영향이 있는 부분은 신축율이 좋은 연질을, 외기에 영향이 없는 부분은 다소 경질을 선정함이 유리
- 바탕면 자재의 유성 및 수성 여부 등에 맞게 자재 선택

▶ 청소를 완벽히 하고 레이턴스를 필히 제거하여야 함

▶ 용도 및 용량을 확인 후 시공하여야 함

▶ 모든 방수제는 외기온도 5°C ~ 25°C에서 사용하여야 함

▶ 지하층 방수공사 시 환기장치를 충분히 설치하여 안전사고 예방

▶ 현재 시중에 연구 개발한 특수 방수공법이 다양하며, 침투성 방수, 아스팔트방수, 시멘트액체방수, 도막방수, 복합방수(시트와 도막 등) 시트(Sheet)방수, 실링(Sealing)방수, 금속판 방수, 지수판 등 장단점을 검토 후 현장 특성에 맞게 적절히 선택하도

록 검토하여야 함

▶ 방수층 누수시험은 반드시 실시하여야 하며, 입회 후 그 결과를 확인하여야 함

▶ 특히, 고지대에서 저지대로 향하는 부위의 방수는 시공 중 수시로 철저히 관리하여야 함

* 물 안새고, 건물이 무너지지만 않는다면 품질관리를 50% 이상했다고 하듯이 방수공사 부실로 누수가 발생되면 그동안 현장에서 고생한 보람이 없어지는 것이 현실입니다.

* 방수공사에 있어 바탕처리, 자재 선정, 시공단계별 철저히 확인하는 것이 정말 중요하다는 것을 꼭 기억해 주시기 바랍니다.

※ 방수공사 표준시방서

1. 1. 일반사항
   ㅇ 국가건설기준센타(http://www.kcsc.re.kr)의 "41 40 01"에 따른다.

2. 관련 시방서
   ① 아스팔트 방수공사는 "41 40 02"에 따른다.
   ② 개량 아스팔트시트 방수공사는 "41 40 03"에 따른다.
   ③ 합성고분자계 시트 방수공사는 "41 40 04"에 따른다.
   ③ 자착형 시트 방수공사는 "41 40 05"에 따른다.
   ③ 도박 방수공사는 "41 40 06"에 따른다.
   ④ 시트 및 도막 복합방수공사는 "41 40 07"에 따른다.
   ⑤ 시멘트모르타르계 방수공사는 "41 40 08"에 따른다.
   ⑥ 규산질계 도포 방수공사는 "41 40 09"에 따른다.
   ⑦ 금속판 방수공사는 "41 40 10"에 따른다.
   ⑧ 벤토나이트 방수공사는 "41 40 11"에 따른다.
   ⑨ 실링공사는 "41 40 12"에 따른다.
   ⑩ 지하구체 외면 방수공사는 "41 40 13"에 따른다
   ⑪ 점착유연형 시트 방수공사는 "41 40 19"에 따른다

▣ 돌출부 및 균열부 제거 등 바탕 처리 확인

▷ RC 바탕의 표면은 그라인더 등의 연마기나 블라스터 클리닝 등을 사용하여 평활하고, 깨끗하게 마무리

▣ 배관 및 드레인 주위

▷ 배관 및 드레인 주위는 도막방수재 또는 루핑 등으로 보강

▣ 견본시공 후 방수재 선정

▷ 도막 및 복합방수자재 선정시 견본시공하여 담수 테스트를 실시하여 이상 유무를 확인하고 자재를 선정

▣ 방수 완료시 담수테스트 실시

▷ 발코니, 화장실 등 실내에 시공하는 방수공사 완료시 2일 이상 담수하여 누수 여부를 확인

6 단열공사 중요 검토·확인 사항

1. 시공순서도

주요내용	관련사진
ㅇ 비드법 단열판 - 조인트 부분 엇갈림 시공 - 조인트 발포형 단열재 밀실 사춤 - 접합부의 돌출부의 이물질 등은 사전 제거하여 밀착시공 유의 - 단열재 두께 70T 이상 이중설치 권장 - 열화상 카메라 이용 검증 실시	
ㅇ 경질 폴리우레탄폼 단열재 - 벽체 : 습식 및 건식· ☞ 습식 : 본드 부착 → 수직도 관리, 틈새 충전 철저· ☞ 건식 : Fastener 고정 → 고정앵커 검수 철저 - 천정 : 평천장 및 골데크 ☞ 평천장 : 타설 매립 부착 ☞ 골데크 : 후 부착 시공	
ㅇ 우레탄 뿜칠 단열재 - 지지핀공법 : 지지핀 부착 → 우레탄 스프레이 시공 → 검사 및 보수 - 직접 접착공법 : 바탕면 확인 → 우레탄 스프레이 시공 → 검사 및 보수 ☞ 두 공법 모두 분사 거리 및 각도 등이 중요	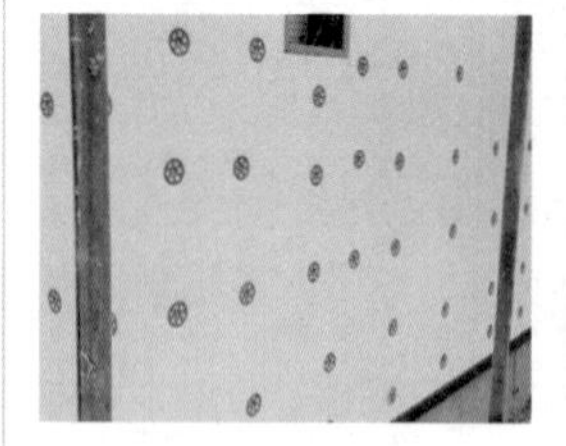 직접접착 공법 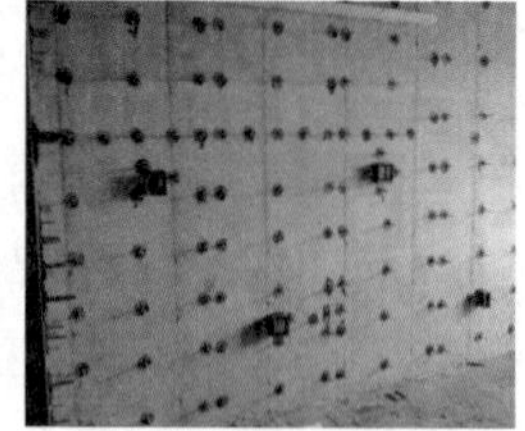 지지핀 공법
ㅇ 글라스울 - Fastener 고정방식 : Fastener 간격 및 부착력 확인 철저 - 스터드 충전 방식 : 스터드 틀을 설치 후 글라스울 등을 충전하는 방식	

주요내용	관련사진
ㅇ 미네랄울 – 내부벽체 : 그라스울과 동일 – 외부벽체 : 고정용앵커 등 건식부착 및표면마감 방식(드라이비트 등) ☞ 자중 및 강풍에 대한 구조검토 실시 – 창호 내부 삽입 : 세대 현관문 등 창호	

2. 품질관리를 위한 주요 검토·확인 사항

ㅇ 직사일광, 비, 바람 등 직접 노출 금지하고 (야적시 비닐보양 등 관리)

ㅇ 단열재료 위 중량물 적치 금지

ㅇ 단열재 야적장 주위 용접작업 금지(화재 취약)
- 소화기 비치 및 자재 별도 보관

ㅇ 해당자재의 KS여부 및 품질시험을 통해 성능 확인 필요
- 반입 자재 표식(스티커)에 KS 자재로 표시되어 있으나, 품질시험 결과 자재에 표시된 밀도와 상이한 경우도 있어, 반드시 품질시험을 실시하여야 하며, 허위자재 납품 시 전면 재시공 등 손해배상에 대한 각서 등을 제출토록 함이 필요

* 품질시험 결과 재시공 철거가 필요시 기시공된 연관공사 철거 등 상당한 시간이 소요, 상당 손실이 발생됨을 감안하여 사전 철저한 교육과 검사가 필요

ㅇ 단열재 부위별 시공공법을 사전 검토, 협의함이 필요
- 단열재는 가능한 일체형으로 시공함이 품질관리 및 시공성에 유리
- 단열재 연결부위(접합부)에 최대한 밀착하고, 접합부에 테이핑 처리 등 철저한 품질관리가 필요

ㅇ 외벽에 면한 보 측면 및 G.L 상부 1층 바닥 하부 옹벽 등 단열 보강이 필요한 부분은 반드시 보강 여부를 확인하여야 하며, 에너지 효율 측면에서 절대적으로 유리

- 설계에 미반영 시 설계사무소와 협의 후 설계변경을 통해 반영함이 필요
- 기타 단열성능이 우려되는 부분으로 외기와 접한 부분에 대한 단열성능 여부를 철저히 검토함이 필요

* 단열공사 시공계획을 철저히 검토하고, 누락 사항과 결로가 우려되는 부분, 보강시공이 필요한 사항을 보고하여 주신 현장소장님이 기억나고. 그 당시 진정한 기술인이라는 존경심을 가지게 되었습니다.

o 단열재 적용 시 고려사항
- 열전도율이 낮을 것, 흡수율일 적을 것, 비중이 작을 것
- 내화성이 좋을 것, 경제적일 것에 대한 검토 필요

○ 시공 부위에 따른 공법의 특징
- 내단열 : 시공은 간단하나, 단열의 불연속 부분 발생 및 내부 결로 위험 큼
  ⇒ 국부결로 발생 우려 검토 필요, 난방정지 등의 경우 표면결로 및 방수층 추가 시공 등 내부 결로 위험성 검토가 필요
- 중단열 : 단열층의 형성 확인이 어려움
  ⇒ 단열층 형성 확인 검토 필요, PC등 공장생산 가능하며 가격이 비교적 비싼 편임
- 외단열 : 단열의 불연속 때문에 생기는 열교현상 및 결로방지에 가장 효과적
  ⇒ 구조체 열응력(고온팽창 혹은 동해)을 작게 하여 구조체 손상을 방지, 고층의 경우 시공이 어려운 단점이 있음

○ 부위별 시공 방법에 따른 주의사항
- 최하층 바닥 단열
  ⇒ 콘크리트 기초벽 단열은 투습저항 좋고 견고한 단열재 사용
  ⇒ 기초벽의 단열은 동결선 아래에서 기초 상부까지 외부에 단열재 부착
  ⇒ 바닥슬래브 축열재로 이용할 때는 바닥 단열을 슬래브 아래에 시공 기초벽의 내부에 연속되게 단열재 시공
- 벽단열
  ⇒ 내력벽을 기준으로 단열재의 위치에 따라 내단열, 중단열, 외단열로 구분
  ⇒ 단열은 불연속 되는 곳이 없도록 계획 검토 필요
- 지붕단열
  ⇒ 단열재 위 누름콘크리트의 균열 방지 계획 및 강도 검토 필요
  ⇒ 부착공법 시공 시 단열재 훼손 최소화 계획 검토 필요
  ⇒ 거푸집 해체 시 단열재 손상 주의, 해체 후 훼손 부위는 시중에 취급하는 보수용 재

료 이용 보수

ㅇ단열 취약부위 시공 방법 및 주의사항

- 벽체 모서리 및 외부창호 하부
  - ⇒ 단열재 재단 시 열선 또는 칼을 사용하며, 칼집내고 부러뜨리지 말 것, 단면이 직각 되게 수직으로 절단
  - ⇒ 첫 번째 단열재를 모서리 측에 단열재와 벽체 간 밀착시공
  - ⇒ 두 번째 단열재를 첫 번째 단열재와 같은 방식으로 설치
  - ⇒ 단열재와 단열재간 틈을 우레탄 폼으로 밀실하게 사춤하고, 겉에만 바르지 말 것, 창호 하부는 특히 정밀 시공 필요

▣ 건축물의 에너지절약설계기준에 따른 단열재등급

단열재 등급은 가, 나, 다, 라 등급으로 분류되며

1. 가등급(열전도율이 0.029kcal/mh℃): 압출법보온판(특호, 1호, 2호, 3호, 4호), 비드법2종(1호 ,2호, 3호, 4호)

2. 나등급(열전도율이 0.03~0.034kcal/mh℃) : 비드법1종(1호, 2호, 3호), 암면보온판(1호, 2호, 3호)

3. 다등급(열전도율이 0.035~0.039kcal/mh℃) : 비드법1종(4호)

4. 라등급(열전도율이 0.04~0.044kcal/mh℃) : 기타단열재

* 비드법 1호(비중0.03), 2호(비중0.025), 3호(비중0.020), 4호(비중0.015)
* 압출 1호(비중0.03), 2호(비중0.025), 3호(비중0.02), 특호(0.035)

[별표 2] 단열재의 두께

[중부지역] 1)

(단위: mm)

건축물의 부위 \ 단열재의 등급			단열재 등급별 허용 두께			
			가	나	다	라
거실의 외벽	외기에 직접 면하는 경우		85	100	115	130
	외기에 간접 면하는 경우		60	70	80	90
최하층에 있는 거실의 바닥	외기에 직접 면하는 경우	바닥난방인 경우	105	125	140	160
		바닥난방이 아닌 경우	75	90	100	115
	외기에 간접 면하는 경우	바닥난방인 경우	70	80	90	105
		바닥난방이 아닌 경우	50	55	65	70
최상층에 있는 거실의 반자 또는 지붕	외기에 직접 면하는 경우		160	190	215	245
	외기에 간접 면하는 경우		105	125	145	160
공동주택의 측벽			120	140	160	175
공동주택의 층간 바닥	바닥난방인 경우		30	35	45	50
	기 타		20	25	25	30

[남부지역] 2)

(단위: mm)

건축물의 부위 \ 단열재의 등급			단열재 등급별 허용 두께			
			가	나	다	라
거실의 외벽	외기에 직접 면하는 경우		70	80	90	100
	외기에 간접 면하는 경우		45	50	60	65
최하층에 있는 거실의 바닥	외기에 직접 면하는 경우	바닥난방인 경우	90	105	120	135
		바닥난방이 아닌 경우	75	90	100	115
	외기에 간접 면하는 경우	바닥난방인 경우	60	65	75	85
		바닥난방이 아닌 경우	50	55	65	70
최상층에 있는 거실의 반자 또는 지붕	외기에 직접 면하는 경우		135	155	180	200
	외기에 간접 면하는 경우		90	105	120	135
공동주택의 측벽			80	100	115	130
공동주택의 층간 바닥	바닥난방인 경우		30	35	45	50
	기 타		20	25	25	30

[제주도]

(단위: mm)

<table>
<tr><th colspan="3" rowspan="2">단열재의 등급 / 건축물의 부위</th><th colspan="4">단열재 등급별 허용 두께</th></tr>
<tr><th>가</th><th>나</th><th>다</th><th>라</th></tr>
<tr><td rowspan="2">거실의 외벽</td><td colspan="2">외기에 직접 면하는 경우</td><td>45</td><td>50</td><td>60</td><td>70</td></tr>
<tr><td colspan="2">외기에 간접 면하는 경우</td><td>30</td><td>35</td><td>40</td><td>45</td></tr>
<tr><td rowspan="4">최하층에 있는 거실의 바닥</td><td rowspan="2">외기에 직접 면하는 경우</td><td>바닥난방인 경우</td><td>90</td><td>105</td><td>120</td><td>135</td></tr>
<tr><td>바닥난방이 아닌 경우</td><td>75</td><td>90</td><td>100</td><td>115</td></tr>
<tr><td rowspan="2">외기에 간접 면하는 경우</td><td>바닥난방인 경우</td><td>60</td><td>65</td><td>75</td><td>85</td></tr>
<tr><td>바닥난방이 아닌 경우</td><td>50</td><td>55</td><td>65</td><td>70</td></tr>
<tr><td rowspan="2">최상층에 있는 거실의 반자 또는 지붕</td><td colspan="2">외기에 직접 면하는 경우</td><td>110</td><td>125</td><td>145</td><td>165</td></tr>
<tr><td colspan="2">외기에 간접 면하는 경우</td><td>75</td><td>85</td><td>95</td><td>110</td></tr>
<tr><td colspan="3">공동주택의 측벽</td><td>70</td><td>80</td><td>90</td><td>100</td></tr>
<tr><td rowspan="2">공동주택의 층간 바닥</td><td colspan="2">바닥난방인 경우</td><td>30</td><td>35</td><td>45</td><td>50</td></tr>
<tr><td colspan="2">기 타</td><td>20</td><td>25</td><td>25</td><td>30</td></tr>
</table>

1) 중부지역 : 서울특별시, 인천광역시, 경기도, 강원도(강릉시, 동해시, 속초시, 삼척시, 고성군, 양양군 제외), 충청북도(영동군 제외), 충청남도(천안시), 경상북도(청송군)

2) 남부지역 : 부산광역시, 대구광역시, 광주광역시, 대전광역시, 울산광역시, 강원도(강릉시, 동해시, 속초시, 삼척시, 고성군, 양양군), 충청북도(영동군), 충청남도(천안시 제외), 전라북도, 전라남도, 경상북도(청송군 제외), 경상남도

주의사항

▶ 단열시공 바탕면은 돌출부의 이물질 등은 사전 제거하여 밀착시공 유의

▶ 현장 절단 시에는 절단기(열선, 칼 등)를 사용하여 정교하게 절단(단면직각)

▶ 단열재 겹침이음 시 이음새는 서로 어긋나게 계획

▶ 단열재 이음부는 틈새가 생기지 않도록 접착제, 테이프, 우레탄 충진

※ 지반공사(기초/지정/파일공사) 표준시방서

1. 1. 일반사항

ㅇ 국가건설기준센타(http://www.kcsc.re.kr)의 "41 42 01"에 따른다.

2. 관련 시방서

① 결로방지 단열공사는 "41 42 03"에 따른다.
② 방습공사는 "41 41 00"에 따른다.

7 건축물 외벽 열교차단 단열공사 참고사항

* 그동안 창호주위 단열에 대해 건설현장 근무시절부터 오래동안 연구하신 과거 현장소장님(현재 ㈜스타빌엔지니어링 대표)의 성과물이 너무나 훌륭한 자료라 생각되어 소개해 드리고자 합니다.

* 같은 건설인의 입장에서 창호주변 단열효과에 대해 그동안 많은 의구심이 있었는데, 지금 소개해 드리는 '건축물 외벽 열교차단 단열공법'은 구조적으로 해결할 수 있는 기술적 해결방안을 제시하고 있고, 또한, 실질적인 에너지 사용량을 줄이면서 냉·반방 비용을 절감하고, 쾌적한 근무공간을 유지함은 물론 공공(公共)공사에서 의무적으로 반영하는 에너지효율등급(EPI점수)과 연관되어 있어 꼭 한번 검토해 보시기 바랍니다.

※ 참고로, 국내 건설발전을 위해 양질의 시설물을 완공하는 데 도움이 될 수 있는 연구 성과물을 소개하고 싶으신 분 중에 우리 건설인들에게 전파하고 싶은 분은 다음에 별권으로 발간하는 책에 편집하여 소개할 수 있도록 자료 제출에 협조해 주시면 감사하겠습니다.

1. 열교차단의 필요성

o (제로에너지건축물 의무화) 기후위기 대응를 위한 정부정책의 일환으로 공공건축물뿐만 아니라 민간건축물로 제로에너지건축의무화가 확산되고 있으며 건물에너지최소화를 위해 열교의 중요성이 커지고 있음

o (건축물 열교에 의한 에너지 손실 증가) 건축물의 에너지손실은 바닥, 천정, 벽체, 창문, 환기부 부위에서 주로 발생하며, 특히 창문과 출입구에서 65%로 가장 큰 에너지 손실이 나타나는 것으로 조사되고 있어 창호 주위 열교차단이 매우 중요함

o (실내 쾌적함 증대) 창호 주위 열교차단으로 이행함으로써 실내 곰팡이 및 결로 발생을 억제하는 효과로 실내 쾌적한 환경 유지를 증대시킴

2. 시공 방법

주요내용	관련사진
ㅇ 외벽 거푸집 설치 후 창틀 거푸집 설치	
ㅇ 열교차단재 설치 - ㄱ자형 열교차단재를 창틀 모서리에 설치 후 직선형 열교차단재를 설치	 
ㅇ 철근 배근 및 내벽거푸집 설치 - 열교차단재 설치 부위 싱글철근 배근	
ㅇ 콘크리트 타설 및 열교차단재 매움제 제거	 
ㅇ 창호 설치 및 외부 마감	

3. 기대효과

○ 창호 주위 열교 현상 저감으로 건축물 에너지효율 향상

○ 창호 주위 단열 결손이 없어 실내 결로, 곰팡이 발생 최소화

○ 창호 선시공이 가능하여 누수방지 및 공사기간 단축

○ 실질적 에너지 절감을 위한 패시브 기술로 창호 주위 단열에서 구조적으로 해결한 실질적으로 제로에너지건축물 구현

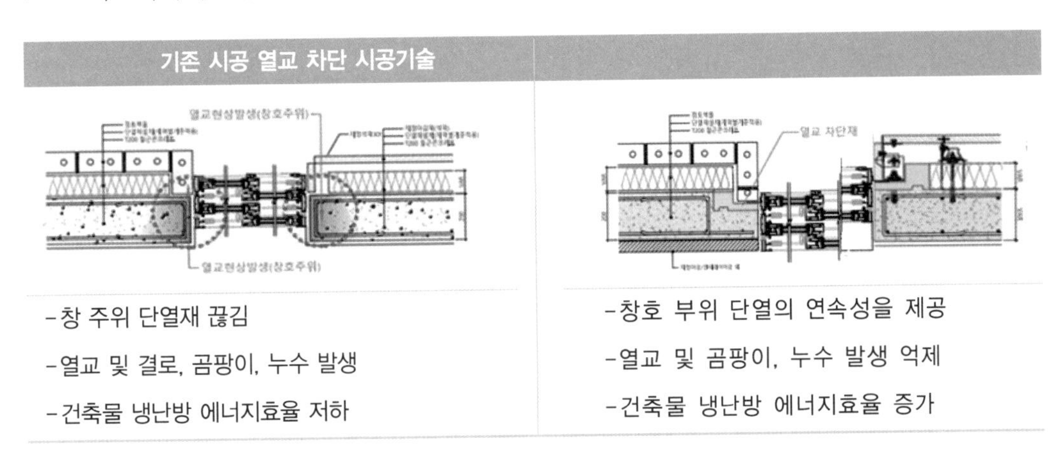

기존 시공 열교 차단 시공기술
열교현상발생(창호주위)
열교 차단재
-창 주위 단열재 끊김
-열교 및 결로, 곰팡이, 누수 발생
-건축물 냉난방 에너지효율 저하
-창호 부위 단열의 연속성을 제공
-열교 및 곰팡이, 누수 발생 억제
-건축물 냉난방 에너지효율 증가

4. 관련 규정

○ 국토교통부·한국에너지공단 「제로에너지건축물 인증 기술요소 참고서」 가이드라인

○ 조달청 설계예산검토과 「설계 적정성검토 따라하기」 창호주위 단열

○ 제주특별자치도 녹색건축물 설계기준 (2019-172호)

○ 지자체 건축허가 안내문 (대전시 서구, 대덕구, 세종특별자치시 등)

○ 행정중심복합건설청의 복합커뮤니티센터 설계 가이드라인(2020.12)

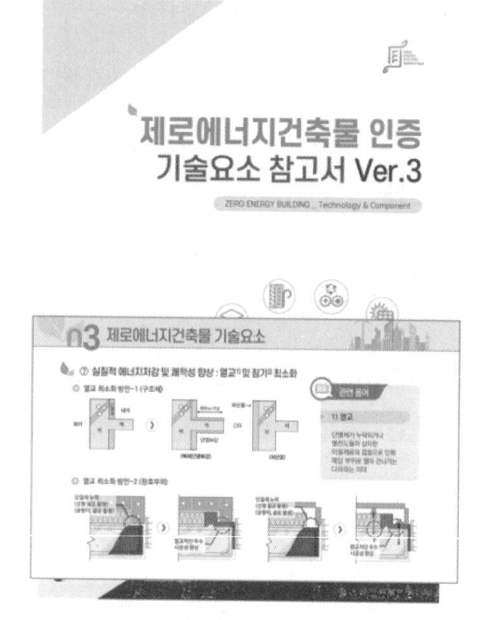

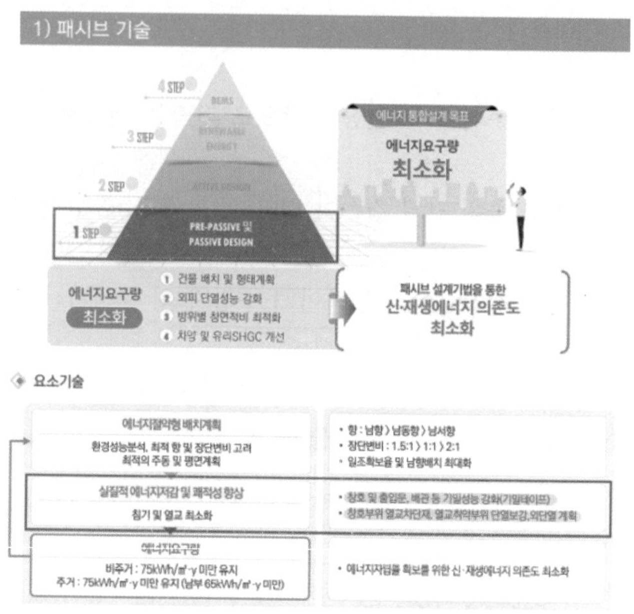

27 창호주위 단열

○ 에너지 효율이 강화된 공공 건축물 설계를 위해 설계자는 창호 및 벽체의 단열설계를 관련 기준에 따라 충실히 이행하고 있다. 하지만, 창호와 벽체의 접합부에서 많은 양의 열에너지가 교환됨으로 인해 즉, 빠져나가 이러한 노력의 의미를 퇴색시키고 있다.

– 따라서, 창호주위 단열시공을 통한 에너지 절약이 반드시 필요하며, 단열모르타르 반영 또는 단열재 매입(타설 부착) 후 마감하는 공법 등을 적극적으로 검토하도록 해야 한다. 결론적으로, 창틀 및 벽체의 단열재가 연결되도록 상세도면을 작성하고 시방서에는 시공방법을 구체적으로 기술해야 한다.

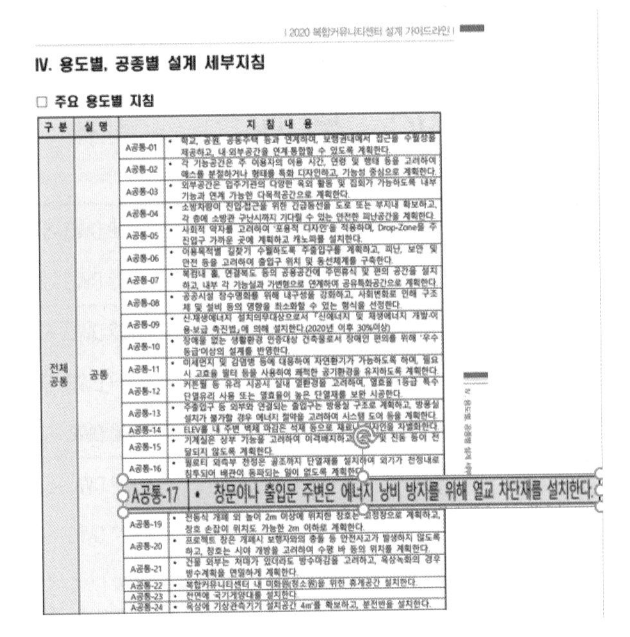

Ⅳ. 용도별, 공종별 설계 세부지침

□ 주요 용도별 지침

구 분	실 명	지 침 내 용	
전체 공통	공통	A공통-01	• 학교, 공원, 공동주택 등과 연계하여, 보행권내에서 접근을 수월성을 제공하고, 내·외부공간을 연계·통합할 수 있도록 계획한다.
		A공통-02	• 각 기능공간은 주 이용자의 이용 시간, 연령 및 행태 등을 고려하여 매스를 분절하거나 형태를 특화 디자인하고, 기능성 중심으로 계획한다.
		A공통-03	• 외부공간은 입주기관의 다양한 옥외 활동 및 집회가 가능하도록 내부 기능과 연계 가능한 다목적공간으로 계획한다.
		A공통-04	• 소방차량이 진입·접근을 위한 긴급동선을 도로 또는 부지내 확보하고, 각 층에 소방관 구난시까지 기다릴 수 있는 안전한 피난공간을 계획한다.
		A공통-05	• 사회적 약자를 고려하여 '포용적 디자인'을 적용하며, Drop-Zone을 주 진입구 가까운 곳에 계획하고 캐노피를 설치한다.
		A공통-06	• 이용목적별 길찾기 수월하도록 주출입구를 계획하고, 피난, 보안 및 안전 등을 고려하여 출입구 위치 및 동선체계를 구축한다.
		A공통-07	• 복합내 홀, 연결복도 등의 공용공간에 주민휴식 및 편의 공간을 설치하고, 내부 각 기능실과 가변형으로 연계하여 공유특화공간으로 계획한다.
		A공통-08	• 공공시설 장수명화를 위해 내구성을 강화하고, 사회변화로 인해 구조체 및 설비 등의 영향을 최소화할 수 있는 형식을 선정한다.
		A공통-09	• 신·재생에너지 설치의무대상으로서 「신에너지 및 재생에너지 개발·이용·보급 촉진법」에 의해 설치한다.(2020년 이후 30%이상)
		A공통-10	• 장애물 없는 생활환경 인증대상 건축물로서 장애인 편의를 위해 '우수등급'이상의 설계를 반영한다.
		A공통-11	• 미세먼지 및 감염병 등에 대응하여 자연환기가 가능하도록 하여, 필요시 고효율 필터 등을 사용하여 쾌적한 공기환경을 유지하도록 계획한다.
		A공통-12	• 커튼월 등 유리 시공시 실내 열환경을 고려하여, 열효율 1등급 특수단열유리 사용 또는 열효율이 높은 단열재를 보완 시공한다.
		A공통-13	• 주출입구 등 외부와 연결되는 출입구는 방풍실 구조로 계획하고, 방풍실 설치가 불가할 경우 에너지 절약을 고려하여 시스템 도어 등을 계획한다.
		A공통-14	• ELEV홀 내 주변 벽체 마감은 석재 등으로 재료나 디자인을 차별화한다.
		A공통-15	• 기계실은 상부 기능을 고려하여 이격배치하고 [illegible] 및 진동 등이 전달되지 않도록 계획한다.
		A공통-16	• 필로티 외측부 천정은 골조까지 단열재를 설치하여 외기가 천정내로 침투되어 배관이 동파되는 일이 없도록 계획한다.
		A공통-17	• 창문이나 출입문 주변은 에너지 낭비 방지를 위해 열교 차단재를 설치한다.
		A공통-19	• 전동식 개폐 외 높이 2m 이상에 위치한 창호는 고정창으로 계획하고, 창호 손잡이 위치도 가능한 2m 이하로 계획한다.
		A공통-20	• 프로젝트 창은 개폐시 보행자와의 충돌 등 안전사고가 발생하지 않도록 하고, 창호는 시야 개방을 고려하여 수평 바 등의 위치를 계획한다.
		A공통-21	• 건물 외부는 처마가 있더라도 방수마감을 고려하고, 옥상녹화의 경우 방수계획을 면밀하게 계획한다.
		A공통-22	• 복합커뮤니티센터 내 미화원(청소원)을 위한 휴게공간 설치한다.
		A공통-23	• 전면에 국기게양대를 설치한다.
		A공통-24	• 옥상에 기상관측기기 설치공간 4㎡를 확보하고, 분전반을 설치한다.

제주특별자치도 녹색건축물 설계기준

1. 제정목적

가. 지구 온난화와 대기오염의 심화로 에너지 소비가 많은 건축물 부문의 에너지 절감 및 온실가스 감축의 중요성이 더욱 강조되고 있음.

나. 이에 따라, 국가의 온실가스 감축목표가 설정되었고 제주특별자치도에서는 녹색건축물 조성계획(2017년)과 에너지비전 2030을 수립하여 건축물 부문의 온실가스 감축목표를 달성하고자 노력하고 있음.

[별표 2]

에너지부문 기술요소

(제2호 나목_가), 나), 다), 라) 관련)

평가내용				EPI 비교	적용 기준	추가 적용 사항
패시브 기술	1.단열	② 지붕	평균 열성능	EPI 0.7점 이상	의무	열관류율 0.21W/m2·K 미만
			시공			철근콘크리트 구조 지붕: 외단열 적용 목구조/철구조 지붕: 열관류율 0.18W/m2·K 이하 단열재 관통 선형 경량 철골: 열교 방지재 적용
		③ 바닥	평균 열성능	EPI 0.7점 이상	의무	열관류율 0.28W/m2·K 미만
		④ 창호(문)	평균 열성능	추가	의무	열관류율 1.5W/m2·K 이하
			시공			프레임은 벽체 단열재와 이어져야함

4. 에너지 - 패시브-단열 - 창호

평가내용			적용기준
가. 단열	창호(문) 평균	열성능	창호(문) 열관류율1.5W/(m^2·K) 이하
		시공	프레임은 벽체 단열재와 이어져야 됨

검토 항목
- 시험 성적서
  - 창호의 열관류율 성능 확인, 해당 내용 도면에 표기 여부 검토
  - 창호에 적용된 유리 내용 확인, 해당 유리 내용 도면에 표기 여부 검토
- 창호 설치 상세도
  - 창호프레임과 외벽 단열재 연결부위 검토

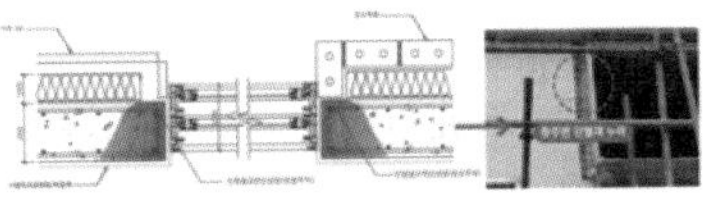

- 윗 그림처럼 단열재 연결이 끊어진 경우 곰팡이 발생 및 열손실 증가

가이드라인
- 창호 설치 열교방지 기술 1

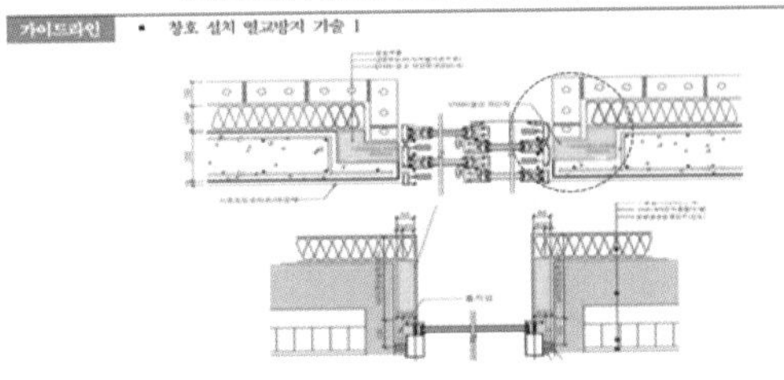

5. 창호 주위 열교차단 기술 상세도

SHOP DWG - 목 차

구분	SHOP DWG
W150-A TYPE 열교차단재	SHOP DWG -ST1(조적마감,석재마감,금속판넬마감)
	SHOP DWG -ST2(조적마감,석재마감,금속판넬마감)
W200-A TYPE 열교차단재	SHOP DWG -ST3(벽돌마감)
	SHOP DWG -ST4(석재마감)
	SHOP DWG -ST5(금속판넬마감)
W200-B TYPE 열교차단재	SHOP DWG -ST6(벽돌마감)
	SHOP DWG -ST7(석재마감)
	SHOP DWG -ST8(금속판넬마감)
W200-C, W150-B / 외단열시스템	SHOP DWG -ST9(커튼월)
	SHOP DWG -ST8(이중창)
	SHOP DWG -ST9(커튼월)
D150, D200 / 방화문용(내단열)	SHOP DWG -ST12(D150출입문용)
	SHOP DWG -ST13(D200출입문용)
VAR-TYPE / R-TYPE	SHOP DWG -STR1(단열재 타설부착 + 커튼월 / 창대석 要)
	SHOP DWG -STR2(단열재 타설부착 + 이중창 / 창대석 要)
	SHOP DWG -STR3(R450,R600커튼월/외단열시스템마감)
시스템창호 적용	SHOP DWG -SRS1(W150A / 옹벽200 / 외벽마감) , (W150B / 옹벽200 / 외단열시스템)
	SHOP DWG -SRS2(단열재 타설부착 / 옹벽150 , 200 / 외벽마감)

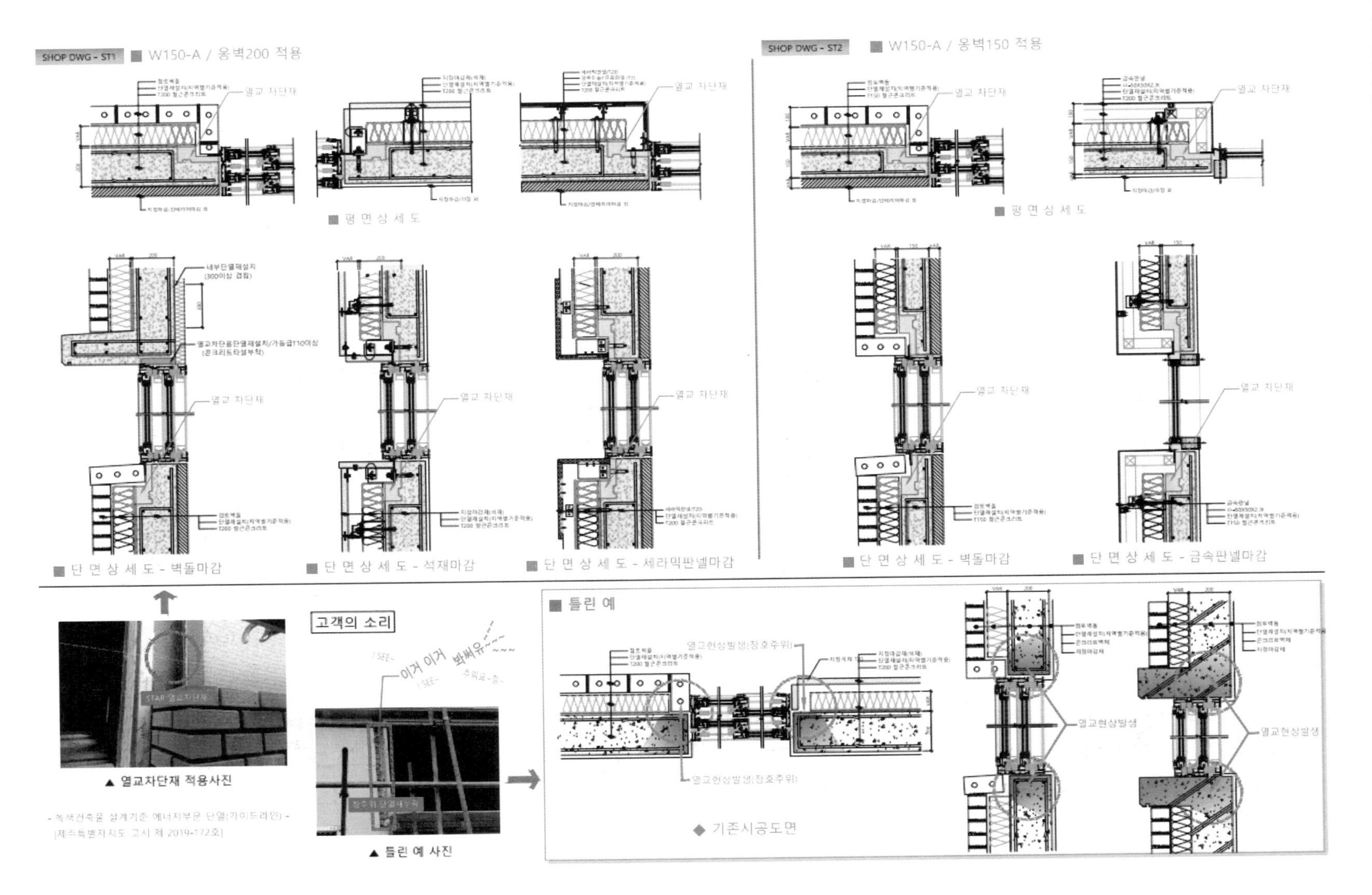

▲ 열교차단재 적용사진

- 녹색건축물 설계기준 에너지부문 단열(가이드라인) -
[제주특별자치도 고시 제 2019-172호]

▲ 틀린 예 사진

SHOP DWG - ST3 ■ W200-A + 벽돌마감 / 옹벽200

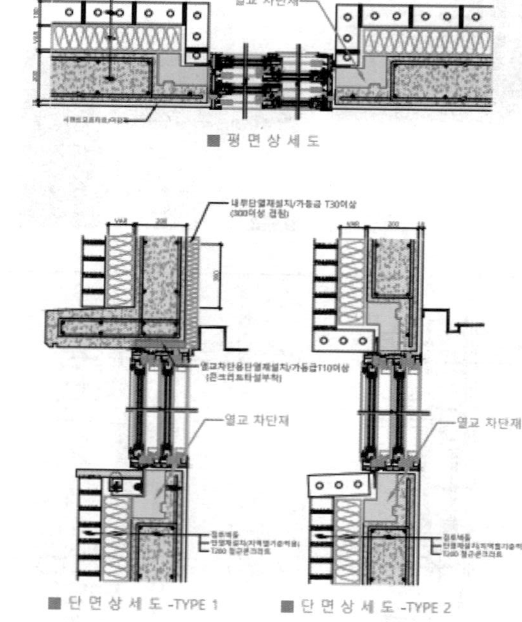

■ 평 면 상 세 도

■ 단 면 상 세 도 -TYPE 1

■ 단 면 상 세 도 -TYPE 2

SHOP DWG - ST4 ■ W200-A + 석재마감 / 옹벽200

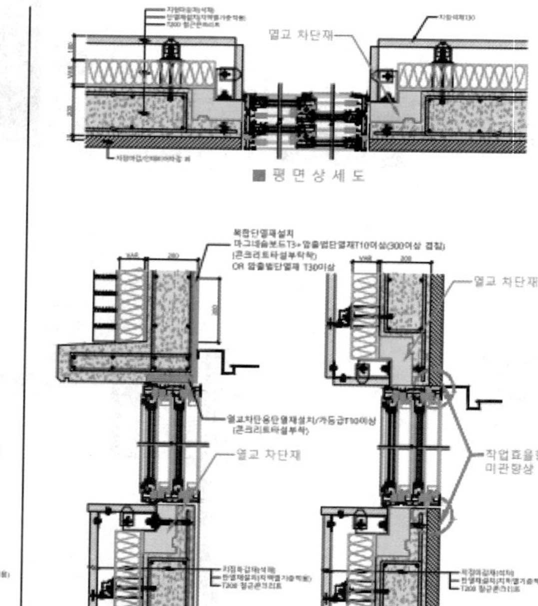

■ 평 면 상 세 도

■ 단 면 상 세 도 -TYPE 1

■ 단 면 상 세 도 -TYPE 2

SHOP DWG - ST5 ■ W200-A + 세라믹판넬마감 / 옹벽200

열교 차단재

■ 평 면 상 세 도

■ 단 면 상 세 도 -TYPE 1

◆ 열교차단재 특장점 ◆

*건축물 에너지 효율향상(LCC 절감)

*창호 주위 결로 곰팡이 억제 및 누수 해결

*공사기간 단축 / 공정 유연성 확보

◆ 열교차단재 검토의견 ◆

정부에서 국가 온실가스 감축 및 탄소배출 저감을 목표로 2020년부터 1천㎡이상 모든 공공건축물에 "제로에너지 건축을 의무화" 하였으며, 이에 에너지 손실이 취약한 창호 주위의 열교차단재를 이용한 열교차단공법 적용으로 에너지효율 향상과 누수 저감에 효과. "창호주위 열교차단재" 사용은 한국에너지공단의 [제로에너지건축물인증기술 요소 참고서]에 에너지 저감을 위한 가이드라인으로 제시됨.

※SHOP NOTES

1. STAR-열교 차단재(W200-A) 적용시공
2. 콘크리트옹벽 : THK200
3. 창호 : 기밀 및 단열 효과가 뛰어난 유리창프레임
4. VAR : "건축물의 에너지절약설계기준"에따른 지역별 단열재두께 적용
5. 외장재고정철물 : 열교차단 파스너사용
6. 외장재 ASP세라믹 패널사용
7. 복합단열재 : 타설부착(300mm이상 겹침)

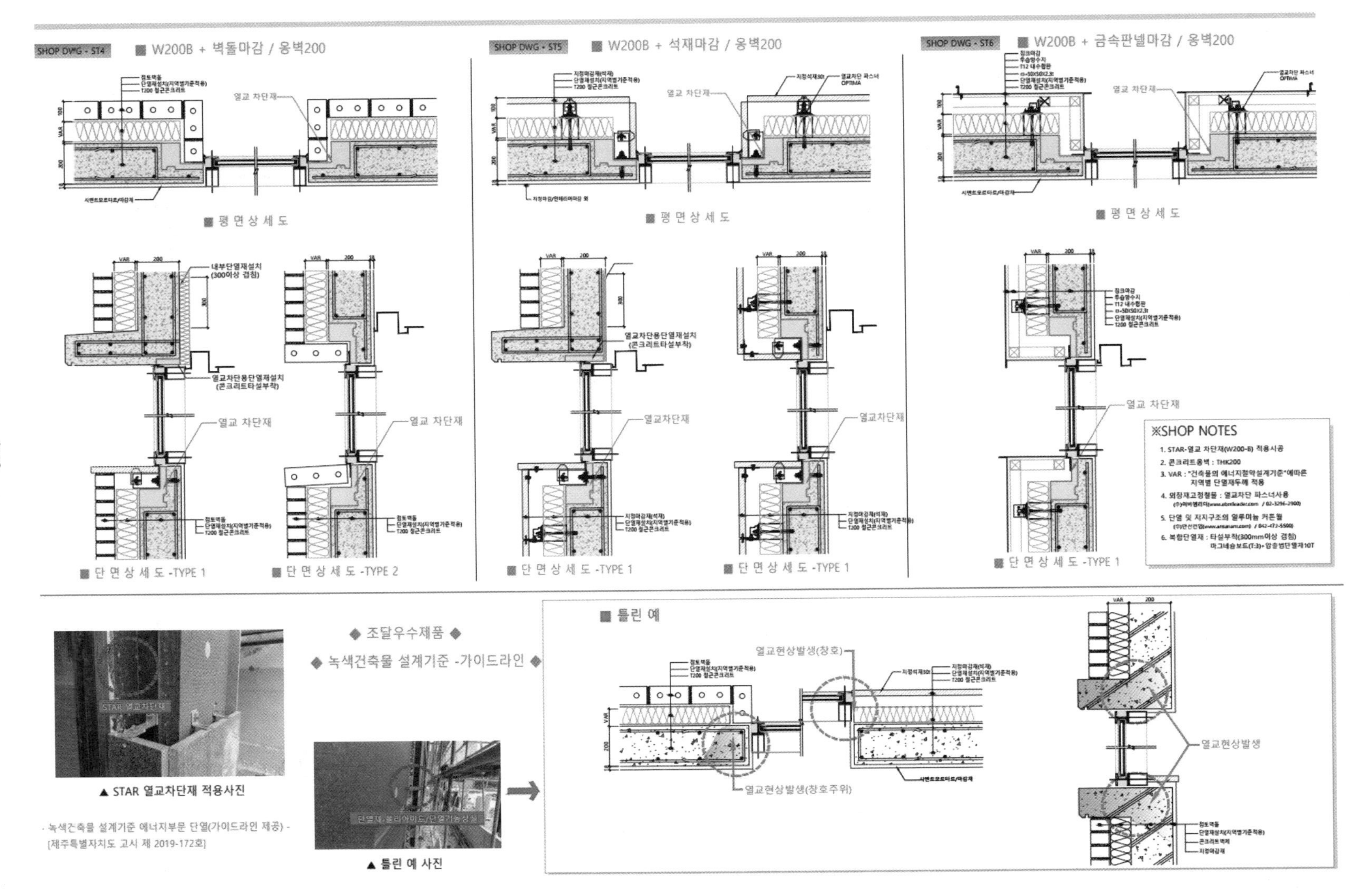

- 녹색건축물 설계기준 에너지부문 단열(가이드라인 제공) -
[제주특별자치도 고시 제 2019-172호]

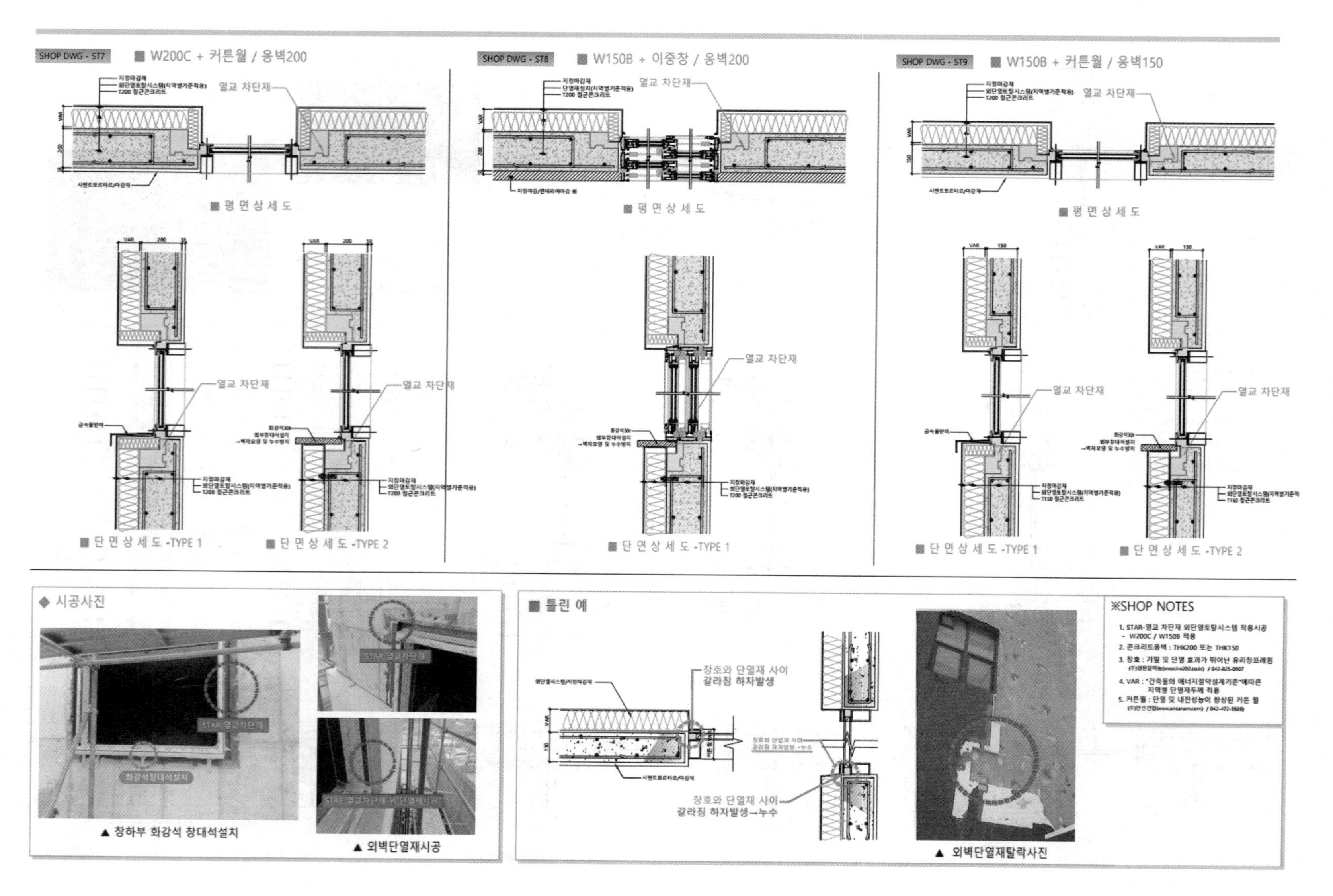

▲ 창하부 화강석 창대석설치

▲ 외벽단열재시공

▲ 외벽단열재탈락사진

SHOP DWG - ST12 ■ D150 출입문용 상세도

SHOP DWG - ST13 ■ D200 출입문용 상세도

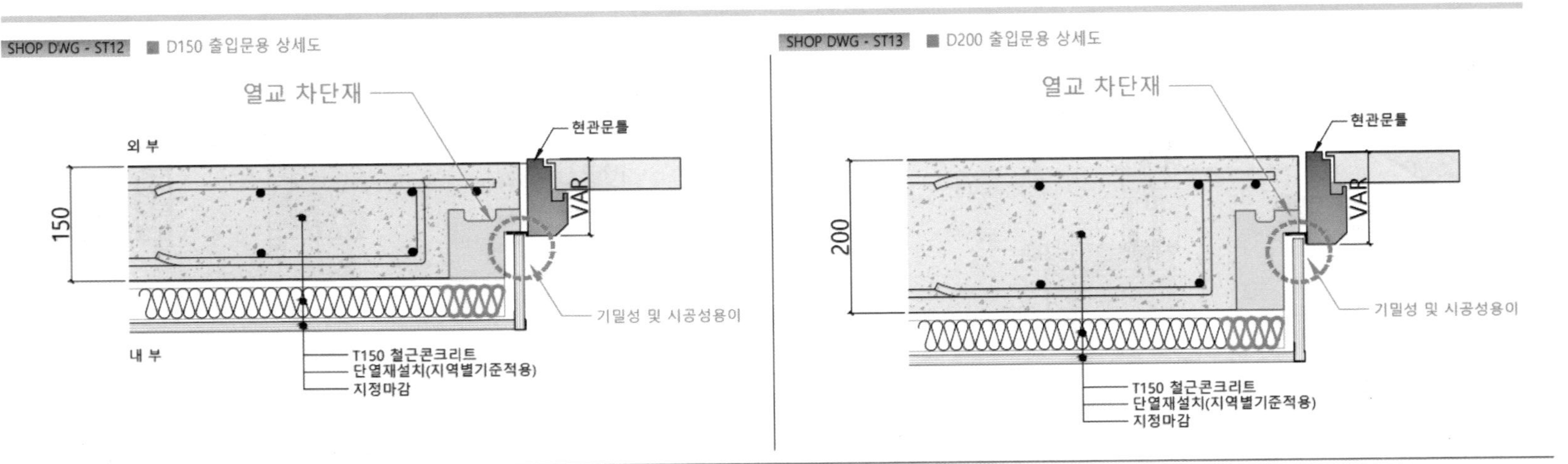

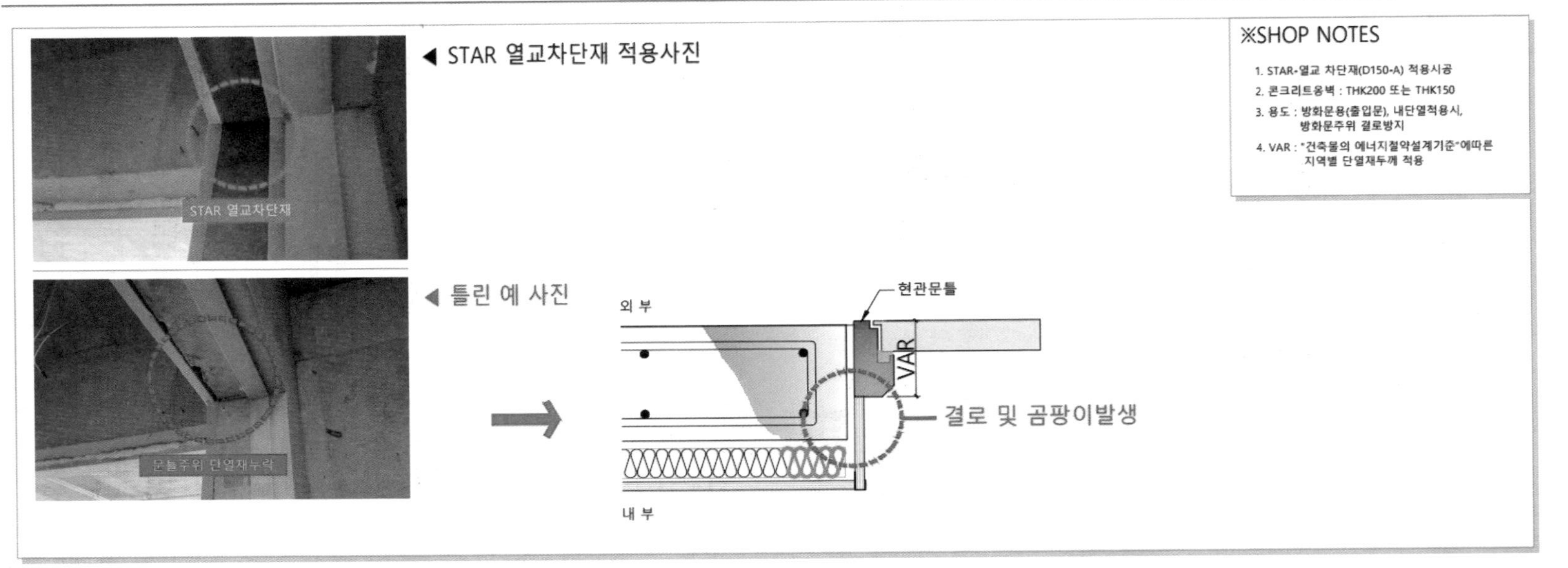

◀ STAR 열교차단재 적용사진

◀ 틀린 예 사진

※SHOP NOTES

1. STAR-열교 차단재(D150-A) 적용시공
2. 콘크리트옹벽 : THK200 또는 THK150
3. 용도 : 방화문용(출입문), 내단열적용시, 방화문주위 결로방지
4. VAR : "건축물의 에너지절약설계기준"에따른 지역별 단열재두께 적용

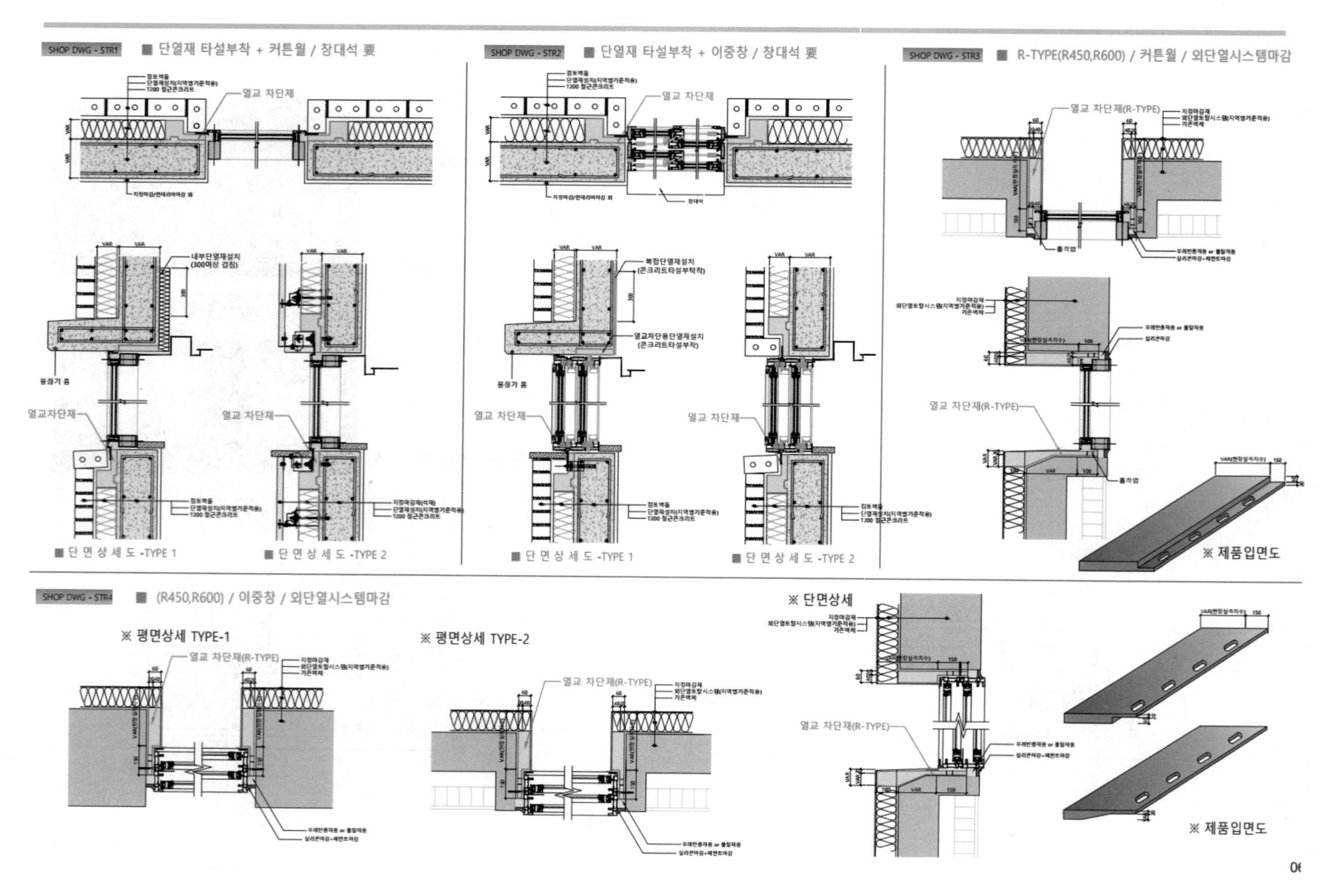
SHOP DWG - STR1
■ 단열재 타설부착 + 커튼월 / 창대석 要
열교 차단재
내부단열재설치
(300이상 겹침)
물끊기 홈
열교차단재
열교 차단재
■ 단 면 상 세 도 -TYPE 1
■ 단 면 상 세 도 -TYPE 2
SHOP DWG - STR2
■ 단열재 타설부착 + 이중창 / 창대석 要
열교 차단재
복합단열재설치
(콘크리트타설부착)
열교차단용단열재설치
(콘크리트타설부착)
물끊기 홈
열교 차단재
열교 차단재
■ 단 면 상 세 도 -TYPE 1
■ 단 면 상 세 도 -TYPE 2
SHOP DWG - STR3
■ R-TYPE(R450,R600) / 커튼월 / 외단열시스템마감
열교 차단재(R-TYPE)
열교 차단재(R-TYPE)
※ 제품입면도
SHOP DWG - STR4
■ (R450,R600) / 이중창 / 외단열시스템마감
※ 평면상세 TYPE-1
열교 차단재(R-TYPE)
※ 평면상세 TYPE-2
열교 차단재(R-TYPE)
※ 단면상세
열교 차단재(R-TYPE)
※ 제품입면도

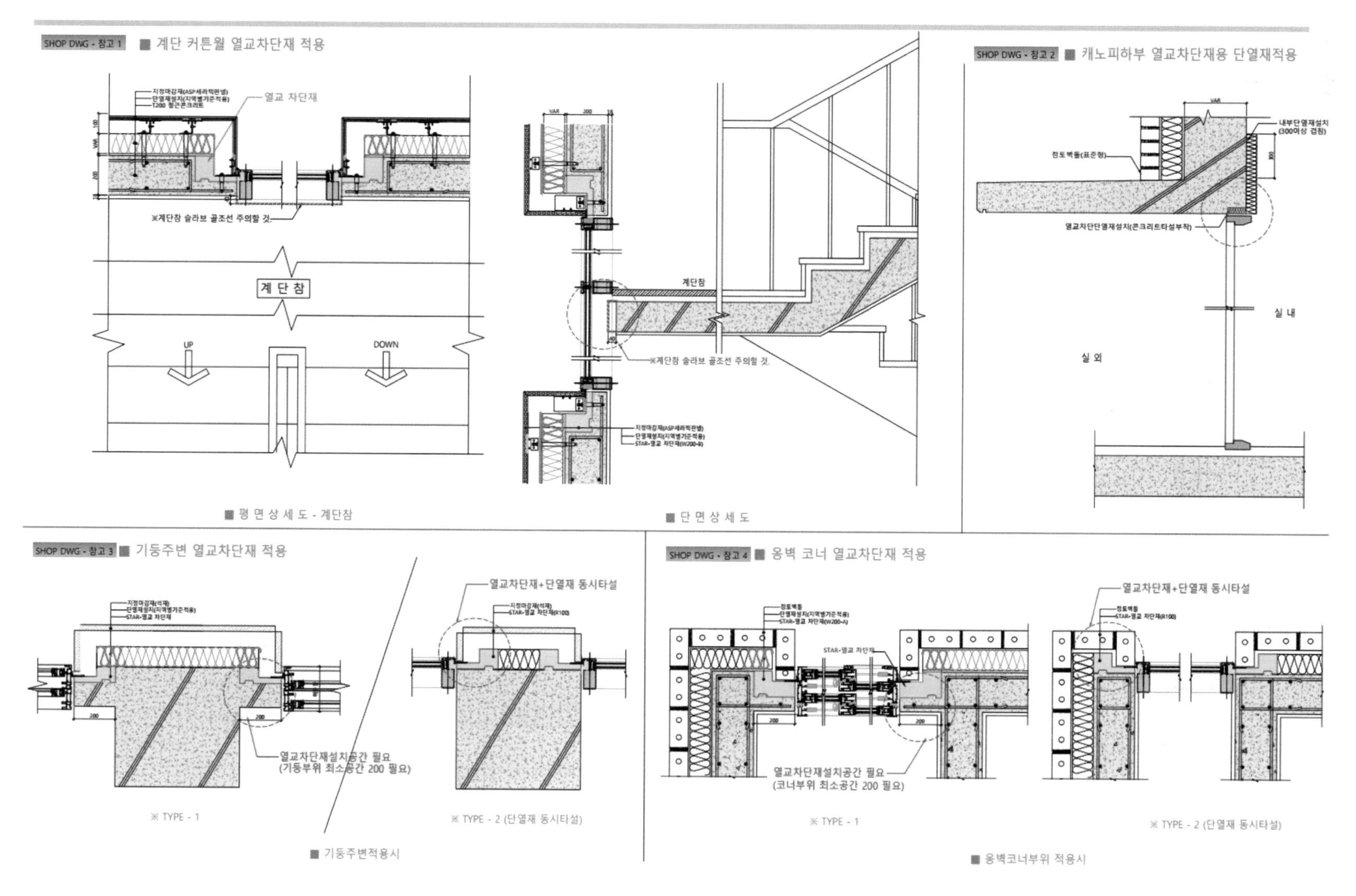
SHOP DWG - 참고 1
계단 커튼월 열교차단재 적용
지정마감재(ASP세라믹판넬)
단열재설치(지역별기준적용)
T200 철근콘크리트
열교 차단재
※계단참 슬라브 골조선 주의할 것
계 단 참
UP
DOWN
평 면 상 세 도 - 계단참
계단참
※계단참 슬라브 골조선 주의할 것
단 면 상 세 도
SHOP DWG - 참고 2
캐노피하부 열교차단재용 단열재적용
점토벽돌(표준형)
내부단열재설치
(300이상 겹침)
열교차단단열재설치(콘크리트타설부착)
실 내
실 외
SHOP DWG - 참고 3
기둥주변 열교차단재 적용
열교차단재+단열재 동시타설
열교차단재설치공간 필요
(기둥부위 최소공간 200 필요)
※ TYPE - 1
※ TYPE - 2 (단열재 동시타설)
기둥주변적용시
SHOP DWG - 참고 4
옹벽 코너 열교차단재 적용
열교차단재+단열재 동시타설
열교차단재설치공간 필요
(코너부위 최소공간 200 필요)
※ TYPE - 1
※ TYPE - 2 (단열재 동시타설)
옹벽코너부위 적용시

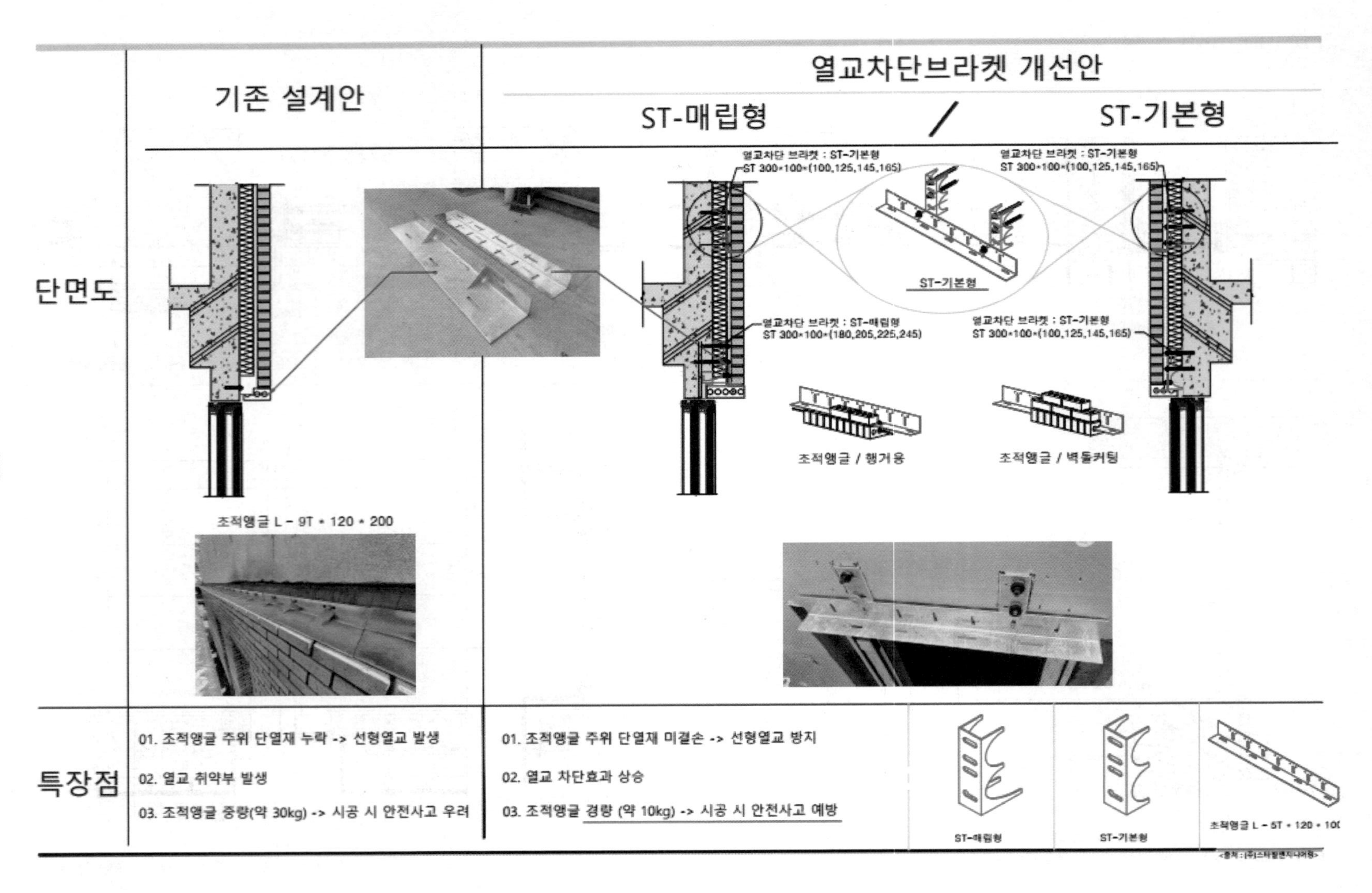
열교차단브라켓 개선안
기존 설계안
ST-매립형
ST-기본형
단면도
열교차단 브라켓 : ST-기본형
ST 300*100*(100,125,145,165)
ST-기본형
열교차단 브라켓 : ST-기본형
ST 300*100*(100,125,145,165)
열교차단 브라켓 : ST-매립형
ST 300*100*(180,205,225,245)
열교차단 브라켓 : ST-기본형
ST 300*100*(100,125,145,165)
조적앵글 / 행거용
조적앵글 / 벽돌커팅
조적앵글 L - 9T * 120 * 200
특장점
01. 조적앵글 주위 단열재 누락 -> 선형열교 발생
02. 열교 취약부 발생
03. 조적앵글 중량(약 30kg) -> 시공 시 안전사고 우려
01. 조적앵글 주위 단열재 미결손 -> 선형열교 방지
02. 열교 차단효과 상승
03. 조적앵글 경량 (약 10kg) -> 시공 시 안전사고 예방
ST-매립형
ST-기본형

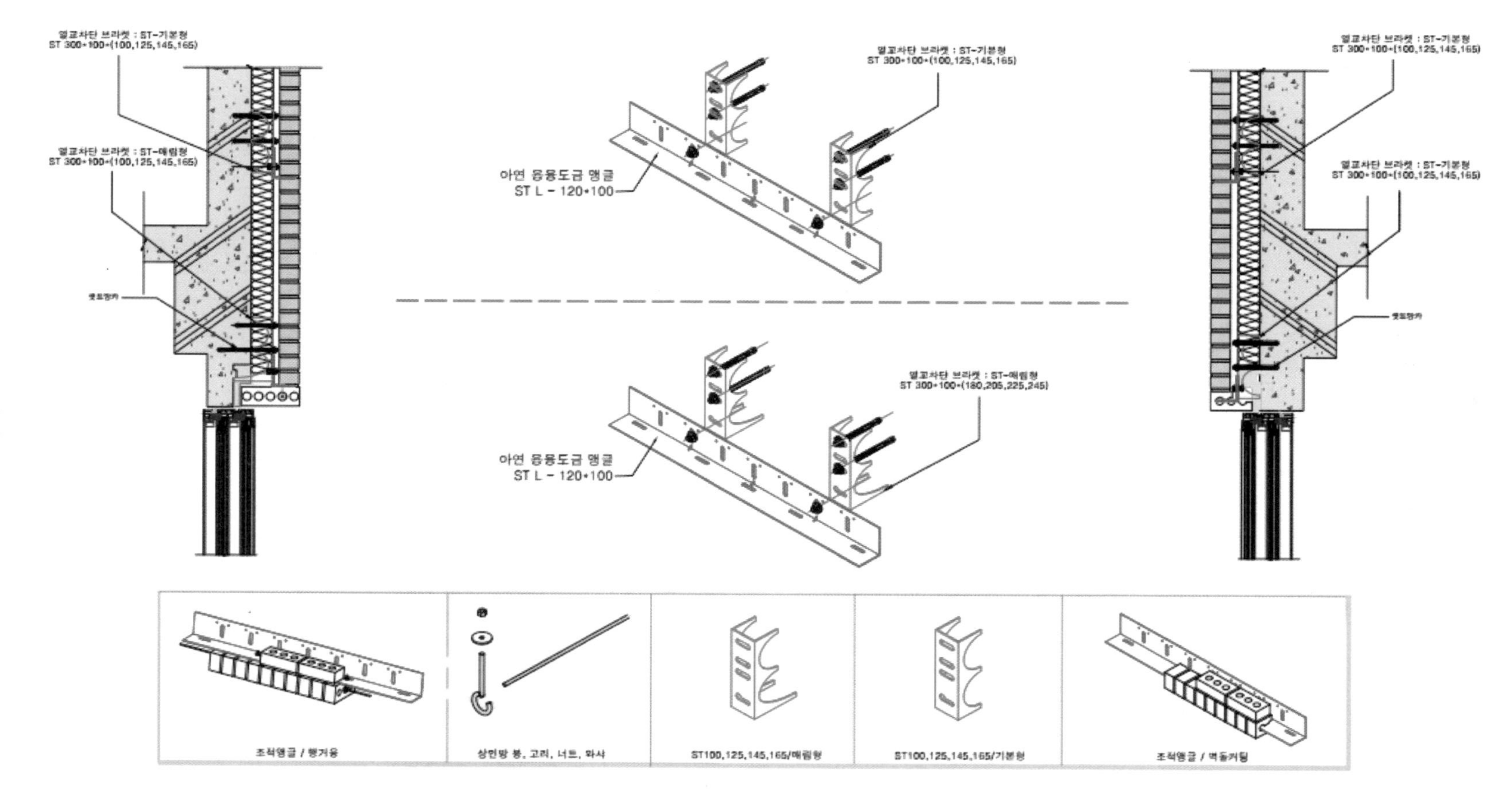

열교차단 브라켓 : ST-기본형
ST 300*100*(100,125,145,165)
열교차단 브라켓 : ST-매립형
ST 300*100*(100,125,145,165)
열교차단 브라켓 : ST-기본형
ST 300*100*(100,125,145,165)
아연 용융도금 앵글
ST L - 120*100
열교차단 브라켓 : ST-매립형
ST 300*100*(180,205,225,245)
아연 용융도금 앵글
ST L - 120*100
열교차단 브라켓 : ST-기본형
ST 300*100*(100,125,145,165)
열교차단 브라켓 : ST-기본형
ST 300*100*(100,125,145,165)
조적앵글 / 행거용
상현방 봉, 고리, 너트, 와샤
ST100,125,145,165/매립형
ST100,125,145,165/기본형
조적앵글 / 벽돌커팅

6 '설비 · 소방공사' KEY - POINT

* 구조체공사 ~ 마감공사까지 설비·소방공사의 주요 공종의 중요 검토·확인 사항 및 참고사항, 관련 법령, 표준시방서 목록 등에 대해 정리하였습니다.

  • 일반적으로 통상적으로 투입되는 공종만 정리하였으며, 특수한 설비/장비, 시스템 공사는 별도 전문시방서와 전문 서적을 참고하시기 바랍니다.

* 현장 관리자들이 '구조체공사~ 마감공사'까지 소홀히 하는 경향이 있는 부분과 알아두면 공사수행 중 도움이 된다고 생각하는 사항, 기본적으로 알아야 하는 사항은 무엇인가? 라는 질문에 대한 저의 답변입니다.

  • 국내 건설발전을 위해 설비/소방공사의 많은 노하우를 메일로 알려주시길 소망합니다.

○ 설비 배관 및 용접공사 중요 검토·확인 사항
○ 덕트 설비공사 중요 검토·확인 사항
○ 설비 보온공사 중요 검토·확인 사항
○ T·A·B 공사 중요 검토·확인 사항
○ 공기조화 설비공사 중요 검토·확인 사항
○ 지열원열펌프공사 중요 검토·확인 사항
○ 엘리베이터 설치공사 중요 검토·확인 사항
○ 가스 설비공사 중요 검토·확인 사항
○ 관통부 마감공사 중요 검토·확인 사항
○ 자동제어 공사 중요 검토·확인 사항

* 쾌적한 환경의 건물을 유지하는 사람으로서는 심장 격인 설비/소방 공사가 건축공사와 상호 조화되고 기능이 잘 발휘되고, 유지관리가 쉽도록 건축 소장님께서는 해당업체와 원만하고 충분한 소통, 많은 배려와 적극적으로 협조해 주시길 소망해 봅니다.

1 설비 배관 및 용접공사 중요 검토·확인 사항

1. 시공순서도

<table>
<tr><th>주요내용</th><th>관련사진</th></tr>
<tr><td>○ 배관 가공 및 가용접 실시
- 소재 절단 및 용접 부위 홈내기 가공 및 성형 가공 실시
- 용접 부재의 조립 시, 일정한 간격 유지, 모재와의 단차 최소화, 직진도나 진원도 등을 일치시켜 가용접 실시
- 천정 가대 규격은 양단 고정 단순보의 집중하중을 역학계산하여 규격 산정</td><td></td></tr>
<tr><td>○ 본용접 실시
- 본용접을 시작한 후 한층이 완료되기까지 연속해서 용접하고, 용접은 각층마다 슬래그, 스패터 등을 완전히 제거하고 청소한 뒤 실시
- 용접 후 급격한 냉각을 해서는 안되며, 필요한 경우 후열 실시</td><td></td></tr>
<tr><td>○ 용접부의 검사 및 수압테스트
- 용접부위의 검사는 육안검사 또는 비파괴 검사(초음파 탐상, 침투 탐상) 등으로 실시
- 용접 완료 후 수압테스트를 하여 누수 여부를 점검</td><td>
</td></tr>
<tr><td>○ 보온재 마감 시공
- 급수, 급탕 및 옥내외 노출 배관 등에 대하여 보온재 마감 시공
- 이음새는 틈새가 없고 겹친 부위의 이음선은 동일선상에 있지 않도록 시공
- 절개된 모든 부위에 접착제 마감을 하고 접착된 부위에 보강 테이프로 마감</td><td></td></tr>
</table>

2. 품질관리를 위한 주요 검토·확인 사항

1) 각종 설비 배관공사 사전 검토·확인 사항

ㅇ설계된 배관 재질의 사용 부위, 시공부위별 내구성 등 적정성을 사전 검토 후 승인하는 절차를 반드시 수행함이 필요
- 중요실(기관장실 등)은 내구성, 내구연한이 우수한 재질로 시공함이 하자보수 등 건물 운영상 절대적으로 필요

ㅇ배관 경로를 신중히 결정함이 필요
- 가능하면 주(Main)관은 공용실(복도)에 배치하고, 중요실(기관장 실 등)에는 주관이 관통하지 않고 가지관만 인입하는 것이 유지관리측면에서 절대적으로 유리함
- 배관 경로에 따라 천정고 차이가 발생할 수 있음을 감안하여, 구배를 고려한 사전 철저한 Shop- Drawing을 검토함이 필요
- 큰보+작은보가 만나는 지점의 배관 경로, 화장실 PS에서 나오는 각종 배관 경로, 천정고가 상이한 지점의 배관경로, 복도가 꺾이는 지점의 배관 경로 등은 사전 철저한 Shop-Drawing을 검토함이 필요

ㅇ배관 이음부분(용접부분) 누수/누기 시험계획 철저 수립 시행 필요
- 수압시험은 반드시 구간별로 실시하고, 건축 마감재 시공 전 반드시 종합적으로 수압시험을 실시하여 누수 사전 방지가 절대적으로 필요
- 가스 누기시험은 안전사고를 고려 가능한 100% 실시함이 절대적으로 필요 (가스설비공사에서 별도 정리)

2) 건축기계설비공사 표준시방서 난방, 위생 및 소화설비 배관공사

(배관 용도별 적합 기준)

구분	적 용
급수 및 온수 공급용 배관류	1. 모양 및 재질 가. 물 및 온수의 수소에 적당한 내면 및 모양을 가진 것 나. 필요한 강도, 내식성 및 내열성이 있고 음료용 수질기준을 유지할 수 있으며, 위생상 유해한 물질 등을 용출하지 않고 변질이 적은 것 2. 최저 사용압력은 수압 0.75MPa에 견딜 수 있는 것 3. 시험압력은 1.75MPa 이상의 수압시험에 합격한 것

구분	적 용
소방용 합성수지 배관	1. 용도 가. 배관을 지하에 매설하는 경우 나. 다른 부분과 내화구조로 구획된 덕트 또는 피트의 내부에 설치하는 경우 다. 천장과 반자를 불연재료 또는 준불연재료로 설치하고 그 내부에 습식으로 배관을 설치하는 경우 2. 성능은 소방청장이 정하여 고시하는 성능시험기술기준에 적합하여야 한다.

3) 설비 배관공사 종류 및 지지 간격

ㅇ 건축기계설비공사 표준시방서(국토부) 난방, 위생 및 소화설비 배관공사

구분	적 용
급수 및 온수 공급용 배관류	1. 모양 및 재질 가. 물 및 온수의 수소에 적당한 내면 및 모양을 가진 것 나. 필요한 강도, 내식성 및 내열성이 있고 음료용 수질기준을 유지할 수 있으며, 위생상 유해한 물질 등을 용출하지 않고 변질이 적은 것 2. 최저 사용압력은 수압 0.75MPa에 견딜 수 있는 것 3. 시험압력은 1.75MPa 이상의 수압시험에 합격한 것
배수 및 통기용 관류	1. 모양 및 재질 가. 배수 및 통기 등의 목적에 적합한 내면 및 모양을 가진 것으로 필요한 강도·내식성·내열성 및 내침투성 또는 변질이 적은 재료 2. 사용압력은 수압 0.35MPa 이상의 사용압력에 견디는 것 3. 시험압력은 사용압력에 준한다.
소방용 합성수지배관	1. 용도 가. 배관을 지하에 매설하는 경우 나. 다른 부분과 내화구조로 구획된 덕트 또는 피트의 내부에 설치하는 경우 다. 천장과 반자를 불연재료 또는 준불연재료로 설치하고 그 내부에 습식으로 배관을 설치하는 경우 2. 성능은 소방청장이 정하여 고시하는 성능시험기술기준에 적합하여야 한다.

○ 배관 규격별 지지 간격
(건축기계설비공사 표준시방서(국토부) 난방, 위생 및 소화설비 배관공사)

배관	적용			간격
수직관	주철관	직관		1개에 1개소
		이형관	2개 3개	어느 쪽이든 1개소 중앙부에 1개소
	강관			각 층에 1개소 이상
	연관, 경질염화비닐관, 동관 및 스테인리스강관			
수평배관	주철관	직관		1개에 1개소
		이형관		1개에 1개소
수평배관	강관	관지름 20mm 이하	1.8m 이내	
		관지름 25~40mm	2.0m 이내	
		관지름 50~80mm	3.0m 이내	
		관지름 100~150mm	4.0m 이내	
		관지름 200mm 이상	5.0m 이내	
	연관 (길이 0.5m 초과시)	배관이 변형될 염려가 있는 곳에는 두께 0.4mm 이상의 아연도 철판으로 반원형 받침대를 만들어 1.5m 이내마다 지지한다		
	동관	관지름 20mm 이하		1.0m 이내
		관지름 25~40mm		1.5m 이내
		관지름 50mm		2.0m 이내
		관지름 65~125mm		2.5m 이내
		관지름 150mm 이상		3.0m 이내
수평배관	경질 염화 비닐관	관지름 16mm 이하		0.75m 이내
		관지름 20~40mm		1.0m 이내
		관지름 50mm		1.2m 이내
		관지름 65~125mm		1.5m 이내
		관지름 150mm 이상		2.0m 이내
	스테인리스관	관지름 20mm 이하		1.0m 이내
		관지름 25~40mm		1.5m 이내
		관지름 50mm		2.0m 이내
		관지름 65~100mm		2.5m 이내
		관지름 125mm 이상		3.0m 이내

○ 시험 및 검사방법

시험방법		수압·만수시험						기압시험
최소압력		1.75 MPa	최고사용 압력의 2배	설계도서에 기재된 펌프 양정의 2배	가압송수 장치의 최고 사용압력의 1.5배	30kPa	만수	35kPa
최소유지 시간(min)		60	60	60	60	30	30	15
증기			O*1					
고온수			O*2					
냉온수 냉각수			O*3 O*3					
기름*4								
냉매*4								
급수 급탕	직결 고가수조이하 양수관	O	O*6	O*6				
배수	건물내오수 잡배수관 택지배수관 건물내빗물 배수관 배수펌프 토출관			O*6		O O	O*7	O O
	통기							
소화	물용 소화관 연결 송수관 연결살수설비	O* 9 O*	9		O*8			
비고	1. 압력은 배관의 최저부에서 측정한 것으로 한다. 2. 수도법의 규정이 있을 때는 이에 준한다. *1 최소 0.2MPa로 한다. *2 최소 1.75MPa로 한다. 질소 가스시험의 경우는 최고 압력의 1.5배로 한다. *3 최소 1.0MPa로 한다. *4 위험물 규제에 관한 시행령, 동규칙 및 지방조례에 근거하여 소정의 시험에 합격한 것으로 한다. *5 고압가스취급법에 근거하여 냉동보안규칙에 정하는 누수시험을 행한다. *6 최소 0.75MPa로 한다. *7 시험수두는 시험구간내의 최하부의 관 밑으로부터 최상부의 관끝까지의 수두로 한다. *8 연결송수관에 연결하는 계통은 *9에 따른다. *9 소방펌프, 자동차 펌프는 최고 사용압력의 1.5배 이상								

주 : O······O 어느쪽이든 O표시에 해당하는 시험으로 한다.
배관의 시공이 완료되면 관내의 오염물질을 제거하기 위하여 주요 기기를 제거한 상태에서 세척작업을 실시한다. 이 경우 미세한 이물질의 제거를 위해 전용 세척장비를 이용한 세척작업을 실시하는 것이 바람직하다.

4) 각종 설비 배관 용접공사 검토·확인 사항

ㅇ가용접 시 조립 정밀도를 벗어날 경우 용입 불량, 과도한 변형, 강도 저하 등의 용접 결합이 발생하므로 조립 정밀도는 오차 범위 내 조립하여야 함

ㅇ용접 부근에 수분, 녹, 기름 먼지 등이 있을 경우 융착 금속 내에 기공이나 균열이 발생하므로 용접 전 용접 홈의 청소를 철저히 하여야 함

ㅇ용접봉은 반드시 습기 제거(건조기 현장 휴대) 후 시공하며, 우천 시 옥외 용접은 금지하여야 함

ㅇ가용접한 부분의 슬래그를 완전히 제거 후 본용접을 실시하고, 용접 시 각 층마다 육안으로 슬래그, 용융부족, 크랙 등의 결함이 있을 경우 신속히 줄질, 그라인더, 와이어브러시 등으로 보수 후 추후 용접 및 방청 도장을 실시하여야 함

ㅇ용접 작업은 인화성 가스의 폭발, 유해가스 배출, 유해광선 및 소음 등을 발생할 수 있으므로 반드시 통풍 여부 확인 및 안전 장비를 착용하여야 하여야 함

ㅇ용접 작업 후 축열에 의한 화재 방지를 위한 충분한 시간 상주 및 용접 작업장 주변 10m이내 가연물 이설 및 용접 작업자로부터 5m 이내 소화기를 비치하여야 함 (소방기본법 제15조 및 동법 시행령 제5조[별표 1])

ㅇ가연성 가스가 체류할 위험이 있는 지역이나, 용기 내부 작업 시 가스농도 측정 후 폭발 하한계 1/4이하일 때만 작업하여야 함

ㅇ도장작업 장소에서는 용접을 절대 금지하며, 도장작업 장소는 유기용제에 의한 폭발 위험이 없도록 충분히 건조 및 통풍 후 작업하여야 함

ㅇ용접순서는 조립 조건 등을 고려하여 변형과 잔류응력을 줄일 수 있는 아래의 순서를 참고하여 용접작업을 하여야 함
- 작은 부품에서 큰 부품 순서로 소 조립에서 대 조립 순서로 또한 구조물을 가장 강하게 보강하는 용접 이음은 마지막에 실시
- 필렛이음보다 맞대기 이음 먼저 실시하고 원통형 구조물은 길이 방향에서 원주 방향 순서로 용접작업을 실시
- 전단응력이 걸리는 곳을 먼저하고 다음은 인장 압축 응력이 걸리는 순서로 실시

주의사항

▶ 용접작업의 위험성 : 용접작업 시 불꽃불똥이 비산하여 작업장 부근 가연물에 착화되면서 화재가 발생할 위험이 크므로 미리 위험물을 제거하는 등 화재예방조치를 완료한 뒤 용접, 용단작업을 하여야 함

▶ 용접작업 전/용접작업 중/용접작업 후 작업장 주변 확인 및 안전조치(소화설비 및 소화기 비치) 등

▶ 가용접 시 조립 정밀도를 벗어날 경우 용입 불량, 과도한 변형, 강도 저하 등의 용접 결합이 발생할 수 있으니 주의하여야 함

▶ 용접봉은 반드시 습기 제거(건조기 현장 휴대) 후 시공하며, 우천 시 옥외 용접은 금지(균열방지 및 차음)

▶ 용접 작업은 인화성 가스의 폭발, 유해가스 배출, 유해광선 및 소음 등을 발생할 수 있으니 안전조치 후 작업을 실시하여야 함

5) 기계실 공사 및 각종 장비 설치공사 사전 검토·확인 사항

o 기계실 장비 배치의 효율성 검토
- 침수 시 대책 강구(트렌치, 배수펌프 설치 등)
- MCC 주변 물 배관 배치 여부 검토
- 각종 장비의 효율적 배치 여부 검토(장비별 유지보수 공간확보/동선 고려)
- 중량 배관의 지지대가 충분한지 검토

o 저수조 설치공사 사전 검토·확인 사항
- 관련근거 : 수도법 제18조 제3항 『별표 3의 2』저수조설치기준
- 저수조 윗부분은 건축물(천정 및 보 등)로부터 100cm 이상 이격, 그 밖의 부분은 60cm 이상의 간격 확보
- 맨홀은 각 변의 길이가 90cm 이상인 사각형 또는 지름이 90cm 이상인 원형 맨홀 1개 이상 설치
- 저수조 내부의 높이는 최소 180cm 이상 확인
- 저수조 용량 확인(실용량) 및 오버플로우 시 장비보호 대책 마련 및 저수조 내 이물질 유입 방지조치(통기관 및 소제구 설치 등)

◈ 수도법 제18조 제3항 (시설 기준 등)

① 「수도법 시행규칙」 제9조의2(저수조 설치기준) 법 제18조제3항에 따른 별표 3-2의 설치 기준을 따라야 한다.

1. 저수조의 윗부분은 건축물(천정 및 보 등)으로부터 100센티미터 이상 떨어져야 하며, 그 밖의 부분은 60센티미터 이상의 간격을 띄울 것

2. 물의 유출구는 유입구의 반대편 밑부분에 설치하되, 바닥의 침전물이 유출되지 아니하도록 저수조의 바닥에서 띄워서 설치하고, 물칸막이 등을 설치하여 저수조 안의 물이 고이지 아니하도록 할 것

3. 각 변의 길이가 90센티미터 이상인 사각형 맨홀 또는 지름이 90센티미터 이상인 원형 맨홀을 1개 이상 설치하여 청소를 위한 사람이나 장비의 출입이 원활하도록 하여야 하고, 맨홀을 통하여 먼지나 그 밖의 이물질이 들어가지 아니하도록 할 것. 다만, 5세제곱미터 이하의 소규모 저수조의 맨홀은 각 변 또는 지름을 60센티미터 이상으로 할 수 있다.

4. 침전찌꺼기의 배출구를 저수조의 맨 밑부분에 설치하고, 저수조의 바닥은 배출구를 향하여 100분의 1 이상의 경사를 두어 설치하는 등 배출이 쉬운 구조로 할 것

5. 5세제곱미터를 초과하는 저수조는 청소·위생점검 및 보수 등 유지관리를 위하여 1개의 저수조를 둘 이상의 부분으로 구획하거나 저수조를 2개 이상 설치하여야 하며, 1개의 저수조를 둘 이상의 부분으로 구획할 경우에는 한쪽의 물을 비웠을 때 수압에 견딜 수 있는 구조일 것

6. 저수조의 물이 일정 수준 이상 넘거나 일정 수준 이하로 줄어들 때 울리는 경보장치를 설치하고, 그 수신기는 관리실에 설치할 것

7. 건축물 또는 시설 외부의 땅밑에 저수조를 설치하는 경우에는 분뇨·쓰레기 등의 유해물질로부터 5미터 이상 띄워서 설치하여야 하며, 맨홀 주위에 다른 사람이 함부로 접근하지 못하도록 장치할 것. 다만, 부득이하게 저수조를 유해물질로부터 5미터 이상 띄워서 설치하지 못하는 경우에는 저수조의 주위에 차단벽을 설치하여야 한다.

8. 저수조 및 저수조에 설치하는 사다리, 버팀대, 물과 접촉하는 접합부속 등의 재질은 섬유보강플라스틱·스테인리스스틸·콘크리트 등의 내식성(耐蝕性) 재료를 사용하여야 하며, 콘크리트 저수조는 수질에 영향을 미치지 아니하는 재질로 마감할 것

9. 저수조의 공기정화를 위한 통기관과 물의 수위조절을 위한 월류관(越流管)을 설치하고, 관에는 벌레 등 오염물질이 들어가지 아니하도록 녹이 슬지 아니하는 재질의 세목(細木) 스크린을 설치할 것

10. 저수조의 유입 배관에는 단수 후 통수 과정에서 들어간 오수나 이물질이 저수조로 들어가는 것을 방지하기 위하여 배수용(排水用) 밸브를 설치할 것

11. 저수조를 설치하는 곳은 분진 등으로 인한 2차 오염을 방지하기 위하여 암·석면을 제외한 다른 적절한 자재를 사용할 것

12. 저수조 내부의 높이는 최소 1미터 80센티미터 이상으로 할 것. 다만, 옥상에 설치한 저수조는 제외한다.

13. 저수조의 뚜껑은 잠금장치를 하여야 하고, 출입구 부분은 이물질이 들어가지 아니하는 구조이어야 하며, 측면에 출입구를 설치할 경우에는 점검 및 유지관리가 쉽도록 안전발판을 설치할 것

14. 소화용수가 저수조에 역류되는 것을 방지하기 위한 역류방지장치가 설치되어야 한다.

o 보일러 설치공사 사전 검토·확인 사항
- 표준시방서 "31 30 20(급탕설비공사)" 및 "31 90 20 15(배열회수보일러공사)" 참고
- 전기보일러 및 기름 가스 온수보일러 등 제품별 사양이 다양함을 감안하여 제품별 사양과 재질, 시공 방법을 사전 검토
- 유지관리 및 보수를 위해 부속품 사전 구매 필요성 검토
- 안전밸브의 위치의 적정성 검토
- 연도 설치의 적정성 검토

o 냉동기 및 냉각탑 설치공사 사전 검토·확인 사항
- 장비의 사용압력과 가스공사 공급압력 확인

- 냉각탑에 연도 가스가 흡입되지 않도록 충분한 공간확보
- 유지보수를 위한 공간확보 여부 검토
- 인접 건물에 비산 발생 및 소음피해 가능성 검토

ㅇ 펌프 설치공사 사전 검토·확인 사항
- 가급적 수원 근처에 설치
- 급수펌프의 용량 적정성 검토
- 자동교환 운전이 가능한지 검토
- 배수펌프의 형식 및 위치 확인
- 방진 가대의 설치 적정성 검토

ㅇ FCU 설치공사 사전 검토·확인 사항
- 바닥 상치형 또는 천정형 검토
- 바닥 상치형 건축 카바와 토출구 확인
- 천정형 점검구 위치 및 수량 검토
- 천정형 결로 발생 가능 여부 검토
- 드레인 구배 및 일정 거리 적합 여부 검토

6) 위생·오배수 설비공사 사전 검토·확인 사항

ㅇ 수평 배관의 구배 검토

ㅇ 우수배관과 오배수관은 단독 설치

ㅇ 통기관 구배 및 일정 거리 적합 여부 검토

ㅇ 청소 소제구의 위치 적정성 검토

ㅇ 위생기구 선정 요청서와 설계도서와 일치 여부 확인

ㅇ 급수/급탕 방향 표시 적정 여부 확인

ㅇ 각 실별 배수를 위한 구배 적정 여부 확인

7) 소방공사 사전 검토·확인 사항

ㅇ 옥내소화전설비 방수구 설치 높이, 수평거리
▷관련근거 : 옥내소화전설비의 화재안전기준(NFSC 102) 제6조, 제7조

ㅇ 스프링클러 헤드 수평거리
▷관련근거 : 스프링클러설비의 화재안전기준(NFSC 103) 제6조, 제8조, 제10조

ㅇ 소화가스설비 저장 용기 설치 간격, 과압 배출구 설치
▷관련근거 : 청정소화약제소화설비의 화재안전기준(NFSC 107A) 제6조, 제15조, 제17조

ㅇ 소화배관 수압시험 실시 확인
▷소방시설 성능시험 조사표

ㅇ 소화배관 행가 설치 거리
▷관련근거 : 스프링클러설비의 화재안전기준(NFSC 103) 제8조
▷표준시방서 "31 45 10 05"(옥내 및 옥외소화전 설비공사) 및 "31 45 10 10"(스프링쿨러 설비공사), "31 45 10 20"(물분무소화설비공사)

ㅇ 배관 용접작업 시 안전수칙 준수 확인
▷관련근거 : 소방기본법 시행령 제5조, 서울특별시 화재예방조례 제2조

ㅇ 층간 방화구획 관통부
▷관련근거 : 건축물의 피난방화구조 등에 관한 규칙 제14조

※ 설비 배관 및 용접공사 표준시방서

1. 1. 일반사항

ㅇ 국가건설기준센타(http://www.kcsc.re.kr)의 "31 10 10, 31 45 05, 31 20 15"에 따른다.

2. 관련 시방서
① 보온공사는 "31 20 05"에 따른다.

② 도장·방청방식 공사는 "31 20 10"에 따른다.
③ 옥내소화전설비의 화재안전기준(NFSC 102) 제6조, 제7조 (배관 등)
④ 스프링클러설비의 화재안전기준(NFSC 103) 제6조, 제8조, 제10조 (폐쇄형스프링클러설비의 방호구역·유수검지장치)
⑤ 청정소화약제 소화설비의 화재안전기준(NFSC 107A) 제6조, 제15조, 제17조 (저장용기, 자동폐쇄장치, 과압배출구)
⑥ 스프링클러설비의 성능시험 조사표 점검항목 14번
⑦ 스프링클러설비의 화재안전기준(NFSC 103) 제8조 (배관)
⑧ 건축기계설비공사 표준시방서(국토교통부) 04000 배관공사 (옥내소화전설비 배관 등)
⑨ 소방기본법 시행령 제5조 (불을 사용하는 설비의 관리기준 등)
⑩ 서울특별시 화재예방 조례 제2조 (불을 사용하는 설비의 관리기준)
⑪ 건축물의 피난, 방화구조 등의 기준에 관한 규칙 제14조 (방화구획의 설치기준)

짧참고 법령

▦ 소방기본법 시행령 제5조 (불을 사용하는 설비의 관리기준 등)

① 법 제15조 제1항의 규정에 의한 보일러, 난로, 건조설비, 가스·전기시설 그 밖에 화재발생의 우려가 있는 설비 또는 기구 등의 위치·구조 및 관리와 화재예방을 위하여 불의 사용에 있어서 지켜야 하는 사항은 별표1과 같다.

② 제1항에 규정된 것 외에 불을 사용하는 설비의 세부관리기준은 시·도의 조례로 정한다.

[별표1] 보일러 등의 위치·구조 및 관리와 화재예방을 위하여 불의 사용에 있어서 지켜야 하는 사항(제5조 관련)

종류	내용
불꽃을 사용하는 용접·용단기구	용접 또는 용단 작업장에서는 다음 각 호의 사항을 지켜야 한다. 다만, 「산업안전보건법」 제38조의 적용을 받는 사업장의 경우에는 적용하지 아니한다. 1. 용접 또는 용단 작업자로부터 반경 5m 이내에 소화기를 갖추어 둘 것 2. 용접 또는 용단 작업장 주변 반경 10m 이내에는 가연물을 쌓아두거나 놓아두지 말 것. 다만, 가연물의 제거가 곤란하여 방지포 등으로 방호조치를 한 경우는 제외한다.

③ 서울특별시 화재예방 조례 제2조(불을 사용하는 설비의 관리기준) 소방기본법 (이하 "법"이라 한다) 제15조 제1항 및 같은 법 시행령(이하 "영"이라 한다) 제5조 제2항에 따라 불을 사용하는 설비의 관리기준은 별표1과 같다.

[별표1] 불을 사용하는 설비의 관리기준(제2조 관련)

설비 구분	설비의 관리기준
2. 가스 또는 전기에 따른 용접·용단기	1. 용접·용단작업을 하고자 하는 소방대상물의 관계인은 안전감독자를 지정하여야 한다. 2. 지정된 안전감독자는 다음 각 목의 모든 조치를 하여야 한다. 가. 용접·용단작업 실시 전 및 종료 후 작업용구의 안전점검의 실시 나. 주위의 인화성 물질의 제거 다. 용접·용단불티가 닷는 부분에 가연물 제거 및 안전조치 라. 작업장 인근에 소화기 및 그 밖의 소화용구의 배치 마. 작업구역의 전기·가스·소방시설과 인명대피시설의 정상 작동 및 안전상태 유지 바. 작업자에 대한 화재예방교육 실시 사. 그 밖에 화재예방을 위하여 필요한 조치

2 덕트 설비공사 중요 검토·확인 사항

1. 시공순서도

주요내용	관련사진
ㅇ 상세도면 작성 및 자재 구입 - 타 공정과 간섭 검토 및 덕트 경로는 최단 거리로 설정하여, 정압손실을 최소화 할 수 있도록 덕트 공사 상세 도면 작성 및 자재 발주 - 반입된 자재에 대한 크기, 재질 및 두께 등 외관 및 이음매 부분 검사, 검수	
ㅇ 보강 및 밀봉 실시 - 보강은 덕트 장변의 길이에 따라 리브형 보강, 앵글형 보강, 포킷록 이음 보강 및 Tie Rod 보강 등을 실시 - 덕트의 용도에 따라 누기율을 줄이기 위해 필요한 개소에 필요한 등급(N, A, B, C)의 밀봉을 실시	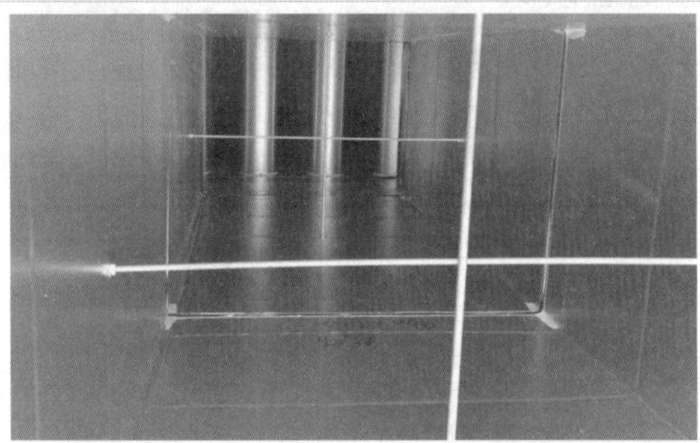
ㅇ 행거 설치 및 덕트 시공 - 직관 덕트에서의 행거 및 지지대의 위치는 덕트 조인트로부터 가능한 75mm(최대 300mm)에 설치 - 덕트 연결부는 접착 테이프 2회 감기 및 밴드 조임 실시 - 플랙시블 덕트 호스 설치 시 과도한 처짐이 생기지 않도록 최단 거리로 설치	
ㅇ 보온재 마감 시공 - 보온은 옥내외 노출 및 욕실, 주방 또는 급기 덕트 등 다습한 장소에 설치 - 사각 덕트 보온 중 EPDM 보온은 덕트 4면에 X자 형태로 접착제 도포 후 매트형 롤을 한 번에 말아서 감아서 부착 마감하고 보온판이 맞닿는 부분에 난연 보강 테이프 처리	

2. 품질관리를 위한 주요 검토·확인 사항

ㅇ덕트 설치공사 전 사전 검토·확인 사항
- 덕트 지지 간격(장방형 덕트의 행거 및 지지) 및 덕트 규격별 함석 두께
- 급격한 방향전환이 없도록 설치(부득이한 경우 GUIDE베인 설치)
- 분기점에 댐퍼 및 조절기 설치
- 방화벽 관통 방화댐퍼 설치
- 소음처리를 위해 흡음 쳄버, 소음기 설치 확인
- 점검구 및 정소구는 450*450 이상으로 설치

* 닥트의 종류가 시중에 다양하고, 기술의 발달로 신제품들이 많이 개발되고 있어 제품 선정 전 '성능, 내구성, 시공성, 경제성' 등을 충분히 검토 후 선정함이 필요

ㅇ상세 도면에 의해 공장 가공되어 온 덕트 반입 시 설치 위치를 반드시 표기하여 덕트 자재가 혼재되지 않도록 주의하여야 함

ㅇ챔버 및 케이싱의 모퉁이 부분 등 누설의 우려가 있는 장소는 밀봉 처리하여야 함

ㅇ덕트 시공 시 덕트 내 이물질 유입을 방지하기 위한 보양을 철저히 조치하여야 함

ㅇ건축의 방화구획, 방화벽, 기타 법령으로 지정하는 칸막이, 벽, 마루 등을 관통하는 덕트의 소요 부분은 건축법 또는 소방법에 따라 피복 보온 시공하여야 함

ㅇ보온 시공 전에 덕트면의 유지, 먼지, 모르타르 부착 등을 청소하고 플랜지부의 패킹, 볼트 결속이 완전한지를 확인하여야 함

ㅇ기류의 흐름이 급격하게 방향 전환을 하거나, 덕트가 확대 또는 축소하여 압력손실이 큰 덕트는 사용하지 않도록 하고 확대부에서의 각도는 15° 이하, 축소부에서의 각도는 30° 이하가 되도록 제한하여야 함

주의사항

▶ 공장 가공되어 온 덕트 반입 시 설치 위치를 반드시 표기하여 덕트 자재가 혼재되지 않도록 주의, 확인 철저

▶ 챔버, 케이싱의 모퉁이 부분 등 누설의 우려가 있는 장소는 밀봉 처리

▶ 덕트 시공 시 덕트 내 이물질 유입을 방지하기 위한 보양을 철저

▶ 보온 시공 전에 덕트면의 유지, 먼지, 모르타르 부착 등을 청소

※ 닥터 설비공사 표준시방서

1. 1. 일반사항

ㅇ 국가건설기준센타(http://www.kcsc.re.kr)의 “31 20 20”에 따른다.

2. 관련 시방서

① 보온공사는 “31 20 05”에 따른다.
② 공기조화기기 설비공사는 “31 25 15”에 따른다.
③ 공기조화설비 시험조정 및 평가는 “31 25 25”에 따른다.

건축기계설비공사 표준시방서(국토부) 덕트설비공사

① 장방형 덕트의 행거 및 지지는 다음 표에 의한다.

덕트의 장변 (mm)	행 거			흔들림 방지제	
	형강치수 (mm)	봉강 지름 (mm)	최대간격 (mm)	형강치수 (mm)	최대간격 (mm)
750 이하	25×25×3	9	3000	25×25×3	4000
750 초과 1500 이하	30×30×3	9	3000	30×30×3	4000
1500 초과 2200 이하	40×40×3	9	3000	40×40×3	4000
2200 초과	40×40×5	9	3000	40×40×5	4000

3 설비 보온공사 중요 검토·확인 사항

1. 시공순서도

주요내용	관련사진
ㅇ절개된 면, 이음매 부위 접착제로 본딩 – 절개되지 않은 제품을 배관에 그대로 끼우거나 절개된 제품을 시공한 뒤 이음매와 절개된 모든 부위에 접착제로 마감 – 접착된 부위에 보강 테이프를 사용하여 보강	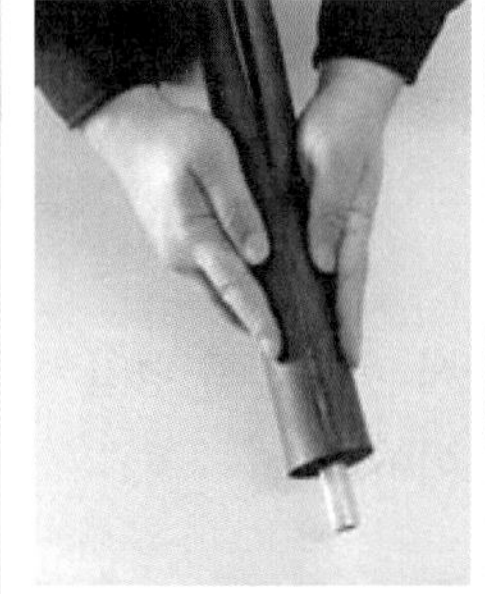 
ㅇ난연 접착테이프로 접착 부위 보강 – 절개되지 않은 제품을 배관에 그대로 끼우거나 절개된 제품을 시공한 뒤 이음매 부위는 보강 테이프로 마무리 – 절개된 모든 부위에 접착제 마감을 하고 접착된 부위에 보강 테이프를 사용하여 보강	
ㅇ밸브 부위를 접착제로 본딩 – 밸브의 형태에 따라 재단 – 재단되어진 다양한 단열판 제품을 사용하여 보온 – 각각의 이음매를 접착제 이용하여 자체 마감을 하고 접착된 부위에 보강 테이프로 보강	
ㅇ배관의 식별을 위한 띠 표시 – 배관의 식별을 위해 2M 간격으로 색상 띠(50mm폭)를 표시 – 소방배관에는 제품 전체가 적색인 고무발포단열재를 사용	

2. 품질관리를 위한 주요 검토·확인 사항

○ 별도의 외부마감재는 필요 없으며 필요시 배관의 식별을 위해 2m 간격으로 색상 띠(50mm 폭)를 표시하고 소방배관에는 제품 전체가 적색인 고무발포단열재를 사용하여야 함

○ 접착제가 마감 되어질 모든 부위는 수분이 제거되어야 하며 오염된 상태에서의 시공은 금지하여야 함

○ 모든 배관 마감은 시공시 서로 수평일 경우 2″(50.8mm), 근접 시설물에 대해서는 1″(25.4mm)의 공간을 두어야 함

○ 옥내노출 입상배관은 바닥에서 150mm 높이까지 케이싱을 하여야 함

○ 원형덕트의 형태에 따라 재단하고 재단된 다양한 단열판 제품을 사용하여 보온하고 각각의 이음매는 접착제를 이용하여 자체 마감을 하고 접착된 부위에 보강 테이프로 보강하여야 함

○ 결로 및 동파방지가 동시에 필요한 경우의 단열 두께는 두 가지 중에서 큰 쪽의 시방을 적용하며 보온과 보냉이 동시에 필요한 경우의 단열 두께는 두 가지 중에서 두께가 큰 쪽의 시방을 적용하여야 함

○ 열교환기, 저탕 탱크 및 팽창 탱크의 단열은 50mm 두께가 적정함

○ 방화구획, 방화벽을 통과하는 보온은 업체별 내화충전구조 시스템으로 적용하여야 함

○ 가대에 열전달에 의한 결로를 방지하기 위하여 배관용 슈까지 보온하여야 하며 냉수배관 보온은 공기가 침투되지 않도록 빈틈없이 보온하여야 함

건축기계설비공사 표준시방서 "31 20 05" 보온공사

2.1.3 보온 재료의 화재안전성능

시험방법	시험항목	기준		
		난연1급	난연2급 (자기소화성)	가연성
KS M ISO 4589-2	산소지수(L.O.I)	≥32	≥28	<28
KS F 2844[기타]	CFE(kW/m2)	≥20	≥10	<10

2.2 보온두께의 공통사항

(1) 보온두께는 보온재만의 두께를 말하며 외장재 및 보조재의 두께는 포함하지 않는다.

(2) 결로 및 동파방지가 동시에 필요할 경우의 보온두께는 두 가지 중에서 큰쪽의 시방을 적용한다.

(3) 기기, 덕트 및 배관의 보온 두께는 2.3, 2.4, 2.5에 있는 조건과 시공장소의 조건이 현저하게 다른 경우는 그 조건에 따라 KS F 2803 (보온·보랭공사의 시공표준)에 준해서 산정되어지는 것에 따른다.

(4) 보온과 보냉이 동시에 필요한 경우의 보온두께는 두 가지 중에서 두께가 큰쪽의 시방을 적용한다.

(5) 기타 재료의 보온, 보냉 두께는 특기시방서를 참조한다.

(6) 단열재의 단열성능, 화재안전성능은 국가공인시험기관의 시험성적서를 첨부하여야 한다.

2.5 배관의 보온두께

(1) 급수관 및 배수관 등의 결로방지를 위한 보온재 및 보온두께는 다음 표에 따른다.

1) 일반적인 경우(조건 : 관내 수온 15℃, 주위온도 30℃, 상대습도 75% 미만)

종별	관 지 름 (A)	15~80	100 이상
1	미네랄울 보온통, 보온대 1호	25	40
2	유리면 보온통, 보온판 24 k	25	40
3	발포 폴리스티렌 보온통 3호	25	40
4	고무발포 보온통, 보온판 1종	13	19

주의사항

- ▶ 열교환기, 저탕 탱크 및 팽창 탱크의 단열 두께는 표준규격을 충족하도록 적정 여부를 검토해야 함
- ▶ 접착제로 마감 시공하여야 할 모든 부위는 수분이 제거되어야 하며 오염된 상태에서의 시공 금지
- ▶ 방화구획, 방화벽을 통과하는 보온은 소방법에 의거 승인된 업체의 시공방법(시스템)으로 시공하여야 함

※ 설비 보온공사 표준시방서

1. 1. 일반사항

ㅇ 국가건설기준센타(http://www.kcsc.re.kr)의 "31 20 05"에 따른다.

2. 관련 시방서

① 기계설비공통공사는 "31 10 10"에 따른다.
② 배관설비공사는 "31 20 15"에 따른다.
③ 덕트공사는 "31 20 20"에 따른다.

4 T·A·B 공사 중요 검토·확인 사항

1. 시공순서도

주요내용	관련사진
○ 시스템 검토 – 시스템의 적정성, 환기풍량, 냉난방 부하, 장비 용량 및 덕트 및 배관 검토 – 시방서 검토, TAB 수행계획서 검토 – 필요한 계기와 교정 자료 수집, 계기목록 작성 동일 계기의 편차 이내로 수정	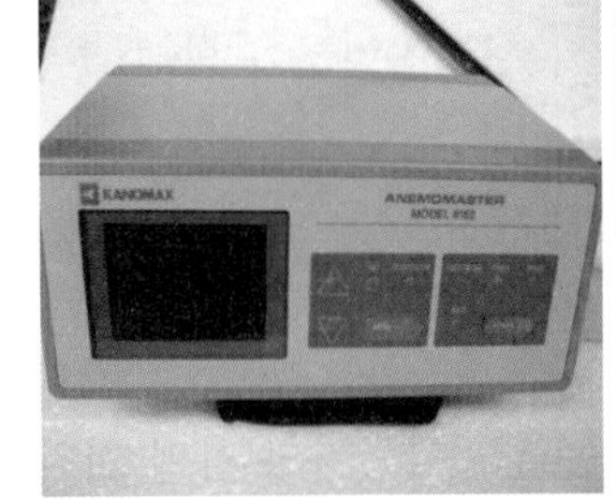 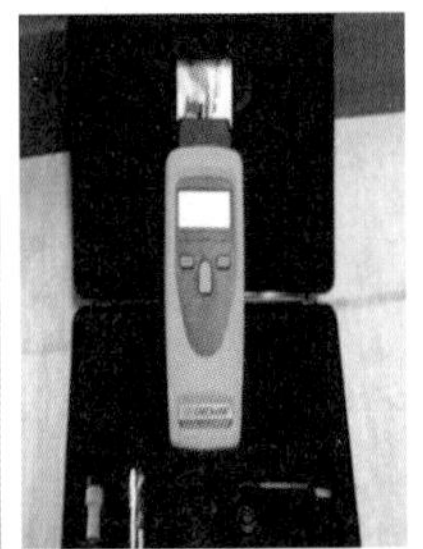
○ 팬 회전수 측정, 전류 측정 – 팬 용량과 터미널의 전체 공기량 비교 – 베어링의 윤활유 주입 상태, 벨트 장력, 구동체 고정 및 조정 상태, 방진기구의 설치 상태, 모터 풀리와 팬 풀리의 정열상태, 전원계통 확인, 연결 덕트의 상태 확인	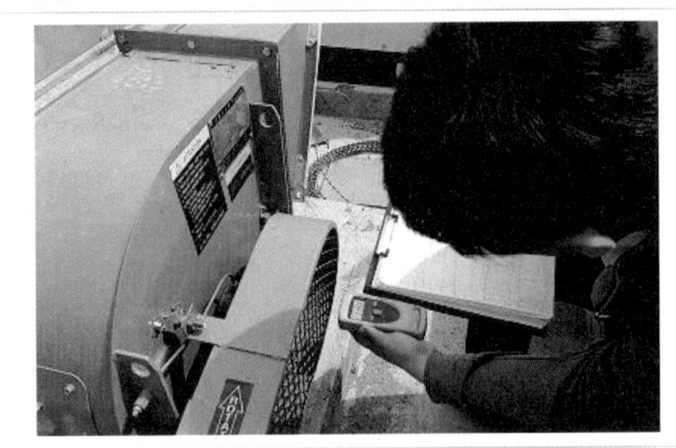
○ 덕트 풍량 측정 – 덕트의 누기 시험 – 덕트에서의 측정위치 선정 – 계통의 밸런싱을 위한 필요 댐퍼의 누락 여부 확인 – 모든 외기, 환기 및 급기 댐퍼의 작동 상태 확인	
○ Main 풍량 측정 모습 – 전열교환기의 성능측정은 각 유니트별의 터미널공기의 풍량을 FLOWHOOD로 측정, 측정결과는 풍량 측정 기록지에 기재 – 공기순환이 정상적으로 이루어지도록 칸막이, 문, 창문 등의 구조물이 적절히 설치되었는지 여부 확인 – 최종 종합보고서를 작성, 수요처에 제출	

2. 품질관리를 위한 주요 검토·확인 사항

○ 착수 전 반드시 시스템을 검토한 예비보고서를 받아서 예상 문제점 등 검토서에 대해 발주기관, 설계자, 건설사업관리자와 함께 충분한 협의를 거치도록 초지하고 관리하여야 함

○ 풍량 측정은 오차를 최소화하기 위해 측정점은 충류가 일어나는 부분에 실시하여야 함

○ 측정 기록값에 대하여 반드시 현장 검증을 하여 문제점을 발견 시 즉시 대책을 수립하여야 함

○ 모든 전동 장비는 전기담당자와 함께 전원을 점검하고, 적정 시 전원을 공급하여야 함

○ 시험 조정 및 평가 수행에 사용되는 장비는 적절한 허용오차 범위 내에서 작동되어야 하고 공인 교정기관 또는 대한설비공학회에서 인정하는 기관에 의하여 주기적으로 교정되어야 함

○ 계통검토의 수행자는 모든 공기조화설비에 관련되는 설계도면, 설계계산서 및 설계에 반영된 자료를 활용하여 시험, 조정 및 평가가 원활히 수행될 수 있도록 공기조화설비의 전체 계통을 숙지하여야 함

○ 검토 보고서 작성은 설계도면 및 관련 자료를 토대로 하여 시험, 조정 및 평가 작업이 원활히 수행되도록 공기조화설비를 검토하여야 하며, 개선사항을 사전에 조치할 수 있도록 검토 보고서를 작성하여야 함

○ 현장점검은 시험, 조정 및 평가를 실시하기 이전에 각 계통이 시공도면 및 장비 제작자 규격에 나타난 사항과 일치 여부를 현장에서 확인하고 점검하여야 함

○ 소음계통은 장비 또는 설비에서 발생하는 소음을 측정하는 것으로 장비 가동 시와 정지 시로 나누어 측정하여야 함

○ 자동제어계통 및 기타의 수행자는 자동제어계통의 관련 기기인 자동댐퍼, 자동제어밸브, 공기조화기 인터록 장치 등에 대하여 동작상태를 점검하고, 실내 온습도 제어 상태, 배관 및 덕트의 압력 제어 상태 등이 적절한지 확인하여야 함

○ 기타 확인 사항
- TAB업체의 전문면허 및 용역실적 확인
- TAB업체 용역계약 적정성 확인
- 각종 계측기기 적정성 확인

- TAB 수행계획서 적정성 확인
- TAB 수행기술자 관계기관 교육이수 여부 확인
- 기계공사 시운전 일정과 연계 여부 확인

▦ 건축기계설비공사 표준시방서 "31 25 25"(시험조정 및 평가)

① 수행 장비 : 시험 조정 및 평가 수행에 사용되는 장비는 다음과 같으며, 적절한 허용오차 범위내에서 작동되어야 하고 공인 교정기관 또는 대한설비공학회에서 인정하는 기관에 의하여 주기적으로 교정되어야 한다.

② 물계통 장비 : 물계통 측정에 사용되는 대표적인 장비들에 관한 측정범위, 허용오차 및 교정 주기는 아래표에 따른다.

장　　비	측정범위	허용오차	교정주기
물압력 측정장비	0~400kPa	최대값의 ±1.5%	12개월
물압력 측정장비	0~1400kPa	최대값의 ±1.5%	12개월
물압력 측정장비	-100kPa~400kPa	최대값의 ±1.5%	12개월
차압측정장비	0~100kPa	최대값의 ±1.5%	12개월
초음파 유량계	0~6m/s	최대값의 ±3%	12개월

③ 공통 장비 : 공기 및 물계통 측정에 공동으로 사용되는 대표적인 장비들에 관한 측정범위 허용오차 및 교정주기는 아래 표에 따른다.

장　　비	측정범위	허용오차	교정주기
회전수측정 장비	0 ~ 5000RPM	지시값의 ±2%	12개월
온도측정 장비 (공기)	-40 ~ 120℃	지시값의 ±0.5℃	12개월
온도측정 장비 (물)	-40 ~ 120℃	지시값의 ±0.5℃	12개월
온도측정 장비 (표면)	-40 ~ 120℃	지시값의 ±0.5℃	12개월
전기계측장비	0 ~ 600VAC 0 ~ 100A 0 ~ 10A	지시값의 ±3%	12개월
소음측정계	25 ~ 130dB (옥타브밴드필터포함)	지시값의 ±2dB	12개월

④ 시험, 조정 및 평가 수행자의 자격

공기조화설비의 시험, 조정 및 평가를 수행하고자 하는 자는 엔지니어링사업자 또는 기술사사무소를 개설한 자로서 대상 공기조화설비의 규모에 필요한 보유 장비 및 인력 등을 감안하여 (사)대한설비공학회에서 관리하고 있는 '공기조화 설비의 시험조정평가(TAB) 기술기준'의 수행자의 자격에 적합한 업체라야 한다.

⑤ 수행절차

계통검토의 수행자는 모든 공기조화설비에 관련되는 설계도면, 설계계산서 및 설계에 반영된 자료를 활용하여 시험, 조정 및 평가가 원활히 수행될 수 있도록 공기조화 설비의 전체계통을 숙지하여야 한다.

⑥ 시스템검토 보고서 작성은 설계도면 및 관련자료를 토대로 하여 시험, 조정 및 평가 작업이 원활히 수행되도록 공기조화설비를 검토하여 개선사항이 사전에 조치될 수 있도록 보고서를 작성하여야 한다.

⑦ 현장점검은 시험, 조정 및 평가를 실시하기 이전에 각 계통이 시공도면 및 장비 제작자 규격에 나타난 사항과 일치하는지의 여부를 현장에서 확인하고 점검하여야 한다.

⑧ 계통 성능 측정 및 조정

1. 공기분배계통의 성능측정 및 조정에는 다음 항목들 중 필요사항의 성능측정 및 조정이 포함된다.
   가. 공기조화기
   나. 송풍기
   다. 가열 및 환기 유닛
   라. 현열 및 전열교환기
   마. 냉방기 및 항온항습기
   바. 덕트 계통 관련기구

2. 물분배계통의 성능측정 및 조정에는 다음 항목들의 성능측정 및 조정이 포함된다.
   가) 보일러 나) 냉동기 다) 냉각탑 라) 펌프 마) 열교환기
   바) 냉각코일 및 가열코일 사) 배관 및 반송 관련기기

3. 자동제어계통 및 기타의 수행자는 자동제어계통의 관련 기기인 자동댐퍼, 자동제어밸

브, 공기조화기 인터록 장치 등에 대하여 동작상태를 점검하고, 실내 온습도 제어 상태, 배관 및 덕트의 압력 제어 상태 등이 적절한지 확인하여야 한다.

4. 소음계통은 장비 또는 설비에서 발생하는 소음을 측정하는 것으로 장비 가동 시와 정지 시로 나누어 측정하여야 한다.

⑨ 평가 및 보고서

1. 조정 및 평가항목은 실별온도, 습도 및 소음의 실측값이 설계 값에 벗어나면 수행자는 다음 항목들을 종합적으로 검토하여 전체 계통이 에너지 절약의 측면에서 최적의 상태로 운전될 수 있도록 재조정한 후 최종적인 평가를 하여야 한다.
   가. 공기분배계통 나. 물분배계통 다. 자동제어계통

2. 종합보고서의 구성은 대한설비공학회 발행 '공기조화 설비의 시험, 조정, 평가 기술기준'에 명시된 바와 같이 전 항목을 종합정리하여 제출함으로써 향후 공조설비운전 관리에 유용한 자료가 되도록 하여야 한다.

⑩ 커미셔닝 관련사항은 TAB 업무와 관련된 커미셔닝 본 시방서 "01040 빌딩 커미셔닝"에 나타나 있다. 커미셔닝 수행 시에는 관련된 내용을 숙지하고 해당 업무를 수행하여야 한다. 커미셔닝 관리자가 주관하는 회의에 참석하고 커미셔닝에 필요한 자료를 제공하여야 한다. 커미셔닝 관리자와 협의하여 TAB 보고서 검증과 운전관리자 교육을 실시하여야 한다.

1. TAB 보고서 검증
   가. 커미셔닝 관리자가 실시하는 최종 TAB보고서 현장검증에 필요한 인력 및 계측기를 제공한다.
   나. 검증은 무작위 10% 선정하고, 검증에 필요한 계측기는 당초 TAB 수행시 사용한 계측기를 이용한다.
   다. 소음도를 제외한 모든 측정값이 보고서 값의 10%이내이면 합격으로 하고 소음도는 3dB 이내로 한다.
   라. 검증대상 항목 중 불합격률이 10%이상이면 최종 TAB보고서는 반려되고 해당 시스템을 재수행한 후 재검증을 실시한다. 이에 수반되는 비용은 TAB 수행자가 부담한다.

⑪ 안전관리자 교육은 TAB와 관련한 교육을 실시한다. 교육 강사는 당해 현장의 공조시스템을 충분히 이해하고 설명할 수 있는 강사를 선정하여야 한다. 교육일정은 건축주 또는 운전관리자와 협의하고, 교육은 가능한 통상적인 근무 시간에 당해 현장에서 이루어져야 한다. 교육 교재는 승인된 유지관리지침서 및 준공도면에 따라야 하고, 교육 시작 전 피교육자에게 제공되어야 한다.

주의사항

▶ TAB 착공 전 반드시 시스템을 검토한 예비보고서를 제출받아 충분한 협의 및 검토를 거쳐야 하며, 미흡 시는 대책을 수립하여 보완하여야 함

▶ 모든 전동 장비는 전기담당자와 함께 전원을 공급하고 합동점검을 실시하여 성능이 최상으로 유지되도록 철저하게 관리하여야 함

※ T·A·B 공사 표준시방서

1. 1. 일반사항

ㅇ 국가건설기준센터(http://www.kcsc.re.kr)의 “31 25 25”에 따른다.

2. 관련 시방서

① 공기조화기기 설비공사는 “31 25 15”에 따른다.
② 열원기기설비공사는 “31 25 10”에 따른다.
③ 환기설비공사는 “31 25 20”에 따른다.

5 공기조화 설비공사 중요 검토·확인 사항

1. 시공순서도

주요내용	관련사진
ㅇ 베이스 조립 - 기초 Pad위 Frame marking전 덕트 토출구 center를 정확히 파악한다. - Base frame 조립은 8mm 크롬도금 볼트/너트를 사용한다.(볼트/너트 조임은 반드시 impact drill을 사용하여 견고히 체결한다. - 기초 Pad위 setting전 반드시 수평상태 확인후 steel liner로 Leveling작업을 정확히 한다. - Base 하부에 반드시 Pad를 설치한다.	
ㅇ 드레인판, 바닥판 조립 - 바닥 판을 수평작업이 완료된 베이스 위로 도면치수에 따라 올려놓는다. - 바닥 판과 판 사이에는 기밀유지를 위해 sealing 작업을 실시한다. - 바닥 판은 베이스와 연결 부속을 사용해 고정한다. - 조립된 Base위로 Drain pan을 올린다. - Drain pan을 조립 후 Drain pan위에 Coil 받침대를 부착한다.	
ㅇ Fan 조립 - Fan base에 방진 Bracket을 설치 스프링방진을 설치한다.(Fan base 수평 확인) - 스프링방진을 완전히 고정 후 Fan을 방진위로 안착시킨다. - Fan 고정 후 상부 hood를 체결한다.(토출부 Hood size가 맞는지 확인)	
ㅇ 케이싱(판넬) , 댐퍼조립 완료 - 내부 Coil, Fan 등의 큰 부품고정이 완료된 후, 외부 Panel을 부착한다. - Panel은 drill을 사용하여 4mm피스로 고정한다. - Panel 설치가 완료 되면 점검 Door를 부착한다. - Panel과 Door부착 후에는 각 연결부마다 Sealing 마감을 한다. - Damper 설치 시에는 핸들 방향을 한쪽으로 통일하고 Damper는 공조기에 안착 후 피스로 고정한 후 sealing 작업으로 마무리한다.	 

2. 품질관리를 위한 주요 검토·확인 사항

○ 착수 전 사전 검토·확인 사항
- 물 분배계통 및 공기 분배계통의 설계도면 적정성 검토
- 동파방지 장치의 설치 여부 검토
- 방진장치의 적정성 검토
- 각 실 풍량 확인

○ 공기조화기 시스템에 대한 검토를 철저히 하여 소음, 진동 발생을 방지하고 기기의 설치는 안정된 운전과 편리한 유지보수를 위한 공간을 확보하여야 함
- 설계 계획된 대로 각 부하 조건에 따른 풍량과 분배가 만족하는지 여부 확인
- 댐퍼의 조정 및 풍량 조정용 자동 댐퍼의 원활한 동작 여부 확인
- 토출부나 댐퍼 부분에서의 소음·진동 여부 확인
- 환기 측과 외기 측의 설계풍량 및 온습도 상태 확인
- 덕트 연결부나 유닛 연결부에서 누기 여부 점검
- 덕트 단열재 부착 상태 점검.
- 실내 온·습도를 제어하는 온도 감지기의 오동작 여부 점검

○ 열원기기 현장 반입 시 반입구 안전조치 이행여부 확인 및 안전요원 배치, 설치 시 작업반경 내 접근 금지 및 타 공정과 중첩 여부 확인으로 안전사고 예방을 위해 철저히 관리하여야 함

○ 배관의 연결부는 교체 및 사후 유지보수 관리가 용이하도록 유니온, 플랜지 또는 유니언 부착형 밸브를 사용하여야 함

○ 배관 연결 위치를 사전에 파악하여 배관 길이와 이음매를 최소화하여 정압 손실 예방 및 연결덕트(소음 챔버, 소음기, OA, EA Louver) 설치시 정압 손실을 최소화하여야 함

○ 전기 시공팀에 공조기 내 전등 전원 개수를 통보하여야 함

○ Supply fan은 정숙 운전을 위하여 가능한 1,500rpm 이하로 하여야 함

○ 드레인 트랩 높이 부족 시 배수 체크밸브 사용을 검토하여야 함

○ 공조기 내부에 모터 설치 시 전기 인입용 hole 제공 및 Grease 주입 배관을 설치하여야 함

ㅇ 공사 현장은 항상 기기 및 자재 등을 깨끗하게 정리하고 보관되도록 철저히 관리하여야 함

ㅇ 오염되기 쉽거나 손상될 염려가 있는 기기, 재료 및 설비는 적절한 방법으로 보호하여야 함

▦ 건축기계설비공사 표준시방서(국토부) 31 25 00 (공기조화설비공사)

2.6 공기조화기기

2.6.1 일반사항

공기조화기는 송풍장치, 공기냉각장치, 가열장치, 가습장치 및 케이싱 그리고 공기혼합부분, 기타 부속부분 등으로 구성되며 가열, 가습, 냉각 및 감습 등의 기능을 발휘하는 것으로 한다. 또한, 공기여과기를 갖추어 공기를 제진시킨다. 공기조화기는 진동 및 소음이 적고 소정의 능력을 충분히 발휘하는 것으로 한다.

2.6.2 공기조화기

(1) 공기조화기는 공기냉각코일, 공기가열코일, 공기여과기, 송풍기 및 전동기등의 주요부와 이들을 내장하는 케이싱으로 구성되며 필요에 따라서 가습기 및 엘리미네이터 등을 설치하고 종류, 형식, 호칭, 구조, 재료 및 치수 등은 형식승인 기준에 따른다.

(2) 케이싱
주재료의 사용강판은 KS D 3512(냉간압연 강판 및 강대), KS D 5515 (아연판) 또는 KS D 3528(전기아연도금 강판 및 강대)의 것으로써 두께 1.2 mm이상 외장강판에 방청도료를 처리한 것, 또는 KS D 3506(용융 아연도금강판 및 강대) 등으로 점검이 용이한 구조로 하여야 한다.

(3) 공기냉각 및 가열코일은 2.2에 따른다.

(4) 배수판
KS D 3512(냉간압연 강판 및 강대) 또는 KS D 3698(냉간압연 스테인 레스 강판)의 강판제로 충분한 기울기 및 수밀성(水密性)을 가지며, 하류 측에 배수관 접속구를 설치한다.

(5) 송풍기는 2.1.2 에 따른다.

(6) 전동기는 2.1.2(5)에 따른다.

(7) 단열재는 사용시 결로가 생기지 않는 두께로써 난연성의 재료로 표면처리한 것으로 한다.

2.7 패키지형 공기조화기

(1) 압축기, 송풍기, 냉각기, 가열기 및 공기여과기 등을 내장한 공기조화기로서 KS B 6368(패키지형 공기조화기)에 따르며 다음의 각 기기에 대한 시방은 각각 해당사항에 따른다.
1) 압축기
2) 송풍기 및 전동기
3) 공기냉각코일
4) 공기가열코일(별도지시가 있을 때)
5) 공기여과기
6) 가습기(별도지시가 있을 때)
7) 냉매배관
8) 조작반, 안전장치

(2) 케이싱
주재료는 KS D 3512(냉간 압연 강판 및 강대), KS D 5515(아연판) 또는 KSD 3528(전기 아연도금 강판 및 강대)의 강판제로써 관의 접속 및 내부기기의 교체가 용이한 구조로 한다.

(3) 단열재
사용시 결로가 생기지 않는 두께로서 KS B 6369(패키지형 공기조화기 시험방법)에 따라 이슬 맺힘 시험에 합격한 것으로 한다. 기타 사항은 2.6.2(7)에 따른다.

주의사항

▶ 공기조화기 시스템에 대한 검토를 철저히 하여 소음, 진동 발생이 최소화되도록 확인 철저

▶ 열원기기 현장 반입을 위한 반입구 크기 사전 확인 및 안전조치 이행방안 검토 철저

▶ 배관의 연결부는 사후 교체 및 유지보수 관리가 용이하도록 검토 철저

▶ 오염되기 쉽거나 손상될 염려가 있는 기기, 재료 및 설비는 이물질 유입을 방지하기 위한 보양 철저

※ 공기조화 설비공사 표준시방서

1. 1. 일반사항

ㅇ 국가건설기준센터(http://www.kcsc.re.kr)의 "31 25 15"에 따른다.

2. 관련 시방서

① 열원기기설비공사는 "31 25 10"에 따른다.
② 환기설비공사는 "31 25 20"에 따른다.
③ 시험조정 및 평가는 "31 25 25"에 따른다.

6 지열원열펌프공사 중요 검토·확인 사항

1. 시공순서도

주요내용	관련사진
ㅇ 천공작업, 열교환기, 스페이서 작업 – 천공작업 공간내 안전팬스 등을 설치하고 안전사고 발생 방지 – 열간섭 최소화를 위해 유입·유출관 간격이 일정하게 유지된 제품을 사용하거나 적절한 간격으로 스페이서를 부착(지중열교환기의 유입·유출관 간격을 25mm이상으로 하거나, 스페이서를 1m이내 등 간격으로 설치)	고압압축공기 펌핑 천공기 로드이송 트럭 G.L 0 케이싱 150A
ㅇ 트렌치 배관 융착 – 파이프연결 부위를 깨끗하게 하고 히터를 장착하며 히터의 온도는 210~ 220℃ 정도로 한다 – Pe Pipe 재단 시 절단기 사용 할 때는 보호구 및 보안경을 착용한다. – pe pipe 융착시 열판에 의한 화상에 주의하여야 한다.	 
ㅇ 기계실 내 순환기, 히트펌프 설치 – 배관작업은 2인 1조를 기준을 하며 입상배관 및 횡주관 배관시는 특성에 따라 추가 배치해야 함 – 고소 작업시 렌탈 및 안전난간대, 발판설치 후 작업하며 작업통로 확보 후 실시(안전 밸트를 100% 착용) – 지열설비관련 모든 펌프는 고효율인증제품을 사용	 
ㅇ 냉·난방배관 설치, 실내기 설치 – 배관 보온은 옥내 25mm, 옥외 30mm이상 두께로 시공하고 배관에는 용도와 유체 흐름 방향을 표시해야 함. – 단위사업별 용량기준으로 105kw이상의 지열설비는 의무적으로 모니터링 시스템을 설치하여야 함	 

2. 품질관리를 위한 주요 검토·확인 사항

ㅇ착수 전 사전 검토·확인 사항
- 시스템, 재질, 시공방법, 폐기물 처리 등에 대한 계획 사전 검토·확인

ㅇ보어 홀 천공시 지하 암반층 출현시점까지 케이싱을 삽입하여 보어 홀 상단부 붕괴 방지를 위한 조치를 취하여야 함

ㅇ보어 홀을 채우는 그라우팅재는 지중 열교환에 유리하도록 열전도율이 높은 재료로 선정하여야 함

ㅇ수압시험을 철저히 하여 지중 열교환기 매립 이후에 문제가 발생하지 않도록 조치하여야 함

ㅇ지중 열교환기 순환수로 사용하는 부동액은 농도가 낮을 경우 순환수가 결빙되고, 높은 경우 유체점도가 높아져 저항이 커지므로 설계조건에 적합한 농도의 부동액을 주입하여야 함

ㅇ부동액에 대한 물질안전보건자료(MSDS)를 구비하여 환경안정성에 대한 평가를 실시하여야 함

ㅇ열교환기의 수평 배관은 지표면으로부터 약1.5m 이하, 공급과 환수 배관의 이격거리는 최소 60cm이상을 유지하고 지표면으로부터 약 50cm 깊이에 경고 표지를 설치하여야 함

ㅇ지열관련 모든 기기는 신·재생에너지 명판 설치 기준에 준하여 명판을 제작하여 부착하여야 함

■ 건축기계설비공사 표준시방서(국토부) 31 50 15 05(지열원열펌프설비공사)

2.2 열펌프

열펌프(압축기, 증발기, 응축기, 수가열기 겸 수 냉각기 등)를 구성하는 주요부와 부속장치 및 냉매배관의 기술기준은 2.1.4 공기열원 및 수열원 열펌프에 준한다.

2.3 온도조절기 및 검출기

온도조절기 및 검출기의 설정범위, 검출정도, 온도조절기의 종류별 설치 위치 및 온도조절기와 검출기의 형상 등과 구성요소는 각 제어 방식별로 06010 2.6 자동제어기기, 2.6.1 온도조절기 및 검출기에 표기된 내용에 따른다.

2.4 순환 펌프

순환펌프의 재료 및 구조와 부속품의 종류는 03010 2.9 펌프, 2.9.2 일반 용펌프에 표기된 내용에 따르며 전동기와 축이음으로 직결하여, 주철제 또는 강제의 공통베드에 설치한 것으로서 주축과 임펠러는 STS 304 이상의 재질을 사용하고 허용온도 범위는 −15℃ ~+120℃로 제한한다.

2.5 지중열교환기

지중 매설용 파이프는 다음과 같은 기본적 특성을 만족하는 PE 파이프 또는 용도에 적합한 재질의 신축성 있는 파이프를 사용해야 한다.

(1) 화학 안정성 : 산, 알카리, 염분 등에 부식되지 않고 세균류가 번식되지 않을 것

(2) 위생성 : 물의 순도가 유지되며, 물의 맛을 변질시키지 않을 것

(3) 유동성 : 내벽이 매끈하여 유체들의 손실수두를 최소화 시킬 것

(4) 내한성 : 영하 80℃까지는 물성 변화가 없고 동파되지 않을 것

기본 물성(단위)	요구 성능
밀 도 (g/㎤)	.953
용융지수 (g/10min)	0.10
항복인장강도 (kgf/㎠)	200 이상
신 율 (%)	600 이상
충격강도 (kgf/㎠)	13
비열 (kcal/kg℃)	0.55
열전도율 (w/cm℃)	0.4
연화온도 (℃)	121
융 점 (℃)	128
저온취하온도 (℃)	-80 이하

3. 시공

3.1 일반사항

(1) 산업통상자원부 고시 신·재생에너지 설비의 지원등에 관한 기준 및 신재생에너지센터 공고 신재생에너지설비의 지원 등에 관한 지침에 따른다.

(2) 시공자격은 신에너지 및 재생에너지 개발·이용·보급 촉진법에 따라 신재생에너지 전문기업으로 에너지관리공단에 등록된 업체이어야 한다.

(3) 시공은 지열전문인력으로 인정된 자에 의해 시공해야 한다.

3.1.2 시공 전 협의

(1) 시공자는 지중열교환기 매설에 필요한 부지확보 및 타 공정과의 간섭여부 등을 충분히 검토한 후 이에 대한 내용을 발주자 또는 건설사업관리기술자와 협의한다.

(2) 기타 협의를 요하는 사항이 발생할 경우 시공자는 지체 없이 발주자 또는 감리자와 협의한다.

3.1.6 시험

시공자는 건설사업관리기술자가 요구하는 품목에 대하여 국가공인기관에서 시행하는 시험을 필한 후 시험 성적서를 제출하며, 이에 수반되는 제반 비용은 시공자 부담으로 한다.

3.1.7 공사의 기록사진 및 검사

(1) 지하매설 또는 은폐되는 곳, 기능상 특수하게 사용되는 기자재의 조립 설치 또는 공사완료 후 외부로부터 검사할 수 없는 공작물 및 감독원이 필요하다고 인정하는 부분 등은 감독원의 입회 하에 시공하고, 천연색 기록사진(3″× 4″)을 촬영하여 공사명, 일시, 장소 등을 기록한 사진 첩을 제출한다.

(2) 수압시험, 성능시험 등 각종시험과 분야별, 종합별 시운전은 건설사업관리기술자의 입회하에 실시한다.

(3) 시공검사는 각 공정별로 중간검사를 받아야 하며 검사에 필요한 준비사항은 건설사업관리기술자와 중간검사 전에 협의하고 이에 따른 제반 경비는 도급자 부담으로 한다.

(4) 검사방법 및 검사기준은 각각 공사의 해당사항에 따른다.

3.1.8 타 공사와의 관련

(1) 본 공사 중 토목, 건축, 전기공사 등 타 공사와 관련이 있는 공사는 해당 건설사업관리기술자와 사전협의 후에 시공하여야 하며, 본 공사로 인하여 타 공사의 공정에 차질이 있거나 하자가 발생하지 않도록 시공자는 모든 책임을 다한다.

(2) 바닥, 벽, 보 등 건축구조물에 구멍을 뚫거나 중량물을 설치할 때에는 관계 건설사업관리기술자와 협의하여 건축 구조물에 영향이 없음을 확인한 후 공사를 진행한다.

주의사항

▶ 지중 열교환기 매립 이후에 누수 등 문제가 발생하지 않도록 수압시험 검사 철저

▶ 히트펌프의 국산 및 값산 외산 자재가 시중에 많이 유통되고 있고, 가격 차이가 히트펌프 1대당 25,000,000원 차이가 나는 것도 있어 제품 선정 시 특히 주의함이 필요

※ 지열원열펌프공사 표준시방서

1. 1. 일반사항

ㅇ 국가건설기준센터(http://www.kcsc.re.kr)의 "31 50 15 05"에 따른다.

2. 관련 시방서

① 태양열설비공사는 "31 50 15 10"에 따른다.
② 풍력발전설비공사는 "31 50 15 15"에 따른다.

7 엘리베이터 설치공사 중요 검토·확인 사항

1. 시공순서도

주요내용	관련사진
ㅇ 형판 작업, 기계실 작업 - 레일, 권상기 설치 위치 기준 확보 - 상, 하부 형판 작업 - 권상기 설치(기계대빔 재사용으로 용접 미적용) - 제어반 설치 - 저속운전을 위한 배선 연결	 
ㅇ 레일 작업 - 피트 1단 레일 설치(브라켓 재사용으로 용접 미적용) - 형판 기준에 맞추어 조립 - 레일 및 체대 조립을 위한 기본 작업 - 본선 레일 설치(브라켓 재사용으로 용접 미적용) - 레일 심출 작업	 
ㅇ 출입구 작업, 판넬 조립 - JAMB 덧씌우기 및 헷다설치, 홀도어 설치, 홀버튼 설치 - 천정, 내부 판넬 조립 - 내부 조작반 및 조명 설치	 
ㅇ 고속조정, 시운전 실시 - 승강로 배선 완료 후 고속 작업 - 정 속도 및 층 위치 감지 조정 - 승차감, 착상 패턴 조정, 각 기기 작동 상태 CHECK, 인터폰 이상 유무 확인	 

2. 품질관리를 위한 주요 검토·확인 사항

○ 착수 전 사전 검토·확인 사항
- 공사 세부공정표 및 장비·인력투입계획 등 시공계획서 사전 검토·확인
- 시스템, 재질, 마감처리 방법, 시공방법, 공장제작, 작업 및 완성시기 등에 대한 종합계획을 사전 검토·확인

○ 엘리베이터공사 안전 확보를 위해 가설시설물을 설치하여야 함
- 자재 반입구간, 내부 시설 플라베니아, 보양 비닐 등으로 보양 실시
- 각층 승강기 출입구 가설칸막이 시공(공사완료 후 철거)
- 각층 가설칸막이 내 등기구를 설치하여 조도 확보(센서 등)
- 가설칸막이 출입문은 자동 닫힘 장치 설치

○ 임시 작업카 추락방지를 위해 카 하부에 디바이스와 기계실에 조속기를 설치하여 작업자가 안전하게 레일 및 출입구를 설치할 수 있도록 조치하여야 함

○ 낙하, 추락방지를 위해 유공발판을 이용한 방호천정 설치, 안전난간대 3면 설치, 안전벨트 고정 및 승강로 생명줄 두 줄 설치 후 코브라에 안전벨트 고리를 체결하여야 함

○ 100kg 이상의 자재를 인양할 경우 중량물 취급계획서 제출 및 양중작업 안전성 검토 후 작업하여야 함
- 작업 전 양중자재 확인, KS제품을 사용하여야 하며, 양중물 무게에 맞는 샤클, 슬링벨트를 사용하고, 파손된 와이어 및 슬링벨트 사용을 금지하여야 함

○ 휀스를 설치하여 작업반경을 최소 2m 이상 확보하여 타 근로자 접근을 차단하여야 함

▦ 건축기계설비공사 표준시방서(국토부) 31 55 05 (엘리베이터공사)

1.4 품질보증

1.4.1 규정적용

(1) 엘리베이터는 "승강기제조 안전관리법 시행규칙" (법률 제14839호) 및 "승강기 안전검사기준"(행정안전부 고시 제2017-1호) 등에 따른다.

(2) 승객용 엘리베이터는 건축물의 설비기준 등에 관한 규칙 제6조(승용 승강기의 구조)의 규정에 따른다.

(3) 엘리베이터는 KS B 6831 등의 기술기준에 준한다.

2.1.2 구조 및 배선

(1) 엘리베이터는 설계도서에 따라 기능이 안전하게 시공상세도에 의하여 설치한다.

(2) 전동기는 엘리베이터용으로 제작된 것으로서 적은 기동전류로 큰 회전력을 얻을 수 있고 빈번한 기동에도 충분히 견딜 수 있어야 한다. 전동기는 특성시험, 온도상승시험, 내전압시험 등을 실시하고, 시험성적서를 제출한다.

(3) 승강로 및 엘리베이터 카에 시설하는 전선 및 이동 케이블의 굵기는 다음 표를 참고한다.

전선의 종류 또는 도체의 구조		도체의 굵기
절연전선	단선	1.2 mm 이상
	연선	1.4 mm2 이상*
케이블	단선	0.8 mm 이상**
	연선	0.75 mm2 이상**
이동케이블		0.75 mm2 이상**

(4) 온도상승이 60 ℃ 이상으로 되는 저항기류에 접속하는 전선은 내열성의 전선을 사용한다. 단, 온도상승의 우려가 있는 부분의 피복을 벗겨서 내열성의 절연물로 피복할 때 또는 소형 애관류를 삽입하여 처리할 경우에 절연전선을 사용할 수 있다.

(5) 엘리베이터 내에서 사용하는 전등 및 전기 기계기구의 사용전압은 400V 미만으로

한다.

(6) 주전동기회로에서 분기하는 회로(예를 들면, 마이크로모터·캠모터·도어모터·엘리베이터 내의 전등 등의 회로 또는 제어회로 등)에는 과전류차단기를 시설한다.

3.4 승강장의 시설

3.4.1 승강장 실(sill) 설치

(1) 건축의 바닥마감재를 검토하여 각층의 바닥 마감선을 확인 후 플레이트를 설치한다.

(2) 바닥 마감선에 맞추어 실턱의 전후 위치와 높이 등을 정확하게 설치한다.

(3) 실의 설치 후 파손을 방지하기 위하여 보양을 한다.

3.4.2 삼방틀 설치

(1) 건물벽의 철근 또는 용접 앵커에 삼방틀 보강재를 용접하여 고정한다.

(2) 용접 고정 시 휨 발생을 고려하여 연결용 철근을 U자로 구부려 의장면에 손상을 입히지 않도록 한다.

(3) 용접으로 도장면에 손상이 없도록 한다.

3.4.3 승강장 도어 조립

(1) 승강장 실 및 도어 레일을 깨끗이 하고, 도어와 실 홈은 평행이 되도록 한다.

(2) 설치 전 도어 적재 시 손상이 가지 않도록 하고, 설치 후 의장면을 보호하도록 한다.

3.5 현장 품질관리

3.5.1 시험

(1) 각 기기의 설치 및 조정이 완료되면 기술표준원장이 지정한 검사기관의 완성검사를 필하여야 한다.

(2) 시공자는 2. 재료 사항에서 명시된 기능에 관하여 공사감독관 입회하에 작동시험을 실시하여 확인을 받아야 한다.

주의사항

▶ 정부·공공기관에서 발주하는 엘리베이터는 지역중소기업 육성 및 혁신촉진 등에 관한 법률에 따라 반드시 중소기업 제품을 사용하여야 하며, 엘리베이터는 제조업체 중 다소 영세한 업체들이 많아 제작과정부터 설치, 완공까지 철저한 검토·확인이 필요

▶ 엘리베이터는 똑같은 모델/규격이더라도 마감 처리방법(스템 헤어라인, 에칭, 밀러 등)과 활용방식에 따라 가격이 큰 차이가 있어 철저한 검토·확인이 필요

▶ 승강기 표식, 버튼, 바닥/천정 마감 등을 건축 인테리어 공사와 연계하여 검토함이 필요

※ 반송설비공사 표준시방서

1. 1. 일반사항

ㅇ 국가건설기준센터(http://www.kcsc.re.kr)의 "31 55 00(반송 설비 공사)"에 따른다.

2. 관련 시방서

① 엘리베이터 설비공사는 "31 55 05"에 따른다.
② 에스컬레이터 설비공사는 "31 55 10"에 따른다.
③ 휠체어리프트 설비공사는 "31 55 15"에 따른다.

8 가스 설비공사 중요 검토·확인 사항

1. 시공순서도

주요내용	관련사진
ㅇ 한국가스안전공사 기술 검토 승인, 도시 가스공급사와 시공 협의 - 설계 도면 검토, 배관 재질 검토, 도법 기술기준 검토, 공급압력 및 사용압력 검토 - 허가조건 및 도로법에 의거하여 착공 전 유관기관 시설물조사/협의/입회요청 내용 확인 - 시공도면의 정확한 이해 및 공법 숙지 - 융착 성적서 확인	 
ㅇ 도시가스 인입 배관매설 및 융착공사 - 작업장 주변 정리정돈, 원자재 이물질 관리 철저, 컷팅부위 면취 후 융착 시공, 인증된 데이터 사용 융착, 융착 시 미시공부위 마감 철저 - 저압배관(매설깊이 1m 이상인 경우 60cm 황색 비닐포), 중압배관(보호판의 상부 30cm 이상 적색비닐포), 보호관 사용 시(직상부 비닐포) 위험 인식표지띠 매설	 
ㅇ 기계실, 건물 내 배관 공사 - 용접부위 검사방법 : 육안확인, 1 시간 기밀시험(44kpa), 배관 및 기밀검사 검측 수행 - 노출배관은 저압(0.1Mpa) 배관으로 시공 - 광명단 2회 + 황색도장 실시 (왕색외의 색상으로 배관 도장 시 황색띠 표시)	
ㅇ 가스안전공사 완성검사, 가스 공급 - 자체 검사 : 시설 기술기준 적합 확인, 에어후레싱, 내압시험, 기밀시험확인 - 완료시설 기술기준적합 확인 (내압시험 사용압력 1.5배 이상, 기밀시험 사용압력 1.1배 이상) - 가스안전공사에 가스공급시설 완성검사 필증을 받은 후 가스공급	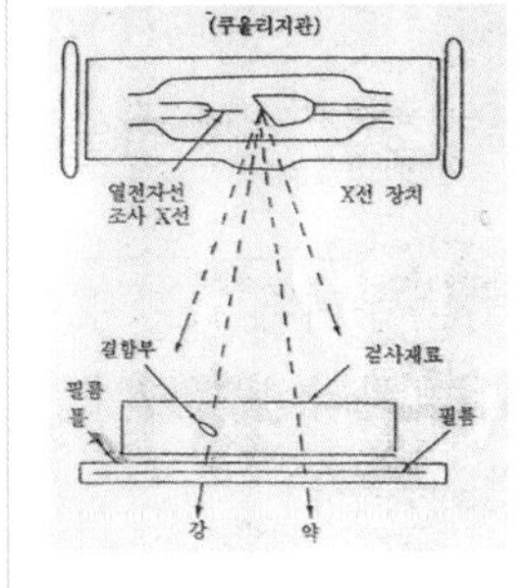 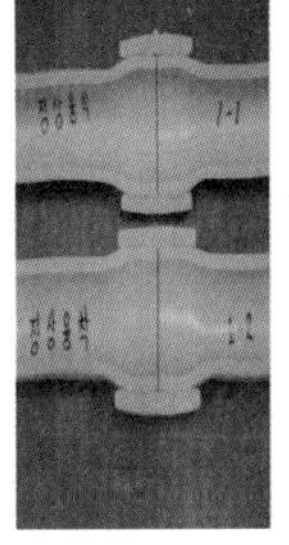 ☞ 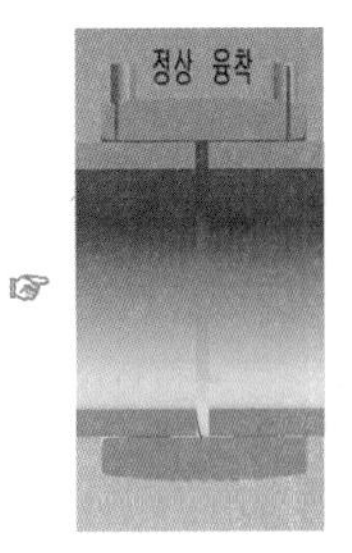

2. 품질관리를 위한 주요 검토·확인 사항

○ 착수 전 사전 검토·확인 사항
- 관련근거 : 건축기계설비공사 표준시방서(국토부) 11000 가스설치공사
- 정압기실의 설치위치 적정 여부
- 저압관(0.01 0.1kg/cm^2), 중압관(0.1 1kg/cm^{2}미만)의 배관재질 적정 여부
- 배관의 절연대책 적정 여부
- 가스미터의 규격(등급) 적정 여부
- 기밀시험 적정 여부
- 전기 및 화기와의 이격 거리
- 가스누설탐지기의 위치
- LPG 및 실험용 가스 저장소 위치
- 가스 배관 매설깊이 적정성

○ 지하 가스 배관 매설공사 시 주의사항
- 재질은 PLP, PE로 하며 매립 배관은 반드시 부식방지를 위한 조치를 하여야 함
- 타 시설물(상·하수도, 통신케이블 등)과의 이격거리는 0.3m 이상으로 하며, 고압케이블과의 이격거리는 1m 이상으로 하고 필요시 보호판 또는 내화벽돌을 사용하여야 함
- 되메우기 시 바닥 부분을 적절히 바닥다짐을 한 후 모래 부설을 배관 상부에서 30cm, 하부는 10cm를 채워야 함
- 배관의 기울기는 도로의 기울기를 따르고 도로가 평탄할 경우는 1/500~1/1,000을 유지하고 상향 구배를 유지하여야 함
- 매설되는 용접 부분은 비파괴검사를 통해 적절성을 반드시 확인하여야 함(단, 가스용 폴리에틸렌관 및 80A 이하 저압 배관은 제외)

○ 최고 사용 압력이 중압 이상인 배관은 최고 사용압력의 1.5배 이상 압력으로 내압시험을 실시하여 이상이 없어야 하며, 가스 사용 시설(연소기는 제외)은 최고 사용압력의 1.1배 또는 840mm H_2O 중 높은 압력 이상의 압력으로 기밀시험을 실시하여 이상이 없어야 함

○ 가스계량기는 아래와 같은 적정장소 및 타 시설물과 이격거리를 준수하여 설치하여야 함
- 적정설치 장소
  - 직사광선 또는 빗물을 받을 우려가 있는 곳은 보호상자 내에 설치
  - 30cm^3/hr 미만의 계량기는 바닥면으로부터 1.6m~2m 이내에 설치(단. 격납상자 내 설치시는 높이 미적용, 가정용은 적용)
  - 가스누출자동차단장치를 설치하여 가구누출시 경보를 울리고 가스계량기전단에서 가스

가 차단될 수 있도록 조치가 가능한 장소

- 타 시설물 등과의 이격거리
  - 화기와는 2m 이상 거리 유지(터빈식은 20m 이상 요구)
  - 전선으로부터 15cm 이상(단, 절연전선의 경우는 제외)
  - 전기 점멸기, 전기 접속기, 굴뚝으로부터 30cm 이상
  - 전기 계량기 전기 개폐기 60cm

- 설치 금지 장소
  - 60℃ 이상의 열의 영향을 받는 장소
  - 환기불량 장소 , 동력, 차량 등으로 인한 진동 영향을 받는 장소
  - 부식성 가스, 부식성 용액이 비산할 우려가 있는 장소

■ 표준시방서 "31 50 05 05"(도시가스설비공사)

2.1.1 배관재료

(1) 관, 관이음쇠 및 밸브에 사용하는 재료는 당해 도시가스의 성질, 상태, 온도 및 압력 등에 상응하는 안전성을 확보할 수 있는 것으로 하되, 산업통상자원부 고시에 적합한 것으로 한다.

(2) 가스사용시설의 지하 매설 배관 재료는 폴리에틸렌피복강관으로서 KS제품 또는 동등 이상의 성능을 가진 것으로 하며, 이음부는 동등 이상의 부식방지 조치를 한다.

(3) 가스사용시설 중 사용 압력이 400kPa 이하인 지하 매설배관은 가스용 폴리에틸렌관으로서 KS제품 또는 이와 동등 이상의 성능을 가진 제품을 사용할 수 있다.

(4) 건축물내의 매설배관은 금속제의 보호관 또는 보호판으로 보호조치한 후 동관, 스테인레스강관, 가스용금속플레시블 호스 등 내식성 재료를 사용한다.

2.2.1 관

배관의 재료는 KS제품 또는 동등 이상의 성능을 가진 제품으로서, 도시가스사업법 시행규칙 및 동법 관련 고시에 따른다.

종 류	명 칭	규 격	비 고
강관	연료가스 배관용 탄소 강관 압력 배관용 탄소강 강관 보일러 및 열교환기용 탄소 강관 고압 배관용 탄소 강관 고온 배관용 탄소강관 보일러, 열교환기용 합금강 강관 배관용 합금강 강관 배관용 스테인리스 강관 보일러, 열교환기용 스테인리스 강관 배관용 아크용접 탄소강 강관 KS D 3631	KS B 3562 KS D 3563 KS D 3564 KS D 3570 KS D 3572 KS D 3573 KS D 3576 KS D 3577 KS D 3583	KS B 3562 KS D 3563 KS D 3564 KS D 3570 KS D 3572 KS D 3573 KS D 3576 KS D 3577 KS D 3583
	폴리에틸렌 피복강관	KS D 3589	강관 바깥면에 폴리에틸렌을 피복한 강관

	분말용착식 폴리에틸렌 피복 강관	KS D 3607	강관 바깥면에 분말용착법으로 폴리에틸렌을 피복한 강관
동관	이음매 없는 동 및 동합금관	KS D 5301	
기타	이음매 없는 니켈 등 합금관 가스용 폴리에틸렌관	KS D 5539 KSM 3514	

종 류	명 칭	규 격	비 고
강관이음	나사식 가단주철제 관 이음쇠 나사식 강관제 관 이음쇠 일반배관 및 연료가스 배관용 강제 맞대기 용접식 관이음쇠 배관용 강제 맞대기 용접식 관 이음쇠 강제 용접식 플랜지	KS B 1531 KS B 1533 KS B 1522 KS B 1543 KS B 1503	아연도금제품 아연도금제품 KS D 3507 KS D 3576
동관 이음쇠	동 및 동합금 관 이음쇠	KS D 5578	
스테인레스 강관 이음쇠	스테인레스 강 맞대기 용접식 관 이음쇠 강제 용접식 플랜지	KS D 1541 KS B 1503	
폴리에틸렌 관 이음쇠	가스용 폴리에틸렌관의 이음관 -조합형 전기 융착 이음관 가스용 폴리에틸렌(PE) 이음관 -제1부 : 소켓 융착 이음관 가스용 폴리에틸렌(PE) 이음관 -제2부 : 스피곳 이음관 가스용 폴리에틸렌(PE) 이음관 -제3부 : 전기융착 이음관	KS M 3515 KS M ISO8085-1 KS M ISO8085-2 KS M ISO8085-3	

2.2.3 배관 부속품

다음의 배관 부속품은 KS제품이나 한국가스안전공사, 국가공인기관의 검사품 또는 가스 사업자의 규정에 합격한 것으로 한다.

(1) 패킹

(2) 방식 재료

① 방식용 PE 테이프

② 마스틱 테이프

③ 열수축 튜브, 열수축 시트, 열수축 테이프

(3) 슬리브

① KS D 3507

② 두께 0.6mm 이상은 KS D 3506

③ 플라스틱 성형 제품

(4) 관지지물

관의 구경에 적당하고 지지 강도를 가진 것으로 사용강재는 KS D 3503으로 한다. 관을 매달거나 고정하는 쇠붙이는 관의 신축, 흔들림, 하중 등에 견딜 수 있는 것으로 사용하기 편리한 구조로 된 가단주철 또는 강판제의 압연 제품으로 하며 아연도금이나 도장을 한다.

2.3 가스계량기

(1) 가스계량기는 KS B 5327 제품으로서, 계량에 관한 법률에 의해 검정을 받아야 하며, 도시가스 전용 또는 LPG겸용 제품으로 순간 최대소비량 이상의 용량을 가져야 한다.

(2) 가스계량기는 쉽게 알아볼 수 있도록 케이스 외면에 가스의 흐름 방향을 표시한다.

(3) 가스계량기는 역회전을 방지하는 구조로 한다.

(4) 가스계량기는 당해 도시가스 사용에 적합한 것으로 한다.

(5) 가스계량기는 화기(자체화기 제외)와 2m 이상의 거리를 유지하는 곳으로 환기가 가능하고 직사광선을 받을 우려가 없는 곳에 설치한다.

(6) 가스계량기는 전기계량기 및 전기안전기와의 거리를 60cm 이상, 굴뚝, 전기 개폐기 및 전기콘센트와의 거리는 30cm 이상, 전선과의 거리는 15cm 이상의 거리를 유지한다.

2.4 가스 누설 자동 차단 장치

가스 누설 자동 차단 장치는 검지부, 차단부, 제어부로 구성된 것으로, 한국가스안전공사의 가스용품 검사에 합격품이어야 하며 정전 시에도 그 기능이 상실되지 않아야 한다.

2.5 가스 누설 경보기

가스 누설 경보기는 국가공인기관의 검사를 필한 제품이고, 소방법에 의한 검사 합격품으로 가스농도가 폭발한계의 1/4 이하에서 작동하고 폭발한계의 1/200 이하에서 작동하지 아니하는 것으로 다음 기능을 가진 것으로 한다.

(1) 가스의 누설을 검지하여 자동적으로 경보를 울려야 한다.

(2) 설정된 가스 농도에서 자동적으로 경보를 울려야 한다.

(3) 경보는 주위의 가스 농도가 변화되어도 계속되며, 확인 또는 대책을 강구함에 따라 경보가 정지되어야 한다.

(4) 담배연기 등의 잡 가스에는 경보를 울리지 않아야 한다.

(5) 검지부는 누설한 가스가 체류하기 쉬운 장소로 연소기 상단 천정에서 30 cm 이내에 설치하고 경보부는 중앙감시실 등 안전관리자가 상주하는 곳에 설치한다.

(6) 검지부의 설치 금지장소는 아래와 같다.
① 출입구의 부근등 외부의 기류가 유동하는 곳
② 환기구등 공기가 들어오는 곳으로부터 1.5m 이내
③ 연소기의 폐가스에 접촉하기 쉬운 장소

2.7 밸브

(1) 50A이상 플랜지식 볼 밸브의 규격 및 재질은 KS B 2308 제품이거나 한국가스안전공사의 검사를 필한 제품으로 한다.

(2) 40A이하 나사식 볼 밸브의 규격 및 재질은 KS B 2308 제품이거나 한국가스안전공사의 검사를 필한 제품으로 한다.

3 시공

3.1 가스계량기의 부착

(1) 가스계량기는 화기(그 시설 안에서 사용하는 자체 화기를 제외한다)와 2m 이상의 우회거리를 유지하는 곳으로서 수시로 환기가 가능한 장소에 설치하되, 직사광선 또는 빗물을 받을 우려가 있는 곳에 설치하는 경우에는 격납상자 안에 설치한다.

(2) 가스계량기(30m³/h 미만에 한한다)의 설치높이는 바닥으로부터 1.6m 이상 2m 이내에 수직·수평으로 설치하고 밴드·보호가대 등 고정장치로 고정시켜야 한다. 다만, 격납상자 내에 설치하는 경우에는 설치 높이를 제한하지 않는다.

(3) 가스계량기와 전기계량기 및 전기개폐기와의 거리는 60cm 이상, 굴뚝(단열 조치를 하지 아니한 경우에 한한다). 전기점멸기 및 전기접속기와의 거리는 30cm 이상, 절연조치를 하지 아니한 전선과의 거리는 15cm 이상의 거리를 유지한다.

3.3 가스누설 경보기의 설치

(1) 경보기의 검지부는 가스가 누설되기 쉬운 설비가 설치되어 있는 장소의 주위로, 누설된 가스가 체류하기 쉬운 장소에 설치한다.

(2) 경보기의 검지부 설치위치는 가스의 성질, 주위 상황, 각 설비의 구조 등의 조건에 따라 정한다.

(3) 경보기 설치위치는 관계자가 상주하거나 경보를 식별할 수 있고, 경보가 울린 후 각종 조치를 취하기에 적절한 장소로 한다.

3.4 밸브 및 콕의 설치

(1) 밸브는 조작이 용이하고 일상 작업에 장애가 되지 않는 장소에 설치한다.

(2) 콕은 연소기구로부터 화염, 복사열을 받지 않는 위치에 설치한다.

(3) 연소기에 호스 등을 접속하는 경우의 호스 길이는 3m 이내로 하되, 호스는 T형으로 연결하지 않는다.

(4) 과류차단 안전기구가 부착된 휴즈콕을 설치할 때는 가스의 흐름 방향에 맞게 설치한다.

3.5 배관

3.5.1 배관의 일반사항

(1) 배관은 시공에 앞서 다른 설비의 배관 및 기기와의 관련사항을 상세히 검토하고, 배관의 기울기와 최소간격 등을 고려하여 정확히 위치를 결정한 후 시행한다.

(2) 콘크리트 바닥 및 벽체를 관통하는 배관 부분에는 콘크리트를 타설하기 전에 강도를 지닌 관 슬리브를 건물 내 외벽에서 각각 25mm를 연장한 길이로 하고 슬리브와 배관 사이에는 완충고무를 설치하여 균등한 간격을 유지하도록 한다.

(3) 입상관은 환기가 양호하고 화기 사용장소가 아닌 곳에 설치하며, 수직관의 밸브는 분리가 가능한 것으로 바닥으로부터 1.6m 이상 2m 이내에 설치한다.

(4) 건축물의 벽을 관통하는 부분의 배관에는 용접 등의 이음매가 없도록 하고 관통부는 배관의 상황을 용이하게 확인할 수 있도록 가능한 한 노출배관을 하고, 건물벽 전후의 가혹한 부식 분위기에 대하여 보호관 및 부식 방지 피복을 한다.

(5) 도로에 노출되어 있는 것으로서 차량의 접촉 및 그 밖의 충격에 대한 방호조치는 배관구경보다 2단계 크기의 보호관 또는 콘크리트 구조를 설치 및 보호관 지지를 한다.

(6) 건축물 내의 배관은 천장·벽·공동구 등 환기가 잘되지 않는 장소에는 설치하지 않고 외부에 노출하여 시공한다. 다만, 스테인리스 강관·금속제 보호관 또는 보호판으로 보호조치를 한 동관이나 못 박음 등에 의하여 배관의 손상우려가 있는 부분은 금속제의 보호관 또는 보호판으로 보호조치를 한 가스용 플렉시블호스를 이음매(용접이음매를 제외한다.) 없이 설치하는 경우에는 매설할 수 있다.

(7) 배관의 이음부와 전기 계량기, 전기 개폐기, 전기 점멸기, 전기 접속기, 절연 조치를 아니한 전선 및 굴뚝 등과의 이격거리는 관련 법규에 따른다.

(8) 지하 매설배관으로 폴리에틸렌피복강관을 사용할 경우에는 이음부에 부식 방지 조치를 한다.

(9) 배관에 나쁜 영향을 미칠 정도의 신축이 생길 우려가 있는 부분에는 그 신축을 흡수할 수 있는 조치를 한다.

(10) 전기적 부식의 우려가 있는 장소에 설치하는 배관에는 전기적 부식을 방지하기 위한 조치를 한다.

(11) 배관과 다른 시설물과의 사이에는 그 배관의 보수, 관리에 필요한 간격이 확보되어야 한다.

(12) 내화 구조 등의 방화 구획 및 방화벽을 관통하는 관은 그 틈새를 내화성능을 인증받은 제품으로 충진한다.

(13) 저압관으로서 40A 이하는 나사접합으로 하며 중압의 50A 미만은 용접용 고압관 이음쇠를 사용하여 용접접합으로 한다.

(14) 나사작업은 KS B 0222를 준용하며, 나사부분은 와이어브러쉬 또는 적당한 공구로서 칠, 기름 등의 이물질을 완전히 제거하고 테프론 테이프 또는 실테이프 및 배관용 실링 콤파운드를 사용하여 접합한다.

3.5.2 관의 접합

(1) 관은 그 단면이 변형되지 않도록 관 축심에 대해 직각으로 절단하고, 절단 부분은 리머 또는 연삭 다듬질을 한다.

(2) 관은 접합하기 전에 그 내부를 점검하고, 이물질이 없는지 확인한 후, 쇳가루, 먼지 등의 이물질을 완전히 제거한다. 접합을 일시중지하는 등의 경우에는 관내에 이물질이 들어가지 않도록 배관 끝을 플러그 또는 캡 등으로 밀폐하여 보호 조치한다.

(3) 배관의 접합은 용접을 원칙으로 하되, 도시가스 공급 및 사용시설의 시설기준 및 기술기준에 따른다.

(4) 계기배관 파이롯트 배관 등 보조 배관부의 접합은 플랜지접합 또는 용접용 고압관 이음쇠를 용접접합으로 한다.

(5) 맞대기 용접을 원칙으로 하며 용접봉은 규격품을 사용한다.

(6) 베벨링 작업은 기계작업으로 절단면을 깨끗하게 다듬질한다.

(7) 주위온도가 5℃,이하인 경우는 60℃ ~80℃로 예열을 한 후 용접한다.

(8) 용접하기가 곤란할 경우에는 기계적 접합 또는 나사 접합으로 할 수 있으며, 나사 접합 방법은 KS B 0222에 의한다.

(9) 나사 접합을 할 경우라도 유니온은 사용하지 않는다.

(10) 입상관의 밸브는 플랜지접합으로 하고 패킹은 내유성이 있어야 하며 카본 콤파운드로 도복 사용한다.

(11) 정압기실의 입구 건축물의 벽 관통부에는 절연플랜지를 설치한다.

(12) 패킹은 관 안지름과 일치하도록 플랜지 사이에 밀착시키고 볼트를 균등하게 조인다.

(13) 솔더링 시에는 동관의 외면과 부속 류 내면의 불순물을 연마지 또는 솔로 깨끗이 제거한다.

(14) 배관에 접속되는 기기, 저장 탱크 그 밖의 설비가 부식으로 영향을 받을 우려가 있는 경우에는 당해 설비와 배관 사이를 절연시킨다.

3.5.3 매설 배관

(1) 지하에 매설하는 배관은 배관의 외면과 지면 또는 노면 사이에는 다음기준에 의한 거리를 유지하고 동 배관이 특별 고압지중전선과 접근하거나 교차하는 경우에는 1 m 이상 이격한다.
 ① 공동주택 등의 부지 내로 보도 및 차량의 통행이 없는 곳은 0.6m 이상
 ② 차량이 통행하는 폭 8m 이상의 노도에서는 1.2m 이상

③ 차량이 통행하는 폭 4m 이상 8 미만 도로에서는 1.0m 이상
④ ①, ②, ③에 해당하지 아니하는 곳에서는 0.8m 이상
⑤ 지하구조물, 암반 및 그 밖의 특수한 사정으로 매설 깊이를 확보할 수 없는 곳의 배관은 산업통상자원부장관이 정하는 재질 및 설치방법 등에 의하여 보호관 또는 보호판으로 보호조치를 하되 보호관 또는 보호판 외면은 지면과 0.3m 이상 깊이를 유지하도록 한다.

(2) 지하 매설 시 타 매설관과의 이격 거리는 평행 시 30cm 이상, 교차 시 15cm 이상으로 한다.

(3) 부동침하가 염려되는 곳은 모래를 채우거나 샌드백 등을 받쳐서 관을 부설하여야 하며 이때는 관 2m당 1개소 이상을 받쳐서 하중이 집중되지 않도록 하고 이음부에는 과다하중 및 충격을 흡수할 수 있도록 부설한다.

(4) 매설배관에는 외경에 10cm를 더한 폭 이상으로 도시가스배관을 매설하였다는 사실이 나타나도록 규격의 보호포를 배관의 정상부로부터 30cm 이상 떨어진 배관의 직상부에 설치하고, 지면에는 배관의 매설위치를 확인할 수 있도록 표식을 설치한다.

(5) 폴리에틸렌피복강관의 방식 피복이 되어 있는 자체는 운반, 시공 시 피복부에 손상이 발생되지 않도록 조치를 취하여야 하며, 손상부가 발견될 때에는 피복부를 보수한 후에 매설한다.

3.5.5 관의 지지

(1) 호칭지름이 13mm 미만의 것에는 1m마다, 13mm 이상 33mm 미만의 것에는 2m마다, 33mm 이상의 것에는 3m마다 지지쇠붙이를 설치한다. 다만 호칭지름 100mm 이상의 것에는 적합한 방법에 따라 3m를 초과하여 설치할 수 있다.

(2) 다른 배관 및 기기 등에 가스배관을 지지하지 않는다.

(3) 바닥에 설치되는 배관은 지지 쇠붙이를 사용하여 고정한다.

(4) 배관 장치에는 안전 확보를 위하여 필요한 경우에는 지지물 그 밖의 구조물과 절연시킨다.

주의사항

▶ 지하 가스배관 매설공사 시 배관 재질, 배관매립시공기준, 검사방법 등 도시가스 시공 법적 기준 충족 여부 확인 철저

▶ 가스계량기,정압기 등 가스공급장비 설치 시 적정 설치장소, 타 시설물과 이격거리 등 도시가스 설치 안전기준 준수 여부 확인 철저

▶ 가스 노출배관 설치 시 적정 설치기준, 타 설비와의 이격거리 준수 여부 및 부식 방지를 위한 양호한 피복상태 유지, 절연유지 여부 확인 철저

※ 가스 설비공사 표준시방서

1. 1. 일반사항

ㅇ 국가건설기준센터(http://www.kcsc.re.kr)의 "31 50 05"에 따른다.

2. 관련 시방서

① 도시가스설비공사는 "표준시방서 31 50 05 05"에 따른다.
② 액화석유가스 설비공사는 "표준시방서 31 50 05 10"에 따른다.

9 관통부 마감공사 중요 검토·확인 사항

1) 관통부는 기능, 성능에 따라 시공방법, 마감처리가 현격한 차이가 있음을 감안하여, 관통부 관리대장을 사전 정리함이 필요
  - 관통 부위, 시공 및 품질관리 방법 등을 사전 정리, 내화충진재 검토

2) 층간 방화구획의 관통부 마감

▣ 층간 방화구획 관통부 마감

▷ 관련근거 : 건축법 시행령 제46조, 건축물의 피난·방화구조 등에 관한 규칙 제14조(방화구획의 설치기준)

▷ 외벽과 바닥 사이에 틈이 생긴 때나 급수관·배전관 그 밖의 관이 방화구획으로 되어 있는 부분을 관통하는 경우 그로 인하여 방화구획에 틈이 생긴 때에는 그 틈을 다음 각 목의 어느 하나에 해당하는 것으로 메울 것
가. 「산업표준화법」에 따른 한국산업규격에서 내화충전 성능을 인정한 구조로 된 것
나. 한국건설기술연구원장이 국토교통부장관이 정하여 고시하는 기준에 따라 내화충전성능을 인정한 구조로 된 것

▷ 환기·난방 또는 냉방시설의 풍도가 방화구획을 관통하는 경우에는 그 관통부분 또는 이에 근접한 부분에 다음 각목의 기준에 적합한 댐퍼를 설치할 것. 다만, 반도체공장 건축물로서 방화구획을 관통하는 풍도의 주위에 스프링클러헤드를 설치하는 경우에는 그러하지 아니하다.
가. 철재로서 철판의 두께가 1.5밀리미터 이상일 것
나. 화재가 발생한 경우에는 연기의 발생 또는 온도의 상승에 의하여 자동적으로 닫힐 것
다. 닫힌 경우에는 방화에 지장이 있는 틈이 생기지 아니할 것
라. 「산업표준화법」에 의한 한국산업규격상의 방화댐퍼의 방연 시험방법에 적합할 것

▣ 제14조(방화구획의 설치기준) ①영 제46조제1항 각 호 외의 부분 본문에 따라 건축물에 설치하는 방화구획은 다음 각 호의 기준에 적합해야 한다. 〈개정 2010. 4. 7., 2019. 8. 6., 2021.

3. 26.〉

1. 10층 이하의 층은 바닥면적 1천제곱미터(스프링클러 기타 이와 유사한 자동식 소화설비를 설치한 경우에는 바닥면적 3천제곱미터)이내마다 구획할 것

2. 매층마다 구획할 것. 다만, 지하 1층에서 지상으로 직접 연결하는 경사로 부위는 제외한다.

3. 11층 이상의 층은 바닥면적 200제곱미터(스프링클러 기타 이와 유사한 자동식 소화설비를 설치한 경우에는 600제곱미터)이내마다 구획할 것. 다만, 벽 및 반자의 실내에 접하는 부분의 마감을 불연재료로 한 경우에는 바닥면적 500제곱미터(스프링클러 기타 이와 유사한 자동식 소화설비를 설치한 경우에는 1천500제곱미터) 이내마다 구획하여야 한다.

4. 필로티나 그 밖에 이와 비슷한 구조(벽면적의 2분의 1 이상이 그 층의 바닥면에서 위층 바닥 아래면까지 공간으로 된 것만 해당한다)의 부분을 주차장으로 사용하는 경우 그 부분은 건축물의 다른 부분과 구획할 것

② 제1항에 따른 방화구획은 다음 각 호의 기준에 적합하게 설치해야 한다. 〈개정 2003. 1. 6., 2005. 7. 22., 2006. 6. 29., 2008. 3. 14., 2010. 4. 7., 2012. 1. 6., 2013. 3. 23., 2019. 8. 6., 2021. 3. 26., 2021. 12. 23.〉

1. 영 제46조에 따른 방화구획으로 사용하는 60+방화문 또는 60분방화문은 언제나 닫힌 상태를 유지하거나 화재로 인한 연기 또는 불꽃을 감지하여 자동적으로 닫히는 구조로 할 것. 다만, 연기 또는 불꽃을 감지하여 자동적으로 닫히는 구조로 할 수 없는 경우에는 온도를 감지하여 자동적으로 닫히는 구조로 할 수 있다.

2. 외벽과 바닥 사이에 틈이 생긴 때나 급수관·배전관 그 밖의 관이 방화구획으로 되어 있는 부분을 관통하는 경우 그로 인하여 방화구획에 틈이 생긴 때에는 그 틈을 별표 1 제1호에 따른 내화시간(내화채움 성능이 인정된 구조로 메워지는 구성 부재에 적용되는 내화시간을 말한다) 이상 견딜 수 있는 내화채움성능이 인정된 구조로 메울 것
   가. 삭제 〈2021.3.26〉
   나. 삭제 〈2021.3.26.〉

3. 환기·난방 또는 냉방시설의 풍도가 방화구획을 관통하는 경우에는 그 관통부분 또는 이에 근접한 부분에 다음 각 목의 기준에 적합한 댐퍼를 설치할 것. 다만, 반도체 공장 건축물로서 방화구획을 관통하는 풍도의 주위에 스프링클러헤드를 설치하는 경우에는 그렇지 않다.
   가. 화재로 인한 연기 또는 불꽃을 감지하여 자동적으로 닫히는 구조로 할 것. 다만, 주방 등 연기가 항상 발생하는 부분에는 온도를 감지 하여 자동적으로 닫히는 구조로 할 수 있다.
   나. 국토교통부장관이 정하여 고시하는 비차열(非遮熱) 성능 및 방연성능 등의 기준에 적합할 것
   다. 삭제 〈2019.8.6.〉
   라. 삭제 〈2019.8.6.〉

4. 영 제46조제1항제2호 및 제81조제5항제5호에 따라 설치되는 자동방화셔터는 다음 각 목의 요건을 모두 갖출 것. 이 경우 자동방화셔터의 구조 및 성능기준 등에 관한 세부사항은 국토교통부장관이 정하여 고시한다.
   가. 피난이 가능한 60분+방화문 또는 60분 방화문으로부터 3미터 이내에 별도로 설치할 것
   나. 전동방식이나 수동방식으로 개폐할 수 있을 것
   다. 불꽃감지기 또는 연기감지기 중 하나와 열감지기를 설치할 것
   라. 불꽃이나 연기를 감지한 경우 일부 폐쇄되는 구조일 것
   마. 열을 감지한 경우 완전 폐쇄되는 구조일 것

③ 영 제46조제1항제2호에서 "국토교통부령으로 정하는 기준에 적합한 것"이란 한국건설기술연구원장이 국토교통부장관이 정하여 고시하는 바에 따라 다음 각 호의 사항을 모두 인정한 것을 말한다. 〈신설 2019. 8. 6., 2021. 3. 26.〉

1. 생산공장의 품질 관리 상태를 확인한 결과 국토교통부장관이 정하여 고시하는 기준에 적합할 것

2. 해당 제품의 품질시험을 실시한 결과 비차열 1시간 이상의 내화성능을 확보하였을 것

④ 영 제46조제5항제3호에 따른 하향식 피난구(덮개, 사다리, 승강식피난기 및 경보시스템을 포함한다)의 구조는 다음 각 호의 기준에 적합하게 설치해야 한다. 〈신설 2010.

4. 7., 2019. 8. 6., 2021. 3. 26., 2022. 4. 29.〉

1. 피난구의 덮개(덮개와 사다리, 승강식피난기 또는 경보시스템이 일체형으로 구성된 경우에는 그 사다리, 승강식피난기 또는 경보시스템을 포함한다)는 품질시험을 실시한 결과 비차열 1시간 이상의 내화성능을 가져야 하며, 피난구의 유효 개구부 규격은 직경 60센티미터 이상일 것

2. 상층·하층간 피난구의 수평거리는 15센티미터 이상 떨어져 있을 것

3. 아래층에서는 바로 위층의 피난구를 열 수 없는 구조일 것

4. 사다리는 바로 아래층의 바닥면으로부터 50센티미터 이하까지 내려오는 길이로 할 것

5. 덮개가 개방될 경우에는 건축물관리시스템 등을 통하여 경보음이 울리는 구조일 것

6. 피난구가 있는 곳에는 예비전원에 의한 조명설비를 설치할 것

⑤ 제2항제2호에 따른 건축물의 외벽과 바닥 사이의 내화채움방법에 필요한 사항은 국토교통부장관이 정하여 고시한다. 〈신설 2012. 1. 6., 2013. 3. 23., 2019. 8. 6., 2021. 3. 26.〉

⑥ 법 제49조제2항 단서에 따라 영 제46조제7항에 따른 창고시설 중 같은 조 제2항제2호에 해당하여 같은 조 제1항을 적용하지 않거나 완화하여 적용하는 부분에는 다음 각 호의 구분에 따른 설비를 추가로 설치해야 한다. 〈신설 2022. 4. 29.〉

1. 개구부의 경우:「화재예방, 소방시설 설치·유지 및 안전관리에 관한 법률」 제9조제1항 전단에 따라 소방청장이 정하여 고시하는 화재안전기준(이하 이 조에서 "화재안전기준"이라 한다)을 충족하는 설비로서 수막(水幕)을 형성하여 화재확산을 방지하는 설비

2. 개구부 외의 부분의 경우: 화재안전기준을 충족하는 설비로서 화재를 조기에 진화할 수 있도록 설계된 스프링클러

3) 건물 외벽을 관통하는 부위는 누수 방지용 슬리브를 설치하여야 함

4) 관통부 통과 내화충전구조의 인증 및 관리에 관한 사항

▣ 관통부 통과 내화충전구조의 인증 및 관리에 관한 사항

▷ 관련근거 : 내화구조의 인정 및 관리기준 (국토부 고시)

"내화충전구조"라 함은 방화구획의 수평·수직 설비관통부, 조인트 및 커튼월과 바닥 사이 등의 틈새를 통한 화재 확산방지를 위한 것으로서, 제21조에 의한 "세부운영지침"에서 정하는 절차와 방법, 기준에 따라 시험한 결과 성능이 확인된 재료 또는 시스템을 말한다.

▷ 내화구조의 성능기준 및 품질시험

- 제3조 (성능기준) 건축물의 벽·기둥·보·바닥 또는 지붕 등 일정부위에는 건축물의 용도별 층수 및 높이에 따른 규모에 따라 화재시의 가열에 [별표1]에서 정하는 시간 이상을 견딜 수 있는 내화구조이어야 한다.
- 제8조 (품질시험) ① 품질시험을 실시하는 시험기관의 장은 신청된 구조의 품질시험을 실시하되, 품질시험 방법은 한국산업표준화법에 따른 한국산업규격이 정하는 바에 따라 실시하여야 한다. 다만, 품질시험 방법이 별도로 정하여 있지 않은 경우에는 원장이 정하는 기준에 따른다.

② 신청자는 내화구조 품질시험의 전부 또는 일부를 건축법시행령 제63조에 따라 지정된 시험기관에서 할 수 있으며, 품질시험을 실시하는 시험기관의 장은 시험체 제작·시험일정 및 과정, 시험결과를 기록관리하고, 원장의 요구가 있는 경우에는 즉시 제출하여야 한다.

③ 원장은 제2항의 시험기관이 시험결과를 부정발급한 사실을 확인한 경우에는 해당 시험기관에 대하여 국토교통부 등 관계기관에 부정사실을 즉시 보고하여야 한다.

④ 제2항의 신청자는 본인 또는 「독점규제 및 공정거래에 관한 법률」 제2조에 따른 신청자의 계열회사에서 품질시험을 하여서는 아니된다.

⑤ 원장은 제2항 각호의 시험기관에 대하여 년 1회 이상 내화시험을 입회하고, 시험체의 제작 등 기록관리상태를 점검할 수 있다.

▷시공시 한국건설기술연구원장이 인정한 내화구조인정서 [별표2] 징구 필요

※ 내화구조의 유효기간 : 인정받은 내화구조의 유효기간은 인정 또는 연장받은 날로부터 5년을 원칙으로 한다. 다만, 시공자가 인정을 받은 내화구조는 유효기간을 적용하지 않는다.

주의사항

▶ 건물 외벽은 지수판슬리브를 반드시 설치하여 홍수나 장마철에 물이 유입, 침투를 방지하여야 함

▶ 방화구획을 통과하는 덕트 내 방화댐퍼설치는 벽 또는 바닥을 관통하도록 설치하고, 불가능할 때는 방화벽과 댐퍼 사이의 덕트를 두께 1.5mm 이상의 철판으로 만들거나 덕트를 25mm 이상의 모르타르로 피복하여야 함

▶ 관통부 통과 방화구획의 내화충전재 시공은 국토부 고시 '내화구조의 인정 및 관리기준'에 따라 성능과 품질이 인증된 제품과 시공방법으로 시공하여야 함

※ 관통부 설비공사 참고 법령/기준

○ 건축법 시행령 제46조(방화구획 등의 설치)

○ 건축물의 피난방화구조 등에 관한 규칙 제14조(방화구획의 설치기준)

○ 내화구조의 성능기준

건축물의 피난·방화구조 등의 기준에 관한 규칙

[별표1]

내화구조의 성능기준(제3조제8호 관련)

(단위 : 시간)

용도구분 (1)		용도 규모(2) 층수/최고 높이 (m) (3)		벽 - 외벽 - 내력벽	벽 - 외벽 - 비내력 - 연소 우려가 있는 부분 (가)	벽 - 외벽 - 비내력 - 연소 우려가 없는 부분 (나)	벽 - 내벽 - 내력벽	벽 - 내벽 - 비내력 - 간막이 벽 (다)	벽 - 내벽 - 비내력 - 샤프트실 구획벽 (라)	보·기둥	바닥	지붕
일반시설	업무시설, 판매 및 영업시설, 공공용시설 중 군사시설·방송국·발전소·전신전화국·촬영소 기타 이와 유사한 것, 통신용시설, 관광휴게시설, 운동시설, 문화 및 집회시설, 제1종 및 제2종 근린생활시설,위락시설, 묘지관련시설 중 화장장, 교육연구 및 복지시설, 자동차관련시설(정비공장 제외)	12/50	초과	3	1	0.5	3	2	2	3	2	1
			이하	2	1	0.5	2	1.5	1.5	2	2	0.5
		4/20	이하	1	1	0.5	1	1	1	1	1	0.5
주거시설	단독주택 중 다중주택·다가구주택·공관, 공동주택, 숙박시설, 의료시설	12/50	초과	2	1	0.5	2	2	2	3	2	1
			이하	2	1	0.5	2	1	1	2	2	0.5
		4/20	이하	1	1	0.5	1	1	1	1	1	0.5
산업시설	공장, 창고시설, 분뇨 및 쓰레기처리시설, 자동차관련시설 중 정비공장, 위험물저장 및 처리시설	12/50	초과	2	1.5	0.5	2	1.5	1.5	3	2	1
			이하	2	1	0.5	2	1	1	2	2	0.5
		4/20	이하	1	1	0.5	1	1	1	1	1	0.5

10 자동제어공사 중요 검토·확인 사항

1) 자동제어 방식이 업체별로 다양하고 상이하여 구조체 공사 시 사전 소요배관 시공사항에 대해 철저한 검토가 필요합니다.

○ 자동제어 공사는 각 전문회사별 시스템과 방식에 상당한 차이가 있어 설계서에 명시된 내용을 철저히 검토, 확인함이 필요

* 설계서와 달리한 시스템으로 업체를 선정할 우려가 있거나, 자동제어 업체 선정이 지연 시에는 도급자가 제동제어 업체를 대신하여 사전 구조체에 매립배관용 슬리브를 설치하고, 향후 제동제어 업체와 정산하는 방향으로 업무를 수행하여야 하며 건설사업관리단에서 이를 검토·확인하여야 합니다.

○ 반드시 사전 설명회를 개최토록 조치하고, 이를 통해 시스템과 운영 방식을 검토/협의하여야 하며, 구조체 공사와 연관된 배관 슬리브 등은 구조체 공사 시 철저히 이행토록 조치하여야 함

2) 착수 전 사전 검토·확인 사항

○ 관련근거 : 건축기계설비공사 표준시방서(국토부) "31 35 00"

○ 관련도면(평면도, 제어도) 검토

○ 전원의 공급방식과 종류 검토

○ 장비별 제어(상태, 알람 등) 적정성 검토

○ 센서 주위에 간섭요인 여부 확인

○ 제어반의 위치 적정성 확인

○ 배관, 배선 자재 및 경로 적정성 검토

○ 각종 밸브, 댐퍼 적정성 검토

○ 승인된 프로그램 사용 여부 검토

○ 장비별, 관련공종과 연계 공사 간섭성 검토
특히, 전기/통신공사와 관련된 누락·중복·간섭 여부 등 검토·확인

※ 자동제어 설비공사 표준시방서

1. 1. 일반사항

ㅇ 국가건설기준센터(http://www.kcsc.re.kr)의 "31 35 00"에 따른다.

2. 관련 시방서

① 중앙관제 설비공사는 "31 35 10"에 따른다.
② 건물에너지관리시템 설치공사는 "31 35 12"에 따른다.
③ 현장제어 설비공사는 "31 35 15"에 따른다.
④ 원격검침 설비공사는 "31 35 20"에 따른다.
⑤ 공동주택 자동제어 설비공사는 "31 35 25"에 따른다.
⑥ 생활폐기물 이송관로 및 집하시설 자동제어 설비공사는 "31 90 45 20"에 따른다.
⑦ 산업환경설비 자동제어 설비공사는 "31 90 55"에 따른다.

7 '전기·통신공사' KEY-POINT

Key-Point

♧ 건축물의 구조체공사부터 마감공사까지 전기·통신공사의 주요 공종별 중요 검토·확인 사항 및 참고사항(관련법령, 표준시방서 등)에 대하여 정리하였습니다.

* 일반적인 공종만 정리하였으며, 특수한 설비/장비, 시스템 공사는 별도 표준시방서와 전문시방서를 참고하시기 바랍니다.

♧ 현장 관리자들이 '구조체공사~ 마감공사'까지 소홀히 하는 경향이 있는 부분과 알아두면 공사 수행 중 도움이 된다고 생각하는 사항, 기본적으로 알아야 하는 사항은 무엇인가? 라는 질문에 대한 저의 답변입니다.

* 앞으로 국내 건설발전을 위해 전기/통신공사의 많은 노하우를 메일로 알려주시길 소망합니다.

1. 전기/통신공사 사전 검토·확인 사항
2. 접지공사 중요 검토·확인 사항
3. 배관·배선공사 중요 검토·확인 사항
4. 수변전설비 및 발전기 설치공사 중요 검토·확인 사항
5. 옥외 전기공사 중요 검토·확인 사항
6. 조명설비공사 중요 검토·확인 사항
7. 피뢰설비공사 중요 검토·확인 사항
8. 케이블트레이 및 간선공사 중요 검토·확인 사항
9. 네트워크 설치공사 중요 검토·확인 사항
10. CATV 설치공사 중요 검토·확인 사항
11. CCTV 설치공사 중요 검토·확인 사항
12. 전관방송 및 AV 설비공사 중요 검토·확인 사항

♧ 기계설비/소방설비가 사람의 심장이라면 전기/통신설비는 혈관과 같은 기능으로 건축물과의 상호 조화를 통해 제 기능이 발휘되고 유지관리가 용이하도록 건축 소장님께서는 해당 공종과의 원만하고 충분한 소통과 많은 배려로 적극 협조해 주시길 소망해 봅니다.

1 전기/통신공사 사전 검토·확인 사항

◈ 유관 공종별 사전 검토·확인 사항

▣ 건축도면과의 상호 검토

▷집수정의 위치 및 크기

▷외벽 관통 스리브 위치 적정성 및 방수 대책

▷냉각탑 등 옥상 중량물 구조계산서 확인

▷점검구 위치, 크기, 수량

▷연도 위치(발전기 연도와 중복)

▷마감을 고려한 장비 및 스리브 위치 결정

▷중량기기의 기초의 구조계산 여부(기초 보강)

▷인서트 플레이트 또는 앙카 플레이트 등 적성성 확인

▷건축도면 선홈통 또는 우수배관 관경 및 수량 적정성 확인

▣ 토목 도면과 상호 검토

▷토목 관로 및 구조물

▷도시가스 배관 레벨

▷공동구 교차 시 배관 레벨

▷오배수와 맨홀위치 연결 방법

▷ 공동구 환기의 적정성

▣ 기계 도면과 상호 검토

▷ 설치장비의 동력, 제어반 배선

▷ 비상장비의 발전기 연동

▷ 각종 장비의 전원연결

▷ 전동기 제어반(MCC) 설치 확인 (모터용량, 전원, 전압, 주파수)

▷ 패널 상부 배관 지양 (부득이한 경우 대책 강구)

▷ 배수펌프 비상전원

▷ 전기실/발전기실/방재실 등 물배관 관통 여부

▷ 기계/소방배관과 전기/통신설비 간섭

2 접지공사 중요 검토·확인 사항

1. 시공 가이드

주요내용	관련도면(개념도)

ㅇ 접지극 및 접지선 시공 사항
- 접지극은 지하 75cm 이상 깊이 매설
- 접지선은 접지극에서 지표상 60cm까지의 부분에는 절연전선, 캡타이어케이블 또는 케이블을 사용하여야 한다.

ㅇ 접지설비 시공시 주요 Check 사항
- 피뢰침용 접지선은 강제금속관에 넣으면 안된다.(비자성체 금속관사용)
- 건축물 인입개소는 물 유입방지를 위하여 지수재를 사용하여야 한다.
- 개별접지극(독립접지)이 설치될 경우 접지극 상호간의 이격거리 유지
- 메쉬접지는 유지보수가 불가능해 시공 시 확실하게 시공하여야 한다.

개별접지극 이격거리

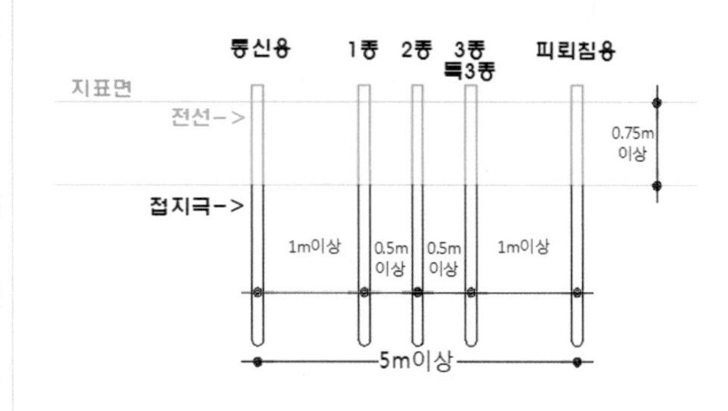

(기존) 1종, 2종 3종 등 구분
⇨(현행) 통합접지로 변경

ㅇ 접지와 전기적 접속(본딩)의 목적과 의미 따라 시공하며, 접지는 이상전류를 대지로 방류하기 위한 의도적인 설비로 항상 전압이 인가되거나 발생 될 수 있는 설비를 대상으로 한다.

ㅇ 전기적 접속은 평상시 전압이 인가 되지 않는 단순 금속체를 낮은 저항으로 서로 연결하는 것을 원칙으로 함.

ㅇ 접지설비 적용 기준
- KS C IEC 62304, 62305
- 건축물의 설비기준 등에 관한 규칙
- 전기설비기술기준 및 판단기준
- 산업안전보건기준에 관한 규칙
- 전기설비기술규정(KEC 141, 142)
- 접지설비·구내통신설비·선로설비 및 통신공동구 등에 대한 기술기준

등전위본딩 시공도

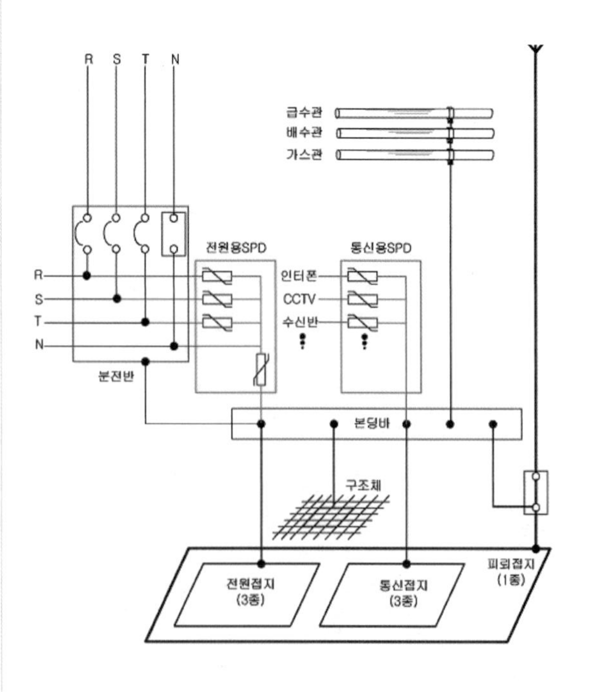

주요내용	관련도면(개념도)

ㅇ 서지보호장치(SPD) 설치
- 과도전압과 노이즈를 감쇄시키는 장치
- 전기설비접지, 통신설비접지 및 건축물 피뢰설비접지를 공용 접지극으로 사용 하는 통합접지 시 설치(의무사항)
- 1000V이하(직류 1500V이하)의 저압 계통 보호용으로 설치
- 낙뢰로 인한 과도 과전압 및 설비 내 기기에서 발생하는 개폐 과전압에 대해 전기설비 보호를 위하여 설치

ㅇ 서지보호장치(SPD) 설치위치에 따른 사양
- 저압반 ACB 2차측
  ① 등급 : Class I
  ② 용량 : Iims(임펄스 전류) L-N 12.5kA, N-PE 50kA, 10/350㎲
  ③ 접지선 : $16mm^2$
- 분전반 MCCB 2차측
  ① 등급 : Class II
  ② 용량 : Iims(임펄스 전류) L-N 5kA, N-PE 20kA, 8/20㎲
  ③ 접지선 : $4mm^2$

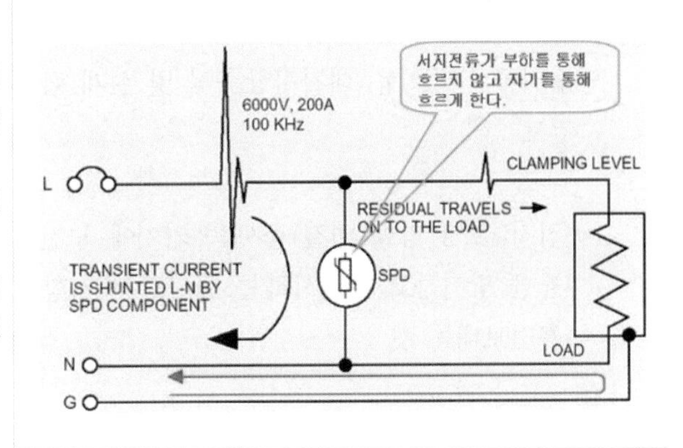

SPD 설치위치에 따른 사양

- 저압반 ACB 2차측

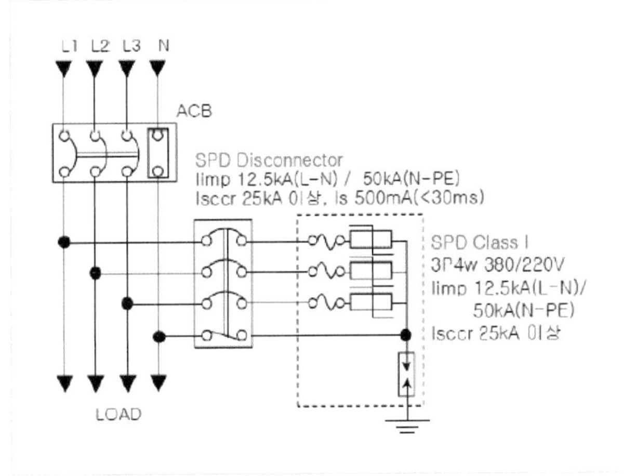

- 분전반 MCCCB 2차측

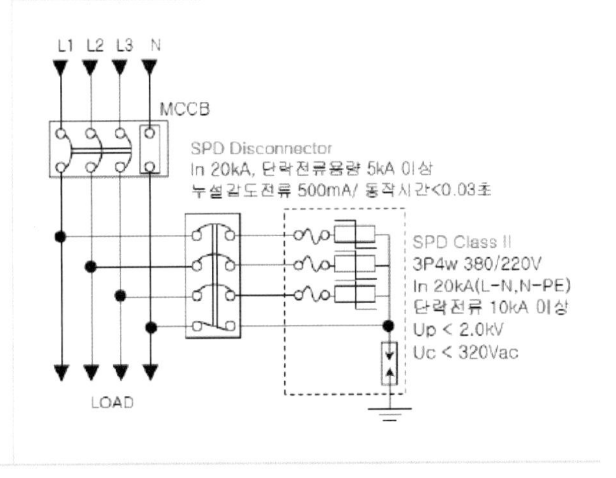

2. 품질관리를 위한 주요 검토·확인 사항

○ 시공 전 검토·협의 사항

- 접지공사의 이유, 대지저항측정 및 설계 접지저항값 산정, 접지공사 방식, 등전위본딩 등 검토

☞ 접지(接地 : 땅에 연결)공사는 기기에 누전이 발생했을 때 감전, 화재 사고, 기기의 손상 등을 방지하고자 실시하는 공사로서 저항이 적은 접지선을 통해 누설된 전기를 땅으로 흘려보내는 것

☞ 인체의 저항 값 : 건조한 상태 약 2,500Ω, 젖은 상태는 100Ω 수준

○ 시공 중 중점 검토·확인 사항

- 접지극 지하 75cm 이상 깊이로 매설되었는지 확인

- 접지선은 접지극에서 지표상 60cm까지의 부분에는 절연전선, 캡타이어 케이블 또는 케이블 사용 여부를 확인

- 접지선의 지표면 하 75cm에서 지표상 2m까지의 부분에 합성수지제 전선관 덮개 시공 여부를 확인

- 접지극과 접지선의 접속부분은 전기적 기계적으로 완전하게 접속되었으며 부식 방지조치를 하였는지 여부를 확인

- 접지선을 철주 또는 기타 금속체에 연하여 시설하는 경우 접지극 그 금속체로부터 1m 이상 이격

- 피뢰용 접지전극 또는 매설선은 가스관과 1.5m 이상 이격

- 접지극을 연속 설치 시에는 접지극 상호간 간격은 3m 이상 이격

- 보조전극을 설치하여 접지저항 측정 시 편리하게 사용하도록 하여야 함

- 매설장소는 접지대상물에 가깝고 토질이 균일하고 습기가 많은 장소로 부식의 우려가 없는 장소에 설치

- 전등, 전력 및 약전류용 접지극과 접지선은 피뢰침용의 접지극과 접지선에서 2m 이상 이격하여 설치하여야 함(단독 및 공통접지)

- 정보통신공사의 접지는 통신기기에 장애가 발생하지 않도록 전력계통 접지와 분리하여 시공하여야 함(단독 및 공통접지)

- 접지단자는 접지저항 측정이 편리하도록 시설하여야 하며, 접지시험 단자함은 누수가 되지 않도록 설치하여야 함

- 접지극과 접지선은 전기적, 기계적으로 견고하게 접속하여야 하며 이종 금속체간은 전식방지에 유의하여야 함

- 접지공사 시 설계도면, 전문시방서 또는 공사시방서에 따라 접지극을 설치하였음에도 불구하고 요구 접지저항값을 얻을 수 없는 경우에는 추가 매설 등을 통하여 요구 접지저항값을 얻을 수 있도록 하여야 함

- 접지극 매설 시 접지저항을 측정하여 기록·관리하고 접지공사 완료 후 접지완료보고서를 작성하여야 함

- 접지 저항값은 언제 시험하여도 소정의 저항값 이하를 얻을 수 있어야 하며, 하자보수기간 이내에 소정의 저항값을 얻을 수 없는 경우에는 추가 시공하여 소정의 저항값을 얻을 수 있도록 하여야 함

주의사항

▶ 접지극을 건축물 외곽에 설치하는 경우 시공시점은 토목공사 오·배수 관로, 기반시설 배관 등의 시공과 간섭을 피하기 위하여 건축구조물 거푸집 제거 후 되메우기 전에 GL-3m 정도의 깊이에 먼저 시공함이 바람직함

▶ 접지극을 건축물 하부에 설치하는 경우 시공 시점은 터파기 후 기초 버림콘크리트 타설 전 시공하는 것이 적합함

▶ 전기공사 발주시기가 건축공사보다 1.5~2개월 정도 늦으므로 건축 기초공사가 빠르게 진행되면 접지극을 건축물 하부에 설치하는 경우 내력기초와 함께 시공되어야 하는 접지공사의 시공 시기를 놓치거나 누락될 우려가 있으므로 이에 대한 대책을 강구하여야 함

※ 타 공정과 협의하여 시공이 누락되지 않도록 조치

※ 접지공사 표준시방서

1. 1. 일반사항

○ 국가건설기준센터(http://www.kcsc.re.kr)의 "건축전기설비공사 표준시방서 11-4"에 따른다.

2. 관련 시방서

① 옥내배선공사 "건축전기설비공사 표준시방서 제5장"에 따른다.
② 피뢰설비공사 "건축전기설비공사 표준시방서 11-3"에 따른다.

접지방식 및 접지도체 최소단면적

▷ 관련규정 : 한국전기설비기술규정(KEC)
- 141 (접지시스템의 구분 및 종류)
- 142 (접지시스템의 시설)

접지대상	KEC 접지방식	KEC 접지/보호도체 최소단면적
(특)고압설비	– 계통접지 : TN, TT, IT계통	1 선도체 단면적에 따라 선정 1) 선도체 16mm² 이하 ▶ 선도체 단면적과 동일 2) 선도체 16mm²초과 35mm²이하 ▶ 16mm² 3) 선도체 35mm² 초과 ▶ 선도체 단면적의 1/2
600V이하설비	– 보호접지 : 등전위본딩 등	
400V이하설비	– 피뢰시스템접지	
변압기	변압기의 고압·특고압측 전로 1선지락전류로 150을 나눈값 (KEC 142.5, 변압기 중성점 접지)	

※ 최소단면적은 보호도체와 선 도체 재질이 다른 경우 재질 보정이 필요함

※ KEC규정에서는 종별접지가 없어지므로 각 현장에 맞는 맞춤 접지설계 필요
(대지저항을 측정 및 접지설계프로그램을 통한 요구 접지저항값 산출)

▣ 접지시스템 시설 종류(KEC 141)

방식	구성	장점	단점
단독접지	특고압·고압계통의 접지극과 저압계통의 접지극을 독립적으로 접지하는 방식(TT, IT계통)으로 저압계통설비, (특)고압계통설비, 통신설비, 피뢰설비 등이 각각 구별하여 설치	낙뢰 및 지락으로 한 부분의 기기가 손상되더라도 다른 시스템에 영향을 미칠 확률이 적음	낙뢰 및 (특)고압 지락 서지 유기 시 각 접지 시스템간 전위차가 발생 기기손상 가능성이 공통접지에 비해 높음
공통접지	전력설비를 등전위가 형성되도록 고압·특고압계통과 저압계통을 공통으로 접지하는 방식(TN계통)으로 전력설비계통, 통신설비, 피뢰설비를 별도의 접지시스템으로 구성	전력계통의 경우 공통 접지극을 사용하므로 접지저항을 낮추기 쉽고 등전위 구성으로 전력계통의 신뢰성이 향상되고 통신 및 피뢰접지와는 구별로 사고에 대한 영향이 적음	피뢰설비, 통신설비 전력계통 접지극간 상호 충분한 이격이 없을 시낙뢰, 지락 등으로 인한 서지 유입으로 전력기기 및 통신기기에 장애가 발생할 수 있음
통합접지	전기설비계통, 피뢰설비, 통신설비 등의 모든 접지극을 통합하여 하나의 접지시스템을 구성(상호 등전위 구성)	접지점 동일하여 낙뢰 및 지락 등으로 인한 각각의 장비간 전위차 발생이 억제(등전위)되어 접지를 통한 서지의 유입이 억제됨	지락, 낙뢰 등으로 인한 시스템 장애가 전체 시스템에 영향을 줄 수 있으므로 가능한 낮은 접지저항을 유지하고 충분한 굵기의 접지선을 연결하여야 함

※ 통합접지방식을 채택하는 경우 낙뢰 등에 의한 과전압으로부터 전기·통신기기 등을 보호하기 위해 서지보호장치(SPD)를 설치하여야 함

등전위 본딩

▷ 등전위 본딩이란 전위차를 0인 등전위로 만들기 위해 도전성부분을 전기적으로 접속하는 것으로 전로를 형성하기 위해 금속도체와 접속하여 전압을 안전한계치 이하로 억제함과 동시에 전위의 기준점을 제공하는 것을 말하며, 등전위화를 통하여 감전보호, 기능보증 등을 목적으로 하는 전기적 접속

① 등전위를 이루기 위하여 도전성 부분을 전기적으로 연결

② 전로를 형성시키기 위하여 금속부분을 연결

▷ 접시시스템 감전보호용 등전위 본딩

〈관련규정 : 한국전기기술규정(KEC) 143 〉

① 건축물·구조물에서 접지도체, 주접지단자와 외부에서 내부로 인입 되는 금속배관, 철근 등 금속보강재 및 일상생활에서 접촉이 가능한공조설비 등 계통외도전부의 도전성부분은 등전위본딩을 한다.

② 주접지단자에서 보호등전위본딩 도체, 접지도체, 보호도체, 기능성 접지도체를 접속하여야 한다

③ 주접지단자에 접속하기 위한 등전위본딩 도체는 설비 내에 있는 가장 큰 보호접지도체 단면적의 1/2 이상으로 "구리도체 $6mm^2$, 알루미늄 $16mm^2$, 강철 도체 $50mm^2$" 단면적 이상으로 설치한다.

접지설비·구내통신설비·선로설비 및 통신공동구 기술기준

▷ 관련규정 : 접지설비·구내통신설비·선로설비 및 통신공동구 등에 대한 기술기준 제5조(접지저항 등), 제26조(국선의 인입), 제27조(국선의 인입배관), 제34조(예비전원 설치), 제47조(관로 등의 매설기준), 제48조(맨홀 또는 핸드홀의 설치기준)

▷ 접지단자 설치 및 접지저항 값 준수

▷ 국선의 인입배관(20세대 이상 공동주택) : 최소 54mm 이상 등

▷ 예비전원 설치, 관로 매설기준, 맨홀 설치기준 등

▦ 접지설비·구내통신설비·선로설비 및 통신공동구 등에 대한 기술기준 제5조(접지저항 등)

① 교환설비·전송설비 및 통신케이블과 금속으로 된 단자함(구내통신 단자함, 옥외 분배함 등)·장치함 및 지지물 등이 사람이나 방송통신설비에 피해를 줄 우려가 있을 때에는 접지단자를 설치하여 접지하여야 한다.

② 통신관련시설의 접지저항은 10Ω 이하를 기준으로 한다. 다만, 다음 각 호의 경우는 100Ω 이하로 할 수 있다.

1. 선로설비 중 선조·케이블에 대하여 일정간격으로 시설하는 접지
   (단, 차폐케이블은 제외)
2. 국선 수용 회선이 100회선 이하인 주배선반
3. 보호기를 설치하지 않는 구내통신단자함
4. 구내통신선로 설비에 있어서 전송 또는 제어신호용 케이블의 쉴드접지
5. 철탑이외 전주 등에 시설하는 이동통신용 중계기
6. 암반 지역 또는 산악지역에서의 암반 지층을 포함하는 경우 등 특수 지형에의 시설이 불가피한 경우로서 기준 저항 값 10Ω을 얻기 곤란한 경우
7. 기타 설비 및 장치의 특성에 따라 시설 및 인명 안전에 영향을 미치지 않는 경우

③ 통신회선 이용자의 건축물, 전주 또는 맨홀 등의 시설에 설치된 통신 설비로서 통신용 접지시공이 곤란한 경우에는 그 시설물의 접지를이용할 수 있으며, 이 경우 접지저항은 해당 시설물의 접지 기준에따른다. 다만, 전파법시행령 제25조의 규정에 의하여 신고하지 아니 하고 시설할 수 있는 소출력 중계기 또는 무선국의 경우, 설치된 시설물의 접지를 이용할 수 없을 시 접지하지 아니할 수 있다.

④ 접지선은 접지저항값이 10Ω 이하인 경우에는 2.6mm 이상, 접지저항 값이 100Ω 이하인 경우에는 직경 1.6mm 이상의 피·브이·씨 피복 동선 또는 그 이상의 절연효과가 있는 전선을 사용하고 접지 극은 부식이나 토양 오염 방지를 고려한 도전성 재료를 사용한다. 단, 외부에 노출되지 않는 접지선의 경우에는 피복을 아니할 수 있다.

⑤ 접지체는 가스, 산 등에 의한 부식의 우려가 없는 곳에 매설하여야 하며, 접지체 상단이 지표로부터 수직 깊이 75cm 이상 되도록 매설 하되 동결심도보다 깊도록 하여야 한다.

⑥ 사업용 방송통신설비와 전기통신사업법 제64조의 규정에 의한 자가 전기통신설비 설치자는 접지저항을 정해진 기준치를 유지하도록 관리하여야 한다.

⑦ 다음 각호에 해당하는 방송통신관련 설비의 경우에는 접지를 아니할 수 있다.
1. 전도성이 없는 인장선을 사용하는 광섬유케이블의 경우
2. 금속성 함체이나 광섬유 접속 등과 같이 내부에 전기적 접속이 없는 경우

▦ 접지설비·구내통신설비·선로설비 및 통신공동구 등에 대한 기술기준 제26조(국선의 인입)

① 국선의 인입배관은 국선의 수용 및 교체, 증설이 용이하게 시공될 수 있는 구조로서 다음 각 호와 같이 설치되어야 한다.
1. 배관의 내경은 선로 외경(다조인 경우에는 그 전체의 외경)의 2배 이상이 되어야 하며, 주거용 건축물 중 공동주택의 인입배관의 내경은 다음 각 목의 기준을 만족하여야 한다.
가. 20세대 이상의 공동주택 : 최소 54mm 이상
나. 20세대 미만의 공동주택 : 최소 36mm 이상

2. 국선 인입배관의 공수는 주거용 및 기타건축물의 경우에는 1공 이상의 예비공을 포함하여 2공 이상, 업무용건축물의 경우에는 2공 이상의 예비공을 포함하여 3공 이상으로 설치하여야 한다. 다만, 통신구 또는 트레이 등의 설비를 설치할 경우에는 향후 증설을 고려하여 여유공간을 확보한다.

▦ 접지설비·구내통신설비·선로설비 및 통신공동구 등에 대한 기술기준

① 국선인입을 위한 관로, 맨홀, 핸드홀 및 전주 등 구내통신선로설비는 사업자의 맨홀, 핸드홀 또는 인입주로부터 건축물의 최초 접속점 까지의 인입거리가 가능한 최단거리가 되도록 설치하여야 한다.

② 국선을 지하로 인입하는 경우에는 배관, 맨홀 및 핸드홀 등을 별표 2제1호에 준하여 설치하여야 한다. 다만, 다음 각 호의 하나에 해당 하는 경우에는 구내의 맨홀 또는 핸드홀을 설치하지 아니하고 별표2 제2호에 준하여 설치할 수 있다.
1. 인입선로의 길이가 246m 미만이고 인입선로상에서 분기되지 않는 경우
2. 5회선 미만의 국선을 인입하는 경우

③ 건축주가 5회선 미만의 국선을 지하로 인입시키기 위해 사업자가 이용하는 인입맨홀·핸드홀 또는 인입주까지 지하 배관을 설치하는 경우 에는 별표2의1 표준도에 준하여 설치하여야 한다.

④ 국선을 가공으로 인입하는 경우에는 별표 3의 표준도에 준하여 설치하며, 사업자는 국선을 인입배관으로 인입하고 이용자가 서비스 이용 계약을 해지한 후 30일 이내에 인입선로를 철거하여야 한다.

⑤ 종합유선방송 설비의 인입을 위한 배관의 공수는 1공 이상으로 하며, 인입관로상 맨홀 및 핸드홀 등은 구내통신선로설비의 맨홀 및 핸드홀 등과 공용으로 사용할 수 있다.

▦ 접지설비·구내통신설비·선로설비 및 통신공동구 등에 대한 기술기준 제34조(예비전원 설치)

① 사업용방송통신설비외의 방송통신설비에 대한 예비전원설비의 설치기준은 다음 각 호와 같다.

1. 국선 수용 용량이 10회선 이상인 구내교환설비의 경우에는 상용 전원이 정지된 경우 최대부하전류를 공급할 수 있는 축전지 또는 발전기 등의 예비전원설비를 갖추어야 한다. 다만 정전이 되어도 국선으로부터의 호출에 대하여 응답이 가능한 경우에는 예외로 한다.

2. 재난 및 안전관리기본법 제3조제5호 및 제7호의 규정에 의한 재난 관리책임기관과 긴급구조기관의 장이 설치 또는 운용하는 국선 수용용량 10회선 이상인 교환설비 및 광전송설비의 경우에는 상용 전원이 정지된 경우 최대부하전류를 3시간 이상 공급할 수 있는 축전지 또는 발전기 등의 예비전원설비를 갖추어야 한다.

▦ 접지설비·구내통신설비·선로설비 및 통신공동구 등에 대한 기술기준 제47조(관로 등의 매설기준)

① 관로에 사용하는 관은 외부하중과 토압에 견딜 수 있는 충분한 강도와 내구성을 가져야 한다.

② 지면에서 관로상단까지의 거리는 다음 각호의 기준에 의한다. 다만, 시설관리기관과 협의

하여 관로보호조치를 하는 경우에는 다음 각호의 기준에 의하지 아니할 수 있다.

1. 차도 : 1.0m 이상
2. 보도 및 자전거도로 : 0.6m 이상
3. 철도·고속도로 횡단구간 등 특수한 구간 : 1.5m 이상

③ 관로 상단부와 지면사이에는 관로보호용 경고테이프를 관로 매설 경로에 따라 매설하여야 한다.

④ 관로는 가스등 다른 매설물과 50cm 이상 떨어져 매설하여야 한다. 다만, 부득이한 사유로 인하여 50cm 이상의 간격을 유지할 수 없는 경우에는 보호벽의 설치 등 관로를 보호하기 위한 조치를 하여야 한다.

⑤ 맨홀 또는 핸드홀간에 매설하는 관로는 케이블 견인에 지장을 주지 아니하는 곡률을 유지하는 등 직선성을 유지하여야 한다.

▦ 접지설비·구내통신설비·선로설비 및 통신공동구 등에 대한 기술기준 제48조
(맨홀 또는 핸드홀의 설치기준)준)

① 맨홀 또는 핸드홀은 케이블의 설치 및 유지·보수 등의 작업 시 필요한 공간을 확보할 수 있는 구조로 설계하여야 한다.

② 맨홀 또는 핸드홀은 케이블의 설치 및 유지·보수 등을 위한 차량 출입과 작업이 용이한 위치에 설치하여야 한다.

③ 맨홀 또는 핸드홀에는 주변 실수요자용 통신케이블을 분기할 수 있는 인입 관로 및 접지시설 등을 설치하여야 한다.

④ 맨홀 또는 핸드홀 간의 거리는 246m 이내로 하여야 한다. 다만, 교량·터널 등 특수구간의 경우와 광케이블 등 특수한 통신케이블만 수용 하는 경우에는 그러하지 아니할 수 있다.

[별표 2](제26조제2항 관련)

지하인입관로의 표준도

1. 맨홀을 설치하여 국선단자함에 수용하는 경우

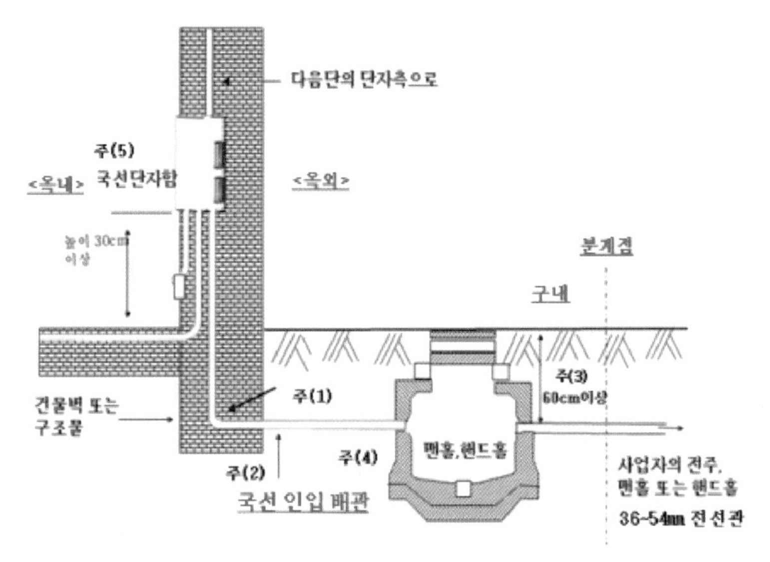

주) 1. R≥6Φ(Φ는 관내경으로서 선로외경의 2배 이상일 것)
2. 내부식성금속관 또는 KS C 8455 동등규격 이상의 합성수지관
3. 토피의 두께는 60cm 이상일 것(차도의 경우에는 100cm 이상일 것)
4. 맨홀 또는 핸드홀은 외부하중 및 충격에 충분히 견딜 수 있는 강도와 내구성을 갖출 것
5. 국선단자함은 실내에 설치할 것

2. 맨홀을 설치하지 않고 국선단자함에 수용하는 경우

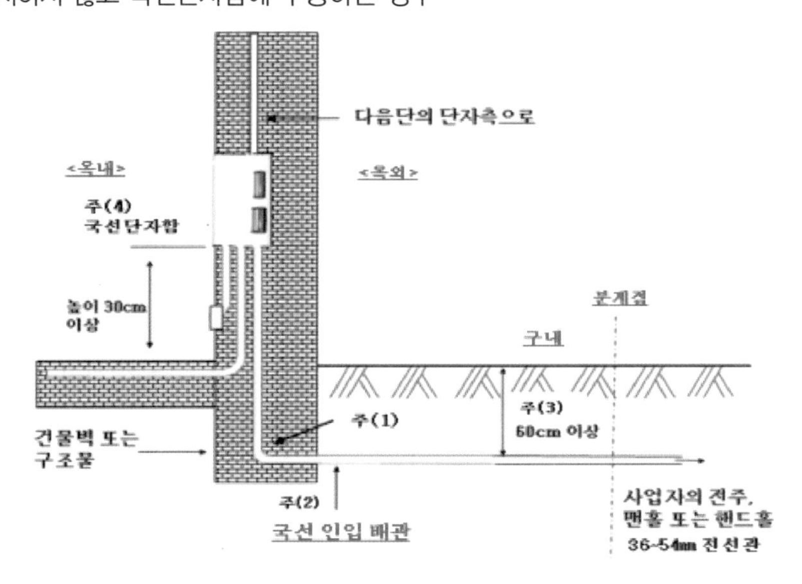

주) 1. R≥6Φ(Φ는 관내경으로서 선로외경의 2배 이상일 것)
2. 내부식성금속관 또는 KS C 8455 동등규격 이상의 합성수지관
3. 토피의 두께는 60cm 이상일 것(차도의 경우에는 100cm 이상일 것)
4. 국선단자함은 실내에 설치할 것

[별표 2의1](제26조제3항 관련)

지하인입관로의 사업자 설비 연결표준도

1. 사업자의 맨홀에 연결하는 경우

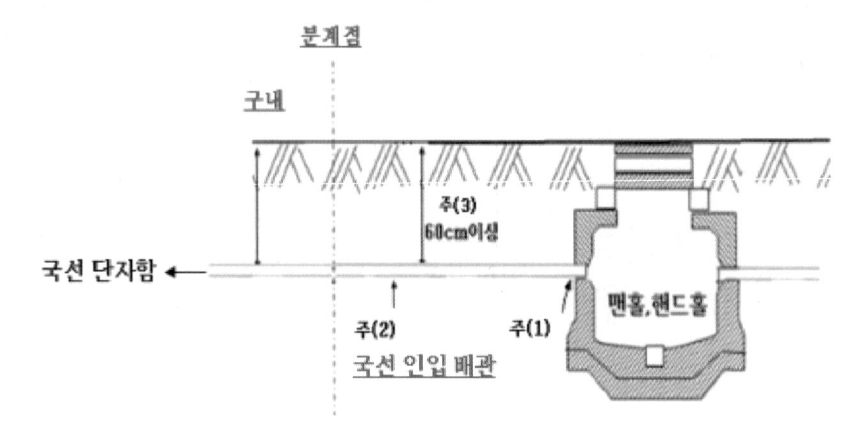

주) 1. 맨홀 및 핸드홀 연결방법은 사업자와 협의하여 결정
2. 내부식성금속관 또는 KS C 8455 동등규격 이상의 합성수지관
3. 토피의 두께는 60cm 이상일 것(차도의 경우에는 100cm 이상일 것)

2. 사업자의 전주에 연결하는 경우

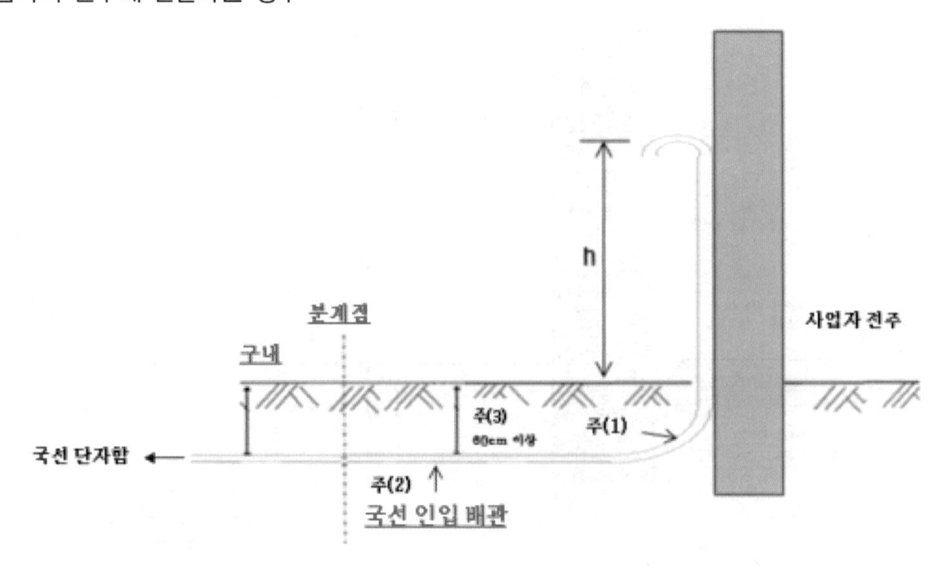

3 배관·배선공사 중요 검토·확인 사항

1. 시공순서도

주요내용	관련사진
ㅇ 시공계획서 확인 – 기계 등 타 공종의 슬리브 및 배관의 위치 확인(Shop drawing)을 통한 전기배관 간선여부 확인 – 박스위치, 배관경로, 배관배선의 굵기 및 수량 등이 설계도서에 준하여 적정한지 확인	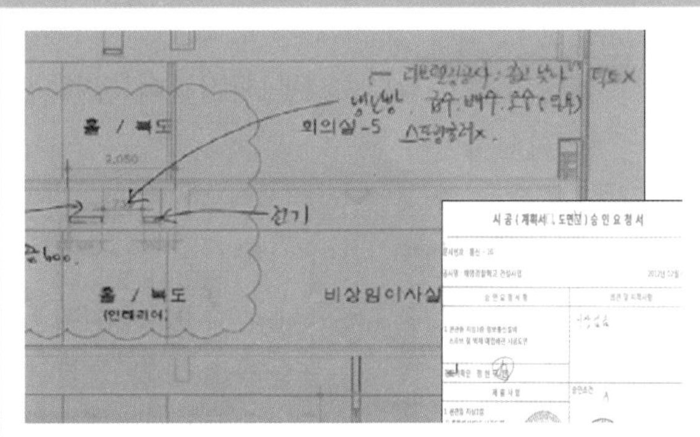
ㅇ 각 공종별 배관 색상구별을 통해 오입선 방지 – 전기, 통신, 소방공사에 사용되는 배관 및 배선의 색상별 구분	
ㅇ 배관 및 박스 보양 철저 – 배관 및 박스 미 보양 시 공간 내 콘크리트 잔재물 등 이물질 침투로 인한 배관 막힘, 배선 시 배관내 이물질로 인한 전선 표피 훼손 (전선의 절연성능 저하) 등 발생 – 배관연결부분이 탈락되지 않도록 결속	
ㅇ 거푸집 해체, 판넬 설치 후 입선 – 입선 전 배관 및 박스 청소와 관통 시험 실시 – 입선 후 박스 보양을 실시하여 전선 보호	

2. 품질관리를 위한 주요 검토·확인 사항

ㅇ시공 전 검토·협의 사항

- 시공상세도(Shop- Drawing)를 통해 전기/통신/기계 배관 공종간의 간섭여부 사전 검토를 통해 인력 및 자재 낭비 제거하여야 함
- 선후 공종의 작업순서를 확정하여 공종 간의 충돌을 방지하고 인력의 효율적 사용을 검토·확인하여야 함

ㅇ시공 중 중점 검토·확인 사항

- 사용되는 자재의 인증서, 시험성적서, 제조년도 등을 확인
- 전선관의 간격은 굵은 골재 이상의 규격인 30mm 이상 이격확인
- E/V옹벽, 보 주변(내부), 단거리 배관을 위해 슬래브 내 집중배관 등의 사례가 없도록 검측
- 기구 부착 전 배선선로의 절연저항을 측정하여 이상 유무를 확인
  ☞ 절연저항은 전선상호간, 전선과 대지간에 1MΩ이상
- 크린룸은 기압차로 인하여 배관을 통해 내·외부 공기가 순환되지 않도록 배관 끝단 막음 처리를 확인

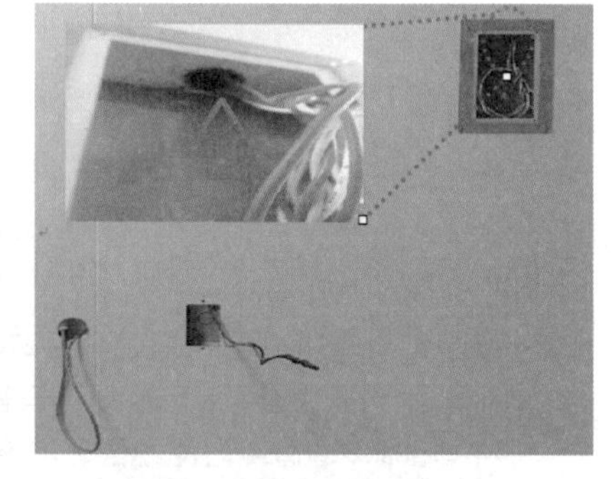

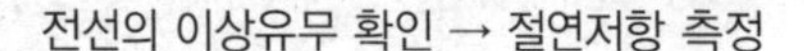
전선의 이상유무 확인 → 절연저항 측정

크린룸 배관 내부 밀폐 확인 필요

- 배관용 박스를 슬래브에 매입하는 경우에는 콘크리트 박스를 사용하고 벽체에 매입하는 경우에는 아우트렛·스위치박스를 사용하여 시공
  [슬래브 배관]
- 커플링 양쪽은 견고히 결속하여 이탈 및 들뜸 여부를 확인하고, 타설 시 접속부위 탈락과 콘크리트 샘을 방지하여야 함
- 배관간격은 30mm 이상 유지하고, 배관이 3개 이상 교차되지 않도록 하여 콘크리트 두께를 확보하여야 함
- 승강기 피트 옹벽으로 배관 입상을 금지하여야 함
- 콘크리트 타설과 진동시 자재 손상 방지하고자 벽체 내 횡배관은 피한다. 부득히 횡배관

을 하여야 할 경우에는 가급적 배관 연결 부분이 없도록 하고 결속을 철저히 하여 배관의 탈락이 없도록 하여야 함

- 건물 외벽을 관통하는 부위는 누수 방지용 슬리브를 설치하여야 함

커플링 결속

배관간격 유지

[조적 배관]

- 수직·수평 시공이 용이하도록 박스 지지철물을 제작하여 시공
- 가급적 배관을 구부림 없이 수직으로 시공

지지철물 제작

수직 시공

[배관·배선 작업]

- 입상배관은 배관의 용도에 따라 유성펜으로 구분 표시하여 배관의 오접속이 없는 일관성 있는 배관이 되도록 하여야 함
- 굴곡개소가 많거나 배관의 길이가 30m를 초과하는 경우에는 풀박스를 설치하여 배선이 용이하도록 하여야 함
- 전선관 굴곡 시 관내경의 6배 이상의 곡률반경을 유지하고 90° 이하의 굴곡배관은 노말밴드를 사용하여야 함
- 접지선에서 금속관의 끝단 사이의 전기저항은 0.2Ω 이하 유지하여야 함
- 전선관 상호간의 연결은 커플링을 사용하고 전선관과 박스는 콘넥터를 사용하여 연결하고 탈락되지 않도록 확실하게 고정하여야 함

☞ 금속관이 고정되어 있어 이것을 회전시켜 접속할 수가 없는 경우 특수커플링(유니온 커플링 등)을 사용하여 접속한다.

- 간선은 함 내 지지대와 클램프를 사용하여 고정하여야 함
- 전선의 종단접속은 동일 굵기의 경우 2~3회 이상 꼰 후 커넥터를 끼운다. 단, 절연테이프를 사용하는 경우에는 4~5회 이상 꼰 후 5mm 정도의 길이로 끝단을 구부려야 함
  ☞ 커넥터 및 절연테이프는 도전부가 노출되지 않도록 하여야 함

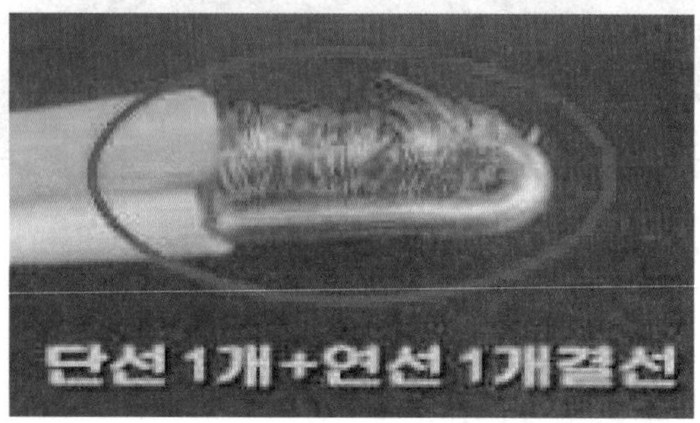

전선 5회 이상 꼼

도전부 노출 금지

- 입선 후에는 전선 및 박스의 오염을 방지하기 위해 철저히 보양하여야 함
  ☞ 입선 후 즉시 결선하고 검사를 시행
- 매입되는 배관 및 전선(케이블 제외)은 용도에 따라 색상으로 분류하여 시공토록 조치함이 필요
  ☞ 작업자의 오판으로 인한 작업오류 방지, 유지관리에 유리함.

주의사항

▶ 배관을 시공과정에서 구부러진 곳이 없는지 검측하여야 함

▶ 전선관 내부에서는 전선의 접속점이 없도록 조치하여야 함

▶ 박스 및 함은 거푸집 해체 후 또는 조적 완료 후 청소하여야 함

▶ 입선 전 반드시 수분을 제거한다. 특히, 건축마감 작업 등 물 작업 시 시스템박스 배관 내 물이 침투하므로 공사의 마지막 단계에서 확인 하여 반드시 물을 제거하여야 함

▶ 기구물 부착 전 절연저항을 체크하여 이상 유무를 확인하여야 함

※ 전기/통신 배관공사 표준시방서

1. 1. 일반사항

ㅇ 국가건설기준센터(http://www.kcsc.re.kr) "건축전기설비공사 표준시방서(국토교통부)"와 한국정보통신산업연구원(과학기술정보통신부)의 "정보통신공사 표준시방서(구내통신설비)"에 따른다.

2. 관련 시방서

① 옥외공사는 "건축전기설비공사 표준시방서 2장"에 따른다.
② 옥내배선공사는 "건축전기설비공사 표준시방서 5장"에 따른다.
③ 케이블 트레이공사는 "정보통신공사 표준시방서 Ⅱ. 7"에 따른다.
④ 케이블 덕트공사는 "정보통신공사 표준시방서 Ⅱ. 8"에 따른다.
③ 말뚝재하시험는 "표준시방서 11 50 40"에 따른다.
④ 기타 (케이슨기초 등 특수기초) "11 50 25, 11 50 30, 11 50 31"에 따른다.

▣ 배관 시공시점

▷벽체 : 벽체 철근 배근 완료 후

▷슬래브 : 거푸집 설치 후 → 박스설치, 하부근 배근 후 → 배관설치

▷조적 : 건축 조적공사에 앞서 선 시공

▣ 중점 확인 사항

▷배관
- 커플링 양쪽은 견고히 결속하여 타설시 접속 부위 탈락, 파손 방지
- 배관 간격은 30mm 이상 유지하고, 배관이 3개 이상 교차하지 않도록 시공
- 배관이 승강기 피트 옹벽으로 입상되지 않도록 하고, 불가피할 경우 레일브래킷 고정 부분을 피하도록 한다.
- 각종 입상배관은 일관성 유지, 용도별 유성펜 표기로 오접속을 방지
- 콘크리트 타설 시 배관 손상방지를 위해 벽체 내 횡배관은 억제

▷PULL BOX

- 벽체 내 각종 함은 변형방지를 위해 각목 등으로 보강한다.
- 간선 배관은 중간층에 Pull Box를 설치하여 전선 지지대를 내장한다.

※ 계량기함은 옹벽 또는 조적 배관 시 변형을 방지하기 위하여 보강목으로 고정

- 거푸집 해체 후에는 미장면 보호조치 후 보양한다.

▷조적배관

- 수직/수평 시공이 용이하도록 박스 지지철물을 제작하여 시공한다.
- 가급적 배관을 구부림 없이 수직 시공한다.

▣ 배선 시공 시점

▷배선작업 : 골조-거푸집 해체 작업 후

▷배선기구 : 도장 완료 후, 도배공사 후에 설치하는 것이 바람직하나, 공정상 초배공사 후 설치(랩 등으로 보양)

▣ 배선자재 승인 등 배선작업 시 확인 사항

▷전선 색상계획을 작성, 검토한다. (부하 불평형, 오결선에 의한 단락 방지)

▷입선 후 박스 및 함은 오염을 방지하기 위해 철저히 보양하여 전선이 노출되지 않도록 한다. (입선 후 즉시 결선하고 검사 실시)

▷간선은 흘러내리지 않도록 풀 박스 및 함에 지지대를 부착하여 클램프로 고정

▷커넥터는 전선을 3회 이상 꼬아 접속하여야 하며, 도전부가 노출되지 않도록 한다.

▣ 배선 자재승인

일반적으로 KS 전기용품 안전인증품을 사용하게 되어 있으므로 KS 전기용품안전인증 지정업체 여부를 확인한다.
[전기용품안전관리법 시행규칙 제3조 1항 : ①안전인증대상전기용품은 1천볼트 이하의 교류전원 또는 직류전원을 사용하는 것으로서 별표 2 (전선 및 전원코드 포함하여 11개 분류로 지정)에서 정하는 전기용품을 말한다.

▣ 배선과 다른 배선(관)의 이격거리

▷ 관련규정 : 내선규정 2210-7, 전기설비기술기준의 판단기준 제196조
저압배선과 다른 저압배선(관등회로의 배선을 포함) 또는 약전류전선, 광섬유케이블, 금속제수관, 가스관 등이 접근·교차하는 경우는 표 2210-5에 따라 이격하여 시설하여야 한다.

(표 2210-5) 배선과 다른 배선 등의 최소 이격거리

(단위 : cm)

배선 \ 접근대상물		애자사용		애자사용배선 이외의 배선	광섬유 케이블	약전류전선, 수관, 가스관 또는 이와 유사한 것
		절연전선	나전선			
애자사용배선	절연전선	10*	30*	10**	10***	10***
	나전선	30*	30*	30**	30***	30***
애자사용배선 이외의 배선		10**	30**			직접접속하지 않도록 시설

비고 1

* 배선과 배선 사이에 절연성의 격벽을 견고하게 시설하는 경우 또는 어느 하나의 저압 옥내배선을 충분한 길이의 난연성 및 내수성이 있는 견고한 절연관에 넣어서 시설하는 경우는 위 표에 따르지 아니하여도 된다. 또 배선이 병행할 경우는 6cm 이상으로 할 수 있다.

** 배선과 배선 사이에 절연성의 격벽을 견고하게 시설 또는 애자사용 배선에 의하여 시설하는 저압 옥내배선 또는 관등회로의 배선을 충분한 길이의 난연성 및 내수성이 있는 절연관에 넣은 경우 위 표 따르지 않을 수 있다.

*** 저압 옥내배선의 사용전압이 400V 미만인 경우로서 저압 옥내 배선과 약전류 전선·광섬유 케이블·수관·가스관 또는 이와 유사한 것과 사이에 절연성의 격벽을 견고하게 시설하는 경우

또는 저압 옥내배선을 충분한 길이의 난연성 및 내수성이 있는 견고한 절연관에 넣어 시설하는 경우는 위 표에 따르지 않을 수 있다.

비고 2

매입형 콘센트를 넣는 금속제 또는 난연성 절연물의 박스 내에 케이블, 약전류 전선 혹은 가스관을 시설하는 경우는 배선과 가스관 등이 접촉하지 않도록 격벽을 설치한다.

▣ 고압배선과 다른 배선 또는 금속체와의 접근·교차

▷관련규정 : 내선규정 3230-7, 전기설비기술기준의 판단기준 제212조

고압배선(고압접촉전선을 포함한다)이 다른 고압배선·저압배선·약전류 전선·광섬유 케이블·관등회로의 전선 또는 금속제수관, 가스관 또는 이와유사한 것과 접근 또는 교차할 경우는 표 3230-2의 값 이상 이격하여야 한다.

(표 3230-2) 고압배선과 다른 배선 또는 금속체와 접근, 교차

(단위 : cm)

접근대상물 / 고압배선	저압배선		고압배선		관등회로의 전선, 약전류전선, 광섬유케이블, 수관, 가스관 또는 이와 유산한 것
	애자사용 배선	애자사용 이외의 배선	애자사용 배선	케이블 배선	
애자사용배선	1) 15	15	15	15	15
케이블배선	2) 15	2) 15	2) 15	–	2) 15
접촉전선	3) 60	3) 60	3) 60	3) 60	3) 60

1) 저압옥내전선이 나전선인 경우 30cm 이상

2) 고압옥내배선을 내화성이 견고한 관에 넣거나 상호간에 내화성 격벽을 시설하는 경우는 위 표에 적용받지 않음

3) 상호간에 절연성 및 난연성이 있는 격벽을 시설할 경우 30cm 이상 할 수 있음

▣ 입선 전 확인 사항

▷박스 및 함은 거푸집 해체 후 또는 조적완료 후 청소한다.

▷UTP케이블 말단 절단면은 습기침투 등을 방지하기 위하여 테이핑 처리

▷전선 보호장치

▷배관내부의 물, 이물질 등을 제거하고 함, 풀박스 등의 절단면을 보호 조치한다.

▣ 입선 시 확인 사항

▷케이블의 곡률반경은 케이블 완성품 외경의 6배(단심은 8배) 이상으로 함

▷UTP케이블은 특성임피던스가 변하지 않도록 입선 시 무리한 장력(수평케이블은 11.2kg 이하의 힘을 사용)을 주지 말아야 한다.

▷광케이블 포설시 과도한 당김, 비틀림 혹은 구부림을 주게 되면 광섬유가 파손될 수 있으므로 주의한다.

4 수변전설비 및 발전기 설치공사 중요 검토·확인 사항

22.9kV One Line Diagram(설계도서, 관련규정, 제작도 확인)

(1) 특고압케이블 인입

(2) 통전표시기

(3) LBS(부하개폐기)

(4) LA(피뢰기)

(5) MOF(계기용변압변류기)

(6) DM(디지털메타)

(7) VCB(진공차단기)

(8) SA(서지흡수기)

(9) TR(변압기반)

(10) SC(전력용콘덴서)

(11) ACB(기중차단기)

(12) TIE-ACB

(13) ATS(자동전환절체기)

(14) MCCB(배선용차단기)

(15) REC(정류기반)

(16) GCP(발전기제어반)

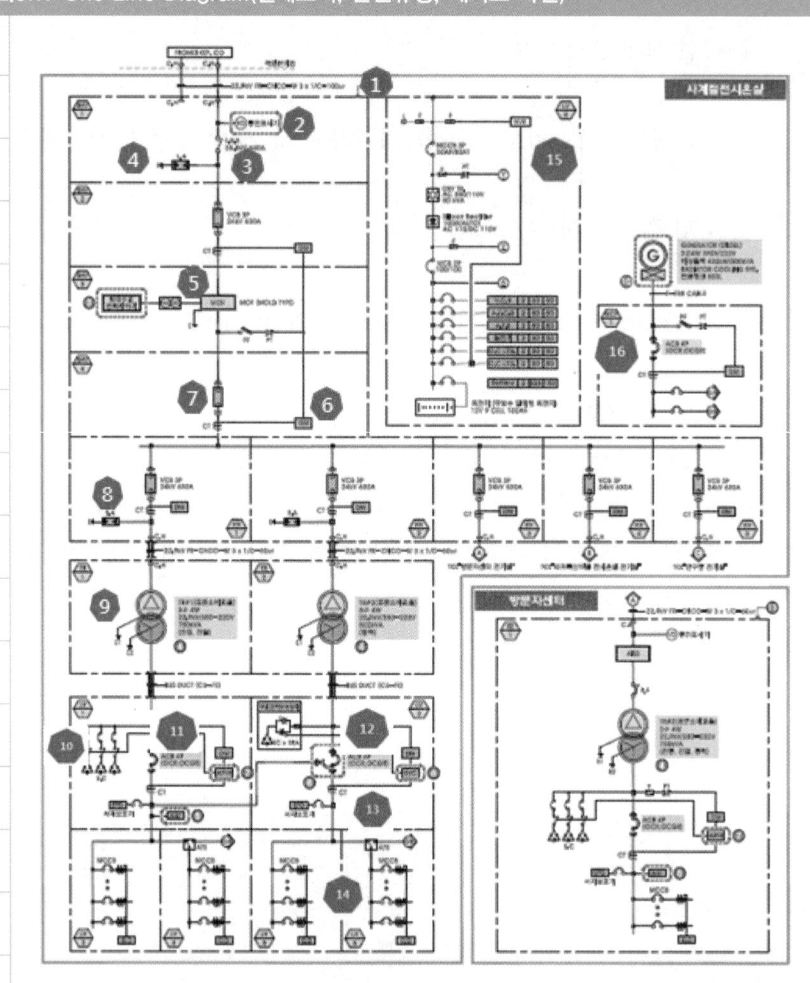

(1) 특고압케이블 인입
- 한전 인입맨홀내 여장을 사실상 불가능하므로 LBS반내에서 여장을 준다.
- 케이블헤드 단말처리는 숙련된 기능공(자격증확인)에 의해 시공되어야 한다.

22.9kV One Line Diagram

(2) 통전 표시기

부스바 부착형(좌), 외장형 통전표시장치(우)

- LBS전단 및 후단 부스에 설치하여 눈에 쉽게 띄는 곳에 설치. (도어 미개방 시 확인가능)
- 외장형 통전표시장치도 다수 사용하고 있으나, 반내 모선애자 열화현상으로 불량자재로 인한 사고 시 정전 파급효과가 큼

(3) LBS(부하개폐기)

- 수배전설비 인입구에 설치하여 부하전류를 차단(한상의 전력휴즈 용단 시 전상개방)
- 부하개폐기 설치 시 정수직 설치. (상 : 개폐기, 하 : 휴즈)
- 모선배열은 좌에서 우, 위에서 아래, 가까운 곳에서 먼곳으로 L1.L2.L3.N 상 배열.

(4) LA(피뢰기)

- 뇌전류 등 이상전압으로부터 전기기기 및 선로를 보호.
- 함내 접지선은 플렉시블 부스바로 (25mm×8mm 이상) 접지단자에 접속.

(5) MOF(계기용 변압변류기)

- 한전에서 설치하는 계량기 검침을 위한변환장치로 전력량계를 위한 PT, CT를 한 탱크안에 넣은 것 : 유입형(좌), 몰드형(우)

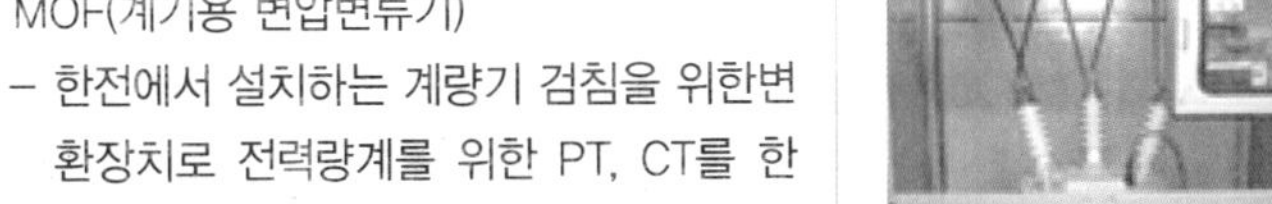

(6) DM(디지털메타)

- 보호기능 및 고장원인 분석.
- 전력계통 입출력 정보를 받아 주컴퓨터에서 처리할 수 있도록 신호 전송.

(7) VCB(진공차단기)

- 회로 보호용으로 사용하며 개폐 시 발생하는 아크를 진공으로 소호.
- 단락전류 등 이상전류 발생 시 이를 차단하여 전기기기 등을 보호.
- 고압 및 특고압 회로에 사용.

22.9kV One Line Diagram

(8) SA(서지흡수기)

- VCB(진공차단기)와 변압기(몰드변압기) 사이에 설치하여 VCB 개폐서지 등 이상전압으로부터 변압기 등 기기보호.
- 함내 접지선은 플렉시블 부스바로 (25mm× 8mm 이상) 접지단자에 접속.

(9) TR(변압기반)

- 변압기는 견고하게 설치하고 바닥 수평이 되도록 고정.
- 변압기 진동방지를 위해 두께 12mm이상의 방진 고무판 설치.
- 베이스 앙카(4개소)는 누락되지 않도록 고정.
- 시운전 시, 온도 감지장치 작동시험 실시.
- 변압기 1차측(파워퓨즈)은 OC선을 설치 하고 2차측은 후렉시블 부스바로 설치하여 진동을 흡수.

(10) SC(전력용콘덴서)

- 역률개선 및 무효전력 감소
- 축전지반과의 완전구획 실시.
- 냄새유무, 변형 주기적 확인.
- 설계도서에 따라 역률조정을 능동적으로 대처하고 고효율을 유지할 수 있는 자동 역률 조정기 설치할 수 있다.

(11) ACB(기중차단기)

- 과전류를 미리 예측하여 자동적으로 회로 개방하거나, 수동으로 회로를 개폐하며 공기차단기 일종으로 교류 1,000V이하의 저압회로에서 사용.
- 접속단자 볼트 조임상태 및 조작기구 작동 상태(자동 또는 수동) 확인.

(12) TIE-ACB

- 변압기 고장 발생 시 정상 변압기를 통한정상적인 부하공급을 목적으로 조작하는차단기 기존 ACB와 인터록이 되어 있어조작 시 주의가 필요함.
- 오동작 방지를 위하여 사용요령 및 관리요령에 대하여 관리자 교육 및 명판을 제작하여 잘 보이는 곳에 고정.

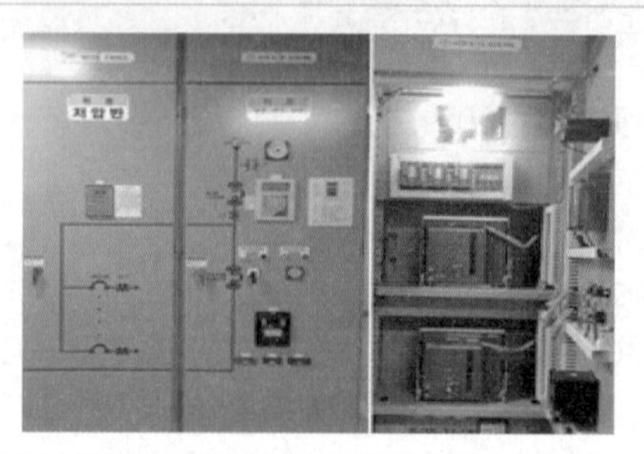

22.9kV One Line Diagram

(13) ATS(자동전환절체기)
- 한전 정전 시 주요부하(급수펌프, E/V, 소방 전원 등)에 발전기 전원을 자동으로 공급해주는 장치.

(14) MCCB(배선용차단기)
- 1열 배열 시 PNL하부까지 MCCB가 설치되지 않도록 하며 부족 시 종2열로 배열하여 CABLE 포설 및 단말처리를 편리하게 한다. (PNL상부 OPEN구도 양쪽2열로 제작)
- MCCB규격이 225AF부터 2차단자는 ZCT를 관통하여 동 BUSBAR 2HOLE로 접속.
- 현장 납품전 공장 검수 시 단락용량 계산 서와 동일한 제품인지 확인.

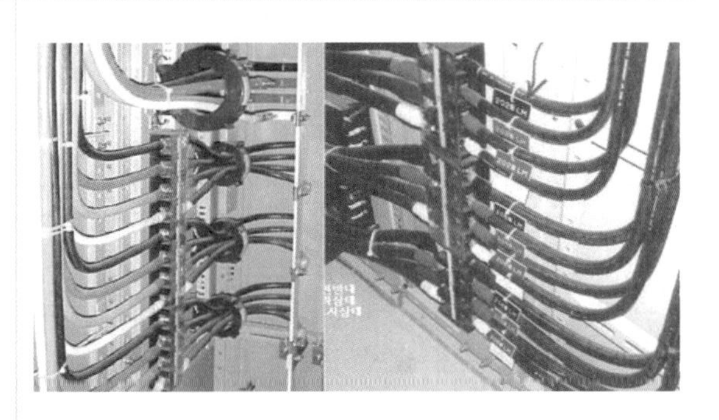

(15) REC(정류기반)
- 충전 상태 및 배터리 상태를 확인하여 배터리 상태가 청색일 때는 양호하고 백색일 때는 교환해야 함.

(16) GCP(발전기반)
- 정전 시 수배전과의 자동운전 및 화재 시 수신반과의 자동,수동 운전회로를 확인.
- 겨울철에는 엔진히터에 전원이 공급되고 있는지 확인.
- 조작 전원용 차단기 투입상태 확인.

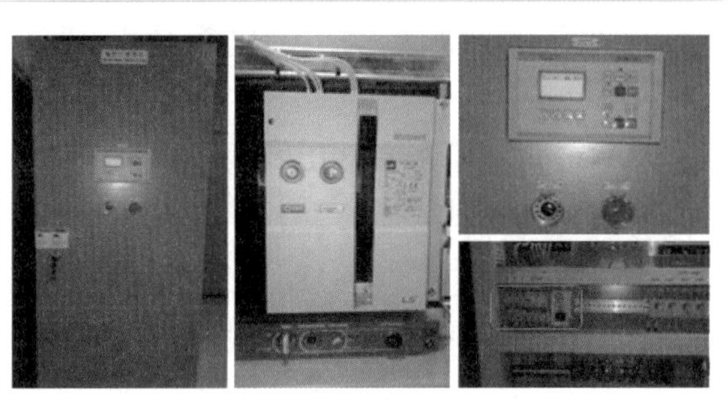

▶설치 기기용량은 설계도서(계산서) 일치 및 적합여부 확인.

▶내진설계는 건축전기설비 내진설계 시공지침서(대한전기협회)를 참조.

2. 품질관리를 위한 주요 검토·확인 사항

ㅇ시공 전 검토·협의 사항

[전기실/발전기실]

- 전기실/발전기실의 위치 및 면적, 전기 인입인출의 용이성, 장비의 반출입, 침수나 결로 등의 문제가 없는지 검토하여야 함
- 발전기실은 급·배기 및 발전기 연기의 배출(연도)이 용이한 장소인지 검토하여야 함
- 발전기 소음으로 인한 피해의 우려가 없는 장소인지 검토하여야 함
- 전기실, 발전기실내 급배기휀 설치위치 등에 대해 기계분야와 사전 협의하여 전기설비(케이블트레이, BUS DUCT 등)와 간섭되지 않아야 함
- 장비 반입구 규격을 확인하여 확대 및 축소를 검토하고, 반입 후 즉시 뚜껑을 설치하도록 건축 공종에 요청하여야 함

[수배전반/발전기]

- 수배전반 및 발전기 외형 대비 장비 반입구 크기, 반입경로의 폭 및 높이, 지장물의 간섭 여부, 출입문 크기/위치 등은 적정한지 검토하여야 함
  ☞ 출입문 위치는 기둥이 없는 위치에 설치하여 장비 반입 시 간섭이 없도록 한다.
- 전기실/발전기실의 높이는 수배전반/발전기 높이를 고려하여 충분하게 확보되어 있으며 기계 급배기덕트 등으로 인해 설치에 문제가 없는지 검토하여야 함
- 전기실 내 기둥이 있는 부분은 수배전반 설치가 불가하므로 이를 고려하여 전기실 면적이 반영되었는지 검토하여야 함
- 발전기 반입경로가 전기실을 경유해야 할 경우 수배전반 배치 시에도 반입에 문제가 없는지 확인하고 불가할 경우 반입 일정 조정 등을 검토하여야 함
- 발전기 용량, 급·배기량, 매연 저감, 비상전원 계통연계, 내진 설치 등에 대한 적정 여부를 검토하여야 함

ㅇ시공 중 중점 검토·확인 사항

[전기실/발전기실]

- 전기실/발전기실 내 배수 트랜치 설치 여부 및 구배 확인, 누수 및 결로 등이 없는지를 확인하여야 함

- PAD 위치/크기/높이 등은 설계도서에 맞게 적정한지 확인하여야 함

- 장비반입 전 전기실/발전기실 내부 건축 마감, 유류탱크 방유턱(모래채움 포함), 설비덕트 및 소방배관 등 타 공종의 작업이 완료되었는지 장비 PAD에는 에폭시도장이 되었는지 확인하여야 함

- 완제품 또는 조립형 부품으로 반입 여부를 사전검토하여야 함

- 수배전반 반입 전에 출입문 및 시건장치 설치 여부를 검토하여야 함

- 전기실 내부는 물이 침입하거나 또는 침투될 염려가 없도록 조치하고, 바닥 레벨은 기계실의 물탱크파손 등으로 전기실에 누수가 유입되지 않도록 바닥 레벨 상향 여부를 확인하고, 필요시 원천적인 누수 유입이 없도록 조치하여야 함

- 고압 또는 특고압 배전반은 취급자에게 위험이 미치지 않도록 적당한 방호장치 또는 통로를 시설하고 기기 조작에 필요한 공간을 확보하여야 함

- 보기 쉬운 장소에 수변전설비 표시와 적당한 위험표시를 하여야 함

- 전기실 및 발전기실 상부에 설비 배관(물배관)이 설치되거나 관통하지 않도록 하여야 함

- 발전기 및 운전반 기초는 발전기 설치도면 승인 후 규격 및 위치를 건축공종에 통보하여 정확하게 설치되도록 조치하고, 발진기 기초는 내진 스토퍼의 설치공간을 감안하여 결정하여야 함

- 전기설비 절연저항(2회 이상) 및 접지저항(분기별) 측정기록을 관리하여야 함

- 발전기 급·배기구는 용량에 따라 산출된 필요공기량 이상으로 공급이 가능하도록 면적을 확보하고, 급·배기구에는 필요에 따라 FD, BDD, PRD를 설치함이 필요

- 발전기실 급·배기 창에 그릴이 설치되는 경우에는 개구율을 50%로 정하여 필요한 면적을 산정하여야 함

- 발전기실 DA(Dry Area)의 급·배기가 분리되어 있는지 확인하고 급·배기구 규격의 적정 여부를 확인하여야 함(급기 : 그릴창, 배기 : 창)

- 발전기 라디에이터 배기가 배기덕트를 통하여 직선으로 옹벽과 연결될 수 있도록 DA 깊이와 배기덕트용 옹벽 슬리브 규격 및 위치를 확인하여야 함

- 발전기 연도는 보일러 연도와 연결하는 경우 연결 위치를 설비공종과 협의하고 보일러실과 발전기실 간의 벽체(옹벽, 조적벽 등)는 관통슬리브를 설치하여야 함(건축 및 기계공종과 협의하여 위치 결정)

- 연도는 굴곡 부분이 최소가 되도록 경로를 정하여 연도 내 배기가스 압력 상승을 방지토록 관리하여야 함

- 발전기실 벽체 설치 시 급·배기구, 주유구 및 통기 배관용 관통 슬리브를 설치하여야 함

- 변압기의 발열 등 실온 상승을 감안하여 환기장치, 냉방장치 등을 설치하여야 함

- 변압기는 진동이 구조체에 전달되는 것을 방지하기 위하여 12mm 정도의 고무판을 변압기 지지대와 콘크리트 바닥 사이에 설치하여야 함

- 전기실/발전기실에 습기·결로 등이 발생하지 않도록 공조시설 등을 설치하여야 함

- 옥외에 전기실을 설치하는 경우 지반이 주위보다 낮고, 배수가 불량한 위치는 피하고, 부- 옥외 전기실 바닥은 5/100 정도의 배수구배로 설치하여야 함

[수배전반/발전기]

- 승인된 제작도면 및 제 규정에 따라 제작한 후 감리원의 공장검사를 통해 품질시험을 득한 후 현장에 반입하여야 함

- 공장 입회검사 시 관련 제 규정 및 제작승인도에 따라 체크리스트를 작성하여 외관검사, 기기 동작시험 등 성능시험을 실시하여야 함

- 각종 기기는 사전 승인도 제품(업체, 규격 등)을 사용하였으며 관련 제품의 시험성적서 등은 구비되었는지 확인하여야 함

- BUS BAR는 적정규격, 적정 도금을 사용하였으며, 허용전류는 적정한지 확인하여야 함

- BUS BAR는 고강도 풀림방지용 볼트를 사용하여 체결하여야 함

- 현장 반입 시 반입경로를 사전 점검하여야 하며, 장비반입을 위한 중량물 취급 작업계획서를 현장 안전팀에 사전 제출하여야 함

- 현장반입 중 수배전반/발전기가 훼손되지 않도록 견고하게 보양하고, 숙련된 작업자로 하여금 반입 설치하도록 관리하여야 함

- 판넬은 충전부와의 안전 이격 거리가 충분한지 확인하여야 함

- 수배전반 열반작업 시 수직/수평/고정 등을 철저히 하여야 하며 오염되거나 훼손된 부분은 반드시 원상복구 하여야 함

- 배전반 내에서 케이블이 무리하게 꺽기기나 비틀어지지 않도록 배선하여야 하며 접속부분은 전기적 기계적으로 완전하게 접속되도록 난말처리에 유의하여야 함(접속난자 고정볼트 토크값 확인)

- 수배전반내 케이블 인입·인출이 완료된 후에는 배전반의 OPEN 부분을 밀실하게 막아야 함

- BUS BAR, 케이블 등의 접속이 완료된 후에는 고정볼트의 토크를 확인하고 각 고정볼트에 "I"마킹을 함이 필요

- 수배전반함은 내진 설치기준에 따라 앙카볼트로 견고하게 고정하여야 함

- 한전 수전 시 역상 여부를 확인하고 역상인 경우 한전에 상 변경을 요청하여야 함(반드시 LBS 1차 측에서 변경)

- 한전으로부터 전원이 수전된 후에는 수배전반, 발전기 등 전력공급설비와 전력중앙감시반, 승강기 등을 가동하여 종합적인 시운전을 실시하여야 함

- 발전기 부하시험 등 시험 운전을 통하여 제 규정에서 정하는 값을 만족하는지 확인하여야 함

- 발전기 제어반은 판넬의 외관검사, 접속부 볼트 조임상태, 충전부 보호상태, BUS BAR의 상별 색상 및 도금상태 등의 적정 여부를 확인하여야 함

- 발전기 용량에 따른 유류탱크 용적을 확인하여 2시간 이상 운전이 가능하도록 설치하여야 함

- 밧데리는 장기간 사용 시 폭발 위험이 있으므로 폴리카보네이트 재질의 COVER를 설치하여야 함

- 발전기 연료공급 배관은 누유되지 않도록 시공에 유의하여야 하며, 유류 탱크는 급유 배관과 가까운 위치에 벽면과 500mm 이상 이격하여 설치하고, 유류 탱크 주위는 방유턱을 설치하여야 함
  * 동절기에는 영상 4℃ 이상 유지하여 기동실패 확률을 줄인다.

- 연료 주입구 및 통기관 배관(에어벤트), 연도, 배기덕트 등은 누설되는 부분이 없도록 제작 설치하여야 함

- 발전기에 연결되는 주회로의 단자반은 진동에도 풀리지 않도록 스프링 와셔, 2중 볼트를 사용하며, 단자반에 접속되는 배관은 플렉시블을 사용하거나 접속을 분리하여 진동이 전달되지 않도록 하여야 함

- 발전기실 연도 설치 시 소음기는 2차측부터 확관하여 설치하여야 함

[입회검사 및 품질시험 항목]

- 공정 중 다음과 같은 단계별 시공에 대한 감리원의 입회검사를 실시하여야 하며, 시공 후에 검사가 곤란하거나 불가능한 부분은 감리원의 입회하에 시공하여야 함
  ① 콘크리트 타설 전:PAD 위치, 타 공종배관 관통 여부, 매입 배관 등
  ② 인서트 설치:인서트 위치 등
  ③ 설치 작업:수배전반 등 판넬, 케이블트레이, BUS DUCT 등
  ④ 포설 작업:CABLE 포설
  ⑤ 관통 부분:방화구획 관통부 내화 처리, 외벽관통부 방수 처리 등
  ⑥ 접속 작업:전선(케이블)과 기기의 접속(단말 처리) 등

주의사항

▶ 품질시험 항목 : 기기의 설치 및 배치를 완료한 후에는 구조시험, 성능시험 등을 실시하며, 변압기의 경우 저압회로의 누설전류를 측정 하여야 함

▶ 내전압 시험 : 특고압 주 회로와 대지 간, 고압충전부 상호 간 및 대지 간은 내전압 시험을 실시하여야 함

※ 수변전설비공사 표준시방서

1. 1. 일반사항

○ 국가건설기준센터(http://www.kcsc.re.kr)의 "건축전기설비공사 표준시방서 제3장"에 따른다.

2. 관련 시방서

① 옥내배선공사 "건축전기설비공사 표준시방서 제5장"에 따른다.
② 접지설비공사 "건축전기설비공사 표준시방서 11-4"에 따른다.

▣ 계약전력에 따른 공급전압 가능 범위

▷ 관련규정 : 건축전기설비 설계기준 제4장 2.2
수전전압을 제한하는 요소는 전기사업자의 공급전압으로서 아래표를 참조하여 결정한다.

계약전력(kW)	공급방식 및 공급전압(V)
500 미만	교류단상 220 또는 교류삼상 380
500 이상 10,000 이하	교류삼상 22,900
10,000 초과 400,000 이하	교류삼상 154,000
400,000 초과	교류삼상 345,000 이상

▣ 수배전반 기기별 최소 유지 거리

▷ 전기설비기술기준의 판단기준 제 53조

▷ 관련규정 : 내선규정 3220-4 수전실 등의 시설

(표 3220-2) 수전설비의 배전반 등의 최소 유지 거리

(단위 : m)

부위별 / 기기별	앞면 또는 조작면	뒷면 또는 점검면	열상호간 점검면	기타의 면
특별고압배전반	1.7	0.8	1.4	–
고압배전반	1.5	0.6	1.2	–
저압배전반	1.5	0.6	1.2	–
변압기 등	0.6	0.6	1.2	0.3

※ "변압기 등" 앞면 또는 조작면의 최소이격거리는 건축전기설비 설계 기준과 같이 1.5M로 적용하는 것이 적합함.

중점확인 사항	협조
– 전기실 출입문은 변압기반의 반입이 가능한지 확인하고, 장비 반입 후에는 출입문 및 장금장치 설치를 요청한다. – 장비 반입구 규격을 확인하여 확대 및 축소를 검토하고 반입 후 즉시 뚜껑을 설치토록 요청한다. – 장비 반입 후 즉시 바닥 마감이 되도록 하여 먼지가 발생하지 않도록 한다.(초벌 바닥마감 후 장비를 반입하고 마감은 완료한다.) – 발전기 가동시 충분한 급배기가 이루어지지 않을 경우 발전기 실내 온도상승으로 인하여 발전기 가동이 중단될 수 있으므로 건축도면을 반드시 확인한다.	건축
– 전기실 및 발전기실 상부에 급배수 배관이 설치되거나 관통하지 않도록 한다. (부득이 기계배관이 설치될 경우 배관 하부에 누수 방지시설을 설치)	기계

구 분	항 목	수배전반 설치 상태 점검내용
특고반	1) 외함	– 도장 벗겨짐, 오염, 녹 발생 유무 – 표시등 각 계기, 절체개폐기 등 부착상태
	2) 표시등	– 작동상태
	3) 각 계기	– 전압, 전류, 역률, 무효전력, 수용전력 등 지시치 확인
	4) 절체 개폐기	– 정상 위치 확인
	5) 시건장치	– 잠금 상태 확인
	6) 접지선	– 단선, 손상유무 및 연결 볼트 조임상태
	7) 피뢰기	– 오염, 손상, 균열, 녹 유무 – 접지선의 단선, 손상유무 및 접속볼트 조임상태
	8) 진공차단기 (VCB)	– 각 기구부위 손상, 변색 및 접속단자 조임상태 – 조작기구 작동상태 및 절연셔터 설치여부
	9) 모선(부스바)	– 손상변색 및 애자의 오염, 균열 유무 – 접속부위의 연결 및 조임상태 – 상별 모선간 이격거리 및 상구분 색상 표시 상태
	10) 보호계전기	– 오염, 손상, 단자조임상태 – 작동시험 및 내부배선 부품 등의 손상 유무
	11) 계기류 (지시계)	– 영점조정 확인 및 계기류의 지시양부 확인 – 변성기, 변류기의 2차측 배선 탈락 및 연결 조임 – CT, PT 의 시험단자(CTT, PTT) 설치 여부
변압기반	1) 건식변압기	– 층 전부의 청소상태 및 방진 PAD 설치여부 – 변압기 고정상태 및 이상소음 및 냄새 유무 – 중섬점의 접지선 탈락 또는 연결상태 확인 – 온도계의 지시양부
	2) 전력용 저압콘텐서	– 이상소음 및 냄새유무 – 손상, 변색유무 및 배선의 연결상태(접지선 포함)
저압반	1) 기중차단기 (ACB)	– 각 기구부의 손상, 변색 및 접속단자 조임상태 – 조작기구 작동상태(자동 또는 수동)
	2) 배선용차단기	– 부착상태 및 개폐 동작 상태
	3) 지시계기류	– 영점조정확인 및 지시치의 양부확인 – 변성기, 변류기의 2차측 배선 탈락 등 조임상태 – CT, PT 의 시험단자(CTT, PTT) 설치 여부
	4) 모선 및 분기 배선	– 각 상별 색상표시의 변색유무 – 접속부, 분기부위의 조임상태 – 접지용 부스바의 연결상태 및 오염, 손상유무

※ 부스바(접속상태)
- 부스바는 스테인레스 볼트를 이용하여 직접 접속
- 황동제 클램프 사용 불가 : 진동시 이상전류에 의한 전자력 충격으로 파손 및 탈락 우려

5 옥외 전기공사 중요 검토·확인 사항

1. 시공 가이드

주요내용

○ 맨홀시공 주요 Check 사항
- 터파기 상태 및 매설깊이
- 배관의 종류, 규격, 곡률반경 유지
- 맨홀의 규격 및 설치높이
- 인입 맨홀의 위치 및 건물 관부위 Check
- 간섭공정 확인(오·우·배수 및 기계설비 상수도, 도시가스와 중복확인, 지반침하)
- 맨홀 인입배관 부위 방수처리

○ 맨홀 설치기준
- 설치 간격 및 장소 : 인도 또는 녹지를 원칙으로 한다.
  - ① 도로의 분기 또는 허용 굴곡 반경이상 굴곡 개소 설치.
  - ② 급경사 언덕길의 상, 하 설치.
  - ③ 케이블의 접속 및 분기개소 설치.
- 매설깊이 : 지표면으로부터 케이블 방호물(트로프, 관 등)의 상단까지를 기준으로 한다.
  - ① 관로
    - (가) 차도 및 중량물의 압력을 받을 우려가 있는 장소 : 1.0m
    - (나) 기타의 장소 : 0.6m
  - ② 맨홀(핸드홀) 및 전력구(덕트)는 도로 관리기관의 조례에 따라 도로포장을 고려하여 설계한다.
- 접지 : 제3종 접지(해당부분 : 맨홀뚜껑) 전기설비 기술기준의 판단기준(139조)
  - ① 게이블 지지하는 금구류는 제외
- 누수방지
  - ① 인입 인출 배관 고저차를 40cm 이상
  - ② 지중관 연결시 관로방수 장치를 이용하여 외부 우수 등 유입방지.

관련도면(상세도) 및 사진

○전력인입 맨홀상세도

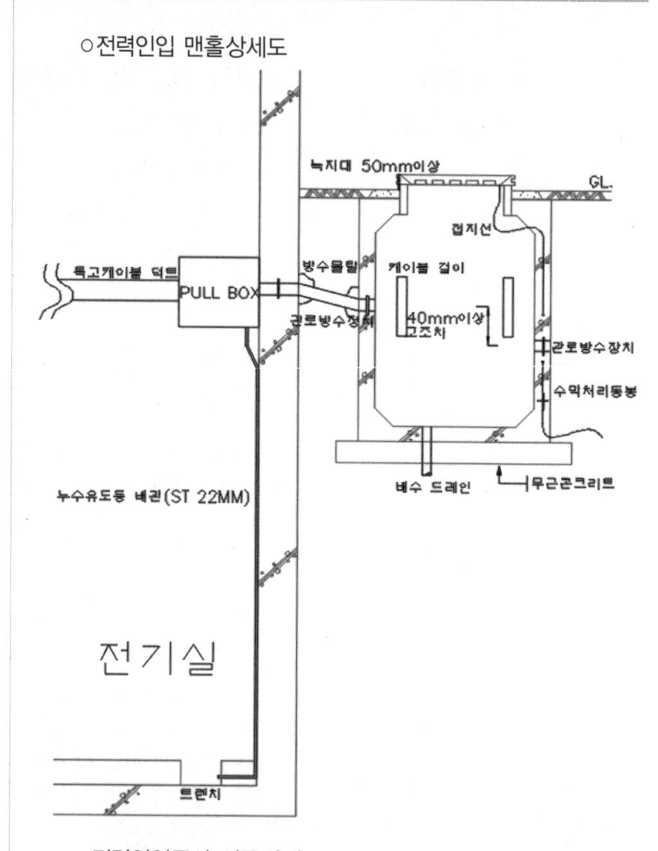

○전력인입공사 시공사례

① 터파기 후 관로배관(보호판설치)

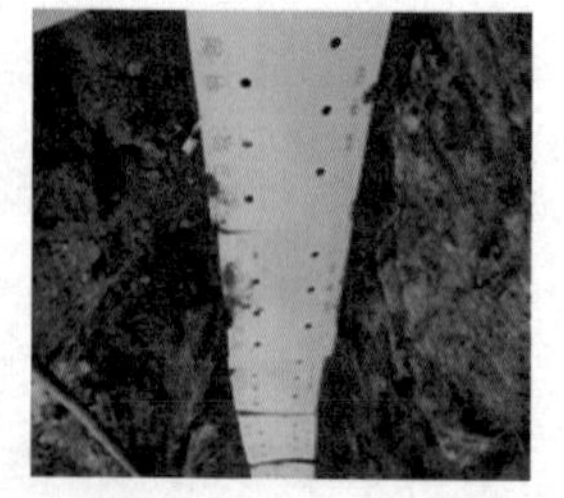

② 관로방수장치 및 되메우기(접지)

주요내용	관련도면(상세도) 및 사진
ㅇ 관로배관 매설을 위한 터파기 공사시 "보호판", "경고테이프" 설치 의무화로 안전사고 예방을 철저히 하여야 한다. ㅇ 관내에 케이블을 포설하는 경우는 인입 하기에 앞서 관내를 충분히 청소하고 케이블을 손상하지 않도록 관 단을 보호한 후 조심스럽게 인입한다. ㅇ 케이블 인입구, 인출구 가까이의 맨홀, 핸드홀내에서 여유를 갖게 하여야 한다. - 특고압 구간 터파기 ① 지중관로표지기 ② PVC보호판, 경고테이프 * (설계도서에 준함)	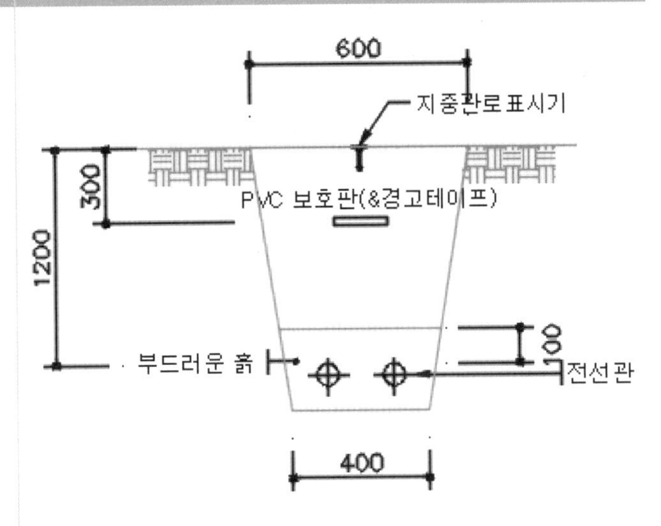
ㅇ 관로구 방수 설치 시 유의사항 ① 구배는 옥외측 하양구배로 한다. ② 관통위치는 기둥, 빔에 접근하지 않고 작업, 점검이 용이한 위치설치 ③ 공사 중 케이블 인입전 흙, 물이 유입되지 않게 방수캡을 사용하여 관로구 폐쇄 철저	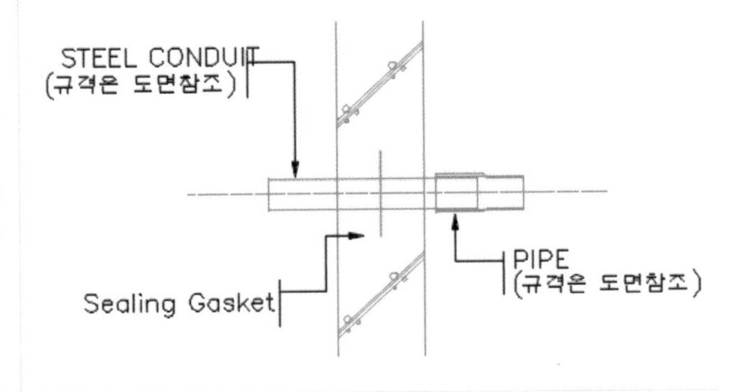

2. 품질관리를 위한 주요 검토·확인 사항

ㅇ 시공 전 검토·협의 사항

- 우·오수/상수도/도시가스 배관 등 타 공종 지중관로와의 간섭 여부를 사전 검토·협의하여야 함

- 터파기 깊이 및 폭, 작업환경 등을 감안하여 적정 일일작업량을 산정하고 흙막이 및 안전난간대 등 안전시설, 작업인원 및 장비투입계획 등 지중관로공사에 필요한 세부적인 시공계획을 검토·수립하여야 함

- 지중관로 구간이 자갈 등 토질이 좋지 않은 경우에는 되메우기를 위한 모래, 고운 흙 등의 수급계획을 검토·수립하여야 함

- 지중관로 구간에 건설자재 등 지장물이 있는 경우에는 공사에 지장이 없도록 조치계획을 사전 검토·수립하여야 함

- 터파기에 따른 추락, 매몰 등 안전사고에 대비한 안전계획을 사전 검토·수립하여야 함

- 토질, 지중관로 경로, 터파기 폭 및 깊이, 배관 수량, 공사 구간의 현장 여건 등을 감안하여 일일 작업량을 산정 가급적 터파기 상태로 익일까지 유지되지 않도록 사전 검토하여야 함

- 맨홀은 설치 위치, 관로 방향, 매립 깊이 등을 사전 검토하여 배관연결을 위한 관통 슬리브를 반영하여 제작하여야 함(맨홀 제작상세도 검토 필요)

- 맨홀 제작 시 연결되는 배관의 규격별 필요 수량에 대한 슬리브를 설치하여 제작될 수 있도록 제작상세도를 검토하여야 함

○ 시공 중 중점 검토·확인 사항

- 배관 경로, 전선관 규격 및 수량, 맨홀의 위치 및 규격 등이 설계도서에 적합하게 시공되었는지 확인하여야 함

- 터파기 깊이, 폭(안전각 유지) 등이 설계도서 및 제 규정에 적합하게 시공되었는지 확인하여야 함

- 전선관 포설 전 터파기 깊이 및 폭, 잔돌 등 돌출물 유무, 바닥 다짐 상태, 모래 채움 상태 등을 확인하여야 함

- 전선관 포설 후 전선관 상단에서 지표면까지의 매설깊이가 제 규정 (차도 1.0M 이상, 보도 0.6M 이상)에 적합하게 시공되었는지 확인하여야 함

- 포설된 전선관의 상태를 확인하여 훼손되거나 연결 부분이 없는지 확인하고, 전선관 내 물, 토사 등이 유입되지 않도록 하여야 함

- 되메우기 시 시공도면에 따라 모래, 위험표지 테이프, 보호판, 흙 등이 적정하게 시공되는지 확인하여야 함

- 맨홀 설치위치 및 수평상태, 바닥 다짐 상태(침하 여부), 배관 연결 및 방수 조치상태, 맨홀 내 물 배수시설, 청소상태 등을 확인하여야 함

- 관로구 방수장치와 파형경질 폴리에틸렌관의 접속에 대한 이중관로 접속처리 확인(침몰 및 침수 방지 확인)을 하여야 함

- 고압 또는 특별고압용 지중배관 상부에 위험표시(고압 또는 특별고압 '위험 경고테이프')용 비닐시트를 지중관로 직상부에 매설하여야 함

- 폭발성 또는 연소가스가 침입할 우려가 있는 곳(내부 부피 $1m^3$ 이상)에 시설하는 맨홀에는 통풍장치 기타 가스를 방산하는 장치를 설치하여야 함

- 공동구의 교차구는 설비 배관과 트레이, 덕트가 교차되어 복잡하게 시공되는 부분이므로 유지보수가 용이하도록 교차구의 층고 조정율 등을 협의 후 시공하여야 함

- 전력 인입맨홀 시공 시 맨홀의 규격 및 설치 높이 등을 검토하여 바닥면에서 돌출되지 않도록 시공계획을 수립하여야 하며, 지중관 연결 시 관로방수를 실시하여 외부 우수 등 유입을 방지토록 조치하여야 함

- 건물외부에서 내부로 진입하는 맨홀의 맨마지막은 건물에 최대한 근접 배치하여 내부로 누수(흙탕물 유입)에 대한 하자를 원천적으로 예방함이 절대적으로 유리함
  ☞ 전기실과 연계된 지중전선관을 통하여 변전실에 외부 우수 등 물이 유입되지 않도록 반드시 검토·확인

- 지중 맨홀은 견고하고 차량 기타 중량물에 압력에 견디며, 물기가 쉽게 스며들지 않는 구조이어야 함

- 지중 맨홀 안에 고인 물을 제거할 수 있도록 슬리브 설치를 통해 인접 우수관로로 연결시키는 구조로 하여야 함

- 맨홀의 지중전선로를 통한 외부 우수 등 유입방지를 위하여 인입/ 인출 배관의 고저차는 40cm 이상으로 하고, 인입/인출배관 부위는 방수 처리하여야 함

[안전작업을 위한 사전 조치사항]

- 맨홀 상하차 및 터파기(되메우기 포함) 작업 시 장비 등의 협착에 주의하여야 함

- 맨홀 내 작업 시 환기상태를 확인하여야 함

- 터파기 시 토사 붕괴 방지를 위한 토목공종과 협의 후 사면의 안전각 유지 등 법면 보호 조치를 하여야 함

- 터파기 주변에는 추락 방지를 위한 안전난간 시설을 설치하여야 함

[지중관로공사 시공순서]

- 시공 전 배관규격 및 수량, 배관경로, 맨홀 위치 및 수량, 터파기 깊이 등에 대하여 시공상세도를 작성 감리원의 승인을 득하여야 함

- 터파기 구간의 토질, 배관 경로의 지장물 유무, 날씨 등을 검토 확인하여 지중 관로공사 일정을 수립한다.

- 터파기 깊이는 전선관 상단에서 지표면까지 제 규정에 따른 매설 깊이가 충분히 나오도록 하고, 바닥면은 돌출물이 없도록 하며 울퉁불퉁한 부분이 없도록 균일하게 다져야 함

- 전선관 포설 전 바닥에 모래(또는 이에 준하는 고운 흙)를 일정한 두께(상세도 기준)로 깔아 돌출물로 인한 배관의 손상을 방지하여야 함

- 배관과 직접 접하는 부분의 되메우기는 모래 또는 고운 흙으로 하여 이형자갈 등 돌출물에 의한 전선관 훼손이 없도록 하여야 함

- 맨홀 설치 시 바닥 다짐을 철저히 하여 시공 후 맨홀이 침하되지 않도록 하고, 맨홀 내 배수시설을 설치하여 맨홀 내로 유입된 물의 배수처리 대책을 마련하여야 함

- 맨홀 및 옥내로 연결되는 배관은 관로구 방수장치를 사용하여 외부의 물 유입을 방지하여야 함

- 배관은 가급적 굴곡부분이 없도록 하며, 부득이한 경우 충분한 곡률반경을 주어 입선이 용이하도록 시공하여야 함

- 타 공종 지중 배관과 충분히 이격하여야 하며 보호판 등을 설치하여 배관이 훼손 또는 파손되지 않도록 하여야 함

주의사항

▶ 지중전선로의 매설개소는 필요에 따라 매설깊이, 전선로의 방향 등을 지상에서 쉽게 확인할 수 있도록 30m 정도마다 매설표지를 하여야 하며, 매설위치를 준공도면에 정확히 표시하여야 함

▶ 전압 종류별 지중전선 케이블 사용 철저(판단기준 제8, 9조)

※ 옥외전기공사 표준시방서

1. 1. 일반사항

○ 국가건설기준센터(http://www.kcsc.re.kr)의 "건축전기설비공사 표준시방서 제2장(옥외공사)"에 따른다.

2. 관련 시방서

① 가설공사 "건축전기설비공사 표준시방서 2-1"에 따른다.
② 토공사 "건축전기설비공사 표준시방서 2-2"에 따른다.

■ 전기설비기술규정(KEC) 334.1 지중 전선로의 시설

1. 지중 전선로는 전선에 케이블을 사용하고 또한 관로식·암거식(暗渠式) 또는 직접 매설식에 의하여 시설하여야 한다.

2. 지중 전선로를 관로식 또는 암거식에 의하여 시설하는 경우에는 다음에 따라야 한다.

가. 관로식에 의하여 시설하는 경우에는 매설 깊이를 1.0m 이상으로 하되, 매설 깊이가 충분하지 못한 장소에는 견고하고 차량 기타 중량물의 압력에 견디는 것을 사용할 것. 다만 중량물의 압력을 받을 우려가 없는 곳은 0.6m 이상으로 한다.
나. 암거식에 의하여 시설하는 경우에는 견고하고 차량 기타 중량물의 압력에 견디는 것을 사용할 것.

3. 지중 전선을 냉각하기 위하여 케이블을 넣은 관내에 물을 순환시키는 경우에는 지중 전선로는 순환수 압력에 견디고 또한 물이 새지 아니 하도록 시설하여야 한다.

4. 지중 전선로를 직접 매설식에 의하여 시설하는 경우에는 매설 깊이를 차량 기타 중량물의 압력을 받을 우려가 있는 장소에는 1.0m 이상, 기타 장소에는 0.6m 이상으로 하고 또한 지중 전선을 견고한 트라프 기타 방호물에 넣어 시설하여야 한다. 다만, 다음의 어느 하나에 해당하는 경우에는 지중전선을 견고한 트라프 기타 방호물에 넣지 아니하여도 된다.

가. 저압 또는 고압의 지중전선을 차량 기타 중량물의 압력을 받을 우려가 없는 경우에 그 위를 견고한 판 또는 몰드로 덮어 시설하는 경우
나. 저압 또는 고압의 지중전선에 콤바인덕트 케이블 또는 개장(鎧裝)한 케이블을 사용하여 시설하는 경우
다. 특고압 지중전선은 "나"에서 규정하는 개장한 케이블을 사용하고 또한 견고한 판 또는 몰드로 지중전선의 위와 옆을 덮어 시설하는 경우
라. 지중 전선에 파이프형 압력케이블을 사용하거나 최대사용전압이 60kV를 초과하는 연피케이블, 알루미늄피케이블 그 밖의 금속 피복을 한 특고압 케이블을 사용하고 또한 지중 전선의 위를 견고한 판 또는 몰드 등으로 덮어 시설하는 경우

전기설비기술규정(KEC) 334.7 지중전선 상호 간의 접근 및 교차

1. 지중전선이 다른 지중전선과 접근하거나 교차하는 경우에 지중함 내 이외의 곳에서 상호간의 이격거리가 저압지중전선과 고압지중전선에 있어서는 0.15m 이상, 저압이나 고압의 지중전선과 특고압 지중 전선에 있어서는 0.3m 이상이 되도록 시설하여야 한다. 다만, 다음 중 어느 하나에 해당하는 경우에는 예외로 할 수 있다.

   가. 각각의 지중전선이 다음 중 어느 하나에 해당하는 경우
   (1) 다음의 시험에 합격한 난연성의 피복이 있는 것을 사용하는 경우
   (가) 사용전압 6.6kV 이하의 저압 및 고압케이블: KS C 3341 (2002)의 "6.12" 또는 IEC 60332-3-24(2003)(화재조건에서의 전기케이블난연성 시험 제3-24부 : 수직 배치된 케이블 또는 전선의 불꽃시험-카테고리 C)
   (나) 사용전압 66kV 이하의 특고압케이블:KSC 3404(2000)의 "부속서 2"
   (다) 사용전압 154kV 케이블: KS C 3405(2000)의 "부속서 2"

   (2) 견고한 난연성의 관에 넣어 시설하는 경우
   나. 어느 한쪽의 지중전선에 불연성의 피복으로 되어 있는 것을 사용하는 경우
   다. 어느 한쪽의 지중전선을 견고한 불연성의 관에 넣어 시설하는 경우
   라. 지중전선 상호 간에 견고한 내화성의 격벽을 설치할 경우

2. 사용전압이 25kV 이하인 다중접지방식 지중전선로를 관로식 또는 직접매설식으로 시설하는 경우, 그 이격거리가 0.1m 이상이 되도록 시설하여야 한다. 다만, 다음 중 어느 하나에 따라 시설하는 경우에는 예외로 할 수 있다.

   가. 관로식으로 시공시 지하매설 공간 부족으로 이격거리 확보가 곤란 하여 관로 사이를 콘크리트 등 견고한 격벽 또는 채움재로 보강한 경우
   나. 압입공법을 적용한 경우

참고 : 도로점용 허가 기준

▷관련규정 : 도로법 시행령 (별표2)제54조제5항 관련

▦참고사항

▣옥외공사 시 중점 확인 사항

▷공동구가 지하주차장을 통하여 연결되는 경우에는 지하주차장의 기계배관 위치와 스프링클러 헤드 위치를 확인하여 트레이, 덕트의 경로를 결정한다. (기계 시공도와 전기 시공도를 오버랩하여 확인)

▷트레이, 덕트 설치 구간은 기계배관을 피하도록 하고, 불가피한 경우 기계배관 상부에 설치하며 케이블 포설이 가능하도록 150mm 이상 공간을 확보한다.

▷트레이 방향 전환에는 ELBOW를 분기 시는 TEE나 CROSS를 사용한다.

▷수평채널 설치 후 즉시 PVC Cap을 부착하여 안전사고를 예방한다.

▷금속 덕트가 건물 지하층의 방화문을 통과하는 개소는 방화벽의 덕트 내부를 불연성 물질로 차폐했는지를 확인한다.

▷케이블 정리 및 타이를 묶는 작업은 한쪽 방향으로만 한다.
(양쪽에서 하는 경우 중간에 구부림 등이 발생)

▷케이블류는 굴곡 개소 및 수평거리 50m 이내마다 회로명판을 부착한다.

▦옥외공사 시 타 공종과 협의 사항

중점확인사항	협조
공동구의 교차구는 설비 배관과 트레이, 덕트가 교차되어 복잡하게 시공되는 부분이므로 유지, 보수가 용이하도록 교차구의 충고 조정을 협의	토목
공동구의 기계배관과 트레이, 덕트의 좌·우측 사용 여부 협의	기계

6 조명설비공사 중요 검토·확인 사항

1. 시공 가이드

1) 옥외조명 검토(설계도서, 관련규정, 제작도 확인)

조명기구 상세도 및 주안점			
LED 옥외보안등	LED 잔디등	LED 수목 투사등	LED 지중 매입등

ㅇ 주요 검토사항

1. "고효율 에너지 기자재 보급촉진에 관한 규정"에 따라 고효율 조명기기로 정의되는 제품을 사용하여야 한다.
2. 조명기구 바디 재질 및 램프규격은 설계도서에 준하여 제작하여야 한다.
3. 보안등 안정기 박스 위치는 약 1000mm 이상에 설치하고, 누전차단기 방수 접속함을 사용하여야 한다.
4. 배관은 1구간 긍장은 최대 약 60m 이하로 하며, 매설 깊이는 600mm 이상으로 한다.
5. 도로의 잡석깔기전 및 경계석 설치전 배관을 설치하고 관통 시험을 하여야 한다.
6. 배관경로는 가급적 도로부분 관통을 피하는게 유리하다.
7. 기초가 녹지 면에 설치된느 경우 베이스 및 앵커볼트 등이 습기에 접하지 않도록 경계석 높이보다 약 50mm 이상 돌출하여 시공하고 전선인출용 배관은 기초 마감 면에서 300mm 이상 돌출시켜 배관 내 우수 유입을 방지하여야 한다.
8. 통행에 지장을 초래하거나 차량 주차 선상에 근접 시공하여 훼손 우려가 있는 장소는 피하여야 한다.
9. 공공 조명시설(가로등, 조경등)과 인접 또는 중복되는 지역에는 옥외등 설치를 지양하여야 한다.
10. 보안등 기초접지는 개별접지를 하고, 지하구조물 위에 설치하는 보안등은 공용접지 병행하여 시공하여야 한다.

2) 공용부 조명 검토(설계도서, 관련규정, 제작도 확인)

○ 주요 검토사항

1. "고효율 에너지 기자재 보급촉진에 관한 규정"에 따라 고효율 조명기기로 정의되는 제품을 사용하여야 한다.
2. 조명기구 바디 재질 및 램프규격은 설계도서에 준하여 제작 하여야 한다.

▣ 동출입구

1. 동출입구는 에너지저감 램프를 사용하여 조도를 밝게 해 주는게 유리하다.
2. 피노티 높은층고(3.5m 이상) 및 옥탑층 계단부의 높은 층고에 천정등 설치를 지양하고 유지관리 및 안전관리를 위하여 벽부등을 설치하는 것이 유리하다.

▣ 현관전실 및 엘리베이터 홀

1. 실별 조도는 KS기준조도에 부합되게 설계반영하여야 한다.
2. 공동주택의 계단실 및 EV홀에는 조명기구(센서형) 설치하는 것이 유리하다.
3. 공동주택의 계단실 및 EV홀에는 비상시 화재접점을 받도록 4선식 배선을 원칙으로 하여야 한다.

▣ 지하주차장 조명제어

1. 주차라인과 주행통로부분의 조도 확보 및 센서범위를 고려하여 검토
2. 레이스웨이 설치시 케이블 트레이 및 설비덕트, 스프링쿨러 등 지장물 간섭 검토
3. 지하주차장 법적높이 준수(통로 : 2300mm 이상, 주차공간 2100mm 이상)

▣ 지하주차장 진입램프

1. 주차장법 시행규칙(제6조, ①항 9-나)에 적합하게 시공하여야 한다.
   (주차장 출구 및 입구 : 최소 조도는 300럭스 이상, 최대 조도는 없음)
2. 출차 및 입차시 눈부심을 방지하기 위하여 간접조명방식으로 시공하여야 한다.

2. 품질관리를 위한 주요 검토·확인 사항

○ 시공 전 검토·협의 사항

- 천정형 냉난방 기구, 실내 급배기 설비 등이 등기구 설치 위치와 중첩 및 간섭 여부, 기둥으로 인한 간섭 등을 유관 공종과 검토·협의하여야 함

- 창측 조명은 별도의 회로로 구성하여 단독 점소 등이 가능하도록 검토하여야 함

- 실용도 및 크기에 따라 적정 조도 확보를 위한 등기구 타입과 수량을 검토하고, 실 용도에 적합한 조명의 색온도를 검토·협의하여야 함

- 구조도면, 폼도면, 인테리어 도면 및 냉난방, 환기, 스프링클러 등 기계설비 도면을 함께 검토하여 간섭 부분 여부를 협의 후 시공하여야 함

- 회의실 등 실 용도에 맞는 등기구 배치 및 스위치 회로 등을 검토하여야 함

- 중앙홀, 강당, 물류창고, 공장 등 높은 천정에 설치되는 조명기구는 향후 등기구 교체 등 유지관리 방안을 검토하여야 함

- 반자가 없는 실의 경우 각 실별 등기구 높이, 지지 금구, 고정방법 등을 사전 검토·협의 후 결정하여야 함

- 노출 천정의 경우 등기구 하부에 소방배관 등 시설물 설치로 인한 그림자가 발생하지 않도록 간섭되는 각 시설물의 설치 높이를 검토·협의하여야 함

○ 시공 중 중점 검토·확인 사항

- 조명기구 고효율인증, KS인증 등 관련 인증을 득한 제품 여부를 확인하여야 함

- 등기구 배열 및 설치 수량은 실 용도에 맞게 반영되었는지 확인하여야 함

- 노출 천정은 등기구 높이, 고정상태, 타 공종 시설물에 의한 그림자 여부 등을 확인하여야 함

- 방폭 구역에 설치되는 등기구는 방폭 기준에 적합한 조명기구 및 스위치가 설치되었는지 확인하여야 함

- PIT층, 샤워실 등 습기가 많은 장소에는 기준에 적합한 방습등이 설치되었는지 접속 부분은 절연에 문제가 없으며 등기구는 장기간 사용 시에도 부식의 문제가 없는지 확인하여야 함

- 옥외에 설치되는 조명은 절연 및 부식에 문제가 없는지 검토·확인하여야 함

- LED 조명은 광의 확산성이 부족하므로 제작 시 광 확산 COVER 등을 반영하여야 함

- 천정 속 천정박스에서 등기구간 배관/배선은 KEC규정에 적합하게 시공되어야 하며 전선이 노출되지 않도록 시공되어야 함

- 반자가 있는 장소에 설치하는 경우 등기구 설치로 인한 반자의 처짐이 없어야 하며, 반자면과 들뜸이 없도록 밀실하게 시공되어야 함

- 스위치 회로는 실 용도 및 등기구 위치에 적합하게 구성하여야 하며 스위치는 사용자가 용이하게 점소 등이 가능한 장소에 설치하여야 함

- 조명기구, 리셉터클, 콘센트, 점멸기 등의 시설장소에서 접속하는 노출된 전선은 조영재 또는 목대에서 6mm(사용전압이 400V 이상인 경우는 2.5cm) 이상 이격 여부 등을 확인 후 시공하여야 함

- 조명기구는 건축공정에 따라 부속 기기(베이스판, 지지철물) 등의 사전 부착이 필요하며, 이중 천정이 있는 경우 보강목의 위치가 시공도면대로 설치되도록 시공하여야 함

- 천정 마감재가 석고판일 경우에 등기구 고정은 목대에 고정하고, 목대가 등기구 위치와 맞지 않을 경우는 석고용 피스로 고정시켜 등기구의 탈락을 방지하여야 함

- 노출 천정의 경우 천정박스의 크기가 등기구 보다 크지 않도록 주의하여야 하며, 1등용일 경우에는 아웃렛박스 대신 스위치 박스를 사용함이 필요

- 등기구 배관 시 물이 스며들 우려가 많은 지하주차장, 공동구 등은 노출 배관 적용을 고려함이 필요

- 슬라브 배관은 드릴 앵커 등으로 손상되지 않도록 시공하여야 함

- 옥외 가로등(보안등), 경관등 설치 시 기구 리드선은 캡타이어 케이블 또는 캡타이어 코드로 시공하여야 함

- 외등 안정기 및 기구는 제3종 접지를 하여야 함

- 가로등 부착기구 등의 금속 부분에는 아연도금 또는 방청 처리를 하여야 함

- 외등은 병행 설치물(CCTV, 스피커 등)이 있는 경우 이를 감안하여 제작토록 조치하고, 적정 시공여부를 확인하여야 함

- 최상층 슬라브 배관 시, 결로 및 누수방지를 위해 아티론 보온재 등으로 시공하여야 함

※ shop drawing 계획

시공상세도는 공종별 표준화를 정립하여 초기에 정확한 상세도가 작성되어 일괄성 있게 시공함으로써 재시공 방지 및 사후관리를 최소화하는 데 있다. 시공상세도에 표기되는 심벌, 치수, 기능표시와 분야별 시공상세도의 목록 등도 표준화하여 체계적으로 시공상세도가 작성되어야 함

주의사항

▶ 조명등을 직부 또는 매입하는 경우의 시설 방법(내선규정 제33장 3320-2)

- 2중 천장내에서 옥내배선으로부터 분기 하여 조명기구에 접속하는 배선은 케이블 배선 또는 금속제 가요전선관배선으로 하는 것을 원칙으로 한다(30cm 이하 제외).

- 필히 후렉시블 전선관을 천장밑으로 30cm 이상 여장을 확보하고, 배관 고정걸이에 후렉시블을 콘넥터 체결.

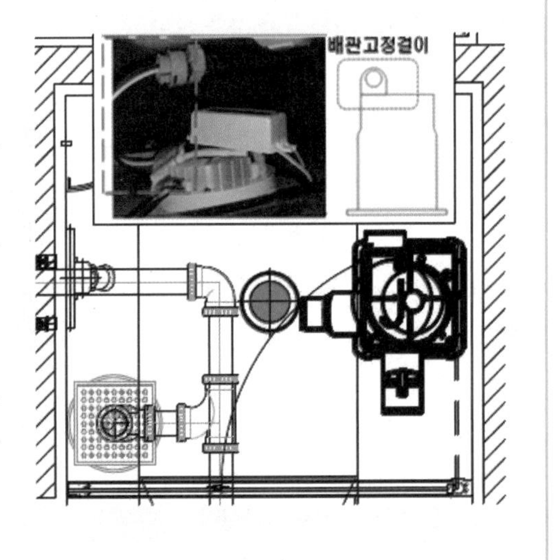

※ 조명설비공사 표준시방서

1. 1. 일반사항

ㅇ 국가건설기준센터(http://www.kcsc.re.kr)의 "건축전기설비공사 표준시방서 제6장"에 따른다.

2. 관련 시방서

① 옥내배선공사 "건축전기설비공사 표준시방서 제5장"에 따른다.
② 접지설비공사 "건축전기설비공사 표준시방서 11-4"에 따른다.

▦ 노외주차장의 구조·설비기준

▣ 관련규칙 : 주차장법 시행규칙 제6조

① 법 제6조제1항에 따른 노외주차장의 구조·설비기준은 다음 각 호와 같다.

9. 자주식주차장으로서 지하식 또는 건축물식 노외주차장에는 벽면에서부터 50센티미터 이내를 제외한 바닥면의 최소 조도(照度)와 최대 조도를 다음 각 목과 같이한다.

가. 주차구획 및 차로 : 최소 조도는 10럭스 이상, 최대 조도는 최소 조도의 10배 이내
나. 주차장 출구 및 입구 : 최소 조도는 300럭스 이상, 최대 조도는 없음
다. 사람이 출입하는 통로 : 최소 조도는 50럭스 이상, 최대 조도는 없음

7 피뢰설비공사 중요 검토·확인 사항

1. 시공 가이드

전기공사기술자의 구분	전기공사의 규모별 시공관리 구분

ㅇ 피뢰설비 시공 시 주요 Check 사항

- 피뢰침
  - ① 피뢰침 보호각 (위험물 45°이하, 일반건물 60°이하)
  - ② 피뢰침용 배관은 PVC전선관 및 비자성체 배관을 사용
  - ③ 피뢰침 설치 후 베이스 주변 방수처리
  - ④ 돌침과 지지금속물의 접속상태 확인
  - ⑤ 벼락으로부터의 보호를 위해 수신 안테나와 피뢰침과 1m 이상 이격
- 피뢰도선
  - ① 보호등급에 따라 수평도체 인하 도선 반영하되 자연적 구성 부재인 철근 이용 (죔쇠접속/클램프)
  - ② 피뢰설비의 인하도선을 철골구조물과 철근 구조체를 사용하는 경우 전기적 연속성이 보장되어야 한다.(최상단 금속 구조체와 지표면 레벨 사이의 전기 저항이 0.2Ω 이하이어야 한다.)
  - ③ 측뢰형 피뢰침은 60m초과하는 건물에 4/5 지점에 설치한다
  - ④ 인하도선 노출부위의 약전선과 가스관의 이격거리를 1.5m 이상 이격
  - ⑤ 도체를 패러핏에 부착할 경우에는 콘크리트의 모서리가 부서지지 않도록 중앙부에 시설
  - ⑥ 수평도체 지지는 1m마다 지지대(애자 및 절연체) 견고하게 지지하고 30m마다 신축보호용 연결도체를 사용한다.
  - ⑦ 나사, 너트, 새들 등은 부식되지 않는 재료를 사용
  - ⑧ 철골조의 경우 철골용접면의 녹 제거후 용접(용접부분은 녹방지 도료사용)

ㅇ 피뢰설비 평면도

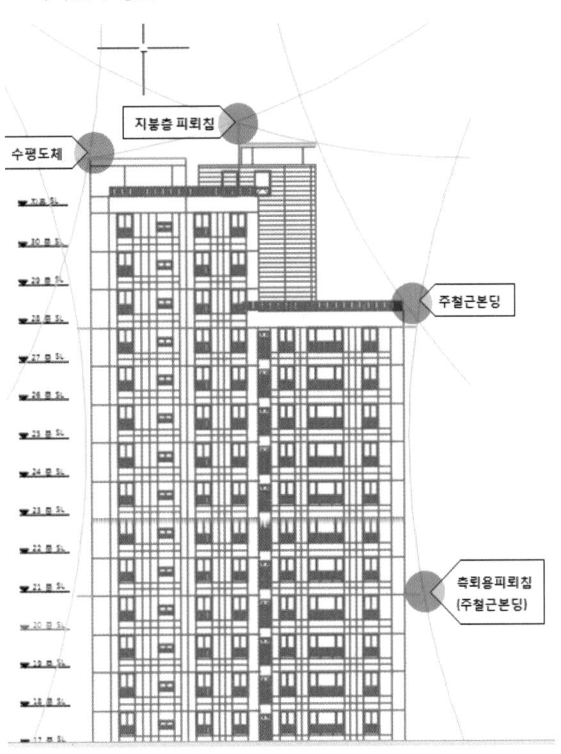

지붕층 피뢰침	수평도체
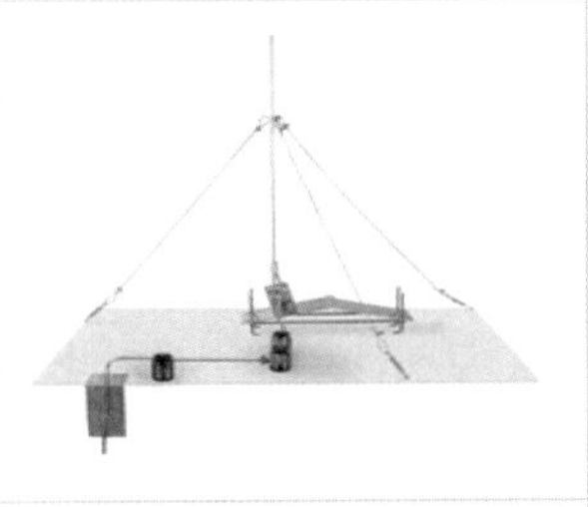	
주철근 본딩	측뢰용 피뢰침

2. 품질관리를 위한 주요 검토·확인 사항

○ 시공 전 검토·협의 사항

- 피뢰침 설치를 위한 적정 공간 확보(지지선 공간 포함) 여부 및 간섭되는 설비 이동배치 등을 검토·협의하여야 함

- 옥상에 설치되는 시설물의 규모(높이 등)를 검토하여 낙뢰로부터 충분한 보호가 되도록 피뢰설계가 되었는지 확인하여야 함
  ☞ 피뢰설비 설계 시 집진설비 등 대규모 설비의 규모(높이)에 대한 검토가 누락되는 경우가 있음

- 피뢰침 기초설치는 건축공사에 반영되어야 하므로 크기 및 위치를 건축공종과 검토·협의하여야 함

- 건축물의 종류와 용도, 해당 지역의 낙뢰 빈도와 지형 등 입지 조건 등을 감안한 보호등급의 적정 여부를 검토하여야 함

- 인하도선과 피뢰침의 위치, 인하도선과 피뢰침의 연결 등 세부적인 시공계획을 사전 검토하여야 함

- 피뢰설비로 수평도체를 적용하는 경우에는 수평도체 지지금구의 고정 및 인하도선과의 접속 방법에 대한 시공상세도를 작성하고, 적정성 여부를 검토하여야 함
  ☞ 수평도체 지지금구를 나사못(피스)으로 고정할 경우 건축물 내부로 물이 유입될 가능성이 높으므로 이에 대한 대책이 필요함

- 옥상 건축마감재 등을 자연적 구성부재를 수뢰부로 사용하는 경우 제 규정 에서 정하는 자연적구성부재 적용조건에 적합한지 확인(재질, 최소 두께, 표면 도장 여부 등)하여야 함
  ☞ 건축물이나 구조물을 구성하는 금속판이나 금속배관 등의 자연적 구성 부재를 수뢰부로 사용하는 경우 에는 KS C IEC62305-3(피뢰시스템 -제3부:구조물의 물리적 손상 및 인명위험)의 “5.2.5자연적 구성부재”의 조건을 만족해야 함

- 지상으로부터 60M를 초과하는 건축물이나 구조물인 경우 측뢰 보호용 피뢰설비를 설치하여야 하므로 적용 여부를 검토하여야 함
  ☞ 측뢰 보호용 피뢰설비는 60M를 초과하는 최상부로부터 20% 부분에 설치함

- 철골조, 철근구조체 등을 인하도선으로 사용하는 경우에는 금속 구조체의 상단부와 하단

부 사이의 전기저항이 0.2Ω 이하로 전기적 연속성 확보 여부를 확인하여야 함

○ 시공 중 중점 검토·확인 사항

- 피뢰시스템의 등급별 인하도선 사이의 최적 간격, 인하도선의 수는 최소 2개소 이상 설치되었는지 확인하여야 함

- 호각법은 60M 이하만 적용 가능하므로 60M 초과 시에는 회전구체법을 적용 여부를 확인하여야 함

- 보호각법의 경우 지붕 위에 돌출된 안테나, 집진설비 등 구조물이 보호각 안에 들어오도록 시공되었는지 확인하여야 함

- 인하도선과 피뢰시스템(수평도체 등)과 연결이 견고하게 되었는지 및 전식 방지조치는 되었는지 확인하여야 함

- 수평도체 지지금구는 견고하게 설치(장기간 사용에도 탈락이 없어야 함)되었는지, 지지금구 고정용 나사못 등에 의한 건축물 내부로 물 유입 우려는 없는지, 수평도체 지지 간격, 익스펜션조인트 설치상태, 인하도선과의 접속상태 등은 양호한지 확인하여야 함

- 옥상 상부 수뢰부(돌침) 기초의 크기는 적정한지(설계도서 기준), 수뢰부 기초를 통한 건축물 내부로 물 유입의 우려는 없는지 확인하여야 함

- 인하도선은 복수(2조 이상)로 하여야 하며, 도선 경로는 최단거리가 되도록 하고, 가능한 균등한 간격으로 시공하여야 함

- 인하도선은 수뢰부시스템과 접지극시스템 사이에 전기적 연속성이 형성되도록 시공하고 접지극 가까이에 시험용 접속단자를 설치하여야 함

- 인하도선은 $50mm^2$ 이상의 동선으로 하고, 단, 벽이 가연성재료로 0.1m 이상 이격이 불가능한 경우에는 $100mm^2$ 이상으로 하여야 함

  ☞ KEC 152.1.2 2. 벽이 불연성 재료로 된 경우에는 벽의 표면 또는 내부에 시설할 수 있다. 다만, 벽이 가연성 재료인 경우에는 0.1m 이상 이격하고, 이격이 불가능한 경우에는 도체의 단면적을 100 m^2 이상으로 하여야 함

- 철근, 철골 등을 자연적 구성부재로 사용하는 경우 전기적 연속성이 보장될 수 있도록 지

중으로부터 피뢰설비까지 완전한 연결이 될 수 있도록 시공하여야 함

☞ 자연적 구성부재는 전기적 연속성과 내구성이 확실하며, 인하도선 시스템 재료는 KS C IEC 62305-3(피뢰시스템-제3부 : 구조물의 물리적 손상 및 인명 위험)의 표6(수뢰도체, 피뢰침, 대지 인입 봉과 인하도선의 재료, 형상과 최소단면적)의 값 이상이어야 함

- 인하도선으로 사용하는 자연적 구성부재는 피뢰시스템과 연결 전 반드시 전기적 연속성을 확인하여야 함 (부재의 최상단부와 지표 레벨 사이의 전기저항이 0.2Ω 이하)

- 접지, 인하도선, 피뢰설비의 접속은 현장여건을 감안하여 용접, 압착, 봉합, 나사 및 볼트 조임 등의 방법 중 적합한 방법을 검토하여야 함
  (KEC 152.1.4참조)

- 돌침을 사용하는 경우 돌침의 높이는 건축물 및 구조물의 최상단보다 25cm 이상 돌출시켜 설치하여야 함

- 피뢰설비 수뢰부를 건축물·구조물을 구성하는 금속판, 금속배관 등을 자연적 구성 부재로 이용하고자 하는 경우 부재의 전기적 연속성이 보장되는지 확인 후 이용하여야 함

- 피뢰설비는 지붕 콘크리트 타설 후 최단 시일 내에 설치하여 낙뢰 등으로 인한 건축물 및 작업인부 등을 보호토록 하여야 함

- 돌침부와 지지 파이프(아연도 강관)가 서로 접촉되지 않도록 PVC 파이프로 절연처리 하여야 함

- 피뢰침은 TV 안테나가 60° 이내에서 보호되도록 가능한 지지 강관을 설계량 보다 높게 설치하여야 함

- 경사지붕에 설치하는 피뢰침은 고정용 지선이 경사지붕 안에 설치되므로 바람 등에 의해 피뢰침이 흔들려 경사지붕 관통 부위에 누수 우려가 있으므로 바람에 흔들리지 않도록 건축철골 구조물에 견고하게 보강 고정한 후 시공하여야 함

- 피뢰침 설치 시 건축물·구조물의 뾰족한 부분, 모서리, 주요 돌출부 등이 충분히 보호될 수 있도록 설치하고, 특히 수평도체 및 측뢰 보호용 피뢰침 설치 시 유의하여 설치하여야 함

☞ 수평도체를 옥상 파라펫 상부에 설치하면서 중간 또는 안쪽부분에 설치 시 파라펫 바깥쪽 모서리

부분이 보호되지 못하는 경우가 있음

- 피뢰침용 배관은 막히면 보수가 어려우므로 시공 및 관리를 철저히 하고 특히 누수가 되지 않도록 하고, 강관배관이 하단 슬라브 바닥에 닿지 않도록 주의하여 시공하여야 함

- 인하도선과 피뢰설비와의 연결부분은 견고하게 고정하여야 하며, 인하도선 인출부분은 물이 인하도선을 타고 건축물 내부로 유입되지 않도록 시공하여야 함

- 건축물·구조물의 높이가 60M를 초과하는 경우에는 측뢰 보호용 수뢰부를 설치하여야 함 (설치방법은 KEC 152.1.1 3항에 따른다)

- 피뢰설비 등전위본딩은 한국전기설비규정(KEC)153.2 "피뢰시스템 등전위본딩"에 준하여 시공하여야 함

- 본딩용 도체는 쉽게 점검할 수 있도록 설치하고, 본딩용 바에 접속하여야 함

- 본딩용 바는 접지시스템에 접속되었는지 확인하여야 함

- 대형 건축물(일반적으로 높이 20m 이상)에서는 두 개 이상의 본딩용 바를 설치하고, 상호 접속 여부를 확인하여야 함

- 피뢰등전위 본딩 접속은 가능한 한 곧게 시공되었는지 여부를 확인하여야 함

- 피뢰침은 수량은 많지 않으나 돌침과 인하도선의 접속공정이 대단히 중요하므로 옥탑층 골조공사 완료 즉시 시공하는 것이 바람직함

- 자연적 구성 부재를 수뢰부로 이용하는 경우 부재는 절연물로 피복되어 있지 않아야 하며, 단, 보호 페인트가 얇게 도장되거나, 약 1mm 이하의 아스팔트 또는 0.5mm 이하의 PVC는 절연물로 간주하지 않음

- 돌침부는 풍하중에 견딜 수 있어야 하며, 피뢰침과 1.5M 이내 근접한 홈통, 철관 등 금속제는 반드시 접지하여야 함

- 피뢰도선의 접속 방법은 다음에 의한다.

구분	접속방법
철골용접	녹을 제거한 다음 용접하고 녹막이 도료를 칠한다.
발열용접	테르밋 몰드, 파우드, 건, 점화재 등 필요
클램프 및 C형 슬리브	철근 접속 시 시공성이 우수하여 가장 많이 적용됨

※ 피뢰설비공사 표준시방서

1. 1. 일반사항

ㅇ 국가건설기준센터(http://www.kcsc.re.kr)의 "건축전기설비공사 표준시방서 11-3"에 따른다.

2. 관련 시방서

① 옥내배선공사 "건축전기설비공사 표준시방서 제5장"에 따른다.
② 접지설비공사 "건축전기설비공사 표준시방서 11-4"에 따른다.

한국전기 설비규정(KEC) 151 피뢰시스템의 적용 범위 및 구성

적용범위(KEC 1511)

다음에 시설되는 피뢰시스템에 적용한다.

1. 전기전자설비가 설치된 건축물·구조물로서 낙뢰로부터 보호가 필요한 것 또는 지상으로부터 높이가 20m 이상인 것

2. 전기설비 및 전자설비 중 낙뢰로부터 보호가 필요한 설비

피뢰시스템의 구성(KEC 151.2)

1. 직격뢰로부터 대상물을 보호하기 위한 외부피뢰시스템

2. 간접뢰 및 유도뢰로부터 대상물을 보호하기 위한 내부피뢰시스템

▣ 피뢰시스템 등급선정(KEC 151.3)

피뢰시스템 등급은 대상물의 특성에 따라 KS C IEC 62305-1(피뢰시스템-제1부 : 일반원칙)의 "8.2 피뢰레벨", KS C IEC 62305-2(피뢰시스템-제2부:리스크관리), KS C IEC62305-3(피뢰시스템-제3부:구조물의 물리적 손상 및 인명위험)의 "4.1 피뢰시스템의 등급"에 의한 피뢰레벨 따라 선정한다. 다만, 위험물의 제조소 등에 설치하는 피뢰시스템은 Ⅱ등급 이상으로 하여야 한다.

한국전기설비규정(KEC) 153.2 피뢰 등전위본딩

▣ 일반사항(KEC 153.2.1)

1. 피뢰시스템의 등전위화는 다음과 같은 설비들을 서로 접속함으로써 이루어진다.
   가. 금속제 설비
   나. 구조물에 접속된 외부 도전성 부분
   다. 내부시스템

2. 등전위본딩의 상호 접속은 다음에 의한다.
   가. 자연적 구성부재로 인한 본딩으로 전기적 연속성을 확보할 수 없는 장소는 본딩도체로 연결한다.
   나. 본딩도체로 직접 접속할 수 없는 장소의 경우에는 서지보호장치를 이용한다.
   다. 본딩도체로 직접 접속이 허용되지 않는 장소의 경우에는 절연 방전갭(ISG)을 이용한다.

3. 등전위본딩 부품의 재료 및 최소 단면적은 KS C IEC 62305-3(피뢰시스템-제3부:구조물의 물리적 손상 및 인명위험)의 "5.6 재료 및 치수"에 따른다.

4. 기타 등전위본딩에 대하여는 KS C IEC 62305-3(피뢰시스템-제3부 : 구조물의 물리적 손상 및 인명위험)의 "6.2 피뢰등전위본딩"에 의한다.

▣ 금속제 설비의 등전위본딩(KEC 153.2.2)

1. 건축물·구조물과 분리된 외부피뢰시스템의 경우, 등전위본딩은 지표면 부근에서 시행하여야 한다.

2. 건축물·구조물과 접속된 외부피뢰시스템의 경우, 피뢰등전위본딩은 다음에 따른다.
   가. 기초부분 또는 지표면 부근 위치에서 하여야 하며, 등전위본딩도체는 등전위본딩 바에 접속하고, 등전위본딩 바는 접지시스템에 접속하여야 한다. 또한 쉽게 점검할 수 있도록 하여야 한다.

   나. 153.1.2의 전기적 절연 요구조건에 따른 안전이격거리를 확보할 수 없는 경우에는 피뢰시스템과 건축물·구조물 또는 내부설비의 도전성 부분은 등전위본딩 하여야 하며, 직접 접속하거나 충전부인 경우는 서지 보호장치를 경유하여 접속하여야 한다. 다만, 서지보호장치를 사용하는 경우 보호레벨은 보호구간 기기의 임펄스내전압보다 작아야 한다.

3. 건축물·구조물에는 지하 0.5m와 높이 20m마다 환상도체를 설치한다. 다만 철근콘크리트, 철골구조물의 구조체에 인하도선을 등전위본딩하는 경우 환상도체는 설치하지 않아도 된다.

▣ 인입설비의 등전위본딩(KEC 153.2.3)

1. 건축물·구조물의 외부에서 내부로 인입되는 설비의 도전부에 대한 등전위 본딩은 다음에 의한다.
   가. 인입구 부근에서 143.1에 따라 등전위본딩 한다.
   나. 전원선은 서지보호장치를 사용하여 등전위본딩 한다.
   다. 통신 및 제어선은 내부와의 위험한 전위차 발생을 방지하기 위해 직접 또는 서지보호장치를 통해 등전위본딩 한다.

2. 가스관 또는 수도관의 연결부가 절연체인 경우, 해당설비 공급사업자의 동의를 받아 적절한 공법(절연방전갭 등 사용)으로 등전위본딩 하여야 한다.

▣ 등전위본딩 바(KEC 153.2.4)

1. 설치위치는 짧은 도전성경로로 접지시스템에 접속할 수 있는 위치이어야 한다.

2. 접지시스템(환상접지전극, 기초접지전극, 구조물의 접지보강재 등)에 짧은 경로로 접속하여야 한다.

3. 외부 도전성 부분, 전원선과 통신선의 인입점이 다른 경우 여러 개의 등전위본딩 바를 설치할 수 있다

8 케이블트레이 및 간선공사 중요 검토·확인 사항

1. 시공 가이드

주요내용	관련사진
○ 시공계획서 확인 – 기계 등 타공사의 덕트 및 배관 위치에 대한 Shop drawing을 통해 확인 – 건축도면에서 복도의 천정고 높이 확인하여 천정안으로 시공여부 확인 (사무실로 케이블트레이 위치 이동 도면)	
○ 수직/수평 찬넬 설치 – 기준 먹선 놓은 후 스트롱 앵커 설치 – 트레이의 기울기가 적정한지 확인 – 타 공종의 배관의 위치가 명확한지 확인 후 인써트를 활용 (불 명확한 경우 천정면에 앙카 시공)	
○ 케이블 트레이 및 덕트 설치 – 전력케이블 포설시 사다리형 트레이 사용 – 통신선 포설 시 펀칭형 트레이 사용 – 절단면 가공처리 적정성 확인 – 전선 포설 시 덕트 시공 – 특고압케이블 등 덕트 시공	
○ 케이블 포설 – 전선 및 케이블을 과하게 포박 금지 – 급커브로 인한 단선여부를 점검 (전압 및 링크 값 감소로 체크) – 케이블 이름표 사용하여 정열	

2. 품질관리를 위한 주요 검토·확인 사항

o 시공 전 검토·협의 사항

- 공종별 시공상세도(Shop-Drawing)를 통하여 천정고 및 이중천정 안의 전기·통신 케이블트레이, 기계 및 소방배관, 덕트 등 각종 시설물의 배치를 사전 검토·협의하여 공종간 합리적인 배치가 되도록 하여야 함

- 전기·통신 케이블트레이의 내력벽, 보, 방화구획 통과 여부 등을 검토· 확인하여 적절한 경로를 확보하여야 함

- 케이블트레이 규격은 케이블 외경합계와 향후 증설 등을 위한 예비 공간 포함하여 검토하여야 함

o 시공 중 중점 검토·확인 사항

- 시공 자재가 사용에 적합한 품질인지 시험성적서를 확인하여야 함

- 시공 자재의 제조년도를 확인하여 시공 품질을 확보하여야 함

- 설치장소, 시설되는 케이블 등에 따라 적정 트레이가 반영되는지 검토 확인하여야 함 (사다리형, 바닥밀폐형, 펀칭형, 메시형)

- 케이블트레이는 미장 및 도색 등으로 부식 또는 변색의 우려가 있으므로 보양을 철저히 하여야 함

- 지지행거의 간격 및 구경 등을 확인하여 지지대가 트레이 및 포설된 케이블 하중을 충분히 견딜 수 있는지 검토하여야 함

- 케이블트레이에 케이블의 피복을 손상시킬 우려가 있는 날카로운 돌기 등이 없는지 확인하여야 함

- 도금 파손/부식 등이 발생할 수 있으므로 가급적 현장 가공은 피하고 기성품을 사용함이 필요(단, 현장 가공 시 감리원 확인 후 설치)

- 케이블트레이 내 케이블 유지보수를 위하여 굴곡 개소 또는 20m마다 꼬리표(케이블 인식표)를 설치하여야 함

- EPS, TPS실 방화구역 내 내화충전 처리 여부 및 케이블트레이 주변 틈새 미장 여부 등을 확인하여야 함
  ※ 케이블 덕트·트레이가 방화구획을 통과 시 내부에 불연성물질로 차폐

- 물 배관, 소화배관은 반드시 (특)고압케이블 트레이 하단에 설치한다.

- 천정 슬래브/보 부분의 입상, 입하 위치를 건축공정과 협의하여야 함

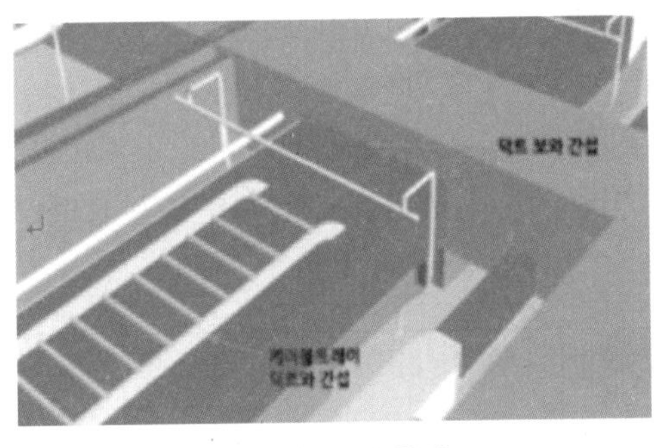

보와 간섭 확인

보 아래로 시공

- 케이블트레이를 다단으로 설치하는 경우에는 트레이와 트레이 사이는 300mm 이상 이격하여 설치하여야 함

- 케이블트레이는 굴곡 및 분기 부분은 케이블 포설 시 케이블이 허용 곡률 반경이 확보되도록 설치하여야 함

- 케이블트레이 지지행거의 지지간격은 2.0m 이내로 하며, 가급적 인서트를 사전 매입하여 충분한 지지강도가 나오도록 시공하여야 함

- 케이블트레이가 방화구획을 관통하는 경우에는 불연성 물질로 관통부분을 충전하여야 함

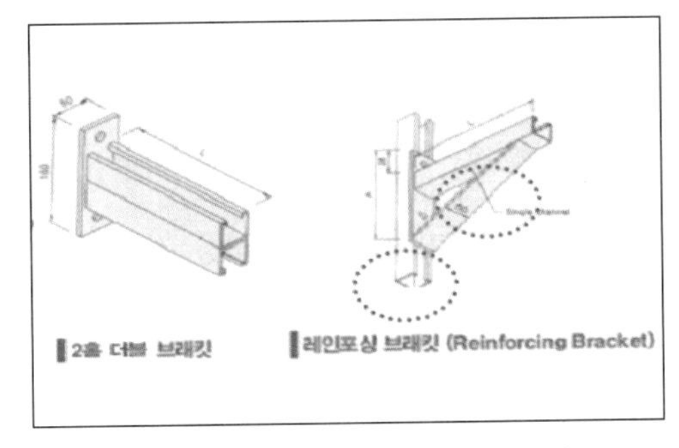

벽체면 케이블트레이 지지용 브래킷

공동구 특고압케이블 이격거리 확인

- 수직면에 설치되는 케이블트레이는 BRACKET 및 부속재 등를 사용하여 견고하게 설치하고, 수직 케이블트레이에 포설되는 케이블은 케이블타이를 이용 1.0m 이내 간격으로 견고하게 결속하여야 함

- 수직 케이블트레이를 다단으로 설치하는 경우에는 트레이와 트레이 사이 간격를 225mm 이상 이격하여 설치하여야 함

- 전산볼트, 케이블트레이(지지대), C찬넬 등 절단면은 산화방지 처리하고, 전산볼트, 케이블트레이(지지대) 마감캡 설치하여 부상을 방지하여야 함

- 습한 곳(공동구, 지하 PIT, 가스발생이 있는 곳)의 케이블트레이 부속품 JOINT CON', SHANK B&N, CHANNEL, 전산볼트는 STS 재질로 하여야 함

제작품(꺾음부) 트레이 산화방지 처리

산화방지제(징크)

- 케이블트레이에 포설하는 케이블은 난연성케이블을 사용하여야 하며, 난연성 케이블이 아닌 경우 난연도료, 난연테이프 등으로 연소 방지 조치를 하여야 함
  ☞ 난연성 케이블이란 KS C 3341 수직 불꽃시험에 합격한 케이블

- 케이블 포설 시 케이블의 성능손상이 없도록 허용 곡률 반경을 확보하여야 함
  ☞ 케이블의 허용 곡률반경(케이블 완성외경대비)
  - 600V케이블 : 단심케이블 8배/다심케이블 6배
  - 3.3/6.6KV 케이블 : 단심케이블 10배/다심케이블 8배

- 케이블 포설 시 포설 장력은 케이블의 성능을 감소시키지 않도록 허용 장력 이하로 포설하여야 함
  ☞ 동도체 기준 포설기구별 최대 허용장력(KG)
  - PULLING EYE : T(Kg)=7×선심수×도체단면적(mm^2)
  - CABLE GRIP : PULLING EYE와 동일. 단, 최대 장력은 2TON 이하

- 케이블 포설 시 수평 트레이에서는 벽면과 20mm 이상, 수직 트레이 에서는 가장 굵은 케이블 바깥지름의 0.3배 이상 이격하여 설치하여야 함

- 케이블 포설 시 케이블은 단층 포설로 하되 단심케이블을 삼각 포설로 설치하는 경우에는 삼각 묶음 사이의 간격을 단심케이블 외경의 2배 이상으로 이격하여 설치하여야 함

- 전선 및 케이블을 과하게 포박할 경우 암페어 수 및 인터넷 속도가 손상될 수 있으므로 주의하여야 함

- 과도한 굴곡 배선으로 인한 단선 여부를 전압 및 링크 값 감소 등으로 검측·확인하여야 함

- 케이블트레이 안에서 전선을 접속하는 경우에는 전선 접속 부분에 사람이 접근할 수 있도록 하고, 접속 부분이 측면 레일 위로 나오지 않도록 하여 접속 부분을 절연처리 하여야 함

- 통신용 케이블트레이는 전기용 케이블트레이와 충분히 거리(특고압 60cm,저압 30cm 이상)를 이격하여 설치하여야 함

- 케이블트레이는 일정 간격으로 접지보선에 접시하며 케이블트레이 연결 부분마다 본딩 접지를 하여야 함

- 케이블트레이에 시설하는 케이블은 난연성 케이블을 사용하여야 하며, 기타 케이블은 난연도료, 난연테이프 등으로 연소방지 조치를 하여야 함

- 절연전선을 케이블트레이에 포설하는 경우에는 금속관 등에 넣어 포설하여야 함

새들고정

케이블트레이 접지

- 케이블 절단 시마다 절단 부분은 캡 등으로 철저히 보양하여야 함

- 케이블을 바닥에 적치 시 시트를 깔고 적치하고 오염 방지조치를 하여야 하며, 특히 물기가 있는 장소에 적치되지 않도록 하여야 함

- 케이블이 날카로운 물건 등에 손상되지 않도록 철저히 관리하여야 함

- 케이블 포설 시 케이블이 겹치지 않도록 사전 포설계획을 수립하여야 함

- 케이블의 길이는 부족 또는 과도하게 남는 부분이 없도록 간선 포설 계획을 치밀하게 검토하여야 함

주의사항

▶ 케이블트레이 지지 간격이 기준에 적합한 지 여부를 확인

▶ 전기 특고압 덕트 등 각 케이블과 적정한 이격 여부를 확인

※ 케이블트레이 설치공사 표준시방서

1. 1. 일반사항

ㅇ 국가건설기준센터(http://www.kcsc.re.kr) "건축전기설비공사 표준시방서(국토교통부)"와 한국정보통신산업연구원(과학기술정보통신부)의 "정보통신공사 표준시방서(구내통신설비)"에 따른다.

2. 관련 시방서

① 옥내배선공사 "건축전기설비공사 표준시방서 제5장"에 따른다.
② 옥외공사는 "건축전기설비공사 표준시방서 2장"에 따른다.

한국전기설비기술규정(KEC) 232.41 케이블트레이공사

케이블트레이공사는 케이블을 지지하기 위하여 사용하는 금속재 또는 불연성 재료로 제작된 유닛 또는 유닛의 집합체 및 그에 부속하는 부속재 등으로 구성된 견고한 구조물을 말하며 사다리형, 펀칭형, 메시형, 바닥밀폐형 기타 이와 유사한 구조물을 포함하여 적용한다.

한국전기설비기술규정(KEC) 232.41.1 시설조건

1. 전선은 연피케이블, 알루미늄피 케이블 등 난연성 케이블(334.7의 1의 "가"(1)(가)의 시험방법에 의한 시험에 합격한 케이블) 또는 기타 케이블(적당한 간격으로 연소(延燒)방지 조치를 하여야 한다) 또는 금속관 혹은 합성수지관 등에 넣은 절연전선을 사용하여야 한다.

2. 제1의 각 전선은 관련되는 각 규정에서 사용이 허용되는 것에 한하여 시설할 수 있다.

3. 케이블트레이 안에서 전선을 접속하는 경우에는 전선 접속부분에 사람이 접근할 수 있고 또한그 부분이 측면 레일 위로 나오지 않도록 하고 그 부분을 절연처리 하여야 한다.

4. 수평으로 포설하는 케이블 이외의 케이블은 케이블 트레이의 가로대에 견고하게 고정시켜야 한다.

5. 저압 케이블과 고압 또는 특고압 케이블은 동일 케이블 트레이 안에 포설하여서는 아니된다. 다만, 견고한 불연성의 격벽을 시설하는 경우 또는 금속외장 케이블인 경우에는 그러하지 아니하다.

6. 수평 트레이에 다심케이블을 포설 시 다음에 적합하여야 한다.
   가. 사다리형, 바닥밀폐형, 펀칭형, 메시형 케이블트레이 내에 다심케이블을 포설하는 경우 이들 케이블의 지름(케이블의 완성품의 바깥 지름을 말한다. 이하 같다)의 합계는 트레이의 내측폭 이하로 하고 단층으로 시설할 것.
   나. 벽면과의 간격은 20mm 이상 이격하여 설치하여야 한다.
   다. 트레이 설치 및 케이블 허용전류의 저감계수는 KS C IEC 60364-5-52(전기기기의 선정 및 설치-배선설비) 표 B.52.20을 적용한다.

7. 수평 트레이에 단심케이블을 포설 시 다음에 적합하여야 한다.
   가. 사다리형, 바닥밀폐형, 펀칭형, 메시형 케이블 트레이 내에 단심 케이블을 포설하는 경우 이들 케이블의 지름의 합계는 트레이의내측폭 이하로 하고 단층으로 포설하여야 한다. 단, 삼각포설 시에는 묶음단위 사이의 간격은 단심케이블 지름의 2배 이상 이격하여 포설하여야 한다.
   나. 벽면과의 간격은 20mm 이상 이격하여 설치하여야 한다.
   다. 트레이 설치 및 케이블 허용전류의 저감계수는 KS C IEC 60364-5-52(전기기기의선정 및 설치-배선설비) 표 B.52.21을 적용한다.

8. 수직 트레이에 다심케이블을 포설 시 다음에 적합하여야 한다.
   가. 사다리형, 바닥밀폐형, 펀칭형, 메시형 케이블트레이 내에 다심케이블을 포설하는 경우 이들 케이블의 지름의 합계는 트레이의 내측폭 이하로 하고 단층으로 포설하여야 한다.
   나. 벽면과의 간격은 가장 굵은 케이블의 바깥지름의 0.3배 이상 이격하여 설치하여야 한다.
   다. 트레이 설치 및 케이블 허용전류의 저감계수는 KS C IEC 60364-5-52(전기기기의선정 및 설치-배선설비) 표 B.52.20을 적용한다.

9. 수직 트레이에 단심케이블을 포설 시 다음에 적합하여야 한다.
   가. 사다리형, 바닥밀폐형, 펀칭형, 메시형 케이블 트레이 내에 단심 케이블을 포설하는 160경우 이들 케이블 지름의 합계는 트레이의 내측폭 이하로 하고 단층으로 포설하여야 한다. 단, 삼각포설 시에는 묶음단위 사이의 간격은 단심케이블 지름의 2배 이상 이격하여 설치하여야 한다.
   나. 벽면과의 간격은 가장 굵은 단심케이블 바깥지름의 0.3배 이상 이격하여 설치하여야 한다.
   다. 트레이 설치 및 케이블 허용전류의 저감계수는 KS C IEC 60364-5-52(전기기기의선정 및 설치-배선설비) 표 B.52.21을 적용한다.

한국전기설비기술규정(KEC) 232.41.2 케이블트레이의 선정

1. 수용된 모든 전선을 지지할 수 있는 적합한 강도의 것이어야 한다. 이 경우 케이블 트레이의 안전율은 1.5 이상으로 하여야 한다.

2. 지지대는 트레이 자체 하중과 포설된 케이블 하중을 충분히 견딜 수 있는 강도를 가져야 한다.

3. 전선의 피복 등을 손상시킬 돌기 등이 없이 매끈하여야 한다.

4. 금속재의 것은 적절한 방식처리를 한 것이거나 내식성 재료의 것이어야 한다.

5. 측면 레일 또는 이와 유사한 구조재를 부착하여야 한다.

6. 배선의 방향 및 높이를 변경하는데 필요한 부속재 기타 적당한 기구를 갖춘 것이어야 한다.

7. 비금속제 케이블 트레이는 난연성 재료의 것이어야 한다.

8. 금속제 케이블트레이시스템은 기계적 및 전기적으로 완전하게 접속하여야 하며 금속제 트레이는 211과 140에 준하여 접지공사를 하여야 한다.

9. 케이블이 케이블트레이시스템에서 금속관, 합성수지관 등 또는 함으로 옮겨가는 개소에는 케이블에 압력이 가하여지지 않도록 지지하여야 한다.

10. 별도로 방호를 필요로 하는 배선부분에는 필요한 방호력이 있는 불연성의 커버 등을 사용하여야 한다.

11. 케이블트레이가 방화구획의 벽, 마루, 천장 등을 관통하는 경우에 관통부는 불연성의 물질로 충전(充塡)하여야 한다.

12. 케이블트레이 및 그 부속재의 표준은 KS C 8464(케이블 트레이) 또는 「전력산업기술기준(KEPIC)」 ECD 3100을 준용하여야 한다.

9 네트워크 설치공사 중요 검토·확인 사항

1. 시공 가이드

주요내용	관련사진
ㅇ 시공계획서 확인 – 네트워크장비 계통의 적절성 파악 • 이전기관의 경우 기존 네트워크 시설물 연계가능 여부 검토 – 시공상세도를 통해 구축할 네트워크 모델 확인	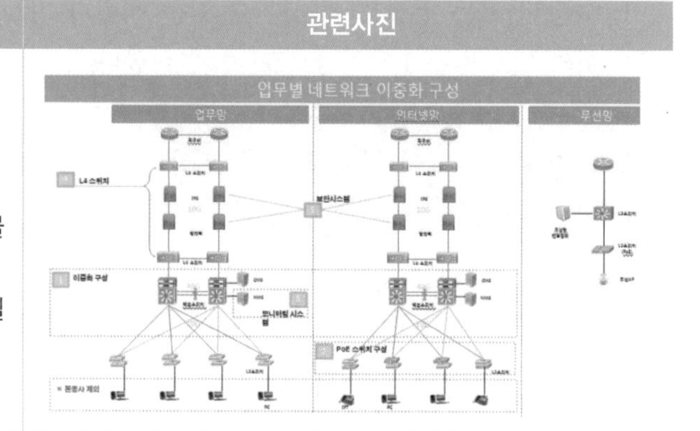
ㅇ MDF실, TPS실, IDF랙 구성 확인 – IDF랙(통합배선반, 공사용자재 분리대상 관급자재로 별도 계약분) 반입시기 검토	
ㅇ MDF실~TPS실~IDF랙 간선라인 – 동~동 사이 원거리 광케이블 구축 – 층~층 사이 근거리 UTP케이블 구축	
ㅇ 네트워크 장비 설치 – 기기 및 장비의 계약내역과 일치하는 카탈로그를 제출해야 하며, 설치 후의 유지관리, 부품조달 등을 위한 계획을 감독관에게 제출	

2. 품질관리를 위한 주요 검토·확인 사항

ㅇ 시공계획서 확인 및 시공 전 검토·협의 사항

- 구성하는 네트워크 장비의 규모가 적절한지 확인하여야 함
- 「국가정보 보안지침 제 33조(업무망의 보안관리)」 규정 등에 적합한지 확인하여야 함
- 네트워크 장비 설치 전 유지보수 등을 고려하여 네트워크 장비 제조사 선정과 제조사로부터 AS 관련 확약을 받아야 함
- 이전기관의 경우 기존 네트워크 장비와 호환성 여부 확인하여야 함
- 「전파법 제58조의2」 방송통신기자재 등의 적합성평가에 대해 검토·확인하여야 함

ㅇ 시공 중 중점 검토·확인 사항

- UTP케이블은 DATA(UTP Cat 5e) 100m 범위, VOICE(UTP Cat 5e) 1,000m 범위 내 시공하여야 하며, 원거리는 시공비와 신호 품질을 위해 광케이블로 시공하여야 함
- Patch Panel에 케이블 접속 시 전선피복 절개는 35.6cm를 넘지 않도록 시공하여야 함

케이블	특징	사진
UTP 케이블	비차폐 고속 신호 케이블	
STP 케이블	2중 차폐케이블 (FTP : 1차 차폐)	

UTP, STP케이블 특성

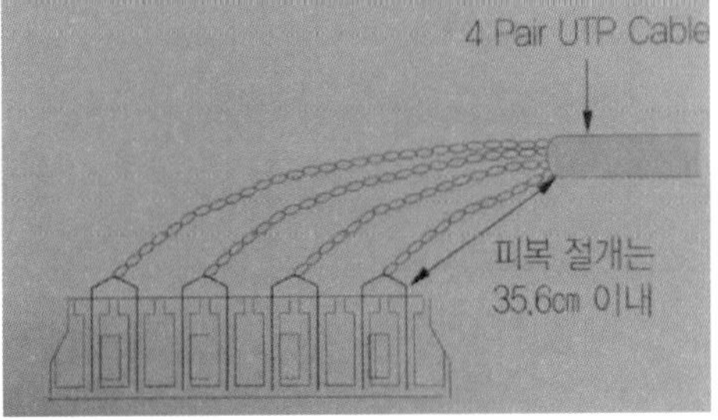

Patch Panel 접속

* UTP케이블을 가장 널리 사용(감쇠현상 보완 : STP케이블 사용)

- 광케이블은 최대 백본(간선케이블)은 광케이블로 구성해야 신호품질에 손실이 없으며, 광케이블 포설 시 광섬유 케이블을 직각으로 꺾거나 비틀지 않게 하여야 함
  * 허용인장과 곡률반경 케이블 외경의 20배 이상 (이하 시 신호 불량)

- 또한, RACK~FDF까지는 광케이블 접속을 위해 2m 이상 여장을 두고 정리하여야 함

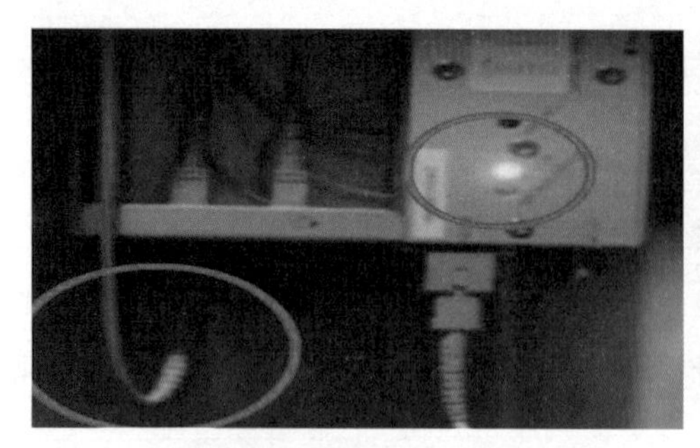

광케이블 꺽임 → 신호불량

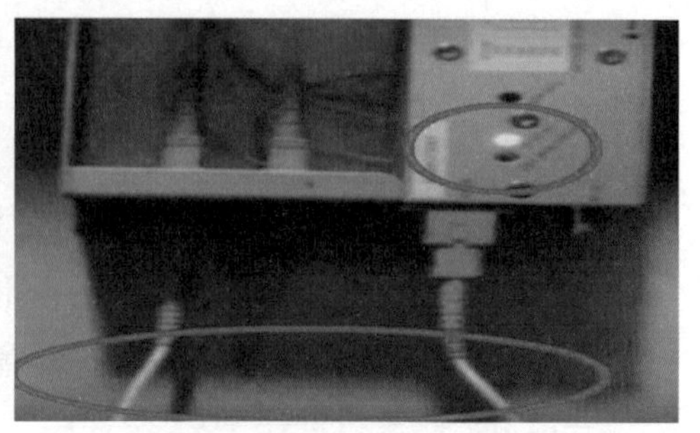

광케이블 꺽임 없음 → 신호양호

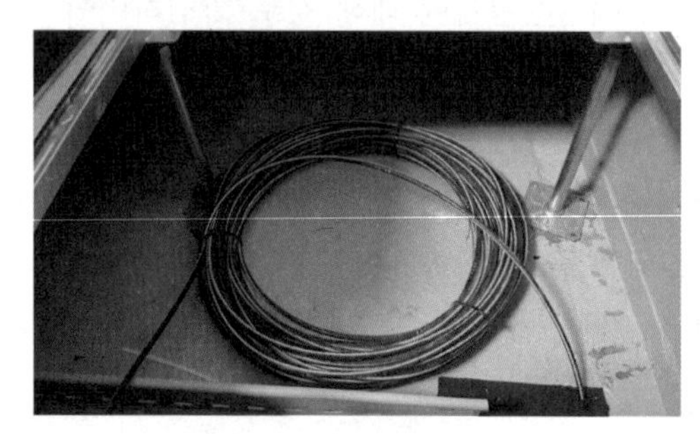

케이블 여장 정리

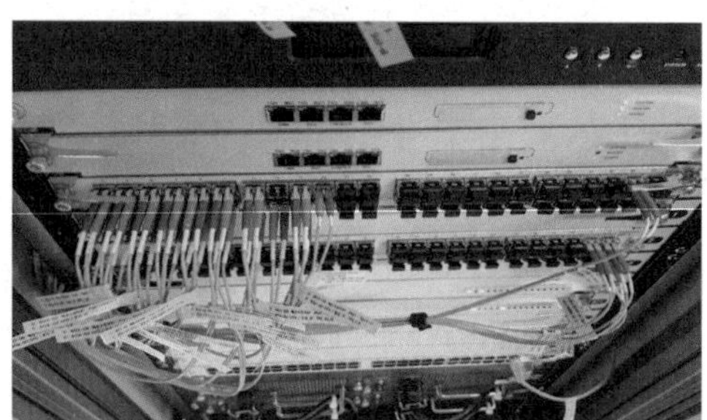

접속판 정열

- 네트워크장비 설치 이후 광케이블 링크 측정(장애 라인 및 지점 확인)하여야 함

- 네트워크장비 설치업체는 시스템의 검수확인을 위해 계약내역과 일치하는 카달로그를 제출해야 하며, 모든 제품은 설치 후의 유지관리, 부품 조달 등을 사전에 협의하여야 함

- 운반 및 설치 시 타공정과 충분한 협의 후 장비 또는 타 공정시설에 파손과 고가 장비이므로 도난에 각별히 주의하여야 함

- 향후 유지보수의 편의를 위하여 네트워크 장비의 구성도 등 필요한 서류를 구비하여 준공 시 반드시 인수인계 하여야 함

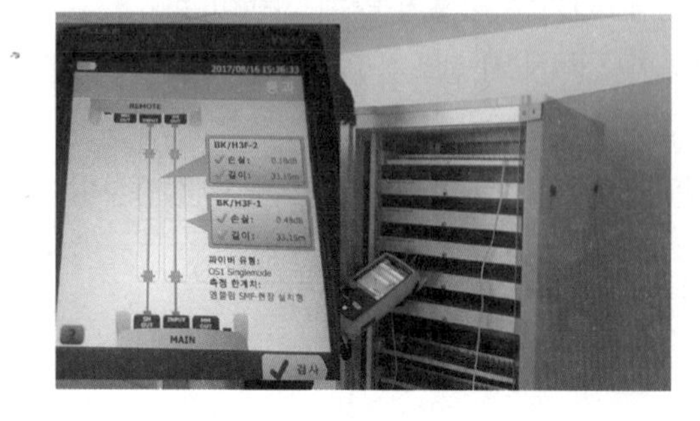

광케이블 링크 측정

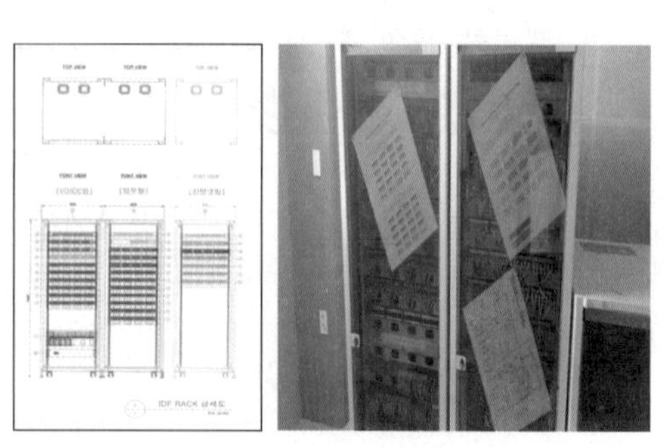

네트워크 장비의 구성도 비치

주의사항

▶ UTP케이블로 DATA 처리 시 허용 거리범위를 검토

▶ 광케이블의 꺾이지 않도록 적절히 시공

▶ 네트워크 장비 링크측정치를 확인하여 케이블 및 장비의 이상유무 확인

▶ 전파법 등 관련 법에 의거 인체에 유해여부를 확인

※ 네트워크 설치공사 표준시방서

1. 1. 일반사항

ㅇ 한국정보통신산업연구원(과학기술정보통신부)의 "정보통신공사 표준시방서(구내통신설비)"에 따른다.

2. 관련 시방서

① 옥내배선공사 "건축전기설비공사 표준시방서 제5장"에 따른다.
② 관로 및 배관공사는 "정보통신공사 표준시방서 Ⅱ"에 따른다.
③ 배선공사는 "정보통신공사 표준시방서 Ⅲ"에 따른다.

1) 행정기관 인터넷 전화 도입 운영지침

① LAN 구축기준

1. PoE 스위치는 IEEE802.3af 표준을 준수하는 장치로써 IP Phone에 UTP케이블을 통해 전원 공급이 가능하다. PoE 스위치는 포트당 공급되는 전력량이 시스템에 따라 다를 수 있으므로 도입하는 IP Phone의 전력량을 계산하여 적정한 시스템을 선정하여야 한다.

2. 케이블링

가. 사용자별 IP Phone과 PC는 PoE 스위치의 단일포트 사용을 권고한다. 보통 두 개 이상의 Ethernet 포트를 가지고 있으며, 두 개의 포트간 스위칭 기능을 제공한다.

나. IP Phone의 'LAN 포트'는 PoE 스위치와 연결하고 'PC 포트'는 사용자 PC와 연결하면 된다. 두 개의 포트가 스위칭 모드로 동작할 때는 IP Phone과 PC가 PoE 스위치의 두 개의 포트에 각각 연결되어 있는 것처럼 동작하게 된다.

3. VLAN 설정은 PoE 스위치의 접속 포트에서 IP Phone의 인터넷 전화트래픽과 PC의 데이터트래픽을 VLAN 기술을 이용하여 분리함으로써 보안성을 향상시키고 인터넷 전화트래픽의 QoS를 제공할 수 있다.

② WAN 구축기준

1. Network 회선 대역폭은 IP교환기를 도입하는 이용기관은 고품질의 인터넷전화 서비스를 안정적으로 제공하기 위해서 다음과 같은 기준에 의거하여 기관 내부 혹은 기관 간 인터넷전화트래픽을 설계하고 그에 따른 적절한 네트워크 회선의 대역폭과 최상의 품질을 제공해줄 수 있는 음성코덱을 사용하여야 한다.

③ 통합 NMS 도입기준

1. 이용기관이 도입하고자 하는 통합 NMS는 장애감시/성능관리/구성정보관리/상태관리 등 통합운영관리를 위한 시스템으로 이용기관별로 각각 구축, 운영되거나 인터넷전화서비스사업자에 의해 구축, 운영될 수 있다.

④ AG 도입기준

1. 최소 1포트 이상의 FXS와 FXO 포트로 구성되어야 하며 FAX를 수용할 수 있어

야 한다.

2. 시스템장애에 대비하여 Secondary IP 교환기 주소를 설정할 수 있어야 하며 웹브라우저를 통한 설정 지원여부, 보안 규격 적용 여부 등을 확인하여야 한다.

2) 공공용 무선랜서비스 제공지침

① 개방

1. 단말과 무선랜 AP간 무선 연결이 완료되면 IP주소를 할당하여 즉시 인터넷 접속이 가능하도록 하는 방식으로, 별도의 사용자 인증과 데이터 암호화 과정이 필요없고 사용자는 무선 네트워크 식별자인 SSID로 연결시도만 하면 즉시 인터넷에 접속 할 수 있다. 일반적인 웹서핑과 정보검색 등 서비스 내용의 속성 상 개인 정보유출의 위험성이 없는 경우에는 보안상 큰 우려가 없지만, 메일, 메신저 등 개인정도 노출이 우려되는 웹 서비스의 경우 SSL이나 VPN등 별도의 데이터 암호화 방식을 적용하는 것이 좋다. 또한 웹사이트 로그인 시 아이디와 비밀번호 정보를 해당 사이트에서 자체적으로 보호하지 않는 경우도 많으므로 이 점에 주의해야 한다.

② 사용자 인증

1. 사용자 인증을 통해 무선 네트워크 접속을 제한적으로 허용하는 방식으로 인증서, 아이디/비밀번호, 단말 MAC주소 등 다양한 방식으로 구현 가능하다. 무선랜의 경우, IEEE802.1x EAP 기반의 사용자 인증이 표준기술로 사용되고 있으며 TLS, TTLS, MD5, PEAP-MSCHAPv2 등 지원하는 EAP 타입에 따라 여러 가지 방식의 인증이 가능하다.

③ 데이터 암호화

1. 무선 데이터 암호화를 위해서 WEP이나 TKIP과 같이 무선랜 AP와 단말에서 고정형 암호키를 동일하게 설정하는 방식이 주로 이용되어 왔으며 현재는 AES-CCMP와 같은 보다 강력한 암호화 알고리즘이 표준으로 채택되어 사용되고 있다. 공공무선랜 서비스는 불특정 다수를 대상으로 하는 서비스이기 때문에 고정형 암호화키를 설정하는 방식은 적용 불가능하므로 IEEE 802.1x EAP 방식의 동적 암호화키 생성 및 공유 프로토콜을 사용해야 한다. 일반 인터넷 이용자를 대상으로 하는 공공 무선랜 서비스는 공공 서비스 제공 관점에서 사용자 편의성과 보안을 적절히 조화해가는 것이 필요하며, 특히 개인정보 유출 등의 보안사고가 발생하지 않도록 네트워크의 보안성을 저해하지 않도록 주의해야 한다.

3) 광(Optic cable) 선로의 구내배선 성능 측정항목 및 기준

가. 구내 광선로 구간의 채널성능은 다음의 기준을 만족하여야 한다.

광섬유케이블 종류	광원 (파장, nm)	광선로 채널손실	비고
단일모드 광섬유 (SMF)	1310	5.5 dB 이하	채널성능 측정시 구내에 설치되는 모든 광통신 장비 및 스플리터는 제외하고 채널(선로)을 구성하여 시험한다.
	1550	5.5 dB 이하	
다중모드 광섬유 (MMF)	850	11.5 dB 이하	
	1300	7.5 dB 이하	

(주1) 위에 표시된 광원 이외의 파장을 사용하는 광섬유케이블에 대해서는 광선로 구간의 채널성능이 단일모드는 5.5 dB이하, 다중 모드는 11.5 dB 이하를 만족하여야 한다.

(주2) SMF, MMF는 [별표2] 용어 설명의 13항과 14항 참조.

(주3) 구내 광선로 채널성능 기준은 각 배선구간별 측정치의 합을 의미한다.

나. 공동주택(신축건물) 특등급의 광선로 채널성능 측정방법

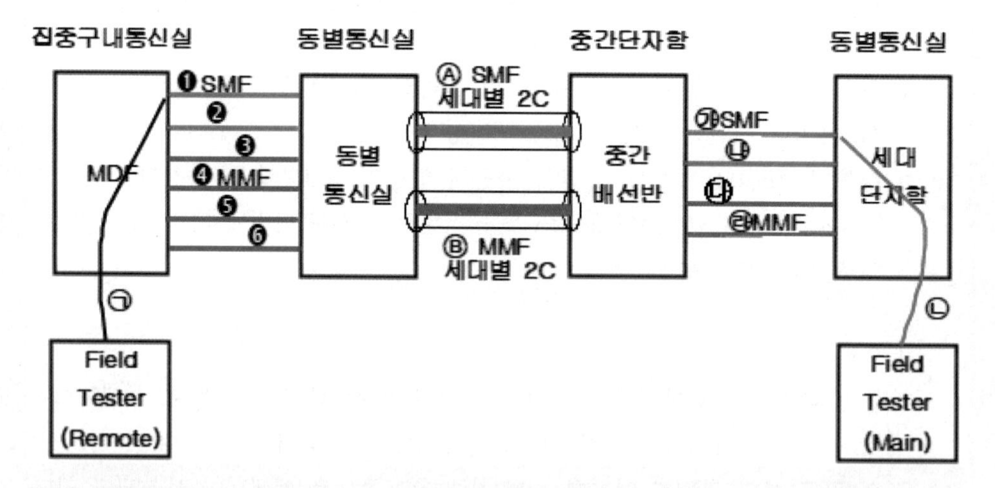

(주1) 광선로 구간에 대한 채널 성능은 동일한 광배선매체가 설치된 구간을 하나의 채널로 구성(광통신장비, 스플리터 등은 포함되지 않으며, 광패치코드를 사용하여 고정배선 구간을 상호 연결하고 양단에 시험코드(ㄱ과 ㄴ)를 연결한다)한 후 Field Tester를 사용하여 시험한다.

(주2) 고정배선 구간은 아래 예시도의 경우 1-A-가, 2-A-나, 3-B-다, 4-B-라, 5-B-다, 6-B-라 등과 같이 연결할 수 있다

집중구내통신실 및 층구내통신실

<table>
<tr><th>항 목</th><th>검 사 기 준</th><th>검사방법</th><th>근 거</th></tr>
<tr><td>통신실
설치조건
공통사항</td><td>ㅇ 지상 원칙
ㅇ 지하일 경우 침수 및 습기 방지
ㅇ 조명시설 및 통신장비용 전원설비 구비</td><td>ㅇ 육안검사</td><td rowspan="3">ㅇ 방송통신
설비의
기술기준에
관한 규정
제19조
제1호</td></tr>
<tr><td>1. 업무용
건축물
(6층 이상,
연면적
5,000m² 이상)</td><td>ㅇ 집중구내통신실 : 10.2m² 이상 1개소
ㅇ 층구내통신실
– 층별전용면적 1000m² 이상 : 10.2m² 이상
– 층별 전용면적 800m² 이상 : 8.4m² 이상
– 층별전용면적 500m² 이상 : 6.6m² 이상
– 층별전용면적 500m² 미만 : 5.4㎡ 이상</td><td rowspan="2">ㅇ 설계도면
및 줄자를
이용한
실측 확인</td></tr>
<tr><td>2. 제1호 외의
업무용
건축물</td><td>ㅇ 집중구내통신실
– 500m² 이상 : 10.2m² 이상
– 500㎡ 미만 : 5.4m² 이상</td></tr>
</table>

▣ (유무선 보안) 인터넷전화 구축시 보안 준수 사항

▷ 인터넷전화 시스템 도입·구축 또는 민간 인터넷전화 사업자망을 사용하고자 할 경우 사업단계에서 국정원 보안성 검토 실시
- 강력한 인증 및 암호화 구현
- 외부구간 보안대책
- 인터넷전화망과 전산망 분리 등

▣ 무선랜 보안운영 권고지침

▷ 무선통신기술을 활용한 인터넷서비스가 확산되고 있으나 유선에 비해 보안이 취약해 정보보호 필요
- 무선환경 전반에 대한 정보보호 로드맵 작성
- 무선랜 안정성 재고를 위한 제도적, 기술적 기반마련

▷ 대규모 자가 무선랜 운영자(공공기관 등)

관련 법령/기준

1) 강력한 인증 및 암호화 구현

① 강력한 인증 및 암호화 구현

1. 다양한 인터넷전화 보안 위협 속에서 안전한 인터넷전화를 사용하기 위해서는 인터넷전화기에 대한 정확한 인증과 제어신호 및 통화내용에 대한 효과적인 암호화가 선행
2. 국가·공공기관에서 사용해야 할 인증과 암호화 표준은 아래 [표 1]에 제시

[표 1] 인증 및 암호화 표준

구 분		방 법
장치인증		PKI
사용자 인증		HTTP Digest (RFC 2617)
제어신호 암호화	보안프로토콜	TLS v1.0(RFC2246), v1.2(RFC5246)
	암호화 알고리즘	국제표준알고리즘
	키관리 방법	PKI
통화내용 암호화	보안 프로토콜	SRTP(RFC3711)
	암호화 알고리즘	국제표준알고리즘
	메시지 인증	HMAC-SHA1(RFC2014)
	키관리 방법	SDES(RFC4568)

※ 외교·안보 관련기관은 보안성 검토시 국가정보원의 별도 암호기술 규격을 따른다.

② 장치 인증

1. 인가된 인터넷전화 장비(전화기, 교환기서버 등)간 제어신호 및 음성데이터 송수신 이전, 단말기 식별 및 유효성 확인을 위하여 상호간 장치 (Device) 인증 실시 필요
2. 국가 공공기관에 납품되는 인터넷 전화 장비는 국가가 지정 또는 구축·운용하는 국가 공공기관용 공개키 기반 장치인증체계(PKI)에서 발급된 장치인증서 사용 필요

③ 사용자 인증

1. 인가된 사용자에게 인터넷전화 사용을 허가하기 위한 주체 확인 및 식별을 통한 접근제어 수행
2. 사용자 인증을 위하여 국제 표준인 HTTP Digest 프로토콜을 적용하여 인증받은 사용자만이 인터넷전화 사용 조치

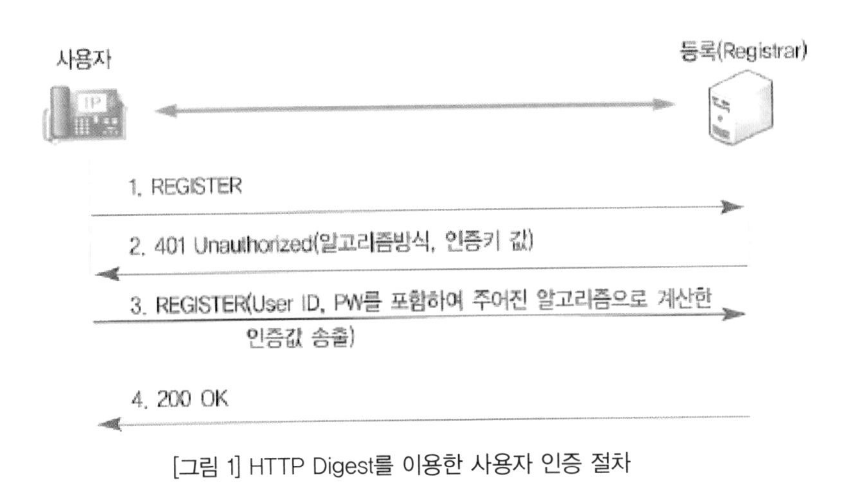

[그림 1] HTTP Digest를 이용한 사용자 인증 절차

3. 사용자가 서비스를 사용하기 위하여 서버에 등록 요청(REGISTER) 메시지를 전송하면 서버는 사용자에게 사용자 인증을 위한 정보를 응답메시지(401 Unauthorized)에 포함하여 전송
4. 사용자는 서버로부터 전송된 머시지에 포함된 인증키 값과 User ID, Password를 이용하여 인증값을 생성한 후, 그 결과를 등록 요청메시지에 포함하여 재전송하면, 등록서버는 인증값 일치여부를 통해 사용자 인증

④ 제어신호 암호화

1. 인터넷전화 서비스의 트래픽 유형은 단말 등록 및 호 처리에 이용되는 제어신호(SIP 프로토콜)와 음성통화(RTP 프로토콜)로 구분
2. 제어신호는 등록정보와 호 설정 정보가 담겨 있어 외부로 유출될 경우 도청이나 서비스 오용 등의 공격에 악용되므로 암호화를 통한 보호가 필수적
   * 제어신호는 홉간(Hop-by-hop)으로 전달되기 때문에, [그림 2]와 같이 모든 홉간에는 TLS 프로토콜을 반드시 적용

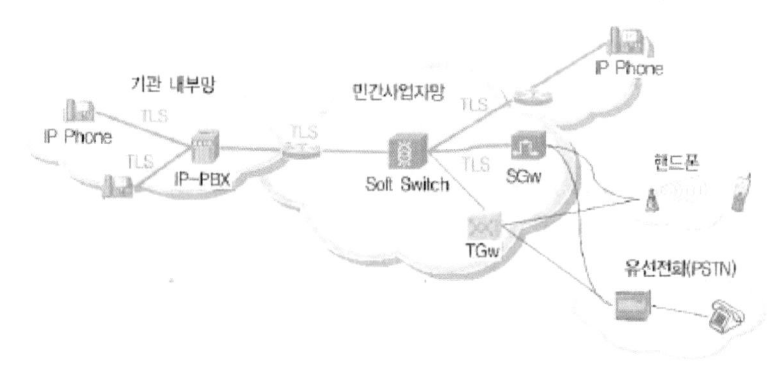

[그림 2] 제어신호 보호를 위한 TLS적용 구간

3. TLS 프로토콜은 클라이언트와 서버 사이에 인증 및 암호화 통신을 위하여 사용되는 프로토콜로서 이를 사용하기 위하여 지원해야 할 암호규격임

[표 2] TLS 기반 필수 암호규격

구분	암 호 규 격
암호화 알고리즘	국제표준알고리즘
해쉬 함수	SHA-1, SHA-256
운영 모드	CBC(Cipher Block Chaining)
키교환 알고리즘	RSA(1024 또는 2048비트)
Crypto Suites	TLS_RSA_WITH_AES_128_CBC_SHA = {0x00, 0x2F} TLS_RSA_WITH_SEED_128_CBC_SHA = {0x00, 0x96}

⑤ 통화내용 암호화

1. 통화내용 암호화를 위해서는 국제 표준에서 제시하고 있는 SRTP(Secure Real-time Transport Protocol) 프로토콜을 반드시 적용

   * SRTP는 음성트래픽의 기밀성, 메시지 인증 및 재전송 방지 등의 보안서비스를 제공하는 표준 프로토콜

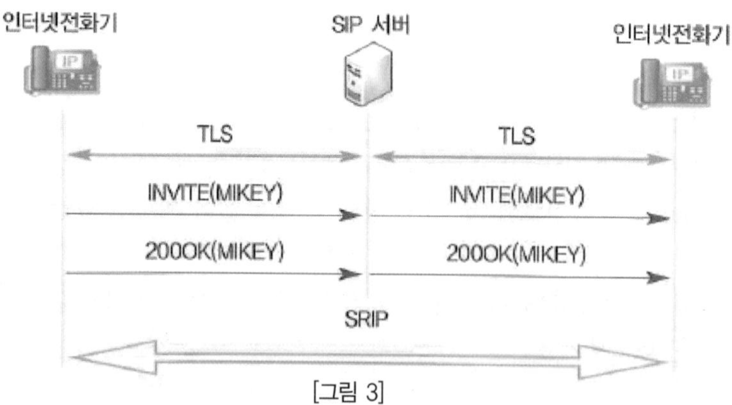

[그림 3]

2. SRTP를 사용하기 위하여 필수로 지원해야 할 암호규격은 〈표 3〉과 같음

[표 3] SRTP 암호규격

구분 암 호	규 격
암호화 알고리즘	국제표준알고리즘
인 증	HMAC/SHA1, HMAC/SHA256
운영 모드	CM(Counter Mode)
키길이	마스터키 : 128 bits, 세션 암호화키 : 128 bits 세션 인증키 : 160 bits, 세션 salt키 : 112 bits

2) 외부구간 보안대책

① 외부구간 보안대책

1. 인터넷전화 서비스사업자 이행 보안대책

가. 서비스를 제공하는 모든 구간에 강력한 인증과 암호화 기능 제공(보안 기능이 없는 단말기와 보안통신 제공)

나. 서비스를 환경의 보안 위협을 최소화할 수 있도록 전화망과 전사망의 분리를 포함한 안전한 네트워크 및 시스템 구축

다. 인터넷전화 서비스 이용자의 신원확인 및 접근제한 정책 수립

라. 웜·바이러스 등 악성코드 탐지·차단 및 장애 발생에 따른 대비책 수립

마. 인터넷 전화 사용자의 개인정보 보호대책 강구 등

2. 서비스사업자망 사용 제한

가. 내·외부망(All IP)의 인터넷전화를 안전하게 사용하기 위해서는 全 구간에 대한 보안대책 적용이 필수적인 바, 사업자 구간의 보안서비스 제공시까지 [그림 4]처럼 기관 내부는 인터넷, 외부는 PSTN을 사용하는 제한된 형태의 인터넷전화 서비스만 사용

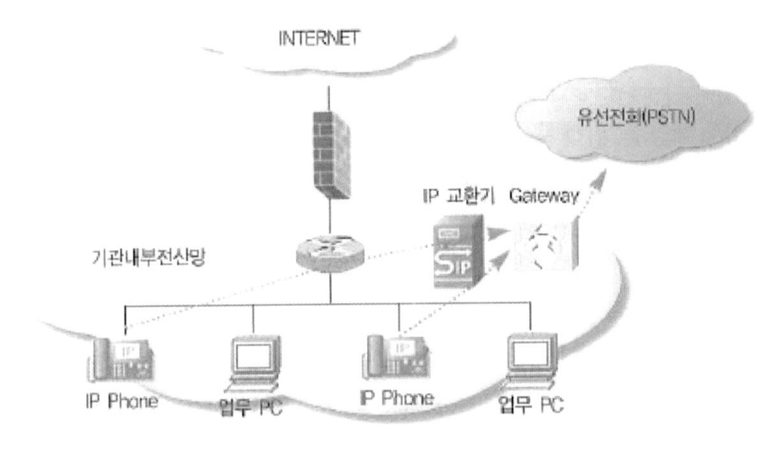

[그림 4] 기관 내부에서 허용되는 인터넷 전화 형태

나. 향후 인터넷전화 서비스사업자가 보안대책을 만족하는 보안서비스를 제공할 경우 외부구간 사용 허용

3) 인터넷전화망과 전산망의 분리

① 인터넷전화망과 전산망의 분리

1. 인터넷전화 서비스를 안전하게 제공하기 위해서는 [그림 5]와 같이 전화망 (음성 네트워

크)과 전산망(데이터 네트워크)을 분리하여 운영

2. 물리적으로 분리하는 방법도 가능하지만 경제성 등을 고려할 때 VLAN을 사용하는 방식을 권장

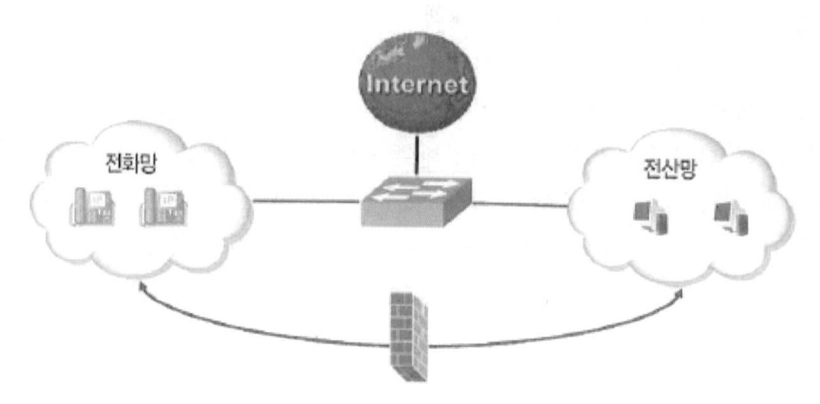

[그림 5] VLAN을 이용한 전화망과 전산망의 분리

② VLAN 구성 방안은 VLAN을 구성하는 방법에는 ① 포트 기반, ② 장비의 MAC 주소 기반

③ IP 주소 기반, ④IEEE 802.1Q 등을 이용하는 방법이 있음

④ VLAN간 데이터 교환 방안은 전화망과 전산망의 데이터 교환은 기본적으로 금지해야 하나, 일부 서비스 제공을 위하여 데이터 교환이 필요할 경우, 국가정보원과 사전 협의 후 3계층 스위치의 접근제어나 방화벽의 필터링 대책을 적용하여 시행 가능

4) 무선랜 보안 운영권고지침

① 소규모 자가무선랜 운영자의 적용대상

1. 무선랜 환경을 구성, 운영하고 있으나 조직의 특성 및 예산 사정상 별도의 보안관리 담당자를 임명하기 어렵거나, 무선랜 보안을 위해 별도 장비 등을 구비하기 어려운 영세사업자
2. 대규모 자가 무선랜 운영자(기업, 공공기관 등)로 대규모 무선랜을 구축, 운영하는 조직, 특별한 보안조치가 요구되는 중요 데이터를 취급하는 조직
3. 공중 무선랜 서비스 사업자(통신사업자)로 공공장소 또는 가정에서 무선랜을 이용할 수 있도록 무선랜 접속 서비스를 제공하는 통신사업자
4. 공중 무선랜 서비스 사업자로(개인 목적의 사용자 등) 공중 무선랜 사업자가 제공하는 홈랜서비스, 핫스팟서비스 가입자 단말기 이외의 무선랜 장비에 대한 운영 권한이 없는 자

10 CATV 설치공사 중요 검토·확인 사항

1. 시공 가이드

주요내용	관련사진
ㅇ 시공계획서 확인 – CATV 네트워크 구성 및 신호 전달 범위 등 확정 – 시공상세도를 통해 간선, 지선, 증폭기 위치 및 구성의 적합성 확인	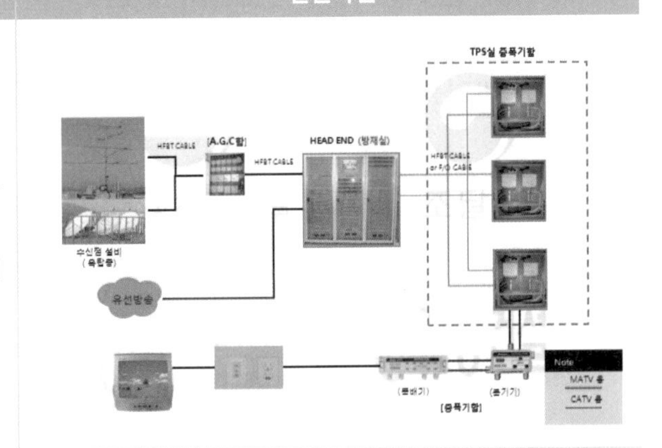
ㅇ 배관(배선) 및 단말기 시공 – 동축케이블은 양방향 특성을 고려 차폐성능이 우수한 제품을 선정 (3중 차폐이상, 5C급 이상인 KS승인)	 
ㅇ 구내 방송 설비 안테나, 증폭기 시공 – 경찰청 철탑은 별도 공사 (보통 건축공사에 포함)	 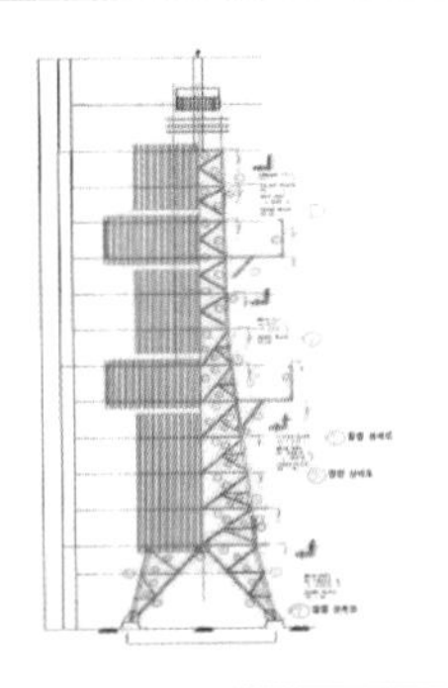
ㅇ CATV 장비(HAED END)설치 – 기기 및 장비의 계약내역과 일치하는 카달로그를 제출해야 하며, 설치 후의 유지관리, 부품조달 등을 위한 계획을 감리원에게 제출 * HAED END : 신호 수신 – 변환 □ 혼합 – 송출하는 역할	

2. 품질관리를 위한 주요 검토·확인 사항

ㅇ 시공계획서 확인 및 시공 전 검토·협의 사항

- 구성하는 CATV 장비의 구성과 규모가 적절한지 확인하여야 함
- 한국산업규격(KS), 공산품 품질관리법 등에 따른 표준품 이상 여부를 확인하여야 함
- 자재반입은 공정표를 검토하여 적정한 시기에 반입 가능 여부를 확인하여야 함

ㅇ 시공 중 중점 검토·확인 사항

- CATV 장비 설치·검사에 있어 TV 수상기에 필요한 화질 및 수신 전계 감도를 CHANNEL 별로 이상 유무를 확인하여야 하며, 준공 시 OUTLET마다 신호 LEVEL(dB)을 측정·기록·제출토록 관리하여야 한다.
- 안테나 및 포설에 있어 시스템별 인터페이스 방안 및 안테나 위치를 건축공종과 협의를 통하여 전파 방향을 확인 후 설치하여야 함
- 또한, 워셔캡(서비스캡)을 금속관 인출구에 부착하여 안테나 등 옥외 전선 인입 시 빗물 등 유입을 방지하여야 함

옥외전선 인입시 워셔캡(서비스캡) 사용

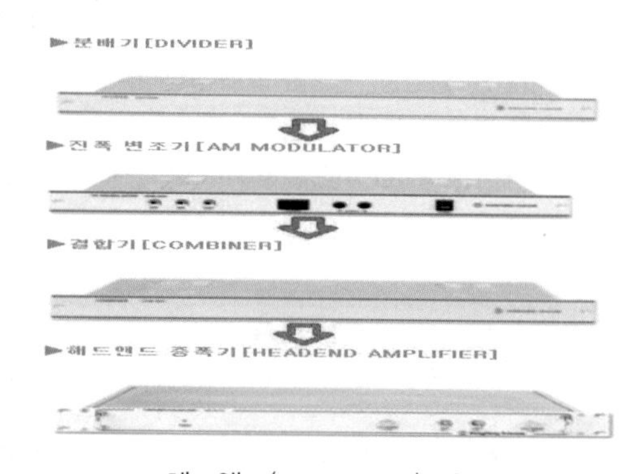

헤드앤드(HAED END) 설치

- 헤드엔드(HAED END) 설치에 있어 장비 간 열화를 방지하기 위하여 1u씩 공간을 확보하여야 함
- 또한, 유지보수를 위하여 RACK 결선 시 명판을 붙이고, 장비의 성능결과 측정표를 비치하여야 함
- 증폭기 설치에 있어 증폭기함·분배기함·AMP 설치시 수직·수평을 확인하고, 입출력 및 전원단자에 서지전압에 견디는 피뢰설비 및 접지를 하여야 하며, 분배·분기기의 미사용 단자는 75Ω으로 종단 처리하여야 함

ㅇ 시험 및 조정

- 간선 AMP에서 dB 조정을 하여 각 방재실로 전송한다.

- 네트워크와 증폭기 장비 등은 열을 발산하여 장비 수명 단축되므로 공조설비가 없는 TPS 실에 설치되면 공조시스템 설치 가능 여부를 확인하여야 함

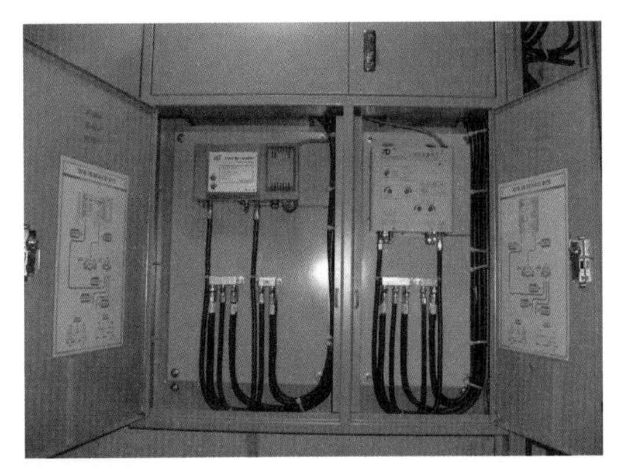

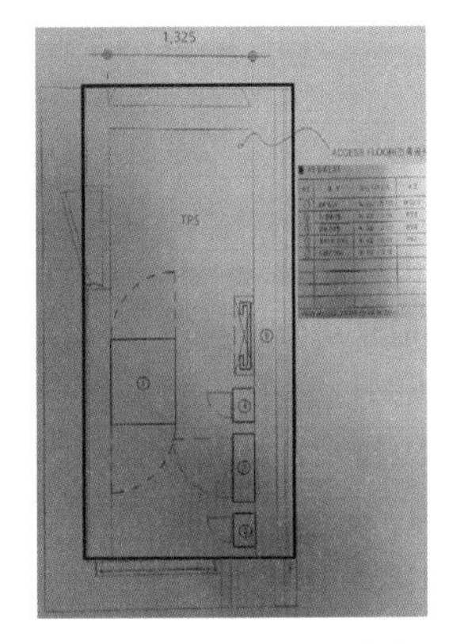

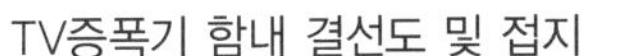

TV증폭기 함내 결선도 및 접지　　　작은 TPS실 내 통신장비로 실내 온도상승

주의사항

▶ TPS실 내 공기조화기 등 적정 온도유지를 위한 방안을 확인

▶ 설치 기기는 한국산업규격(KS), 공산품 품질관리법 등에 의한 표준품을 사용

▶ 장비의 성능결과 측정표 비치를 확인

▶ 공청안테나와 피뢰침 간 적정 거리 유지를 확인

※ CATV 설치공사 표준시방서

1. 1. 일반사항

ㅇ 한국정보통신산업연구원(과학기술정보통신부)의 "정보통신공사 표준시방서(구내통신설비)" 에 따른다

2. 관련 시방서

① 옥내배선공사 "건축전기설비공사 표준시방서 제5장"에 따른다.
② 관로 및 배관공사는 "정보통신공사 표준시방서 Ⅱ"에 따른다.
③ 배선공사는 "정보통신공사 표준시방서 Ⅲ"에 따른다.
④ 안테나공사는 "건축전기설비공사 표준시방서 11장 3 피뢰설비공사"에 따른다.

11 CCTV 설치공사 중요 검토·확인 사항

1. 시공 가이드

주요내용	관련사진
ㅇ시공계획서를 통해 최적화 확정 - CCTV 카메라 화질과 저장기간 및 운영 특기 사항을 기관의 성격에 맞춰 최적화 확정 - 카메라 위치를 확인하여 사각지대를최소화하며 개별 폴(POLE) 또는 보안등 폴 사용 계획과 배선라인 확정 - 부여받은 IP 대역을 확인	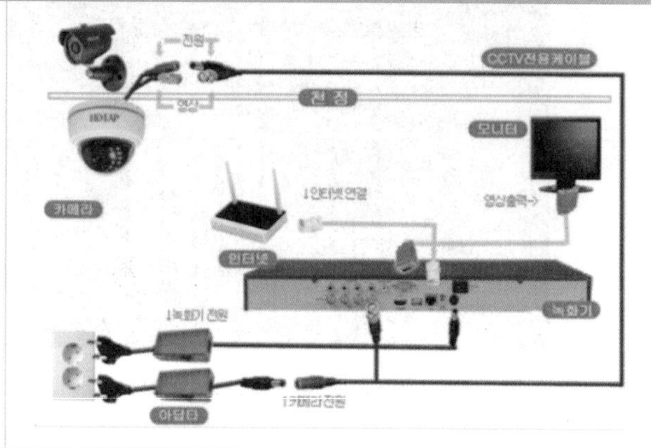
ㅇ실내 CCTV 카메라 시공 - 설치 전 영상 확인하고 천정면에 타공 후 설치한다. - 설치 후 화각 확인 - 조명등, 에어콘 등 화질에 영향을 주는 주변 요소를 검토	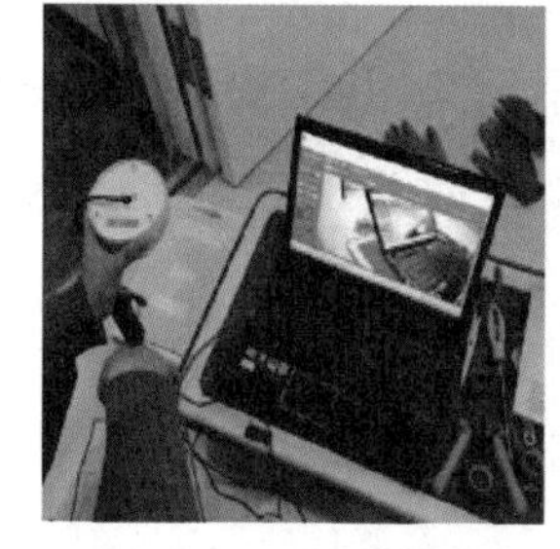 
ㅇ실외 CCTV 카메라 시공 - 카메라 부착하여 폴 건립 - 설치 후 화각 확인 - 바람이 심한 곳은 폴의 두께 검토 - 브라켓을 적절히 이용하여 사각을 줄임	 
ㅇCCTV 장비 저장장치 등 설치 - 기기 및 장비의 계약내역과 일치하는 카달로그를 제출해야 하며, 설치 후의 유지관리, 부품조달 등을 위한 계획을 감리원에게 제출	

2. 품질관리를 위한 주요 검토·확인 사항

ㅇ 시공계획서 확인 및 시공 전 검토·협의 사항
- 구성하는 CCTV 장비의 구성과 규모가 적절한지 확인하여야 함
- 한국산업규격(KS), 공산품 품질관리법 등에 따른 표준품 이상 여부를 확인하여야 함
- 자재반입은 적정한 시기에 반입 여부의 공정계획을 검토하여야 함

ㅇ 시공계획서를 통해 설계의 적정성 검토 후 최적화 모델 확인
- 기관의 성격, 설치 위치에 적합한 CCTV 카메라 사양과 저장기간 및 운영상 특기사항을 확정하여야 함
- 카메라 위치를 확인하여 사각지대를최소화하고, 개별 폴(POLE) 또는 보안등 폴 사용계획은 시뮬레이션 측정치를 활용함이 필요
- CCTV 카메라 회로수에 맞는 NVR(녹화·재생·모니터링 등)을 구성하여야 함
- 전송방식 결정을 아래 사항을 검토 후 결정하여야 함
  - 동축전송 : 방재센터에서 카메라까지 200m 이내, 증폭기 사용 시 600m
  - UTP전송 : 중계장치 이용 시 영상거리 최대 1.2km
  - 네트워크전송 : IP카메라와 네트워크망을 통해 운영
- 부여받은 IP 대역을 확인하고 시공토록 조치

ㅇ 시공 중 중점 검토·확인 사항
- CCTV 카메라의 사각지대, 화면 각도 적정성과 녹화 상태 및 기간 등을 확인하며, CCTV 영상으로 사생활이 침해되는지 등 검토하여 확정하여야 함
- 카메라는 태양의 직사광선의 각도 등을 유의하여 설치하여야 함
- 보안등 폴(Pole)에 같이 설치할 경우 전기선에 의한 감전사고가 발생되지 않도록 주의하여야 함
- 습기 지역(바닷가, 축사소독) 공사는 카메라 금속 구성품의 녹 발생을 예방할 수 있도록 검토·협의하여야 함
- 직접뇌 또는 유도뇌(전력선, 통신선 등)에 의한 영향으로 피해가 발생되므로 접지 및 분전반 내 SPD(서지보호기)를 설치하여야 함
- 폴(Pole)에 설치 시 수직 방향으로 케이블 무게가 기기 접촉면에 영향을 주므로 회전각의 여장을 제외하고 폴 상단부에 케이블을 고정하여야 함

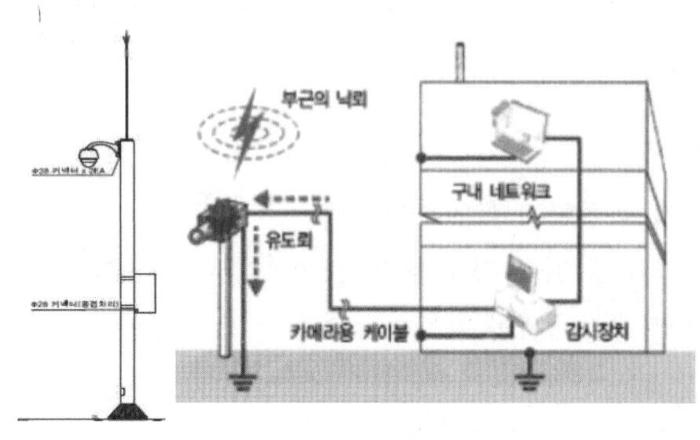

CCTV 낙뢰 대비 보호

건물 벽체 CCTV카메라 설치

○ CCTV카메라·NVR 등 시험 및 조정

- CCTV카메라의 화면 각도와 사각지대 여부, NVR 녹화 상태 및 기간 등을 확인하여야 함
  * DVR(digital video recorder) 녹화·재생·삭제 기능 → NVR(network video recorder) DVR성능에 네트워크 기반으로 원격 모니터링이 가능토록 기능 추가함이 필요

주의사항

▶ CCTV설치시 계절별 햇빛의 입사량 등 확인후 카메라를 설치
▶ 보안등 폴과 개별 폴의 위치를 중첩시켜 폴 시설물을 최소화
▶ 바람이 심하게 부는 지역은 폴(POLE) 두께를 고려
▶ 습기지역은 금속재 도장상태를 확인
▶ 기관의 특성에 맞춰 저장기간 등 제어부의 성능을 검토

※ CCTV 설치공사 표준시방서

1. 1. 일반사항

○ 한국정보통신산업연구원(과학기술정보통신부)의 "정보통신공사 표준시방서(구내통신설비)" 에 따른다.

2. 관련 시방서

① 옥내배선공사 "건축전기설비공사 표준시방서 제5장"에 따른다.
② 관로 및 배관공사는 "정보통신공사 표준시방서 Ⅱ"에 따른다.
③ 배선공사는 "정보통신공사 표준시방서 Ⅲ"에 따른다.
④ 폴(Poie) 설치공사는 "건축전기설비공사 표준시방서 6장 조명설비"에따른다.

12 전관방송 및 AV 설비공사 중요 검토·확인 사항

1. 시공 가이드

주요내용	관련사진
ㅇ시공계획서를 통해 최적화 확정 – 전관방송이 나오는 실 및 구역을 확인 – 회의실 및 강당 등 AV설비의 규모 와 구성 등을 적절한지 확인	전관방송 장비 구성도
ㅇ전관방송 설비 시공 – 스피커 취부하기 위해 천장면을 타공하고 설치 – 결선 전 함내 이물질 제거 – 각 기기에 맞게 케이블을 결선	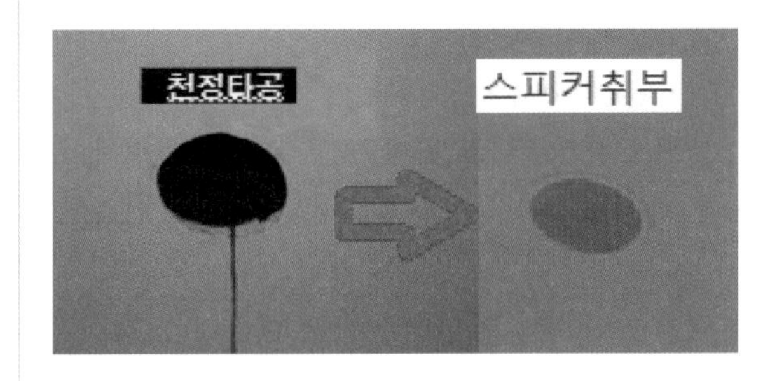
ㅇAV설비 시공 – 스크린 및 빔프로젝터 등 설비 취부하기 위해 천장면을 타공 후 설치 – MDF, TPS 실 내 성단작업 실시 – 링크테스트 실시하여 점검	 스크린 자리 타공  스크린 설치
ㅇ전관방송 및 AV설비 작동 여부 확인 – 전관방소은 화재수신과 연동 여부를 확인 – AV설비는 링크테스트를 통해 장비의 작동여부를 확인 – 기기 및 장비의 계약내역과 일치하는 카달로그를 제출해야 하며, 설치 후의 유지관리, 부품조달 등을 위한 계획을 감독관에게 제출	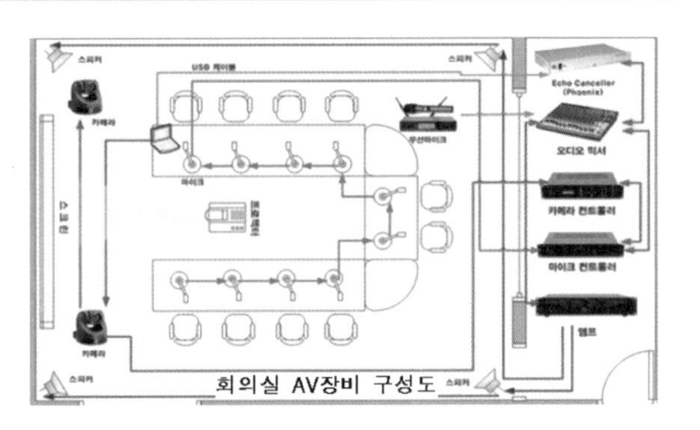회의실 AV장비 구성도

2. 품질관리를 위한 주요 검토·확인 사항

○ 시공계획서 확인 및 시공 전 검토·협의 사항

- 구성하는 전관방송(스피커 음량) 및 AV설비(빔 프로젝터의 위치, 스크린의 크기 등)의 규모가 적절한지 확인하여야 함
  * 한국산업규격(KS), 공산품 품질관리법 등에 따른 표준품 이상 여부 확인
- 자재반입은 공정표를 검토하여 적정한 시기에 반입 여부를 확인하여야 함

○ 시공계획서를 통해 설계의 적정성 검토 후 최적화 모델 확인

- 전관방송, AV설비 수요기관의 사용상 편리한 제품인지 확인하여야 함
- 전관방송이 가능한 실 구역을 확인하여야 함
- 회의실 및 강당의 규모에 맞는 적절한 스피커 음량으로 시공하여야 함
  * 영화관 85dB 이상, 다목적홀 84dB 이상, 회의실 78dB 이상 등

○ 시공 중 중점 검토·확인 사항

- 정확한 스피커 위치를 마킹한 후 스피커 설치에 적합한 구멍으로 타공하여야 함
- 접지 불량의 경우 HUM NOISE 발생할 수 있음을 확인하여야 함
- 음성신호의 잡음을 없애기 위해 신호전선과 전력전선 간의 이격을 1m 이상 실시하여야 함
- 유선마이크용 엠프단자는 트위스트 쌍(Twist Pair) 실드선을 사용하고, 1점 접지(그라운드 접지)를 하여야 함
- 옥외용 스피커를 설치 할 때 현장 여건에 문제가 없는지 확인하고 비바람 및 직사광선이 없는 곳으로 설치하여야 함
- 엘리베이터 등 고 전력을 사용부하와 동일한 변압기 등을 사용하지 않아야 함
  * 동일한 변압기 내에서 고전력 사용기기 작동 시 스피커 및 화면 끊김이 발생됨
- 비상방송 및 화재수신기 등 연동하여 작동 여부를 점검하여야 함
- 전관방송 및 AV설비 공사를 완료하고 체크리스트를 가지고 앰프 동작시험 등을 실시하여야 함

주의사항

▶ 음성 신호전선과 전원전선간 이격(1m 이상)을 충분히 유지

▶ 고출력 전원과 동일한 변압기에 접속하지 않아야 함

▶ 회의실 등 해당실의 크기에 맞는 스피커 등 장비를 구성

▶ 화신방송 등 비상방송으로 연동 여부를 확인

※ 전관방송 및 AV 설비공사 표준시방서

1. 1. 일반사항

○ 한국정보통신산업연구원(과학기술정보통신부)의 "정보통신공사 표준시방서(구내통신설비)" 에 따른다.

2. 관련 시방서

① 옥내배선공사 "건축전기설비공사 표준시방서 제5장"에 따른다.
② 관로 및 배관공사는 "정보통신공사 표준시방서 Ⅱ"에 따른다.
③ 배선공사는 "정보통신공사 표준시방서 Ⅲ" 에 따른다.
④ 전관방송 등은 "비상방송설비의 화재안전기준(NFSC 202)"에 따른다.

▣ 방송통신설비의 기술기준에 관한 규정

▷ 관련근거 : 방송통신설비의 기술기준에 관한 규정 제7조(보호기 및 접지), 제9조(전력유도의 방지), 제10조(전원설비), 제19조(구내통신실의 면적확보)

▷ 낙뢰 등 이상전류·이상전압이 유입될 우려가 있는 방송통신설비에는 과전류·과전압을 차단하는 보호기 설치

▷ 전송설비 및 선로설비는 전력유도로 인한 피해가 없도록 건설·보전

▷ 전원설비는 최대전력의 ±10퍼센트 이내로 유지

▷ 구내통신실면적확보 기준 등

관련 법령/기준

1) 방송통신설비의 기술기준에 관한 규정 제7조 (보호기 및 접지)

① 벼락 또는 강전류전선과의 접촉 등으로 이상전류 또는 이상전압이 유입될 우려가 있는 방송통신설비에는 과전류 또는 과전압을 방전 시키거나 이를 제한 또는 차단하는 보호기가 설치되어야 한다.

② 제1항에 따른 보호기와 금속으로 된 주배선반·지지물·단자함 등이 사람 또는 방송통신설비에 피해를 줄 우려가 있을 경우에는 접지되어야 한다.

③ 제1항 및 제2항에 따른 방송통신설비의 보호기 성능 및 접지에 대한 세부 기술기준은 과학기술정보통신부장관이 정하여 고시한다.

2) 방송통신설비의 기술기준에 관한 규정 제9조 (전력유도의 방지)

① 전송설비 및 선로설비는 전력유도로 인한 피해가 없도록 건설·보전 되어야 한다.

② 전력유도의 전압이 다음 각 호의 제한치를 초과하거나 초과할 우려가 있는 경우에는 전력유도 방지조치를 하여야 한다. 〈개정 2011.1.4.〉

1. 이상시 유도위험전압 : 650볼트. 다만, 고장시 전류제거 시간이 0.1초 이상인 경우에는 430볼트로 한다.
2. 상시 유도위험종전압 : 60볼트
3. 기기 오동작 유도종전압 : 15볼트. 다만, 해당 방송통신설비의 통신 선로가 왕복 2개의 선으로 구성되어 있는 경우에는 적용하지 아니 하되, 통신선로의 2개의 선 중 1개의 선이 대지를 통하도록 구성 되어 있는 경우(대지귀로방식)에는 적용한다.
4. 잡음전압 : 0.5밀리볼트. 다만, 전철시설로 인한 잡음전압이 0.5밀리 볼트보다 크고 2.5밀리볼트보다 작은 경우에는 1분 동안에 0.5밀리 볼트보다 크고 2.5밀리볼트보다 작은 잡음전압과 그 잡음 전압이 지속되는 시간(초)을 곱한 전압의 총 합계가 30밀리볼트·초를 초과 하지 아니하여야 한다.

③ 제2항에 따른 전력유도전압의 구체적 산출방법에 대한 세부기술기준은 과학기술정보통신부장관이 정하여 고시한다.

3) 방송통신설비의 기술기준에 관한 규정 제10조 (전원설비)

① 방송통신설비에 사용되는 전원설비는 그 방송통신설비가 최대로 사용 되는 때의 전력을 안정적으로 공급할 수 있는 용량으로서 동작전압과 전류의 변동률을 정격전압 및 정격전류의

±10퍼센트 이내로 유지할 수 있는 것이어야 한다. 〈개정 2011.1.4.〉

② 제1항에 따른 전원설비가 상용전원을 사용하는 사업용방송통신설비인 경우에는 상용전원이 정전된 경우 최대 부하전류를 공급할 수 있는 축전지 또는 발전기 등의 예비전원설비가 설치되어야 한다. 다만, 상용전원의 정전 등에 따른 방송통신서비스 중단의 피해가 경미하고 예비전원설비를 설치하기 곤란한 경우에는 그러하지 아니하다. 〈개정 2011.1.4.〉

③ 사업용방송통신설비 외의 방송통신설비에 대한 전원설비의 설치기준에 필요한 세부 기술기준은 과학기술정보통신부장관이 정하여 고시한다.

4) 방송통신설비의 기술기준에 관한 규정 제19조(구내통신실의 면적확보)

① 「전기통신사업법」 제69조제2항에 따른 전기통신회선설비와의 접속을 위한 면적기준은 다음 각 호와 같다. 〈개정 2011. 1. 4., 2017. 4. 25.〉

1. 업무용건축물에는 국선·국선단자함 또는 국선배선반과 고속통신망 장비, 이동통신망장비 등 각종 구내통신선로설비 및 구내용이동통신 설비를 설치하기 위한 공간으로서 다음 각 목의 구분에 따라 집중 구내통신실과 층구내통신실을 확보하여야 한다.
   가. 집중구내통신실 : 별표 2에 따른 면적확보 기준을 충족할 것
   나. 층구내통신실 : 각 층별로 별표 2에 따른 면적확보 기준을 충족할 것
2. 주거용건축물 중 공동주택에는 별표 3에 따른 면적확보 기준을 충족하는 집중구내통신실을 확보하여야 한다.
3. 하나의 건축물에 업무용건축물과 주거용건축물 중 공동주택이 복합된 건축물에는 각각 별표 2 및 별표 3에 따른 면적확보 기준을 충족하는 집중구내통신실을 용도별로 각각 분리된 공간에 확보하여야 하며, 업무용건축물에 해당하는 부분에는 별표 2에 따른 면적확보 기준을 충족하는 층구내통신실을 확보하여야 한다. 다만, 업무용 건축물에 해당하는 부분의 연면적이 500제곱미터 미만인 건축물로서 다음 각 목의 요건을 모두 충족하는 경우에는 집중구내통신실을 용도별로 분리하지 아니하고 통합된 공간에 확보할 수 있다.
   가. 집중구내통신실의 면적이 별표 2와 별표 3에 따른 면적확보 기준을 합산한 면적 이상일 것
   나. 집중구내통신실이 해당 용도별 전기통신회선설비와의 접속기능을 원활히 수행할 수 있을 것

5) 전기통신사업법 제69조(구내용 전기통신선로설비 등의 설치)

① 「건축법」 제2조 제1항 제2호에 따른 건축물에는 구내용(構內用) 전기통신선로설비 등을 갖추어야 하며, 전기통신회선설비와의 접속을 위한 일정 면적을 확보하여야 한다.

② 제1항에 따른 건축물의 범위, 전기통신선로설비 등의 설치기준 및 전기통신회선설비와의 접속을 위한 면적 확보 등에 관한 사항은 대통령령으로 정한다.

방송통신설비의 기술기준에 관한 규정 [별표 2] 〈개정 2017. 4. 25.〉

업무용 건축물의 구내통신실면적확보 기준(제19조제1호 및 제3호 관련)

건축물 규모	확보대상	확보면적
1. 6층 이상이고 연면적 5천제곱미터 이상인 업무용 건축물	가. 집중구내통신실	10.2제곱미터 이상으로 1개소 이상
	나. 층구내통신실	1) 각 층별 전용면적이 1천제곱미터 이상인 경우에는 각 층별로 10.2제곱미터 이상으로 1개소 이상 2) 각 층별 전용면적이 800제곱미터 이상인 경우에는 각 층별로 8.4제곱미터 이상으로 1개소 이상 3) 각 층별 전용면적이 500제곱미터 이상인 경우에는 각 층별로 6.6제곱미터 이상으로 1개소 이상 4) 각 층별 전용면적이 500제곱미터 미만인 경우에는 각 층별로 5.4제곱미터 이상으로 1개소 이상
2. 제1호 외의 업무용 건축물	집중구내통신실	건축물의 연면적이 500제곱미터 이상 인 경우 10.2제곱미터 이상으로 1개소 이상. 다만, 500제곱미터 미만인 경우는 5.4제곱미터 이상으로 1개소 이상.

비고

1. 같은 층에 집중구내통신실과 층구내통신실을 확보하여야 하는 경우에는 집중구내통신실만을 확보할 수 있다.

2. 층별 전용면적이 500제곱미터 미만인 경우로서 각 층별로 통신실을 확보하기가 곤란한 경우에는 하나의 층구내통신실에 2개층 이상의 통신설비를 통합하여 수용할 수 있다. 이 경우 층구내통신실 확보 면적은 통합 수용된 각 층의 전용면적을 합하여 위 표 제1호 중층 구내통신실의 확보면적란의 기준을 적용한다.

3. 같은 층에 층구내통신실을 2개소 이상으로 분리 설치하려는 경우에는 층구내통신실의 면적은 최소 5.4제곱미터 이상이어야 한다.

4. 집중구내통신실은 외부환경에 영향이 적은 지상에 확보되어야 한다. 다만, 부득이한 사유로 지상확보가 곤란한 경우에는 침수우려가 없고 습기가 차지 아니하는 지하층에 설치할 수 있다.

5. 집중구내통신실에는 조명시설과 통신장비전용의 전원설비를 갖추어야 한다.

6. 각 통신실의 면적은 벽이나 기둥 등을 제외한 면적으로 한다.

7. 집중구내통신실의 출입구에는 잠금장치를 설치하여야 한다.

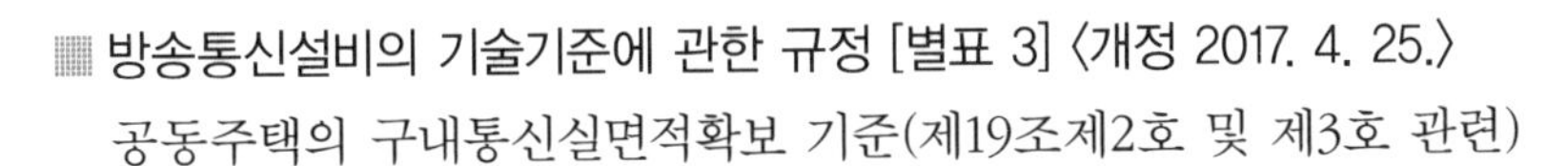

방송통신설비의 기술기준에 관한 규정 [별표 3] 〈개정 2017. 4. 25.〉

공동주택의 구내통신실면적확보 기준(제19조제2호 및 제3호 관련)

구분	확보면적
1. 50세대 이상 500세대 이하 단지	10제곱미터 이상으로 1개소
2. 500세대 초과 1,000세대 이하 단지	15제곱미터 이상으로 1개소
3. 1,000세대 초과 1,500세대 이하 단지	20제곱미터 이상으로 1개소
4. 1,500세대 초과 단지	25제곱미터 이상으로 1개소

비고

1. 집중구내통신실은 외부환경에 영향이 적은 지상에 확보되어야 한다. 다만, 부득이한 사유로 지상 확보가 곤란한 경우에는 침수우려가 없고 습기가 차지 아니하는 지하층에 설치할 수 있다.

2. 집중구내통신실에는 조명시설과 통신장비전용의 전원설비를 구비하여야 한다.

3. 각 통신실의 면적은 벽이나 기둥 등을 제외한 면적으로 한다.

4. 집중구내통신신의 출입구에는 잠금장치를 설치하여야 한다.

Key-Point

♧ 건축 마감공사 중 주요공종 중 중요 검토·확인 사항 및 참고사항, 관련 법령, 표준시방서 목록 등에 대해 정리하였습니다.

♧ 현장 관리자들이 '건축 마감공사에서 소홀히 하는 경향이 있는 부분과 알아두면 공사수행 중 도움이 된다고 생각하는 사항, 기본적으로 알아야 하는 사항은 무엇인가? 라는 질문에 대한 저의 답변입니다.

ㅇ 타일공사 중요 검토·확인 사항

ㅇ 석공사 중요 검토·확인 사항

ㅇ 금속공사 중요 검토·확인 사항

ㅇ 도장공사 중요 검토·확인 사항

ㅇ 수장공사 중요 검토·확인 사항

ㅇ 외벽 금속 커튼월 설치공사 중요 검토·확인 사항

ㅇ 창호 및 유리공사 중요 검토·확인 사항

ㅇ 목공사 중요 검토·확인 사항

♧ 수요기관 직원들께서 입주하신 후, 또한 방문객들이 방문하여 우리 건설인들이 준공한 건축물에 예술성과 심미성을 느끼고, 기능성과 활용성에 만족을 느낀다면 우린 건설인의 자부심을 느낄 수 있고, 또한 종사하신 건설인 모두가 준공 때 웃으며 헤어질 수 있습니다.

♧ 마감공사는 얼굴에 마지막으로 예쁘게 화장하는 마음으로 끝까지 최선을 다하는 만큼 우수한 품질을 확보하기에 마지막까지 최선을 다해주시길 소망해 봅니다.

8 '건축 마감공사' KEY-POINT

1 타일공사 중요 검토 · 확인 사항

1. 시공 가이드

주요내용	관련사진
ㅇ 바탕상태 확인 및 이물질 제거 – 바탕면의 파손 여부 및 구조체 강도, 방수 상태 확인 – 타일면에 설치되는 부착물 위치 확인 – 타일 나누기를 포함한 시공도 확인	
ㅇ 바탕모르타르 시공 – 모르타르 배합비 : 1 : 3 – 2회에 나누어 시공(1회 두께 10mm 이하) – 바탕면 정밀도 : ±2mm/2m – 나무흙손 마감	
ㅇ 타일붙이기 – 붙임 모르타르 : 타일두께의 1/2이상 – 타일 1회 붙임 면적 : 1.2m² 이하 – 붙임 시간 : 모르타르 배합 후 15분이내 – 나무망치 등으로 두들겨 타일이 붙임 모르타르 속에 박히도록 시공 (모르타르가 타일 두께의 1/3 이상 올라오도록 시공)	
ㅇ 줄눈 시공 및 보양 – 줄눈 폭 : 3mm 이하 – 시공 시기 : 타일 시공 후 48시간 이후 – 시공순서 : 가로줄눈 → 세로줄눈 – 타일 붙인 후 3일간, 줄눈 넣기 완료 후 7일 동안은 진동이나 보행 금지	

2. 품질관리를 위한 주요 검토·확인 사항

○ 시공계획서 확인
- 시방서에 준하는 타일 시공방법, 자재/인력투입계획, 보양계획 등 전반적인 사항을 검토·확인하여야 함
- 바탕면 재료가 상이한 부분 및 내부코너 부분은 신축줄눈을 설치함이 필요

○ 설치장소를 고려 타일 종류 및 색상 선정에 신중한 검토가 필요
- 미관에 중요한 역할을 하는 것으로, 전체적인 색상계획 및 공간의 크기에 따른 타일 자재를 선정하여야 함

* 모자이크 타일 alc , 200*200, 250*250, 250*400, 300*300, 300*600 등 타일의 종류와 색상, 무광과 유광 등 너무나 다양하며, 자재 선정에 있어서는 타일업체에서 제시하는 타일을 선정하기 보다는 인테리어업체, 환경디자인 업체와 협의하여 결정함이 필요

* (현장경험상) 벽체 타일은 300*600, 바닥은 300*300(물 배수구배는 별도 절단하여 형성), 세면대 앞 전면에 띠 타일 형식으로 유광 모자이크타일을 시공 시 모양이 예쁜 것으로 기억됨

- 제조업체에 따라 타일 규격이 상이하므로 벽타일과 바닥타일의 제작치수를 확인하여 규격이 일치하는 타일로 선정되도록 관리하여야 한다.
  * 시중에 판매되는 타일이 제조사마다 1~2mm 차이가 분명히 있어 벽체 타일과 바닥 타일을 선정 시에 바닥과 벽 줄눈을 일직선화하기 위해 반드시 타일의 실 치수를 확인하여야 함

○ 타일 시공부위별 바탕 조건 및 일조, 진동 등을 고려하여 현장여건에적정한 공법을 검토하고 반영하여야 함
- 바탕면의 평활도 확보가 곤란할 경우 압착공법 시공이 불가함
- 석고보드 면에는 떠붙임 및 압착공법 적용이 불가함(접착공법 적용)

○ 타일 나누기를 포함한 시공 상세도면을 다양하게 장기간 검토하여 수요기관을 포함한 여러 사람들의 의견을 경청함이 필요
- 타일 나누기에 따라 미관상 너무나 큰 차이가 발생함

* 화장실 바닥타일은 출입구 입구에 조각 타일이 시공되지 않도록 하고, 부득이 온 장을 절단한 조각(절단한) 타일 발생 시 화장실 변기 뒤쪽으로, 화장실 맨 끝 단으로 조각 타일을 시공함이 미관상 절대적으로 유리

* 소변기/감지기, 세면대 거울 등 타일 벽면의 각종 부착물은 가능한 타일 중심이나 줄눈 중심에 위치하도록 나누기도를 선 검토하고, 가능한 중심선에 오도록 조정함이 미관상 절대적으로 유리

- 바닥 타일의 줄눈과 벽체 타일의 줄눈을 일치되도록 나누기하고, 벽체 타일의 코너는 코너 타일 또는 스텐(SST) 코너비드를 사용함이 필요
- 외벽 타일은 가능한 일률적인 크기로 나누고 크기가 작은 조각 타일이 시공되지 않도록 검토하여야 함

o 붙임 모르타르는 시멘트에 입도 조정한 골재와 혼화제를 공장에서 Pre-Mix한 타일부착용 건조 모르타르를 사용하여야 함

o 몰탈 배합비, 줄눈몰탈 시공 여부 등을 반드시 확인함이 필요

o 대형타일 시공시 전단응력으로 인한 탈락 위험이 크므로 낙하방지 대책을 사전에 검토하여야 함 (예: 스테인리스 철선으로 매달아 고정)

o 하루 작업이 끝난 후 눈높이 이상 부분과 무릎 이하 부분의 타일을 임의로 떼어 타일의 뒷발에 몰탈이 충분히 채워졌는지를 확인하여야 함 (80% 이상)

o 줄눈 시공 후 2주 이상 경과 후 타음법을 통해 타일 박리 여부를 확인하여야 함

o 타일 시공 후 4주 이상 경과 후 접착강도 시험을 실시하여야 함
- 600m^2당 한 장씩 시험
- 기준 접착강도 0.39MPa(4kgf/cm^2) 이상

o 물을 사용하는 공간의 바닥타일은 물고임이 없도록 구배를 유지하되, 1/100을 넘지 않도록 관리하여야 함

o 이어붙이는 경우 경화된 모르타르를 반드시 긁어낸 후 재시공하여야 함

ㅇ 정밀 시공이 필요한 부분은 줄눈간격 및 평활도 유지를 위해 스페이서 또는 레벨러를 적극 사용함이 필요

ㅇ 줄눈시공 시 유의사항
- 줄눈 깊이 : 타일 두께의 1/2 이하 최대 9mm 이하
- 시공 시기 : 타일 시공 후 48시간 이후
- 물과 혼합한 줄눈 시멘트는 1시간 이내 사용
- 일반 백시멘트는 폴리머가 함유되지 않아서 탄성이 전혀 없고, 접착력이 약하며, 충격에 매우 취약하므로 탄성 줄눈제 또는 에폭시 줄눈제 사용
- 백화 방지를 위해 고무흙손을 사용 밀실히 시공
- 시공순서 : 가로줄눈 → 세로줄눈

ㅇ 천정재가 설치되는 부분은 모르타르가 올라오지 않도록 주의함이 필요

ㅇ 떠붙임 공법 주요 점검, 확인 사항
- 바탕면의 정밀도 : ±3mm/2m (접착력 증대를 위해 쇠빗질 마감)
- 붙임몰탈 배합비 : 1:3 빈배합(반죽 후 2시간 이내 사용)
- 타일면에 모르타르를 바른 후 5분 이내에 붙여야 함
- 밑에서부터 붙여 올라가며 시공하며, 1일 1.2m 이내로 시공하여야 함
- 타일 뒷면에 공극이 생기지 않도록 주의하여야 함
  (공극에는 반드시 상부에서 모르타르 보충)

ㅇ 압착공법 주요 점검, 확인 사항
- 붙임몰탈 배합비 : 내장 타일용 모르터 25kg(포)당 5~7리터를 표준으로 하고 바탕의 습윤 상태에 따라 감리원의 지시에 따라야 함
  * 특수타일 또는 대형타일 시공시에는 혼화제(EVA계 합성수지 에멀존 및 합성 고무라텍스계 등)를 감리원의 지시에 따라 사용하여야 함

- 바탕면에 모르타르를 바른 후 30분 이내에 붙여야 함
  (한번 비빈 모르타르는 2시간 이내 사용)
- 반드시 나무(고무)망치 등으로 충분히 두들겨 밀착시켜야 함

ㅇ 접착공법 주요 점검, 확인 사항
- 시공, 양생시 적정온도(20℃) 유지하여야 함
- 1차 도포면적 기준 : 3m² 이하

- 바탕면에 접착제를 바른 후 15분 이내에 붙여야 함
- 물의 영향을 받는 부분에는 에폭시수지계 타일용 접착제를 사용함이 필요

ㅇ 하자발생이 우려되는 사항과 대책
- 시멘트 가루 사용을 금지한다. 사유는 타일을 붙이는 모르타르에 시멘트 가루를 뿌리면 시멘트의 수축이 크기 때문에 타일탈락 및 백화 발생의 원인으로 작용함

주의사항

▶ 타일접착 후 일정기간(5일 정도) 이후 줄눈을 시공하여야 함

▶ 타일붙이기 작업은 기온이 영상(5℃ 이상)일 경우 작업하여야 결빙 등의 하자를 예방할 수 있음

▶ 시중에 다양한 타일붙이기 본드가 있음을 감안 사전 물성 등을 확인 후 선택하여야 함

▶ 미장면에 크렉이 진행된 곳에는 반드시 미장 크렉을 보수 후 타일 붙이기를 하여야 하며, 미장 크렉면에 시공 시 아무리 좋은 접착제로 시공하여도 타일의 줄눈으로 크렉은 지속 진행됨을 간과하여서는 아니 됨

※ 타일공사 표준시방서

1. 1. 일반사항

ㅇ 국가건설기준센터(http://www.kcsc.re.kr)의 "표준시방서 41 48 01"에 따른다.

2. 관련 시방서

① 미장공사는 "표준시방서 41 46 01"에 따른다.
② 시멘트 모르타르 바름은 "표준시방서 41 46 02"에 따른다.
③ 금속공사는 "표준시방서 41 49 01"에 따른다.
④ 금속 기성제품 공사는 "표준시방서 41 49 03"에 따른다.
⑤ 위생기구 설비공사는 "표준시방서 31 30 10"에 따른다.

▣타일 견본품 확인

▷타일은 KS L 1001의 성능검정품을 사용하며, 그 이외의 것을 사용할 때는 담당원의 승인을 받는다.

▷타일 종류 및 색상을 결정할 때에는 견본품을 제출받아 결정한다.

▣타일 나누기도 승인후 시공

▷현장 실측 결과를 토대로 타일 나누기도 작성/승인 후 시공한다.

▣타일공사 용도별 재질 및 크기에 따른 줄눈 폭 검토

▷타일의 용도별, 재질 및 크기, 줄눈폭 및 두께 및 시공허용 오차는 설계도서에 명시된 기준 준수 여부를 확인한다.

▣타일붙임 시간(Open Time) 준수

▷(압착 붙이기) 붙임 시간은 모르타르 배합 후 15분 이내로 하며, 1회 붙임 면적은 1.2m^2 이하

▷(개량압착 붙이기) 붙임 시간은 모르타르 배합 후 30분 이내로 하며, 1회 바름 면적은 1.5m^2 이하

2 석공사 중요 검토·확인 사항

1. 시공 가이드

주요내용	관련사진
○ 바탕정리(타이핀제거 등) – 벽체 이물질 및 타이 핀, 철물 제거 – 앵커철물 시공 위치 벽체 바탕정리	
○ 벽체 먹매김 – 앵커철물 시공 위치 먹매김 실시 – 기준레벨 먹줄 표시 및 규준실 또는 피아노 선 설치	
○ 앵커볼트 및 파스너 시공 – 앵커볼트 시공 위치 천공 및 설치 – 앵커볼트, 앵글, 파스너 조립 – 앵커볼트 및 앵글, 파스너는 STS304이상 자재 사용	
○ 석재 시공 – 석재 꽂음촉(인서트홀) 설치 – 파스너의 꽂음촉에 석재 설치(수평, 수직 확인하며 파스너 길이 조정) – 석재 정위치 후 파스너와 앵글 고정 – 석재 중량에 의한 하부처짐이 없도록 구조체와 앵글 사이에 심페드 설치	
○ 코킹작업 및 정리(보양) – 외부 마스킹테이프 설치 후 코킹작업 – 석재 후속공정에 손상 및 오염되지 않도록 보양	

2. 품질관리를 위한 주요 검토·확인 사항

○ 시공계획서 확인
- 시방서에 준하는 석공사의 자재 및 시공방법, 자재/인력투입계획, 보양계획 등 전반적인 사항을 검토·확인하여야 함

○ 자재 나누기(Shop- Drawing)의 사전 철저한 검토 필요
- Shop- Drawing 검토 시 가능한 일률적인 크기로 나누고 크기가 작은 조각 석재가 시공되지 않도록 검토하여야 함
- 통상적으로 폭은 600mm 이상이 넘지 않는 것이 공장제작이 가능하고 원만하게 시공할 수 있음

* 어느 현장에서 설계성에 외벽 석재 규격이 800(폭)*1,200(길이)으로 입면도에 표기되어 있었고, 도급자는 폭 600크기로 수정을 요구하였지만 이를 건설사업관리단/수요기관에서 승인을 해주지 않아 공기가 지연되고 있다는 보고를 받은 적이 있습니다.

설계자도 석공사를 모르는 쥬니어라 생각되고, 돌 크기, 중량으로 장비 없이는 시공이 불가함을 간과한 것 같습니다. 석재 공장에서도 폭 600 이상은 대부분 생산하지 않고 있습니다. 물론 설득하여 폭 600으로 하면서 조각돌 없이 Shop-Drawing을 재검토하여 승인한 기억이 있습니다. 잘 모르는 부분은 전문업체에게 문의하면 해결됨을 기억하시기 바랍니다.

- 'ㄱ' 자형 코너돌 크기를 조정하여 일률적으로 나누기함이 필요하고, 부위별 최소한 크기가 2~3mm 이상 차이가 발생되지 않도록 나누기함이 미관상 절대적으로 유리함

○ 건식 석공사의 앵카의 자재(SST 304, 냉간) 샘플, 앙카의 규격(시공할 석재 크기에 따른 구조검토) 사전 검토, 이에 따른 반입 자재의 적정 여부에 대해 철저히 검토·확인하여야 함

○ 습식 및 반습식 공사에서 황동철선 여부, 규격 등을 검토함이 필요하고, 습식공사에서는 몰탈 뒷채움 여부를 확인하여야 함

○ 계단석의 경우 논슬립 방지 줄눈 시공계획 여부 확인 및 눈에 보이는 돌출(측면 두께면) 부위에도 일률적인 마감처리 시공계획 여부를 확인하여야 함

ㅇ건식공법의 코킹에서 백업제가 누락되지 않도록 작업자 교육과 현장 확인 등 철저히 관리하여야 함
  * 누수의 원인, 코킹재 탈락의 원인이 백업제 누락 사례가 대부분임

ㅇ이질 색상 방지를 위해 석산을 방문하여 표면석재 보다 심재 석재를 선택하여 가공토록 협의하고 조치하여야 함

ㅇ중국산 석재도 우수한 석재가 많으나, 간헐적으로 산화가 덜 된 값싼 석재가 반입될 소지가 있어 사전 시방서에 명시된 원산지 자재 사용 각서'를 받는 등 주의사항을 충분히 주지시켜야 함
  * 비산화된 외국산 값산 석재는 반입/시공 이후 준공시점 무렵부터 철분과 검증색 띠가 보이기 시작하여 재시공으로 공기지연, 원가 추가 부담 등이 발생함을 결코 간과하여서는 아니 됨

ㅇ습식 공사 시공 시 주의사항
- 모르타르 배합비 1:3 기준을 준수하여야 함
- 최하부의 석재는 마감 먹에 맞추어 수평과 수직이 되게 하고, 된비빔 모르타르를 사춤한 후 석재상부에 연결철물이나 꺾쇠를 걸어 구체에 연결하여야 충돌로 인한 파손(깨짐)을 방지할 수 있음
- 상부의 석재 설치는 하부 석재에 충격을 수지 않도록 쐐기를 끼우고 연결철물, 촉, 꺽쇠를 사용하여 고정 후 모르타르를 사춤하여야 함
- 줄눈 모르타르(1:0.5)를 충분히 눌러 채우고, 줄눈은 석재면 물씻기 및 깨끗한 물걸레로 청소하여야 함
- 구조체와 석재의 뒷채움 간격은 40mm 이내로 시공하여야 함
- 평활도 기준은 단위 석재간 0.5mm, 석재 10m 기준 ±5mm 이내를 준수하여야 함

ㅇ건식공사 시공 시 주의사항
- 건식 석재공사는 석재두께가 30mm 이상을 사용하여야 함
- 연결철물은 석재의 상하 및 양단에 설치하여 하부의 것은 지지용으로 상부의 것은 고정용으로 사용하여야 함
- 고정용 조정판을 사용하여 상부 석재와 하부 석재의 간격을 1mm로 유지하여야 함
- 건식 석재공사 중 철재(각 파이브)틀을 사용 시에는 강도와 녹 발생에 내구성을 갖춘 자재를 선정하거나 또는 반드시 녹막이 처리하여야 함
- 건식 석재공사에서 사용되는 끼움판은 영구적인 자재로 고온에 변형되지 않고 화재시 인체에 해로운 유독가스가 발생되지 않는 것을 사용하여야 함
- 연결 촉은 기준보다 3mm 이상 더 깊이 천공하여 상부석재의 중량이 하부 석재로 전달

되지 않도록 시공하여야 함

- 건식 석재의 줄눈은 석재를 오염시키지 않는 석재용 코킹재를 사용하여야 함
  * 시중에 유통되는 석재용 코킹재가 다양하나 내구성과 오염방지를 위해 신중히 검토하고 선정하여야 함

- 연결 및 보강철물은 석재의 크기 및 중량, 시공 개소에 따라 충분한 강도와 내구성을 보장할 수 있도록 국토교통부 고시 건축구조기준에 준한 구조계산서에 따르고 석재 1개에 대하여 반드시 최소 2개 이상을 사용하여야 함

○ 석재 보양 시 주의사항

- 1일 시공구획마다 깨끗이 청소한 후 0.1mm P.E필름을 10cm 이상 2겹으로 깔고 이음부위를 비닐테이프로 봉한 후 3mm의 합판 또는 보양 덮개를 깔아 치장줄눈 시기까지 보양하여야 함
- 마감면 오염 시 깨끗한 물로 세척하되 염산류는 사용을 금지하여야 함
- 줄눈 시공은 바닥재 시공 후 2~3일 경과 이후 시공하며 폭은 2~3 mm로 균일하게 시공함이 필요

주의사항

▶ 동절기 습식 시공은 5°C 이상 건식 시공은 −10°C 이상에서 실시

▶ 앵커 철물은 스텐인레스강(SST 304 이상, 냉간)으로 부식이 발생하지 않는 자재를 사용여부를 반드시 품질시험을 실시하고 확인하여야 함

▶ 외벽의 마감이 석재로 많은 물량이 투입되는 석재, 특히 외산자재는 약 6개월 이상 현장에서 Mock up-Test를 통해 비/바람에 의해 변색 등을 확인하여야 함

※ 석공사 표준시방서

1. 1. 일반사항

○ 국가건설기준센터(http://www.kcsc.re.kr)의 "표준시방서 41 35 01"에 따른다.

2. 관련 시방서

① 화강석공사는 "표준시방서 41 35 02"에 따른다.
② 대리석공사는 "표준시방서 41 35 03"에 따른다.
③ 기타통석공사는 "표준시방서 41 35 05"에 따른다.
④ 건식석재공사는 "표준시방서 41 35 06"에 따른다.
⑤ 인조대리석공사는 "표준시방서 41 35 09"에 따른다.

▣ 석재 품질시험 실시

▷ 관련근거 : KS F 2530, 건축공사 표준시방서 "41 35 01"

▷ 공사시방서에 정한 바가 없을 때에는 견본품의 규격은 300mm 각 이상으로 하고 동일석재의 견본품을 2매 이상 제출하여 색상, 흐름, 띠, 철분, 풍화 및 산화 등을 판별할 수 있도록 한다.

▣ 연결 및 보강철물 구조검토

▷ 관련근거 : 건축공사 표준시방서 "41 35 01", 건축구조기준

▷ 연결 및 보강철물은 국토교통부 고시 건축구조기준에 준한 구조계산서에 따르고, 석재 1개에 대하여 최소 2개 이상을 사용한다.

▣ 연결철물은 스텐레스강(STS 304) 적용

▷ 관련근거 : 건축공사 표준시방서 "41 35 01"

▷ 인체에 무해하고 공기 부식이나 수중의 내식성이 우수해야 한다.

▣ 실링재 비오염성으로 반영구 제품 사용

▷ 관련근거 : 건축공사 표준시방서 "41 35 01"

▷ 석재를 오염시키지 않고 온도변화에 영향을 받지 않는 실리콘 실란트를 사용해야 한다.

3 금속공사 중요 검토·확인 사항

1. 시공 가이드

주요내용	관련사진
○ 사전(설치)계획 수립 - 금속공사 종류별 제작일정표 및 시공순서를 공정순서에 맞게 작성 ※ 시방서 조건을 제작업체(작업자)와 사전협의 - 설치위치 및 인양계획, 검사계획을 작업순서에 따라 수립 ▶참고사항 : 도장기간을 충분히 확보하기 위해 종류별 제작순서를 작성	설치계획 수립/승인 ↓ 마감자재의 결정 ↓ 견본제작 및 확인 ↓ 본제품 제작 및 반입 ↓ 설치위치 마킹 ↓ 인양 및 설치 ↓ 검사
○ 마감자재(재료)의 결정 - 금속공사 종류별 마감자재를 선정(용접봉, 프라이머와 도장 등 포함) - 기성품인 경우에는 해당 제조업체의 제품명세서 및 설치지침서를 제출 - 사용되는 재료가 요구하는 품질임을 증명하는 시험성적표를 제출 ⇒ 철재 제품 등 부식이 예상되는 재질 사용 시 불소도장 등 부식방지 도장실시	 스테인레스 (국기계양대) 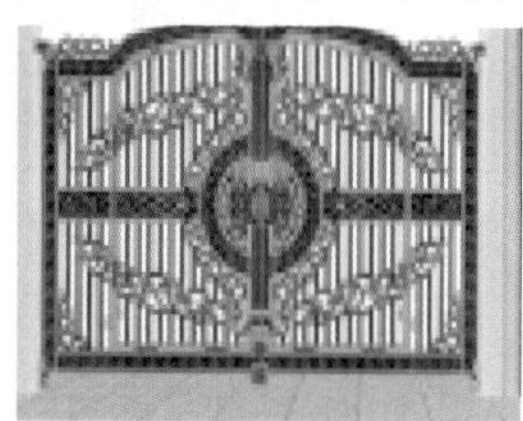 알루미늄(주물대문)  동(빗물받이)  철재(난간)
○ 견본제작 및 확인 - 모든 제품의 견본은 색, 마무리, 외관, 치수, 형상 및 기능 등에 관해 사전에 승인을 받고 본 제품 제작 ⇒ 부식 방지를 위한 도장재의 재질 및 두께를 철저히 확인	 바닥설치용 비상탈출구  우편함 견본품

<table>
<tr><th>주요내용</th><th>관련사진</th></tr>
<tr><td>○ 본 제품 제작 및 반입(검수)
– 본 제품 제작 시에는 견본 승인 된 재질과 접합방법을 적용하여 제작
– 현장반입 시 검수를 철저히 하여 불량 및 하자품의 현장 반입을 사전에 차단(불량제품 반출)</td><td></td></tr>
<tr><td>○ 본 제품 설치 및 검사
– (마킹) 설치위치를 사전 조사하여 현장에 마킹(최상부에서 하부까지 확인)
– (인양) 설치위치까지 크레인 등으로이동시키고 고정용 형강 조립
– (설치) 수직, 수평상태의 확인 및 용접 등 조립 후 용접부위 도장처리

※ 공장마감 제품은 설치후 즉시 현장용접, 볼트접합, 공장 칠한 부품의 파손 또는 손상된 부분을 깨끗이 정리하고 공장칠에 사용된 재료와 동일한 재료의 도장재로 보수

– (검사) 설치 후 층별 방화구획 점검, 방진기 설치완료 상태 확인, 최종 마감도장 상태를 확인</td><td>
스테인레스
(국기계양대)

알루미늄(주물대문)

스테인레스
(국기계양대)

알루미늄(주물대문)</td></tr>
</table>

2. 품질관리를 위한 주요 검토·확인 사항

○ 시공계획서 확인

- 설계도면 및 시방서에 준하는 금속공사의 자재(보강자재 포함), 제작 및 시공방법, 마감처리 방법, 자재/인력투입계획 등 전반적인 사항을 검토·확인하여야 함
- 설치위치를 사전조사하여 측량값을 시공도면에 반영하여 Shop-Drawing을 승인 이후 시공토록 하여야 함
- 사전 견본시공토록 조치하고, 견본시공의 지적사항 등 협의사항이 본제작에 반영되도록 검토·확인하여야 함

○ 모든 금속공사에서 가장 중요한 부분은 재료 검사임
- 특히, 스텐레스 제품은 시방기준을 확인하여 동일한 등급의 자재로 제작토록 주지시키고 반드시 확인하여야 함

* 보기에는 똑같은 자재로 보일 수 있으나, 품질시험을 해보면 등급이 떨어지는 제품을 시공하는 하도급업체도 간헐적으로 있음을 간과하여서는 아니 됨
(예 : 스텐난간 SUS 304를 SUS 302로 시공)

* 시공 전 품질검사 이후 부적합한 제품 사용이 판정 시 전면 철거, 재시공 조치는 물론 법적으로 조치함을 '교육/각서 접수' 함이 원전적인 부실시공 예방에 도움이 됨

○ 금속철물을 지지하는 부위의 견고성(앵커볼트 설치하부 콘크리트 타설 여부, 하지철물 지지 및 용접상태 등)을 반드시 확인하여야 함
- 외부 발코니 난간대에 물막이턱을 미처 콘크리트 타설을 하지 못해 벽돌+몰탈로 난간 물막이턱을 설치하고 앙카를 설치 시 안전난간대는 반드시 탈락함
- 외벽 금속공사의 하지 지지철물 용접상태가 불량 시 대형 인명사고 발생 위험이 있음을 감안, 철저히 검사하여야 함

○ 해안가 주변 공사에서 외벽 마감재로 금속재를 시공하는 경우, 염분에 강한 코팅제를 시공함이 절대적으로 유리함

* 염해가 우려되는 지역에서 부득이 알루미늄 등 금속제로 마감공사를 할 경우 시중에 염해에 강한 오염방지 페인트가 많이 생산되고 있어 반드시 염해에 강한 페인트로 선정하여 시공함이 필요

○ 코너 부위와 이음 부위의 Shop-Drawing을 사전 검토 후 미관 훼손 여부를 반드시 확인하여야 함

○ 철재의 녹막이페인트 칠공사는 바탕처리(녹, 먼지 등 이물질 제거) 여부를 반드시 검사하여야 함

* 현장에서 녹막이페인트 1종과 2종을 혼돈하는 사례가 많아 반드시 시방서 기준과 동일하게 시공토록 사전 주지하고, 반드시 확인함이 필요
(녹막이페인트 2종 위에 1종을 칠할 경우 반드시 페인트가 탈락함)

○ 도장재 종류, 도장횟수 등을 확인하고 반드시 샘플링하여 도장두께를 검사하는 것으로 협

의하고, 불합격 시 전체를 전면 재시공하는 것으로 '교육/이행각서 접수'하는 것이 절대적으로 필요

- 도장 두께가 적정한지 부위별 도장 두께를 확인하고 부적합 시 동일 도장재로 추가 시공하여야 함
- 금속재 도장재의 누락 또는 탈락 여부를 철저히 확인하여야 함
- 금속재 두께 확인은 마이크로미터를 활용하여 실시하고, 반입자재를 샘플링하여 품질시험을 의뢰하여야 함

ㅇ 태풍 등에 외부 천정 금속재가 빈번히 탈락됨을 감안하여 도면 및 시방서 기준에 따라 시공 여부, 필요시 보강 여부를 검토·확인하여야 함

ㅇ 각종 금속제품의 제작 및 설치 시 용접은 시방기준에 맞게 실시하며, 태그 용접은 지양하고 줄용접을 실시토록 관리하여야 함

ㅇ 용접 부위에는 용접검사 이후 슬래그 등 이물질을 제거 후 녹막이칠 이행 여부를 확인하여야 함

ㅇ 각종 접합부는 접합 방법에 맞는 부식 방지 조치를 확인하여야 함

ㅇ 외부에 설치하거나, 부식방지가 필요한 곳에는 끼움재를 비철금속 또는 아연 도금한 앵커를 사용하여야 함

ㅇ 공장마감 제품은 설치 후 즉시 현장용접, 볼트접합, 공장칠한 부품의 파손 또는 손상된 부분을 깨끗이 정리하고 공장칠에 사용된 재료와 동일한 재료의 도장재로 보수하여야 함

ㅇ 인양 절차를 준수하여 작업하여야 함
- 인양하중을 고려한 장비를 선정
- 인양하여 설치위치 피트까지 이동시키고 흔들림이 없이 방향을 잡은 다음 하강하여 안착
- 고정위치 약 30CM까지 하강시켜 고정용 형강 조립 시까지 대기
- 인원구성 : 신호수 2인, 하강보조 2인, 장비기사 2인 이상 배치

주의사항

▶ 현장 작업 시 사전에 제출된 견본과 동일하게 시공되는지 확인

▶ 각 부재별 자재의 종류 및 규격이 적정한지 확인

▶ 부재의 용접 부위, 용접방법이 적정한지 확인

▶ 현장 작업 시 각 부재의 앙카 등의 고정방법이 적정한지 확인

※ 금속공사 표준시방서

1. 1. 일반사항

ㅇ 국가건설기준센터(http://www.kcsc.re.kr)의 "표준시방서 41 49 00"에 따른다.

2. 관련 시방서

① 강구조공사는 "표준시방서 14 31 00"에 따른다.
② 도장공사는 "표준시방서 41 47 00"에 따른다.
③ 용접공사: "표준시방서 41.31.20"에 따른다.
④ 볼트접합 및 핀연결: "표준시방서 41.31.25"에 따른다
⑤ 건축물 대문, 담장, 울타리공사는 "표준시방서 41 80 20"에 따른다.
⑥ 건축물잡시설공사는 "표준시방서 41 80 08"에 따른다.

▣ 각종 재료는 KS자재로 견본 승인 후 사용

▷ 견본을 제출하여 재질과 모양, 치수, 색깔, 마무리 정도, 구조, 기능 등에 대해 승인 후 본시공 한다.

▣ 금속재는 녹막이칠을 하고 도장

▷ 녹 발생이 예상되는 금속재는 녹막이 도장(최소 2회~ 3회)을 실시한다.

4 도장공사 중요 검토·확인 사항

1. 시공 가이드

주요내용	관련사진
ㅇ 착수 전 준비사항 - 도료 색상 결정 - 자재 시험 실시 - 자재 보관소 지정 - 보양재 구비	
ㅇ 바탕정리 - 바탕면 평활도 확인 - 비탕면 균열 여부 확인 - 바탕면 오염 여부 확인	
ㅇ 도장작업 - 하도 - 중도 - 상도	
ㅇ 청소 및 보양	

2. 품질관리를 위한 주요 검토·확인 사항

○ 시공계획서 확인
- 시방서에 준하는 도장공사의 자재 및 사전 협의하고 확정된 색상, 바탕처리 방법, 시공방법, 자재/인력투입계획, 보양계획 등 전반적인 사항을 검토·확인하여야 함

○ 도장공사의 시기
- 가능한 바닥재 시공 전에 도장 할 수 있도록 공정관리 하여야 함

  * 공정관리 부실로 바닥재 시공 후 도장공사를 할 경우 보양을 아무리 잘 하더라도 걸레받이 및 바닥재에 페이트 오염이 발생할 소지가 다분하고, 오염된 페인트 오염 제거 및 자재 재발주/재시공 등으로 공사원가 추가 소요 및 공기 지연의 원인이 됨

- 천장, 벽체, 걸레받이 순으로 도장될 수 있도록 관리하여야 함
- 외부 도장은 동절기 전에 할 수 있도록 공정관리하여야 함

○ 자재관리
- 자재 창고는 통풍이 잘되고 일정온도 유지되는 장소, 화재의 위험이 없는 곳으로 선정하며, 소화기 및 위험물 표지판을 설치하여야 함
- 겨울철에 수성도료는 얼지 않도록 실내에 보관(난방)하고, 가연성 도료(희석제 포함)는 화기가 금지된 별도 창고에 보관하여야 함
- 도장재 품목별로 분리하여 보관하며, 취급 주의사항 및 물질안전보건자료(MSDS)를 게시하고, 관리자는 근로자에게 교육을 실시하여야 함
- 도장재를 덜어서 사용할 때 소분 용기에 경고 표지를 부착하여야 함

○ 각 제품별 지정된 희석제, 경화제 등은 계절별, 온도별 제조사 지침에 따라 사용하도록 조치하고, 이에 대한 검토 여부를 확인하여야 함

○ 작업준비
- 작업일 하루 전 바탕면의 상태(도장 부착이 잘되도록 도장면의 연마(연마지 P100~160) 등의 조치 등)의 적정성을 확인하고, 배합장소 및 작업장은 흙, 대패밥 등 분진이 날아다니지 않게 청소 등 현장 정리정돈 여부를 확인하여야 함
- 가연성, 중독성 가스를 발생하는 작업장은 환기시설 가동 확인, 소화시설을 구비하도록 조치하고, 특히, 인접 작업장의 발화요인 여부를 확인하여야 함
- 중독성 가스를 발생하는 작업장의 근로자에게는 방독면, 산소측정기(경보기 부착), 산소

호흡기 등 안전용품을 지급한다. 특히, 밀폐공간의 작업에는 응급상황 발생 시 대처할 수 있도록 피난동선 확보, 안전관리자 상시 입회 등 조치 후 작업 착수토록 조치하여야 함
- 외부작업은 작업일의 기상예보를 확인하여 작업하여야 하며, 기온 5℃ 이하, 상대습도 85% 이상에서는 작업을 금지하여야 함
- 강설우, 강풍, 지나친 통풍, 흙먼지 등에 따라 도장의 오염, 들뜸, 먼지 부착이 우려될 때에는 작업을 금지하여야 함

* 외부 도장작업은 바람이 많이 부는 날은 도장재(뿜칠재)가 공사장 주변으로 비산하여 주변 피해가 발생할 소지가 다분하고, 주변 차량 등에 페인트가 부착될 시 피해보상 금액이 상당할 소지가 있어 밀폐 보양 후 작업하기보다는 도장작업은 환기용 개구부가 필요함을 감안하고, 또한 밀폐 보양하여도 강풍으로 틈이 발생할 소지와 강풍은 도장면을 급하게 건조시켜 품질확보에 애로가 있음을 감안하여 작업을 중지함이 절대적으로 필요합니다.

* 과거 현장에서 뿜질 도장재가 주변으로 날아가 주변 차량 등에 묻어 피해보상을 해 준 사례가 있으며, 차량 세차로 도장재가 지워지지 않아 상당 비용을 시공사가 보상해 준 기억이 있습니다.

- 동절기에는 도장 종류별의 건조시간까지 5℃ 이상을 유지하고, 도장면이 0℃ 이하가 되지 않도록 작업장의 환경을 조성하여야 함

○ 바탕만들기 주요 점검, 확인 사항
- 바탕별, 도장별 바탕처리는 "KCS 41 47 00 표3.4-1~50"의 도장면별, 도료별 도장공정에 따름
- 도장면의 재질에 따라 건조상태, 함수율 등을 확인하여야 하며, 바탕면의 표면함수율을 10% 이내로 관리하여야 함
- 녹, 유해한 부착물(먼지, 기름, 타르분, 회반죽, 플라스터, 시멘트 몰탈, 레이턴스) 및 노화가 심한 낡은 구도막은 완전히 제거하여야 함
- 면의 결점(홈, 구멍, 갈라짐, 변형, 옹이, 흡수성이 불균등한 곳 등)을 반드시 보수하고, 콘크리트 균열은 V-커팅 후 보수하여야 함
- 배어나오기 또는 녹아나오기 등에 의한 유해물(수분, 기름, 수지, 산, 알칼리 등)의 작용을 방지하는 처리를 선행함이 필요
- 비도장 부위는 바탕면 처리나 칠하기 전에 보양지, 테이핑 등으로 번짐이나 오염되지 않도록 조치하여야 함

○ 도장 작업의 순서
- 색상 : 밝은색에서 어두운색으로, 옅은색에서 진한색으로 작업
- 수직면 : 위에서 밑으로(천장 〉 벽 〉 걸레받이)
- 재질별 : 수성에서 유성으로(벽체 〉 걸레받이)

○ 수성도장 주요 점검, 확인 사항
- 콘크리트 및 시멘트모르타르 바탕면은 28일 경과 후 표면함수율 7% 이하에서 바탕 처리 후 도장하여야 함
- 5℃ 이하의 온도에서 도장 시 균열 및 도막형성이 되지 않으므로 도장을 피하여야 함
- 바탕면이 완전히 건조한 후 초벌도장을 실시하여야 함
- 초벌도장 후 표면이 고르지 않을 경우에는 에멀션 퍼티를 시공 및 연마하여야 함
- 부착성을 고려하여 과다한 희석은 피하여야 함
- 재벌 및 정벌도장은 제조사별 도료량을 따르고 고임, 얼룩, 주름, 거품, 붓자국 등의 결점이 생기지 않도록 균일하게 도포하여야 함
- 모서리 등에 붓으로 새김질한 면과 롤러 도장면의 색이 차이날 수 있으므로 동일한 규격번호로 작업하며, 가능한 희석하지 않고 새김질을 먼저하여 색상 차이를 줄이도록 관리하여야 함

○ 다채무늬도장 주요 점검, 확인 사항
- 시공순서, 바탕처리, 배합비율, 면처리, 건조시간, 도료량 등은 "KCS 41 47 00 표 3.4-2~50"의 도장면별, 도료별 도장공정에 따름
- 사전에 선정된 무늬형태를 구현하기 위하여 견본 시공을 승인받고 시공하여야 함
- 무늬형태, 크기를 유지할 수 있는 공기량, 작업거리, 속도, 압력을 일정하게 작업하여야 함
- 모서리 부위는 겹침시공에 의한 무늬 과다에 주의하여 작업함이 필요
  (작업순서 : 코너에서 평면으로, 모서리에서 평면으로)

○ 철재면 유성도장 주요 점검, 확인 사항
- 시공순서, 바탕처리, 배합비율, 면처리, 건조시간, 도료량 등은 "KCS 41 47 00 표 3.4-2~50"의 도장면별, 도료별 도장공정에 따름
- 오래된 구도막은 완전히 제거하거나, 신도막과 간섭되지 않으면 연마 후 도장하여야 함
- 한번에 너무 두껍게 바르거나 바탕면에 요철이 있을 경우에는 균열이 발생할 수 있으므로 권장량을 균일하게 도포하여야 함

○ 바닥 우레탄 도료, 에폭시 도료 시공 시 주요 점검, 확인 사항
- 바탕면은 충분히 양생 후 도장하여야 함 (콘크리트 또는 시멘트모르타르 면 : 20℃기준,

30일 이상 양생)
- 표면함수율이 6% 이상일 경우 기포, 균열, 부착 불량이 생길 수 있어 충분히 건조한 후 작업하여야 함
- 동절기에는 도료의 온도가 5℃ 이상(10℃ 이상이 적합) 및 표면 온도가 이슬점온도보다 3℃ 이상이 되도록 관리하여야 함
- 틈새, 홈 등은 시멘트모르타르 사용을 지양하고 제조사 지정 퍼티로 메꾸어 주어야 함 (시멘트모르타르 사용 시 충분한 건조 필요)
  * 부득이 시멘트모르타르를 사용 시에는 충분한 건조가 필요

- 하도는 바탕면에 충분히 흡수되도록 도료량의 최대 5%까지 희석제로 희석하여 도장하나, 흡수가 심하여 도장 흔적이 없을 경우 추가 도장하며, 피막이 없도록 주의하여 도장하여야 함
  * 피막이 있을 경우 들뜸의 원인이 됨

- 배합 및 소요량은 제조사 사양에 따름
- 중·상도의 배합은 현장에서 실시하고 바로 사용하여야 함
- 중도는 하도의 끈적임이 완전히 없어진 후 도막위 오염물 제거 후 스퀴저를 사용하여 도포하여야 함- 상도는 중도가 건조한 후 기포, 부풀어 오름 등의 하자를 보수한 후 실시하여야 함
- 가연성, 중독성 작업이므로 이에 맞는 철저한 안전관리가 필요

ㅇ 하자발생이 우려되는 사항과 대책
- 이색 : 바탕색의 비침, 조색(調色) 불량, 새김질 불량 등이 원인임
  ⇒ 바탕색은 연한색으로 도장
  ⇒ 현장조색은 원칙적으로 금지하고 공장 조색품을 사용
  (소량 또는 국부도장만 담당원 입회하에 실시)
  ⇒ 새김질은 희석하지 않고 도장하고, 동일한 규격의 붓과 롤러를 사용하여 균일하게 도포
- 들뜸, 균열, 탈락 : 도장재와 간섭되는 바탕 오염(도막), 1회 도장 두께의 과다, 바탕면 및 중도 건조 불량, 경화제 과다 등이 원인임
  ⇒ 바탕면은 완전히 건조한 후 도장
  ⇒ 오염물질은 완전히 제거
  ⇒ 하도재 과다도포 주의(우레탄바닥도료, 에폭시바닥도료 등)
  ⇒ 중도는 완전히 건조한 후 상도 도포
  ⇒ 경화제 등의 사용은 계절별, 온도별 제조사의 사용지침을 준수

ㅇ 후속 작업으로 오염이 예상될 때에는 반드시 보양 작업을 실시하고, 도장 작업 후 작업장은 오염되지 않도록 건조 완료까지 출입을 통제하여야 함

ㅇ 도장재, 도료가 묻어 있는 용기, 작업부산물 등은 특정폐기물에 해당되므로 폐기물관리법에 따라 적법하게 폐기하도록 관리하여야 함

주의사항

▶ 도막이 너무 두껍지 않도록 바르며 얇게 몇 회로 나누어서 칠해야 함

▶ 온도 5°C 이하, 습도 80% 이상의 저온, 다습조건을 피해야 함

▶ 화재에 유의하고 직사일광을 가능한 피해야 함

▶ 롤러칠 방법으로 시공할 부위에 뿜칠로 시공하지 않도록 하여야 함

※ 도장공사 표준시방서

1. 1. 일반사항

ㅇ 국가건설기준센터(http://www.kcsc.re.kr)의 "표준시방서 41 47 00"에 따른다.

2. 관련 시방서

① 목재면 바탕처리는 "표준시방서 41 33 00"에 따른다.
② 조적면 바탕처리는 "표준시방서 41 34 00"에 따른다.
③ 미장면 바탕처리는 "표준시방서 41 46 00"에 따른다.
④ 금속면 바탕처리는 "표준시방서 41 47 00"에 따른다.
⑤ 내화 도료 도장공사는 "표준시방서 41 43 02"에 따른다.

5 수장공사 중요 검토·확인 사항

1. 시공 가이드

<table>
<tr><th>주요내용</th><th>관련사진</th></tr>
<tr><td>ㅇ 시공도 작성
– 설계도, 공정표, 시공계획서 작성
– 시공방법 결정
– 시공구획도 작성</td><td></td></tr>
<tr><td>ㅇ 현장점검 및 바탕 처리
– 콘크리트 면 바탕 처리
☞ 견출(골조공사): 거푸집 조인트, 각종 Box 부위, 창호 주위(너비200)
☞ 면처리: 이물질은 쇠주걱, Sand Paper로 제거 후 벽면 고르기 실시, 벽면의 오일, 칼라쵸크, 사인펜 표시 등은 초배 전에 바인더 칠로 감춤
– 퍼티 → 샌딩 → 바인더: 순서 시공

– 미장 면 바탕 처리
☞ 미장 후 3주 이상 건조 후 초배 실시
☞ 벽체 아웃코너부 코너비드 사용
☞ 각종 스위치 박스 주위 사춤 상태 확인
☞ 몰딩 및 걸레받이, 문틀 주위 모르타르청소 상태 확인
(특히 문틀 상부 오염 제거)

– 석고 면 바탕 처리
☞ 석고보드 고정용 피스는 아연도금나사못 사용(녹 발생 저감)
☞ 벽체 코너 부위 수직 상태와 평활도 확인</td><td>
콘크리트면 바탕처리

미장면 바탕처리

석고면 바탕처리</td></tr>
</table>

주요내용	관련사진
○ 현장구획 및 가공, 초배작업 – 콘크리트, 미장 면 ☞ 텍스 부직포 봉투바름 ☞ 텍스 부직포는 벽면 끝에서 끝까지 시공하고 상하는 5cm 정도 띄워서 시공 – 석고면 ☞ 보수 초배 후 텍스 부직포 봉투 바름 ☞ 텍스 부직포는 벽면 끝에서 끝까지 시공하고 상하는 5cm 정도로 띄워서 시공(겨울철에는 부착력 증대를 위해 7~8cm 이격) ☞ 아웃코너 부위는 도배 코너비드를 대고 텍스 부직포 시공 ☞ 도배지가 압착되는 부위는 원형 샌딩 처리 실시(ex. 상하 띄워진 부위, 길이가 짧은 벽체 부위)	 콘크리트면 초배  석고면 초배
○ 정배작업 및 양생 – 맞댄 이음 및 밀착 시공. – 초배 완전 건조 후 정배 실시. – 몰딩, 걸레받이, 문틀 주변 부위 전체 도배 접착 실란트 적용 ☞ 하이그로시(H/G) 도장면 및 아트월 타일 코너부는 마감용 실란트 처리 ☞ 석고보드 고정용 피스는 아연도금 나사못 사용(녹 발생 저감) ☞ 벽체 코너부위 수직 상태와 평활도 확인	 정배 및 양생

2. 품질관리를 위한 주요 검토·확인 사항

○ 시공계획서 확인
- 시방서에 준하는 수장공사의 각종 자재 및 사전 협의하고 확정된 색상, 바탕처리 방법, 시공방법, 자재/인력투입계획, 보양계획 등 전반적인 사항을 검토·확인하여야 함

○ 해당자재의 KS 여부 등 품질인증 내용과 재료검사를 우선적으로 시행하여야 함

○ 최종 마감재임을 고려, 시공부위(몰탈면, 목부, 철부면 등)에 대한 하지처리 적정 여부를 사전 철저히 확인하고, 필요시 반드시 보완조치 이후 시공하여 재시공을 억제토록 관리하여야 함

* 바탕면 및 주변 청소 상태, 타 공종과의 작업 연관성 등을 고려하여, 청결하고 정리정돈된 상태, 바탕면이 처리된 상태에서 수장공사를 할 수 있도록 반드시 작업 전 승인절차를 득하도록 조치하고 확인하여야 함
* 균열이 발생한 부분에 수장 마감재를 시공시 일정기간 이후 들뜸이 발생되고, 이를 보수하기 위해 불필요한 작업을 추가 시행해야 함을 감안, 크랙이 발생된 부위는 반드시 보수 후 시공하여야 하자발생이 없음

○ 최종 바닥 표면처리(왁스 등)는 최종 준공청소 이후 청결한 상태에서 이행하여야 하며, 양생이 절대적으로 필요함을 감안 최소 24시간 이상 출입을 통제하여야 함

○ 수장재 시공을 위한 하지틀(M-BAR, STUD 등)은 반드시 시방서 기준에 따른 적정 시공 여부와 처짐과 흔들림이 우려되는 곳(천정 기구 부착부위, 문틀주변 등)은 보강재 시공 여부를 확인하여야 함

* 하지틀 부실은 결국 천정에 처짐, 문틀 주변 처짐/흔들림이 발생하고, 천정이 붕괴되는 안전사고를 유발할 수 있음을 감안 철저히 관리하여야 함

○ 출입구, 기둥, 벽 옆 등의 부위는 틈이 발생하지 않도록 시공 계획을 검토하고, 적정시공 여부를 확인하여야 함

○ 색상계획과 실질적으로 생산되는 수장재는 환경디자인의 색상계획과 다소 차이가 있을 수 있어 반드시 샘플을 제출받아 확인하여야 하며, 중요실(기관장실, 강당, 대회의실, 로비 등)은 샘플보드를 작성하여 수요기관과 사전 협의 후 확정하여야 함

ㅇ 바탕처리 시 도배시공 전, 퍼티 및 샌딩 작업을 실시하여 면의 수직도/평활도를 확보하여야 함

ㅇ 도배지는 각 종류별로 반입 및 시공 완료 후 이색 및 눌림으로 인한 가로줄이 없어야 함

ㅇ 우마 사용 시 전도 위험 방지를 위해 노후화 상태 확인 및 발판폭 400mm 이상 사용토록 조치하고, 확인하여야 함

ㅇ 풀기계 사용 시 전원장치의 화재위험을 검토·확인하여야 함

ㅇ 바닥 수장공사 중 참고사항
- 비닐타일계열의 마감재 시공 시 접착제는 친환경인증 제품인지 확인하고 부착면에 고르게 도포하여야 함
- 시공시 평활도 확보(마감높이 먹메김 및 중간 중간 레벨 확인)
  ⇒ 중요부위는 Highway Straightedge, F-Speed Reader, 레이져 바닥 평활도 측정기 등을 통해 관리 필요
  ⇒ 바닥면 평활도 확보가 중요한 부분(병원의 복도 등)의 바닥 마감재가 비닐타일계 마감일 경우 하지에 셀프레벨링을 통해 미장하고 마감공사를 수행함이 절대적으로 필요

- 두께가 다른 마감재가 만나는 부위(ex, 석재(30mm)와 비닐시트(5mm))에서 접합부 처리는 사전에(구조체공사 전에) 시공계획을 검토함이 필요하나, 부득이 구조체 공사 이후 설계변경으로 마감 재질이 변경될 시 재료분리대를 통해 깔끔하게 마감 처리함이 필요

  * 재료분리대가 다양하니 제작 및 시공방법을 사전 협의하여야 함

- 외부 목재 마루(우기 시 노출)는 썩거나 변색되는 것을 예방하기 위해 방부칠 계획을 화인하고 적정 시공 여부를 확인하여야 함
- 비닐시트/카펫 시공 부위는 시공 완료 후 출입을 통제하고 반드시 환기를 통해 접착제 냄새를 제거하며, 절대적으로 먼지 및 물기가 닿지 않도록 하여야 함

ㅇ 벽체 수장공사 중 참고사항
- 경량벽체(스터드벽) 시공 확인 사항
  ⇒ 스터드 수직도를 확인하고 전기/설비 BOX 타공 위치에 보강 확인
  ⇒ 내부 그라스울은 공극이 없도록 밀실 시공하고 보온핀으로 고정

* 천정 런너 시공 전 얇은 방진패드를 설치하면 차음성 향상에 좋음

* 바닥과 접하는 석고보드는 곰팡이 발생을 예방을 위해 발수제를 시공함이 절대적으로 유리

- 도배풀이 칠해지는 부위에 퍼티면을 매끈하게 샌딩하고 이물질이 끼지 않도록 관리 필요
- 아트월판넬(MDF) 시공시 고정용 실타카 자국이 최소화 되도록 관리하고, 인테리어 효과를 주기 위해 정밀하게 시공토록 관리하고, 수요기관별 기호에 따른 재시공이 발생치 않도록 사전에 충분히 협의 후 진행하여야 함

○ 천정 수장공사 중 참고사항
- 각종 설비배관, 스프링클러, 에어컨 배관 등 천정 내 매립되는 공종과의 간섭을 사전에 검토하고 도면에 명시된 천정고가 확보되는지 여부를 확인하여야 함
- 최상층의 경우, 단열재 손상으로 인한 열손실이 발생치 않도록 달대 주변에 우레폼 충진 등의 방법을 협의 후 조치하여야 함
- 달대 및 목조천정틀에 사용되는 각재는 함수율이 24% 이내여야 함
- 공용 서비스 공간(로비, 접견실, 휴게실, 식당 등)의 천정 마감 시에는 색상, 패턴 등 인테리어공사와 조화를 이루도록 사전에 충분히 검토, 협의 후 시공하여야 함

주의사항

▶ 각종 자재는 친환경 인증 자재 필요성 여부를 확인하여야 함

▶ 시공 완료 후 보양을 철저히 하고, 작업자의 출입을 통제(보양포 덮개, 작업자 덧신 사용 권장, 완료 후 투입 공종 손상책임확약서 작성)

▶ 경량 벽체 시공 시 부위별 내화, 차음 등 성능 조건을 확인하고 시공

▶ 벽지 및 천장재는 무늬/색깔/크기 등은 견본을 제출토록 하고, 견본을 시공토록 하여 승인 후 본 시공토록 조치

▶ 외부 경량천정틀은 해당 지역의 최대풍속을 고려한 내풍구조 여부를 검토 후 시공

▶ 경량 천정틀 시공 시 공조닥트 및 등기구 부위는 흔들림과 처짐이 없도록 반드시 보강재(틀) 시공

※ 수장공사 표준시방서

1. 1. 일반사항

ㅇ 국가건설기준센터(http://www.kcsc.re.kr)의 "표준시방서 41 51 00"에 따른다.

2. 관련 시방서

① 바탕공사는 "표준시방서 41 51 02"에 따른다.
② 바닥공사는 "표준시방서 41 51 03"에 따른다.
③ 벽공사는 "표준시방서 41 51 04"에 따른다.
④ 도배공사는 "표준시방서 41 51 05"에 따른다.
⑤ 커튼 및 블라인드공사는 "표준시방서 41 51 06"에 따른다.

6 외벽 금속 커튼월 설치공사 중요 검토·확인 사항

1. 시공 가이드

주요내용		관련사진
ㅇ 구조계산/시공상세도(SHOP DRAWING) - 설계도면 검토, 디자인 검토, 가공도작성 - 구조안전 및 요구성능 검토 (풍압, 수밀성, 내화성, 단열성 등)		
ㅇ 실물모형시험(MOCK-UP TEST) - 현장설치할 실물 커튼월을 실제와 같이제작하여 시험소에서 시행 - 정압수밀시험, 동압수밀시험, 구조성능 시험, 변형시험, 기밀성능시험		
ㅇ 부재 공장가공 및 운반 - 압출, 도장, 가공, 조립, 포장, 운송 - 유리설치 취부(페널식) - 검사검수 및 포장, 운반, 현장 반입		
현장설치 (STICK방식)	ㅇ 현장작업 - 먹매김, - 매립앵커, 1차패스너 설치	
	ㅇ 금속커튼월 설치 - 자재양중 - 패스너 연결, 조립 - 레벨테스트 - 2차패스너 고정	
	ㅇ 유리설치 및 실링공사 - 유리양중 - 구조용코킹 유리고정 - 방수코킹 마감	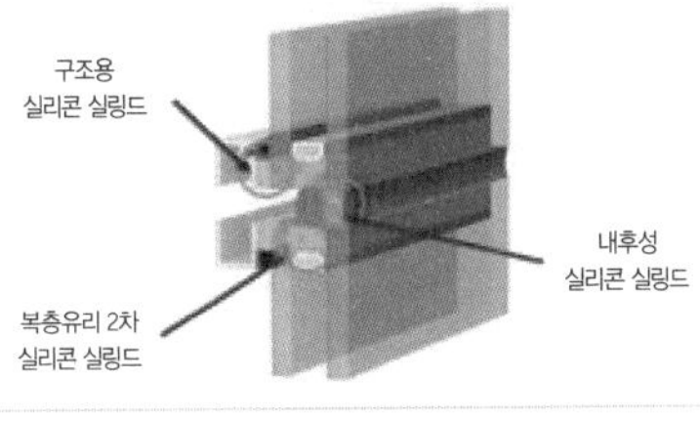 구조용 실리콘 실링드 내후성 실리콘 실링드 복층유리 2차 실리콘 실링드

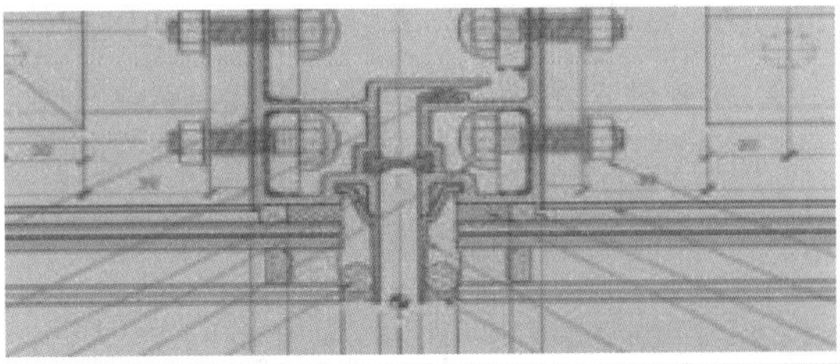

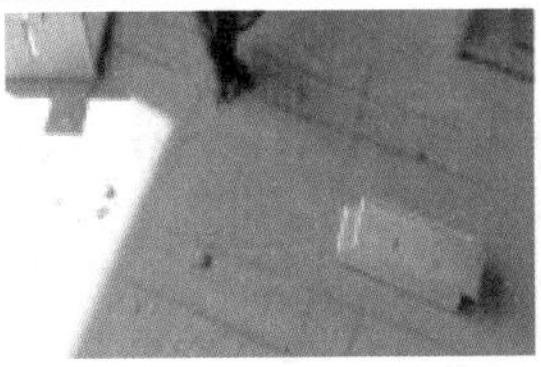

2. 품질관리를 위한 주요 검토·확인 사항

○ 시공계획서 및 제작계획서 확인
- 시방서에 준하는 커튼월 설치공사의 각종 자재 및 사전 협의된 색상, 시공 방법, 자재·장비·인력 투입계획, 보양 계획 등 전반적인 사항을 검토·확인하여야 함
- 공장가공/제작 전 Shop-Drawing을 제출토록 하여 설계도면과 시방서 기준과 동일(규격, BAR 두께, 보강판, 브라켓 등)하게 제작 여부를 반드시 검토·확인하여야 함
  * 검토를 해 보면 의외로 BAR 두께를 축소하고, 보강판과 브라켓을 소홀히 하는 경향을 많이 발견함

- 또한, 커튼월 부재 및 유리의 풍압 지진력 등의 수평하중에 대한 구조적인 안정성을 검토하도록 조치하고, 구조기술사의 안전성을 확인 후 시공토록 관리하여야 함

○ 진입로 및 양중 장비를 고려한 반입 자재 보관장소, 공정 관계를 고려하여 반입 시기를 결정하고, 부착 순서를 고려하여 보관순서를 정함이 필요

○ 외벽 커튼월의 경우 실 내부의 천정고 투시여부 및 마감처리 방법, 커텐박스 설치, 백판넬 설치 방법 등을 사전에 검토하여야 함

○ 커튼월 부재 및 유리 등의 양중 시 양중 장비 안전관리, 고소작업 안전, 낙하물 안전, 신호수 배치, 크레인의 달아매기 방법 등의 양중 및 작업 안전에 대한 대책을 사전 수립 후 시공하여야 함

○ 커튼월 부재 및 유리, 실링재의 설계 성능 부합 여부를 확인하고, 실링 재료의 용도별 적합성 및 정밀 시공 여부를 확인하여야 함

○ 커튼월 부재(BAR) 시공
- 구조 안전, 설계 요구 성능, 수직도 확보를 위하여 정밀한 먹매김과 앵커 작업을 철저히 확인하여야 함
- 커튼월 층간 방화구획은 바닥마감을 고려하여 관계 규정 및 시방서에 따라 정밀하게 시공하여야 함
- 실링 작업 완료 후 피막이 손상되지 않도록 주의하여 커튼월의 외부 및 내부에 대한 청소와 보양을 반드시 실시하여야 함

○ 커튼월 공사 주요 점검, 확인 사항
- 가설계획 : 가설비계의 존치 일정, 커튼월과 가설비계 사이의 공간 및 작업공간을 확보하

여야 함
- 양중계획 : Lift Car 규격 및 곤돌라 규격 확인하여야 함
- 공정관리계획 : 골조공사 및 마감공사와의 간섭사항 점검, 커튼월 생산과 조립 일정을 점검하여야 함(필요시 생산/조립공장 추가 선정 검토함이 필요)

○ 유리 및 실링 공사
- 유리의 열 파손에 대한 안전성을 검토하여야 함
- 구조용 실링재와 방수용 실링재 등의 사용 용도별 실링재를 구분 관리하며 시공 시에 이를 확인하여야 함
- 구조용 실링재인 경우 물림 깊이 및 두께를 설계 풍압과 유리의 크기에 따른 계산에 의거, 정밀하게 검토하여야 함
- 실링 공사는 커튼월의 수밀성과 기밀성에 크게 영향을 주며, 실링재의 부실시공은 누수 등 하자의 주요 요인으로 최대한 밀실하게 시공하여야 함

○ 배연창 및 층간 방화 시공에 대한 소방법 등 규정에 적합 여부 및 적정 시공 여부를 확인하여야 함

주의사항

▶ 실링공사의 양부는 커튼월공사 전체의 수밀성과 기밀성을 좌우하게 되므로 특히 주의가 필요

▶ 각 부재의 조립 및 시공 방법은 별도 지정하지 않는 한 특기시방서를 확인하고 이에 따라 시공하여야 함

※ 외벽 금속 커튼월 설치공사 표준시방서

1. 1. 일반사항

○ 국가건설기준센터(http://www.kcsc.re.kr)의 "표준시방서 41 54 01"에 따른다.

2. 관련 시방서

① 프리캐스트콘크리트 커튼월 공사는 "표준시방서 41 54 03"에 따른다.

▣ 풍력에 의한 구조검토 실시

▷기밀 성능 및 시험방법은 공사시방서에 따르나 정한 바가 없을 때는 75Pa부터 최대 299Pa 압력 차에서 시행

▷수밀성능은 커튼월 부재 또는 면적에 근거하여 실내 측에 누수가 생기지 않는 한계의 압력 차로 표시

▣ 외부에 노출되는 부위 단열바 적용 여부 확인

▷단열바는 폴리아미드 계열과 폴리우레탄 계열이 있음
- 폴리아미드 계열은 커튼월 및 개폐 창호용 알루미늄 바에 삽입
- 폴리우레탄 계열은 커튼월 및 주 부재에 충전

▣ 현장 시공 시 실링 상태 확인 철저

▷구조용 실링재인 경우 물림 깊이 및 두께를 설계 풍압과 유리의 크기에 따른 계산에 의거 철저하게 검토하여야 함

◈ 금속 커튼월의 구성 및 요구성능 ◈

1. 커튼월의 구성 및 분류

ㅇ 커튼월 부재(BAR) 특성

구분	알루미늄(AL) 커튼월	철재(STEEL) 커튼월
특성	- 경량화 / 자중완화 - 단면형상의 다양화 - 강도 / 적정비용 - 내식성 확보 / 내화 / 불연재 - 면처리용이 / 유닛화 용이	- 과중량 / 자중증가 - 단면형상 제한 - 고강도 / 비용증가 - 내식성 저하/ 내화 / 불연재 - 표면처리 제한 / 유닛화 제한
사진		

ㅇ 커튼월 부속자재

사진	
자재명	① 실란트(구조실란트, 웨더실란트) ② 절연재(단열재, Poly-Amid, PolyUrethane, Vinyl, Rubber) ③ 가스켓(EPDM, Santoprene, Silicone, Neoprene) ④ 앵커(Steel, Aluminum) ⑤ 기타(스크류, 볼트너트)

ㅇ 커튼월 설치형식

구분	유니트월 공법	스틱월 공법
방식	- 프레임 및 마감일체 공장제작 - 공장제작 유닛 현장설치공법	- 프레임 공장가공 현장조립 - 프레임 및 마감재 현장설치
사진	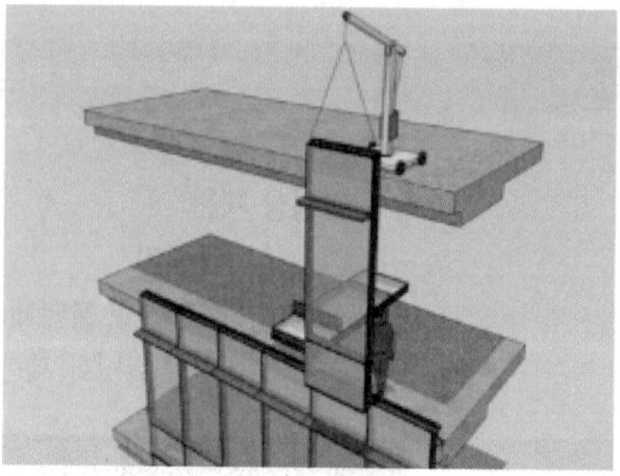	

2. 커튼월의 요구성능

가. 내풍압성

정 의	- 커튼월이 풍력(風力)에 대하여 견딜 수 있는 정도
요구사항	- 프레임 구조안전성, 마감재 구조안전성, 앵커 구조안전성, 유리끼우기 구조용 실란트의 구조안전성 확보
품질기준 체크사항	- 풍속 고도분포계수(Kzr) 적용이 적합한가? - 지형 계수(Kzt) 적용이 적합한가? - 중요도 계수(Iw) 적용이 적합한가? - 피크 외압계수(GCpe) 적용이 적합한가? - 건물 높이(지붕층의 평균높이), (qz, qh) 적용이 적합한가? - 풍압 분포(정압, 부압, 최대부압)에 따른 구조보강계획이 적용되었는가? - 프레임의 Span 현장 시공조건에 적합한가? - 접합부의 구조해석 되었는가? - 마감재 구조해석 되었는가? - 앵커 부분의 구조해석 되었는가? - 구조용 실란트의 설치 깊이(bite dim) 및 유리고임 블록의 안전성분석이 되었는가?

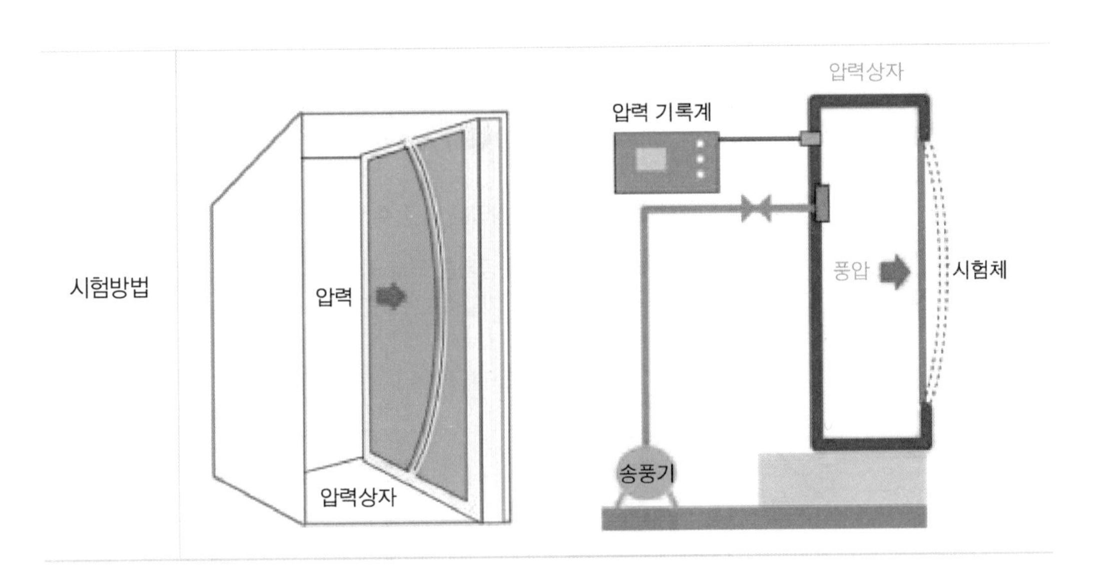

나. 기밀 성능

정 의	– 커튼월 프레임이나 문짝을 통해 공기가 새는 정도
목 적	– 냉난방 열부하 감소, 소음차단, 분진, 미세먼지 차단으로 에너지 절약 및 쾌적한 생활환경 조성
단 위	– M 3 / h · m^2 (단위면적 1 m^2 당 1시간에 공기의 침투량)
확보방법	– 개폐창 겹침부, 커튼월 집합부 틈새, 배수구, 배수 경로, 흡배기구, 배연구의 밀실 시공
시험방법	압력 압력상자 압력기록계 압력조절기 시험체 기밀상자 압력상자 송풍기 유속측정장치

다. 수밀성능

정 의	- 비를 동반한 바람이 불 때 빗물 침입을 차단할 수 있는 정도
단 위	- Pa { kg f / m^2 } (단위면적 1 m^2당 풍압에서 물의 침입을 막을 수 있는 기준)
확보방법	- 외표면 대부분의 빗물 처리, 등압 공기층 외부 공기 도입 - 공기 이동 용이, 누수 최소, 내측 기밀층으로 차단 - 공기층 내 누수 배수 경로 배출
시험방법	

라. 단열, 결로방지 성능

정 의	- 건물 내외부 열의 이동을 억제하여 결로의 방지 및 에너지 효율의 증대
단 위	- 열관류율 W / m^2 · k (단위면적 1m^2당 1시간동안 1도의 온도차에서 열의 이동량)
시험방법	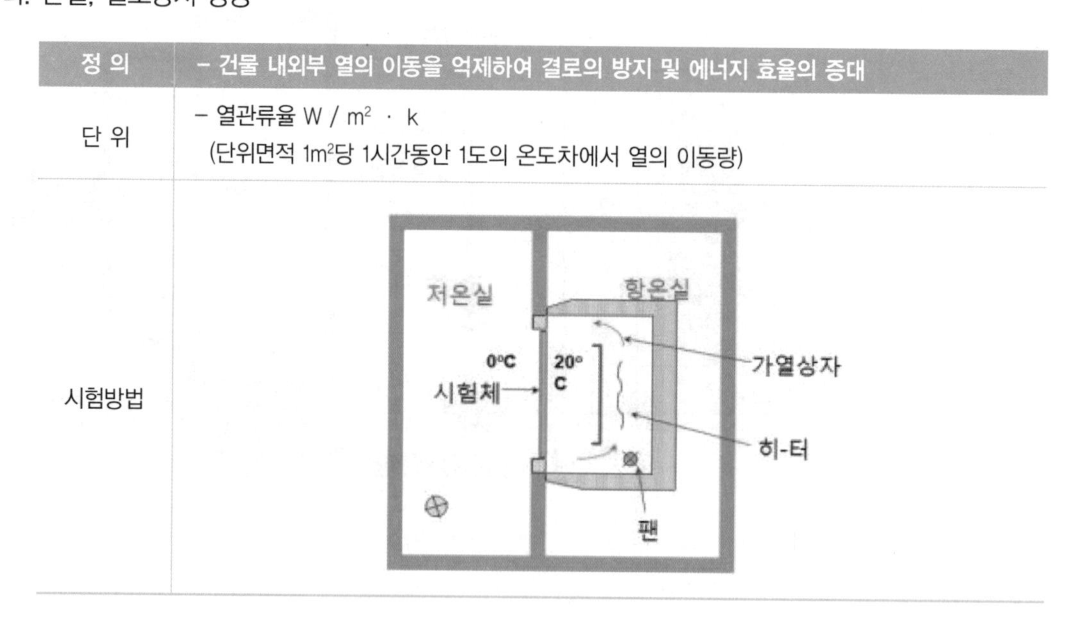

◈ MOCK-UP TEST(외벽성능시험) ◈

1. 개요

o MOCK-UP TEST(외벽성능시험) : 커튼월의 바람, 비, 지진 등으로부터 구조 안전, 기밀, 수밀성 등을 확인하기 위해 공사 시작 전 건물 외벽의 가장 중요한 부위의 실물 크기와 모양을 그대로 제작한 뒤 시험장치로 설계와 동일 조건으로 시험하는 것

o 시험결과에 따라 건축물의 각 부분 보완과 수정을 통하여, 안전하고 경제적인 외벽 커튼월 시공이 가능함
- 시험기준은 미국규준인 ASTM이나 AAMA을 적용하여 시험함

2. 테스트 순서

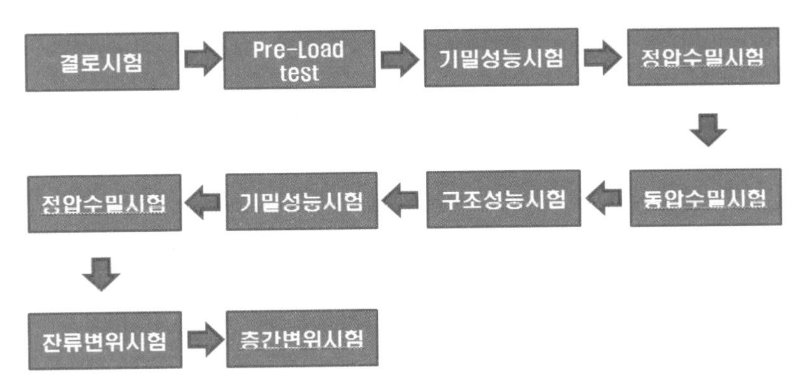

3. 결로 시험

- 시험방법 : 시험체 외부에 별도의 챔버를 설치하여, 외부챔버의 온도 조건을 겨울철 조건으로 설정한 후 시험체의 결로 생성 여부를 확인하는 시험.

결로 시험 조건

	내부 온도	내부 습도	외부 온도	노점 온도
1st	22±2℃	40±5%	−10±2℃	7.79℃
2nd	22±2℃	45±5%	−15±2℃	9.53℃
3rd	22±2℃	50±5%	−15±2℃	11.11℃

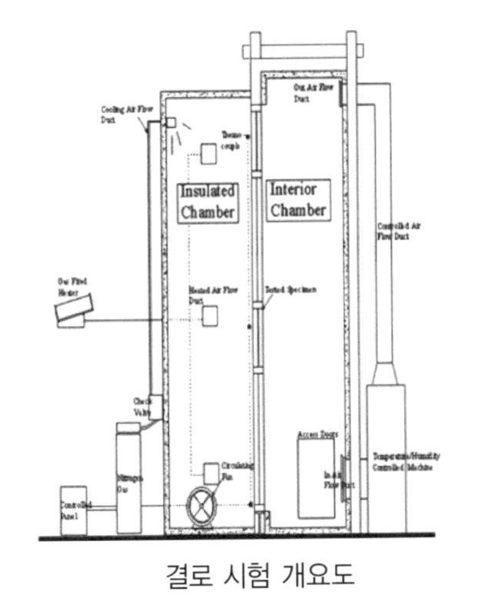

결로 시험 개요도

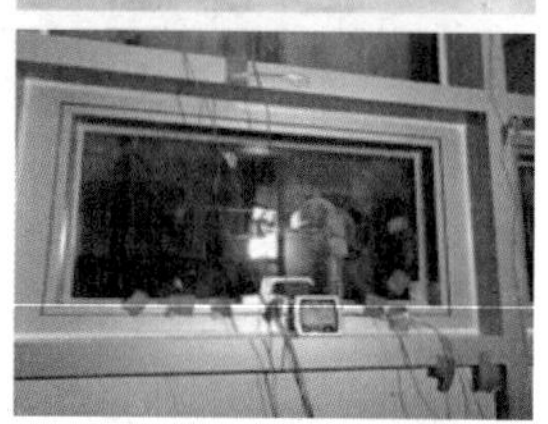

4. 프리로드 시험

○ Pre-Load 시험 - ASTM E 330/E 330 M

① 시험 방법 : 시험체에 설계 풍하중 정압의 50%에 해당하는 압력을 가압하여 시험체 및 챔저의 이상 유무를 점검하는 시험

② 허용 기준 : 시험체 및 챔버에 이상 없을 것

5. 1차 기밀성능 시험

① 시험 방법 : 시험체에 표준 압력인 7.6kgf/m²(1.57psf : 75 Pa)의 압력을 유지한 후 시험체를 통해 누기되는 공기량을 측정하는 시험

② 허용 기준 : - Fixed : 시료 면적 × 0.06 cfm/ft² = 15.52cfm
- Vent : 둘레 길이 × 0.25 cfm/ft = 13.40cfm

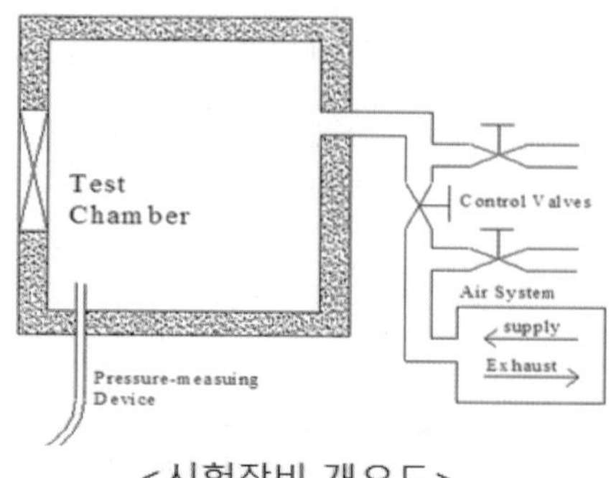

<시험장비 개요도>

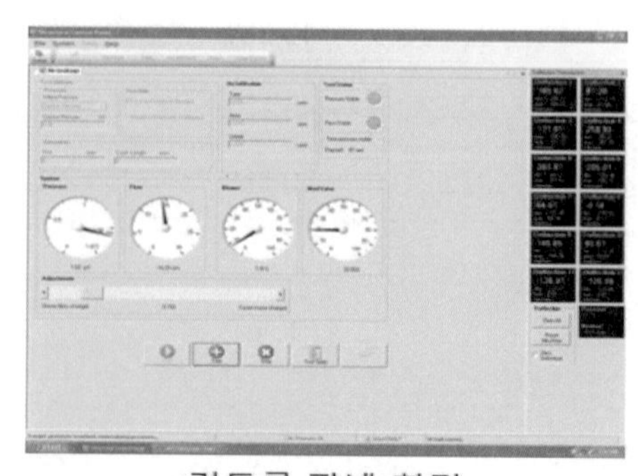

<컨트롤 판넬 화면>

1. 챔버의 누기량 측정

2. 챔버+Fixed Area 누기량 측정

3. 챔버+Fixed Area+Vent 누기량 측정

6. 1차 정압 수밀성능 시험

① 시험 방법 : 시험체에 AAMA 추천 최소압력에 해당하는 압력을 유지하며, 분당 3.4 L/m2의 물을 15분 동안 살수하여 시험체의 누수 발생 여부를 점검하는 시험

② 시험 압력 : 30.4 kgf/m^2
＊AAMA 추천 : 30.4 kgf/m^2 〈 20% of Design Wind Load 〈 73.2 kgf/m^2

③ 살수량 & 시간 : 3.4L/m^2 * min & 15분

④ 허용 기준 : 제어 불가능한 누수가 없을 것

7. 동압 수밀성능 시험

① 시험 방법 : 정압 수밀성능 시험 시 가압하는 압력과 동일한 압력을 풍력으로 환산하여 풍력기로 가압하며, 분당 3.4L/m^2의 물을 15분 동안 살수하여 시험체의 누수 발생 여부를 점검하는 시험

② 시험 풍속 : 22.05 m/s

③ 살수량 & 시간 : 3.4L/m^2 * min & 15분

④ 허용 기준 : 제어 불가능한 누수가 없을 것

8. 구조성능 시험

① 시험 방법 : 시험체의 설계풍하중의 100%에 해당하는 압력을 가압하여 구조부재(Mullion, Transom, Glass)의 최대 처짐을 산정하여 적절성을 검토하는 시험

② 허용 기준

- 프레임 부재 : L 〈 4 110 mm인 경우 → L/175
  L ≥ 4 110 mm인 경우 → L/240+6.35mm
- 유리 : 25.40 mm

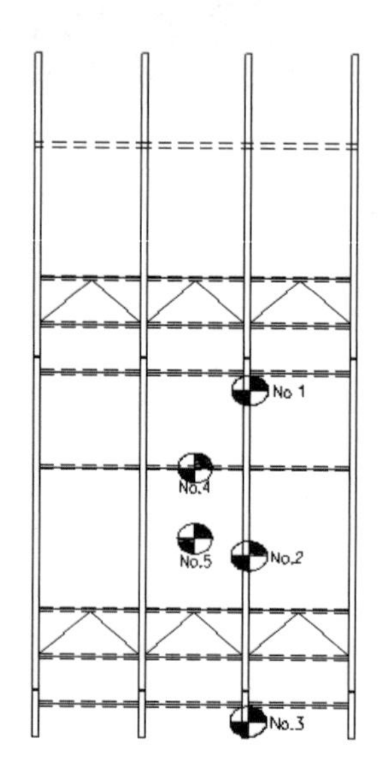

Gauge Location :
No. 1 : 수직재 상부
No. 2 : 수직재 중앙
No. 3 : 수직재 하부
No. 4 : 수직재 중앙
No. 5 : 유리 중앙

9. 2차 기밀성능 시험

① 시험 방법 : 시험체에 표준 압력인 7.6kgf/m²(1.57psf : 75Pa)의 압력을 유지한 후 시험체를 통해 누기되는 공기량을 측정하는 시험

② 허용 기준 : - Fixed : 시료 면적 × 0.06cfm/ft² = 15.52cfm
- Vent : 둘레 길이 × 0.25cfm/ft = 13.40cfm

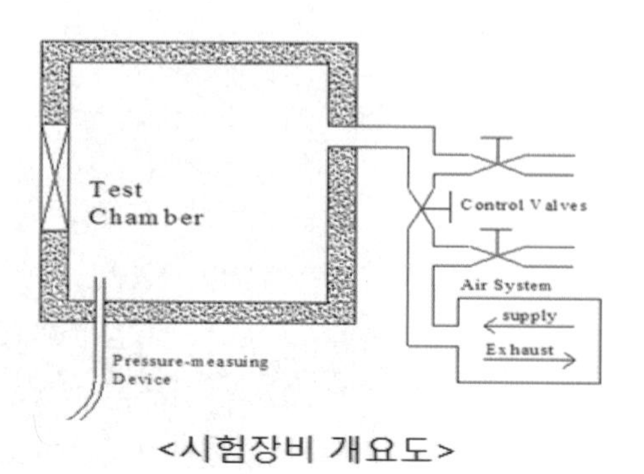

<시험장비 개요도>

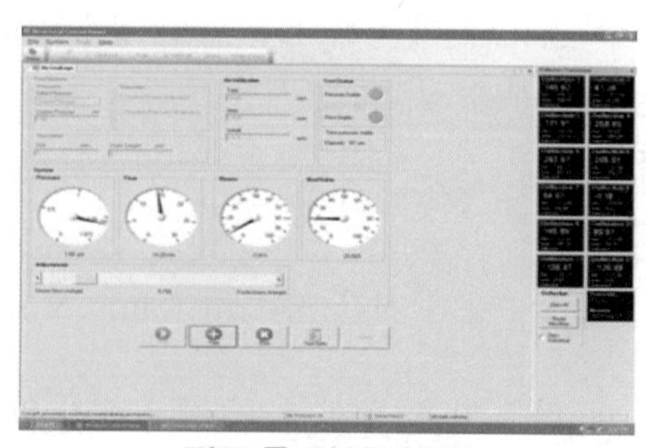
<컨트롤 판넬 화면>

10. 2차 정압 수밀성능 시험

① 시험 방법 : 시험체에 AAMA 추천 최소압력에 해당하는 압력을 유지하며, 분당 3.4 L/m2의 물을 15분 동안 살수하여 시험체의 누수 발생 여부를 점검하는 시험

② 시험 압력 : 30.4kgf/m^2
* AAMA 추천 : 30.4kgf/m^2 〈 20% of Design Wind Load 〈 73.2kgf/m^2

③ 살수량 & 시간 : 3.4L/m^2 * min & 15분

④ 허용 기준 : 제어 불가능한 누수가 없을 것

11. 잔류변위 시험

① 시험 방법 : 시험체의 설계풍하중의 150%에 해당하는 압력을 가압하여 구조부재(Mullion, Transom, Glass)의 잔류 전위를 산정하여 적절성을 검토하는 시험

② 허용 기준
- 프레임 부재 : 2 * L/1000
- 유리 : 깨지지 않을 것

12. 층간변위 시험

① 시험 방법 : 커튼월이나 외벽에 풍하중등의 외력에 의해 구조체에 횡변위가 발생할 때 부재의 구조적 안정성을 검토하는 시험

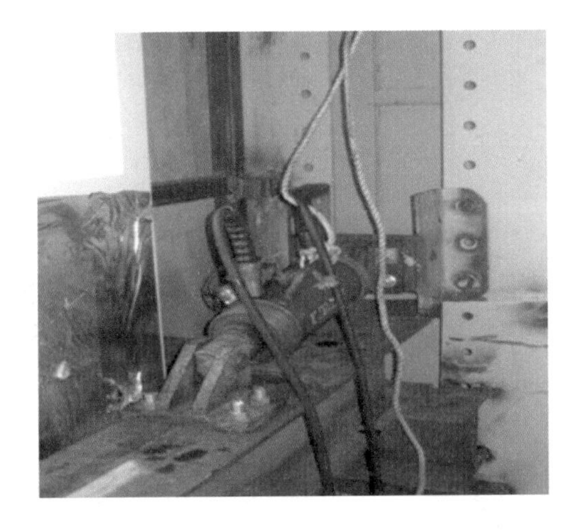

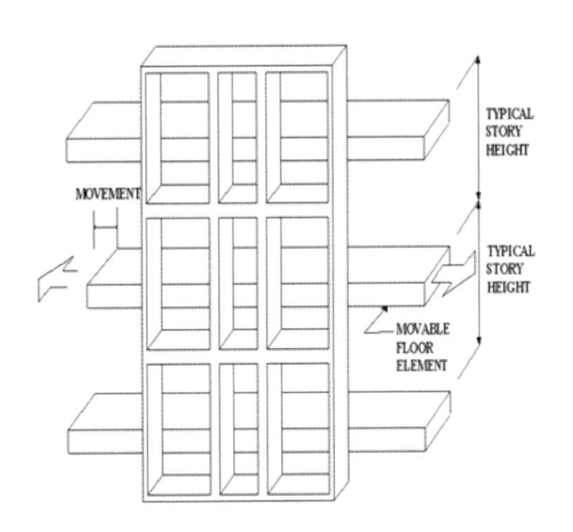

7 창호 및 유리공사 중요 검토·확인 사항

1. 시공 순서도

주요내용	관련사진
ㅇ 착수 준비 - 시공계획서 작성 - 자재 검토/승인 - 시공상세도 검토/승인 - 구조 안전 확인 - MUCK-UP TEST - 자재 생산 및 조립 일정 확인	
ㅇ 앵커 시공 - 기준선 확인 - 구조체와 간섭사항 검토/조정	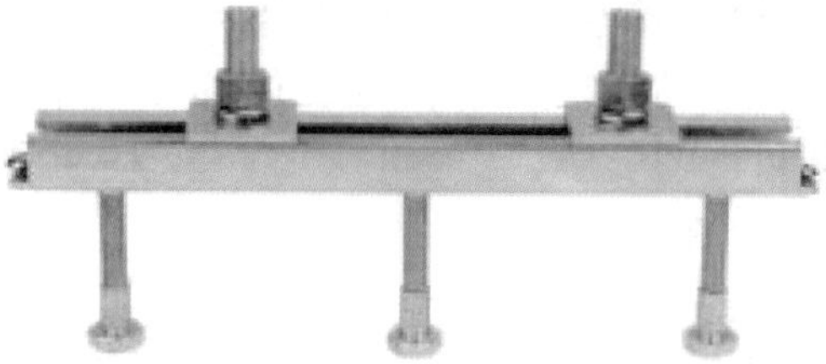
ㅇ 창호 및 유리 설치 - 화스너 설치 - 창틀 설치(커튼월 포함) - 유리 설치	그림
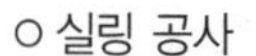 ㅇ 실링 공사 - 틈새 이물질 제거 - 단열폼 등 충진 - 백업재 및 코킹	

2. 품질관리를 위한 주요 검토·확인 사항

ㅇ 시공계획서 및 제작계획서 확인

- 설계도면 및 시방서에 준하는 창호·유리공사의 각종 자재 및 사전 협의된 색상, 시공방법, 자재·장비·인력투입계획, 보양계획 등 전반적인 사항을 검토·확인하여야 함
- 공장가공/제작 전 Shop-Drawing을 제출토록 하여 설계도면과 시방서 기준과 동일(규격, BAR 두께, 보강판, 개폐방식, 창호철물/하드웨어 등) 하게 제작 여부를 반드시 검토·확인하여야 함

  * 특히, 개폐방식은 실의 공간 활용성을 고려하여 반드시 재검토(여닫이를 슬라이딩으로 변경 등) 하여야 하며, 창호 하드웨어는 반드시 시방서에 명시된 규격품 이상으로 시공토록 관리하여야 함

  * 창호철물(하드웨어)은 사용 중 하자가 많이 발생됨을 감안하여, 견고하고 해당 창호와의 조화 및 사용성을 고려하여 선정하여야 함

  * 설계서 대부분 현관 출입 강화유리문 손잡이 하드웨어를 다소 값사고 일반적인 제품으로 설계하는 경향이 많아, 반드시 재검토 이후 고급 사양으로 변경 조정함이 건물품격 향상에 절대적으로 유리함

ㅇ 전문업체 선정(관급자재 발주) 및 설계도서 재검토

- 커튼월 앵커가 매립형 앵커로 설계된 경우에는 관급업체 또는 하도급업체를 골조공사 초기에 선정함이 유리하나, 부득이 관급업체(하도급업체) 선정이 지연될 경우, 창호 전문업체를 통해 충분히 검토·확인 후 매립형 앵커를 시공하여야 함
- 창호 및 창호철물에 대한 설계 내용을 재정리(시공 부위, 창호 규격, 창호철물 전체 관리대장 작성)하고, 설계 내용에 대한 적정성 여부를 재검토하여야 함
- 층간 방화구획 부위 및 층간방화구획 방화 충진재 설치계획 등 마감 처리 방법, 해당 법령 등을 사전, 검토 확인함이 필요하다. (소방법 등 관련 규정 검토)
- 알루미늄 창호는 관급자 설치가 많은 공종으로, 시공 일정, 가시설 사용, 안전관리 등 많은 간섭사항이 있으므로 특별한 관리가 필요
- 복잡한 커튼월은 구조체 등과 간섭이 많으므로 3차원 모델(BIM 등)을 통한 사전 검토를 통하여 사전에 철저히 조정하고, 확인하여야 함

ㅇ 시공계획 수립 및 자재 선정

- 골조공사 및 주요 외장공사의 일정과 간섭 여부를 확인하여 작업 일정을 사전에 확인 및 조율함이 필요

- 각종 출입문의 카드리더기 및 마스터 키 활용방안을 사전 검토/협의 후 전체 및 구역별 키 제작과 연계하여 발주 및 제작함이 필요
- 창호의 도장재료에 따라 내구성과 미관이 현격한 차이가 있음을 감안하여 설계 개념(Concept)과 조화를 이루되, 해안가, 도심지 등 지역별 특성에 맞게 도장재료를 검토/선정함이 필요
- 현관 유리문은 반드시 하단에 모헤어(Mohar)를 설치하여야 하며, 기밀성을 확보하기 위한 부위에 가스켓 설치가 누락되지 않도록 관리하여야 함
- 마감재 파손을 방지하기 위한 도어스톱 설치 필요성을 검토함이 필요
- 창호 및 창호철물에 대한 설계 내용을 재정리(시공 부위, 창호 규격, 창호철물 전체 관리대장 작성)하고, 설계 내용에 대한 적정성 여부를 반드시 재검토하여야 함

* 설계 내용과 실질적으로 소요되는 창호철물이 지지하는 중량과 미관, 기능 유지 등과 불일치하는 창호철물이 많이 발견됨을 결코 간과하여서는 아니 된다.

ㅇ 창호공사는 대부분 관급으로 설계규격으로 발주하지만, 실질적인 가공/제작은 구조체 공사 완료 후 실측을 통해 Shop-Drawng을 작성하고 이를 검토/확정이후 가공/제작에 착수하여야 함
- 가공/제작 전 설계변경 여부 및 미관상, 기능상 문제점 여부 검토

ㅇ 시공상세도 검토사항
- 주변 마감자재와 접합부처리 확인
- 창호 누수 및 배수처리 확인
- 구조안전성 확인
- 단열재 위치의 적정성 여부 확인
- 고정철물의 규격, 위치의 적정성 여부 확인
- MUCK-UP TEST 결과 보완 사항을 반영

ㅇ 시공 자재 확인 및 계측·검측
- 설계도면, 시방서에 명시된 자재 두께, 재질 등에 대한 재료 검사를 우선적으로 시행하여야 함
- 자재 생산 및 조립 일정을 확인하여야 함 (자재의 생산량, 조립수량, 설치수량 등을 일/주 단위로 계획 수립)
- 양중, 시공 방법 확인/조율하여야 함
- 창호(문)과 유리는 수직·수평이 맞도록 단계별로 계측을 실시하여야 함(임시 고정 전, 임시 고정 후, 본 고정 후 등)

○ 창호철물(하드웨어)
- 출입문(방화문, 목재문 등)의 도아록, 도아클로즈 및 AL 창호의 개폐 손잡이는 견고성과 해당 창호와의 조화성을 고려하여 선정하여야 함
- 창호철물은 반드시 샘플을 확인 후 선정함이 설치 이후 재시공 등 논란의 소지를 미연에 방지할 수 있음
- AL 창호철물은 유리를 끼운 후 작동상태를 확인하고, 필요시 암대 조정 등을 통해 원활히 개폐되도록 재조정하여야 함

○ 각종 출입문의 창호철물을 선정 시에는 카드리드기 및 마스터 키(Master-Key) 활용방안을 사전 검토/협의 후 전체 및 구역별 카드 리드기, 마스터 키 제작과 연계하여 발주 및 제작함이 필요

○ 단열바, 시스템 창호를 설치 시 방음, 단열효과는 우수함을 감안하고, 특히 내부에서 출입하는 외부 면에 접한 휴게실 등의 창호는 반드시 시스템 창호를 설치함이 방음, 단열 효과에 유리함

○ 창호의 코팅(도장)재에 따라 내구성과 미관이 현격한 차이가 있음을 감안하여, 설계개념(Concept)과 조화를 이루되, 해안가, 도심지 등 지역별로 구분하여 도장재를 검토 선정함이 필요

○ 도장 두께에 대한 검사를 소홀히 할 수 있으나, 내구성 확보를 위해 반드시 도장 두께에 대한 검사를 실시하고, 확인하여야 함

○ 창호공사는 주공정(C.P)으로 철저한 공정관리가 필요

* 창호는 대부분 관급자재 분리대상 품목이다 보니, 발주시점부터 사전에 창호 관급업체와 자재선정, 가공/제작, 반입 설치 등에 대한 공정계획을 철저히 협의하고, 진행 사항을 수시로 확인하여야 공정관리에 문제가 없다는 것을 결코 간과하여서는 아니 됨

○ 유리 창문의 경우 원활히 우수가 외부로 처리되도록 빗물 유도 홈을 설치하여야 함

○ 현관 유리문은 반드시 하단에 모헤어(Mohar)를 설치하여 바람, 먼지, 우수가 실 내부로 유입되지 않도록 하여야 하며, 기밀성, 방풍, 방음성능을 확보하기 위한 각 부위에 가스켓 설치가 누락되지 않도록 관리하여야 함

○ 도아 스톱을 설계에서 많이 누락되는 경향이 있음을 감안하여, 도아스톱 설치 필요 갯소를 사전에 검토/확인 후 문 개폐 시 벽면 마감재 파손이 없도록 설치계획을 사전 검토/협의, 확정하여야 함

○ 소음이 우려되는 공조실 등은 이중문 또는 방음문을 설치하는 것이 근무환경(방음)에 절대적으로 유리함

○ 시공순서 및 배연창, 피난창의 크기 및 위치, 개폐 방법 등의 적정성을 확인하여야 함

○ 유리공사는 제조사를 통해 설계풍압에 대한 구조적 문제점 여부, 설치방법 등을 사전 검토, 협의 후 시행함이 필요
- 유리가 끼워진 깊이, 코너 처리 상태 등을 반드시 확인하여야 함

○ 천창 등에는 파손 등을 고려 접합유리를 시공함이 절대적으로 필요

○ 배연창 설치 시 중앙관제실과 연동되어 자동으로 개폐되도록 회로를 구성하여야 하며 비상시 개별 작동할 수 있는 구조로 시공하여야 함

○ 회전문은 사람들의 동선을 따라 하나의 문으로도 여러 명의 통행자를 빠르게 순환시킴으로서 진·출입 시간을 단축할 수 있도록 계획하여야 함

○ 회전문이 설치되지 않았을 때 방풍실 설치 시 고려사항
- 외부 바람의 풍향을 충분히 고려하여야 함
- 방풍실 길이를 일반적인 길이보다 넓게 하여야 함

○ 배연창 설치 시 중앙관제실과 연동되어 자동으로 개폐되도록 회로를 구성하여야 하며 비상시 개별 작동할 수 있는 구조로 시공하여야 함

○ 도어클로즈(Door Close)는 닫힘 속도, 여닫는 힘, 열림 각도 조절 가능성 등을 시공 전 검토·협의하여야 함

○ 플로아힌지(Floor Hinge) 설치 시 유의사항
- 최대 문 무게 120kg 이상 견디는 구조이여야 함
- 최대 여닫힘 각도 130° 이상이어야 함
- 90° 상태에서 문 홀딩 기능이 있어야 함

ㅇ양중, 설치, 코킹, 청소 등 고소작업에 대한 안전에 유의하여야 함

ㅇ강풍 시 양중 및 설치작업 안전에 유의하며 강우 시 외부 용접작업을 금지하여야 함

ㅇ창호(문)공사 주요 점검, 확인 사항

- 먹메김: 창호 위치 확인, 골조 및 마감 간섭사항을 확인하여야 함
- 창호(문)짝 설치: 창호(문) 설치 후 일정 기간이 지난 후 처짐, 변형, 하드웨어 작동상태를 반드시 검사하여야 함
- 실링 공사: 창틀과 구조체 사이에 이물질을 제거하고 틈을 지정 단열폼 등으로 충진하고, 알루미늄제 창(문)틀은 시멘트 모르타르와 직접 닫지 않도록 철저히 보양하여야 함
- 누수방지를 위하여 외부에 면한 창호(문)은 설치 전 구조체 균열은 철저히 보수하여야 함
- 코킹재 탈락, 누수방지를 위해 실리콘 깊이가 너무 얕거나, 폭이 좁지 않도록 시공하여야 함

ㅇ유리공사 주요 점검, 확인 사항

- 복층유리 공장제작 점검 사항
  - 원판 확인: 색상 불량, 이물질 혼입 여부 확인
  - 절단 확인: 단부 단면결손, 절단 크기 확인
  - 강화 및 반강화를 위한 열처리: 스크레치, 모서리 결함 유무 확인
  - 복층유리 제작: 단열 간봉의 위치, 틈, 실링 깊이 확인

- 복층유리 설치 시 점검 사항
  - 모서리 및 단부 파손 유무 확인
  - 세팅블록 및 스페이서 설치: 세팅블록의 재질, 규격, 위치 확인
  - 백업재 설치 및 유리고정: 백업재 규격, 재질, 위치 확인
  - 실링재 충전: 실링재 규격, 치수 확인
  - 복층유리는 실링재를 충분히 양생 후 이동
  - 실란트의 충진은 줄눈의 폭에 맞는 노즐을 선정하여 실란트가 깊이 충진되도록 시공

ㅇ하자발생이 우려되는 사항과 대책

- 누수: 창호 주변 구조체 균열, 창호와 구조체 틈새에 이물질, 코킹 누락 또는 시공결함, 부재 접합 불량, 하드웨어 접합 불량 등이 원인임

⇒ 창호 주변 균열보수 또는 방수, 창호 주변 틈새 이물질 제거 후 코킹 재시공, 하드웨어 주변 창(문) 타공 및 부자재(실링재 등) 누락 여부 확인

- 결로 : 복층유리 공기층 파손, 창호 주변 틈새 단열 누락, 창호 또는 단열바 시공결함 등이 원인이 됨

⇒ 불량 복층유리 교체, 창호 주변 결로방지재 설치, 가습이 많은 공간에는 환기 시설 설치

주의사항

▶ 창호 및 유리공사는 골조공사 후 Critcal Path에 해당되어 내부 마감공사의 일정에 가장 큰 영향을 줌으로 철저한 공정관리가 필요

▶ 고층이나 바닥과 등 강풍이 예상될 경우 내풍압을 검토하여야 함

▶ 창틀 설치 시 매입 앙카의 위치 및 개소가 적정한지 확인하여야 함

▶ 모헤어, 고정철물, 가스캣 등의 부속재가 누락되지 않도록 해당 시공 부위를 사전 검토·확인하여야 함

▶ 각 부재의 조립 및 시공 방법은 별도 지정하지 않는 한 특기시방서를 확인하고 이에 따라 시공하여야 함

▶ 단열유리에 설치하는 스페이셔는 금속재료를 지양하고 단열성능이 있는 플라스틱 재료를 사용하여야 함

▶ 창호 설치 시 각 부위에 설치되어 있는 가스켓이 누락되지 않도록 관리하여 기밀성, 방풍, 방음 성능을 확보하여야 함

▶ 각종 하드웨어는 시공부위별, 하드웨어 종류(사양) 등을 명기한 별도 리스트(LIST)와 사용자재 샘플 보드를 별도 작성하여 실시공의 적합성을 확인하여야 함

※ 창호 및 유리공사 표준시방서

1. 1. 일반사항

ㅇ 국가건설기준센터(http://www.kcsc.re.kr)의 "표준시방서 41 55 01"에 따른다.

2. 관련 시방서

① 알루미늄 합금제 창호공사는 "표준시방서 41 55 02"에 따른다.
② 합성수지제 창호공사는 "표준시방서 41 55 03"에 따른다.
③ 복합소재 창호공사는 "표준시방서 41 55 04"에 따른다.
④ 목제 창호공사는 "표준시방서 41 55 05"에 따른다.
⑤ 강제 창호공사는 "표준시방서 41 55 06"에 따른다.
⑥ 스테인리스 스틸 창호공사는 "표준시방서 41 55 07"에 따른다.
⑦ 문공사는 "표준시방서 41 55 08"에 따른다.
⑧ 유리공사는 "표준시방서 41 55 09"에 따른다.
⑨ 금속공사는 "표준시방서 41 49 00"에 따른다.
⑩ 방화공사 및 내화공사는 "표준시방서 41 43 01"에 따른다.

8 목공사 중요 검토·확인 사항

1. 품질관리를 위한 주요 검토·확인 사항(관리자 참고용)

○ 목재 해당자재의 품질검사(함수율, 비중, 수축율, 흡수율, 압축강도, 마모시험, 갈라짐, 뒤틀림, 옹이 여부, 방부/방충처리 여부) 등을 철저히 검사함이 필요
- 목재 가공 이전 또는 가공 이후 방부 처리방법 사전검토, 협의/확정
- 자재 반입 시 방부, 방충 처리 필증을 반드시 확인함이 필요

○ 시공도면을 사전검토 필요
- 연결부위와 맞닿는 부분의 마감 형태를 고려, 먹메김, 높이, 긴결 방법 등을 사전 검토·확인함이 필요
- 계단 등 미끄럼 방지가 필요가 경우 논슬립형 시공 여부를 사전 검토·확인함이 필요
- 긴결·고정상태, 흔들림 여부에 대한 검사를 반드시 실시함이 필요

주의사항

▶ 외부에는 일반목재, 일반합판, MDF는 뒤틀림을 고려 절대 사용하여서는 아니 됨

▶ 외부용 목재는 반드시 방무목을 사용하여야 하며, 목재 방부처리를 위한 방부재 종류와 방부처리 방법(도포, 주입·가압주입·침지·표면탄화·생리주입·자연건조법(3~5년 소요, 문화재 목구조물에 주로 사용)), 목재의 접합방법(이음, 맞춤, 쪽매), 이음방법(맞댄·빗·반턱이음, 오니·제혀·딴혀 쪽매) 등 현장 특성에 맞게 방법을 선정하여야 함

▶ 목재를 접합 시에는 약한 단면이 없는 부재로 선정하고, 국부적으로 큰 응력이 편중되지 않고, 이음 맞춤의 위치는 응력이 적은 곳을 선정, 응력의 종류와 크기에 따라 적당한 방법을 선택, 단순한 방법을 선택하되 필요시 철물로 보강하여야 함

■ 용도별 목재 함수율 검사

▷ 관련근거 : KS F 2199

▷ 마감재는 15% 이하로 하고 필요에 따라 12% 이하의 함수율 적용함

▷ 한옥, 대단면 및 통나무목조공사에 사용되는 구조용 목재 중에서 횡단면의 짧은 변이 900mm 이상인 목재의 함수율은 24% 이하로 함

■ 옥외 데크 자재는 방부처리 여부 확인

▷ 관련근거 : KS F 3026, 3028

▷ 흡수량 및 침윤도 검사를 실시

■ 옥외 데크의 기둥 하부는 지면에 직접 접하지 않도록 확인

▷ 철물 등을 사용하여 기초 또는 지면과 직접 접촉하는 것을 방지 하여야 함

9 '토목·조경공사' KEY-POINT

Key-Point

♧ 토공사(터파기 등 부지 정리) 이후의 '토목·조경공사' 주요 공종 중 중요 검토·확인 사항 및 참고사항, 관련 법령, 표준시방서 목록 등에 대해 정리하였습니다.

♧ 현장 관리자들이 '토목·조경공사'에서 소홀히 하는 경향이 있는 부분과 알아두면 공사수행 중 도움이 된다고 생각하는 사항, 기본적으로 알아야 하는 사항은 무엇인가? 라는 질문에 대한 저의 답변입니다.

ㅇ 배수공사 중요 검토·확인 사항

ㅇ 콘크리트 (L형) 옹벽 설치공사 중요 검토·확인 사항

ㅇ 보강토옹벽 설치공사 중요 검토·확인 사항

ㅇ 조경식재(수목이식) 공사 중요 검토·확인 사항

ㅇ 노거수 수목이식 공사 중요 검토·확인 사항

ㅇ 인공식재기반 식재공사 중요 검토·확인 사항

ㅇ 포장공사(동상방지층, 보조기층) 중요 검토·확인 사항

ㅇ 아스팔트콘크리트 포장공사 중요 검토·확인 사항

♧ 건축이 구조물공사가 가장 중요하다고 하면, 토목·조경공사는 단지 전체를 조성하는 아주 중대한 공사로 건축물과의 조화가 필요하고,

타 공종의 기능을 유지는 물론 동시에 함께 공사를 추진하여야 하는 공종임을 감안하여, 공종간 상호 도면 확인 등 사전 철저한 계획수립과 공종간 풍부한 소통과 원만한 협의를 통해 철저히 관리하여 주시길 소망합니다.

1 배수공사 중요 검토·확인 사항

1. 시공 순서도

주요내용	관련사진
○ 배수관 터파기 – 맨홀 및 배수관로 위치 측량 및 표시 – 터파기 위치, 폭 및 깊이 확인 – 터파기면 상단에 토사, 자재 등 적치 금지 (사면붕괴 방지)	
○ 배수관 기초 – 터파기 바닥면이 연약하거나 부등침하가 우려될 경우 기초치환 등 보강 후 시공	
○ 배수관 부설 – 관 이음부(소켓)는 접합전 이물질 제거 – 보강 콘크리트 타설시 배수관 움직이지 않도록 각재 등 이용하여 관 고정	
○ 배수관 되메우기 – 되메우기는 양질의 토사로 실시 – 되메우기시 편토압에 의한 배수관의 움직임이 발생하지 않도록 배수관 좌우 동일 높이로 되메우기 실시 – 다짐작업시 다짐장비가 배수관에 직접 충격을 주지 않도록 주의	

2. 품질관리를 위한 주요 검토·확인 사항

○ 설계도서 및 타 공종(기계/전기배관 설치)과의 연관성을 확인하여야 함
- 수리계산서 확인 등 관로 구배의 적정성 여부 검토하여야 함
- 우수 및 오수관로 교차 부위 레벨과 우수/오수 맨홀 위치의 적정성, 경계석 등 기존 구조물 설치 부위와 교차 여부 등을 검토하여야 함
- 최종 유출부의 기존관로 연결시 관저고 레벨 검토(역구배)등 지하매설물 위치 확인하여야 함
- 전기 및 기계 옥외 배관 경로 확인(소방 및 가스 배관 포함) 후 터파기 공사를 단일화 가능 여부 및 시공 방법을 검토함이 필요
- 옥외관로 시공하는 타 공종간 교차 부위는 시공상세도 반드시 작성 검토·확인하여야 함

○ 흙두께 및 재하중이 배수관의 내하력을 넘는 경우, 차량 통행이 많은 도로 등은 관보호공 설치를 검토하여야 함

○ 시공계획서 확인
- 자재 수급계획, 인력 동원계획 등 공정계획 수립을 확인하여야 함
- 관로 노선별 시공순서 적정 여부를 확인하여야 함
- 품질관리계획서를 확인하여야 함
  (품질관리조직, 관리목표 및 실시 방법, 목표미달 시 조치 방안 등)
- 안전관리 및 환경관리계획서를 확인하여야 함

○ 배수관 자재의 적치(야적) 장소는 시공부위별 공사 진행에 간섭이 없는 장소로 선정하여야 함

○ PVC, PE관 등은 열에 약하므로 장기간 직사광선에 노출을 방지하기 위하여 천막 등을 덮어 보관하여야 함

○ 맨홀위치 잡기 측량 및 표시
- 설계도서에 표기된 맨홀위치 측량 및 표시를 하여야 함
- 경계석 설치 위치 규준틀을 설치하여 맨홀위치가 경계석과 교차되는 것을 방지하여야 함
- 배수관의 본당 길이를 감안하여 맨홀위치를 선정하며, 배수관의 불필요한 절단 등이 발생하지 않도록 하여야 함
- 포장면 마감 레벨 고려하여 맨홀 뚜껑이 차량 등 통행 시 걸림 현상이 발생하지 않도록 하여야 함

○ 배수관 터파기
- 터파기 작업 전 지하 매설물 위치를 확인하고, 터파기 위치, 폭 및 깊이를 확인하여야 함
- 관에 손상을 주고 되메우기 및 다짐 시 지장을 줄 수 있는 큰 돌이나 이물질을 제거하여야 함
- 터파기면 상단에 토사, 자재 등 적치 금지하여야 함(사면붕괴 방지)
- 터파기 바닥면이 연약하거나 부등침하가 우려될 경우 치환 등 보강을 실시하여야 함

○ 배수관 부설
- 배수관 부설은 하류 측 또는 낮은 쪽부터 시공하여야 함
- 기초 보강 콘크리트 타설 시 배수관이 움직이지 않도록 각재 등을 이용하여 관을 고정하여야 함

○ 배수관 되메우기
- 되메우기는 양질의 토사로 실시하여야 함
- 되메우기 시 편토압에 의한 배수관의 움직임이 발생하지 않도록 배수관 좌우 동일 높이로 되메우기를 실시하여야 하며, 한층 두께는 200mm 이하로 하여야 함
- 배수관의 오접합 및 굴착파손을 방지하기 위하여 관상단에서 200mm 이하의 이격 거리를 두고 비닐테이프를 설치하여야 함
- 되메우기 다짐 작업 시 다짐 장비가 배수관에 직접 충격을 주지 않도록 관리하여야 한다.

주의사항

▶ 배수관 공사는 하자가 발생 시 철거해야 하는 부위가 방대하고, 또한 재시공으로 인한 하자 보수비가 방대하게 소요됨을 감안하여, 적정 자재 반입, 배수관 구배 철저, 배수관 처짐 방지, 배수관 이음부위 누수방지, 연결부위 견고성 유지 등 철저한 검수와 관리·확인함 필요

▶ 설계도서 및 타 공종(기계 및 전기배관 설치 등)과의 연관성을 철저히 확인함이 필요

※ 배수공사 표준시방서

1. 1. 일반사항

ㅇ 국가건설기준센터(http://www.kcsc.re.kr)의 "11 40 15"에 따른다.

2. 관련 시방서

① 철근콘크리트 암거공사는 "11 40 05"에 따른다.
② 파형강관 암거공사는 "11 40 10"에 따른다.
③ 지하 배수공사는 "11 40 20"에 따른다.
④ 노면 배수공사는 "표준시방서 11 40 25"에 따른다.
⑤ 비탈면 배수공사는 "표준시방서 11 40 30"에 따른다.
⑥ 시공할 때의 배수공사는 "표준시방서 11 40 35"에 따른다.

2 콘크리트 (L형) 옹벽 설치공사 중요 검토·확인 사항

1. 시공 순서도

주요내용	관련사진
ㅇ 사전 검토사항 - 지하관로 매설상태 확인 - 단지내의 건축물 이격거리 및 계획고 확인 - 옹벽상단부가 도로일 경우 도로계획고보다 높게 하고 난간 및 가드레일 설치	옹벽상단선 옹벽의 기초면 G.L tan@>0.15 일때 계단식으로 설치 그림 재확보
ㅇ 터파기 후 지반 다짐 - 설계조건, 시공위치, 규모, 단면의 치수 확인 - 측량의 좌표 및 레벨 확인 - 지반의 지지력 확인 - 연약지반의 경우 보강조치 강구	
ㅇ 기초철근 및 거푸집 설치 버팀대를 설치해 콘크리트 타설시 철근이 밀려나지 않도록 철저히 고정 - 피복두께는 5cm 이상 철저 시공	
ㅇ 벽체 거푸집 설치 - 전면경사 1:0.02 정도 경사필요 - 배수공 직경(6~10cm)의 PVC파이프는 수평방향 4.5m, 연직방향 1.5m 이하 간격으로 설치	
ㅇ 탈형 후 거푸집 해체 청소 및 정리 - 문양거푸집 제거 시 부착물을 깨끗이 제거 - 되메우기 시 콘크리트 양생 완료 후 다짐 실시 - 시공허용 오차 준수	

2. 품질관리를 위한 주요 검토·확인 사항

o 콘크리트 타설 시 품질확보

- 각 층의 타설 높이는 1.5m 내외가 적합함
- 좌·우 지그재그로 타설하되 작업 중에 레미콘 반입 지연 시 콜드조인트가 생기지 않도록 주의하여야 함
- 신축 이음부 구간의 타설 시 반드시 양쪽의 타설 높이가 일치하도록 하여 이음부의 수직 변형이 없도록 관리하여야 함
- 옹벽 상부는 진동 다지기를 끝낸 후 스며 올라온 물이 없어진 후 나무흙손 등으로 소정의 높이와 형상으로 마무리하여야 함

o 시공허용 오차

- 옹벽의 배부름 오차 : 3m 직선자로 측정 시 5mm 이내
- 옹벽 상단의 수평오차 : 12m당 ±6mm

o 배수공 설치

- 배수공은 6~10cm의 PVC파이프를 수평방향 4.5m, 연직방향 1.5m 이하의 간격으로 나란히 설치하되, 하단 배수공은 10cm로 기초 지표면에서 30cm 위치에 설치하여야 함
- 배면 뒷채움 토사가 투수계수가 매우 작은 점성토일 경우 감리원의 승인을 얻어 잡석을 45도 방향으로 부설하거나, 토목섬유를 설치하여야 함
- 콘크리트 타설 도중 시멘트풀이나 모르타르의 침입으로 폐쇄되는 경우가 많아 주의해야 하며, 거푸집 탈형 후 반드시 강봉과 해머를 준비하여 공내의 경화된 모르타르는 파쇄하여야 함

o 활동방지벽

- 활동방지벽은 직각으로 터파기하여 여굴을 최소화하고, 저판 버림콘크리트 타설 시 방지벽의 여굴 부분까지 동시에 타설하여 활동 저항력이 증대되도록 관리하여야 함

o 설계도서 및 시공상세도 확인, 타 공종(지하매설물 등) 과의 연관성 확인

- 기초 시공 전 옹벽 저판 하부로 매설되는 관로 유무 확인
- 옹벽 시공 중 병행시공 해야 할 타 구조물 유무 확인
- 옹벽이 차도나 보도가 접할 경우 경계석 및 가로수 등의 간섭 여부
- 경계 구간은 토지 사용 및 점용허가 등 확인
- 기초의 지반지지력 확인
- 옹벽 상단부의 난간 등 추락 방지시설 확인

ㅇ 시공계획서 확인
- 구간별 시공계획을 통한 전체 공사기간 산정
- 설계서(설계도면, 계산서, 시방서) 확인
- 안전, 환경, 품질에 관련한 주의사항 포함
- 구간별 토공 및 콘크리트 타설방법 등을 포함한 시공계획

ㅇ 자재선정 : 콘크리트, 문양거푸집, 신축 이음재, 철근 등 주요자재 확인

ㅇ 시공 위치에 따른 현장 조건 확인
- 지하수 유출 : 지하수 유무에 따른 배수처리 별도 계획
- 연약지반 출현 : 연약지반 처리대책으로 치환 및 기초공법 변경
- 경계부 레벨 및 좌표 확인 : 기초콘크리트 타설 전 먹줄 놓기 시 좌표 측량을 실시하고, 인접현황 레벨을 고려하여 구조물 설치작업 시행

ㅇ 측량 후 터파기 및 기초공
- 지하 매설물 확인, 임시 비탈면의 경사, 지반의 지지력 확인
- 활동 방지벽은 기능을 위해 여유 없이 터파기 시행
- 버림콘크리트 및 기초콘크리트 타설 시 철근 배근 상태 확인

ㅇ 규준틀 설치
- 규준틀 설치하여 위치, 기울기, 높이 등을 확인
- 규준틀은 선형 및 레벨의 변화점에 설치

ㅇ 문양거푸집 설치 시 도면에 지시한 옹벽 두께가 감소하지 않도록 조치하고 상단면은 미끈하게 처리

ㅇ 벽체의 철근 피복은 5cm 이상 확보

ㅇ 벽체 거푸집 설치 시 전면의 경사는 1:0.02로 조정

ㅇ 신축이음과 수축이음의 적정한 간격 및 배수공 설치

ㅇ 콘크리트 타설 시 층별로 끊어지지 않도록 타설

ㅇ 문양 거푸집 해체 시 깨끗이 제거

○ 충분한 양생기간 (최소 7일간)을 거쳐 층별 다짐 실시

○ 경사 법면에 시공하는 L형 옹벽은 배수구가 막힘이 없도록 관리 확인하여야 하며, 미관과 유지관리 측면을 고려 시 문양거푸집으로 시공함이 절대적으로 유리함

주의사항

▶ 옹벽의 안정대책은 토질에 따라 달리 규정하고 있어 적정한 안전대책(배수, 뒷채움, 물구멍 직경 및 간격, 다공파이프 설치, 물구멍 입구에 필터재 삽입, 브래킹 배수층 설치 필요성 등)에 대해 현장 특성에 맞게 심도있게 검토하여야 한다.

▶ 터파기 후 지반 지지력 확인 철저

▶ 신축이음 및 수축이음 간격에 맞게 설치

▶ 벽체 타설시 층별로 타설하고, 상부 배수시설 확인

※ 콘크리트 옹벽공사 표준시방서

1. 1. 일반사항

○ 국가건설기준센터(http://www.kcsc.re.kr)의 "표준시방서 11 80 05"에 따른다.

2. 관련 시방서

① 콘크리트 옹벽공사는 "표준시방서 11 80 05"에 따른다.
② 돌망태 옹벽공사는 "표준시방서 11 80 15"에 따른다.
③ 기대기 옹벽공사는 "표준시방서 11 80 20"에 따른다.
④ 돌(블록)쌓기 옹벽공사는 "표준시방서 11 80 25"에 따른다.

3 보강토옹벽 설치공사 중요 검토·확인 사항

1. 시공 순서도

주요내용	관련사진
○ 줄기초 터파기 및 다짐 - 옹벽선형을 따라 바닥레벨을 확인하면서 백호우를 이용하여 터파기를 한다. - 확인된 기초 레벨에서 롤러를 이용하여 소요지지력 이상 다짐한다.	
○ Con'c 기초 설치 - 잡석기초인 경우 설계규격에 맞게 포설을 하며 포설한 후 롤러를 이용하여 소요지지력 이상 다짐한다. - 기초 콘크리트가 양생된 후에 블록쌓기를 하기 전에 레벨을 확인한다.	
○ 기초블록 설치 - 블럭쌓기는 설치작업을 하기전에 블록표면에 콘크리트 및 이물질을 완전히 제거한 후 설치하여야 한다. - 블럭쌓기를 할 경우 기초 상단 레벨을 확인하여 기초 콘크리트와 기초상단 블록의 밀착 및 수평작업 후 블록을 설치한다.	
○ 배수용 쇄석 채움 - 속채움 잡석은 빈공간이 없도록 충분히 속채움을 한 후 블록 상부는 수평이 되도록 깨끗이 청소한다.	

주요내용	관련사진
ㅇ블록쌓기 및 그리드 포설 - 다짐이 완료된 보강토 위에 수평이 되도록 설치한다. - 옹벽 종방향의 그리드와 그리드 간격은 5cm 이내가 되도록 하며 인접하는 지오그리드는 겹쳐서 포설되어서는 안 된다.	
ㅇ보강토 포설 - 뒷채움재는 별도로 요구되지 않으면 현장 유용토를 활용한다. - 현장 유용토가 불량할 경우에는 시공성과 안정성을 고려하여 세립토가 적은 토사를 반입하여 사용한다.	
ㅇ보강토 다짐 - 1단 포설 후 다짐시 최소 3회 이상 다짐을 실시한다. - 부설 및 다짐장비는 그리드와 직접 접촉되지 않도록 하여야 하며 급제동 및 급회전을 하여서는 안된다.	
ㅇ캡블록 설치마감 - 표준형 블록의 마지막 단을 설치한 후, 표면을 깨끗하게 청소하고 접착제로 하단 블록에 바르고 캡블럭을 선형에 맞춰서 하단 블록에 밀착시킨다.	

2. 품질관리를 위한 주요 검토·확인 사항

○ 시공계획서
- 전면 벽체 인접부의 보강재 설치 및 뒤채움 흙 다짐 시공 방법을 확인하고, 시공 물량과 안전관리계획 등을 사전 검토·확인하여야 함
- 다단식 옹벽에 대한 전체 옹벽에 대한 안정성을 검토하여야 함

○ 배수시설 확인
- 다량의 배면 유입수로 뒤채움 흙이 포화되면 흙의 전단강도가 급격히 저하되어 불안한 상태가 될 수 있으므로 배면 용출수의 유무, 수량의 과다에 따라 적절한 배수시설 설계 여부를 확인하여야 함

○ 전면 벽체 인접부 시공시 소형 다짐 장비 사용으로 인한 다짐 불량 및 전면 벽체와 보강재 사이의 단차가 발생하지 않도록 철저히 관리하여야 함

○ 뒤채움 흙의 다짐
- 뒤채움 흙의 한층 다짐 두께는 전면 벽체의 한단 높이를 기준으로 하되, 0.2~0.3m를 초과하지 않아야 함
- 뒤채움 다짐 시 다짐 장비의 주행은 전면 벽체와 평행이 되도록 하여야 함
- 설계서에 제시된 수량마다 들밀도시험 혹은 매 3층마다 평판재하 시험을 실시하여야 함
- 다짐도는 최대건조밀도(KS F 2312의 C, D 혹은 E 방법)의 95% 이상, 평판재하시험에 의한 K30값은 150MN/m^3 이상이 되도록 하여야 함

○ 뒤채움 흙 포설 및 다짐
- 뒤채움 흙은 양질토사를 사용하며, 흙의 품질 확보를 위해 한 층의 시공 두께는 0.2~0.3m가 넘지 않아야 함
- 보강재 위로 중장비가 직접 주행하지 않아야 함 (보강재 손상 방지)

○ 그리드 포설
- 보강재는 항상 벽면 선형에 대하여 직각 방향으로 포설하여야 함
- 오목한 곡선부에 보강재 포설시 '▽'형 비보강 부분은 다음 층 포설 시 채워줘야 함
- 볼록한 곡선부에서 포설시 보강재의 겹침이 발생하게 되면, 보강재 사이에 뒤채움 흙을 최소 7.5cm 이상 채워 보강재와 흙 사이의 마찰력이 저하되지 않도록 조치하여야 함

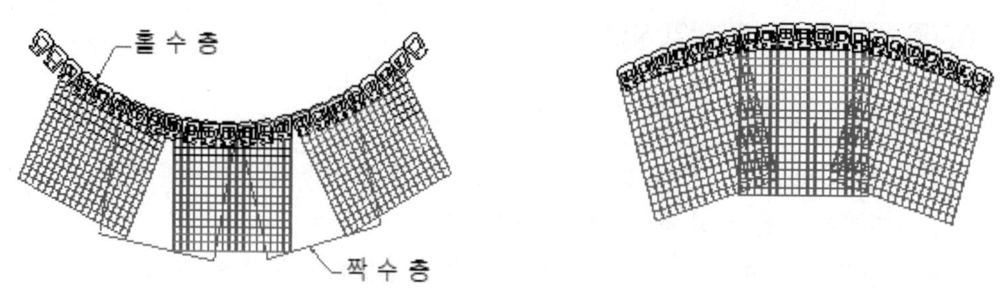

곡선부에서의 보강재 포설

- 거의 90°에 가깝게 각진 코너 부분은 짝수 층 및 홀수 층의 주 보강 방향을 교대로 포설해야 한다.

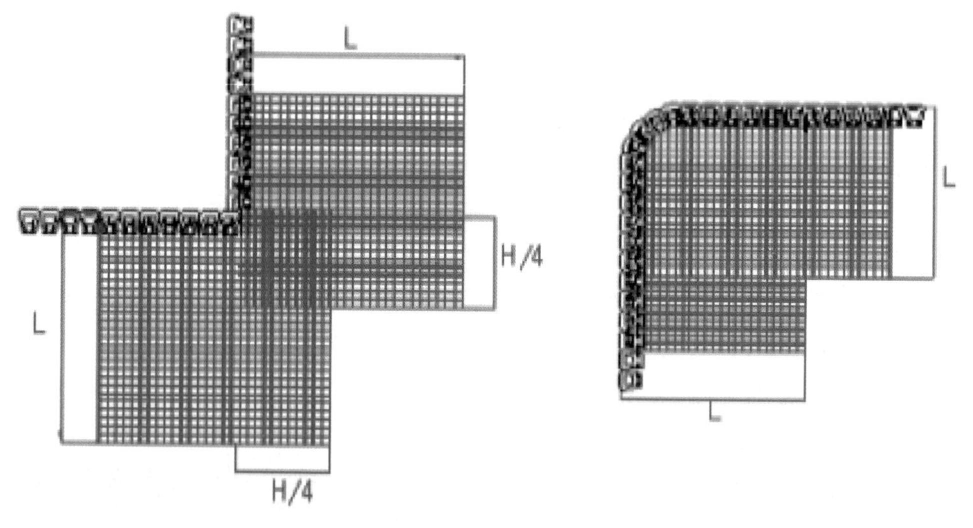

보강토 옹벽이 급격하게 각진 부분에서의 보강재 포설

ㅇ 보강재와 전면 벽체 연결부

- 다짐으로 인한 전면 벽체의 변형을 최소화하기 위하여 벽면으로부터 배면 쪽 1~2m까지는 대형장비의 진입을 방지하고 소형 다짐 장비로 다져야 하며, 전면 벽체와 보강재 사이에 단차가 발생하지 않도록 조치·관리하여야 함

주의사항

▶ 추락사고 방지를 위한 안전난간 설치가 반드시 필요

▶ 다짐장비 후진으로 인한 사고가 빈번히 일어나므로 유도자 배치하여야 함

▶ 보강토옹벽의 하자는 대부분 배수시설의 미비(오시공) 및 다짐 불량 경우가 많으므로 이에 대한 설계, 시공, 검측관리를 철저히 하여야 함

※ 보강토 옹벽 설치공사 표준시방서

1. 1. 일반사항

ㅇ 국가건설기준센터(http://www.kcsc.re.kr)의 "표준시방서 11 80 10"에 따른다.

2. 관련 시방서

① 지반공사 일반사항 "표준시방서 11 10 05"에 따른다.
② 보강토옹벽 "표준시방서 11 80 10"에 따른다.

4 조경식재(수목이식) 공사 중요 검토 · 확인 사항

1. 시공 순서도

주요내용	관련사진
ㅇ사전 준비사항 - 수목 및 가식장 선정 - 이식수목 분포 현황조사서 작성 - 수목 이식의 공정 및 가식장 선정분석  	
ㅇ굴착작업 및 가식장 통기시설 설치 - 뿌리분의 형태에 따라 굴착작업 진행 - 숙련공을 투입하여 이식장소에 통기·암거기 설치 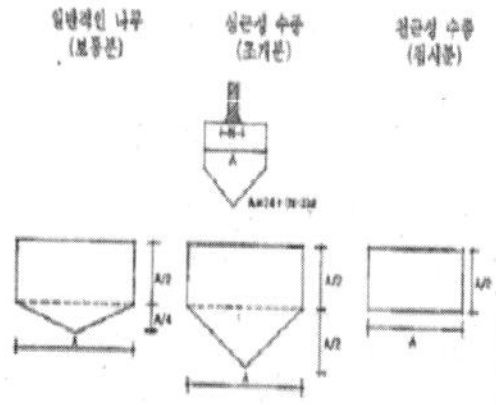 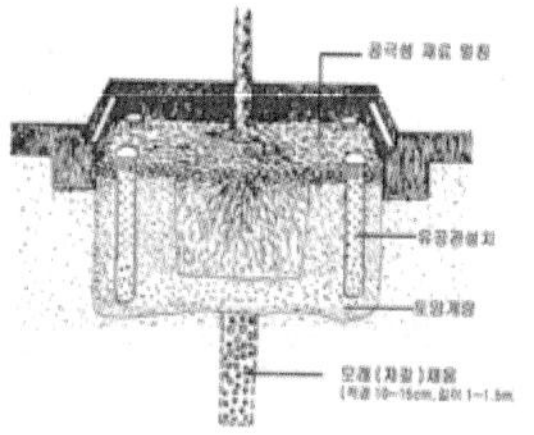	
ㅇ뿌리돌림 시술 및 굴취 - 수종 및 이식시기 고려하여 큰 뿌리는 절단 하지 않음. - 굴취시 수고 4.5m 이상은 가지치기 실시  	
ㅇ운반 및 식재 공사 - 수목의 상하차는 인력에 의하되, 대형목의 경우 체인블록이나 크레인 중기 사용 - 뿌리와 수형이 손상되지 않도록 보호조치 - 뿌리분 복토 시 공기 중 노출되지 않도록 조치  	
ㅇ유지관리 공사 - 수세 회복처리 및 병해충 구제 방제 - 생육 수형 조절 및 관수 작업  	

2. 품질관리를 위한 주요 검토·확인 사항

○ 시공계획서 확인
- 수목 이식에 운용될 관리자 및 식재팀 조직 구성
- 이식 수목 분포현황 조사서 작성 및 첨부
- 수목이식의 공정(굴취 수목별 이식 순서), 가식장 선정분석
- 가식장별 기반조성에 따른 배식계획, 이식 수목 유지관리계획

○ 수목 현황 조사 및 가식장 조성
- 이식하자 위험이 있는 수목은 대체 수목 선정 (별도 사전 협의 필요)
- 가식장 식재 기반 지질 상태 확인 및 적합한 기반재료 반입조성
- 가식장까지의 운반로 확보

○ 뿌리돌림 및 굴취
- 수종 및 이식시기 고려하여 큰 뿌리는 절단하지 않도록 조치
- 뿌리돌림 시 가지치기, 잎따주기 등 실시
- 굴취 시 수고 4.5m 이상은 가지주 및 가지치기 실시
- 뿌리분의 크기는 근원 직경의 4배를 기준으로 하고 분의 깊이는 세근의 밀도가 현저히 감소된 부위로 함
- 뿌리분의 둘레는 원형으로 측면은 수직으로, 저면은 둥글게 형성
- 지엽을 정지하고 필요시 증산억제제 등의 약품을 처리

○ 운반 및 식재
- 운반 중 뿌리와 수형 등 수목에 손상을 주지 않도록 주의하여 운반
- 식재지의 기반은 양질의 토사로서 배수가 잘되는 곳으로 하며, 배수가불량할 때는 배수시설을 추가로 마련하여야 함
- 수목 간에는 원활한 통풍을 위하여 식재 간격을 확보하고, 관리를 위한 작업 통로 설치하여야 함
- 뿌리와 수형이 손상되지 않도록 뿌리분의 복토를 철저히 하고, 세근이 절단되지 않도록 충격을 주지 않아야 하며, 뿌리분의 충격 방지를 위해 흙, 가마니, 짚 등의 완충 재료를 깔아야 함
- 바람에 의한 증산억제 및 강우로 인한 뿌리분의 토양유실 방지를 위해 덮개를 씌우는 등의 조치를 취하여야 함

ㅇ 수목 이식에 사용되는 재료

- 식물생장 조절제, 상처 유합제는 식물에 유해하지 않아야 하며, 녹화마대는 황마로 만든 천연 섬유시트를 사용하여야 함
- 녹화끈은 황마로 만든 직경 6mm의 천연섬유 노끈을 사용하여야 함
- 수목 이식을 위해 농약, 비료, 생장조절제, 증산억제제와 부속 재료를 적절히 사용함이 필요
- 수목의 줄기와 가지를 보호하는 완충재는 녹화끈, 새끼줄 등을 사용함

ㅇ 유지관리

- 수세 회복처리 및 병해충 구제 방제를 하며, 생육수형 조절 및 관수 작업을 실시하여야 함

주의사항

- ▶ 하자를 감안한 수목 선정 및 가식장 식재 기반 조성
- ▶ 뿌리돌림의 규격 확보 및 세근의 발달에 따른 적정 크기 확보
- ▶ 운반 시 수목의 뿌리 및 수형이 손상되지 않도록 조치
- ▶ 유지관리 시 수목시비, 줄기보호, 병충해 방지, 관수 철저

※ 조경식재(수목이식) 공사 표준시방서

1. 1. 일반사항

ㅇ 국가건설기준센터(http://www.kcsc.re.kr)의 "표준시방서 34 40 20"에 따른다.

2. 관련 시방서

① 식재기반조성은 "표준시방서 34 30 10"에 따른다.
② 일반식재기반 식재는 "표준시방서 34 40 10"에 따른다.
③ 수목이식은 "표준시방서 34 40 20"에 따른다.
④ 식생 유지관리는 "표준시방서 34 99 10"에 따른다.

조경 필요건물 검토

▷ 관련근거 : 건축법 제42조

▷ 면적이 200제곱미터 이상인 대지에 건축을 하는 건축주는 용도지역 및 건축물의 규모에 따라 해당 지방자치단체의 조례로 정하는 기준에 따라 대지에 조경이나 그 밖에 필요한 조치를 하여야 한다. 다만, 조경이 필요하지 아니한 건축물로서 대통령령으로 정하는 건축물에 대하여는 조경 등의 조치를 하지 아니할 수 있으며, 옥상 조경 등 대통령령으로 따로 기준을 정하는 경우에는 그 기준에 따른다.

조경 불필요건물 검토

▷ 관련근거 : 건축법 시행령 제27조(대지의 조경)

▷ 다음 각 호의 어느 하나에 해당하는 건축물에 대하여는 조경 등의 조치를 하지 아니할 수 있다.

1. 녹지지역에 건축하는 건축물
2. 면적 5천 제곱미터 미만인 대지에 건축하는 공장
3. 연면적의 합계가 1천500제곱미터 미만인 공장
4. 「산업집적활성화 및 공장설립에 관한 법률」 제2조제14호에 따른 산업단지의 공장
5. 대지에 염분이 함유되어 있는 경우 또는 건축물 용도의 특성상 조경 등의 조치를 하기가 곤란하거나 조경 등의 조치를 하는 것이 불합리한 경우로서 건축조례로 정하는 건축물
6. 축사
7. 법 제20조제1항에 따른 가설건축물
8. 연면적의 합계가 1천500제곱미터 미만인 물류시설(주거지역 또는 상업지역에 건축하는 것은 제외한다)로서 국토교통부령으로 정하는 것
9. 「국토의 계획 및 이용에 관한 법률」에 따라 지정된 자연환경보전지역·농림지역 또는 관리지역(지구단위계획구역으로 지정된 지역은 제외한다)의 건축물
10. 다음 각 목의 어느 하나에 해당하는 건축물 중 건축조례로 정하는 건축물
    가. 「관광진흥법」 제2조제6호에 따른 관광지 또는 같은 조 제7호에 따른 관광단지에 설치하는 관광시설

나. 「관광진흥법 시행령」 제2조제1항제3호가목에 따른 전문휴양업의 시설 또는 같은 호 나목에 따른 종합휴양업의 시설

다. 「국토의 계획 및 이용에 관한 법률 시행령」 제48조 제10호에 따른 관광·휴양형 지구단위계획구역에 설치하는 관광시설

라. 「체육시설의 설치·이용에 관한 법률 시행령」 별표 1에 따른 골프장

■ 조경의무면적 검토

▷ 관련근거 : 건축법 시행령 제27조, 조경기준(국토교통부 고시 제2021-1778호) 제4조(조경면적의 산정), 제5조(조경면적의 배치)

※ 공장(시행령 제27조 제1항제2호부터 제4호까지의 규정에 해당하는 공장은 제외한다) 및 물류시설(시행령 제27조 제1항제8호에 해당하는 물류시설과 주거지역 또는 상업지역에 건축하는 물류시설은 제외한다.)

■ 식재수량 및 규격, 식재수종 검토

▷ 관련근거 : 건축법 제42조 조경기준(국토교통부 고시 제2021-1778호)제6조, 제7조, 제8조

* 조경면적 1제곱미터 마다 교목 및 관목의 수량은 다음 각 기준에 적합하게 식재하여야 한다. 다만 조경 의무면적을 초과하여 설치한 부분에는 그러하지 아니하다.

가. 상업지역 : 교목 0.1주 이상, 관목 1.0주 이상
나. 공업지역 : 교목 0.3주 이상, 관목 1.0주 이상
다. 주거지역 : 교목 0.2주 이상, 관목 1.0주 이상
라. 녹지지역 : 교목 0.2주 이상, 관목 1.0주 이상

- 식재하여야 할 교목은 흉고직경 5센티미터 이상이거나 근원직경 6센티미터 이상 또는 수관폭 0.8미터 이상으로서 수고 1.5미터 이상이어야 한다.
- 상록수 및 지역 특성에 맞는 수종 등의 식재비율은 다음 각호 기준에 적합하게 하여야 한다.

가. 상록수 식재비율 : 교목 및 관목 중 규정 수량의 20퍼센트 이상
나. 지역에 따른 특성수종 식재비율 : 규정 식재수량 중 교목의 10퍼센트 이상

▣ 옥상조경 검토

▷ 관련근거 : 건축법 시행령 제27조, 조경기준(국토교통부 고시 제2021-1778호) 제12조, 제13조, 제14조, 제15조, 제16조, 제17조, 제18조

* 건축물의 옥상에 법 제42조제2항에 따라 국토교통부장관이 고시하는 기준에 따라 조경이나 그 밖에 필요한 조치를 하는 경우에는 옥상부분 조경면적의 3분의 2에 해당하는 면적을 법 제42조제1항에 따른 대지의 조경면적으로 산정할 수 있다. 이 경우 조경면적으로 산정하는 면적은 법 제42조제1항에 따른 조경면적의 100분의 50을 초과할 수 없다.

▣ 유지관리공사

▷ 관련근거 : 조경공사 표준시방서

1) 전정
2) 수목시비
3) 병충해방제
4) 관수 및 배수
5) 지주목재결속
6) 월동작업

▦ 관련 법령

1) 건축법 제42조(대지의 조경)

① 면적이 200제곱미터 이상인 대지에 건축을 하는 건축주는 용도지역 및 건축물의 규모에 따라 해당 지방자치단체의 조례로 정하는 기준에 따라 대지에 조경이나 그 밖에 필요한 조치를 하여야 한다. 다만, 조경이 필요하지 아니한 건축물로서 대통령령으로 정하는 건축물에 대하여는 조경 등의 조치를 하지 아니할 수 있으며, 옥상 조경 등 대통령령으로 따로 기준을 정하는 경우에는 그 기준에 따른다.

② 국토교통부장관은 식재(植栽) 기준, 조경 시설물의 종류 및 설치방법, 옥상 조경의 방법 등 조경에 필요한 사항을 정하여 고시할 수 있다.

2) 건축법 시행령 제27조(대지의 조경)

① 법 제42조제1항 단서에 따라 다음 각 호의 어느 하나에 해당하는 건축물에 대하여는 조경 등의 조치를 하지 아니할 수 있다.

1. 녹지지역에 건축하는 건축물
2. 면적 5천 제곱미터 미만인 대지에 건축하는 공장
3. 연면적의 합계가 1천500제곱미터 미만인 공장
4. 「산업집적활성화 및 공장설립에 관한 법률」 제2조제14호에 따른 공장
5. 대지에 염분이 함유되어 있는 경우 또는 건축물 용도의 특성상 조경 등의 조치를 하기가 곤란하거나 조경 등의 조치를 하는 것이 불합리한 경우로서 건축조례로 정하는 건축물
6. 축사
7. 법 제20조제1항에 따른 가설건축물
8. 연면적의 합계가 1천500제곱미터 미만인 물류시설(주거지역 또는 상업지역에 건축하는 것은 제외한다)로서 국토교통부령으로 정하는 것
9. 「국토의 계획 및 이용에 관한 법률」에 따라 지정된 자연환경보전지역·농림지역 또는 관리지역(지구단위계획구역으로 지정된 지역은 제외한다)의 건축물
10. 다음 각 목의 어느 하나에 해당하는 건축물 중 건축조례로 정하는 건축물
    가. 「관광진흥법」 제2조제6호에 따른 관광지 또는 같은 조 제7호에 따른 관광단지에 설치하는 관광시설
    나. 「관광진흥법 시행령」 제2조제1항제3호가목에 따른 전문휴양업의 시설 또는 같은 호 나목에 따른 종합휴양업의 시설
    다. 「국토의 계획 및 이용에 관한 법률 시행령」 제48조제10호에 따른 관광·휴양형 지구

단위계획구역에 설치하는 관광시설

라. 「체육시설의 설치·이용에 관한 법률 시행령」 별표 1에 따른 골프장

3) 건축법 시행령 제27조(대지의 조경)

① 법 제42조제1항 단서에 따른 조경 등의 조치에 관한 기준은 다음 각 호와 같다. 다만, 건축조례로 다음 각 호의 기준보다 더 완화된 기준을 정한 경우에는 그 기준에 따른다.

1. 공장(제1항제2호부터 제4호까지의 규정에 해당하는 공장은 제외한다) 및 물류시설(제1항제8호에 해당하는 물류시설과 주거지역 또는 상업지역에 건축하는 물류시설은 제외한다)
   가. 연면적의 합계가 2천 제곱미터 이상인 경우 : 대지면적의 10퍼센트 이상
   나. 연면적의 합계가 1천500 제곱미터 이상 2천 제곱미터 미만인 경우 : 대지면적의 5퍼센트 이상
2. 「항공법」 제2조제8호에 따른 공항시설 : 대지면적(활주로·유도로·계류장·착륙대 등 항공기의 이륙 및 착륙시설로 쓰는 면적은 제외한다)의 10퍼센트 이상
3. 「철도건설법」 제2조제1호에 따른 철도 중 역시설 : 대지면적(선로·승강장 등 철도운행에 이용되는 시설의 면적은 제외한다)의 10퍼센트 이상
4. 그 밖에 면적 200제곱미터 이상 300제곱미터 미만인 대지에 건축하는 건축물 : 대지면적의 10퍼센트 이상

4) 조경기준(국토교통부 고시 제2021-1778호) 제7조(식재수량 및 규격)

① 조경면적에는 다음 각호의 기준에 적합하게 식재하여야 한다.

1. 조경면적 1제곱미터마다 교목 및 관목의 수량은 다음 각목의 기준에 적합하게 식재하여야 한다. 다만 조경의무면적을 초과하여 설치한 부분에는 그러하지 아니하다.
   가. 상업지역 : 교목 0.1주 이상, 관목 1.0주 이상
   나. 공업지역 : 교목 0.3주 이상, 관목 1.0주 이상
   다. 주거지역 : 교목 0.2주 이상, 관목 1.0주 이상
   라. 녹지지역 : 교목 0.2주 이상, 관목 1.0주 이상
2. 식재하여야 할 교목은 흉고직경 5센티미터 이상이거나 근원직경 6센티미터 이상 또는 수관폭 0.8미터 이상으로서 수고 1.5미터 이상이어야 한다.

② 수목의 수량은 다음 각호의 기준에 의하여 가중하여 산정한다.

1. 낙엽교목으로서 수고 4미터 이상이고, 흉고직경 12센티미터 또는 근원직경 15센티미터 이상, 상록교목으로서 수고 4미터 이상이고, 수관폭 2미터 이상인 수목 1주는 교목 2주

를 식재한 것으로 산정한다.

2. 낙엽교목으로서 수고 5미터 이상이고, 흉고직경 18센티미터 또는 근원직경 20센티미터 이상, 상록교목으로서 수고 5미터 이상이고, 수관폭 3미터 이상인 수목 1주는 교목 4주를 식재한 것으로 산정한다.
3. 낙엽교목으로서 흉고직경 25센티미터 이상 또는 근원직경 30센티미터 이상, 상록교목으로서 수관폭 5미터 이상인 수목 1주는 교목 8주를 식재한 것으로 산정한다.

5) 조경기준(국토교통부 고시 제2021-1778호) 제8조(식재수종)

① 상록수 및 지역 특성에 맞는 수종 등의 식재비율은 다음 각호 기준에 적합하게 하여야 한다.

1. 상록수 식재비율 : 교목 및 관목 중 규정 수량의 20퍼센트 이상
2. 지역에 따른 특성수종 식재비율 : 규정 식재수량 중 교목의 10퍼센트 이상

② 식재 수종은 지역의 자연조건에 적합한 것을 선택하여야 하며, 특히 대기오염물질이 발생되는 지역에서는 대기오염에 강한 수종을 식재하여야 한다.

③ 허가권자가 제1항의 규정에 의한 식재비율에 따라 식재하기 곤란하다고 인정하는 경우에는 제1항의 규정에 의한 식재비율을 적용하지 아니할 수 있다.

6) 건축법 시행령 제27조(대지의 조경)

① 건축물의 옥상에 법 제42조제2항에 따라 국토교통부장관이 고시하는 기준에 따라 조경이나 그 밖에 필요한 조치를 하는 경우에는 옥상부분 조경면적의 3분의 2에 해당하는 면적을 법 제42조제1항에 따른 대지의 조경면적으로 산정할 수 있다. 이 경우 조경면적으로 산정하는 면적은 법 제42조제1항에 따른 조경면적의 100분의 50을 초과할 수 없다.

7) 조경기준(국토교통부 고시 제2021-1778호) 제12조(옥상조경 면적의 산정)

① 옥상조경의 면적은 다음의 각호의 기준에 따라 산정한다.

1. 지표면에서 2미터 이상의 건축물이나 구조물의 옥상에 식재 및 조경시설을 설치한 부분의 면적. 다만, 초화류와 지피식물로만 식재된 면적은 그 식재면적의 2분의 1에 해당하는 면적, 또한 초화류와 지피식물이 식재된 상부에 태양광 발전설비를 병행 설치한 경우 식재면적의 2분의 1에 해당하는 면적을 조경면적으로 인정하나, 태양광 발전설비 하단의 영구음지 부분은 조경면적 산정 시 제외한다.

2. 지표면에서 2미터 이상의 건축물이나 구조물의 벽면을 식물로 피복한 경우, 피복면적의 2분의 1에 해당하는 면적. 다만, 피복면적을 산정하기 곤란한 경우에는 근원경 4센티미터 이상의 수목에 대해서만 식재수목 1주당 0.1제곱미터로 산정하되, 벽면녹화면적은 식재의무면적의 100분의 10을 초과하여 산정하지 않는다.
3. 건축물이나 구조물의 옥상에 교목이 식재된 경우에는 식재된 교목 수량의 1.5배를 식재한 것으로 산정한다.

8) 조경기준(국토교통부 고시 제2021-1778호) 제13조(옥상 및 인공 지반의 식재)

옥상 및 인공지반에는 고열, 바람, 건조 및 일시적 과습 등의 열악한 환경에서도 건강하게 자랄 수 있는 식물종을 선정하여야 하므로 관련 전문가의 자문을 구하여 해당 토심에 적합한 식물종을 식재하여야 한다.

9) 조경기준(국토교통부 고시 제2021-1778호) 제14조(구조적인 안전)

① 인공지반조경(옥상조경을 포함한다)을 하는 지반은 수목·토양 및 배수시설 등이 건축물의 구조에 지장이 없도록 설치하여야 한다.

② 기존건축물에 옥상조경 또는 인공지반조경을 하는 경우 건축사 또는 건축구조기술사로부터 건축물 또는 구조물이 안전한지 여부를 확인 받아야 한다.

10) 조경기준(국토교통부 고시 제2021-1778호) 제15조(식재토심)

① 옥상조경 및 인공지반 조경의 식재 토심은 배수층의 두께를 제외한 다음 각호의 기준에 의한 두께로 하여야 한다.
1. 초화류 및 지피식물 : 15센티미터 이상(인공토양 사용 시 10센티미터 이상)
2. 소관목 : 30센티미터 이상(인공토양 사용 시 20센티미터 이상)
3. 대관목 : 45센티미터 이상(인공토양 사용 시 30센티미터 이상)
4. 교목 : 70센티미터 이상(인공토양 사용 시 60센티미터 이상)

11) 조경기준(국토교통부 고시 제2021-1778호) 제16조(관수 및 배수), 제17조(방수 및 방근), 제18조(유지관리)

① 옥상조경 및 인공지반 조경에는 수목의 정상적인 생육을 위하여 건축물이나 구조물의 하부시설에 영향을 주지 아니하도록 관수 및 배수시설을 설치하여야 한다.

② 옥상 및 인공지반의 조경에는 방수조치를 하여야 하며, 식물의 뿌리가 건축물이나 구조물에 침입하지 않도록 하여야 한다.

③ 옥상조경지역에는 이용자의 안전을 위하여 다음 각호의 기준에 적합한 구조물을 설치하여 관리하여야 한다.

1. 높이 1.1미터 이상의 난간 등의 안전구조물을 설치하여야 한다.
2. 수목은 바람에 넘어지지 않도록 지지대를 설치하여야 한다.
3. 안전시설은 정기적으로 점검하고, 유지관리하여야 한다.
4. 식재된 수목의 생육을 위하여 필요한 가지치기·비료주기 및 물주기 등의 유지관리를 하여야 한다.

12) 전정의 시기(조경공사 표준시방서)

① 수목의 정상적인 생육장애요인의 제거 및 외관적인 수형을 다듬기 위한 6월~8월 사이에 하계전정을 실시하며 허약지, 병든 가지, 교차지, 내향지, 하지 등을 잘라낸다.

② 수형을 잡아주기 위한 굵은 가지 전정은 수목의 휴면기간인 12월~3월 사이에 동계전정을 실시하며 허약지, 병든 가지, 교차지, 내향지, 하지 등을 잘라낸다.

13) 전정의 방법(조경공사 표준시방서)

① 전정은 수종별, 형상별 등 필요에 따라 감독자와 협의한 후 견본전정을 먼저 실시해야 하며 가로수는 노선에 따라 실시한다.

② 전정을 실시할 때는 전정의 목적, 생장과정, 지엽의 신장량, 밀도, 분리량 등을 조사해서 전정방법을 결정한다.

③ 굵은 가지의 전정은 생장할 수 있는 눈을 남기지 않고 기부로부터 가지를 잘라버리거나 줄기의 길이를 줄이는 방법으로 수종, 수형 및 크기 등을 고려하여 제거한다.

④ 작은 가지의 전정은 마디의 바로 윗눈이 나온 부위의 상부로부터 반대편으로 기울어지게 절단한다.

14) 수목 시비(조경공사 표준시방서)

① 기비는 늦가을 낙엽 후 10월 하순~11월 하순의 땅이 얼기 전까지, 또는 2월 하순~3월 하순의 잎피기 전까지 사용하고, 추비는 수목생장기인 4월 하순~6월 하순까지 사용해야 한다.

② 화목류의 시비는 잎이 떨어진 후에 효과가 빠른 비료를 준다.

③ 비료량은 토양의 상태, 수종, 수세 등을 고려하여 결정한다.

④ 환상시비는 뿌리가 손상되지 않도록 뿌리분 둘레를 깊이 0.3m, 가로 0.3m, 세로 0.5m 정도로 흙을 파내고 소요량의 퇴비(부숙된 유기질비료)를 넣은 후 복토한다.

⑤ 방사형 시비는 1회 시에는 수목을 중심으로 2개소에, 2회 시에는 1회 시비의 중간위치 2개소에 시비 후 복토한다.

⑥ 가로수 및 수목보호 홀 덮개상의 시비는 측공시비법(수목근부 외곽 표면을 파내어 비료를 넣는 방법)으로 시행하되 깊이 0.1m 파고 수목별 해당 소요량을 일정간격으로 넣고 복토한다.

⑦ 시비 시에 비료가 뿌리에 직접 닿지 않도록 주의한다.

15) 병충해 방제(조경공사 표준시방서)15) 병충해 방제(조경공사 표준시방서)

① 조경식물은 환경을 정비하고 적정한 비배관리를 하여 건전하게 생육시켜 병충해를 받지 않도록 조치를 하여야 하며 예방을 위한 약제살포를 하여야 한다.

② 병충해가 발병한 조경식물은 초기에 약제살포를 하여 조기 구제하여야 하고 전염성이 강한 병에 걸렸을 경우에는 가지를 잘라내거나 심한 경우에는 굴취하여 소각하여야 한다.

③ 병충해의 예방 및 구제를 위한 약제살포는 살충제와 살균제를 사용하며 살포작업 시 사람, 동물, 건조물, 차량 등에 피해를 주지 않도록 주의한다.

④ 사용약제, 살포량, 살포시기, 약제의 희석배율 등은 식물의 병충해 종류와 살포목적에 따라 설계도서에 의한다.

⑤ 살포작업은 한낮 뜨거운 때를 피하여 아침, 저녁 서늘할 때 시행하며, 작업 시 바람을 등지고 뿌리고 약제가 피부에 묻지 않도록 마스크, 고무장갑, 방재복등의 보호장비를 반드시 착용하고 살포한다. 한 사람이 2시간 이상 작업하는 것을 피해야 하며 현기증의 증상 시 작업을 중단하고 휴식을 취하거나 다른 사람과 교대하여 살포하며, 사용한 빈 포대와 빈 병은 공사부지 밖으로 반출하여 폐기처분한다.

⑥ 병충해에 감염되었거나 수세가 쇠약한 수목에 수세를 회복하기 위하여 처리하는 방법으로 주입시기는 수액 이동이 활발한 5월초~9월말 사이에, 증산작용이 활발한 맑게 갠 날에 실시한다.

⑦ 수간주입방법은 높이 차이에 따른 자연압력방식(링거식)과 수간주입기 제품의 압력발생방법의 압력식 제품으로 구분할 수 있다.

⑧ 수간주입기를 사람의 키높이 되는 곳에 끈으로 매단다.

⑨ 나무 밑에서부터 높이 0.05~0.1m 되는 부위에 드릴로 지름 5mm, 깊이 0.03~0.04m 되게 구멍을 20~30° 각도로 비스듬히 뚫고 주입구멍 안의 톱밥 부스러기를 깨끗이 제거한다.

⑩ 먼저 뚫은 구멍의 반대쪽에 지상에서 0.1~0.15m 높이 되는 곳에 주입구멍 1개를 더 뚫어 2개의 구멍에 약액을 주입할 수 있다. 주입구멍을 많이 뚫는 것은 바람직하지 않으나 필요시 2개 이상을 뚫을 수 있다.

⑪ 구멍에서 송진이 나올 경우 약 10분 정도 송진이 나오도록 하고, 10분 정도 기다린 후 면봉으로 닦아낸다.

⑫ 나무에 매달린 수간주입기에 미리 준비한 소정량의 약액을 부어 넣는다.

⑬ 주입기의 한쪽 호스로 약액이 흘러나오도록 해서 주입구멍 안에 약액을 가득 채워 주입구멍 안의 공기를 완전히 빼낸다.

⑭ 호스 끝에 있는 플라스틱 주입구멍에 꽉 끼워 약액이 흘러나오지 않도록 고정시킨다.

⑮ 같은 방법으로 나머지 호스를 반대쪽의 주입구멍에 연결시킨다.

⑯ 수간주입기의 마개를 닫고 지름 2~3mm의 구멍을 뚫어놓는다.

⑰ 압력방식에 의한 제품은 수목의 구격에 따른 약액투입량과 제품 1개의 약액량을 감안하여 구멍을 자연압력식(링거식)과 같은 방법으로 수목의 둘레에 일정간격으로 돌아가며 뚫어야 하고 그 간격은 약액제품에 따른 최소간격 이상을 유지하여야 하며 구멍의 높이, 위치에 대하여 제품사양이 있는 경우 제품사양에 따른다.

약통 속의 약액이 다 없어지면 나무에서 수간주입기를 걷어내고 주입구멍에 도포제를 바르고 나무껍질과 일치되도록 코르크 마개로 주입구멍을 막아준다.

16) 관수 및 배수(조경공사 표준시방서)

① 수관폭의 1/3 정도 또는 뿌리분 크기보다 약간 넓게 높이 0.1m 정도의 물받이를 흙으로 만들어 물을 줄 때 물이 다른 곳으로 흐르지 않도록 한다.

② 관수는 지표면과 엽면관수로 구분하여 실시하되 토양의 건조 시나 한발 시에는 이식목에 계속하여 수분을 유지하여야 하며, 관수는 일출·일몰 시를 원칙으로 한다.

③ 유지관리계획서에 따라 관수하며 장기가뭄 시에는 추가 조치한다.

④ 식물의 생육에 지장을 초래하는 장소에는 표면배수 또는 심토층 배수 등의 방법을 활용하여 충분한 배수작업을 하여야 한다.

⑤ 우기에 물이 고여 수목생육에 지장을 초래하는 장소는 신속히 배수처리하여 토양의 통기성을 유지해주어야 한다.

17) 지주목 재결속(조경공사 표준시방서)

① 준공 후 1년이 경과되었을 때 지주목의 재결속을 실시함을 원칙으로 하되 자연재해에 의한 훼손 시는 즉시 복구하여야 한다.

② 설계도면과 일치하도록 지주목을 결속시키되 주풍향을 고려하여 시공한다.

③ 지주목과 수목의 결속부위는 필히 완충재를 삽입하여 수목의 손상을 방지한다.

18) 월동작업(조경공사 표준시방서)

① 이식수목 및 초화류가 겨울철 환경에 적응할 수 있도록 월동에 필요한 조치를 한다. 단, 식물별로 필요한 조치가 다르므로 작업의 구체적인 방법은 설계도서에 따른다.

② 줄기 싸주기는 이식하고자 하는 수목이 밀식상태에서 자랐거나 지하고가 높은 수목은 수분의 증산을 억제하고 태양의 직사광선으로부터 줄기의 피소 및 수피의 터짐을 보호하며 병충해의 침입을 방지하기 위한 조치로서 마포, 유지, 새끼 등을 이용하여 분지된 곳 이하의 줄기를 싸주어야 하며 그해의 여름을 경과시킨다.

③ 뿌리덮개는 관수한 수분과 토양 중 수분의 증발을 억제하고 잡초의 번성을 방지하기 위하여 뿌리 주위에 풀을 깎아 뿌리부분을 덮어주거나 짚, 목쇄편, 왕겨 등을 덮어준다.

④ 방풍은 바람이 계속 부는 시기와 바람이 심한 지역에 식재할 경우에는 수분이 증발하지 않도록 방풍조치나 줄기 및 가지를 줄기감기 요령에 의하여 처리한다.

⑤ 방한은 동해의 우려가 있는 수종과 온난한 지역에서 생육 성장한 수목을 한랭지역에 시공하였거나 지형·지세로 보아 동해가 예상되는 장소에 식재한 수목은 기온이 5℃ 이하로 하강하면 다음과 같은 조치를 취하여야 한다.

- 한랭기온에 의한 동해방지를 위한 짚 싸주기
- 토양동결로 인한 뿌리 동해방지를 위한 뿌리덮개
- 관목류의 동해방지를 위한 방한 덮개
- 한풍해를 방지하기 위한 방풍 조치

5 노거수 수목이식공사 중요 검토·확인 사항

1. 시공 순서도

주요내용	관련사진
ㅇ 노거수(대형수목) 선정 – 하자 위험 등의 상태 확인 – 뿌리분 형성 확인 – 이식구간 부지 정지 등 확인	
ㅇ 노거수 수관보호 및 수형조절 – 수목 보호시설 당김줄 확인 ㅇ 노거수 뿌리돌림 – 뿌리박피단근, 생리증진, 발근제 등 처리	
ㅇ 노거수 분감기 – 뿌리의 발생상태를 관찰하여 활착에 지장이 없도록 주의. – 주근에 손상을 주지 않도록 주의	
ㅇ 운반틀 제작 – 수목의 근분에 손상방지 – 수목의 줄양과 뿌리분의 크기를 고려하여 제작 – 운반틀의 고리 및 버팀 강도 확인 – H형강을 이용하여 제작	
ㅇ 식재지 기반조성 – 이식지는 통기성이 양호한 양질의 토양으로 객토 – 필요시 상토 외 인공토양, 마사토 적정 비율로 혼합 조성	

주요내용	관련사진
ㅇ노거수 운반 – 상차 및 운반시 크레인과 츄레라 사용 – 뿌리와 수형이 손상되지 않도록 보호조치 – 뿌리분 복토 시 공기 중 노출되지 않도록 조치	 
ㅇ노거수 식재 – 수목의 동요 및 도목방지와 수간지지를위한 고정시설 설치 – 뿌리와 수형이 손상되지 않도록 보호조치	 
ㅇ당김줄 설치 및 주변 정비 – 수목을 단단히 고정 – 뿌리분 복토 시 공기 중 노출되지 않도록 조치 – 주변 지반 정지작업	
ㅇ유지관리공사 – 수세 회복처리 및 병해충 구제 방제 – 생육수형 조절 및 관수작업	 
ㅇ증산억제제 살포 및 영양제 주사 등	 
ㅇ수형조절 및 관수, 보호망 설치	 

2. 품질관리를 위한 주요 검토·확인 사항

○ 노거수 시공계획서 확인
- 노거수 수목 이식에 운용될 관리자 및 식재팀 조직 구성
- 노거수 이식 수목 조사서 작성 및 첨부
- 노거수 이식의 공정(공정별 계획), 이식장 선정분석
- 노거수 이식 수목 유지관리계획
- 노거수 수형조절 계획 및 보호시설
- 운반틀 제작 및 인양, 운반장비 선정
- 이식장의 기반 조건 계획
- 사전작업 및 유지관리 시 수목 생육을 위한 시설 및 방재 처리
- 노거수 이식 수목 유지관리계획

○ 노거수 현황 조사 및 이식장 조성
- 이식하자 위험이 있는 수목은 대체수목 선정
  (별도 수요기관과 사전 협의)
- 이식장 식재기반 지질상태 확인 및 적합한 기반재료 객토

○ 수관보호 및 수형조절
- 상·하차·운반시 움직이지 않도록 줄기를 견고히 고정

○ 터파기 및 뿌리돌림
- 뿌리돌림 주근에 손상을 주지 않도록 주의

○ 분감기
- 근원분의 뿌리분을 보호하기 위해 철망 감기를 통해 고정

○ 식재지 기반조성
- 배수, 관수 등에 의한 수분 조건을 조절함과 동시에 비옥하고 통기성이 양호한 양질의 토양을 상토 처리

○ 운반틀 제작 및 설치
- 수목의 뿌리분에 피해가 없도록 H형강을 제작하여 분 하부에 설치
- 대형수목의 중량, 뿌리분의 크기를 확인 후 제작·설치하며, 대형수목 운반 및 상하차 시 이격 및 균열 등의 방지를 위해 설치

ㅇ수목운반

- 운반 시 수목의 줄기를 보호하기 위해 견고히 고정하여 상·하차 시 움직이지 않도록 주의

ㅇ식재

- 터파기는 뿌리분의 2배 이상 작업공간 확보여부 확인
- 수목의 동요 및 도복 방지와 수간 지지를 위한 고정시설 설치

ㅇ당김줄 설치 및 주변정비

- 노거수의 이식작업 후 단단한 고정을 위한 바닥에 말뚝을 고정하고, 와이어 등으로 설치
- 주변 지반을 정리하고 보호시설 설치

ㅇ노거수 수목이식 공사내용

구 분	항 목	공사내용
1차공사 (사전작업)	ㅇ뿌리돌림 ㅇ토양개량 ㅇ수형조절	⇒ 뿌리수술-뿌리박피단근, 생리증진, 발근제, 토양소독, 상처유합제 처리 등 ⇒ 토양개량, 수공제어관 설치, 근분보호 부직포 처리 ⇒ 수형조절 및 수목보호시설 당김줄 설치
2차공사 (사전작업)	ㅇ뿌리돌림 후 유지관리 1.5개월	⇒ 증산억제제살포, 필수원소 엽면시비,영양제 수간주사, 생리증진제 토양관주, 뿌리발근제 처리, 진딧물 및 나방류 방제, 천공성 해충 방제, 관수
3차 공사 (굴취 및 이식)	ㅇ굴취, 수형 조절, 수간보호, 상하차, 운반보조선 설치, 운반틀 제작설치 및 해체, 식재지조성, 토양개량, 식재, 수목보호시설 설치	⇒ 굴취-뿌리박피단근, 생리증진, 발근제, 토양 소독, 상처유합제처리 등 ⇒ 분감기 ⇒ 수형조절, 수간보호 ⇒ 운반- 운반틀 제작 및 철거, 상하차 운반 ⇒ 식재지 조성-터파기, 자갈깔기, 토양소독, 토양 개량, 암거배수관 설치 ⇒ 식재- 분감기해체, 수공제어관 설치 ⇒ 수목보호시설 설치- 당김줄
4차 공사 (유지관리)	ㅇ이식 후 유지관리 2년	⇒ 증산억제제 살포, 필수원소 엽면 시비, 영양제 수간주사, 생리 증진제 토양관주, 뿌리 발근제 처리, 진딧물 및 나방류 방제, 천공성 해충 방제, 관수 ⇒ 보호망 설치 ⇒ 수형조절

주의사항

▶ 노거수 선정 시 하자 위험이 있는 수목은 대체수목 선정

▶ 노거수의 중량 및 뿌리분의 크기에 따른 운반틀 설치 및 제작

▶ 운반 시 수목의 줄기 보호를 위해 고정물 견고히 설치

▶ 노거수 이식 시 중기별 안전대책 마련

※ 조경식재(수목이식) 공사 표준시방서

1. 1. 일반사항

ㅇ 국가건설기준센터(http://www.kcsc.re.kr)의 "표준시방서 34 40 20"에 따른다.

2. 관련 시방서

① 식재기반조성은 "표준시방서 34 30 10"에 따른다.
② 일반식재기반 식재는 "표준시방서 34 40 10"에 따른다.
③ 수목이식은 "표준시방서 34 40 20"에 따른다.
④ 식생 유지관리는 "표준시방서 34 99 10"에 따른다.

이식수목의 뿌리돌림 시기 검토서 (예시)

1. (현재) 당 현장 이식계획 : 2013년 12월부터 2014년 2월까지 이식

2. 뿌리돌림의 목적

ㅇ 이식예정 수목의 나무밑둥 직경(R)의 약 5배 위치의 뿌리를 잘라 일정기간 잔뿌리가 나오게 하여 야생상태의 수목에게 뿌리 절단에 따른 스트레스에 적응할 기간을 주고, 이식 후 수목의 생장을 활성화, 고사목 발생을 억제하기 위함

3. 뿌리돌림의 시기 검토/조사내용

ㅇ 뿌리돌림은 수목의 규격에 따라 이식예정 1~2년 전에 실시하는 것이 적합한 것으로 조사되었으며,

ㅇ 수목별로 차이는 있으나 통상적으로 봄보다 가을에 시행하는 것이 효과적으로 조사됨

* 가을에는 지온이 낮아지므로, 미생물의 활동이 저하되어 부폐할 염려가 없고, 휴면 시기에 캘리스(CALLUS)가 형성되어 상처가 아물며, 봄이되면 바로 근단에서 발근이 시작되기 때문

ㅇ 수목 규격별 뿌리돌림 횟수 조사/검토내용
- 수목전문가 의견 : 노고수(200년 이상 수목)는 뿌리돌림을 2회(1년 간격)에 걸쳐 시행하여야 하나, 노고수가 아닌 수목은 1회 뿌리돌림 하여도 전혀 문제가 없다고 답변
- 설계사무소의 의견 : 대형수목 중 고가로 중요한 나무(R30이상)는 뿌리돌림을 2회로 실시하는 방안을 제안

3. 검토결언

ㅇ 당 현장으로 이식할 수원의 기존수목의 뿌리돌림은 우선적으로 노고수/고가의 수목(R30이상)을 조사함이 필요하고,

ㅇ 조사이후 이식전문업체와 수목별 뿌리돌림 시기에 대한 최종협의/검토가 필요할 것으로 판단됨

ㅇ 수원의 이식대상수목에 있어 노고수 등 고가(R30이상)의 수목은 금년(2012년) 가을에 1/2

뿌리돌림하고, 내년(2013년 가을)에 1/2을 추가로 뿌리돌림하여 이식하는 것이 적합하다고 판단됨

○ 참고로, 현시점에서 조경감리원을 추가 배치하는 조정을 할 경우 타공종(건축/토목/전기/통신/소방) 감리원 축소 배치 등 전체공종 감리원 배치, 운영상의 애로가 예상되어 수요기관 자체적으로 이식전문업체와 협의/검토(건설사업관리용역업체 기술검토 업무지원)하는 방안을 제안함

- 끝 -.

이식수목의 뿌리돌림 시기 검토서 (예시)

1. 상수리나무 1주(노거수, R130)

2. 뿌리돌림(수술)

3. 토양 개량

4. 근분 보호

5. 수형 조정 및 수목 보호시설 설치

6. 수간 보호

7. 굴취

8. 운반틀 제작

9. 운반(상/하차)

10. 이식 장소 식재 기반 조성

11. 식재

12. 분감기 해체

13. 수형 조정

14. 병해충 예방

15. 영양제 수간주사

16. 생리 증진제, 뿌리 발근제 처리

17. 관수

18. 보호망 설치

6 인공식재기반 식재공사 중요 검토·확인 사항

1. 시공 순서도

<table>
<tr><th>주요내용</th><th>관련사진</th></tr>
<tr><td>ㅇ 인공식재기반 바닥방수 및 방근층 시공
– 기존 방수층 점검하고 방근층 시공시 기계적, 물리적 충격으로 훼손되지 않게 시공에 주의
– 식물뿌리 침투가 없도록 바닥면 정밀시공</td><td></td></tr>
<tr><td>ㅇ 점검구 및 여과재 설치
– 토사 및 이물질유입이 차단되게 정밀시공
– 집중호우 시 배수가 원활히 되도록 수평, 수직 배수 체계 확인</td><td></td></tr>
<tr><td>ㅇ 식재 토양 포설
– 포설시 설치된 배수시설 훼손되지 않도록 주의
– 날림이나 쏠림을 방지하기 위해 살수를 충분히 하며 다짐과 동시에 포설</td><td></td></tr>
<tr><td>ㅇ 인공기반 식재
– 수목의 개체미와 배식미를 고려하여 배식
– 객토 및 시비를 충분히 하여 식재</td><td></td></tr>
</table>

2. 품질관리를 위한 주요 검토·확인 사항

○ 인공기반 식재공간 현황 검토
- 대상 시설의 구배 검토 및 배수시설 설치
- 토사 유실 방지를 위한 여과층 설치 및 확인
- 건축 배수 드레인 설치현황 및 점검
- 식재기반부 기존 방수층 점검
- 관수설비 시설 적정성 확인
- 식재 수목의 토심 확보 여부 확인

○ 실내조경 요구 조건 검토
- 식물의 특성과 대상지의 광선, 온도, 수분, 토양을 고려하여 공간 성격이 적합하도록 설계 검토
- 식재지역의 온도 확인하여 부합되는 식물재료 도입
- 도입식물의 수분요구도를 참조하여 적합한 관수 방법 채택
- 실내식물의 경우 생육 최소광도는 1,000Lx, 생존을 위한 최소광도는 500Lx로 하고 인공조명 보광

○ 바닥 방수 및 방근층
- 기존 방수층 점검 후 방근층 시공 시 기계적, 물리적 충격으로 훼손되지 않도록 주의, 시공
- 식물 뿌리로부터 방수층과 구조물을 보호하고, 충격으로부터 방수층을 보호하기 때문에 바닥면 시공 시 정밀 시공이 필요하며, 벽체 시공 시 식재 기반과 동일 높이까지 시공

○ 배수시설
- 점검구 및 여과층 설치 시 토사 및 이물질 유입이 차단되게 정밀 시공하며, 벽체 시공 시 식재 기반과 동일 높이까지 시공
- 집중호우 시에도 배수가 원활히 이루어지도록 구배 및 건축공사 드레인, 배수시설 확충 방안 모색

○ 식재용토
- 실내 식재용토는 식물의 종류와 여건에 적합하도록 인공 배합토를 사용하며, 토양습윤 상태의 용적밀도가 0.6~1.2g/cm3이며, 적합한 토양산도(pH) 범위는 6.0~7.0이 되도록 하여야 함
- 옥상 조경 육성 토양은 인공경량토양과 자연토양으로 구분되며, 육상 토양의 물리, 화학

적 조건을 참조하여 사용함이 필요
- 식재지의 생육기반이 불량한 경우 양질의 재료로 객토하여야 함

○ 식재 토양 포설
- 인공구조물의 구조적 하중을 사전에 검토하고 토양의 종류(인공 또는 자연토사)를 선정하여야 함
- 포설 시 날림이나 쏠림현장을 방지하기 위해 물을 충분히 뿌려주며 다짐과 동시에 포설하여야 함
- 생육 최소 토심 이상의 마운딩을 조성하고, 건조피해 및 생육환경개선을 위한 토량개량제 사용을 검토함이 필요

○ 식재
- 수목의 개체미와 배식미를 고려하여 배식
- 객토 및 시비를 충분히 하여 식재

○ 검사 및 측정
- 식물재료 검사는 반입 후 검사 시 합격으로 처리
- 규격의 측정검사는 수형상태에 따라 수고, 수관폭, 근원직경, 수관길이 표시규격의 -10% 이내에서 여건에 띠라 합격 여부를 확인

○ 유지관리
- 실내식물의 주기관리는 발주자가 유지관리지침서에 따라 실시하며, 일정기간 지속적인 관리가 필요

주의사항

▶ 인공기반 식재 구간 기존 방수층 점검 및 방근층 시공 철저

▶ 여과층 설치 시 이물질 유입이 차단되게 정밀하게 시공

▶ 식재토양 포설 시 수목의 생육을 감안한 선정과 물다짐 병행 시공

▶ 식물의 생육과 유지관리를 위한 관수시설 도입

※ 조경식재(수목이식) 공사 표준시방서

1. 1. 일반사항

ㅇ 국가건설기준센터(http://www.kcsc.re.kr)의 "표준시방서 34 40 20"에 따른다.

2. 관련 시방서

① 식재기반조성은 "표준시방서 34 30 10"에 따른다.
② 일반식재기반 식재는 "표준시방서 34 40 10"에 따른다.
③ 인공지반식재기반 식재는 "표준시방서 34 40 15"에 따른다.
④ 식생 유지관리는 "표준시방서 34 99 10"에 따른다.

■ 건축법 시행령 제27조(대지의 조경)

③ 건축물의 옥상에 법 제42조제2항에 따라 국토교통부장관이 고시하는 기준에 따라 조경이나 그 밖에 필요한 조치를 하는 경우에는 옥상부분 조경면적의 3분의 2에 해당하는 면적을 법 제42조제1항에 따른 대지의 조경면적으로 산정할 수 있다. 이 경우 조경면적으로 산정하는 면적은 법 제42조제1항에 따른 조경면적의 100분의 50을 초과할 수 없다.

■ 조경기준(국토교통부 고시 제2021-1778호) 제12조(옥상조경 면적의 산정)

① 옥상조경의 면적은 다음의 각호의 기준에 따라 산정한다.
1. 지표면에서 2미터 이상의 건축물이나 구조물의 옥상에 식재 및 조경시설을 설치한 부분의 면적. 다만, 초화류와 지피식물로만 식재된 면적은 그 식재면적의 2분의 1에 해당하는 면적, 또한 초화류와 지피 식물이 식재된 상부에 태양광 발전설비를 병행 설치한 경우 식재면적의 2분의 1에 해당하는 면적을 조경면적으로 인정하나, 태양광 발전설비 하단의 영구음지 부분은 조경면적 산정 시 제외한다.
2. 지표면에서 2미터 이상의 건축물이나 구조물의 벽면을 식물로 피복한 경우, 피복면적의 2분의 1에 해당하는 면적. 다만, 피복면적을 산정하기 곤란한 경우에는 근원

경 4센티미터 이상의 수목에 대해서만 식재수목 1주당 0.1제곱미터로 산정하되, 벽면녹화면적은 식재의무면적의 100분의 10을 초과하여 산정하지 않는다.

3. 건축물이나 구조물의 옥상에 교목이 식재된 경우에는 식재된 교목 수량의 1.5배를 식재한 것으로 산정한다.

② 기존건축물에 옥상조경 또는 인공지반조경을 하는 경우 건축사 또는 건축구조기술사로부터 건축물 또는 구조물이 안전한지 여부를 확인 받아야 한다.

■ 조경기준(국토교통부 고시 제2021-1778호) 제15조(식재토심)

① 옥상조경 및 인공지반 조경의 식재 토심은 배수층의 두께를 제외한 다음 각호의 기준에 의한 두께로 하여야 한다.

1. 초화류 및 지피식물 : 15센티미터 이상(인공토양 사용 시 10센티미터 이상)
2. 소관목 : 30센티미터 이상(인공토양 사용 시 20센티미터 이상)
3. 대관목 : 45센티미터 이상(인공토양 사용 시 30센티미터 이상)
4. 교목 : 70센티미터 이상(인공토양 사용 시 60센티미터 이상)

■ 조경기준(국토교통부 고시 제2021-1778호) 제16조(관수 및 배수), 제17조(방수 및 방근), 제18조(유지관리)

제16조 옥상조경 및 인공지반 조경에는 수목의 정상적인 생육을 위하여 건축물 이나 구조물의 하부시설에 영향을 주지 아니하도록 관수 및 배수시설을 설치하여야 한다.

제17조 옥상 및 인공지반의 조경에는 방수조치를 하여야 하며, 식물의 뿌리가 건축물이나 구조물에 침입하지 않도록 하여야 한다.

제18조 옥상조경지역에는 이용자의 안전을 위하여 다음 각호의 기준에 적합한 구조물을 설치하여 관리하여야 한다.

1. 높이 1.1미터 이상의 난간 등의 안전구조물을 설치하여야 한다.
2. 수목은 바람에 넘어지지 않도록 지지대를 설치하여야 한다.
3. 안전시설은 정기적으로 점검하고, 유지관리하여야 한다.
4. 식재된 수목의 생육을 위하여 필요한 가지치기·비료주기 및 물주기 등의 유지관리를 하여야 한다.

7 포장공사(동상방지층, 보조기층) 중요 검토 · 확인 사항

1. 시공 순서도

주요내용	관련사진
ㅇ동상방지층 포설 / 다짐 - 노상토에 동상 우려가 있는 경우 보조기층에서 노상의 동결선 깊이까지 양질의 재료로 치환하여 노상의 동결을 막고자 시공하는 층 - 동상방지층 설치 필요성 여부는 동결깊이, 흙쌓기 높이, 지하수위, 노상토의 특성 순으로 검토하여 각 검토단계에서 동상방지층이 불필요한 것으로 판정되는 경우 생략 - 장비 : 모터그레이더, 진동롤러	 
ㅇ보조기층 포설 / 다짐 - 기층과 노상 사이에 설치하며 기층에 가해지는 교통하중을 지지하는 역할을 하는 층 (지지력이 큰 양질의 골재 사용) - 장비 : 모터그레이더, 진동롤러	 

2. 품질관리를 위한 주요 검토·확인 사항

○ 시공계획서 확인
- 1일 시공량, 1일 동원 인원, 소요일수, 자재 수급계획 등을 확인하고, 현장 여건에 맞는 적정한 시공 장비를 선정, 포설 두께 및 다짐 밀도를 검토·확인하여야 함

○ 골재는 점토, 실트, 유기불순물 등을 포함하지 않는 재료를 사용

○ 설계도서 및 시공상세도 : 동상방지층, 보조기층 포설량 및 두께 확인

○ 동상방지층 시공 이전에 노상면의 유해물, 뜬돌, 불순물 등을 제거

○ 혼합골재는 저장, 운반, 포설 시 재료분리가 발생하지 않도록 관리

○ 다짐 후 1층의 두께가 200mm를 넘지 않도록 균일하게 포설.

○ 시공 기간 중 보조기층은 항상 양호한 상태로 유지, 손상 부분 즉시 보수

주의사항

▶ 포설 및 다짐 장비 후진으로 인한 사고가 예방을 위한 차량 유도자를 반드시 배치하여야 함

※ 포장공사(동상방지층, 보조기층) 표준시방서

1. 1. 일반사항

○ 국가건설기준센터(http://www.kcsc.re.kr)의 "표준시방서 44 50 00"에 따른다.

2. 관련 시방서

① 도로공사 일반사항 "표준시방서 44 10 00"에 따른다.
② 동상방지층, 보조기층 및 기층공사 "표준시방서 44 50 05"에 따른다.
③ 도로포장공 사용재료 골재 "표준시방서 44 55 15"에 따른다.

■ 기층 포장별 두께

▷ 관련근거 : 도로설계기준

<table>
<tr><th colspan="2">종 류</th><th>최소두께(mm)</th><th>비 고</th></tr>
<tr><td colspan="2">아스팔트 보조기층</td><td>100</td><td></td></tr>
<tr><td colspan="2">입상재료 기층</td><td>150</td><td></td></tr>
<tr><td rowspan="2">쇄석보조기층</td><td>모 래자갈부설 선택층 위에 부설</td><td>150</td><td></td></tr>
<tr><td>모래 선택층 위에 부설</td><td>200</td><td></td></tr>
</table>

8 아스팔트콘크리트 포장공사 중요 검토·확인 사항

1. 시공 순서도

주요내용	관련사진
○ 프라임코트 시공 – 보조기층과 아스팔트콘크리트 기층면사이 부착성 및 방수성을 높이기 위해시공 – 장비 : 아스팔트 스프레어 / 디스트리뷰터 – RSC-3 포설량 : $1\sim2\ell/m^2$	
○ 아스팔트콘크리트 기층 시공 – 아스팔트콘크리트 표층의 하중을 균일하게 노반에 전달하는 역할 – 장비 : 아스팔트피니셔, 머캐덤롤러타이어롤러, 탠덤롤러	
○ 택코트 시공 – 아스팔트콘크리트 기층과 표층면 사이 부착성을 높이기 위해 시공 – 장비 : 아스팔트 스프레어 / 디스트리뷰터 – RSC-4 포설량 : $0.3\sim0.6\ell/m^2$	
○ 아스팔트콘크리트 표층 시공 – 교통 하중에 접하는 최상부층으로 하중을 하층에 분산시키거나 빗물의 침투를 막고 타이어에 마찰력을 제고하는 역할 – 장비 : 아스팔트피니셔, 머캐덤롤러 타이어롤러, 탠덤롤러	

2. 품질관리를 위한 주요 검토·확인 사항

○ 시공계획서 확인
- 1일 시공량, 1일 동원 인원, 소요일수, 소요 자재 수급계획 등을 사전 검토·협의하여야 함
- 현장 여건에 맞는 적정 시공 장비를 선정, 포설 두께 및 다짐 방법, 다짐 횟수, 다짐 밀도 등을 확인하여야 함
- 포장 시 교통처리계획(신호수 배치 등)을 확인하여야 함

○ 자재 : 아스팔트콘크리트의 지역별/업체별 생산물량 보유 및 생산능력 확인하여야 함

○ 설계도서 및 시공상세도를 비교·검토하여야 함
- 아스팔트 유제 포설량 확인
- 아스팔트 기층 및 표층 두께 확인

○ 포장 장비 점검
- 운반트럭 : 보온덮개의 장착유무 및 파손상태 등 확인이 필요
- 포설장비(아스팔트피니셔) : 포설량 자동조절장치의 장착유무 및 작동상태 등 확인이 필요
- 다짐장비(머캐덤, 타이어, 탠덤롤러) : 롤러의 마모상태 등 확인이 필요

○ 프라임코트 시공
- 보조기층 표면의 울퉁불퉁한 곳을 정리하고 뜬돌, 이물질 등을 제거하여야 하며, 표면은 시공 전에 약간의 습윤상태를 유지하여야 함
- 프라임코트 시공 전 경계석, 측구 등은 오염되지 않도록 보양 조치를 하여야 함
- 과도, 과소 살포가 되지 않도록 관리하여야 함
  - 적게 살포된 부분은 추가로 살포
  - 과다하거나 표면에 완전히 흡수되지 않은 경우에는 모래를 살포

○ 아스팔트 콘크리트 기층
- 표면상의 먼지 및 기타 불순물을 완전히 제거하여야 함
- 프라임코트가 충분히 양생되기 전 혼합물을 포설하지 않도록 관리하여야 함
- 피니셔의 진행 속도를 일정하게 유지하여 균질한 포설 면이 생성되도록 조치·관리하여야 함

○ 텍 코트
- 시공 전 아스팔트콘크리트 기층면을 정리하고 이물질 등 제거하여야 하며, 하층면에 수분

이 남아 있으면 접착을 방해하므로 건조시킨 후 시공하여야 함
- 텍코트 시공 전 경계석, 측구 등은 오염되지 않도록 반드시 보양 조치를 하여야 함
- 과도, 과소 살포가 되지 않도록 관리하여야 함
  (살포가 균일하지 못한 경우 즉시 헝겊, 마대 등으로 균일하게 살포)

○ 아스팔트 콘크리트 표층
- 표면상의 먼지 및 기타 불순물을 완전히 제거하여야 함
- 프라임코트가 충분히 양생되기 전 혼합물을 포설하지 않도록 관리하여야 함
- 피니셔의 진행 속도를 일정하게 유지하여 균질한 포설 면이 생성되도록 조치·관리하여야 함

○ 아스팔트콘크리트의 온도
- 아스팔트콘크리트 온도는 혼합물의 종류, 현장까지의 거리, 대기환경 조건 등을 고려하여 결정하고 이에 따라 생산함이 필요
- 아스팔트콘크리트 적절한 포설온 도가 유지하도록 이동 시 차량 덮개 및 보양, 현장 도착 후 대기시간을 최소화함이 필요
  (도착온도 120℃~160℃)

  * 혼합물에서 푸른색의 연기가 날 때 적절한 온도임

- 한냉기 포설시 아스팔트콘크리트온도가 빨리 저하하여 작업성이 나빠져 소정의 다짐도를 얻기 힘들어 별도의 대책을 수립/관리하여야 함
  • 도착 시 혼합물표면 5cm 내부의 온도가 160℃ 이하가 되지 않도록 관리하여야 함
  • 운반 보온대책 수립: 천막을 2~3매 겹쳐서 덮어야 함

○ 기타사항
- 포설도중 비가 오면 즉시 작업 중단해야 함

  * 혼합물 내 물의 침투 → 부착력 저하, 내구성 감소, 혼합물 온도 급하강 됨

- 포장전 맨홀과 포장면 사이의 높이가 일치하게 맨홀 높이 조정이 필요
- 경계석 및 맨홀 주위는 인력 및 소규모 다짐기계를 이용하여 추가 다짐이 필요

주의사항

▶ 다짐장비의 후진경보기, 경보음 정상작동 유무를 확인함이 필요

▶ 다짐장비 후진으로 인한 사고에 대비 유도자 반드시 배치함이 필요

※ 아스팔트 포장공사 표준시방서

1. 1. 일반사항

ㅇ 국가건설기준센터(http://www.kcsc.re.kr)의 "표준시방서 44 50 00"에 따른다.

2. 관련 시방서

① 아스팔트콘크리트 포장공사 "표준시방서 44 50 10"에 따른다.
② 도로공사 일반사항 "표준시방서 44 10 00"에 따른다.
③ 동상방지층, 보조기층 및 기층공사 "표준시방서 44 50 05"에 따른다.
④ 도로포장공사용재료 역청재 "표준시방서 44 55 10"에 따른다.
⑤ 도로포장공사용재료 골재 "표준시방서 44 55 15"에 따른다.

■ 아스팔트 포장 두께

▷ 관련근거 : 도로설계기준

종 류	최소두께(mm)	비 고
아스팔트 표층	50 ≤	
아스팔트 안정처리 기층	50 ≤	
린 콘크리트 기층	150	

관련 법령(기준)

1) 도로설계기준 (44 50 05) 4. 설계

① 재료물성은 포장에 사용되는 각 재료의 특성을 반영할 수 있는 재료의 동탄성계수, 탄성계수, CBR, 골재종류 및 골재의 입도분포 등을 설계등급에 맞게 적절하게 적용한다.

② 포장층의 두께는 각 층에 사용되는 골재의 입경 및 시공성을 고려하여 cm 단위로 가정하여 적용한다.

③ 공용기간은 포장의 구조적인 성능에 영향을 미치지 않는 보수를 고려하여 목표한 포장의 수명으로서, 포장의 용도, 종류, 등급에 따라 다르게 적용할 수 있다.

④ 포장 층별 최소두께는 일반적으로 일정 두께보다 얇은 표층, 기층 또는 보조기층을 포설하는 것은 비실용적이고 비경제적일 수 있으므로 교통하중 및 기타환경 조건과 상관없이 각 포장 층은 [표 7.4]에 보인 값 이상으로 하여야 한다.

[표 7.4] 포장 층별 최소두께(mm)

종 류		최 소 두 께 (mm)
아스팔트 표층		50≤
아스팔트 안정처리 기층		50≤
린 콘크리트 보조기층		150
아스팔트 보조기층		100
입상재료 기층		150
쇄석 보조기층	모래·자갈 선택층 위에 부설되는 경우	150
	– 모래 선택층 위에 부설되는 경우	200
비선별 모래·자갈 보조기층		200
슬래그 보조기층		200
시멘트 또는 안정처리 보조기층		200

2) 도로설계기준(44 50 10) 4.1.10 줄눈의 설계

① 포장의 팽창과 수축을 수용함으로써 온도 및 습윤 등 환경변화, 마찰 그리고 시공에 의하여 발생하는 응력을 가능한 한 완화시키거나 균열을 일정한 장소로 유도시키기 위하여 수축줄눈, 팽창줄눈 및 시공줄눈을 설치하여야 한다.

② 줄눈의 구조는 줄눈의 간격·줄눈의 배치·줄눈의 규격을 고려하여야 하며, 가능하면 적게 설치하고, 또 강한 구조로 설계하여 공용성과 주행성을 향상시키도록 하여야 한다.

③ 줄눈의 간격

1. 세로줄눈 간격은 차로를 구분하는 위치에 설치하는 것이 일반적이지만 시공법도 고려하여 결정하여야 한다.

2. 가로수축 줄눈의 간격은 슬래브의 두께, 보강 여부, 콘크리트의 열팽창계수, 콘크리트가 경화될 때의 온도, 보조기층면의 마찰저항 등을 고려하여 결정한다.

3. 가로팽창줄눈은 교량 접속부, 포장구조가 변경되는 위치 교차접속부 등에 설치하며, 슬래브 두께 250mm 이상이고 하절기 시공의 경우 1일 시공마무리 지점에 설치할 수 있다. 다만, 열팽창계수가 크다고 판단되는 골재를 사용할 경우에는 별도의 팽창줄눈을 설치하여야 한다.

4. 시공줄눈의 간격은 현장포설작업과 장비능력에 따라 좌우되며, 일일포설작업을 완료하였을 때 또는 장비고장이나 갑작스런 기후변화로 작업을 중단하였을 때 설치한다.

10 '마감공사 기간 중' 준비 및 확인 사항

1 마감공사 부분 각종 Shop-Drawing 및 마감자재 색상 재확인

1) 마감공사는 나누기, 포인트, 색상에 따라 마감공사 품질이 현격히 차이가 있음을 감안하고, 재시공 시 불필요한 공사비가 투입됨에 따라 구획별 실측을 통해 사전 검토된 Shop-Drawing 및 마감자재 색상에 따라 작업자가 철저히 작업토록 지도하고 관리하여야 합니다.

2) 코너부위, 꺽이는 부위, 연결부위 등 마감 상세가 필요한 부분을 철저히 검토 후 작업자가 혼선과 재시공 사례가 없도록 사전 교육하고 작업 내용을 수시로 확인하는 등 철저히 관리하여야 합니다.

2 각종 장비설치 준비 및 시운전 계획수립

1) 장비반입 및 설치, 시운전 계획을 사전 수립하여 연관공사와의 공정순서 조성 등 작입혼선이 없도록 관리하여야 합니다.

  * 작업자의 작업효율, 장비 1대로 많은 공사수행 등이 필요하나, 불필요한 작업인부, 장비 투입 시 눈에 보이지 않는 기업손실이 발생됨

2) 각종 장비 결선을 위해 사전 배선관계 검토/협의를 통해 결선이 잘못되는 일을 사전에 방지토록 철저히 검토하고 준비하여야 합니다.

  * 결선 잘못으로 장비가동 불가, 결선 재시공으로 기 시공된 건축 마감공사 철거, 재시공 사례가 간헐적으로 많이 발생됨을 간과하여서는 아니 됨

3) 각종 장비 설치 후 최종 마감 일정계획을 철저히 수립하여야 합니다.

  * 기계실 장비 설치 후 에폭시라이닝 마감을 위해 바닥 건조가 필요하나, 장시간 소요됨을 감안하는 등 준공기한 내 완공토록 최종 마감 일정까지 철저히 계획하여야 함

3 예비준공검사 및 각종 인허가(필증) 획득 계획수립

1) 준공이전 예비준공검사 일정을 사전 수립하고, 이에 따른 각 공종별, 각 하도급사와의 공정 협의 등을 통해 원만하게 예비준공검사가 이루어지도록 공정관리 하여야 합니다.

* 하도급사 의견에만 의존하기보다는 전체공정과 자재/장비/인력 투입계획을 철저히 검토 후 다소 여유있는 공정관리가 필요

2) 에너지효율 등급, 친환경인증서, 전기수전, 소방공사 필증 등 각종 인허가(필증) 획득에 대해 일정을 협의하고, 필요시 공정순서 조정 등을 통해 인허가(필증) 미획득으로 준공불가, 지체상금이 부과되지 않도록 철저한 관리가 필요함을 결코 간과하여서는 아니 됩니다.

* 건축, 토목, 조경, 설비, 전기, 통신 공종이 다 완료하였어도 소방필증을 미획득 시 지체상금 부과 대상임

3) 관련 세부사항은 "V(장) 중요 행정처리 시 주의 및 참고사항" 참조

4 잔여 예산 활용방안 사전 검토

1) 4대 보험 등 각종 정산사항, 기 물가변동으로 증액한 사항 중 설계변경으로 감액 정산사항, 관급자재 발주 후 입찰 차액 등 총사업비 대비 잔여금액에 대한 집행계획을 사전 수립하여야 합니다.

* 준공시점이 다가오면 수요기관에서 미처 설계에 반영하지 못한 부분이 많이 발생됨을 감안하여 추정금액을 계상하여 사전 협의함이 필요

2) 기 물가변동으로 증액한 사항 중 설계변경으로 감액 정산사항 작성, 검토시간이 상당 시간(최소 1개월 이상) 소요됨을 감안하여 사전 철저한 검토일정 계획을 수립함이 필요합니다.

* 준공검사 일정 경과 이후에도 검토가 미 완료되어 공사 준공처리 불가, 건설사업관리용역 완성검사 불가 등의 사례가 빈번히 발생됨

5 시공평가 및 건설사업관리용역 평가 준비

1) 시공평가 및 건설사업관리용역 평가 서류 준비시간이 최소 1개월 소요됨을 감안하여 사전 철저한 준비가 필요합니다.

* 평가 준비는 평소에 자료를 수집하는 것이 반드시 필요

2) 준공검사 이후 서류 준비 시 평가자료 부실 등 우수한 평가점수 획득에 절대적으로 불리합니다.

* 시공평가 점수는 입찰점수에 반영되는 중요한 부분임

3) 관련 세부사항은 "Ⅷ(장) 준공처리 및 평가단계 중요 검토·확인 사항" 참조

6 준공 대비 각종 소요 행정 준비

1) 각종 정산사항 자료 준비

* 자료 준비는 평소에 자료를 수집하는 것이 반드시 필요

2) 최종 준공도면 준비

* 각종 설계변경 사항에 대해 당초 및 변경도면 작성 및 제출 준비

3) 수요기관에 인계할 각종 자료 준비

* 입찰안내서, 현장설명서에 명시된 내용을 참고하고, 필요시 재협의

3) 기타 소요자료 등 준공 시 공사관계자들과 웃고 헤어질 준비

알면
성공한다

V 중요 행정처리 시 참고 및 주의사항

Key-Point

♧ 중요 행정처리에 있어 검토·확인할 사항 및 주의사항과 참고사항(관련 법령, 행정처리 요령 등)에 대해 정리하였습니다.

♧ 현장 관리자들이 행정 처리에 있어 소홀히 하는 경향이 있는 부분과 알아두면 공사수행 중 도움이 된다고 생각하는 사항, 기본적으로 알아야 하는 사항은 무엇인가? 라는 질문에 대한 저의 답변입니다.

ㅇ 도급계약 설계변경(변경계약) 참고 및 주의사항
ㅇ 공기연장에 따른 간접경비 관련 참고사항
ㅇ 건설사업관리용역 계약내용 변경 참고 및 주의사항
ㅇ 물가변동으로 인한 계약금액 조정
ㅇ 관급자재 계약내용 변경 및 수급방법 변경
ㅇ 기성검사 시 참고 및 주의사항
ㅇ 차수별 준공검사 및 완성검사 참고 및 주의사항
ㅇ 기타 중요 행정처리 시 참고 및 주의사항
(공정만회, 부도처리, 폐기물용역, 임시소방시설)
ㅇ 예비 준공검사 및 준공대비 합동점검 실시
ㅇ 각종 정산사항 검토·확인 시 주의사항

♧ 상기 사항은 어쩌면 집중 감사 대상이라 보이며, 행정처리 시 주의 하지 않으면 실수할 수 있는 부분이라 여겨져 다소 상세히 설명하고자 노력하였습니다.

상기 내용을 검토는 공사수행 중 잘못 처리한 각종 행정처리 사항도 다시 정정할 수 있는 마지막 기회입니다.

감사를 수감한다고 생각하시고 철저하고 자세하게 검토·확인하시어 원활한 준공과 더불어 공공(공공) 건설공사의 핵심 행정업무를 이해하시는데 도움이 되시길 소망합니다.

▦ 참고사항

♧ 각종 행정처리에 있어 간헐적으로 문서의 문구 때문에 행정처리가 지연되는 사례가 건설현장에서 빈번히 발생하는 것 같습니다.

지연되는 사유를 조사해 보면 서로 책임을 전가하려는 경향이 대부분 으로 '문구를 수정해서 다시 보고하라' 는 갑논을박이 많았던 것으로 기억되고, 한편으로는 안타까움과 답답한 심정이었습니다.

이 세상에 권한만 있고 책임이 없는 사람은 어디에도 없습니다. 특히 건설 현장은 시공사, 건설사업관리자, 수요기관(공사관리기관) 모두 각각 맡은 바 임무와 책임이 분명이 법으로 존재하며, 서로 존중하는 마음으로 문서를 작성하시면 된다고 생각됩니다.

♧ 공사지침 변경, 공기연장 등 주요 사항 방침 결정에 대해 책임을 서로 전가하기보다는 계약자 간 상호 권한과 책임하에 충분한 검토를 통해 적법하고, 투명하게 그리고 자신있게 업무를 수행하여야 하고, 행정 지연으로 인한 공사 지연은 정말 건설현장의 초보 관리자(쥬니어)들 이라고 말하고 싶습니다.

♧ 행정처리 문구는 '사전 검토하고, 협의/보고한 내용, 즉 원인행위'를 근거로 하고, 법령에서 정한 '실정보고 (시공사), 기술검토·확인서(건설 사업관리단), 방침결정 승인(수요기관)' 등의 절차를 통해 간단하고 명료하게 작성하되 누구나 문서내용을 쉽게 이해할 수 있으면 됩니다.

＊예시 (설계변경)

○ 문서제목 :
○ 관련 근거 :
1. 3월 월간공정회의(2000.00.00) 및 수시 회의('20.00.00)
2. 00보고서(시공사) 00사-00호('20.00.00)
3. 00보고서(시공사-00호, '20.00.00) 관련 기술검토·확인서(건설 사업관리단) 00감리용역사-00호('20.00.00)

○ 상기 관련으로 당사가 계약하고 시공(책임감리용역)중인 『00 신축 사업』의 00부분에 대한 방침을 결정하여 주시기 바랍니다.

- 주요 내용 -

순번	공종	당초	변경	변경 사유	소요 공사비	비고
1						관련근거 붙임 1
2						관련근거 붙임 2
3						관련근거 붙임 3

* 공사기간은 변동 없음

* 첨부(관련근거) : 관련 회의록, 관련사진, 도면(당초 및 변경도면), 가격 조사서, 관렵법령 등 각종 조사/참고내용

☞ 상기내용을 참고하여 다양한 행정처리에 응용하여 활용하시기 바랍니다.

☆ 건설현장의 기술인들이 기술력은 월등하나, 행정처리를 어려워하고, 또한 귀찮아하는 분들을 많이 본 것 같습니다.

정부·공공 공사에서 문서행위가 없이 구두로 협의된 사항에 대해서는 법적으로 아무런 효력이 없음을 기억하시기 바랍니다.

또한, 정부·공공 건설공사에서 행정/문서 행위는 필수적임을 기억하시고 회의록부터 모든 근거서류를 철저히 검토/작성, 첨부하여 문서행위를 적기에 적법하게 처리하시길 소망합니다.

1 시설공사 설계변경(변경계약)

STEP 1 설계변경 관련규정 이해하기
STEP 2 설계변경 검토서류 살펴보기
STEP 3 설계변경 시 주의사항 및 참고사항

intro

- 설계변경 검토'업무는 시설사업 업무 중 가장 까다로운 업무지만, 동 업무에 대한 정확한 지식과 경험을 겸비하게 되면 여러 가지 시설업무 수행시 큰 힘이 됩니다.

- 설계변경 관련 기준 세부내용'에서는 설계변경 업무를 처리하기 위해 기본적으로 숙지가 필요한 관련 법령 등 기준을 기술하였습니다. 중요 부부만 발췌하였으니, 참고하시어 현장에서 잘 응용해서 활용하시기 바랍니다.

▒ 건설기술 진흥법

○ 제1조(목적) 이 법은 건설기술의 연구·개발을 촉진하여 건설기술 수준을 향상시키고 이를 바탕으로 관련 산업을 진흥하여 건설공사가 적정하게 시행되도록 함과 아울러 건설공사의 품질을 높이고 안전을 확보함으로써 공공복리의 증진과 국민경제의 발전에 이바지함을 목적으로 한다.

○ 제2조(정의) 이 법에서 사용하는 용어의 뜻은 다음과 같다.

4. "건설사업관리"란 「건설산업기본법」 제2조제8호에 따른 건설사업 관리를 말한다.

5. "감리"란 건설공사가 관계 법령이나 기준, 설계도서 또는 그 밖의 관계 서류 등에 따라 적정하게 시행될 수 있도록 관리하거나 시공관리·품질관리·안전관리 등에 대한 기술지도를 하는 건설사업관리 업무를 말한다.

건설공사 사업관리방식 검토기준 및 업무수행지침

○ 제2조(정의) 이 지침에서 사용하는 용어의 뜻은 다음 각 호와 같다.

2. "공사감독자"란 공사계약일반조건 제16조의 업무를 수행하기 위하여 발주청이 임명한 기술직원 또는 그의 대리인으로 해당 공사 전반에 관한 감독업무를 수행하고 건설사업관리업무를 총괄하는 사람을 말한다.

3. "공사관리관"이란 감독 권한대행 등 건설사업관리를 시행하는 건설 공사에 대하여 영 제56조제1항제1호부터 제4호까지의 업무를 수행하는 발주청의 소속 직원을 말한다.

5. "건설사업관리기술인"이란 법 제26조에 따른 건설기술용역업자에 소속되어 건설사업관리업무를 수행하는 자를 말한다.

6. "책임건설사업관리기술인"이란 발주청과 체결된 건설사업관리 용역 계약에 의하여 건설사업관리용역업자를 대표하며 해당공사의 현장에 상주하면서 해당공사의 건설사업관리업무를 총괄하는 자를 말한다.

12. "설계서"란 공사시방서, 설계도면 및 현장설명서를 말한다. 다만, 공사 추정가격이 1억원 이상인 공사에 있어서는 공종별 목적물 물량이 표시된 내역서를 포함한다.

13. "공사계약문서"란 계약서, 설계서, 공사입찰유의서, 공사계약일반조건, 공사계약특수조건 및 산출내역서로 구성되며 상호보완의 효력을 가진다.

18. "검토·확인"이란 공사의 품질을 확보하기 위해 기술적인 검토뿐만 아니라, 그 실행결과를 확인하는 일련의 과정을 말하며 검토·확인자는 자신의 검토·확인 사항에 대하여 책임을 진다.

23. "실정보고"란 공사 시행과정에서 현장여건 변경 등으로 인해 설계 변경이 필요한 사항에 대하여 시공자의 의견을 포함하여 공사감독자 또는 건설사업관리기술자가 서면으로 검토의견 등을 발주청에 설계변경 전에 보고하고 발주청으로부터 승인 등 필요한 조치를 받는 행위를 말한다.

* '검토·확인'용어 관련, '감독 권한대행 건설사업관리용역'에서는 설계변경이 검토·확인해야 할 업무에 해당하며, 건설사업관리자가 검토·확인자가 됩니다.

제7절 시공단계 업무

* 건설사업관리용역(CM)은 크게 '건설사업관리용역'과 '감독 권한대행 건설 사업관리용역'으로 구분되는데, 제7절에서는 '건설사업관리용역' 중의 각 공사관계자 수행업무가 기술돼 있습니다.

○ 제67조(설계변경 관리) ⑤ 발주청은 사업환경의 변동, 기본계획의 조정, 민원에 의한 노선변경, 공법변경, 그 밖에 시설물 추가 등으로 설계 변경이 필요한 경우에는 다음 각 호의 서류를 첨부하여 서면으로 건설사업관리기술자에게 설계변경을 하도록 지시하여야 한다. 단, 발주청이 설계변경 도서를 작성할 수 없을 경우에는 설계변경 개요서만 첨부하여 설계변경 지시를 할 수 있다.

1. 설계변경 개요서
2. 설계변경 도면, 시방서, 계산서 등
3. 수량산출조서
4. 그 밖에 필요한 서류

⑥ 제5항의 지시를 받은 건설사업관리기술자는 지체없이 시공자에게 동 내용을 통보하여야 한다. 이 경우 발주청의 요구로 만들어지는 설계변경도서 작성비용은 원칙적으로 발주청이 부담하여야 한다.

⑧ 건설사업관리기술자는 시공자가 현지여건과 설계도서가 부합되지 않거나 공사비의 절감과 건설공사의 품질향상을 위한 개선사항 등 설계변경이 필요하다고 설계변경사유서, 설계변경도면, 개략적인 수량증감내역 및 공사비 증감내역 등의 서류를 첨부하여 제출하면 이를 검토하여 필요시 기술검토의견서를 첨부하여 공사감독자에게 보고하고, 발주청의 방침을 득한 후 시공하도록 조치하여야 한다.

* 설계변경 업무를 처리하기 위해서는 먼저 설계변경과 설계변경으로 인한 계약금액 조정 간에 시점(기간) 차이가 있음을 이해해야 합니다.

* 실정보고 후 발주청의 방침을 득한 시점이 보통 '설계변경 당시'가 되고 설계변경은 완료가 된 것입니다. 물론, 아직 그에 따른 계약금액 조정이 이뤄지지 않았지만. 이 시점부터는 시공에 착수할 수 있고, 이때의 시공을 우선시공이라고 이해하는 것은 부적절하며, 정상 시공입니다.

* 설계변경 당시 즉, 발주청의 방침을 득한 시점을 기준으로 단가를 산정해야 하므로 해당 설계변경 건에 대한 발주청의 방침문서 시행을 건설사업관리자는 요구해야 합니다.

* 현장에서는 이와 같은 설계변경 건이 발생할 때마다 그로 인한 계약금액 조정을 할 수 없으므로 공사 초·중·말기별로 설계변경 건을 모아 계약금액 조정을 하게 됩니다.

⑨ 건설사업관리기술인은 시공자로부터 현장실정 보고를 접수 후 기술검토 등을 요하지 않는 단순한 사항은 7일 이내, 그 외의 사항을 14일 이내에 검토처리 하여야 하며, 만일 기일내 처리가 곤란하거나 기술적 검토가 미비한 경우에는 그 사유와 처리계획을 공사감독자에게 보고하고 시공자에게도 통보하여야 한다.

⑩ 시공자는 구조물의 기초공사 또는 주공정에 중대한 영향을 미치는 설계변경으로 방침확정이 긴급히 요구되는 사항이 발생하는 경우에는 제8항 및 제9항의 절차에 따르지 않고 건설사업관리기술인에게 긴급 현장 실정보고를 할 수 있으며, 건설사업관리기술자는 이를 공사감독자에게 지체없이 유선, 전자우편 또는 팩스 등으로 보고하여야 한다.

⑪ 발주청은 제8항, 제9항, 제10항에 따라 설계변경 방침결정 요구를 받은 경우에 설계변경에 대한 기술검토를 위하여 발주청의 소속직원으로 기술검토팀(T/F팀)을 구성(필요시 민간전문가로 자문단을 구성)·운영하여야 하며, 이 경우 단순한 사항은 7일 이내, 그 외의 사항은 14일 이내에 방침을 확정하여 공사감독자 및 건설사업관리기술인에게 통보하여야 한다. 다만, 해당 기일내 처리가 곤란하여 방침결정이 지연될 경우에는 그 사유를 명시하여 통보하여야 한다.

⑫ 발주청은 설계변경 원인이 설계자의 하자라고 판단되는 경우에는 설계변경(안)에 대한 설계자 의견서를 제출토록 하여야 하며, 대규모 설계변경 또는 주요 구조 및 공종에 대한 설계변경은 설계자에게 설계변경을 지시하여 조치한다.

* 주요 구조 및 공종 등에 대한 설계변경이 필요할 때 추가설계용역이 수반될 수 있는데, 그 설계변경에 대한 책임이 당초 설계자에게 있다면 해당 설계자에게 동 설계변경 업무(변경 설계서 작성...)를 지시할 수 있습니다. 발주기관에게 안내해 주셔야 하고, 발주기관에서는 도와주셔야 합니다.

⑭ 건설사업관리기술인은 설계변경 등으로 인한 계약금액의 조정을 위한 각종 서류를 시공자로부터 제출받아 검토한 후 설계서를 대표자 명의로 공사감독자에게 제출하여야 한다. 규칙 제33조에 따라 통합하여 시행하는 건설사업관리의 경우(이하 "통합건설사업관리"라 한다)로서 대규모 사업인 경우에 검토자는 실제 검토한 담당 건설사업관리기술자 및 책임건설사업관리 기술자인 연명으로 날인토록 하고 변경설계서의 표지 양식은 사전에 발주청과 협의하여 정하여야 한다.

⑮ 건설사업관리기술인은 설계변경 등으로 인한 계약금액 조정 업무처리를 지체함으로써 공사추진에 지장을 초래하지 않도록 적기에 계약변경이 이루어 질 수 있도록 조치하고 시공자의 설계변경도서 미제출에 따른 지체시에는 준공조서 작성 시 그 사유를 명시하고 정산 조치하여야 한다. 최종 계약금액의 조정은 예비 준공검사기간 등을 고려하여 늦어도 준공예정일 75일 전까지 빌주청에 제출되어야 한다.

* 계약상대자 간 계약금액 조정관련 분쟁 발생 등 경우에 따라서, 준공검사 이후에 계약금액 조정이 될 수도 있습니다. 준공검사와 계약금액 조정 간의 관계는 아래 내용을 참고하세요. 참고로, 지체상금 부과 여부와 관련해서 중요한 판단 기준이 되므로, 이러한 상황을 겪고 있는 발주기관에게는 중요한 정보가 될 수 있습니다.

피드백

※ 설계변경 vs 준공검사 관련 기획재정부 질의·답변 내용

(질의) 발주청과 시공자 간 계약된 장기계속공사 중 차수별 계약에 의해서 차수별 계약종료일 이전에 설계변경이 확정된 바, 실제로 시공은 완료된 상태에서 설계변경으로 인한 계약금액조정이 안된 상태로 시공사는 준공검사원을 감리자에게 제출할 수 있는지 여부?

(답변) 국가기관이 체결한 공사계약에 있어 계약상대자는 계약의 이행을 완료한 경우에는 「국가를 당사자로 하는 계약에 관한 법률 시행령」 제55조 및 계약예규 「공사계약일반조건」 제27조의 규정에 의거 준공신고서 등 서면으로 계약담당공무원에게 통지하고 필요한 검사를 받아야 하는 바, 이 경우 준공검사는 계약서(설계서 등)에 따라 이행되었는지를 확인하는 것으로서 계약금액의 조정여부와는 관계없이 검사가 가능함.

제8절 시공 단계 업무(감독 권한대행 업무 포함)

○ 제97조(설계변경 관리) ② 건설사업관리기술인은 특수한 공법이 적용되는 경우 기술검토 및 시공상 문제점 등의 검토를 할 때에는 건설사업관리용역업자의 본사 기술지원기술인 등을 활용하고, 필요시 발주청과 협의하여 외부의 국내·외 전문가에 자문하여 검토의견을 제시할 수 있으며 특수한 공종에 대하여 외부 전문가의 건설사업관리 참여가 필요하다고 판단될 경우 발주청과 협의하여 외부전문가를 참여시킬 수 있다.

④ 건설사업관리기술인은 공사 시행과정에서 당초설계의 기본적인 사항인 중심선, 계획고, 구조물의 구조 및 공법 등의 변경 없이 현지여건에 따른 위치변경과 연장 증감 등으로 인한 수량증감이나 단순 구조물의 추가 또는 삭제 등의 경미한 설계변경 사항이 발생한 경우에는 설계변경도면, 수량증감 및 증감공사비 내역을 시공자로부터 제출받아 검토·확인하고 우선 변경 시공토록 지시할 수 있으며 사후에 발주청에 서면보고 하여야 한다. 이 경우 경미한 설계변경의 구체적 범위는 발주청이 정한다.

⑦ 시공자는 설계변경 지시내용의 이행가능 여부를 당시의 공정, 자재수급 상황 등을 검토하여 확정하고, 만약 이행이 불가능하다고 판단될 경우에는 그 사유와 근거자료를 첨부하여 책임건설사업관리기술인에게 보고하여야 하고 책임건설사업관리기술인은 그 내용을 검토·확인하여 지체 없이 발주청에 보고하여야 한다.

⑨ 건설사업관리기술인은 시공자가 현지여건과 설계도서가 부합되지 않거나 공사비의 절감과 건설공사의 품질향상을 위한 개선사항 등 설계변경이 필요하다고 설계변경사유서, 설계변경도면, 개략적인 수량증감내역 및 공사비 증감내역 등의 서류를 첨부하여 제출하면 이를 검토·확인하여 필요시 기술검토의견서를 첨부하여 발주청에 실정보고 하고, 발주청의 방침을 득한 후 시공하도록 조치하여야 한다.

⑮ 건설사업관리기술인은 설계변경 등으로 인한 계약금액의 조정을 위한 각종 서류를 시공자로부터 제출 받아 검토·확인한 후 건설사업관리용역업자 대표자에게 보고하여야 하며, 대표자는 소속 기술지원기술자로 하여금 검토·확인케 하고 대표자 명의로 발주청에 제출하여야 한다.

이때 변경설계서의 설계자로 책임건설사업관리기술자가 심사자로 기술지원기술자가 날인하여야 한다. 다만, 대규모 통합건설사업관리의 경우에는 실제 설계를 담당한 건설사업관리기술인과 책임건설사업관리 기술인이 설계자로 연명하여 날인토록 하고 변경설계서의 표지양식은 사전에 발주청과 협의하여 정하여야 한다.

* 제8절은 '감독 권한대행 건설사업관리'용역 중의 각 공사관계자 업무가 기술되어 있는데 특이할 만한 부분은 '검토·확인'이라는 용어가 등장하며, 앞에서 기재한 '검토·확인' 이라는 용어를 잘 이해하시기 바랍니다.

건설산업기본법

○ 제1조(목적) 이 법은 건설공사의 조사, 설계, 시공, 감리, 유지관리, 기술관리 등에 관한 기본적인 사항과 건설업의 등록 및 건설공사의 도급 등에 필요한 사항을 정함으로써 건설공사의 적정한 시공과 건설산업의 건전한 발전을 도모함을 목적으로 한다.

○ 제2조(정의) 이 법에서 사용하는 용어의 뜻은 다음과 같다.

8. "건설사업관리"란 건설공사에 관한 기획, 타당성 조사, 분석, 설계, 조달, 계약, 시공관리, 감리, 평가 또는 사후관리 등에 관한 관리를 수행하는 것을 말한다.

9. "시공책임형 건설사업관리"란 종합공사를 시공하는 업종을 등록한 건설사업자가 건설공사

에 대하여 시공 이전 단계에서 건설사업관리 업무를 수행하고 아울러 시공 단계에서 발주자와 시공 및 건설사업관리에 대한 별도의 계약을 통하여 종합적인 계획, 관리 및 조정을 하면서 미리 정한 공사 금액과 공사기간 내에 시설물을 시공하는 것을 말한다.

12. "하도급"이란 도급받은 건설공사의 전부 또는 일부를 다시 도급하기 위하여 수급인이 제3자와 체결하는 계약을 말한다.

13. "수급인"이란 발주자로부터 건설공사를 도급받은 건설사업자를 말하고, 하도급의 경우 하도급하는 건설사업자를 포함한다.

14. "하수급인"이란 수급인으로부터 건설공사를 하도급받은 자를 말한다.

ㅇ 제3조(기본이념) 이 법은 건설산업이 설계, 감리, 시공, 사업관리, 유지관리 등의 분야에 걸쳐 국제경쟁력을 갖출 수 있도록 이를 균형 있게 발전시킴으로써 국민경제와 국민의 생활안전에 이바지함을 기본이념으로 한다.

ㅇ 제4조(다른 법률과의 관계) 건설산업에 관하여 다른 법률에서 정하고 있는 경우를 제외하고는 이 법을 적용한다. 다만, 건설공사의 범위와 건설업 등록에 관한 사항에 대하여는 다른 법률의 규정에도 불구하고 이 법을 우선 적용하고, 건설용역업에 대하여는 제6조 및 제26조와 제8장(제69조부터 제79조까지, 제79조의2 및 제80조)을 적용한다.

* 설계변경이 건설산업기본법과 무슨 관계가 있을까요? 아래 내용을 참고하세요. 감사를 대비해야하는 발주기관에게는 중요한 정보가 될 수 있습니다.

피드백

※ 「건설산업기본법」제36조(설계변경 등에 따른 하도급대금의 조정 등)

① 수급인은 하도급을 한 후 설계변경 또는 경제 상황의 변동에 따라 발주자로부터 공사금액을 늘려 지급받은 경우에 같은 사유로 목적물의 준공에 비용이 추가될 때에는 그가 금액을 늘려 받은 공사 금액의 내용과 비율에 따라 하수급인에게 비용을 늘려 지급하여야 하고, 공사금액을 줄여 지급받은 때에는 이에 준하여 금액을 줄여 지급한다.

② 발주자는 발주한 건설공사의 금액을 설계변경 또는 경제 상황의 변동에 따라 수급인에게 조정하여 지급한 경우에는 대통령령으로 정하는 바에 따라 공사금액의 조정사유와 내용을 하수급인에게 통보하여야 한다.

▦ 국가를 당사자로 하는 계약에 관한 법률 시행령

○ 제65조(설계변경으로 인한 계약금액의 조정) ② 계약담당공무원은 예정가격의 100분의 86 미만으로 낙찰된 공사계약의 계약금액을 제1항에 따라 증액조정하려는 경우로서 해당 증액조정금액(2차 이후의 계약금액 조정에 있어서는 그 전에 설계변경으로 인하여 감액 또는 증액조정된 금액과 증액 조정하려는 금액을 모두 합한 금액을 말한다)이 당초 계약서의 계약금액(장기계속공사의 경우에는 제69조제2항에 따라 부기된 총공사금액을 말한다)의 100분의 10 이상인 경우에는 제94조제1항에 따른 계약심의위원회, 「국가재정법 시행령」 제49조에 따른 예산집행심의회 또는 「건설기술 진흥법 시행령」 제19조에 따른 기술자문위원회(이하 "기술자문위원회"라 한다)의 심의를 거쳐 소속중앙관서의 장의 승인을 얻어야 한다.

③ 제1항의 규정에 의하여 계약금액을 조정함에 있어서는 다음 각호의 기준에 의한다.

1. 증감된 공사량의 단가는 제14조제6항 또는 제7항의 규정에 의하여 제출한 산출내역서상의 단가(이하 "계약단가"라 한다)로 한다. 다만, 계약단가가 제9조의 규정에 의한 예정가격의 단가(이하 "예정가격 단가"라 한다)보다 높은 경우로서 물량이 증가하게 되는 경우 그 증가된 물량에 대한 적용단가는 예정가격단가로 한다.

2. 계약단가가 없는 신규비목의 단가는 설계변경 당시를 기준으로 하여 산정한 단가에 낙찰률을 곱한 금액으로 한다.

3. 정부에서 설계변경을 요구한 경우(계약상대자에게 책임이 없는 사유로 인한 경우를 포함한다)에는 제1호 및 제2호의 규정에 불구하고 증가된 물량 또는 신규비목의 단가는 설계변경당시를 기준으로 하여 산정한 단가와 동단가에 낙찰률을 곱한 금액의 범위안에서 계약당사자간에 협의하여 결정한다. 다만, 계약당사자간에 협의가 이루어지지 아니하는 경우에는 설계변경당시를 기준으로 하여 산정한 단가와 동 단가에 낙찰률을 곱한 금액을 합한 금액의 100분의 50으로 한다.

* 기본설계 기술제안, 설계·시공 일괄입찰 등을 제외한 일반적인 계약방법에서는 발주기관이 설계를 하여(물론, 설계자로 하여금 설계를 수행하겠지요.) 입찰에 붙이고 시공자와의 계약을 통해 계약상대자 관계가 됩니다.

* 설계변경 사유는 공사계약일반조건에 따라 크게 6가지로 분류되는데요, 일반적인 계약방법으로 체결된 공사 추진 중 설계변경이 발생했다면 그 사유는 대부분 발주기관이 요구했거나, 설계서 누락·오류 등 시공자의 책임이 없는 사유로 설계변경되는 경우가 대부분일 것입니다.

* 그러므로, 계약단가를 활용해야 하는 경우는 극히, 제한적일 것이고 대부분의 경우는 상기 제3항 제3호처럼 증가된 물량 또는 신규비목의 단가 모두 설계변경 당시를 기준으로 재산정해야 할 것입니다.

* 하지만, 실제 현장에서는 계약단가를 활용하는 경우가 많은데, 수많은 항목에 대한 단가조사자료 확보의 어려움 등의 이유로 인해 시공자는 계약단가의 활용을 선호할 수 있습니다.

* 이처럼, 시공자가 계약단가 적용을 요청해 오는 경우, 건설사업관리자는 상기 제3항 제3호 즉, 원칙을 적용하는 경우 대비 시공자의 요청대로 제1호를 적용하는 경우 중 어느 쪽이 국가(발주기관)에 더 유리한지를 판단할 필요가 있고, 시공자에게 동 판단을 위한 자료를 요청해야 합니다.

* 설계변경 대상이 되는 항목의 계약단가가 설계변경 당시를 기준으로 산정할 수 있는 단가의 100%에 육박한다면 이 경우에는 원칙대로 즉, 제3항 제3호대로 산정하도록 유도해야 할 것입니다. 즉, 계약단가 적용을 불허해야 합니다.

왜냐하면, 이 경우는 협의율을 100% 주게 되는 상황이기 때문인데요, 협의율을 100% 주려면 그만큼 가격에 대한 확신이 있어야 하는데, 일반적으로 그런 판단을 위한 근거자료를 확보하는 것은 매우 어렵기 때문입니다. 계약단가를 활용하는 것이 일반적인 경우 원칙이 아니므로 상기 내용(계약단가 적용)에 대해서는 건설사업관리자가 검토의견을 제시해야 합니다.

* 설계변경 단가를 어떻게 산정하라는 기준은 없습니다. 국가계약법이 허용하는 범위 내에서 시공자의 적정 이윤이 확보되도록, 반대로 과도한 이윤이 부여되지 않도록 적정 단가를 산정하는 것이 중요합니다. 다만, 조달청에서는 예정가격(조사내역서) 작성 시 국토교통부 표준시장단가, 조달청 시장시공가격 및 공통자재 단가를 반영하고 있고 물가자료지 및 견적단가에 대해서는 가격조사 결과를 반영하고 있습니다. 조달청에 요청한 설계변경 건에 대해서도 같은 방식으로 단가가 산정됨을 참고하시기 바랍니다.

* 협의율은 낙찰률이 될 수도 있고(시공자가 합의해 주는 경우), 100%가 될 수도(발주기관이 합의해 주는 경우) 있습니다. 다만, 그 협의가 이뤄지지 않았을 때 100분의 50이 되는 것입니다.

* 협의율은 설계변경 항목별 또 공종별로 같을 수도, 다를 수도 있는데, 계약금액 조정에 중요한 영향을 미치는 요소이므로 계약상대자 간에 매우 성실히 협의해야 할 것입니다.

④ 각 중앙관서의 장 또는 계약담당공무원은 계약상대자가 새로운 기술·공법 등을 사용함으로써 공사비의 절감, 시공기간의 단축등에 효과가 현저할 것으로 인정되어 계약상대자의 요청에 의하여 필요한 설계변경을 한 때에는 계약금액의 조정에 있어서 당해절감액의 100분의 30에 해당하는 금액을 감액한다.

* 신기술, 신공법에 의해 설계변경 되는 경우는 당해 절감액의 100분의 70은 시공자 몫이 됩니다.

⑥ 계약금액의 증감분에 대한 일반관리비 및 이윤등은 제14조제6항 또는 제7항의 규정에 의하여 제출한 산출내역서상의 일반관리비율 및 이윤율등에 의하되 기획재정부령이 정하는 율을 초과할 수 없다.

⑦ 제1항 내지 제6항의 규정은 제조·용역등의 계약에 있어서 계약금액을 조정하는 경우에 이를 준용할 수 있다.

intro

* 이상, 일반적인 계약방법(수요기관이 설계)에 따른 설계변경 기준을 살펴봤고, 제91조에서는 턴키 등 시공자가 설계하여 계약이 체결되는 경우에 대해 알아보겠습니다.

○ 제91조(설계변경으로 인한 계약금액 조정의 제한) ① 대안입찰 또는 일괄입찰에 대한 설계변경으로 대형공사의 계약내용을 변경하는 경우에도 정부에 책임있는 사유 또는 천재·지변 등 불가항력의 사유로 인한 경우를 제외하고는 그 계약금액을 증액할 수 없다.

② 각 중앙관서의 장 또는 계약담당공무원은 일괄입찰의 경우 계약체결 이전에 실시설계적격자에게 책임이 없는 다음 각 호의 어느 하나에 해당하는 사유로 실시설계를 변경한 경우에는 계약체결 이후 즉시 설계변경에 의한 계약금액 조정을 하여야 한다.

1. 민원이나 환경·교통영향평가 또는 관련 법령에 따른 인허가 조건 등과 관련하여 실시설계의 변경이 필요한 경우

2. 발주기관이 제시한 기본계획서·입찰안내서 또는 기본설계서에 명시 또는 반영되어 있지 아니한 사항에 대하여 해당 발주기관이 변경을 요구한 경우

3. 중앙건설기술심의위원회 또는 기술자문위원회가 실시설계 심의과정에서 변경을 요구한 경우

③ 제1항 또는 제2항의 경우에 계약금액을 조정하고자 할 때에는 다음 각호의 기준에 의한다.

1. 감소된 공사량의 단가 : 제85조제2항 및 제3항의 규정에 의하여 제출한 산출내역서상의 단가

2. 증가된 공사량의 단가 : 설계변경당시를 기준으로 산정한 단가와 제1호의 규정에 의한 산출내역서상의 단가의 범위안에서 계약당사자간에 협의하여 결정한 단가. 다만, 계약당사자 사이에 협의가 이루어지지 아니하는 경우에는 설계변경당시를 기준으로 산정한 단가와 제1호의 규정에 의한 산출내역서상의 단가를 합한 금액의 100분의 50으로 한다.

3. 제1호의 규정에 의한 산출내역서상의 단가가 없는 신규비목의 단가 : 설계변경당시를 기준으로 산정한 단가

* 턴키(설계시공 일괄입찰) 및 기본설계 기술제안 등은 낙찰률이 없습니다. 따라서, 설계변경 당시를 기준으로 산정한 단가에 협의율을 적용하는 일반 공사와는 다른 방법으로 단가를 산정합니다. 국가계약법이 허용하는 범위 내에서 시공자의 적정 이윤이 확보되도록, 반대로 과도한 이윤이 부여되지 않도록 적정 단가를 산정하는 것이 중요합니다.

ㅇ 제108조(설계변경으로 인한 계약금액조정) 설계변경으로 인한 계약금액 조정에 관하여 실시설계 기술제안입찰에 따른 공사계약의 경우에는 제65조를, 기본설계 기술제안입찰에 따른 공사계약의 경우에는 제91조를 각각 준용한다.

* 현장에서는 설계변경 단가 산정이 완료되면, 수량검토를 거쳐 직접공사비를 결정하고, 당초 산출내역서 조건대로 원가계산서를 작성합니다. 하지만, 정말 중요한 것은 그 원가계산서 작성에 앞서 시공자의 당초 산출내역서 상의 원가 계산서에 오류가 있는지를 반드시 확인해야 한다는 것입니다. 오류가 발견된다면 아래' 피드백'내용을 참고하여 원가계산서를 수정하고 수정된 율로 '설계변경에 따른 원가계산서'를 작성해야 합니다. 건설사업관리자는 동 내용을 발주기관에 안내할 필요가 있습니다.

피드백

※ (계약예규)정부 입찰·계약 집행기준

제21조(낙찰자의 산출내역서 조정) ① 제20조에 의한 무효입찰에는 해당되지 아니하나 입찰시에 제출한 산출내역서의 세부비목이나 「부가가치세법」 등 다른 법령에서 요구되는 비용의 금액산정에 착오가 있는 경우에는 바르게 정정하여 이에 따라 비목별 또는 항목별 금액을 수정한다.

② 증감된 차액부분에 대하여는 간접노무비, 일반관리비, 이윤에 우선적으로 균등배분하되, 동 비목의 금액이 관련규정상의 기준 한도율을 초과하는 경우에 초과되는 금액에 대하여는 다른 비목에 균등 배분 한다.

③ 산출내역서상의 단가표기금액이 재료비, 노무비, 경비, 합계금액 등으로 구분 작성되어 단

가 및 합계금액 등을 고려할 때 단가가 잘못 표기된 것이 명백한 경우에는 입찰금액 범위 안에서 단가를 수정할 수 있다.

④ 제1항 내지 제3항에 따라 산출내역서를 수정할 경우에는 계약담당공무원과 낙찰자가 각각 정정인을 날인하여야 한다.

⑤ 제20조제3호에 해당되지 아니한 입찰로서 일부공종 또는 수량이 누락된 산출내역서의 경우에는 누락된 공종 또는 수량을 표기하고 이에 대한 금액은 "0"으로 표기한다.

▦ (계약예규) 공사계약일반조건

○ 제2조(정의) 이 조건에서 사용하는 용어의 정의는 다음과 같다.

3. "공사감독관"이라 함은 제16조에 규정된 임무를 수행하기 위하여 정부가 임명한 기술담당공무원 또는 그의 대리인을 말한다. 다만, 「건설기술 진흥법」 제39조제2항 또는 「전력기술관리법」 제12조 및 그 밖에 공사 관련 법령에 의하여 건설사업관리 또는 감리를 하는 공사에 있어서는 해당공사의 감리를 수행하는 건설산업관리기술자 또는 감리원을 말한다.

4. "설계서"라 함은 공사시방서, 설계도면, 현장설명서 및 공종별 목적물 물량내역서(가설물의 설치에 소요되는 물량 포함하며, 이하 "물량 내역서"라 한다)를 말하며, 다음 각 목의 내역서는 설계서에 포함하지 아니한다.

가. 〈삭제 2010. 9. 8.〉

나. 시행령 제78조에 따라 일괄입찰을 실시하여 체결된 공사와 대안입찰을 실시하여 체결된 공사(대안이 채택된 부분에 한함)의 산출내역서

다. 시행령 제98조에 따라 실시설계 기술제안 입찰을 실시하여 체결된 공사와 기본설계 기술제안입찰을 실시하여 체결된 공사의 산출 내역서

라. 수의계약으로 체결된 공사의 산출내역서. 다만, 시행령 제30조제2항 본문에 따라 체결된 수의계약 공사의 물량내역서는 제외

* 설계변경 사유 6가지 중 4가지(설계서 불분명, 설계서 누락·오류, 설계서 간 상호모순, 현장상태와 설계서의 상이)가 설계서와 관련됩니다. 따라서, 설계변경 대상 여부를 판단할 때는 설계서를 기준으로 해석해야 하겠습니다. 예를 들어, 설계서가 아닌 일위대가표 상의 오류로 인한 경우는 설계변경 대상 자체가 아닙니다. 공사계약문서인 설계서에는 어떤 것이 있는지 반드시 기억해야 합니다.

5. "공사시방서"라 함은 공사에 쓰이는 재료, 설비, 시공체계, 시공기준 및 시공기술에 대한 기술설명서와 이에 적용되는 행정명세서로서, 설계도면에 대한 설명 또는 설계도면에 기재하기 어려운 기술적인 사항을 표시해 놓은 도서를 말한다.

6. "설계도면"이라 함은 시공될 공사의 성격과 범위를 표시하고 설계자의 의사를 일정한 약속에 근거하여 그림으로 표현한 도서로서 공사목적물의 내용을 구체적인 그림으로 표시해 놓은 도서를 말한다.

7. "현장설명서"라 함은 시행령 제14조의2에 의한 현장설명 시 교부하는 도서로서 시공에 필요한 현장상태 등에 관한 정보 또는 단가에 관한 설명서 등을 포함한 입찰가격 결정에 필요한 사항을 제공하는 도서를 말한다.

8. "물량내역서"라 함은 공종별 목적물을 구성하는 품목 또는 비목과 동 품목 또는 비목의 규격·수량·단위 등이 표시된 다음 각 목의 내역서를 말한다.

   가. 시행령 제14조제1항에 따라 계약담당공무원 또는 입찰에 참가하려는 자가 작성한 내역서

   나. 시행령 제30조제2항 및 계약예규 「정부입찰·계약 집행기준」 제10조제3항에 따라 견적서제출 안내공고 후 견적서를 제출하려는 자에게 교부된 내역서

9. "산출내역서"라 함은 입찰금액 또는 계약금액을 구성하는 물량, 규격, 단위, 단가 등을 기재한 다음 각 목의 내역서를 말한다.

   가. 시행령 제14조제6항과 제7항에 따라 제출한 내역서

   나. 시행령 제85조제2항과 제3항에 따라 제출한 내역서

다. 시행령 제103조제1항과 제105조제3항에 따라 제출한 내역서

라. 수의계약으로 체결된 공사의 경우에는 착공신고서 제출 시까지 제출한 내역서

* 일반적인 경우, 발주기관이 입찰과정 중 제시하는 내역서는 물량내역서이며, 동 내역서에 단가를 넣은 즉, 시공자가 작성·제출한 내역서가 산출내역서입니다.

○ 제19조(설계변경 등) ①설계변경은 다음 각호의 어느 하나에 해당하는 경우에 한다.

1. 설계서의 내용이 불분명하거나 누락·오류 또는 상호 모순되는 점이 있을 경우

2. 지질, 용수등 공사현장의 상태가 설계서와 다를 경우

3. 새로운 기술·공법사용으로 공사비의 절감 및 시공기간의 단축 등의 효과가 현저할 경우

4. 기타 발주기관이 설계서를 변경할 필요가 있다고 인정할 경우 등

② 〈삭제 2007. 10. 10.〉

③ 제1항에 의한 설계변경은 그 설계변경이 필요한 부분의 시공전에 완료하여야 한다. 다만, 계약담당공무원은 공정이행의 지연으로 품질저하가 우려되는 등 긴급하게 공사를 수행할 필요가 있는 때에는 계약상대자와 협의하여 설계변경의 시기 등을 명확히 정하고, 설계변경을 완료하기 전에 우선시공을 하게 할 수 있다.

* 설계변경 즉, 실정보고에 대한 발주기관의 방침 회신은 시공 전에 완료해야 합니다. 반대로, 이러한 조치 전에 긴급하게 공사를 해야 할 경우에는 우선시공을 하게 할 수 있습니다.

* 현장에서는 최소한 회의록이라도 작성해서 우선시공 조치를 하고 있고, 이 경우 우선시공을 하게끔 한 때가 바로 '설계변경 당시'가 됩니다.

* 상기 제19조 제3항을 "설계변경으로 인한 계약금액 조정을 시공 전에 완료해야 한다."로 이해해서는

아니 되겠습니다. 실정보고에 대해 발주기관은 무조건 방침을 줘야 하며, 방침을 준 시점이 '설계변경 당시'가 됩니다. 유념하시기 바랍니다.

○ 제19조의2(설계서의 불분명·누락·오류 및 설계서간의 상호모순 등에 의한 설계변경) ① 계약상대자는 공사계약의 이행중에 설계서의 내용이 불분명하거나 설계서에 누락·오류 및 설계서간에 상호모순 등이 있는 사실을 발견하였을 때에는 설계변경이 필요한 부분의 이행 전에 해당사항을 분명히 한 서류를 작성하여 계약담당공무원과 공사감독관에게 동시에 이를 통지하여야 한다.

② 계약담당공무원은 제1항에 의한 통지를 받은 즉시 공사가 적절히 이행될 수 있도록 다음 각호의 어느 하나의 방법으로 설계변경 등 필요한 조치를 하여야 한다.

1. 설계서의 내용이 불분명한 경우(설계서만으로는 시공방법, 투입자재 등을 확정할 수 없는 경우)에는 설계자의 의견 및 발주기관이 작성한 단가 산출서 또는 수량산출서 등의 검토를 통하여 당초 설계서에 의한 시공방법·투입자재 등을 확인한 후에 확인된 사항대로 시공하여야 하는 경우에는 설계서를 보완하되 제20조에 의한 계약금액조정은 하지 아니하며, 확인된 사항과 다르게 시공하여야 하는 경우에는 설계서를 보완하고 제20조에 의하여 계약금액을 조정하여야 함

* 지금부터는 6가지 설계변경 사유가 등장하고 있습니다. 첫 번째로 '설계서 불분명'인데요, 실제로는 많이 발생치 않는 사유입니다. 설계서만으로는 시공방법, 투입자재 등을 확정할 수 없는 경우가 '설계서 불분명' 이라는 것! 을 기억하시기 바랍니다.

---

2. 설계서에 누락·오류가 있는 경우에는 그 사실을 조사 확인하고 계약목적물의 기능 및 안전을 확보할 수 있도록 설계서를 보완

* 설계서 즉, 도면, 시방서, 물량내역서 간에 서로 모순되거나 빠진 내용은 없으나, 계약목적물의 기능 및 안전 확보를 위해 설계변경을 해야 하는 경우를 '설계서 누락·오류'로 이해하시기 바랍니다. 필요한 기능이, 요구되는 안전이 누락되었고 오류가 있어서 설계변경을 해야 할 때 동 사유를 제시하는 것입니다.

---

3. 설계도면과 공사시방서는 서로 일치하나 물량내역서와 상이한 경우에는 설계도면 및 공사시방서에 물량내역서를 일치

4. 설계도면과 공사시방서가 상이한 경우로서 물량내역서가 설게도면과 상이하거나 공사시방서와 상이한 경우에는 설계도면과 공사시방서중 최선의 공사시공을 위하여 우선되어야 할 내용으로 설계도면 또는 공사시방서를 확정한 후 그 확정된 내용에 따라 물량내역서를 일치

* 상기 내용은 '설계서 간 상호모순'을 설명하고 있습니다. 도면, 시방서, 물량내역서 간 내용이 서로 일치하지 않는 경우인데, 예를 들어 도면에 따라 10이라는 물량을 시공해야 하는데, 내역서에는 5만 반영돼 있거나 아예 반영돼 있지 않아서 보완이 필요할 때를 '설계서 간 상호모순'으로 이해하시기 바랍니다. 이 경우와 '설계서 누락·오류'는 구분됨을 앞 페이지 설명에서 확인하시기 바랍니다.

아울러, 이전에 국토교통부에서는 '설계서 간 상호모순'이 발생했을 때, 국토교통부가 정한 설계서 우선순위에 따라 최상위 설계도서에 맞춰 설계변경하도록 제시하였지만, 기획재정부 공사계약일반조건에 제시되어 있는 개념을 참고하여 현장에서 적절한 대안을 모색하는 것이 현명한 방법이라고 할 수 있습니다.

예를 들어, 도면과 시방서가 서로 상이할 경우, 무조건 도면에 맞춰 시방서를 보완하여 시공할 것이 아니라, 도면과 시방서 중 최선의 공사시공을 위해 우선되어야 할 설계서대로 설계변경 함이 타당합니다.

③ 제2항제3호 및 제4호는 제2조제4호에서 정한 공사의 경우에는 적용되지 아니한다. 다만, 제2조제4호에서 정한 공사의 경우로서 설계도면과 공사 시방서가 상호 모순되는 경우에는 관련 법령 및 입찰에 관한 서류 등에 정한 내용에 따라 우선 여부를 결정하여야 한다.

ㅇ 제19조의3(현장상태와 설계서의 상이로 인한 설계변경) ①계약상대자는 공사의 이행 중에 지질, 용수, 지하매설물 등 공사현장의 상태가 설계서와 다른 사실을 발견하였을 때에는 지체없이 설계서에 명시된 현장상태와 상이하게 나타난 현장상태를 기재한 서류를 작성하여 계약담당공무원과 공사감독관에게 동시에 이를 통지하여야 한다.

② 계약담당공무원은 제1항에 의한 통지를 받은 즉시 현장을 확인하고 현장상태에 따라 설계서를 변경하여야 한다.

* 지질, 용수, 지하매설물 등 공사현장의 상태가 설계서와 다른 경우를 '현장상태와 설계서의 상이'라고 기술하고 있습니다. 여러분은 "내가 검토하고 있는 이 사항도 '현장상태와 설계서의 상이'라고 판단할 수 있을까?"라는 의구심이 드는 경험을 하시게 될 텐데요, 당초 설계서를 보완해야 할 필요가 명백하다면 더불어, 지질, 용수, 지하매설물 등 공사현장의 상태와 관련된 내용이 아니라면 '설계서 누락·오류'로 해석하는 것이 무난할 수 있습니다.

○ 제19조의4(신기술 및 신공법에 의한 설계변경) ①계약상대자는 새로운 기술·공법(발주기관의 설계와 동등이상의 기능·효과를 가진 기술·공법 및 기자재 등을 포함한다. 이하 같다)을 사용함으로써 공사비의 절감 및 시공기간의 단축 등에 효과가 현저할 것으로 인정하는 경우에는 다음 각호의 서류를 첨부하여 공사감독관을 경유하여 계약담당공무원에게 서면으로 설계변경을 요청할 수 있다.

1. 제안사항에 대한 구체적인 설명서

2. 제안사항에 대한 산출내역서

3. 제17조제1항제2호에 대한 수정공정예정표

4. 공사비의 절감 및 시공기간의 단축효과

5. 기타 참고사항

② 계약담당공무원은 제1항에 의하여 설계변경을 요청받은 경우에는 이를 검토하여 그 결과를 계약상대자에게 통지하여야 한다. 이 경우에 계약담당공무원은 설계변경 요청에 대하여 이의가 있을 때에는 「건설기술 진흥법 시행령」 제19조에 따른 기술자문위원회(이하 "기술자문위원회"라 한다)에 청구하여 심의를 받아야 한다. 다만, 기술자문위원회가 설치되어 있지 아니한 경우에는 「건설기술 진흥법」 제5조에 의한 건설기술심의위원회의 심의를 받아야 한다.

③ 계약상대자는 제1항에 의한 요청이 승인되었을 경우에는 지체없이 새로운 기술·공법으로

수행할 공사에 대한 시공상세도면을 공사감독관을 경유하여 계약담당공무원에게 제출하여야 한다.

④ 계약상대자는 제2항에 의한 심의를 거친 계약담당공무원의 결정에 대하여 이의를 제기할 수 없으며, 또한 새로운 기술·공법의 개발에 소요된 비용 및 새로운 기술·공법에 의한 설계변경 후에 해당 기술·공법에 의한 시공이 불가능한 것으로 판명된 경우에는 시공에 소요된 비용을 발주 기관에 청구할 수 없다.

* 이상의 설계변경 사유 5가지가 공사 중 발생했을 때에는 '실정보고'라는 절차를 통해 시공자가 문제제기를 하고, 그 문제제기에 대해 발주기관이 방침을 줌(동의를 해줌)으로써 설계변경이 성립하게 됩니다.

반면, 아래의 설계변경 사유(발주기관의 필요에 의한 설계변경)가 발생했을 경우에는 발주기관이 서면으로 시공자에게 설계변경을 요청하고, 시공자가 이에 대한 답변을 서면으로 함(동의를 해줌) 으로써 설계변경이 성립하게 됩니다.

이와 같이 설계변경이 성립하는 시점이 '설계변경 당시'가 되는 것이고 이때부터 시공에 임할 수 있습니다. 물론, '설계변경으로 인한 계약금액 조정'도 설계변경 이후의 적정 시점에 해야 합니다.

○ 제19조의5(발주기관의 필요에 의한 설계변경) ①계약담당공무원은 다음 각호의 어느 하나의 사유로 인하여 설계서를 변경할 필요가 있다고 인정할 경우에는 계약상대자에게 이를 서면으로 통보할 수 있다.

1. 해당공사의 일부변경이 수반되는 추가공사의 발생

2. 특정공종의 삭제

3. 공정계획의 변경

4. 시공방법의 변경

5. 기타 공사의 적정한 이행을 위한 변경

* 과연 어디까지 '발주기관의 필요에 의한 설계변경'이라는 명목하에 설계변경을 할 수 있을까? 개인마다 정말 다양한 판단을 할 수 있지만, 우선 보편적인 사고 수준인 상식을 기준으로 판단해야 하겠고, 복잡한 사안일수록 여러 사람과의 의견 공유와 관련법령 검토가 필요합니다.

예를 들어, 본공사 시공 중 동일부지 내에 별동을 증축하는 사업이 필요할 때, 국가계약법 제7조(계약의 방법)에 따라 일반경쟁을 통한 계약을 우선 고려해야 하고, 하자, 혼잡 등이 예상될 경우에는 수의계약을 고려할 수도 있습니다. 수의계약도 관련법령에 따라 이행하여야 합니다.

* (참고) 조달청 기준: 경쟁촉진을 위한 공사의 수의계약사유 평가기준
[시행 2019. 12. 20.] [조달청지침 제4997호, 2019. 12. 20., 일부개정]

② 계약담당공무원은 제1항에 의한 설계변경을 통보할 경우에는 다음 각호의 서류를 첨부하여야 한다. 다만, 발주기관이 설계서를 변경 작성할 수 없을 때에는 설계변경 개요서만을 첨부하여 설계변경을 통보할 수 있다.

1. 설계변경개요서

2. 수정설계도면 및 공사시방서

3. 기타 필요한 서류

③ 계약상대자는 제1항에 의한 통보를 받은 즉시 공사이행상황 및 자재수급 상황 등을 검토하여 설계변경 통보내용의 이행가능 여부(이행이 불가능하다고 판단될 경우에는 그 사유와 근거자료를 첨부)를 계약담당공무원과 공사감독관에게 동시에 이를 서면으로 통지하여야 한다.

* 설계변경 검토업무를 수행하다 보면 시공자의 실정보고에 대해 발주기관이 방침을 주지 않은 경우를 많이 접할 수 있는데, 발주기관의 설계변경 요청에 대해 시공자가 이행가능 여부를 서면으로 통지한 경우는 더욱 찾아보기 힘듭니다. 특히, 후자 같은 절차를 이행해야 한다는 것을 모르는 발주기관이 대부분입니다. 이와 같은 두 경우 모두 문제가 되는 것은 아직 '설계변경 당시'가 없는 상황으로써, 설계

변경이 성립되지도 않은 것입니다.

* '설계변경 검토'는 그 절차준수 여부까지도 확인해야 하기 때문에 동 내용을 건설사업관리자 검토내용으로써 제시하는 것이 필요합니다. 설계변경은 절차 준수가 매우 중요하다는 것을 기억하시기 바랍니다.

○ 제20조(설계변경으로 인한 계약금액의 조정) ① 계약담당공무원은 설계변경으로 시공방법의 변경, 투입자재의 변경 등 공사량의 증감이 발생하는 경우에는 다음 각호의 어느 하나의 기준에 의하여 계약금액을 조정하여야 한다.

1. 증감된 공사량의 단가는 계약단가로 한다. 다만 계약단가가 예정가격단가보다 높은 경우로서 물량이 증가하게 되는 때에는 그 증가된 물량에 대한 적용단가는 예정가격단가로 한다.

2. 산출내역서에 없는 품목 또는 비목(동일한 품목이라도 성능, 규격 등이 다른 경우를 포함한다. 이하 "신규비목"이라 한다)의 단가는 설계변경 당시(설계도면의 변경을 요하는 경우에는 변경도면을 발주기관이 확정한 때, 설계도면의 변경을 요하지 않는 경우에는 계약당사자간에 설계변경을 문서에 의하여 합의한 때, 제19조제3항에 의하여 우선시공을 한 경우에는 그 우선시공을 하게 한 때를 말한다. 이하 같다)를 기준으로 산정한 단가에 낙찰율(예정가격에 대한 낙찰금액 또는 계약금액의 비율을 말한다. 이하 같다)을 곱한 금액으로 한다.

* '설계변경 당시'에 대한 설명이 나왔습니다. 3가지로 기술하고 있는데, 첫 번째, 두 번째는 시공자의 실정보고에 대해 발주기관이 방침을 준 시점이고, 세 번째는 실정보고 등의 조치를 하기도 전에 우선시공 하게끔 한 때를 말합니다.

---

② 발주기관이 설계변경을 요구한 경우(계약상대자의 책임없는 사유로 인한 경우를 포함한다. 이하 같다)에는 제1항에도 불구하고 증가된 물량 또는 신규비목의 단가는 설계변경당시를 기준으로 하여 산정한 단가와 동 단가에 낙찰율을 곱한 금액의 범위안에서 발주기관과 계약상대자가 서로 주장하는 각각의 단가기준에 대한 근거자료 제시 등을 통하여 성실히 협의(이하 "협의"라 한다)하여 결정한다.

다만, 계약당사자간에 협의가 이루어지지 아니하는 경우에는 설계변경 당시를 기준으로 하여 산정한 단가와 동 단가에 낙찰율을 곱한 금액을 합한 금액의 100분의 50으로 한다.

③ 제2항에도 불구하고 표준시장단가가 적용된 공사의 경우에는 다음 각호의 어느 하나의 기준에 의하여 계약금액을 조정하여야 한다.

1. 증가된 공사량의 단가는 예정가격 산정 시 표준시장단가가 적용된 경우에 설계변경 당시를 기준으로 하여 산정한 표준시장단가로 한다.

2. 신규비목의 단가는 표준시장단가를 기준으로 산정하고자 하는 경우에 설계변경 당시를 기준으로 산정한 표준시장단가로 한다.

* 국토교통부의 실적공사비가 표준시장단가로 명칭이 바뀌었습니다. 당초 동 단가는 실제 현장의 원도급자 및 하도급자 간의 계약단가를 기반으로 작성이 되었는데요, 입찰이나 설계변경 과정 중 낙찰률 또는 협의율이 적용됨으로 인해 업계에서 많은 문제제기를 했었습니다. 정부도 그 문제점을 인식하고 설계변경 시 표준시장단가에 대해서는 100%를 적용토록 하고 있습니다. 즉, 협의율이 100%가 되는 것입니다.

* (계약예규) 예정가격작성기준에서는 '원가계산에 의한 예정가격 작성', '표준시장단가에 의한 예정가격 작성' 등을 제시하고 있는데, 대부분의 발주기관에서는 전자에 따라 예정가격을 작성하고 있습니다. 즉, 표준 시장단가를 적용하지 않아도 된다는 것입니다.

  참고로, 조달청은 표준 시장단가(재료비, 노무비, 경비 구분 없음)를 조달청 원가계산 방식에 활용할 수 있도록 재분석(재노경 구분)하여 활용하고 있습니다. 참고로 조달청에 요청되는 설계변경 건에 대해서도 조달청이 분석한 표준시장단가를 활용하고 있습니다.

* 발주기관이 조달청에 요청하지 않고 자체적으로 설계변경 업무를 처리하는 경우로써, '원가 계산에 의한 예정가격 작성'에 따라 계약 체결된 공사라면 표준시장단가를 반영해야 할 의무는 없는 것입니다.

④ 제19조의4에 의한 설계변경의 경우에는 해당 절감액의 100분의 30에 해당하는 금액을 감액한다.

⑤ 제1항 및 제2항에 의한 계약금액의 증감분에 대한 간접노무비, 산재 보험료 및 산업안전보

건관리비 등의 승율비용과 일반관리비 및 이윤은 산출내역서상의 간접노무비율, 산재보험료율 및 산업안전보건관리비율 등의 승율비용과 일반관리비율 및 이윤율에 의하되 설계변경당시의 관계법령 및 기획재정부장관 등이 정한 율을 초과할 수 없다.

* 설계변경 시 원가계산 제비율은 산출내역서 조건대로 반영하는 것입니다. 일반적으로 산재, 고용, 건강, 연금보험료 등의 제비율은 해를 거듭할수록 상승하지만 설계변경 업무를 처리할 때만큼은 당초 산출내역서 율대로 하라는 뜻입니다.

단, 반대로 그 제비율이 내려간 경우라면 그때에는 내려간 율을 적용하라는 취지입니다.
예를 들어, 2018년에 발주한 공사의 산재보험료는 노무비의 4.05%를 반영해야 했는데 공사추진 중 2019년에 설계변경이 발생되어 계약금액을 조정하려고 보니 (설계변경 당시의 관계법령에서) 노무비의 3.75%를 제시하고 있다면 설계변경으로 증가된 노무비에 3.75%를 적용한 금액을 구해 당초의 산재보험료와 합산해 주면 되는 것입니다.

⑥ 계약담당공무원은 예정가격의 100분의 86미만으로 낙찰된 공사계약의 계약금액을 제1항에 따라 증액조정하고자 하는 경우로서 해당 증액조정금액(2차 이후의 계약금액 조정에 있어서는 그 전에 설계변경으로 인하여 감액 또는 증액조정된 금액과 증액조정하려는 금액을 모두 합한 금액을 말한다)이 당초 계약서의 계약금액(장기계속공사의 경우에는 시행령 제69조제2항에 따라 부기된 총공사금액)의 100분의 10 이상인 경우에는 시행령 제94조에 따른 계약심의회, 「국가재정법 시행령」 제49조에 따른 예산집행심의회 또는 「건설기술 진흥법 시행령」 제19조에 따른 기술자문 위원회의 심의를 거쳐 소속중앙관서의 장의 승인을 얻어야 한다.

⑦ 일부 공종의 단가가 세부공종별로 분류되어 작성되지 아니하고 총계방식으로 작성(이하 "1식단가"라 한다)되어 있는 경우에도 설계도면 또는 공사시방서가 변경되어 1식단가의 구성내용이 변경되는 때에는 제1항 내지 제5항에 의하여 계약금액을 조정하여야 한다.

⑧ 발주기관은 제1항 내지 제7항에 의하여 계약금액을 조정하는 경우에는 계약상대자의 계약금액조정 청구를 받은 날부터 30일 이내에 계약금액을 조정하여야 한다. 이 경우에 예산배정의 지연 등 불가피한 경우에는 계약상대자와 협의하여 그 조정기한을 연장할 수 있으며, 계약금액을 조정할 수 있는 예산이 없는 때에는 공사량 등을 조정하여 그 대가를 지급할 수 있다.

⑨ 계약담당공무원은 제8항에 의한 계약상대자의 계약금액조정 청구 내용이 부당함을 발견한 때에는 지체없이 필요한 보완요구 등의 조치를 하여야 한다. 이 경우 계약상대자가 보완요구 등의 조치를 통보받은 날부터 발주기관이 그 보완을 완료한 사실을 통지받은 날까지의 기간은 제8항에 의한 기간에 산입하지 아니한다.

⑩ 제8항 전단에 의한 계약상대자의 계약금액조정 청구는 제40조에 의한 준공대가(장기계속계약의 경우에는 각 차수별 준공대가) 수령 전까지 조정 신청을 하여야 한다.

ㅇ 제21조(설계변경으로 인한 계약금액조정의 제한 등) ① 다음 각 호의 어느 하나의 방법으로 체결된 공사계약에 있어서는 설계변경으로 계약내용을 변경하는 경우에도 정부에 책임있는 사유 또는 천재·지변 등 불가항력의 사유로 인한 경우를 제외하고는 그 계약금액을 증액할 수 없다.

1. 〈신설 2011. 5. 13., 삭제 2016. 1. 1.〉

2. 시행령 제78조에 따른 일괄입찰 및 대안입찰(대안이 채택된 부분에 한함)을 실시하여 체결된 공사계약

3. 시행령 제98조에 따른 기본설계 기술제안입찰 및 실시설계 기술제안입찰(기술제안이 채택된 부분에 한함)을 실시하여 체결된 공사계약

* 상기 제21조 제1항은 일괄입찰(턴키) 또는 기술제안입찰 건에 대한 설계변경 검토 시 꼭 기억하셔야 할 중요한 내용입니다.

② 계약담당공무원은 시행령 제14조제1항 각 호 외의 부분 단서에 따라 물량내역서를 작성하는 경우에는 물량내역서의 누락사항이나 오류 등으로 설계를 변경하는 경우에도 그 계약금액을 변경할 수 없다. 다만, 입찰참가자가 교부받은 물량내역서의 물량을 수정하고 단가를 적은 산출내역서를 제출하는 경우에는 입찰참가자의 물량수정이 허용되지 않은 공종에 대하여는 그러하지 아니하다.

③ 각 중앙관서의 장 또는 계약담당공무원은 시행령 제78조에 따른 일괄 입찰과 제98조에 따른 기본설계 기술제안입찰의 경우 계약체결 이전에 실시설계적격자에게 책임이 없는 다음 각 호의 어느 하나에 해당하는 사유로 실시설계를 변경한 경우에는 계약체결 이후에 즉시

설계변경에 의한 계약금액 조정을 하여야 한다.

1. 민원이나 환경·교통영향평가 또는 관련 법령에 따른 인허가 조건 등과 관련하여 실시설계의 변경이 필요한 경우

2. 발주기관이 제시한 기본계획서·입찰안내서 또는 기본설계서에 명시 또는 반영되어 있지 아니한 사항에 대하여 해당 발주기관이 변경을 요구한 경우

3. 중앙건설기술심의위원회 또는 기술자문위원회가 실시설계 심의과정에서 변경을 요구한 경우

* 참고로, 조달청 예산사업관리과는 계약단가를 적용하는 경우 '설계변경 당시'를 기준으로 동 단가를 새롭게 산정한 단가로 보아 물가변동이 반영된 단가로 해석합니다. 동 내용은 계약단가 적용 여부에 대한 중요한 판단기준이 되므로 꼭 기억하시기 바랍니다.

STEP 1 설계변경 관련규정 이해하기

STEP 2 설계변경 검토서류 살펴보기

STEP 3 설계변경 시 주의사항 및 참고사항

검토서류 목록

	설계변경 검토 시 작성 및 구비 서류
1	증가된 물량 및 신규비목 단가조사서(견적서 등 가격조사자료 포함)
2	설계변경 물량산출 검토·확인서
3	공사계약서(장기계속공사의 경우 차수별 계약서)
4	설계변경 발의문서 등(설계변경 적용시점 협의문서 포함)
5	변경 전·후 설계도면
6	변경 전·후 시방서
7	변경 전·후 내역서(일위대가, 단가산출서 포함)
8	「공사계약일반조건」 제20조 제2항에 따른 단가 협의서(협의문서 포함)
9	「공사계약일반조건」 제20조 제6항에 따른 소속중앙관서 장의 승인서

* 증가된 물량 단가조사서는 계약단가를 적용코자 하는 경우에 필요합니다.
* 공사계약서는 낙찰률 등의 확인용으로 활용하시기 바랍니다.
* 설계변경 발의문서 등은 '설계변경 당시' 성립 등 절차준수 확인용으로 활용하시기 바랍니다.
* 단가협의서는 '협의율'결정 등 절차준수 확인용으로 활용하시기 바랍니다.
* 소속중앙관서 장의 승인서 관련, 공사계약일반조건 제20조 제6항의 내용을 꼭 기억하시기 바라며, 검토 내용 작성 시에도 인용하시기 바랍니다.

▦ 설계변경 사유서 및 근거 (예시양식)

1) 건축공사

순번	당초 계약내용	변경 계약내용	설계변경 사유	증감금액 〈도급직접 공사비〉	증감금액 〈관급 자재〉	근 거
1			설계서 간 상호 모순 물량누락 현장 지질여건과 설계서와 상이 품질개선 (시공사 요청) 수요기관 변경 요청			(붙임 1) ☞ 기 실정보고시 붙임 서류를 작성하고 단가를 확정했다면 실정보고서 문서를 그대로 첨부하면 됨 (설계변경 업무 간소화 방안)
건축 직접공사비 소계						

2) 공종별 집계금액

구 분	당 초	변 경	증 감	비 고
건 축				
토 목				
조 경				
설 비				
전 기				
통 신				
소 방				
직접공사비 계				
제경비 계				
소요 예산				
관급자재비				

붙임 : 1. 당초 설계도면 및 변경도면 각 1부.

2. 설계변경 물량산출 검토·확인서 1부.
 * 수량산출서, 계산서, 산정 근거 등

3. 가격조사서 및 단가 협의서 1부.

4. 관련법령 각 1부.

5. 관련사진 각 1부.

6. (설계변경 원인행위) 관련문서 및 회의록
 * 공정회의록, 실정보고서 및 CM 기술검토 의견서, 수요기관 방침 결정(변경) 문서 등

7. 기타 조사내용 등 관련서류 1식. 끝.

▦증가된 물량 단가조사서(예시 양식)

☞ 공 사 명 : ◯◯신축공사 (낙찰률 80%)

순번	품명	규격	단위	수 량			조사단가		적용단가 (A) Min	비 고 (A/B)%
				당초	변경	증가량	예정가격 단가(B) (조사내역서)	계약단가 (산출내역서)		
1	A						1000	800	800	80%
2	B						600	800	600	100%
3	C						900	800	830	93%

* 물량증가 품목은 설계변경 당시의 가격을 재산정(재검토)하여 적용단가를 협의하는 것이 원칙이며, 단, 적용단가(A)는 예정가격 단가(B)를 초과하여서는 아니 됩니다.

* 'A' 품목의 적용단가는 계약단가를 적용하더라도 설계변경 당시에 산정한 단가와 동 단가에 낙찰율을 곱한 금액의 범위안에서 발주기관과 협의 후 결정하는 것이 원칙이며, 계약단가(800원)를 적용하여도 적정한지 여부를 검토한 이후 결정하여야 합니다.

* 'B' 품목의 적용단가는 800원으로 절대 산정하여서는 아니 됩니다.
  계약단가 적용을 요구해온 경우, 국가계약법 시행령 제3항 제1호를 적용하면 상기 예시와 같이 정리됩니다. 그런데, B의 경우 입찰당시 단가가 600원이라면 '설계변경 당시'를 기준으로 산정하더라도 600원 선일 것입니다. 그렇다면, 계약단가를 적용함으로써, 협의율이 거의 100%가 되므로, B항목의 경우에는 설계변경 당시를 기준으로 새롭게 산정한 후 협의율을 80~100% 사이에서 정하는 것이 타당한 방안입니다.

* 'C' 품목의 적용단가는 예정가격 단가(B) 900원을 초과하지 않지만, 계약단가(A) 800원으로도 적용하지 않는 경우는 설계변경 당시의 가격이 원자재 가격 급등 등이 증빙되어 단가 상승을 검토☒확인하고 협의(동의)한 가격의 경우에 해당됩니다.

* 설계변경 대상이 되는 항목의 계약단가가 설계변경 당시를 기준으로 산정할 수 있는 단가의 100%에 육박한다면 이 경우에는 원칙대로 즉, 국가계약법 시행령 제3항 제3호대로 산정하는 것이 타당합니다. 즉, 계약단가 적용을 불허하는 것이며, 계약단가를 활용하는 것이 일반적인 경우 원칙이 아니므로 상기 내용(계약단가 적용)에 대해서는 건설사업관리자가 검토의견을 제시해야 하겠습니다.

▦ 감소된 물량 : 반드시 계약단가를 적용하여 감액

▦ 신규비목 단가 조사서(예시 양식)

책임건설사업관리기술자

☞ 공 사 명:

1. 적용기준: 00년 0/0분기 예정가격 기초자료

2. 낙 찰 률: %

3. 협 의 율: %

4. 단가산정

①국토교통부의 표준시장단가: 100% 적용

②조달청 가격: 100% 적용

③시중가격정보지 및 견적가격: 최저가의 88~90% 적용

④실거래(세금계산서, 하도급계약서 등) 가격 : 100% 적용

5. 적용단가(비고란에 표시)
 - A(조달청 가격) / B(물가지가격) / C(견적가격) / D(표준시장단가)

순번	품명	규격	단위	수량	단가구분(재노경)	조사단가						최저단가	단가산정(A) *가격조사서 결과반영	적용단가(A*협의율)	합계금액(천원)	비고
						물가지1 견적1	물가지2 견적2	물가지3 견적3	국토부/조달청 가격	일위대가(단가산출서)	거래실례가격					
1					재											
					노											
					경											
					합											
2					재											
					노											
					경											
					합											

붙임 : 가격조사 자료 1식. 끝.

▦ 신규비목 가격조사 자료

가격조사서(통화내용)

공사명: 『○○○○ 신축공사』(건축)

조사자: 건설사업관리기술자 ○ ○ ○ (인)

[금액단위 : 원]

품 명	수량	회사명 /통화자	전화번호	통화일시	물가지금액 /조사금액	조사율 (%)	비고
							(VAT 별도)
							(VAT 별도)
							(VAT 별도)
							(VAT 별도)
							(VAT 별도)
							(VAT 별도)
							(VAT 별도)
							(VAT 별도)
							(VAT 별도)

※ 통화내용의 신뢰도 확보 여부, 구매물량, 결재조건 등에 따라 가격 편차가 발생할 수 있어 정확하게 질의하여야 함

* 붙임 : 각종 견적서 및 거래명세서(세금계산서) 등 가격조사 근거서류 1식.

▦ 설계변경 물량산출 검토·확인서 (예시양식)

☞ 공 사 명:

상기 공사에 대하여 하기 물량산출기준을 근거로 물량산출서를 작성하였으며, 물량산출기준 및 물량산출내용을 검토·확인하였음

확인 : 책임건설사업관리기술자 직급 : 성명 : (서명)

○ 설계변경 항목의 수량산출 기준

※ 예시자료(○○○ 공사에 적용된 수량산출 기준)

2.15. 인화물용리프트 설치,해체 (M)
○ 산출기준:
○ 범위: GL~파라펫상부 + 3M까지 적용하여 산출
○ 규격: 엘리베이터형
○ 방법: 신약개발지원센터(49m-1대), 첨단의료기기개발지원센터(27m-1대): 2대 산출

〈 건설사업관리 기술자 검토결과 〉
- 검토·확인한 내용을 기술 -

* [시사점] ① 설계 오류를 설계단계에서 확인하지 못하고 시공단계로 넘어가면, 그 오류를 정정하기 위해 몇 배의 행정절차(노력)가 수반됩니다.

☞ 입찰 전에는 도면, 내역서 등 설계서가 단지 종이에 불과하지만 입찰 과정을 거쳐 시공자와 계약하는 순간, 계약문서로써 그 역할을 하게 됩니다.

그 계약문서 상의 문구, 토시 하나 정정할 때마다 계약상대자 간 합의과정이 필요하고, 동 합의(설계변경) 및 그로 인한 변경계약(계약금액 조정)을 위해 ① 실정보고(시공자) → ② 검토·확인서 작성(CM) → ③ 설계변경 방침회신(발주기관) → ④ 발주기관 방침회신(CM) → ⑤ 변경계약 요청(시공자) → ⑥ 변경계약 검토·확인(CM) → ⑦ 변경계약조치(발주기관) → ⑧ 변경계약 결과 하도급자 통보(발주기관) → ⑨ 변경계약 결과 하도급자 통보(CM) 등 10여 단계의 행정절차가 수반됩니다.

② 경우에 따라 설계 관계자에 대해 벌점 등 징계 조치가 있을 수 있음

☞ 특히, 기획재정부는 설계변경 사안(고의성 여부, 경미·중대한 사항...)에 따라 물적·인적 제재 지침을 운용하고 있습니다.

③ 설계변경 신규 및 물량증가 품목의 단가는 건설현장에서 물가변동 등을 고려하여 대부분 낙찰률이 아닌 협의율을 적용하고 있습니다.

* [결론] 상기 시사점을 통해 정말 강조하고 싶은 핵심은 이것입니다. 이처럼 설계변경 과정은 많은 행정 소요시간이 필요합니다. 그래서 설계단계에서 설계자, 발주기관, 건설사업관리자 모두 전문적인 노력을 효과적으로 투입하고 합심하여 설계서의 완성도를 높이는 것이 발주기관, CM, 시공자 및 기획재정부 등이 함께 웃을 수 있는 최선의 길이라는 것을 기억해 주시기 바랍니다.

설계변경 단가 협의률 결정 협의서 (예시 양식)

ㅇ제목 : 설계변경 단가 적용 협의서 및 단가 협의율 결정

- 공사명 : :

- 협의 일시/장소 :

- 협의자 (참석자 명단)

발주청		건설사업관리기술자		시공사		비고
직·성 명	서명	직·성 명	서명	직·성 명	서명	

ㅇ협의 내용

1. 신규 및 물량증가 품목

  ㅇ표준시장단가(국토교통부 고시) 및 거래실례가격(세금계산서, 거래명세서, 하도급계약서, 납품확인서 등)×100%(조사율)×100%(협의율)

  ㅇ가격정보가격(조달청), 시장시공가격(조달청) 및 유류대/환율, 정부노임단가×100%(조사율)×87.500%(협의율)

  ㅇ시중물가지 및 견적서 가격×[ex)80~90%(품목별 조사율)]×87.500% (협의율)

2. 물량감소 품목 : 기 계약된 도급 단가 적용

3. 관련 법령

① 국가계약법 시행령 65조(설계변경으로 인한 계약금액의 조정)
② 공사계약일반조건 제20조(설계변경으로 인한 계약금액의 조정)

<table><tr><td>
① (제20조 ①항 1호에 따라) 증감된 공사량의 단가는 계약단가로 한다. 다만 계약단가가 예정가격단가보다 높은 경우로서 물량이 증가하게 되는 경우 그 증가된 물량에 대한 적용단가는 예정가격단가 (조달청과 계약 시 조달청 조사내역서 참조)로 한다.

② (제20조 ①항 2호에 따라) 신규비목 단가는 설계변경 당시를 기준으로 산정한 단가에 낙찰율을 곱한 금액으로 한다.

③ (제20조 ②항에 따라) 발주기관이 설계변경을 요구한 경우(계약상대자의 책임없는 사유로 인한 경우를 포함)에는 제1항의 규정에 불구하고 증가된 물량 또는 신규비목의 단가는 설계변경 당시를 기준으로 하여 산정한 단가와 동 단가에 낙찰율(75.000%)을 곱한 금액의 범위 안에서 발주기관과 계약상대자간에 협의하여 결정토록 규정, 이에 따라 발주청(건설사업관리자 포함)과 계약상대자(시공자)가 단가기준에 대한 근거자료 제시 등을 통하여 성실히 협의한 결과, 협의율 87.500%(설계변경당시를 기준으로 하여 산정한 단가와 동 단가에 낙찰율을 곱한 금액을 합한 금액의 100분의 50)로 적용키로 합의함
</td></tr></table>

3. 예외 적용

① '설계변경으로 인한 계약금액 조정' 증액금액이 경미하여 시공사가 계약단가의 적용을 요구한 경우, (계약단가가 예정가격단가를 초과하지 않은 범위 내에서) 계약상대자간의 협의결과에 따라 당초 계약단가를 적용키로 합의함 (설계변경 단가 적용 적정성 검토서 참조)

② 표준시장단가에 해당하는 증가된 공사량 및 신규비목 단가는 설계변경 당시를 기준으로 산정한 표준시장단가 단가 100%를 협의단가로 반영키로 합의함 (공사계약일반조건 제20조③항2)

③ 거래실례가격(납품확인서, 거래명세서, 세금계산서, 하도급계약서 등)은 설계변경 당시를 기준으로 산정한 단가 100%를 협의단가로 반영하기로 합의함

– 협의율 및 단가 협의(안) –

구 분	건설사업관리자 제시	시공자 요구 (최초 제시)	설계변경단가 (협의단가)
거래실례가격 등	거래실례가격 × 100%× 낙찰률%	거래실례가격 × 100% × 100%	거래실례가격 × 100% × 협의율%
시장시공가격 등	시장시공가격 × 100%× 낙찰률%	시장시공가격 × 100% × 100%	시장시공가격 × 100% × 협의율%
시중물가지가격	시중물가지가격 ×조사율%×낙찰률%	시중물가지가격 × 100% × 100%	시중물가지가격 ×조사율%×협의율%
견적가격	견적가격 ×조사율%×낙찰률%	견적가격 × 100% × 100%	견적가격 ×조사율%×협의율%

* '거래실례가격 등'에는 표준시장단가(국토교통부) 및 실 구매/거래 단가

* '시장시공가격 등'에는 시장시공가격(조달청), 가격정보(조달청), 유류대/환율, 정부노임단가 포함

* 조사율(%) : 시중물가지 또는 견적서 등 단가 대비 건설사업관리기술자가 가격조사한 단가 (=산정한 단가) 율(%)

* 협의율(%) : 산정한 단가에 적용하기 위한 낙찰률과 100% 사이에서 계약 상대자가 성실히 협의하여 결정한 율(%)

* ex) $\frac{\text{견적가격} \times \text{조사율}}{\text{(산정한 단가)}} \times \text{협의율\%} = \text{설계변경 반영 단가}$

* '구매실례가격 등' 각 구분 항목별 협의율은 공사량 등에 따라 서로 상이할 수 있음

▶ (회의 결론)

ㅇ상기 사전 및 최종 단가 적용 협의결과에 대해 발주청 및 계약상대자 간에 합의함

붙임 : 1. 건설사업관리자와 계약상대자 간 사전 협의문 1부.

2. 동 협의결과 반영 대상 설계변경 리스트(List) 1부. 끝.

변경계약 (예시 양식)

ㅇ 시공사 (변경계약 요청, 변경합의서 등 변경계약 관련 서류 일체 포함) → 건설사업관리단(변경계약요청, 계약내용 변경 검토·확인서 등 계약내용 변경 개요서 등 관련서류 포함) → 발주기관(계약체결(조달청 등) 기관에 변경계약 요청, 변경합의서를 포함한 변경계약 서류 일체 포함)→ 발주기관 건설사업관리자에게 변경계약 내용 통보

⊙ 도급자(시공사)

수신 : 건설사업관리단

참고 : 담당과(담당자)

제목 : 계약내용 변경 요청 건 (제 1회 설계변경 및 준공기간 연기)

내용 :

1. 귀 단의 무궁한 발전을 기원합니다.

2. 관련근거
   가. 공사계약일반조건 제19조 (설계변경 등)
   나. 공사계약일반조건 제19조의 3 (설계서의 불분명, 누락, 오류 및 설계서간 상호 모순 등에 의한 설계변경)
   다. 발주기관 공사지침 변경(문서번호, '20.00.00.)

3. 상기 근거에 따라 계약금액 및 준공기한 연기에 대하여 제1회 계약내용 변경을 요청하오니 검토 후 조치하여 주시기 바랍니다.

* 붙임 : 1. 계약내용 변경 개요 1부
   * 공사명, 당초 계약금액, 변경계약금액, 당초 준공기한, 변경 준공기한, 증가일 등을 표기
   2. 설계변경 사유서 및 준공기한 변경 사유서 각 1부.
   3. 단가 적용 협의서 1부.
   4. 변경 내역서 1부.
   5. 관련 근거 서류 1식.   끝.

계약내용 변경 개요

1. 공 사 개 요

가. 공 사 명:
나. 발 주 청:
다. 대지위치:
라. 공사규모:
마. 계 약 자:
바. 계약내용 변경

(금액단위 : 천원)

		계 약 내 용			
			변 경		
총차	계약금액				설계변경
	준공기한				
금차 (1차)	계약금액				설계변경 및 차수조정
	준공기한				

2. 계약내용 변경 사유 (간단히게 작성)

ㅇ[설계변경/준공기한 연기] ○○추가 공사 및 발주기관의 공사 지침 변경 요청

ㅇ[차수 조정] 동절기 이전 구조체 공사 완료를 위해 공사순서 및 물량 조정 및 수요기관 일부 공간 사전 입주를 위해 공사순서 조정 등

* 차수 조정은 별도 세부내역을 작성함이 필요

ㅇ[준공기한 연기] 동절기 공사중지 기간 반영 및 설계변경으로 인한 계약물량 증가로 인한 공기연장

ㅇ기타 특이사항 정리 등

합 의 서

관리번호	제 ○○○○○○○-○○ 호	계약번호	제 ○○○○○○ 호
공 사 명	○○○○○○○ 신축공사(건축)		
공사현장	○○광역시 ~ (일원)		

당사는 ○○기관과 계약 체결하여 시공중에 있는 상기 공사에 대하여 다음과 같이 공사계약 내용이 변경됨에 합의하고 하등의 이의를 제기치 않고 계약자로서의 의무를 성실히 이행할 것을 확약합니다.

합 의 내 용

구 분		당 초	변 경	비 고[증(감)]
총차	계약금액	000원	000원	증 000원
	공사기간	0000.00.00. ~ 0000.00.00.	0000.00.00. ~ 0000.00.00.	0000.00.00. ~ 0000.00.00.
1차	계약금액	000원	000원	증 000원
	공사기간	0000.00.00. ~ 0000.00.00.	0000.00.00. ~ 0000.00.00.	0000.00.00. ~ 0000.00.00.

※ 특기사항 기재(필요시)

○○○○년 ○○월 ○○일

회 사 명 : ○○○○ (주)
대 표 자 : ○○○ (인)
주 소 : ○○○○ ○○○ ○○○ ○○○ 123번지

회 사 명 : ○○○○ (주)
대 표 자 : ○○○ (인)
주 소 : ○○○○ ○○○ ○○○ 321번지

○ ○ 기관장 귀 하

□ 건설사업관리단의 계약내용 변경 검토·확인서(예시)

<table>
<tr><td colspan="6">계약내용 변경 검토 · 확인서</td></tr>
<tr><td>공사명</td><td>□ 자체의견</td><td>▦ 계약상대자 제출</td><td>▦ 발주청 요청</td><td>설계일자</td><td>공종</td></tr>
<tr><td rowspan="2">검토□ 확인자</td><td>검토자
(건설사업관리
기술자)</td><td>설계자
(책임건설사업
관리기술자)</td><td>심사자
(기술지원건설
사업관리기술자)</td><td>'○○.○○.</td><td></td></tr>
<tr><td>건축 ○ ○ ○
토목 ○ ○ ○
조경, ○ ○ ○
기계 ○ ○ ○</td><td>○ ○ ○</td><td>건축 ○ ○ ○
토목 ○ ○ ○
조경 ○ ○ ○
기계 ○ ○ ○</td><td></td><td></td></tr>
<tr><td>제 목</td><td colspan="5">변경계약(총차 및 1차 제2회 설계변경) 검토·확인</td></tr>
</table>

1. 관련 법령

2. 관련 근거
   - ○○○○과-○○○○호(○○○○.○○.○○.) "설계변경 방침결정사항 알림"
   - ○○○○과-○○○○호(○○○○.○○.○○.) "설계변경 통보"

3. 검토·확인 내용
   1) 계약금액 조정 : 구분/당초/변경/증감/비고

   2) 주요 점검사항

구 분	점검내용	첨부		비 고
변경계약 서류	1) 계약내용 변경 개요	유▦	무□	
	2) 설계변경 사유서	유▦	무□	
	3) 공사내역서(총차,1차)	유▦	무□	
	4) 단가/물량 적용표 : 신규/물량증감	유▦	무□	
	5) 설계변경 단가 조사서	유▦	무□	
	6) 수량산출집계표(수량산출서)	유▦	무□	
	7) 도면	유▦	무□	

3) 세부 점검사항

항 목	검토내용	검토·확인 결과	비 고
원가계산서	• 직접재료비 : 원 • 직접노무비 : 원 • 간접노무비 : 원 (직접노무비×0.000%) • 산출경비 : 원 • 산재보험료 : 원 (노무비×0.000%) • 고용보험료 : 원 (노무비×0.000%) • 건강보험료 : 원 (직접노무비×0.000%) • 노인장기요양보험료 : 원 (건강보험료×0.000%) • 연금보험료 : 원 (직접노무비×0.000%) • 퇴직공제부금비 : 원 (직접노무비×0.000%) • 산업안전보건관리비 : 원 (재+직노)×0.000%) • 공사이행보증서발급수수료 : 원 [(재+직노+산경)×0.000%+0.0백만원]× 공기(000÷000) • 건설하도급보증수수료 : 0원 (재+직노+산출경비)×0.000% • 기타경비 : 0원 (재료비+노무비)×0.000%) • 환경보전비 : 0원 (재+직노+산출경비+)×0.000%)	적정함	
내역서	변경 전·후 내역서	적정함	

	물량감소	산출내역서상의 단가 적정함	적정함	
단가 적용	신규 및 증가물	• 표준시장단가(국토교통부 고시) 및 거래 실례 가격) × 100% (조사율) × 100%(협의율) • 가격정보가격(조달청), 시장시공 가격(조달청) 및 유류대/환율, 정부노임단가 × 100%(조사율) × 87.500%(협의율) • 시중물가지 및 견적서 가격 × [ex)80~90%(품목별 조사율)] × 87.500% (협의율) • 설계변경 단가 조사서 적정여부	적정함	
수량산출		수량산출서 및 집계표 적정여부 확인 적정함	적정함	
도 면		• 변경 전·후 도면 • 치수 및 변경 부분 표기(버블표기)	적정함	

4. 설계변경 세부내용

구분	변경사유	내용			비고
		당초	변경	증(감)금액	
기계1					
기계2					
기계3					
소계	직접공사비(재료비+노무비+경비)			(증) 000원	
직접공사비 계 (건+토+조+기)		000원	000원	(증) 000원	
제경비		000원	000원	(증) 000원	
계		000원	000원	(증) 000원	
부가가치세		000원	000원	(증) 000원	
합 계		000원	000원	(증) 000원	
관급자재비		000원	000원	(증) 000원	

5. 공사기간

구 분	당 초	변 경	비 고
총차	0000.00.00. ~ 0000.00.00.	0000.00.00. ~ 0000.00.00.	증 00일
1차	0000.00.00. ~ 0000.00.00.	0000.00.00. ~ 0000.00.00.	증 00일

6. 검토·확인결과

최적의 공사목적물을 완성하기 위하여 발주청 요청 및 설계서 누락·오류 보완 등의 설계변경 사항을 계약문서(설계서 등)에 반영하고, 설계변경 수량 및 단가를 면밀히 검토·확인한 결과 동 변경계약 서류는 적정한 절차와 내용 으로 작성되었음. 끝.

○○○○ 신축공사 책임건설사업관리기술자 ○○○ (인)

○ 변경계약 시 주의 및 참고사항

- 건설사업관리기술자는 설계변경 등으로 인한 계약금액의 조정을 위한 각종 서류를 시공자로부터 제출 받아 검토·확인한 후 건설사업관리용역업자 대표자에게 보고하여야 하며, 대표자는 소속 기술지원기술자로 하여금 검토·확인케 하고 대표자 명의로 발주청에 제출하여야 한다.

  이때 변경설계서의 설계자로 책임건설사업관리기술자가 심사자로 기술지원기술자가 날인하여야 한다.

- (원가계산서 검토·확인) 계약금액의 증감분에 대한 간접노무비, 산재보험료 및 산업안전보건관리비 등의 승율비용과 일반관리비 및 이윤은 산출내역서상의 간접노무비율, 산재보험료율 및 산업안전보건관리비율 등의 승율비용과 일반관리비율 및 이윤율에 의하되 설계변경 당시의 관계법령 및 기획재정부장관 등이 정한 율을 초과할 수 없다.

ㅇ설계변경으로 인한 계약금액 조정 결과 통보

≪건설사업관리자가 대행하여 문서 시행≫

- 「건설산업기본법」제36조(설계변경 등에 따른 하도급대금의 조정 등) ① 수급인은 하도급을 한 후 설계변경 또는 경제 상황의 변동에 따라 발주자로부터 공사금액을 늘려 지급받은 경우에 같은 사유로 목적물의 준공에 비용이 추가될 때에는 그가 금액을 늘려 받은 공사금액의 내용과 비율에 따라 하수급인에게 비용을 늘려 지급하여야 하고, 공사금액을 줄여 지급받은 때에는 이에 준하여 금액을 줄여 지급한다.

② 발주자는 발주한 건설공사의 금액을 설계변경 또는 경제 상황의 변동에 따라 수급인에게 조정하여 지급한 경우에는 대통령령으로 정하는 바에 따라 공사금액의 조정사유와 내용을 하수급인(제29조제3항에 따라 하수급인으로부터 다시 하도급받은 자를 포함한다)에게 통보하여야 한다.

STEP 1 설계변경 관련규정 이해하기
STEP 2 설계변경 검토서류 살펴보기
STEP 3 설계변경 시 주의사항 및 참고사항

1. 설계변경 업무처리 간소화 방안

1) 설계변경계약은 가능하면 차수별로 '설계변경으로 인한 계약내용변경을 한번만 시행하고, 준공 때 계약금액 범위 내에서 준공 정산(설계변경 계약)함이 행정업무를 간소화하는 방안임.

2) (장기계속공사가 아닐 경우) 1차 변경계약 이후 추가로 변경이 필요한 부분은 준공정산으로 변경 처리함이 필요

3) 준공정산은 계약금액 범위 내 정산이며, 공사금액 증액이 필요시에는 반드시 변경계약이 필요

4) 실정보고(시공사), 기술검토확인서(건설사업관리단), /변경지침 결정/승인 절차 등 설계변경 업무를 수행시 앞에서 언급한 설계변경관련 일체의 서류*를 첨부하고 단가를 포함하여 확정하여,

* 1. 당초 설계도면 및 변경도면 각 1부 / 2. 설계변경 물량산출 검토·확인서 1부. / 3. 가격조사서 및 단가 협의서 1부. / 4. 관련법령 각 1부. / 5. 관련사진 각 1부. / 6. (설계변경 원인행위) 관련문서 및 회의록(공정회의록, 실정보고서 및 CM 기술검토 의견서, 수요기관 방침 결정(변경) 문서 등) 각 1부. / 7. 기타 조사내용 등 관련서류 1식.

ㅇ 설계변경계약 시 상기 내용을 붙임서류로 순번에 따라 첨부하는 방식으로 업무 추진하면 두 번 일을 하지 않아도 됨

ㅇ 설계변경 업무 처리 시 단가를 확정할 경우 기성대가 지급 시 개산급으로 기성 처리 가능

※ 설계변경 방침이 결정되어 변경계약전 선 시공한 부분에 대한 개산급 기성은 단가가 확정 시에만 지급 가능

* 대부분 현장에서 설계변경 신규단가와 물량을 검토 후 추정금액으로 산정하여 완벽하지 않는 실정보고서(시공사) 및 기술검토의견서(건설사업관리단)를 보고하는 경향이 많았던 것으로 같습니다.

이렇게 업무를 처리 시 설계변경으로 인한 변경계약 시 물량 및 단가 재산정, 설계변경 사유서 재작성, 회의록 등 근거서류 재확인 등 정말 많은 이중 일을 하게 됨을 기억하시기 바랍니다.

* 앞에서 언급했듯이 실정보고서/기술검토의견서 작성하여 수요기관에 승인요청 문서를 시행 시 하기와 같이 설계변경 서류를 작성하면 이중 일을 하지 않아도 됩니다.

순번	당초 계약내용	변경 계약내용	설계변경 사유	증감금액 〈도급직접 공사비〉	증감금액 〈관급 자재〉	근 거
1			설계서 간 상호 모순 물량누락 현장 지질여건과 설계서와 상이 품질개선 (시공사 요청) 수요기관 변경 요청			(붙임 1) ☞ 기 실정보고시 붙임 서류를 작성하고 단가를 확정했다면 실정보고서 문서를 그대로 첨부하면 됨 (설계변경 업무 간소화 방안)
	건축 직접공사비 소계					

☞ 설계변경 요청서류는 엑셀이 아닌 아래한글로 작성하여 모든 공종을 취합하여 설계변경으로 인한 계약내용 변경 시 붙임문서는 순번을 정하여 붙임문서로 붙이고, '당초 계약내용, 변경 계약내용, 설계변경 사유서, 증감금액(도급/관급)'은 복사하여 간단하게 변경계약 요청 서류를 작성할 수 있습니다.

2. 설계변경 서류 작성 및 검토 시 주의사항

1) 설계변경 사유는 추후 감사를 대비하여 언제든지, 누가 보든지 이해가 쉽도록 상세하게 작성함이 필요

* 설계변경은 모든 감사의 1호 대상임을 기억하시고, 설계변경 서류를 감사하는 분이 '내용을 쉽게 이해하여 침바르면서 바로바로 설계변경 서류를 쉽게 넘길 수 있도록 작성'하는 것이 반드시 필요합니다.

왜냐하면, 세월이 지나면 담당자 인사이동도 발생하고, 사람의 기억력에 한계가 있고, 또한, 쉽게 감사를 수감하는 지름길이기 때문입니다.

* 설계변경 관련 서류는 감사를 수감하는 마음으로 변경 사유서 문구 하나하나 충분히 검토하여야 하며, 특히 회의록 작성에 소홀히 하는 경향이 많은데 모든 회의록 작성내용에 대해 문구 하나하나 검토하셔야 합니다. 단, 서로 책임을 전가하는 문구는 지양하고, '어떤 공종(공사)를 무슨 사유로 어떻게 변경하기로 합의함' 으로 공동의 책임으로 작성하는 것이 효율적이라 생각합니다.

⇒ 총사업비 2조, 부지면적 200만평, 200여 개동 사업에서 설계변경의 사유서, 근거서류, 첨부서류 등을 누구나 쉽게 이해할 수 있도록 검토·정리하였고, 회의록 작성내용까지 명확하게 검토·정리한 결과 설계변경 사항 등에 대해 단 한건의 감사 지적도 받지 않았음을 말씀드리고 싶습니다.

2) 모든 서류에 검토한 문구는 반드시 정확히 표현하여야 함

* 기술검토의견서에 '판단된다. 사료된다'의 문구는 절대 지양하고, '적법하다. 적정하다' 등으로 표현하는 검토·확인자, 즉 검토한 내용에 책임을 지겠다는 책임감리자의 의무임을 기억하시기 바랍니다.

3) 발주기관에서는 '무상 시공'을 강요하지 않으시길 소망합니다.

* 「국가계약법」 제5조(계약의 원칙) ① 계약은 상호 대등한 입장에서 당사자의 합의에 따라 체결되어야 하며, 당사자는 계약의 내용을 신의성실의 원칙에 따라 이를 이행하여야 한다.

* 경미한 설계변경 사항으로 도급사가 무상으로 변경 시공하겠다고 합의하지 않는 이상 발주기관에서는 예산절감만을 위해 '무상 시공'을 강요하여서는 아니 됩니다.

사유는 무상 시공 시 공동도급사간 원가를 공동부담하여 무상 시공을 합의하여야 하나, 합의 과정에 있어 이견 분쟁, 갑질 고소/고발 등 논란이 발생할 수 있고, 이런 사유로 공사가 지연되는 등 결코 원활한 공사추진에 도움이 되지 않기 때문입니다.

언제가 발주기관에서 무상시공을 강요하여 현장소장이 본사에 보고한 결과와 공동도급업체, 하도급업체와 협의한 결과를 보고하면서 '퇴사 당할 수 있다며, 서러워 눈물을 흘리려는 현장소장님이 지금도 기억이 납니다.

* (개인적인 생각) '무상 시공'은 도급자가 자발적으로 준공시점에 조금이나마 이윤이 창출되어 맨 마지막에 '홀/로비에 그림 한 점'을 기증하고, 또한, 설계변경 사유로 다소 부석설한 사앙 중 경미한 사항을 추가/재시공을 요구'하는 등으로 이루어지는 것이 합리적이라 생각합니다.

준공시점에 발주기관의 예산은 더 이상 확보할 수 없고, 의외로 예상치 못한 부분에 추가 및 보완 시공이 필요한 경우가 많습니다.

현재 건설현장의 여건은 '인건비 상승, 안전관리 강화, 원자재 급'등 등으로 건설현장에서 이윤을 창출하기도 많이 어렵다는 것을 많이 들었고, 또 현실에서 손실을 많이 본 건설사도 많이 보았습니다.

손실이 발생하는 현장일수록 원가절감을 위해 부실시공을 조장하려는 경향이 많고, 이로 인해 더 큰 손실을 보게되는 등 악순환이 지금 건설현장에서 많이 발생하고 있습니다.

기업이 이윤이 창출되어야 우수한 품질확보를 위해 더 많은 노력을 하고, 또한 창출된 기업이윤으로 고용을 늘리고, 신기술 개발에도 투자하는 등 건설산업이 선순환 구조로 다시 변화되어야 한다고 생각합니다.

4) 설계변경 관련 서류를 철저히 검토하여야 함

① 가격조사

* 「국가계약법 시행령」 제9조(예정가격의 결정기준) ① 각 중앙관서의 장 또는 계약담당공무원은 다음 각호의 가격을 기준으로 하여 예정가격을 결정하여야 한다.

1. 거래실례가격

2. 계약의 특수성으로 인하여 적정한 거래실례가격이 없는 경우에는 원가계산에 의한 가격. 이 경우 원가계산에 의한 가격은 계약의 목적이 되는 물품·공사·용역 등을 구성하는 재료비·노무비·경비와 일반관리비 및 이윤으로 이를 계산한다.

3. 표준시장단가

4. 감정가격, 유사한 물품·공사·용역 등의 거래실례가격 또는 견적가격

* 「국가계약법 시행규칙」 제5조(거래실례가격 및 표준시장단가에 의한 예정가격의 결정) ① 거래실례가격으로 예정가격을 결정함에 있어서는 다음 각 호의 어느 하나에 해당하는 가격으로 하되, 해당 거래실례 가격에 일반관리비 및 이윤을 따로 가산하여서는 아니 된다.

1. 조달청장이 조사하여 통보한 가격

2. 기획재정부장관에게 등록한 기관이 조사하여 공표한 가격*

* 거래가격/물가자료/물가정보 등의 가격은 크게 두가지로 분류됨.
한가지는 거래실례가격과 업체공표가격으로 구분되는 데 '업체공표기격'은 생산자가 대외적으로 공표한 판매 희망 가격으로 업체공표가격을 100% 적용하는 것은 불가하며, 별도 조사하여 반영하여야 함
또한, 시중물가지에 표기된 시공도, 공장상차도, 현장도착도 등 가격 조건을 반드시 확인하여야 함

3. 각 중앙관서의 장 또는 계약담당공무원이 2개 이상의 사업자에 대하여 당해 물품의 거래실례를 직접 조사하여 확인한 가격

＊단가 검토 시 유의사항

- 단가 산정 자료의 적정성 확인 : 견적서, 일위대가 등에 대해 단가 구성내용 등의 허위 견적, 공량산출 오류 여부를 철저히 확인

  ＊가짜 견적서가 실제 많아 생산/시공업체 등 해당 견적공사 취급업체 여부 및 단가 구성 내용을 반드시 확인함이 필요

  ＊견적서는 가격조사자(건설사업관리자) 명의로 수신 / 'VAT 및 제경비 별도' 문구 명기 / 업체 상호, 연락처, 대표자 날인

- 각 품목별 설계변경 당시(해당 月) 자료 첨부 여부 확인

- 단가의 할증 여부 확인 : 단가 할증 없음.

- 수량의 할증 여부 확인 : 수량 할증 있음 <표준품셈 참조>

- 표준시장단가(국토교통부), 시장시공가격(조달청) 우선 적용 여부

  ＊표준시장단가 및 시장시공가격 품목을 견적서 및 일위대가로 풀어서 반영하지 말 것!

- 설계변경 동의(발주기관 방침 결정) 시점(설계변경 당시)을 기준으로 해당 설계변경 단가를 산정하여야 하므로 모든 단가에 대한 해당 시점(月)자료 확보 필요

  ＊시중물가지, 견적서, 표준시장단가(국토교통부), 시장시공가격(조달청), 가격정보(조달청) 등

※ 상기 내용은 실정보고서 및 기술검토·확인 시 단가와 물량을 확정한 경우에 따른 소요 행정이며, (저의 경험상 쉽게 설계변경하는 노하우임)

실정보고서 및 기술검토·확인 시 추정금액으로 수요기관에 보고하였다면 행정처리는 유사하나, 단 변경계약 시 별도의 '단가 및 물량, 설계변경 사유 등' 확정하는 단계의 소요 행정을 추가로 이행하셔야 합니다.

5) 법령해석 주의 및 참고사항

가. 일괄, 대안(대안채택부분), 기본설계기술제안, 실시설계기술제안(기술제안부분) 입찰 공사

구 분	설계변경 해당		설계변경 비해당 (C-case)
	시공사 귀책 유(有) (A-case)	시공사 귀책 무(無) (B-case)	
변경사유	입찰안내서 미적용 기술제안 오류 현장여건 상이	수요기관요구사항 불가항력 품질향상/성능개선	내역과 도면 불일치
계약금액 조정방법	합산처리 증액없음 감액있음	개별처리 증액있음 감액있음	순수내역 조정

* C-case의 '내역과 도면 불일치'에서 내역서는 일괄, 대안(대안채택 부분), 기본·시설계 기술제안 입찰 공사의 산출내역서를 의미함

① 계약이후 설계서 오류 발견(입찰안내서 기준 미반영)으로 설계변경 시 증액 처리방법 (A-case)

계약서의 한부분인 "입찰안내서"에 명시된 내용대로 설계도서(납품설계도서)에 미반영된 것을 공사계약 후 확인하였을 경우 이에 대한 설계변경으로 인한 계약금액 증액 여부

예 입찰안내서에 명시된 건축구조설계기준에 "내진설계토록 규정" 되어 있으나, 공사단계에서 확인 시 내진설계로 하지 않음을 확인

⇒ "입찰내역서 기준 미반영 사항"은 시공사 귀책사유에 해당되며, 시공사 귀책사유에 따른 설계변경은 항목별로 증·감되는 금액을 합산하여 계약금액을 조정하되, 계약금액을 증액할 수는 없음

② 계약이후 설계서 오류 발견(설계도서와 산출내역서 불일치)으로 설계변경 시 증감액 처리 방법 (C-case)

설계도서와 산출내역서 불일치로 설계도서보다 내역서의 수량이 부족하거나, 많을 경우 이에 대한 계약금액 증감 여부

"설계도서와 산출내역서 불일치 사항"은 설계도면을 기준으로 내역서 물량이 많아도 감액 대상이 아니며, 내역서 물량이 적어도 증액 대상이 아니며, 순수내역 조정으로 처리

* 순수 내역조정 방법

- 1안) (내역입찰의 내역조정 방법 적용) 산출내역서에 포함하되, 포함된 금액만큼 제경비(간접노무비, 일반관리비, 이윤)에서 3등분하여 감액처리 (하도급계약 등의 관점에서 합리적 방안임)

- 2안) 내역서에 추가하되, 무대 처리로 변경 (행정처리 간편)

③ 설계서와 현장여건 상이로 설계변경(필요) 시 증감액 처리방법(A-case)

예 설계도서에 도로의 지내력 확보를 위해 2M를 터파기 후 잡석포설토록 명시, 시험터파기 결과 하부에 암이 있어 지내력 확보에 문제가 없어 터파기를 1M 하여도 무방할 경우 이에 따른 설계변경으로 인한 감액금액 처리 방법

예 설계도서에 건물 구조물 지하터파기를 8M 시행토록 명시(건물주변 차수벽공사 미반영) 되어 있으나, 지하터파기 결과 차수벽 미시공 시 구조물 시공이 불가할 경우, 차수벽 추가에 대한 설계변경으로 인한 증액금액 처리방법

⇒ "설계서와 현장여건 상이로 인한 설계변경 사항"은 계약상대자(시공사)가 책임지고 건물 기능유지에 문제가 없도록 설계보완(또는 설계서 조정)을 발주기관의 승인을 받아야 하며,

이는 시공사 귀책사유에 따른 설계변경으로 해당 항목별로 증·감되는 금액을 합산하여 계약금액을 조정하되, 계약금액을 증액할 수는 없음

④ 수요기관의 설계변경 요청에 따라 설계변경 시 증감액 처리 방법(B-case)

예 설계도서에 A품목으로 반영되어 있었으나, 수요기관 요청에 따라 미관 및 내구성이 좋은 B품목으로 변경할 경우 이에 대한 설계변경으로 인한 증액 금액 처리 방법

예 당초 설계에 A품목으로 반영되어 있었으나, 수요기관 요청에 따라 A품목 삭제, 또는 저렴한 품목으로 변경할 경우 이에 대한 설계변경으로 인한 감액 금액 처리 방법

⇒ "수요기관의 설계변경 요청에 따른 설계변경 사항"은 산출된 금액에 따라 계약금액 조정(설계변경으로 인한 계약금액 조정 대상)하며, 수요기관의 확보(유용 가능) 배정예산만큼 조정

⑤ 계약상대자(시공사)가 품질향상 및 성능개선을 위해 설계변경을 제안/요청한 사항에 대해 증감액 처리 방법 (B-case)

예 건물의 내구성을 고려 마감재 등급을 상향조정

예 미관/내구성을 고려 (기존 제품보다 단가가 저렴한) 새로 개발된 제품으로 변경 요구

⇒ "계약상대자(시공사)가 설계변경을 제안/요청한 사항"은 산출된 금액에 따라 계약금액 조정(설계변경으로 인한 계약금액 조정 대상)하되, 총계약금액 범위 내에서 조정토록 규정, 단, 수요기관의 확보(유용 가능) 배정예산만큼 조정 가능

⊙ 행정처리 시 주의사항

▶ 상기 제안(①~⑤) 모두 증감액을 합산하여 당초 계약금액 범위 내에서 내역을 조정할 수 있다는 의견은 잘못 해석한 사항임

▶ 설계변경 해당 유무를 우선 판단하여 설계변경 비해당일 경우에는 순수내역 조정으로 처리하여야 하며,

▶ 설계변경에 해당될 경우 도급자(시공사) 귀책 여부를 판단하여 도급자 귀책 사유(설계서와 현장여건 상이, 설계서 오류 등)일 경우에는 별도 증·감되는 금액을 합산하여 계약금액을 조정하되, 계약금액을 증액할 수는(감액 가능) 없으며,

▶ 도급자의 책임없는 사유로 인한 변경(시공사에서 품질상향 조정, 미관 개선 등을 위해 제안한 사항, 수요기관의 설계변경 요청사항 등)은 별도 취합하여 계약금액을 조정하여야 함

* 수요기관의 예산 범위 내에서 증감 가능

나. 입찰 방법별 설계변경 기준

구 분			계약상대자의 책임이 있는 경우	발주기관의 요구 (계약상대자의 책임이 없는 경우)	관련 근거
일괄입찰(턴키) 대안입찰 기본설계기술제안	기존 비목	증	계약금액 증액할 수 없음 시행령 제91조①항 공계일 제21조①항	협의단가* 적용 시행령 제91조③항2호	시행령 제91조, 제108조 공사계약일반 조건 제21조
		감		산출내역서단가적용 시행령 제91조③항1호	
	신규 비목	증		설계변경당시단가적용 시행령 제91조③항3호	
적격심사 (총액입찰,내역입찰) 실시설계기술제안 (기술제안 제외부분) 종합평가낙찰제 (지자체) 종합심사낙찰제 (국가)	기존 비목	증	계약단가 적용 (단,"계약단가〉 예가단가" 인 경우 예가단가적용) 시행령 제65조③항1호 공계일 제20조①항1호	협의단가** 적용 시행령 제65조③항3호 공계일 제20조②항	시행령 제65조 공사계약일반 조건 제20조
		감	산출내역서단가적용 시행령 제65조③항1호 공계일 제20조①항1호	산출내역서단가적용 시행령 제65조③항1호 공계일 제20조①항1호	
	신규 비목	증	설계변경당시단가*낙찰률 시행령 제65조③항2호 공계일 제20조①항2호	협의단가** 적용 시행령 제65조③항3호 공계일 제20조②항	
종합심사낙찰제 중 물량내역수정허용 공종 (고난이도,실적제한입찰의 직공비10%가 해당됨)	기존 비목	증	계약금액 증액할 수 없음 공계일 제21조②항 종심제 제18조	협의단가** 적용 시행령 제65조③항3호 공계일 제20조②항	시행령 제65조 공사계약일반 조건 제20,21조 종합심사낙찰제 심사기준 제18조
		감		산출내역서단가적용 시행령 제65조③항1호 공계일 제20조①항1호	
	신규 비목	증		협의단가** 적용 시행령 제65조③3호 공계일 제20조②항	
실시설계기술제안 (기술제안 채택된 부분)	기존 비목	증	계약금액 증액할 수 없음 공계일 제21조①항	협의단가** 적용 시행령 제65조③3호 공계일 제20조②항	시행령 제65조 제108조 공사계약일반 조건 제20,21조
		감		산출내역서단가적용 시행령 제65조③항1호 공계일 제20조①항1호	
	신규 비목	증		협의단가** 적용 시행령 제65조③3호 공계일 제20조②항	

- 협의단가* : 설계변경당시단가와 산출내역서단가 사이에 협의. 협의가 되지 않을 경우에는 설계변경당시단가와 산출내역서단가를 더한 금액의 50% 적용(시행령 제91조③항2호)
- 협의단가** : 설계변경당시단가에 낙찰률 곱한 단가와 동 단가 사이에 협의. 협의가 되지 않을 경우에는 설계변경 당시단가에 낙찰률 곱한 단가와 동 단가를 더한 금액의 50% 적용(시행령 제65조③항3호/공계일 제20조②항)

* 참고 : 발주기관이 요구한 설계변경(계약상대자의 책임 없는 경우 포함) 중 표준시장단가가 적용된 공사의 경우(추정가격 100억이상) 증가 및 신규단가 산정 시 설계변경당시기준의 표준시장단가 적용 (공계일 제20조③항)
* 국가를당사자로하는계약에 관한 법률 시행령, 제65조(설계변경으로 인한 계약금액의 조정), 제91조(설계변경 으로 인한 계약금액 조정의 제한), 제108조(설계변경으로 인한 계약금액조정) 재확인 요망

2 공기연장에 따른 간접경비 산정

관련 법령 (국가계약법)

ㅇ 국가계약법 제19조 및 동법 시행령 제66조(기타 계약 내용의 변경으로 인한 계약금액의 조정) 1항
≪공사기간·운반거리의 변경 등 계약내용의 변경≫

ㅇ 「공사계약일반조건」 제23조(기타 계약 내용의 변경으로 인한 계약 금액의 조정) 1항
≪공사기간·운반거리의 변경 내용의 따라 실비를 초과하지 않은 범위 안에서 조정≫

ㅇ 「공사계약일반조건」 제26조(계약기간의 연장)
≪계약기간 종료 전 연장 신청≫

ㅇ (계약예규) 정부 입찰·계약 집행기준 제73조(공사이행기간의 변경에 따른 실비산정)
≪간접노무비, 기타경비, 경비, 보험료 등 산정기준≫

ㅇ (계약예규) 예정가격 작성기준 제10조(노무비)
≪간접노무비 인정 범위 및 직접계상방법≫

법적 소요 행정

ㅇ 당초 년도별 배정예산 변경(축소) 내용 및 사업내용 변경 확정 지침 통지(수요기관) → 예산배정 조정에 따른 인력투입계획 및 간접비 발생에 대한 '향후 사업수행계획 및 문제점' 등 실정보고(시공사) 및 검토·확인서(CM단) 제출 (시공사) → 수요기관
- 최대한 인력투입계획 등 축소, 조정함이 필요

ㅇ 수요기관에서 최종 사업추진 방침(배정예산, 공기연장에 따른 시공사 직원투입계획 등) 확정 통지
→ 상기 결과에 따라 향후 변경계약 및 인력투입계획 확정, 이에 따른 간접노무비, 경비 등을 향후 실비 정산하여 준공 전 변경계약 처리

법률	시행령	시행규칙
제19조(물가변동 등에 의한 계약금액조정) 각 중앙관서의 장 또는 계약담당공무원은 공사·제조·용역 기타 국고의 부담이 되는 계약을 체결한 다음 물가의 변동, 설계변경 기타 계약내용의 변경으로 인하여 계약금액을 조정할 필요가 있을 때에는 대통령령이 정하는 바에 의하여 그 계약금액을 조정한다.	제66조(기타 계약내용의 변경으로 인한 계약금액의 조정) ① 각 중앙관서의 장 또는 계약담당공무원은 법 제19조의 규정에 의하여 공사·제조등의 계약에 있어서 제64조 및 제65조의 규정에 의한 경우 외에 공사기간·운반거리의 변경등 계약내용의 변경으로 계약금액을 조정하여야 할 필요가 있는 경우에는 그 변경된 내용에 따라 실비를 초과하지 아니하는 범위 안에서 이를 조정한다. ② 제65조제6항의 규정은 제1항의 경우에 이를 준용한다.	제74조의3(기타 계약내용의 변경으로 인한 계약금액의 조정) ①영 제66조의 규정에 의한 공사기간, 운반거리의 변경 등 계약내용의 변경은 그 계약의 이행에 착수하기 전에 완료하여야 한다. 다만, 각 중앙관서의 장 또는 계약담당공무원은 계약이행의 지연으로 품질저하가 우려되는 등 긴급하게 계약을 이행하게 할 필요가 있는 때에는 계약상대자와 협의하여 계약내용 변경의 시기 등을 명확히 정하고, 계약내용을 변경하기 전에 우선 이행하게 할 수 있다. ② 제74조제9항 및 제10항의 규정은 제1항의 규정에 의한 계약금액의 조정에 관하여 이를 준용한다.

공사계약일반조건

제23조(기타 계약내용의 변경으로 인한 계약금액의 조정) ① 계약담당공무원은 공사계약에 있어서 제20조 및 제22조의 규정에 의한 경우외에 공사기간·운반거리의 변경 등 계약내용의 변경으로 계약금액을 조정하여야 할 필요가 있는 경우에는 그 변경된 내용에 따라 실비를 초과하지 아니하는 범위안에서 이를 조정(하도급업체가 지출한 비용을 포함한다)하며, 계약예규「정부입찰·계약 집행기준」제16장(실비산정)을 적용한다.

② 제1항의 규정에 의한 계약내용의 변경은 변경되는 부분의 이행에 착수하기 전에 완료하여야 한다. 다만, 계약담당공무원은 계약이행의 지연으로 품질저하가 우려되는 등 긴급하게 계약을 이행하게 할 필요가 있는 때에는 계약상대자와 협의하여 계약내용 변경의 시기 등을 명확히 정하고, 계약내용을 변경하기 전에 계약을 이행하게 할 수 있다.

③ 제1항의 경우에는 제20조제5항을 준용한다.

④ 제1항의 경우 계약금액이 증액될 때에는 계약상대자의 신청에 따라 조정하여야 한다.

⑤ 제1항 내지 제4항의 규정에 의한 계약금액조정의 경우에는 제20조제8항 내지 제10항을 준용한다.

第25조(지체상금)

③ 계약담당공무원은 다음 각호의 1에 해당되어 공사가 지체되었다고 인정할 때에는 그 해당 일수를 제1항의 지체일수에 산입하지 아니한다.

1. 제32조에서 규정한 불가항력의 사유에 의한 경우

2. 계약상대자가 대체 사용할 수 없는 중요 관급자재 등의 공급이 지연되어 공사의 진행이 불가능하였을 경우

3. 발주기관의 책임으로 착공이 지연되거나 시공이 중단되었을 경우

4. 〈삭 제〉

5. 계약상대자의 부도 등으로 보증기관이 보증이행업체를 지정하여 보증시공할 경우

6. 제19조의 규정에 의한 설계변경으로 인하여 준공기한내에 계약을 이행할 수 없을 경우

7. 발주기관이「조달사업에 관한 법률」 제27조제1항에 따른 혁신제품을 자재로 사용토록 한 경우로서 혁신제품의 하자가 직접적인 원인이 되어 준공기한내에 계약을 이행할 수 없을 경우〈신설 2020.12.28.〉

8. 원자재의 수급 불균형으로 인하여 해당 관급자재의 조달지연 또는 사급자재(관급자재에서 전환된 사급자재를 포함한다)의 구입곤란 등 기타 계약상대자의 책임에 속하지 아니하는 사유로 인하여 지체된 경우

第26조(계약기간의 연장) ① 계약상대자는 제25조제3항 각호의 1의 사유가 계약기간내에 발생한 경우에는 계약기간 종료전에 지체없이 제17조제1항제2호에 대한 수정공정표를 첨부하여 계약담당공무원과 공사감독관에게 서면으로 계약기간의 연장신청을 하여야 한다. 다만, 연장사유가 계약기간내에 발생하여 계약기간 경과후 종료된 경우에는 동 사유가 종료된 후 즉시 계약기간의 연장신청을 하여야 한다.

② 계약담당공무원은 제1항의 규정에 의한 계약기간연장 신청이 접수된 때에는 즉시 그 사실을 조사 확인하고 공사가 적절히 이행될 수 있도록 계약기간의 연장 등 필요한 조치를 하여야 한다.

③ 계약담당공무원은 제1항에서 규정한 연장청구를 승인하였을 경우 동 연장기간에 대하여는 제25조의 규정에 의한 지체상금을 부과하여서는 아니된다.

④ 제2항에 의하여 계약기간을 연장한 경우에는 제23조의 규정에 의하여 그 변경된 내용에 따라 실비를 초과하지 아니하는 범위안에서 계약금액을 조정한다. 다만, 제25조제3항제4호 및 제5호의 사유에 의한 경우에는 그러하지 아니하다.

⑤ 계약상대자는 제40조의 규정에 의한 준공대가(장기계속계약의 경우에는 각 차수별 준공대가) 수령전까지 제4항에 의한 계약금액 조정신청을 하여야 한다.

⑥ 계약담당공무원은 제1항 내지 제4항의 규정에 불구하고 계약상대자의 의무불이행으로 인하여 발생한 지체상금이 시행령 제50조제1항의 규정에 의한 계약보증금상당액에 달한 경우로서 계약목적물이 국가정책사업 대상이거나 계약의 이행이 노사분규 등 불가피한 사유로 인하여 지연된 때에는 계약기간을 연장할 수 있다.

⑦ 제6항의 규정에 의한 계약기간의 연장은 지체상금이 계약보증금상당액에 달한 때에 하여야 하며, 연장된 계약기간에 대하여는 제25조의 규정에 불구하고 지체상금을 부과하여서는 아니 된다.

⑧ 계약담당공무원은 장기계속공사의 연차별 계약기간 중 제1항에 의한 계약기간 연장신청(제25조제3항제1호부터 제3호까지 및 제6호、제7호에 따른 사유로 인한 경우에 한한다)이 있는 경우, 당해 연차별 계약기간의 연장을 회피하기 위한 목적으로 당해 차수계약을 해지하여서는 아니 된다.〈신설 2020.6.19.〉

예정가격 작성기준

제10조(노무비) 노무비는 제조원가를 구성하는 다음 내용의 직접노무비, 간접노무비를 말한다.

① 직접노무비는 제조 현장에서 계약목적물을 완성하기 위하여 직접작업에 종사하는 종업원 및 노무자에 의하여 제공되는 노동력의 대가로서 다음 각호의 합계액으로 한다. 다만, 상여금은 기본급의 년 400%, 제수당, 퇴직급여충당금은 「근로기준법」상 인정되는 범위를 초과하여 계상할 수 없다.

1. 기본급(「통계법」 제15조의 규정에 의한 지정기관이 조사·공표한 단위당가격 또는 기획재정부 장관이 결정·고시하는 단위당가격으로서 동단가에는 기본급의 성격을 갖는 정근수당·가족수당·위험수당 등이 포함된다)

2. 제수당(기본급의 성격을 가지지 않는 시간외 수당·야간수당·휴일수당 등 작업상 통상적으로 지급되는 금액을 말한다)

3. 상여금

4. 퇴직급여충당금

② 간접노무비는 직접 제조작업에 종사하지는 않으나, 작업현장에서 보조작업에 종사하는 노무자, 종업원과 현장감독자 등의 기본급과 제수당, 상여금, 퇴직급여충당금의 합계액으로 한다. 이 경우에는 제1항 각호 및 단서를 준용한다.

▦ 정부 입찰□계약 집행기준

제14장 실비의 산정

제71조(실비의 산정) 계약담당공무원은 시행령 제66조의 규정에 의한 실비 산정 시에는 이 장에 정한 바에 따라야 한다.

제72조(실비산정기준) ① 계약담당공무원은 기타 계약내용의 변경으로 계약 금액을 조정함에 있어서는 실제 사용된 비용 등 객관적으로 인정될 수 있는 자료와 시행규칙 제7조의 규정에 의한 가격을 활용하여 실비를 산출하여야 한다.

② 계약담당공무원은 간접노무비 산출을 위하여 계약상대자로 하여금 급여 연말정산서류, 임금지급대장 및 공사감독의 현장확인복명서 등 간접노무비 지급 관련서류를 제출케하여 이를 활용할 수 있다.

③ 계약담당공무원은 경비의 산출을 위하여 계약상대자로부터 경비지출 관련 계약서, 요금고지서, 영수증 등 객관적인 자료를 제출하게 하여 활용할 수 있다.

제73조(공사이행기간의 변경에 따른 실비산정) ① 간접노무비는 연장 또는 단축된 기간 중 당해 현장에서 계약예규「예정가격 작성기준」제10조제2항 및 제18조의 규정에 해당하는 자가 수행하여야 할 노무량을 산출하고, 동 노무량에 급여 연말정산서, 임금지급대장 및 공사감독의 현장확인복명서 등 객관적인 자료에 의하여 지급이 확인된 임금을 곱하여 산정하되, 정상적인 공사기간 중에 실제 지급된 임금수준을 초과할 수 없다.

② 제1항에 따라 노무량을 산출하는 경우 계약담당공무원은 계약상대자로 하여금 공사이행기간의 변경사유가 발생하는 즉시 현장유지·관리에 소요되는 인력투입계획을 제출하도록 하고, 공사의 규모, 내용, 기간 등을 고려하여 당해 인력투입계획을 조정할 필요가 있다고 인정되는 경우에는 계약상대자에게 이의 조정을 요구하여야 한다.

③ 경비중 지급임차료, 보관비, 가설비, 유휴장비비 등 직접계상이 가능한 비목의 실비는 계약상대자로부터 제출받은 경비지출관련 계약서, 요금고지서, 영수증 등 객관적인 자료에 의하여 확인된 금액을 기준으로 변경되는 공사기간에 상당하는 금액을 산출하며, 수도광열비, 복리후생비, 소모품비, 여비·교통비·통신비, 세금과공과, 도서인쇄비, 지급수수료(7개 항목을 "기타 경비"라 한다)와 산재보험료, 고용보험료 등은 그 기준이 되는 비목의 합계액에 계약상대자의 산출내역서상 해당비목의 비율을 곱하여 산출된 금액과 당초 산출내역서상의 금액과의 차액으로 한다.

④ 계약상대자의 책임 없는 사유로 공사기간이 연장되어 당초 제출한 계약보증서·공사이행보증서·하도급대금지급보증서 및 공사손해보험 등의 보증기간을 연장함에 따라 소요되는 추가비용은 계약상대자로부터 제출받은 보증수수료의 영수증 등 객관적인 자료에 의하여 확인된 금액을 기준으로 금액을 산출한다.

⑤ 계약상대자는 건설장비의 유휴가 발생하게 되는 경우 즉시 발생사유 등 사실관계를 계약담당공무원과 공사감독관에게 통지하여야 하며, 계약담당공무원은 장비의 유휴가 계약의 이행 여건상 타당하다고 인정될 경우에는 유휴비용을 다음 각 호의 기준에 따라 계산한다.

1. 임대장비 : 유휴 기간 중 실제로 부담한 장비임대료

2. 보유장비 : (장비가격×시간당 장비손료계수)×(연간표준가동기간÷365일)×(유휴일수)×1/2

제76조(일반관리비 및 이윤) 일반관리비 및 이윤은 제73조 내지 제75조 규정에 의하여 산출된 금액에 대하여 계약서상의 일반관리비율 및 이윤율에 의하여 시행규칙 제8조에서 정하는 율의 범위내에서 결정하여야 한다.

□ 실비 산출기준 (예시)

ㅇ 실비산정 기준 : 기타 계약 내용의 변경으로 계약금액 조정 시 실제 사용된 비용 등 객관적으로 인정될 수 있는 자료와 시행규칙 제7조(원가계산을 할 때 단위당 가격의 기준)에 의한

가격을 활용하여 실비 산출

- 간접노무비 : 급여 연말정산서류, 임금지급대장, 현장확인복명서(건설사업관리단, 공사감독관 확인) 등
- 경비 : 관련 계약시, 요금고지서, 영수증 등

○ 간접노무비 산출

- 제출자료에 의해 지급이 확인된 임금에 노무량을 곱하여 산정(단, 정상적인 공사기간 중에 실제 지급된 임금수준을 초과할 수 없음)
- 계약상대자는 공사이행기간의 변경사유가 발생하는 즉시 현장 유지·관리에 소요되는 "인력투입계획" 제출
- 계약담당공무원은 공사규모, 내용, 기간 등을 고려하여 인력투입 계획을 조정할 필요가 있다고 인정되는 경우에는 조정 요구하여야 함

○ 경비 산출

- 직접계상이 가능한 비목(지급임차료, 보관비, 가설비, 유휴장비비 등) : 경비지출 관련 자료에 의하여 확인된 금액을 기준으로 변경되는 공사기간에 상당하는 금액을 산출
- 기타경비(수도광열비, 복리후생비, 소모품비, 여비·교통비·통신비,세금과공과, 도서인쇄비, 지급수수료), 산재보험료, 고용보험료 등 : 기준이 되는 비목의 합계액에 계약상대자의 산출내역서상 해당비목의 비율을 곱하여 산출된 금액과 당초 산출내역서상의 금액과의 차액
- 계약보증서·공사이행보증서·하도급대금지급보증서 및 공사 손해보험 등 : 보증기간을 연장함에 따라 소요되는 추가비용은 계약상대자로부터 제출받은 보증수수료의 영수증 등 객관적인 자료에 의하여 확인된 금액을 기준으로 금액을 산출
- 건설장비비 : 타당하다고 인정될 경우 다음에 따라 계산

  • 임대장비 : 유휴 기간 중 실제로 부담한 장비임대료
  • 보유장비 : (장비가격×시간당 장비손료계수)×(연간표준가동 기간÷365일)×(유휴일수) × 1/2

▩ (참고) 당초 사업계획과 달리 연도별 사업비 배정예산 변경(대폭 감액, 사업완공 계획 장기간 연장) 시 필수적 변경내용

○ 예산 재배정 내용에 따라 공사추진계획 및 시공사·감리단 관리인력 투입계획 협의 및 확정 (향후 간접비 청구금액 산정근거로 활용하여 실비정산)

- 준공기한 연장에 따른 시공사의 필수적인 현장관리직원 월급 등 간접노무비, 가설사무실

운영비 등 간접경비 발생
- 공사기간 연장에 따른 감리단의 필수적인 감리직원 투입 인·월수 만큼의 추가 감리비 발생

* 전력시설물 공사감리원 배치기준 등 관계법령에 의거 전기 및 소방공종은 법적 최소인력 배치

○ 준공기한 연장에 따른 도급공사 변경계약체결 및 예정공정표 수정 필요

○ 준공기한 연장에 따른 건설사업관리용역 변경계약체결 및 감리인력 배치계획표 수정 필요

○ 관급자재 발주계획 재검토 필요
- 공정관리 계획변경에 따른 공종별 관급자재 발주 시기 조정
- 관급자재 당초 계획 대비 지연 시 예상되는 문제점 조치

○ 기타 현장 여건에 따라 특수한 사항 등을 검토, 협의 후 방침 확정 필요

* 사업계획 변경(당초 사업계획과 달리 예산배정을 대폭 축소화하고, 사업 기간을 연장)할 경우 건설 현장에서는 검토할 소요 행정이 과다하고, 또한 순공사 원가 외 부대적으로 발생하는 간접비가 과다하게 발생하는 것이 정말 현실입니다.

* 간헐적으로 추가 발생하는 간접비에 대해 도급자(시공사) 부담으로만 전가하고 예산배정을 담당하는 부서와 협의조차 하지 않는 무책임한 수요기관도 있을 수 있어 이 글을 씁니다.

* 정부·공공사업의 예산배정 사안은 국가 전체 예산배정의 사안이지만, 건설 현장은 '무심코 던진 돌에 개구리가 죽는다'는 표현이 맞을 정도로 건설사업을 결정하는 책임자가 건설현장을 너무 모르기 때문에 이런 문제가 발생할 수 있지만, 정말 최선을 다해 설득함이 필요하다는 것을 꼭 기억해 주시기 바랍니다.

※ 상기 내용은 '동절기 공사중지기간으로 사업기간 연장 시'에 대한 적용 사항이 아님

3 건설사업관리용역 계약내용 변경

1 건설사업관리용역 계약내용 변경(변경계약 필요)

o 변경계약 소요 행정

① (사전 협의) 건설사업관리자 변경서류 작성 완료 이후 발주기관과 사전 협의, 수요기관 변경내용, 사유 및 소요 예산 동의

* 상기 관련 협의하고 동의한 회의록 작성

② 건설사업관리자 변경계약 요청 → 발주기관(계약부서로 변경계약의뢰)/건설사업관리자에게 통보 (변경계약토록 조치)

* (조달청과 계약 시) 수요기관에서 나라장터를 통해 계약부서(건설 용역과)로 변경계약요청 및 변경계약 체결

o (참고) 건설사업관리용역기간 및 용역금액이 변동이 있을 경우에는 물가변동 등을 고려하여 지체없이 반드시 변경계약을 처리함이 필요

2 건설사업관리용역 배치계획만 변경(변경계약 불필요)

o 변경계약 없이 '배치계획 변경표'를 첨부하여 계약 내용(배치계획) 변경 문서로 처리 (반드시 문서 처리 필요)

건설사업관리자(배치계획 변경 요청) → 수요기관/건설사업관리자와 사전 검토/협의 → 수요기관(검토결과/방침결정) → 건설사업관리자

o (참고) 건설사업관리의 효율성을 위해 배치계획 변경으로 일부 용역금액이 증가되나, 계약상대자가 무상으로 추가 배치하는 조건(문서에 반드시 표기)일 경우에만 문서로 승인하여야 함

* 예시) 사무요원(여직원) → 초급 기술자로 변경 등

4 물가변동으로 인한 계약금액 조정

1 업무절차

○ 시공사(물가변동 조정 요청) → 건설사업관리자(검토서 제출) → 발주 기관 조달청 계약공사에 한하여 조달청 → 예산사업관리과로 물가변동 검토의뢰 (수요기관에서 조달청 예산사업관리과로 나라장터시스템을 통해 검토의뢰 요청)

→ 조달청(예산사업관리과) → 발주기관으로 검토결과 송부 →건설사업관리자에게 검토결과서 송부 → 건설사업관리자(시공사, 하도급업체에 통보) → 시공사(변경계약요청 및 하도급 변경계약 통보)

* 물가변동에 따른 계약금액 조정 절차는 변경계약 절차로 이행

* 건설사업관리용역의 물가변동은 건설사업관리자가 발주기관에 직접 요청

※ 물가변동 검토 요청서류는 사전 철저히 검토하여 반드시 첨부히여야 조속한 검토가 가능

※ 물가변동 방법(지수조정/품목조정) 계약서 확인, 물가변동 적용대가 제외 금액(선금/기성금) 확인, 예정(변경) 공정표 및 공정률(계획/실시) 확인 후 관련 서류 서명 필요

◈ 시설공사 물가변동 제출서류

○ 계약서, 내역서, 공사예정공정표, 공정보고 (조정기준일기준 월간공정회의 자료)

○ 기성·준공조서 및 기성·준공내역서(통장사본 또는 입금확인서)

○ 선금 청구서 및 지급확인서 혹은 통장사본

○ 물가변동 접수공문(건설사업관리자 또는 발주기관), 기타 참고사항

○ 종합의견서 포함 양식 1식, 물가변동 프로그램 CD

◈ 건설사업관리용역 물가변동 제출서류

ㅇ계약서, 내역서, 건설사업관리기술자 투입계획서, 실투입현황(출금대장 등)

ㅇ기성·준공조서 및 기성·준공내역서(통장사본 또는 입금확인서)

ㅇ선금청구서 및 지급확인서 혹은 통장사본

ㅇ물가변동 접수공문(조달청 또는 수요기관), 기타 참고사항

ㅇ종합의견서 포함 양식 1식, 물가변동 프로그램 CD

2 물가변동으로 인한 계약금액 조정이란?

ㅇ관련규정

- 국가계약법 시행령 제64조

- 국가계약법시행규칙 제74조 및 공사계약일반조건 제22조

- 정부입찰·계약 집행기준 제12장 및 기타 관계법규, 회계통첩 등

계약한 날로부터 90일이 경과하고 입찰일을 기준으로 조정율이 100분의 3 이상 증감될 때 계약금액을 조정한다.

1) 조정의 목적

계약체결 후 계약금액을 구성하는 각종 품목 또는 비목의 가격이 상승 또는 하락된 경우 그에 따라 계약금액을 조정함으로써 계약당사자의 원활한 계약이행을 도모하고자 하는 것임

2) 물가변동 조정 기본요건

가. 기간요건

① 초일 불산입 : 계약체결일 익일부터 계산하여 91일째 되는 날을 의미함
② 장기 계속공사의 기산일은 1차공사 계약체결일이 기준
③ 발주자 측의 사정으로 중지된 기간 포함
④ 2차 조정기준일 이후 기산일

직전의 조정기준일로부터 기산하여 다시 90일 이상 경과하고 조정율이 3% 이상의 증감 요건이 충족되어야 함

나. 등락요건

① 입찰일(수의계약일 경우에는 계약체결일, 2차 이후의 계약금액조정은 직전조정기준일)을 기준으로 조정기준일 이후에 이행될 부분의 계약금액(물가변동 적용대가)이 물가변동으로 인하여 3% 이상 증감되어야 함

※ 입찰일이란 : (국가계약법 시행규칙 제74조) 입찰서 제출 마감일

3) 조정방법의 계약서 명시

① 계약금액 조정 시 품목조정율 및 지수조정율을 동시에 적용할 수 없음

② 계약체결 시 계약상대자가 '지수조정율'에 의한 계약금액 조정을 원하는 경우 외에는 '품목조정율'에 의한 계약금액을 조정하도록 계약서에 명시

※ 계약금액 조정방법을 명시하지 않았을 경우는 계약당사자간 합의하여 결정

※ 계약이행 중 계약서에 명시된 계약금액 조정방법을 임의로 변경하여서는 아니됨(장기차수의 경우 1차 계약서 명시된 조정 방법대로 변경함)

4) 계약금액 증액시 처리방법(국가계약법 시행규칙 제74조 제9항)

① 계약상대자로부터 계약금액의 조정을 청구받은 날부터 30일 이내에 계약금액을 조정하여야 함

② 예산배정의 지연 등 불가피한 사유가 있는 때에는 계약상대자와 협의하여 조정기한을 연장할 수 있음

③ 계약금액을 증액 할 수 없는 때에는 공사량 등을 조정하여 그 대가를 지급할 수 있음

④ 공사량 조정으로 잔여공사량이 발생되면 추경예산 또는 다음연도 예산을 확보하여 집행

※ 물가변동으로 인한 계약금액조정을 배제하는 특약 규정은 국가계약법령에 위배

3 물가변동 적용대가 산출방법

1) 기성(차수준공)대가 공제

① 기성대가 공제 여부

ㅇ 조정신청일 이전에 기성대가를 지급한 경우에는 물가변동적용대가에서 공제하여야 함(입금확인서 또는 통장 사본으로 지급 여부 확인)

ㅇ 조정신청일 후에 기성대가를 지급한 경우에는 물가변동 적용대가에서 공제하지 않음

ㅇ 조정신청일에 기성대가 또는 차수 준공대가를 지급받은 경우에는 물가변동 적용대가를 조정금액 산출 시 제외하지 않음

② 전체준공신청과 E/S 관계

ㅇ 조정신청일 이전에 준공대가를 신청할 경우 : 물가변동 적용 대상 공사가 아님

☞ 조정신청일 이전 준공대가를 신청하였으나 조정신청일 이후에 입급(입금확인서 또는 통장사본 확인) 되었을 경우는 물가변동 적용

ㅇ 조정신청일 이후에 준공대가를 신청할 경우 : 준공대가 지급 여부와 관계없이 계약금액을 조정하여야 함

2) 개산급에 의한 기성대가

① 개산급에 의한 기성대가는 증빙서류를 모두 제출한 경우에만 물가변동 적용대가에 포함함

② 확정된 내역을 명목상 개산급으로 지급받은 경우에는 물가변동 적용대가에서 제외하여야 함

3) PS항목(Provisional Sum, 잠정금액) 제외

① PS항목의 금액은 물가변동 적용금액에서 제외하여야 함

4) 퇴직공제부금비 제외

① 지급받은 금액이 아닌 공정율에 따라 적용대가를 산출하여야 함

5) 선금 공제

① 선급금 공제는 다음 산식에 따라 공제

공제금액 = 물가변동적용대가×조정율×선금지급율

※ 선금지급율 = 선금 ÷ 당해년도 계약금액(연부액)

※ 물가변동 적용대가: 당해년도 계약금액-당해년도 제외금액

* 장기차수공사는 해당차수 계약금액, 계속비공사는 해당년도 연부액

② 조정기준일 이전에 선금을 지급한 경우에만 물가변동조정금액에서 선금급을 공제

* 조정기준일 이후에 선금을 지급한 경우에는 공제하지 않음

③ 조정기준일에 선금급을 지급한 경우에는 선금급을 물가변동금액에서 공제하지 않음(조정기준일과 선금급 지급일이 같은 경우)

④ 조정기준일 전에 설계변경 등으로 당해연도 계약금액이 조정된 경우에는 조정된 계약금액을 기준으로 선금 지급율을 계산함

4 지수조정율과 품목조정율 비교

1) 단계별 절차 및 검토내용

가. 지수조정율

<검토 내용>

단계	절차	검토 내용
1 단계	물가변동 기본요건	○기본요건(90일, ±3% 이상) 동시충족 여부 ○물가변동 조정방법(지수) ○조정기준일(직전일) ±3% 적정여부 ○2회이상 동시요청 시 순차적용 검토
2 단계	물가변동 적용대가 산출	○예정/실행공정율 적정 여부 ○기성대가 제외, 개산급 적용 여부 ○PS항목 제외 여부 ○신규비목 포함 여부
3 단계	비목군 분류 및 계수 산출	○산출내역서 상 비목별 분류 ○비목군별 금액 및 계수확인
4 단계	비목별 물가변동 지수 산출	○비목별 적용지수 확인(기준/비교시점) – 노임, 환율, 생산자지수, 제경비율 – 계약일, 조정기준일
5 단계	물가변동 조정율 산출	○지수변동율, 조정계수 확인 ○지수조정율 산출 ○조정율 3% 이상 유무 검토
6 단계	조정금액 산출 및 통보	○선금급 제외 여부 ○계약상대자 통보 및 계약변경

나. 품목조정율

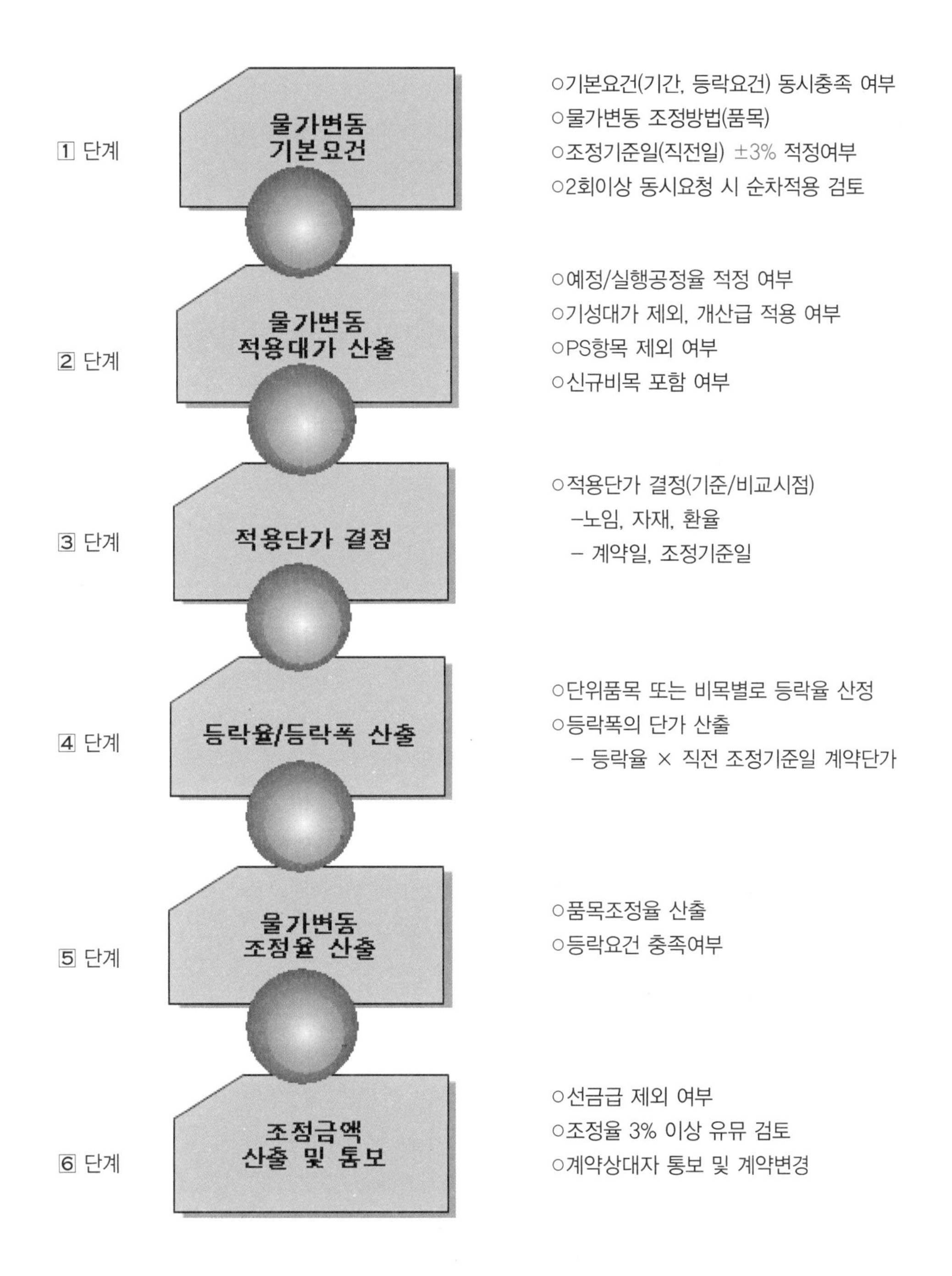
1 단계
물가변동
기본요건
○기본요건(기간, 등락요건) 동시충족 여부
○물가변동 조정방법(품목)
○조정기준일(직전일) ±3% 적정여부
○2회이상 동시요청 시 순차적용 검토
2 단계
물가변동
적용대가 산출
○예정/실행공정율 적정 여부
○기성대가 제외, 개산급 적용 여부
○PS항목 제외 여부
○신규비목 포함 여부
3 단계
적용단가 결정
○적용단가 결정(기준/비교시점)
–노임, 자재, 환율
– 계약일, 조정기준일
4 단계
등락율/등락폭 산출
○단위품목 또는 비목별로 등락율 산정
○등락폭의 단가 산출
– 등락율 × 직전 조정기준일 계약단가
5 단계
물가변동
조정율 산출
○품목조정율 산출
○등락요건 충족여부
6 단계
조정금액
산출 및 통보
○선금급 제외 여부
○조정율 3% 이상 유무 검토
○계약상대자 통보 및 계약변경

2) 참고

○ 업무의 편리성 등을 고려 물가변동 방법을 현재 대부분 지수조정율로 계약함

▦ 관련 규정

◈ 국가를 당사자로 하는 계약에 관한 법률 시행규칙
(약칭 : 국가계약법 시행규칙) [시행 2021. 10. 28.] [기획재정부령 제867호, 2021. 10. 28., 타법개정]

제74조(물가변동으로 인한 계약금액의 조정) ① 영 제64조제1항제1호의 규정에 의한 품목조정률과 이에 관련된 등락폭 및 등락률 산정은 다음 각호의 산식에 의한다. 이 경우 품목 또는 비목 및 계약금액 등은 조정기준일이후에 이행될 부분을 그 대상으로 하며, "계약단가"라 함은 영 제65조제3항제1호에 규정한 각 품목 또는 비목의 계약단가를, "물가변동당시가격"이라 함은 물가변동당시 산정한 각 품목 또는 비목의 가격을, "입찰당시가격"이라 함은 입찰서 제출마감일 당시 산정한 각 품목 또는 비목의 가격을 말한다. 〈개정 2005. 9. 8.〉

② 영 제9조제1항제2호의 규정의 의한 예정가격을 기준으로 계약한 경우에는 제1항제1호 산식중 각 품목 또는 비목의 수량에 등락폭을 곱하여 산출한 금액의 합계액에는 동합계액에 비례하여 증감되는 일반관리비 및 이윤 등을 포함하여야 한다.

③ 제1항제1호의 등락폭을 산정함에 있어서는 다음 각호의 기준에 의한다. 〈개정 2005. 9. 8.〉
1. 물가변동당시가격이 계약단가보다 높고 동 계약단가가 입찰당시가격보다 높을 경우의 등락폭은 물가변동당시가격에서 계약단가를 뺀 금액으로 한다.
2. 물가변동당시가격이 입찰당시가격보다 높고 계약단가보다 낮을 경우의 등락폭은 영으로 한다.

④ 영 제64조제1항제2호에 따른 지수조정률은 계약금액(조정기준일 이후에 이행될 부분을 그 대상으로 한다)의 산출내역을 구성하는 비목군 및 다음 각 호의 지수 등의 변동률에 따라 산출한다. 〈개정 1999. 9. 9., 2009. 3. 5.〉
1. 한국은행이 조사하여 공표하는 생산자물가기본분류지수 또는 수입물가지수
2. 정부·지방자치단체 또는 「공공기관의 운영에 관한 법률」에 따른 공공기관이 결정·허가 또는 인가하는 노임·가격 또는 요금의 평균지수
3. 제7조제1항제1호의 규정에 의하여 조사·공표된 가격의 평균지수
4. 그 밖에 제1호부터 제3호까지와 유사한 지수로서 기획재정부장관이 정하는 지수

⑤ 영 제64조제1항의 규정에 의하여 계약금액을 조정함에 있어서 그 조정금액은 계약금액중 조정기준일 이후에 이행되는 부분의 대가(이하 "물가변동적용대가"라 한다)에 품목조정률 또는 지수조정률을 곱하여 산출하되, 계약상 조정기준일전에 이행이 완료되어야 할 부분은 이를 물가변동적용대가에서 제외한다. 다만, 정부에 책임이 있는 사유 또는 천재、지변등 불가항력의 사유로 이행이 지연된 경우에는 물가변동적용대가에 이를 포함한다.

⑥ 영 제64조제3항의 규정에 의하여 선금을 지급한 경우의 공제금액의 산출은 다음 산식에 의한다. 이 경우 영 제69조제2항、제3항 또는 제5항의 규정에 의한 장기계속공사계약、장기물품제조계약 또는 계속비예산에 의한 계약등에 있어서의 물가변동적용대가는 당해연도 계약체결분 또는 당해연도 이행금액을 기준으로 한다. 공제금액=물가변동적용대가×(품목조정률 또는 지수조정률)×선금급률

⑦ 제1항에 따른 물가변동당시가격을 산정하는 경우에는 입찰당시가격을 산정한 때에 적용한 기준과 방법을 동일하게 적용하여야 한다. 다만, 천재·지변 또는 원자재 가격급등 등 불가피한 사유가 있는 경우에는 입찰당시가격을 산정한 때에 적용한 방법을 달리할 수 있다. 〈개정 1999. 9. 9., 2005. 9. 8., 2009. 3. 5.〉

⑧ 제1항에 따라 등락률을 산정함에 있어 제23조의3 각 호에 따른 용역계약(2006년 5월 25일 이전에 입찰공고되어 체결된 계약에 한한다)의 노무비의 등락률은 「최저임금법」에 따른 최저임금을 적용하여 산정한다. 〈신설 2006. 12. 29., 2010. 7. 21.〉

⑨ 각 중앙관서의 장 또는 계약담당공무원이 제1항 내지 제7항의 규정에 의하여 계약금액을 증액하여 조정하고자 하는 경우에는 계약상대자로부터 계약금액의 조정을 청구받은 날부터 30일 이내에 계약금액을 조정하여야 한다. 이 경우 예산배정의 지연등 불가피한 사유가 있는 때에는 계약상대자와 협의하여 조정기한을 연장할 수 있으며, 계약금액을 증액할 수 있는 예산이 없는 때에는 공사량 또는 제조량 등을 조정하여 그 대가를 지급할 수 있다. 〈신설 1999. 9. 9., 2005. 9. 8.〉

⑩ 기획재정부장관은 제4항에 따른 지수조정률의 산출 요령 등 물가변동으로 인한 계약금액의 조정에 관하여 필요한 세부사항을 정할 수 있다. 〈신설 1999. 9. 9., 2009. 3. 5.〉

◈ (계약예규) 정부 입찰·계약 집행기준

[시행 2021. 1. 1.] [기획재정부계약예규 제533호, 2020. 12. 28., 일부개정]

제15장 물가변동 조정율 산출

제67조(품목조정율) ① 계약담당공무원은시행령 제64조제1항제1호에 의한 품목조정율 산출시에는시행규칙 제74조제1항 내지 제3항에 정한 바에 의하되, 표준시장단가가 적용된 공종의 경우에는 입찰당시(또는 직전조정기준일 당시)의 표준시장단가와 물가변동 당시의 표준시장단가를 비교하여 등락율을 산출한다.〈개정 2015.3.1.〉

② 제1항에도 불구하고 각 중앙관서의 장 또는 그가 지정하는 단체에서 제정한 "표준품셈"상의 건설기계는 입찰당시의 건설기계 시간당 손료와 물가변동 당시의 건설기계 시간당 손료를 비교하여 등락율을 산출한다.

제68조(지수조정율 및 용어의 정의)시행령 제64조제1항제2호에 의한 지수조정율 산출 시에는 이 장에서 정한 바에 따라야 하며, 이 장에서 사용하는 용어의 정의는 다음과 같다.〈개정 2015.3.1. 2020.4.7.〉

1. "비목군"이라 함은 계약금액의 산출내역 중 재료비, 노무비 및 경비를 구성하는 제비목을 노무비, 기계경비, 표준시장단가 또는 한국은행이 조사 발표하는 생산자물가기본분류지수 및 수입물가지수표상의 품류에 따라 입찰시점(수의계약의 경우에는 계약체결시점을 말한다. 이하 같다)에 계약담당공무원이 다음 각목의 예와 같이 분류한 비목을 말하며 이하 "A, B, C, D, E, F, G, H, I, J, K, L, M, …… Z"로 한다.

가. A : 노무비(공사와 제조로 구분하며 간접노무비 포함)
나. B : 기계경비(공사에 한함)
다. C : 광산품
라. D : 공산품
마. E : 전력·수도·도시가스 및 폐기물
바. F : 농림·수산품
사. G : 표준시장단가(공사에 한하며, G1 : 토목부문, G2 : 건축부문, G3 : 기계설비부문, G4 : 전기부문, G5 : 정보통신부문으로 구분하며, 일부공종에 대하여 재료비·노무비·경비중 2개이상 비목의 합계액을 견적받아 공사비에 반영한 경우에는 이를

해당 부분(G1, G2, G3, G4, G5)의 표준시장단가에 포함한다. 이하 같다.)〈개정 2010.10.22.〉

아. H : 산재보험료

자. I : 산업안전보건관리비

차. J : 고용보험료

카. K : 건설근로자 퇴직공제부금비

타. L : 국민건강보험료

파. M : 국민연금보험료

하. N : 노인장기요양보험료

거. Z : 기타 비목군

2. "계수"라 함은 "A, B, C, D, E, F, G, H, J, J, K, L, M, ……… Z"의 각 비목군에 해당하는 산출내역서상의 금액(예정조정기준일전에 이행이 완료되어야 할 부분에 해당되는 금액은 제외한다)이 동 내역서상의 재료비, 노무비 및 경비의 합계액(예정조정기준일전에 이행이 완료되어야 할 부분에 해당되는 금액은 제외한다)에서 각각 차지하는 비율(이하 "가중치"라 한다)로서 이하 "a, b, c, d, e, f, g, h, i, j, k, l, m, ……… z"로 표시한다.

3. "지수 등"이라 함은 다음 각목을 말한다.

가. A에 대하여는시행규칙 제7조제1항에 의하여 조사·공표된 해당직종의 평균치를, B에 대하여는 각 중앙관서의 장 또는 그가 지정하는 단체에서 제정한 "표준품셈"의 건설기계 가격표상의 전체기종에 대한 시간당 손료의 평균치(해당공사에 투입된 기종을 의미하는 것은 아님)를, "C, D, E, F"에 대하여는 생산자물가 기본분류지수표 및 수입물가지수표상 해당 품류에 해당하는 지수를, G에 대하여는시행령 제9조제1항제3호에 의하여 각 중앙관서의 장이 발표한 공종별(G1, G2, G3, G4, G5) 표준시장 단가의 전체 평균치를 말하며, 이하 기준시점인 입찰시점의 지수 등은 각각 "A0, B0, C0, D0, E0, F0, G0"로, 비교시점인 물가변동시점의 지수 등은 각각 "A1, B1, C1, D1, E1, F1, G1"으로 표시하되 통계월보상의 지수는 매월말에 해당하는 것으로 보고 각 비목군의 지수상승율을 산출한다.〈개정 2010.10.22., 2015.3.1.〉

나. "H, I"에 대하여는 다음 공식에 의하여 산출하며, "J, K, L, M"에 대하여는 "H" 산출방식을 준용한다.

H0=A0×입찰시 산재보험료율
H1=A1×조정기준일 당시 산재보험료율
I0=변동전(직접노무비계수+재료비계수+표준시장단가계수)×입찰시 산업안전보건관리비율
＊변동전 재료비계수=c+d+e+f
I1=변동후(직접노무비계수+재료비계수+표준시장단가계수)×조정기준일당시 산업안전보건관리비율
＊변동후 계수=변동전계수×지수변동율

다. Z0 또는 Z1의 경우에는 A0부터 G0까지 또는 A1부터 G1까지 각 비목의 지수를 해당비목의 가중치에 곱하여 산출한 수치의 합계를 비목군수로 나눈 수치로 하여 아래 공식에 의하여 산출한다. 단, 노무비(A)는 지수화(100%)하여 적용한다.

Z0=(aA0+cC0+dD0+eE0+fF0+gG0)/비목군수
Z1=(aA1+cC1+dD1+eE1+fF1+gG1)/비목군수

제69조(조정율의 산출)① 지수조정율(이하 "K"라 표시한다)은 다음의 산식에 의하여 산출한다.

$$K=(a\frac{A_1}{A_0}+b\frac{B_1}{B_0}+c\frac{C_1}{C_0}+d\frac{D_1}{D_0}+e\frac{E_1}{E_0}+f\frac{F_1}{F_0}+$$
$$g\frac{G_1}{G_0}+b\frac{H_1}{H_0}+c\frac{I_1}{I_0}+d\frac{J_1}{J_0}+e\frac{K_1}{K_0}+f\frac{L_1}{L_0}+$$
$$m\frac{M_1}{M_0}\quad\cdots\cdots\cdots\quad+z\frac{Z_1}{Z_0})-1$$

단, Z=1-(a+b+c+d+e+f+g+h+i+j+k+l+m…)

② 각 비목군의 지수는 입찰시점과 조정기준일 시점의 지수("C, D, E, F"에 대하여는 각각의 전월지수, 다만, 월말인 경우에는 해당 월의 지수를 말한다)를 각각 적용한다.

③ 제68조에 의한 비목군은 계약이행기간중 설계변경, 비목군 분류기준의 변경 및 비목군 분류과정에서 착오나 고의 등으로 비목군 분류가 잘못 적용된 경우를 제외하고는 변경하지 못한다.

제70조(계약금액의 조정)① 계약담당공무원은 계약체결후 90일 이상이 경과(계약체결일을 불산입하고 그 익일부터 기산하여 91일이 되는 날을 의미한다. 이하 같다)되고 제69조제1항에 의하여 산출한 K가 100분의 3이상인 경우로서 계약상대자의 청구가 있는 때에는 계약금액을 조정하되, 청구금액의 적정성에 대하여 직접 심사하기 곤란한 경우에는 「예정가격작성기준」 제31조에 따른 원가계산용역기관에 위탁할 수 있다.〈개정 2012.1.1.〉

② 제1항에 의한 계약금액의 조정은 조정기준일 이후에 이행되는 부분의 대가(이하 "물가변동 적용대가"라 한다)에 적용하되, 시공 또는 제조개시전에 제출된 공정예정표상 조정기준일전에 이행이 완료되어야 할 부분은 물가변동 적용대가에서 제외한다. 다만, 정부에 책임 있는 사유 또는 천재·지변 등 불가항력적인 요인으로 공정 또는 납품이 지연된 경우에는 그러하지 아니하다.

③ 제1항에 의하여 계약금액조정에 사용된 K는 90일간 변동하지 못한다.

④ 제2차 이후의 계약금액조정율은제69조제1항의 산식중 "A0, B0, C0, D0, E0, F0, G0, H0, I0, J0, K0, L0, M0, ·····Z0"에는 직전조정시의 "A1, B1, C1, D1, E1, F1, G1, H1, I1, J1, K1, L1, M1, ··· Z1"을, "A1, B1, C1, D1, E1, F1, G1, H1, I1, J1, K1, L1, M1, ···Z1"에는 비교시점인 물가변동시점의 지수등을 각각 대입하여 산출한다.

⑤ 계약담당공무원은제68조제3호에 의한 "표준품셈"(이하 품셈이라 한다. 이하 같다)상의 건설기계 시간당 손료의 평균치를 다음 각호에 따라 산정하여야 한다.

1. 입찰시점 또는 직전조정기준일 시점의 기계경비 지수는 당시 품셈의 건설기계 가격표상의 기종에 대한 시간당 손료의 평균치〈개정 2020.4.7.〉
2. 물가변동시점의 기계경비 지수는 조정기준일 당시 품셈의 건설기계 가격표상의 기종 중 입찰시점 또는 직전조정기준일 시점 당시 품셈의 건설기계 가격표상의 기종만의 시간당 손료의 평균치 〈개정 2020.4.7.〉
3. 입찰시점 또는 직전조정기준일 당시 품셈의 건설기계 가격표상의 기종이 물가변동시점에 삭제된 경우에는 입찰시점 또는 직전조정기준일 시점 당시 품셈의 건설기계 가격표상의 기종에 대한 시간당 손료의 평균치 산정 시 물가변동시점에 삭제된 기종을 제외함
〈신설 2020.4.7.〉

⑥ 계약담당공무원은 제68조제3호에 의한 각 중앙관서의 장이 발표한 공종별(G1, G2,

G3, G4, G5) 표준시장단가의 전체 평균치를 다음 각호에 따라 산정하여야 한다.〈개정 2010.10.22., 2015.3.1.〉

1. 입찰시점 또는 직전조정기준일 시점의 표준시장단가 지수는 입찰시점 또는 직전조정기준일 시점 당시 각 중앙관서의 장이 발표한 공종별 표준시장단가의 전체 평균치
2. 물가변동시점의 표준시장단가 지수는 조정기준일 중 입찰시점 또는 직전조정기준일 시점 당시 공종별 표준시장단가에 해당하는 표준시장단가만의 전체 평균치
3. 입찰시점 또는 직전조정기준일 시점에 발표되어 있던 표준시장단가 적용 공종이 물가변동시점에 삭제된 경우에는 입찰시점 또는 직전조정기준일 시점 당시 공종별 표준시장단가의 전체 평균치 산정 시 물가변동시점에 삭제된 공종을 제외함

⑦ 제6항에도 불구하고 건축부문 표준시장단가(G2)의 전체평균치 산정 시 국토교통부장관이 발표한 표준시장단가 공종 중 타워크레인 운반비(8ton, 10ton, 12ton)와 타워크레인 임대료(8ton, 10ton, 12ton)는 발표된 단가를 다음 각 호에 따라 단위를 보정하여 산정한 단가를 반영한다.〈개정 2015.3.1.〉

1. 타워크레인 운반비는 대당 단가를 규격별 권상(卷上) 능력으로 나누어 톤당 단가로 반영
2. 타워크레인 임대료는 월당 단가를 25일로 나누어 일당 단가로 반영

⑧ 시행규칙 제74조제7항의 불가피한 사유는 다음 각 호의 사유를 말한다.

1. 예측하기 힘든 태풍·홍수 기타 악천후, 전쟁 또는 사변, 지진, 화재, 전염병, 폭동 등에 따라 계약금액 조정이 필요한 경우
2. 원자재의 급격한 가격 급등에 따라 계약금액 조정이 필요한 경우
3. 장기계속 물품·용역계약으로서시행령 제9조제1항제1호에 따라 예정가격을 결정하여 입찰당시의 원가자료가 존재하지 아니하는 경우

제70조의2(지수조정율 등 산정 시 소수점 처리)계약담당공무원은 지수조정율 등 산정 시 소수점 이하의 숫자가 있는 경우에 다음 각호에 따라 산정한다.

1. 지수, 지수변동율(입찰시점의 지수대비 물가변동시점의 지수) 및 지수조정율(K)은 소수점 다섯째자리 이하는 절사하고 소수점 넷째자리까지 산정함

2. 각 비목군의 계수는 계수의 합이 1이 되어야 함을 고려하여 계약당사자간에 협

의(예 : 일부는 절상하고 일부는 절사하여 계수의 합이 1이 되도록 하는 방법) 하여 결정함

제70조의3(특정규격 자재의 가격변동으로 인한 계약금액조정) ① 계약담당공무원은시행령 제64조제6항에 따라 특정규격의 자재별 가격 변동에 따른 계약금액을 조정하는 경우에 품목조정률에 의하며, 시행규칙 제74조를 준용한다.

② 계약담당공무원은 제1항에 따른 계약금액을 조정 후에 시행령 제64조제1항및시행규칙 제74조에 따라 물가변동으로 인한 계약금액을 조정하는 경우에는 다음 각 호의 기준에 따른다. 다만, 2차 이후의 계약금액 조정에 있어서는 다음 각 호에도 불구하고시행령 제64조제1항및시행규칙 제74조에 따른다.

1. 시행령 제64조제1항제1호에 따라 계약금액을 조정하는 경우에는 품목조정률 산출시에 제1항에 따라 산출한 특정규격자재의 가격상승률을 감산(하락률은 합산)한다.
2. 시행령 제64조제1항제2호에 따라 계약금액을 조정하는 경우에 지수조정률은 다음 각목과 같이 산출한다.
   가. 제68조제1호에 따른 비목군 분류 시에는 특정자재가 속해 있는 비목군에서 특정자재 비목군을 따로 분류한다.
   나. 제68조제2호에 따른 계수산출 시에는 제1항에 따라 조정된 금액을 제외하고 산출하며, 특정자재 비목군과 특정자재를 제외한 비목군에 해당하는 금액이 차지하는 비율에 따라 각각 계수를 산출한다.
   다. 제69조에 따른 조정률 산출시에 특정자재 비목군의 지수변동률은 특정규격자재의 등락폭에 해당하는 지수상승률을 감산(하락률일 경우에는 합산)하고, 특정규격자재의 조정기준일부터 물가변동으로 인한 계약금액 조정기준일까지 지수상승률은 합산하여 산출한다.

③ 계약담당공무원은 총액증액조정요건과 단품증액조정요건이 동시에 충족되는 경우에는 총액증액조정을 적용하여야 한다. 다만, 다음 각호의 경우에는 단품증액조정을 우선 적용할 수 있다.〈신설 2010.10.22.〉

1. 단품증액조정이 총액증액조정보다 하수급업체에 유리한 경우
2. 기타 발주기관의 계약관리 효율성 제고 등을 위해 단품증액조정을 적용할 필요성이 있다고 인정되는 경우

   [본조신설 2008.5.1.]

제70조의4(원자재 가격급등 등으로 계약이행이 곤란한 경우 계약금액조정) ① 시행령 제64조제5항에서 원자재의 가격급등 등으로 인하여 90일내에 계약금액을 조정하지 아니하고는 계약이행이 곤란하다고 인정되는 경우란 계약체결일 또는 직전 조정기준일 이후 원자재가격 급등과 관련하여 다음 각 호에 해당하는 경우를 말한다.

1. 공사, 용역, 물품제조계약에서 품목조정률이나 지수조정률이 5%이상 상승한 경우

2. 물품구매 계약에서 품목조정률이나 지수조정률이 10%이상 상승한 경우

3. 공사, 용역 및 물품제조계약에서 품목조정률이나 지수조정률이 3%(물품구매계약에서는 6%)이상 상승하고, 기타 객관적 사유로 조정제한기간 내에 계약금액을 조정하지 아니하고는 계약이행이 곤란하다고 계약담당공무원이 인정하는 경우

② 조정기준일은 제1항의 조건이 충족된 최초의 날을 말한다.

③ 계약상대자는 제1항제1호 및 제2호에 따라 물가변동으로 인한 계약금액 조정을 하는 경우에는 원자재 가격급등 및 이에 따라 계약금액에 미치는 영향 등에 대한 증빙서류를 계약담당공무원에게 제출하여야 한다.

④ 계약상대자는 제1항제3호에 따라 물가변동으로 인한 계약금액 조정을 하는 경우에 원자재가격급등 및 이에 따라 계약금액에 미치는 영향, 계약이행이 곤란한 객관적 사유 등에 대한 증빙서류를 계약담당공무원에게 제출하여야 한다.

⑤ 제4항에서 계약이행이 곤란한 객관적 사유에 대한 증빙서류에는 다음과 같은 내용이 포함될 수 있다.
1. 계약가격과 시중거래가격의 현저한 차이 존재
2. 환율급등, 하도급자의 파업등 입찰 시 또는 계약체결 시 예상할 수 없었던 사유에 의해 계약금액을 조정하지 아니하고는 계약수행이 곤란한 상황
3. 계약을 이행하는 것보다 납품지연, 납품거부, 계약포기로 제재 조치를 받는 것이 비용상 더 유리한 상황
4. 주요 원자재의 가격급등으로 인한 조달 곤란으로 계약목적물을 적기에 이행할 수 없어 과도한 추가비용이 소요되는 상황
5. 기타 계약상대자의 책임없는 사유로 계약금액을 조정하지 아니하고는 계약이행이

곤란한 상황

⑥ 각 중앙관서의 장은 동조에 따라 계약금액을 조정할 필요가 있는 경우는 시행령 제94조의 계약심의회 심의를 거쳐 결정할 수 있으며, 동조 시행에 필요한 세부기준을 운용할 수 있다.
[본조신설 2008.11.1.]

제70조의5(계약금액 감액조정 등) ① 계약담당공무원은시행령 제64조제1항 또는 제6항의 감액조정요건이 충족되는 경우에는 계약상대자에게 통보하여 계약금액을 감액 조정하되, 계약금액 조정요건의 충족여부 등을 자체적으로 확인할 수 없는 경우에는「예정가격작성기준」 제31조에 따른 원가계산용역기관에 위탁하여 확인할 수 있다. 다만, 계약금액의 감액조정금액이 원가계산기관 위탁수수료보다 낮을 것으로 예상되는 경우 감액조정을 생략할 수 있다.〈개정 2012.1.1.〉

② 계약담당공무원은 총액감액조정과 단품감액조정 요건이 동시에 충족되는 경우에는 원칙적으로 총액감액조정을 우선 적용한다.

③ 계약담당공무원은 직전 계약금액조정시에 단품증액조정을 한 경우에 단품감액조정 요건이 충족되면 원칙적으로 단품감액조정을 하여야 한다. 다만, 계약담당공무원은 단품감액조정을 적용함으로써 총액증액조정의 등락요건이 입찰일 또는 직전조정기준일로부터 조기에 충족되어 추가적인 계약금액 조정이 예상되는 경우에는 동 단품감액조정을 생략할 수 있다.

④ 계약담당공무원은 직전 계약금액조정 시에 단품증액조정요건과 총액증액조정요건이 동시에 충족하여 단품증액조정을 적용하지 못한 경우에는 단품감액조정을 적용하지 아니한다.

⑤ 계약담당공무원은 단품감액 조정을 할 경우에 그 대상인 특정규격의 자재(부산물 또는 작업설은 제외한다)는 산출내역서상 재료비 항목의 자재로 한다. 다만, 산출내역서만으로 재료비 항목을 구분하기 어려운 경우에는 산출내역서 작성시 제출한 기초자료(일위대가 등)를 활용하여 재료비 항목으로 구분하여 단품감액조정을 적용할 수 있다.

⑥ 계약담당공무원은 계약금액을 감액조정할 경우에시행규칙 제74조제6항에 따른 선금 공제를 적용하지 않는다.

⑦ 계약담당공무원은 해당 조정기준일 이후에 이행된 부분에 대해 조정통보 전에 지급된 기성대가(준공대가 포함)는 물가변동적용대가에서 공제한다. 다만, 계약담당공무원이 계약상대자에게 감액조정 통보 후에 지급한 기성대가(준공대가 포함) 또는 개산급으로 지급한 기성대가는 물가변동적용대가에 포함한다.

⑧ 계약담당공무원은 단품감액조정 또는 총액감액조정을 할 경우에 계약상대자가 직전 계약금액 조정시에 단품증액조정이나 총액증액조정으로 인하여 조정받은 금액을 하수급인 등에게 배분한 것과 동일한 방식으로 회수·관리하도록 하여야 한다.

⑨ 계약담당공무원은 2006.12.29 이전 계약으로서 계약상대자가 단품증액조정을 받지 않은 경우에는 단품감액조정을 적용하지 아니하되, 단품증액조정을 받은 경우 단품증액조정된 증액범위를 초과하여 단품감액조정을 할 수 없다.

5 유권해석 사례

1. 턴키 입찰공사에 포함된 설계비 항목의 물가변동 적용대가 포함 여부

☞ 설계 부분은 물가변동으로 인한 계약금액조정 시 조정기준일 전에 이행이 완료되어야 할 부분에 해당되어 물가변동적용대가에서 제외하여야 할 것이며, 다만, 기이행이 완료된 동 설계 부분에 대한 대가 지급 지연 등에 대하여는 국가계약법 시행령 제58조(대가의 지급) 및 제59조(대가지급 지연에 대한 이자)의 규정에 따라 처리할 사항임

2. 계약체결 시 물가변동으로 인한 계약금액조정 배제 특약의 가능 여부

☞ 물가변동에 의한 계약금액 조정은 의무사항이며, 계약당사자간에 동 계약금액 조정을 배제하는 특약 등을 규정하는 것은 법령의 규정에 위배됨

3. 물가변동으로 인한 계약금액 조정신청 시한

☞ 물가변동으로 인한 계약금액 조정요건에 해당되어 준공대가 지급 신청 전에 계약금액조정 신청이 있었다면 준공대가 지급 여부와는 무관하게 조정된 계약금액을 지급하여야 함

4. 물가변동 조정율 산정방법의 변경 가능 여부

☞ 계약서에 명시된 조정율 산출방식은 계약이행 도중에 임의로 변경할 수 없으며, 물가변동조정율 산출방식을 계약서상에 명시하지 아니하였지만 1차 물가변동으로 인한 계약금액 조정을 지수조정율에 따라 하였다면 동 계약건의 물가변동조정율 산출방식은 지수조정율이며 이를 변경할 수 없음

5. 개산급시 준공 이후 물가연동제 적용 가능 여부

☞ 물가변동으로 인한 계약금액을 조정받고자 하는 계약상대자는 당해 공사의 준공급 지급 신청 전에 계약금액 조정신청을 하여야 하며, 계약이행 중에 기성금을 개산급으로 지급받았다고 하여 준공급 지급 후에 계약금액 조정신청을 할 수 있는 것은 아님

6. 개산급으로 신청한 행위가 물가변동 신청 행위 인지?

(물가변동으로 인한 계약금액조정 신청일)

☞ "물가변동으로 인한 계약금액조정 신청일"이라 함은 계약금액조정 요건의 성립을 증명할 수 있는 관계 서류를 첨부하여 금액조정을 신청한 날짜를 의미하는 것인 바, 단지 기성부분에 대한 대가를 개산급으로 신청한 행위 자체를 물가변동으로 인한 계약금액조정 신청으로 볼 수는 없는 것임

7. 책임감리 현장의 물가변동 신청서류 접수절차

☞ 계약상대자는 물가변동 신청서에 동 요건의 성립을 증명하는 서류를 첨부하여 계약담당 공무원에게 제출하여야 하는 것인 바, 건설기술관리법의 규정에 의거 책임감리를 수행 중인 현장의 경우에도 물가 변동으로 인한 계약금액조정 신청서는 계약담당공무원에게 우선적으로 접수하여야 할 것임

8. 책임감리자가 물가변동 조정 신청을 접수한 경우 '물가변동 조정 신청 접수일'로 볼 수 있는지? 여부

☞ 국가기관이 체결한 공사계약에 있어 물가변동으로 인한 계약금액 조정을 하고자 하는 경우 계약상대자는 금액 조정내역서를 첨부한 계약금액조정신청서를 계약담당공무원에게 제출하여야 하는 것이나 계약상대자가 계약금액조정내역서를 첨부한 계약금액조정신청서를 책임감리자에게 제출하고 책임감리자가 물가변동으로 인한 계약금액 조정신청서가 접수되었음을 발주기관에 문서로 통보한 후 발주기관이 이를 인정하여 책임감리자로 하여금 조정내역서를 검토하도록 한 경우라면 책임감리자의 통보문서가 발주기관에 접수된 날을 물가변동 신청일로 보는 것이 타당하다고 봄

9. 분담이행방식에 의한 공동도급계약에 있어 물가변동을 구성원별로 하여야 하는지 여부

☞ 공동도급계약(분담 이행방식)의 경우라 하여 구성원별로 구분하여 계약금액을 조정할 수는 없음

10. 연대보증 시공시 물가변동으로 인한 계약금액 조정

☞ 연대보증인이 보증시공을 하는 경우에도 계약금액 조정 시 기준시점은 계약체결일(또는 직전조정기준일)임

11. 별건 계약시 물가변동의 기산점

☞ 최초 계약자의 부도로 인하여 계약을 해지 또는 해제하고 별건으로 체결된 때에는 계약체결 시 별도 조정한 특약이 없는 한 별건 계약체결당시 가격을 기준으로 등락율을 산출하여야 할 것임

12. 물가변동적용대가 산정기준

☞ 물가변동적용대가는 조정기준일 당시의 공사공정예정표(예정공정표) 및 산출내역서에 의거 산출함

13. 산출내역서, 공사공정예정표의 기준

☞ 물가변동으로 인한 계약금액을 조정함에 있어 조정율과 물가변동적용대가의 산정기준이 되는 산출내역서 및 공사공정예정표가 조정기준일 이전에 발생된 공기연장, 설계변경 등으로

인하여 변경되었다면 변경된 것을 기준으로 산정하는 것임

14. 공사공정예정표와 실시행공정이 상이한 경우 물가변동적용대가 산정방법

☞ 물가변동적용대가는 공사예정표상 조정기준일 이후에 이행되어야 할 금액을 의미하며, 계약당사자간의 합의에 의하여 계약체결시 작성된 공사공정예정표와 다르게 시공하고자 하는 경우에는 당초 공사공정예정표를 수정하여야 하며, 이 경우 물가변동적용대가는 변경된 공사공정예정표에 의하여 산출하여야 함

15. 조정금액 산정방법 관련 회계통첩

☞ 물가변동으로 인한 계약금액 조정시 조정금액 산정은 계약금액을 구성하는 모든 품목 또는 비목의 가격에 대하여 산출하여야 하며, 특히 일부 품목 또는 비목(예 : 노임)만 한정하여 산출하는 사례가 없도록 할 것

16. 대가 신청 전에 계약금액 조정신청을 한 경우 적용대가에 포함 여부

☞ 기성부분(또는 준공부분)에 대한 대가신청 전에 계약금액 조정신청을 하였을 때에는 동 적용대가에 포함하는 것임

17. 장기계속공사 등의 선금 공제 대상이 되는 물가변동 적용대가

☞ 장기계속공사계약 또는 계속비 예산에 의한 계약 등에 있어서 물가변동 적용대가는 최종 계약금액조정금액 산출시 적용되는 총 물가변동 적용대가 중 선금이 지급된 당해연도 계약체결분 또는 당해연도 이행금액에 있어 조정기준일 이후에 이행될 금액을 의미함

18. 물가변동으로 인한 계약금액 관련 선금 공제기준

☞ 선금의 공제는 조정기준일 이전에 지급한 선금에 대하여 적용 가능함

19. 조정기준일에 선금을 지급할 경우 물가변동 적용대가에서 선금을 공제가능 여부

☞ 조정기준일에 선금을 지급하였다면 선금공제의 취지를 감안하여 이를 물가변동적용대가에서 공제하지 않는 것이 타당함

20. 물가변동 시 선금 공제의 취지

☞ 발주기관이 지급한 선금을 사용하여 미리 구매해 놓은 자재 등에 대하여 계약금액을 조정함에 따라 발생되는 계약상대자의 이득을 공제하기 위한 것임

21. 견적 처리된 품목은 물가변동 시 제외하여야 하는지의 여부

☞ 계약금액을 구성하는 모든 품목 또는 비목을 대상으로 하는 것이므로 견적 처리된 항목이

라 하여 제외되는 것은 아님

22. 물가변동요건 산출 시 일부품목 또는 비목을 제외할 수 있는지의 여부
☞ 물가변동으로 인한 계약금액조정은 계약상 조정기준일 이후에 이행되어야 할 부분 전체를 대상으로 하는 것이며, 동 계약금액 조정 시 수입자재 등 일부 품목 또는 비목을 제외할 수 없음

23. 물가변동시 일부품목 제외 가능 여부 및 수입자재의 등락율 산정 시 적용 환율
☞ 일부 품목 또는 비목을 물가변동으로 인한 계약금액 조정 시 제외한다는 특약을 할 수는 없으며, 수입물품의 환율변동에 따라 등락율은 계약체결시점의 환율과 통관시점의 환율을 적용하여 산출하여야 함

24. 일부 비목이 과다 계상 되었다는 이유로 계약금액을 조정하지 아니한 상태에서 물가변동으로 인한 계약금액 조정 시 등락폭의 합계액에서 이를 제외할 수 있는지 여부
☞ 물가변동으로 인한 계약금액 조정 시 설계변경이 예상된다는 이유만으로 일부의 품목 또는 비목을 품목조정율 산출 시 제외할 수 없는 것임

25. 계약체결 당시의 가격 의미
☞ 계약체결당시가격이라 함은 계약체결당시 산정한 각 품목 또는 비목의 가격이며, 설계가격 또는 예정가격단가를 의미하지는 않는 것임

26. 다수직종이 포함된 공사의 경우 노무비지수 산출방식
☞ 1건의 공사에 여러 직종군이 복합적으로 편성되어 있는 때에는 각 직종군의 조정기준일 당시 발표된 평균노임을 계약체결 시 발표된 평균노임으로 나눈 값에 각 직종군이 전체 노무비 금액에서 차지하는 점유율을 곱하여 산출된 수치를 합계하여 노무비 비목군의 지수변동율을 산출할 수 있는 것임

27. 발표되지 않은 노무비 항목의 등락율 산정방법
☞ 1차 계약금액 조정 시 해당노임이 발표되지 않아 유사 직종노임을 비교하여 등락율을 산출하였다면 2차 계약금액 조정 시에도 1차 계약금액 조정 시와 동일한 기준에 의하여 등락율을 산출하는 것이 타당함

28. 산출내역서 상의 요율이 법정요율을 상회하는 경우 물가변동 시 적용방법
☞ 산출내역서 상의 일부 품목 또는 비목의 가격이 관계법령에서 정한 법정요율 및 재정경제부장관이 정한 율을 초과하였다 하더라도 산출내역서를 기준으로 산정함

29. 설계변경 후 물가변동으로 인한 계약금액 조정 방법

☞ 물가변동으로 인한 계약금액 조정 시 조정기준일 전에 설계변경으로 인하여 계약금액을 조정하였다면 조정된 계약금액을 기준으로 물가변동적용대가를 산정하는 것이며, 이 경우 설계변경으로 추가된 물량에 대한 등락률 산정 시 기준시점은 최초 계약체결시를 기준으로 하는 것인바, 다만, 신규비목 등 설계변경 당시를 기준으로 하여 단가를 산정한 품목에 대하여는 설계변경 당시를 기준으로 하는 것임

☞ 물가변동으로 인한 계약금액 조정 시 조정기준일 이전에 설계변경 등으로 공사물량 및 공사공정예정표가 변경되는 경우에는 변경된 공사물량 및 공사공정예정표를 기준으로 물가변동 성립요건 및 적용대가 등을 산정하여야 함. 이 경우 설계변경으로 인하여 추가되는 공사 물량 중 신규비목에 대한 등락율 산정은 설계변경 당시와 조정기준일 당시의 가격을 비교하여 산정하여야 함

30. 물가변동을 위한 1차, 2차 조정신청서를 동시에 제출할 수 있는지의 여부

☞ 1차 및 2차 물가변동 조정신청서를 동시에 접수할 수 있을 것이나, 이 경우에는 1차 신청분에 대한 계약금액을 조정한 후에 2차 계약금액 조정 여부를 검토하여야 할 것임

31. 조정기준일 이후에 설계변경을 한 경우 계약단가

☞ 물가변동으로 인하여 계약금액을 조정한 후 설계변경으로 인한 계약금액을 조정하는 경우 계약단가는 물가변동으로 인하여 조정된 단가를 적용함

32. 연대보증 시공시 물가변동에 따른 조정금액에 대한 연대보증인의 권리 범위

☞ 연대보증인은 조정금액 중 직접 시공한 부분에 대하여 권리를 갖는 것임

33. 환율, 관세율의 변동이 물가변동으로 인한 계약금액조정대상이 되는지 여부

☞ 계약금액을 구성하는 모든 품목 또는 비목의 가격 등의 등락으로 인하여 계약금액에 변동이 있을 경우 계약금액을 조정토록 하고 있는 바, 가격 등의 등락에는 환율도 포함되며, 수입물품의 원가계산에는 관세도 포함되므로 관세율의 변경에 따라 수입품의 단가가 변동이 있다면 물가변동에 의한 계약금액의 조정대상이 됨

34. 물가변동으로 인한 계약금액 조정 시 환율 적용

☞ 국가를 당사자로 하는 계약에 관한 법률에 정한 지수조정율 방식으로 물가변동으로 인한 계약금액조정을 하는 경우에 비교시점과 기준시점의 가격지수는 동일한 기준에 의하여 산정하는 것인 바, 회계예규 "정부 입찰·계약 집행기준"에 의하여 물가변동 기준일의 환율이 연도초 환율과 3% 이상 차이가 있는 경우에는 물가변동기준일의 환율을 곱하여 외산 장비가격을 산출하였다면 직전조정일의 외산장비가격도 동일한 기준을 적용하여 산정하여야 함

35. 건설기계경비의 가격산정을 위한 환율의 적용

☞ 국가기관이 체결한 공사계약에 있어서 국가를 당사자로 하는 계약에 관한 법률 시행령의 물가변동으로 인한 계약금액 조정에 있어 등락율 산정 시 외화 표시가격 및 환율적용방법 등을 건설공사 표준품셈에서 규정하고 있으므로 동 표준품셈상 계약체결시 기계경비의 가격산정을 위하여 적용하는 환율과 동일한 기준에 따라 적용하는 것이 타당함

※ 기계경비의 환율을 당초 설계에서는 전신환 매도율을 적용하고, 설계변경으로 추가되는 신규품목의 환율은 매매기준율을 적용한 경우 물가변동에 적용하는 환율은 당초 비목은 전신환매도율을 적용하고, 신규 품목은 매매기준율의 환율을 적용한다.

36. 기계경비 평균가격 산정

☞ 계약체결 시 또는 직전조정기준일 당시 품셈에 없던 기계장비가 조정기준일 당시 품셈에 신설된 경우에는 계약체결시 또는 직전조정기준일 당시의 기종수를 기준으로 기계장비의 평균가격을 산정하는 것임

5 관급자재 발주 및 계약내용·수급방법 변경

1 관급자재 발주 등 단계별 소요 행정

◈ 관급자재 발주 및 분할납품 검사
: 시공사(관급자재 수급계획서에 의거 수급요청서 제출) → 건설사업관리자(검토·확인) → 수요기관(계약체결/분할납품 요청 및 대가지급)

◈ 계약내용 변경 및 변경계약
: 계약상대자(실정보고서) → 건설사업관리자(검토·확인) → 발주기관 (변경계약) 처리

◈ (도급자) 관급자재 사급 전환
: 계약상대자(실정보고서) → 건설사업관리자(검토·확인) → 발주기관(검토 및 방침 결정) → 건설사업관리자(납품완성 검사) → 발주기관(공사관리기관/수요기관)

◈ 수요기관 사급자재 전환
: 수요기관 사급전환 검토 요청(사급 전환 사유 기재) → 건설사업관리자(기술검토·확인서 제출) → 발주기관(공사관리기관/수요기관) 소요예산 등 확인 및 방침 결정 → 건설사업관리자/도급자

○ 관급자재 수급계획서 검토
- 공사 착공 후 주공종(건축) 예정공정표에 따라 각 공종별 도급자는 "관급자재 수급계획서"를 작성
- 공사일정에 따라 파일, 철근 등 공사착공 초기 필요한 자재는 별도 송부 가능
- 관급자재 수급계획서 작성 시 "발주 및 반입시기", "계약방법", "우수제품 지정기간", "규격서 검토결과 적정성 여부", "설계예산" 반드시 첨부

○ 관급자재 발주자료 검토
- 특정업체 관급자재 설계도서(도면, 규격서, 내역) 검토시 "우수제품 지정규격과 일치여부", "우수제품 지정규격에 반영된 기술인증 사항 포함 여부" 반드시 확인(건설사업관리자 및 특

정업체 검토 확인)

- 검토결과 우수제품 지정규격과 불일치 시 "반드시 설계자 및 관급자재 선정 심의결과 특정업체"의 확인(공문처리)을 받은 후 변경 처리
- 현장내 건설사업관리자 및 업체, 수요기관 임의 수정 불가
- 특정업체(우수제품)의 지정기간 만료일이 다가올 경우 "수요기관과 반드시 협의 후 필요시 선 발주 또는 우수제품 지정기간 만료 후 사정변경에 따른 재심의 절차에 따라 처리"
- 일반자재의 규격서 검토결과 현장여건과 상이한 오류 등 발견 시 "반드시 설계자 확인(공문처리)"을 받은 후 변경 처리

○ 관급자재 납품검사 검토

- 관급자재 납품 과정 중 "설계규격, 계약규격, 최종 납품규격" 일치여부 비교 검토(건설사업관리자 지시)
- 관급자재 납품 완료 시 규격서의 성능을 확인할 수 있는 자료 "시험성적서, 각종 인증서 등" 확인(건설사업관리자 지시)
- 필요시 시운전이행증권 수령 및 하자보수이행증권 수령 반드시 확인
- 관급자재 납품검사 시 검사기관(수요기관 또는 전문검사기관) 계약서 반드시 확인
- 전문기관검사 물품은 해당기관의 검사결과서 확인

* 건설사업관리자는 우수제품 관급자재의 지정기간, 소요예산, 도급전환 예상소요액, 공정관리에 미치는 영향(당초 계획공정의 변경 필요 여부) 등을 반드시 검토하여야 합니다.

* 계약담당공무원은 계약 당시의 사급자재를 관급자재로 변경할 수 없습니다.

단, 원자재의 수급 불균형에 따른 원자재가격 급등 등 사급자재를 관급자재로 변경하지 않으면 계약목적물을 이행할 수 없다고 인정될 때에는 계약당사자간의 협의에 의하여 변경할 수 있음

▦ 관급자재 발주 방식

◈ 제3자단가 계약물품
- 조달청 나라장터 쇼핑몰(특정업체 대상)
- 대상물품 : 호안블록, 데크플레이트, 등기구 등

◈ 다수공급자(MAS) 계약물품
- 조달청 나라장터 쇼핑몰(일반제품)
- 대상물품 : FCU, 냉온수기, 냉난방기 등

◈ 총액수의계약(우수제품 특정업체)
- 조달청 나라장터 중앙조달 계약요청
- 대상물품 : 자동제어, 공기조화기, 태양광장치 등

◈ 총액일반경쟁(일반제품)
- 조달청 나라장터 중앙조달 계약요청
- 대상물품 : PHC파일, 드라이몰탈, 창호, 냉각탑 등

◈ 사정변경에 따른 관급자재 재선정 형태
- 우수제품 지정기간 만료, 취소 등
- 자세한 사항은 관급자재 발주 절차 및 재심의 절차 참조

▦ 관련규정

◈ 「조달청 시설공사 맞춤형서비스 관급자재 선정운영 기준」
- 제16조(관급자재 선정 후 업무절차 등)
- 제17조(관급자재 선정 후 사정변경 발생 시 처리 등)

◈ 「건설공사 사업관리 검토기준 및 업무수행지침」
- 제45조(계약업무지원), 제46조(지급자재 조달 지원), 제47조(일반행정업무), 제57조(사용자재의 적정성 검토) 제58조(사용자재의 검수·관리)

2 관급자재 발주 절차 참고자료

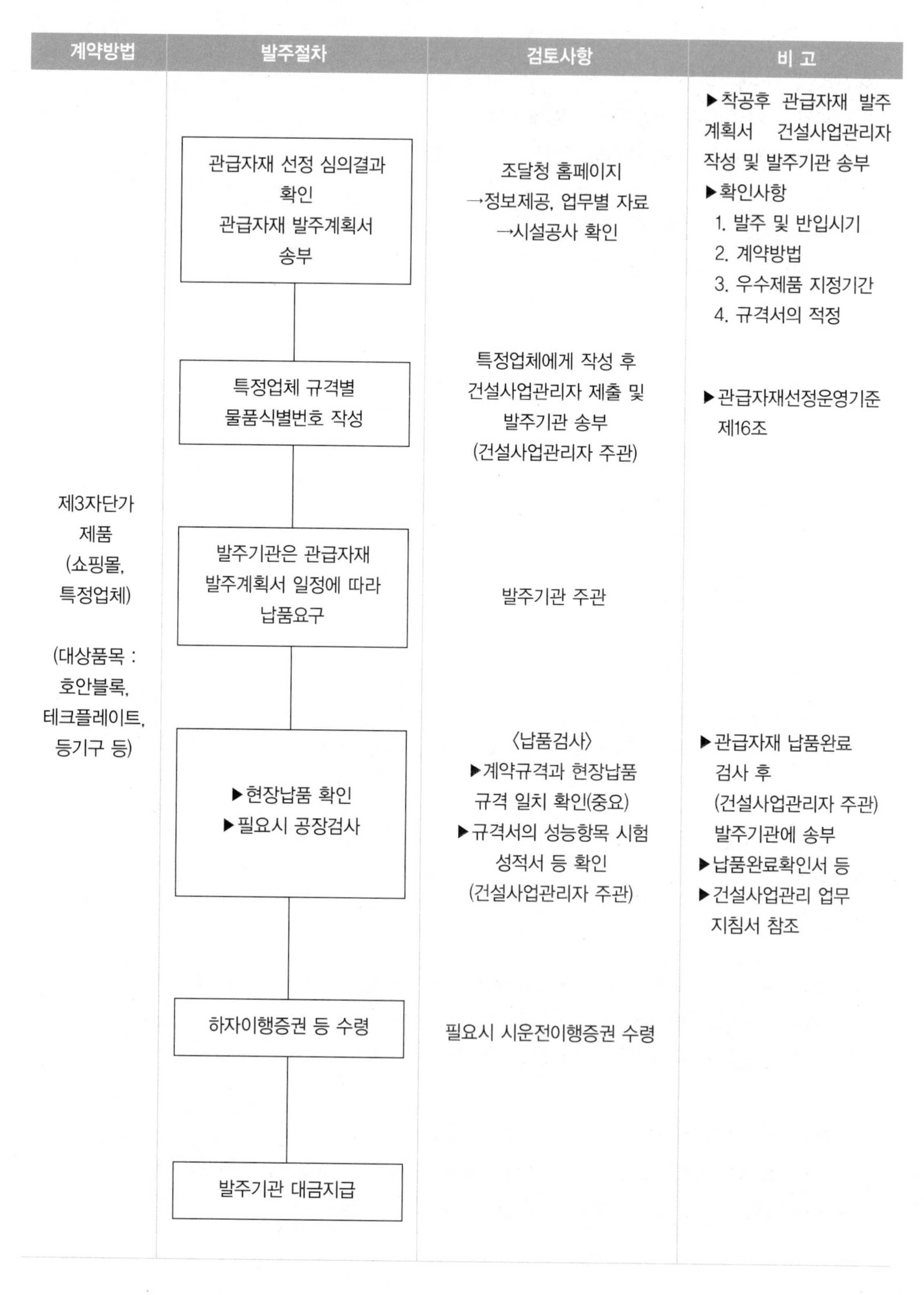

계약방법	발주절차	검토사항	비 고
	관급자재 선정 심의결과 확인 관급자재 발주계획서 송부	조달청 홈페이지 →정보제공, 업무별 자료 →시설공사 확인	▶착공후 관급자재 발주계획서 건설사업관리자 작성 및 발주기관 송부 ▶확인사항 1. 발주 및 반입시기 2. 계약방법 3. 우수제품 지정기간 4. 규격서의 적정
	특정업체 규격별 물품식별번호 작성	특정업체에게 작성 후 건설사업관리자 제출 및 발주기관 송부 (건설사업관리자 주관)	▶관급자재선정운영기준 제16조
제3자단가 제품 (쇼핑몰, 특정업체) (대상품목 : 호안블록, 테크플레이트, 등기구 등)	발주기관은 관급자재 발주계획서 일정에 따라 납품요구	발주기관 주관	
	▶현장납품 확인 ▶필요시 공장검사	〈납품검사〉 ▶계약규격과 현장납품 규격 일치 확인(중요) ▶규격서의 성능항목 시험 성적서 등 확인 (건설사업관리자 주관)	▶관급자재 납품완료 검사 후 (건설사업관리자 주관) 발주기관에 송부 ▶납품완료확인서 등 ▶건설사업관리 업무 지침서 참조
	하자이행증권 등 수령	필요시 시운전이행증권 수령	
	발주기관 대금지급		

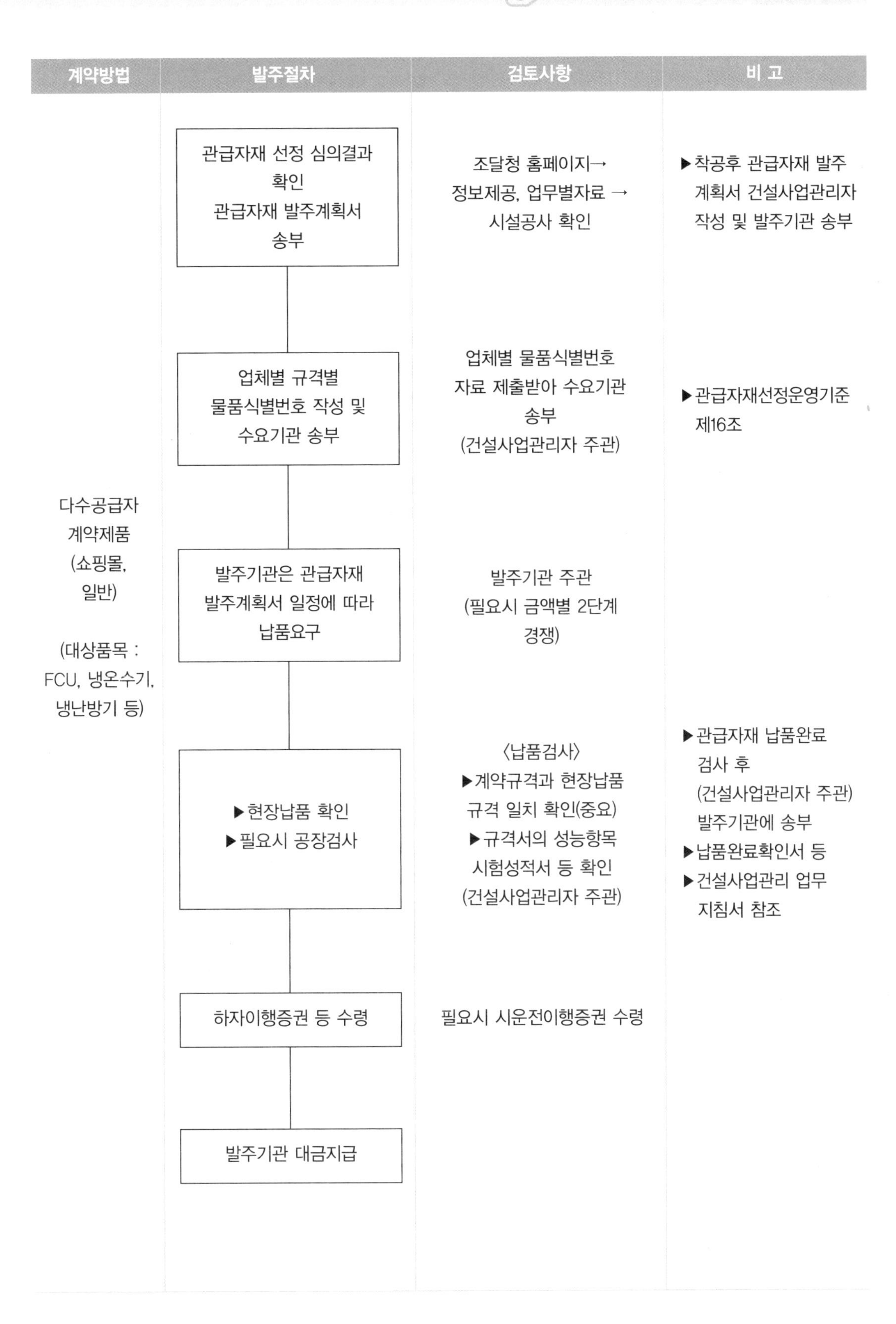

계약방법	발주절차	검토사항	비 고
다수공급자 계약제품 (쇼핑몰, 일반) (대상품목 : FCU, 냉온수기, 냉난방기 등)	관급자재 선정 심의결과 확인 관급자재 발주계획서 송부	조달청 홈페이지→ 정보제공, 업무별자료 → 시설공사 확인	▶착공후 관급자재 발주계획서 건설사업관리자 작성 및 발주기관 송부
	업체별 규격별 물품식별번호 작성 및 수요기관 송부	업체별 물품식별번호 자료 제출받아 수요기관 송부 (건설사업관리자 주관)	▶관급자재선정운영기준 제16조
	발주기관은 관급자재 발주계획서 일정에 따라 납품요구	발주기관 주관 (필요시 금액별 2단계 경쟁)	
	▶현장납품 확인 ▶필요시 공장검사	〈납품검사〉 ▶계약규격과 현장납품 규격 일치 확인(중요) ▶규격서의 성능항목 시험성적서 등 확인 (건설사업관리자 주관)	▶관급자재 납품완료 검사 후 (건설사업관리자 주관) 발주기관에 송부 ▶납품완료확인서 등 ▶건설사업관리 업무 지침서 참조
	하자이행증권 등 수령	필요시 시운전이행증권 수령	
	발주기관 대금지급		

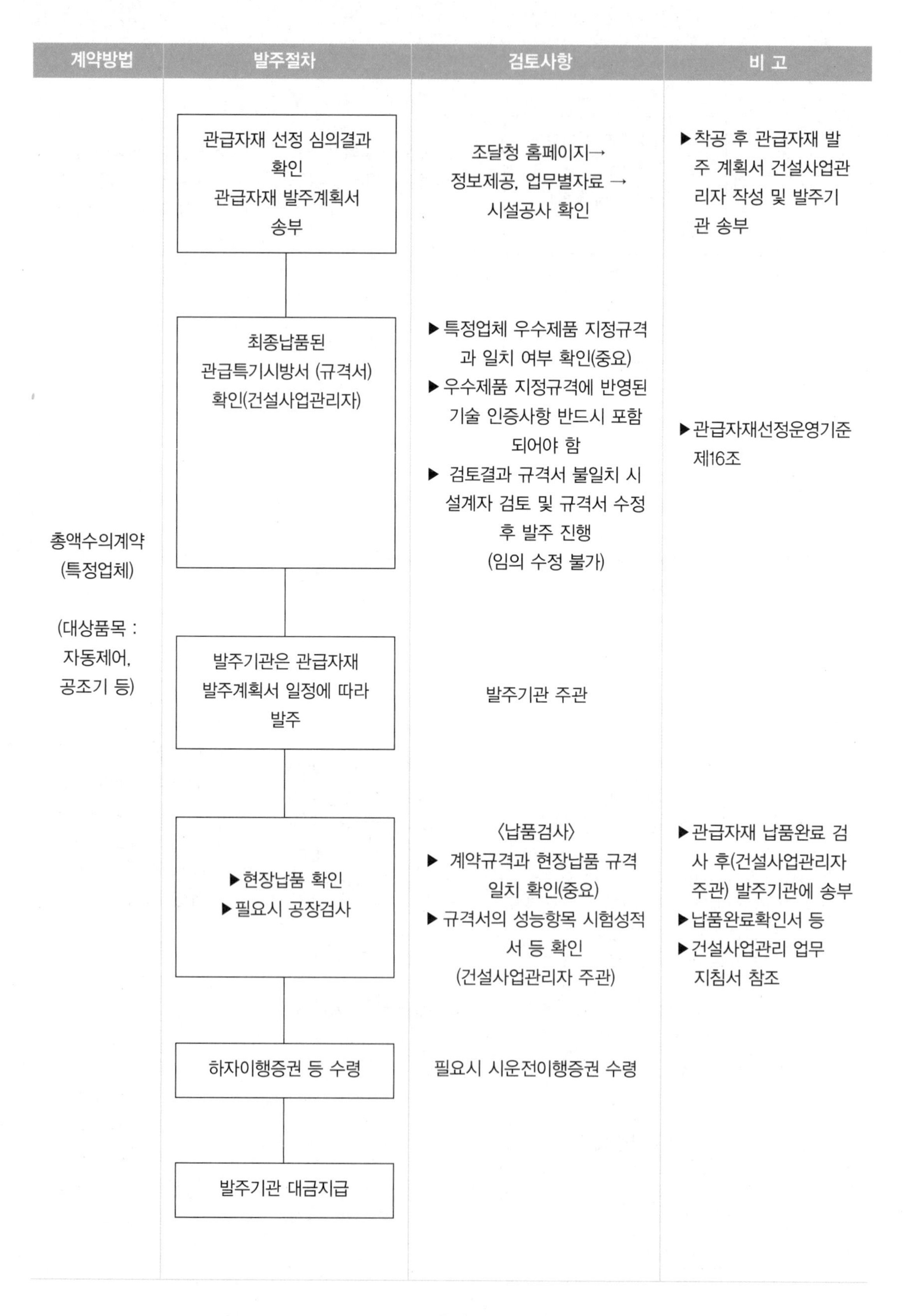

계약방법	발주절차	검토사항	비 고
총액수의계약 (특정업체) (대상품목 : 자동제어, 공조기 등)	관급자재 선정 심의결과 확인 관급자재 발주계획서 송부	조달청 홈페이지→ 정보제공, 업무별자료 → 시설공사 확인	▶착공 후 관급자재 발주 계획서 건설사업관리자 작성 및 발주기관 송부
	최종납품된 관급특기시방서 (규격서) 확인(건설사업관리자)	▶특정업체 우수제품 지정규격과 일치 여부 확인(중요) ▶우수제품 지정규격에 반영된 기술 인증사항 반드시 포함되어야 함 ▶ 검토결과 규격서 불일치 시 설계자 검토 및 규격서 수정 후 발주 진행 (임의 수정 불가)	▶관급자재선정운영기준 제16조
	발주기관은 관급자재 발주계획서 일정에 따라 발주	발주기관 주관	
	▶현장납품 확인 ▶필요시 공장검사	〈납품검사〉 ▶ 계약규격과 현장납품 규격 일치 확인(중요) ▶규격서의 성능항목 시험성적서 등 확인 (건설사업관리자 주관)	▶관급자재 납품완료 검사 후(건설사업관리자 주관) 발주기관에 송부 ▶납품완료확인서 등 ▶건설사업관리 업무 지침서 참조
	하자이행증권 등 수령	필요시 시운전이행증권 수령	
	발주기관 대금지급		

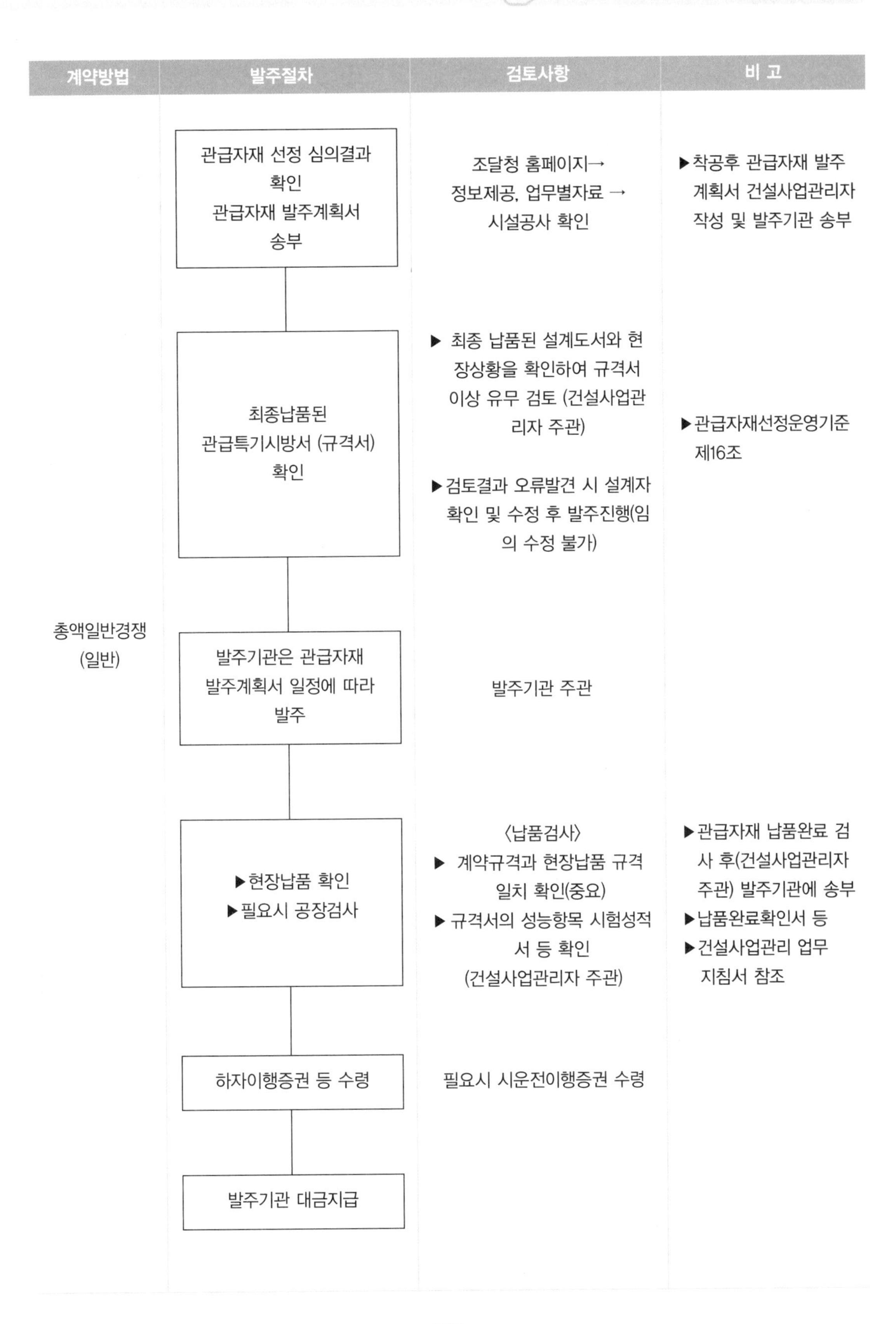

계약방법	발주절차	검토사항	비 고
총액일반경쟁 (일반)	관급자재 선정 심의결과 확인 관급자재 발주계획서 송부	조달청 홈페이지→ 정보제공, 업무별자료 → 시설공사 확인	▶착공후 관급자재 발주계획서 건설사업관리자 작성 및 발주기관 송부
	최종납품된 관급특기시방서 (규격서) 확인	▶ 최종 납품된 설계도서와 현장상황을 확인하여 규격서 이상 유무 검토 (건설사업관리자 주관) ▶검토결과 오류발견 시 설계자 확인 및 수정 후 발주진행(임의 수정 불가)	▶관급자재선정운영기준 제16조
	발주기관은 관급자재 발주계획서 일정에 따라 발주	발주기관 주관	
	▶현장납품 확인 ▶필요시 공장검사	〈납품검사〉 ▶ 계약규격과 현장납품 규격 일치 확인(중요) ▶ 규격서의 성능항목 시험성적서 등 확인 (건설사업관리자 주관)	▶관급자재 납품완료 검사 후(건설사업관리자 주관) 발주기관에 송부 ▶납품완료확인서 등 ▶건설사업관리 업무지침서 참조
	하자이행증권 등 수령	필요시 시운전이행증권 수령	
	발주기관 대금지급		

계약방법	발주절차	검토사항	비 고
	관급자재 선정 심의결과 확인 관급자재 발주계획서 송부	조달청 홈페이지→ 정보제공, 업무별자료 → 시설공사 확인	▶착공후 관급자재 발주계획서 건설사업관리자 작성 및 발주기관 송부
	심의결과 특정업체의 우수제품 지정기간 만료 또는 취소여부 확인	건설사업관리자 주관	▶건설사업관리자 관급자재 발주 계획서 작성시 우수제품 지정기간 검토하여 잔여 기간 촉박할 경우 예산 조치 가능하면 선 발주 (장기계속)→발주기관 협의 반드시 필요
사정변경에 의한 관급자재 처리 절차 (특정업체) 우수제품지정 기간 만료, 취소 등 (원안)	발주기관은 선 발주 불가시 필요한 조치(변경)를 하고 (관급자재 재 선정 심의 개최	발주기관 주관 (자체심의 등 절차 필요)	▶발주기관에서 자체 심의에 필요한 우수제품에 대한 정보를 요청할 경우 관련정보를 제공 (조달청, 건설사업관리자) ▶관급자재선정 운영기준 제17조 제1항 4호 및 제2항
	발주기관에서 재심의 등 필요한 조치 후 결정된 업체의 규격서 등 검토 (건설사업관리자 주관)	건설사업관리자는 현장상황에 적합한 규격인지 확인검토(필요시 설계자 확인) 후 발주진행	▶관급자재선정운영기준 제16조
	발주기관은 관급자재 발주계획서 일정에 따라 발주	발주기관 주관	
	▶현장납품 확인 ▶필요시 공장검사	〈납품검사〉 ▶ 계약규격과 현장납품 규격 일치 확인(중요) ▶규격서의 성능항목 시험성적서 등 확인 (건설사업관리자 주관)	▶관급자재 납품완료 검사 후(건설사업관리자 주관) 발주기관에 송부 ▶납품완료확인서 등 ▶건설사업관리 업무 지침서 참조
	하자이행증권 등 수령	필요시 시운전이행증권 수령	
	발주기관 대금지급	발주기관 주관	

계약방법	발주절차	검토사항	비 고
	관급자재 선정 심의결과 확인 관급자재 발주계획서 송부	조달청 홈페이지→ 정보제공, 업무별자료 → 시설공사 확인	▶착공 후 관급자재 발주계획서 건설사업관리자 작성 및 발주기관 송부
	심의결과 특정업체의 우수제품 지정기간 만료 또는 취소여부 확인	건설사업관리자 주관	▶건설사업관리자 관급 자재 발주 계획서 작성 시 우수제품 지정 기간 검토하여 잔여 기간 촉박할 경우 예산 조치 가능하면 선발주 (장기계속)→발주기관 협의 반드시 필요
사정변경에 의한 관급자재 처리 절차 (특정업체)	발주기관은 선 발주 불가 시 필요한 조치(변경)를 하고 (관급자재 재 선정 심의	발주기관 주관 (자체심의 등 절차 필요)	▶발주기관에서 자체 심의에 필요한 우수 제품에 대한 정보를 요청할 경우 관련 정보를 제공 (조달청, 건설사업관리자) ▶관급자재선정 운영기준 제17조 제1항 4호 및 제2항
우수제품지정 기간 만료 후 동일 품명으로 재지정 되었지만 수요기관이 업체를 변경하고자 할 경우	발주기관에서 재심의 등 필요한 조치 후 결정된 업체의 규격서 등 검토 (건설사업관리자 주관)	건설사업관리자는 현장상황에 적합한 규격인지 확인검토(필요시 설계자 확인) 후 발주진행	▶관급자재선정운영기준 제16조
(1안) 원안과 동일절차 진행	발주기관은 관급자재 발주계획서 일정에 따라 발주	발주기관 주관	
	▶현장납품 확인 ▶필요시 공장검사	〈납품검사〉 ▶ 계약규격과 현장납품 규격 일치 확인(중요) ▶ 규격서의 성능항목 시험성적서 등 확인 (건설사업관리자 주관)	▶관급자재 납품완료 검사 후(건설사업관리자 주관) 발주기관에 송부 ▶납품완료확인서 등 ▶건설사업관리 업무 지침서 참조
	하자이행증권 등 수령	필요시 시운전이행증권 수령	
	발주기관 대금지급	발주기관 주관	

계약방법	발주절차	검토사항	비 고
사정변경에 의한 관급자재 처리 절차 (특정업체) 우수제품지정 기간 만료 후 동일 품명으로 재지정 되어 동일회사 제품으로 발주할 경우 (2안) 당초 심의결정된 업체 변경없음	관급자재 선정 심의결과 확인 관급자재 발주계획서 송부	조달청 홈페이지→ 정보제공, 업무별자료 → 시설공사 확인	▶착공 후 관급자재 발주계획서 건설사업관리자 작성 및 발주기관 송부
	심의결과 특정업체의 우수제품 지정기간 만료 또는 취소여부 확인	건설사업관리자 주관	▶건설사업관리자 관급자재 발주 계획서 작성 시 우수제품 지정기간 등 검토 ▶발주기관에서 자체 심의에 필요한 우수제품에 대한 정보를 요청할 경우 관련정보를 제공 (조달청, 건설사업관리자)
	당초 심의결정된 업체가 동일품명으로 우수제품을 재지정받았을 경우 변경된 우수제품으로 발주 진행	건설사업관리자 주관	▶관급자재선정운영기준 제16조
	재 지정된 우수제품이 현장상황에 적합한지 검토	건설사업관리자 주관 (새로 지정된 우수제품 규격과 기존우수제품 규격 비교검토 후 진행, 성능개선, 기능추가 등)	▶관급자재선정 운영기준 제16조 제4항 4호 (유사한 제품)
	발주기관은 관급자재 발주계획서 일정에 따라 발주	발주기관 주관	
	▶현장납품 확인 ▶필요시 공장검사	<납품검사> ▶ 계약규격과 현장납품 규격 일치 확인(중요) ▶규격서의 성능항목 시험성적서 등 확인 (건설사업관리자 주관)	▶관급자재 납품완료 검사 후(건설사업관리자 주관) 발주기관에 송부 ▶납품완료확인서 등 ▶건설사업관리 업무 지침서 참조
	하자이행증권 등 수령	필요시 시운전이행증권 수령	
	발주기관 대금지급	발주기관 주관	

▦ 사정변경에 따른 재심의 처리절차(수요기관)

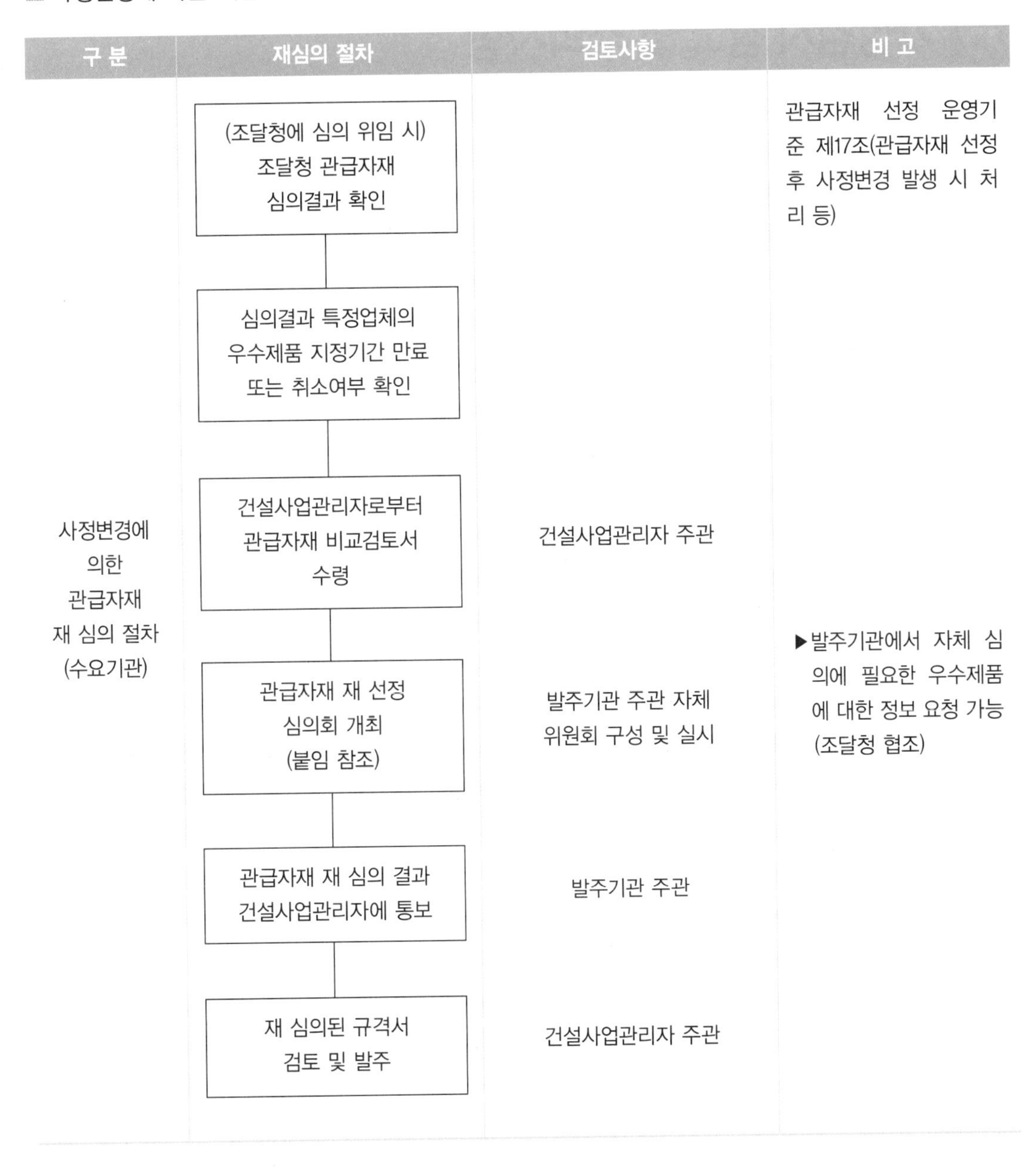

구 분	재심의 절차	검토사항	비 고
사정변경에 의한 관급자재 재 심의 절차 (수요기관)	(조달청에 심의 위임 시) 조달청 관급자재 심의결과 확인		관급자재 선정 운영기준 제17조(관급자재 선정 후 사정변경 발생 시 처리 등)
	심의결과 특정업체의 우수제품 지정기간 만료 또는 취소여부 확인		
	건설사업관리자로부터 관급자재 비교검토서 수령	건설사업관리자 주관	
	관급자재 재 선정 심의회 개최 (붙임 참조)	발주기관 주관 자체 위원회 구성 및 실시	▶발주기관에서 자체 심의에 필요한 우수제품에 대한 정보 요청 가능 (조달청 협조)
	관급자재 재 심의 결과 건설사업관리자에 통보	발주기관 주관	
	재 심의된 규격서 검토 및 발주	건설사업관리자 주관	

6 기성검사 참고 및 주의사항

1 시설공사 기성검사

○ 기성검사 소요 행정

① 도급자 기성검사 요청(기성검사원 제출) → 건설사업관리자(기성검사 수행계획보고(검사자 임명 포함) → 수요기관

② 기성검사 실시 → 건설사업관리자(기성검사 결과보고) → 수요기관(대가 지급(시공사), 대가지급 결과 통지(건설사업관리단) → 도급자(대가 수령) 및 대가 지급결과* 보고 → 건설사업관리단/수요기관

* 하도급 대가, 노무비, 장비, 인건비 지급 결과 (조달청 하도급 지킴이 참조)

○ (참고) 기성검사 주관은 건설사업관리자의 비상주 건설사업관리기술자 주관(책임)이며, 발주기관(수요기관 및 공사관리기관)은 입회자이며, 발주기관은 비상주 건설사업관리기술자의 기성검사 수행내용을 관리·감독할 의무가 있음

주의사항

◈ 기성검사자 변경은 반드시 불가피한 경우를 제외하고 변경할 수 없으며, 건설사업관리자 편의상, 비상주 건설사업관리기술자의 출장일정상 검사자 변경은 일정을 조정하더라도 가능한 변경 없이 시행함이 원칙

◈ 단, 불가피한 경우로 인증될 경우 「건설공사 사업관리 검토기준 및 업무수행지침」 '102조 ④항'에 따라 변경 행정처리 후 변경함이 필요

"건설사업관리용역업자 대표자는 부득이한 사유로 소속직원이 검사를 할 수 없다고 인정할 때에는 발주청과 협의하여 소속직원 이외의 자 또는 전문기관으로 하여금 그 검사를 하게 할 수 있다. 이 경우 검사결과는 서면으로 작성하여야 한다."

2 건설사업관리용역 기성검사

○ 기성검사 소요 행정

① 건설사업관리자(기성부분 검사 요청) → 기성검사 실시

② 기성검사 실시 결과에 따라 기성대가 지급(수요기관) → 건설사업관리자

○ (참고) 기성검사 실시 시 감리원 배치계획에 따른 일자별 현장근무 일지 등 배치계획과 근무 현황을 반드시 확인하여야 하며, 관련근거 서류를 첨부하여야 함

7 차수별 준공검사 및 완성검사 참고 및 주의사항

1 시설공사 차수별 준공검사

ㅇ시설공사 차수별 준공검사 소요 행정

① 도급자 차수 준공검사 요청(준공검사원 제출) → 건설사업관리자
(준공검사 수행계획보고(검사자 임명 포함) → 발주기관

① 준공검사 실시 → 건설사업관리자(기성검사 결과보고) → 수요기관(대가 지급) → 도급자 대가수령 및 하도급자 등 대가지급 결과 보고) → 건설사업관리자/발주기관

ㅇ(주의사항)

- 도급자(시공사)가 제출하는 준공정산 내역서의 첨부 서류에는 4대보험, 안전 관리비 등 정산사항에 대해 반드시 증빙자료를 첨부하여야 하며, 증빙서류가 미흡한 부분은 다음차수에서 정산이 가능하며, 다음 차수에서 (총차금액을 기준으로 금차에서 감액한 부분만큼) 증액변경이 필요하고, 최종 준공 때 정산 처리하여야 함
- 차수 준공검사도 준공기한 내에 미완료 시 지체상금 부과 대상임.
- '4대 보험 및 안전관리비 정산'외 과다 계상된 물량 감액(정산) 외에는 내역서를 조정하여 준공처리하는 것은 절대 불가함을 감안하여 준공 전 사전 철저한 사전 원인행위(내역조정, 변경계약 등)을 조치 하여야 함. ≪행정처리 시점 및 기한 준수, 앞서가는 행정 필요≫
- 준공검사 시 설계변경 사항에 대한 이행여부를 검사자(기술지원건설사업관리자)가 해당 내용을 최종 검토·확인하여 제출

2 건설사업관리용역 차수별 완성검사

○ 차수별 완성검사 소요 행정

① 건설사업관리자(차수 완성검사 요청) → 발주기관(차수 완성검사 실시)

② 차수 완성검사 실시 결과에 따라 기성대가 지급(수요기관) → 건설사업관리자

○ (참고) 별도 붙임 '건설사업관리용역 직접경비 정산방법' 자료 반드시 참조하여 검사

8 기타 중요 행정처리 시 참고 및 주의사항

(공정만회, 부도처리, 폐기물용역, 임시소방시설)

1 공정부진 시 공정만회 대책

1) 소요 행정

◈ 공정부진에 대한 판단

○ 공사진도율이 계획공정대비 월간 공정실적이 10% 이상 지연되거나 누계공정 실적이 5% 이상 지연될 때는 부진사유 분석하고, 부진공정 만회대책 및 만회공정표 수립을 지시하여야 함

◈ 부진공정 만회대책 지시(건설공사 업무수행지침 제145조)

○ 공정회의(월간실적 10% 지연 또는 누계공정 5% 지연 시)
→ 발주기관 → 건설사업관리자(시공사) "부진공정 만회대책 지시"

○ 공정부진이 2개월 연속될 경우에는 기술지원기술자가 참여하는 공정회의를 개최하고 발주기관에 제출하는 공정표에 기술지원기술자도 서명하여야 하며, 부진공정 만회대책과 그 이행 상태의 점검·평가 결과를 발주기관에 통보하여야 함
1. 예정공정과 실시공정 비교 분석
2. 공정만회대책 및 만회공정표 검토 확인
3. 주간 단위 부진공정 만회대책 이행 여부 확인

◈ 공정부진의 사유에 따라 업무처리 계획을 마련함이 필요

○ 공동도급사간의 이견 분쟁으로 인한 지연 시
- 공동도급사 각 대표이사 소환 회의를 실시하여 원인 분석
- 「(계약예규) 공동계약운용요령」 제7조(책임)에 의한 공동도급운영요령 위반 여부 등 조사

⇒ "(계약예규) 공동계약운용요령"에 해답이 있으며, 제재 조치계획을 1차 문서로 권고함이 필요

○ 주관사의 경영난으로 인한 공정부진 시
- 계약 해제/해지 1차 권고 등 공정만회 독려 조치
- 부도/파산 등에 대비한 하도급사들 소환회의 후 하도급대금 직불 체계 및 자재/장비대/근로자 임금 직불체계 등 철저 검토/대비 필요

◈ 공정만회를 위한 건설사업관리자의 기술검토서에 포함해야 사항

○ 부진사유에 대한 분석·검토결과

○ 만회대책에 대한 세부적인 이행계획
- 부진원인에 따른 구체적인 대응방안
- 부진공정 만회공정표 작성 및 건설사업관리자 관리계획
- 정상공기 회복 예정 시까지의 자재, 장비, 노무 동원계획
- 돌관공사 등 현장 품질확보계획
- 특별 안전관리 대책 등

2) 참고 및 주의사항

○ 계약상대자의 책임 없는 사유인 수요기관의 불가피한 사정*으로 현장 실정 변동이 발생할 경우에도 공정 부진을 최소화하기 위해 최선을 다해 수정 공정계획을 수립하여야 함

* 천재지변 등 불가항력에 의한 공사중지, 지급자재 공급지연, 공사용지 제공 지연, 문화재 발굴조사 등

○ 공사중지 예정 시
- 공종순서 조정을 통해 품질확보, 보양관리, 작업재계 원활화, 가설 자재 임대기간, 하도급 계약현황/내용 등 종합적으로 검토하여 최적의 방안을 모색하여야 함

○ 지급자재 공급지연 시
- (관급자재 지연 시) 발주기관에서 직접 해당관급업체와 유선협의 및 계약부서에 협조 요청, 또는 계약금액 범위 내에서 사급전환 방안도 검토 필요 (반드시 문서로 시행함이 필요)

- (사급자재 지연 시) 조달청/건설사업관리단/시공사 합동으로 타지역 재고물량 조사 및 대체 자재 가능 여부를 검토함이 필요

* 공정지연은 시공사가 준공시점에서 결국 지체상금 부과 면제를 위해 부실시공 및 안전시공 미준수 등으로 더 큰 손실/위험이 초래함을 감안 공사관리기술자들이 결코 방관하여서는 아니 됩니다.

* 안전사고 원인의 대부분이 적정하지 못한 공기산정, 무리한 공기단축, 공정지연 만회를 위한 무리한 공사추진에 있음을 기억하시기 바랍니다.

* 수요기관 배정예산을 기한 내에 소진하기 위해, 발주기관의 장이 본인 임기 내에 준공하기 위해 무리하게 공기단축을 요구하는 것은 안전사고를 유발하고, 공사품질을 악화시키는 원인이 됨을 꼭 기억하시기 바랍니다. (대형 안전사고 현장 대부분이 무리한 공기단축임)

* 건설현장의 종사자들이 때로는 폭풍과 혹서기로, 때로는 폭설과 혹한으로 너무나 열악한 환경에서 근무하는 현장 건설인들의 어려움을 공감하고, 공정관리 방관 등 건설현장의 종사자들을 궁지로 모는 비정상은 정상화하여야 하며, 이는 건설기술관리자들의 임무임을 결코 망각하여서는 아니 됩니다.

2 부도처리 시 참고사항

1) 소요 행정절차

① 관할 경찰서 정보과와 관할 지방노동사무소에 유선으로 부도 발생 사실을 통보하여 치안유지 등의 협조를 부탁

② 기능공 소요방지와 자재 및 공사기성부분 관리에 만전을 기하도록 조치

③ 체불임금 및 미지급 자재비 및 공사비 지급 현황을 우선적으로 파악하여 향후 확인을 거쳐 직불할 계획임을 관계자들에게 통보/공지

④ 수급인의 부도발생과 동시에 공사 중단에 따른 공사재개를 촉구하는 공문서를 내용증명우편으로 부도업체에 발송 (2~3차례 발송)

* 추후 계약해지의 근거자료로 활용

⑤ 부도가 나도 부도업체에서 '시공포기각서'를 제출하지 않으면 다른 공동도급사나 연대보증사가에게 승계가 불가하므로 '시공포기각서'를 제출하도록 독려하여 관철시킴이 최선의 방책임

⑥ 시공포기각서를 접수 후 현장을 승계받을 업체 선정을 추진
- 승계받을 업체 선정은 "공동도급사+면허보완 신규업체 등" 최적의 방안을 모색하여 조속히 결정함이 필요

⑦ 승계받을 업체와 최종적으로 공동으로 기성 물량을 타절
- 기성물량은 상세히 파악하되, 재시공 및 보완 사항 등은 실제 공정율 에서 제외하는 등 과다 계상되지 않도록 타절

* 기성부분 보완시공 여부에 대한 논란 등 타절에 대해 다소 어려운 부분이 있을 시 부도난 회사 소유의 드릴함마 등 장비 및 가설사무소 비품 등을 대신 인계하는 방안 등도 협의하는 것이 필요

⑧ 타절 물량에 대해 합의서를 작성 후 승계업체와 공사계약 추진, 공사추진

* 도급자의 경영상태를 수시로 확인하고 사전에 대비하는 것이 반드시 필요합니다.

* 도급자가 부도가 나면 대표이사를 비롯해 도급사 모든 직원이 연락이 두절될 수 있어 '부도처리 등 도급사가 향후 진행할 조치 방안에 대해 수시로 연락을 주고 받을 수 있는 도급사 직원과 유대관계 형성이 절실히 필요함을 기억하시기 바랍니다.

* 특히 당해현장의 특수한 목적으로 공장 제작하고 현장에 반입한 후 설치중인 자재 (예시 철골 등)에 대해 50% 기성처리를 한 상태에서 철골업체에서 철골 자재를 다시 가져가려는 경향도 있어 반입된 자재 관리에 대해 반출 불가 조치를 결정하고 관리하셔야 합니다.

* 기 시공분 중 기성처리한 부분 중 (예시 : 미장공사) 미장크렉으로 하자가 발생한 경우에 보증시공사가 물량 타절 시 이를 이의 제기할 수 있고, 또 기성검사 시 물량계상 착오로 과 기성이 나간 부분에 대해도 이의 제기를 할 수 있지만, 결코 국가예산을 이중으로 사용하여서는 아니됨을 기억하시기 바랍니다. (기성검사가 중요한 이유가 여기에 있습니다)

* 부도가 발생하면 하도급업체, 작업자 분들이 많은 소요가 있어 현장이 다소 혼란스럽지만, 향후 대가 지급에 대한 계획을 검토하고 이에 대한 향후 처리계획을 상세히 설명하는 절차가 반드시 필요함을 기억하시기 바랍니다.

* 행정처리에 다소 장시간 소요되어 많은 부분을 검토하여야 하지만 행정절차에 따라 시행해 보면 결코 어렵지 않으니 원만한 행정처리를 위해 끝까지 힘내시길 소망합니다.

* (현장경험 한가지) 언젠가 공사관리과로 인사이동 된 후 10일 만에 모 현장에서 부도가 발생하였 습니다. 그 당시 관련법령을 검토하고 상기 소요 행정절차에 따라 처리하면서 그 당시 도급사의 부도 상황과 처리계획 등을 수시로 연락하고 협의하고, 원만히 타절토록 협조해 주신 현장 소장님을 약 20년 만에 다른 현장 준공식 행사에서 뵙 수 있었습니다. 같이 고생한 것이 기억이 남아 너무 반가웠습니다. 우리 건설기술인들이 돌고 돌아 언젠가 만난다는 것을 꼭 기억해 주시고 현장에서 발생하는 어떠한 고난도 우린 힘을 합치면 무었이든지 할 수 있다는 것을 꼭 기억해 주시길 소망해 봅니다.

2) 참고 및 주의사항 ≪부도에 따른 공사지연 최소화에 관한 연구서 참조≫
- 현행법 및 정부시설공사 기준으로 일부 내용 수정 -

① (부도현황 파악) 체불임금은 부도업체와 하수급업체의 확인을 거치고, 근로자 개인별 신고

에 의해 파악한 뒤 직불할 계획임을 통보하고, 향후 공사비 관련 분쟁 시 근로 감독관의 협조를 당부

⊙ 일반적으로 부도 발생 시 필수적으로 파악해야 할 주요 내용

ㅇ공동수급인, 연대보증인, 주거래은행, 부도액

ㅇ공사대금 관련 사항(미지급 금액, 설계변경 사항, 현재 기성물량 및 기성지불금, 기성 잔액 및 공사대금 중 지불 가능 금액, 선급금 지급 및 미확정 채권양도 여부 등)

ㅇ부도업체 동향(기업회생신청 관련)

ㅇ부도업체의 직원, 하수급업체, 자재납품업체, 장비임대업체 등의 동태

② (공사 촉구) 부도업체에 대해서는 기한을 정하여(3-5일) 공사추진 계획서 제출과 정상적인 공사 수행을 촉구하고 불응 시는 계약 일반조건에 의해 계약해지하겠다는 뜻을 명시하여 3-5일 간격으로 3회 정도 발송

* 부도업체에서는 시간을 벌기 위해서 구체적 계획 없이 공사를 재개하겠다는 회신을 보내오는 경우도 있으므로, 확실한 기한을 명시하여 계획대로 이행되지 않을 경우는 계약이 해지됨을 명확히 기재하여야 합니다.

ㅇ또한, 공동수급자에게 승계(보증) 시공 착수 준비를 공문으로 수차례 통보하여 공사승계/보증시공 등에 소요되는 기간을 최대한 단축시켜야 함

공동수급사를 대상으로 공사 재착수 준비 통보내용

원수급업체 ○○주식회사의 부도발생으로 인하여 ○○건설공사가 중단된바 ○○년 ○○월 ○○일 까지 공사 속행이 되지 않을 경우, 귀사에 공사승계를 요청할 계획이오니, 당 사업을 승계할 수 있는 공사면허(필요시 보완계획)에 대한 검토와 지분율 변경 등 변경계약을 준비하여 주시기 바랍니다.

③ (체불임금의 확정 및 직불) 체불임금의 지불이 장기화되면 근로자의 소요사태가 발생하므로 신속히 확정하여 근로자에게 직접 지급하여야 함

(근로기준법 제38조, 제43조, 제43조의 2. 제43조의3, 제44조, 제44조의2, 제44조의3)

ㅇ 체불임금을 직불할 때, 건축주가 직접 신고받아 지불할 수도 있고, 원만하게 합의가 되지 않될 경우 근로자로 하여금 지방노동사무소에 체불임금을 신고하게 하고 근로감독관의 요청에 따라 임금을 지불하는 방식으로 하는 것이 향후 분쟁을 방지하는 차원에서 바람직함

④ (공사포기각서의 징구) 수급업체가 부도난 경우 먼저 계약이행여부를 묻고, 계약이행을 포기할 경우 포기각서를 제출받아야 함. 그러나 실제 부도업체는 공사이행은 하지 않으면서 온갖 핑계를 대며 공사포기각서를 제출하지 않고 버티는 경우도 많아 공동도급사(보증시공사)와 협력하여 부도업체를 적극 설득하여 포기각서를 제출토록 하는 것이 바람직함

ㅇ 부도업체의 대표 등은 부도 후 행방을 감추고 사무실까지 폐쇄하여 공사재개 촉구, 계약해제, 해지 등의 의사 표시가 통상의 방법으로는 통지가 불가능한 경우 의사표시 공시송달방법에 의하여 송달하면 됨

의사표시의 공시송달제도

임대차계약의 해지나 도급계약의 해제 등 각종 계약의 해지나 해제의 의사표시를 하고자 하나 상대방의 주소불명이나 거주사실 없음을 이유로 내용증명이 반송되어 오고 상대방을 만날 방법도 없는 경우 취할 수 있는 방법으로 의사표시의 공시송달제도를 활용할 수 있다.

표의자가 과실없이 상대방을 알지 못하거나 상대방의 주소를 알지 못하는 경우에는 의사표시는 민사소송법 공시송달의 규정에 의하여 송달할 수 있고(민법 113조), 민사소송법 194조에 공시송달 요건,동법 195조에 공시송달의 방법, 동법 196조에 공시송달의 효력 발생 시기 등의 규정이 있으므로, 일반인이 소정 외에서 의사 표시의 공시송달을 희망하는 경우 법원은 신청을 접수하여 민사소송절차를 준용하여 의사표시의 공시송달을 할 수 있다[재판예규 제871-55호 소송외에서의 의사표시의 공시송달의 가부(재민 73-1)].

ㅇ 부도 업체의 공사중단 상태가 장기화되는 경우가 많으므로, 회생신청과 승인 가능성, 입주 차질 등을 종합적으로 판단하여 조치함이 필요

⑤ (기성고의 확정) 기성고를 확정하는 방법은 통상 부도업체의 현장관리자(현장대리인/현장소장)가 사정한 금액을 부도업체와 발주자가 확인하는 방식으로 하며, 이를 '타설 준공'이라 함

* 타절 준공 : 공사수행 중 공사를 수행하는 자가 능력이 없거나 불법수주, 부도 등의 사유로 지속적인 공사 수행능력이 없다고 판단되어 공사를 중단시키고, 기성고를 확정하여 정산하는 절차를 타절이라 하고, 기존 수급업체의 공사를 타절시키고, 다른 시공업체에게 공사를 수행케 하여 준공하는 것을 뜻함

– 공사타절 합의서 –

공사명	
계약금액	
계약년월일	

상기 계약건에 대하여 "을"의 사정으로 인해 "을"은 공사를 계속 수행할 수 없게 되어 200 년 월 일 이후의 잔여 공사를 포기하고 타절 정산함에 있어 아래 사항을 합의한다.

- 아 래 -

■ 공사중지시점 200 년 월 일까지 아래 금액으로 타절 정산하고 "을"은 이후 일체의 민·형사상 이의를 제기하기 아니한다.

(단위 : 원)

당초계약금액	타절계산금액	비고

■ "갑"은 "을"이 보증금에 갈음하여 제출한 전문건설공제조합 보증서에 대한 권리를 주장하지 아니한다.

20 년 월 일

(갑) 주 소 :
회사명 :
대표자 : (인)
연락처 :
(을) 주 소 :
회사명 :
대표자 : (인)
연락처 :

⊙ 타절 준공을 위해서는 채권채무확정검사(타절준공검사)를 시행하는데 확정검사 시 유의사항

ㅇ 채권채무확정검사는 시공승계(보증시공) 지시 후 시행하는 것이 원칙이나 조속한 공사 재개를 위하여 부도업체의 공사 포기각서만 제출되면 즉시 검사할 수 있도록 사전 준비하는 것이 필요하다.

ㅇ 부도업체와 시공승계(보증시공)업체에게 대표이사 또는 대표이사의 위임을 받은 자가 검사 시 입회하여 줄 것을 공문으로 요청할 필요가 있다. 입회하지 않을 경우 발주자 측에서 확정한 기성량에 동의하는 것으로 간주하겠다는 의사를 명시하여 내용증명으로 발송함이 바람직하다.

ㅇ 부도업체와 보증시공 업체가 기성 물량에 합의하도록 적극 유도한다.

ㅇ 실적 기성율이 과다 계상되지 않도록 한다.

ㅇ 부실시공으로 재시공이 필요한 부분은 기성율 산정에서 제외한다.

ㅇ 반입되었더라도 시공되지 않은 자재는 기성율 산정에서 제외한다.

ㅇ 설계변경사항이 있을 경우에는 물량설계변경 후 연동제 설계변경을 시행한다.

ㅇ 현장 시공상태를 동별로 사진 촬영하여 보관한다.

ㅇ 검사조서 표지에 양측회사의 대표이사, 현장대리인 또는 그 위임을 받은 자가 서명날인한다.

ㅇ 위임을 받은 자의 경우 위임장 및 대표이사 타절준공량 확정 위임용 인감증명서를 첨부한다.

⊙ 타절을 한 후, 기성잔액이 있을 때에는 우선 건축주(내지 승계업체/보증회사)의 선급금, 지체상금, 하자보수보증금(타절기성분에 대한 것) 채권 및 근로자의 체불임금채권 등에 충당하고, 남는 금액이 있으면 미확정 공사대금채권양수인, 채권압류 및 전부명령권자, 압류권자 등의 우선순위에 따라 변제하고 남는 금액이 있으면 부도업체에 돌아감

⑥ 공사재개 방법 검토

ㅇ (공사재개의 유형) 발주자의 입장에서는 부도로 중단된 공사의 신속한 재개가 무엇보다도 중요함

ㅇ (공사를 재개하는 방법) 다양한 방법 중 정부시설공사에서 통상적으로 시행하는 방안만 설명하면 ㉮ 부도업체가 공사를 속행하는 방법, ㉯ 신규업체와의 재계약에 의해 공사를 속행하는 방법 ㉰ 공동수급인 (필요시 면허보완 업체)이 공사를 속행하는 방법(가장 일반적인 방법) 등이 있음

ㅇ (부도업체가 공사를 속행하는 방법) 부도가 발생하더라도 공사도급계약은 유효하므로 부도업체로서는 공사포기각서 제출로 인한 부정당업체 제재를 피하기 위해서이거나 회사를 제3자에게 충분한 가격에 양도할 목적으로 공사를 계속 수행하려고 할 경우 어느 정도 공사 진행은 가능함

그러나, 부도 이후에는 자재공급 및 대 하수급업체와의 관계에서 많은 논란으로 정상적인 공사추진이 되지 않는 경우가 많아 부도업체가 공사를 속행하려면 하수급업체에 지급된 부도 어음이 신결되어야 하고, 레미콘 등 자재 납품업체의 자재 공급보장이 우선되어야 하며, 향후 공사 진행에 따른 대금지불방법을 명백하게 결정해 두어야 함

공사재개 시점에서는 부도업체와 하수급업체, 주요 자재납품업체 책임자를 소집하여 회의를 통하여 아래사항을 명백히 결정, 합의하여 문서화하고 공사를 진행토록 할 필요가 있음

ㅇ 향후 공사추진 계획서를 제출받아 정상적인 공사가 진행될 수 있는지 여부를 검토하고 문제점에 대한 대책 수립(공사추진 세부 일정계획, 동원인력 계획, 자재 납품 일정계획, 현장자재 압류 등에 대한 대책)

ㅇ 공사속행 전까지의 문제가 된 하수급 대금, 자재 대금에 대한 하수급업체, 자재업체, 부도업체간 합의

ㅇ 향후 공사 추진 시 자재 수급에 따른 대금 지급방법 결정(공사대금에 대한 미확정 채권의 양도, 채권양도, 채권압류, 전부명령 등과 향후 예상되는 채권압류 등을 고려하여 향후 공사비에서 자재 대금의 지급을 보장할 수 없음을 명확히 알려줄 것)

○ 하도급 대금 및 직영 임금의 지급방법 결정(공사속행에 따른 공사대금은 직접 지급함을 공지하고, 공사 중 임금체불, 어음 지불 등의 사정이 생기면 근로자에 직불 조치)

○ (부도업체가 공사를 속행했음에도 공사추진이 부진하거나 공사중단이 될 경우) 공문으로 공사촉구하여 계약해지의 절차를 밟아 나가야 하며, 더 이상 공사추진이 어렵다고 판단되거나 입주에 차질이 예상될 경우에는 공사포기 각서 제출을 촉구하는 등 제반 조치를 취하여 함

○ (신규업체와의 재계약에 의해 공사를 속행하는 방법) 공사 재개, 공사 승계보다는 재계약에 의한 공사 속행이 유리하다고 판단될 때에는 발주자가 재계약(재입찰)을 통해 새로운 시공업체를 선정하여 공사를 속행하게 됨

재계약을 추진하기 위해서는 보증시공과 마찬가지로 우선 채권채무확정검사(타절준공검사)를 시행하여 현장의 기성과 잔여물량을 확정하여야 함

부도업체가 계약보증금을 납부한 경우 계약해지와 함께 계약보증금은 발주자에게 귀속되고, 건축주는 잔여 공사량에 대하여 설계금액을 다시 산정하여 재발주하며, 그 재계약업체가 공사를 속행하게 됨

○ (공동수급인이 공사를 속행하는 방법) 건설현장에서 현재 가장 통상적인 방법으로 활용중이며, 공동수급인이 승계 또는 필요시 면허를 보완하여 별도 신규업체와 함께 별도 계약을 통해 공사를 속행하게 됨

※ 이 경우 앞에서 언급한 "2 '착공계' 제출서류 법령 및 검토사항"의 "8. 공동도급 운영관리 적격 여부"의 내용에 자세히 설명되어 있음

* 공동수급체 구성원들이 이행책임을 지는 경우, 공동수급체 구성원 연명으로 출자비율 또는 분담내용의 변경을 발주자에게 요청하면, 발주자의 승인에 의하여 부도업체의 지분율을 다른 구성원에게 승계시켜 공사를 재개하면 됩니다.

⑦ 하수급업체의 직접지급청구와 유치권 행사

○ 공사가 부도난 경우 공사대금을 받지 못한 하수급업체들로서는 유치권을 주장하며 하도

급거래공정화에관한법률 14조가 규정하는 공사 대금의 직접지급청구권을 행사할 수밖에 없음

○ 하수급업체들은 공사대금채권에 기한 유치권을 주장할 수 있으며, 대법원 판례는 시공사 부도 시 하도급업체들의 목적물에 대한 유치권 주장을 비교적 폭넓게 인정하고 있는데, 발주자로서는 유치권이 인정되는 한 공사대금채권을 변제하지 않고는 공사를 속행하거나 목적물을 사용할 수 없으므로 결국 변제를 하거나 공사를 승계시켜 주는 방법 등을 강구함이 필요

* 하도급거래공정화에관한법률 14조는 '시공사(원사업자)가 지급정지·파산 그밖의 사유로 하도급대금을 지급할 수 없게 된 경우로서 하도급업체(하수급업체)가 발주자에게 하도급대금의 직접지급을 요청한 때에는 직접 지급하여야 한다'고 규정

○ 위 직접지급 사유가 발생한 경우 발주자의 부도업체에 대한 대금지급채무와 원사업자의 수급사업자에 대한 하도급대금 지급채무는 그 범위 안에서 소멸한 것으로 본다(14조 2항). 수급사업자의 직접지급 요청은 그 의사표시가 발주자에게 도달한 때부터 효력이 발생함

○ 따라서 하수급업체들이 구두나 서면(내용증명우편)으로 직접지급을 청구한 경우, 그 이전과 그 이후의 공사대금에 대한 가압류, 압류, 전부명령, 추심명령, 채권양도 통지 등과 직접지급 청구의 의사표시 도달일자와 비교하여, 그 이전의 것들은 하수급업체들보다 선순위로, 그 이후의 것들은 하수급업체들보다 후순위로 파악하여 대처하면 됨

* 부도난 시공사가 회생절차에 들어간 경우 하도급업체들의 기성공사대금채권은 기본적으로 회생채권 일 수밖에 없어 정리계획안에 따라 단계적으로 변제 받을 수밖에 없다. 단 회생회사의 관리인이 공사도급계약의 해제나 해지를 선택하지 않고 기존채무의 이행을 선택했다고 보여지는 경우에는 공익채권이 돼 우선변제를 받을 수 있게 된다. (대법원 2004다3512, 3529판결)

3 폐기물처리 용역 행정처리 (발주·계약·변경계약·준공처리)

1) 소요 행정절차

○ 용역발주 : 수요기관에서 직접처리(계약체결)

○ 차수계약 및 기성검사 : 폐기물처리 용역업체 → 건설사업관리자 → 발주기관

○ 변경계약 : 폐기물처리 용역업체 → 건설사업관리자 → 발주기관 → 건설사업관리자

○ 완성검사 : 폐기물처리 용역업체 → 건설사업관리자 → 발주기관 → 건설사업관리자

※ 주간 또는 월간공종회의 시 "폐기물처리용역 진행사항"을 회의자료에 표기하여 관리함이 필요

※ 배출자가 수요기관일 경우 폐기물 반출 시 올바로시스템 입력은 수요기관에서 반드시 직접 시행해야 함

* 입력시기 : 운반자에게 폐기물을 인계하기 전에 예약 또는 확정 입력, 예약 입력의 경우 처리자가 폐기물을 인수한 후 2일 이내에 확정 입력

* 도급공사 수행내용과 연관하여 수요기관과 건설사업관리단에서 함께 폐기물 반출 일정관리 필요

2) 관련법령

○ 건설폐기물의 재활용촉진에 관한 법률 법 제17조

○ 건설폐기물의 재활용촉진에 관한 법률 시행령 제9조

○ 건설폐기물 발주 시 「건설폐기물의 재활용촉진에 관한 법률 시행규칙」[별표1]에 의거 성상별로 구분하여 건설폐기물 내역서 작성

3) 폐기물처리계획서 신고 절차

○신고시기 : 건설공사의 착공일까지

○신고대상 : 배출자(발주기관 또는 발주기관으로부터 최초로 건설공사 전부를 도급받은 자. 다만, 건설공사와 건설폐기물 처리용역을 분리 발주한 경우에는 발주기관)

○신고대상폐기물 : 건설현장에서 발생하는 5톤 이상의 폐기물
(공사를 시작할 때부터 완료할 때까지 발생하는 것만 해당)

○건설폐기물처리 계획서(다음 각호의 사항을 반드시 포함)

① 해당 건설공사에서 발생할 건설폐기물의 종류별 발생 예상량

② 해당 건설폐기물의 분리배출 계획

③ 해당 건설현장에서의 재활용 계획

④ 그 밖에 환경부령으로 정하는 사항

- 당해 건설폐기물의 발생주기, 보관방법 및 처리계획

○구비서류

① 폐기물처리계획서

② 건설폐기물 처리 위·수탁 계약서

③ 건설폐기물 처리업허가증 사본

④ 방치폐기물 처리이행보증 조치를 확인할 수 있는 서류 사본

⑤ 수탁처리능력 확인서

○ 건설폐기물처리변경계획서

다음 각호의 어느 하나에 해당하는 경우

① 신고한 건설폐기물의 총배출량이 50% 이상 증가하는 경우

② 신고한 건설폐기물외의 건설폐기물이 5톤 이상 새로이 배출되는 경우

③ 신고한 건설폐기물의 처리계획 중 처리업체、처리방법을 변경하는 경우

④ 상호 또는 사업장의 소재지를 변경하는 경우

⑤ 건설폐기물이 발생되는 공사기간이 3월 이상 연장되는 경우

○ 변경계획서 구비서류

① 건설폐기물처리 변경계획서

② 건설폐기물처리계획신고필증

○ 처리 절차

① Off-Line 신청(서류를 행정기관에 제출)

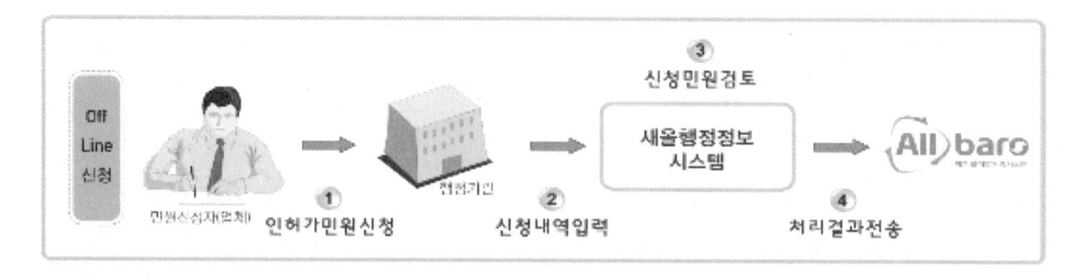

- 인·허가민원신청 : 민원인(업체)이 서류작성을 통한 민원신청
- 신청내역입력 : 행정기관 담당자가 민원신청내역 「새올행정정보 시스템」에 입력
- 신청내역검토 및 결과전송 : 민원인(업체)은 지자체로부터 발급받은 인·허가 서류 및 확인 필증을 한국환경공단 각 지역본부/ 지사 및 출장소에 FAX로 송부하면 공단 담당자가 인·허가 사항을 Allbaro에 입력

② On-Line 신청(Allbaro 시스템을 통한 제출)

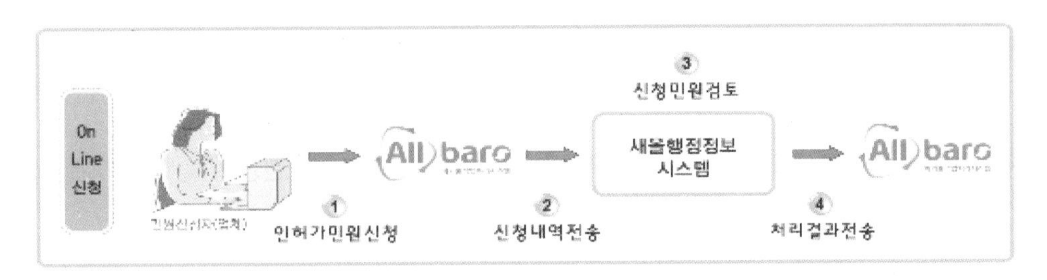

- 인·허가민원신청 : 민원인(업체)이 Allbaro를 통해 민원 신청
- 신청내역전송 : 민원 신청내역이 Allbaro에서 「새올행정정보시스템」으로 자동 전송
- 신청민원검토 : 행정기관 담당자는 「새올행정정보시스템」을 통해 업체의 민원신청내역 검토
- 처리결과등록 : 인·허가민원내역 검토 후 처리결과(반려, 승인, 불허가) 및 확인 필증을 Allbaro로 송부

※ 앞에서 언급한 "2 토공사 기간 KEY-POINT"의 '3. 벌목 등 건설 폐기물 처리 시 중요 검토·확인 사항' 내용 참조

4 임시소방시설 설치 및 유지관리·사후 처리

1) 소요 행정

◈ 특정소방대상물에 해당되는 건축물은 화재예방법에 따라 공사현장에 임시소방시설을 설치 및 유지관리를 해야 함

◈ 임시소방시설의 설치 및 유지관리 주체 확정

ㅇ 임시소방시설의 설치 및 유지관리는 설계내역서에 반영된 해당 공종에서 책임지고 수행

* 설계내역에 반영되지 않은 타 공종에서는 유지관리에 적극 협조 및 전 공종 화재발생 시 사용

ㅇ 건설사업관리단에서는 임시소방시설의 설치、활용、유지관리 등을 상시 점검하여 미비점 보완지시 및 월간 공정회의 시 실태 보고

◈ 공사준공 시 임시소방시설의 처리 (예시)

ㅇ 수요기관에 이관하는 것을 원칙

- 수요기관에서 작성한「임시소방시설설치계획서」*에 따라 수요기관 예산으로 설계내역서의 직접공사비(재료비)에 반영한 것으로 수요기관 자산이므로 공사준공 시 수요기관에 이관하는 것이 타당함

  * 임시소방시설설치계획서 (시행규칙 제4조제1항4호)는 수요기관에서 소방서에 건축협의 동의 요청시 제출하여 소방서로부터 승인받아야 할 필수 제출서류임

- 다만, 수요기관에서 현재 상태 등을 확인한 후 불필요시 폐기, 고재처리, 재활용 등을 시공사, 건설사업관리단과 협의하여 조치

- 시공사에서 재활용 요구 시는 시공사에 인계하고 일정금액을 도급에서 감액하도록 조치

▶ 잔존가치가 없는 것으로 판단되는 임시소방시설은 건설사업관리단의 검토·확인을 거쳐 폐기 처리

2) 관련 법령

◈ 「화재예방, 소방시설 설치·유지 및 안전관리에 관한 법률」

○ (설치 및 유지관리자) 특정소방대상물*의 건축·대수선·용도변경 또는 설치 등을 위한 공사를 시공하는 자

* 특정소방대상물 : 업무시설, 공동주택,연구교육시설, 공연장, 체육시설, 공장, 문화집회시설, 근린생활시설 등 다중이용시설 (시행령 제5조 및 별표2)

○ (임시소방시설) 소화기, 간이소화장치, 비상경보장치, 간이피난유도선

○ (설치대상 작업) 공사 현장에서 인화성 물품을 취급하는 작업

○ (설치시기) 공사현장에서 인화성 물품을 취급하는 작업 공사 전

※ (벌칙) 소방본부장 또는 소방서장은 임시소방시설 설치 및 유지관리가 되지 않을 때에는 해당 시공자에게 해당 조치를 하도록 명할 수 있음 → 정당한 사유 없이 명령 위반 시 5년 이하의 징역 또는 5천만원 이하 벌금 (법 48조)

9 예비 준공검사 및 준공대비 합동점검 실시

1 예비 준공검사

○예비준공검사 소요 행정

① 도급자(예비준공검사 요청, 예비준공검사원 제출) → 건설사업관리자(예비준공검사 수행계획 보고) → 예비준공검사 실시(수요기관 담당자 포함 합동으로 점검) → 건설사업관리자(예비준공검사 시행 결과 보고)

② 예비준공검사결과 지적사항이 있을 시 조치계획 협의 및 준공기한 내 지적사항 보완시공 조치 및 확인 (시공사/건설사업관리자)

○ 건설사업관리단 : 예비준공검사에 대비한 현황보고 실시
- 공사추진현황 및 문제점 여부 등 보고
- 필요시 문제점 처리대책 시공사 보고

○ 각 공종별 건설사업관리기술자 사전 점검결과 보고

○ 각 공종별 현장 합동점검(발주기관, 건설사업관리단, 시공사 합동)

○ 현장 점검결과 협의
- 비상주 건설사업관리기술자 점검결과 발표
- 발주기관 점검결과 발표

⇒ 점검결과에 따른 보완시공 등 조치계획(펀치리스트 작성) 등 협의결과 회의록 작성

⇒ 최종 준공검사 전 보완시공 완료 조치, 확인 후 준공 처리

▣ 예비준공검사

▷ 관련근거 : 건설기술진흥법 시행령 제78조, 건설공사 사업관리방식 검토기준 및 업무수행지침 제104조

▷ 건설사업관리기술자는 공사현장에 주요공사가 완료되고 현장이 정리 단계에 있을 때에는 시공자로 하여금 준공 2개월 전에 예비준공검사원을 제출토록 하고 이를 검토하여 발주청에 제출하여야 한다.

▷ 예비준공검사는 건설사업관리기술자가 확인한 정산설계도서 등에 따라 검사하여야 하며, 그 검사 내용은 준공검사에 준하여 철저히 시행 하여야 한다.

※참조 : 예비준공검사 수행계획서 (예시) 1부.

예비준공검사 수행계획서 (예시)

■ 사업개요

○ 사 업 명 : ○○ 신축공사

○ 위　　치 : ○○ 지역

○ 사업개요

구 분	주 요 내 용		
지역지구	자연녹지지역, 혁신도시개발예정지구, 자연취락지구, 제1종 지구단위계획구역		
용 도	교육연구시설		
대지면적	285,764㎡	건축면적	23,461.51㎡
연 면 적	50,921.15㎡	최고높이	13.2m
건 폐 율	8.21%	용 적 율	15.83%
승 강 기	5대(인화물용 포함)	구 조	철근콘크리트조, 일부철골조
주요시설			
주차대수	1,058대(장애인 37대, 대형 5대 포함)		

■ 건축공사 계약현황

구 분	계약일	착공일	준공(예정)일	비 고
총 차	2000. 00. 00	2000. 00. 00	2000. 00. 00	

■ 건축공사 공정현황(2015. 05. 26 현재)

구 분	계 획	실 적	대 비	비 고
총 차	97.82%	97.00%	99.16%	

예비준공검사 처리 절차

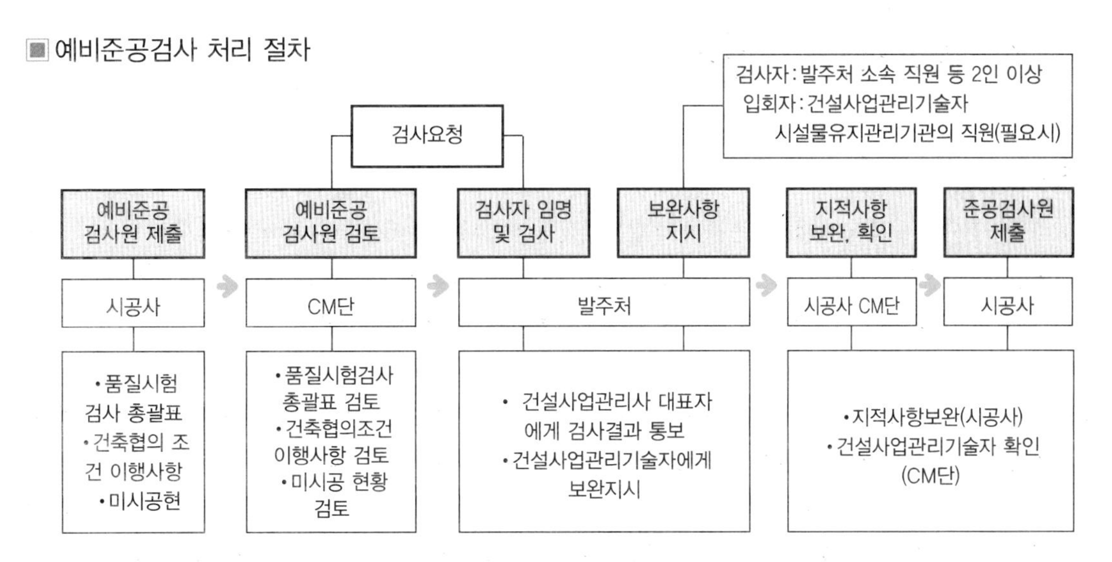

예비준공검사자 및 입회자

구분	소속	공종	성명	비고
검사자	발주청(공사관리기관)	건 축		
		토목/조경		
		기계/소방		
		전기/통신		
입회자	쭟쭟감리사 (상주 건설사업관리기술자)	단 장		
		건 축		
		기 계		
		토 목		
		조 경		
		전 기		
		통 신		
		소 방		
	시공사 쭟쭟건설(주), 쭟쭟전기, 쭟쭟통신, 쭟쭟소방]	건 축		
		기계/소방		
		전기/통신		
		품 질		
		안 전		

예비준공검사 수행 일정

구분 일정 비고		
예비준공검사원 접수	2000. 05. 20	시공사
예비준공검사원 CM단 검토	2000. 05. 21	CM 단
예비준공검사원 발주처 보고	2000. 05. 22	CM 단
예비준공검사 실시	2000. 05. 27	발주처
예비준공검사 결과 통보	2000. 06. 07	발주처

2 준공 대비 합동점검 실시

* 예비준공검사를 실시하는 데 왜 '준공 대비 합동점검'을 하느냐고 물어신다면, 예비준공검사는 법적인 소수의 인원이 검사를 실시하는 것이며, '준공대비 합동점검'은 수요기관의 각 동별, 부서별, 연구실 등 각 실별 입주 후 운영하는 담당자들이 해당 부분을 상세히 점검하는 것임을 말씀드립니다.

* 준공처리 전 업무 과중으로 미세한 부분까지 하나하나 확인할 수 없는 여건일 수 있어 입주예정자인 많은 사람들이 시공상의 문제점, 건물 운영상의 문제점을 확인할 필요성이 있으며,

* 무엇보다 준공검사 및 입주 이후 수요기관 불만 사전 해소, 감사기관들로부터 지적사항 사전 차단, 우수한 품질확보로 수요기관 만족도 향상과 원활한 준공처리를 위해서 시행하는 사항입니다.

* '시어머니가 많으면 힘들다'는 말이 있고, 시행을 해보면 수요기관 각 담당자들이 전혀 엉뚱하고 부적절한 지적사항도 나와 심기가 불편할 수도 있지만, 우리 건설인들이 노력한 대가를 자신있게 내 보여 수요기관에서 지적하는 사항 중 오해 소지와 준공 이후 논라의 소지도 없애고, 또 미처 생각하지 못한 부분에 대해 시정 조치하는 등 준공 때 현장관계자 모두가 웃고 헤어지는 지름길입니다.

* 오랜 현장관리 경험 끝에 시행한 저의 노하우임을 자신있게 말씀드리니 꼭 한번 시행해 보시기 바랍니다.

■ 추진 방안

o 예비준공검사 이후 준공검사 1개월 이전, 또는 예비준공검사 기간에 예비준공검사와 별개로 수요기관의 건물인수자 및 각 과별 소속 직원들 가능한 많은 인원이 참석하여 현장을 최종적으로 점검
  - 공사 중 마스터키를 통해 마스터플랜을 통해 수시로 협의하고 시공하지만 설계/시공 내용과 건물 운영상의 문제점 여부 최종 점검
  - 미관상 미흡하게 시공된 부위, 각종 설계변경 사항 적절반영 여부 등을 점검
  - 시공사, 건설사업관리자, 수요기관 합동점검 또는 수요기관 단독으로 점검

■ 합동점검 이후 소요 행정처리

ㅇ '지적사항 정리 및 합동회의 실시
  - 지적사항 타당성 여부 검토 및 조정 등 타당한 지적사항 정리

ㅇ '지적사항 처리계획(Punch List)'을 검토/협의 및 작성

ㅇ 준공 전까지 처리/처리결과를 준공계 제출 시 반드시 제출토록 조치

■ 기대효과

ㅇ 수요기관에서 인수담당자들 및 각 과, 각 실별 소속 직원들이 세부적으로 점검하고 이를 시정하여 시공함에 따라 우수한 공사품질 확보 및 행정처리 착오 사항 등 시정 효과가 기대됨

ㅇ 업무과중으로 인한 부족한 공사관리 부분을 준공 전 사전 조치함으로 인해, 해당감독관 업무 부담감/책임감 해소가 기대됨

ㅇ 최종적으로 우수한 품질확보 및 원활한 준공처리로 모두가 웃고 헤어지고 평생 좋은 인연으로 남게 될 것으로 기대됨

ㅇ 사정기관으로부터 감사받는다고 생각하고 편안하게 인식변화만 된다면 기술력/행정력 향상에 많은 도움이 될 것으로 예상하고 기대됨

10 각종 정산사항 검토·확인 시 주의사항

1 물가변동 적용(변경계약) 이후 설계변경 감액부분 정산

○ 물가변동 정산금액 확인절차

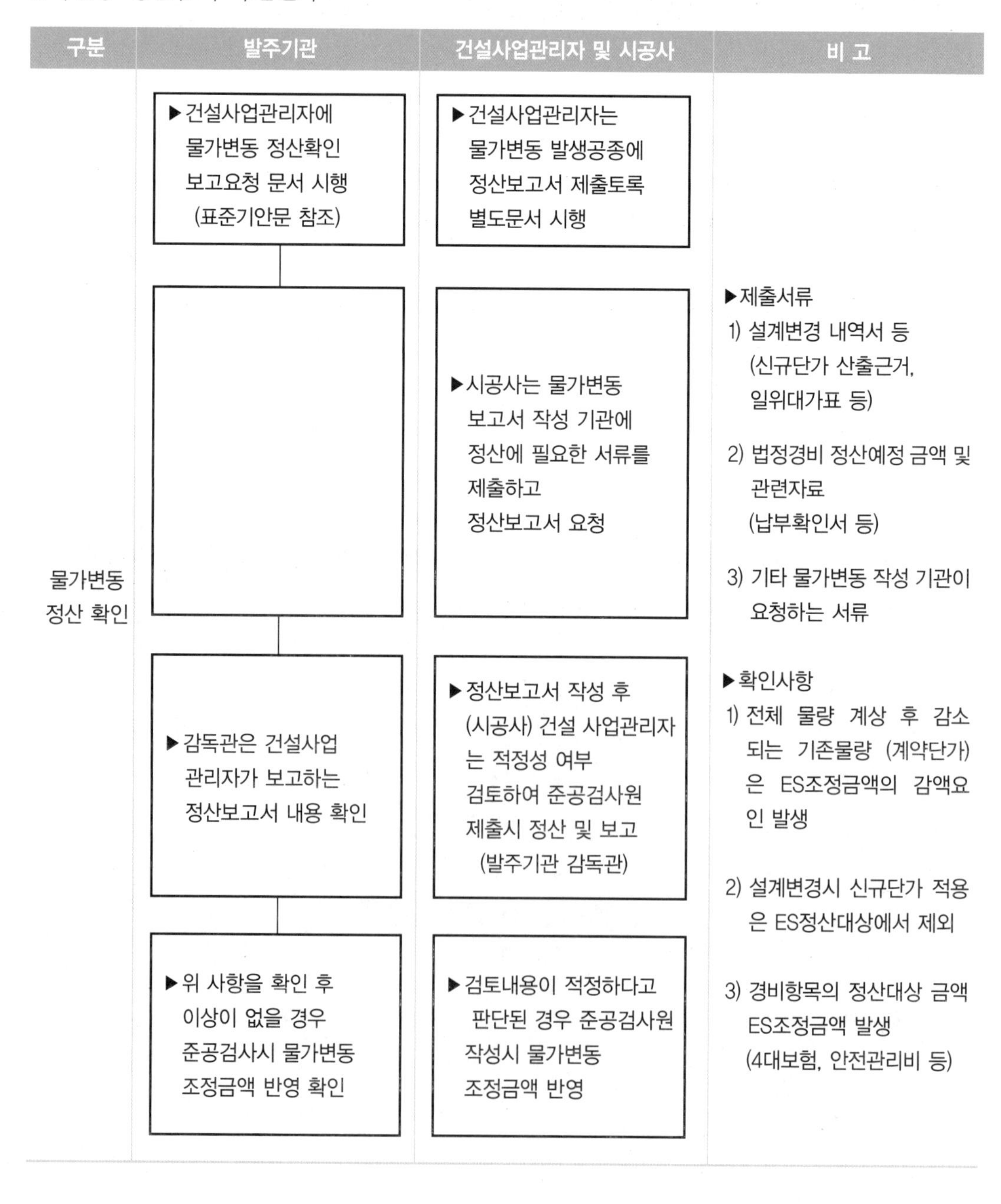

구분	발주기관	건설사업관리자 및 시공사	비 고
물가변동 정산 확인	▶건설사업관리자에 물가변동 정산확인 보고요청 문서 시행 (표준기안문 참조)	▶건설사업관리자는 물가변동 발생공종에 정산보고서 제출토록 별도문서 시행	
		▶시공사는 물가변동 보고서 작성 기관에 정산에 필요한 서류를 제출하고 정산보고서 요청	▶제출서류 1) 설계변경 내역서 등 (신규단가 산출근거, 일위대가표 등) 2) 법정경비 정산예정 금액 및 관련자료 (납부확인서 등) 3) 기타 물가변동 작성 기관이 요청하는 서류
	▶감독관은 건설사업 관리자가 보고하는 정산보고서 내용 확인	▶정산보고서 작성 후 (시공사) 건설 사업관리자는 적정성 여부 검토하여 준공검사원 제출시 정산 및 보고 (발주기관 감독관)	▶확인사항 1) 전체 물량 계상 후 감소되는 기존물량 (계약단가)은 ES조정금액의 감액요인 발생 2) 설계변경시 신규단가 적용은 ES정산대상에서 제외
	▶위 사항을 확인 후 이상이 없을 경우 준공검사시 물가변동 조정금액 반영 확인	▶검토내용이 적정하다고 판단된 경우 준공검사원 작성시 물가변동 조정금액 반영	3) 경비항목의 정산대상 금액 ES조정금액 발생 (4대보험, 안전관리비 등)

주의사항

◈ 시공사가 제출하는 준공정산 내역서의 첨부서류에는 4대보험, 안전관리비 등 정산사항 및 물가변동 조정금액 정산내용 등 반드시 증빙자료를 첨부, 확인함이 필요

◈ 물가변동 정산처리는 준공정산(설계변경)과 연계되어 있어 최소한 1~2개월 이상 소요됨을 감안하여 반드시 준공처리 전 조기에 검토함이 필요

2 시설공사 각종 경비 및 정산사항 검토·확인 사항

■ 산업재해보상보험료

구 분	산업재해보상보험료 관련 검토·확인사항	관련규정
착공 단계	ㅇ 적용대상 공사(모든 건설공사)에 대하여 계약 내역서의 산재보험료 비용 반영 여부 확인	ㅇ 건설산업기본법 – 법 : 제22조 제7항 ㅇ 사회보험의 보험료 적용기준(국토부 고시 제2021-905호)
공사진행 단계	ㅇ 보험관련 이행사항 확인 – 성립 신고 : 사업개시일(착공)로부터 14일 이내 – 변경사항 신고 : 변경일로부터 14일 이내 – 소멸 신고 : 사업의 폐지·종료일 다음날(소멸일) 부터 14일이내 – 개산보험료 신고·납부 : 매회계년도 초일부터 70일 이내 : 연도중 성립한 사업장은 성립일부터 70일 이내 – 확정보험료 신고·납부 : 매회계년도 초일부터 70일 이내 : 연도중 소멸한 사업장은 성립일부터 30일 이내	ㅇ 고용보험 및 산업재해보상보험의 보험료징수 등에 관한 법률 – 법 : 제11조, 제17조, 제19조
	ㅇ 설계변경으로 인한 계약금액 조정 시 – 계약금액의 증가분에 대한 산재보험료율은 산출내역서상의 산재보험료율 적용 (단, 관계법령이 정한 율을 초과할수 없음)	ㅇ 공사계약일반조건 제20조
	ㅇ 하도급통보 시 – 하도급계약내역서에 산재보험료 소요비용 확인 (하수급인이 보험가입자로 공단에서 승인 얻을 때)	ㅇ 고용보험 및 산업재해보상보험의 보험료징수 등에 관한 법률 – 시행령 : 제7조
기성·준공 단계	ㅇ 납부 내역 확인 – 증빙자료 '산재보험료(부담금) 납부서' 등 ㅇ 일괄가입대상 공사일 때 – 현장별 공사원가계산서를 제출받아 현장별 납부 상태로 확인 * 건설사업관리현장 – 해당월에 보험료 납부 발생 시 월간 건설사업관리보고서에 보고토록 조치	ㅇ 고용보험 및 산업재해보상보험의 보험료징수 등에 관한 법률 – 법 : 제9조 – 시행령 : 제15조

고용보험료

구 분	고용보험료 관련 검토·확인사항	관련규정
착공 단계	ㅇ 적용대상공사(모든 건설공사, 단 총공사금액 2천만원 만의 건설공사를 건설업자가 아닌 자가 시공시 제외) 일 경우 계약내역서의 고용보험료 비용 반영 여부 확인	ㅇ 건설산업기본법 – 법 : 제22조 제7항 ㅇ 사회보험의 보험료 적용기준(국토부 고시 제2021-905호)
공사진행 단계	ㅇ 보험관련 이행사항 확인 – 성립 신고 : 사업개시일(착공)로부터 14일이내 – 변경사항 신고 : 변경일로부터 14일이내 – 소멸 신고 : 사업의 폐지·종료일 다음날(소멸일)부터 14일 이내 – 피보험자자격 취득·상실 신고 : 취득(상실)일로부터 14일 이내 – 개산보험료 신고·납부 : 매회계년도 초일부터 70일 이내 : 연도 중 성립한 사업장은 성립일부터 70일 이내 – 확정보험료 신고·납부 : 매회계년도 초일부터 70일 이내 : 연도 중 소멸한 사업장은 성립일부터 30일 이내	ㅇ 고용보험 및 산업재해보상보험의 보험료징수 등에 관한 법률 – 법 : 제11조, 제17조, 제19조
	ㅇ 설계변경으로 인한 계약금액 조정 시 – 계약금액의 증가분에 대한 산재보험료율은 산출내역서상의 고용보험료율 적용 (단, 관계법령이 정한 율을 초과할수 없음)	ㅇ 공사계약일반조건 제20조
	ㅇ 하도급통보 시 – 하도급계약내역서에 산재보험료 소요비용 확인 (하수급인이 보험가입자로 공단에서 승인 얻을 때)	ㅇ 고용보험 및 산업재해보상보험의 보험료징수 등에 관한 법률 – 시행령 : 제7조
기성·준공 단계	ㅇ 납부 내역 확인 – 증빙자료 '고용보험 보험료 납부영수증' 등 ㅇ 일괄가입대상 공사일 때 – 현장별 공사원가계산서를 제출받아 현장별 납부 상태로 확인 * 감독 권한 대행 건설사업관리현장 – 해당월에 보험료 납부 발생 시 월간 건설사업관리보고서에 납부내역 보고토록 조치	ㅇ 고용보험 및 산업재해보상보험의 보험료징수 등에 관한 법률 – 법 : 제9조 – 시행령 : 제15조

■ 국민건강보험료·노인장기요양보험료·국민연금보험료

<table>
<tr><th>구 분</th><th>건강 노인 장기요양연급보험료 관련 검토·확인사항</th><th>관련규정</th></tr>
<tr><td>착공
단계</td><td>o 계약내역서에 건강·노인장기요양·연금보험료 비용 반영 여부 확인</td><td>o 건설산업기본법
– 법 : 제22조 제7항
o 사회보험의 보험료 적용기준(국토부 고시 제2021-905호)</td></tr>
<tr><td rowspan="2">공사진행
단계</td><td>o 보험관련 이행사항 확인
– 사업장 적용 신고
•건강보험 : 적용대상 사업장이 된 날로부터 14일 이내
•연금보험 : 해당일이 속하는 달의 다음달 15일 이내
– 사업장 내역변경 신고
•건강보험 : 사유 발생일로부터 14일 이내
•연금보험 : 변경일이 속하는 날이 속하는 달의 다음달 15일 이내
– 가입자의 자격 취득(변경)·상실 신고
•건강보험 : 취득(변동)·상실일로부터 14일 이내
•연금보험 : 사유가 발생한 날이 속하는 달의 다음 달 15일 이내
– 보험료 납부 : 가입자의 매월 분 국민건강·국민연금 납입고지서에 따라 익월 10일까지 납부</td><td>o 국민건강보험법
– 법 : 제7~9조, 제62조, 제68조, 제69조
– 시행규칙 : 제3조, 제4조

o 노인장기요양보험법
– 법: 제8조

o 국민연금법
– 법 : 제17조, 제21조, 제88조, 제88조의2, 제89조
– 시행규칙 : 제3조, 제10조 제17조</td></tr>
<tr><td>o 계약체결 후 관련법령의 제·개정으로 인하여 국민건강·국민연금 보험료의 의무 비용이 발생하여 계약상대자가 계약변경을 요청할 경우
– 계약금액 조정 가능</td><td>o 국가를당사자로하는계약에 관한 법률
– 시행령 : 제66조</td></tr>
<tr><td>기성·준공
단계</td><td>o 납부 내역 확인
– 증빙자료 '국민건강·국민연금보험료 납입증명서'
* 감독 권한 대행 건설사업관리현장
– 해당 월에 보험료 납부 발생 시 월간 건설사업관리 보고서에 납부내역 보고토록 조치</td><td>o 공사계약일반조건 제40조2
o 정부입찰·계약집행기준 제91조, 제93조, 제94조</td></tr>
</table>

■ 퇴직공제부금비

구 분	퇴직공제부금비 관련 검토·확인사항	관련규정
착공 단계	o 의무가입대상 공사(공공공사 : 공사예정금액 1억원 이상)일 경우 계약내역서에 퇴직공제부금 비용이 계상되어 있는지 여부 확인 – 기초금액 발표 시 반영하도록 명시한 퇴직공제부금비와 비교 확인	o 계약예규 – 예정가격 작성기준 제19조 제3항 제24호 o 건설산업기본법 – 법 : 제87조 o 건설근로자의고용개선등에 관한 법: 제10조3
공사진행 단계	o 퇴직공제제도 관련 이행여부 사항 – 가입 신고 : 사업개시일(착공)로부터 14일 이내 – 변경사항 신고 : 변경사항 있을 시 지체 없이 신고 – 건설근로자복지수첩 발급 신청 : 공제가입자증을 교부받은 날(근로자를 새로이 고 용한 때에는 그 고용일)부터 7일 이내 – 건설근로자퇴직공제증지 첩부 : 근로자의 근로일수에 해당하는 수량만큼 임금 지급 시마다 첩부 – 고용관리책임자의 성명, 직위, 직무내용 신고 : 고용보험법 규정에 의하여 피보험 자격의 취득 신고를 할 때 함께 신고 – 피공제자별 공제부금 납부명세대장 기록 및 보관 – '건설근로자퇴직공제제도 가입사업장' 표지를 보기 쉬운 장소에 부착하였는지 여부와 퇴직공제에 관한 내용을 현장사무실 등에 서면으로 게시하였는지 확인	o 건설근로자의고용개선등에 관한 법률 – 법 : 제5조, 제10조 – 시행규칙 : 제3조, 제8조, 제9조, 제10조, 제11조, 제13조, 제15조, 제25조
	o 하도급통보 시 – 하도급계약내역서에 퇴직공제부금 소요비용 확인 (하수급인이 공제회로부터 사업주인정 승인을 받아 퇴직공제에 가입된 경우)	o 건설근로자의고용개선등에 관한 법률 – 법: 제10조의3 – 시행규칙 : 제8조
기성·준공 단계	o 납부 내역 확인 – 기성대가 또는 준공대가를 지급할 때에는 실제공사현장에 투입된 건설근로자수, 근무기간 등을 확인·검토하여 복지수첩에 실제로 붙여진 공제 증지를 구입비용에 해당하는 금액만 퇴직공제부금비로 인정(정산조치) – 증빙자료 '공제부금 및 부가금수납서(영수필증)' * 감독권한 대행 건설사업관리현장 – 해당 월에 퇴직공제부금 납부 발생 시 월간 건설사업관리보고서에 납부내역 보고토록 조치	o 건설산업기본법 – 시행령 : 제83조 제4항 o 건설근로자의고용개선등에 관한 법률 – 법 : 제13조 o 공사계약특수조건 제10조 o 정부입찰·계약집행기준 제91조, 제93조,제94조

■ 산업안전보건관리비

구 분	산업안전보건관리비 관련 검토·확인사항	관련규정
착공 단계	○ 적용대상 공사(총공사금액 2,000만원 이상)일 경우 계약내역서에 산업안전보건관리비가 계상되어 있는지 여부 확인 – 기초금액 발표 시 반영하도록 명시한 산업안전보건관리비와 비교 확인	○ 계약예규 – 예정가격 작성기준 제19조 제3항 제14호 ○ 산업안전보건법 – 법 : 제72조 ○ 노동부고시 : 제2022-43호
공사진행 단계	○ 재해예방 전문지도기관의 기술지도에 적용되는 공사인지 확인 – 적용대상: 공사금액 2억원(전기공사 및 정보통신공사 1억원)이상 120억원(건산법 시행령 별표1의 토목 공사업에 속하는 공사는 150억원) 미만인 공사 – 기술지도 결과보고서를 공사관계자의 확인을 받은 후 1부는 당해 사업장에 교부 ○ 산업안전보건관리비 사용내역서 작성 및 집행 확인 – 공사종료 후 1년간 보관 * 본사 산업안전보건관리비 사용 시 : 본사 산업안전보건관리비 사용 내역서, 산출내역서 및 안전전담부서 직원의 인사명령서, 업무일지를 본사에 3년간 보존함 ○ 노동부고시 제2020-63호의 [별표2] [별표3]에 의한 항목별 및 공사진척에 따른 사용기준에 적합하게 사용하는지 확인	○ 산업안전보건법 – 법 : 제73조 – 시행령 : 제59조 – 시행규칙 : 제89조 ○ 노동부고시 : 제2022-43호 ○ 공사계약특수조건 제10조
	○ 설계변경으로 인한 계약금액 조정 시 – 설계변경으로 인한 안전관리비 증감액 = 설계변경 전의 안전관리비 × 대상액의 증감 비율	○ 노동부고시 : 제2022-43호 – 별표 1의3
	○ 하도급통보 시 – 하도급계약내역서에 산업안전보건관리비 소요비용 확인 (당해 사업의 위험도를 고려하여 적정하게 산업안전보건관리비를 지급하여 사용하게 할 경우)	○ 산업안전보건법 – 시행규칙 : 제89조 제1항
기성·준공 단계	○ 납부 내역 확인 – 다른 목적으로 사용하거나 사용하지 아니한 금액에 대하여는 이를 계약금액에서 감액조정 하거나 반환을 요구(준공 시 정산조치) * 감독권한 대행 건설사업관리현장 – 월별 산업안전보건관리비 사용내역서 및 증빙자료를 월간 건설사업관리보고서에 보고토록 조치	○ 산업안전보건법 – 법 : 제72조 제5항 ○ 노동부고시 : 제2022-43호 ○ 공사계약특수조건 제10조

■ 환경관리비

구 분	환경관리비 관련 검토·확인사항	관련규정
착공 단계	ㅇ 환경보전비 적용요율을 반영한 경우 – 계약내역서상 환경보전비와 기초금액 발표 시 반영하도록 명시한 환경보전비와 비교 확인 ㅇ 환경보전비와 폐기물처리 및 재활용에 의한 비용의 사용계획 제출 여부 및 해당공사에 적합하게 작성되었는지 확인	ㅇ 계약예규 – 예정가격 작성기준 제19조 제3항 제21호 ㅇ 건설기술진흥법 – 법 : 제66조 – 시행규칙 : 제61조, [별표8]
공사진행 단계	ㅇ 환경오염방지시설 그밖에 건설공사현장의 환경보전에 필요한 시설을 추가로 설치하여 건설사업관리기술자의 확인을 받아 그 비용의 추가 계상을 발주자에게 요청할 경우 – 발주자는 그 내용을 확인하고 설계변경 등 필요한 조치를 하여야 함	ㅇ 건설기술진흥법 – 시행규칙 : 제61조, [별표8]
	ㅇ 건설폐기물처리용역을 별도 분리하여 발주하지 않은 경우 – 공사의 계약변경을 통해 폐기물처리비를 분리하여 별도 발주하여야 함	ㅇ 폐기물관리법 – 법 : 제13조 – 시행규칙 : 제14조 [별표5] ㅇ 건설폐기물의 재활용촉진에 관한법 – 법 : 제13조, 제15조
기성·준공 단계	ㅇ 발주자 또는 건설사업관리기술자가 확인한 비용의 사용실적에 따라 정산 * 감독권한 대행 건설사업관리현장 – 환경보전비와 폐기물처리 및 재활용 비용에 대한 사용 발생 시마다 별도 보고 또는 월간 건설사업관리보고서를 통해 증빙자료 첨부하여 보고토록 조치	ㅇ 공사계약특수조건 제10조

■ 하도급대금지급보증서발급수수료

구 분	하도급대금지급보증서 발급수수료 관련 검토·확인사항	관련규정
착공 단계	ㅇ 적용대상 공사(건설공사로 전문공사는 제외)일 경우 계약내역서에 하도급대금지급보증서 발급수수료가 계상되어 있는지 여부 확인 – 산출기준상의 발급수수료 반영 여부 확인	ㅇ 계약예규 – 예정가격 작성기준 제19조 제3항 제20호 ㅇ 건설산업기본법 – 법 : 제34조 – 시행규칙 : 제28조 ㅇ 국토부고시 제2016-921호
공사진행 단계	ㅇ 하도급통보 시 – 하도급대금지급보증서 첨부 시 추가로 발급수수료 납부 영수증 제출토록 유도	
기성·준공 단계	ㅇ 납부 내역 확인 – 납부 영수증 등을 통해 사용내역 확인 – 산출내역서에 명시된 금액보다 사용한 금액이 작은 경우 정산	

▣ 건설기계대여대금 지급보증 발급수수료

구 분	건설기계대여대금지급보증 발급수수료 관련 검토·확인사항	관련규정
착공 단계	ㅇ 보증대상 : 모든 건설공사 (단, 1건의 건설기계 대여 계약금액이 200만원 이하인 경우 보증면제) – 산출기준상의 발급수수료 반영 여부 확인	ㅇ 계약예규 – 예정가격 작성기준 제19조 제3항제20호 ㅇ 건설산업기본법 – 법 : 제68조의3 – 시행령 : 제64조의3 ㅇ 국토교통부고시 – 제2019–286호
공사진행 단계	ㅇ 건설기계 대여 계약통보 시 – 발급수수료 납부 영수증 제출토록 유도	
기성·준공 단계	ㅇ 납부 내역 확인 – 납부 영수증 등을 통해 사용내역 확인 – 산출내역서에 명시된 금액보다 사용한 금액이 작은 경우 정산	

▣ 각종 법정경비 관련 불이행시 주요 제재내용 및 관련규정 사항

구 분	주요 위반사항	제재내용	관련 규정
산업재해 보상 보험료	ㅇ상습적으로 신고를 하지 아니하거나 허위의 신고를 한 경우	100만원 과태료	ㅇ산업재해보상보험법 – 법 : 제129조
	ㅇ고의적으로 신고를 하지 아니하거나 허위신고를 한 경우	50만원 과태료	
	ㅇ신고를 태만히 한 경우	30만원 과태료	
	ㅇ기간 내 보험료를 납부하지 않을 경우	가산금, 연체금 부과	
고용 보험료	ㅇ사업주가 근로자의 피보험자 자격 확인청구를 이유로 해고, 기타 불이익한 취급 시	3년이하의 징역 또는 1,000만원이하 의 벌금	ㅇ 고용보험법 – 법 : 제116조, 제117조 제118조
	ㅇ상습적으로 신고를 하지 아니하거나 허위의 신고를 한 경우	과태료 300만원	
	ㅇ고의적으로 신고를 하지 아니하거나 허위신고를 한 경우	과태료 200만원	
	ㅇ신고를 태만히 한 경우	과태료 100만원	
	ㅇ기간 내 보험료를 납부하지 않을 경우	가산금, 연체금 부과	
환경관리비	ㅇ환경관리비를 계상하지 않거나 다른 용도로 사용 시	과태료 1,000만원 이하	ㅇ 건설기술진흥법 – 법 : 제91조 제2항
하도급 대금 지급보증	ㅇ하도급대금 지급보증서를 주지 않거나, 하도급대금 지급보증서 발급에 드는 금액을 도급금액 산출내역서에 명시하지 않은 경우	2개월 영업정지 또는 4,000만원 과징금	ㅇ 건설산업기본법 – 시행령 : 별표6
건설기계 대여대금 지급보증	ㅇ건설기계대여대금 지급보증서를 제출하지 않은 경우	2개월 영업정지 또는 4,000만원 과징금	ㅇ 건설산업기본법 – 시행령 : 별표6

구 분	주요 위반사항	제재내용	관련 규정
국민건강 보험료	ㅇ보험료를 납부기한까지 납부하지 아니한 경우	가산금 부과	ㅇ 국민건강보험법 – 법 : 제78조의2, 제81조, 제115조
	ㅇ독촉기한까지 보험료(가산금포함)를 납부하지 않을 경우	국세체납처분의 예에 따라 징수	
	ㅇ사용자가 고용한 근로자가 국민건강보험법에 의한 직장가입자로 되는 것을 방해하거나 그가 부담하는 부담금의 증가를 기피할 목적으로 정당한 사유 없이 근로자의 승급 또는 임금인상을 하지 아니하거나 해고, 기타 불이익한 조치를 한 경우	1년 이하의 징역 또는 1천만원 이하의 벌금	
국민연금 보험료	ㅇ사용자가 당연적용 대상임에도 자진 신고를 하지 않을 경우	국민연금에 직권 가입	ㅇ 국민연금법 – 법 : 제14조, 제21조, 제57조의2, 제95조, 제119조, 제128조, 제31조
	ㅇ사용자가 당연적용에 해당된 사실, 가입자의 자격의 취득, 상실 등을 신고하지 아니하거나 허위로 신고한 사용자	50만원 이하 벌금	
	ㅇ연금보험료를 기한 내 납부하지 않을 경우	독촉, 연체금 부과, 국세체납처분의 예에 따라 징수	
	ㅇ10日이상의 납부기한을 정하여 독촉장을 발부하였음에도 정당한 사유 없이 연금 보험료를 납부하지 아니한 사용자	1년 이하의 징역 또는 500만원 이하의 벌금	
	ㅇ사용자가 근로자가 가입자로 되는 것을 방해하거나 부담금의 증가를 기피할 목적 으로 정당한 사유 없이 노동자의 승급 또는 임금인상을 하지 아니하거나 해고 기타 불이익한 대우를 할 경우	1년 이하의 징역 또는 500만원 이하의 벌금	
산업안전 보건 관리비	ㅇ산업안전보건관리비를 공사금액에 계상하지 아니하거나 일부만 계상한 경우	계상하지 않은 금액(상한액 1,000만원) 과태료	ㅇ 산업안전보건법 – 시행령 제119조, 별표35
	ㅇ산업안전보건관리비를 다른 목적으로 사용한 경우	목적외 사용금액(상한액 1,000만원) 과태료	
	ㅇ산업안전보건관리비 사용명세서를 작성하지 않거나 보존하지 않은 경우	100~1,000만원 과태료	
	ㅇ재해예방 전문기관의 기술지도를 받지 아니한 경우	200~300만원 과태료	

구 분	주요 위반사항	제재내용	관련 규정
퇴직공제 부금비	ㅇ허위 기타 부정한 방법으로 퇴직공제금을 지급받은 자 및 거짓보고 또는 증명으로 퇴직공제금을 지급받게 한 자	1년 이하의 징역 또는 천만원 이하의 벌금	ㅇ 건설근로자의 고용개선 등에관한법률 – 법: 제24조, 제26조
	ㅇ의무가입건설공사의 사업 개시일부터 14일 이내에 퇴직공제에 가입하지 아니한 경우	500만원 이하 과태료	
	ㅇ피공제자의 근로일수를 매월 신고하지 않은 경우	300만원 이하 과태료	
	ㅇ매월 신고한 피공제자의 근로일수에 상응하는 공제부금을 내지 않은 경우	300만원 이하 과태료	
	ㅇ피공제자에게 전자카드를 발급하지 않은 경우	300만원 이하 과태료	
	ㅇ공제부금의 납부 특례를 위반하여 공제부금 납무의무 발생 사실을 통보받고도 공제부금을 내지 않는 경우	300만원 이하 과태료	
	ㅇ피공제자가 퇴직공제금을 지급받기 위하여 필요한 증명 요구에 따르지 않은 경우	100만원 이하 과태료	
	ㅇ공제제도시행에 관하여 노동부에 미보고, 허위보고, 자료 미제출, 허위자료 제출한 경우	100만원 이하 과태료	

※ 먼저 시정조치하고, 그래도 계속 미이행 시 해당기관에 위반사항 통보 조치

※ 해당기관
1) 산재보험, 고용보험, 퇴직공제부금, 산업안전보건관리비 → 고용노동부(각 지방노동사무소)
2) 국민건강보험, 국민연금보험 → 보건복지부
3) 환경관리비 → 국토교통부, 환경부
4) 하도급대금지급보증 → 국토교통부, 공정거래위원회

3 건설사업관리 직접경비 정산 시 검토·확인 사항

1) 건설사업관리용역 직접경비 항목 및 기준 (예시)

1 직접경비 항목 및 산정기준

적용항목	정 의	산 정 기 준
주 재 비	상주기술자 숙식 및 현장운영 소요경비	상주인건비의 30%
출 장 비	기술지원기술자 현지출장 경비	기술지원인건비의 10%
차량운행비	업무상 현장차량 운행 필요시	월 임차료 및 유류비
현지사무원	현지사무원 채용시 급여	보통인부 일단가 적용
도서인쇄비	월간, 최종보고서 유지관리지침서 등	제본 인쇄비 실비산정

☞ 차량운행비와 현지사무원은 공사규모, 현장여건 및 예산을 고려하여 적용

2 주재비 항목 분류

항 목		정 의
숙식비	숙소비	상주기술자 현장인근 숙소 임대비 및 관리비
	식대	상주기술자 식비(1일 3식)
현장운영 경비	복리후생비	회식비, 차류, 음료, 간식 등
	사무기기	프린터, 캐비넷, 책상 등 임대료 및 소모품비
	통신,사용료	인터넷, 전화, 냉난방, 우편, 각종수수료 등
교통비	교통비	상주감리원 현장 주1회 출퇴근 및 업무상 출장

2) 직접경비 정산방법

1 정산 증빙서류

<table>
<tr><th colspan="3">직접경비 항목</th><th>증빙서류</th></tr>
<tr><td rowspan="6">주재비</td><td rowspan="2">숙식비</td><td>숙소비</td><td>계약서, 월세입금 확인증, 관리비 영수증</td></tr>
<tr><td>식대</td><td>일 2만원 식비산출서 및 확인증</td></tr>
<tr><td rowspan="3">현장운영
경비</td><td>복리후생비</td><td>회식비, 차, 음료 등 사용영수증</td></tr>
<tr><td>사무기기</td><td>비품목록 및 손료계산서, 기타용품 영수증</td></tr>
<tr><td>통신, 사용료</td><td>사용 영수증, 납입 영수증</td></tr>
<tr><td>교통비</td><td>교통비</td><td>월4회 현장과 주거지 교통비 영수증</td></tr>
<tr><td colspan="3">출 장 비</td><td>출장비 영수증(승차권,통행료,주차료 등)</td></tr>
<tr><td colspan="3">차량운행비</td><td>임차계약서, 임차료 및 유류 영수증</td></tr>
<tr><td colspan="3">현지사무원</td><td>금여지출내역 및 수령확인증(사무원)</td></tr>
<tr><td colspan="3">도서인쇄비</td><td>인쇄, 제본 비용 영수증</td></tr>
</table>

3) 직접경비의 정산시기 및 절차

1 정산시기

o 용역 기성검사(준공검사) 요청 시 건설사업관리단은 직접경비 사용 내역 및 관련 증빙서류 제출

o 기성(준공) 검사 시 감독자 및 검사자가 적정 사용 여부를 확인

2 정산절차

o 직접경비 항목별 사용목적 적합여부 및 사용금액의 적정성을 검토하여 기성(준공)검사결과 보고서에 검토확인 및 정산감액

붙임 : 1. 직접경비 관련규정 1부.
2. 직접경비 사용내역 제출양식 각 1부.

＊붙임 1. 직접경비 관련 규정

○ 건설사업관리용역 대가기준(국토교통부 고시)

제9조(직접경비) ① 직접경비는 건설사업관리 업무에 필요한 현장 주재비, 숙박비, 출장여비, 특수자료비, 제출도서의 인쇄 및 복사비, 시험비 또는 조사비, 현지 차량운행비, 현장 운영경비 등으로서 그 실제 소요비용으로 한다.

○ 건설공사 사업관리방식 검토기준 및 업무수행지침(국토교통부 고시)

제11조(건설사업관리기술자의근무수칙) 제3항 5호 건설사업관리용역업자는 건설사업관리현장이 원활하게 운영될 수 있도록 건설사업관리용역비 중 관련항목 규정에 따라 직접경비를 적정하게 사용하여야 한다.

제12조(발주청의 지도감독 및 업무범위) 제2항 발주청은 건설사업관리용역 계약문서의 규정에 따라 다음 사항에 대하여 건설사업관리 기술자를 지도·감독한다

6. 건설사업관리용역비 중 직접경비의 적정 사용 여부 확인

☞ 건설사업관리용역 감독 및 검사기관인 발주청에서 직접경비 적정 사용 여부 확인

○ 건설사업관리용역 (표준)과업내용서

☞건설사업관리용역비 산출내역서의 직접경비는 현장 감리업무수행에 실제 소요되는 비용으로써 "주재비, 기술지원기술자 출장비, 도서인쇄비" 등을 예가산정기준대로 반영하여야 하며, 직접경비 항목 중 실제 소요되지 않는 비용은 정산 조정한다.

* 붙임 2. 직접경비 사용내역 제출양식(예시)

□ 직접경비 사용내역서(○회)

1. 계약내용

<table>
<tr><td>업체명</td><td colspan="2"></td><td>용역명</td><td colspan="2"></td></tr>
<tr><td>소재지</td><td colspan="2"></td><td>대표자</td><td colspan="2"></td></tr>
<tr><td rowspan="2">계약금액</td><td rowspan="2" colspan="2"></td><td rowspan="2">감리기간</td><td>총차</td><td></td></tr>
<tr><td>1회 기성기간</td><td></td></tr>
<tr><td>직접경비</td><td>총차</td><td colspan="4"></td></tr>
<tr><td>계상금액</td><td>1차</td><td colspan="4"></td></tr>
</table>

2. 직접경비 사용금액

<table>
<tr><th rowspan="2">항 목</th><th colspan="4">기성금액</th></tr>
<tr><th>계약금액</th><th>전회기성</th><th>금회기성</th><th>잔액</th></tr>
<tr><td>주재비</td><td></td><td></td><td></td><td></td></tr>
<tr><td>출 장 비</td><td></td><td></td><td></td><td></td></tr>
<tr><td>차량운행비</td><td></td><td></td><td></td><td></td></tr>
<tr><td>현지사무원</td><td></td><td></td><td></td><td></td></tr>
<tr><td>도서인쇄비</td><td></td><td></td><td></td><td></td></tr>
</table>

3. 항목별 사용금액

<table>
<tr><th colspan="3">항 목</th><th>사용금액</th><th>증빙서류</th><th>비고</th></tr>
<tr><td rowspan="6">주재비</td><td rowspan="2">숙식비</td><td>숙소비</td><td></td><td>계약서사본, 월세납입증</td><td></td></tr>
<tr><td>식대</td><td></td><td>식비 산출서 및 확인증</td><td></td></tr>
<tr><td rowspan="3">현장 운영 경비</td><td>복리후생비</td><td></td><td>사용영수증 사본</td><td></td></tr>
<tr><td>사무기기</td><td></td><td>비품목록 및 손료계산서</td><td></td></tr>
<tr><td>통신,사용료</td><td></td><td>사용영수증, 납입영수증</td><td></td></tr>
<tr><td>교통비</td><td>교통비</td><td></td><td>교통비 영수증</td><td></td></tr>
<tr><td colspan="3">출 장 비</td><td></td><td>승차권,통행료 사본</td><td></td></tr>
<tr><td colspan="3">차량운행비</td><td></td><td>임차계약서, 납입영수증</td><td></td></tr>
<tr><td colspan="3">현지사무원</td><td></td><td>급여지급확인증 수령확인증</td><td></td></tr>
<tr><td colspan="3">도서인쇄비</td><td></td><td>영수증</td><td></td></tr>
</table>

건설사업관리용역 ○회 기성에 대한 직접경비 사용 내역을 위와 같이 제출 합니다.

2022. 00.00

000 건축사사무소 대표이사(인)

발주기관장 귀하

4. 세부 사용내역 및 증빙서류

1) 주재비 내역

1-1. 숙소비 사용내역

성명	기간	횟수	단가	합계	비 고
○○○(단장)	'16.03.07~'16.06.04	3			
○○○(건축)	'16.03.07~'16.06.04	3			
○○○(토목)	'16.03.07~'16.05.04	2			
합계					

* 붙임 : 숙소 월세납입 증빙서류 각 1부.

1-2. 식대 사용내역

성명	기간	횟수	단가	합계	비 고
○○○(단장)	'16.03.07~'16.06.04	3			
○○○(건축)	'16.03.07~'16.06.04	3			
○○○(토목)	'16.03.07~'16.05.04	2			
합계					

* 붙임 : 식비신청서 및 기술자 확인서 각 1부.

1-3. 복리후생비 사용내역

사용일시	사용장소	사용목적	사용금액
2016.0.0	○○○식당	직원회식	
2016.0.0	○○○식당	직원회식	
2016.0.0	홈플러스	음료수,차류 구입	
2016.0.0	홈플러스	간식 구입	
합계			

* 붙임 : 영수증 및 세금계산서 각 1부.

1-4. 사무기기 사용내역

사무기기 목록	수량	손료(월)	사용기간	사용금액	비고
책상	5	30,000	3월		
컴퓨터	5				
복합기	1				
합계					

* 붙임 : 사무기기별 손료계산서 1부.

1-5. 통신료 등 사용내역

사무기기 목록	수량	손료(월)	사용기간	사용금액	비고
사무실전화	5	30,000	3월		
우편요금	5				
합계					

* 붙임 : 영수증 등 증빙자료 1부.

1-6. 교통비 사용내역

성명	기간	횟수	단가	사용금액	비고
○○○(단장)	'16.03.07~'16.06.04	12	자택-현장		
○○○(토목)	'16.03.07~'16.05.04	8	자택-현장		
합계					

* 붙임 : 영수증 및 교통비산출서 등 증빙자료 1부.

2) 출장비 사용내역(기술지원기술자 포함)

성명	기간	횟수	단가	사용금액	비고
○○○(건축)	'16.03.07~'16.06.04 3				본사-현장
○○○(전기)	'16.03.07~'16.05.04 2				본사-현장
합계					

* 붙임 : 출장비 영수증 및 교통비산출서 등 증빙자료 1부.

3) 차량운행비 사용내역

차종	임차기간	월임차료	유류비	사용금액
○○○	'16.3.1~'16.5.31			
합계				

* 붙임 : 임차계약서 및 월 임차료 지급서류 및 유류비 사용내역 1부.

4) 현지사무원 지급내역

성명	근무기간	월지급액	지급금액	비고
○○○	'16.3.1~'16.5.31			
합계				

* 붙임 : 지급명세 증명서 및 수령확인증 1부.

5) 도서인쇄비 사용내역

항목	건명	수량	단가	사용금액
인쇄,제본	월간보고서			
인쇄,제본	유지관리지침서			
합계				

* 붙임 : 영수증 및 세금계산서 1부.

알면
성공한다

Ⅵ 공준공검사 전 중요 검토·확인 사항

1. 준공처리를 위해 필요한 준비사항 및 마음가짐
2. 준공처리를 위한 시운전 및 각종 소요 행정

1 준공처리를 위해 필요한 준비사항 및 마음가짐

1 마감공사 전 현장정리, 1차 준공청소는 옥상에서 아래층으로

1) 현장 정리정돈/청소만 잘 되어 있어도 공사추진 지연을 예방할 수 있고, 공정 만회도 얼마든지 가능합니다.

* (현장경험) 준공기한에 쫓기는 현장을 가보면 각층별로 자재, 쓰레기 등이 산재해 있는 현장이 대부분입니다.

⇒ 후속 공정을 조속히 시행하고 싶어도 타 자재, 쓰레기 등 걸림돌이 많아 작업을 할 수 없는 여건이고, 또한 작업효율은 떨어지고 완성할 수 없어 인부를 추가로 투입하는 등 공사원가만 계속 올라가는 현장들이 생각 외로 많은 것이 현실입니다.

2) 공정관리, 공정만회에 하도급업체의 말만 믿어서는 결코 아니 됩니다.

* (현장경험) 공정만회가 필요한 데 시공사에서 간헐적으로 하도급업체 말만 믿고 "언제까지 무슨 공사를 끝낼 수 있습니다"라고만 피력하다 결국 끝내지 못해 지체상금 부과, 부실시공 등으로 연계되는 현장이 너무 많은 것이 현실임을 기억하시기 바랍니다.

⇒ 대부분 사유가 타 공종과의 세부적인 연관성 미검토, 세부공정순서, 세부적인 자재, 인력/장비투입계획 미확인, 공정만회를 위한 걸림돌 미제거이며, 정말 치밀한 검토 없이는 결코 계획대로 끝낼 수가 없습니다.

3) 지연 없는 공사추진을 위해서는 아래 사항을 우선 조치하시기 바랍니다.

ㅇ 작업장 진·출입로 우선 포장하고 정리하여 자재/장비반입에 문제가 없어야 하며, 외부의 진

흙이 실 내부로 들어오지 않게 조치함이 필요

○ 옥상층부터 아래층으로 순서대로 현장정리정돈, 1차 준공청소를 선 시행함이 필요

○ 복잡하게 연계되어 있는 건축/전기/통신/소방공사의 마감공사를 위해 상부층부터 아래층으로 마감공사를 시행함이 정말 효과적임

* 우선 급하다고 분산하여 공사를 추진하는 것은 이중으로 작업해야 하고, 공사비 투입이 지속적으로 추가 발생함을 반드시 기억하시기 바랍니다.

○ (우수한 현장)
- 공종별 상호 연관작업에 대해 각 실(구획)별 시건장치를 통해 책임지고 불필요한 파손이나, 쓰레기등 추가 현장정리정돈이 없도록 조치하는 현장도 많음
- 청소/보수용 사다리차 1대를 현장에 투입할 경우 1개동만 작업할 것이 아니라, 여러개 동 또는 일과시간까지 작업량을 사전에 정하고 투입하여 공사원가를 절감하는 현장도 많음

2 준공대비 잔손보기 작업을 위한 펀치리스트(Punch List) 작성

1) 준공검사 대비 현장점검 시 수시로 일부 미흡한 시공 부위, 잔손보기 작업이 필요한 부분을 층별, 실별, 공종별로 펀치리스트(Punch List) 작성함이 필요합니다.

ㅇ 준공시점에 미흡한 시공 부위, 잔손보기 미처리로 준공처리 불가 등 논쟁을 하기보다는, 당연히 해야 할 일을 준공 이전 처리함이 모두가 기분 좋게 준공하는 지름길임

ㅇ 펀치리스트(Punch List)를 작성함이 자재/인력/장비 수급에 효과적임
- 비싼 장비 1대를 불러서 여러 가지 일을 해야 하는 데 필요시마다 장비를 투입 시 작업효율 저하, 원가 상승, 공기 지연이 발생함

2) 다시 한번 더 강조하지만 가장 좋은 방법은 적정한 시점에 "준공대비 합동점검"을 시행하는 것이 효율적입니다.

ㅇ "준공대비 합동점검"이란 준공처리/건물 인수에 앞서 수요기관의 각 과/실에서 가능한 많은 직원이 시공상태를 최종 점검하는 것임

ㅇ 법적인 "예비준공검사(소규모 인원이 점검)"와 함께 동시에 실시하여도 되고, 별도 처리하여도 되나, 준공처리에 앞서 최종 점검개념으로 예비준공검사와 별개로 시행함이 효과적임

ㅇ 준공대비 합동점검 이후 합동회의 때 많은 논란이 있을 수 있습니다.
- 수요기관에서 시공부위가 조잡하고 미흡하여 정말 보완시공이 필요한 부분을 지적하는 반면, 보완시공 사항이 아닌 설계도서에도 없는 것을 지적할 때도 있음
- 색상이 엉망이라는 지적 등 말이 안되는 지적으로 시공사/건설사업관리자들의 그동안 고생은 뒷전이고, 사기를 떨어뜨리는 지적도 있음

* 관리기술인들은 준공대비 합동점검 이후 합동회의 때 많은 부분을 이해시켜야 하고, 필요시 정식문서로 답변하는 등 정공법으로 돌파하는 길을 선택하여야 하며, 이를 통해 오해소지 해소, 미흡 시공부위 보완 등 입주 이후에는 논란이 사라지고 웃으며 준공할 수 있음을 결코 잊어서는 아니 됨을 다시 한번 강조하고 싶습니다.

3) 예비준공검사 및 준공대비 합동점검을 정말 내실있게 실시함이 최종 준공검사를 원활히 시행하는 지름길입니다.

ㅇ 펀치리스트(Punch List) 조치내용 및 예비준공검사 및 준공대비 합동점검 시 지적된 사항 조치내용 및 조치계획 등을 철저히 확인하고 준공기한까지 조치토록 추진하고 관리함이 필요

* 예비준공검사는 웃고 헤어지는 마지막 첫 단추임을 우리 모두 기억하여야 합니다.

* 품질관리를 소홀히 한 후 이해를 구하고자 하여도 이를 이해하는 수요기관은 없다는 것을 결코 잊어서는 아니 됩니다.

2 준공처리를 위한 시운전 및 각종 소요 행정

1 종합시운전 결과 확인, 각종 인허가 필증 획득여부 확인

1) 종합시운전은 준공 이후 수요기관의 각 분야별 담당자와 합동으로 시행

2) 종합시운전 기간에 각종 장비 운영요령, 주의사항 등을 교육

3) 각종 인허가 필증 획득 여부를 반드시 확인 후 준공검사실시 필요

4) 관급자재 최종 계약, 집행금액 확인

5) 각종 준공정산 사항 최종 집행 예상 금액 확인

6) 잔여 예산범위 내에서 추가로 계약내역에 반영해야 할 내용 정리

ㅇ계약금액을 초과할 경우 반드시 준공 전 변경계약 체결 필요

ㅇ계약금액 범위 내 변경일 경우 준공정산으로 처리 가능

7) 기계공사 종합시운전 참고사항

① 종합시운전 계획 및 점검 사항

ㅇ시공책임자는 종합시운전을 수행하기 전에 관련공사(동력인입, 급.배수관계, 연료공급, 자동제어 및 기타 시스템의 진도 등)의 완료 여부를 점검하고 공정별, 시간대별 시운전 계획서를 작성하여야 함

ㅇ시공책임자는 시운전 관련 협력업체 및 수요기관의 관리요원에 참석사항(일시, 시운전범위, 인원 등)을 미리 통보하여 개별 및 종합 시운전이 무리 없이 진행하도록 하여야 함

ㅇ시공담당자는 제조회사의 시험성적서, 사용설명서를 숙지하고 시운전 요원 및 관리요원

들에게 사전 교육을 실시하여야 함

② 시운전 시점

○ 시운전중 미비사항을 보완할 기간을 고려하여 준공 최소 20일전(예비시운전 5일, 시운전 교육 2일, 정상 시운전 13일)에 실시하여야 함

③ 시운전 점검 사항

○ 시운전 예정공정표 작성
- 수전일 및 동력계통의 운전이 가능한 날 확인
- 급수/배수계통의 사용 가능 개시일 확인
- 보수용 자재 및 동원 인원 계획수립
- Gas공급 일정 확인

○ 청소
- 급탕저장탱크, 팽창탱크 등 각종 수조 내부, 스트레너 내부 이물질 제거
- 위생기구류 내부 및 바닥트랩 내부 청소

○ 급수배관 계통의 확인 : 공기빼기 밸브, 배수밸브 및 각종 밸브의 개폐상태, 수전류의 부착 여부 확인

○ 배수계통의 확인 : 지하층 배관과 배수관로의 연결상태 및 수전류의 부착 여부 확인

○ 관련기기 납품업체에 시운전 일정을 통보하여 사전에 정비토록 하고 시운전 시 입회를 요구

④ 시운전 방법

○ 배수계통의 시운전을 실시하고 상시 자동 배수되도록 하여 만일의 사태에 대비하여야 함

○ 모든 기기는 각각 개별, 수동 시운전 후 이상이 있으면 즉시 시정하고 이상이 없을 때 자동 연결되는 방법으로 진행

○ 회전기기는 회전방향, 전압, 정격전류, 회전상태 등을 무부하 상태로 시험 한 후 이상이 없

을 시 부하를 가하는 방법으로 진행.

○ 작은 단위에서 큰 단위로(온도, 수량, 지역, 기능 등) 차례로 작동시키고 최종 단계에서 전체 운전을 실시하여야 하며, 전체 시운전 완료 후 관내의 모든 물은 퇴수시켜 불순물을 제거하여야 함

○ 시운전 일지와 장비별, 공정별, 점검표를 작성하여 실측 데이터를 기록하고 설계데이터와 비교·검토 조정하여야 함

주의사항

▶ 시운전 시 각종 장비 운영교육/장비 인수인계를 병행하여 시행하고, 시운전 결과보고서 반드시 서명한 후 반드시 서면으로 준공검사 시 관련서류 첨부 필요

▣ 시운전 계획 수립

▷ 관련근거 : 건설공사 사업관리방식 검토기준 및 업무수행지침 제104조

① 건설사업관리기술인은 해당 공사완료 후 준공검사 전 사전 시운전 등이 필요하면 시공자로 하여금 다음 각 호의 사항이 포함된 시운전을 위한 계획을 수립하여 시운전 30일 전까지 제출토록 하고 이를 검토하여 발주청에 제출하여야 한다.

1. 시운전 일정
2. 시운전 항목 및 종류
3. 시운전 절차
4. 시험장비 확보 및 보정
5. 설비 기구 사용계획
6. 운전요원 및 검사요원 선임계획

② 건설사업관리기술인은 시공자로부터 시운전계획서를 제출받아 검토·확정하여 시운전 20일 전까지 발주청 및 시공자에게 통보 하여야 한다.

③ 건설사업관리기술인은 시공자로 하여금 다음 각 호와 같이 시운전 절차를 준비하도록 하여야 하며 시운전에 입회하여야 한다.

1. 기기점검
2. 예비운전
3. 시운전
4. 성능보장운전
5. 검수
6. 운전인도

④ 건설사업관리기술인은 시운전 완료 후에 다음 각 호의 성과품을 시공자로부터 제출받아 검토 후 발주청에 인계하여야 한다.
1. 운전개시, 가동절차 및 방법
2. 점검항목 점검표
3. 운전지침
4. 기기류 단독 시운전 방법검토 및 계획서
5. 실가동 다이어그램(Diagram)
6. 시험 구분, 방법, 사용매체 검토 및 계획서
7. 시험성적서
8. 성능시험성적서 (성능시험 보고서)

▣ 시운전 결과보고

▷ 관련근거 : 건설공사 사업관리방식 검토기준 및 업무수행지침 제104조

▷ 건설사업관리기술인은 시운전 완료 후에 다음 각 호의 성과품을 시공자로부터 제출받아 검토 후 발주청에 인계하여야 한다.
1. 운전개시, 가동절차 및 방법
2. 점검항목 점검표
3. 운전지침
4. 기기류 단독 시운전 방법검토 및 계획서
5. 실가동 다이어그램(Diagram)
6. 시험 구분, 방법, 사용매체 검토 및 계획서
7. 시험성적서
8. 성능시험성적서 (성능시험 보고서)

▣ T.A.B. 종합보고서 검토

▣ 저수조(물탱크) 청소, 소독 필증(수도법 제21조)

▣ 보일러 사용검사 필증(에너지이용합리화법 제39조)

▣ 가스공급시설 완성검사 필증

▣ 엘리베이터 사용검사 필증

▣ LPG, 경유 탱크 제조서 완공검사 필증(위험물안전관리법 제9조)

▣ 오수정화시설 준공필증, 상수도공급 확인원

▣ 지역난방 검사필증(한국지역난방공사)

▣ 소화펌프 성능시험 실시

▷ 관련근거 : 스프링클러설비의 화재안전기준(NFSC 103) 제8조

▣ 옥내소화전

▷ 관련근거 : 옥내소화전설비의 화재안전기준(NFSC 102) 제5조

▣ 스프링클러설비

▷ 관련근거 : 스프링클러설비의 화재안전기준(NFSC 103) 제5조

▣ 제연설비

▷ 관련근거 : 특별피난계단의 계단실 및 부속실 제연설비의 화재안전기준 (NFSC 501A) 제6조, 제10조

▣ 비상방송설비

▷ 관련근거 : 비상방송설비의 화재안전기준(NFSC 202) 제4조

▣ 자동화재탐지설비

▷ 관련근거 : 자동화재 탐지설비의 화재안전기준(NFSC 201) 제5조

▣ 소방시설 성능시험 조사표 작성 및 소방시설 성능시험표 작성

▣ 소방공사 감리결과 통보 → 관계인, 도급인, 건축사(감리사)

▷ 관련근거 : 소방시설공사업법 제20조 (공사감리 결과의 통보 등)

▣ 소방공사 감리결과 보고 → 관할소방서

▣ 소방공사 완공검사

▷ 관련근거 : 소방시설공사업법 제14조 및 시행령 제5조

▷ 완공검사를 위한 현장 확인 → 관할소방서

- 소방공사감리 결과 보고서 제출 후 즉시 시행
- 완공검사증명서 발급 → 관할소방서

▣ 완공검사증명서 발급 → 관할소방서

▷ 관련근거 : 소방시설공사업법 제14조

▣ 예비준공검사(계획수립) 및 준공검사

▣ 장비시운전 입회 및 시운전결과보고서 확인

▷ 관련근거 : 건설공사 사업관리방식 검토기준 및 업무수행지침 제104조

▣ 비상조명등

▷ 관련근거 : 비상조명등설비 화재안전기준(NFSC 304) 제4

▣ 전기 사용 전 검사 신청 : 준공 전 → 한국전기안전공사

▷ 관련근거 : 전기사업법 제63조, 한국전기안전공사), 전기안전관리법 제9조

▣ 전기안전관리자 선임

▷ 관련근거 : 전기안전관리법 제22조(전기안전관리자의 선임 등)

① 전기사업자나 자가용전기설비의 소유자 또는 점유자는 전기설비 (휴지 중인 전기

설비는 제외한다)의 공사·유지 및 운용에 관한 안전관리업무를 수행하게 하기 위하여 산업통상자원부령으로 정 하는 바에 따라 「국가기술자격법」에 따른 전기·기계·토목 분야의 기술자격을 취득한 사람 중에서 각 분야별로 전기안전관리자를 선임 하여야 한다.

▷ 관련규정 : 전기사업법 시행규칙 제40조

① 법 제22조제1항에 따라 전기안전관리자를 선임하여야 하는 전기 설비는 다음 각 호의 전기설비 외의 전기설비를 말한다.

1. 저압에 해당하는 전기수용설비(전기사업법 시행규칙 제3조제2항 각 호에 따른 전기설비는 제외한다)로서 제조업 및 「기업활동 규제완화에 관한 특별 조치법 시행령」 제2조에 따른 제조업 관련 서비스업에 설치하는 전기수용설비
2. 심야전력을 이용하는 전기설비로서 저압에 해당하는 전기수용설비
3. 휴지(休止) 중인 다음 각 목의 전기설비
   가. 전기설비의 소유자 또는 점유자가 전기사업자에게 전기설비의 휴지를 통지한 전기설비
   나. 심야전력 전기설비(전기공급계약에 따라 사용을 중지한 경우만 해당한다)
   다. 농사용 전기설비(전기를 공급받는 지점에서부터 사용설비까지의 모든 전기설비를 사용하지 아니하는 경우만 해당한다)
4. 설비용량 20킬로와트 이하의 발전설비

▣ 지능형건축물 인증기준

▷ 관련근거 : 지능형건축물의 인증에 관한 규칙 제6조(인증의 신청), 제7조(인증심사), 제8조(인증서 발급 등), 11조(예비인증의 신청 등)

▣ 초고속정보통신건물 인증

▷ 관련근거 : 초고속정보통신건물 인증업무처리지침 제10조(심사기준), 제11조(심사방법), 제12조(합격처리), 공동주택 중 50세대 이상, 3,300㎡ 이상인 건축물

▣ 정보통신 사용전 검사

▷ 관련근거 : 정보통신공사업법 제36조(공사의 사용전검사 등), 정보통신공사업법시행령 제35조, 제36조

〈사용전검사 면제 대상공사〉

- 감리를 실시한 공사
- 연면적 150m²이하인 건축물에 설치되는 공사
- 건축법 제14조의 규정에 의한 신고대상 건축물에 설치되는 공사

※ 감리를 실시한 공사의 경우 공사를 발주한 자는 '감리결과보고서' 사본을 사용전 검사권자에게 제출하여야 한다.

사 용 전 검 사 기 준

방송통신기자재의 검사·승인용품 사용

항 목	검 사 기 준	검사방법	근 거
방송통신 기자재 사용	ㅇ방송통신위원회의 적합성평가규격에 적합한 제품 ㅇ모듈러잭, 동축 커넥터 또는 광인출구 등	ㅇ제품의 육안 검사 (필요시 인증서요구)	ㅇ전파법 제58조의2조제1항 ㅇ접지설비·구내통신설비·선로설비 및 통신공동구 등에 대한 기술기준(이하 "기술기준", 국립전파연구원) 제31조제1항 ㅇ단말장치 기술기준 제21조

접지 및 보호기

항 목		검 사 기 준	검사방법	근 거
접지 및 보호기	접지대상	ㅇ금속으로 된 단자함, 장치함, 지지물, 보호기 등 접지 설치 ㅇ접지 예외 – 전도성이 없는 인장선을 사용 하는 광섬유 케이블 – 금속성 함체이나 광섬유 접속 등 내부에 전기적 접속이 없는 경우	ㅇ대상설비 접지설치 여부 확인	ㅇ기술기준 제5조제1항
	접지저항	ㅇ국선 수용회선이 100회선을 초과하는 주 배선반 : 10Ω 이하 ㅇ보호기 접지 : 10Ω 이하 ㅇ국선 수용회선이 100회선 이하인 주 배선반 : 100Ω 이하 ㅇ보호기를 설치하지 않은 구내통신 단자함 : 100Ω 이하	ㅇ측정기를 이용한 접지저항 측정	ㅇ기술기준 제5조제2항
	접지선의 굵기	ㅇ10Ω 이하 : 2.6mm 이상 ㅇ100Ω 이하 : 1.6mm 이상 ㅇ피복 : PVC 피복동선 또는그 이상의 절연효과를 갖는 전선(외부 노출되지 않는 접지선은 피복하지 않을 수 있음)	ㅇ접지선 육안 확인 ㅇ측정공구(버니어캘리퍼스 등)로 측정	ㅇ기술기준 제5조제4항

* 기술기준: 접지설비·구내통신설비·선로설비 및 통신공동구 등에 대한 기술기준

소요회선

항 목	검 사 기 준	검사방법	근 거
주거용 건축물	ㅇ구간 : 국선단자함에서 세대단자함 또는 인출구까지 ㅇ회선수 – 꼬임케이블 : 단위세대당 4쌍 1회선 이상 – 광섬유케이블 : 단위세대당 2코아 이상	ㅇ인출구오픈에 의한 육안검사	ㅇ방송통신설비의 기술기준에 관한 규정(이하 "규정") 제20조
업무용 건축물	ㅇ구간 : 국선단자함에서 세대단자함 또는 인출구까지 ㅇ회선수 – 꼬임케이블 : 업무구역(10m²)당 4쌍 1회선 이상 – 광섬유케이블 : 업무구역(10m²)당 2코아 이상	ㅇ인출구오픈에 의한 육안검사	ㅇ규정 제20조 ㅇ규정 제20조
기타 건축물	건축물의 용도를 고려하여 주거용 건축물 기준과 업무용 건축물 기준을 신축적으로 적용	ㅇ인출구오픈에 의한 육안검사	

* 규정: 방송통신설비의 기술기준에 관한 규정

집중구내통신실 및 층구내통신실

항 목	검 사 기 준	검사방법	근 거
통신실 설치조건 공통사항	ㅇ지상 원칙 ㅇ지하일 경우 침수 및 습기 방지 ㅇ조명시설 및 통신장비용 전원설비 구비	ㅇ육안 검사	ㅇ규정 제19조 제1호~3호
주거용 건축물 (공동주택)	ㅇ집중구내통신실 – 50 ~ 500세대 : $10m^2$ 이상 – 501 ~ 1000세대 : $15m^2$ 이상 – 1001 ~ 1500세대 : $20m^2$ 이상 – 1501세대 ~ : 25㎡ 이상	ㅇ설계도면 및 줄자를 이용한 실측 확인	ㅇ규정 제19조 제2호 ㅇ별표 3
업무용 건축물 (6층 이상이고 연면적 5000㎡ 이상)	ㅇ집중구내통신실 : 10.2㎡이상 1개소 ㅇ층구내통신실 – 층별 전용면적 $1000m^2$ 이상 : $10.2m^2$ 이상 – 층별 전용면적 $800m^2$ 이상 : $8.4m^2$ 이상 – 층별 전용면적 $500m^2$ 이상 : $6.6m^2$ 이상 – 층별 전용면적 500㎡ 미만 : $5.4m^2$ 이상	ㅇ설계도면 및 줄자를 이용한 실측 확인	ㅇ규정 제19조 제1호 ㅇ별표 2
업무용 건축물 (6층 미만 또는 연면적 5000㎡ 미만)	ㅇ집중구내통신실 – 500㎡ 이상 : $10.2m^2$ 이상 – 500㎡ 미만 : $5.4m^2$ 이상	ㅇ설계도면 및 줄자를 이용한 실측 확인	ㅇ규정 제19조 제1호 ㅇ별표 2

* 규정: 방송통신설비의 기술기준에 관한 규정

국선인입시설 및 옥내시설

항목		검사기준	검사방법	근거
국선인입	지하인입	ㅇ 분계점까지 지하배관 설치 ㅇ 기술기준 제26조 제2항 관련 별표2의 지하인입 관로의 표준도에 의한 설치 여부 ㅇ 내부식성금속관 또는KSC8455 동등 규격 이상의 합성수지제 전선관 ㅇ 사업자 전주에 설치하는 인입배관의 높이는 지상 20cm 이상 50cm 이하	ㅇ 지하인입 여부 ㅇ 표준도와부합되게 시공되었는지 여부	ㅇ 규정 제4조제2항 ㅇ 규정 제18조제2항 ㅇ 기술기준 제26조 제2항
	가공인입	ㅇ 5회선 미만의 국선을 인입하는 경우에 한함 ㅇ 기술기준 제26조제4항 관련 별표3의 가공인입의 표준도에 의한 설치여부	ㅇ 표준도와부합되게 시공되었는지 여부	ㅇ 규정 제18조제2항 ㅇ 기술기준 제26조 제4항
	맨홀	ㅇ 기술기준 제26조제2항 관련 별표2의 지하인입관로의 표준도에 의한 설치 여부 ㅇ 맨홀설치 예외 조건 – 인입선로 길이가 246m 미만이고, 인입선로상 분기가 없는 경우 – 5회선 미만의 국선을 인입하는 경우 ㅇ 토피의 두께는 60cm 이상일 것(차도의 경우에는 100cm 이상일 것)	ㅇ 맨홀설치 여부 (예외 조건인 경우 제외) ㅇ 표준도와부합되게 시공되었는지 여부	ㅇ 기술기준 제26조 제2항
	맨홀·핸드홀 설치간격	ㅇ 246m 이내	ㅇ 줄자 등으로 맨홀 간격 확인	ㅇ 기술기준 제48조 제4항
	배관 내경	ㅇ 선로외경(다조인 경우에는 그 전체의 외경)의 2배 이상 ㅇ 주거용 건축물 중 공동주택 – 20세대 이상 : 54mm 이상 – 20세대 미만 : 36mm 이상 ※ 공동주택은 2가지 조건을 모두 만족해야 함 ※ 가공인입의 경우 건물 인입부터 국선단자함까지 구간 적용	ㅇ 버니어캘리퍼스 등 측정공구로 내경 측정	ㅇ 기술기준 제27조 제1호

항 목		검 사 기 준	검사방법	근 거
국선인입	배관의 공수	ㅇ 주거용 및 기타건축물 : 2공 이상(1공 이상 예비공 포함) ㅇ 업무용건축물 : 3공 이상(2공 이상 예비공 포함) ㅇ 통신구 또는 트레이 : 향후 증설을 고려한 예비공간 확보 ※ 가공인입의 경우 건물 인입부터 국선단자함까지 구간 적용	ㅇ 육안 검사	ㅇ 기술기준 제27조 제2호
	배관설치 구간	ㅇ 대지경계지점에서 국선 단자함까지	ㅇ 설계도 확인 및 육안 검사	ㅇ 기술기준 제27조 제2호
국선수용 및 국선단자함	국선수용	ㅇ 국선과 구내선의 분계점에 주단자함 또는 주배선반을 설치하여 국선 수용	ㅇ 주단자함 또는 주배선반 설치 여부 육안검사	ㅇ 기술기준 제29조 제1항
	국선 단자함의 구분	ㅇ 광섬유케이블 수용 시 : 주단자함 또는 주배선반 ㅇ 300회선 미만 동케이블 수용시 : 주단자함 또는 주배선반 ㅇ 300회선 이상 동케이블 수용시 : 주배선반	ㅇ 육안으로 설치 확인	ㅇ 기술기준 제29조 제2항
	국선 단자함 요건	ㅇ 국선 수용 단자, 단자반 및 보호기를 설치할 수 있는 충분한 공간 ㅇ 관로의 분계점과 가장 가까운 곳에 설치 ㅇ 단자함의 하부는 바닥으로부터 30cm 이상에 설치 ㅇ 실내에 설치하고 다음 장소 설치 금지 – 세면실, 화장실, 보일러실, 발전기계실 – 분진·유해가스 및 부식증기를 접하는 장소 – 소화 호수시설을 갖춘벽장 내 ㅇ 별표4의 국선단자함 등의 요건 만족 ㅇ 홈네트워크설비·광섬유케이블 인입 시 전원단자 설치여부 ㅇ 동케이블인 경우 절연저항 50MΩ 이상 ㅇ 접지단자 설치 여부	ㅇ 국선단자함 여유공간 육안 확인 ㅇ 국선단자함 설치위치 육안 확인 ㅇ 단자함 설치높이 측정 ㅇ 설치 금지장소 여부 육안 확인 ㅇ 별표4 요건 만족여부 확인	ㅇ 기술기준 제29조 제4항 및 제5항 ㅇ 기술기준 제5조 제1항

항 목		검 사 기 준	검사방법	근 거
중간단자함 및 세대단자함	중간단자함 설치위치	ㅇ배관 굴곡기준(기술기준 제28조제5항제4호)에 부적합한 배관의 굴곡점 ㅇ선로의 분기 및 접속을 위해 필요한 곳	ㅇ설계도서 및 현장 등 필수 설치위치 육안검사	ㅇ기술기준 제30조 제1항
	세대단자함	ㅇ주거용 건축물 중 공동주택에는 세대단자함 설치 ㅇ세대단자함 설치 예외조건 – 기숙사로서 세대내 분기가 없는 경우 – 원룸형 도시형생활주택(주택법시행령 제3조제1항제2호)으로 세대내 분기가 없는 경우 ㅇ세대단자함의 보호장치는 홈네트워크설비를 설치하는 경우에 한함	ㅇ육안으로 세대단자함 설치 확인 (예외조건인 경우 제외)	ㅇ기술기준 제30조 제3항
	중간단자함 세대단자함 요건	ㅇ용량을 수용할 수 있는 충분한 공간 ㅇ단자함의 하부는 바닥으로부터 30cm 이상에 설치 ㅇ실내에 설치하고 다음 장소설치 금지 ㅇ별표5의 요건 만족 ㅇ홈네트워크설비·광케이블 인입시 전원단자 설치여부 ㅇ동케이블인 경우 절연저항50MΩ 이상 ㅇ함체가 금속일 경우 접지단자 설치 여부	ㅇ별표5 요건 만족 여부 확인	ㅇ기술기준 제30조 제3항
구내배관 등	배관 공수	ㅇ구내간선계 및 건물간선계 : 2공 이상 설치(동등 이상의 내경을 가진 예비공 1공 포함) ㅇ홈네트워크설비를 설치시 세대단자함과 홈네트워크 주장치간 홈네트워크용 배관 1공 이상 설치 ㅇ수평배선계는 성형구조또는 성형배선이 가능한 구조로 1공 설치	ㅇ구간별 배관공수 육안 확인	ㅇ기술기준 제28조 제1항 ㅇ기술기준 제28조 제2항 ㅇ기술기준 제28조 제3항
	바닥닥트 또는 배관	ㅇ업무용건축물로 구내선이 7.5m를 넘는 실내 설치 ㅇ성형 또는 망형으로 설치 ㅇ배구간 교차점 또는 완곡부에 실내접속함 설치 – 실내접속함 간격 7.5m 이내 ㅇ접속함 및 인출구는 상면에 돌출 및 침수되지 않도록 설치	ㅇ배관 및 닥트, 접속함 등 육안 확인	ㅇ기술기준 제28조 제4항

항 목		검 사 기 준	검사방법	근 거
구내배관 등	옥내 배관의 요건	ㅇ 내부식성 금속관 또는 KSC 8454 동등 규격 이상의 합성수지제 전선관 ㅇ 지하 매설관의 경우 내부식성 금속관 또는KSC 8455 동등규격 이상의 합성수지제 전선관 ㅇ 국선단자함과 장치함 별도설치 시 국선단자함과 장치함 구간에 28mm 이상 배관 1개 이상을 설치할 수 있음	ㅇ 시공사진, 자재 납품확인서 확인 또는 육안확인 등	ㅇ 기술기준 제28조 제5항 제1호
	배관의 내경	ㅇ 수용되는 케이블단면적의 총합계가 배관 단면적의 32% 이하	ㅇ 육안확인 및 계측기를 이용한 측정	ㅇ 기술기준 제28조 제5항 제2호
	배관의 굴곡	ㅇ 곡률반경은 배관 내경의 6배 이상(엘보우 등 부가장치 사용 금지) ㅇ 1구간 굴곡개소는 3개소 이내, 1개소 굴곡각도는 90도 이내, 1구간 굴곡각도 합계는 180도 이내	ㅇ 육안확인 및 계측기를 이용한 측정 또는 설계도서 확인 등	ㅇ 기술기준 제28조 제5항 제3호, 제4호
	옥내에 설치하는 닥트 요건	ㅇ 선로를 용이하게 수용할수 있는 구조와 충분한 유지보수 공간 ㅇ 수직 닥트는 디딤대 설치 ㅇ 60cm ~ 150cm 간격의 선로 받침대 설치(배관설치시 예외) ㅇ 닥트 내부에 작업용 조명 또는 콘센트 설치 (바닥닥트 제외)	ㅇ 육안확인	ㅇ 기술기준 제28조 제6항

* 기술기준 : 접지설비 · 구내통신설비 · 선로설비 및 통신공동구등에 대한 기술기준

항 목		검 사 기 준	검사방법	근 거
구내선의 배선	통신선의 종류	ㅇ 옥내에는 100MHz 이상의전송 대역을 갖는 꼬임케이블, 광섬유케이블 또는 동축케이블을 사용 ㅇ 옥외에는 옥외용 꼬임케이블, 옥외용 광섬유케이블, 동축케이블을 사용	ㅇ 설치된 케이블의 종류 육안 확인 – 필요시 제조업체에서 제공하는 케이블 성능 관련 자료 확인	ㅇ 기술기준 제32조
	주거용 건축물 구내배선 기준	ㅇ 두 개 이상의 공동주택이 하나의 단지 형성 시 동단자함 설치 ㅇ 세대단자함에서 각 인출구 구간은 성형배선으로 구성 ㅇ 국선단자함에서 세대내인출구까지 링크성능은 100MHz 이상의 전송특성 (동단자함 설치 시 동단자함에서 세대 인출구구간 적용) ※ 링크성능 기준은 기술기준 [별표6] 참조 ㅇ 홈네트워크설비 설치시 홈네트워크 주장치와 홈네트워크 기기간 꼬임케이블, 신호전송용케이블 등 설치	ㅇ 동단자함 설치 육안 확인 ㅇ 세대내 성형배선 여부 육안 확인 ㅇ 계측기를 이용한 별표6의 링크성능 확인 ㅇ 홈네트워크용통신선 설치 확인	ㅇ 기술기준 제33조 제1항 및 제3항, [별표3]
	업무용 및 기타 건축물 구내배선 기준	ㅇ 층단자함에서 각 인출구까지 성형배선으로 구성 ㅇ 층단자함에서 인출구까지 링크성능은 100MHz 이상의 전송특성 (동단자함 설치 시 동단자함에서 세대 인출구구간 적용) ※ 링크성능 기준은 기술기준 [별표6] 참조	ㅇ 성형배선여부 육안 확인 ㅇ 계측기를 이용한 별표6의 링크성능 확인	ㅇ 기술기준 제33조 제2항 및 제3항, [별표3]
	옥내 통신선 이격거리	ㅇ 300V 초과 전선과 : 15cm 이상 ㅇ 300V 이하 전선과 : 6cm 이상 ㅇ 도시가스관과 접촉금지 ㅇ 이격거리 예외조건 – 통신선이 케이블이나 광섬유케이블 또는 전선이 케이블인 경우 – 전선이 57V이하 직류전원 전송 시 – 전선과 통신선간 절연성 격벽설치 또는 별도 배관 수용 시	ㅇ 줄자를 이용하여 이격거리 확인 ㅇ 도시가스관 접촉 여부 확인	ㅇ 기술기준 제23조

항목		검사기준	검사방법	근거
구내선의 배선	기타	ㅇ통신용 배관에 방송공동수신설비, 홈네트워크설비 등을 함께 수용 시 누화로 인한 소통에 지장이 없어야 함 ㅇ구내배선에 사용하는 접속자재는 배선 케이블 등급과 동등이상 제품 사용	ㅇ통신 및 방송 이용 시 잡음발생 여부 확인 ㅇ각 접속자재의 사양 확인 또는 링크 성능 측정 결과 기준 만족 시 적합	ㅇ기술기준 제34조 제4항, 제5항
회선 종단장치		ㅇ주거용건축물의 통신용인출구:모듈러 잭이나 동축커넥터 또는 광인출구 ㅇ업무용 및 기타건축물:각 실별 통신용 인출구 또는 단자함으로 종단 ㅇ통신선로, 방송공동수신설비, 홈네트워크설비 등을 하나의 인출구로 종단 시 선로 상호간 누화로 인한 지장이 없도록 함	ㅇ인출구 설치여부 확인 ㅇ통신, 방송 노이즈 발생여부 확인	ㅇ기술기준 제32조

이동통신구내선로설비 공사에 대한 검사기준

항 목		검 사 기 준	검사방법	근 거	적합여부
급전선인입		ㅇ별표7의 표준도에 의한 옥외안테나로부터의 급전선 인입 배관 설치	ㅇ표준도와 부합 되게 시공여부	ㅇ기술기준 제35조	
배관/닥트	관의 종류	ㅇ내부식성 금속관 또는 KSC 8545 동등규격 이상의 합성수지제 전선관	ㅇ배관의 종류 확인	ㅇ기술기준 제35조	
	관의 수	ㅇ3공 이상(옥외안테나에서 기지국의 송수신장치 또는 중계장치까지)	ㅇ설치된 배관의 수 확인		
	관의 내경	ㅇ32mm 이상 ㅇ다조인 경우에는 급전 전체 외경의 2배	ㅇ측정공구(버니어 캘리퍼스 등)로 측정		
	접속함	ㅇ관로의 길이가 40m 초과 시 및 관로의 굴곡점에 설치	ㅇ준공도면 또는 육안검사를 통해 접속함 설치 여부 확인	ㅇ기술기준 제36조	
상용전원	접지시설	ㅇ접지저항 10Ω 이하 ㅇ옥외안테나까지 피뢰접지선, 기지국의 송수신장치 또는 중계장치까지 통신접지선 설치	ㅇ접지저항 측정 ㅇ준공도면 또는 육안검사를 통한 접지선 설치 여부 확인	ㅇ기술기준 제37조	
	용량	ㅇ2kW 이상	ㅇ공급용량 확인	ㅇ기술기준 제38조	
	전압	ㅇ220V	ㅇ멀티테스터기로 측정		
	전원단자	ㅇ3개 이상	ㅇ육안검사		
장소확보		ㅇ기지국의 송수신장치 또는 중계장치의 설치장소 ㅇ송수신용 안테나의 설치장소	ㅇ표준도, 준공도면, 공간 확보의 부합여부	ㅇ기술기준 제39조	

알면
성공한다

Ⅶ 준공 처리 및 평가 단계

중요 검토·확인 사항

1. 준공검사 및 평가 단계 각종 소요 행정 참고사항
2. 준공 이후 웃으며 헤어지는 방법 선택

1 준공검사 및 평가 단계 각종 소요 행정 참고사항

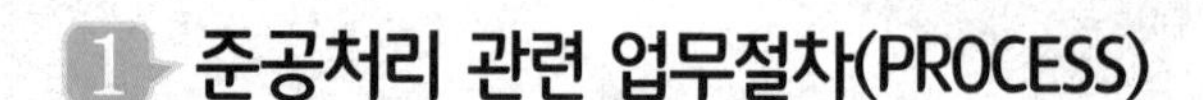

1 준공처리 관련 업무절차(PROCESS)

과 업	내 용
예비준공검사 지적사항 보완결과 검토·확인서 제출 * 모든 검토·확인서에는 해당 공종 건설사업관리기술자의 확인·서명이 있어야 함.	○ 문서요지(수신처 : 발주청) 당 사에서 건설사업관리용역 수행중인 『00000 신축공사』의 예비준공검사 지적사항을 설계서 등 계약문서에 따라 100% 보완 완료하고 그 검토·확인 결과를 붙임과 같이 제출합니다. – 붙 임 1. 예비준공검사 지적사항 보완결과 검토·확인서 2. Punch List(공종, 검사자, 입회자, 시공자, 시설명, 실명, 위치, 내용, 조치예정일 등) 3. 보완 전·후 사진(위치, 내용, 촬영일 등) ○ 업무지침 1.1.1.1.1. – 건설사업관리기술자는 시공자로부터 해당 건설공사에 대한 예비준공검사 신청서를 제출 받은 때에 품질시험·검사성과 총괄표 및 해당 시험성적서를 제출 받아 이를 검토·확인하여야 한다. 1.1.1.1.2. – 건설사업관리기술자는 공사현장에 주요공사가 완료되고 현장이 정리단계에 있을 때에는 시공자로 하여금 준공 2개월 전에 예비준공검사원을 제출토록 하고 이를 검토하여 발주청에 제출하여야 한다. 1.1.1.1.3. – 예비준공검사는 건설사업관리기술자가 확인한 정산설계도서 등에 따라 검사하여야 하며, 그 검사 내용은 준공검사에 준하여 철저히 시행하여야 한다. 1.1.1.1.4. – 건설사업관리기술자는 예비준공검사를 실시하는 경우 시공자가 제출한 품질시험·검사 총괄표를 검토한 후 검토서를 첨부하여 발주청에 제출하여야 한다.

과 업	내 용
	1.1.1.1.5. – 발주청은 검사를 시행한 후 보완사항에 대하여는 건설사업관리기술자에게 보완지시하고 준공검사자가 검사 시에 이를 확인 할 수 있도록 건설사업관리용역업자 대표자에게 검사결과를 통보하여야 하며, 시공자는 예비준공검사의 지적사항 등을 완전히 보완한 후 책임 건설사업관리 기술자의 확인을 받은 후 준공검사원을 제출하여야 한다.
시공상세도 검토·확인에 따른 승인 결과 제출	○ 문서요지(수신처 : 발주청) 당사에서 건설사업관리용역 수행중인 『00000 신축공사』에 대하여 「건설사업관리 업무지침서」 제87조(시공계획검토)에 따라 설계서 등 계약문서를 검토·확인하여 승인한 시공상세도 일체를 붙임과 같이 제출합니다. 1.1.1.1.6. – 붙 임 1. 시공상세도 검토·확인서 2. 시공상세도 1식 ○ 업무지침 1.1.1.1.7. – 건설사업관리기술자는 승인된 시공상세도를 준공 시 발주청에 보고해야 한다.
준공도면 검토·확인 결과 제출	○ 문서요지(수신처 : 발주청) 당사에서 건설사업관리용역 수행중인 『00000 신축공사』에 대하여 설계서 등 계약문서에 따라 시공 완료하고 동 시공결과를 반영한 준공도면 작성여부를 검토·확인한 결과 "적정(100% 일치)"하므로 그 성과물을 붙임과 같이 제출하오니 향후 유지관리업무 등에 참고하시기 바랍니다. 1.1.1.1.8. – 붙 임 1. 준공도면 검토·확인서 2. 준공도면 1식 ○ 업무지침 1.1.1.1.9. – 건설사업관리기술자는 시공자가 작성 제출한 준공도면이 실제 시공된 대로 작성되었는지의 여부를 검토·확인하여 발주청에 제출하여야 한다. 준공도는 계약에서 정한 방법으로 작성하여야 하며, 모든 준공도면에는 건설사업관리기술자의 확인·서명이 있어야 한다.
4대 보험료 등 제경비 준공정산금액 검토·확인 결과 제출	○ 문서요지(수신처 : 발주청) 당사에서 건설사업관리용역 수행중인 『00000 신축공사』에 대하여 국민건강보험료 등 제경비 준공정산금액을 검토·확인하고 그 결과를 붙임과 같이 제출하오니 동 내용대로 준공정산 조치하여 주시기 바랍니다.

과 업	내 용
4대 보험료 등 제경비 준공정산금액 검토·확인 결과 제출	1.1.1.1.10. - 붙 임 1. 4대 보험료 등 제경비 준공정산금액 검토·확인서 2. 4대 보험료 등 제경비 준공정산서류 1식 ○ 업무지침 ① 국민건강보험료·연금보험료, 산업안전보건관리비, 환경보전비 등 준공정산 항목과 관련하여 항목별 용도에 따른 사용내역을 검토한 후 정산 처리 ② 합의서 작성 : 4대보험 등 항목별 사용내역에 따른 제경비 준공정산에 이의가 없음 ③ 정산자료 중 사본에는 "사실과 상위 없음" 명기(각서) 후 사용인감 날인 ④ 산업안전보건관리비/환경보전비 1.1.1.1.11. - 안전관리계획서 등에 따라 항목별 용도에 맞게 사용하되, 인건비 비중이 지나치게 높지 않도록 관리 1.1.1.1.12. -「건설업 산업안전보건관리비 계상 및 사용기준」에 따라 정산 ※ 안전관리비의 항목별 사용 불가내역 반드시 참고 1.1.1.1.13. - 안전/환경관리자 등의 인건비 및 각종 업무 수당 등 ·노무비(급여) 명세서 : 서명 또는 지장날인 ·사진대지[근로자, 근무내용, 날짜(계절), 인원] 확인 : 출역일보 등 확인 후 건설사업관리기술자 날인 要 ·송금영수증(이체확인서) 또는 통장사본 확인 ※ 동일 날짜, 동일 근로자의 안전관리 및 환경관리 인건비 중복계상 여부 필수 확인 1.1.1.1.14. - 안전시설비 등 ·노무비(급여) 명세서 : 서명 또는 지장날인 ·사진대지[근로자, 근무내용, 인원, 반입 및 설치전경] 확인 : 출역일보 등 확인 후 건설사업관리기술자 날인 要 ·송금영수증(이체확인서) 또는 통장사본 확인

과 업	내 용
4대 보험료 등 제경비 준공정산금액 검토·확인 결과 제출	·세금계산서(현장명 기입) : 입금 확인 後 건설사업관리기술자 날인 要 1.1.1.1.15. – 개인보호구 및 안전장구 구입비 등 ·세금계산서 및 거래명세서(현장명 기입) : 건설사업관리기술자 날인 要 ·사진대지(반입사진 등) 확인 1.1.1.1.16. – 사업장의 안전진단비 ·세금계산서 및 거래명세서(현장명 기입) : 건설사업관리기술자 날인 要 ·사진대지(점검사진 등) 및 안전진단 보고서 등 확인 1.1.1.1.17. – 안전보건교육비 및 행사비 등 ·세금계산서 및 거래명세서(현장명 기입) : 건설사업관리기술자 날인 要 ·사진대지(교육/행사사진 등) 및 교육 이수증명서 등 확인 1.1.1.1.18. – 근로자의 건강관리비 등 ·세금계산서 및 거래명세서(현장명 기입) : 건설사업관리기술자 날인 要 ·사진대지 또는 건강검진 결과서 등 확인 ⇒ 안전장구 구입 및 지급대장(월별 구입 및 지급 총괄표/월별·개인별 지급내역), 안전교육일지(신규·정기·특별안전교육 등 월별 총괄표/참석자 서명, 사진 일치 要) 및 산업안전보건관리비 청구 내역 간 연계하여 확인 ⑤ 환경보전비 1.1.1.1.19. – 환경오염방지시설 내역 확인 1.1.1.1.20. – 환경오염방지시설 및 환경 관련 법령에 규정된 시설 여부 확인 1.1.1.1.21. – 산업안전보건관리비/폐기물처리비 중복 여부 확인 ⑥ 산재/고용보험료 1.1.1.1.22. – 공동수급체 구성원 모두의 완납증명원(체납 사실이 없음, 현장명 기입) 확인

과 업	내 용
4대 보험료 등 제경비 준공정산금액 검토·확인 결과 제출	⑦ 건강/노인장기요양/연금/퇴직공제부금비 1.1.1.1.23. – 현장명이 기입된 보험료, 공제부금 납입확인서 등 확인(건강·노인·연금보험료의 경우 회사 부담 부분 제외 확인) ⑧ 건설하도급보증수수료 1.1.1.1.24. – 증빙자료 확인 등 ⑨ 공사이행보증수수료 1.1.1.1.25. – 증빙자료 확인 등 1.1.1.1.26. ⑩ 기타 : 최종보험료 납입확인서가 준공대가 신청 이후에 발급이 가능한 경우에는 해당보험료를 준공대가와 별도로 정산해야 한다.
실 시공 물량 준공정산금액 검토·확인 결과 제출	○ 문서요지(수신처 : 발주청) 당사에서 건설사업관리용역 수행중인 『00000 신축공사』에 대하여 설계서 간 상호모순 및 발주기관 요구사항 등에 따른 실 시공 물량 준공정산금액을 검토·확인하고 그 결과를 붙임과 같이 제출하오니 동 내용대로 준공정산 조치하여 주시기 바랍니다. 1.1.1.1.27. – 붙 임 1. 실 시공 물량 준공정산금액 검토·확인서 2. 실 시공 물량 준공정산 사유서 1부. 끝. ○ 준공정산 사유서 구성(예시) 1.1.1.1.28. – 공사개요 : 공사명/발주청/대지위치/공사규모/시공자 1.1.1.1.29. – 준공정산 사유 및 내용

과업	내용
실 시공 물량 준공정산금액 검토·확인 결과 제출	(아래 내용)

순번	준공정산 (설계변경) 사유	계약내용	준공내용	증감금액 〈도급직접 공사비〉	증감금액 〈관급 자재〉	근 거 * 설계변경 당시 기준
1	▶OOO –2735호 (2014.05.27.) * 발의 문서 번호 기재 발주청 요청 사항 정리	* OO동 화장실 * 일반형 타일 60M2	* OO동 화장실 * 모자이크 타일 60M2			발주청 설계변경 요청에 대한 시공자 동의 문서 또는 현장실정보고에 대한 발주청 방침결정사항 회신 문서

건축 직접공사비 소계

구 분	계 약	준 공	증 감	비 고
도급 직접공사비 계 (건축,토목,조경,기계 등 포함)				
제경비 계				
합계(공사계약금액)				
관급자재비				

1.1.1.1.30.

– 검토결과 : 최적의 공사 목적물을 준공하기 위해 설계서 간 상호모순 및 발주기관 요구사항 등에 따른 실 시공 물량에 대한 검토· 확인 결과를 준공 설계서 및 시공에 반영하고 그에 따라 계약금액은 준공정산 조치함.

1.1.1.1.31.

– 조치사항 : 발주청에 최종 준공검사 결과 알림

1.1.1.1.32.

– 붙 임

1. 실 시공 물량 준공정산 세부내역 1부.
2. 기타 준공정산 서류 1식. 끝.

○ 업무지침

1.1.1.1.33.

– 건설사업관리기술자는 정산설계도서 등을 검토·확인하고 시설 목적물이 발주청에 차질 없이 인계될 수 있도록 지도·감독하여야 한다. 건설사업관리기술자는 시공자로부터 준공 예정일 2개월 전까지 정산설계도서를 제출받아 이를 검토·확인하여야 한다.

과 업	내 용
물가변동금액 준공정산 검토·확인 결과 제출	○ 문서요지(수신처 : 발주청) 당사에서 건설사업관리용역 수행중인 『00000 신축공사』에 대하여 물가변동금액 중 설계변경에 따른 준공정산금액(4대 보험료 등 제경비 및 실 시공 물량 준공정산금액 포함 반영)을 검토·확인하고 그 결과를 붙임과 같이 제출하오니 동 내용대로 준공정산 조치하여 주시기 바랍니다. 1.1.1.1.34. - 붙 임 1. 물가변동금액 준공정산 검토·확인서 2. 물가변동 준공정산서류 1식
최종 준공검사 결과 제출 * 예비준공검사 시 지적사항을 완전히 보완한 후 준공검사원 접수	○ 문서요지(수신처 : 발주청) 당사에서 건설사업관리용역 수행중인 『00000 신축공사』의 시공자가 제출한 (최종 차수) 준공검사원에 대하여 설계서 등 계약문서에 따라 준공검사(계약목적물의 100% 준공에 대한 검토·확인)를 완료하고 그 결과를 붙임과 같이 제출하오니 준공대금 지급 등 최종 준공처리하여 주시기 바랍니다. 1.1.1.1.35. - 붙 임 1. 준공검사조서 2. 준공내역서(원가계산서에 건설사업관리기술자 검토·확인 서명 필수) 3. 준공업무 과업내용에 따른 성과물 일체(4대 보험료 등 제경비 준공정산금액 검토·확인서 / 실시공 물량 준공정산금액 검토·확인서 / 물가변동금액 준공정산 검토·확인서 포함) ○ 업무지침 1.1.1.1.36. - 준공검사원에는 지급자재 잉여분 조치현황과 공사의 사전검측·확인서류, 안전관리점검 총괄표를 첨부하여야 한다. 1.1.1.1.37. - 시공자는 준공검사를 신청할 때에 예비준공검사에서 지적된 사항에 대한 시정결과를 서면으로 작성하여 제출하여야 한다. 1.1.1.1.38. - 건설사업관리기술자의 준공검사원에 대한 검토·확인서에는 다음의 내용이 포함되어야 한다. · 준공된 공사가 설계도서 대로 시공되었는지 여부 · 공사시공 시의 현장 상주기술자가 비치한 제기록에 대한 검토 · 폐품 또는 발생물의 유무 및 처리의 적정여부

<table>
<tr><th>과 업</th><th>내 용</th></tr>
<tr><td>최종 준공검사 결과 제출

* 예비준공검사 시 지적사항을 완전히 보완한 후 준공검사원 접수</td><td>· 지급자재의 사용 적부와 잉여자재의 유무 및 그 처리의 적정여부

· 제반 설비의 제거 및 원상복구 정리상황 (토석 채취장 포함)

· 그 밖에 발주청이 요구한 사항

1.1.1.1.39.
– 개착공법에 의해 부설된 모든 관거(빗물관 포함)는 되메우기 후 준공전의 내부검사는 CCTV에 의해 시행하고, 내부검사 결과는 준공서류에 첨부하여야 한다.

1.1.1.1.40.
– 기기의 절연저항, 접지저항을 측정하여 기록, 보관 후 준공 전에 공인기관(전기안전공사 등)의 검사를 시행한 후 결과를 발주청에 제출하여야 한다.</td></tr>
<tr><td>최종 건설사업관리 보고서 제출

* 용역의 만료일부터 14일 이내 대표자 명의 문서로 제출</td><td>○ 업무지침

1.1.1.1.41.
– 건설사업관리용역업자는 준공 후 건설사업관리 수행계획서를 바탕으로 건설사업 추진현황, 건설사업관리 업무일지, 기타 주요처리사항 등을 종합적으로 정리하여 작성·제출하여야 한다.

1.1.1.1.42.
– 건설사업관리기술자는 건설사업관리 보고서를 건설기술용역업자단체가 개발·보급한 건설사업관리업무 보고시스템을 이용하여 발주청에 제출하되, 중간보고서는 다음달 7일까지 최종보고서는 용역의 만료일부터 14일 이내에 각각 제출하여야 한다. 이 경우 발주청이 별도의 온라인 건설사업관리업무 보고시스템을 활용하는 경우에는 온라인 건설사업관리업무 보고시스템의 이용으로 갈음할 수 있다.

1.1.1.1.43.
– 건설사업관리기술자는 건설사업관리업무 보고시스템을 이용하여 건설사업관리 보고서를 제출하는 경우에 활용각종 문서를 업무분류, 문서분류, 공종분류, 주요구조물 및 위치 등으로 분류한 후 입력하여 자료검색이 용이하도록 하여야 하며 모든 문서는 1건의 문서단위별로 구분하여 날자 별로 입력하여야 한다.

1.1.1.1.44.
– 발주청은 건설사업관리용역업자로부터 제출받은 건설사업관리보고서를 시설물이 존속하는 기간까지 보관하여야 한다.</td></tr>
</table>

과 업	내 용
설계서 반납	1.1.1.1.45. – 건설사업관리기술자는 공사 준공과 동시에 착공 시 인수한 설계도서 등을 발주청에 반납하거나 지시에 따라 폐기처분한다. ※ 현장문서 인계·인수서에 조치결과 명기
사진(영상)촬영 및 보관 (공사내용 설명서 제출)	○ 업무지침 1.1.1.1.46. ① 건설사업관리기술자는 시공자로 하여금 공종별로 착공 전부터 준공 때까지의 공사과정, 공법, 특기사항을 촬영한 촬영일자가 나오는 공사사진(공종별, 공사추진단계에 따라 촬영)과 시공일자, 위치, 공종, 작업내용 등을 기재한 공사내용 설명서(준공된 공사목적물의 주요실·동·전경 등 포함)를 제출토록 하여야 한다. 1.1.1.1.47. – 주요한 공사현황은 시공과정을 알 수 있도록 동일장소에서 촬영 1.1.1.1.48. – 신기술(자재)·신공법, 특수공법 및 주요공정에 대한 시공기록을 사진 및 비디오로 촬영, 제출 1.1.1.1.49. – 시공 완료 후 추가 검사가 불가능하거나 곤란한 부분 촬영 · 매몰, 수중 구조물(매몰 구간 검측 시 건설사업관리자 필수 입회하였음을 증명 要) · 구조체 공사에 대해 철근지름, 간격 및 벽두께, 강구조물(steel box내부, steel girder 등) 경간별 주요부위 부재두께 및 용접전경 등 〈건설사업관리 업무지침서(국토교통부 고시) 참조〉 1.1.1.1.50. ② 건설사업관리기술자는 촬영한 사진은 디지털(Digital) 파일 등을 제출받아 수시 검토·확인할 수 있도록 보관하고 준공 시 발주청에 제출하고 발주청은 이를 보관하여야 한다. ※ 현장문서 인계·인수서에 조치결과 명기
시운전 계획서 및 결과보고서 제출 * 계획서 및 결과보고서 각각 대표자 명의 문서로 제출	○ 업무지침 1.1.1.1.51. ① 건설사업관리기술자는 시공자로부터 다음의 사항이 포함된 시운전계획서를 시운전 30일 전까지 제출받아 검토·확정하여 시운전 20일 전까지 발주청 및 시공자에게 통보하여야 한다.

과 업	내 용
시운전 계획서 및 결과보고서 제출 * 계획서 및 결과보고서 각각 대표자 명의 문서로 제출	1.1.1.1.52. – 시운전 일정, 항목 및 종류/시운전 절차/시험장비 확보 및 보정 등 1.1.1.1.53. ② 건설사업관리자기술자는 시운전 완료 후에 다음의 성과품을 시공자로부터 제출 받아 검토 후 발주청에 인계하여야 한다. 1.1.1.1.54. – 운전개시, 가동절차 및 방법/점검항목 점검표/운전지침/시험성적서/성능시험성적서(성능시험 보고서) 등
유지관리 지침서 제출 * 공사 준공 후 14일 이내 대표자 명의 문서로 제출	○ 업무지침 1.1.1.1.55. ① 건설사업관리기술자는 발주청(설계자) 또는 시공자(주요 기계설비의 납품자) 등이 제출한 시설물의 유지관리지침서에 대해 다음 각 호의 내용을 검토한 후, 시설물 유지관리 기구에 대한 의견서를 첨부하여 공사준공 후 14일 이내에 발주청에 제출하여야 한다. 1.1.1.1.56. – 시설물의 규격 및 기능 설명서/시설물유지관리지침/특기사항/비상연락망/설비운영 사후관리 요령서 및 보수 점검용 공구 일람표/에너지 절약 유지관리 매뉴얼 등 1.1.1.1.57. ② 건설사업관리기술자는 시설물유지관리업자 선정을 위한 평가기준 제시 및 입찰, 계약절차를 수립하여야 한다. 1.1.1.1.58. ③ 공사 준공 시에는 준공도서 및 유지관리 지침서, 기자재 매뉴얼 등을 작성하여 제출하여야 하며, 특히 각종 지하시설물(상하수도, 가스, 통신 등)에 대하여는 평면 및 입체적으로 매설물을 파악할 수 있도록 GIS관련도면(CD포함)을 제출하여 향후 유지관리가 용이하도록 하여야 한다. ※ 시설물 인계·인수서에 조치결과 명기 1.1.1.1.59. ④ 시공자는 건물의 공사하자기간 이후의 유지관리를 위해 필요한 자재를 사전 확보하여 준공 전에 건설사업관리기술자가 지정하는 장소에 보관 후 물품 목록표를 작성하여 건설사업관리기술자에게 제출하고 확인을 받아야 한다. ※ 시설물 인계·인수서에 조치결과 명기

과 업	내 용
준공표지 설치	○ 업무지침 1.1.1.1.60. – 건설사업관리자기술자는 시공자로 하여금 공사구역 중 일반이 보기 쉬운 곳에 영구적인 시설물로 준공표지(정초석, 현판 등 포함)를 발주청과 협의하여 설치토록 조치하여야 한다.
공사목적물 인계·인수 협의결과 제출 * 준공검사 시정 완료일부터 14일 이내 대표자 명의 문서로 제출	○ 문서요지(수신처 : 발주청/시공자) 당사에서 건설사업관리용역 수행중인 『OOOOOOOO 신축공사』의 입주 일정(○OOOOOOOO.OOOO.OOOO.)에 따라 계약상대자 간 공사목적물 인계·인수 협의를 실시하고 동 결과를 붙임과 같이 송부하오니, 발주청[OOOOOOOO] 및 시공자[○○○○○]는 인계·인수에 필요한 사항을 이행하여 주시기 바랍니다. ▷인계·인수 내용◁ • 인수자 : OOO • 인계자 : OO • 인계·인수일자 : OOOO.OO.OO. • 시공자[OOOO]가 발주청[OOOO]과 시설공사 계약 체결하여 설계서 등 계약문서에 따라 시공 완료한 『00000 신축공사』 공사목적물 일체를 발주청(○○○○○)에 인계 ※ 공사목적물 일체의 화재, 멸실, 분실 및 훼손 등에 대한 책임 일체 포함 • 공사목적물 운영에 소요되는 전기, 도시가스 및 상수도 요금 등 각종 공과금 납부 의무 일체를 발주청에 인계 붙임: 시설물 인계·인수서 1부. 끝. ○ 시설물 인계·인수서(예시) 1.1.1.1.61. – 상정안건 : 시설물 일체에 대한 인계·인수 협의 1.1.1.1.62. – 공사명 : 1.1.1.1.63. – 일시/장소 : 1.1.1.1.64. – 협의자(참석자 명단)

발주기관 / 공사관리관			
직·성 명	서 명	직·성 명	서 명

과 업	내 용
공사목적물 인계·인수 협의결과 제출	(아래 내용 참조)

건설사업관리기술자		시공자	
직·성 명	서 명	직·성 명	서 명

1.1.1.1.65.
– 협의 결과 : 아래 내용에 대하여 ○○○○.○○.○○일자로 인계·인수함에 당사자 간 합의함

– 아 래 –

▷ 인수자 : 발주청
▷ 인계자 : 시공자

• 시공자[○○○○○]가 발주청[○○○○○]과 시설 공사 계약 체결하여 설계서 등 계약문서에 따라 시공 완료한 『00000 신축공사』 공사목적물 일체
※ 공사목적물 일체의 화재, 멸실, 분실 및 훼손 등에 대한 책임 일체 포함
• 공사목적물 운영에 소요되는 전기, 도시가스, 상수도 요금 등 각종 공과금 납부 의무 일체
• 유지관리를 위해 필요한 자재 일체(관련 기준에 따라 물량 확보)

붙임: 1. 각종 지하시설물(상하수도, 가스, 통신 등) 관련 도면 1부.
2. 유지관리 물품 목록표(수량 포함) 1부.
3. 각종 공공요금 관련 비용부담 범위 협의서 1부.
4. 전기/가스/수도요금 등 인계·인수서 각 1부. 끝.

○ 업무지침

1.1.1.1.66.
– 건설사업관리기술자는 시공자로 하여금 예비준공검사 완료 후 14일 이내에 다음의 사항이 포함된 시설물의 인계·인수를 위한 계획을 수립토록 하고 이를 검토하여야 한다.
• 일반사항(공사개요 등)/운영지침서(시설물의 규격 및 기능점검 항목, 기능점검 절차, Test 장비확보 및 보정, 기자재 운전지침서 등)/시운전 결과보고서/예비 준공검사 결과/특기사항

1.1.1.1.67.
– 건설사업관리기술자는 시공자로부터 시설물 인계·인수 계획서를 제출 받아 7일 이내에 검토, 확정하여 발주청 및 시공자에게 통보하여야 한다.

1.1.1.1.68.
– 건설사업관리기술자는 발주청과 시공자간의 시설물 인계·인수의 입회자가 된다.

<table>
<tr><th>과 업</th><th>내 용</th></tr>
<tr><td></td><td>1.1.1.1.69.
– 건설사업관리기술자는 시공자가 제출한 인계·인수서를 검토·확인하며 시설물이 적기에 발주청에 인계·인수될 수 있도록 한다.

1.1.1.1.70.
– 건설사업관리기술자는 시설물 인계·인수에 대한 발주청 등의 이견이 있는 경우, 이에 대한 현황파악 및 필요대책 등의 의견을 제시하여 시공자가 이를 수행토록 조치한다.

1.1.1.1.71.
– 인계·인수서는 준공검사 결과를 포함하여야 하며, 시설물의 인계·인수는 준공검사 시 지적사항 시정완료일 부터 14일 이내에 실시하여야 한다.</td></tr>
<tr><td>현장문서
인계·인수
협의결과 제출

* 용역준공 후
14일 이내 대표자
명의 문서로
제출</td><td>○ 문서요지(수신처 : 발주청/시공자) 당사에서 건설사업관리용역 수행중인 『00000 신축공사』의 현장설명서(시공자) 및 과업내용서(건설사업 관리자) 등 계약문서에 따라 발주청, 건설사업관리자 및 시공자 간 현장문서 인계·인수 협의를 실시하고 동 결과를 붙임과 같이 송부하오니, 각 공사관계자는 인계·인수에 필요한 사항을 이행하여 주시기 바랍니다.

▷ 인계·인수 내용 ◁
• 인수자 : ○○○

• 인계자 : ○○○/○○○

• 인계·인수일자 : ○○○○.○○.○○.

• 건설사업관리기술자[○○○○]가 발주청[○○○○]과 용역 계약 체결하여 과업내용서 등 계약문서에 따라 생산·관리한 『○○○○ 신축공사』 문서 일체를 발주청(○○○○)에 인계

• 시공자[○○○○]가 발주청[○○○○]과 시설 공사 계약 체결하여 설계서 등 계약문서에 따라 시공 완료하고 현장설명서 등에 따라 작성한 『○○○○ 신축공사』 준공도서 일체를 발주청(○○○○)에 인계

붙임: 현장문서 인계·인수서 1부. 끝.

○ 현장문서 인계·인수서(예시)

1.1.1.1.72.
– 상정안건 : 현장문서 일체에 대한 인계·인수 협의

1.1.1.1.73.
– 공사명 :</td></tr>
</table>

과업	내용
현장문서 인계·인수 협의결과 제출	(아래 참조)

1.1.1.1.74.
– 일시/장소 :

1.1.1.1.75.
– 협의자(참석자 명단)

발주청 / 공사관리기관			
직·성 명	서 명	직·성 명	서 명

건설사업관리기술자		시공자	
직·성 명	서 명	직·성 명	서 명

1.1.1.1.76.
– 협의 결과 : 아래 내용에 대하여 ○○○○.○○.○○일자로 인계·인수함에 당사자 간 합의함

– 아 래 –

▷ 인수자 : 발주청
▷ 인계자 : 건설사업관리기술자/시공자

- 건설사업관리기술자[○○○○]가 발주청[○○○○]과 용역계약 체결하여 과업내용서 등 계약문서에 따라 생산·관리한 『○○○○ 신축공사』 문서 일체
- 시공자[○○○○]가 발주청[○○○○]과 시설 공사 계약 체결하여 설계서 등 계약문서에 따라 시공 완료하고 현장설명서 등에 따라 작성한 『00000 신축공사』 준공도서 일체
- 최초 산출내역서(준공 후 1년까지 동 산출내역서 부본 보관 要)

붙임: 1. 건설사업관리기술요자 생산·관리문서 목록표 1부.
　　2. 시공자 준공도서 목록표 1부. 끝.

○ 시공자 준공도서 목록표(예시) : 준공도면 A2 각 공종별 00부/준공도면 A3 각 공종별 00부/준공도면 CD 각 공종별 0Set/공사과정 사진첩(각 공종별 0부)/공사과정 Video Tape 0Set/공사내역서(최종본 00부)/공사준공 사진첩(각 공종별 0부)/사용자재 구매서류(K·S 허가증 및 세금 계산서 등) (원본0부, 사본0부)/각종 품질시험 성적서 및 검사성과 총괄표

과 업	내 용
현장문서 인계·인수 협의결과 제출	(원본0부, 사본0부)/각종 인·허가 서류 일식(원본0부, 사본0부)/안전관리 제반서류(0부)/공사일지 및 안전관련서류 1식(원본0부, 사본0부)/유지관리지침서 0부/신공법의 시공 또는 실패사례 보고서(0부)/시공 상세도집(0부)/도면파기 확인서 1부/시설물 인계·인수서 1부/건설지(준공 후 2개월 이내) 00부/기타 발주청에서 지정하는 서류 ※ 제출되는 서류는 전산화 가능토록 CD에 수록 제출하여야 한다. ※ 상기 서류의 제출시기·수량 및 종류를 발주청과 사전 협의하여 결정(발주청의 요구에 따라 변경될 수 있음.) ○ 업무지침 1.1.1.1.77. – 건설사업관리기술자는 해당 공사와 관련한 다음 각 호의 건설사업관리기록서류를 포함하여 발주청에 인계할 문서의 목록을 발주청과 협의, 작성하여야 한다. • 준공 사진첩/준공도면/건축물대장(건축공사의 경우)/품질시험·검사성과 총괄표/기자재 구매서류/시설물 인계·인수서/그 밖에 발주청이 필요하다고 인정하는 서류
* 준공 시 필요한 제반 인·허가 서류 (예시)	가. 소방시설완공검사필증(소방시설공사업법 제14조, 시행규칙 제13조) 나. 구내 통신시설 사용전검사 필증(정보통신공사업법 제36조) 다. 공사계획 신고필증(전기사업법 제 62조) 라. 사용전 검사필증(전기사업법 제 63조) 마. 검사대상기기설치검사필증(열사용기자재관리규칙 제43조) 바. 위험물제조소완공검사필증(위험물안전관리법시행령 제10조) 사. 특정토양오염유발시설설치신고증(토양환경보전법 제58조, 시행령 제6조) 아. 배출시설 설치허가증(대기환경보존법 제10조) 자. 배출시설 시험성적표(대기환경보존법 제14조) 차. 도시가스완성검사필증(도시가스사업법 제15조, 시행규칙 제22조) 카. 오수정화조 필증 타. 승강기 설치완공 검사필증 파. 미술장식품 설치 관리 대장 하. 상수도 통수 확인서 거. 오·우수 연결 확인서 너. 건축 폐기물 처리 확인서 더. 전기 안전관리 담당신고 러. 하수관 CCTV촬영보고서 머. 방염허가 필증 버. 기타 사업협의 시 부과조건 등 서. 건축물 에너지효율 1등급 인증서 1부 어. 초고속 정보통신건물 특등급 인증서 1부 저. 지능형 건축물 특등급 인증서 1부 처. 친환경 건물 최우수등급 인증서 1부

과 업	내 용
	커. 장애물 없는 생활환경(Barrier Free) 2등급 인증서 1부 터. 기타 발주청에서 지정하는 서류(폐수장 설치 신고서/내화시험성적서/저수조 청소필증/절수형위생기구확인서/배수설치준공검사필증/현황측량성과도/주차장관리카드/장애인편의시설설치확인서, etc.)
산출내역서 관리	○ 업무지침 1.1.1.1.78. – 건설사업관리기술자는 발주청 및 시공자로 하여금 최초 산출내역서에 동 산출내역서 작성에 참여한 자 전원의 직책 및 성명을 기재, 날인하고 준공 후 1년까지 동 산출내역서 부본을 보관하도록 조치하여야 한다. ※ 현장문서 인계·인수서에 조치결과 명기
준공검사기간 연장	○ 업무지침 1.1.1.1.79. – 건설사업관리용역업자 대표자는 천재지변, 해일, 그 밖에 이에 준하는 불가항력으로 인해 준공검사기간(검사자 임명 3일/검사 8일/검사결과 보고 3일)을 준수할 수 없을 때에는 검사에 필요한 최소한의 범위 내에서 검사기간을 연장할 수 있으며 이를 발주청에 통보하여야 한다.
하자보수 업무	○ 업무지침 1.1.1.1.80. – 시공자는 전체목적물을 인계·인수한 날과 준공검사를 완료한 날 중에서 먼저 도래한 날부터 "하자담보책임기간" 동안에 공사목적물의 하자 (시공상의 잘못으로 인하여 발생한 하자에 한함)에 대한 보수책임이 있다. 1.1.1.1.81. – 건설사업관리기술자는 시공자로 하여금 준공검사를 완료한 날로부터 하자담보책임기간 만료일까지 매 6월마다 계약목적물을 점검하여 하자의 발생여부를 확인하도록 조치하여야 한다. 1.1.1.1.82. – 건설사업관리기술자는 시공자로 하여금 하자보수 등을 신속히 처리하기 위하여 준공검사 완료일로 부터 1개월간 공사에 참여한 직원 중 일부(건축·토목·기계·전기·통신 등 분야별 1인 이상)를 현장에 상주시키되 상주인원은 발주청과 협의하여 조정할 수 있다. 1.1.1.1.83. – 건설사업관리용역업자 대표자 및 건설사업관리기술자는 공사 준공 후 발주청과 시공자간의 시설물의 하자보수 처리에 대한 분쟁 또는 이견이 있는 경우, 검토의견을 제시하여야 한다.

과업	내용
준공대가의 지급 업무 지원	○ 업무지침 1.1.1.1.84. – 시공자는 공사를 완성한 후 검사에 합격한 때에는 대가지급청구서(하수급인, 자재·장비업자 및 하수급인의 자재·장비업자에 대한 대금지급계획을 첨부하여야 한다.)를 제출하는 등 소정절차에 따라 대가지급을 청구한다. 1.1.1.1.85. – 건설사업관리기술자는 준공대가 지급 시에 공동수급체 구성원별 총 지급금액이 준공당시 공동수급체구성원의 출자비율 또는 분담내용과 일치하는지 확인하여야 한다. 1.1.1.1.86. – 발주청은 준공대가 청구를 받은 때에는 그 청구를 받은 날로부터 5일(공휴일 및 토요일은 제외한다.)이내에 그 대가를 지급하여야 한다. 1.1.1.1.87. – 건설사업관리기술자는 준공대가 지급 시에 대금 지급 계획상의 하수급인, 자재·장비업자 및 하수급인의 자재·장비업자에게 대가지급 사실을 통보하고, 이들로 하여금 대금 수령내역(수령자, 수령액, 수령일 등) 및 증빙서류를 제출하게 하여야 한다. 1.1.1.1.88. – 준공대가는 시공자가 준공도면을 제출한 후 지급하도록 한다.
건설지 발간	○ 업무지침 1.1.1.1.89. – (발간 필요시)시공자는 설계 및 준공까지의 건설백서를 목록, 범위, 인쇄방법 등에 대해 건설사업관리기술자의 승인을 받은 후 발간하여야 한다.
시공평가 업무 지원	○ 업무지침 1.1.1.1.90. – 관련 근거 : 건설기술 진흥법 제50조, 동법 시행령 제83조

2 시공평가 및 건설엔지니어링 평가 시행 및 결과처리

가. 평가 시기

1) 준공검사 이후, 건물 인수·인계전, 현장철수 이전 실시함이 필요

○ 평가자료 준비, 현장점검 등 현장철수, 건물 인계이후 실시할 경우 평가에 상당히 애로 발생

＊간헐적으로 준공검사 준비에 쫓겨 평가준비를 못하고 차후로 미루는 현장이 있으며, 이는 오히려 자료가 어디에 있는지 등 준비에 더 많은 일을 해야하는 어려움이 있음을 기억하시기 바랍니다.

2) 평가에 대한 사전 지식을 습득하고. 평가준비는 공사 중에 파일링으로 철을 하여 보관할 경우 별도 준비할 자료는 극히 일부분임

○ 평가에 대비하여 반드시 자료를 준비하는 업무 행정이 필요

나. 평가 절차 등 기준

1) 평가시나리오 등 사전 평가에 필요한 준비하여 평가를 실시함이 필요

2) 건설사업관리용역평가 및 시공평가를 동시에 실시할 경우 평가위원 선정 등 행정처리가 상당 간소화됨을 감안하여 같은 날 시간 간격을 두고 실시함이 필요

3) 평가 결과가 종합심사낙찰제 등 입찰점수에 반영되어 입찰함을 간과하여서는 아니 됨

○ 특히 안전사고 유무의 점수에 따라 평가점수에 현격히 차이가 발생됨을 감안하여 반드시 안전사고는 철저히 예방함이 필요

▦ 업무절차 (순서도)

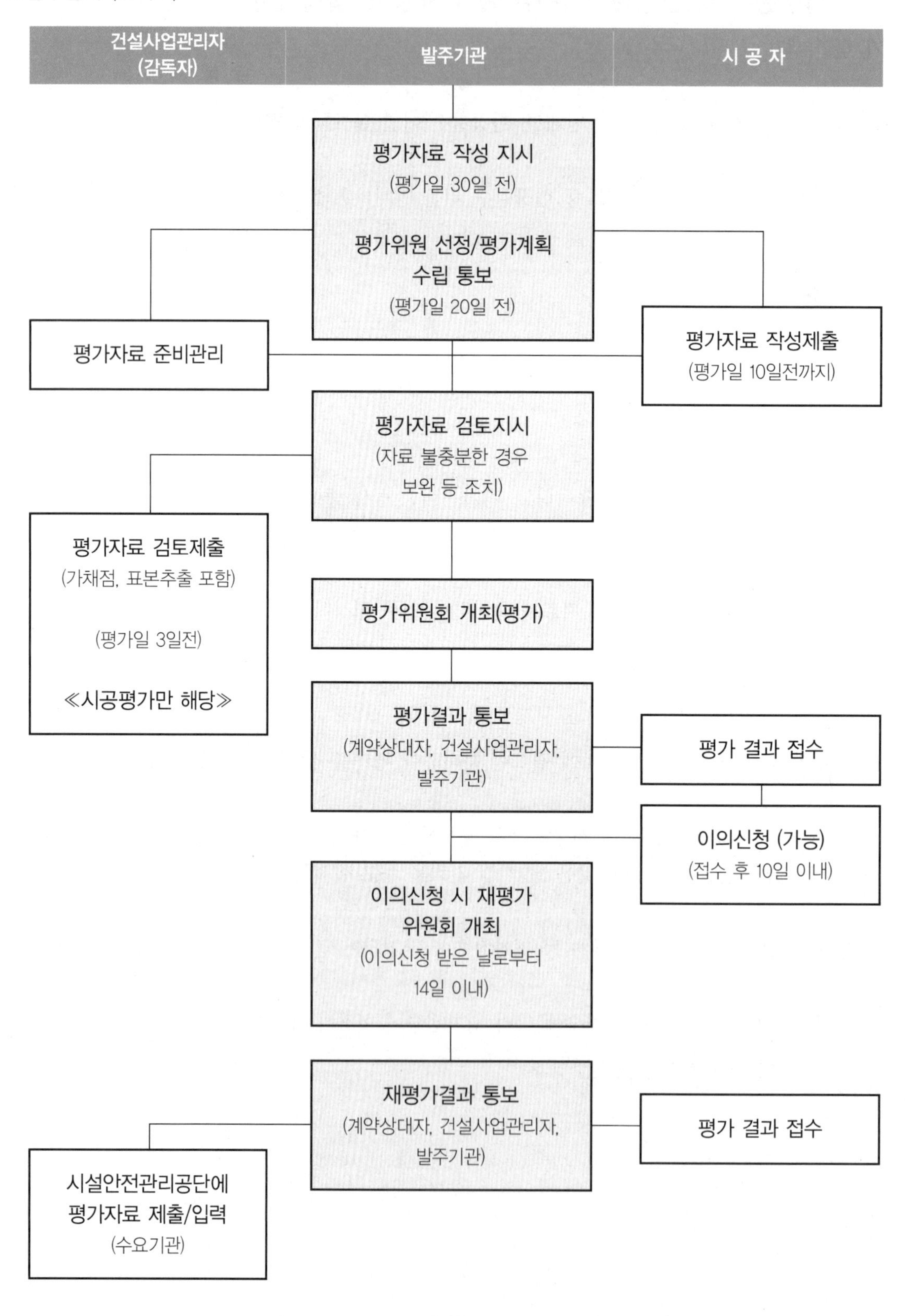
건설사업관리자
(감독자)
발주기관
시 공 자
평가자료 작성 지시
(평가일 30일 전)
평가위원 선정/평가계획
수립 통보
(평가일 20일 전)
평가자료 준비관리
평가자료 작성제출
(평가일 10일전까지)
평가자료 검토지시
(자료 불충분한 경우
보완 등 조치)
평가자료 검토제출
(가채점, 표본추출 포함)
(평가일 3일전)
≪시공평가만 해당≫
평가위원회 개최(평가)
평가결과 통보
(계약상대자, 건설사업관리자,
발주기관)
평가 결과 접수
이의신청 (가능)
(접수 후 10일 이내)
이의신청 시 재평가
위원회 개최
(이의신청 받은 날로부터
14일 이내)
재평가결과 통보
(계약상대자, 건설사업관리자,
발주기관)
평가 결과 접수
시설안전관리공단에
평가자료 제출/입력
(수요기관)

평가관련 참고사항

◈ '시공평가'와 '건설사업관리용역평가'를 동시에 실시함이 유리

o 행정처리 간소화 효과 및 평가수당(예산) 절감

◈ 준공검사 이후 시공사 철수/건설사업관리자 철수 이후 시공평가시에는 관련 서류 작성/구비에 많은 어려움이 있음을 감안하여,

o 시공평가는 준공기한 약 1개월 이전에 실시함이 효율적이나, 건설사업관리자 준공기한이 시공사 준공이후 1개월 이후일 경우 건설사업관리자 준공과 동시에 시공평가/건설사업관리용역 평가를 실시토록 사전 준비함이 효율적임

◈ 규정

제16조(평가시기) ① 발주청은 해당 공사가 공사기간을 기준으로 공정률이 90퍼센트 이상 진척 되었을 때부터 해당 공사의 준공 후 60일까지 시공 평가를 실시하여야 한다.

② 발주청은 해당 공사의 규모, 특성 및 공사여건 등을 감안하여 필요하다고 인정하는 경우에는 공사의 공기가 90퍼센트에 이르지 아니한 때에 평가를 실시할 수 있으며, 그 결과를 시공평가 결과에 최대 50퍼센트까지 반영할 수 있다.

◈ 평가시 참고사항

ㅇ위원장 : 평가위원 중 호선으로 선출

ㅇ표본추출 대상 항목 : 항목당 20개 이상 표본을 추출

≪시공평가에만 해당, 건설사업관리용역 평가에는 해당 없음≫

◈ 시공평가 결과 통보 : 평가 이후 즉시 통보

▦ 이의신청에 대한 행정처리

◈ 이의 제기가 없을 시 : 최종 결과를 수요기관으로 문서 통지(국토부 지침 제22조에 따라 소요 행정 처리토록 조치)

◈ 이의 제기가 있을 시

ㅇ (우선적으로 재평가 대상 여부 확인) '이의신청의 이유 없음'이 명백한 경우에는 재평가 미실시

ㅇ (재평가 대상으로 판정 시) 관련법령에 따라 재평가 위원회 구성

▶ 재평가 위원회 구성(안)

ㅇ 재평가위원회는 평가위원장을 포함하여 5명 이상의 위원으로 구성하여야 하며, 이때 이의신청 대상에 기존 평가위원회에 참석한 위원이 과반수가 되어서는 아니 된다.

ㅇ 이의신청 항목만 재평가하여 점수 재산출 및 통보

☆『시공평가 및 건설엔지니어링 평가』에 대한 규정(평가항목과 준비할 내용 등)을 미리 알게 되면 공사수행 중 업무를 어떻게 수행하여야 평가 점수를 잘 받을 수 있고, 또한 평소 어떤 서류를 구비해야 하는지 쉽게 알 수 있습니다.

다음 쪽에 정리한 관련 규정을 착공 전 읽어보시면 별도 평가 서류 준비 없이 평소 서류로 평가를 쉽게 받을 수 있습니다.

(방대하지만 업무에 큰 도움이 되기에) 꼭 읽어보시길 소망합니다.

▒ 관련규정

《국토교통부 고시 제2021-1198호》

「건설기술용역 및 시공 평가지침(국토교통부 고시 제2019-636호, 2019.11.13」 중 일부를 다음과 같이 개정 고시
(2021년 10월 28일, 국토교통부장관)

건설엔지니어링 및 시공 평가지침

제1장 총칙

제1조(목적) 이 지침은「건설기술진흥법」제50조제6항, 같은 법 시행령 제84조제4항 및 같은 법 시행규칙 제44조제7항에 따른 건설엔지니어링 평가, 시공평가 및 종합평가의 세부 평가기준, 방법 등을 정하는 것을 목적으로 한다.

제2조(정의) 이 지침에서 정하는 용어의 정의는 다음 각 호와 같다.

1. "평가기관"이란「건설기술진흥법 시행령」(이하 "영"이라 한다) 제117조제1항제9호에 따라 종합평가 업무 등을 국토교통부장관으로부터 위탁받은 기관을 말한다.

2. "건설엔지니어링평가"란 「건설기술진흥법」(이하 "법"이라 한다) 제50조제1항에 따라 발주청이 그가 발주한 건설엔지니어링사업에 대하여 그 업무 수행에 대해 평가하는 것을 말한다.

3. "시공평가"란 법 제50조제2항에 따라 발주청이 그가 발주한 건설공사에 대하여 시공의 적정성에 대해 평가하는 것을 말한다.

4. "종합평가"란 평가기관이 제2호 및 제3호에 따른 평가결과와 영 제84조제1항에서 정한 사항 등을 종합하여 건설엔지니어링사업자 및 건설사업자별로 평가하는 것을 말한다.

5. "책임건설사업관리기술인"이란 발주청과 체결된 감독 권한대행 등 건설사업관리 용역 계약에 따라 건설엔지니어링사업자를 대표하여 현장에 상주하면서 해당 공사 전반에 관한 건설사업관리업무를 총괄하는 자를 말한다.

6. "분야별 건설사업관리기술인"이란 책임건설사업관리기술인을 보좌하는 건설사업관리기술인으로서 담당 건설사업관리업무에 대하여 책임건설사업관리기술인과 연대하여 책임을 지

는 자를 말한다.

7. "기술지원건설사업관리기술인"이란 「건설기술진흥법 시행규칙」(이하 "규칙"이라 한다) 제34조제1항에 따라 건설엔지니어링사업자에 소속되어 상주건설사업관리기술인(이하 "상주기술인"이라 한다)의 업무를 지원하는 자를 말한다.

8. "건설엔지니어링 및 시공평가시스템"(이하 "평가관리시스템" 이라 한다)은 건설엔지니어링 평가, 시공평가 및 종합평가와 관련된 정보체계를 구축하기 위하여 평가기관이 건설엔지니어링평가, 시공평가 및 종합평가 등에 관한 정보를 종합적으로 관리하는 시스템을 말한다.

제2장 건설엔지니어링 및 시공 평가

제1절 일반사항

제3조(일반사항) ① 공동도급 건설엔지니어링 및 시공 평가는 다음 각 호에 따라 평가를 실시한다.

1. 공동이행방식인 경우에는 공동수급체의 대표자에 대하여 평가를 실시하고 참여한 구성원에 대하여는 공동수급체 대표자가 받은 평가 결과를 적용한다.

2. 분담이행방식인 경우에는 분담하는 업체별로 평가를 실시한다.

3. 주계약자관리방식인 경우에는 주계약자는 전체 건설공사에 대하여 평가를 실시하고 참여한 구성원은 그 계약유형에 따라 공동이행방식인 경우에는 제1호를 적용하고 분담이행방식인 경우에는 제2호를 적용하여 평가를 실시한다.

4. 혼합방식인 경우에는 혼합된 공동이행방식과 분담이행방식에 대하여 각각 제1호와 제2호를 적용하여 평가를 실시한다.

② 공동수급체 대표자의 폐업 등의 사유로 대표자에 대한 건설엔지니어링평가 또는 시공평가가 불가하다고 판단되는 경우에는 공동수급체 중 참여율이 차순위인 수급체의 대표자에 대하여 건설엔지니어링평가 또는 시공평가를 실시할 수 있다.

③ 발주청이 건설엔지니어링 및 시공평가를 직접 실시할 수 없는 경우에는 평가기관에 의뢰할 수 있다. 이 경우 평가에 소요되는 비용은 평가를 의뢰하는 발주청이 부담하여야 한다.

④ 제3항에 따라 평가기관에 평가를 의뢰하는 경우에는 다음 각 호의 기한까지 의뢰하여야 한다.

1. 기본설계: 해당 기본설계용역의 완료 1개월 전까지

2. 실시설계: 규칙 별지 제34호서식의 실시설계용역 과정은 해당 실시설계용역의 완료 1개월 전까지, 실시설계용역 결과는 해당 건설공사를 착공한 날부터 4개월이 되는 날까지 의뢰하여야 하며, 다만, 건설공사착공이 장기간 지연되는 등 발주청이 필요하다고 판단되는 경우에는 과정과 결과평가를 통합하여 실시할 수 있다.

3. 기본설계와 실시설계를 동시에 시행한 용역: 제2호를 준용

4. 감독 권한대행 등 건설사업관리용역 및 시공: 해당 건설공사의 준공일까지

제4조(평가위원회) ① 발주청은 건설엔지니어링평가 및 시공평가의 공정성과 전문성을 확보하기 위하여 위원장 1인을 포함한 5인 이상의 위원으로 다음 각 호의 위원회를 구성하여야 한다.

1. 건설엔지니어링평가위원회
2. 시공평가위원회

② 건설엔지니어링평가위원회의 위원(이하 "건설엔지니어링평가위원"이라 한다.) 및 시공평가위원회의 위원(이하 "시공평가위원"이라 한다)은 관계 공무원(해당 발주청 또는 법 제2조제6호에 따른 발주청에 소속된 직원 중 건설엔지니어링이나 건설공사 업무의 지도·감독 및 지원업무를 담당하는 자) 및 외부 전문가로 구성하되, 과반수의 외부 전문가를 포함하여야 한다. 다만, 발주청이 평가의 공정성과 객관성을 확보한 경우는 그러하지 아니하며, 제12조제2항에 따른 건설사업관리용역에 대한 중간평가는 건설엔지니어링평가위원회를 3명 이상 5명 이하의 해당 발주청 소속직원으로 구성하여 실시할 수 있다.

③ 건설엔지니어링평가위원회는 영 제82조제1항에 따른 평가대상에 대하여 다음 각 호와 같이 구분하여 평가하여야 한다.

1. 설계용역평가
2. 감독 권한대행 등 건설사업관리용역평가

④ 설계용역평가를 위한 건설엔지니어링평가위원회는 다음 각 호와 같이 구성한다.

1. 기본설계 : 설계 감독자 또는 해당용역의 설계용역 업무의 지도·감독 및 지원업무를 담당하는 자를 포함 자체·외부위원 등 5인 이상

2. 실시설계 : 실시설계 과정은 기본설계와 같고, 실시설계 결과는 설계 감독자 또는 해당 용역의 설계용역 업무의 지도·감독 및 지원업무를 담당하는 자, 해당 건설공사 업무의 지도·감독 및 지원업무를 담당하는 자, 공사 감독자(또는 공사 관리관) 포함 자체、외부 위원 등 5인 이상

⑤ 평가위원회는 2건 이상의 평가를 동시에 실시할 수 있다.

⑥ 위원장은 각 평가위원회의 위원 중에서 호선한다.

⑦ 위원장은 평가업무를 주관하며, 평가가 명확하고 공정하게 이루어질 수 있도록 노력하여야 한다.

⑧ 평가위원은 위원장에게 협력하여 성실하게 평가업무를 수행하여야 하고, 평가수행 과정에서 알게 된 사실을 누설하거나 일체의 금품수수, 향응 등을 받아서는 아니 된다.

⑨ 발주청은 외부 평가위원 선정시 평가대상 관련자 또는 이해관계자를 제척하여야 하며 제8항을 위반한 평가위원을 해촉할 수 있다.

⑩ 발주청은 건설엔지니어링평가위원회 또는 시공평가위원회에 참석한 위원에게 예산의 범위 내에서 수당과 여비 등을 해당기관의 규정에 따라 지급 할 수 있다.

⑪ 이 조에서 정한 사항 외에 각 평가위원회의 세부운영 방법 등은 해당 발주청에서 정하는 바에 따른다.

제5조(평가결과의 통보 및 이의제기 등) ① 발주청이 건설엔지니어링평가 또는 시공평가를 완료한 때에는 별지 제1호, 제2호, 제3호, 제4호, 제8호, 제9호의 서식에 따라 작성된 평가결과를 해당 건설엔지니어링사업자 또는 건설사업자에게 즉시 통보하여야 한다.

제10조제5항, 제14조제8항 및 제18조제8항에 따라 평가점수를 다시 산정하여 평가결과가 변경된 때에도 같다.

② 제1항에 따른 건설엔지니어링평가 또는 시공평가 결과를 통보받은 건설엔지니어링사업자

또는 건설사업자는 그 결과를 통보받은 날로부터 10일 이내에 발주청에게 그 결과에 대한 이의신청을 할 수 있다. 다만, 이의신청은 1회에 한한다.

③ 건설엔지니어링사업자 또는 건설사업자가 제2항에 따른 이의신청을 할 경우에는 세부평가 항목별로 이의제기 의견서를 작성하여 제출하여야 한다.

④ 발주청은 제2항 및 제3항에 따른 이의신청이 있을 경우 재평가위원회를 구성하여 건설엔지니어링사업자 또는 건설사업자가 제기한 이의신청에 대한 재평가를 이의신청을 받은 날로부터 14일 이내에 실시하고 그 결과를 해당 건설엔지니어링사업자 또는 건설사업자에게 통보하여야 한다. 다만, 이의신청의 이유 없음이 명백한 경우에는 재평가를 실시하지 않을 수 있으며 해당 건설엔지니어링사업자 또는 건설사업자에게 이를 즉시 통보하여야 한다.

⑤ 제4항에 따른 재평가위원회는 위원장 1인을 포함하여 5명 이상의 위원으로 구성하여야 하며, 이때 이의신청 대상에 기존 평가위원회에 참석한 위원이 과반수가 되어서는 아니 된다.

제6조(평가결과의 제출 및 관리) ① 건설엔지니어링평가 또는 시공평가를 실시한 발주청은 평가자료를 기록하고 보관､관리하여야 한다.

② 설계용역평가를 실시한 발주청은 다음 각 호의 평가결과를 평가완료 후 15일 이내에 평가관리시스템을 이용하여 평가기관에 제출하여야 한다.

1. 별지 제1호서식에 따른 설계용역평가 위원별 평가표

2. 별지 제1호서식에 따른 설계용역평가 결과표

③ 감독 권한대행 등 건설사업관리용역평가를 실시한 발주청은 다음 각 호의 평가결과를 평가완료 후 15일 이내에 평가관리시스템을 이용하여 평가 기관에 제출하여야 한다.

1. 별지 제2호서식에 따른 평가위원별 감독 권한대행 등 건설사업관리용역 평가표

2. 별지 제3호서식에 따른 평가위원별 감독 권한대행 등 건설사업관리용역 참여기술인 평가표

3. 별지 제4호서식에 따른 감독 권한대행 등 건설사업관리용역 평가 결과표

④ 시공평가를 실시한 발주청은 다음 각 호의 평가결과를 평가완료 후 15일 이내에 평가관리시스템을 이용하여 평가기관에 제출하여야 한다.

1. 별지 제8호서식에 따른 시공평가 위원별 평가표

2. 별지 제9호서식에 따른 시공평가 결과표

⑤ 평가를 실시한 발주청이 제2항부터 제4항까지의 규정에 따른 평가결과를 평가기관에 제출할 경우 위원별 및 항목별로 구분하여 평가관리시스템에 입력하여야 한다.

⑥ 평가기관은 제2항부터 제4항까지의 규정에 따라 제출받은 건설엔지니어링평가 및 시공 평가결과를 평가관리시스템을 활용하여 기록·관리하여야 하며, 발주청은 각각의 평가에 대하여 별지 제13호서식부터 별지 제15호까지의 서식에 따라 기록·관리하여야 한다.

⑦ 발주청 및 평가기관은 건설엔지니어링 및 시공 평가결과를 중앙행정기관 또는 다른 발주청이 요청할 때 특별한 사유가 없는 한 이에 응하여야 한다.

⑧ 평가기관은 통합 관리된 평가결과를 해당 건설엔지니어링사업자 및 해당 공사 건설사업자가 요청할 때 제공할 수 있다.

제3절 감독 권한대행 등 건설사업관리용역평가

제11조(평가대상) 감독 권한대행 등 건설사업관리용역평가는 영 제82조제1항제2호에 해당하는 감독 권한대행 등 건설사업관리용역 사업에 대하여 실시한다.

제12조(평가시기) ① 발주청은 해당 건설공사가 공사기간(평가시점 공사 계약서의 기간을 말한다. 이하 제16조 제1항에서 같다)을 기준으로 90퍼센트 이상 진척되었을 때부터 해당 건설공사의 준공(평가시점 공사계약서의 준공일을 말한다. 이하 제16조제1항에서 같다) 후 60일까지 평가를 실시하여야 한다. 다만, 용역기간이 4년을 초과하는 경우에는 용역의 착수 후 3년마다 평가를 하고 그 결과를 준공 후 최종 용역평가결과에 반영할 수 있다.

② 발주청은 영 제83조제1항의 단서에 따라 3년마다 평가(이하 "중간평가"라 한다)를 실시할 수 있다. 다만, 저가낙찰로 부실우려가 있거나 안전사고가 발생한 현장 등 발주청이 필요하다고 판단할 때에는 해당 용역의 규모, 특성 및 공사여건 등을 감안하여 중간평가를 매년 시행할 수 있다.

제13조(평가방법) ① 발주청은 감독 권한대행 등 건설사업관리용역 평가를 하고자 하는 경우에는 별지 제6호 및 별지 제7호서식에 따른 평가자료를 건설엔지니어링사업자 및 책임건설사업관리기술인으로 하여금 작성·제출토록 하여야 한다.

② 제1항에 따라 평가자료의 작성·제출을 요청받은 자는 특별한 사유가 없으면 발주청의 요청을 받은 날로부터 20일 이내에 평가자료를 작성、제출하여야 한다.

③ 발주청은 감독 권한대행 등 건설사업관리용역평가를 위해 현장점검을 하는 경우 그 시기를 정하여 건설엔지니어링평가위원회, 건설엔지니어링사업자 및 책임건설사업관리기술인에게 통보하고 실시하여야 한다.

④ 발주청은 감독 권한대행 등 건설사업관리용역평가시 별지 제4호서식에 따라 다음과 같이 구분하여 평가한다.

1. 건설사업관리용역사업자 평가 : 100점

2. 용역 후 참여기술인 평가 : 100점(가、감점 별도 가산)

⑤ 각 세부 항목별 평가는 5단계(100%, 90%, 80%, 70%, 60%)로 구분하여 절대평가로 한다.

⑥ 평가 항목별 평가점수는 소수점 둘째 자리로 하고 소수점 셋째 자리에서 반올림한다.

제14조(세부평가기준) ① 감독 권한대행 등 건설사업관리용역평가는 별표 7의 세부분야에 따라 분류한 후 실시하며, 제13조제4항제1호에 따른 건설사업관리용역사업자에 대한 평가는 별지 제2호서식에 따라 평가하되, 참여 기술인 평가점수는 제13조제4항제2호 및 제3조제1항에 따라 평가된 책임건설사업관리기술인, 분야별 건설사업관리기술인, 기술지원건설사업관리기술인의 평균점수를 반영한다.

② 제13조제4항제2호에 따른 참여기술인에 대한 평가의 대상은 직위(책임, 분야별, 기술지원)별로 대상공사의 공종이나 특성에 적합한 주된 분야의 기술인 각 1인을 건설사업관리용역사업자가 선정하여 별지 제3호서식에 따라 평가한다. 다만, 용역기간이 1년 이상인 경우 참여기간이 3개월 이내인 참여기술인은 평가에서 제외한다.

③ 제12조제2항에 따른 중간평가는 다음 각 호의 기준에 따라 평가한다.

1. 건설사업관리용역사업자에 대한 중간평가는 제1항을 적용하여 평가한다.

2. 참여기술인에 대한 중간평가는 제2항을 적용하여 별지 제5호서식에 따라 평가한다.

④ 발주청은 제3항제2호에 따른 참여기술인의 중간평가 결과, 평가점수가 70점 미만인 기술인은 "교체" 철수시켜야 한다.

⑤ 제3항에 따른 중간평가를 시행하였을 경우, 건설사업관리용역사업자 및 참여기술인에 대한 중간평가 결과를 해당 용역평가 결과에 최대 50퍼센트까지 반영할 수 있다.

⑥ 발주청은 필요하다고 인정되는 경우 별지 제2호 및 제3호서식의 세부평가항목별 배점을 ±30퍼센트 범위 내에서 조정할 수 있다.

⑦ 제13조제2항에 따라 발주청이 건설사업관리용역사업자에게 요청한 자료를 제출하지 않은 평가항목에 대해서는 최하등급을 부여한다.

⑧ 발주청은 다음 각 호에 따라 평가점수를 재산정할 수 있으며, 기한은 평가일 이후 3년까지로 한다.

1. 제13조제2항에 따라 제출된 자료의 허위사실이 확인된 경우 : 관련 항목에 최하등급을 부여

2. 건설엔지니어링사업자가 건설엔지니어링평가위원에게 금품, 향응 등을 제공한 사실이 확인된 경우 : 해당 용역평가 전체 항목에 최하등급을 부여

제4절 시공평가

제15조(평가대상) 시공평가는 영 제82조제2항에 따른 총공사비(관급자재비를 포함한 공사예정금액) 100억원 이상인 건설공사를 대상으로 실시한다. 다만, 단순·반복적인 공사로서 규칙 제32조 각 호에서 정하는 건설공사는 제외한다.

제16조(평가시기) ① 발주청은 해당 공사가 공사기간을 기준으로 공정률이 90퍼센트 이상 진척되었을 때부터 해당 공사의 준공 후 60일까지 시공 평가를 실시하여야 한다.

② 발주청은 해당 공사의 규모, 특성 및 공사여건 등을 감안하여 필요하다고 인정하는 경우에

는 공사의 공기가 90퍼센트에 이르지 아니한 때에 평가를 실시할 수 있으며, 그 결과를 시공평가 결과에 최대 50퍼센트까지 반영할 수 있다.

제17조(평가방법) ① 평가기관은 「건설산업기본법」 제24조제3항에 따른 건설산업종합정보망에 등록된 공사정보를 반기별로 확인하여 시공평가 대상 여부를 다음 달 말일까지 관련 발주청에 확인 요청하여야 한다.

② 발주청은 제1항에 따라 요청받은 시공평가 대상을 참고하여 제15조 및 제16조에 따라 평가대상을 선정하고, 그 선정사실을 해당 건설사업자와 평가기관에게 통보하여야 한다. 이 경우, 발주청은 시공평가에 필요한 자료를 건설사업자에게 요청하여야 한다.

③ 제2항에 따라 시공평가 대상으로 선정된 것을 통보받은 건설사업자는 해당 건설공사의 시공평가에 필요한 자료를 별표 2 및 별표 3를 참고하여 작성하고 통보받은 날로부터 20일 이내 발주청에 제출하여야 한다.

④ 발주청은 제3항에 따라 제출받은 시공평가 자료를 공사감독자 또는 감독 권한을 대행하는 건설사업관리기술인(이하 "감독자"라 한다)에게 사실 관계를 검토하도록 통보하여야 한다.

⑤ 제4항에 따라 시공평가 자료에 대한 검토를 통보받은 감독자는 제18조제1항의 시공평가 세부평가기준에 따라 검토하고, 그 결과를 통보받은 날로부터 7일 이내 발주청에 제출하여야 한다.

⑥ 발주청은 제3항 및 제5항에 따라 건설사업자 및 감독자가 제출한 시공평가에 관한 자료를 확인하여 시공평가위원회에 시공평가 자료로 제출하여야 한다.

⑦ 발주청은 설계변경 등으로 해당 건설공사의 정보가 변경된 경우에는 즉시 평가관리시스템과 건설산업종합정보망에 변경된 정보를 입력하여야 한다.

제18조(세부평가기준) ① 시공평가는 별표 8의 공사구분에 따라 분류한 후 별표 2 및 별표 3에 따라 수행한다.

② 발주청은 별표 2 및 별표 3이 해당 건설공사의 특성상 적용하기 곤란하다고 인정되는 경우에는 법 제5조에 따른 지방건설기술심의위원회 또는 법 제6조에 따른 기술자문위원회의 심의를 거쳐 별표2 및 별표3을 변경할 수 있다. 다만, 배점은 ±20퍼센트 범위 내에서 조정할 수 있다.

③ 발주청은 제2항에 따라 별표 2 및 별표 3을 변경한 경우에는 관련 건설사업자에게 변경사항을 통보하고 인터넷 홈페이지 등에 공개하여야 한다.

④ 별표 3에 따른 평가항목 중 표본추출을 통해 점수를 부여하는 항목은 항목 당 20개 이상의 표본을 추출하는 것을 원칙으로 하며, 공종별로 고르게 표본을 추출하여야 한다.

⑤ 표본선정은 평가 착수 전에 별지 제10호 서식에 따라 평가위원 전원의 서명을 통해 확정한다.

⑥ 평가에 쓰이는 각종 수치는 소수점 둘째자리로 하고 소수점 셋째자리에서 반올림한다.

⑦ 제17조제3항에 따라 발주청이 건설사업자에게 요청한 자료를 제출하지 않은 평가항목에 대해서는 최하점수를 부여한다.

⑧ 발주청은 건설업자가 시공평가위원에게 금품, 향응 등을 제공하여 해당 위원이 평가기간 중에 제4조제8항에 따라 해촉되었거나, 평가완료 후에 해당 평가대상 공사와 관련하여 건설업자가 시공평가위원에게 금품, 향응 등을 제공한 사실이 확인된 경우에는 해당 공사의 시공평가 점수에서 10점을 감점한다.

제3장 종합평가

제1절 일반사항

제19조(평가대상) ① 종합평가는 발주청에서 평가관리시스템을 통해 건설엔지니어링평가 또는 시공평가 결과를 제출한 건설엔지니어링 또는 건설공사에 대하여 다음 각 호에 따라 실시한다.

1. 설계용역 : 직전연도에 평가결과를 제출한 경우

2. 감독 권한대행 등 건설사업관리용역 및 건설공사: 해당 건설공사가 직전연도에 준공되고 평가연도 3월 말일까지 평가결과를 제출한 경우

② 제1항의 건설엔지니어링 또는 건설공사가 공동도급인 경우에는 다음 각 호에 따라 종합평가를 실시한다.

1. 공동이행방식 및 주계약자관리방식인 경우에는 공동수급체의 대표자에 한하여 실시한다.

2. 분담이행방식인 경우에는 모든 구성원에 대하여 실시한다.

3. 혼합방식인 경우에는 혼합된 공동이행방식과 분담이행방식에 대하여 각각 제1호와 제2호를 적용하여 평가를 실시한다.

③ 평가기관은 제1항에 따른 종합평가를 다음 각 호와 같이 구분하여 평가하여야 한다.

1. 건설엔지니어링 종합평가

2. 시공 종합평가

제20조(평가시기) 평가기관은 제19조제1항에 따른 종합평가 대상에 대하여 매년 7월 말일까지 종합평가를 실시하여야 한다.

제21조(평가준비) ① 평가기관은 건설엔지니어링 및 시공 종합평가를 위해 필요한 자료를 제출하도록 업체 및 해당 현황 관리기관에 통보하여야 한다.

② 평가기관은 영 제84조제1항에 따른 각 호의 사항을 평가하기 위하여 다음 각 호의 자료를 발주청, 관계기관 등에게 요청할 수 있다.

1. 건설공사의 하자

2. 「하도급거래 공정화에 관한 법률」의 위반여부

3. 기술개발투자 실적

③ 제1항 및 제2항에 따라 자료제출을 요청받은 자는 특별한 사유가 없는 한 이에 응하여야 한다.

④ 평가기관은 건설엔지니어링 및 시공 종합평가를 위하여 필요하다고 인정하는 경우 소속직원으로 하여금 건설엔지니어링 또는 시공결과를 확인하거나 검토하게 할 수 있다.

제22조(평가결과 공개 및 이의제기 등) ① 평가기관이 제20조에 따라 건설엔지니어링 또는 시공 종합평가를 완료한 때에는 그 결과를 평가관리시스템에 등재하여 해당 건설엔지니어링사업자 또는 건설사업자가 열람하게 할 수 있다.

② 제1항에 따라 건설엔지니어링 또는 시공 종합평가 결과를 열람한 건설엔지니어링사업자 또는 건설사업자는 열람이 가능한 날로부터 10일 이내에 이의신청을 할 수 있다. 다만, 이의신청은 1회에 한한다.

③ 제2항에 따라 이의신청을 접수한 평가기관은 이의신청을 접수받은 날로부터 14일 이내에 재평가를 실시하고 그 결과를 해당 건설엔지니어링사업자 또는 건설사업자에게 즉시 통보하여야 한다. 다만, 이의신청에 대하여 별도 평가위원회를 구성하여 평가위원의 3분의 2가 이의신청의 이유 없음이 명백하다고 판정할 경우에는 재평가를 실시하지 않을 수 있으며 해당 건설엔지니어링사업자 또는 건설사업자에게 이를 통보하여야 한다.

④ 평가기관은 건설엔지니어링 및 시공 종합평가 결과를 평가관리시스템을 활용하여 기록·관리하여야 하며, 매년 8월 말일까지 국토교통부장관에게 보고하여야 한다.

⑤ 평가기관은 건설엔지니어링 및 시공 종합평가 결과를 평가관리시스템 또는 인터넷 홈페이지 등을 통하여 매년 8월 말일까지 공개할 수 있다.

제23조(우수건설엔지니어링사업자 및 우수건설사업자 등의 선정) ① 제22조제4항에 따라 건설엔지니어링 또는 시공 종합평가 결과를 보고받은 국토교통부장관은 영 제85조제1항 및 규칙 제45조에 따라 우수건설엔지니어링사업자 및 우수건설기술인을 별표 7에 따른 건설엔지니어링분류 및 세부분야 분류별로 선정할 수 있으며, 우수건설사업자를 별표 8에 따른 공사 구분별로 선정할 수 있다.

② 국토교통부장관은 제1항에 따라 우수건설엔지니어링사업자, 우수건설사업자 또는 우수건설기술인을 선정할 경우에는 영 제84조제3항에 따라 매년 9월 말일까지 그 결과를 인터넷 홈페이지 등에 공개하여야 한다.

제2절 건설엔지니어링 종합평가

제24조(평가방법 및 세부평가기준) ① 건설엔지니어링 종합평가는 별표 7의 건설엔지니어링분류 및 세부분야분류에 따라 건설엔지니어링사업자 및 참여기술인별로 실시한다.

② 평가기관은 발주청이 제출한 건설엔지니어링평가 점수에 대하여 별표 7의 세부분야에 따라 분류한 후 별표 4의 금액 가중치를 적용하여 건설 엔지니어링사업자 및 참여기술인별 건설엔지니어링평가 평균점수를 산정하여야 한다.

③ 평가기관은 제21조제1항 및 제3항에 따라 제출된 자료를 별표 5에 따라 평가하여야 한다.

④ 평가기관은 제2항 및 제3항의 결과를 아래 산식에 따라 합산하여 별지 제14호서식에 따라 건설엔지니어링사업자 종합평가 점수를 산출하여야 한다.
(산식) 건설엔지니어링 종합평가 점수 = (업체별 건설엔지니어링평가점수[100점만점]×90%) + 제3항에 따른 평가점수(10점만점)

⑤ 평가기관은 제2항의 결과에 따라 건설사업관리용역 참여기술자별 평가점수를 산정하며, 별지 제15호 서식을 활용하여 평가하여야 한다.

⑥ 평가기관은 별지 제14호 및 제15호서식에 따라 작성한 건설엔지니어링 종합평가 결과와 평가자료를 평가관리시스템을 이용하여 기록·관리하여야 한다.

제3절 시공 종합평가

제25조(평가방법 및 세부평가기준) ① 시공 종합평가는 별표 8의 공사구분 분류에 따라 건설사업자별로 실시하여야 한다.

② 평가기관은 발주청이 제출한 시공평가점수에 대하여 별표 8의 공사구분에 따라 분류한 후 별표 4의 금액 가중치를 적용하여 건설사업자별 시공평가 평균점수를 산정하여야 한다.

③ 평가기관은 제21조제1항부터 제3항까지에 따라 제출된 자료를 별표 6에 따라 평가하여야 한다.

④ 평가기관은 제2항 및 제3항의 결과를 합산하여 시공 종합평가 점수를 산출하여야 한다.

⑤ 평가기관은 별지 제16호서식에 따라 작성한 시공 종합평가 결과와 평가자료를 평가관리시스템을 이용하여 기록·관리하여야 한다.

【별표 2】

시공평가표

평가항목			배점	평가등급			
대분류(배점)	중분류(배점)	세분류		우수(×1.0)	보통(×0.8)	미흡(×0.6)	불량(×0.4)
I. 공사관리 (65)	1.품질관리 (12)	1.1 품질관리계획 및 품질시험계획의 적정성 및 적기제출	3	적기제출 및 매우 적정	적기제출 및 적정	지연제출 또는 1차 보완	미제출 또는 2차이상 보완
		1.2 품질관리자 및 품질시험 시설의 적정 여부	3	매우 적정	적정	부적정	매우 부적정
		1.3 품질관리의 적정성	6	문서에 의한 지적건수 1건 미만 (연평균)	문서에 의한 개선지적 1건 이상 (연평균)	시정명령	과태료, 과징금, 벌점 부과 등
	2.공정관리 (6)	2.1 공정관리계획 적정성 및 적기제출	2	적기제출 및 매우 적정	적기제출 및 적정	지연제출 또는 1차 보완	미제출 또는 2차이상 보완
		2.2 계약공기 준수여부	4	공기 단축	예정공기 준수	1%이하 지연	1%초과 지연
	3.시공관리 (20)	3.1 현장인력 배치의 적정 여부	3	매우 적정	적정	부적정	매우 부적정
		3.2 시공계획서의 적정성 및 적기제출	3	적기제출 및 매우 적정	적기제출 및 적정	지연제출 또는 1차 보완	미제출 또는 2차이상 보완
		3..3 세부공종별 시공계획서의 이행 여부	6	없음	문서에 의한 개선지적	시정명령	과태료, 과징금, 벌점 부과 등
		3.4 민원발생 건수	2	없음	1건 이하 (연평균)	2건 이하 (연평균)	2건 초과 (연평균)
		3.5 시공상세도 작성의 충실도 및 이행여부	4	100% 작성	95%이상 작성	90%이상 작성	90% 미만 작성 또는 이와 관련 행정처분을 받은 경우
		3.6 설계도서 사전 검토의 적정성	2	매우 적정	적정	미흡	미실시
	4.하도급 관리 (6)	4.1 하도급 계약의 적정성	3	없음	1건	2건	3건 이상
		4.2 하도급 관리의 적정성	3	없음	1건	2건	3건 이상
	5.안전관리 (15)	5.1 안전관리계획의 적정성 및 적기제출	3	적기제출 및 매우 적정	적기제출 및 적정	지연제출 또는 1차 보완	미제출 또는 2차이상보완
		5.2 안전관리의 적정 여부	2	매우 적정	적정	부적정	매우 부적정
		5.3 안전관리의 적정성	4	없음	문서에 의한 개선지적	시정명령, 과태료,	과징금, 벌점 부과 등
		5.4 당해 현장의 재해율(%)	6	0.5배 이하	0.8배 이하	1.0배 이하	1.0배 초과
	6.환경관리 (6)	6.1 환경관리계획 이행의 적정성	3	100% 이행	90%이상 이행	80%이상 이행	80%미만 이행
		6.2 환경관리의 적정성	3	없음	문서에 의한 개선지적	시정명령, 과태료,	과징금, 벌점 부과 등
II.	7.시공품질	7.1 공사 완성도	5	95% 이상 만족	90% 이 만족	80% 이상 만족	80% 이상 만족

평가항목			배점	평가등급			
대분류 (배점)	중분류 (배점)	세분류		우수 (×1.0)	보통 (×0.8)	미흡 (×0.6)	불량 (×0.4)
목적물의 품질 및 성능 (35)	(18)	7.2 주요 공종 시설물의 도면, 시방서 준수비율	9	없음	1점 이하 (연평균)	2점 이하 (연평균)	3점 이하 (연평균)
		7.3 공사중지 및 재시공 여부	4	없음	1건 이하 (연평균)	2건 이하 (연평균)	3건 이하 (연평균)
	8.구조안전성 (13)	8.1 목적물 손상 및 결함, 구조안전 조치 여부	5	주요부재에 전반적으로 문제점이 거의 없는 상태	주요부재에 경미한 손상, 결함이 발생한 상태	구조안전을 고려한 정밀 안전점검을 실시	구조안전 확보를 위한 보강 등을 실시
		8.2 중대건설현장 사고 등의 발생 여부	8	미발생	중대결함 등 발생하였으나, 적절히 보수·보강	중대결함 등 발생후 적절한 보수·보강 미흡	시설물붕괴나 전도 등 발생
	9.창의성 (4)	9.1 설계도서 사전검토를 통한 사용성 및 유지보수성 향상여부	4	10건 이상	3건 이상	2건 이하	없음
(가점) (3.5)		공사 특성 및 난이도 등에 따른 보정	1.5				
		시공자 제안으로 인한 공사비 절감비율	1.0	1/1000 초과	0.3/1000~ 1/1000 이하	0.3/1000 이하 미만	실적없음 0점처리 (가점없음)
		품질관리자의 정규직 채용 비율	0.5	정규직 비율이 60% 이상인 경우	정규직 비율이 40% 이상인 경우	정규직 비율이 20% 이상인 경우	정규직 비율이 20% 미만인 경우 0점처리 (가점없음)
		안전·보건관리자의 정규직 채용 비율	0.5	정규직 비율이 60% 이상인 경우	정규직 비율이 40% 이상인 경우	정규직 비율이 20% 이상인 경우	정규직 비율이 20% 미만인 경우 0점처리 (가점없음)
(감점) (–10)		안평가위원에게 금품·향응 제공	–10				

【별표 3】

시공평가 세부평가기준

1. 세부기준 및 방법

평가 항목			세부기준 및 방법
대분류	중분류	세분류	
I. 공사관리	1. 품질관리	1.1 품질관리계획 및 품질시험계획의 적정성 및 적기수립	– 발주자의 요구 또는 건설기술진흥법 시행령 제90조에 의한 적기 제출 및 승인, 관련 계획의 적정성 여부 평가 ※ 제출일을 기준으로 하되, 발주자의 보완 요청이 있는 경우는 최종 제출일을 기준으로 함 ※ 건설기술진흥법 시행령 제90조제1항 : 건설공사 착공(건설공사 현장의 부지정리 및 가설사무소의 설치 등의 공사 준비는 착공으로 보지 아니한다) 전에 발주자에게 승인을 받아야 한다. ※ 건설사업관리기술자(감리자) 또는 감독자의 적기 미확인 시, 평가자가 사유 확인 후, 시공자 귀책 여부를 판단하여 평가 ※ 적정성은 관련 기준을 만족한 경우 적정, 다수 항목이 기준 이상을 만족하는 경우는 매우적정(세분류 2.1, 3.2, 6.1 적용)
		1.2 품질관리자 및 품질시험시설의 적정 여부	– 건설공사 품질관리를 위한 시설 및 품질관리자 배치기준 부합 여부 ※ 발주청이 승인한 경우 조정된 투입시기 및 인원을 기준으로 함 ※ 건설기술진흥법 제55조 참조
		1.3 품질관리의 적정성	– 외부점검기관(발주청 포함)의 개선 지적건수로 평가 – 문서에 의한 개선 지적건수를 대상으로 함(동일건 재발송은 제외) ※ 건수는 연평균 건수임(전체 건수/공사기간, 반올림) ※ 외부점검기관은 건설기술진흥법 제54조에 따른 국토교통부장관 또는 관련 정부부처, 지자체장을 말함 – 품질관리의 부적합 관련하여 시정명령을 받은 경우에는 '미흡', 벌점 등 행정조치를 받은 경우에는 '불량'으로 평가 ※ 벌칙 관련 규정 – 건설기술진흥법 제80조(시정명령) 제2호 : 건설기술진흥법 제55조 제1항 및 제2항에 따른 품질관리계획 또는 품질시험계획을 성실히 이행하지 아니하거나 품질시험 또는 검사를 성실하게 수행하지 아니한 경우 – 건설기술진흥법 제88조(벌칙) 제3호 : 건설기술진흥법 제55조제1항 및 제2항에 따른 품질관리계획 또는 품질시험계획을 성실히 이행하지 아니하거나 품질시험 또는 검사를 하지 아니한 건설업자 또는 주택건설등록업자 – 국토교통부 벌점측정기준 1.12 및 1.13항에 해당되는 경우 ※ 발주자는 필요시 기술자문위원회(지방건설기술심의위원회)의 심의를 거쳐 공사 기간 전체에 대하여 품질관리계획 및 품질시험계획의 이행여부를 참고해 이행건수 비율을 측정하여 품질관리의 적정성을 평가할 수 있음

평가 항목			세부기준 및 방법
대분류	중분류	세분류	
1. 공사관리	2. 공정관리	2.1 공정관리 계획 적정성 및 적기제출	– 계약(발주자의 요청사항)에 따라 적기 제출 및 승인, 관련 계획의 적정성 여부 평가 ※ 제출일을 기준으로 하되, 발주자의 보완 요청이 있는 경우는 최종 제출일을 기준으로 함 ※ 적기 미승인 시 평가자가 사유 확인 후 평가
		2.2 계약공기 준수여부	– 계약공기를 기준으로 하되, 불가항력 또는 발주자의 사정으로 인한 공기가 연장된 경우는 변경된 공기를 기준으로 함 ※ 평가시점에서 준공되지 않은 경우에는 계획공기대비 진도율로서 평가
	3. 시공관리	3.1 현장인력 배치의 적정 여부	– 현장대리인 및 배치기술자 기준 만족 여부 ※ 건설산업기본법 시행령 35조, 건설기술자의 현장배치기준 등 참조 ※ 발주자의 요구사항이 있는 경우, 해당 사항의 만족 여부 함께 고려
		3.2 시공계획서의 적정성 및 적기수립	– 계약문서와 관련규정에 따른 시공계획서의 적기 제출 및 승인, 관련 계획의 적정성 여부 평가 ※ 총괄계획서 및 공종별 계획서를 모두 포함 ※ 제출일을 기준으로 하되, 발주자의 보완 요청이 있는 경우는 최종 제출일을 기준으로 함 ※ 건설사업관리자(감리자) 또는 감독자의 적기 미확인 시, 평가자가 사유 확인 후, 시공자 귀책 여부를 판단하여 평가 ※ 세부공종별 계획서를 포함하여 총 지연 기간을 합산한 수치로 평가
		3.3 세부공종별 시공계획서의 이행 여부	– 시공계획서의 이행 관련하여 발주기관 및 외부점검기관의 문서에 의한 개선 지적이나 시정명령 등 행정조치를 받은 결과로 평가 – 현지 시정 이상의 지적(동일건 재발송은 제외) ※ 외부점검기관은 건설기술진흥법 제54조에 따른 국토교통부장관 또는 관련 정부부처, 지자체장을 말함 ※ 발주자는 필요시 기술자문위원회(지방건설기술심의위원회)의 심의를 거쳐 운영지침에 의거하여 제출된 시공계획서 중 일부항목을 표본추출하여 계획대비 이행건수 비율을 측정하여 이행여부를 평가할 수 있음
		3.4 민원발생 건수	– 시공자 귀책에 의한 민원 발생 건수로 평가 ※ 건수는 연평균 건수임(전체 건수/공사기간, 반올림) ※ 발주처나 시공사에 서류로 접수된 시공관련 민원건수를 대상으로 함.
		3.5 시공상세도 작성의 충실도 및 이행여부	– 공사기간 전체를 대상으로 표본추출을 통하여 시방서, 발주청 작성기준 등 관련 기준에 따라 작성 이행된 건수 비율로 평가 – 공사마다 내용이 상이하므로 공통항목 표본추출 제외 ※ 이행건수 비율 = 작성 이행 건수 / 표본추출 건수

평가 항목			세부기준 및 방법
대분류	중분류	세분류	
Ⅰ. 공사관리	3. 시공관리		(관련 벌칙 규정) ※건설산업기본법 제82조(영업정지 등) 제1항 제6호의나 : 건설기술진흥법 제48조제41항에 따른 시공상세도면의 작성의무를 위반하거나 건설사업관리를 수행하는 건설기술자 또는 공사감독자의 검토와 확인을 받지 아니하고 시공한 경우 – 국토교통부 벌점측정기준 1.8항에 해당되는 경우, 불량으로 평가
		3.6 설계도서 사전 검토의 적정성	– 시공자가 설계도서의 사전 검토를 통하여 아래와 같은 수정사항 등을 발견하여 이의 수정을 발주자에게 서면 요청한 사항에 대하여 평가 ①설계도서의 내용이 현장 조건과 일치하는지 여부 ②설계도서대로 시공할 수 있는지 여부 ③그 밖에 시공과 관련된 사항 ※해당 공종의 시공 착수 전에 발견한 사항으로 한정한다 ※관련 규정 – 건설기술진흥법 제48조 제2항 : 설계도서를 제출받은 건설기술용역업자, 건설업자 또는 주택건설등록업자는 해당 건설공사를 시공하기 전에 설계도서를 검토하고 그 결과를 발주청에 보고하여야 한다. – 시행규칙 제41조 : 법 제48조제2항에 따라 건설사업관리용역업자, 건설업자 또는 주택건설등록업자가 설계도서에 대하여 검토하여야 할 사항 참조
	4. 하도급 관리	4.1 하도급 계약의 적정성	– 하도급계약의 부적정에 의한 발주청의 재발주 요청 건수 및 타절 발생 건수로 평가
		4.2 하도급 관리의 적정성	– 하도급거래공정화에 관한 법률 및 건설산업기본법의 하도급 관련 규정 위반(공사비 지불, 재하도급 등) 건수 ※공사비 지불기간 : 건설산업기본법제34조 및 하도급거래공정화에 관한 법률 제13조 참조
	5. 안전관리	5.1 안전관리 계획의 적정성 및 적기제출	– 발주청의 요구 또는 건설기술진흥법 시행령 제98조 안전관리계획의 수립에 의한 (총괄 및 세부공종별) 안전관리계획서의 적기 제출 및 승인, 관련 계획의 적정성 여부 평가 ※제출일을 기준으로 하되, 발주자의 보완 요청이 있는 경우는 최종 제출일을 기준으로 함 ※건설기술진흥법 제98조2항에 의거, 안전관리계획서는 공사감독자 또는 건설사업관리기술자의 검토 및 확인을 받아 건설공사 착공(건설공사현장의 부지정리 및 가설사무소의 설치 등의 공사준비는 착공으로 보지 아니한다)전에 발주자에게 제출되어야 한다. ※대상시설물별 세부안전관리계획의 제출 : 발주청 요구기간내 또는 공사 수행전 제출 ※건설사업관리자(감리자) 또는 감독자의 적기 미확인 시, 사유 확인 후 시공자 귀책 여부를 판단하여 평가 ※세부공종별 계획서를 포함하여 총 지연 기간을 합산한 수치로 평가

평가 항목			세부기준 및 방법
대분류	중분류	세분류	
		5.2 안전관리조직 구성의 적정 여부	– 건설기술진흥법 제64조에 규정된 건설공사 안전관리조직의 조건 만족 여부(①~④ 모두 만족) ①해당 건설공사의 시공 및 안전에 관한 업무를 총괄하여 관리하는 안전총괄책임자 ②토목·건축·전기·기계·설비 등 건설공사의 각 분야별 시공 및 안전관리를 지휘하는 분야별 안전관리책임자 ③건설공사현장에서 직접 시공 및 안전관리를 담당하는 안전관리 담당자 ※발주청이 승인한 경우 조정된 사항을 조직 구성의 기준으로 함 ④수급인과 하수급인으로 구성된 협의체의 구성원
	5. 안전관리	5.3 안전관리의 적정성	– 안전관리대책, 안전시설 설치, 안전관리 관련하여 시정명령 등 행정조치를 받은 결과로 평가 (관련 벌칙 규정) ※건설기술진흥법 제80조(시정명령) 제3호 : 건설기술진흥법 제62조 제1항 및 제2항에 따른 안전관리계획을 성실하게 수행하지 아니한 경우 ※건설기술진흥법 제88조(벌칙) 제6호 : 건설기술진흥법 제62조제1항 및 제2항에 따른 안전관리계획을 수립 및 이행하지 아니하거나 안전점검을 하지 아니한 건설업자 또는 주택건설등록업자 – 국토교통부 벌점측정기준 1.10 및 1.11항에 해당되는 경우 ※발주자는 필요시 기술자문위원회(지방건설기술심의위원회)이 심의를 거쳐 안전관리계획(공종별 포함)의 이행여부를 공사기간 전체를 대상으로 표본추출(운영지침 참고)하여 이행건수 비율을 측정하여 평가할 수 있음
		5.4 당해 현장의 재해율(%)	– 현장 단위의 환산재해율을 계산하여 평균환산재해율 대비 비율로 평가(소수 세째자리 반올림) ※산업안전보건법의 환산재해율 기준 준용 ※평가 시점에서 가장 최근의 한국산업안전보건공단 평균환산재해율을 기준으로 평가 ※공사기간 전체를 산출 대상으로 함
	6. 환경관리	6.1 환경관리계획 이행의 적정성	– 환경영향평가를 통한 변경된 사업내용의 이행여부를 공사기간 전체를 대상으로 표본추출하여 이행건수 비율을 측정하여 평가함 – 공사마다 내용이 상이하므로 공통항목 표본추출 제외 ※이행건수 비율 = 이행건수 / 표본추출 수 – 환경영향평가법 제19조(협의내용의 이행 등) 기준 참조 ※환경영향평가 협의대상공사가 아닌 경우, 발주자는 승인된 환경관리계획를 토대로 공사기간 전체를 대상으로 표본추출하여 이행건수 비율을 측정하여 평가함

평가 항목			세부기준 및 방법
대분류	중분류	세분류	
		6.2 환경관리의 적정성	– 환경관리대책, 소음진동, 분진, 폐기물 처리, 재활용 등과 관련하여 시정명령 등 행정조치를 받은 결과로 평가
II. 목적물의 품질 및 성능	7. 시공품질	7.1 공사 완성도	– 준공검사에서 건설사업관리자(감리자)가 지적한 하자 보고서를 토대로 평가 – 준공 이전에 평가할 경우에는 중간시점의 하자검토보고서 및 평가자의 판단에 따른 공사 전반에 걸친 완성도를 평가(평가 사유를 명기) –해당 공사의 주요 공종을 구분하고, 각 공종별로 완성도를 우수, 보통, 미흡, 불량 등급으로 평가한 후, 이를 공종별 공사비를 가중치로 하여 평가 ※발주자는 필요시 기술자문위원회(지방건설기술심의위원회)의 심의를 거쳐 자체 개발한 품질지수나 체크리스트 등을 활용하여 평가할 수 있음.
		7.2 주요 공종 시설물의 도면, 시방서 준수비율	– 부실시공관련 벌점 부과 점수로 평가 ※국토교통부 벌점측정기준 가운데 1.1내지 1.7, 1.15내지 1.18에 해당하는 벌점을 대상으로 함. ※연평균 벌점부과점수로 평가(전체 벌점부과점수/공사기간, 반올림) ※발주자는 필요시 기술자문위원회(지방건설기술심의위원회)의 심의를 거쳐 주요 공종 시설물을 대상으로 표본추출을 통하여 도면 시방서 등 관련 기준에 따라 적절히 시공된 건수 비율을 측정하여 평가할 수 있음
		7.3 공사중지 및 재시공 여부	– 공사중지 및 재시공된 건수를 평가 ※발주자가 설계도면 또는 시방서에 따라 시공되지 않은 부분을 부실시공으로 규정하고, 공사중지나 철거 후 일괄 재시공토록 지적한 건수를 평가 ※건수는 연평균 건수임(전체건수/공사기간, 반올림) ※관련 규정 – 건설기술진흥법 제40조(건설사업관리 중 공사중지 명령 등) ① 제39조제2항에 따라 건설사업관리를 수행하는 건설기술용역업자는 건설업자가 건설공사의 설계도서·시방서, 그 밖의 관계 서류의 내용과 맞지 아니하게 그 건설공사를 시공하는 경우에는 재시공·공사중지 명령이나 그 밖에 필요한 조치를 할 수 있다.
	8. 구조 안전성	8.1 목적물 손상 및 결함, 구조 안전조치 여부	– 목적물의 점검 및 현장확인 등을 통하여 제시된 결과로 평가 ※점검(안전점검, 정기안전점검 등) 및 현장확인 결과, 주요부재에 문제점이 거의 없는 경우, 경미한 손상이나 결함 발생 경우, 구조안전성 확보를 위한 정밀안전점검을 실시한 경우, 구조안전 확보를 위한 보강을 실시한 경우로 분류하여 평가 – 필요시 준공시점에서 무작위 비파괴시험, 코어 채취 등을 실시하여 직접 평가 가능

평가 항목			세부기준 및 방법
대분류	중분류	세분류	
	8. 구조 안전성	8.2 중대건설현장 사고 등의 발생 여부	– 중대사고의 발생 여부 및 그 피해, 보수의 정도를 평가 ※관련 규정 – 시설물이 붕괴되거나 전도되어 재시공이 필요하거나 국토교통부장관 등의 사고조사가 필요하다고 판단되는 중대건설현장사고가 발생한 건설공사(건설기술진흥법 제67조 및 동법 시행규칙 62조 규정 참조) – 건설공사 현장에서 시설물의 안전관리에 관한 특별법 시행령 제12조 제1항 각호에 따른 중대한 결함이 발생한 건설공사 – 재난및안전관리기본법 제3조 제1호나목에 따른 화재·붕괴·폭발 등의 재난이 발생한 건설공사
	9. 창의성	9.1 설계도서 사전 검토를 통한 사용성 및 유지보수성 향상 여부	– 공사비 증감이 수반되지는 않으나 설계개선 및 신기술 신공법 적용 등으로 구조물의 내구성 및 사용성과 유지보수성을 향상시킨 건수로 평가
(가점)		공사 특성 및 난이도 등에 따른 보정	(첨부) 평가표 참조, 최대 1.5점
		시공자 제안으로 인한 공사비 절감 비율	– 시공사 제안에 의한 개선 사항중 발주청이 채택하여 공사비 절감된 비율(신기술/신공법 적용 포함) ※절감 비율 = 공사 기간 중 절감 총액 / 최종 설계변경된 공사금액 ※단, 절감실적이 없을 경우 0점 처리
		품질관리자의 정규직 채용 비율	(첨부) 평가표 참조, 최대 0.5점
		안전·보건 관리자의 정규직 채용 비율	(첨부) 평가표 참조, 최대 0.5점

주 : 발주자가 필요시 기술자문위원회(지방건설기술심의위원회)의 심의를 거쳐 시공계획서의 이행여부 등을 표본추출을 통하여 평가할 경우, 100% 이행 시 우수(×1.0), 90%이상 보통(×0.8), 80%이상 미흡(×0.6), 80% 미만 이행 시 불량(×0.4)으로 평가하는 것을 기준으로 하되, 행정처분에 의한 평가등급과의 형평성을 고려하여 평가등급을 조정해야 한다.

2. (가점) 공사 특성 및 난이도 등에 따른 보정 (최대 1.5점)

1) 구조물의 특수성에 대응 (최대 1점)

※ 아래 사항에 해당되는 사항이 있는 경우, 각각 0.5점을 가점한다.

- 교량·터널·항만·댐·건축물 등 공중의 이용 편의와 안전을 도모하기 위하여 특별히 관리할 필요가 있거나 구조상 유지관리에 고도의 기술이 필요하다고 인정하여 "시설물의 안전관리에 관한 특별법" 시행령 별표1에서 규정하고 있는 1종 시설물

가. 도로교량
- 상부구조형식이 현수교, 사장교, 아치교 및 트러스교인 교량
- 최대 경간장 50미터 이상의 교량(한 경간 교량은 제외한다)
- 연장 500미터 이상의 교량
- 폭 12미터 이상이고 연장 500미터 이상인 복개구조물

나. 철도교량
- 고속철도 교량, 도시철도의 교량 및 고가교, 상부구조형식이 트러스교 및 아치교인 교량, 연장 500미터 이상의 교량

다. 도로터널
- 연장 1천미터 이상의 터널, 3차로 이상의 터널, 터널구간의 연장이 500미터 이상인 지하차도

라. 철도터널
- 고속철도 터널, 도시철도 터널, 연장 1천미터 이상의 터널

마. 갑문시설

바. 계류시설
- 0만톤급 이상 선박의 하역시설로서 원유부이(BUOY)식 계류시설(부대시설인 해저송유관을 포함한다)
- 말뚝구조의 계류시설(5만톤급 이상의 시설만 해당한다)

사. 다목적댐, 발전용댐, 홍수전용댐 및 총저수용량 1천만톤 이상의 용수전용댐

아. 공동주택 외의 건축물
- 21층 이상 또는 연면적 5만제곱미터 이상의 건축물
- 연면적 3만제곱미터 이상의 철도역시설 및 관람장
- 연면적 1만제곱미터 이상의 지하도상가(지하보도면적을 포함한다)

자. 하구둑

차. 포용조수량 8천만톤 이상의 방조제

카. 특별시 및 광역시에 있는 국가하천의 수문 및 통문(通門)

타. 국가하천에 설치된 높이 5미터 이상인 다기능 보

파. 상수도
- 광역상수도, 공업용수도, 1일 공급능력 3만톤 이상의 지방상수도

2) 도시 등의 작업 환경, 사회 조건 등에 대한 대응(최대 0.5점)

※ 아래 사항에 해당하는 경우 0.5점을 가점한다.

가. 소음진동관리법 시행규칙 제18조 제1항 및 [별표7]과 관련하여 총동력 합계 5,000마력 이상인 사업장

나. 소음진동관리법 시행규칙 제26조관련 [별표11]에 규정된 소음진동규제지역에서 시행되는 건설공사

3. 환산재해율 산정방법

1) 산정방법

$$\text{환산재해율} = \frac{\text{환산 재해자 수}}{\text{상시 근로자 수}} \times 100$$

$$\text{상시근로자수} = \frac{\text{평가대상 공사금액} \times \text{노무비율}}{\text{건설업 월 평균임금} \times 12}$$

2) 재해자수 산정기간

- 환산재해자수는 시공평가 현장의 전체 공사기간에 산업재해를 입은 근로자 수의 합계로 산출

3) 산정원칙

- 당해 업체의 소속 재해자 수에 하도급업체 소속재해자수를 합산하여 산정
- 공동이행방식, 분담이행방식 모두 개별적으로 소속 재해자수를 합계
- 장비임대 및 설치, 해체, 물품납품 등에 관한 계약을 체결한 사업주의 소속근로자가 당해 건설공사와 관련된 업무수행중에 재해를 입은 경우 시공회사 재해자수에 합산함.

4) 사망재해 재해자수 산정

- 가중치 부여
  - 가중치는 일반재해자의 5배
  - 평가 시점의 사망자만 고려

- 가중치 미부여
  - 고혈압 등 개인지병에 의한 경우

4. (가점) 품질관리자의 정규직 채용 비율 및 안전·보건관리자의 정규직 채용 비율

1) 평가방법

- 정규직 채용 비율은 아래 식에 따라 산출하되, 소수점 첫째 자리에서 반올림한다.
- 평가 대상 기술자 수는 「건설기술 진흥법」 및 「산업안전보건법」에서 정한 기준에 따른 기술자 수로 하되, 계약조건에서 기술자 수를 별도로 정하였을 경우에는 계약조건에 따른 기술자 수로 한다.
- 정규직 기술자 수는 모든 선임된 기술자 중 비정규직 기술자를 제외한 기술자 수이며, 정규직과 비정규직을 구분하는 방법은 다음과 같다.

가. 근로계약서 상 근로기간을 정하는 계약 또는 현장 단위 계약은 비정규직

나. 연봉제 근로계약을 체결하면서 근로계약기간을 1년으로 정한 경우에는 비정규직

다. 선임기간 중 고용형태가 비정규직에서 정규직으로 변경된 경우에는 정규직, 정규직에서 비정규직으로 변경된 경우에는 비정규직

라. 선임된 기술자가 다른 기술자로 변경된 경우에는 후임 기술자의 고용형태에 따름

- 위의 구분 방법에도 불구하고 정규직 기술자 중에서 다음의 조건을 만족하는 기술자만을 정규직 기술자 수에 반영한다.
  가. 공사 기간이 2년 미만인 경우: 선임 후 공사 기간의 1/2을 초과하여 근무한 기술자
  나. 공사 기간이 2년 이상인 경우: 선임 후 1년 이상 근무한 기술자
  다. 다만, 선임된 기술자가 다른 기술자로 변경된 경우에는 1인이 변경 전·후 기간 동안 근무한 것으로 간주

- 예시
  가. 법에서 정한 기준이 2명이고, 전체 공사기간 동안 정규직 2명과 비정규직 1명을 선임했을 경우 → 평가 대상 2명, 정규직 2명
  나. 법에서 정한 기준이 3명이고, 전체 공사기간 동안 정규직 1명과 비정규직 4명을 선임했을 경우 → 평가 대상 3명, 정규직 1명
  다. 공사기간이 1년6개월이고 법에서 정한 기준이 1명이며, 선임 기술자가 다음 표와 같을 경우 → 평가 대상 1명, 정규직 1명

선임 기술자	고용형태 / 근무기간	정규직 기술자 수	비 고
기술자 1	비정규직 / 1년 → 정규직 6개월	1	고용형태가 정규직으로 변경됨
기술자 2	정규직 / 8개월	0	공사 기간의 1/2 미만

  라. 공사기간이 3년이고 법에서 정한 기준이 2명이며, 선임 기술자가 다음 표와 같을 경우 → 평가 대상 2명, 정규직 1명

선임 기술자	고용형태 / 근무기간	정규직 기술자 수	비 고
기술자1	비정규직 / 3년	0	
기술자2(선임)	정규직 / 2년	0	후임 기술자가 비정규직
기술자3(후임)	비정규직 / 1년		
기술자4	정규직 / 1년1개월	1	1년 이상 근무

2) 평가자료

- 기술자의 정규직 여부는 4대보험 자격취득신고서 및 근로계약서 등으로 확인한다.

【별표 4】

금액 가중치 적용방법

1) 용역규모를 고려한 객관성 있는 평가가 되도록 용역금액을 가중치로 적용한다.

2) 용역금액을 가중치로 반영하는 방법(일례)

ㅇA업체가 받은 용역평가점수 현황

용역명	용역규모(억원)	용역평가점수
OOOO국도 확장공사	20	90
OOOO교량 신설공사	30	85
OOOO고속도로 확장공사	50	95

⇨ A업체의 용역평가평균점수 = = 91점

【별표 5】

건설엔지니어링 종합평가 세부평가기준

<table>
<tr><th>평가항목</th><th>평가요소</th><th>세부평가요소</th><th>배점(안)</th><th>평가방법</th></tr>
<tr><td>1. 하도급 거래 공정화 평가</td><td>하도급 위반건수</td><td>최근 1년간 하도급 위반건수</td><td>최대 –1.0</td><td>최근 1년간 「하도급거래 공정화에 관한 법률」에 따른 하도급 위반 건수 또는 시정명령을 받은 횟수마다 0.2점씩을 곱하여 감점</td></tr>
<tr><td rowspan="2">2. 신인도 평가</td><td>행정제재사항</td><td>최근 1년간 영업정지기간 월수</td><td>최대 –1.0</td><td>최근 1년간 법 제31조 및 제32조에 의해 영업정지처분 또는 과징금 처분을 받은 경우 영업정지기간 월수 × 0.1점 감점하며, 영업정지기간이 1월 미만인 경우 1월로 계산</td></tr>
<tr><td>벌점</td><td>누계 평균벌점</td><td>–1.0</td><td>건설엔지니어링업무와 관련하여 법 제53조제1항 및 영 제87조제5항에 의해 벌점을 받은 경우 누계평균벌점으로 계산하며, 아래의 기준에 따라 감점
<table><tr><td>누계 평균 벌점</td><td>20점 이상</td><td>15점 이상 20점 미만</td><td>10점 이상 15점 미만</td><td>5점 이상 10점 미만</td><td>1점 이상 5점 미만</td></tr><tr><td>점수</td><td>1.0</td><td>0.8</td><td>0.6</td><td>0.4</td><td>0.2</td></tr></table></td></tr>
<tr><td rowspan="2">3. 기술능력 평가</td><td>기술개발실적</td><td>신기술, 특허, 실용신안</td><td>2.0</td><td>신기술 0.2점/건, 특허 0.12점/건, 실용신안 0.06점/건
– 개발실적은 건설신기술, 특허, 실용신안을 대상으로 인정하되, 건설신기술은 건설엔지니어링사업자(대표자 포함, 소속직원 제외) 명의로 지정되어 보호기간 내에 있는 경우에 한하여 인정하고, 특허 및 실용신안은 건설엔지니어링사업자(대표자 포함, 소속직원 제외)가 최초 출원인으로 등록된 경우에 한하여 출원일로부터의 경과 기간에 따라 차등하여 합산한 후 인정
<table><tr><td>구 분</td><td>5년 미만</td><td>5년 이상 10년 미만</td><td>10년 이상 20년 미만</td></tr><tr><td>특 허</td><td>100%</td><td>80%</td><td>60%</td></tr><tr><td>실용신안</td><td>100%</td><td>80%</td><td>–</td></tr></table>
– 기술개발실적이 동일내용으로 각각 받은 경우 가장 점수가 높은 1건만 인정
– 기술개발실적은 2인이상이 최초 출원시 공동으로 출원한 경우 해당점수를 출원자의 수로 나누어 인정</td></tr>
<tr><td>기술개발투자</td><td>최근 3년간 기술개발투자액 비율(%)</td><td>8.0</td><td>최근 3년간의 기술개발투자액 비율(%) = 건설기술개발투자액 / 건설부문 총매출액
– 기술개발투자액은 조세특례제한법 시행령 별표6에 규정된 비용중 실제로 사용된 금액으로 함(재무제표상의 연구개발비, 교육훈련비 등)
※주) 참조
<table><tr><td>비율</td><td>1.50% 이상</td><td>1.50% 미만 1.25% 이상</td><td>1.25% 미만 1.00% 이상</td><td>1.00% 미만 0.75% 이상</td><td>0.75% 미만 0.50% 이상</td></tr><tr><td>점수</td><td>8.0</td><td>7.2</td><td>6.4</td><td>5.6</td><td>4.8</td></tr></table></td></tr>
</table>

※ 기간산정은 종합평가시점의 전년도 말일까지를 기준으로 한다.

【별표 6】

시공종합평가 세부평가기준

1. 건설공사 하자 관련 평가방법

- 최근 2년간 해당 건설업자가 준공한 시공평가대상 공사의 평균하자발생비율에 대하여 다음 점수를 감점

평균하자발생비율 (최근 2년간 하자보수보증금 인출 합계 / 하자보수보증금 합계)	감점점수
집행실적이 없는 경우	0
100분의 5 이하인 경우	0.5
100분의 5를 초과하는 경우에는 그 초과하는 100분의 5마다	0.5

2. 하도급거래 공정화에 관한 법률 위반 여부 평가방법

- 최근 3년 이내에 해당 건설업자가 「하도급거래 공정화에 관한 법률」에 따른 시정명령을 받은 횟수를 평가대상 공사건수 합으로 나눈 평균횟수마다 0.5점씩을 곱하여 감점

3. 기술개발투자 실적 평가방법

- 최근 1년 이내에 해당 건설업자가 건설기술개발 투자비를 영 제26조제2항에 따른 권고금액 이상 투자한 경우에는 0.5점을 가점

비고 1

1. 기간산정은 종합평가시점의 전년도 말일까지를 기준으로 한다.

별표 7】

건설엔지니어링 분류기준

1. 건설엔지니어링 분류

가. 설계용역
나. 감독 권한대행 등 건설사업관리용역

2. 세부분야 분류

세부분야	적용범위	비고
도로 및 교통시설	– 도로 – 공항 – 지하철 – 철도	– 도로 및 철도의 교량, 터널 등 포함
수자원시설	– 항만 및 어항 – 간척 – 하천 – 상수도시설 – 댐	– 외곽 및 계류시설, 선박통제시설 등 포함 – 방조제, 배수지, 정수장, 종합치수공사 등 포함
단지개발	– 택지개발 – 공업용지조성 – 매립 – 공원 – 조경시설 – 농지정리 – 관개수로 – 단지 및 도시계획	– 복원 및 매립지 조성, 치산 등 포함 – 용도지역, 지구단위계획 등 포함
건축시설	– 공동주택 – 공용청사 – 교육연구시설 – 병원 – 집회장 – 관람장 – 전시장 – 운수시설 – 판매시설	– 차량기지, 화물주차장, 전동차 검수기지, 군사시설, 철도역사 등 포함 – 해당공사 구분이 곤란한 경우 건축법 시행령 제3조의4의 용도별 건축물의 종류 기준 준용

세부분야	적용범위	비고
환경 및 산업설비시설	– 폐기물처리시설 – 폐수종말처리시설 – 하수종말처리시설 – 하수관거시설 – 발전시설 – 송전시설 – 변전시설 – 통신시설 – 가스저장·배송시설 – 유류저장·배송시설	– 종말처리장, 집단에너지, 증기배관, 차집관로 등 포함

※ 적용시 유의사항

1. 공종이 복합된 공사의 세부분야 분류는 주공종을 기준으로 분류하여 적용

2. 해당공사가 위의 세부분야 분류표에 없는 경우에는 가장 유사한 세부분야를 적용

3. 건설산업기본법 제2조제4호 규정에 의한 건설공사에 해당되는 경우 적용

【별표 8】

공사구분 분류기준

대분류	공사 구분	비고
토목	교통시설	
	수자원시설	
	기타토목	
건축	주거	
	비주거	

※공사구분은 종합심사낙찰제 공사구분 기준 적용을 원칙으로 한다.

■ 건설엔지니어링 및 시공 평가지침 [별지 제2호서식]

(4쪽 중 제1쪽)

평가위원별 감독 권한대행 등 건설사업관리용역 평가표

1. 건설사업관리용역 평가표 【 평가자 : 소속 성명 (인)】

①평가자	소 속	직 급	성 명	② 평가대상기간 (평가일)		
③용 역 명		⑦건설사업관리용역사업자			⑪시 공 사	
④용 역 기 간		⑧대 표			⑫공 사 기 간	
⑤용 역 비		⑨연 락 처			⑬공 사 금 액	
⑥책임기술인명		⑩세 부 분 야		[ ]도로 및 교통시설 [ ]수자원시설 [ ]단지개발 [ ]건축시설 [ ]환경 및 산업설비시설	⑭수 급 형 태	[ ]단독 [ ]공동 [ ]분담 [ ]기타( )
⑮ 평가점수	⑯건설사업관리용역사업자 평가점수(80점)		⑰참여기술인 평가점수(20점)		⑱총 점	

①평가위원별 기재(소속, 직급, 성명)
②평가대상기간 및 평가표를 작성한 년월일을 기재
③계약서상 해당 건설사업관리용역명을 기재 ④전체 건설사업관리용역기간을 기재
⑤건설사업관리용역비를 기재 ⑥책임기술인명을 기재
⑦건설사업관리용역사업자 명칭을 기재
⑧~⑩건설사업관리용역사업자의 대표자 성명, 연락처 및 세부분야를 기재
⑪~⑬시공업체의 명칭(복수인 경우 모두 기재), 전체 공사기간 및 공사금액을 기재 ⑭ 수급형태 선택
⑮평가점수를 기재
⑯건설사업관리용역사업자 평가점수×0.8 ⑰참여기술인 평균점수×0.2(공동도급시 공동도급사에도 공히 적용)

(4쪽 중 제2쪽)

2. 평가위원별 평가표

【 평가자 : 소속 성명 (인)】

<table>
<tr><th>구 분</th><th>평가 항목</th><th>세부기준</th><th>평 가 방 법</th><th>평가점수</th><th>비 고</th></tr>
<tr><td rowspan="3">1. 건설 사업 관리 기술인 조직 및 운영 체계 (30점)</td><td>1) 건설사업 관리단 조직 (10점)</td><td>① 상주기술인 및 기술지원기술인 배치의 적정성 /건설사업관리 기술인 교체의 적정성 (10점)</td><td><table><tr><th>항목 \ 점수</th><th>1.0</th><th>0.9</th><th>0.8</th><th>0.7</th><th>0.6</th></tr><tr><td>건설사업관리기술인 배치의 적정성</td><td></td><td></td><td></td><td></td><td></td></tr><tr><td>건설사업관리기술인 교체의 적정성</td><td></td><td></td><td></td><td></td><td></td></tr></table>* 10 × (Σ해당점수 ÷ 2) = 평가점수</td><td></td><td></td></tr>
<tr><td>2) 건설사업 관리업무 지원 시스템 (10점)</td><td>① 전산프로그램 (전산공정관리 등) 및 장비, 전산기술 조직의 활용 및 실적 (10점)</td><td><table><tr><th>항목 \ 점수</th><th>1.0</th><th>0.9</th><th>0.8</th><th>0.7</th><th>0.6</th></tr><tr><td>전산프로그램 및 장비 활용실적</td><td></td><td></td><td></td><td></td><td></td></tr><tr><td>전산기술조직의 활용 및 실적</td><td></td><td></td><td></td><td></td><td></td></tr></table>* 10 × (Σ해당점수 ÷ 2) = 평가점수</td><td></td><td></td></tr>
<tr><td>3) 건설사업 관리기술인 기술교육 (10점)</td><td>② 건설사업관리 기술인에 대한 교육계획의 수립 및 실시여부 (성공·실패사례 전파 등) (10점)</td><td><table><tr><th>항목 \ 점수</th><th>1.0</th><th>0.9</th><th>0.8</th><th>0.7</th><th>0.6</th></tr><tr><td>교육계획의 적정성 1)
(횟수, 내용등)</td><td></td><td></td><td></td><td></td><td></td></tr><tr><td>계획의 이행실적</td><td></td><td></td><td></td><td></td><td></td></tr></table>1) 교육계획이 없는 경우 0점 처리
* 10 × (Σ해당점수 ÷ 2) = 평가점수</td><td></td><td></td></tr>
</table>

(4쪽 중 제3쪽)

<table>
<tr><th>구 분</th><th>평가 항목</th><th>세부기준</th><th>평 가 방 법</th><th>평가점수</th><th>비 고</th></tr>
<tr><td rowspan="3">2.건설사업 관리 현장 업무 지원 체계1) (20점)</td><td>1) 본사내 현장점검 조직구성 및 운영 (5점)</td><td>① 점검인원 및 활동실적 (5점)</td><td><table><tr><th>항목 \ 점수</th><th>1.0</th><th>0.9</th><th>0.8</th><th>0.7</th><th>0.6</th></tr><tr><td>인원의 적정성</td><td></td><td></td><td></td><td></td><td></td></tr><tr><td>활동실적</td><td></td><td></td><td></td><td></td><td></td></tr></table>* 5.0 × (Σ해당점수÷2) = 평가점수</td><td></td><td></td></tr>
<tr><td>2) 건설사업 관리업무 지원 시스템 (10점)</td><td>① ISO획득여부 (2점)
② 품질관리 활동 실적 (3점)</td><td><table><tr><th>항목 \ 점수</th><th>1.0</th><th>0.9</th><th>0.8</th><th>0.7</th><th>0.6</th></tr><tr><td>①ISO</td><td>유</td><td colspan="4">없는 경우 0점 처리</td></tr><tr><td>②전담조직 활동실적</td><td></td><td></td><td></td><td></td><td></td></tr></table>* (2 × ①해당점수) + (3 × ②해당점수) = 평가점수</td><td></td><td></td></tr>
<tr><td>3) 건설사업 관리 활동에 대한 문제점 및 개선방안 제시 (10점)</td><td>① 현장의 품질, 공정, 안전·환경, 계약관리, 민원 사항 등에 대한 지원의 충실성 (10점)</td><td><table><tr><th>항목 \ 점수</th><th>1.0</th><th>0.9</th><th>0.8</th><th>0.7</th><th>0.6</th></tr><tr><td>교육계획의 적정성 1) (횟수, 내용등)</td><td></td><td></td><td></td><td></td><td></td></tr><tr><td>계획의 이행실적</td><td></td><td></td><td></td><td></td><td></td></tr></table>* 10 × (Σ해당점수÷2) = 평가점수(벌점 10.0초과시 0점 처리)</td><td></td><td></td></tr>
</table>

(4쪽 중 제4쪽)

<table>
<tr><th>구 분</th><th>평가 항목</th><th>세부기준</th><th>평 가 방 법</th><th>평가점수</th><th>비 고</th></tr>
<tr><td rowspan="3">3.기술지원
체계
(50점)</td><td>1) 설계도서
및 시공계획
검토
(20점)</td><td>① 기술검토
활동실적
(20점)</td><td><table><tr><th>항목 \ 점수</th><th>1.0</th><th>0.9</th><th>0.8</th><th>0.7</th><th>0.6</th></tr><tr><td>기술검토 전담조직 인원</td><td></td><td></td><td></td><td></td><td></td></tr><tr><td>활동실적</td><td></td><td></td><td></td><td></td><td></td></tr></table>* 20 × (Σ해당점수÷2) = 평가점수</td><td></td><td></td></tr>
<tr><td>2) 설계변경
검토 및 운영
체계
(20점)</td><td>① 설계변경
검토결과의
적정성 및
신속성
(20점)</td><td><table><tr><th>항목 \ 점수</th><th>1.0</th><th>0.9</th><th>0.8</th><th>0.7</th><th>0.6</th></tr><tr><td>설계변경 검토의 적정성</td><td></td><td></td><td></td><td></td><td></td></tr><tr><td>설계변경 검토의 신속성</td><td></td><td></td><td></td><td></td><td></td></tr></table>* 20 × (Σ해당점수÷2) = 평가점수</td><td></td><td></td></tr>
<tr><td>3) 건설사업
관리단의
지원요청에
대한 대응
(10점)</td><td>① 기술지원의
신속성 및
정확성
(10점)</td><td><table><tr><th>항목 \ 점수</th><th>1.0</th><th>0.9</th><th>0.8</th><th>0.7</th><th>0.6</th></tr><tr><td>교기술지원의 신속성</td><td></td><td></td><td></td><td></td><td></td></tr><tr><td>기술지원의 정확성</td><td></td><td></td><td></td><td></td><td></td></tr></table>* 10 × (Σ해당점수÷2) = 평가점수</td><td></td><td></td></tr>
</table>

▒ 건설엔지니어링 및 시공 평가지침 [별지 제2호서식]

(11쪽 중 제1쪽)

평가위원별 감독 권한대행 등 건설사업관리용역 참여기술인 평가표

1. 참여기술인 평가표 【 평가자 : 소속 성명 (인)】

<table>
<tr><td rowspan="2">①평가자</td><td>소 속</td><td>직 급</td><td colspan="2">성 명</td><td rowspan="2">② 평가대상기간
(평가일)</td><td rowspan="2"></td><td rowspan="2"></td></tr>
<tr><td></td><td></td><td colspan="2"></td></tr>
<tr><td>③용 역 명</td><td colspan="2"></td><td rowspan="3">⑧참여기술인</td><td>성 명</td><td></td><td>⑪자격 및 자격증번호</td><td></td></tr>
<tr><td>④용역기간</td><td colspan="2"></td><td>직 위</td><td></td><td>⑫시 공 사</td><td></td></tr>
<tr><td>⑤평가대상기간</td><td colspan="2"></td><td>등 급</td><td></td><td>⑬공 사 기 간</td><td></td></tr>
<tr><td>⑥용 역 비</td><td colspan="2"></td><td colspan="2">⑨주민등록생년월일(성별)</td><td></td><td>⑭공 사 금 액</td><td></td></tr>
<tr><td>⑦건설엔지니어링사업자</td><td colspan="2"></td><td colspan="2">⑩연 락 처</td><td></td><td>⑮공사전체 공정률</td><td></td></tr>
<tr><td rowspan="2">⑯평가점수</td><td colspan="2">서류평가(80점)</td><td colspan="2">현장시공상태(20점)</td><td colspan="2">가·감점</td><td>합 계</td></tr>
<tr><td colspan="2"></td><td colspan="2"></td><td colspan="2"></td><td></td></tr>
</table>

①①평가위원별 기재(소속, 직급, 성명) ②평가대상기간 및 평가표를 작성한 년월일을 기재
③계약서상 해당 건설사업관리용역명을 기재 ④전체 건설사업관리용역기간을 기재 ⑤전체 건설사업관리용역기간중 평가대상기간을 기재
⑥건설사업관리용역비를 기재 ⑦건설엔지니어링사업자 명칭을 기재. 복수의 건설엔지니어링사업자인 경우 공동도급여부, 공동도급의 종류(공동이행, 분담이행 등), 대표사, 수급체 등을 구체적으로 기재
⑧~⑩참여기술인의 성명, 직위(책임기술인, 분야별 기술인, 기술지원기술인), 등급, 주민등록생년월일 및 연락처를 기재
⑪참여기술인의 기술자격의 종류와 자격증번호를 기재
⑫~⑭시공업체의 명칭(복수인 경우 모두 기재), 전체 공사기간 및 공사금액을 기재
⑮작성일 기준 공정율을 기재 ⑯평가점수를 기재
※ 참여기술인의 평가는 책임기술인, 분야별 기술인, 기술지원기술인별로 평가하되 건설사업관리 참여기간이 3개월 이내인 건설사업관리기술인의 평가는 제외함

2. 세부평가내용

(11쪽 중 제2쪽)

구분		평가 항목	배점	건설사업관리기술인별 평가대상			비고
				책임기술인	분야별 기술인	기술지원기술인	
1.일반행정업무 (35점)		1) 건설사업관리기술인 근무성실도	2	○	○ ×		
		2) 발주청 지시사항이행 충실도	3	○	○ ○		
		3) 건설사업관리업무 관련 문서관리	10	○	○ ○		
		4) 건설사업관리업무보고	15	○	○ ○		
		5) 건설사업관리업무 수행계획	5	○	○ ○		
2. 시공 관리 업무 (40점)	2-1. 품질관리 (15점)	1) 품질관리 및 품질시험계획	5	○	○ ○		
		2) 사용자재의 적정성 검토	5	○	○ ×		
		3) 시험·검사 성과처리	5	○	○ ×		
	2-2. 공정관리 (10점)	1) 공정관리계획	3	○	○ ○		
		2) 공사진도관리	4	○	○ ○		
		3) 부진공정 만회대책/수정공정계획	3	○	○ ○		
	2-3. 안전·환경 관리 (10점)	1) 안전관리계획	2	○	○ ○		
		2) 안전교육 및 안전점검	2	○	○ ○		
		3) 안전관리보고 및 안전관리비 사용	2	○	○ ×		
		4) 공사장주변 안전관리	2	○	○ ○		
		5) 환경관리	2	○	○ ○		
	2-4.계약 관리(5점)	1) 계약내용이행의 충실성 등	5	○	○ ○		
3. 기술적업무 (25점)		1) 설계도서 검토	10	○	○ ○		
		2) 시공계획 검토	5	○	○ ○		
		3) 발주청에 대한 자문의 충실성	4	○	× ○		
		4) 유관기관 의견조정	3	○	○ ○		
		5) 예산절감 활동	3	○	× ○		
소 계[1]		(1+2+3)×0.8	80	○	○	○	
4. 가·감 점							
5. 현장시공상태			20	○	○	○	
합 계2)							

1) 소계는 1.~3.에 대한 평가점수를 합하여 기재

2) 합계는 소계에 0.8을 곱한 값과 4. 및 5.에 대한 평가점수를 합하여 기재

(11쪽 중 제3쪽)

3. 평가위원별 평가표

【 평가자 : 소속 성명 (인)】

<table>
<tr><th>구 분</th><th>평가 항목</th><th>세부기준</th><th>평 가 방 법</th><th>평가점수</th><th>비 고</th></tr>
<tr><td rowspan="2">1. 일반 행정 업무 (35점)</td><td>1) 건설사업 관리 기술인 근무성실도 (2점)</td><td>① 해당 건설사업 관리기술인 근무상태 (2점)</td><td><table><tr><th colspan="2">점수 / 항목</th><th>1.0</th><th>0.9</th><th>0.8</th><th>0.7</th><th>0.6</th></tr><tr><td rowspan="2">건설사업관리 기술인 별 결근일수</td><td>평가기간 1년미만</td><td>0일</td><td>1일</td><td>2일</td><td>3일</td><td>4일이상</td></tr><tr><td>평가기간 1년이상</td><td>0일</td><td>1~2일</td><td>3~4일</td><td>5~6일</td><td>7일이상</td></tr></table>
* 2 × (건설사업관리기술인별 해당 점수) = 평가점수
* 발주청 승인없이 현장을 이석한 경우 2회당 1일로 산정</td><td></td><td></td></tr>
<tr><td>2) 발주청 지시사항 이행 충실도 (3점)</td><td>① 발주청 지시사항의 이행여부 및 신속성 (3점)</td><td><table><tr><th>점수</th><th>1.0</th><th>0.9</th><th>0.8</th><th>0.7</th><th>0.6</th></tr><tr><td>미이행 건수</td><td>0건</td><td>1건</td><td>2~3건</td><td>4~5건</td><td>6건이상</td></tr></table>
* 미이행 건수는 년평균 건수임
* 3× (미이행 건수에 대한 해당점수) − 전체 지연일수 ×0.01 = 평가점수
* 지연 혹은 미이행의 분류는 평가자가 판단
* 처리기한 명기가 안된 경우, 일반사항은 7일 중요사항은 14일을 기준으로 산정</td><td></td><td></td></tr>
</table>

(11쪽 중 제4쪽)

<table>
<tr><th>구 분</th><th>평가 항목</th><th>세부기준</th><th>평 가 방 법</th><th>평가점수</th><th>비 고</th></tr>
<tr><td>1. 일반 행정 업무 (35점)</td><td>3) 건설사업 관리 업무 관련 문서 관리 (10점)</td><td>① 건설사업 관리 업무 기록여부와 내용 충실도 (10점)</td><td><table><tr><th>평가결과</th><th>극히양호</th><th>양호</th><th>보통</th><th>다소불량</th><th>불량</th></tr><tr><td>해당점수</td><td>1.0</td><td>0.9</td><td>0.8</td><td>0.7</td><td>0.6</td></tr></table>
* 10 × (해당 점수) = 평가점수

〈평가서류〉
ㅇ 민원처리현황 및 처리실적
ㅇ 품질관리 실적
ㅇ 검측대장 정리실적
ㅇ 실정보고 등 변경관련 서류
ㅇ 지시사항 및 환경영향평가 등 이행실적 검토
ㅇ 안전재해 대비 실적
ㅇ 기성 및 준공관련 서류</td><td></td><td>ㅇ공사규모 특성 등을 고려하여 평가대상 건설사업관리기술인별 평가내용 선별 적용가능
(발주청에 제출한 건설사업관리보고서 수록내용 적극 활용)</td></tr>
</table>

(11쪽 중 제5쪽)

<table>
<tr><th>구 분</th><th>평가 항목</th><th>세부기준</th><th>평 가 방 법</th><th>평가점수</th><th>비 고</th></tr>
<tr><td rowspan="2">1. 일반
행정
업무
(35점)</td><td rowspan="2">4) 건설사업
관리 업무
보고
(15점)</td><td>① 적기 제출여부
(3점)</td><td><table><tr><td>점 수</td><td>1.0</td><td>0.9</td><td>0.8</td><td>0.7</td><td>0.6</td></tr><tr><td>제출기한으로부터
지연일수의 합계</td><td>기한내</td><td>0~10일</td><td>11~19일</td><td>20~30일</td><td>30일초과</td></tr></table>* 3 × 해당점수 = 평가점수
* 미제출 1건이상시 0점 처리</td><td></td><td></td></tr>
<tr><td>② 내용의 충실성
(12점)</td><td><table><tr><td>평가결과</td><td>극히양호</td><td>양호</td><td>보통</td><td>다소불량</td><td>불량</td></tr><tr><td>해당점수</td><td>1.0</td><td>0.9</td><td>0.8</td><td>0.7</td><td>0.6</td></tr></table>* 12 × (해당 점수) = 평가점수
가. 중간보고서인 경우
ㅇ책임·분야별 건설사업관리기술인의 업무일지
ㅇ품질시험·검사 및 자재관리 사항
ㅇ검측 및 관리현황 등을 검토하여 평가
ㅇ 예상현안, 민원사항과 처리대책
나. 최종보고서인 경우
ㅇ기술검토
ㅇ공사추진 상황
ㅇ우수시공 및 실패 시공사례
ㅇ예산절감 등 관리상태 등을 평가</td><td></td><td>ㅇ공사규모 특성 등을 고려하여 평가대상 건설사업관리기술인별 평가내용 선별 적용가능</td></tr>
</table>

(11쪽 중 제6쪽)

구 분	평가 항목	세부기준	평 가 방 법	평가점수	비 고
1. 일반 행정 업무 (35점)	5) 건설사업 관리 업무 수행계획 (5점)	① 계획서 작성의 충실성 및 시행여부, 공사추진의 적정성 (5점)	① 계획서 작성의 충실성 및 시행여부, 공사추진의 적정성 (5점)		ㅇ건설사업관리업무 수행계획서 작성의 충실성 ㅇ계획내용의 시행여부 ㅇ공사추진의 적정성

(11쪽 중 제7쪽)

구분		평가 항목	세부기준	평가내용	평가점수	비고
2.시공 관리 업무 (40점)	2-1. 품질 관리 (15점)	1) 품질관리 및 품질시험계획 (5점)	① 계획수립의 충실성 및 이행여부 (5점)	ㅇ계획수립의 충실성 ㅇ계획의 이행 여부		ㅇ공사규모 특성 등을 고려하여 평가대상 건설사업관리기술인별 평가내용 선별 적용가능
		2)사용자재의 적정성 검토 (5점)	① 자재공급원 승인의 적정성, 사용자재의 적합성, 자재의 보관·관리·운용의 적정성 (5점)	ㅇ주요자재 공급원 승인의 적정성 ㅇ사용자재의 적합성 ㅇ자재의 보관·관리·운용의 적정성		
		3)시험·검사 성과 처리 (5점)	① 각종 시험 및 검측에 대한 신속한 조치 및 결과 처리 (5점)	ㅇ조치의 신속성 ㅇ시험·검측 결과 처리의 적정성		
	2-2. 공정 관리 (10점)	1) 공정관리계획 (공정표 포함) (3점)	① 공정표 및 공정계획 검토의 충실성 및 적용기법의 적정성 (3점)	ㅇ계획검토의 적정성 ㅇ적용기법의 적정성		
		2) 공사진도 관리 (4점)	① 공정현황보고 정확성 및 기일엄수 여부 (4점)	ㅇ공정현황보고의 정확성 ㅇ공정보고 기일엄수 여부		
		3) 부진공정 만회대책 및 수정공정 계획 (3점)	① 추진계획 대비 실적 지연여부, 만회대책 및 수정공정계획의 적정성, 공정관리 및 공기만회 노력의 충실성 (3점)	ㅇ추진계획 대비 실적 지연여부 ㅇ만회대책 및 수정 공정계획의 적정성 ㅇ공정관리 및 공기 만회 노력의 충실성		

(11쪽 중 제8쪽)

구분		평가 항목	세부기준	평가내용	평가점수	비고
2.시공 관리 업무 (40점)	2-3. 안전·환경 관리 (10점)	1) 안전관리계획 (2점)	① 안전관리 계획수립의 적정성 및 이행여부 (2점)	ㅇ계획수립의 적정성 ㅇ계획의 이행여부		ㅇ공사규모 특성 등을 고려하여 평가대상 건설사업관리기술인별 평가내용 선별 적용가능
		2) 안전교육 및 안전점검 (2점)	① 안전점검 및 안전교육 실시 (2점)	ㅇ공정별 안전점검, 자체안전점검, 정기안전점검 시기, 내용, 실시계획 및 점검결과 조치의 적정성 ㅇ안전교육 계획표, 교육의 종류, 내용 등의 적정성		
		3) 안전관리보고 및 안전관리비사용 (2점)	① 사고처리 등 안전관리 보고의 적정성, 안전관리비 사용의 적정성 (2점)	ㅇ사고처리 등 안전관리 보고의 적정성 ㅇ안전관리비 사용의 적정성		
		4) 공사장주변 안전관리 (2점)	① 공사장주변의 안전관리, 주변 교통에 대한 대책 및 관리 (2점)	ㅇ공사 중 지하매설물의 방호, 인접시설물의 보호 등의 적정성 ㅇ교통안전시설 설치 및 교통소통 계획의 적정성		
		5) 환경관리 (2점)	① 환경오염(소음, 분진, 수질)에 대한 예방조치 (2점)	ㅇ소음·분진발생, 수질오염, 토사유출에 대한 대책·방지 및 관리의 적정성 ㅇ환경과 관련한 민원발생 여부 및 조치의 적정성		
	2-4. 계약 관리등 (5점)	1) 계약내용 이행의 충실성 등 (5점)	① 과업지시서 이행의 충실성, 설계변경 검토의 적정성, 준공검사 관련 서류작성 등의 충실성, 하도급 계약검토의 충실성, 공사현장 사후 관리의 적정성 (5점)	ㅇ과업지시서 이행의 충실성 ㅇ설계변경 검토의 적정성 ㅇ준공검사 관련서류작성 등의 충실성 ㅇ하도급 계약검토의 충실성 ㅇ공사현장 사후관리의 적정성		

(11쪽 중 제9쪽)

구분	평가 항목	세부기준	평가내용	평가점수	비고
3.기술적 업무 (25점)	1) 설계도서 검토 (10점)	① 설계도서와 시공(준공)상의 문제점을 검토한 실적 및 문제점 처리 (3점) ② 시공상세도 검토 실적(2점)	ㅇ설계도서와 시공(준공)상의 문제점을 검토한 실적 및 문제점 처리 ㅇ시공상세도 검토 실적		ㅇ공사규모 특성 등을 고려하여 평가대상 건설사업관리기술인별 평가내용 선별 적용가능
		③ 시공자 제출서류에 대한 검토의 충실성, 신속성, 적정성 (5점)	ㅇ자재수급 상황 ㅇ설계변경 여건 ㅇ현장확인 측량등 결과 ㅇ품질관리계획 등을 검토평가		
	2) 시공계획 검토 (5점)	① 공법 개선 실적, 계획 변경 (3점) ② 지장물 및 기존 구조물의 철거 등 검토 (2점)	ㅇ공법 개선실적, 계획변경 ㅇ지장물 및 기존 구조물의 철거 등 검토		
	3) 발주청에 대한 자문의 충실성 (4점)	① 발주청 자문요구에 대한 의견제시의 신속성, 정성 (4점)	ㅇ 발주청 자문요구에 대한 의견제시의 신속성 자문내용의 적정성		
	4) 유관기관 의견 조정 (3점) 5) 예산절감활동 (3점)	① 관계자(설계자,시공자, 발 주청 등) 합동회의 등에서 의견수렴 및 조정의 적정성 (3점) ① 계약공사의 예산절감활동 (3점)	ㅇ유관기관 의견조정의 적정성		
			평가결과 | 극히양호 | 양호 | 보통 | 다소불량 | 불량 해당점수 | 1.0 | 0.9 | 0.8 | 0.7 | 0.6 * 3 × (해당 점수) = 평가점수		
소			계	Σ평가점수 (1.~3.)	

(11쪽 중 제10쪽)

구분	평가 항목	세부기준	평가내용	평가점수	비고
4. 가감점1) (±5점)	1) 가점 (+5점)	① 기술개발보상실적 (+3점)	* 국가를(지방자치단체를) 당사자로 하는 계약에 관한 법률 시행령 제65조제4항(제74조제5항)에 의한 기술보상 실적 건당 1.5점		
		② 신기술·특수공법 도입 (+2점)	* 건(착수 후 설계변경하여 적용된 건수)당 1점씩 가점		
	2) 감점 (−5점)	① 벌점 (−3점)	* 평가대상 기간중 벌점 합계가 4.0점을 초과하는 경우 −3점, 1.0점 초과 3.0점 이하인 경우 −2점, 1.0점인 경우 −1점		
		② 재해발생 (−2점)	* 중대건설현장사고, 중대재해2) −1점/건		

1) ±5점의 범위안에서 발주청은 가감점 항목을 추가 또는 조정할 수 있음. 다만, 가점과 감점을 상계한 점수는 5점을 넘을 수 없음
2) 중대건설현장사고는 「건설기술 진흥법」 제67조제1항, 중대재해는 「산업안전보건법」 제2조제7호의 규정에 따름

(11쪽 중 제11쪽)

<table>
<tr><th>구분</th><th>평가 항목</th><th>세부기준</th><th colspan="6">평가내용</th><th>평가점수</th><th>비고</th></tr>
<tr><td rowspan="8">5. 현장
시공 상태
(20)</td><td>1) 구조물 등
규격관리 (5점)</td><td>구조물 규격 불량률
(5점)</td><td colspan="6">* 극히양호 5.0, 양호 4.0, 보통 3.0, 다소불량2.0, 불량 0</td><td rowspan="6"></td><td rowspan="6">ㅇ시설물의 안전관리에 관한 특별법에 의한 1,2종 시설물 대상, 또는 발주청에서 필요시 평가대상 시설물을 추가할 수 있다</td></tr>
<tr><td rowspan="5">2) 시설물 등의
균열 및 마무리
시공상태
(7점)</td><td rowspan="2">① 주요부위 균열 및
재료분리 (3점)</td><td>구 분</td><td>1.0</td><td>0.9</td><td>0.8</td><td>0.7</td><td>0.6</td></tr>
<tr><td>①</td><td>극히양호</td><td>양호</td><td>보통</td><td>다소불량</td><td>불량</td></tr>
<tr><td>②기타부위 균열 및
재료분리 (2점)</td><td>②</td><td>극히양호</td><td>양호</td><td>보통</td><td>다소불량</td><td>불량</td></tr>
<tr><td rowspan="2">③ 콘크리트등 재료분리
및 면 마무리 상 (2점)</td><td>③</td><td>극히양호</td><td>소수</td><td>보통</td><td>다소불량</td><td>불량</td></tr>
<tr><td colspan="6">1.1.1.1.1. * 3×①해당점수+2×②해당점수+2×③해당점수 = 평가점수</td></tr>
<tr><td>3) 내구성 및 배수·
방수상태 (3점)</td><td>배수·방수 상태
(3점)</td><td colspan="6">* 극히양호 3.0, 양호 2.4, 보통 1.8, 다소불량 1.2, 불량 0</td><td></td><td></td></tr>
<tr><td>4) 기타하자,
부실시공
(5점)</td><td>하자, 부실시공 발생
여부
(5점)</td><td colspan="6">* 3건이하 또는 총공사비의 0.1%미만 : 5.0점,
6건이하 또는 총공사비의 0.3%미만 : 4.0점
9건이하 또는 총공사비의 0.5%미만 : 3.0점
12건이하 또는 총공사비의 0.8%미만 : 2.0점
12건초과 또는 총공사비의 0.8%이상 : 0.0점</td><td></td><td></td></tr>
<tr><td colspan="9">〈합 계〉</td><td></td><td></td></tr>
</table>

▦ 건설엔지니어링 및 시공 평가지침 [별지 제4호서식]

(2쪽 중 제1쪽)

감독 권한대행 등 건설사업관리용역 평가 결과표

발주청 :

용역명		용역기간	
세부분야	[ ]도로 및 교통시설 [ ]수자원시설 [ ]단지개발 [ ]건축시설 [ ]환경 및 산업설비시설	수급형태	[ ]단독 [ ]공동 [ ]분담 [ ]기타( )

건설엔지니어링사업자		
	대표자	(회사명/사업자등록번호/소재지/지분율(%)/용역금액(백만원)) 순으로 작성
	수급체	
용역금액	수급체	

1. 건설엔지니어링사업자

평가항목		배점	평점			
			위원	……	위원	평균
총계		100				
회사	소계[(①+②+③)×80%]	80				
	① 건설사업관리기술인 조직 및 운영체계	30				
	② 건설사업관리현장 업무지원체계	20				
	③ 기술지원체계	50				
④ 참여기술인 평가(점수×20%)		20	※ 책임기술인, 분야별 기술인, 기술지원기술인 평균점수			

2. 참여기술인

2.1 책임기술인(※참여기간이 3개월 이내인 기술인은 제외)

성명	생년월일
주소	
직무 분야	등급
직책	용역 참여기간 ～ (개월)

평가항목		배점	평점			
			위원	……	위원	평균
총계		100				
서류평가	소계[(⑤+⑥+⑦)×80%]	80				
	⑤ 일반행정 업무 처리 내용	35				
	⑥ 시공관리 업무 내용	40				
	⑦ 기술적 업무 수행 내용	25				
⑧ 현장 시공 상태		20				
⑨ 가감점(기술개발, 신기술, 벌점 및 재해 발생 등)		±5				

2.2 분야별기술인(※참여기간이 3개월 이내인 기술인은 제외)

(2쪽 중 제2쪽)

성명			생년월일			
주소						
직무 분야			등급			
직책			용역 참여기간 ~ (개월)			
평가항목		배점	평점			
			위원	……	위원	평균
총계		100				
서류평가	소계[(⑤+⑥+⑦)×80%]	80				
	⑤ 일반행정 업무 처리 내용	35				
	⑥ 시공관리 업무 내용	40				
	⑦ 기술적 업무 수행 내용	25				
⑧ 현장 시공 상태		20				
⑨ 가감점(기술개발, 신기술, 벌점 및 재해 발생 등)		±5				

2.3 기술지원기술인(※참여기간이 3개월 이내인 기술인은 제외)

성명			생년월일			
주소						
직무 분야			등급			
직책			용역 참여기간 ~ (개월)			
평가항목		배점	평점			
			위원	……	위원	평균
총계		100				
서류평가	소계[(⑤+⑥+⑦)×80%]	80				
	⑤ 일반행정 업무 처리 내용	35				
	⑥ 시공관리 업무 내용	40				
	⑦ 기술적 업무 수행 내용	25				
⑧ 현장 시공 상태		20				
⑨ 가감점(기술개발, 신기술, 벌점 및 재해 발생 등)		±5				

▦ 건설엔지니어링 및 시공 평가지침 [별지 제5호서식] 〈개정 2021. 0. 00.〉

(14쪽 중 제1쪽)

참여기술인 중간평가표

1. 상주기술인 평가표

<table>
<tr><td rowspan="4">① 평가자</td><td>구 분</td><td>소 속</td><td>직 급</td><td>성 명</td><td rowspan="3">② 평가대상기간
(평가일)</td><td rowspan="3"></td></tr>
<tr><td>평가자</td><td></td><td></td><td></td></tr>
<tr><td>…</td><td></td><td></td><td></td></tr>
<tr><td>평가자</td><td></td><td></td><td></td><td></td><td></td></tr>
</table>

<table>
<tr><td>③ 용 역 명</td><td></td><td rowspan="3">⑧ 상주기술인</td><td>성 명</td><td></td><td>⑪ 자격 및 자격증번호</td><td></td></tr>
<tr><td>④ 용역기간</td><td></td><td>직 위</td><td></td><td>⑫ 시 공 사</td><td></td></tr>
<tr><td>⑤ 평가대상기간</td><td></td><td>등 급</td><td></td><td>⑬ 공 사 기 간</td><td></td></tr>
<tr><td>⑥ 용 역 비</td><td></td><td colspan="2">⑨ 주민등록생년월일(성별)</td><td></td><td>⑭ 공 사 금 액</td><td></td></tr>
<tr><td>⑦ 건설엔지니어링사업자</td><td></td><td colspan="2">⑩ 연 락 처</td><td></td><td>⑮ 공사전체 공정률</td><td></td></tr>
</table>

<table>
<tr><td rowspan="2">⑯ 평가점수</td><td></td><td></td><td></td><td></td></tr>
<tr><td>서류평가(80점)</td><td>현장시공상태(20점)</td><td>가·감점</td><td>합 계</td></tr>
</table>

① 발주청에서 구성한 평가단 구성원 전체 기재(소속, 직급, 성명)　　② 평가대상기간 및 평가표를 작성한 년월일을 기재
③ 계약서상 해당 건설사업관리용역명을 기재　④ 전체 건설사업관리용역기간을 기재 ⑤ 전체 건설사업관리용역기간중 평가대상기간을 기재　⑥ 건설사업관리용역비를 기재
⑦ 건설엔지니어링사업자 명칭을 기재. 복수의 건설엔지니어링사업자인 경우 공동도급여부, 공동도급의 종류(공동이행, 분담이행 등), 주관사, 보조회사 등을 구체적으로 기재
⑧~⑩ 상주기술인의 성명, 직위(책임기술인, 분야별 기술인), 등급, 주민등록생년월일 및 연락처를 기재
⑪ 상주기술인의 기술자격의 종류와 자격증번호를 기재　　⑫~⑭ 시공업체의 명칭(복수인 경우 모두 기재), 전체 공사기간 및 공사금액을 기재
⑮ 작성일 기준 공정율을 기재　　⑯ 평가점수를 기재
※ 상주기술인의 평가는 책임기술인, 분야별 기술인별로 평가하되 건설사업관리 참여기간이 3개월 이내인 건설사업관리기술인의 평가는 제외함

2. 기술지원기술인 평가표

(14쪽 중 제2쪽)

① 평가자	구 분	소 속	직 급	성 명	② 평가대상기간 (평가일)	
	평가자					
	…					
	평가자					

③ 용 역 명		⑧ 기술지원 기술인	성 명		⑪ 자격 및 자격증번호	
④ 용역기간			직 위		⑫ 시 공 사	
⑤ 평가대상기간			등 급		⑬ 공 사 기 간	
⑥ 용 역 비		⑨ 주민등록생년월일(성별)			⑭ 공 사 금 액	
⑦ 건설엔지니어링사업자		⑩ 연 락 처			⑮ 공사전체 공정률	

⑯ 평가점수				
	서류평가(80점)	현장시공상태(20점)	가·감점	합 계

① 발주청에서 구성한 평가단 구성원 전체 기재(소속, 직급, 성명)　② 평가대상기간 및 평가표를 작성한 년월일을 기재

③ 계약서상 해당 건설사업관리용역명을 기재　④ 전체 건설사업관리용역기간을 기재　⑤ 전체 건설사업관리용역기간중 평가대상기간을 기재　⑥ 건설사업관리용역비를 기재

⑦ 건설엔지니어링사업자 명칭을 기재. 복수의 건설엔지니어링사업자인 경우 공동도급여부, 공동도급의 종류(공동이행, 분담이행 등), 주관사, 보조회사 등을 구체적으로 기재

⑧~⑩ 기술지원기술인의 성명, 직위, 등급, 주민등록생년월일 및 연락처를 기재　⑪ 기술지원기술인의 기술자격의 종류와 자격증번호를 기재

⑫~⑭ 시공업체의 명칭(복수인 경우 모두 기재), 전체 공사기간 및 공사금액을 기재　⑮ 작성일 기준 공정율을 기재　⑯ 평가점수를 기재

3. 세부평가내용

(14쪽 중 제3쪽)

[상주기술인]

구 분		평가 항목	배점	건설사업관리기술인별 평가대상		비 고
				책임기술인	분야별 기술인	
1.일반행정업무 (25점)		1) 건설사업관리기술인 근무성실도	2	○	○	
		2) 발주청 지시사항이행 충실도	3	○	○	
		3) 건설사업관리업무보고	5	○	○	
		4) 건설사업관리업무 수행계획	5	○	○	
		5) 행정능력 발주청 평가	10	○	○	
2. 시공관리업무 (35점)	품질관리 (10점)	1) 계획수립 및 시험·검사활동	5	○	○	
		2) 품질관리 적정성 발주청 평가	5	○	○	
	공정관리 (10점)	1) 계획수립·관리(만회대책포함)	5	○	○	
		2) 공정관리 적정성 발주청 평가	5	○	○	
	안전·환경관리 (15점)	1) 안전관리 계획 및 시행	5	○	○	
		2) 환경관리 계획 및 시행	5	○	○	
		3) 안전,환경 적정성 발주청 평가	5	○	○	
3. 기술적업무 (20점)		1) 설계도서 검토	5	○	○	
		2) 시공계획 검토	5	○	○	
		3) 유관기관 의견조정	5	○	○	
		4) 기술능력 발주청 평가	5	○	○	
4. 현장시공상태			20	○	○	
5. 가·감 점			±5	○	○	
합 계						

[기술지원기술인]

구 분	평가 항목	배점	비 고
1. 일반행정업무 (15점)	1) 건설사업관리기술인 근무성실도	5	
	2) 발주청 지시사항이행 충실도	5	
	3) 기술지원기술인 검토의견 제출시기	5	
2. 시공관리업무 (15점)	1) 월별 현장점검 업무	10	
	2) 준공(기성) 검사 업무	5	
3. 기술적업무 (30점)	1) 기술검토 처리	10	
	2) 상주기술인의 시공계획 검토에 대한 지도	10	
	3) 상주기술인의 시공상세도 검토에 대한 지도	5	
	4) 민원처리 지원	5	
4. 현장시공상태(20점)		20	
5. 발주청 평가(20점)		20	
소 계		100	
6. 가·감 점		±5	
합 계			

(14쪽 중 제5쪽)

4. 평가자별 평가표

【 평가자 : 소속　　　　　성명　　　　　(인)】
[상주기술인]

<table>
<tr><th>구분</th><th>평가 항목</th><th>세부기준</th><th>내 용</th><th>평가점수</th><th>비고</th></tr>
<tr><td rowspan="2">1. 일반 행정 업무 (25점)</td><td>1) 건설사업관리 기술인 근무성실도 (2점)</td><td>① 해당 건설사업관리 기술인 근무상태 (2점)</td><td><table><tr><th colspan="2">항목 ＼ 점수</th><th>1.0</th><th>0.9</th><th>0.8</th><th>0.7</th><th>0.6</th></tr><tr><td rowspan="2">건설사업관리 기술인 별 결근일수</td><td>평가기간 1년미만</td><td>0일</td><td>1일</td><td>2일</td><td>3일</td><td>4일이상</td></tr><tr><td>평가기간 1년이상</td><td>0~1일</td><td>2~3일</td><td>4~5일</td><td>6~7일</td><td>8일이상</td></tr></table>* 2 × (해당 점수) = 평가점수</td><td></td><td>※특이사항, 주관적 평가요소가 있는 경우 평가사유 등을 반드시 기재</td></tr>
<tr><td>2) 발주청 지시사항 이행 충실도 (3점)</td><td>① 발주청 지시사항의 이행여부 및 신속성 (3점)</td><td><table><tr><th>점수</th><th>1.0</th><th>0.9</th><th>0.8</th><th>0.7</th><th>0.6</th></tr><tr><td>미이행 건수</td><td>0건</td><td>1건</td><td>2~3건</td><td>4~5건</td><td>6건이상</td></tr></table>* 미이행 건수는 년평균 건수임
* 3× (미이행 건수에 대한 해당점수) − 전체 지연일수×0.01 = 평가점수
* 지연 혹은 미이행의 분류는 평가자가 판단
* 처리기한 명기가 안된 경우, 일반사항은 7일 중요사항은 14일을 기준으로 산정</td><td></td><td></td></tr>
</table>

(14쪽 중 제6쪽

<table>
<tr><th>구분</th><th>평가 항목</th><th>세부기준</th><th>내 용</th><th>평가점수</th><th>비고</th></tr>
<tr><td rowspan="2">1. 일반 행정 업무 (25점)</td><td>3) 건설사업관리 업무 보고 (5점)</td><td>① 적기 제출여부 (2점)
② 내용의 충실성 (3점)</td><td>
<table>
<tr><td>점수</td><td>1.0</td><td>0.9</td><td>0.8</td><td>0.7</td><td>0.6</td></tr>
<tr><td>제출기한으로부터 지연일수의 합계</td><td>기한내</td><td>0~5일</td><td>6~10일</td><td>11~15일</td><td>16일초과</td></tr>
</table>
* 2 × 해당점수 = 평가점수
* 미제출시 0점 처리</td><td></td><td></td></tr>
<tr><td></td><td></td><td>
<table>
<tr><td>평가결과</td><td>극히양호</td><td>양호</td><td>보통</td><td>다소불량</td><td>불량</td></tr>
<tr><td>해당점수</td><td>1.0</td><td>0.9</td><td>0.8</td><td>0.7</td><td>0.6</td></tr>
</table>
* 3 × (해당 점수) = 평가점수
가. 중간보고서인 경우
ㅇ책임·분야별 건설사업관리기술인의 업무일지
ㅇ품질시험·검사 및 자재관리 사항
ㅇ검측 및 관리현황 등을 검토하여 평가
ㅇ예산현안, 민원사항과 처리대책
나. 최종보고서인 경우
ㅇ기술검토
ㅇ공사추진 상황
ㅇ우수시공 및 실패 시공사례
ㅇ예산절감 등 관리상태 등을 평가</td><td></td><td>※특이사항, 주관적 평가요소가 있는 경우 평가사유 등을 반드시 기재</td></tr>
</table>

(14쪽 중 제7쪽

<table>
<tr><th>구분</th><th colspan="2">평가 항목</th><th>세부기준</th><th>내 용</th><th>평가점수</th><th>비고</th></tr>
<tr><td rowspan="2">1. 일반
행정
업무
(25점)</td><td colspan="2">4) 건설사업관리
업무 수행계획
(5점)</td><td>①계획서작성의
충실성 및
시행여부,공사
추진의적정성
(5점)</td><td>ㅇ 건설사업관리업무 수행계획서 작성의 충실성
ㅇ 계획내용의 시행여부
ㅇ 공사추진의 적정성</td><td></td><td>ㅇ공사규모 특성 등을 고려하여 평가대상 건설사업관리 기술인별 평가내용 선별 적용가능</td></tr>
<tr><td colspan="2">5) 행정능력
발주청평가
(10점)</td><td>① 관련법령에
따른
업무협의와
현장추진 능력
(10점)</td><td><table><tr><td>평가결과</td><td>극히양호</td><td>양호</td><td>보통</td><td>다소불량</td><td>불량</td></tr><tr><td>해당점수</td><td>1.0</td><td>0.9</td><td>0.8</td><td>0.7</td><td>0.6</td></tr></table>* 10 × (해당 점수) = 평가점수</td><td></td><td></td></tr>
<tr><td rowspan="2">2.시공
관리
업무
(35점)</td><td rowspan="2">2-1.
품질
관리
(10점)</td><td>1) 품질계획수립
및 시험·
검사활동
(5점)</td><td>① 계획수립의 충실성
② 자재의 적정성, 승인,
시험등 품질확보 등
(5점)</td><td>ㅇ계획수립의충실성
ㅇ계획의 이행 여부
ㅇ주요자재 공급원 승인의 적정성
ㅇ사용자재의 적합성
ㅇ시험·검측 결과 처리의 적정성</td><td></td><td rowspan="2">ㅇ공사규모 특성 등을 고려하여 평가대상 건설사업관리 기술인별 평가내용 선별 적용가능</td></tr>
<tr><td>2) 품질관리
적정성 발주청
평가
(5점)</td><td>① 품질관련 업무추진과
활동능력 평가
(5점)</td><td><table><tr><td>평가
결과</td><td>극히
양호</td><td>양호</td><td>보통</td><td>다소
불량</td><td>불량</td></tr><tr><td>해당
점수</td><td>1.0</td><td>0.9</td><td>0.8</td><td>0.7</td><td>0.6</td></tr></table>* 5 × (해당 점수) = 평가점수</td><td></td></tr>
</table>

(14쪽 중 제8쪽

<table>
<tr><th colspan="2">구분</th><th>평가 항목</th><th>세부기준</th><th>내 용</th><th>평가점수</th><th>비고</th></tr>
<tr><td rowspan="5">2.시공
관리
업무
(35점)</td><td rowspan="2">2-2.
공정
관리
(10점)</td><td>1) 공정관리계획
수립·관리
(5점)</td><td>① 공정표 및 공정계획
② 공사진도관리 등
(5점)</td><td>ㅇ계획검토의 적정성
ㅇ적용기법의 적정성
ㅇ공정현황보고의 정확성
ㅇ공정보고 기일엄수 여부
ㅇ만회대책 및 수정 공정계획의 적정성
ㅇ공정관리 및 공기 만회 노력의 충실성</td><td></td><td rowspan="2">ㅇ공사규모 특성 등을 고려하여 평가대상 건설사업관리 기술인별 평가내용 선별 적용가능</td></tr>
<tr><td>2) 공정관리
적정성 발주청
평가
(5점)</td><td>① 공정관리 업무추진과
활동능력 평가
(5점)</td><td>| 평가 결과 | 극히 양호 | 양호 | 보통 | 다소 불량 | 불량 |
| 해당 점수 | 1.0 | 0.9 | 0.8 | 0.7 | 0.6 |
* 5 × (해당 점수) = 평가점수</td><td></td></tr>
<tr><td rowspan="3">2-3.
안전·
환경
관리
(15점)</td><td>1) 안전관리
계획 및 시행
(5점)</td><td>① 안전관리계획 수립의 적정성 및 이행여부
②안전점검 및 안전교육 실시 (5점)</td><td>ㅇ 계호수립의 적정성 및 이행여부
ㅇ 각종 안전점검(자체, 정기 등) 실시 및 조치
ㅇ 안전교육 계획, 내용, 시행 등의 적정성</td><td></td><td rowspan="3"></td></tr>
<tr><td>2) 환경관리 계획
및 시행
(5점)</td><td>① 환경오염(소음,분진, 수질)에 대한 예방조치
(5점)</td><td>ㅇ 소음·분진발생, 수질오염, 토사유출에 대한 대책·방지 및 관리의 적정성
ㅇ 환경영향평가 협의내용 이행상태 등</td><td></td></tr>
<tr><td>3)안전·환경
적정성 발주청
평가
(5점)</td><td>① 안전·환경관리 업무
추진과 활동능력 평가
(5점)</td><td>| 평가 결과 | 극히 양호 | 양호 | 보통 | 다소 불량 | 불량 |
| 해당 점수 | 1.0 | 0.9 | 0.8 | 0.7 | 0.6 |
* 5 × (해당 점수) = 평가점수</td><td></td></tr>
</table>

(14쪽 중 제9쪽

구분	평가 항목	세부기준	내 용	평가점수	비고
3.기술적 업무 (20점)	1) 설계도서 검토 (5점)	① 설계도서와 시공(준공)상의 문제점을 검토한 실적 및 문제점 처리 (2점) ② 시공상세도 검토 실적 (1점)	ㅇ설계도서와 시공(준공)상의 문제점을 검토한 실적 및 문제점 처리 ㅇ시공상세도 검토 실적		ㅇ공사규모 특성 등을 고려하여 평가대상 건설사업관리 기술인별 평가내용 선별 적용가능
		③ 시공자 제출서류에 대한 검토의 충실성, 신속성, 적정성 (2점)	ㅇ자재수급 상황 ㅇ설계변경 여건 ㅇ현장확인 측량 등 결과 ㅇ품질관리계획 등을 검토평가		
	2)시공계획 검토 (5점)	① 공법 개선 실적, 계획 변경 (3점) ② 지장물 및 기존 구조물의 철거 등 검토 (2점)	ㅇ공법 개선실적, 계획변경 ㅇ지장물 및 기존 구조물의 철거 등 검토		
	3)유관기관 의견 조정 (5점)	① 관계자(설계자,시공자, 발주청 등) 합동회의 등에서 의견 수렴 및 조정의 적정성 (5점)	ㅇ유관기관 의견조정의 적정성		
	4) 기술능력 발주청 평가 (5점)	① 관련법령과 시방규정 등을 바탕으로 한 기술검토 및 업무 추진 능력 (5점)	평가결과: 극히양호 / 양호 / 보통 / 다소불량 / 불량 해당점수: 1.0 / 0.9 / 0.8 / 0.7 / 0.6 * 5 × (해당 점수) = 평가점수		

(14쪽 중 제10쪽

<table>
<tr><th>구분</th><th>평가 항목</th><th>세부기준</th><th>평가내 용</th><th>평가점수</th><th>비고</th></tr>
<tr><td>4. 현장
시공 상태
(20)</td><td colspan="3">【별지 제3호서식】3.평가위원별 평가표의 5.현장시공상태 내용과 동일</td><td></td><td></td></tr>
<tr><td>5.가감점
(±5점)</td><td colspan="3">【별지 제3호서식】3.평가위원별 평가표의 4.가감점 내용과 동일</td><td></td><td></td></tr>
</table>

(14쪽 중 제11쪽

[기술지원기술인]

<table>
<tr><th>구분</th><th>평가 항목</th><th>세부기준</th><th>내 용</th><th>평가점수</th><th>비고</th></tr>
<tr><td rowspan="3">1.일반 행정 업무 (15점)</td><td>1) 건설사업관리 기술인 근무성실도 (5점)</td><td>① 기술지원 기술인 근무상태 (5점)</td><td>
<table>
<tr><th>구분 \ 점수</th><th>1.0</th><th>0.9</th><th>0.8</th><th>0.7</th><th>0.6</th></tr>
<tr><td>현장에서 각종 검사, 점검 및 암판정 요청에 대한 이행기간 미준수 건수</td><td>0건</td><td>1~2</td><td>3~4</td><td>5~6</td><td>7건 이상</td></tr>
</table>
* 5× (미준수 건수에 대한 해당점수) = 평가점수</td><td></td><td></td></tr>
<tr><td>2) 발주청 지시 사항이행 충실도 (5점)</td><td>① 발주청 지시사항의 이행여부 및 신속성 (5점)</td><td>
<table>
<tr><th>구분 \ 점수</th><th></th><th>1.0</th><th>0.9</th><th>0.8</th><th>0.7</th><th>0.6</th></tr>
<tr><td>미이행 건수</td><td>3</td><td>0건</td><td>1건</td><td>2건</td><td>3건</td><td>4건이상</td></tr>
<tr><td>지연건수</td><td>2</td><td>0건</td><td>1건</td><td>2건</td><td>3건</td><td>4건이상</td></tr>
</table>
* 3× (미이행 건수에 대한 해당점수) + 2×(지연건수에 대한 해당점수)
= 평가점수</td><td></td><td></td></tr>
<tr><td>3) 기술지원기술인 검토의견 제출시기 (5점)</td><td>① 기술지원 기술인 검토의견 제출시기 (5점)</td><td>
<table>
<tr><th>구분 \ 점수</th><th>1.0</th><th>0.9</th><th>0.8</th><th>0.7</th><th>0.6</th></tr>
<tr><td>검토의견 제출시기 미준수 건수</td><td>0건</td><td>1</td><td>2</td><td>3</td><td>4건 이상</td></tr>
</table>
* 5× (미준수 건수에 대한 해당점수) = 평가점수
* 처리기한 명기가 안된 경우, 일반사항은 7일 중요사항은 14일을 기준으로 산정</td><td></td><td></td></tr>
</table>

(14쪽 중 제12쪽)

<table>
<tr><th>구분</th><th>평가 항목</th><th>세부기준</th><th>평가내용</th><th>평가점수</th><th>비고</th></tr>
<tr><td rowspan="2">2.시공
관리 업무
(15점)</td><td>1) 월별 현장
점검 현황
(10점)</td><td>① 현장점검 빈도
및 점검내용
(10점)</td><td><table><tr><td>평가
결과</td><td>극히
양호</td><td>양호</td><td>보통</td><td>다소
불량</td><td>불량</td></tr><tr><td>해당
점수</td><td>1.0</td><td>0.9</td><td>0.8</td><td>0.7</td><td>0.6</td></tr></table>* 10 × (해당 점수) = 평가점수</td><td></td><td>–암판정, 준공(기성)검사는 제외한다.</td></tr>
<tr><td>2) 준공(기성)
검사 처리
(5점)</td><td>① 준공(기성)검사
처리기간 단축
(5점)</td><td><table><tr><td>점 수</td><td>1.0</td><td>0.9</td><td>0.8</td><td>0.7</td><td>0.6</td></tr><tr><td>4일 이내
미처리 건수</td><td>0</td><td>1</td><td>2</td><td>3</td><td>4</td></tr></table>* 5× (4일 이내 미처리 건수에 대한 점수) = 평가점수</td><td></td><td></td></tr>
<tr><td rowspan="2">3.기술적
업 무
(30점)</td><td>1) 기술검토 처리
(10점)</td><td>① 기술검토 처리기간
(낙석·산사태 및 수해 등
사전검토 처리포함)
(5점)

②기술검토 적정성 및
충실성
(5점)</td><td><table><tr><td>점 수</td><td>1.0</td><td>0.9</td><td>0.8</td><td>0.7</td><td>0.6</td></tr><tr><td>기술검토 처리
기간 미준수</td><td>0</td><td>1~2</td><td>3~4</td><td>5~6</td><td>7건이상</td></tr></table>* 5×(기술검토 처리기간 미준수 건수에 대한 점수)
= 평가점수<table><tr><td>평가
결과</td><td>극히
양호</td><td>양호</td><td>보통</td><td>다소
불량</td><td>불량</td></tr><tr><td>해당
점수</td><td>1.0</td><td>0.9</td><td>0.8</td><td>0.7</td><td>0.6</td></tr></table>* 10 × (해당 점수) = 평가점수</td><td></td><td></td></tr>
<tr><td>2) 상주기술인
시공계획 검토에
대한 지도
(10점)</td><td>① 상주기술인 시공계획
검토에 대한 지도
(10점)</td><td><table><tr><td>점 수</td><td>1.0</td><td>0.9</td><td>0.8</td><td>0.7</td><td>0.6</td></tr><tr><td>대상건수에 대한
지도건수 비율</td><td>90%
이상</td><td>85~90%
미만</td><td>80~85%
미만</td><td>75~80%
미만</td><td>75%
미만</td></tr></table>* 10×(대상건수에 대한 지도건수 비율에 대한 점수)
= 평가점수</td><td></td><td></td></tr>
</table>

(14쪽 중 제13쪽)

<table>
<tr><th>구분</th><th>평가 항목</th><th>세부기준</th><th>평가내용</th><th>평가점수</th><th>비고</th></tr>
<tr><td rowspan="2">4.기술적
업 무
(30점)</td><td>3) 상주기술인
시공상세도
검토에 대한
지도
(5점)</td><td>① 시공상세도 검토·승인
(5점)</td><td><table><tr><td>점 수</td><td>1.0</td><td>0.9</td><td>0.8</td><td>0.7</td><td>0.6</td></tr><tr><td>대상건수에 대한
지도건수 비율</td><td>90%
이상</td><td>85~90%
미만</td><td>80~85%
미만</td><td>75~80%
미만</td><td>75%
미만</td></tr></table>쨃5×(대상건수에 대한 지도건수 비율에 대한 점수)
= 평가점수</td><td></td><td></td></tr>
<tr><td>4) 민원처리
지원(5점)</td><td>① 민원처리 지원
(5점)</td><td><table><tr><td>점 수</td><td>1.0</td><td>0.9</td><td>0.8</td><td>0.7</td><td>0.6</td></tr><tr><td>대상건수에 대한
지도건수 비율</td><td>90%
이상</td><td>85~90%
미만</td><td>80~85%
미만</td><td>75~80%
미만</td><td>75%
미만</td></tr></table>쨃5×(대상건수에 대한 지도건수 비율에 대한 점수)
= 평가점수</td><td></td><td></td></tr>
<tr><td>5. 현장
시공상태
(20)</td><td colspan="4">【별지 제3호서식】 3.평가위원별 평가표의 5.현장시공상태 내용과 동일</td><td></td></tr>
</table>

(14쪽 중 제14쪽)

<table>
<tr><th>구분</th><th>평가 항목</th><th>세부기준</th><th>평가내용</th><th>평가점수</th><th>비고</th></tr>
<tr><td>6. 발주청
평가
(20점)</td><td colspan="2">–발주청의 정성적 평가(20점)</td><td><table><tr><td>평가
결과</td><td>극히
양호</td><td>양호</td><td>보통</td><td>다소
불량</td><td>불량</td></tr><tr><td>해당
점수</td><td>1.0</td><td>0.9</td><td>0.8</td><td>0.7</td><td>0.6</td></tr></table>* 10 × (해당 점수) = 평가점수</td><td></td><td></td></tr>
<tr><td>7.가감점
(±5점)</td><td colspan="3">【별지 제3호서식】3.평가위원별 평가표의 4.가감점 내용과 동일</td><td></td><td></td></tr>
<tr><td colspan="4">소 계</td><td></td><td></td></tr>
</table>

▦ 건설엔지니어링 및 시공 평가지침 [별지 제6호서식] 〈개정 2021. 0. 00.〉

(5쪽 중 제1쪽)

건설사업관리용역사업자 기초평가자료 제출서식

① 용역명		⑤ 건설사업관리용역 사업자명		⑨ 작성일	
② 용역기간		⑥ 대표		⑩ 시공사	
③ 용역비		⑦ 연락처		⑪ 공사기간	
④ 책임기술인명		⑧ 세부분야		⑫ 공사금액	

본사는 위와 같은 공사의 건설사업관리용역사업자로서 건설사업관리용역평가를 위한 기초자료를 소정의 양식에 의거 제출하며, 기초자료의 내용이 사실과 같음을 확인합니다.

제출일시 :

회 사 명 :

대　　표 :　　　　　　　　(인)

① 계약서상 해당 건설사업관리용역명을 기재
② 전체 건설사업관리용역기간을 기재
③ 건설사업관리용역비를 기재
④ 책임기술인명을 기재
⑤ 건설엔지니어링사업자 명칭을 기재. 복수의 건설엔지니어링사업자인 경우 공동도급여부, 공동도급의 종류(공동이행, 분담이행 등), 주관사, 보조회사 등을 구체적으로 기재
⑥~⑫시공업체의 명칭(복수인 경우 모두 기재), 전체 공사기간 및 공사금액을 기재

(5쪽 중 제2쪽)

<table>
<tr><th>항 목</th><th colspan="5">보 고 내 용</th><th>비 고</th></tr>
<tr><th></th><th>구분</th><th>성 명</th><th>등 급</th><th>해당공종 경력</th><th>비 고</th><th></th></tr>
<tr><td rowspan="8">1) 건설사업관리 기술인 배치 현황</td><td rowspan="5">상주 기술인</td><td></td><td></td><td></td><td></td><td></td></tr>
<tr><td></td><td></td><td></td><td></td><td></td></tr>
<tr><td></td><td></td><td></td><td></td><td></td></tr>
<tr><td></td><td></td><td></td><td></td><td></td></tr>
<tr><td></td><td></td><td></td><td></td><td></td></tr>
<tr><td rowspan="3">기술 지원 기술인</td><td></td><td></td><td></td><td></td><td></td></tr>
<tr><td></td><td></td><td></td><td></td><td></td></tr>
<tr><td></td><td></td><td></td><td></td><td></td></tr>
<tr><td rowspan="8">2) 건설사업관리 기술인 교체현황</td><td colspan="2">교체기술인</td><td colspan="3">교체사유</td><td>교체일자</td></tr>
<tr><td colspan="2"></td><td colspan="3"></td><td></td></tr>
<tr><td colspan="2"></td><td colspan="3"></td><td></td></tr>
<tr><td colspan="2"></td><td colspan="3"></td><td></td></tr>
<tr><td colspan="2"></td><td colspan="3"></td><td></td></tr>
<tr><td colspan="2"></td><td colspan="3"></td><td></td></tr>
<tr><td colspan="2"></td><td colspan="3"></td><td></td></tr>
<tr><td colspan="2"></td><td colspan="3"></td><td></td></tr>
</table>

(5쪽 중 제3쪽)

항 목	보고내용		비 고
3) 건설사업관리 업무지원시스템	항 목	내 용	
	본사 정보망 구축내용		
	현장내 정보망 구축여부		
	공정관리 전산프로그램		
	현장내 전산장비		
	본사내 전산기술조직		
4) 건설사업관리 기술인 기술교육1)	교육계획내용	계획일자	실시일자

1) 해당 현장에 대한 교육만 해당

(5쪽 중 제4쪽)

항 목	보고내용		비 고
5) 본사내 현장점검 전담조직인원 및 활동실적 1)			
6) ISO획득 및 품질관리 전담조직 활동실적 1)			
7) 건설사업관리 활동에 대한 개선방안 등 제시실적 1)			
8) 회사의 벌점	벌점 부과 사유	벌점	
	벌점 합계		

1) 해당 현장에 대한 실적만 해당

(5쪽 중 제5쪽)

항 목	보고내용	비 고
9) 기술검토 전담조직 활동실적1)		
10) 설계변경 검토실적1)		
11) 기술지원 실적 (외부전문가 활용실적 포함)1)		

1) 해당 현장에 대한 실적만 해당

▦ 건설엔지니어링 및 시공 평가지침 [별지 제7호서식] 〈개정 2021. 0. 00.〉

(8쪽 중 제1쪽)

건설사업관리용역 참여기술인 기초평가자료 제출서식

① 용 역 명		⑥참여기술인		⑩작 성 일	
② 용역기간		⑦주민등록생년월일(성별)		⑪시 공 사	
③ 평가대상기간		⑧연 락 처		⑫공사기간	
④ 용 역 비		⑨등급 및 자격증번호		⑬공사금액	
⑤ 건설엔지니어링사업자				⑭공사전체 공정률	

본인은 위와 같은 공사의 참여기술인으로서 건설사업관리용역평가의 기초자료를 소정의 양식에 의거 제출합니다.

제출 일시 :

작성자 : (인)

당회사는 위와 같은 공사의 참여기술인 기초평가자료가 사실과 같음을 확인합니다.

제출 일시 :

확인자 1) : (인)

---

① 계약서상 해당 건설사업관리용역명을 기재 ② 전체 건설사업관리용역기간을 기재 ③ 전체 건설사업관리용역기간중 평가대상기간을 기재
④ 건설사업관리용역비를 기재 ⑤ 건설엔지니어링사업자 명칭을 기재. 복수의 건설엔지니어링사업자인 경우 공동도급여부, 공동도급의 종류(공동이행, 분담이행 등), 주관사, 보조회사 등을 구체적으로 기재
⑥~⑧참여기술인의 성명, 주민등록생년월일 및 연락처를 기재
⑨ 참여기술인의 등급 및 기술인격자인 경우 기술인격의 종류와 자격증번호를 기재 ⑩작성기준일자를 기재
⑪~⑬시공업체의 명칭(복수인 경우 모두 기재), 전체 공사기간 및 공사금액을 기재 ⑭작성일 기준 공정율을 기재

1) 건설엔지니어링사업자 대표 또는 그 위임을 받은 자가 서명 또는 날인

(8쪽 중 제2쪽)

<table>
<tr><td>항 목</td><td colspan="5">보 고 내 용 1)</td><td>비 고</td></tr>
<tr><td rowspan="8">1) 근무상태</td><td colspan="2">성 명</td><td colspan="3">결 근 일</td><td></td></tr>
<tr><td colspan="2"></td><td colspan="3"></td><td></td></tr>
<tr><td colspan="2"></td><td colspan="3"></td><td></td></tr>
<tr><td colspan="2"></td><td colspan="3"></td><td></td></tr>
<tr><td colspan="2"></td><td colspan="3"></td><td></td></tr>
<tr><td colspan="2"></td><td colspan="3"></td><td></td></tr>
<tr><td colspan="2"></td><td colspan="3"></td><td></td></tr>
<tr><td colspan="2">합 계</td><td colspan="3"></td><td></td></tr>
<tr><td rowspan="9">2) 발주청 지시사항의 이행여부 및 신속성</td><td>지시일</td><td>지시사항 2)</td><td>이행일자</td><td>지연일수</td><td>미이행</td><td></td></tr>
<tr><td></td><td></td><td></td><td></td><td></td><td></td></tr>
<tr><td></td><td></td><td></td><td></td><td></td><td></td></tr>
<tr><td></td><td></td><td></td><td></td><td></td><td></td></tr>
<tr><td></td><td></td><td></td><td></td><td></td><td></td></tr>
<tr><td></td><td></td><td></td><td></td><td></td><td></td></tr>
<tr><td></td><td></td><td></td><td></td><td></td><td></td></tr>
<tr><td></td><td></td><td></td><td></td><td></td><td></td></tr>
<tr><td>계</td><td>–</td><td>–</td><td>일</td><td>건</td><td></td></tr>
</table>

1) 보고내용은 평가대상 기간에 해당하는 내용으로 작성. 다만, 보고내용에 포함되지 않은 정성적 평가내용(내용의 충실도, 적정성 등) 및 현장확인이 필요한 사항(현장주변 안전관리, 환경관리의 적정성 등)은 평가자가 직접 관련서류 검토 또는 현장점검을 통해 평가

2) 발주청 지시사항 전체를 기록

(8쪽 중 제3쪽)

항 목	보 고 내 용 1)			비 고
	항 목		기록여부	
3) 건설사업관리 업무 기록여부와 내용충실도	문서접수 및 발송대장			
	민원처리부			
	품질시험계획			
	품질시험·검사성과 총괄표			
	시험·검사실적 보고서			
	검측대장			
	발생품(잉여자재) 정리부			
	안전보건 관리체제			
	재해 발생현황			
	안전교육 실적표			
	협의내용 등의 관리대장			
	사후 환경영향조사 결과보고서			
	공사 기성부분 검사원			
	건설사업관리기술인(기성부분, 준공) 건설사업관리조서			
	공사 기성부분 내역서			
	공사 기성부분 검사조서			
	준공검사원			
	준공검사조서			
	※ 발주청에서 항목을 추가·삭제한 경우 그에 따라 작성			
4) 건설사업관리 보고서 적기제출여부	제출기한	실제출일	지연일수	
	지연일수의 합계	–	일	

(8쪽 중 제4쪽)

항 목	보 고 내 용 1)						비 고
	계획상 보고일(A)	실제 보고일 (B)	지연일수 (B–A)	예정공정율 1) (C)	실제공정율 2) (D)	차이(%) (D–C)	
5) 공정현황보고 기일엄수 및 추진계획대비 실적 지연여부							

1)·2) 계획상 월별 보고일(A)를 기준으로 작성

(8쪽 중 제5쪽)

<table>
<tr><th>항 목</th><th colspan="6">보 고 내 용 1)</th><th>비 고</th></tr>
<tr><td rowspan="7">6) 안전교육 실시여부</td><td>교육종류</td><td>계획일자</td><td>실시일자</td><td>지연일수</td><td colspan="2">교육내용1)</td><td></td></tr>
<tr><td></td><td></td><td></td><td></td><td colspan="2"></td><td></td></tr>
<tr><td></td><td></td><td></td><td></td><td colspan="2"></td><td></td></tr>
<tr><td></td><td></td><td></td><td></td><td colspan="2"></td><td></td></tr>
<tr><td></td><td></td><td></td><td></td><td colspan="2"></td><td></td></tr>
<tr><td></td><td></td><td></td><td></td><td colspan="2"></td><td></td></tr>
<tr><td colspan="2">지연일수의 합계</td><td colspan="2">–</td><td colspan="2">일</td><td></td></tr>
<tr><td rowspan="6">7) 안전점검 실시여부</td><td>점검종류</td><td>계획일자</td><td>실시일자</td><td>지연일수</td><td>점검내용 2)</td><td>조치내용 3)</td><td></td></tr>
<tr><td>공정별 안전점검</td><td></td><td></td><td></td><td></td><td></td><td></td></tr>
<tr><td>자체 안전점검</td><td></td><td></td><td></td><td></td><td></td><td></td></tr>
<tr><td>정기 안전점검</td><td></td><td></td><td></td><td></td><td></td><td></td></tr>
<tr><td></td><td></td><td></td><td></td><td></td><td></td><td></td></tr>
<tr><td colspan="2">지연일수의 합계</td><td colspan="2">–</td><td colspan="2">일</td><td></td></tr>
</table>

1), 2), 3) 요약한 내용으로 작성

(8쪽 중 제6쪽)

<table>
<tr><th>항 목</th><th colspan="4">보 고 내 용 1)</th><th>비 고</th></tr>
<tr><td rowspan="6">8) 설계도서와 시공사의 문제점을 검토한 실적 및 문제점 처리</td><td>검토실적내용 1)</td><td colspan="3">문제점 처리내용 2</td><td></td></tr>
<tr><td></td><td colspan="3"></td><td></td></tr>
<tr><td></td><td colspan="3"></td><td></td></tr>
<tr><td></td><td colspan="3"></td><td></td></tr>
<tr><td></td><td colspan="3"></td><td></td></tr>
<tr><td></td><td colspan="3"></td><td></td></tr>
<tr><td rowspan="14">9) 시공자 제출 서류에 대한 검토의 신속성</td><td>항 목</td><td>제출일자</td><td>검토일자</td><td>지연일수</td><td></td></tr>
<tr><td>지급자재 수급요청서 및 대체사용 신청서</td><td></td><td></td><td></td><td></td></tr>
<tr><td>주요기자재 공급원 승인요청서</td><td></td><td></td><td></td><td></td></tr>
<tr><td>각종 시험성적표</td><td></td><td></td><td></td><td></td></tr>
<tr><td>설계변경 여건보고</td><td></td><td></td><td></td><td></td></tr>
<tr><td>준공기한 연기신청서</td><td></td><td></td><td></td><td></td></tr>
<tr><td>기성·준공검사원</td><td></td><td></td><td></td><td></td></tr>
<tr><td>하도급 통지 및 승인요청서</td><td></td><td></td><td></td><td></td></tr>
<tr><td>안전관리 추진실적 보고서</td><td></td><td></td><td></td><td></td></tr>
<tr><td>확인측량 결과 보고서</td><td></td><td></td><td></td><td></td></tr>
<tr><td>물공량 확정보고서/물가 변동지수 조정율 계산서</td><td></td><td></td><td></td><td></td></tr>
<tr><td>품질관리계획서 또는 품질시험계획서</td><td></td><td></td><td></td><td></td></tr>
<tr><td>기타 실정보고 등 관련 시공자 제출서류 3)</td><td></td><td></td><td></td><td></td></tr>
<tr><td colspan="3">지연일수의 합계</td><td>일</td><td></td></tr>
</table>

1), 2) 요약한 내용으로 작성

3) 기타항목을 발주청이 사전에 정하여 통보

(8쪽 중 제7쪽)

<table>
<tr><th>항 목</th><th colspan="3">보 고 내 용</th><th>비 고</th></tr>
<tr><td></td><td colspan="3"></td><td></td></tr>
<tr><td rowspan="5">10) 공법개선 실적
11) 발주청 자문 요구에 대한 의견제시의 신속성</td><td>자문요구 내용 [1]</td><td>요구일자</td><td>의견제시일자</td><td></td></tr>
<tr><td></td><td></td><td></td><td></td></tr>
<tr><td></td><td></td><td></td><td></td></tr>
<tr><td></td><td></td><td></td><td></td></tr>
<tr><td></td><td></td><td></td><td></td></tr>
<tr><td rowspan="8">12) 예산절감 현황</td><td colspan="2">예산절감 내용[2]</td><td>절감액</td><td></td></tr>
<tr><td colspan="2"></td><td></td><td></td></tr>
<tr><td colspan="2"></td><td></td><td></td></tr>
<tr><td colspan="2"></td><td></td><td></td></tr>
<tr><td colspan="2"></td><td></td><td></td></tr>
<tr><td colspan="2"></td><td></td><td></td></tr>
<tr><td colspan="2"></td><td></td><td></td></tr>
<tr><td colspan="2"></td><td></td><td></td></tr>
</table>

1), 2) 요약한 내용으로 작성

(8쪽 중 제8쪽)

항 목	보고내용			비 고
	항 목	내 용		
	기술개발 보상실적			
	신기술, 특수 공법의 도입			
14) 가·감점	벌점	벌점부과사유	벌점	
	재해발생	벌점합계		
		사고·재해내용	중대사고·재해여부	

▦ 건설엔지니어링 및 시공 평가지침 [별지 제8호서식] 〈개정 2021. 0. 00.〉

평가위원별 시공평가 결과표

평가위원 : (서명)

공사명				구 분	업체명	사업자 등록번호	지분율	공사금액
				대표사				
				구성사				
공사 개요		공사 구분		소 재 지		총공사비		
				현 공 정	%	공사기간		

평가항목			배점	평가등급				점수	평가사유
대분류 (배점)	중분류 (배점)	세분류		우수 (×1.0	보통 (×0.8)	미흡 (×0.6)	불량 (×0.4)		
I. 공사관리 (65)	1.품질관리 (12)	1.1 품질관리계획 및 품질시험계획의 적정성 및 적기제출	3						
		1.2 품질관리자 및 품질시험시설의 적정 여부	3						
		1.3품질관리의 적정성	6						
	2.공정관리 (6)	2.1 공정관리계획 적정성 및 적기제출	2						
		2.2계약공기 준수여부	4						
	3.시공관리 (20)	3.1 현장인력 배치의 적정 여부	3						
		3.2 시공계획서의 적정성 및 적기제출	3						
		3.3 세부공종별 시공계획서의 이행 여부	6						
		3.4 민원발생 건수	2						
		3.5 시공상세도 작성의 충실도 및 이행 여부	4						
		3.6 설계도서 사전 검토의 적정성	2						
	4.하도급 관리 (6)	4.1 하도급 계약의 적정성	3						
		4.2 하도급 관리의 적정성	3						
	5.안전관리 (15)	5.1 안전관리계획의 적정성 및 적기제출	3						
		5.2 안전관리조직 구성의 적정 여부	2						
		5.3 안전관리의 적정성	4						
		5.4 당해 현장의 재해율(%)	6						
	6.환경관리 (6)	6.1 환경관리계획 이행의 적정성	3						
		6.2 환경관리의 적정성	3						
II. 목적물의 품질 및 성능 (35)	7.시공품질 (18)	7.1 공사 완성도	5						
		7.2 주요 공종 시설물의 도면, 시방서 준수비율	9						
		7.3 공사중지 및 재시공 여부	4						
	8.구조안전성 (13)	8.1 목적물 손상 및 결함,구조안전 조치 여부	5						
		8.2 중대건설현장 사고 등의 발생 여부	8						
	9.창의성 (4)	9.1 설계도서 사전검토를 통한 사용성 및 유지보수성 향상여부	4						
(가점) (3.5)		공사 특성 및 난이도 등에 따른 보정	1.5						
		시공자 제안으로 인한 공사비 절감비율	1.0				실적없음 0점처리		
		품질관리자의 정규직 채용 비율	0.5						
(감점) (–10)		안전·보건관리자의 정규직 채용 비율	0.5						
		평가위원에게 금품·향응 제공	–10						
합 계									

■ 건설엔지니어링 및 시공 평가지침 [별지 제8호서식] 〈개정 2021. 0. 00.〉

시공평가 결과표

공사명				구 분	업체명	사업자 등록번호	지분율	공사금액
				대표사				
				구성사				
공사 개요		공사 구분		소 재 지			총공사비	
				현 공 정		%	공사기간	

평가항목			배점	위원별 평가점수					합계	평균
대분류 (배점)	중분류 (배점)	세분류								
Ⅰ. 공사관리 (65)	1.품질관리 (12)	1.1 품질관리계획 및 품질시험계획의 적정성 및 적기제출	3							
		1.2 품질관리자 및 품질시험시설의 적정 여부	3							
		1.3품질관리의 적정성	6							
	2.공정관리 (6)	2.1 공정관리계획 적정성 및 적기제출	2							
		2.2계약공기 준수여부	4							
	3.시공관리 (20)	3.1 현장인력 배치의 적정 여부	3							
		3.2 시공계획서의 적정성 및 적기제출	3							
		3.3 세부공종별 시공계획서의 이행 여부	6							
		3.4 민원발생 건수	2							
		3.5 시공상세도 작성의 충실도 및 이행여부	4							
		3.6 설계도서 사전 검토의 적정성	2							
	4.하도급 관리 (6)	4.1 하도급 계약의 적정성	3							
		4.2 하도급 관리의 적정성	3							
	5.안전관리 (15)	5.1 안전관리계획의 적정성 및 적기제출	3							
		5.2 안전관리조직 구성의 적정 여부	2							
		5.3 안전관리의 적정성	4							
		5.4 당해 현장의 재해율(%)	6							
	6.환경관리 (6)	6.1 환경관리계획 이행의 적정성	3							
		6.2 환경관리의 적정성	3							
Ⅱ. 목적물의 품질 및 성능 (35)	7.시공품질 (18)	7.1 공사 완성도	5							
		7.2 주요 공종 시설물의 도면, 시방서 준수비율	9							
		7.3 공사중지 및 재시공 여부	4							
	8.구조안전성 (13)	8.1 목적물 손상 및 결함,구조안전 조치 여부	5							
		8.2 중대건설현장 사고 등의 발생 여부	8							
	9.창의성 (4)	9.1 설계도서 사전검토를 통한 사용성 및 유지보수성 향상여부	4							
(가점) (3.5)		공사 특성 및 난이도 등에 따른 보정	1.5							
		시공자 제안으로 인한 공사비 절감비율	1.0							
		품질관리자의 정규직 채용 비율	0.5							
(감점) (–10)		안전·보건관리자의 정규직 채용 비율	0.5							
		평가위원에게 금품·향응 제공	–10							
합 계										

발주청 평가담당자 (서명) 평가확인자 (서명)

▦ 건설엔지니어링 및 시공 평가지침 [별지 제10호서식] 〈개정 2021. 0. 00.〉

표본추출 항목 선정 및 점수

공 사 명		건설사업자(대표사)	
소 재 지		사업자등록번호	
공사기간		공사구분	

평가항목			표본추출 항목	가부	백분율
대분류	소분류	세부평가항목			
			추가 사용		
			추가 사용		

20 년 월 일

평가위원 성 명 : (인)
평가위원 성 명 : (인)
평가위원 성 명 : (인)
평가위원 성 명 : (인)
평가위원 성 명 : (인)

▦ 건설엔지니어링 및 시공 평가지침 [별지 제11호서식] 〈개정 2021. 0. 00.〉

설계용역평가 총괄표

발주기관명:

비용 단위: 백만원

순위	용역명	용역개요	용역구분	용역비	용역기간	용역사업자	대표자	평점	비고

▦ 건설엔지니어링 및 시공 평가지침 [별지 제12호서식] 〈개정 2021. 0. 00.〉

감독 권한대행 등 건설사업관리용역 평가 총괄표

발주기관명:

비용 단위: 백만원

순위	용역명	용역개요	용역구분	용역비	용역기간	용역사업자	대표자	평점	비고

▦ 건설엔지니어링 및 시공 평가지침 [별지 제13호서식] 〈개정 2021. 0. 00.〉

시공평가 총괄표

발주기관명:

비용 단위: 백만원

순위	용역명	용역개요	용역구분	용역비	용역기간	용역사업자	대표자	평점	비고

▒ 건설엔지니어링 및 시공 평가지침 [별지 제14호서식] 〈개정 2021 0. 00.〉

건설엔지니어링사업자 종합평가 총괄표

■용역분류			[ ]설계용역 [ ]감독 권한대행 등 건설사업관리용역							
순위	세부분야	건설엔지니어링사업자	용역금액 (백만원)	대상 건수	A. 용역평가 평균점수	B. 영84조에 관한 평가점수				종합평가점수 (A×0.9+B)
						신인도 평가		하도급 거래 위반	기술개발 투자실적	
						행정제재사항	벌점			

▦ 건설엔지니어링 및 시공 평가지침 [별지 제15호서식] 〈개정 2021. 0. 00.〉

감독 권한대행 등 건설사업관리용역 참여기술인 종합평가 총괄표

□ 세부분야분류	□ 도로 및 교통시설, □ 수자원시설, □ 단지개발, □ 건축시설, □ 환경 및 산업설비시설									
	용역개요				참여기술자				평가 점수	비고
	용역명	용역기간	용역비 (백만원)	건설엔지니어링 사업자	직책 주1)	등급 주2)	성명	생년월일		
		~								
		~								
		~								
		~								
		~								
		~								
		~								
		~								

주 1) 직책란은 책임기술인, 분야별 기술인, 기술지원기술인으로 구분하여 적습니다.
주 2) 등급란은 특급, 고급, 중급, 초급으로 구분하여 적습니다.

▦ 건설엔지니어링 및 시공 평가지침 [별지 제16호서식] 〈개정 2021. 0. 00.〉

시공 종합평가 총괄표

순위	공사 구분	건설사업자	공사금액 (백만원)	대상 건수	A. 시공평가 평균점수	B. 영84조에 관한 평가점수			종합평가점수 (A×0.9+B)
						건설공사하자	하도급 거래 위반	기술개발투자 실적	

3 시설공사 최종 준공검사 및 결과처리

업무절차

◈ 최종 준공검사 소요 행정

○ 도급자 준공검사 요청(준공검사원 제출) → 건설사업관리자(준공검사 수행계획보고(검사자 임명 포함) → 발주기관

○ 준공검사 실시 → (발주기관 입회) 건설사업관리자(준공검사 결과보고) → 발주기관(검토결과) → 건설사업관리자 통지 및 수요기관(대가 지급) → 도급자(대가 수령)

업무처리 시 주의사항

◈ 시공사가 제출하는 준공정산 내역서의 첨부서류에는 4대보험, 안전 관리비 등 정산사항 및 물가변동 조정금액 정산내용, PS금액 정상ㄴ 사항 등 반드시 증빙자료를 첨부하여야 하며, 철저한 확인이 필요

※ 물가변동으로 증액 처리한 사항 중 설계변경으로 변경된 부분 중 감액처리한 부분은 감액정산처리, 정산내역서 반드시 작성·검토 필요

◈ 준공시점에 "(시공사) 시공평가 및 건설사업관리용역 평가"에 대비한 서류를 준비 및 수행계획을 사전 협의함이 필요

* 별도 '시공평가 및 건설사업용역평가' 참고자료 참조

◈ 준공도면, 유지관리지침서, 각종 인계서류(목록) 작성 CD(4부)에 목록 대장 등 '건물 인수인계서'를 작성함이 필요하며, 동 내용을 건설 사업관리자가 발주기관에 문서로 제출함이 필요

* 가능한 준공검사 이전 작성함이 원칙이나, 최대한 준공대가 지급 전까지는 완료함이 필요

* 준공도면 수정 여부 확인, 준공도면 작성 규격/부수 확인(필요시 협의 조정, 조정내용으로 정산 필요)

관련규정 검토 및 참고사항

◈ 장비시운전 입회 및 시운전 결과보고서 확인

▷관련근거 : 건설공사 업무수행지침 제104조 ①항~④항

▷시공자로 시운전을 위한 계획을 수립하여 시운전 30일 전까지 제출토록 하고 이를 검토하고 시행한다.

※ 기계, 전기, 통신, 소방공사에 대한 각종 준공필증과 사용전 검사 사항의 적정 이행 여부를 확인한다.

◈ 준공검사

▷관련근거 : 건설공사 업무수행지침 제102조~104조

▷관련절차
- 건설사업관리업체의 검사자 임명
  (시공사의 준공검사 요청 후 3일 이내 2인 이상 검사자 임명)
- 검사자는 임명 후 8일 이내 검사 완료
- 검사결과를 3일 이내 건설사업관리업체 대표자에게 보고
- 대표자는 신속히 검토 후 발주청(조달청)에 결과 보고

▷준공검사 주요 검토·확인 사항
- 준공된 공사가 계약서, 설계도서 대로 시공되었는지 여부
- 공사시공 시의 현장 상주기술자가 비치한 제기록에 대한 검토
- 폐품 또는 발생물의 유무 및 처리의 적정여부
- 지급자재의 사용 적부와 잉여자재의 유무 및 처리의 적정여부
- 제반 설비의 제거 및 원상복구 정리상황(토석 채취장 포함)
- 건설사업관리기술자의 준공검사원에 대한 검토의견서
- 그 밖에 발주청이 요구한 사항

▷ 준공검사 시행
- 발주기관은 준공검사에 입회
- 시공사 준공검사 요청 후 14일 이내 검사결과를 수요기관에 보고
- 총공사비 100억이상일 때 7일 연장 가능

* 준공검사기간(대금결재기간 포함)은 일반적으로 14일 이내에 시행하나, 100억 이상 공사는 준공정산처리 및 준공검사 내실화를 위해 준공계 제출 이후 3주 이내 처리도 가능함을 감안 준공검사기간을 최대로 연장하여 '준공검사 수행계획'을 정함이 효율적임.

▷ 관련규정 : 공사계약일반조건 제27조 (검사)

① ~
② 계약담당공무원은 제1항의 통지를 받은 날로부터 14일 이내에 계약서, 설계서, 준공신고서 기타 관계 서류에 의하여 계약상대자의 입회하에 그 이행을 확인하기 위한 검사를 하여야 한다. 다만, 천재·지변 등 불가항력적인 사유로 인하여 검사를 완료하지 못한 경우에는 해당사유가 존속되는 기간과 해당사유가 소멸된 날로부터 3일까지는 이를 연장할 수 있으며, 공사계약금액(관급자재가 있는 경우에는 관급자재 대가를 포함한다)이 100억원 이상 이거나 기술적 특수성 등으로 인하여 14일 이내에 검사를 완료할 수 없는 특별한 사유가 있는 경우에는 7일 범위 내에서 검사기간을 연장할 수 있다
※ 설계도서와 상이한 부분은 정산 또는 보완토록 조치하여야 한다.

◈ 준공 완료보고서 검토

▷ 관련근거 : 건설공사 업무수행지침 제108조 ①항~②항

▷ 시공사의 준공완료보고서(백서, 건설기록지 등)를 검토하여 보완 조치한다.

※ 준공완료보고서에는 사업시행자의 정보, 사업의 종류 및 명칭, 인가내용 등의 항목으로 구성되어 있는지 확인해야 한다.

◈ 준공보고서

▷관련근거 : 건설기술진흥법시행령 제78조, 건설공사 사업관리방식 검토기준 및 업무수행지침 제103조

▷건설공사의 준공보고서에는 다음 각 호의 서류 및 자료를 첨부하여야 한다.
- 준공도서
- 품질기록(품질시험 또는 검사 성과 총괄표를 포함한다)
- 시설물의 유지·관리에 필요한 서류
- 구조계산서(처음 실시설계 시의 구조계산서와 다르게 시공된 경우만 해당한다)
- 신공법 또는 특수공법 평가보고서(신공법 또는 특수공법을 적용한 경우만 해당한다)
- 시운전(試運轉) 평가결과서(시운전을 한 경우만 해당한다)

◈ 준공도면 등의 검토

▷관련근거 : 건설공사 사업관리방식 검토기준 및 업무수행지침 제104조

▷건설사업관리기술인은 시공자가 작성 제출한 준공도면이 실제 시공된 대로 작성 되었는지의 여부를 검토·확인하여 발주청에 제출하여야 한다. 준공도는 계약에서 정한 방법으로 작성하여야 하며, 모든 준공도면에는 건설사업관리기술인의 확인·서명이 있어야 한다.

◈ 시설물 유지관리지침서 검토

▷관련근거 : 건설공사 업무수행지침 제108조 ①항~②항

▷시설물의 유지관리지침서를 검토한 후, 의견서를 첨부하여 공사준공 후 14일 이내에 제출토록 한다.

※ 공사에 사용한 자재의 성능을 확인하고 유지보수에 필요한 긴급한 자재는 사전 예비품으로 보관하고 관리함이 유리하다.

◈ 시설물의 인수, 인계 계획 검토 및 관련업무 지원

▷관련근거 : 건설공사 업무수행지침 제110조 ①항~⑦항

◈ 하자처리 보증기간 확인

▷관련근거 : 국가를 당사자로 하는 계약에 관한 법률 시행령 제60조

▷부분 목적물을 인수한 날과 공고에 따라 관리·사용을 개시한 날 중에서 먼저 도래한 날을 말한다)부터 1년 이상 10년 이하

4 건설사업관리용역 최종 완성검사 및 결과처리

▦ 업무처리 시 주의사항

◈ 최종 완성검사 소요 행정

ㅇ 건설사업관리자(차수 준공검사 요청) → 발주기관(차수 준공검사 실시 결과) → 발주기관(대가 지급) → 건설사업관리자(대가 수령)

▦ 업무처리 시 주의사항

◈ 최종 완성검사 결과보고서 및 출근부 및 직접경비 정산자료 등 관련서류 일체 등 준공검사에 필요한 모든 자료를 확인 후 검사 실시

5 감리결과보고 및 보고서 작성

1) 감리결과보고서는 향후 감사 등의 수감자료 및 유지관리에 절실히 필요한 사항임을 감안 중요 내용은 반드시 보고서에 포함되도록 함이 필요

2) 감리결과보고서가 간헐적으로 많은 인쇄부서를 제출토록 하는 부분이 있어 사전 협의 후 적정한 부수가 인쇄물로 제출토록 협의함이 필요

3) 각종 정산사항은 집중감사 대상임을 감안 증빙자료 철저 검토 및 물가변동으로 계약금액을 증액한 사항 중 설계변경으로 변경된 부분 등 변경사항에 대해 반드시 정산함에 결코 소홀히 하여서는 아니 됨

4) 각종 정산사항을 작성·검토하는 시간이 장시간 소요됨을 감안 최소한 준공 1~2개월 전에는 검토하여야 함

◈ 준공검사 결과보고 및 보고서 작성

▷관련근거 : 건설공사 업무수행지침 제102조

▷준공 결과보고 절차
- 준공검사자는 해당공사의 검사를 완료하고 검사조서를 작성하여 검사결과를 건설사업관리용역업체 대표자에게 보고
- 대표자는 신속히 검토 후 발주청(조달청)에 지체 없이 보고

▷보고서 작성 및 결과보고 내용
- 건설사업관리업체 대표자 명의 문서
- 준공검사조서 및 건설사업관리조서
- 준공내역서 및 준공설계도서
- 정산관련 검토 확인 서류
- 기타 준공검사원 등 시공자 제출서류

◈ 감리결과 통보(통신공사)

▷관련근거 : 정보통신공사업법 제11조(감리결과의 통보), 동법 시행령 제14조(감리결과의 통보)

◈ 감리결과 통보(소방공사)

▷관련근거 : 소방공사업법 제20조 (공사감리 결과의 통보 등)

▷감리결과 통보(보고) → 관계인, 도급인, 건축사(감리사), 관할소방서

◈ 준공완료보고서 검토

▷관련근거 : 건설공사 업무수행지침 제108조 ①항~②항

▷시공사가 준공완료보고서(백서, 건설기록지 등)를 검토하여 보완 조치한다.

6 감리결과보고 및 보고서 작성

업무절차

◈ 건물 인계·인수 계획 수립(건설공사 업무수행지침 제110조)

▷ 종합시운전 및 예비준공검사 완료 → (시공사) 14일 이내 인계·인수 계획 제출 → (건설사업관리단) 검토결과 보고 → 발주기관(검토/ 승인)

※ 인계·인수 계획에 포함될 내용

1. 일반사항(공사개요 등)

2. 운영지침서
   가. 시설물의 규격 및 기능점검 항목
   나. 기능점검 절차
   다. 시험(Test) 장비확보 및 보정
   라. 기자재 운전지침서
   마. 제자도면 절차서 등 관련자료

3. 시운전 결과보고서

4. 예비 준공검사 결과

5. 특기사항

◈ 건물 인계·인수 절차

▷ 준공검사 완료 → (14일 이내) 수요기관·시공사간 인계인수(입회자 건설사업관리자)

※발주청에 인계할 문서 목록

1. 준공 사진첩

2. 준공도면

3. 건축물대장(건축공사의 경우)

4. 품질시험·검사성과 총괄표

5. 기자재 구매서류

6. 시설물 인계·인수서

7. 그 밖에 발주청이 필요하다고 인정하는 서류(유지관리 지침서 등)

▦ 업무처리 시 주의사항

◈ 시설물 인계·인수 계획에 대한 발주청 등의 이견이 있는 경우, 이에 대한 현황파악 및 필요대책 등의 의견을 제시하여 시공자가 이를 수행토록 조치함이 필요

건설공사 업무수행지침 제110조 ①항~⑦항 (시설물인수인계 계획 검토)

① 건설사업관리기술자는 시공자로 하여금 해당 공사의 예비준공검사(부분준공, 발주청의 필요에 의한 기성준공부분을 포함한다) 완료 후 14일 이내에 다음 각호의 사항이 포함된 시설물의 인계인수를 위한 계획을 수립토록 하고 이를 검토하여야 한다.

1. 일반사항(공사개요 등)

2. 운영지침서(필요한 경우)
   가. 시설물의 규격 및 기능점검 항목
   나. 기능점검 절차
   다. 시험(Test) 장비확보 및 보정
   라. 기자재 운전지침서
   마. 제작도면 절차서 등 관련자료

3. 시운전 결과보고서 (시운전 실적이 있는 경우)

4. 예비 준공검사 결과

5. 특기사항

② 건설사업관리기술자는 시공자로부터 시설물 인계인수 계획서를 제출받아 7일 이내에 검토, 확정하여 발주청 및 시공자에게 통보하여 인계·인수에 차질이 없도록 하여야 한다.

③ 건설사업관리기술자는 발주청과 시공자 간의 시설물 인계인수의 입회자가 된다.

④ 건설사업관리기술자는 시공자가 제출한 인계·인수서를 검토·확인하며 시설물이 적기에 발주청에 인계·인수될 수 있도록 한다.

⑤ 건설사업관리기술자는 시설물 인계인수에 대한 발주청등의 이견이 있는 경우, 이에대한 현황파악 및 필요대책 등의 의견을 제시하여 시공자가 이를 수행토록 조치한다.

⑥ 인계·인수서는 준공검사의 결과를 포함하여야 하며, 시설물의 인계·인수는 준공검사 시 지적사항 시정 완료일부터 14일 이내에 실시하여야 한다.

⑦ 건설사업관리기술자는 해당공사와 관련한 다음 각호의 건설사업관리기록서류를 포함하여 발주청에 인계할 문서의 목록을 발주청과 협의, 작성하여야 한다.

1. 준공 사진첩

2. 준공도면

3. 건축물대장(건축공사의 경우)

4. 품질시험·검사성과 총괄표

5. 기자재 구매서류

6. 시설물 인계·인수서

7. 그 밖에 발주청이 필요하다고 인정하는 서류

⑧ 발주청은 법 제39조제4항 및 규칙 제36조에 따라 건설사업관리 용역업자로부터 제출받은 건설사업관리보고서를 시설물이 존속하는 기간까지 보관하여야 한다.

2 준공 이후 웃으며 헤어지는 방법 선택

1 건설인 우리 모두는 이것을 기억하셔야 합니다

1) 마지막까지 웃고 헤어지기 위해 우수한 품질확보, 원활한 행정처리 등을 위해 애정을 가지고 정말 프로답게 마지막까지 건설사업 완수에 최선을 다하여야 합니다.

2) 공종별 시공사 및 소속기관 간에 반드시 법적 기준에 따라 처리하고, 사적인 감정을 개입하고, 무상시공 강요(갑질) 등은 없어야 하고, 서로 적법성, 적합성, 타당성의 기준에 따라 업무를 수행함이 기업은 이윤을 남길 수 있고, 종사자 모두가 웃고 헤어지는 길임을 잊지 말아야 합니다.

2 준공이후 A/S 기간도 필요

1) 준공검사 이전 펀치(Punch List)를 통해 많은 부분이 보완시공되는 등 품질관리를 철저히 이행하고 준공처리하지만, 입주이후 시설물 운영과정에서 불편 및 미세한 하자가 발생할 소지가 많음을 감안 준공이후 A/S 기간을 반영함이 필요합니다.

ㅇ미세한 하자발생 시마다 출장을 통해 처리하는 것이 오히려 더 많은 시간적, 물류적 비용이 발생할 수 있음

2) 시공사는 최소한 1~2개월 정도 준공이후 일부직원을 남겨 수요기관에 A/S를 제공한다는 개념으로 방침을 정함이 장기적으로 하자보수 등에 효율적임을 잊지 말아야 합니다.

ㅇ사전 수요기관과 협의를 통해 사무공간을 마련함이 필요하고, 수요기관에서도 이를 제공해주어야 함

알면
성공한다

Ⅷ 준공 이후 사후관리 소요 행정

1. 사후관리를 잘하는 시공사가 반드시 성공합니다.
2. 준공건물 유지관리 및 시설물 유지관리업체의 선정

1 사후관리를 잘하는 시공사가 반드시 성공합니다

1) 사후관리를 소홀 시 더 큰 하자 발생으로 이중삼중 비용이 발생함은 물론 기업의 이미지 추락, 법적 분쟁이 발생함을 기억하시기 바랍니다.

2) 하자는 조기 및 적기에 처리함이 효율적입니다.

ㅇ 누수 및 미장 크랙 등 하자는 조기에 처리함이 보수범위가 축소되고 하자보수 비용도 축소됨

ㅇ 우기철 전 및 동절기 전 적기에 보수함이 하자 재발 방지 등 원활한 하자 처리에 절대적으로 유리함

3) 유지관리 수행지침서를 참고하고 특히 기계, 통신, 전기 부분 등의 관련해서 관련 업체의 연락처를 지참 또는 합동으로 참석하여 협의함이 필요합니다.

4) '하자이행보증보험증권'에 명시된 하자보증 기간 내용에 별도 정리, 보관, 수시 확인하여야 하며, 하자보증기간 만료 이후 하자보수를 요구 시에는 법적 논란이 발생할 수 있음을 감안하여 하자보수를 신속히 이행할 수 있도록 소요 행정 처리를 적기에 시행하여야 합니다.

* 대형 하자가 우려되는 부분은 철저한 관리감독으로 하자를 억제함이 무엇보다 중요

- 가장 많은 발생하는 하자는 누수, 미장크랙, 소음, 장비성능 미확보 등임
- 지하 매설물 공사(도로, 조경구간 절단/파손)
- 누수가 발생 시 하자보수 범위가 넓은 공사(옥상 무근콘크리트 파취 등)
- 외장재 탈락 시 대형 고소장비(진입로 확보 애로)가 필요한 작업 등

* 하자 발생 후 하자보수를 요구해도 이에 성실히 이행하지 않는 비협조적인 시공사들이 간헐적으로 있으며, 하자보수 이행기간 완료 직전에서야 한번 하자보수한 후 '하자보수 이행완료 확인서'에 날인을 요구하는 시공사들도 있습니다.

⇒ 하자보수에 비협조적이고 불성실하게 하자보수 시 사전 하자보수 성실 이행 촉구 및 하자보수 이후 1년 경과 후 하자 재발생 여부를 확인 후 '하자보수 이행완료 확인서에 날인' 하겠다는 문서를 준

공 전 사전 협의서 작성 또는 하자발생 시 사전 통보하는 등 원인 행위를 반드시 이행함이 법적 분쟁 소지를 억제하는 방안입니다.

* (반대로) 수요기관에서 준공건물 인계 후 건물 유지관리 미흡으로 발생된 하자를 하자보수라고 주장하는 사례도 간헐적으로 발생하고 있어 투명·공정한 업무처리를 위해 "건물 유지관리 지침서"를 성실히 작성하여 수요기관에 인계하여야 하며, 하자발생 시 우선적으로 수요기관에서 유지관리지침서에 따라 시행 여부를 선 확인 후 하자이행 여부를 협의하여야 합니다.

⇒ 예비준공검사 및 시운전, 준공검사 결과를 공사범위 전체에 대해 사진촬영 및 비디오 촬영함(시공사, 건설사업관리단, 수요기관 각 1부 보관)이 향후 논란의 소지를 억제함에 절대적으로 유리합니다.

2 준공건물 유지관리 및 시설물유지관리업체의 선정

1) 수요기관 자체 "건축물 유지관리 매뉴얼"을 작성함이 필요합니다.

ㅇ 준공건물을 인계받은 후 수요기관에서 유지관리를 소홀 시 더 큰 하자 발생으로 이중삼중 비용이 발생함은 물론 건물수명 단축 등의 심각한 문제가 발생됨을 감안하여 유지관리 업무를 결코 소홀히 하여서는 아니 됨

2) 유지관리 업무수행 방법 등 적절한 "유지관리 대책 결정"이 필요합니다.

ㅇ 유지관리 업무를 수요기관 자체 기술자 고용으로 하는 방법과 유지관리 전문업체를 별도 선임하는 방법, 정보통신 등 중요사항만 별도 업체를 선정하는 방법 등이 있음

▦ 참고 법령

◈ 시설물 유지관리지침서 검토

▷ 건설공사 사업관리방식 검토기준 및 업무수행지침 제108조
▷ 준공 후 14일 이내 다음 사항에 대한 검토 후 발주청에 제출
- 시설물의 규격 및 기능 설명서
- 시설물유지관리지침
- 특기사항
- 시설물 유지관리 기구에 대한 의견서

◈ 시설물유지관리업체의 선정

▷ 관련근거 : 건설공사 업무수행지침 제104조
▷ 건설사업관리기술자는 시설물유지관리업체 선정을 위한 평가기준 제시, 입찰 및 계약 절차 수립, 입찰관련 서류의 적정성 검토 등의 업무를 수행해야 한다.

▦ 건설공사 업무수행지침 제104조 (시설물유지관리 업체 선정)

① 건설사업관리기술자는 시설물 유지관리업자 선정을 위한 평가기준의 제시 및 입찰, 계약절차를 수립하여야 하며 다음 각 호의 내용을 포함한다.

1. 시설물별 관련 법의 검토
2. 시설물관리업 전문업체 조사
3. 입찰절차, 평가기준의 작성 및 검토

② 건설사업관리기술자는 다음 각 호의 내용과 같이 입찰관련 서류의 적정성 검토업무를 수행해야 한다.

1. 시설물관리업 전문업체 평가(면허, 경영상태, 시정명령, 과태료 등)
2. 입찰서류의 평가 및 보완
3. 발주청 보고 및 계약 지원

③ 건설사업관리기술자는 다음 각 호의 내용을 포함하는 기술교육을 실시하여야 한다.

1. 시설물관리업 전문업체 교육계획 검토
2. 교육실시 및 보고

▦ 건설공사 업무수행지침 제108조 (시설물 유지관리지침서 검토)

① 건설사업관리기술자는 발주청(설계자) 또는 시공자(주요기계설비의 납품자) 등이 제출한 시설물의 유지관리지침서에 대하여 다음 각 호의 내용을 검토한 후, 시설물 유지관리 기구에 대한 의견서를 첨부하여 공사준공 후 14일 이내에 발주청에 제출하여야 한다.

1. 시설물의 규격 및 기능 설명서
2. 시설물유지관리지침
3. 특기사항

② 해당 건설사업관리용역업자 대표자는 발주청이 유지관리상 필요하다고 인정하여 기술자문 등을 요청할 경우에는 이에 협조하여야 하며, 전문적인 기술 등으로 외부 전문기술 또는 상당한 노력이 소요되는 경우에는 발주청과 별도 협의하여 결정한다.

알면
성공한다

IX 맺음말

1. 공사단계별 'KEY – POINT'를 통한 MAST–PLAN 수립은 결코 어려운 일이 아닙니다.
2. 건설현장의 관리는 끝이 없는 일이지만, 최선과 정성이 필요합니다.
3. 공공(公共)공사의 행정문서는 반드시 구체적인 문구를 사용하셔야 합니다.
4. 건설현장 관리는 공종간 협력과 화합이 절대적으로 필요 합니다.
5. 건설현장에서 독자분들은 존경받고 인정받는 건설인이 되시길 소망합니다.

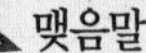

1 공사단계별 KEY – POINT·를 통한 MASTER – PLAN 수립은 결코 어려운 일이 아닙니다

◈ 능력없는 시공사와 건설사업관리단 대부분 토공사 기간 중에 토공사를 검토하려 하고, 구조물공사 중에 구조설계를 검토하려 하고, 구조물 완료 이후 마감공사를 검토하려 하는 경향이 많은 데 이 방식은 사전에 문제점을 차단하고, 여유있게 업무를 수행하는 데 결코 좋은 방식이 아닙니다.

◈ "공사단계별 KEY-POINT"를 통한 "Master–Plan'을 수립해 나가는 앞서가는 행정이야말로 공사관계자 모든 분들이 업무를 이해할 수 있어 논란을 억제할 수 있으며, 또한 즐겁게 머리를 맞대어 기술력을 합쳐 우수한 시설물을 성공리에 완공시켜 결국 공사관계자 모든 분들이 준공 때 웃으면서 헤어지는 지름길임을 반드시 기억해 주시길 소망합니다.

◈ 본 자료가 결코 정답이라 할 수는 없지만, 독자분들께서 이 자료가 조금이 이라도 도움이 되어 건설현장에서 체계적으로 정리하여 종합적인 계획수립에 활용하시길 소망해 봅니다.

2 건설현장의 관리는 끝이 없는 일이지만, 최선과 정성이 필요합니다

◈ 현장관리는 끝이 없는 일을 하지만, 일을 안 하려고 하면 할 일이 없는 것처럼 느껴지고 또 업무를 소홀히 하면 결국 정말 어려운 난관에 봉착하게 됩니다.

○ 대부분 건설현장은 각자 맡은 바 업무를 충실히 수행중이지만, 일부 현장 참여자들은 중요 부분만 검토·확인하고, 또한 맡은 바 업무를 위임하기에만 급급한 사람들도 많이 있어, 간헐적으로 정말 심각한 곤경에 빠지는 현장도 있음을 간과하여서는 안 됩니다.

* 발주기관은 건설사업관리단에게 위임하고, 건설사업관리단은 시공사에게, 시공사는 하도급사에게, 하도급사는 작업인부에게 위임 시 중대 과실은 반드시 발생합니다.

○ 건설종사자 모두가 스스로 기술자로서의 실력배양을 위해 연구하고, 고민하고, 앞서나가고, 정말 정성을 가지고 관리함이 필요합니다.

○ 건설현장에서 우리 건설관리인들이 해야 할 업무는 타이밍이 정말 중요합니다. 때로는 힘들더라도 업무처리 지연 없이 일을 해야 할 때 일을 할 줄 아는 프로가 진정한 건설인이라 말할 수 있다고 생각합니다.

○ 부디 이글을 읽는 사람은 프로 의식을 겸비한 진정한 프로로 거듭날 때 성취감, 행복지수는 더 커지게 됨을 기억해 주시길 소망해 봅니다.

3 공공(公共)공사의 행정문서는 반드시 구체적인 문구를 사용하셔야 합니다

◈ 묵시적인 계약/행정문구로 현장에서는 많은 고충이 발생하고 있음을 기억해 주시길 바랍니다.

ㅇ계약상대자(수요기관, 입찰참가자)간의 해석차이로 공사 중 많은 논란이 발생하고 있음을 감안, 묵시적인 문구, 추상적인 문구보다 구체적이고 상세한 문구 사용이 절대적으로 필요함을 꼭 기억해 주시기 바랍니다.

◈ 각종 실정보고는 물론 턴기공사의 입찰안내서, 최저가공사 현장설명서, 건설사업관리단 과업내용서 등에 기재한 내용이 일반적인 사항이 아닌 특수 조항은 것은 반드시 세부적인 지침을 입찰 전 확정함이 필요합니다.

쩺예시)

- (입찰안내서) 입찰참가자는 '수요기관용 공사감독관용 차량'을 내역에 반영하여야 한다. 그리고 입찰참가자는 '기공식 행사 비용'을 계약상대자(시공사)가 부담하여야 한다.

▶ 위에 문구를 보면 각자 많은 의견이 있을 것입니다. 상세내용이 없어 동상이몽으로 시공사와 수요기관 간 상호 극도의 의견 차이가 발생함을 반드시 기억하시길 바라며, 입찰참가자는 동상이몽 아니라 반드시 입찰 전 질의하고 회신받은 후 내역에 반영하셔야 합니다.

4 건설현장 관리는 공종간 협력과 화합이 절대적으로 필요합니다

◈ 공종 간 협력, 서로 도면을 펴고, 상호간 공사내용에 대한 확인/조사 없이는 우수한 품질확보는 결코 있을 수 없습니다.

◈ 협력과 화합이 없는 현장, 그리고 사전 검토하고 협의를 소홀히 하는 현장은 결국 문제점이 생기면 서로 책임을 회피하려는 경향으로 언쟁이 발생함을 기억하시고, 앞으로 우리 건설인들은 상호 업무를 이해하려고 노력하고 소통과 협력 그리고 화합으로 건설현장에서 즐겁게 웃으며 생활하시길 소망합니다.

5 건설현장에서 독자분들은 존경받고 인정받는 건설인이 되시길 소망합니다

◈ 앞서가는 행정으로 문제점을 사전에 돌출하고 해결하는 건설인

◈ 어려운 문제를 회피하지 않고 무엇이든 해결하려는 의지와 책임감을 겸비한 건설인

◈ 꾸준하게 연구하고 공부하는 건설인, 그리고 국내 건설발전을 위해 노력하는 건설인이 되시길 소망합니다.

★ 앞으로도 국내건설 발전을 위하고 건설현장에 막 입문한 건설인들이 건설 현장을 떠나지 않고 보람있고 즐겁게 생활할 수 있도록, 또한 모든 건설인들이 쉽게 일하고 자부심을 가지고 생활할 수 있도록 우리 모두 함께 노력해주시길 소망합니다.

★ 그동안, 제가 요청하는 오래된 자료를 찾아서 보내주시는 등 이 책 작성에 도움을 주신 모든 분들께 고개 숙여 깊은 감사를 드립니다.

공공(公共) 건설공사
공사 단계별 KEY-POINT
알면 성공한다

2024. 6. 19. 초 판 1쇄 인쇄
2024. 6. 26. 초 판 1쇄 발행

지은이 | 박양호
펴낸이 | 이종춘
펴낸곳 | BM (주)도서출판 성안당
주소 | 04032 서울시 마포구 양화로 127 첨단빌딩 3층(출판기획 R&D 센터)
10881 경기도 파주시 문발로 112 파주 출판 문화도시(제작 및 물류)
전화 | 02) 3142-0036
031) 950-6300
팩스 | 031) 955-0510
등록 | 1973. 2. 1. 제406-2005-000046호
출판사 홈페이지 | www.cyber.co.kr
ISBN | 978-89-315-8714-2 (13540)
정가 | 68,000원

이 책을 만든 사람들
책임 | 최옥현
교정·교열 | 이영남
본문 디자인 | 김인환
표지 디자인 | 박원석
홍보 | 김계향, 임진성, 김주승
국제부 | 이선민, 조혜란
마케팅 | 구본철, 차정욱, 오영일, 나진호, 강호묵
마케팅 지원 | 장상범
제작 | 김유석

■ **도서 A/S 안내**

성안당에서 발행하는 모든 도서는 저자와 출판사, 그리고 독자가 함께 만들어 나갑니다.
좋은 책을 펴내기 위해 많은 노력을 기울이고 있습니다. 혹시라도 내용상의 오류나 오탈자 등이 발견되면 "좋은 책은 나라의 보배"로서 우리 모두가 함께 만들어 간다는 마음으로 연락주시기 바랍니다. 수정 보완하여 더 나은 책이 되도록 최선을 다하겠습니다.
성안당은 늘 독자 여러분들의 소중한 의견을 기다리고 있습니다. 좋은 의견을 보내주시는 분께는 성안당 쇼핑몰의 포인트(3,000포인트)를 적립해 드립니다.
잘못 만들어진 책이나 부록 등이 파손된 경우에는 교환해 드립니다.